BKI Baukosten 2021 Neubau
Teil 2

Statistische Kostenkennwerte für Bauelemente

BKI Baukosten 2021 Neubau
Statistische Kostenkennwerte für Bauelemente

BKI Baukosteninformationszentrum (Hrsg.)
Stuttgart: BKI, 2021

Mitarbeit:
Hannes Spielbauer (Geschäftsführer)
Klaus-Peter Ruland (Prokurist)
Brigitte Kleinmann (Prokuristin)
Catrin Baumeister
Marina Boric-Neef
Susanne de Beer
Heike Elsäßer
Sabine Egenberger
Christiane Keck
Björn Lofthus
Jeannette Sturm
Sibylle Vogelmann
Yvonne Walz

Fachautoren:
Dr. Ing. Frank Ritter
Univ.-Prof. Dr.-Ing. Wolfdietrich Kalusche und Dipl.-Ing. Anne-Kathrin Kalusche
bauforumstahl e.V.

Layout, Satz:
Hans-Peter Freund
Thomas Fütterer

Fachliche Begleitung:
Beirat Baukosteninformationszentrum
Stephan Weber (Vorsitzender)
Markus Lehrmann (stellv. Vorsitzender)
Prof. Dr. Bert Bielefeld
Markus Fehrs
Andrea Geister-Herbolzheimer
Oliver Heiss
Prof. Dr. Wolfdietrich Kalusche
Martin Müller

Anschrift:
Seelbergstraße 4, 70372 Stuttgart
Kundenbetreuung: (0711) 954 854-0
Baukosten-Hotline: (0711) 954 854-41
Telefax: (0711) 954 854-54
info@bki.de www.bki.de

Vorwort

Die Planung der Baukosten bildet einen wesentlichen Bestandteil der Architektenleistung. Eine der wichtigsten Elemente der Baukostenplanung ist die Ermittlung der Baukosten. Kompetente Kostenermittlungen beruhen auf qualifizierten Vergleichsdaten und Methoden. Daher gehört die Bereitstellung aktueller Daten zur Baukostenermittlung zu den wichtigsten Aufgaben des BKI seit seiner Gründung im Jahr 1996.

Im Dezember 2018 erschien mit der DIN 276:2018-12 die wichtigste Norm für Kostenplanung im Bauwesen in einer umfangreich überarbeiteten Fassung. BKI hat alle Objektdaten aus der BKI Objektdatenbanken Neubau für die vorliegenden statistischen Auswertungen den Kostengruppen dieser DIN neu zugeordnet.

Die aktuelle DIN 276 fordert als Entscheidung über die Entwurfsplanung die Ermittlung der Gesamtkosten nach Kostengruppen in der dritten Ebene der Kostengliederung. Der Band „BKI Baukosten 2021 Bauelemente" bietet hierfür die Kostenkennwerte. Für die neue Kostenermittlungsstufe „Kostenvoranschlag" sind die BKI Ausführungsarten des vorliegenden Bandes besonders geeignet. Außerdem finden Sie Fachartikel zu Grobelementarten, Lebensdauer von Bauteilen und Kosten zum Stahlbau.

Die Fachbuchreihe „BAUKOSTEN NEUBAU" erscheint jährlich. Dabei werden alle Kostenkennwerte auf Basis neu dokumentierter Objekte und neuer statistischer Auswertungen aktualisiert. Die Kosten, Kostenkennwerte und Positionen dieser neuen Objekte tragen in allen drei Bänden zur Aktualisierung bei. Mit den integrierten „BKI Regionalfaktoren 2021" kann der Nutzer eine Anpassung der Bundesdurchschnittswerte an den jeweiligen Stadt- bzw. Landkreis seines Bauorts vornehmen.

Die Fachbuchreihe BAUKOSTEN Neubau 2021 (Statistische Kostenkennwerte) besteht aus den drei Teilen:
Baukosten Gebäude 2021 (Teil 1)
Baukosten Bauelemente 2021 (Teil 2)
Baukosten Positionen 2021 (Teil 3)

Die Bände sind aufeinander abgestimmt und unterstützen die Anwender*innen in allen Planungsphasen. Die Nutzer*innen erhalten je Band eine ausführliche Erläuterung zur fachgerechten Anwendung. Weitere Praxistipps und Hinweise werden in den BKI-Workshops und im "Handbuch Kostenplanung im Bauwesen" vermittelt. Tipps zur Termin- und Bauzeitenplanung finden Sie im "Handbuch Terminplanung für Architekten".

Der Dank des BKI gilt allen Architektinnen und Architekten, die Daten und Unterlagen zur Verfügung stellen. Sie profitieren von der Dokumentationsarbeit des BKI und unterstützen nebenbei den eigenen Berufsstand. Die in Buchform veröffentlichten Architekt*innen-Projekte bilden eine fundierte und anschauliche Dokumentation gebauter Architektur, die sich zur Kostenermittlung von Folgeobjekten und zu Akquisitionszwecken hervorragend eignet.

Zur Pflege der Baukostendatenbanken sucht BKI weitere Objekte aus allen Bundesländern. Bewerbungsbögen zur Objekt-Veröffentlichung von Hochbauten und Freianlagen werden im Internet unter www.bki.de/projekt-veroeffentlichung zur Verfügung gestellt. Auch die Bereitstellung von Leistungsverzeichnissen mit Positionen und Vergabepreisen ist jetzt möglich, mehr Info dazu finden Sie unter www.bki.de/lv-daten.

Besonderer Dank gilt abschließend auch dem BKI-Beirat, der mit seinem Expertenwissen aus der Architektenpraxis, den Architekten- und Ingenieurkammern, Normausschüssen und Universitäten zum Gelingen der BKI-Fachinformationen beiträgt.

Wir wünschen allen Anwender*innen der neuen Fachbuchreihe 2021 viel Erfolg in allen Phasen der Kostenplanung und vor allem eine große Übereinstimmung zwischen geplanten und realisierten Baukosten im Sinne zufriedener Bauherr*innen. Anregungen und Kritik zur Verbesserung der BKI-Fachbücher sind uns jederzeit willkommen.

Hannes Spielbauer - Geschäftsführer
Klaus-Peter Ruland - Prokurist
Brigitte Kleinmann - Prokuristin

Baukosteninformationszentrum
Deutscher Architektenkammern GmbH
Stuttgart, im Mai 2021

Inhalt	Seite

Vorbemerkungen und Erläuterungen

Lebensdauer von Bauteilen und Bauelementen

Fachartikel von Dr. Frank Ritter

Grobelementarten

Fachartikel von Univ.-Prof. Dr.-Ing. Wolfdietrich Kalusche und Dipl.-Ing. Anne-Kathrin Kalusche

Kosten im Stahlbau

Kostenkennwerte für Bauelemente (3. Ebene DIN 276)

Sortiert nach Gebäudearten

Kostenkennwerte für Ausführungsarten

Anhang

Einführung

Dieses Fachbuch wendet sich an Architekt*innen, Ingenieure*innen, Sachverständige und sonstige Fachleute, die mit Kostenermittlungen von Hochbaumaßnahmen befasst sind.

Es enthält Kostenkennwerte für „Bauelemente", worunter die Kostengruppen der 3. Ebene DIN 276 verstanden werden, gekennzeichnet durch dreistellige Ordnungszahlen. Diese Kostenkennwerte werden für 76 Gebäudearten angegeben. Es enthält ferner Kostenkennwerte für Ausführungsarten von einzelnen Bauelementen. Diese Kostenkennwerte werden ohne Zuordnung zu bestimmten Gebäudearten angegeben. Damit bietet dieses Fachbuch aktuelle Orientierungswerte, die für differenzierte Kostenberechnungen sowie für Kostenanschläge im Sinne der DIN 276 benötigt werden.

Alle Kennwerte sind objektorientiert ermittelt worden und basieren auf der Analyse realer, abgerechneter Vergleichsobjekte, die derzeit in den BKI-Baukostendatenbanken verfügbar sind.

Dieses Fachbuch erscheint jährlich neu, so dass der Benutzer stets aktuelle Kostenkennwerte zur Hand hat. Das Baukosteninformationszentrum ist bemüht, durch kontinuierliche Datenerhebungen in allen Bundesländern die in dieser Ausgabe noch nicht aufgeführten Kostenkennwerte für einzelne Kostengruppen oder Gebäudearten in den Folgeausgaben zu berücksichtigen.

Mit dem Ausbau der Datenbanken werden auch weitere Kennwerte für jetzt noch nicht enthaltene Ausführungsarten verfügbar sein. Der vorliegende Teil 2 baut auf Teil 1 „Statistische Kostenkennwerte für Gebäude" auf, der die für Kostenrahmen und Kostenschätzung benötigten Kostenkennwerte zu den Kostengruppen der 1. und 2. Ebene DIN 276 enthält.

Benutzerhinweise

1. Definitionen
Als **Bauelemente** werden in dieser Veröffentlichung diejenigen Kostengruppen der 3. Ebene DIN 276 bezeichnet, die zur Kostengruppe 300 „Bauwerk-Baukonstruktionen" bzw. Kostengruppe 400 „Bauwerk-Technische Anlagen" gehören und mit dreistelligen Ordnungszahlen gekennzeichnet sind.

Ausführungsarten (AA) sind bestimmte, nach Konstruktion, Material, Abmessungen und sonstigen Eigenschaften unterschiedliche Ausführungen von Bauelementen. Sie sind durch eine 7-stellige Ordnungszahl gekennzeichnet, bestehend aus
- Kostengruppe DIN 276 (KG): 3-stellig
- Ausführungsklasse nach BKI (AK): 2-stellig
- Ausführungsart nach BKI (AA): 2-stellige BKI-Identnummer

Kostenkennwerte sind Werte, die das Verhältnis von Kosten bestimmter Kostengruppen nach DIN 276:2018-12 zu bestimmten Bezugseinheiten darstellen.

Die Kostenkennwerte für die Kostengruppen der 3. Ebene DIN 276 sind auf Einheiten bezogen, die in der DIN 276:2018-12, Kapitel 6 (Mengen und Bezugseinheiten) definiert sind.

Die Kostenkennwerte für Ausführungsarten sind auf nicht genormte, aber kostenplanerisch sinnvolle Einheiten bezogen, die in den betreffenden Tabellen jeweils angegeben sind.

2. Kostenstand und Mehrwertsteuer
Kostenstand aller Kennwerte ist das 1. Quartal 2021. Alle Kostenkennwerte enthalten die Mehrwertsteuer. Die Angabe aller Kostenkennwerte dieser Veröffentlichung erfolgt in Euro. Die vorliegenden Kostenkennwerte sind Orientierungswerte, Sie können nicht als Richtwerte im Sinne einer verpflichtenden Obergrenze angewendet werden.

3. Datengrundlage - Haftung
Grundlage der Tabellen sind statistische Analysen abgerechneter Bauvorhaben. Die Daten wurden mit größtmöglicher Sorgfalt vom BKI bzw. seinen Dokumentationsstellen erhoben

und zusammengestellt. Für die Richtigkeit, Aktualität und Vollständigkeit dieser Daten, Analysen und Tabellen übernehmen jedoch weder die Herausgeber*in noch BKI eine Haftung, ebenso nicht für Druckfehler und fehlerhafte Angaben. Die Benutzung dieses Fachbuchs und die Umsetzung der darin erhaltenen Informationen erfolgen auf eigenes Risiko.

Angesichts der vielfältigen Kosteneinflussfaktoren müssen Anwender*innen die genannten Orientierungswerte eigenverantwortlich prüfen und entsprechend dem jeweiligen Verwendungszweck anpassen.

4. Betrachtung der Kostenauswirkungen aktueller Energiestandards
Gerade im Hinblick auf die wiederholte Verschärfung gesetzgeberischer Anforderungen an die energetische Qualität, insbesondere von Neubauten, wird von Kundenseite die Frage nach dem Energiestandard der statistischen Fachbuchreihe BKI BAUKOSTEN gestellt.
BKI hat Untersuchungen zu den kostenmäßigen Auswirkungen der erhöhten energetischen Qualität von Neubauten vorgenommen. Die Untersuchungen zeigen, dass energetisch bedingte Kostensteigerungen durch Rationalisierungseffekte größtenteils kompensiert werden.

BKI dokumentiert derzeit ca. 200 neue Objekte pro Jahr, die zur Erneuerung der statistischen Auswertungen verwendet werden. Etwa im gleichen Maße werden ältere Objekte aus den Auswertungen entfernt. Mit den hohen Dokumentationszahlen der letzten Jahre wurde die BKI-Datenbanken damit noch aktueller.

In nahezu allen energetisch relevanten Gebäudearten sind zudem Objekte enthalten, die über den nach GEG geforderten energetischen Standard hinausgehen. Diese über den geforderten Standard hinausgehenden Objekte kompensieren einzelne Objekte, die den aktuellen energetischen Standard nicht erreichen. Insgesamt wird daher ein ausgeglichenes Objektgefüge pro Gebäudeart erreicht.

Obwohl BKI fertiggestellte und schlussabgerechnete Objekte dokumentiert, können durch die Dokumentation von Objekten, die über das gesetzgeberisch geforderte Maß energetischer Qualität hinausgehen, Kostenkennwerte für aktuell geforderte energetische Standards ausgewiesen werden. Die Kostenkennwerte der Fachbuchreihe BKI BAUKOSTEN 2021 entsprechen somit dem aktuellen GEG-Niveau.

5. Anwendungsbereiche
Die Kostenkennwerte sind als Orientierungswerte konzipiert. Sie können bei Kostenermittlungen angewendet werden. Die formalen Mindestanforderungen hinsichtlich der Darstellung der Ergebnisse einer Kostenermittlung sind in DIN 276:2018-12, Kapitel 4 festgelegt. Die Anwendung des Bauelement-Verfahrens bei Kostenermittlungen setzt voraus, dass genügend Planungsinformationen vorhanden sind, um Qualitäten und Mengen von Bauelementen und Ausführungsarten ermitteln zu können.

a. Gebäudearten-bezogene Kostenkennwerte für die Kostengruppen der 3. Ebene DIN 276 dienen primär als Orientierungswerte für die Plausibilitätsprüfung von Kostenberechnungen, die mit Kostenkennwerten für einzelne Ausführungsarten differenziert aufgestellt worden sind.
Kostenberechnungen auf der 3. Ebene DIN 276 ermöglichen differenziertere Bauelementbeschreibungen und eine genauere Ermittlung der entwurfsspezifischen Elementmengen und deren Kosten. Die in den Tabellen genannten Prozentsätze geben den durchschnittlichen Anteil der jeweiligen Kostengruppe an der Kostengruppe 300 „Bauwerk-Baukonstruktionen" (KG 300 = 100%) bzw. Kostengruppe 400 „Bauwerk-Technische Anlagen" (KG 400 = 100%) an.

Diese von Gebäudeart zu Gebäudeart oft unterschiedlichen Prozentanteile machen die kostenplanerisch relevanten Kostengruppen erkennbar, bei denen z. B. die Entwicklung von kostensparenden Alternativlösungen primär Erfolg verspricht unter dem Aspekt der Kostensteuerung bei vorgegebenem Gesamtbudget.

b. Ausführungsarten-bezogene Kostenkennwerte dienen als Orientierungswerte für differenzierte Ermittlungen zur Aufstellung von Kostenvoranschlägen im Sinne der DIN 276.

Um die Kostenkennwerte besser beurteilen und die Ausführungsarten untereinander abgrenzen zu können, wird der jeweilige technische Standard nach den Kriterien „Konstruktion", „Material", „Abmessungen" und „Besondere Eigenschaften" näher beschrieben. Diese Be-

schreibung versucht, diejenigen Eigenschaften und Bauleistungen aufzuzeigen, die im Wesentlichen die Kosten der Ausführungsart eines Bauelementes bestimmen.
Über die Ausführungsarten von Bauelementen können Ansätze für die Vergabe von Bauleistungen und die Kostenkontrolle während der Bauausführung ermittelt werden. Die Ausführungsarten lassen sich den Leistungsbereichen des Standardleistungsbuches (STLB) zuordnen und damit in eine vergabeorientierte Gliederung überführen. Zu diesem Zweck sind die Kostenanteile der Leistungsbereiche in Prozent der jeweiligen Ausführungsart angegeben.

6. Geltungsbereiche
Die genannten Kostenkennwerte spiegeln in etwa das durchschnittliche Baukostenniveau in Deutschland wider. Die Geltungsbereiche der Tabellenwerte sind fließend. Die „von-/bis-Werte" markieren weder nach oben noch nach unten absolute Grenzwerte.

In den Tabellen „Gebäudearten-bezogene Kostenkennwerte für die Kostengruppen der 3. Ebene DIN 276" wurden der Vollständigkeit halber nicht alle Kostengruppen aufgeführt, auch dann, wenn die statistische Basis häufig noch zu gering ist, um für Kostenermittlungszwecke Kostenkennwerte angeben zu können. Dies trifft besonders für Kostengruppen zu, die im Regelfall ganz entfallen oder von untergeordneter Bedeutung sind, bei einzelnen Baumaßnahmen aber durchaus auch kostenrelevant sein können, z. B. die Kostengruppen 313 Wasserhaltung, 393 Sicherungsmaßnahmen, 394 Abbruchmaßnahmen, 395 Instandsetzungen, 396 Materialentsorgung, 397 Zusätzliche Maßnahmen, 398 Provisorische Baukonstruktionen, sowie alle Kostengruppen beginnend mit „Sonstiges zur KG...". Auch bei breiterer Datenbasis würden sich bei diesen Kostengruppen aufgrund der objektspezifischen Besonderheiten immer sehr große Streubereiche für die Kostenkennwerte ergeben. Liegen hierfür weder Erfahrungswerte aufgrund früherer Ausschreibungen im Büro vor, noch können diese durch Anfrage bei den ausführenden Firmen erfragt werden, so empfiehlt es sich, beim BKI die Kostendokumentationen einzelner Objekte zu beschaffen, bei denen die betreffenden Kostengruppen angefallen und qualitativ beschrieben sind. Bei den zuvor genannten Kostengruppen können die Tabellenwerte dieses Buches jedoch einen Eindruck vermitteln, welche Größenordnung die Kostenkennwerte im Einzelfall bei einer Betrachtung über alle Gebäudearten hinweg annehmen können.

7. Kosteneinflüsse
In den Streubereichen (von-/bis-Werte) der Kostenkennwerte spiegeln sich die vielfältigen Kosteneinflüsse aus Nutzung, Markt, Gebäudegeometrie, Ausführungsstandard, Projektgröße etc. wider.
Die Orientierungswerte können daher nicht schematisch übernommen werden, sondern müssen entsprechend den spezifischen Planungsbedingungen überprüft und ggf. angepasst werden. Mögliche Einflüsse, die eine Anpassung der Orientierungswerte erforderlich machen, können sein:

- besondere Nutzungsanforderungen,
- Standortbedingungen (Erschließung, Immission, Topographie, Bodenbeschaffenheit),
- Bauwerksgeometrie (Grundrissform, Geschosszahlen, Geschosshöhen, Dachform, Dachaufbauten),
- Bauwerksqualität (gestalterische, funktionale und konstruktive Besonderheiten),
- Quantität (Bauelement- und Ausführungsartenmengen),
- Baumarkt (Zeit, regionaler Baumarkt, Vergabeart).

8. Regionalisierung der Daten
Grundlage der BKI Regionalfaktoren sind Daten aus der amtlichen Bautätigkeitsstatistik der statistischen Landesämter, eigene Berechnungen auch unter Verwendung von Schwerpunktpositionen und regionale Umfragen. Zusätzlich wurden von BKI Verfahren entwickelt, um die Eingangsdaten auf Plausibilität prüfen und ggf. anpassen zu können. Auf der Grundlage dieser Berechnungen hat BKI einen bundesdeutschen Mittelwert gebildet. Anhand des Mittelwertes lassen sich die einzelnen Land- und Stadtkreise prozentual einordnen. Diese Prozentwerte wurden die Grundlage der BKI Deutschlandkarte mit „Regionalfaktoren für Deutschland".

Für die größeren Inseln Deutschlands wurden separate Regionalfaktoren ermittelt. Dazu wurde der zugehörige Landkreis in Festland und Inseln unterteilt. Alle Inseln eines Landkreises erhalten durch dieses Verfahren den gleichen Regionalfaktor.

Der Regionalfaktor des Festlandes enthält keine Inseln mehr und ist daher gegenüber früheren Ausgaben verringert.

Die Kosten der Objekte der BKI Datenbanken wurden auf den Bundesdurchschnitt umgerechnet. Für den Anwender bedeutet die Umrechnung der Daten auf den Bundesdurchschnitt, dass einzelne Kostenkennwerte oder das Ergebnis einer Kostenermittlung mit dem Regionalfaktor des Standorts des geplanten Objekts multipliziert werden können. Die BKI Stadt-/Landkreisregionalfaktoren befinden sich im Anhang des Buchs.

9. Urheberrechte
Alle Objektinformationen und die daraus abgeleiteten Auswertungen (Statistiken) sind urheberrechtlich geschützt. Die Urheberrechte liegen bei den jeweiligen Büros, Personen bzw. beim BKI. Es ist ausschließlich eine Anwendung der Daten im Rahmen der praktischen Kostenplanung im Hochbau zugelassen. Für eine anderweitige Nutzung oder weiterführende Auswertungen behält sich das BKI alle Rechte vor.

Neue BKI Neubau-Dokumentationen 2020-2021

1300-0231 Bürogebäude (95 AP)
Büro- und Verwaltungsgebäude, mittlerer Standard
kbg architekten, bagge grothoff partner
Oldenburg

1300-0253 Bürogebäude (40 AP)
Büro- und Verwaltungsgebäude, hoher Standard
htm.a Hartmann Architektur GmbH
Hannover

1300-0256 Verwaltungszentrum (121 AP), TG (8 STP)
Büro- und Verwaltungsgebäude, hoher Standard
Bez + Kock Architekten
Stuttgart

1300-0257 Bürogebäude (50 AP), TG (8 STP)
Büro- und Verwaltungsgebäude, hoher Standard
Hüffer.Ramin Architekten
Berlin

1300-0258 Bürogebäude (14 AP) - Effizienzhaus ~41%
Büro- und Verwaltungsgebäude, mittlerer Standard
ott architekten Partnerschaft mbB
Laichingen

1300-0259 Bürogebäude (30 AP) - Effizienzhaus ~53%
Büro- und Verwaltungsgebäude, hoher Standard
RAINER GRAF architekten GmbH
Ofterdingen

Fotopräsentation der Objekte

1300-0260 Bürogebäude (25 AP)
Büro- und Verwaltungsgebäude, mittlerer Standard
Architekten Höhlich & Schmotz
Burgdorf

1300-0261 Rathaus (12 AP)
Büro- und Verwaltungsgebäude, mittlerer Standard
Stefan Schretzenmayr Architekt BDA,
Brigitte Schretzenmayr Architektin, Regensburg

1300-0263 Büro-/Entwicklungsgebäude (320 AP)
Büro- und Verwaltungsgebäude, mittlerer Standard
Planungsgruppe Prof. Focht + Partner GmbH
Saarbrücken

1300-0264 Verwaltungsgebäude - Effizienzhaus ~80%
Büro- und Verwaltungsgebäude, hoher Standard
Riemann Gesellschaft von Architekten mbH
Lübeck

1300-0265 Bürogebäude (70 AP), Augenarztpraxis (18 AP)
Büro- und Verwaltungsgebäude, hoher Standard
Gruppe GME Architekten BDA, Müller, Keil, Buck
Part GmbB, Achim

1300-0266 Bürocontainer (3 AP)
Büro- und Verwaltungsgebäude, einfacher Standard
freiraum4plus
Wiesbaden

Fotopräsentation der Objekte

1300-0268 Bürogebäude (226 AP), TG (32 STP)
Büro- und Verwaltungsgebäude, mittlerer Standard
Angelis & Partner Architekten mbB
Oldenburg

2200-0054 Institutsgebäude (25 AP)
Instituts- und Laborgebäude
Kaiser Schweitzer Architekten
Aachen

2200-0055 Labor- und Bürogebäude
Instituts- und Laborgebäude
Staab Architekten GmbH
Berlin

3300-0015 Psychiatrische Tagesklinik (106 Plätze)
Medizinische Einrichtungen
Hartmaier + Partner, Freie Architekten BDA
Reutlingen

© ABT Architekturbüro Tabery

4100-0189 Grundschule (12 Klassen) - Effizienzhaus ~72%
Allgemeinbildende Schulen
ABT Architekturbüro Tabery
Bremervörde

4100-0205 Grundschule (8 Kl, 224 Sch) - Effizienzhaus ~67%
Allgemeinbildende Schulen
ARGE R.B.Z., AB Raum und Bau GmbH +
AGZ Zimmermann GmbH, Dresden

Fotopräsentation der Objekte

4100-0207 Grundschule (5 Klassen, 125 Schüler)
Allgemeinbildende Schulen
⌂ IPROconsult GmbH
Dresden

4200-0035 Bildungszentrum (400 Schüler)
Weiterbildungseinrichtungen
⌂ Kersten Kopp Architekten GmbH
Berlin

4200-0036 Ausbildungszentrum Pflegeberufe (150 Sch)
Berufliche Schulen
⌂ Planungsring, Mumm+Partner GbR
Treia

4400-0330 Kindertagesstätte (90 Ki) - Effizienzhaus ~50%
Kindergärten, nicht unterkellert, mittlerer Standard
⌂ Gutheil Kuhn, Architekten
Potsdam

4400-0339 Kindertagesstätte (99 Ki) - Effizienzhaus ~26%
Kindergärten, Holzbauweise, nicht unterkellert
⌂ Angele Architekten GmbH
Oberhausen

4400-0340 Kindertagesstätte - Effizienzhaus ~70%
Kindergärten, nicht unterkellert, mittlerer Standard
⌂ Lechner · Lechner Architekten GmbH
Traunstein

5100-0130 Sporthalle (Doppel-Dreifeldhalle)
Sporthallen (Dreifeldhallen)
⌂ blfp planungs gmbh
Friedberg

5300-0018 Pfahlbauten Mehrzweckgebäude
Sonstige Gebäude
⌂ limbrecht jensen rudolph ARCHITEKTEN PartGmbB
Niebüll

6100-1252 Mehrfamilienhaus (7 WE), TG (32 STP)
Mehrfamilienhäuser, mit 6 bis 19 WE, hoher Standard
⌂ Holst Becker Architekten PartGmbB
Hamburg

6100-1282 Modulhäuser (34 WE)
Wohnheime und Internate
⌂ Plan-R Architekten
Hamburg

6100-1316 Einfamilienhaus, Carport
Ein- und Zweifamilienhäuser unterkellert, hoher Standard
⌂ Dritte Haut° Architekten
Berlin

6100-1322 Doppelhaus (2 WE)
Doppel- und Reihenendhäuser, hoher Standard
⌂ T-O-M architekten PartGmbB
Hamburg

6100-1336 Mehrfamilienhäuser - Effizienzhaus ~38%
Mehrfamilienhäuser, mit 20 oder mehr WE, mittl. Standard
Deppisch Architekten GmbH
Freising

6100-1373 Einfamilienhaus mit Carport
Ein- u. Zweifamilienhäuser, nicht unterkell., mittl. Standard
seyfarth stahlhut architekten dba PartGmbB
Hannover

6100-1377 Mehrfamilienhaus (3 WE)
Mehrfamilienhäuser, mit bis zu 6 WE, mittlerer Standard
+studio moeve architekten bda
Darmstadt

6100-1383 Einfamilienhaus mit Büro
Wohnhäuser mit mehr als 15% Mischnutzung
Walter Gebhardt Architekt
Hamburg

6100-1400 Mehrfamilienhaus (13 WE), TG - Effizienzhaus 55
Mehrfamilienhäuser, mit 6 bis 19 WE, mittlerer Standard
Werkgruppe Freiburg, Miller & Glos PartmbB
Freiburg

6100-1401 Mehrfamilienhaus (13 WE), TG - Effizienzhaus 55
Mehrfamilienhäuser, mit 6 bis 19 WE, mittlerer Standard
Werkgruppe Freiburg, Miller & Glos PartmbB
Freiburg

Fotopräsentation der Objekte

6100-1433 Mehrfamilienhaus (5 WE) - Passivhaus
Mehrfamilienhäuser, Passivhäuser
Rongen Architekten, PartG mbB
Wassenberg

6100-1442 Einfamilienhaus - Effizienzhaus 55
Ein- u. Zweifamilienhäuser unterkellert, mittlerer Standard
hartmann I s architekten BDA
Telgte

6100-1445 Einfamilienhaus, Carport - Effizienzhaus ~71%
Ein- und Zweifamilienhäuser unterkellert, hoher Standard
Beham Architekten
Dietramszell

6100-1447 Mehrfamilienhaus (4 WE) - Effizienzhaus 55
Mehrfamilienhäuser, mit bis zu 6 WE, hoher Standard
2N 2L Architektur
Schwäbisch Gmünd

6100-1452 Einfamilienhaus - Effizienzhaus ~13%
Ein- u. Zweifamilienhäuser, nicht unterkell., hoh. Standard
DWA David Wolfertstetter Architektur
Dorfen

6100-1453 Mehrfamilienhaus (3 WE) - Effizienzhaus ~56%
Mehrfamilienhäuser, mit bis zu 6 WE, mittlerer Standard
Jo Güth Architekt
München

6100-1454 Mehrfamilienhaus (17 WE) - Effizienzhaus ~63%
Mehrfamilienhäuser, mit 6 bis 19 WE, mittlerer Standard
⌂ buero eins punkt null
Berlin

6100-1455 Wohn- u. Geschäftshaus - Effizienzhaus 40
Wohnhäuser, mit bis zu 15% Mischnutzung, mittl. Standard
⌂ SCHÄFERWENNINGER PROJEKT GmbH, Generalplanung, Berlin

6100-1466 Mehrfamilienhaus (3 WE) - Effizienzhaus ~17%
Mehrfamilienhäuser, mit bis zu 6 WE, hoher Standard
⌂ BUCHER | HÜTTINGER - ARCHITEKTUR INNEN ARCHITEKTUR, Betzenstein

6100-1467 Einfamilienhaus - Effizienzhaus ~38%
Ein- u. Zweifamilienhäuser, nicht unterkell., hoh. Standard
⌂ architekturbüro plandesign
Deggendorf

6100-1469 Mehrfamilienhaus (14 WE) - Effizienzhaus ~50%
Mehrfamilienhäuser, mit 6 bis 19 WE, mittlerer Standard
⌂ Druschke und Grosser, Architektur, Architekten BDA
Duisburg

6100-1470 Wohnhaus (13 WE, 2 GE) - Effizienzhaus ~59%
Mehrfamilienhäuser, mit 6 bis 19 WE, mittlerer Standard
⌂ orange architekten
Berlin

Fotopräsentation der Objekte

6100-1471 Mehrfamilienhaus - Effizienzhaus ~60%
Mehrfamilienhäuser, mit 6 bis 19 WE, hoher Standard
pfeifer architekten
Berlin

6100-1472 Mehrfamilienhaus (65 WE) - Effizienzhaus ~27%
Mehrfamilienhäuser, mit 20 oder mehr WE, mittl. Standard
Arnold und Gladisch, Gesellschaft von Architekten mbH, Berlin

6100-1473 Einfamilienhaus - Effizienzhaus ~48%
Ein- und Zweifamilienhäuser unterkellert, hoher Standard
rundzwei Architekten BDA
Berlin

6100-1474 Einfamilienhaus - Passivhaus
Ein- und Zweifamilienhäuser, Passivhausstandard, Holzbau
bau grün ! gmbh, Architekt Daniel Finocchiaro
Mönchengladbach

6100-1475 Doppelhaus (2WE)
Doppel- und Reihenendhäuser, mittlerer Standard
jb | architektur, Josef Basic
Würselen

6100-1476 Reihenhäuser (4 WE) - Effizienzhaus ~58%
Reihenhäuser, mittlerer Standard
Hüllmann - Architekten & Ingenieure
Delbrück

6100-1477 Mehrfamilienhaus, seniorengerecht (8 WE)
Mehrfamilienhäuser, mit 6 bis 19 WE, mittlerer Standard
⌂ huellmann., Architekten & Ingenieure
Delbrück

6100-1478 Mehrfamilienhaus (78 WE), 2 TG (59 STP)
Mehrfamilienhäuser, mit 20 oder mehr WE, mittl. Standard
⌂ Kramm+Strigl Architekten und Stadtplanergesell-schaft mbH, Darmstadt

6100-1479 Mehrfamilienhaus (25 WE), TG (35 STP)
Mehrfamilienhäuser, mit 20 oder mehr WE, mittl. Standard
⌂ Kramm+Strigl Architekten und Stadtplanergesell-schaft mbH, Darmstadt

6100-1480 Mehrfamilienhaus - Effizienzhaus ~67%
Mehrfamilienhäuser, mit 20 oder mehr WE, mittl. Standard
⌂ CKRS ARCHITEKTEN
Berlin

6100-1481 Einfamilienhaus - Effizienzhaus ~13%
Ein- u. Zweifamilienhäuser, nicht unterkell., hoh. Standard
⌂ Architekturbüro G. Hauptvogel-Flatau
Potsdam

6100-1482 Einfamilienhaus, Garage
Ein- u. Zweifamilienhäuser, nicht unterkell., hoh. Standard
⌂ M.A. Architekt Torsten Wolff, Erfurt (LPH 1-4, 8)
Funken Architekten, Erfurt (LPH 5-7)

Fotopräsentation der Objekte

6100-1484 Mehrfamilienhaus (3 WE)
Mehrfamilienhäuser, mit bis zu 6 WE, mittlerer Standard
Inke von Dobro-Wolski, Dipl. Ing. Architektin
Stedesand

6100-1486 Mehrfamilienhaus - Effizienzhaus ~67%
Mehrfamilienhäuser, mit 6 bis 19 WE, mittlerer Standard
rundzwei Architekten
Berlin

6100-1487 Mehrfamilienhaus (9 WE) - Effizienzhaus 55
Mehrfamilienhäuser, mit 6 bis 19 WE, mittlerer Standard
Scharabi Architekten PartG mbB
Berlin

6100-1488 Mehrgenerationenhaus - Effizienzhaus ~65%
Mehrfamilienhäuser, mit 6 bis 19 WE, mittlerer Standard
von Ey Architektur PartG mbB
Berlin

6100-1489 Einfamilienhaus
Ein- und Zweifamilienhäuser unterkellert, mittl. Standard
Kleszczewski + Partner Architekten
Grevenbroich

6100-1490 Einfamilienhaus - Effizienzhaus ~72%
Ein- und Zweifamilienhäuser unterkellert, hoher Standard
wening.architekten
Potsdam

6100-1491 Einfamilienhaus
Ein- u. Zweifamilienhäuser, nicht unterkell., hoh. Standard
MÖHRING ARCHITEKTEN
Berlin

6100-1492 Mehrfamilienhaus - Effizienzhaus ~72%
Mehrfamilienhäuser, mit 20 oder mehr WE, mittl. Standard
P4 Architekten BDA
Frankenthal

6100-1496 Ferienwohnanlage (8 WE)
Mehrfamilienhäuser, mit 6 bis 19 WE, hoher Standard
Architekturbüro Griebel
Lensahn

6100-1497 Einfamilienhaus, Nebengebäude
Ein- u. Zweifamilienhäuser, nicht unterkell., mittl. Standard
Hatzius Sarramona Architekten
Hamburg

6100-1498 Mehrfamilienhäuser mit 2 Gebäuden (18 WE)
Mehrfamilienhäuser, mit 6 bis 19 WE, mittlerer Standard
Architekturbüro Steffen, Architekt R. Steffen, X. Alve
Überherrn

6100-1499 Reihenhausanlage (9 WE)
Mehrfamilienhäuser, mit 6 bis 19 WE, hoher Standard
saboArchitekten BDA
Hannover

Fotopräsentation der Objekte

6100-1503 2 Wohngebäude (15 WE) - Effizienzhaus ~71%
Wohnhäuser, mit bis zu 15% Mischnutzung, mittl. Standard
Schenk Perfler Architekten GbR
Berlin

6100-1504 Mehrfamilienhaus (8 WE, 1 GE)
Wohnhäuser, mit bis zu 15% Mischnutzung, mittl. Standard
Dietzsch & Weber, Architekten BDA
Halle

6100-1506 Einfamilienhaus, Garage - Effizienzhaus ~18%
Ein- u. Zweifamilienhäuser, nicht unterkell., hoh. Standard
Zymara Loitzenbauer Giesecke Architekten BDA
Hannover

6100-1508 Mehrfamilienhäuser - Effizienzhaus ~28%
Mehrfamilienhäuser, mit 20 oder mehr WE, hoh. Standard
ENKE WULF architekten
Berlin

6100-1510 Mehrfamilienhäuser - Effizienzhaus ~28%
Mehrfamilienhäuser, mit 20 oder mehr WE, mittl. Standard
GSAI GALANDI SCHIRMER ARCHITEKTEN +
INGENIEURE GMBH, Berlin

6100-1513 Einfamilienhaus - Effizienzhaus ~64%
Ein- u. Zweifamilienhäuser, Holzbauweise, nicht unterkellert
Maximilian Hartinger
München

Fotopräsentation der Objekte

© Claus Bach

6100-1516 Mehrfamilienhaus - Effizienzhaus ~31%
Mehrfamilienhäuser, mit 6 bis 19 WE, mittlerer Standard
⌂ Schettler & Partner PartGmbB
Weimar

© BRATHUHN + KÖNIG

6200-0077 Jugendwohngruppe (10 Betten)
Wohnheime und Internate
⌂ BRATHUHN + KÖNIG, Architektur- und Ingenieur-PartGmbB, Braunschweig

© Ulrich Schwarz, Berlin

6200-0093 Wohnheim (34 Betten)
Wohnheime und Internate
⌂ ZappeArchitekten
Berlin

© Christian Eblenkamp

6200-0100 Tagespflege für Senioren - Effizienzhaus ~58%
Pflegeheime
⌂ Hüllmann Architekten & Ingenieure
Delbrück

© Andrea Flak

6200-0101 Seniorenwohnanlage - Effizienzhaus ~63%
Seniorenwohnungen, mittlerer Standard
⌂ Thüs Farnschläder Architekten
Hamburg

© Victor S. Brigola

6400-0110 Jugendhaus
Gemeindezentren, mittlerer Standard
⌂ MATTES//EPPMANN ARCHITEKTEN GbR
Abstatt

Fotopräsentation der Objekte

6400-0113 Bildungscampus
Gemeindezentren, mittlerer Standard
heinobrodersen architekt
Flensburg

6500-0052 Café, Restaurant (72 Sitzplätze)
Gaststätten, Kantinen und Mensen
HARTUNG Architekten
Möhnesee

7100-0058 Büro- und Produktionsgebäude (8 AP)
Betriebs- u. Werkstätten, mehrgeschossig, hoh. Hallenanteil
medienundwerk
Karlsruhe

7100-0059 Laborgebäude (285 AP)
Instituts- und Laborgebäude
Staab Architekten GmbH
Berlin

7200-0095 Nahversorgungsmarkt -Effizienzhaus ~70%
Verbrauchermärkte
Bits & Beits GmbH, Büro für Architektur
Bad Salzuflen

7300-0099 Werkstatthalle - Effizienzhaus ~79%
Betriebs- und Werkstätten, eingeschossig
Brenncke Architekten Partnerschaft mbB
Schwerin

Fotopräsentation der Objekte

7600-0082 Feuerwache (3 Fahrzeuge) - Effizienzhaus ~41%
Feuerwehrhäuser
Steiner Weißenberger Architekten BDA
Berlin

7600-0083 Feuerwache - Effizienzhaus ~57%
Feuerwehrhäuser
hiw architekten gmbh
Straubing

7600-0084 Feuerwehrhaus (5 Fahrzeuge)
Feuerwehrhäuser
Atelier für Architektur & Denkmalpflege,
Stuve & Jürgens Architekten BDA, Köthen / Anhalt

7700-0084 Logistikhalle (60 AP)
Industrielle Produktionsgebäude, überwiegend Skelettbau
F64 Architekten, Architekten und Stadtplaner,
PartGmbB, Kempten / Allgäu

7700-0086 Zentraldepot für Kunstgut - Effizienzhaus ~63%
Lagergebäude, ohne Mischnutzung
Staab Architekten GmbH
Berlin

9100-0178 Aussichtsturm
Sonstige Gebäude
fehlig moshfeghi architekten BDA
Hamburg

9100-0179 Gemeindehaus
Gemeindezentren, mittlerer Standard
VON M GmbH
Stuttgart

9100-0180 Veranstaltungsgebäude (300 Sitzplätze)
Bibliotheken, Museen und Ausstellungen
Hepp + Zenner, Ingenieurgesellschaft, für Objekt- und Stadtplanung mbH, Saarbrücken

9200-0003 ZOB-Überdachung (6 Haltepunkte)
Sonstige Gebäude
HJPplaner
Aachen

Erläuterungen zur Fachbuchreihe BKI Baukosten Neubau

Erläuterungen zur Fachbuchreihe BKI Baukosten Neubau

Die Fachbuchreihe BKI Baukosten besteht aus drei Bänden:
- Baukosten Gebäude Neubau 2021, Statistische Kostenkennwerte (Teil 1)
- Baukosten Bauelemente Neubau 2021, Statistische Kostenkennwerte (Teil 2)
- Baukosten Positionen Neubau 2021, Statistische Kostenkennwerte (Teil 3)

Die drei Fachbücher für den Neubau sind für verschiedene Stufen der Kostenermittlungen vorgesehen. Daneben gibt es noch eine vergleichbare Buchreihe für den Altbau (Bauen im Bestand) gegliedert in zwei Fachbücher. Nähere Informationen dazu erscheinen in den entsprechenden Büchern. Die nachfolgende Schnellübersicht erläutert Inhalt und Verwendungszweck:

BKI FACHBUCHREIHE Baukosten Neubau 2021		

BKI Baukosten Gebäude	**BKI Baukosten Bauelemente**	**BKI Baukosten Positionen**
Inhalt: Kosten des Bauwerks, 1. und 2. Ebene nach DIN 276 von über 70 Gebäudearten	Inhalt: 3. Ebene DIN 276 und Ausführungsarten nach BKI, außerdem Lebensdauern von Bauteilen, Grobelementarten und Kosten im Stahlbau	Inhalt: Positionen nach Leistungsbereichsgliederung für Rohbau, Ausbau, Gebäudetechnik und Freianlagen
Geeignet[1] für Kostenrahmen, Kostenschätzung	Geeignet für Kostenberechnung und Kostenvoranschlag	Geeignet für bepreiste Leistungsverzeichnisse und Kostenanschlag
HOAI Phasen 1 und 2	HOAI Phasen 3 bis 6	HOAI Phasen 6 und 8
[1] BKI empfiehlt, bereits ab Vorlage erster Skizzen oder Vorentwürfe Kosten in der 2. Ebene nach DIN 276 zu ermitteln (Grobelementmethode).		

Die Buchreihe BKI Baukosten enthält für die verschiedenen Stufen der Kostenermittlung unterschiedliche Tabellen und Grafiken. Ihre Anwendung soll nachfolgend kurz dargestellt werden.

Kostenrahmen

Für die Ermittlung der „ersten Zahl" werden auf der ersten Seite jeder Gebäudeart die Kosten des Bauwerks insgesamt angegeben. Je nach Informationsstand kann der Kostenkennwert (KKW) pro m³ BRI (Brutto-Rauminhalt), m² BGF (Brutto-Grundfläche) oder m² NUF (Nutzungsfläche) verwendet werden.

Diese Kennwerte sind geeignet, um bereits ohne Vorentwurf erste Kostenaussagen auf der Grundlage von Bedarfsberechnungen treffen zu können.

Für viele Gebäudearten existieren zusätzlich Kostenkennwerte pro Nutzeinheit. In allen Büchern der Reihe BKI Baukosten werden die statistischen Kostenkennwerte mit Mittelwert (Fettdruck) und Streubereich (von- und bis-Wert) angegeben (Abb. 1; BKI Baukosten Gebäude).

In der unteren Grafik der ersten Seite zu einer Gebäudeart sind die Kostenkennwerte der an der Stichprobe beteiligten Objekte zur Erläuterung der Bandbreite der Kostenkennwerte abgebildet. In allen Büchern wird in der Fußzeile der Kostenstand und die Mehrwertsteuer angegeben. (Abb. 2; BKI Baukosten Gebäude)

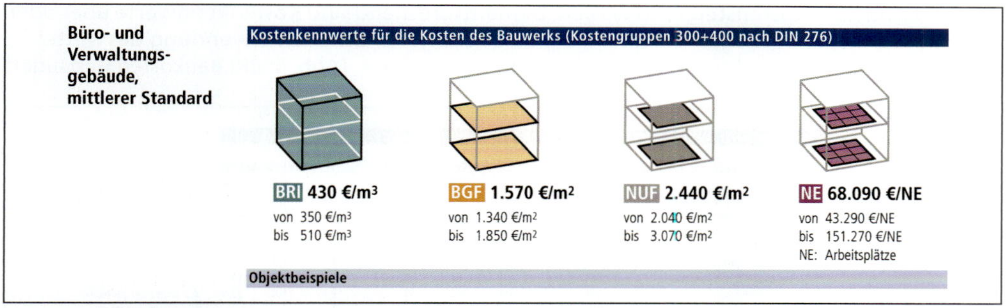

Abb. 1 aus BKI Baukosten Gebäude: Kostenkennwerte des Bauwerks

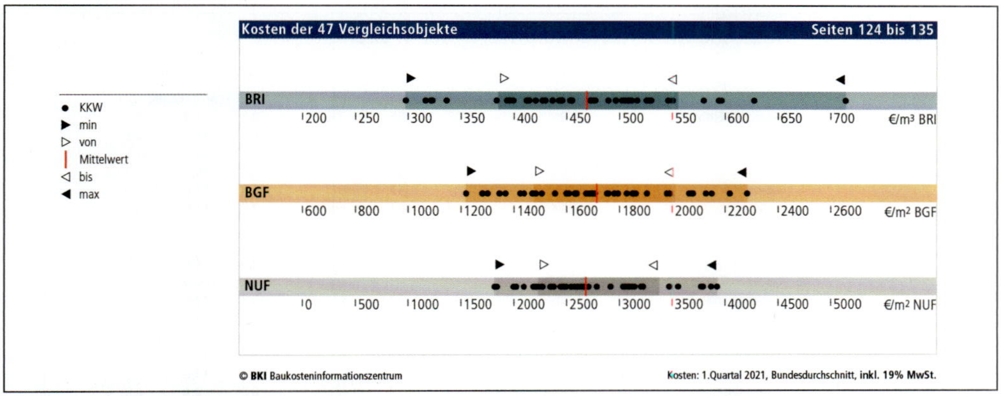

Abb. 2 aus BKI Baukosten Gebäude: Kostenkennwerte der Objekte einer Gebäudeart

Kostenschätzung

Die obere Tabelle der zweiten Seite zu einer Gebäudeart differenziert die Kosten des Bauwerks in die Kostengruppen der 1. Ebene. Es werden nicht nur die Kostenkennwerte für das Bauwerk – getrennt nach Baukonstruktionen und Technische Anlagen – sondern ebenfalls für „Vorbereitende Maßnahmen" des Grundstücks, „Außenanlagen und Freiflächen", „Ausstattung und Kunstwerke", „Baunebenkosten" genannt. Für Plausibilitätsprüfungen sind zusätzlich die Prozentanteile der einzelnen Kostengruppen ausgewiesen. (Abb. 3; BKI Baukosten Gebäude)

Für die Kostenschätzung müssen nach neuer DIN 276 die Gesamtkosten nach Kostengruppen in der zweiten Ebene der Kostengliederung ermittelt werden. Dazu müssen die Mengen der Kostengruppen 310 Baugrube/Erdbau bis 360 Dächer und die BGF ermittelt werden. Eine Kostenermittlung auf der 2. Ebene ist somit bereits durch Ermittlung von lediglich sieben Mengen möglich. (Abb. 4; BKI Baukosten Gebäude)

In den Benutzerhinweisen am Anfang des Fachbuchs „BKI Baukosten Gebäude, Statistische Kostenkennwerte Teil 1" ist eine „Auswahl kostenrelevanter Baukonstruktionen und Technischer Anlagen" aufgelistet. Sie unterstützen bei der Standardeinordnung einzelner Projekte. Weiterhin gibt die Auflistung Hinweise, welche Ausführungen in den Kostengruppen der 2. Ebene kostenmindernd bzw. kostensteigernd wirken. Dementsprechend sind Kostenkennwerte über oder unter dem Durchschnittswert auszuwählen. Eine rein systematische Verwendung des Mittelwerts reicht für eine qualifizierte Kostenermittlung nicht aus. (Abb. 5; BKI Baukosten Gebäude)

Kostenkennwerte für die Kostengruppen der 1. und 2. Ebene DIN 276

KG	Kostengruppen der 1. Ebene	Einheit	▷	€/Einheit	◁	▷	% an 300+400	◁
100	Grundstück	m² GF	–	**–**	–	–	**–**	–
200	Vorbereitende Maßnahmen	m² GF	5	**39**	258	0,4	**1,6**	5,3
300	Bauwerk - Baukonstruktionen	m² BGF	1.133	**1.299**	1.522	70,0	**76,1**	81,5
400	Bauwerk - Technische Anlagen	m² BGF	293	**415**	562	18,5	**23,9**	30,0
	Bauwerk (300+400)	m² BGF	1.477	**1.713**	2.009		**100,0**	
500	Außenanlagen und Freiflächen	m² AF	43	**138**	469	2,1	**5,4**	8,7
600	Ausstattung und Kunstwerke	m² BGF	8	**44**	190	0,5	**2,4**	10,2
700	Baunebenkosten*	m² BGF	328	**365**	403	19,2	**21,4**	23,6
800	Finanzierung	m² BGF	–	**–**	–	–	**–**	–

◁ *Auf Grundlage der HOAI 2021 berechnete Werte nach §§ 35, 52, 56. Weitere Informationen siehe Seite 48

Abb. 3 aus BKI Baukosten Gebäude: Kostenkennwerte der 1. Ebene

KG	Kostengruppen der 2. Ebene	Einheit	▷	€/Einheit	◁	▷	% an 1. Ebene	◁
310	Baugrube / Erdbau	m³ BGI	25	**55**	301	0,8	**1,9**	3,7
320	Gründung, Unterbau	m² GRF	289	**380**	571	6,9	**11,1**	16,8
330	Außenwände / vertikal außen	m² AWF	402	**534**	770	28,0	**34,0**	41,5
340	Innenwände / vertikal innen	m² IWF	194	**234**	307	12,8	**18,2**	22,3
350	Decken / horizontal	m² DEF	308	**357**	491	10,8	**17,0**	20,9
360	Dächer	m² DAF	314	**392**	566	7,7	**11,8**	15,8
370	Infrastrukturanlagen	m² BGF	–	**–**	–	–	**–**	–
380	Baukonstruktive Einbauten	m² BGF	17	**35**	70	0,2	**1,5**	4,1
390	Sonst. Maßnahmen für Baukonst.	m² BGF	35	**56**	92	2,9	**4,6**	7,5
300	**Bauwerk Baukonstruktionen**	**m² BGF**					**100,0**	
410	Abwasser-, Wasser-, Gasanlagen	m² BGF	42	**51**	65	10,3	**13,7**	18,4
420	Wärmeversorgungsanlagen	m² BGF	65	**93**	156	16,7	**24,0**	35,3
430	Raumlufttechnische Anlagen	m² BGF	9	**45**	92	2,0	**8,5**	18,3
440	Elektrische Anlagen	m² BGF	93	**126**	167	25,6	**32,9**	41,6
450	Kommunikationstechnische Anlagen	m² BGF	36	**56**	119	9,2	**14,0**	22,7
460	Förderanlagen	m² BGF	26	**39**	63	0,0	**2,4**	8,9
470	Nutzungsspez. u. verfahrenstech. Anl.	m² BGF	4	**18**	48	0,1	**1,9**	7,7
480	Gebäude- und Anlagenautomation	m² BGF	31	**44**	55	0,0	**2,6**	8,8
490	Sonst. Maßnahmen f. techn. Anlagen	m² BGF	1	**1**	2	0,0	**0,0**	0,2
400	**Bauwerk Technische Anlagen**	**m² BGF**					**100,0**	

Abb. 4 aus BKI Baukosten Gebäude: Kostenkennwerte der 2. Ebene

Auswahl kostenrelevanter Baukonstruktionen

310 Baugrube/Erdbau
- **kostenmindernd:**
Nur Oberboden abtragen, Wiederverwertung des Aushubs auf dem Grundstück, keine Deponiegebühr, kurze Transportwege, wiederverwertbares Aushubmaterial für Verfüllung
+ **kostensteigernd:**
Wasserhaltung, Grundwasserabsenkung, Baugrubenverbau, Spundwände, Baugrubensicherung mit Großbohrpfählen, Felsbohrungen, schwer lösbare Bodenarten oder Fels

320 Gründung, Unterbau
- **kostenmindernd:**
Kein Fußbodenaufbau auf der Gründungsfläche, keine Dämmmaßnahmen auf oder unter der Gründungsfläche
+ **kostensteigernd:**
Teurer Fußbodenaufbau auf der Gründungsfläche, Bodenverbesserung, Bodenkanäle, Perimeterdämmung oder sonstige, teure Dämmmaßnahmen, versetzte Ebenen

mauerwerk, Ganzglastüren, Vollholztüren Brandschutztüren, sonstige hochwertige Türen, hohe Anforderungen an Statik, Brandschutz, Schallschutz, Raumakustik und Optik, Edelstahlgeländer, raumhohe Verfliesung

350 Decke/Horizontale Baukonstruktionen
- **kostenmindernd:**
Einfache Bodenbeläge, wenige und einfache Treppen, geringe Spannweiten
+ **kostensteigernd:**
Doppelboden, Natursteinböden, Metall- und Holzbekleidungen, Edelstahltreppen, hohe Anforderungen an Brandschutz, Schallschutz, Raumakustik und Optik, hohe Spannweiten

360 Dächer
- **kostenmindernd:**
Einfache Geometrie, wenig Durchdringungen
+ **kostensteigernd:**
Aufwändige Geometrie wie Mansarddach mit Gauben, Metalldeckung, Glasdächer oder Glasoberlichter, begeh-/befahrbare Flachdächer, Begrünung, Schutzelemente wie Edelstahl-Geländer

Abb. 5 aus BKI Baukosten Gebäude: Kostenrelevante Baukonstruktionen

Die Mengen der 2. Ebene können alternativ statistisch mit den Planungskennwerten auf der vierten Seite jeder Gebäudeart näherungsweise ermittelt werden. (Abb. 6; aus BKI Baukosten Gebäude: Planungskennwerte)
Eine Tabelle zur Anwendung dieser Planungskennwerte ist unter *www.bki.de/kostensimulationsmodell* für Neubau als Excel-Tabelle erhältlich. Die Anwendung dieser Tabelle ist dort ebenfalls beschrieben.

Die Werte, die über dieses statistische Verfahren ermittelt werden, sind für die weitere Verwendung auf Plausibilität zu prüfen und anzupassen.

In BKI Baukosten Gebäude befindet sich auf der dritten Seite zu jeder Gebäudeart eine Aufschlüsselung nach Leistungsbereichen für eine überschlägige Aufteilung der Bauwerkskosten. (Abb. 7; BKI Baukosten Gebäude)

Für die Kostenaufstellung nach Leistungsbereichen existiert folgender Ansatz:
Bereits nach Kostengruppen ermittelte Kosten können prozentual, mit Hilfe der Angaben in den Prozentspalten, in die voraussichtlich anfallenden Leistungsbereiche aufgeteilt werden.

Die Ergebnisse dieser „Budgetierung" können die positionsorientierte Aufstellung der Leistungsbereichskosten nicht ersetzen. Für Plausibilitätsprüfungen bzw. grobe Kostenaussagen z. B. für Finanzierungsanfragen sind sie jedoch gut geeignet.

Planungskennwerte für Flächen und Rauminhalte nach DIN 277

Grundflächen	▷	Fläche/NUF (%)	◁	▷	Fläche/BGF (%)	◁
NUF Nutzungsfläche		**100,0**		60,7	**65,5**	71,0
TF Technikfläche	4,0	**5,3**	7,3	2,5	**3,4**	4,8
VF Verkehrsfläche	20,2	**27,2**	39,9	12,9	**16,7**	22,0
NRF Netto-Raumfläche	124,5	**132,4**	145,0	83,2	**85,5**	87,6
KGF Konstruktions-Grundfläche	18,9	**22,8**	27,8	12,4	**14,5**	16,8
BGF Brutto-Grundfläche	145,2	**155,2**	169,6		**100,0**	

Brutto-Rauminhalte	▷	BRI/NUF (m)	◁	▷	BRI/BGF (m)	◁
BRI Brutto-Rauminhalt	5,36	**5,75**	6,23	3,54	**3,72**	4,13

Flächen von Nutzeinheiten	▷	NUF/Einheit (m²)	◁	▷	BGF/Einheit (m²)	◁
Nutzeinheit: Arbeitsplätze	24,38	**28,39**	57,41	36,40	**43,24**	83,64

Lufttechnisch behandelte Flächen	▷	Fläche/NUF (%)	◁	▷	Fläche/BGF (%)	◁
Entlüftete Fläche	48,0	**48,0**	48,0	24,7	**24,7**	24,7
Be- und entlüftete Fläche	89,1	**89,1**	95,6	57,4	**57,4**	60,6
Teilklimatisierte Fläche	7,5	**7,5**	7,5	3,9	**3,9**	3,9
Klimatisierte Fläche	–	**2,6**	–	–	**1,6**	–

KG	Kostengruppen (2. Ebene)	Einheit	▷	Menge/NUF	◁	▷	Menge/BGF	◁
310	Baugrube / Erdbau	m³ BGI	0,91	**1,17**	2,01	0,61	**0,76**	1,23
320	Gründung, Unterbau	m² GRF	0,47	**0,58**	0,83	0,31	**0,38**	0,51
330	Außenwände / vertikal außen	m² AWF	1,05	**1,32**	1,47	0,72	**0,86**	1,04
340	Innenwände / vertikal innen	m² IWF	1,07	**1,39**	1,60	0,72	**0,90**	0,98
350	Decken / horizontal	m² DEF	0,83	**0,94**	1,11	0,55	**0,61**	0,67
360	Dächer	m² DAF	0,51	**0,62**	0,88	0,34	**0,40**	0,54
370	Infrastrukturanlagen	m² BGF	1,45	**1,55**	1,70		**1,00**	
380	Baukonstruktive Einbauten	m² BGF	1,45	**1,55**	1,70		**1,00**	
390	Sonst. Maßnahmen für Baukonst.	m² BGF	1,45	**1,55**	1,70		**1,00**	
300	**Bauwerk-Baukonstruktionen**	**m² BGF**	1,45	**1,55**	1,70		**1,00**	

Abb. 6 aus BKI Baukosten Gebäude: Planungskennwerte

Büro- und Verwaltungsgebäude, mittlerer Standard

Kostenkennwerte für Leistungsbereiche nach StLB (Kosten des Bauwerks nach DIN 276)

LB	Leistungsbereiche	7,50% 15% 22,50% 30%	▷	% an 300+400	◁
000	Sicherheits-, Baustelleneinrichtungen inkl. 001		1,9	**3,1**	4,2
002	Erdarbeiten		0,7	**1,6**	3,2
006	Spezialtiefbauarbeiten inkl. 005		0,0	**0,7**	5,2
009	Entwässerungskanalarbeiten inkl. 011		0,2	**0,6**	1,0
010	Drän- und Versickerungsarbeiten		0,0	**0,1**	0,4
012	Mauerarbeiten		1,2	**4,1**	10,9
013	Betonarbeiten		13,8	**19,2**	23,9
014	Natur-, Betonwerksteinarbeiten		0,0	**0,5**	1,3
016	Zimmer- und Holzbauarbeiten		0,0	**1,7**	10,6
017	Stahlbauarbeiten		0,1	**1,2**	9,2
018	Abdichtungsarbeiten		0,2	**0,5**	1,0
020	Dachdeckungsarbeiten		0,0	**0,2**	3,1
021	Dachabdichtungsarbeiten		1,9	**3,4**	5,3
022	Klempnerarbeiten		0,3	**1,1**	2,6
	Rohbau		32,9	**38,1**	48,1
023	Putz- und Stuckarbeiten, Wärmedämmsysteme		0,9	**4,2**	7,7

Abb. 7 aus BKI Baukosten Gebäude: Kostenkennwerte für Leistungsbereiche

Kostenberechnung

In der DIN 276:2018-12 wird für Kostenberechnungen festgelegt, dass die Kosten bis zur 3. Ebene der Kostengliederung ermittelt werden müssen. (Abb. 8; BKI Baukosten Bauelemente)

Für die Kostengruppen 380, 390 und 410 bis 490 ist lediglich die BGF zu ermitteln, da hier sämtliche Kostenkennwerte auf die BGF bezogen sind. Da in der Regel nicht in allen Kostengruppen Kosten anfallen und viele Mengenermittlungen mehrfach verwendet werden können, ist die Mengenermittlung der 3. Ebene ebenfalls mit relativ wenigen Mengen (ca. 15 bis 25) möglich. (Abb. 9; BKI Baukosten Bauelemente)

Eine besondere Bedeutung kann der 3. Ebene der DIN 276 beim Bauen im Bestand im Rahmen der Bewertung der mitzuverarbeitenden Bausubstanz zukommen, die auch in der aktualisierten HOAI 2021 enthalten ist. Denn erst in der 3. Ebene DIN 276 ist eine Differenzierung der Bauteile in die tragende Konstruktion und die Oberflächen (innen und außen) gegeben. Beim Bauen im Bestand sind häufig die Oberflächen zu erneuern. Wesentliche Teile der Gründung und der Tragkonstruktion bleiben faktisch unverändert, werden planerisch aber erfasst und mitverarbeitet. Deren Kostenanteile werden erst durch die Differenzierung der Kosten ab der 3. Ebene ablesbar. Daher können die Neubaukosten der 3. Ebene oft wichtige Kennwerte für die Bewertung der mitzuverarbeitenden Bausubstanz darstellen.

334 Außenwandöffnungen

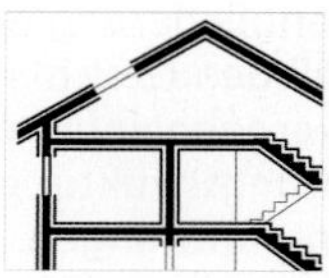

Gebäudeart	▷	€/Einheit	◁	KG an 300
1 Büro- und Verwaltungsgebäude				
Büro- und Verwaltungsgebäude, einfacher Standard	270,00	**344,00**	392,00	9,1%
Büro- und Verwaltungsgebäude, mittlerer Standard	390,00	**616,00**	950,00	9,7%
Büro- und Verwaltungsgebäude, hoher Standard	742,00	**972,00**	2.194,00	8,5%
2 Gebäude für Forschung und Lehre				
Instituts- und Laborgebäude	765,00	**1.052,00**	1.871,00	5,3%
3 Gebäude des Gesundheitswesens				
Medizinische Einrichtungen	308,00	**467,00**	547,00	7,1%
Pflegeheime	400,00	**546,00**	786,00	7,7%
4 Schulen und Kindergärten				
Allgemeinbildende Schulen	506,00	**868,00**	1.274,00	7,2%
Berufliche Schulen	662,00	**1.057,00**	1.400,00	4,2%
Förder- und Sonderschulen	572,00	**840,00**	1.119,00	4,0%
Weiterbildungseinrichtungen	1.080,00	**1.714,00**	2.348,00	0,8%
Kindergärten, nicht unterkellert, einfacher Standard	669,00	**709,00**	780,00	6,8%
Kindergärten, nicht unterkellert, mittlerer Standard	538,00	**725,00**	1.051,00	8,1%
Kindergärten, nicht unterkellert, hoher Standard	485,00	**674,00**	768,00	3,3%
Kindergärten, Holzbauweise, nicht unterkellert	489,00	**716,00**	941,00	6,5%
Kindergärten, unterkellert	692,00	**810,00**	993,00	9,4%

Abb. 8 aus BKI Baukosten Bauelemente: Kostenkennwerte der 3. Ebene

444 Niederspannungs-installations-anlagen

Gebäudeart	▷	€/Einheit	◁	KG an 400
1 Büro- und Verwaltungsgebäude				
Büro- und Verwaltungsgebäude, einfacher Standard	23,00	**39,00**	51,00	20,2%
Büro- und Verwaltungsgebäude, mittlerer Standard	48,00	**69,00**	101,00	19,0%
Büro- und Verwaltungsgebäude, hoher Standard	63,00	**83,00**	134,00	12,2%
2 Gebäude für Forschung und Lehre				
Instituts- und Laborgebäude	31,00	**69,00**	101,00	8,2%
3 Gebäude des Gesundheitswesens				
Medizinische Einrichtungen	62,00	**90,00**	143,00	17,8%
Pflegeheime	35,00	**58,00**	70,00	9,3%
4 Schulen und Kindergärten				
Allgemeinbildende Schulen	35,00	**53,00**	73,00	15,4%
Berufliche Schulen	64,00	**84,00**	123,00	15,3%
Förder- und Sonderschulen	59,00	**86,00**	196,00	20,3%
Weiterbildungseinrichtungen	58,00	**115,00**	228,00	19,9%
Kindergärten, nicht unterkellert, einfacher Standard	16,00	**27,00**	33,00	11,0%
Kindergärten, nicht unterkellert, mittlerer Standard	39,00	**54,00**	109,00	19,5%
Kindergärten, nicht unterkellert, hoher Standard	24,00	**29,00**	33,00	9,6%
Kindergärten, Holzbauweise, nicht unterkellert	18,00	**31,00**	45,00	10,0%
Kindergärten, unterkellert	31,00	**61,00**	118,00	17,0%

Abb. 9 aus BKI Baukosten Bauelemente: Kostenkennwerte der 3. Ebene für Kostengruppe 400

Kostenvoranschlag

Mit dem Begriff „Kostenvoranschlag" wird in der neuen DIN 276 gegenüber der Vorgängernorm ein neuer Begriff eingeführt. Der Kostenvoranschlag wird als die Ermittlung der Kosten auf der Grundlage der Ausführungsplanung und der Vorbereitung der Vergabe definiert. Die neue Kostenermittlungsstufe entspricht dem bisherigen „Kostenanschlag". Die DIN 276 fordert, dass die Gesamtkosten nach Kostengruppen in der dritten Ebene der Kostengliederung ermittelt und darüber hinaus nach technischen Merkmalen oder herstellungsmäßigen Gesichtspunkten weiter untergliedert werden. Anschließend sollen die Kosten in Vergabeeinheiten nach der für das jeweilige Bauprojekt vorgesehenen Vergabe- und Ausführungsstruktur geordnet werden. Diese Ordnung erleichtert es in den nachfolgenden Kostenermittlungen, dass die Angebote, Aufträge und Abrechnungen zusammengestellt, kontrolliert und verglichen werden können.

Für die geforderte Untergliederung der 3. Ebene sind die im Band „Bauelemente" enthaltenen BKI Ausführungsarten besonders geeignet. Die darin enthaltene Aufteilung in Leistungsbereiche ermöglicht eine ausführungsorientierte Gliederung. Diese Leistungsbereiche können dann zu den geforderten projektspezifischen Vergabeeinheiten zusammengestellt werden.

361.34.00	Metallträger, Blechkonstruktion				
02	**Fachwerkträger aus Profilstahl als tragende Konstruktion für Trapezblechdächer, mit aussteifender Trapezblechschale (3 Objekte)**	280,00	**300,00**	340,00	
	Einheit: m² Dachfläche				
	017 Stahlbauarbeiten				71,0%
	020 Dachdeckungsarbeiten				8,0%
	022 Klempnerarbeiten				14,0%
	034 Maler- und Lackierarbeiten - Beschichtungen				7,0%

Abb. 10 aus BKI Baukosten Bauelemente: Kostenkennwerte für Ausführungsarten

Kostenanschlag

Der Kostenanschlag ist nach Kostenrahmen, Kostenschätzung, Kostenberechnung und Kostenvoranschlag die fünfte Stufe der Kostenermittlungen nach DIN 276. Er dient den Entschei-dungen über die Vergaben und die Ausführung. Die HOAI-Novelle 2013 beinhaltet in der Leistungsphase 6 „Vorbereitung der Vergabe“ eine wesentliche Änderung: Als Grundleistung wird hier das „Ermitteln der Kosten auf Grundlage vom Planer bepreister Leistungsverzeichnisse“ aufgeführt. Auch in der HOAI 2021 ist die Grundleistung unverändert enthalten. Nach der Begründung zur 7. HOAI-Novelle wird durch diese präzisierte Kostenermittlung und -kontrolle der Kostenanschlag entbehrlich. Dies heißt jedoch nicht, dass auf die 3. Ebene der DIN 276 verzichtet werden kann. Die 3. Ebene der DIN 276 und die BKI Ausführungsarten sind wichtige Zwischenschritte auf dem Weg zu bepreisten Leistungsverzeichnissen.

351
Decken-konstruktionen

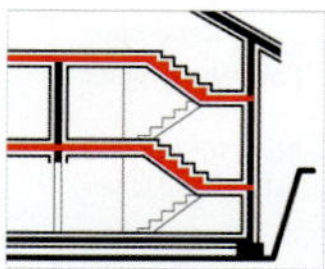

KG.AK.AA		▷	€/Einheit	◁	LB an AA
351.25.00	Stahlbeton, Fertigteil, Platten				
01	**Stahlbeton-Deckenplatten als Fertigteile oder als teilelementierte Decken, d=16-20cm, Bewehrung (26 Objekte)** Einheit: m² Deckenfläche	80,00	**100,00**	130,00	
	013 Betonarbeiten				100,0%
03	**Stahlbeton-Deckenplatten als Fertigteile oder als teilelementierte Decken, d=22cm, Bewehrung (3 Objekte)** Einheit: m² Deckenfläche	99,00	**100,00**	110,00	
	013 Betonarbeiten				100,0%
351.34.00	Metallträger, Blechkonstruktion				
01	**Stahlkonstruktion für Fluchtbalkone mit Gitterrostbelag, Geländer (4 Objekte)** Einheit: m² Deckenfläche	670,00	**860,00**	1.020,00	
	016 Zimmer- und Holzbauarbeiten				17,0%
	017 Stahlbauarbeiten				35,0%
	031 Metallbauarbeiten				46,0%
	034 Maler- und Lackierarbeiten - Beschichtungen				2,0%

Abb. 11 aus BKI Baukosten Bauelemente: Kostenkennwerte für Ausführungsarten

Positionspreise

Zum Bepreisen von Leistungsverzeichnissen, Vorbereitung der Vergabe sowie Prüfen von Preisen eignet sich der Band BKI Baukosten Positionen, Statistische Kostenkennwerte (Teil 3). In diesem Band werden Positionen aus der BKI-Positionsdatenbanken ausgewertet und tabellarisch mit Minimal-, Von-, Mittel-, Bis- sowie Maximalpreisen aufgelistet. Aufgeführt sind jeweils Brutto- und Nettopreise. (Abb. 12; BKI Baukosten Positionen)

Die Von-, Mittel-, Bis-Preise stellen dabei die übliche Bandbreite der Positionspreise dar. Minimal- und Maximalpreise bezeichnen die kleinsten und größten aufgetretenen Preise einer in der BKI-Positionsdatenbanken dokumentierten Position. Sie stellen jedoch keine absolute Unter- oder Obergrenze dar. Die Positionen sind gegliedert nach den Leistungsbereichen des Standardleistungsbuchs. Es werden Positionen für Rohbau, Ausbau, Gebäudetechnik und Freianlagen dokumentiert.
Ergänzt werden die statistisch ausgewerteten Baupreise durch Mustertexte für die Ausschreibung von Bauleistungen. Diese werden von Fachautoren verfasst und i.d.R. von Fachverbänden geprüft. Die Verbände sind in der Fußzeile für den jeweiligen Leistungsbereich benannt. (Abb. 13; BKI Baukosten Positionen)

LB 012
Mauerarbeiten

012

Mauerarbeiten							Preise €
Nr.	**Positionen**	**Einheit**	▶	▷	**ø brutto €** ø netto €	◁	◀
1	Querschnittsabdichtung, Mauerwerk bis 17,5cm	m	1,5	3,3	**4,0**	5,1	6,7
			1,3	2,8	**3,4**	4,3	5,7
2	Querschnittsabdichtung, Mauerwerk bis 36,5cm	m	3,5	5,3	**6,2**	7,6	11
			2,9	4,5	**5,2**	6,4	9,1
3	Dämmstein, Mauerwerk, 11,5cm	m	19	31	**36**	43	56
			16	26	**31**	36	47
4	Dämmstein, Mauerwerk, 17,5cm	m	23	38	**44**	55	83
			19	32	**37**	46	69
5	Dämmstein, Mauerwerk, 24cm	m	34	53	**60**	78	110
			29	45	**50**	65	93
6	Dämmstein, KS-Mauerwerk, 11,5cm	m	23	25	**27**	29	32
			19	21	**22**	24	27
7	Dämmstein, KS-Mauerwerk 17,5cm	m	29	36	**40**	46	58
			24	30	**34**	39	49
8	Dämmstein, KS-Mauerwerk, 24cm	m	37	50	**50**	56	68
			31	42	**42**	47	57

Abb. 12 aus BKI Baukosten Positionen: Positionspreise

LB 012
Mauerarbeiten

Nr.	**Kurztext** / Langtext						Kostengruppe
▶	▷	**ø netto €**	◁	◀	[Einheit]	Ausf.-Dauer	Positionsnummer

A 1 Querschnittsabdichtung, Mauerwerk — Beschreibung für Pos. **1-2**

Abdichtung, einlagig, gegen Bodenfeuchte in/unter Mauerwerkswänden, mit seitlichem Überstand und Überdeckung von je mind. 10cm; inkl. Abgleichen der Auflagerfläche.

1 Querschnittsabdichtung, Mauerwerk bis 17,5cm — KG **342**

Wie Ausführungsbeschreibung A 1
Mauerdicke: bis 17,5 cm
Abdichtung: Bitumendichtungsbahn G 200 DD
Angeb. Fabrikat: .....

1€	3€	**3€**	4€	6€	[m]	⏱ 0,04 h/m	012.000.206

Abb. 13 aus BKI Baukosten Positionen: Mustertexte

Detaillierte Kostenangaben zu einzelnen Objekten

In BKI Baukosten Gebäude existiert zu jeder Gebäudeart eine Objektübersicht mit den ausgewerteten Objekten, die zu den Stichproben beigetragen haben. (Abb. 14; BKI Baukosten Gebäude)

Diese Übersicht erlaubt den Übergang von der Kostenkennwertmethode auf der Grundlage einer statistischen Auswertung, wie sie in der Buchreihe "BKI Baukosten" gebildet wird, zur Objektvergleichsmethode auf der Grundlage einer objektorientierten Darstellung, wie sie in den "BKI Objektdaten" enthalten ist. Alle Objekte sind mit einer Objektnummer versehen, unter der eine Einzeldokumentation bei BKI geführt wird. Weiterhin ist angegeben, in welchem Fachbuch der Reihe BKI OBJEKTDATEN das betreffende Objekt veröffentlicht wurde.

Büro- und Verwaltungsgebäude, mittlerer Standard

€/m² BGF

min	1.115	€/m²
von	1.340	€/m²
Mittel	**1.575**	**€/m²**
bis	1.845	€/m²
max	2.100	€/m²

Objektübersicht zur Gebäudeart

1300-0235 Bürogebäude (12 AP) - Effizienzhaus ~60% — **BRI** 742m³ **BGF** 255m² **NUF** 173m²

Büro mit 12 Arbeitsplätzen. Holzbau.

Land: Hessen
Kreis: Groß-Gerau
Standard: Durchschnitt
Bauzeit: 30 Wochen
Kennwerte: bis 1.Ebene DIN276

BGF **1.872 €/m²**

Planung: MIND Architects Collective; Bischofsheim

vorgesehen: BKI Objektdaten E8

1300-0238 Bürogebäude, Lagerhalle - Effizienzhaus 70 — **BRI** 2 307m³ **BGF** 503m² **NUF** 407m²

Bürogebäude mit Lagerhalle. Massivbau.

Land: Bayern
Kreis: Bamberg
Standard: Durchschnitt
Bauzeit: 52 Wochen
Kennwerte: bis 1.Ebene DIN276

BGF **1.354 €/m²**

Planung: Eis Architekten GmbH; Bamberg

vorgesehen: BKI Objektdaten E8

1300-0224 Verwaltungsgebäude (205 AP) - Effizienzhaus ~66% — **BRI** 27.616m³ **BGF** 7.956m² **NUF** 5.915m²

Verwaltungsgebäude (205 AP) mit Tiefgarage (33 STP). STB-Massivbau.

Land: Baden-Württemberg
Kreis: Biberach/Riß
Standard: Durchschnitt
Bauzeit: 91 Wochen
Kennwerte: bis 3.Ebene DIN276

BGF **1.907 €/m²**

Planung: Braunger Wörtz Architekten GmbH; Ulm

veröffentlicht: BKI Objektdaten E7

Abb. 14 aus BKI Baukosten Gebäude: Objektübersicht

Erläuterungen

(1) (2) (3) (4) (5)

350 Decken/Horizontale Baukonstruktionen

Lebensdauer von Bauteilen in Jahren	▷	mittel	◁
Deckenbeläge			
Glatte Beläge			
PVC	16	**22**	29
Kork	11	**17**	25
Kunststoff-Parkett	12	**19**	26
Linoleum	16	**23**	32
Laminat	8	**13**	19
Sporthallenbeläge	16	**19**	23
Holzparkett	29	**44**	72
Holzdielen	30	**45**	62
Holzpflaster	32	**47**	61
Teppichböden			
Baumwolle	8	**11**	17
Jute	8	**11**	16
Kokos	8	**11**	16
Naturfasergemisch	8	**11**	16
Sisal	8	**12**	17
Synthetikfaser	8	**12**	16
Wolle	8	**13**	26
Schmutzfangbeläge			
Baumwolle	5	**8**	11
Jute	6	**8**	13
Kokos	6	**8**	13
Kunststoff	6	**9**	14
Sisal	6	**8**	15
Synthetikfaser	6	**9**	14
Natursteinbeläge			
Sedimentgestein	38	**64**	97
Metamorphgestein	39	**65**	101
Magmatisches Gestein	36	**60**	85
Kunststeinbeläge			
Betonstein, Kunstharz und Terrazzoasphalt	32	**52**	79
Klinkerplatten	27	**43**	62
Asphalt	17	**21**	50
fugenlose Bodenbeläge			
Kunstharz, Quarz und Terrazzo	21	**37**	67
Keramische Fliesen und Platten			
Keramische Spaltplatten	38	**54**	71
Steingut	36	**50**	69
Steinzeug	35	**50**	69
Terracotta	40	**53**	69
Feinsteinzeug	32	**50**	66
Glasmosaik	36	**54**	71

Skala: 0 – 25 – 50 – 75 – 100 – 125 Jahre

▷ von
| Mittelwert
◁ bis

Erläuterung nebenstehender Tabelle

Lebensdauer von Bauelementen aus Literaturrecherchen und Umfragen

①

Gliederung nach DIN 276 (2. Ebene)

②

Gliederung nach DIN 276 (3. Ebene)

③

Elementgruppen (freie Gliederung)

④

Lebensdauer von Bauelementen in Jahren. Angegeben ist jeweils der „von-, mittel- und bis"-Wert. Mittelwerte sind im Fettdruck dargestellt. Die „von- und bis"-Werte sind berechnet wie BKI Kostenkennwerte (mit modifizierter Standardabweichung). Alle Werte sind jeweils auf ganze Jahre gerundet.

Der Von-Wert der Lebensdauer bedeutet nicht automatisch eine generelle Mindestlebensdauer, sondern ist als Richtwert anzusehen, der bei durchschnittlicher Nutzung, Qualität, Umgebungsbedingungen, usw. erreicht wird. Ebenso ist der Bis-Wert der Lebensdauer nicht automatisch eine generelle Höchstlebensdauer, sondern kann bei günstigen Umgebungsbedingungen, guter Pflege, etc. überschritten werden.

⑤

Skala in Jahren (0 bis 125 Jahre) und grafische Darstellung der Lebensdauer.

Weitere Erläuterungen zu Lebensdauer allgemein, Art und Umfang der hier verwendeten Daten und zur Anwendung siehe auch den Fachartikel „Lebensdauer von Bauteilen und Bauelementen" von Dr. Frank Ritter ab Seite 66.

①　②　③　④

Büro- und Verwaltungsgebäude, mittlerer Standard

Kosten:
Stand 1.Quartal 2021
Bundesdurchschnitt
inkl. 19% MwSt.

▷ von
ø Mittel
◁ bis

Kostengruppen		▷	€/Einheit	◁	KG an 300+400
310	**Baugrube / Erdbau**				
311	Herstellung [m³]	23,00	**40,00**	114,00	1,1%
312	Umschließung [m²]	17,00	**94,00**	148,00	0,2%
320	**Gründung, Unterbau**				
321	Baugrundverbesserung [m²]	11,00	**35,00**	85,00	0,3%
322	Flachgründungen und Bodenplatten [m²]	144,00	**184,00**	245,00	4,0%
323	Tiefgründungen [m²]	74,00	**235,00**	526,00	0,7%
324	Gründungsbeläge [m²]	84,00	**134,00**	173,00	2,7%
325	Abdichtungen und Bekleidungen [m²]	16,00	**32,00**	48,00	0,7%
330	**Außenwände/Vertikale Baukonstruktionen, außen**				
331	Tragende Außenwände [m²]	129,00	**182,00**	261,00	4,8%
332	Nichttragende Außenwände [m²]	122,00	**209,00**	319,00	0,4%
333	Außenstützen [m]	138,00	**230,00**	298,00	0,3%
334	Außenwandöffnungen [m²]	506,00	**693,00**	997,00	11,0%
335	Außenwandbekleidungen, außen [m²]	123,00	**203,00**	343,00	6,2%
336	Außenwandbekleidungen, innen [m²]	21,00	**39,00**	58,00	1,0%
338	Lichtschutz zur KG 330 [m²]	128,00	**233,00**	531,00	1,8%
339	Sonstiges zur KG 330 [m²]	2,80	**10,00**	40,00	0,2%
340	**Innenwände/Vertikale Baukonstruktionen, innen**				
341	Tragende Innenwände [m²]	95,00	**166,00**	295,00	3,0%
342	Nichttragende Innenwände [m²]	75,00	**91,00**	118,00	2,3%
343	Innenstützen [m]	111,00	**172,00**	265,00	0,4%
344	Innenwandöffnungen [m²]	450,00	**666,00**	879,00	4,7%
345	Innenwandbekleidungen [m²]	25,00	**37,00**	53,00	2,6%
346	Elementierte Innenwandkonstruktionen [m²]	176,00	**316,00**	541,00	0,6%
350	**Decken/Horizontale Baukonstruktionen**				
351	Deckenkonstruktionen [m²]	145,00	**181,00**	220,00	6,1%
353	Deckenbeläge [m²]	119,00	**132,00**	153,00	3,9%
354	Deckenbekleidungen [m²]	48,00	**69,00**	106,00	1,8%
359	Sonstiges zur KG 350 [m²]	15,00	**36,00**	115,00	1,0%
360	**Dächer**				
361	Dachkonstruktionen [m²]	122,00	**156,00**	208,00	3,3%
362	Dachöffnungen [m²]	1.310,00	**2.168,00**	4.814,00	0,5%
363	Dachbeläge [m²]	148,00	**197,00**	321,00	4,1%
364	Dachbekleidungen [m²]	17,00	**50,00**	91,00	0,9%
369	Sonstiges zur KG 360 [m²]	11,00	**30,00**	55,00	0,3%
370	**Infrastrukturanlagen**				
380	**Baukonstruktive Einbauten**				
381	Allgemeine Einbauten [m² BGF]	18,00	**35,00**	56,00	0,9%

Kosten: 1.Quartal 2021, Bundesdurchschnitt, **inkl. 19% MwSt.**

Erläuterung nebenstehender Tabelle

Alle Kostenkennwerte enthalten die Mehrwertsteuer. Kostenstand: 1. Quartal 2021.
Kosten und Kostenkennwerte umgerechnet auf den Bundesdurchschnitt.

Bauelemente Neubau nach Gebäudearten für die Kostengruppen der 3. Ebene DIN 276

①

Bezeichnung der Gebäudeart

②

Ordnungszahl und Bezeichnung der Kostengruppe nach DIN 276:2018-12. In eckiger Klammer wird die Einheit der Menge nach DIN 276:2018-12 genannt. Die zugehörigen Mengenbenennung werden auf der hinteren Umschlagklappe abgebildet.

③

Kostenkennwerte für Bauelemente (3. Ebene DIN 276) inkl. MwSt. mit Kostenstand 1. Quartal 2021. Kosten und Kostenkennwerte umgerechnet auf den Bundesdurchschnitt. Angabe von Streubereich (Standardabweichung; „von-/bis"-Werte) und Mittelwert (Fettdruck).

④

Durchschnittlicher Anteil der Kosten der jeweiligen Kostengruppe an den Kosten für Baukonstruktionen (Kostengruppe 300) und Technische Anlagen (Kostengruppe 400). Angabe in Prozent.

Bei den Kostenkennwerten für Baukonstruktionen und Technische Anlagen sind nicht alle Kostengruppen einzeln aufgeführt. Die Kostenkennwerte der nicht genannten Kostengruppen werden unter „Sonstige Kostengruppen Bauwerk - Baukonstruktion" und „Sonstige Kostengruppen Bauwerk - Technische Anlagen" in der untersten Zeile zusammengefasst.

1 2 3 4

353 Deckenbeläge

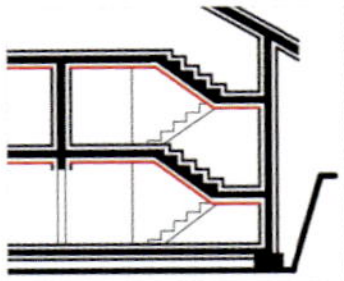

Kosten:
Stand 1.Quartal 2021
Bundesdurchschnitt
inkl. 19% MwSt.

Einheit: m²
Deckenbelagsfläche

Gebäudeart	▷	€/Einheit	◁	KG an 300
1 Büro- und Verwaltungsgebäude				
Büro- und Verwaltungsgebäude, einfacher Standard	72,00	**102,00**	120,00	4,1%
Büro- und Verwaltungsgebäude, mittlerer Standard	119,00	**132,00**	153,00	5,2%
Büro- und Verwaltungsgebäude, hoher Standard	138,00	**177,00**	214,00	4,9%
2 Gebäude für Forschung und Lehre				
Instituts- und Laborgebäude	45,00	**113,00**	139,00	2,9%
3 Gebäude des Gesundheitswesens				
Medizinische Einrichtungen	94,00	**127,00**	182,00	5,4%
Pflegeheime	81,00	**103,00**	147,00	5,0%
4 Schulen und Kindergärten				
Allgemeinbildende Schulen	108,00	**116,00**	126,00	2,8%
Berufliche Schulen	158,00	**169,00**	181,00	2,6%
Förder- und Sonderschulen	93,00	**118,00**	155,00	4,1%
Weiterbildungseinrichtungen	122,00	**149,00**	162,00	4,1%
Kindergärten, nicht unterkellert, einfacher Standard	–	**125,00**	–	0,7%
Kindergärten, nicht unterkellert, mittlerer Standard	83,00	**113,00**	130,00	1,2%
Kindergärten, nicht unterkellert, hoher Standard	30,00	**69,00**	109,00	0,5%
Kindergärten, Holzbauweise, nicht unterkellert	82,00	**122,00**	156,00	1,1%
Kindergärten, unterkellert	87,00	**96,00**	108,00	1,4%
5 Sportbauten				
Sport- und Mehrzweckhallen	117,00	**250,00**	383,00	2,2%
Sporthallen (Einfeldhallen)	109,00	**141,00**	172,00	1,0%
Sporthallen (Dreifeldhallen)	142,00	**172,00**	186,00	1,9%
Schwimmhallen	–	**–**	–	–
6 Wohngebäude				
Ein- und Zweifamilienhäuser				
Ein- und Zweifamilienhäuser, unterkellert, einfacher Standard	122,00	**143,00**	155,00	8,4%
Ein- und Zweifamilienhäuser, unterkellert, mittlerer Standard	122,00	**149,00**	196,00	6,7%
Ein- und Zweifamilienhäuser, unterkellert, hoher Standard	128,00	**186,00**	248,00	7,1%
Ein- und Zweifamilienhäuser, nicht unterkellert, einfacher Standard	97,00	**111,00**	125,00	5,5%
Ein- und Zweifamilienhäuser, nicht unterkellert, mittlerer Standard	106,00	**143,00**	183,00	4,2%
Ein- und Zweifamilienhäuser, nicht unterkellert, hoher Standard	142,00	**188,00**	246,00	4,8%
Ein- und Zweifamilienhäuser, Passivhausstandard, Massivbau	112,00	**133,00**	154,00	5,1%
Ein- und Zweifamilienhäuser, Passivhausstandard, Holzbau	125,00	**147,00**	181,00	4,3%
Ein- und Zweifamilienhäuser, Holzbauweise, unterkellert	75,00	**113,00**	193,00	5,4%
Ein- und Zweifamilienhäuser, Holzbauweise, nicht unterkellert	75,00	**117,00**	189,00	3,5%
Doppel- und Reihenendhäuser, einfacher Standard	76,00	**108,00**	125,00	7,0%
Doppel- und Reihenendhäuser, mittlerer Standard	106,00	**123,00**	160,00	6,0%
Doppel- und Reihenendhäuser, hoher Standard	120,00	**150,00**	180,00	6,6%
Reihenhäuser, einfacher Standard	50,00	**105,00**	160,00	5,5%
Reihenhäuser, mittlerer Standard	93,00	**113,00**	153,00	6,6%
Reihenhäuser, hoher Standard	128,00	**180,00**	216,00	9,4%
Mehrfamilienhäuser				
Mehrfamilienhäuser, mit bis zu 6 WE, einfacher Standard	81,00	**134,00**	214,00	7,7%
Mehrfamilienhäuser, mit bis zu 6 WE, mittlerer Standard	121,00	**139,00**	169,00	7,0%
Mehrfamilienhäuser, mit bis zu 6 WE, hoher Standard	165,00	**182,00**	200,00	8,8%

▷ von
ø Mittel
◁ bis

Kosten: 1.Quartal 2021, Bundesdurchschnitt, **inkl. 19% MwSt.**

Erläuterung nebenstehender Tabelle

Alle Kostenkennwerte enthalten die Mehrwertsteuer. Kostenstand: 1. Quartal 2021.
Kosten und Kostenkennwerte umgerechnet auf den Bundesdurchschnitt.

Bauelemente Neubau nach Kostengruppen der 3. Ebene DIN 276

①

Ordnungszahl und Bezeichnung der Kostengruppe nach DIN 276:2018-12. Einheit und Mengenbezeichnung der Bezugseinheit nach DIN 276:2018-12, auf die die Kostenkennwerte in der Spalte „€/Einheit" bezogen sind.

②

Bezeichnung der Gebäudearten, gegliedert nach der Bauwerksartensystematik der BKI-Baukostendatenbanken.
Hinweis:
Teil 1 der Fachbuchreihe „BKI Baukosten 2021" mit dem Titel „Kostenkennwerte für Gebäude" enthält zu den hier aufgeführten Gebäudearten die Kostenkennwerte für die Kostengruppen der 1. und 2. Ebene DIN 276.

③

Kostenkennwerte für die jeweilige Gebäudeart und die jeweilige Kostengruppe (Bauelement) mit Angabe von Mittelwert (Spalte: €/Einheit) und Streubereich (Spalten: von-/bis-Werte unter Berücksichtigung der Standardabweichung).
Bei Gebäudearten mit noch schmaler Datenbasis wird nur der Mittelwert angegeben.
Insbesondere in diesen Fällen wird empfohlen, die Kosten projektbezogen über Ausführungsarten bzw. positionsweise zu ermitteln.

④

Durchschnittlicher Anteil der Kosten der jeweiligen Kostengruppe in Prozent der Kosten für Baukonstruktionen (Kostengruppe 300 nach DIN 276 = 100%) bzw. Technische Anlagen (Kostengruppe 400 nach DIN 276 = 100%).

① ② ③ ④ ⑤

353
Deckenbeläge

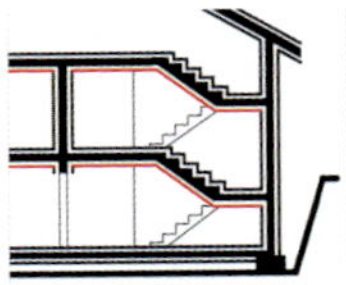

Kosten:
Stand 1.Quartal 2021
Bundesdurchschnitt
inkl. 19% MwSt.

▷ von
ø Mittel
◁ bis

KG.AK.AA		▷	€/Einheit	◁	LB an AA
353.12.00	Beschichtung, Estrich				
01	**Zementestrich, d=40-50cm, Untergrund-vorbehandlung, Bodenbeschichtung (3 Objekte)**	49,00	**57,00**	68,00	
	Einheit: m² Belegte Fläche				
	025 Estricharbeiten				36,0%
	034 Maler- und Lackierarbeiten - Beschichtungen				43,0%
	036 Bodenbelagarbeiten				21,0%
353.21.00	Estrich				
09	**Zementestrich, d=50-60mm (4 Objekte)**	20,00	**22,00**	23,00	
	Einheit: m² Belegte Fläche				
	025 Estricharbeiten				100,0%
353.25.00	Abdichtung				
02	**Streichabdichtung auf Estrich unter Fliesenbelägen, Fugenbänder (6 Objekte)**	28,00	**33,00**	38,00	
	Einheit: m² Belegte Fläche				
	024 Fliesen- und Plattenarbeiten				100,0%
353.31.00	Fliesen und Platten				
02	**Deckenbeläge aus Steinzeugfliesen verschiedener Abmessungen, im Dünnbett (3 Objekte)**	110,00	**110,00**	120,00	
	Einheit: m² Belegte Fläche				
	024 Fliesen- und Plattenarbeiten				99,0%
	031 Metallbauarbeiten				1,0%
03	**Fliesenbeläge, Steinzeug, auf Tritt- und Setzstufen sowie Podesten, im Mörtelbett (4 Objekte)**	380,00	**420,00**	540,00	
	Einheit: m² Belegte Fläche				
	024 Fliesen- und Plattenarbeiten				100,0%
353.32.00	Fliesen und Platten, Estrich				
02	**Heizestrich, Fliesenbelag im Dünnbett, Sockelfliesen (5 Objekte)**	91,00	**110,00**	120,00	
	Einheit: m² Belegte Fläche				
	024 Fliesen- und Plattenarbeiten				77,0%
	025 Estricharbeiten				23,0%
353.33.00	Fliesen und Platten, Estrich, Abdichtung				
01	**Abdichtung, schwimmender Estrich, Fliesenbelag im Dünnbett (3 Objekte)**	120,00	**140,00**	180,00	
	Einheit: m² Belegte Fläche				
	018 Abdichtungsarbeiten				12,0%
	024 Fliesen- und Plattenarbeiten				69,0%
	025 Estricharbeiten				19,0%

Kostenstand: 1.Quartal 2021, Bundesdurchschnitt, **inkl. 19% MwSt.**

Erläuterung nebenstehender Tabelle

Alle Kostenkennwerte enthalten die Mehrwertsteuer. Kostenstand: 1. Quartal 2021.
Kosten und Kostenkennwerte umgerechnet auf den Bundesdurchschnitt.

Kostenkennwerte für Ausführungsarten

①

Ordnungszahl und Bezeichnung der Kostengruppe nach DIN 276:2018-12

②

Ordnungszahl (7-stellig) für Ausführungsarten (AA), darin bedeutet

KG	Kostengruppe 3. Ebene DIN 276 (Bauelement):	3-stellige Ordnungszahl
AK	Ausführungsklasse von Bauelementen (nach BKI):	2-stellige Ordnungszahl
AA	Ausführungsart von Bauelementen (nach BKI):	2-stellige Identnummer

③

Angaben zu Ausführungsklassen und Ausführungsarten in der Reihenfolge von oben nach unten

- Bezeichnung der Ausführungsklasse
- Beschreibung der Ausführungsart
- Einheit und Mengenbezeichnung der Bezugseinheit, auf die die Kostenkennwerte in der Spalte „€/Einheit" bezogen sind (je nach Ausführungsart ggf. unterschiedliche Bezugseinheiten!).
- Ordnungszahl und Bezeichnung der Leistungsbereiche (nach STLB), die im Regelfall bei der Ausführung der jeweiligen Ausführungsart beteiligt sind.

④

Kostenkennwerte für die jeweiligen Ausführungsarten mit Angabe von Mittelwert (Spalte: €/Einheit) und Streubereich (Spalten: von-/bis-Werte unter Berücksichtigung der Standardabweichung).

⑤

Anteil der Leistungsbereiche in Prozent der Kosten für die jeweilige Ausführungsart (Kosten AA = 100%) als Orientierungswert für die Überführung in eine vergabeorientierte Kostengliederung. Je nach Einzelfall und Vergabepraxis können ggf. auch andere Leistungsbereiche beteiligt sein und die Prozentanteile von den Orientierungswerten entsprechend abweichen.

310 Baugrube/Erdbau

- **kostenmindernd:**
Nur Oberboden abtragen, Wiederverwertung des Aushubs auf dem Grundstück, keine Deponiegebühr, kurze Transportwege, wiederverwertbares Aushubmaterial für Verfüllung

+ **kostensteigernd:**
Wasserhaltung, Grundwasserabsenkung, Baugrubenverbau, Spundwände, Baugrubensicherung mit Großbohrpfählen, Felsbohrungen, schwer lösbare Bodenarten oder Fels

320 Gründung, Unterbau

- **kostenmindernd:**
Kein Fußbodenaufbau auf der Gründungsfläche, keine Dämmmaßnahmen auf oder unter der Gründungsfläche

+ **kostensteigernd:**
Teurer Fußbodenaufbau auf der Gründungsfläche, Bodenverbesserung, Bodenkanäle, Perimeterdämmung oder sonstige, teure Dämmmaßnahmen, versetzte Ebenen

330 Außenwände/Vertikale Baukonstruktionen, außen

- **kostenmindernd:**
(monolithisches) Mauerwerk, Putzfassade, geringe Anforderungen an Statik, Brandschutz, Schallschutz und Optik

+ **kostensteigernd:**
Natursteinfassade, Pfosten-Riegel-Konstruktionen, Sichtmauerwerk, Passivhausfenster, Dreifachverglasungen, sonstige hochwertige Fenster oder Sonderverglasungen, Lärmschutzmaßnahmen, Sonnenschutzanlagen

340 Innenwände/Vertikale Baukonstruktionen, innen

- **kostenmindernd:**
Großer Anteil an Kellertrennwänden, Sanitärtrennwänden, einfachen Montagewänden, sparsame Verfliesung

+ **kostensteigernd:**
Hoher Anteil an mobilen Trennwänden, Schrankwänden, verglasten Wänden, Sichtmauerwerk, Ganzglastüren, Vollholztüren Brandschutztüren, sonstige hochwertige Türen, hohe Anforderungen an Statik, Brandschutz, Schallschutz, Raumakustik und Optik, Edelstahlgeländer, raumhohe Verfliesung

350 Decke/Horizontale Baukonstruktionen

- **kostenmindernd:**
Einfache Bodenbeläge, wenige und einfache Treppen, geringe Spannweiten

+ **kostensteigernd:**
Doppelboden, Natursteinböden, Metall- und Holzbekleidungen, Edelstahltreppen, hohe Anforderungen an Brandschutz, Schallschutz, Raumakustik und Optik, hohe Spannweiten

360 Dächer

- **kostenmindernd:**
Einfache Geometrie, wenig Durchdringungen

+ **kostensteigernd:**
Aufwändige Geometrie wie Mansarddach mit Gauben, Metalldeckung, Glasdächer oder Glasoberlichter, begeh-/befahrbare Flachdächer, Begrünung, Schutzelemente wie Edelstahl-Geländer

380 Baukonstruktive Einbauten

+ **kostensteigernd:**
Hoher Anteil Einbauschränke, -regale und andere fest eingebaute Bauteile

390 Sonstige Maßnahmen für Baukonstruktionen

+ **kostensteigernd:**
Baustraße, Baustellenbüro, Schlechtwetterbau, Notverglasungen, provisorische Beheizung, aufwändige Gerüstarbeiten, lange Vorhaltzeiten

Auswahl kostenrelevanter Technischer Anlagen

410 Abwasser-, Wasser-, Gasanlagen

- **kostenmindernd:**
  wenige, günstige Sanitärobjekte, zentrale Anordnung von Ent- und Versorgungsleitungen

+ **kostensteigernd:**
  Regenwassernutzungsanlage, Schmutzwasserhebeanlage, Benzinabscheider, Fett- und Stärkeabscheider, Druckerhöhungsanlagen, Enthärtungsanlagen

420 Wärmeversorgungsanlagen

+ **kostensteigernd:**
  Solarkollektoren, Blockheizkraftwerk, Fußbodenheizung

430 Raumlufttechnische Anlagen

- **kostenmindernd:**
  Einzelraumlüftung

+ **kostensteigernd:**
  Klimaanlage, Wärmerückgewinnung

440 Elektrische Anlagen

- **kostenmindernd:**
  Wenig Steckdosen, Schalter und Brennstellen

+ **kostensteigernd:**
  Blitzschutzanlagen, Sicherheits- und Notbeleuchtungsanlage, Elektroleitungen in Leerrohren, Photovoltaikanlagen, Unterbrechungsfreie Ersatzstromanlagen, Zentralbatterieanlagen

450 Kommunikations-, sicherheits- und informationstechnische Anlagen

+ **kostensteigernd:**
  Brandmeldeanlagen, Einbruchsmeldeanlagen, Video-Überwachungsanlage, Lautsprecheranlage, EDV-Verkabelung, Konferenzanlage, Personensuchanlage, Zeiterfassungsanlage

460 Förderanlagen

+ **kostensteigernd:**
  Personenaufzüge (mit Glaskabinen), Lastenaufzug, Doppelparkanlagen, Fahrtreppen, Hydraulikanlagen

470 Nutzungsspezifische und verfahrenstechnische Anlagen

+ **kostensteigernd:**
  Feuerlösch- und Meldeanlagen, Sprinkleranlagen, Feuerlöschgeräte, Küchentechnische Anlagen, Wasseraufbereitungsanlagen, Desinfektions- und Sterilisationseinrichtungen

480 Gebäude- und Anlagenautomation

+ **kostensteigernd:**
  Überwachungs-, Steuer-, Regel- und Optimierungseinrichtungen zur automatischen Durchführung von technischen Funktionsabläufen

Häufig gestellte Fragen

Fragen zur Flächenberechnung (DIN 277):

1. Wie wird die BGF berechnet?	Die Brutto-Grundfläche ist die Summe der Grundflächen aller Grundrissebenen. Nicht dazu gehören die Grundflächen von nicht nutzbaren Dachflächen (Kriechböden) und von konstruktiv bedingten Hohlräumen (z. B. über abgehängter Decke). (DIN 277-1:2016-01)
2. Gehört der Keller bzw. eine Tiefgarage mit zur BGF?	Ja, im Gegensatz zur Geschossfläche nach § 20 Baunutzungsverordnung (Bau NVo) gehört auch der Keller bzw. die Tiefgarage zur BGF.
3. Wie werden Luftgeschosse (z. B. Züblinhaus) nach DIN 277 berechnet?	Die Rauminhalte der Luftgeschosse zählen zum Regelfall der Raumumschließung (R) BRI (R). Die Grundflächen der untersten Ebene der Luftgeschosse und Stege, Treppen, Galerien etc. innerhalb der Luftgeschosse zählen zur Brutto-Grundfläche BGF (R). Vorsicht ist vor allem bei Kostenermittlungen mit Kostenkennwerten des Brutto-Rauminhalts geboten.
4. Welchen Flächen ist die Garage zuzurechnen?	Die Stellplatzflächen von Garagen werden zur Nutzungsfläche gezählt, die Fahrbahn ist Verkehrsfläche.
5. Wird die Diele oder ein Flur zur Nutzungsfläche gezählt?	Normalerweise nicht, da eine Diele oder ein Flur zur Verkehrsfläche gezählt wird. Wenn die Diele aber als Wohnraum genutzt werden kann, z. B. als Essplatz, wird sie zur Nutzungsfläche gezählt.
6. Zählt eine nicht umschlossene oder nicht überdeckte Terrasse einer Sporthalle, die als Eingang und Fluchtweg dient, zur Nutzungsfläche?	Die Terrasse ist nicht Bestandteil der Grundflächen des Bauwerks nach DIN 277. Sie bildet daher keine BGF und damit auch keine Nutzungsfläche. Die Funktion als Eingang oder Fluchtweg ändert daran nichts.

7. Zählt eine Außentreppe zum Keller zur BGF?	Wenn die Treppe allseitig umschlossen ist, z. B. mit einem Geländer, ist sie als Verkehrsfläche zu werten. Nach DIN 277-1 : 2016-01 gilt: Grundflächen und Rauminhalte sind nach ihrer Zugehörigkeit zu den folgenden Bereichen getrennt zu ermitteln: Regelfall der Raumumschließung (R): Räume und Grundflächen, die Nutzungen der Netto-Raumfläche entsprechend Tabelle 1 aufweisen und die bei allen Begrenzungsflächen des Raums (Boden, Decke, Wand) vollständig umschlossen sind. Dazu gehören nicht nur Innenräume, die von der Witterung geschützt sind, sondern auch solche allseitig umschlossenen Räume, die über Öffnungen mit dem Außenklima verbunden sind; Sonderfall der Raumumschließung (S): Räume und Grundflächen, die Nutzungen der Netto-Raumfläche entsprechend Tabelle 1 aufweisen und mit dem Bauwerk konstruktiv verbunden sind, jedoch nicht bei allen Begrenzungsflächen des Raums (Boden, Decke, Wand) vollständig umschlossen sind (z. B. Loggien, Balkone, Terrassen auf Flachdächern, unterbaute Innenhöfe, Eingangsbereiche, Außentreppen). Die Außentreppe stellt also demnach einen Sonderfall der Raumumschließung (S) dar. Wenn die Treppe allerdings über einen Tiefgarten ins UG führt, wird sie zu den Außenanlagen gezählt. Sie bildet dann keine BGF. Die Kosten für den Tiefgarten mit Treppe sind bei den Außenanlagen zu erfassen.
8. Ist eine Abstellkammer mit Heizung eine Technikfläche?	Es kommt auf die überwiegende Nutzung an. Wenn über 50% der Kammer zum Abstellen genutzt werden können, wird sie als Abstellraum gezählt. Es kann also Gebäude ohne Technikfläche geben.
9. Ist die NUF gleich der Wohnfläche?	Nein, die DIN 277 kennt den Begriff Wohnfläche nicht. Zur Nutzungsfläche gehören grundsätzlich keine Verkehrsflächen, während bei der Wohnfläche zumindest die Verkehrsflächen innerhalb der Wohnung hinzugerechnet werden. Die Abweichungen sind dadurch meistens nicht unerheblich.

Fragen zur Wohnflächenberechnung (WoFlV):

10. Wie wird die Wohnfläche (NE: Wohnfläche) bei Wohngebäuden bei BKI berechnet?	Die Berechnung der bei BKI auf der Startseite der Wohngebäude angegebenen "NE: Wohnfläche" erfolgt nach der Wohnflächenberechnung WoFlV.

11. Wird ein Hobbyraum im Keller zur Wohnfläche gezählt?	Wenn der Hobbyraum nicht innerhalb der Wohnung liegt, wird er nicht zur Wohnfläche gezählt. Beim Einfamilienhaus gilt: Das ganze Haus stellt die Wohnung dar. Der Hobbyraum liegt also innerhalb der Wohnung und wird mitgezählt, wenn er die Qualitäten eines Aufenthaltsraums nach LBO aufweist.
12. Wird eine Diele oder ein Flur zur Wohnfläche gezählt?	Wenn die Diele oder der Flur in der Wohnung liegt ja, ansonsten nicht.
13. In welchem Umfang sind Balkone oder Terrassen bei der Wohnfläche zu rechnen?	Balkone und Terrassen werden von BKI zu einem Viertel zur Wohnfläche gerechnet. Die Anrechnung zur Hälfte wird nicht verwendet, da sie in der WoFIV als Ausnahme definiert ist.
14. Zählt eine Empore/Galerie im Zimmer als eigene Wohnfläche oder Nutzungsfläche?	Wenn es sich um ein unlösbar mit dem Baukörper verbundenes Bauteil handelt, zählt die Empore mit. Anders beim nachträglich eingebauten Hochbett, das zählt zum Mobiliar. Für die verbleibende Höhe über der Empore ist die 1 bis 2m Regel nach WoFIL anzuwenden: „Die Grundflächen von Räumen und Raumteilen mit einer lichten Höhe von mindestens zwei Metern sind vollständig, von Räumen und Raumteilen mit einer lichten Höhe von mindestens einem Meter und weniger als zwei Metern sind zur Hälfte anzurechnen."

Fragen zur Kostengruppenzuordnung (DIN 276):

15. Wo werden Abbruchkosten zugeordnet?	Abbruchkosten ganzer Gebäude im Sinne von „Bebaubarkeit des Grundstücks herstellen" werden der KG 212 Abbruchmaßnahmen zugeordnet. Abbruchkosten einzelner Bauteile, insbesondere bei Sanierungen werden den jeweiligen Kostengruppen der 2. oder 3. Ebene (Wände, Decken, Dächer) zugeordnet. Wo diese Aufteilung nicht möglich ist, werden die Abbruchkosten der KG 394 Abbruchmaßnahmen zugeordnet, weil z. B. die Abbruchkosten verschiedenster Bauteile pauschal abgerechnet wurden. Analog gilt dies auch für die Kostengruppen 400 und 500.

16. Wo muss ich die Kosten des Aushubs für Abwasser- oder Wasserleitungen zuordnen?	Diese Kosten werden wie auch alle anderen Rohrgraben- und Schachtaushubskosten der KG 311 zugeordnet, sofern der Aushub unterhalb des Gebäudes anfällt. Die Kosten für Rohrgraben- und Schachtaushub zwischen Gebäudeaußenkante und Grundstücksgrenze gehören in die KG 511. Die Kosten des Rohrgraben- und Schachtaushubs innerhalb von Erschließungsflächen werden der KG 220 ff. oder KG 230 ff. zugeordnet.
17. Wie werden Eigenleistungen bewertet?	Nach DIN 276: 2018-12, gilt: 4.2.11 Die Werte von unentgeltlich eingebrachten Gütern und Leistungen (z. B. Materialien, Eigenleistungen) sind den betreffenden Kostengruppen zuzurechnen, aber gesondert auszuweisen. Dafür sind die aktuellen Marktwerte dieser Güter und Leistungen zu ermitteln und einzusetzen. Nach HOAI §4 (2) gilt: Als anrechenbare Kosten nach Absatz 2 gelten ortsübliche Preise, wenn der Auftraggeber: • selbst Lieferungen oder Leistungen übernimmt • von bauausführenden Unternehmern oder von Lieferanten sonst nicht übliche Vergünstigungen erhält • Lieferungen oder Leistungen in Gegenrechnung ausführt oder • vorhandene oder vorbeschaffte Baustoffe oder Bauteile einbauen lässt.

Fragen zu Kosteneinflussfaktoren:

18. Welchen Einfluss hat die Konjunktur auf die Baukosten?	Der Einfluss der Konjunktur auf die Baukosten wird häufig überschätzt. Er ist meist geringer als der anderer Kosteneinflussfaktoren. BKI Untersuchungen haben ergeben, dass die Baukosten bei mittlerer Konjunktur manchmal höher sind als bei hoher Konjunktur.

19. Gibt es beim BKI Regionalfaktoren?

Der Anhang dieser Ausgabe enthält eine Liste der Regionalfaktoren aller deutschen Land- und Stadtkreise. Die Faktoren wurden auf Grundlage von Daten aus den statistischen Landesämtern gebildet, die wiederum aus den Angaben der Antragsteller von Bauanträgen entstammen. Die Regionalfaktoren werden von BKI zusätzlich als farbiges Poster im DIN A1 Format angeboten.
Die Faktoren geben Aufschluss darüber, inwiefern die Baukosten in einer bestimmten Region Deutschlands teurer oder günstiger liegen als im Bundesdurchschnitt. Sie können dazu verwendet werden, die BKI Baukosten an das besondere Baupreisniveau einer Region anzupassen.
Die Angaben wurden durch Untersuchungen des BKI weitgehend verifiziert. Dennoch können Abweichungen zu den angegebenen Werten entstehen. In Grenznähe zu einem Land-Stadtkreis mit anderen Baupreisfaktoren sollte dessen Baupreisniveau mit berücksichtigt werden, da die Übergänge zwischen den Land-Stadtkreisen fließend sind. Die Besonderheiten des Einzelfalls können ebenfalls zu Abweichungen führen.
Siehe auch Benutzerhinweise, 12. Regionalisierung der Daten (Seite 11).

20. Standardzuordnung

Einige Gebäudearten werden vom BKI nach ihrem Standard in „einfach", „mittel" und „hoch" unterteilt. Diese Unterteilung wurde immer dann vorgenommen, wenn der Standard als ein wesentlicher Kostenfaktor festgestellt wurde. Grundsätzlich gilt, dass immer mehrere Kosteneinflussfaktoren auf die Kosten und damit auf die Kostenkennwerte einwirken. Einige dieser vielen Faktoren seien hier aufgelistet:

- Zeitpunkt der Ausschreibung
- Art der Ausschreibung
- Regionale Konjunktur
- Gebäudegröße
- Lage der Baustelle, Erreichbarkeit

usw.

Wenn bei einem Gebäude große Mengen an Bauteilen hoher Qualität die übrigen Kosteneinflussfaktoren überlagern, dann wird von einem „hohen Standard" gesprochen.

Fragen zur Handhabung der von BKI herausgegebenen Bücher:

21. Ist die MwSt. in den Kostenkennwerten enthalten?	Bei allen Kostenkennwerten in „BKI Baukosten" ist die gültige MwSt. enthalten (zum Zeitpunkt der Herausgabe 19%). In „BKI Baukosten Positionen (Neubau und Altbau), Statistische Kostenkennwerte " werden die Kostenkennwerte, wie bei Positionspreisen üblich, zusätzlich ohne MwSt. dargestellt.
22. Hat das Baujahr der Objekte einen Einfluss auf die angegebenen Kosten?	Nein, alle Kosten wurden über den Baupreisindex auf einen einheitlichen zum Zeitpunkt der Herausgabe aktuellen Kostenstand umgerechnet. Der Kostenstand wird auf jeder Seite als Fußzeile angegeben. Allenfalls sind Korrekturen zwischen dem Kostenstand zum Zeitpunkt der Herausgabe und dem aktuellen Kostenstand durchzuführen.
23. Wo finde ich weitere Informationen zu den einzelnen Objekten einer Gebäudeart?	Alle Objekte einer Gebäudeart sind einzeln mit Kurzbeschreibung, Angabe der BGF und anderer wichtiger Kostenfaktoren aufgeführt. Die Objektdokumentationen sind veröffentlicht in den Fachbüchern „Objektdaten" und können als PDF-Datei unter ihrer Objektnummer bei BKI bestellt werden, Telefon: 0711 954 854-41.
24. Was mache ich, wenn ich keine passende Gebäudeart finde?	In aller Regel findet man verwandte Gebäudearten, deren Kostenkennwerte der 2. Ebene (Grobelemente) wegen ähnlicher Konstruktionsart übernommen werden können.
25. Wo findet man Kostenkennwerte für Abbruch?	Im Fachbuch „BKI Baukosten Gebäude Altbau - Statistische Kostenkennwerte" gibt es Ausführungsarten zu Abbruch und Demontagearbeiten. Der Abbruch ganzer Gebäude ist zu finden in der KG 212. Im Fachbuch „BKI Baukosten Positionen Altbau - Statistische Kostenkennwerte" gibt es Mustertexte für Teilleistungen zu „LB 384 - Abbruch und Rückbauarbeiten". Im Fachbuch „BKI Baupreise kompakt Altbau" gibt es Positionspreise und Kurztexte zu „LB 384 - Abbruch und Rückbauarbeiten". Die Mustertexte für Teilleistungen zu „LB 384 - Abbruch und Rückbauarbeiten" und deren Positionspreise sind auch auf der CD BKI Positionen und im BKI Kostenplaner enthalten.

26. Warum ist die Summe der Kostenkennwerte in der Kostengruppen (KG) 310-390 nicht gleich dem Kostenkennwert der KG 300, aber bei der KG 400 ist eine Summenbildung möglich?	In den Kostengruppen 310-390 ändern sich die Einheiten (310 Baugrube/Erdbau gemessen in m^3, 320 Gründung, Unterbau gemessen in m^2); eine Addition der Kostenkennwerte ist nicht möglich. In den Kostengruppen 410-490 ist die Bezugsgröße immer BGF, dadurch ist eine Addition prinzipiell möglich.
27. Manchmal stimmt die Summe der Kostenkennwerte der 2. Ebene der Kostengruppe 400 trotzdem nicht mit dem Kostenkennwert der 1. Ebene überein; warum nicht?	Die Anzahl der Objekte, die auf der 1. Ebene dokumentiert werden, kann von der Anzahl der Objekte der 2. Ebene abweichen. Dann weichen auch die Kostenkennwerte voneinander ab, da es sich um unterschiedliche Stichproben handelt. Es fallen auch nicht bei allen Objekten Kosten in jeder Kostengruppe an (Beispiel KG 461 Aufzugsanlagen).
28. Baunutzungskosten, Lebenszykluskosten	Seit 2010 bringt BKI in Zusammenarbeit mit dem Institut für Bauökonomie der Universität Stuttgart ein Fachbuch mit Nutzungskosten ausgewählter Objekte heraus. Die Reihe wird kontinuierlich erweitert. Das Fachbuch Nutzungskosten Gebäude 2020/2021 fasst einzelne Objekte zu statistischen Auswertungen zusammen.
29. Lohn und Materialkosten	BKI dokumentiert Baukosten nicht getrennt nach Lohn- und Materialanteil.
30. Gibt es Angaben zu Kostenflächenarten?	Nein, das BKI hält die Grobelementmethode für geeigneter. Solange keine Grobelemente vorliegen, besteht die Möglichkeit der Ableitung der Grobelementmengen aus den Verhältniszahlen von Vergleichsobjekten (siehe Planungskennwerte und Baukostensimulation).

Fragen zu weiteren BKI Produkten:

31. Sind die Inhalte von „BKI Baukosten Gebäude, Statistische Kostenkennwerte (Teil 1)“ und „BKI Baukosten Bauelemente, Statistische Kostenkennwerte (Teil 2)“ auch im BKI Kostenplaner enthalten?	Ja, im BKI Kostenplaner Statistik sind alle Objekte mit den Kosten bis zur 3. Ebene nach DIN 276 enthalten. Im BKI Kostenplaner Statistik plus sind zudem die vom BKI gebildeten Ausführungsklassen und Ausführungsarten enthalten. Darüber hinaus ermöglicht der BKI Kostenplaner den Zugriff auf alle Einzeldokumentationen von tausenden Objekten.

32. Worin unterscheiden sich die Fachbuchreihen „BKI Baukosten" und „BKI Objektdaten"	In der Fachbuchreihe BKI Objektdaten erscheinen abgerechnete Einzelobjekte eines bestimmten Teilbereichs des Bauens (A=Altbau, N=Neubau, E=energieeffizientes Bauen, IR=Innenräume, F=Freianlagen). In der Fachbuchreihe BKI Baukosten erscheinen hingegen statistische Kostenkennwerte von Gebäudearten, die aus den Einzelobjekten gebildet werden. Die Kostenplanung mit Einzelobjekten oder mit statistischen Kostenkennwerten haben spezifische Vor- und Nachteile: Planung mit Objektdaten (BKI Objektdaten): • Vorteil: Wenn es gelingt ein vergleichbares Einzelobjekt oder passende Bauausführungen zu finden ist die Genauigkeit besser als mit statistischen Kostenkennwerten. Die Unsicherheit, die der Streubereich (von-bis-Werte) mit sich bringt, entfällt. • Nachteil: Passende Vergleichsobjekte oder Bauausführungen zu finden kann mühsam oder erfolglos sein. Planung mit statistischen Kostenkennwerten (BKI Baukosten): • Vorteil: Über die BKI Gebäudearten ist man recht schnell am Ziel, aufwändiges Suchen entfällt. • Nachteil: Genauere Prüfung, ob die Mittelwerte übernommen werden können oder noch nach oben oder unten angepasst werden müssen, ist unerlässlich.
33. In welchen Produkten dokumentiert BKI Positionspreise?	Positionspreise mit statistischer Auswertung und Einzelbeispielen werden in „BKI Baukosten Positionen, Statistische Kostenkennwerte Neubau (Teil 3) und Altbau (Teil 5)" und „BKI Baupreise kompakt Neu- und Altbau" herausgegeben. Ausgewählte Positionspreise zu bestimmten Details enthalten die Fachbücher „Konstruktionsdetails K1, K2, K3 und K4". Außerdem gibt es Positionspreise in EDV-Form in der Version Kostenplaner 2021 - Statistik plus [Positionen] und die Software „BKI Positionen".
34. Worin unterscheiden sich die Bände A1 bis A11 (N1 bis N17)	Die Bücher unterscheiden sich durch die Auswahl der dokumentierten Einzelobjekte. Der Aufbau der Bände ist gleich. In der BKI Fachbuchreihe Objektdaten erscheinen regelmäßig aktuelle Folgebände mit neu dokumentierten Einzelobjekten. Speziell bei den Altbaubänden A1 bis A11 ist es nützlich, alle Bände zu besitzen, da es im Bereich Altbau notwendig ist, mit passenden Vergleichsobjekten zu planen. Je mehr Vergleichsobjekte vorhanden sind, desto höher ist die „Trefferquote". Bände der Fachbuchreihe Objektdaten sollten deshalb langfristig aufbewahrt werden.

Diese Liste der FAQ wird im Internet unter *www.bki.de/faq-kostenplanung.html* veröffentlicht.

Abkürzungsverzeichnis

Abkürzung	Bezeichnung
AA	Ausführungsarten (BKI) mit zweistelliger BKI-Identnummer
AK	Ausführungsklassen (BKI), Untergliederung der 3. Ebene DIN 276
AF	Außenanlagenfläche
AWF	Außenwandfläche
BGF	Brutto-Grundfläche (Summe Regelfall (R)- und Sonderfall (S)-Flächen nach DIN 277)
BGI	Baugrubeninhalt
bis	oberer Grenzwert des Streubereichs um einen Mittelwert
BK	Bodenklasse (nach VOB Teil C, DIN 18300)
BRI	Brutto-Rauminhalt (Summe Regelfall (R)- und Sonderfall (S)-Rauminhalte nach DIN 277)
DAF	Dachfläche
DEF	Deckenfläche
DIN 276	Kosten im Bauwesen - Teil 1 Hochbau (DIN 276:2018-12)
DIN 277	Grundflächen und Rauminhalte von Bauwerken im Hochbau (Januar 2016)
€/Einheit	Spaltenbezeichnung Mittelwerte zu den Kosten bezogen auf eine Einheit der Bezugsgröße
GF	Grundstücksfläche
GRF	Gründungsfläche
inkl.	einschließlich
IWF	Innenwandfläche
KG	Kostengruppe
KG an 300	Kostenanteil der jeweiligen Kostengruppe in % an der Kostengruppe 300 Bauwerk-Baukonstruktionen
KG an 400	Kostenanteil der jeweiligen Kostengruppe in % an der Kostengruppe 400 Bauwerk-Technische Anlagen
KGF	Konstruktions-Grundfläche
LB	Leistungsbereich
LB an AA	Kostenanteil des Leistungsbereichs in % an der Ausführungsart
NUF	Nutzungsfläche (Summe Regelfall (R)- und Sonderfall (S)-Flächen nach DIN 277)
NRF	Netto-Raumfläche (Summe Regelfall (R)- und Sonderfall (S)-Flächen nach DIN 277)
STLB	Standardleistungsbuch
TF	Technikfläche (Summe Regelfall (R)- und Sonderfall (S)-Flächen nach DIN 277)
VF	Verkehrsfläche (Summe Regelfall (R)- und Sonderfall (S)-Flächen nach DIN 277)
von	unterer Grenzwert des Streubereichs um einen Mittelwert
Ø	Mittelwert
AP	Arbeitsplätze
APP	Appartement
DHH	Doppelhaushälfte
ELW	Einliegerwohnung
ETW	Etagenwohnung
KFZ	Kraftfahrzeug
KITA	Kindertagesstätte
RH	Reihenhaus
STP	Stellplatz
TG	Tiefgarage
WE	Wohneinheit

Abkürzungsverzeichnis

KG Nummer	Abkürzung	Kostengruppen-Bezeichnung
330	Außenwände / vertikal außen	Außenwände/Vertikale Baukonstruktionen, außen
340	Innenwände / vertikal innen	Innenwände/Vertikale Baukonstruktionen, innen
350	Decken / horizontal	Decken / Horizontale Baukonstuktionen
450	Kommunikationstechnische Anlagen	Kommunikations-, sicherheits- und informationstechnische Anlagen
470	Nutzungsspez. u. verfahrenstech. Anl.	Nutzungsspezifische und verfahrenstechnische Anlagen

Einheiten

µm	Mikrometer
m	Meter
m^2	Quadratmeter
m^3	Kubikmeter
cm	Zentimeter
cm^2	Quadratzentimeter
cm^3	Kubikzentimeter
dm	Dezimeter
dm^2	Quadratdezimeter
dm^3	Kubikdezimeter
mm	Millimeter
mm^2	Quadratmillimeter
mm^3	Kubikmillimeter
kg	Kilogramm
N	Newton
kN	Kilonewton
MN	Meganewton
mbar	Millibar
kW	Kilowatt
W	Watt
kWel	elektrische Leistung in Kilowatt
kWth	thermische Leistung in Kilowatt
kWp	Kilowatt peak
t	Tonnen
l	Liter
lx	Lux
St	Stück
h	Stunde
min	Minute
s	Sekunde
psch	Pauschal
d	Tage
DPr	Proctordichte

Rechenzeichen

<	kleiner
>	größer
<=	kleiner gleich
>=	größer gleich
-	bis

Kombinierte Einheiten

h/[Einheit]	Stunde pro [Einheit] = Ausführungsdauer
mh	Meter pro Stunde
md	Meter pro Tag
mWo	Meter pro Woche
mMt	Meter pro Monat
ma	Meter pro Jahr
m^2d	Quadratmeter pro Tag
m^2Wo	Quadratmeter pro Woche
m^2Mt	Quadratmeter pro Monat
m^3d	Kubikmeter pro Tag
m^3Wo	Kubikmeter pro Woche
m^3Mt	Kubikmeter pro Monat
mWS	Meter Wassersäule
Sth	Stück pro Stunde
Std	Stück pro Tag
StWo	Stück pro Woche
StMt	Stück pro Monat
td	Tonne pro Tag
tWo	Tonne pro Woche
tMt	Tonne pro Monat

Mengenangaben

A	Fläche
V	Volumen
D	Durchmesser
d	Dicke
h	Höhe
b	Breite
l	Länge
t	Tiefe
lw	lichte Weite
k	k-Wert
U	u-Wert

Gliederung in Leistungsbereiche nach STLB-Bau

Als Beispiel für eine ausführungsorientierte Ergänzung der Kostengliederung werden im Folgenden die Leistungsbereiche des Standardleistungsbuches für das Bauwesen in einer Übersicht dargestellt.

000 Sicherheitseinrichtungen, Baustelleneinrichtung
001 Gerüstarbeiten
002 Erdarbeiten
003 Landschaftsbauarbeiten
004 Landschaftsbauarbeiten, Pflanzen
005 Brunnenbauarbeiten und Aufschlussbohrungen
006 Spezialtiefbauarbeiten
007 Untertagebauarbeiten
008 Wasserhaltungsarbeiten
009 Entwässerungskanalarbeiten
010 Drän- und Versickerungsarbeiten
011 Abscheider- und Kleinkläranlagen
012 Mauerarbeiten
013 Betonarbeiten
014 Natur-, Betonwerksteinarbeiten
016 Zimmer- und Holzbauarbeiten
017 Stahlbauarbeiten
018 Abdichtungsarbeiten
019 Kampfmittelräumarbeiten
020 Dachdeckungsarbeiten
021 Dachabdichtungsarbeiten
022 Klempnerarbeiten
023 Putz- und Stuckarbeiten, Wärmedämmsysteme
024 Fliesen- und Plattenarbeiten
025 Estricharbeiten
026 Fenster, Außentüren
027 Tischlerarbeiten
028 Parkettarbeiten, Holzpflasterarbeiten
029 Beschlagarbeiten
030 Rollladenarbeiten
031 Metallbauarbeiten
032 Verglasungsarbeiten
033 Baureinigungsarbeiten
034 Maler- und Lackierarbeiten, Beschichtungen
035 Korrosionsschutzarbeiten an Stahlbauten
036 Bodenbelagsarbeiten
037 Tapezierarbeiten
038 Vorgehängte hinterlüftete Fassaden
039 Trockenbauarbeiten
040 Wärmeversorgungsanlagen - Betriebseinrichtungen
041 Wärmeversorgungsanlagen - Leitungen, Armaturen, Heizflächen
042 Gas- und Wasseranlagen - Leitungen und Armaturen
043 Druckrohrleitungen für Gas, Wasser und Abwasser
044 Abwasseranlagen - Leitung, Abläufe, Armaturen
045 Gas-, Wasser- und Entwässerungsanlagen - Ausstattung, Elemente, Fertigbäder
046 Gas-, Wasser- und Entwässerungsanlagen - Betriebseinrichtungen
047 Dämm- und Brandschutzarbeiten an technischen Anlagen
049 Feuerlöschanlagen, Feuerlöschgeräte
050 Blitzschutz- und Erdungsanlagen, Überspannungsschutz
051 Kabelleitungstiefbauarbeiten
052 Mittelspannungsanlagen
053 Niederspannungsanlagen - Kabel/Leitungen, Verlegesysteme, Installationsgeräte
054 Niederspannungsanlagen - Verteilersysteme und Einbaugeräte
055 Sicherheits- und Ersatzstromversorgungsanlagen
057 Gebäudesystemtechnik
058 Leuchten und Lampen
059 Sicherheitsbeleuchtungsanlagen
060 Sprech-, Ruf-, Antennenempfangs-, Uhren- und elektroakustische Anlagen
061 Kommunikations- und Übertragungsnetze
062 Kommunikationsanlagen
063 Gefahrenmeldeanlagen
064 Zutrittskontroll-, Zeiterfassungssysteme
069 Aufzüge
070 Gebäudeautomation
075 Raumlufttechnische Anlagen
078 Kälteanlagen für raumlufttechnische Anlagen
080 Straßen, Wege, Plätze
081 Betonerhaltungsarbeiten
082 Bekämpfender Holzschutz
084 Abbruch-, Rückbau- und Schadstoffsanierungsarbeiten
085 Rohrvortriebsarbeiten
087 Abfallentsorgung, Verwertung und Beseitigung
090 Baulogistik
091 Stundenlohnarbeiten
096 Bauarbeiten an Bahnübergängen
097 Bauarbeiten an Gleisen und Weichen
098 Witterungsschutzmaßnahmen

Lebensdauer von Bauteilen und Bauelementen

von Dr. Frank Ritter

Lebensdauer von Bauteilen und Bauelementen

Ein Beitrag von Dr. Frank Ritter

Einleitung

Die Bedeutung der Lebensdauerermittlung im Bauwesen gewinnt im Rahmen des gestiegenen Nachhaltigkeitsbewusstseins immer mehr an Bedeutung. Kenntnisse über die Lebensdauer eines Gebäudes, sowie die Dauerhaftigkeit einzelner Bauteile und Materialschichten, sind für die Beschreibung des Lebenszyklus eines Bauwerks oder auch die Planung der Instandsetzungsstrategie unabdingbar.

In der Literatur stehen zahlreiche Quellen mit Lebensdauerdaten (z. B. [3]) und Intervallkataloge für Instandhaltungsmaßnahmen (z. B. [14]) zur Verfügung. Diese Angaben beruhen zumeist auf Erfahrungswerten aus der Praxis oder vereinzelten Herstellerangaben. Aufgrund zahlreicher Faktoren, komplexer Zusammenhänge und Abhängigkeiten verschiedener Einflussgrößen gibt es große Unterschiede zwischen den einzelnen Angaben (siehe Abbildung 1-1).

Die Gründe für die großen Streubreiten und Abweichungen sind in Faktoren zu suchen, die das Alterungsverhalten der Bauteile beeinflussen. Dazu gehören z. B. die Qualität der Planung und der Ausführung, die Materialgüte und Materialauswahl, Nutzungs- und Umgebungsbedingungen oder die Instandhaltungsqualität.

Im Rahmen einer Forschungsarbeit [13] wurde eine breite Datenbasis mit praxisnahen Lebensdauern von Bauteilen und Baustoffen geschaffen, die als Grundlage in vielen Bereichen der Lebenszyklusanalyse verwendet werden kann. Anhand eines neu entwickelten Verfahrens kann die projektspezifische Prognose der Lebensdauer eines Bauteils in Abhängigkeit der wesentlichen Einflussgrößen bestimmt werden. Somit können bereits bei der Planung von Gebäuden die entsprechenden Bauprodukte und Bauteile derart aufeinander abgestimmt werden, dass Stoff- und Energieflüsse reduziert und die Lebenszykluskosten minimiert werden. Der oft eher zufällige Einsatz von Bauteilen und Baustoffen nach vordergründig wirtschaftlichen Gesichtspunkten soll zukünftig im Sinne einer lebenszyklusgerechten Planung, die mit geringeren Instandhaltungs- und Instandsetzungskosten einher geht, vermieden werden.

Auf die Darstellung des vollständigen Verfahrens muss leider im Rahmen dieser Veröffentlichung verzichtet werden, weshalb sich die Veröffentlichung auf die Darstellung der Referenzlebensdauern beschränken muss. Weiterführende Informationen sind unter [13] zu finden.

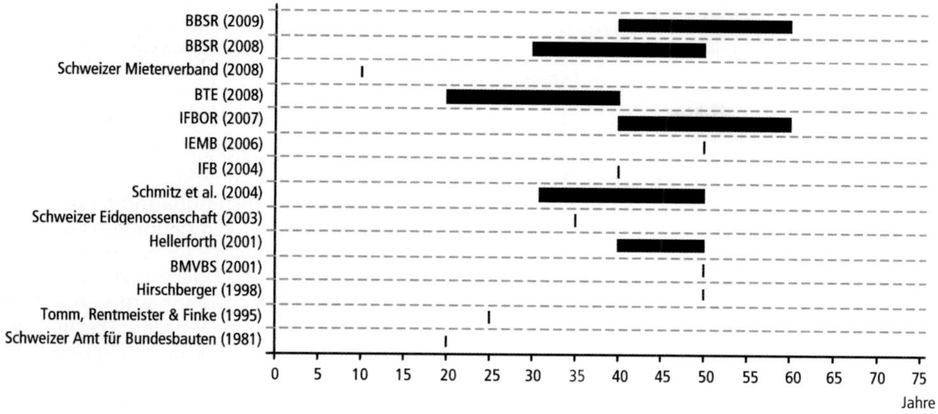

Abb. 1-1: Lebensdauerschätzungen aus der Literatur am Beispiel Kunststofffenster

2 Grundlagen der Lebensdaueranalyse

2.1 Einführung

Der Weg eines Gebäudes von der ersten Planungsidee bis zu seinem Rückbau wird durch unterschiedliche Entwicklungsphasen charakterisiert. Die Gesamtheit dieser Entwicklungsphasen wird als Lebenszyklus bezeichnet. Gemäß Abbildung 2-1 lässt er sich grob in die Phasen Bauwerkserstellung, Bauwerksnutzung und Bauwerksbeseitigung unterteilen.

Die Lebensdauer ist somit sowohl für die Beurteilung der Lebenszyklusphasen als auch für die Berechnung von Lebenszykluskosten von zentraler Bedeutung. Dabei wird zwischen der technischen und der wirtschaftlichen Lebensdauer eines Objekts unterschieden, wobei es unerheblich ist, ob damit ein einzelnes Bauelement, eine Bauteilschicht oder ein ganzer Gebäudekomplex gemeint ist.

Die wirtschaftliche Lebensdauer bezeichnet den Zeitraum, in dem es unter den gegebenen Umständen ökonomisch sinnvoll ist, ein Bauteil

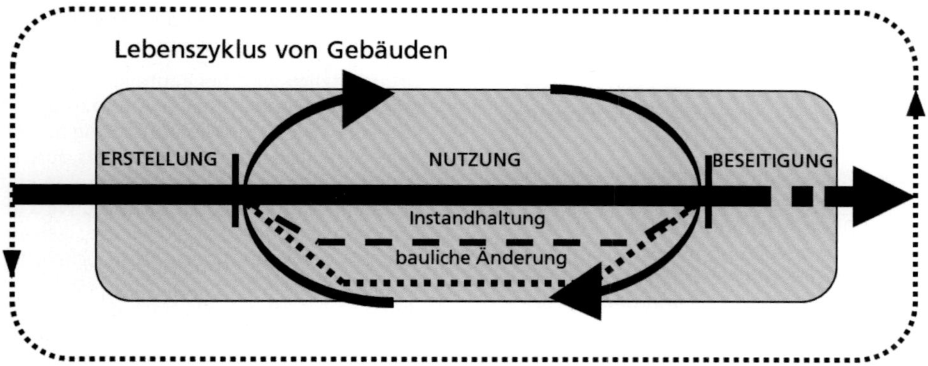

Abb. 2-1: Lebenszyklus eines Gebäudes nach [8]

bzw. das Gebäude zu nutzen oder zu betreiben. Sie unterliegt legislativen, wirtschaftlichen und gesellschaftlichen Einflüssen und ist unabhängig von der technischen Lebensdauer, kann diese jedoch nicht überschreiten. Die wirtschaftliche Lebensdauer ist ein Begriff der wirtschaftlichen Wertermittlung und ist umso größer, je anpassbarer das Gebäude und seine Teile an die geänderten Ansprüche sind. Das Ende der wirtschaftlichen Lebensdauer ist erreicht, wenn die Rentabilität nicht mehr gegeben ist, d. h. die Kosten der Gebäudenutzung die Erträge übersteigen.

Die technische Lebensdauer beschreibt die Zeitspanne zwischen Errichtung und Ausfall. Sie definiert die Lebenserwartung, in der ein Gebäude, Bauteil oder Material – unter Einbeziehung der notwendigen und üblichen Instandhaltungsmaßnahmen und unter Berücksichtigung der Abnutzung – seinen Funktionen und seinem bestimmungsgemäßen Gebrauch voll genügen kann. Sie wird von vielen verschiedenen Faktoren beeinflusst, die im weiteren Verlauf dieser Arbeit umfassend erläutert werden. Mit dem Erreichen der technischen Lebensdauer ist die Funktionsfähigkeit eines Gebäudes bzw. der Gebäudeteile nicht mehr gewährleistet, wohingegen mit dem Ende der wirtschaftlichen Lebensdauer die Qualität nicht mehr den nutzerspezifischen Ansprüchen oder dem Stand der Technik genügt. Beides resultiert schließlich im Austausch oder Abriss einzelner Bauteile oder der Gesamtkonstruktion.

Die Nutzungsdauer von Bauteilen wird in dieser Arbeit als Zeitraum der geplanten Nutzung bei gleichbleibenden Ansprüchen und Wirtschaftlichkeit definiert. Mit Hilfe von Instandhaltung, Instandsetzung und Modernisierung, die auch veränderten Ansprüchen gerecht werden, kann die Nutzungsdauer entsprechend verlängert werden und somit der technischen Lebensdauer gleichgesetzt werden.

Die Lebensdauer eines öffentlichen Gebäudes wird in der Regel mit 40 bis 80 Jahren angenommen. Diese Annahme resultiert aus der wirtschaftlichen Nutzung und ist Grundlage der Wirtschaftlichkeits- und Finanzierungsüberlegungen. Zudem ist damit der Abschreibungszeitraum formuliert. Da die Nutzungsgewohnheiten heute schnelleren Änderungen unterworfen sind, sollte von einer Referenzzeit von höchstens 50 Jahren ausgegangen werden. Dieser Wert wurde inzwischen auch in die Grundlagen der Tragwerksplanung nach DIN 1055-100 (2001) als Bemessungszeitraum aufgenommen. Eine längere Nutzungsdauer von bis zu 80 Jahren erscheint allenfalls bei Infrastrukturbauwerken angemessen.

2.2 Abnutzung und Alterungsverhalten

Jedes fachgerecht eingebaute Bauteil weist nach dem Einbau, abhängig z. B. von der Herstellung oder der Instandhaltung, eine bestimmte Gebrauchs- oder Funktionsfähigkeit auf. Dieser so genannte Abnutzungsvorrat reduziert sich im Verlauf der Nutzungsphase, kann jedoch durch Instandhaltungsmaßnahmen wiederhergestellt werden. Das in Abbildung 2-2 dargestellte Modell stellt den theoretischen Abnutzungsverlauf vereinfacht durch eine Kurve dar. Es wird davon ausgegangen, dass ein Bauteil nicht linear altert, sondern dass die Abnutzung im Laufe des Bauteilalters zunimmt. Der Abnutzungsvorrat beträgt bei Inbetriebnahme des Bauteils 100%. Dieser Vorrat wird im Laufe der Zeit durch die Nutzung sowie durch innere und äußere Einflüsse abgebaut, kann aber durch Wartungsmaßnahmen in begrenztem Umfang wiederhergestellt werden. Bei Überschreitung der Schadensgrenze ist der Abnutzungsvorrat so gering (tA1), dass ein Schaden am Bauteil eintritt. Zum endgültigen Ausfall kommt es bei einem Abnutzungsvorrat von 0%, wobei spätestens zu diesem Zeitpunkt der Abnutzungsvorrat durch Maßnahmen der Instandhaltung wiederhergestellt werden muss. Auf Grund von technischen Verbesserungen ist es möglich, den Abnutzungsvorrat über die Grenze von 100% des Ursprungsbauteils zu erweitern.

Grundsätzlich wird bei Bauteilen zwischen materieller und immaterieller Abnutzung unterschieden. Die materielle Abnutzung beschreibt den Abbau des Abnutzungsvorrats durch Verschleiß, Reibung oder sonstige direkte Einflüsse. Bei der immateriellen Alterung wird die Alterungsgrenze nicht durch Materialversagen, sondern durch veränderte Ansprüche und Anforderung der Nutzer erreicht. Dabei kann es durch technischen Fortschritt, durch wirtschaftliche oder ästhetische Gründe zu einem Austausch des Bauteils kommen. Die immaterielle Alterung hat oft zur Folge, dass Bauteile, die ihren Abnutzungsvorrat noch nicht erreicht haben, ersetzt werden, da sich Ansprüche oder Nutzungsart des Gebäudes geändert haben.

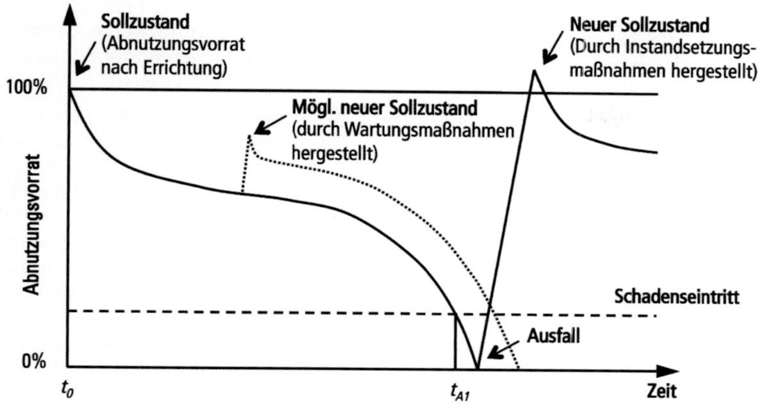

Abb. 2-2: Theoretischer Ablauf der Abnutzung eines Bauteils

3 Analyse ausgewählter Verfahren zur Lebensdauerermittlung

3.1 Einführung

Die Verfahren zur Vorhersage von Lebensdauern lassen sich grundsätzlich aufteilen in stochastische Methoden und anwendungsorientierte Näherungslösungen.

Die stochastischen Methoden sind meist sehr materialspezifisch und hoch spezialisiert. Das Ziel dieser Methoden ist die möglichst exakte Beschreibung des Alterungsprozesses mithilfe probabilistischer Ansätze, wie z. B. Karbonatisierung und Chloridpenetration bei Stahlbetonbauteilen nach [6]. Mit einem enormen Anspruch an Detaillierung und Präzision werden verschiedene Beanspruchungen und die damit verbundenen Schadensbilder analysiert. Aufgrund des beträchtlichen Zeit- und Kostenaufwands sind derartige Methoden bislang eher als Insellösungen in sehr spezifischen Bereichen anzusehen, auf die hier nicht näher eingegangen werden soll.

Die anwendungsorientierten Näherungsmethoden haben zum Ziel die Lebensdauern mithilfe von Annahmen möglichst plausibel abzuschätzen. Aufgrund der fehlenden bzw. marginalen Berücksichtigung relevanter Einflussgrößen sind diese Methoden nur als grobe Näherung zu betrachten. Für einen generellen Ansatz zur Lebensdauerermittlung scheint die DIN ISO 15686-Normenreihe als einzige für die Entwicklung eines generellen Alterungsmodells geeignet, da diese allgemeine Rahmenbedingungen zur Lebensdauerbestimmung vorgibt und so harmonisierte Lebensdauerdaten von Bauprodukten in transparenter und nachvollziehbarer Form ermittelt werden können.

3.2 Kennwertemethode

Die Kennwertemethode im Bereich der Lebensdauerermittlung basiert auf veröffentlichten Benchmarks zur Lebensdauer von Bauteilen und Bauelementen. Wie bereits angedeutet stehen in der Literatur zahlreiche Quellen mit Lebensdauerdaten zur Verfügung, deren Angaben zumeist auf Erfahrungswerten aus der Praxis oder vereinzelten Herstellerangaben beruhen. Bei den veröffentlichten Lebensdauertabellen handelt es sich fast ausschließlich um Lebensdauerwerte ohne weitere Angaben zu den Randbedingungen, unter denen die Daten gewonnen wurden oder aus welchen Quellen sie stammen. Aufgrund dieser fehlenden Angaben sind noch immer keine Vergleichs- und Beurteilungskriterien vorhanden, da kein einheitlicher Standard existiert, in welcher Form mögliche Lebensdauerdaten zu ermitteln sind.

Bei einem Vergleich der Lebensdauerangaben eines Bauteils zeigen sich aufgrund der verschiedenen Quellen und den unterschiedlichen Randbedingungen zum Teil erhebliche Streuungen der vorhandenen Lebensdauern. Die Abweichungen der Werte verschiedener Quellen wurden beispielhaft bereits in Abbildung 1-1 für das Bauteil Kunststofffenster dargestellt. Aufgrund der unterschiedlichen gebäudespezifischen Eigenschaften und der verschiedenen Einflussfaktoren, die auf ein Gebäude wirken, entspricht die Lebensdauer eines Bauteils nur selten den Kennwerten aus der Literatur. Die Kennwerte können somit nur als erste Annäherung dienen und sollten in Zukunft durch die Einbeziehung von individuellen Randbedingungen und objektspezifischen Eigenschaften des Gebäudes nachgebessert werden

3.3 Faktorenmethode nach DIN ISO 15686

Wie bereits beschrieben, gibt die DIN ISO 15686-Normenreihe generelle Rahmenbedingungen für die Lebensdauerabschätzung von Bauprodukten bzw. Bauteilen vor. Ziel der Normenreihe ist die Bereitstellung harmonisierter Lebensdauerdaten von Bauprodukten bzw. Bauteilen, um zuverlässige und vergleichbare Grundlagen für Lebenszyklusanalysen zu schaffen. Der Schwerpunkt wird dabei auf die Vergleichbarkeit unterschiedlicher Lebensdauerdaten (Erfahrungswerte, Laborkennwerte etc.) bei ähnlichen Randbedingungen (Klima, Nutzungsart etc.) gelegt.

Die in der DIN ISO 15686-4 (2014) definierte Faktorenmethode versucht, die tatsächlichen Umweltbedingungen einzelner Bauteile bei der Bestimmung der spezifischen Lebensdauer zu berücksichtigen. Sie soll nur dann zur Anwendung kommen, wenn keine Lebensdauerdaten für ähnliche Einbaubedingungen vorliegen und eine Adaption für den speziellen Einsatzbereich erforderlich wird. In der Faktorenmethode wird die Lebensdauervoraussage für ein konkretes Bauwerk, eine bauliche Anlage oder eine Komponente mithilfe von Faktoren bestimmt, die verschiedenen Kategorien zugeordnet sind. Diese ermöglichen die Anpassung der Konditionen, unter denen allgemeine Lebensdauerdaten ermittelt wurden, an die Referenzkonditionen des konkreten Bauwerks. In Tabelle 3-1 sind die sieben Einflussfaktoren (A bis G) mit Kategorien und Beispielen dargestellt.

Kategorie	Faktor	Faktorklasse	Beispiele
Bauteilqualität	A	Komponentenqualität	Herstellung, Lagerung, Transport, Material
	B	Konstruktionsqualität	Konstruktiver Schutz
	C	Ausführungsqualität	Einbau, Personal, Klimatische Bedingungen auf der Baustelle
Umgebung	D	Inneneinflüsse	Raumluft, Kondensation
	E	Außeneinflüsse	Standort, Klima, Luftverschmutzung
Gebrauchsbedingungen	F	Nutzungsintensität	Mechanische Einflüsse, Nutzungsart, Verschleiß
	G	Instandhaltungsqualität	Qualität und Häufigkeit, Zugänglichkeit

Tab. 3-1: Einflussfaktoren auf die Lebensdauer nach DIN ISO 15686-4 (2014)

Ausgangsbasis des Verfahrens ist die Referenzlebensdauer der zu bewertenden Komponente RSLC (Reference Service Life of a Component), die sich auf ein Bauteil von durchschnittlicher Qualität unter durchschnittlichen Rahmenbedingungen bezieht. Die spezifische Lebensdauer einer Gebäudekomponente ESLC (Estimated Service Life of a Component) ermittelt sich durch Multiplikation der Referenzlebensdauer mit den modifizierenden Faktoren nach der folgenden Gleichung:

ESLC = RSLC * A * B * C * D * E * F * G (3.1)

Grundsätzlich erscheint die Vorgehensweise, die spezifischen Rahmenbedingungen mithilfe von Einflussfaktoren rechnerisch zu berücksichtigen als sehr sinnvoll. Jedoch macht die Normenreihe DIN ISO 15686 weder Angaben zu Referenzlebensdauern, noch zu spezifischen Werten der Faktoren. Daher wird vor allem die Ermittlung der einzelnen Faktorwerte A bis G immer eine gewisse Unsicherheit mit sich führen, da die Bedingungen auf denen die Lebensdauervoraussage basiert, im Allgemeinen unsicher und unvollständig sind. Ebenso kann die Basis für die Bestimmung der numerischen Werte der Faktoren unzulänglich sein und keine akkurate Lebensdauervoraussage ermöglichen. Als Alternative zu dieser mathematischen Bestimmung kann eine qualitative Bestimmung der Faktoren durchgeführt werden (z. B. durch Einordnung der Faktorwerte in Kategorien wie „schlechter", „wie der Referenzwert" oder „besser").

3.4 Erweiterte Faktorenmethode nach Ritter

Das von Ritter entwickelte Vorhersagemodell objektspezifischer Lebensdauern orientiert sich weitestgehend an dem Modell der Faktoren-Methode aus DIN ISO 15686. Ritter hat versucht, die Schwächen der Faktorenmethode auszugleichen und die Anwendung in der Praxis zu erleichtern. Fehlende Angaben zu den Referenzlebensdauern wurden durch eine Datenerhebung aktualisiert um eine ausreichende Anzahl statistisch belastbarer Datensätze zu erhalten. Es wurden Unterschiede in der Relevanz der einzelnen Einflussgrößen durch die Datenerhebung ermittelt, was bei der Faktorenmethode durch ihre gleichmäßige Wichtung aller Faktoren gerne bemängelt wird. Als entscheidende und wichtigste Neuerung wird die Begrenzung der Auswirkungen aus Einflussgrößen angesehen. Eine Begrenzung der berechneten spezifischen Lebensdauer durch die aus der Datenerhebung ermittelten minimalen und maximalen Werte der Lebensdauer führte zu einer erheblichen Verbesserung des Modells und somit zu einer höheren Akzeptanz in der Praxis.

Neben der möglichst fachgerechten Bewertung aller Einflüsse bestand die Herausforderung für die Anwendung in der Praxis hauptsächlich darin, aus der großen Menge verschiedenartiger Parameter die maßgeblichen Einflussfaktoren herauszufiltern. Hierbei ist auf ein Gleichgewicht zwischen Ermittlungsaufwand und der damit erreichbaren Genauigkeit zu achten. Vor diesem Hintergrund wurden die Einflussfaktoren A-G nach DIN ISO 15686 in bewertbare Unterkategorien unterteilt und mit jeweils einem Szenario für positive, negative und neutrale Einflüsse belegt.

Parallel zur Erstellung der Bewertungsszenarien wurden die verschiedenen Einflussgrößen in Expertenumfragen in Bezug auf ihre tatsächliche Auswirkung auf die Lebensdauer abgefragt, so dass aus der jeweiligen Bewertung des Einflusses die minimalen und maximalen Faktorwerte je Bauteil berechnet werden konnten. Es wurden spezifische Grenzfaktoren XAuspr. (Ausprägungsfaktor des jeweiligen Einflusses) über die entsprechenden Bandbreiten zwischen der maximalen Lebensdauer und der Referenzlebensdauer bzw. der Referenzlebensdauer und der minimalen Lebensdauer bestimmt. Mit den Lebensdauerwerten TLDmin, TLDref und TLDmax aus Literaturrecherche und Datenerhebung lässt sich die spezifische Lebensdauer eines Bauteils in einem konkreten Umfeld (TLDEw) über die folgende Formel bestimmen:

$$TLD_{Ew} = TLD_{ref} \cdot \prod_{i=A}^{G} X_{Auspr.,i}$$

Zum Zeitpunkt der Planung eines Gebäudes kann nur in den wenigsten Fällen abgeschätzt werden, welche Einflüsse im Laufe der Nutzungszeit auftreten und mit welchen Auswirkungen auf die einzelnen Bauteile gerechnet werden muss. Deshalb werden die bis dato unbekannten Einflussfaktoren als Zufallsgröße mit einer entsprechenden Wahrscheinlichkeitsverteilung abgebildet. Der Verlauf der Verteilungen wird mit den entsprechenden Min- und Max-Werten aus der Datenerhebung um den Wert 1,0 modelliert.

Mit dem entwickelten Verfahren kann somit bereits in der Planungsphase die voraussichtliche Lebensdauer von Bauteilen ermittelt werden. Auf Basis der Referenzlebensdauern aus Literatur und Expertenbefragungen lässt sich anhand einer qualitativen Bewertung von sieben Einflusskategorien die spezifische Lebensdauer je nach Kenntnis der Umgebungsbedingungen mit entsprechender Eintrittswahrscheinlichkeit vorhersagen.

4 Auswahl und Gruppierung der Bauteile

4.1 Einführung

Die Grundstruktur der Bauteilgliederung wurde analog zur Gliederung der DIN 276-1 (2006) gewählt. Sämtliche Elemente der dritten Gliederungsebene von Kostengruppe 300 wurden in Haupt- und Untergruppen gegliedert, die zu einer weiteren Spezifizierung des Bauteils beitragen. Die unterste Gliederungsebene ist die Objektebene bzw. die letzte Präzisierung des Bauteils. Mit diesen vier Ebenen lässt sich jedes Bauteil eindeutig beschreiben (siehe Abbildung 4-1).

1. Ebene	2. Ebene	3. Ebene	4. Ebene
Kostengruppe nach DIN 276 (3. Ebene)			
	Hauptgruppe		
		Untergruppe	
			Objekt/ Bauelement

Abb. 4-1: Gliederung der Bauteile

4.2 Sammlung von Lebensdauerdaten

Neben einer sinnvollen Gliederung der Bauteile war die Durchführung einer umfassenden Literaturrecherche Grundvoraussetzung für die Erlangung von Lebensdauerdaten. Dazu musste zunächst die Fragestellung konkretisiert und abgegrenzt werden. Datensätze zur technischen Lebensdauer von Bauteilen der Kostengruppe 300 nach DIN 276-1 (2006) standen im Vordergrund der Datenerhebung, wobei Angaben zur Nutzungsdauer von Bauelementen ebenfalls akzeptiert wurden, da in der Literatur keine Abgrenzung zur technischen Lebensdauer festgestellt werden konnte.

Im Rahmen der Recherche wurden nicht nur reine Datensammlungen zu Lebensdauern von Bauteilen in elektronischer und papiergebundener Form ausgewertet, sondern auch Normenwerke zu den einzelnen Bauteilen, Arbeiten zu Instandhaltung und Wartung sowie zusammenfassende Bücher über Facility Management und Nachhaltigkeit gesichtet. Hersteller von Bau- und Konstruktionsprodukten verfügen oftmals über interne Informationen zur Lebensdauer und Dauerhaftigkeit ihrer Produkte. Gelegentlich werden diese Daten der Öffentlichkeit z. B. in Produktdeklarationen oder auf Herstellerwebseiten zugänglich gemacht, wobei sich derartige Veröffentlichungen auf einzelne Bauteile beschränken und der Ermittlungsaufwand in keinem Verhältnis zum Mehrwert für diese Arbeit steht. Weitere mögliche Datenquellen stellen z. B. Bauordnungen, Arbeitsdokumente von Gremien, empirische Daten gleichartiger Objekte oder auch Urteile von Fachleuten dar. Grundsätzlich kann jede Informationsquelle genutzt werden, solange mögliche Fehlerquellen der verschiedenen Informationsquellen beachtet und gegebenenfalls dokumentiert werden. Bei der Bewertung der Datensätze ist das Vier-Augen-Prinzip genauso wesentlich wie das festgelegte Procedere bei eventuellen Unstimmigkeiten. Der Prozess der Datenbeschaffung ist im nachfolgenden Schema (Abbildung 4-2) als Übersicht dargestellt. So können nach DIN ISO 15686-8 (2008) auch allgemeine Datensätze gefunden werden, die erst durch eine zusätzliche Quelle ergänzt werden müssen. Diese müssen anschließend bewertet und je nach Vollständigkeit und Transparenz für akzeptabel oder nicht akzeptabel befunden werden. Nicht akzeptable Datensätze werden gelöscht bzw. nicht in den Datenbestand aufgenommen, akzeptable Datensätze werden aufbereitet und der Bauteilliste zugeführt.

Im Rahmen der durchgeführten Literaturrecherche mussten bisweilen Abstriche hinsichtlich der Datenqualität hingenommen werden, da mehrfach Wiederholungen innerhalb der Quellen festgestellt wurden und Mittelwerte aus bereits bekannten Quellen nur bedingt als neue Werte akzeptiert werden konnten. Trotzdem sind einige dieser redundanten Quellen in die Untersuchung eingeflossen, da sie aufgrund der aktuellen Entwicklungen im Bereich der Lebensdauerforschung als wichtige Datenquellen wissenschaftlich anerkannt sind. Des Weiteren lässt sich nicht bei allen Literaturangaben nachvollziehen, welche Definition der Lebensdauer bzw. welche Randbedingungen der Datensammlung zugrunde liegen, so dass einige Werte aus der Literatur bewusst aussortiert werden mussten. Ein vollständiger Lebensdauerdatensatz enthält, neben einer allgemeinen Beschreibung des Materials (oder der Komponente), konkrete Angaben zur Vorgehensweise der Datenerhebung. Weiterhin sind u. a. die Gebrauchskonditionen, die kritischen Eigenschaften eines Bauteils und dessen jeweilige Leistungsanforderungen von Interesse.

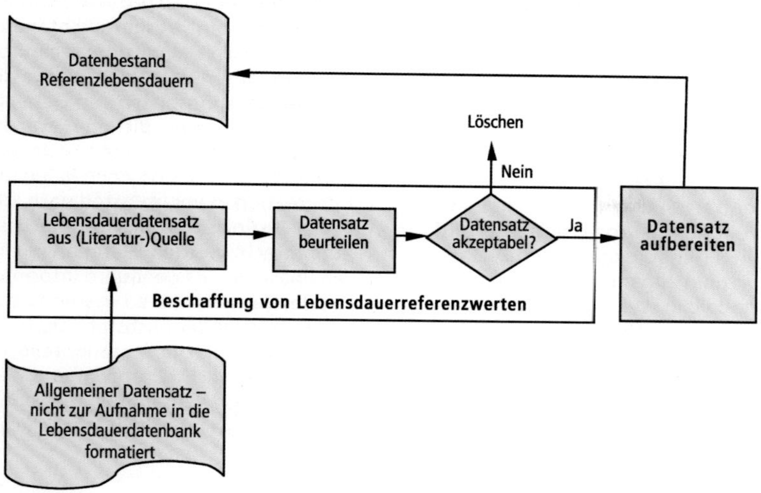

Abb. 4-2: Prozess der Umformatierung von allgemeinen Daten zu Lebensdauerdaten nach DIN ISO 15686-8 (2008)

Insgesamt wurden durch die Literaturrecherche ca. 12.500 Datensätze in die Bauteilliste aufgenommen, so dass nahezu allen Komponenten der erstellten Liste bereits aktuelle Lebensdauerwerte zugeordnet werden konnten.

4.3 Modellbildung und Detaillierung

Die Zusammensetzung von hybriden Bauteilen lässt sich in verschiedene Schichten bzw. Ebenen aufteilen. Es muss zwischen sehr langlebigen und eher kurzlebigen Ebenen unterschieden werden, die möglichst demontierbar miteinander verbunden sein müssen. Grundsätzlich können zwei verschiedene Arten von Verbindungen definiert werden (siehe Abbildung 4-3):

- Einzelverbindungen - Verbindung von einzelnen Bauteilen untereinander
- Flächenverbindungen - Verbindung von angrenzenden Bauteilschichten

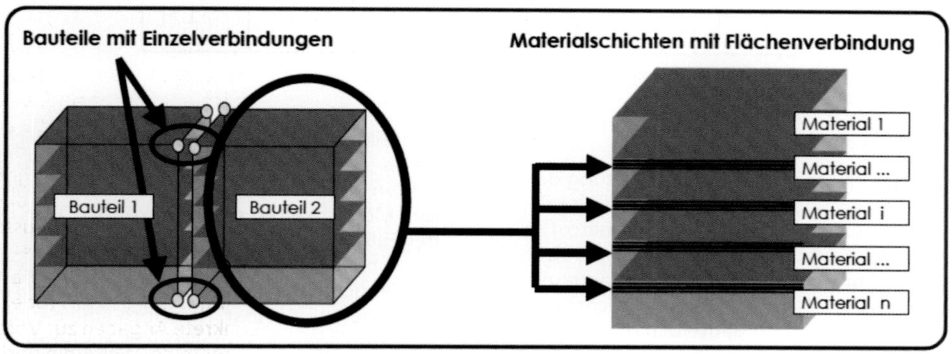

Abb. 4-3: Schichtenmodell nach [12]

Als klassische Schichtenmodelle sind beispielhaft die Wand- und Deckenaufbauten mit Flächenverbindungen zu nennen. Schichtenmodelle mit Einzelverbindungen lassen sich analog durch Hierarchiemodelle abbilden, die bislang eher aus anderen Bereichen als der Baukonstruktion bekannt sind (z. B. Gebäudetechnik, Maschinenbau). Hierarchiemodelle haben Vorteile bei der Darstellung von Abhängigkeiten und lassen ein Ablesen von Ergebnissen auf unterschiedlichen Genauigkeitsstufen zu. Abbildung 4-4 zeigt ein allgemeines hierarchisches Bauteilmodell, in welchem die verschiedenen Bauteilkomponenten durch je ein Modellelemente visualisiert werden. Die Modellelemente bestehen aus der Komponentenbezeichnung und einem Wertepaar, welches die Lebensdauer in Jahren bzw. die Dauer bis zum (Teil-) Austausch und den entsprechenden Reinvestitionsprozentsatz beinhaltet. Für Komponenten, die ohne größere Instandsetzung nur „im Ganzen" ausgetauscht werden können, steht dort die mittlere technische Lebensdauer in Jahren und 100% Reinvestition. Je nach Kalkulationsphase und Detaillierung kann auf unterschiedlichen Hierarchiestufen kalkuliert werden. Liegen z. B. in einer frühen Phase der Kalkulation noch keine genaueren Informationen vor, müssten nach x0 Jahren y0 % der Erstinvestitionskosten für das Bauteil aufgebracht werden. Hat man in einer späteren Phase bereits genauere Informationen zur Art des Bauteils und zu dessen Bestandteilen, kann auf eine der nächsten Ebenen weiter kalkuliert werden. Die Kostenanteile y1 (nach x1 Jahren), y2 (nach x2 Jahren) und y3 (nach x3 Jahren) müssen zusammen die y0 % der Erstinvestitionskosten nach x0 Jahren ergeben.

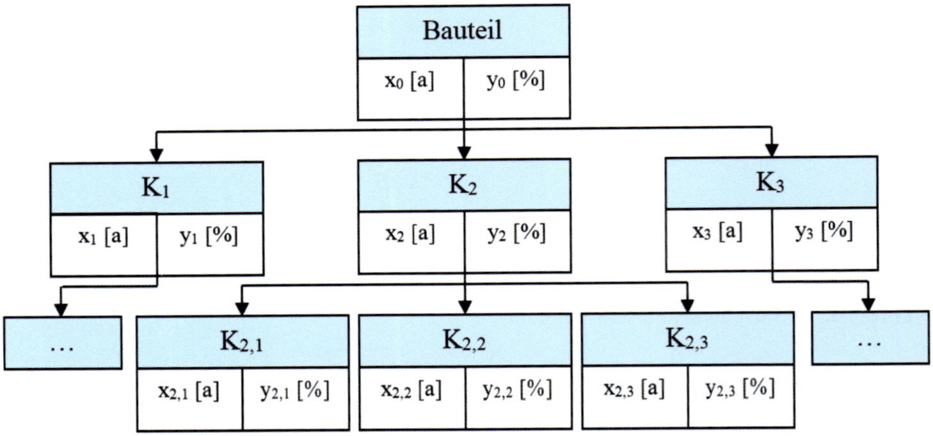

Abb. 4-4: Allgemeines hierarisches Bauteilmodell

4.4 Lösbarkeit von Schichten

Ein wichtiger Aspekt bei der Betrachtung der Lebensdauer ist der Einfluss der Lösbarkeit der im Fall von Instandsetzungsarbeiten betroffenen Bauteilschichten. Im Rahmen dieser Arbeit wird eine Bauteilschicht als „lösbar" angesehen, wenn die schadhafte Bauteilschicht ohne Beschädigung intakter Bauteilschichten austauschbar ist. Als „bedingt lösbar" gilt ein Bauteil, wenn es nur durch Zerstörung von Verbindungsmitteln zu lösen ist (z. B. nicht demontierbare Verschraubung). Kann eine schadhafte Bauteilschicht nur durch Zerstörung intakter Bauteilschichten ausgetauscht werden, wird sie als „nicht lösbar" definiert. Dabei ist zu beachten, dass besonders bei Nutzschichten mehrere Möglichkeiten zutreffen können. Falls nur der Fußbodenbelag ausgetauscht werden muss, bleibt die Lebensdauer des angrenzenden Estrichs üblicherweise gleich, d. h. der Fußbodenbelag ist lösbar. Ist jedoch eine defekte darunterliegende Bauteilschicht auszutauschen (z. B. Trittschalldämmung, Installationen), dann kann die Instandsetzung nur durch Zerstörung der darüberliegenden Schichten (z. B. Fußbodenbelag etc.) erfolgen, d. h. nicht lösbar.

Im Rahmen der Modellbildung hybrider Bauteile wird die voraussichtliche Lebensdauer unter Einbeziehung der Lösbarkeit auf verschiedene Arten bestimmt. Lösbare Schichtgruppen bekommen die berechnete voraussichtliche Lebensdauer zu 100% zugewiesen. Die voraussichtliche Lebensdauer einer nicht lösbaren Schichtgruppe wird durch die niedrigste voraussichtliche Lebensdauer der darunterliegenden Schichtgruppen begrenzt (z. B. Estrich mit einer Lebensdauer von 60 Jahren wird durch die kürzere Lebensdauer der darunterliegenden Trittschalldämmung von 50 Jahre auf diese begrenzt). Falls eine Schichtgruppe je nach Eingriffstiefe lösbar bzw. nicht lösbar sein kann oder der Wiedereinbau gebrauchter Bauteile nicht sinnvoll erscheint, wird die niedrigste Lebensdauer aus den zwei möglichen Instandsetzungsszenarien festgelegt.

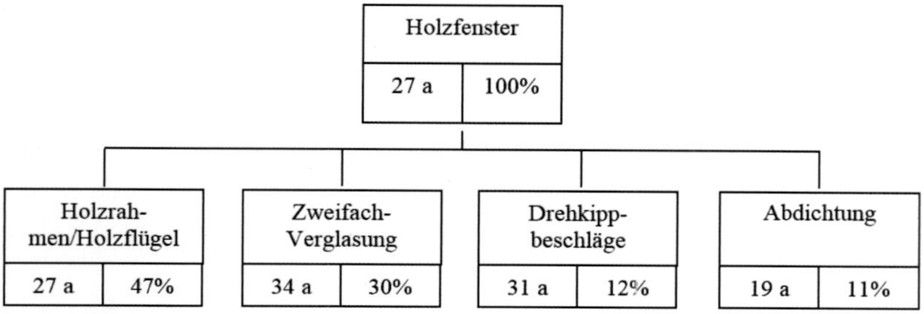

Abb. 4-5: Holzfenster im Hierarchiemodell

Im Anschauungsbeispiel Holzfenster (Abbildung 4-5) wird durch die voraussichtlich kürzere Lebensdauer der Holzrahmen bzw. Holzflügel mit 27 Jahren, die Lebensdauer der Zweifachverglasung (34 Jahre) und der Drehkippbeschläge (31 Jahre) auf 27 Jahre begrenzt. Die Lebensdauer der Abdichtung hat keinen Einfluss auf die Lebensdauer des Gesamtbauteils, da die Abdichtung unabhängig von den sonstigen Fensterkomponenten getauscht werden kann.

5 Erweiterung der Datengrundlage

5.1 Einführung

Neben einer umfangreichen Literaturrecherche konnte die Erweiterung der Datengrundlage durch praxisnahe Erfahrungswerte zu Lebensdauern auf Basis einer Datenerhebung sichergestellt werden. Unter Berücksichtigung der Zielgruppe (Hersteller, Sachverständige, Dienstleister, FM-Anbieter) und der zeitlichen Randbedingungen wurde eine zweigeteilte Erhebung aus E-Mail-Umfrage und persönlicher Interviews durchgeführt.

5.2 Ergebnisse der Datenerhebung

Die Auswahl der Experten aus verschiedenen Prozessbereichen sollte eine möglichst ausgewogene Einschätzung der Lebensdauern gewährleisten. Nach Prüfung der Ergebnisse auf Plausibilität konnten die Umfragedaten in die abschließende Lebensdauertabelle aufgenommen werden, so dass sich zusammen mit den Ergebnissen der Literaturrecherche eine Datengrundlage hinlänglicher Breite als Kalkulationsgrundlage ergab. Somit kommen zu den bereits vorhandenen Werten aus der Literaturrecherche, bis auf wenige Ausnahmen, mindestens 15 weitere Lebensdauerangaben je Bauteil hinzu. Als Zielwerte für die statistische Auswertung wurden die Anzahl der Umfragewerte mit mindestens 15 und der Variationskoeffizient mit <= 0,40 festgelegt. Diese Grenzen wurden für annähernd alle Bauteile erreicht. Als weitere Kenngrößen wurden die Standardabweichung der Lebensdauern, das 95%-Konfidenzintervall und die Abweichung zwischen Umfrage- und Literaturwerten untersucht. In der folgenden Abbildung 5-1 sind beispielhaft drei Standardbauteile im Bereich Fenster mit den Werten aus Literatur und Umfragen gegenübergestellt.

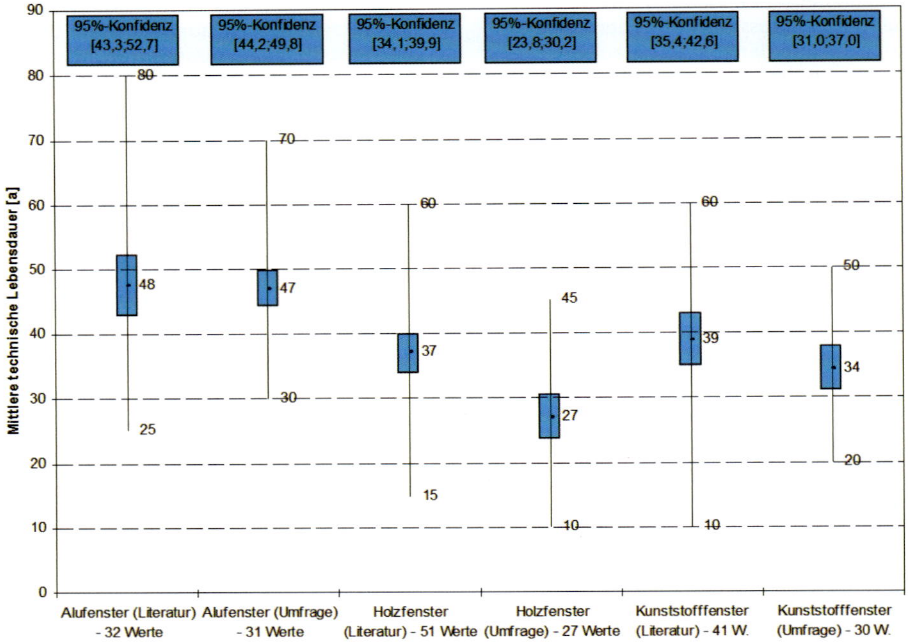

Abb 5-1: Vergleich der mittleren technischen Lebensdauer verschiedener Standardfenster

Es lässt sich festhalten, dass die Abweichungen zwischen den ermittelten Umfragewerten und den aktuellen Literaturwerten relativ gering sind. Die Tendenz liegt eher bei einer etwas vorsichtigeren Einschätzung durch die Expertengruppen. Bei ca. 80% der Bauteile liegen die Abweichungen im Bereich von ± 30% um den Mittelwert.

5.3 Datenqualität nach DIN ISO 15686-8 (2008)

Nach den bereits genannten Problemen mit der Qualität der Literaturdaten, war es auch bei den Umfragedaten nicht immer möglich, alle erforderlichen Randbedingungen zu berücksichtigen. Trotzdem, auch wenn die verfügbaren Daten z. T. große Streuungen aufweisen, können diese Werte eine wichtige Informationsquelle bilden. Speziell ist dies der Fall, wenn fundierte Daten, die auf Basis von Testverfahren gemäß Teil 2 (2001) der DIN ISO 15686 generiert wurden, nicht zur Verfügung stehen.

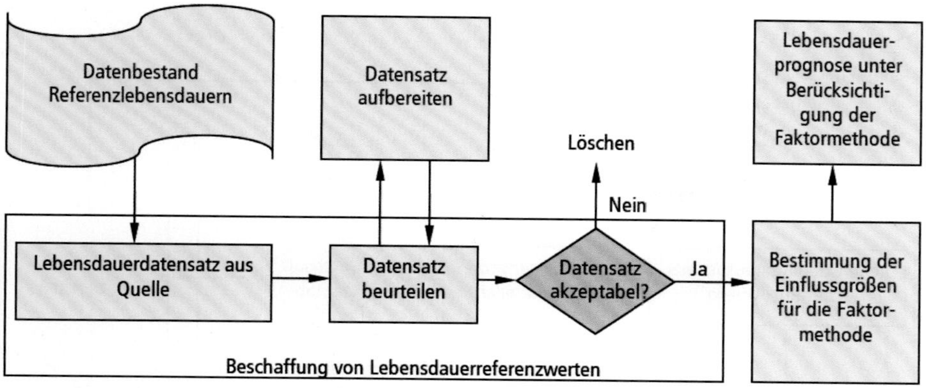

Abb. 5-2: Prozess der Lebensdauerdatenauswahl gemäß DIN ISO 15686-8 (2008)

Ein Lebensdauerdatensatz bei einer Datenerhebung sollte nach DIN ISO 15686-8 (2008) neben einer allgemeinen Beschreibung des Materials (oder der Komponente) Angaben zur Vorgehensweise der Datenerhebung enthalten. Des Weiteren sind mögliche Gebrauchskonditionen, die kritischen Eigenschaften des Bauteils sowie deren Leistungsanforderungen von Interesse. Diese Daten stehen aber nur in den seltensten Fällen vollständig zur Verfügung. Mögliche Prozesse der Datenauswahl sind in Abbildung 5-2 (Lebensdauerdaten) und Abbildung 5-3 (generelle Daten) dargestellt.

Die zur Verfügung stehenden Lebensdauerdatensätze wurden vor ihrer Verwendung auf Qualität und Konsistenz überprüft. Entsprechende Prüfkriterien sind in den Abschnitten 4.3.3.2 - 4.3.3.4 des Teils 8 der Normenreihe DIN ISO 15686 enthalten. Auf die Verwendung eines Datensatzes wurde z. B. verzichtet, wenn

- die betrachteten Schädigungsfaktoren nicht vollständig berücksichtigt wurden bzw. nicht den zu untersuchenden Bedingungen entsprechen,
- die Leistungsanforderungen nicht denen des zu untersuchenden Objekts entsprechen,
- die Referenznutzungsbedingungen nicht den objektspezifischen Nutzungskonditionen entsprechen.

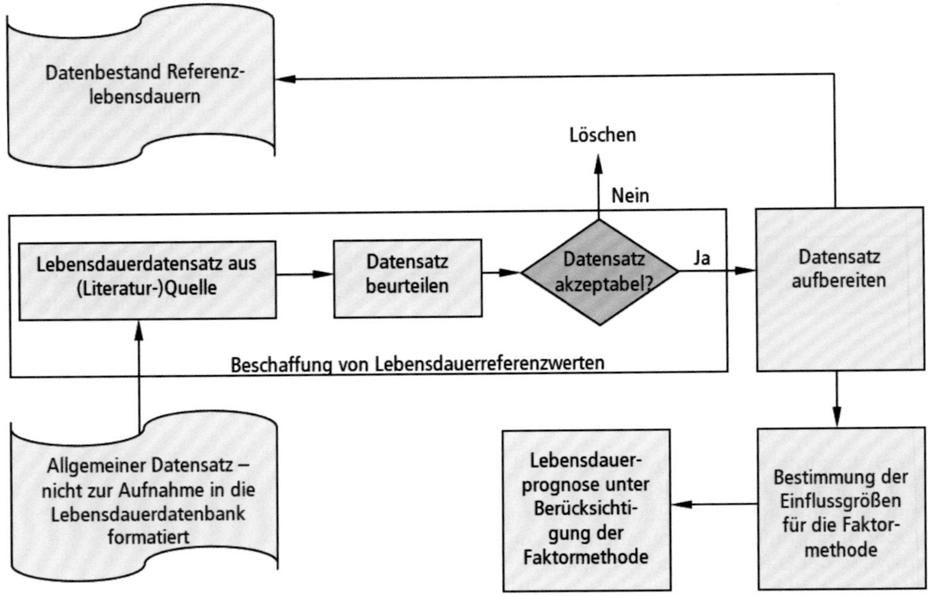

Abb. 5-3: Prozess der Auswahl allgemeiner Daten nach DIN ISO 15686-8 (2008)

Zur Anpassung von Referenznutzungsbedingungen an die objektspezifischen Nutzungskonditionen wird auf die Faktorenmethode (siehe Kapitel 3.3) verwiesen. Die Faktor-Klassen werden, soweit möglich, über Intensitäten und Auswirkungen von Schädigungsfaktoren quantifiziert. Falls eine quantitative Information für die Nutzungsbedingungen innerhalb der Faktor-Klasse fehlt, so kann auf eine qualitative Bewertung zurückgegriffen werden.

6 Resümee und Ausblick

Der vorliegende Fachaufsatz befasst sich mit der Lebensdauerermittlung im Bauwesen. Das Wissen um die Lebenserwartung einer Konstruktion bzw. ihrer Bauteile ist sowohl für die Durchführung von Lebenszyklusanalysen als auch zur Planung von Instandsetzungsstrategien erforderlich. Bisher vorliegende Kataloge zur Lebensdauer von Bauteilen sind häufig veraltet und liefern nur in den seltensten Fällen Angaben zu den Randbedingungen, unter denen die Daten gewonnen wurden. Aussagen zu Einflussgrößen, welche die Lebensdauer der einzelnen Bauteile beeinflussen können, gibt es in der Regel nicht. Anhand einer umfangreichen Datenerhebung bei verschiedenen Expertengruppen wurden Erfahrungswerte über die Lebensdauer von Bauteilen und Baustoffen sowie deren Einflussgrößen gesammelt, um unter Berücksichtigung aktueller Bauteilkataloge und Literatur zu Bauschäden, die wesentlichen Einflussgrößen auf die Lebensdauer von Bauteilen identifizieren und schließlich quantifizieren zu können. Der Einsatz von Bauteilen und Baustoffen nach vordergründig wirtschaftlichen Gesichtspunkten soll zukünftig im Sinne einer lebenszyklusgerechten Planung vermieden werden.

Darüber hinaus sollte es sich die aktuell sehr intensive Forschungstätigkeit auf dem Gebiet der Referenzlebensdauern zum Ziel machen, nicht nur die Lebensdauerkataloge aktuell und möglichst umfangreich zu gestalten, sondern auch Referenzbedingungen festlegen, die einen Abgleich der objektspezifischen Einsatzrandbedingungen mit den Referenzbedingungen erlauben. Dies wäre ein erster Schritt zur Erhöhung der Anwendungssicherheit und eine gute Basis für weitere Forschungstätigkeiten im Bereich der Einflussquantifizierung.

Der oft eher zufällige Einsatz von Bauteilen und Baustoffen nach vordergründig wirtschaftlichen Gesichtspunkten sollte zukünftig im Sinne der Nachhaltigkeit und einer langfristigen Wirtschaftlichkeit, die mit geringeren Instandhaltungs- und Instandsetzungskosten einher geht, vermieden werden.

(Die zugehörigen Lebensdauer-Daten finden Sie ab Seite 84.)

LITERATURVERZEICHNIS

Fachliteratur

[1] **Bahr, C., Lennerts, K. (2010):** Lebens- und Nutzungsdauer von Bauteilen. Endbericht aus dem Forschungsprogramm „Zukunft Bau“, im Auftrag des Bundesinstituts für Bau-, Stadt- und Raumforschung sowie des Bundesamtes für Bauwesen und Raumordnung, Berlin

[2] **BBSR (2008):** Nutzungsdauerangaben von ausgewählten Bauteilen der Kostengruppen 300, 400 und 500 nach DIN 276-1, Datenbank Zwischenauswertung. Bundesamt für Bauwesen und Raumordnung, Berlin

[3] **BBSR (2009):** Nutzungsdauerangaben von ausgewählten Bauteilen der Kostengruppen 300, 400 und 500 nach DIN 276-1, Entwurf der Endfassung. Bundesamt für Bauwesen und Raumordnung, Berlin

[4] **BMVBS (2001):** Leitfaden Nachhaltiges Bauen. Bundesamt für Bauwesen und Raumordnung, Berlin

[5] **BTE (2008):** Lebensdauer von Bauteilen, Zeitwerte; Webpräsenz des Bunds technischer Experten e. V., Agethen, U., Frahm, K.-J., Renz, K., Thees, E. P., Essen

[6] **Gehlen, C. (2000):** Probabilistische Lebensdauerbemessung von Stahlbeton bauwerken – Zuverlässigkeitsbetrachtungen zur wirksamen Vermeidung von Bewehrungskorrosion, D 82, RWTH, Aachen

[7] **Hellerforth, M. (2001):** Facility Management – Immobilien optimal verwalten. Haufe Mediengruppe, Freiburg Berlin München Zürich

[8] **Herzog, K. (2005):** Lebenszykluskosten von Baukonstruktionen, Heft 10, Dissertation des Fachbereichs Bauingenieurwesen und Geodäsie, Institut für Massivbau, TUD, Darmstadt

[9] **IEMB (2006):** Lebensdauer von Bauteilen und Bauteilschichten. Info-Blatt 4.2, Hrsg.: Institut für Erhaltung und Modernisierung von Bauwerken e.V. der TU Berlin im Auftrag des Bundesamts für Bauwesen und Raumordnung, Bonn

[10] **IFB (2004):** Lebensdauer der Baustoffe und Bauteile zur Harmonisierung der wirtschaftlichen Nutzungsdauer im Wohnungsbau; Forschungsbericht F 2464, Institut für Bauforschung e.V., Hannover

[11] **IFBOR (2007):** Technische Lebensdauern - Synopse; www.ifbor.eu, Nürtingen-Geislingen University

[12] **Reiche, K. (2001):** Nachhaltigkeitsanalyse demontagegerechter Baukonstruktionen. Dissertation des Fachbereichs Bauingenieurwesen und Geodäsie, Institut für Massivbau, TUD, Darmstadt

[13] **Ritter, F. (2011):** Lebensdauer von Bauteilen und Bauelementen. Dissertation des Fachbereichs Bauingenieurwesen und Geodäsie, Institut für Massivbau, TUD, Darmstadt

[14] **Schmitz, H. Krings, E., Dahlhaus, U., Meisel, U. (2004):** Instandsetzung / Sanierung / Modernisierung / Umnutzung in Baukosten 2004, Hrsg.: Verlag für Wirtschaft und Verwaltung Hubert Wingen, Essen

[15] **Schweizer Mieterverband (2008):** Lebensdauertabelle. Webpräsenz des Schweizerischen Mieterinnen- und Mieterverbands, www.mieterverband.ch, Zürich

[16] **Tomm, A.; Rentmeister, O.; Finke, H. (1995):** Geplante Instandhaltung: Ein Verfahren zur systematischen Instandhaltung von Gebäuden, Landesinstitut für Bauwesen und angewandte Bauschadensforschung (LBB), Aachen

Technische Regelwerke

DIN 276-1 (2006): Kosten im Bauwesen – Teil 1 Hochbau, DIN Deutsches Institut für Normung e.V., Beuth Verlag, Berlin

DIN 276 (2018): Kosten im Bauwesen, DIN Deutsches Institut für Normung e.V., Beuth Verlag, Berlin

DIN EN 1990 (2010): Grundlagen der Tragwerksplanung, DIN Deutsches Institut für Normung e.V., Beuth Verlag, Berlin

DIN EN 1990/NA (2010): Grundlagen der Tragwerksplanung, DIN Deutsches Institut für Normung e.V., Beuth Verlag, Berlin

DIN ISO 15686-1 (2011): Buildings and constructed assets – Service life planning – Part 1: General principles. ISO Copy Right Office, Geneva (CH)

DIN ISO 15686-2 (2012): Buildings and constructed assets – Service life planning – Part 2: Service life prediction procedures. ISO Copy Right Office, Geneva (CH)

DIN ISO 15686-3 (2002): Buildings and constructed assets – Service life planning – Part 3: Performance audits and reviews. ISO Copy Right Office, Geneva (CH)

DIN ISO 15686-4 (2014): Buildings and constructed assets – Service life planning – Part 4: Data requirements. ISO Copy Right Office, Geneva (CH)

DIN ISO 15686-5 (2017): Buildings and constructed assets – Service life planning – Part 5: Life cycle costing. ISO Copy Right Office, Geneva (CH)

DIN ISO 15686-6 (2004): Buildings and constructed assets – Service life planning – Part 6: Procedures for considering environmental impacts. ISO Copy Right Office, Geneva (CH)

DIN ISO 15686-7 (2017): Buildings and constructed assets – Service life planning – Part 7: Performance evaluation for feedback of service life data from practice. ISO Copy Right Office, Geneva (CH)

DIN ISO 15686-8 (2008): Buildings and constructed assets – Service life planning – Part 8: Reference service life and service-life estimation. ISO Copy Right Office, Geneva (CH)

DIN ISO 15686-9 (2008): Buildings and constructed assets – Service life planning – Part 9: Guidance on assessment of service-life data. ISO Copy Right Office, Geneva (CH)

DIN ISO 15686-10 (2010): Buildings and constructed assets – Service life planning – Part 10: Functional requirements and capability. ISO Copy Right Office, Geneva (CH)

Lebensdauer von Bauteilen und Bauelementen

Lebensdauer von Bauteilen in Jahren	▷	mittel	◁
Flachgründungen und Bodenplatten			
Fertigteilfundamente			
Beton, Stahlbeton	81	**100**	144
Einzel- und Streifenfundament			
Beton, Stahlbeton	81	**100**	144
Plattenfundamente			
Beton, Stahlbeton, Stahlfaserbeton	81	**100**	144
Tragende Bodenplatte			
Beton, Stahlbeton, Stahlfaserbeton	74	**99**	126
Fundamenterder			
Stahl, verzinkt	32	**44**	57
Tiefgründungen			
Bohrpfähle			
Beton, Stahlbeton	91	**108**	143
Rammpfähle			
Beton, Stahlbeton	91	**108**	143
Presspfähle			
Beton, Stahlbeton	91	**108**	143
Tiefenerder			
Stahl, verzinkt	30	**45**	60
Gründungsbeläge			
Estriche			
siehe Deckenbeläge			
Abdichtungen und Bekleidungen			
Abdichtung erdberührter Bauteile			
Abdichtung, gegen nichtdrückendes Wasser	34	**41**	55
Abdichtung gegen Bodenfeuchte und nichtstauendes Sickerwasser	30	**40**	50
Abdichtung gegen aufstauendes Sickerwasser	30	**39**	47
Abdichtung gegen drückendes Wasser	35	**48**	65
Konstruktionen aus wasserundurchlässigem Beton	58	**71**	86
Abichtungen mit Bentonit	32	**45**	58

(Skala: 0 – 25 – 50 – 75 – 100 – 125 Jahre)

▷ von
| Mittelwert
◁ bis

 Erläuterungen zu den Tabellen siehe Seite 44

Lebensdauer von Bauteilen in Jahren	▷	mittel	◁
Abdichtungen und Bekleidungen			
Nachträgliche Abdichtungen			
Abdichtungen auf der Innenseite	17	**28**	37
Abdichtung durch Vergelung oder Schleierinjektion	16	**23**	29
Querschnittsabdichtung gegen aufsteigende Feuchtigkeit (mechan. Injektion)	33	**41**	50
Perimeterdämmung			
Extrudiertes Polystyrol	38	**52**	72
Schaumglas	46	**56**	73
Wellplatten			
Faserverstärkt auf Bitumenbasis	20	**30**	40
Faserverstärkt auf Zementbasis	22	**35**	48
Noppenbahnen			
Polyethylen, Polypropylen	30	**39**	47
Hartschaumplatten			
Polystyrol	34	**46**	63
Granulatmatten			
Gummigranulat vulkanisiert	26	**31**	38
Gummigranulat mit PU-Verklebung	25	**31**	38
Schutzmauern			
Beton	43	**52**	62
Ziegel Hartbrandklinker	43	**53**	60
Dränagen			
Dränanlagen			
Schächte	29	**39**	44

(Skala: 0 25 50 75 100 125 Jahre)

Lebensdauern
Grobelementarten
Stahlbau
Gebäudearten
Kostengruppen
Ausführungsarten

Lebensdauer von Bauteilen in Jahren	▷	mittel	◁
Tragende Außenwände			
Tragschicht - bekleidet			
Stahlbeton, Beton	82	**100**	133
Porenbeton	51	**73**	90
Kalksandstein	75	**100**	121
Hochlochziegel	69	**94**	126
Naturstein	74	**101**	192
Holz, hart	59	**85**	118
Holz, weich	53	**76**	118
Stahl	52	**78**	91
Außenwandöffnungen			
Fenster			
Alufenster mit 2-fach Verglasung und Drehkipp-beschlägen	35	**47**	58
Holzfenster mit 2-fach Verglasung und Drehkipp-beschlägen	23	**34**	45
Kunststofffenster mit 2-fach Verglasung und Drehkipp-beschlägen	25	**37**	47
Pfosten-Riegel-Fassade			
Grundkonstruktion	26	**34**	42
Lichtschächte			
Kunststoff	30	**38**	45
Stahlbeton		**40**	
Rahmen und Flügel			
Hartholz, behandelt	31	**44**	63
Aluminium	35	**47**	58
Weichholz, behandelt	23	**33**	45
Stahl, verzinkt und beschichtet	32	**42**	54
Kunststoff	25	**37**	47
Aluminium-Holz-Komposit	35	**43**	57
Aluminium-Kunststoff-Komposit	33	**41**	50
Kunststoffstegplatten transparent			
Acrylglasplatten	18	**28**	37
Polycarbonatplatten	18	**28**	37
Beschläge inkl. Schließmechanismus			
Einfache Beschläge	25	**34**	44
Standardbeschläge	33	**38**	40
Drehkippbeschläge	22	**30**	39
Hebedrehkippbeschläge	19	**26**	35
Schwingflügelbeschläge	19	**25**	32
Schiebebeschläge	20	**25**	35

0 25 50 75 100 125 Jahre

▷ von
| Mittelwert
◁ bis

 Erläuterungen zu den Tabellen siehe Seite 44

Lebensdauer von Bauteilen in Jahren

Bauteil	▷	mittel	◁
Außenwandöffnungen			
Fensterbänke, innen			
Holz	36	**63**	99
Naturstein	61	**86**	121
Keramik	67	**88**	124
Kunststoff	35	**51**	72
Aluminium	43	**56**	73
Fensterbänke, außen			
Naturstein	50	**75**	100
Klinker	57	**80**	110
Beton	55	**69**	77
Betonfertigteil	48	**68**	80
Keramik	54	**66**	77
Fliesen	46	**61**	76
Kunststein	30	**58**	75
Kupferblech	47	**64**	94
Aluminium	24	**42**	59
Stahl, verzinkt	26	**35**	45
Stahl, verzinkt und beschichtet	37	**46**	56
Faserzement	33	**42**	56
Kunststoff	18	**25**	39
Zink	24	**32**	44
Verglasung			
Einfachverglasung	43	**64**	88
2-Scheiben-Wärmeschutz-Isolierglas	22	**30**	42
3-Scheiben-Wärmeschutz-Isolierglas	20	**29**	37
Angriffhemmendes Isolierglas	24	**31**	41
Brandschutz-Isolierglas	20	**29**	38
Schallschutz-Isolierglas	20	**30**	41
Sicherheits-Isolierglas	24	**31**	41
Sonnenschutz-Isolierglas	20	**30**	40
Glasbausteine	28	**40**	50
Abdichtung			
Dichtprofile	17	**22**	28
Dichtstoffe (Silikone)	11	**15**	22
Verkittung	9	**12**	18
Türen			
Vollspantür mit Standardbeschlägen und normalem Schloss	21	**29**	38
Alutür mit Standardbeschlägen, Türschließer und normalem Schloss	31	**46**	58
Vollholztür mit Standardbeschlägen und normalem Schloss	31	**42**	55
Kunststofftür mit Standardbeschlägen und Schließanlage	25	**37**	47

Lebensdauern
Grobelementarten
Stahlbau
Gebäudearten
Kostengruppen
Ausführungsarten

Lebensdauer von Bauteilen in Jahren	▷	mittel	◁
Außenwandöffnungen			
Türen			
Glasrahmentür mit Schwingflügelbeschlägen, Türschließer und Schließanlage	37	**48**	61
Standardtüren, außen	33	**44**	53
Standardtüren, außen			
Aluminiumtüren	31	**46**	58
Stahltüren, rostfrei	37	**48**	61
Aluminium-Holz-Komposit	28	**43**	56
Aluminium-Kunststoff-Komposit	31	**44**	57
Hartholz	34	**49**	64
Weichholz	26	**36**	47
Holzwerkstofftüren	21	**29**	38
Kunststofftüren	25	**37**	47
Stahltüren	30	**41**	52
Glastüren/Ganzglastüren	27	**44**	68
Automatiktüren			
Verbund	34	**47**	60
Aluminiumtüren	41	**52**	66
Stahltüren	26	**39**	47
Glastüren/Ganzglastüren	29	**45**	67
Feuchtraumtüren			
Verbund	34	**44**	53
Aluminiumtüren	36	**50**	60
Stahltüren, rostfrei	37	**47**	57
Aluminium-Holz-Komposit	28	**44**	56
Aluminium-Kunststoff-Komposit	31	**42**	56
Hartholz	35	**48**	65
Weichholz	26	**36**	48
Holzwerkstofftüren	20	**26**	32
Kunststofftüren	25	**37**	46
Stahltüren	26	**39**	47
Glastüren/Ganzglastüren	30	**44**	68
Brand-/Schallschutztüren			
Verbund	34	**45**	54
Aluminiumtüren	36	**50**	60
Stahltüren, rostfrei	37	**47**	57
Aluminium-Holz-Komposit	28	**42**	55
Aluminium-Kunststoff-Komposit	31	**42**	56
Hartholz	35	**48**	65
Weichholz	26	**36**	48
Holzwerkstofftüren	20	**26**	32
Kunststofftüren	25	**37**	46
Stahltüren	26	**39**	47
Glastüren/Ganzglastüren	29	**44**	65

▷ von
| Mittelwert
◁ bis

Lebensdauer von Bauteilen in Jahren	▷	mittel	◁
Außenwandöffnungen			
Rotationstüren			
Verbund	34	**45**	60
Aluminiumtüren	36	**50**	60
Stahltüren, rostfrei	37	**47**	57
Stahltüren	26	**39**	47
Glastüren/Ganzglastüren	28	**45**	63
Schiebetüren			
Verbund	32	**43**	53
Aluminiumtüren	36	**50**	60
Stahltüren, rostfrei	37	**47**	57
Aluminium-Holz-Komposit	27	**42**	55
Aluminium-Kunststoff-Komposit	31	**43**	55
Hartholz	35	**48**	65
Weichholz	26	**36**	48
Holzwerkstofftüren	20	**26**	32
Kunststofftüren	25	**37**	46
Stahltüren	26	**39**	47
Glastüren/Ganzglastüren	29	**44**	66
Toranlagen			
Metallische Materialien	35	**45**	58
Aluminiumtore	36	**50**	60
Holztore	35	**48**	65
Kunststofftore	25	**37**	46
Stahltore	26	**39**	47
Garagentüren			
Metallische Materialien	29	**32**	34
Garagentüren Stahlblech	25	**31**	38
Garagentüren Holz	25	**30**	37
Türzubehör, außen			
Einfache Beschläge	19	**34**	49
Standardbeschläge	19	**29**	44
Schiebebeschläge	18	**26**	36
Schwingflügelbeschläge	18	**25**	38
Türschließer	15	**20**	27
Türschlösser	18	**25**	36
Schließanlage	15	**23**	34
Falttürbeschläge	17	**26**	38
Panikverschlüsse	14	**22**	33
Türanschlagdämpfer	12	**19**	29
Türantriebe	11	**14**	18
Türdichtungen	16	**20**	35

Lebensdauer von Bauteilen in Jahren	▷	mittel	◁
Außenwandbekleidungen, außen			
Konstruktionen mit Wärmedämmung			
WDVS bestehend aus Anstrich, Standardputz und Polystyroldämmplatten	27	**40**	49
WDVS bestehend aus Anstrich, Standardputz und Mineralschaumdämmung	31	**43**	61
Zweischalige hinterlüftete Konstruktion aus Mauerwerk und Polystyroldämmplatten	30	**41**	56
Zweischalige hinterlüftete Konstruktion aus Stahlbeton und Glaswolledämmplatten	29	**38**	47
Zweischalige nicht hinterlüftete Konstruktion aus Mauerwerk und Polystyroldämmplatten	31	**43**	67
Zweischalige nicht hinterlüftete Konstruktion aus Stahlbeton und Glaswolledämmplatten	31	**42**	68
Pfosten-Riegel-Fassade aus Unterkonstruktion, Stahl-Glasfassade und Abdichtung	28	**36**	49
Pfosten-Riegel-Fassade aus Unterkonstruktion, Beton-Glasfassade, Kerndämmung und Abdichtung	28	**36**	49
Wärmedämmverbundsystem; Dämmschicht			
Polystyroldämmplatten	27	**40**	49
Polyurethandämmplatten	28	**40**	51
Steinwolledämmplatten	29	**39**	48
Glaswolledämmplatten	28	**39**	49
Holzfaserdämmplatten	19	**29**	41
Holzwolleleichtbauplatten	23	**31**	47
Korkplatten	19	**30**	42
Mineralschaumdämmplatten	31	**43**	61
Hinterlüftete Fassade; Dämmschicht			
Steinwolledämmmatten	28	**40**	49
Schaumglasplatten	34	**45**	53
Mineralschaumplatte	31	**44**	62
Kerndämmung			
Polystyrol	30	**40**	52
Polyurethan	30	**40**	52
Steinwolle	28	**39**	49
Glaswolle	28	**39**	49
Holzfaserdämmplatten	19	**29**	42
Holzwolleleichtbauplatten	23	**31**	48
Holzwolle	23	**31**	48
Kork	19	**29**	42
Holzspäne	22	**30**	49
Flachs	19	**28**	39
Hanf	19	**29**	42
Schafwolle	19	**29**	42
Zellulose	19	**27**	39
Kokos	19	**29**	42

▷ von
| Mittelwert
◁ bis

 Erläuterungen zu den Tabellen siehe Seite 44

Lebensdauer von Bauteilen in Jahren	▷	mittel	◁
Außenwandbekleidungen, außen			
Kerndämmung			
Strohballen	16	**28**	43
Roggengranulat	19	**29**	42
Blähglasgranulat	30	**42**	63
Blähtongranulat	30	**43**	62
Blähschiefergranulat	30	**42**	63
Leichtlehmmischung	20	**29**	44
Vakuumdämmpaneele	13	**30**	41
Polystyroldämmplatten	28	**40**	49
Steinwolledämmplatten	29	**40**	52
Glaswolledämmplatten	29	**40**	53
Vakuumdämmpaneele	14	**29**	38
Dämmschicht			
Polystyroldämmplatten	27	**39**	48
Polyurethandämmplatten	27	**39**	48
Steinwolledämmplatten	29	**38**	46
Glaswolledämmplatten	29	**38**	47
Vakuumdämmpaneele	16	**29**	37
Polystyrol	31	**43**	67
Polyurethandämmplatten	31	**43**	67
Steinwolle	32	**42**	68
Glaswolle	31	**42**	68
Vakuumdämmpaneele	16	**29**	35
Blähglasgranulat	34	**53**	82
Blähtongranulat	35	**53**	82
Blähschiefergranulat	34	**53**	82
Diffusionsoffene druckstabile Dämmung			
Calciumsilikatplatten	29	**47**	75
Mineralschaumdämmplatten	28	**40**	54
Folien			
Dampfsperrfolien	21	**35**	46
Kleber zum Fixieren von Dampfsperrfolien	14	**22**	46
Unterdeckung (Bahnen)			
Dampfdiffusionsoffene Kunststofffolien	23	**33**	40
Dampfsperren			
Kunststofffolien	23	**33**	40
Putz auf monolitischer Tragschicht			
Luftkalkmörtel	30	**40**	54
Wasserkalkmörtel	30	**40**	54
Hydraulischer Kalkmörtel	30	**40**	54
Hochhydraulischer Kalkmörtel	30	**40**	54
Mörtel mit Putz- und Mauerbinder	30	**40**	54

Skala: 0 25 50 75 100 125 Jahre

330 Außenwände/ Vertikale Baukonstruktionen, außen

Lebensdauer von Bauteilen in Jahren	▷	mittel	◁
Außenwandbekleidungen, außen			
Putz auf monolitischer Tragschicht			
Kalkzementmörtel	30	**40**	54
Zementmörtel mit Zusatz von Luftkalk	27	**40**	54
Zementmörtel	31	**42**	57
Silikatputze	26	**36**	49
Kunstharzputze	24	**32**	43
Silikonharzputze	24	**32**	43
Sanierputzsysteme	25	**34**	45
Mineralische Leichtputzsysteme	27	**38**	50
Putz auf Wärmedämmung			
Mineralische Putzsysteme	27	**37**	49
Silikatische Putzsysteme	28	**38**	49
Kunstharzputzsysteme	25	**33**	44
Silikonharzputzsysteme	25	**33**	44
Wärmedämmputzsysteme			
Mineralischer Binder mit expandiertem Polystyrol als Zuschlag	24	**32**	42
Keramik auf Wärmedämmung			
Fliesen	31	**40**	62
Klinkerriemchen	28	**37**	49
Faserzement-Fassade			
Grundkonstruktion	28	**37**	47
Blech-Fassade			
Grundkonstruktion	29	**40**	49
Vorgehängte hinterlüftete Fassade			
Metallische Materialien	33	**43**	67
Edelstahl	37	**59**	98
Aluminium	33	**45**	64
Holz	24	**32**	42
Holzschindeln	32	**42**	56
Weichholz, behandelt	24	**33**	51
Weichholz, unbehandelt	22	**31**	54
Hartholz, unbehandelt	24	**33**	53
Hartholz, behandelt	25	**40**	63
Holzzement	24	**36**	56
Faserzement	32	**45**	65
Stahl, verzinkt	29	**40**	52
Stahl, verzinkt und beschichtet	25	**38**	49
Stahl, kunststoffummantelt	25	**38**	49

(Skala: 0 – 25 – 50 – 75 – 100 – 125 Jahre)

▷ von
| Mittelwert
◁ bis

Lebensdauer von Bauteilen in Jahren	▷	mittel	◁
Außenwandbekleidungen, außen			
Vorgehängte hinterlüftete Fassade			
Korrosionsreduzierter Stahl	27	**39**	48
Stahl, nicht rostend	34	**42**	57
Kupferblech	34	**47**	68
Zink	33	**42**	61
Naturstein	41	**55**	82
Stein-Leichtelemente	36	**45**	59
HPL-Platten	25	**32**	50
Kunststoff	25	**32**	48
Faserverstärkte Harzkompositplatten	20	**29**	35
Glas	30	**46**	79
Tonziegel	45	**61**	96
Aluminium	32	**40**	57
Kunststoffstegplatten transparent			
Acrylglasplatten	31	**40**	52
Polycarbonatplatten	21	**29**	36
Sichtkonstruktion			
Kalksandstein	42	**53**	66
Tonziegel	47	**68**	108
Verfugung Sichtmauerwerk	28	**39**	48
Tonklinker	47	**70**	109
Sichtbeton	41	**60**	80
Fassadenfestverglasung	34	**44**	53
Beschichtung auf Putz			
Nachwachsende organische Materialien	9	**15**	20
Kaseinfarbe	7	**11**	17
Weißzementfarbe	12	**16**	22
Dispersionsfarbe	9	**15**	20
Dispersions-Silikatfarbe	9	**15**	20
Silikonharzfarbe	10	**14**	19
Silikatfarbe	10	**15**	23
Polymerisatharzfarben	13	**16**	25
Lasur	4	**6**	11
Beschichtung auf Beton			
Kunststoffbeschichtungen	8	**13**	21
Beschichtung	6	**9**	13
Anstrichsysteme			
Antigraffitischutz	5	**7**	10
Beschichtung auf Holz			
Holzschutzmittel	4	**7**	12
Holzlasuren	4	**5**	10
Holzfarben	4	**5**	8

Lebensdauer von Bauteilen in Jahren	▷	mittel	◁
Außenwandbekleidungen, außen			
Beschichtung auf Holz			
Holzlacke	4	**6**	10
Holzöle/-wachse	5	**7**	12
Lichtschutz zur KG 330			
Jalousien, Rollläden, außenliegend			
Holz	19	**26**	38
Kunststoff	15	**21**	28
Stahl	15	**24**	34
Aluminium	19	**29**	40
Sonstiges zur KG 330			
Geländer, Gitter			
siehe Sonstiges zur KG 350			

▷ von
| Mittelwert
◁ bis

Lebensdauer von Bauteilen in Jahren	▷	mittel	◁
Tragende Innenwände			
Monolitischer Aufbau			
Stahlbeton, Beton	79	**101**	134
Porenbeton	75	**94**	109
Kalksandstein	95	**114**	137
Ziegel	79	**100**	135
Naturstein	71	**93**	120
Holz, hart	57	**88**	121
Holz, weich	47	**66**	85
Nichttragende Innenwände			
Ständersysteme			
Gipskartonplatten	36	**45**	58
Strohleichtbauplatte	32	**42**	56
Hartschaumverbundplatten	35	**44**	56
Holzwerkstoffplatten	38	**53**	75
Unterkonstruktionen			
Befestigungsmittel	36	**43**	53
Traggerüste für Sanitärobjekte	35	**40**	47
Profile für den Trockenbau (Stahl)	41	**59**	77
Profile für den Trockenbau (Holz)	35	**48**	58
Monolitischer Aufbau			
Beton	64	**81**	115
Leichtbeton	58	**76**	91
Porenbeton	55	**75**	92
Hochlochziegel	64	**81**	106
Kalksandstein	55	**79**	106
Glasbausteine	33	**47**	75
Trennwände, Glas	42	**62**	86
Gipswandbauplatten	43	**54**	70
Innenwandöffnungen			
Standardtüren			
Aluminiumtüren	49	**66**	79
Stahltüren, rostfrei	44	**65**	78
Hartholz	39	**55**	71
Weichholz	36	**55**	70
Holzwerkstofftüren	32	**52**	68
Kunststofftüren	33	**46**	58
Stahltüren	38	**56**	74
Sondertüren			
Automatiktüren	17	**26**	36

340 Innenwände/Vertikale Baukonstruktionen, innen

Lebensdauer von Bauteilen in Jahren	▷	mittel	◁
Innenwandöffnungen			
Sondertüren			
Feuchtraumtüren	20	**38**	45
Glastüren/Nurglastüren	44	**59**	70
Brandschutztüren	41	**57**	76
Rauchschutztüren	38	**51**	80
Schallschutztüren	37	**56**	74
Karusselltüren/Rotationstüren	24	**35**	46
Schiebetüren	19	**30**	46
Strahlenschutz, Schiebetoranlage		**40**	
Strahlenschutz, Drehflügeltür		**40**	
Strahlenschutz, sonstiges		**40**	
Türen, Zubehör			
Standardbeschläge	21	**37**	58
Schlösser	18	**28**	37
Elektromagnetische Offenhaltung (Tür innen)		**19**	
Schiebebeschläge	18	**28**	38
Falttürbeschläge	24	**32**	39
Innenwandbekleidungen			
Standard-Bekleidungen			
Gipskartonplatten	28	**42**	68
Gipskartonverbundplatten	30	**45**	54
Holz	21	**37**	57
Holzwerkstoff	24	**37**	56
Mehrschichtleichtbauplatten	23	**38**	56
Keramische Fliesen und Platten			
Mineralische Baustoffe	31	**44**	76
Keramische Spaltplatten	36	**55**	88
Natursteinbekleidungen			
Natursteine	30	**45**	75
Sedimentgestein		**50**	
Metamorphgestein	54	**78**	108
Magmatisches Gestein	54	**78**	108
Kunststeinbekleidungen			
Betonsteinplatten		**50**	
Kunstharzstein		**50**	
Tapeten			
Nachwachsende organische Materialien	9	**12**	17
Überstreichbar	6	**11**	14
Nicht überstreichbar	7	**12**	16

▷ von
| Mittelwert
◁ bis

Lebensdauer von Bauteilen in Jahren	▷	mittel	◁
Innenwandbekleidungen			
Sonderkonstruktionen			
PVC, PE, PP	14	**26**	44
Glas	37	**58**	76
Metallbekleidungen			
Aluminium	37	**58**	76
Stahl, nicht rostend	37	**58**	76
Kupfer	37	**58**	76
Stahl	37	**58**	76
Zink	37	**58**	76
Spezial-Bekleidungen			
Brandschutz	15	**22**	44
Schallschutz (Akustikputz)	16	**22**	44
Latentwärmespeicher-Elemente	17	**21**	25
Feuchteresistente Bekleidungen	15	**22**	43
Prallwände Turnhallen	15	**20**	35
Rammschutz	10	**13**	17
Rolläden	11	**18**	24
Rolläden in Glas	12	**17**	24
Wandschutzprofile			
Aluminium	29	**53**	73
Stahl, nicht rostend	35	**54**	73
Stahl	29	**53**	73
Stahl, verzinkt	29	**53**	73
Holz	12	**19**	27
Holzwerkstoff	12	**19**	27
Kautschuk	6	**10**	13
Kunststoff	4	**8**	13
Standard-Innenputze			
Anhydritputz	22	**34**	54
Celluloseputz	13	**23**	51
Gipsputz	21	**36**	54
Kalkputz	24	**38**	55
Kalkgipsputz	21	**36**	55
Kalkzementputz	28	**41**	59
Kunstharzputz	25	**37**	58
Lehmputz	37	**52**	69
mineralische Deckputze			
Trasskalkputz	40	**53**	70
Trasszementputz	24	**36**	59
Zementputze	28	**39**	56
Spezialputze			
Akustikputz	9	**14**	18

Lebensdauern
Grobelementarten
Stahlbau
Gebäudearten
Kostengruppen
Ausführungsarten

340 Innenwände/Vertikale Baukonstruktionen, innen

Lebensdauer von Bauteilen in Jahren	▷	mittel	◁
Innenwandbekleidungen			
Spezialputze			
Latentwärmespeicherputz	17	**21**	25
Sanierputz/-Systeme		**20**	
Strahlenschutzputze	13	**20**	28
Putzprofile			
Stahl, Glasfaser, Kunststoff	50	**60**	80
Putzträger			
Stahldrahtnetz, Rippenstreckmetall, Kunststoffgewebe	50	**60**	80
Innenanstriche			
Kalkfarbe	7	**11**	17
Leimfarbe	8	**11**	18
Kaseinfarbe	7	**11**	18
Weißzementfarbe	8	**12**	21
Dispersionsfarbe	9	**12**	18
Dispersions-Silikatfarbe	9	**13**	21
Silikonharzfarbe	8	**12**	18
Silikatfarbe	9	**14**	20
Polymerisatharzfarben	8	**15**	23
Lasur	8	**13**	21
Öl- und Lackfarbe	8	**14**	19
Heizkörperlack	9	**13**	19
Elementierte Innenwandkonstruktionen			
Mobile Wände			
Faltschiebewand / mobile Trennwände	15	**21**	28
Trennvorhänge Turnhalle	10	**15**	20
Sanitärkabinen			
Umkleidekabinen	11	**17**	24
Sanitärtrennwände			
Duschtrennwände	9	**17**	27
Toilettentrennwände	12	**18**	28
Urinaltrennwände	12	**18**	28

▷ von
| Mittelwert
◁ bis

Lebensdauer von Bauteilen in Jahren	▷	mittel	◁
Deckenkonstruktionen			
Massive Konstruktion			
Vollbetondecke (Betonstahlbewehrung)	72	**95**	123
Vollbetondecke (Spannstahlbewehrung)	74	**99**	124
Gitterträgerdecke	87	**103**	138
Hohlraumdecke (Betonstahlbewehrung)	80	**103**	142
Hohlraumdecke (Spannstahlbewehrung)	72	**99**	126
Stahlverbunddecke	72	**93**	109
Fertigteil-Rippendecke	78	**103**	142
Porenbetondecke	55	**66**	78
Massivholzdecken	57	**78**	107
Holz-Beton-Verbunddecke	61	**78**	92
Freistehende Konstruktion			
Aluminium, beschichtet		**55**	
Stahl, verzinkt	53	**65**	80
Stahl, verzinkt und beschichtet	57	**66**	80
Stahlbeton	59	**72**	86
Weichholz	36	**43**	47
Hartholz	45	**63**	74
Mauerwerk	61	**80**	98
Auskragende Konstruktion			
Stahl, verzinkt und beschichtet	50	**64**	80
Stahlbeton	59	**74**	88
Weichholz	40	**44**	47
Hartholz	40	**56**	72
Brüstung			
Mauerwerk	40	**54**	76
Stahlbeton	40	**51**	70
Stahlgitterkonstruktion, verzinkt, beschichtet	40	**58**	64
Stahlrahmen, verzinkt, beschichtet, bekleidet mit Platten	40	**58**	64
Holzkonstruktion	23	**34**	43
Tragkonstruktion, innen			
Beton und Leichtbeton	56	**82**	112
Stahl	71	**87**	105
Holz	44	**72**	98
Aluminium	71	**91**	113
Stahl / Glas	68	**90**	112
Stahl / Holz	71	**91**	113
Stahl, nicht rostend	67	**81**	107
Naturstein	49	**74**	96
Treppenstufen, innen			
Betonwerkstein	54	**74**	88
Sedimentgestein	72	**87**	120

Lebensdauern
Grobelementarten
Stahlbau
Gebäudearten
Kostengruppen
Ausführungsarten

Lebensdauer von Bauteilen in Jahren	▷	mittel	◁
Deckenkonstruktionen			
Treppenstufen, innen			
Metamorphgestein	78	**90**	126
Magmatisches Gestein	64	**82**	107
Hartholz	38	**53**	81
Weichholz	42	**53**	68
Tragkonstruktion, außen			
Beton	47	**66**	83
Stahl, verzinkt	50	**70**	87
Stahl, verzinkt und beschichtet	55	**73**	87
Stahl, kunststoffummantelt	56	**74**	86
Stahl, nicht rostend	58	**78**	88
Weichholz	26	**42**	71
Hartholz	39	**56**	78
Sedimentgestein	46	**67**	90
Metamorphgestein	46	**67**	90
Magmatisches Gestein	46	**66**	90
Treppenstufen, außen			
Sedimentgestein	47	**79**	107
Metamorphgestein	62	**83**	124
Magmatisches Gestein	47	**77**	98
Betonwerkstein	42	**66**	83
Hartholz, unbehandelt	33	**45**	74
Hartholz, behandelt	34	**44**	71
Deckenbeläge			
Treppenbeläge, innen			
Textile Beläge	9	**13**	17
Fliesen	27	**45**	63
Kautschuk	11	**17**	23
Kunststoffbeschichtungen	11	**17**	23
Kunststoffbeläge	16	**20**	27
Estriche			
Anhydrit	36	**52**	80
Gussasphalt	37	**53**	79
Steinholz	36	**57**	81
Magnesia	42	**64**	90
Zement	36	**53**	79
Trittschalldämmung	31	**48**	69
Trockenestriche (Systeme)			
Gipsfaserplatten	29	**46**	63
Gipskartonplatten	34	**51**	69
Holzwerkstoffplatten	28	**45**	63

Skala: 0 – 25 – 50 – 75 – 100 – 125 Jahre

▷ von
| Mittelwert
◁ bis

Lebensdauer von Bauteilen in Jahren	▷	mittel	◁
Deckenbeläge			
Doppelböden			
Aluminiumplatten	29	**41**	66
Betonplatten	46	**58**	73
Faserzementplatten	36	**53**	72
Gipsfaserplatten	28	**41**	63
Holzwerkstoffplatten	26	**41**	63
Zementgebundene Holzwerkstoffplatte	40	**58**	73
Stahlplatten	28	**42**	66
Doppelbodenstützen			
Stahl, verzinkt	28	**37**	47
Hohlraumböden			
Faserzementplatten	34	**56**	72
Gipsfaserplatten	27	**41**	63
Zementgebundene Holzwerkstoffplatte	46	**63**	76
Holzwerkstoffplatten	26	**41**	63
Hohlraumbodenstützen			
Stahl, verzinkt	32	**44**	66
Schwingböden			
Sporthallenbeläge	18	**34**	46
Holz	21	**35**	46
Kunststoff	20	**32**	44
Sockelleisten			
Aluminium	21	**49**	85
Holz	28	**39**	55
Stahl, nicht rostend	23	**50**	100
Holzwerkstoff	14	**27**	40
Kautschuk	15	**21**	29
Keramik	31	**54**	88
Klinker	33	**52**	93
Kork	8	**17**	24
Kunststein	24	**44**	100
Kunststoff	16	**29**	70
Laminat	10	**21**	32
Linoleum	18	**30**	44
Naturstein	36	**76**	103
Stahl	28	**51**	100
Teppichbodensockelleisten	12	**19**	27
Installationssockelleisten			
Kunststoff	17	**30**	79
Glatte Beläge			
Kautschuk	16	**21**	30

Lebensdauer von Bauteilen in Jahren	▷	mittel	◁
Deckenbeläge			
Glatte Beläge			
PVC	16	**22**	29
Kork	11	**17**	25
Kunststoff-Parkett	12	**19**	26
Linoleum	16	**23**	32
Laminat	8	**13**	19
Sporthallenbeläge	16	**19**	23
Holzparkett	29	**44**	72
Holzdielen	30	**45**	62
Holzpflaster	32	**47**	61
Teppichböden			
Baumwolle	8	**11**	17
Jute	8	**11**	16
Kokos	8	**11**	16
Naturfasergemisch	8	**11**	16
Sisal	8	**12**	17
Synthetikfaser	8	**12**	16
Wolle	8	**13**	26
Schmutzfangbeläge			
Baumwolle	5	**8**	11
Jute	6	**8**	13
Kokos	6	**8**	13
Kunststoff	6	**9**	14
Sisal	6	**8**	15
Synthetikfaser	6	**9**	14
Natursteinbeläge			
Sedimentgestein	38	**64**	97
Metamorphgestein	39	**65**	101
Magmatisches Gestein	36	**60**	85
Kunststeinbeläge			
Betonstein, Kunstharz und Terrazzoasphalt	32	**52**	79
Klinkerplatten	27	**43**	62
Asphalt	17	**21**	50
fugenlose Bodenbeläge			
Kunstharz, Quarz und Terrazzo	21	**37**	67
Keramische Fliesen und Platten			
Keramische Spaltplatten	38	**54**	71
Steingut	36	**50**	69
Steinzeug	35	**50**	69
Terracotta	40	**53**	69
Feinsteinzeug	32	**50**	66
Glasmosaik	36	**54**	71

0 25 50 75 100 125 Jahre

▷ von
| Mittelwert
◁ bis

Lebensdauer von Bauteilen in Jahren	▷	mittel	◁
Deckenbeläge			
Keramische Fliesen und Platten			
Naturstein	35	**51**	73
Silikon	4	**6**	9
Zementmörtel	17	**29**	39
Bodenanstriche			
Allgemein	5	**8**	11
Versiegelung	5	**8**	11
Imprägnierung	3	**5**	9
Epoxidharzbeschichtung	8	**12**	16
Deckenbekleidungen			
Tapeten			
Überstreichbar	7	**10**	15
Nicht überstreichbar	8	**11**	16
Putz			
Mineralische Baustoffe	28	**41**	67
Holzbekleidungen			
Nachwachsende organische Materialien	29	**49**	69
Trockenbau			
Mineralische Baustoffe	30	**44**	58
Metallbekleidungen			
Metallische Materialien	28	**42**	66
Sonderkonstruktionen			
Lichtdecken	17	**23**	28
Kunststoffplatten	14	**24**	44
Brandschutz-Unterdecken	16	**23**	37
Schallabsorber	17	**23**	36
Akustikschaum	12	**18**	32
Akustikdecken	12	**19**	35
Akustikelemente	11	**18**	32
Glas	34	**55**	76
Mineralfaserplatten	26	**39**	52
Kunststoff	17	**32**	51
Unterkonstruktion			
Holz	40	**55**	70
Metall	45	**63**	80
Wärmedämmung	24	**37**	54

Lebensdauer von Bauteilen in Jahren	▷	mittel	◁
Sonstiges zur KG 350			
Geländer, außen fest montiert			
Stahl, nicht rostend	52	**72**	100
Aluminium	38	**58**	74
Stahl, verzinkt	38	**55**	72
Stahl, verzinkt und beschichtet	40	**60**	77
Stahl, kunststoffummantelt	46	**62**	77
Hartholz	28	**48**	76
Weichholz	27	**45**	73
Holzwerkstoff, beschichtet	29	**47**	70
Gitter, außen fest montiert			
Stahl, nicht rostend	52	**72**	100
Aluminium	41	**58**	72
Stahl, verzinkt	39	**57**	72
Stahl, verzinkt und beschichtet	46	**62**	77
Stahl, kunststoffummantelt	46	**62**	77
Holzwerkstoff, beschichtet	35	**53**	77
Leitern, außen fest montiert			
Stahl, nicht rostend	59	**77**	102
Aluminium	39	**59**	73
Stahl, verzinkt	39	**59**	73
Stahl, verzinkt und beschichtet	55	**66**	83
Holzwerkstoff, beschichtet	35	**53**	77
Roste, außen fest montiert			
Stahl, nicht rostend	59	**77**	102
Aluminium	39	**59**	73
Stahl, verzinkt	39	**59**	73
Stahl, verzinkt und beschichtet	55	**66**	83
Stahl, kunststoffummantelt	55	**66**	83
Rollgitter, außen			
Aluminium	55	**66**	83
Stahl, nicht rostend, verzinkt, beschichtet, kunststoffummantelt	46	**62**	77
Scherengitter, außen			
Aluminium, Stahl	45	**58**	65

▷ von
| Mittelwert
◁ bis

Lebensdauer von Bauteilen in Jahren	▷	mittel	◁
Dachkonstruktionen			
Massive Konstruktion			
Vollbetondecke (Betonstahlbewehrung)	72	**94**	127
Vollbetondecke (Spannstahlbewehrung)	80	**106**	142
Gitterträgerdecke	86	**109**	143
Hohlraumdecke (Betonstahlbewehrung)	86	**109**	143
Hohlraumdecke (Spannstahlbewehrung)	80	**106**	142
Stahlverbunddecke	60	**79**	100
Fertigteil-Rippendecke	80	**106**	142
Porenbetondecke	53	**66**	76
Massivholzdecken	66	**86**	134
Holz-Beton-Verbunddecke	63	**79**	94
Leichte Konstruktion			
Holz-Balkendecke	65	**81**	112
Holz-Fertigteilelemente	59	**77**	90
Stahlträgerdecke	58	**73**	87
Fertigteil-Konstruktion			
Stahlbetonbauweise (Fertigteile und Ortbeton)	83	**104**	142
Porenbetonfertigteile	62	**77**	88
Ziegel-Fertigelemente	60	**80**	90
Polystyrolformelemente mit Betonfüllung	75	**100**	150
Holzkonstruktion			
Schichtholzkonstruktion	52	**65**	78
Zimmermannsmäßige Dachstühle	74	**91**	119
Ingenieurmäßige Holzdachkonstruktion	65	**79**	87
Leimbinder	49	**64**	78
Nagelbinder	34	**50**	70
Dachöffnungen			
Dachausstiege und Luken			
Stahl, verzinkt	30	**40**	57
Kunststoff	22	**32**	55
Dachflächenfenster			
Stahl, verzinkt	24	**39**	57
Holz, behandelt	20	**29**	38
Kunststoff	26	**33**	46
Aluminium	24	**35**	56
Aluminium-Holz-Komposit	23	**31**	50
Aluminium-Kunststoff-Komposit	23	**30**	45

Lebensdauer von Bauteilen in Jahren	▷	mittel	◁
Dachbeläge			
Klemmverbindungen			
Schwerlastdübel/Systeme	21	**33**	49
Klebeverbindungen			
Klebebewehrungen/Systeme	19	**31**	51
Halme			
Reet	28	**47**	96
Grasdach	30	**44**	68
Dachdeckung			
Holzschindeln	21	**33**	52
Schiefer	50	**70**	88
Faserzement	27	**39**	46
Bitumenschindeln	17	**21**	28
Dachziegel	33	**42**	58
Betondachsteine	25	**35**	45
Wellplatten			
Faserzement-Wellplatten	27	**38**	47
Bitumen-Wellplatten	14	**21**	36
Aluminium	29	**46**	78
Stahl, verzinkt	20	**27**	40
Stahl, verzinkt und beschichtet	30	**42**	65
Stahl, nicht rostend	34	**56**	81
Stahl, Trapezblech	27	**38**	55
Kupferblech	47	**66**	86
Zink	25	**38**	52
Metallbanddeckungen			
Aluminiumblech	27	**42**	69
Verzinktes Stahlblech	20	**28**	39
Verzinktes und beschichtetes Stahlblech	29	**39**	51
Stahl, nicht rostend	33	**53**	77
Kupfer	47	**69**	89
Zink	26	**38**	53
Blei	19	**39**	66
Dachrinnen/Regenfallrohre			
Aluminium	34	**53**	85
Verzinkter Stahl	14	**22**	30
Verzinkter und beschichteter Stahl	26	**43**	74
Stahl, nicht rostend	30	**45**	67
Kupfer	42	**61**	93
Zink	24	**32**	48
Kunststoff	12	**18**	26
Dachabläufe			
Aluminium	24	**39**	64
Stahl, verzinkt	20	**29**	38

(Skala: 0 – 25 – 50 – 75 – 100 – 125 Jahre)

▷ von
| Mittelwert
◁ bis

Lebensdauer von Bauteilen in Jahren	▷	mittel	◁
Dachbeläge			
Dachabläufe			
Stahl, nicht rostend	24	**33**	47
Kupfer	31	**47**	74
Zink	23	**30**	47
Kunststoff	16	**23**	28
Anstrich Spenglerarbeiten	7	**9**	13
Abdichtungen			
Asphaltmastix unterhalb der Dämmung	15	**30**	47
Asphaltmastix oberhalb Dämmung mit schwerer Schutzschicht	15	**27**	34
Asphaltmastix oberhalb Dämmung mit leichter Schutzschicht	14	**23**	30
Flüssigabdichtung unterhalb der Dämmung	22	**32**	45
Flüssigabdichtung oberhalb Dämmung mit schwerer Schutzschicht	18	**30**	40
Flüssigabdichtung oberhalb Dämmung mit leichter Schutzschicht	17	**27**	39
Gussasphalt unterhalb der Dämmung	16	**33**	54
Gussasphalt oberhalb Dämmung mit schwerer Schutzschicht	20	**30**	50
Gussasphalt oberhalb Dämmung mit leichter Schutzschicht	17	**26**	47
Abdichtungsbahnen			
Bitumenbahnen unterhalb der Dämmung	22	**28**	37
Bitumenbahnen oberhalb Dämmung mit schwerer Schutzschicht	17	**25**	36
Bitumenbahnen oberhalb Dämmung mit leichter Schutzschicht	14	**23**	31
Kunststoffbahnen unterhalb der Dämmung	24	**32**	44
Kunststoffbahnen oberhalb Dämmung mit schwerer Schutzschicht	20	**27**	38
Kunststoffbahnen oberhalb Dämmung mit leichter Schutzschicht	19	**25**	37
Elastomerbahnen unterhalb der Dämmung	25	**34**	44
Elastomerbahnen oberhalb Dämmung mit schwerer Schutzschicht	23	**31**	47
Elastomerbahnen oberhalb Dämmung mit leichter Schutzschicht	20	**28**	44
Auf Dämmung ohne Kies	18	**22**	27
Auf Dämmung mit Kies	26	**31**	43
Doppelte Pappdächer	14	**22**	37
3x Bitumenbahnen, Kies	22	**31**	52
2x Polymerbahnen, Kies	19	**30**	47
Anstrichmassen		**15**	
Dachabdichtung (Bitumen, Trapezblech)		**18**	
Aluminiumdach	26	**33**	58

Lebensdauer von Bauteilen in Jahren	▷	mittel	◁
Dachbeläge			
Abdichtungsbahnen			
Stehfalzdach	27	**35**	48
Foliendach	14	**23**	34
Synthetische Kuppeln	17	**24**	39
Schwere Schutzschicht			
Kies	22	**31**	42
Intensive Begrünung	18	**28**	39
Extensive Begrünung	18	**30**	41
Verlegeplatten	23	**33**	40
Leichte Schutzschicht			
Besplitterung vor Ort	12	**16**	20
Werkseitige Bestreuung	12	**16**	20
Dachbekleidungen			
Dampfdichte Innendämmung			
Dampfsperrfolien	23	**37**	60
Dampfbremse	21	**35**	57
Spezialpapier	18	**33**	42
Kleber zum Fixieren von Dampfsperrfolien	12	**18**	29
Unterdeckung (Bahnen)			
Dampfdiffusionsoffene Kunststofffolien	20	**32**	53
Dampfsperren			
Kunststofffolien	33	**47**	71
Winddichtung			
Synthetische organische Materialien	22	**36**	49
PVC-Folie	22	**39**	61
Unterdeckung (Platten)			
Bitumen-Holzfaserplatten	34	**45**	56
Imprägnierte Faserplatten aus Holz, Hanf, Zellulose		**30**	
Zwischensparrendämmung			
Polystyrol	26	**39**	52
Polyurethan	26	**39**	52
Steinwolle	26	**39**	49
Glaswolle	26	**39**	49
Holzfaserdämmplatten	30	**41**	53
Holzwolleleichtbauplatten	30	**40**	52
Holzwolle	25	**38**	49
Kork	26	**38**	49
Holzspäne	25	**38**	49

Skala: 0 – 25 – 50 – 75 – 100 – 125 Jahre

▷ von
| Mittelwert
◁ bis

Lebensdauer von Bauteilen in Jahren	▷	mittel	◁
Dachbekleidungen			
Zwischensparrendämmung			
Seegras	25	**38**	49
Wiesengras	25	**38**	49
Flachs	26	**38**	49
Hanf	26	**38**	49
Schafwolle	27	**39**	49
Zellulose	28	**40**	49
Kokos	26	**38**	49
Strohballen	24	**38**	49
Roggengranulat	26	**39**	49
Blähglasgranulat	32	**44**	62
Blähtongranulat	32	**44**	62
Blähschiefergranulat	32	**44**	62
Leichtlehmmischung	32	**46**	71
Aufdachdämmung			
Faserplatten aus Holz, Hanf, Zellulose	27	**39**	49
Glaswollplatten	28	**40**	50
Steinwollplatten	27	**39**	49
Extrudierte Polystyrolplatten	27	**39**	51
Expandierte Polystyrolplatten	27	**38**	51
Polyurethanplatten	30	**42**	57
Schaumglasplatten	32	**44**	59
Gesimsverschalung			
Holz	20	**26**	32
Sonstiges zur KG 360			
Blitzschutzanlagen			
Stahl, verzinkt	22	**33**	48
Taubenvergrämung			
Stahl, verzinkt	14	**22**	41
Absturzsicherungen			
Stahl, verzinkt	21	**30**	42
Laufflächen (Dach)			
Stahl, verzinkt	22	**29**	37
Trittstufen (Dach)			
Stahl, verzinkt	22	**29**	37
Laub- und Schneefangvorrichtungen			
Stahl, verzinkt	19	**37**	73
Zink	16	**27**	37

Lebensdauer von Bauteilen in Jahren	▷	mittel	◁
Sonstiges zur KG 360			
Attikaabdeckungen			
Aluminium	33	**41**	50
Naturstein	60	**80**	100
Klinker	60	**80**	100
Beton	53	**66**	76
Betonfertigteil	53	**66**	76
Keramik	53	**66**	76
Fliesen	50	**64**	76
Kunststein	52	**65**	78
Faserzement	30	**40**	50
Kunststoffe	16	**23**	29
Zementputze	20	**25**	30
Stahl, verzinkt	27	**35**	45
Stahl, nicht rostend	50	**58**	67
Kupfer	44	**57**	76
Zink	32	**37**	45
Schornsteine über Dach			
Stahl	37	**59**	77
Formsteine	26	**47**	75
Mauerwerk	28	**49**	76
Kaminabdeckung			
Zinkblech	15	**20**	27
Bleiblech	15	**20**	24

▷ von
| Mittelwert
◁ bis

Kostenermittlung der Baukonstruktionen nach Grobelementarten (mit Anforderungsklassen in der 2. Ebene der Kostengliederung)

von Univ.-Prof. Dr.-Ing. Wolfdietrich Kalusche
und
Dipl.-Ing. Anne-Kathrin Kalusche

Kostenermittlung der Baukonstruktionen nach Grobelementarten (mit Anforderungsklassen in der zweiten Ebene der Kostengliederung)

Ein Beitrag von
Univ.-Prof. Dr.-Ing. Wolfdietrich Kalusche
und Dipl.-Ing. Anne-Kathrin Kalusche

Vorbemerkung

Mit dem vorliegenden Fachaufsatz wird eine einfache Kostenermittlung für die KG 300 Bauwerk-Baukonstruktionen vorgestellt. Sie erlaubt auf der Grundlage skizzenhafter Lösungsversuche (Vorplanung) und der Mengenermittlung von Baukonstruktionen in der zweiten Ebene der Kostengliederung – so genannter Grobelemente – eine nach Anforderungsklassen differenzierte Kostenermittlung. Dabei sollen nicht die Kosten den Qualitäten, sondern die Qualitäten den so ermittelten Kosten folgen. Dies entspricht dem Prinzip der Zielkostenrechnung.

Allgemeine Grundlagen der Kostenplanung

Die DIN 276:2018-12, Kosten im Bauwesen, regelt den Anwendungsbereich, die Begriffe und die Grundsätze der Kostenplanung sowie die Kostengliederung. Sie enthält normative Verweisungen, insbesondere zu den Bezugseinheiten von Kostenwerten. Die DIN macht grundsätzlich keine Vorgaben zur praktischen Kostenplanung (Kostenermittlung, -kontrolle und -steuerung) und sie enthält auch keine entsprechenden Kennwerte. Die Entwicklung von Verfahren der Kostenplanung und die Erhebung, Auswertung und Erläuterung von Kostenkennwerten erfolgt in der Praxis und wird in besonderer Weise vom Baukosteninformationszentrum Deutscher Architektenkammern (BKI) geleistet. Siehe dazu: BKI Handbuch Kostenplanung im Hochbau, 4. Auflage 2021.

Grundlage von Kostenermittlungen im Bauwesen sind Kostenkennwerte oder Preise und die Mengen entsprechender Bezugseinheiten. Zu den Bezugseinheiten zählen Nutzeinheiten, Grundflächen und Rauminhalte, Bauelemente, Leistungsbereiche und Leistungspositionen sowie Kombinationen aus diesen.

Die Kostenkennwerte geben unter Berücksichtigung zahlreicher Rahmenbedingungen den erforderlichen oder zulässigen Aufwand für die Planung und Ausführung eines Bauwerks oder Bauelements an. Sie können auch Ausdruck für deren Wert sein. Die Kostenkennwerte für Bauwerke, Bauelemente und die Preise von Leistungspositionen weisen erfahrungsgemäß eine Streuung auf, die in der statistischen Auswertung mit Von-Bis-Werten und einem Mittelwert angegeben werden können. Die Auswahl und Anwendung von Kennwerten oder Preisen für eine Kostenermittlung sind in Bezug auf Kosteneinflüsse zu erläutern. Die Unterscheidung von Standards oder Anforderungsklassen soll hierbei eine praktische Hilfe sein.

Unterscheidung von Gebäuden nach Standards

Bisher werden in den BKI-Datensammlungen einzelne Gebäudearten nach drei Standards unterschieden: „einfach", „mittel" und „hoch". In der ersten Ebene der Kostengliederung können damit unterschiedliche Kennwerte für die Bezugseinheiten Brutto-Rauminhalt (BRI), Brutto-Grundfläche (BGF), Nutzungsfläche (NUF) und Nutzeinheit (NE) ausgewiesen werden. Die Unterscheidung von Standards kommt vor allem im Verhältnis Bauwerkskosten (BWK = KG 300 + KG 400 nach DIN 276) zu Brutto-Grundfläche (BGF) als Kostenkennwert €/m² BGF vor. Als Beispiel können die unterschiedlichen Standards nicht unterkellerter Kindergärten genannt werden:

Standard	Kostenkennwert
einfach	1.580 €/m² BGF
mittel	1.900 €/m² BGF
hoch	2.280 €/m² BGF

(Kostenstand 1. Quartal 2021, Bundesdurchschnitt, inkl. 19% MwSt.)

Diese Unterteilung wird vorgenommen, wenn der „Standard als ein wesentlicher Kostenfaktor festgestellt wurde. Grundsätzlich gilt, dass immer mehrere Kosteneinflussfaktoren auf die Kosten und damit auf die Kostenkennwerte einwirken. Einige dieser vielen Faktoren seien hier aufgelistet:

- Zeitpunkt der Ausschreibung
- Art der Ausschreibung
- Regionale Konjunktur
- Gebäudegröße
- Lage der Baustelle, Erreichbarkeit
- ...

Wenn bei einem Gebäude große Mengen an Bauelemente hoher Qualität die übrigen Kosteneinflussfaktoren überlagern, dann wird von einem „hohen Standard" gesprochen."
(Vgl. BKI Baukosten Gebäude Neubau - Statistische Kostenkennwerte 2021)

Der Anwender hat damit die Möglichkeit, das von ihm geplante Objekt vorzugsweise einem der drei Standards zuzuordnen und mit dem entsprechenden Kostenkennwert eine Kostenermittlung aufzustellen. Dabei ist zu beachten, dass die Kosteneinflüsse der Kennwerte der eigenen Planung soweit wie möglich entsprechen. Die Überprüfung dieser Zusammenhänge und eventuelle Annahmen für die Kostenermittlung oder die Änderungen von Werten bedürfen der Erläuterung und Dokumentation.

Unterscheidung von Bauelementen nach Anforderungsklassen

Bauelemente in der zweiten Ebene der Kostengliederung werden auch als Grobelemente bezeichnet. Grobelemente, zum Beispiel Innenwände, können nach zahlreichen Merkmalen unterschieden werden. Dazu gehören unter anderem funktionale, technische, gestalterische, ökologische oder wirtschaftliche Gesichtspunkte. Letzte können, insbesondere auf die Bauwerkskosten bezogen, als Zielwerte (Benchmarks) vorgeben werden. Üblicherweise werden hierfür statistische Kostenkennwerte oder Kostenrichtwerte verwendet.

Für die Differenzierung von Grobelementarten (zweite Ebene der Kostengliederung) werden fünf Anforderungsklassen gebildet:

- sehr gering
- gering
- mittel
- hoch
- sehr hoch.

Die Kosten der Grobelementarten werden als Von-Bis-Werte in der Dimension des jeweiligen Bauelements, zum Beispiel €/m³ Baugrubeninhalt (BGI) oder €/m² Dachfläche (DAF), angegeben. Für die Auswahl der Von-Bis-Werte werden Kosteneinflüsse als kostenmindernde oder kostenerhöhende Eigenschaften der Bauelemente angegeben und es werden Bedingungen der Bauausführung benannt. Diese sollen auch bei der Erläuterung der Kostenermittlungen berücksichtigt werden (vgl. Abbildungen 17 bis 19).

Anwendung von Kostenkennwerten der Grobelementarten

In der DIN 276 heißt es allgemein: „Ziel und Aufgabe der Kostenplanung ist es, bei einem Bauprojekt Wirtschaftlichkeit, Kostensicherheit und Kostentransparenz herzustellen.

Die Kostenplanung ist entweder auf der Grundlage von Planungsvorgaben (Quantitäten und Qualitäten) oder auf der Grundlage von Kostenvorgaben kontinuierlich und systematisch über alle Phasen eines Bauprojekts durchzuführen.

In der Kostenplanung können entsprechend dem Grundsatz der Wirtschaftlichkeit alternativ die folgenden Ziele und Vorgehensweisen verfolgt werden:

- Durch Kostenvorgaben sollen festgelegte Kosten eingehalten werden. Dabei sollen möglichst hohe quantitative und qualitative Planungsinhalte erreicht werden („Maximalprinzip").
- Durch Planungsvorgaben sollen festgelegte Quantitäten und Qualitäten eingehalten werden. Dabei sollen möglichst geringe Kosten erreicht werden („Minimalprinzip")."

(DIN 276:2018-12)

In den frühen Leistungsphasen, vor allem in der Leistungsphase 2 (Vorplanung), liegt häufig noch keine Entscheidung über die wesentlichen Eigenschaften der Bauelemente, z. B. Baustoffe, vor. Es gibt aber in vielen Fällen bereits eine Vorgabe des Auftraggebers in Bezug auf die Kosten des Bauwerks.

Für die entsprechend DIN 276 geforderte „Anpassung von Qualitäten" kann sowohl die Vorgabe eines Standards für das Gebäude, wie auch daraus abgeleitet, von Anforderungen an die Bauelemente (Grobelemente) zielführend sein.

In der Praxis ist eine solche Herangehensweise im Hotelbau üblich. Die in der Hotellerie gebräuchlichen Sternekategorien beschreiben die Leistungen eines Hotels einschließlich der Qualität des Hotelgebäudes. Diese werden vom Deutschen Hotel- und Gaststättenverband e.V. (DEHOGA) definiert. Sie sind nicht nur Grundlage der Investitionsplanung (Baukosten) für ein Hotel. Sie stehen auch mit den Erlösen aus dem Hotelbetrieb in einem unmittelbaren Zusammenhang. Sowohl die Betriebsals auch die Gebäudeplanung werden an den genannten Vorgaben konsequent ausgerichtet. Das gilt auch für die Bauelemente und sonstige Kostenbestandteile eines Hotelgebäudes.

Als weiteres Beispiel dienen die Bauten des Bundes und der Länder. Der Öffentliche Bauherr gibt für die Objektplanung auf der Grundlage differenzierter Kostenorientierungswerte einen Kostenrahmen vor, der für die Planung des Architekten maßgeblich ist.

Die oben beschriebenen Herangehensweisen an die Planung eines Gebäudes entsprechen dem Prinzip des Target Costing, übersetzt: Zielkostenrechnung. Diese geht der Frage nach: Was darf ein Produkt kosten? Im Sinne einer Rückwärtsrechnung werden vom Zielwert ausgehend, dessen Kostenbestandteile bestimmt. Herkömmlich stellt die Ermittlung der Bauwerkskosten (und der Nutzungskosten) die schrittweise Addition von Kostenbestandteilen dar. Hierzu ein Zitat aus der Betriebswirtschaftslehre: „Die auch als Target Costing bezeichnete Zielkostenrechnung verfolgt einen zu den traditionellen Kostenrechnungssystemen entgegengesetzten Ansatz und ist dem Kostenmanagement zuzurechnen. [...] Dazu wird ausgehend vom durchsetzungsfähigen Marktpreis (sog. market-into-company-Ansatz) rückwärts gerechnet (retrograde Kalkulation). Zudem wird untersucht, welche Komponenten in welchem Umfang zum Kundennutzen beitragen (welche Eigenschaften und Komponenten des Produkts sind dem Kunden wichtig bzw. für welche ist er bereit, zu zahlen?). Durch die Betrachtung der maximal zulässigen Kosten soll bereits in der Entwicklungsphase eine Beeinflussung der Kosten (Kostenvorgaben) vorgenommen werden.

(nach http://www.welt-der-bwl.de/Zielkostenrechnung, aufgerufen am 04.03.2016)

Grobelemente unterschiedlicher Gebäudearten

Den Kostenkennwerten der Grobelementarten liegt die statistische Auswertung von rund 400 Objekten zugrunde. Diese werden in 14 Gebäudearten unterschieden:

- Büro- und Verwaltungsgebäude
- Gebäude für Forschung und Lehre
- Pflegeheime
- Schulen und Kindergärten

- Sport- und Mehrzweckhallen
- Ein- und Zweifamilienhäuser
- Mehrfamilienhäuser
- Seniorenwohnungen
- Gaststätten und Kantinen
- Gebäude für Produktion
- Gebäude für Handel und Lager
- Garagen
- Gebäude für kulturelle Zwecke
- Gebäude für religiöse Zwecke.

Grobelementarten der Baukonstruktionen in der zweiten Ebene der Kostengliederung nach DIN 276 mit Angabe der jeweiligen Bezugseinheit und Dimension sind folgende:

KG	Bezeichnung	Bezugseinheit (Abk.)	Dimension
310	Baugrube / Erdbau	Baugrubeninhalt (BGI)	m^3
320	Gründung, Unterbau	Gründungsfläche (GRF)	m^2
330	Außenwände / vertikal außen	Außenwandfläche (AWF)	m^2
340	Innenwände / vertikal innen	Innenwandfläche (IWF)	m^2
350	Decken / horizontal	Deckenfläche (DEF)	m^2
360	Dächer	Dachfläche (DAF)	m^2

Abb. 1: Grobelemente der Baukonstruktionen, zweite Ebene der Kostengliederung

Abb. 2: Grobelemente der Baukonstruktionen, dreidimensional

(Zeichnung: Walter H. A. Weiss. In: Baukosten-Handbuch, Hrsg.: Baukostenberatungsdienst der Architektenkammer Baden-Württemberg – AKBW, Stuttgart 1981, S. 28)

Anwendung der Kostenkennwerte der Grobelementarten

Für welche Stufe der Kostenermittlung können die hier zusammengestellten Kostenkennwerte angewendet werden? Hierzu ein Zitat aus der DIN 276: „In der Kostenschätzung müssen die Gesamtkosten nach Kostengruppen mindestens in der zweiten Ebene der Kostengliederung ermittelt werden." (DIN 276:2018-12)

Kostenkennwerte zu Bauelementen, z. B. Außenwandflächen (AWF) müssen in vielen Fällen differenzierter betrachtet werden. Hierzu gehören unter anderem folgende Fragen:

Wie groß ist der Anteil von Bauelementen im Erdreich (Kelleraußenwände) an der gesamten Außenwandfläche?

Wie groß ist der Anteil der Baukonstruktion über dem Erdreich (Fassade) an der gesamten Außenwandfläche?

Welche Funktionen hat die Fassade hinsichtlich der verkehrlichen Erschließung (Türen und Tore), der Belichtung (Fenster und Sonnenschutz), Energieeinsparung und Schall- sowie Brandschutz (Eigenschaften von Materialien) zu erfüllen?

Welche gestalterischen Besonderheiten sind von Bedeutung (Materialien, Details, Geometrie)?

Die Auswahl eines Kostenkennwertes für zum Beispiel die Außenwand eines Büro- oder Verwaltungsgebäudes mit zum Beispiel 550 €/m² AWF (Anforderungen gering) wird häufig nicht angemessen sein oder nur eine mindere Qualität hinsichtlich der Funktion oder der Gestaltung erlauben. Deswegen ist die Entscheidung für eine Anforderungsklasse und einen entsprechenden Kostenkennwert unter Berücksichtigung der Wünsche des Auftraggebers, der Rahmenbedingungen und Kostenrisiken des Projekts bewusst zu treffen und nachvollziehbar zu erläutern.

Die Abbildungen 3 bis 16 zeigen die Kostenkennwerte der Grobelementarten im Bereich der Baukonstruktionen für 14 Gebäudearten in fünf Anforderungsklassen jeweils mit Von-Bis-Werten.

Die in den Abbildungen 17 bis 19 aufgeführten kostenmindernden und kostenerhöhenden Eigenschaften der Grobelementarten berücksichtigen den Zusammenhang mit Grundstück, Baugrund, Funktion, Gestaltung und weiteren Eigenschaften des Gebäudes. Hierbei wird kein Anspruch auf Vollständigkeit erhoben. Die Kosteneinflüsse sind als Hilfe zur Bestimmung einer Anforderungsklasse der Grobelementarten zu verstehen.

Bei der praktischen Anwendung der Grobelementarten mit den jeweils unterschiedlichen Von-Bis-Werten der Kostenkennwerte soll überlegt werden, wie im Rahmen der Anforderungen an ein Grobelement eine kostentransparente und kostensichere Objektplanung geleistet werden kann. So werden je nach Anforderungsklasse

- kostenmindernde Eigenschaften eines Grobelements zu bevorzugen und
- kostenerhöhende Eigenschaften einzuschränken sein.

Büro- und Verwaltungsgebäude

Dazu zählen Büro- und Verwaltungsgebäude einfachen, mittleren und hohen Standards.
Es wurden über 30 Objekte ausgewertet.

310	Baugrube / Erdbau	Anforderungen	von	bis	Kosten/Einheit
		sehr gering	17	27	€/m³ BGI
		gering	27	37	€/m³ BGI
		mittel	37	47	€/m³ BGI
		hoch	47	57	€/m³ BGI
		sehr hoch	57	67	€/m³ BGI

320	Gründung, Unterbau	Anforderungen	von	bis	Kosten/Einheit
		sehr gering	290	353	€/m² GRF
		gering	353	416	€/m² GRF
		mittel	416	479	€/m² GRF
		hoch	479	542	€/m² GRF
		sehr hoch	542	605	€/m² GRF

330	Außenwände / vertikal außen	Anforderungen	von	bis	Kosten/Einheit
		sehr gering	417	509	€/m² AWF
		gering	509	601	€/m² AWF
		mittel	601	693	€/m² AWF
		hoch	693	785	€/m² AWF
		sehr hoch	785	877	€/m² AWF

340	Innenwände / vertikal innen	Anforderungen	von	bis	Kosten/Einheit
		sehr gering	227	276	€/m² IWF
		gering	276	325	€/m² IWF
		mittel	325	374	€/m² IWF
		hoch	374	423	€/m² IWF
		sehr hoch	423	472	€/m² IWF

350	Decken / horizontal	Anforderungen	von	bis	Kosten/Einheit
		sehr gering	304	360	€/m² DEF
		gering	360	416	€/m² DEF
		mittel	416	472	€/m² DEF
		hoch	473	528	€/m² DEF
		sehr hoch	528	584	€/m² DEF

360	Dächer	Anforderungen	von	bis	Kosten/Einheit
		sehr gering	307	385	€/m² DAF
		gering	385	463	€/m² DAF
		mittel	463	541	€/m² DAF
		hoch	541	619	€/m² DAF
		sehr hoch	619	697	€/m² DAF

Abb. 3: Kostenkennwerte für Baukonstruktionen, zweite Ebene der Kostengliederung (Grobelemente), hier: Büro- und Verwaltungsgebäude

Gebäude für Forschung und Lehre					
Dazu zählen Instituts- und Laborgebäude. Es wurden bis zu 5 Objekte ausgewertet.					
310	**Baugrube / Erdbau**	Anforderungen	von	bis	Kosten/Einheit
		sehr gering	17	36	€/m³ BGI
		gering	36	55	€/m³ BGI
		mittel	55	74	€/m³ BGI
		hoch	74	93	€/m³ BGI
		sehr hoch	93	112	€/m³ BGI
320	**Gründung, Unterbau**	Anforderungen	von	bis	Kosten/Einheit
		sehr gering	284	289	€/m² GRF
		gering	289	294	€/m² GRF
		mittel	294	299	€/m² GRF
		hoch	299	304	€/m² GRF
		sehr hoch	304	309	€/m² GRF
330	**Außenwände / vertikal außen**	Anforderungen	von	bis	Kosten/Einheit
		sehr gering	470	548	€/m² AWF
		gering	548	626	€/m² AWF
		mittel	626	704	€/m² AWF
		hoch	704	782	€/m² AWF
		sehr hoch	782	860	€/m² AWF
340	**Innenwände / vertikal innen**	Anforderungen	von	bis	Kosten/Einheit
		sehr gering	315	332	€/m² IWF
		gering	332	349	€/m² IWF
		mittel	349	366	€/m² IWF
		hoch	366	383	€/m² IWF
		sehr hoch	383	400	€/m² IWF
350	**Decken / horizontal**	Anforderungen	von	bis	Kosten/Einheit
		sehr gering	442	474	€/m² DEF
		gering	474	506	€/m² DEF
		mittel	506	538	€/m² DEF
		hoch	538	570	€/m² DEF
		sehr hoch	570	602	€/m² DEF
360	**Dächer**	Anforderungen	von	bis	Kosten/Einheit
		sehr gering	252	276	€/m² DAF
		gering	276	300	€/m² DAF
		mittel	300	324	€/m² DAF
		hoch	324	348	€/m² DAF
		sehr hoch	348	372	€/m² DAF

Abb. 4: Kostenkennwerte für Baukonstruktionen, zweite Ebene der Kostengliederung (Grobelemente),
hier: Gebäude für Forschung und Lehre

Pflegeheime

Dazu zählen Medizinische Einrichtungen.
Es wurden über 5 Objekte ausgewertet.

310	Baugrube / Erdbau	Anforderungen	von	bis	Kosten/Einheit
		sehr gering	10	16	€/m³ BGI
		gering	16	22	€/m³ BGI
		mittel	22	28	€/m³ BGI
		hoch	28	34	€/m³ BGI
		sehr hoch	34	40	€/m³ BGI

320	Gründung, Unterbau	Anforderungen	von	bis	Kosten/Einheit
		sehr gering	223	268	€/m² GRF
		gering	268	313	€/m² GRF
		mittel	313	358	€/m² GRF
		hoch	358	403	€/m² GRF
		sehr hoch	403	448	€/m² GRF

330	Außenwände / vertikal außen	Anforderungen	von	bis	Kosten/Einheit
		sehr gering	402	463	€/m² AWF
		gering	463	524	€/m² AWF
		mittel	524	585	€/m² AWF
		hoch	585	646	€/m² AWF
		sehr hoch	646	707	€/m² AWF

340	Innenwände / vertikal innen	Anforderungen	von	bis	Kosten/Einheit
		sehr gering	209	215	€/m² IWF
		gering	215	221	€/m² IWF
		mittel	221	227	€/m² IWF
		hoch	227	233	€/m² IWF
		sehr hoch	233	239	€/m² IWF

350	Decken / horizontal	Anforderungen	von	bis	Kosten/Einheit
		sehr gering	263	282	€/m² DEF
		gering	282	301	€/m² DEF
		mittel	301	320	€/m² DEF
		hoch	320	339	€/m² DEF
		sehr hoch	339	358	€/m² DEF

360	Dächer	Anforderungen	von	bis	Kosten/Einheit
		sehr gering	247	264	€/m² DAF
		gering	264	281	€/m² DAF
		mittel	281	298	€/m² DAF
		hoch	298	315	€/m² DAF
		sehr hoch	315	332	€/m² DAF

Abb. 5: Kostenkennwerte für Baukonstruktionen, zweite Ebene der Kostengliederung (Grobelemente), hier: Pflegeheime

Schulen und Kindergärten

Dazu zählen Allgemeinbildende und Berufliche Schulen, Förder- und Sonderschulen, Weiterbildungseinrichtungen, Kindergärten nicht unterkellert einfachen, mittleren und hohen Standards sowie Kindergärten unterkellert.
Es wurden über 40 Objekte ausgewertet.

310	**Baugrube / Erdbau**	Anforderungen	von	bis	Kosten/Einheit
		sehr gering	16	24	€/m³ BGI
		gering	24	32	€/m³ BGI
		mittel	32	40	€/m³ BGI
		hoch	40	48	€/m³ BGI
		sehr hoch	48	56	€/m³ BGI

320	**Gründung, Unterbau**	Anforderungen	von	bis	Kosten/Einheit
		sehr gering	255	299	€/m² GRF
		gering	299	343	€/m² GRF
		mittel	343	387	€/m² GRF
		hoch	387	431	€/m² GRF
		sehr hoch	431	475	€/m² GRF

330	**Außenwände / vertikal außen**	Anforderungen	von	bis	Kosten/Einheit
		sehr gering	493	566	€/m² AWF
		gering	566	639	€/m² AWF
		mittel	639	712	€/m² AWF
		hoch	712	785	€/m² AWF
		sehr hoch	785	858	€/m² AWF

340	**Innenwände / vertikal innen**	Anforderungen	von	bis	Kosten/Einheit
		sehr gering	229	268	€/m² IWF
		gering	268	307	€/m² IWF
		mittel	307	346	€/m² IWF
		hoch	346	385	€/m² IWF
		sehr hoch	385	424	€/m² IWF

350	**Decken / horizontal**	Anforderungen	von	bis	Kosten/Einheit
		sehr gering	347	431	€/m² DEF
		gering	431	515	€/m² DEF
		mittel	515	599	€/m² DEF
		hoch	599	683	€/m² DEF
		sehr hoch	683	767	€/m² DEF

360	**Dächer**	Anforderungen	von	bis	Kosten/Einheit
		sehr gering	307	351	€/m² DAF
		gering	351	395	€/m² DAF
		mittel	395	439	€/m² DAF
		hoch	439	483	€/m² DAF
		sehr hoch	483	527	€/m² DAF

Abb. 6: Kostenkennwerte für Baukonstruktionen, zweite Ebene der Kostengliederung (Grobelemente), hier: Schulen und Kindergärten

Sport- und Mehrzweckhallen

Dazu zählen Sport- und Mehrzweckhallen, sowie Sporthallen (Einfeld- und Dreifeldhallen).
Es wurden bis zu 5 Objekte ausgewertet.

310	**Baugrube / Erdbau**	Anforderungen	von	bis	Kosten/Einheit
		sehr gering	10	15	€/m³ BGI
		gering	15	20	€/m³ BGI
		mittel	20	25	€/m³ BGI
		hoch	25	30	€/m³ BGI
		sehr hoch	30	35	€/m³ BGI
320	**Gründung, Unterbau**	Anforderungen	von	bis	Kosten/Einheit
		sehr gering	263	283	€/m² GRF
		gering	283	303	€/m² GRF
		mittel	303	323	€/m² GRF
		hoch	323	343	€/m² GRF
		sehr hoch	343	363	€/m² GRF
330	**Außenwände / vertikal außen**	Anforderungen	von	bis	Kosten/Einheit
		sehr gering	454	499	€/m² AWF
		gering	499	544	€/m² AWF
		mittel	544	589	€/m² AWF
		hoch	589	634	€/m² AWF
		sehr hoch	634	679	€/m² AWF
340	**Innenwände / vertikal innen**	Anforderungen	von	bis	Kosten/Einheit
		sehr gering	227	264	€/m² IWF
		gering	264	301	€/m² IWF
		mittel	301	338	€/m² IWF
		hoch	338	375	€/m² IWF
		sehr hoch	375	412	€/m² IWF
350	**Decken / horizontal**	Anforderungen	von	bis	Kosten/Einheit
		sehr gering	298	360	€/m² DEF
		gering	360	422	€/m² DEF
		mittel	422	484	€/m² DEF
		hoch	484	546	€/m² DEF
		sehr hoch	546	608	€/m² DEF
360	**Dächer**	Anforderungen	von	bis	Kosten/Einheit
		sehr gering	362	418	€/m² DAF
		gering	418	474	€/m² DAF
		mittel	474	530	€/m² DAF
		hoch	530	586	€/m² DAF
		sehr hoch	586	642	€/m² DAF

Abb. 7: Kostenkennwerte für Baukonstruktionen, zweite Ebene der Kostengliederung (Grobelemente), hier: Sport- und Mehrzweckhallen

Ein- und Zweifamilienhäuser					
Dazu zählen Ein- und Zweifamilienhäuser (unterkellert, nicht unterkellert, Passivhausstandard, Holzbauweise unterkellert und nicht unterkellert), Doppel- und Reihenendhäuser sowie Reihenhäuser. Es wurden über 130 Objekte ausgewertet.					
310	**Baugrube / Erdbau**	Anforderungen	von	bis	Kosten/Einheit
		sehr gering	17	24	€/m³ BGI
		gering	24	31	€/m³ BGI
		mittel	31	38	€/m³ BGI
		hoch	38	45	€/m³ BGI
		sehr hoch	45	52	€/m³ BGI
320	**Gründung, Unterbau**	Anforderungen	von	bis	Kosten/Einheit
		sehr gering	202	239	€/m² GRF
		gering	239	276	€/m² GRF
		mittel	276	313	€/m² GRF
		hoch	313	350	€/m² GRF
		sehr hoch	350	387	€/m² GRF
330	**Außenwände / vertikal außen**	Anforderungen	von	bis	Kosten/Einheit
		sehr gering	343	393	€/m² AWF
		gering	393	443	€/m² AWF
		mittel	443	493	€/m² AWF
		hoch	493	543	€/m² AWF
		sehr hoch	543	593	€/m² AWF
340	**Innenwände / vertikal innen**	Anforderungen	von	bis	Kosten/Einheit
		sehr gering	156	179	€/m² IWF
		gering	179	202	€/m² IWF
		mittel	202	225	€/m² IWF
		hoch	225	248	€/m² IWF
		sehr hoch	248	271	€/m² IWF
350	**Decken / horizontal**	Anforderungen	von	bis	Kosten/Einheit
		sehr gering	265	300	€/m² DEF
		gering	300	335	€/m² DEF
		mittel	335	370	€/m² DEF
		hoch	370	405	€/m² DEF
		sehr hoch	405	440	€/m² DEF
360	**Dächer**	Anforderungen	von	bis	Kosten/Einheit
		sehr gering	249	287	€/m² DAF
		gering	287	325	€/m² DAF
		mittel	325	363	€/m² DAF
		hoch	363	401	€/m² DAF
		sehr hoch	401	439	€/m² DAF

Abb. 8: Kostenkennwerte für Baukonstruktionen, zweite Ebene der Kostengliederung (Grobelemente), hier: Ein- und Zweifamilienhäuser

Mehrfamilienhäuser

Dazu zählen Mehrfamilienhäuser mit bis zu 6 WE, mit 6 bis 19 WE, mit 20 und mehr WE, Mehrfamilienhäuser-Passivhäuser, Wohnhäuser mit bis zu 15% Mischnutzung sowie Wohnhäuser mit mehr als 15% Mischnutzung.
Es wurden über 60 Objekte ausgewertet.

310	**Baugrube / Erdbau**	Anforderungen	von	bis	Kosten/Einheit
		sehr gering	21	33	€/m³ BGI
		gering	33	45	€/m³ BGI
		mittel	45	57	€/m³ BGI
		hoch	57	69	€/m³ BGI
		sehr hoch	69	81	€/m³ BGI
320	**Gründung, Unterbau**	Anforderungen	von	bis	Kosten/Einheit
		sehr gering	181	230	€/m² GRF
		gering	230	279	€/m² GRF
		mittel	279	328	€/m² GRF
		hoch	328	377	€/m² GRF
		sehr hoch	377	426	€/m² GRF
330	**Außenwände / vertikal außen**	Anforderungen	von	bis	Kosten/Einheit
		sehr gering	333	384	€/m² AWF
		gering	384	435	€/m² AWF
		mittel	435	486	€/m² AWF
		hoch	486	537	€/m² AWF
		sehr hoch	537	588	€/m² AWF
340	**Innenwände / vertikal innen**	Anforderungen	von	bis	Kosten/Einheit
		sehr gering	154	171	€/m² IWF
		gering	171	188	€/m² IWF
		mittel	188	205	€/m² IWF
		hoch	205	222	€/m² IWF
		sehr hoch	222	239	€/m² IWF
350	**Decken / horizontal**	Anforderungen	von	bis	Kosten/Einheit
		sehr gering	253	279	€/m² DEF
		gering	279	305	€/m² DEF
		mittel	305	331	€/m² DEF
		hoch	331	357	€/m² DEF
		sehr hoch	357	383	€/m² DEF
360	**Dächer**	Anforderungen	von	bis	Kosten/Einheit
		sehr gering	264	319	€/m² DAF
		gering	319	374	€/m² DAF
		mittel	374	429	€/m² DAF
		hoch	429	484	€/m² DAF
		sehr hoch	484	539	€/m² DAF

Abb. 9: Kostenkennwerte für Baukonstruktionen, zweite Ebene der Kostengliederung (Grobelemente), hier: Mehrfamilienhäuser

Seniorenwohnungen

Dazu zählen Seniorenwohnungen mittleren und hohen Standards sowie Gebäude der Beherbergung (Wohnheime und Internate).
Es wurden bis zu 10 Objekte ausgewertet.

310	**Baugrube / Erdbau**	Anforderungen	von	bis	Kosten/Einheit
		sehr gering	18	34	€/m³ BGI
		gering	34	50	€/m³ BGI
		mittel	50	66	€/m³ BGI
		hoch	66	82	€/m³ BGI
		sehr hoch	82	98	€/m³ BGI

320	**Gründung, Unterbau**	Anforderungen	von	bis	Kosten/Einheit
		sehr gering	178	199	€/m² GRF
		gering	199	220	€/m² GRF
		mittel	220	241	€/m² GRF
		hoch	241	262	€/m² GRF
		sehr hoch	262	283	€/m² GRF

330	**Außenwände / vertikal außen**	Anforderungen	von	bis	Kosten/Einheit
		sehr gering	303	346	€/m² AWF
		gering	346	389	€/m² AWF
		mittel	389	432	€/m² AWF
		hoch	432	475	€/m² AWF
		sehr hoch	475	518	€/m² AWF

340	**Innenwände / vertikal innen**	Anforderungen	von	bis	Kosten/Einheit
		sehr gering	149	165	€/m² IWF
		gering	165	181	€/m² IWF
		mittel	181	197	€/m² IWF
		hoch	197	213	€/m² IWF
		sehr hoch	213	229	€/m² IWF

350	**Decken / horizontal**	Anforderungen	von	bis	Kosten/Einheit
		sehr gering	242	265	€/m² DEF
		gering	265	288	€/m² DEF
		mittel	288	311	€/m² DEF
		hoch	311	334	€/m² DEF
		sehr hoch	334	357	€/m² DEF

360	**Dächer**	Anforderungen	von	bis	Kosten/Einheit
		sehr gering	236	274	€/m² DAF
		gering	274	312	€/m² DAF
		mittel	312	350	€/m² DAF
		hoch	350	388	€/m² DAF
		sehr hoch	388	426	€/m² DAF

Abb. 10: Kostenkennwerte für Baukonstruktionen, zweite Ebene der Kostengliederung (Grobelemente), hier: Seniorenwohnungen

Gaststätten und Kantinen

Dazu zählen Gaststätten, Kantinen und Mensen.
Es wurden bis zu 5 Objekte ausgewertet.

310	Baugrube / Erdbau	Anforderungen	von	bis	Kosten/Einheit
		sehr gering	33	39	€/m^3 BGI
		gering	39	45	€/m^3 BGI
		mittel	45	51	€/m^3 BGI
		hoch	51	57	€/m^3 BGI
		sehr hoch	57	63	€/m^3 BGI

320	Gründung, Unterbau	Anforderungen	von	bis	Kosten/Einheit
		sehr gering	312	338	€/m^2 GRF
		gering	338	364	€/m^2 GRF
		mittel	364	390	€/m^2 GRF
		hoch	390	416	€/m^2 GRF
		sehr hoch	416	442	€/m^2 GRF

330	Außenwände / vertikal außen	Anforderungen	von	bis	Kosten/Einheit
		sehr gering	518	567	€/m^2 AWF
		gering	567	616	€/m^2 AWF
		mittel	616	665	€/m^2 AWF
		hoch	665	714	€/m^2 AWF
		sehr hoch	714	763	€/m^2 AWF

340	Innenwände / vertikal innen	Anforderungen	von	bis	Kosten/Einheit
		sehr gering	209	252	€/m^2 IWF
		gering	252	295	€/m^2 IWF
		mittel	295	338	€/m^2 IWF
		hoch	338	381	€/m^2 IWF
		sehr hoch	381	424	€/m^2 IWF

350	Decken / horizontal	Anforderungen	von	bis	Kosten/Einheit
		sehr gering	426	446	€/m^2 DEF
		gering	446	466	€/m^2 DEF
		mittel	466	486	€/m^2 DEF
		hoch	486	506	€/m^2 DEF
		sehr hoch	506	526	€/m^2 DEF

360	Dächer	Anforderungen	von	bis	Kosten/Einheit
		sehr gering	281	347	€/m^2 DAF
		gering	347	413	€/m^2 DAF
		mittel	413	479	€/m^2 DAF
		hoch	479	545	€/m^2 DAF
		sehr hoch	545	611	€/m^2 DAF

Abb. 11: Kostenkennwerte für Baukonstruktionen, zweite Ebene der Kostengliederung (Grobelemente),
hier: Gaststätten und Kantinen

Lebensdauern
Grobelementarten
Stahlbau
Gebäudearten
Kostengruppen
Ausführungsarten

Gebäude für Produktion

Dazu zählen Industrielle Produktionsgebäude Massivbauweise und überwiegend Skelettbauweise, Betriebs- und Werkstätten eingeschossig, mehrgeschossig mit geringem Hallenanteil sowie mehrgeschossig mit hohen Hallenanteil.
Es wurden über 20 Objekte ausgewertet.

310	**Baugrube / Erdbau**	Anforderungen	von	bis	Kosten/Einheit
		sehr gering	12	18	€/m^3 BGI
		gering	18	24	€/m^3 BGI
		mittel	24	30	€/m^3 BGI
		hoch	30	36	€/m^3 BGI
		sehr hoch	36	42	€/m^3 BGI
320	**Gründung, Unterbau**	Anforderungen	von	bis	Kosten/Einheit
		sehr gering	164	191	€/m^2 GRF
		gering	191	218	€/m^2 GRF
		mittel	218	245	€/m^2 GRF
		hoch	245	272	€/m^2 GRF
		sehr hoch	272	299	€/m^2 GRF
330	**Außenwände / vertikal außen**	Anforderungen	von	bis	Kosten/Einheit
		sehr gering	273	318	€/m^2 AWF
		gering	318	363	€/m^2 AWF
		mittel	363	408	€/m^2 AWF
		hoch	408	453	€/m^2 AWF
		sehr hoch	153	498	€/m^2 AWF
340	**Innenwände / vertikal innen**	Anforderungen	von	bis	Kosten/Einheit
		sehr gering	153	188	€/m^2 IWF
		gering	188	223	€/m^2 IWF
		mittel	223	258	€/m^2 IWF
		hoch	258	293	€/m^2 IWF
		sehr hoch	293	328	€/m^2 IWF
350	**Decken / horizontal**	Anforderungen	von	bis	Kosten/Einheit
		sehr gering	221	268	€/m^2 DEF
		gering	268	315	€/m^2 DEF
		mittel	315	362	€/m^2 DEF
		hoch	362	409	€/m^2 DEF
		sehr hoch	409	456	€/m^2 DEF
360	**Dächer**	Anforderungen	von	bis	Kosten/Einheit
		sehr gering	204	231	€/m^2 DAF
		gering	231	258	€/m^2 DAF
		mittel	258	285	€/m^2 DAF
		hoch	285	312	€/m^2 DAF
		sehr hoch	312	339	€/m^2 DAF

Abb. 12: Kostenkennwerte für Baukonstruktionen, zweite Ebene der Kostengliederung (Grobelemente), hier: Gebäude für Produktion

Gebäude für Handel und Lager

Dazu zählen Geschäftshäuser mit und ohne Wohnungen, Verbrauchermärkte, Autohäuser, Lagergebäude ohne Mischnutzung, Lagergebäude mit bis zu 25% Mischnutzung sowie mit mehr als 25% Mischnutzung.
Es wurden bis zu 25 Objekte ausgewertet.

310	Baugrube / Erdbau	Anforderungen	von	bis	Kosten/Einheit
		sehr gering	13	23	€/m³ BGI
		gering	23	33	€/m³ BGI
		mittel	33	43	€/m³ BGI
		hoch	43	53	€/m³ BGI
		sehr hoch	53	63	€/m³ BGI

320	Gründung, Unterbau	Anforderungen	von	bis	Kosten/Einheit
		sehr gering	132	173	€/m² GRF
		gering	173	214	€/m² GRF
		mittel	214	255	€/m² GRF
		hoch	255	296	€/m² GRF
		sehr hoch	296	337	€/m² GRF

330	Außenwände / vertikal außen	Anforderungen	von	bis	Kosten/Einheit
		sehr gering	226	298	€/m² AWF
		gering	298	370	€/m² AWF
		mittel	370	442	€/m² AWF
		hoch	442	514	€/m² AWF
		sehr hoch	514	586	€/m² AWF

340	Innenwände / vertikal innen	Anforderungen	von	bis	Kosten/Einheit
		sehr gering	197	232	€/m² IWF
		gering	232	267	€/m² IWF
		mittel	267	302	€/m² IWF
		hoch	302	337	€/m² IWF
		sehr hoch	337	372	€/m² IWF

350	Decken / horizontal	Anforderungen	von	bis	Kosten/Einheit
		sehr gering	198	243	€/m² DEF
		gering	243	288	€/m² DEF
		mittel	288	333	€/m² DEF
		hoch	333	378	€/m² DEF
		sehr hoch	378	423	€/m² DEF

360	Dächer	Anforderungen	von	bis	Kosten/Einheit
		sehr gering	159	197	€/m² DAF
		gering	197	235	€/m² DAF
		mittel	235	273	€/m² DAF
		hoch	273	311	€/m² DAF
		sehr hoch	311	349	€/m² DAF

Abb. 13: Kostenkennwerte für Baukonstruktionen, zweite Ebene der Kostengliederung (Grobelemente), hier: Gebäude für Handel und Lager

Garagen

Dazu zählen Einzel-, Mehrfach- und Hochgaragen, Tiefgaragen, Bereitschaftsdienste (Feuerwehrhäuser und Öffentliche Bereitschaftsdienste). Es wurden über 10 Objekte ausgewertet.

310	**Baugrube / Erdbau**	Anforderungen	von	bis	Kosten/Einheit
		sehr gering	5	10	€/m³ BGI
		gering	10	15	€/m³ BGI
		mittel	15	20	€/m³ BGI
		hoch	20	25	€/m³ BGI
		sehr hoch	25	30	€/m³ BGI

320	**Gründung, Unterbau**	Anforderungen	von	bis	Kosten/Einheit
		sehr gering	90	122	€/m² GRF
		gering	122	154	€/m² GRF
		mittel	154	186	€/m² GRF
		hoch	186	218	€/m² GRF
		sehr hoch	218	250	€/m² GRF

330	**Außenwände / vertikal außen**	Anforderungen	von	bis	Kosten/Einheit
		sehr gering	180	191	€/m² AWF
		gering	191	202	€/m² AWF
		mittel	202	213	€/m² AWF
		hoch	213	224	€/m² AWF
		sehr hoch	224	235	€/m² AWF

340	**Innenwände / vertikal innen**	Anforderungen	von	bis	Kosten/Einheit
		sehr gering	199	225	€/m² IWF
		gering	225	251	€/m² IWF
		mittel	251	277	€/m² IWF
		hoch	277	303	€/m² IWF
		sehr hoch	303	329	€/m² IWF

350	**Decken / horizontal**	Anforderungen	von	bis	Kosten/Einheit
		sehr gering	273	320	€/m² DEF
		gering	320	367	€/m² DEF
		mittel	367	414	€/m² DEF
		hoch	414	461	€/m² DEF
		sehr hoch	461	508	€/m² DEF

360	**Dächer**	Anforderungen	von	bis	Kosten/Einheit
		sehr gering	173	204	€/m² DAF
		gering	204	235	€/m² DAF
		mittel	235	266	€/m² DAF
		hoch	266	297	€/m² DAF
		sehr hoch	297	328	€/m² DAF

Abb. 14: Kostenkennwerte für Baukonstruktionen, zweite Ebene der Kostengliederung (Grobelemente), hier: Garagen

Gebäude für kulturelle Zwecke

Dazu zählen Bibliotheken, Museen, Ausstellungen, Theater und Gemeindezentren einfachen, mittleren und hohen Standards.
Es wurden über 20 Objekte ausgewertet.

310	Baugrube / Erdbau	Anforderungen	von	bis	Kosten/Einheit
		sehr gering	18	26	€/m³ BGI
		gering	26	34	€/m³ BGI
		mittel	34	42	€/m³ BGI
		hoch	42	50	€/m³ BGI
		sehr hoch	50	58	€/m³ BGI

320	Gründung, Unterbau	Anforderungen	von	bis	Kosten/Einheit
		sehr gering	230	279	€/m² GRF
		gering	279	328	€/m² GRF
		mittel	328	377	€/m² GRF
		hoch	377	426	€/m² GRF
		sehr hoch	426	475	€/m² GRF

330	Außenwände / vertikal außen	Anforderungen	von	bis	Kosten/Einheit
		sehr gering	455	530	€/m² AWF
		gering	530	605	€/m² AWF
		mittel	605	680	€/m² AWF
		hoch	680	755	€/m² AWF
		sehr hoch	755	830	€/m² AWF

340	Innenwände / vertikal innen	Anforderungen	von	bis	Kosten/Einheit
		sehr gering	257	296	€/m² IWF
		gering	296	335	€/m² IWF
		mittel	335	374	€/m² IWF
		hoch	374	413	€/m² IWF
		sehr hoch	413	452	€/m² IWF

350	Decken / horizontal	Anforderungen	von	bis	Kosten/Einheit
		sehr gering	263	311	€/m² DEF
		gering	311	359	€/m² DEF
		mittel	359	407	€/m² DEF
		hoch	407	455	€/m² DEF
		sehr hoch	455	503	€/m² DEF

360	Dächer	Anforderungen	von	bis	Kosten/Einheit
		sehr gering	337	404	€/m² DAF
		gering	404	471	€/m² DAF
		mittel	471	538	€/m² DAF
		hoch	538	605	€/m² DAF
		sehr hoch	605	672	€/m² DAF

Abb. 15: Kostenkennwerte für Baukonstruktionen, zweite Ebene der Kostengliederung (Grobelemente), hier: Gebäude für kulturelle Zwecke

Gebäude für religiöse Zwecke

Dazu zählen Sakralbauten und Friedhofsgebäude.
Es wurden über 5 Objekte ausgewertet.

310	**Baugrube / Erdbau**	Anforderungen	von	bis	Kosten/Einheit
		sehr gering	26	32	€/m^3 BGI
		gering	32	38	€/m^3 BGI
		mittel	38	44	€/m^3 BGI
		hoch	44	50	€/m^3 BGI
		sehr hoch	50	56	€/m^3 BGI

320	**Gründung, Unterbau**	Anforderungen	von	bis	Kosten/Einheit
		sehr gering	316	334	€/m^2 GRF
		gering	334	352	€/m^2 GRF
		mittel	352	370	€/m^2 GRF
		hoch	370	388	€/m^2 GRF
		sehr hoch	388	406	€/m^2 GRF

330	**Außenwände / vertikal außen**	Anforderungen	von	bis	Kosten/Einheit
		sehr gering	498	558	€/m^2 AWF
		gering	558	618	€/m^2 AWF
		mittel	618	678	€/m^2 AWF
		hoch	678	738	€/m^2 AWF
		sehr hoch	738	798	€/m^2 AWF

340	**Innenwände / vertikal innen**	Anforderungen	von	bis	Kosten/Einheit
		sehr gering	429	460	€/m^2 IWF
		gering	460	491	€/m^2 IWF
		mittel	491	522	€/m^2 IWF
		hoch	522	553	€/m^2 IWF
		sehr hoch	553	584	€/m^2 IWF

350	**Decken / horizontal**	Anforderungen	von		Kosten/Einheit
		sehr gering	313	392	€/m^2 DEF
		gering	392	471	€/m^2 DEF
		mittel	471	550	€/m^2 DEF
		hoch	550	629	€/m^2 DEF
		sehr hoch	629	708	€/m^2 DEF

360	**Dächer**	Anforderungen	von	bis	Kosten/Einheit
		sehr gering	408	461	€/m^2 DAF
		gering	461	514	€/m^2 DAF
		mittel	514	567	€/m^2 DAF
		hoch	567	620	€/m^2 DAF
		sehr hoch	620	673	€/m^2 DAF

Abb. 16: Kostenkennwerte für Baukonstruktionen, zweite Ebene der Kostengliederung (Grobelemente), hier: Gebäude für religiöse Zwecke

Bestimmung der Anforderungsklasse von Grobelementarten
Kostenmindernde Eigenschaften:

KG Bezeichnung - Eigenschaften der Grobelemente
310 Baugrube / Erdbau – kein Keller- oder Tiefgeschoss – kein / wenig Aushub – leicht lösbare Bodenarten – kurze Wege für den Transport von Aushub – Verwendung von Aushubmaterial auf dem Grundstück – kein schadstoffbelasteter Aushub
320 Gründung, Unterbau – Flachgründung: Fundamentplatte, Einzel- oder Streifenfundamente – Grundwasserstand unterhalb der Gründung – kein oder nur wenig Oberflächenwasser auf Grundstück – weitgehend ebenes Grundstück – einfache Geometrie der Fundamente – keine oder einfache Bodenbeläge
330 Außenwände / Vertikale Baukonstruktionen, außen – erdberührte Bauteile ohne besondere Maßnahmen – einfache Geometrie der Fassade – geringer Anteil an Verglasungen, Außenfenstern, -türen und -toren – einschichtige Außenwandkonstruktionen, Fertigteile – geringe Anforderungen an Schallschutz und Energieeinsparung – ein oder wenige Obergeschosse, geringe Gebäudehöhe
340 Innenwände / Vertikale Baukonstruktionen, innen – geringer Anteil an Verglasungen, Innenfenstern, -türen und -toren – einschalige Innenwandkonstruktionen – keine oder wenige Installationsvormauerungen, Installationswände oder Wandkanäle – keine oder einfache Innenwandbekleidungen – geringe Anforderungen an Schallschutz und Brandschutz – keine oder wenige Nassräume mit Fliesen und Abdichtungen
350 Decken / Horizontale Baukonstruktionen – geringe Deckenspannweiten, keine oder geringe Auskragungen – geringe Verkehrslasten – keine oder wenige Treppen oder Rampen – keine oder einfache Deckenbekleidungen – keine abgehängten Decken oder Doppelböden – einfache Deckenbeläge
360 Dächer – geringe bis mittlere Spannweiten der Dachkonstruktionen oder Auskragungen – einfache Geometrie des Daches ohne Verschneidungen der Dachflächen – kein oder geringer Anteil von Dachgauben oder Lichtkuppeln – einfache Dachbeläge – keine oder einfache Dachbekleidungen – geringe Anforderungen an Schallschutz und Energieeinsparung

Abb. 17: Kostenmindernde Eigenschaften der Grobelemente - Baukonstruktionen

Kosten<u>erhöhende</u> Eigenschaften:

KG Bezeichnung - Eigenschaften der Grobelemente
310 Baugrube / Erdbau
+ ein oder mehrere Keller- oder Tiefgeschosse
+ Baugrubenumschließung
+ Baugrubenverbau mit Trägerbohlwand
+ Spundwände, Anker, Absteifungen
+ Böschungssicherung durch Spritzbeton
+ Wasserhaltung
+ weite Wege für den Transport von Aushub
+ schadstoffbelasteter Aushub, Deponiegebühren
+ schwer lösbare Bodenarten oder Fels
320 Gründung, Unterbau
+ Baugrundverbesserung
+ Bodenplatte mit WU-Beton
+ Tiefgründung: Pfahlgründung
+ versetzte Ebenen im unteren Geschoss, Bauen am Hang
+ Bauwerksabdichtung
+ Dränagen
+ Kanäle oder Pumpensumpf in Bodenplatte
+ Wärme- und Trittschalldämmung
+ hochwertige Bodenbeläge
+ mehrere bis viele Obergeschosse
330 Außenwände / Vertikale Baukonstruktionen, außen
+ aufwändige Lichtschächte bei Unterschossen
+ Außenwände von Untergeschossen mit WU-Beton
+ Geometrie der Fassade mit Erkern, Auskragungen
+ hoher Anteil an Verglasungen, Außenfenstern, -türen und -toren
+ mehrschichtige Außenwandkonstruktionen
+ hohe oder sehr hohe Anforderungen an Schallschutz und Energieeinsparung
+ hochwertige Außenwandbekleidungen
+ Sonnenschutzanlagen
+ Fassadenbefahranlage
+ mehrere bis viele Obergeschosse, hohes Gebäude, Hochhaus

Abb. 18: Kostenerhöhende Eigenschaften der Grobelemente – Baukonstruktionen – Teil 1

Kosten<u>erhöhende</u> Eigenschaften:

KG Bezeichnung - Eigenschaften der Grobelemente
340 Innenwände / Vertikale Baukonstruktionen, innen
+ hoher Anteil an Verglasungen, Innenfenstern, -türen und -toren
+ Sichtmauerwerk
+ mehrschalige Innenwandkonstruktionen
+ Installationsvormauerungen, Installationswände oder Wandkanäle
+ hochwertige Innenwandbekleidungen
+ versetzbare Trennwände, Schiebewände, Faltwände
+ Innenstützen
+ hohe Anforderungen an Schallschutz und Brandschutz
+ hoher Anteil von Handläufen, Rammschutz
+ zahlreiche Nassräume mit Fliesen und Abdichtungen
350 Decken / Horizontale Baukosntruktionen
+ große Deckenspannweiten oder Auskragungen
+ hohe Verkehrslasten
+ versetzte Geschossebenen
+ Unterzüge
+ hoher Anteil an Treppen, Falltüren
+ Rampen
+ abgehängte Decken
+ Doppelböden
+ hochwertige Deckenbekleidungen
+ hochwertige Deckenbeläge
360 Dächer
+ große Spannweiten der Dachkonstruktionen
+ große Auskragungen der Dachkonstruktionen
+ aufwändige Geometrie des Daches mit Verschneidungen der Dachflächen
+ hoher Anteil von Dachgauben oder Lichtkuppeln
+ Dachbegrünung
+ begeh- oder befahrbares Dach, Dachterrassen
+ hochwertige Dachbeläge
+ hochwertige Dachbekleidungen
+ hohe Anforderungen an Schallschutz und Energieeinsparung
+ Absturzsicherungen, Schneefanggitter oder Dachleitern

Abb. 19: Kostenerhöhende Eigenschaften der Grobelemente – Baukonstruktionen – Teil 2

Literatur

Baukosten-Handbuch, Hrsg.: Baukostenberatungsdienst der Architektenkammer Baden-Württemberg – AKBW, Stuttgart 1981

DIN 276:2018-12, Kosten im Bauwesen

DIN 277-1: 2016-01, Grundflächen und Rauminhalte im Bauwesen – Teil 1: Hochbau

http://www.welt-der-bwl.de/Zielkostenrechnung, aufgerufen am 04.03.2016

Kosten im Stahlbau

von bauforumstahl e.V.

Kosten im Stahlbau

Ein Beitrag von bauforumstahl e.V.

Datenquelle und Verfasser

Die Preisindikationen für Stahllösungen im Bauwesen basieren auf dem zweijährig erscheinenden Leitfaden „Kosten im Stahlbau" herausgegeben von bauforumstahl.

bauforumstahl e.V. ist der Spitzenverband für das Bauen mit Stahl in Deutschland. Gemeinsam mit dem Deutschen Stahlbau-Verband DStV vertritt er die Anliegen seiner Mitglieder gegenüber Politik, Fachwelt, Medien und Öffentlichkeit, bietet Wissenstransfer und engagiert sich in Forschung und Normung. Übergeordnetes Ziel ist es, die Stahlbauweise unter Berücksichtigung ganzheitlicher Aspekte wie Wirtschaftlichkeit, Sicherheit, Flexibilität und Nachhaltigkeit zu fördern. Zu den rund 350 Mitgliedern zählen alle namhaften deutschen Stahlbauunternehmen, Vorlieferanten und Folgegewerke, Architektur- und Ingenieurbüros sowie Hochschulen und Universitäten. www.bauforumstahl.de

Die in den folgenden Kapiteln gelisteten Preisdaten stammen aus dem Leitfaden „Kosten im Stahlbau 2018" und wurden durch das Institut für Bauökonomie der Universität Stuttgart erhoben. Das CEEC (Conseil Européen des Economistes de la Construction /The European Council of Construction Economists), das RICS (Royal Institute of Chartered Surveyors) und zahlreichen Fachfirmen haben an der Erhebung unterstützend mitgewirkt. Die Kosten wurden für die Veröffentlichung in diesem Buch durch das BKI bezüglich des Baupreisindex aktualisiert und entsprechend dem 1.Quartal 2021, Bundesdurchschnitt, inkl. 19% MwSt. angepasst. Ziel aller Beteiligten war es, eine aktuelle Preisindikation der Komplettleistungen für Stahlbau-Gewerke in €/kg sowie Kostenspannen für verschiedene Gebäudefunktionen in €/m² auf Basis der aktuellen DIN 277-1:2016 bzw. DIN 276:2018-12 anzugeben.

Ansatz über Gebäudefunktionen

Als Arbeitshilfe zum täglichen Gebrauch ermöglichen die hier aufgeführten Daten eine zügige Kostenermittlung auf Grundlage der Gebäudefunktionen, ähnlich wie der Ansatz in der DIN 276:2018-12 bzw. der DIN 277-1:2016, welchen auch die Arbeitshilfen des BKI zu Grunde liegen. Es können sich auf Grund der Konstruktionsmethodik des Stahlbaus teilweise Änderungen zu den bekannten Normen und Publikationen ergeben, die jeweils nachvollziehbar dokumentiert sind. Um dem Konstruieren mit Stahl auch in der Kostenplanung gerecht zu werden, gliedern sich die Angaben in die Hauptfunktionen Tragwerk, Einbauten, Oberflächenbehandlung und Brandschutz.

Randbedingungen und Anwendungsgrenzen

Die Angaben sind gewichtete Mittelwerte, die aus einer Befragung von Fachfirmen resultieren. Sie enthalten alle Material- und Lohnkosten sowie Aufwendungen für eventuelle Geräteeinsätze. Die üblichen Baunebenkosten im Sinne der DIN 276:2018-12 sind nicht berücksichtigt.

Im Rahmen der Befragung wurden folgende Annahmen und Vereinfachungen getroffen, die bei der Arbeit mit den Kennwerten zu berücksichtigen sind:

- Die Kosten werden auf Basis „einfacher" Gebäude mit einer durchschnittlichen Gebäudefläche von 800-1.400m² Brutto-Grundfläche und mit einer gängigen architektonischen Gestaltung ermittelt. Es wird von einem normalen Baugrund und einfacher Zugänglichkeit der Baustelle ausgegangen.
- Die Werte beziehen sich auf Bezugsgrößen wie beispielsweise Brutto-Grundfläche (DIN 277-1) oder Deckenfläche (DIN 276).
- Es werden die Schneelastzone 2, die Windzone 2 (Binnenland), ein kompaktes Gebäude sowie eine Höhenlage von max. 500m üNN angenommen.

Weitere spezifische Annahmen werden in den einzelnen Kapiteln näher erläutert. Mit Hilfe von weiteren Baukostenindizes oder Regionalfaktoren können die auf den bundesdeutschen Durchschnitt bezogenen Daten auf einzelne Regionen übertragen sowie zeitlich weiter aktualisiert werden.

Tragwerk: Rahmenkonstruktion

Rahmenbedingungen:

- Durchschnittswerte für Gebäudefläche von 800-1.400m² BGF[a].
- Schneelastzone 2, Geländehöhe max. 500m üNN, Windlastzone 2 (Binnenland), kompaktes Gebäude.

Hinweise:

- Das Gewicht der Rahmenkonstruktion umfasst Stützen, Träger und alle Verbindungsmittel. Fundamentarbeiten sind nicht enthalten.
- Die Angaben setzen einfache Aussteifungsarten und keine speziellen, kostenintensiven Alternativen voraus.
- Die Angaben beinhalten einen üblichen Korrosionsschutz (genauere Differenzierung siehe Kapitel „Oberflächenbehandlung").
- Die angegebenen Werte sind Richtwerte; im Einzelfall kann durch Variation des Systemabstandes und detaillierte Optimierung des Tragwerks das Stahlgewicht pro m² BGF[a] reduziert werden.
- Die Verbundbauweise beinhaltet die für die Verbundwirkung benötigten Kopfbolzendübel ohne Deckenplatte (siehe Kapitel „Decken").
- Dachpfetten und Fassadenriegel sind nicht enthalten.
- Die leichte Stahlbauweise ermöglicht je nach Gründungssituation eine Einsparung bei den Fundamentkosten von bis zu 25%.

[a] BGF: Brutto-Grundfläche (DIN 277-1:2016-01): Gesamtfläche aller Grundrissebenen eines Bauwerks.

Kosten pro Tonnage der Rahmenkonstruktion					
Art des Tragsystems	Asymmetrische Deckenträger[a]	Walzträger	Lochstegträger [c]	Fachwerkträger	Schweissträger
Preisindikation in €/kg [d]	2,32 - 3,09	2,06 - 2,84	2,32 - 3,42	2,45 - 3,55	2,39 - 3,09

Eingeschossige Gebäude (Industrie- oder Geschäftsgebäude, Lager), Achsabstand der Rahmen von ca. 5,5 m - 6,5 m.	Tonnage in kg/m² BGF[b]				
Spannweite	8 - 18 m		10 - 35 m	15 - 45 m	15 - 45 m
Ohne Hallenkran • bis 6,0 m lichte Höhe • von 6,0 m - 12,0 m lichte Höhe	 – –	 25 - 35 35 - 55	 25 - 40 30 - 50	 20 - 35 22 - 40	 22 - 33 32 - 53
Mit Hallenkran (ca. 5,0 t Nutzlast) • bis 6,0 m lichte Höhe • von 6,0 m - 12,0 m lichte Höhe	 – –	 55 - 80 85 - 110	 50 - 80 80 - 110	 75 - 110 85 - 130	 50 - 80 80 - 110
Kultur-, Sport- und ähnliche Gebäude	–	40 - 50	35 - 45	35 - 45	35 - 50
Landwirtschaftliche Gebäude	–	25 - 30	–	20 - 30	20 - 30

Mehrgeschossige Gebäude (Verbundbauweise)	Tonnage in kg/m² BGF[b]				
Spannweite	5 m - 8 m	6 m - 14 m	10 m - 18 m		
Büros, Verwaltungs- und Wohngebäude mit max. Nutzlast bis 3,5 kN/m² mit max. Nutzlast von 3,5 - 7,0 kN/m²	 25 - 30 30 - 35	 35 - 45 45 - 65	 37 - 50 42 - 60	 – –	 – –

Parkhäuser, offen, frei belüftet	Tonnage in kg/m² BGF[b]				
		20 - 30	18 - 28		

[a] Der Achsabstand der Hauptträger beträgt ca. 12 m.
[b] BGF: Brutto-Grundfläche (DIN 277-1:2016-01): Gesamtfläche aller grundrissebenen eine Bauwerks.
[c] Voraussetzung: biegesteife Einspannung der Rahmenstützen. Das Gewicht von Konstruktionen kann weiter reduziert werden, wenn man die Trägerhöhe weiter erhöht.
[d] Die Angaben beinhalten im Wesentlichen Material-, Anarbeitungs-, und Montagekosten.

Tragwerk: Decken

Rahmenbedingungen:

- Durchschnittswerte für Gebäudefläche von 800-1.400m² BGF[a].
- Schneelastzone 2, Geländehöhe max. 500m üNN, Windlastzone 2 (Binnenland), kompaktes Gebäude.

Hinweise:

- Die angegebenen Preise beinhalten Montage, Verschalung, ggf. temporäre Unterstützung, Bewehrung (Stahlmatte oder Fasern) und Beton.
- Die Preise basieren auf einer Ausführung mit einem Feuerwiderstand von REI-90. Preisminderung für geringeren Feuerwiderstand möglich.
- Die Nutzlasten (Verkehrs- und Ausbaulasten) umfassen abgehängte Decken, Bodenbeläge, Trennwände, etc.
- Die Blechstärke der Verbunddecken-Profile werden meist entsprechend den Montagespannweiten gewählt und können von 0,75mm - 1,25mm variieren.
- Die Preise werden in €/m² Deckenfläche DEF[b] angegeben.

[a] BGF: Brutto-Grundfläche (DIN 277-1:2016-01): Gesamtfläche aller Grundrissebenen eines Bauwerks.
[b] DEF: Deckenfläche: Summe aller Brutto-Grundflächen ohne Gründungsfläche (DIN 276:2018-12).

Deckensysteme	Preisindikation in €/m² DEF[a]			
Nutzlasten:	< 3,50 kN/m²	< 5,00 kN/m²	< 7,50 kN/m²	< 10,00 kN/m²
Verbunddecke • Spannweiten von 2,5 m - 3,5 m (ohne temporäre Stützung) • Spannweiten von 3,5 m - 5,0 m (mit temporärer Stützung)	 68 - 93 72 - 106	 75 - 103 77 - 120	 81 - 107 88 - 129	 88 - 122 101 - 155
Mittragende Profilbleche (additive Tragwirkung)[b] • Spannweiten von 4,5 m - 6,2 m	64 - 97	81 - 110	–	–
Vorgefertigte Verbundelementdecke • Spannweiten von 5,0 m - 7,0 m (mit temporärer Stützung)	73 - 112	77 - 129	–	–
Ortbetondecke • Spannweiten von 5,0 m - 8,0 m (mit Schalung und Rüstung)	75 - 112	86 - 120	98 - 135	108 - 150
Mehrpreis für beschichtete Profilbleche[c]	+3 bis +6			

[a] DEF: Deckenfläche: Summe aller Brutto-Grundflächen ohne Gründungsfläche (DIN 276:2018-12).
[b] Vorwiegend im Parkhausbau eingesetzt.
[c] Beispielsweise Polyesterbeschichtung von 12 bzw. 25 µm

Einbauten: Treppen

Rahmenbedingungen:

- Durchschnittswerte für Gebäudefläche von 800-1.400m² BGF[a].
- Schneelastzone 2, Geländehöhe max. 500 m üNN, Windlastzone 2 (Binnenland), kompaktes Gebäude.

Hinweise:

- Preisangaben in €/m vertikale Höhe bei einer angenommenen Stufenhöhe von 17-20cm.
- Alle Treppen mit Stufen aus Tränen-, Riffelblech oder Gitterrost; ohne Setzstufe bzw. Treppenstoß.
- inklusive notwendiger Podeste bei durchschnittlicher Geschosshöhe.
- inklusive einfacher Geländer und Handläufe.

a) BGF: Brutto-Grundfläche (DIN 277-1:2016-01): Gesamtfläche aller Grundrissebenen eines Bauwerks.

Treppen	Treppen Preisindikation	
	in €/m vertikale Höhe	in €/Stufe
Standardtreppen (inkl. Geländer und Handlauf) Spindeltreppen mit Stufen aus Tränenblech oder Gitterrost, einfacher Austritt		
• ab 0,8 m Laufbreite	2.000 - 2.385	344 - 440
• ab 1,0 m Laufbreite	2.160 - 2.610	375 - 470
Gerade Industrietreppen mit Stufen aus Tränenblech oder Gitterrost, ohne Setzstufe – Standard-Höhen und -Neigungen gemäß Herstellerangaben		
• ab 0,8 m Laufbreite	2.065 - 2.610	375 - 505
• ab 1,0 m Laufbreite	2.190 - 2.900	405 - 530
• ab 1,4 m Laufbreite	2.580 - 3.160	470 - 630
Gerade Industrietreppen mit Stufen aus Tränenblech oder Gitterrost, ohne Setzstufe – projektspezifische Anpassung der Höhen und Neigungen im Rahmen der Herstellerangaben		
• ab 0,8 m Laufbreite	3.415 - 4.255	620 - 775
• ab 1,0 m Laufbreite	3.610 - 4.510	645 - 865
• ab 1,4 m Laufbreite	4.125 - 5.155	750 - 965

Oberflächenbehandlung: Korrosionsschutz

Rahmenbedingungen:

- Durchschnittswerte für Gebäudefläche von 800-1.400m^2 BGF[a)]
- Schneelastzone 2, Geländehöhe max. 500 m üNN, Windlastzone 2 (Binnenland), kompaktes Gebäude.

Hinweise:

- Preisangaben inklusive aller Vorbehandlungen, ohne Transportkosten.
- Korrosivitätskategorie C3 nach DIN EN ISO 12944; Stadt- und Industrieregion mit mäßig aggressiver Atmosphäre.
- Verzinken: Art des Verzinkguts: Sebisty-Stahl; Silizium/Phosphor 0,13-0,28%.
- Berechnung in m^2 mit Übermessen von Hohlräumen.
- Zink unterliegt Preisschwankungen, die von Verzinkerei-Betrieben in der Kalkulation berücksichtigt werden müssen. Resultierende Preiskorrekturen werden i.d.R. über einen gleitenden Metallteuerungszuschlag (bzw. -abschlag) berücksichtigt (Zinkpreisausgleich).
- Abhängig von der Komplexität der Werkstücke, der Zugänglichkeit, der gewünschten Schichtdicke und Struktur sowie der Farbe können konkrete Angebotspreise von den gemachten Angaben abweichen. Für projektspezifische Kalkulationen wird empfohlen, sich mit entsprechenden Fachunternehmen in Verbindung zu setzen.
- Die Preise für Duplex-Beschichtungssysteme setzen sich annährend aus den Preise für das Verzinken und das anschließende organische Beschichten zusammen.

a) BGF: Brutto-Grundfläche (DIN 277-1:2016-01): Gesamtfläche aller Grundrissebenen eines Bauwerks.

Systeme		werkseitig		baustellenseitig	
	Spezifische Oberfläche	Preisindikation		Preisindikation	
	in m^2/t	in €/t	in €/m^2	in €/t	in €/m^2
Nass-Beschichtungen (Rostschutzgrundierung und 2 Deckschichten inklusive vorheriges Strahlen)					
Konstruktionsart:					
• Schwere Profile (HEB 600)	10 - 15	275 - 565	22,2 - 45,4	520 - 1.090	41,3 - 87,7
• Mittelschwere Profile (< IPE 750 / HEB300)	15 - 20	320 - 685	18,4 - 38,9	690 - 1.485	40,0 - 86,4
• Mittlere Profile (< IPE450)	20 - 25	380 - 825	16,9 - 36,6	875 - 1.920	38,7 - 85,1
• Mittelleichte Profile (< IPE 330)	25 - 30	445 - 1.020	16,1 - 36,1	1.070 - 2.385	38,7 - 83,8
• Leichte Profile (< IPE 240)	30 - 40	520 - 1.265	14,8 - 35,5	1.290 - 2.980	36,7 - 83,8
• Leichte Profile mit geringer Massivität (< IPE 160)[a)]	40 - 50	670 - 1.610	14,4 - 34,8	1.650 - 3.805	36,1 - 83,8
Verzinken / Feuerverzinken (inklusive Entfetten, Beizen und Fluxen ggf. vorheriges Strahlen)	**in m^2/t**	**in €/t**	**in €/m^2**		
Konstruktionsart:					
• Schwere Profile (HEB 600)	10 - 15	260 - 385	20,6 - 30,9		
• Mittelschwere Profile (< IPE 750 / HEB300)	15 - 20	290 - 415	16,6 - 23,6		
• Mittlere Profile (< IPE450)	20 - 25	320 - 440	14,3 - 19,5		
• Mittelleichte Profile (< IPE 330)	25 - 30	385 - 505	14,1 - 18,3		
• Leichte Profile (< IPE 240)	30 - 40	450 - 645	12,9 - 18,0		
• Leichte Profile mit geringer Massivität (< IPE 160)[a)]	40 - 50	580 - 775	12,9 - 17,1		
Einbrennlackierung von Metallbauelementen aus Stahl	**in m^2/t**	**in €/t**	**in €/m^2**		
Pulverbeschichtung	40 - 50	950 - 1.315	20,6 - 29,1		
Pulverbeschichtung + Zinkgrundierung	40 - 50	1.185 - 1.740	26,3 - 38,7		

Angenommener Zinkpreis[b)]	€/t
	2.900

a) Preise für den Korrosionsschutz von sogenannter Schlosserware (z.B. Geländer, Zäune) sind in der Übersicht nicht dargestellt

b) aktueller Zinkpreis unter www.feuerverzinken.com

Brandschutz

Ziel bauaufsichtlicher Bestimmungen in Bezug auf den Brandschutz ist die Abwehr von Gefahren für Menschen, Tiere und Sachwerte. Die Anforderungen in den Bauordnungen unterscheiden sich im Wesentlichen nach der Gebäudehöhe, Zahl und Größe der Nutzungseinheiten sowie der Art der Nutzung. Sie verfolgen damit folgende Zielsetzungen:

- **Gewährleistung von Evakuierungs- und wirksamen Löschmaßnahmen**
  Damit Rettungs- und Löscharbeiten effektiv durchgeführt werden können, müssen eine ausreichende Anzahl und eine geeignete Ausbil- dung von Rettungswegen sowie eine entsprechende Zugänglichkeit sichergestellt sein.
- **Gewährleistung der Standsicherheit der Konstruktion**
  Gebäude müssen entsprechend ihrer Nutzung den erhöhten Temperaturen im Brandfall ausreichend Widerstand bieten, so dass es nicht zum plötzlichen Versagen des Tragwerks kommt.
- **Vermeidung der Brandausbreitung**
  Raumabschließende Bauteile müssen ihre Funktion unter Brandeinwirkung speziell in Hinblick auf die Dichtheit gegenüber Rauchgasen und der Standfestigkeit gewährleisten. Zudem werden Anforderungen an die Wärmedurchleitung von Bauteilen gestellt, die einen Brandabschnitt begrenzen. Brandwände müssen zudem einer genormten Stoßbeanspruchung standhalten.
- **Brandverhalten von Baustoffen**
  Um einer Brandentstehung und einer Brandausbreitung vorzubeugen, werden Anforderungen an die Brennbarkeit von Baustoffen gestellt.

Stahl ist diesbezüglich ein geeigneter Baustoff, da er nicht brennbar ist und keine giftigen Gase unter Brandeinwirkung freisetzt (Brandklasse A1). In Abhängigkeit der Stahlsorte reduziert sich jedoch die Festigkeit des Werkstoffs Stahl mit zunehmender Temperatur (siehe EN 1993-1-2). Im Allgemeinen kann bei Stahltemperaturen von über 550°C ein Festigkeitsverlust festgestellt werden. In kritischen Fällen ist daher zu prüfen, ob Stahlbauteile im Brandfall durch geeignete Maßnahmen vor

Kürzel	Bedeutung	Beschriebene Anforderung
R	„Résistance" (frz.)	Tragfähigkeit
E	„Etanchéité" (frz.)	Raumabschluss, Dichtigkeit im Brandfall
I	„Isolation" (frz./engl.)	begrenzte Wärmedurchleitung im Brandfall
M	„Mechanical" (engl.)	Dynamische Einwirkung, Stoßbeanspruchung

Bauaufsichtliche Bezeichnung	Brandklasse nach DIN EN 13501 Teil 1	Bemerkung
Nicht brennbar	A1	
	A2 - s1 d0	Kein Rauch / kein Abtropfen
Schwer entflammbar	B, C - s1 d0	Kein Rauch / kein Abtropfen
	B, C - s3 d0	kein Abtropfen
	B, C - s1 d2	Kein Rauch
	B, C - s1 d2	
Normal entflammbar	D - s3 d0	kein Abtropfen
	D - s3 d2	
	E - d2	
Leicht entflammbar	F	

einer übermäßigen Durchwärmung geschützt werden müssen. Alternativ können aktive Maßnahmen zur Eindämmung des Brandes bzw. zur Kühlung z.B. durch Sprinklersysteme installiert werden.

In Abhängigkeit der Gebäudeklassen, die in den Bauordnungen definiert werden, und der Funktion der Bauteile werden Anforderungen an die Feuerwiderstandsklassen gestellt (siehe Landesbauordnungen). Deren Bezeichnungen beinhalten zum einen die Feuerwiderstandsdauer in Minuten unter Normbedingungen. Zum anderen wird das altbekannte „F" für „Feuerwiderstand" auf Grund europäischer Regelungen durch aussagekräftigere Kürzel ersetzt, die die Anforderungen genauer beschreiben. Konstruktive Systeme und Bauteile (Bauprodukte, Bauarten und Bausätze), die diese Anforderungen erfüllen, besitzen ein allgemeines bauaufsichtliches Prüfzeugnis (ABP) oder entsprechen technischen Regelwerken (Normen, Richtlinien) auf Grundlage der Bauproduktrichtlinie (BPR – maßgebend für CE-Kennzeichnung) bzw. des Bauproduktgesetzes (BauPG). Diesbezügliche Zusammenhänge und weitere Informationen (Übereinstimmungs- und Verwendbarkeitsnachweis) sind in der Muster-Verwaltungsvorschrift Technische Baubestimmungen (MVV TB) festgehalten. Zudem kann eine Zustimmung im Einzelfall (ZiE) bei der obersten Bauaufsichtsbehörde beantragt werden, deren Gültigkeit sich auf ein konkretes Bauvorhaben beschränkt. Eine frühzeitige Abstimmung mit den örtlichen Genehmigungsbehörden ist in Sonderfällen zu empfehlen.

Neben den Landesbauordnungen gibt es Richtlinien und Verordnungen für diverse Gebäudetypen, die entsprechend der Nutzung und des Gefahrenrisikos die Anforderungen abmindern bzw. erhöhen. Im Bereich des Industrie- und Gewerbebaus bietet die Industriebau-Richtlinie den rechtlichen Rahmen für effektive und kostengünstige Brandschutzkonzepte mit hohem Sicherheitsniveau.

Weitere Bauvorschriften für bestimmte Gebäudearten:

- Industriebaurichtlinie
- Hochhausrichtlinie
- Verkaufsstätten-Verordnung
- Versammlungsstätten-Verordnung
- Garagen-Verordnung
- Krankenhausbau-Verordnung
- Beherbergungsstätten-Verordnung

Die europäische Normung ermöglicht neben diesen herkömmlichen Betrachtungsweisen die Berücksichtigung des Brandschutzes auf Grundlage des Naturbrandkonzeptes. Ausgehend von Brandlasten, der Geometrie und den resultierenden Belüftungsverhältnissen im Gebäude werden mit Hilfe von Computerprogrammen realistische Temperatur-Zeit-Kurven ermittelt, die über die resultierende Stahltemperatur zu konkreten Aussagen über die Versagenswahrscheinlichkeit führen. Dieser Ansatz entspricht dem Sicherheitskonzept des gesamten Europäischen Normenwerks und bietet die Möglichkeit, aktive Maßnahmen wie Sprinkler- und Entrauchungsanlagen zu berücksichtigen.

Letztlich bieten die Gesamtheit der Verordnungen sowie die europäischen Regelungen eine Vielzahl von Möglichkeiten, Stahlbauten mit einem hohen Niveau der Brandschutzsicherheit zu planen, ohne aufwändige Maßnahmen zu ergreifen. In den Fällen, in denen dennoch Stahlbauteile geschützt werden müssen, kann man aus folgenden Maßnahmen auswählen, um zu einem optimierten und angepassten baulichen Brandschutz zu gelangen.

Passive Maßnahmen

Alle Brandschutzmaßnahmen sind von der Massivität der Stahlprofile abhängig, die durch das Verhältnis von Umfang zu Querschnittsfläche ausgedrückt wird. Bei einer Profilauswahl kann durch Berücksichtigung einer entsprechenden Massivität und einer angepassten Dimensionierung schon die ungeschützte Konstruktion einen Feuerwiderstand von 30 Minuten erreichen. Darüber hinaus stehen folgende Maßnahmen zur Verfügung, um die Erwärmung des Stahls über die kritische Temperatur zu verhindern:

- **Verkleidung der Stahlkonstruktion mit Platten aus Gipskarton, aus Fiber- oder Kalziumsilikaten oder Vermiculite**
  Durch die Bekleidung mit porenwasserhaltigen oder kristallwasserhaltigen Baustoffen wird die Durchwärmung der Stahlbauteile verzögert. In Abhängigkeit des Baustoffes ist daher die Bekleidungsdicke vorwiegend für die entsprechende Widerstandsdauer maßgebend.
  Zum Teil existieren vorgefertigte Verkleidungselemente oder spezielle Befestigungssysteme, die die Applikation solcher Systeme erheblich vereinfachen.
- **Spritzputzbekleidung mit und ohne Putzträger**
  Ähnlich wie die Verkleidung mit Platten verzögern Putzsysteme die Durchwärmung der Stahlbauteile. Neben der Wirkung des eingelagerten Wassers wird die dämmende Wirkung der Spritzputzverkleidung durch die Porosität des Werkstoffs genutzt (Beflocken). Da die Spritzputze meist baustellenseitig aufgebracht werden, sind entsprechende Vorkehrungen zu treffen.
- **Dämmschichtbildender Anstrich**
  Diese Brandschutzanstriche bestehen meist aus drei Schichten: Grundierung inklusive Korrosionsschutz, Dämmschichtbildner und Deckschicht, die eine uneingeschränkte Farbgebung ermöglicht. Moderne Produktsysteme erreichen eine Widerstandsdauer bis zu 90 Minuten und können werkseitig aufgebracht werden. Dies führt zu Kostenvorteilen und zur Vereinfachung des Bauablaufs.

- **Verbundbau**
  Bei Verbundkonstruktionen werden Stahlprofile entweder vollständig einbetoniert oder nur die Kammern von offenen Profilen bzw. Stahlhohlprofilen ausbetoniert und mit Zusatzbewehrung versehen. Unter Berücksichtigung des Ausnutzungsgrads und der Mindestquerschnittswerte kann eine Widerstandsdauer von bis zu 180 Minuten erreicht werden.
- **Feuerverzinken**
  Feuerverzinken verbessert die Feuerwiderstandsdauer von Stahl. Der verbesserte Feuerwiderstand basiert auf einer niedrigeren Emissivität von feuerverzinkten Stählen, die bis 500°C um 50% geringer ist. R30 ist vielfach durch Feuerverzinken möglich. Der Brandschutz durch Feuerverzinken ist in der DASt-Richtlinie 027 geregelt. Mehr unter: feuerverzinken.com/brandschutz (Kosten siehe Kapitel „Oberflächenbehandlung").

Stahlsorte	ε_m (≤ 500°C)	ε_m (≥ 500°C)
Baustahl	0,7	
Feuerverzinkter Baustahl[1]	0,35	0,70

1) Die Emissivität von feuerverzinktem Baustahl (gemäß DIN EN ISO 1461 und einer Stahlzusammensetzung gemäß Kategorie A und B nach DIN EN ISO 14713-2) ist bei Temperaturen bis 500 °C um 50% geringer.

Aktive Maßnahmen

Der Einfachheit halber werden hier nur die Maßnahmen angesprochen, die einen Effekt auf die Berechnung der anzusetzenden Brandlast nach Eurocode haben. Andere Maßnahmen, die u.U. nach Absprachen mit den lokalen Behörden zu einem optimierten Brandschutz führen können, bleiben zunächst unberücksichtigt.

- **Sprinklersystem**
  Wasserführendes Leitungssystem, welches bei Brandeinwirkung automatisch Wasser im Bereich des Brandherdes versprüht, um eine Ausbreitung zu vermeiden und das Feuer einzudämmen.
- **Automatische Brandmeldeanlage – Branderkennung durch Hitze oder Rauch**
  Anlagen, die auf Grund der Hitze oder Rauchentwicklung eines Feuers dieses automatisch erkennen und meist einen internen Hausalarm auslösen, der eine Evakuierung des Gebäudes zur Folge hat.
- **Brandmeldezentrale mit automatischer Alarmierung der Feuerwehr**
  Erweiterte Brandmeldeanlage mit automatischer Branderkennung, die zusätzlich die zuständige Feuerwehr alarmiert und weitere Informationen bereitstellt.
- **Rauchabzug**
  Unter Rauchabzügen versteht man Dachöffnungen, die sich durch manuelle oder automatische Betätigung im Brandfall öffnen und so heißen Brandrauch abführen. Sie werden häufig in Industriebauten verwendet oder bei mehrgeschossigen Gebäuden im Treppenraum angebracht, um den „ersten" Rettungsweg rauchfrei zu halten.
- **Werks- oder Betriebsfeuerwehr**
  Ist eine solche Einrichtung im Bereich des zu errichtenden Gebäudes vorhanden, kann dies bei der Planung berücksichtigt werden.
- **Eingebaute Löschgeräte und Klein-Löschmittel (Feuerlöscher/ Wandhydranten)**
  Gerätschaften, um lokale Brände durch anwesende Personen schon in der Entstehungsphase zu löschen.

Die im Folgenden angegebenen Kosten sind Anhaltswerte unter Berücksichtigung der jeweiligen Rahmenbedingungen. Genauere Angaben sind im Einzelfall durch einen Fachplaner zu bestimmen.

Rahmenbedingungen:

- Durchschnittswerte für Gebäudefläche von 800-1.400m² BGF.
- Schneelastzone 2, Geländehöhe max. 500m üNN, Windlastzone 2 (Binnenland), kompaktes Gebäude.

Hinweise:

- Passive Brandschutzmaßnahmen werden in €/m² zu applizierender Fläche bzw. €/kg Rahmenkonstruktion angegeben.
- Bei der Verwendung der Angaben in €/kg ist zu beachten, dass meist nur ein Teil der Konstruktion geschützt werden muss.
- Annahme eines Massivitätsfaktors von 140-180; entspricht IPE 300 - IPE 450 und der gesamten HEB-Reihe.
- Aktive Brandschutzmaßnahmen werden in €/m² BGF angegeben.

- Aktive Brandschutzmaßnahmen haben Einfluss auf die Bestimmung der Brandlast gemäß Eurocode 3 (EN 1993).
- Mittlere Brandlast für mehrgeschossige Gebäude ca. 500 MJ/m2 (Büro), eingeschossige Gebäude ca. 750 MJ/m2.
- Bei den Angaben zur werkseitigen Applikation sind Transportkosten sowie Reparaturen von bis zu 5% enthalten.
- Es wird empfohlen, für alle Preisindikationen von Brandschutzmaßnahmen zusätzlich fachkundige Firmen zu konsultieren.

Passiver Brandschutz €/m2		**Preisindikation in €/m2 zu applizierende Fläche**		
Feuerwiderstand [c] in min		**30 min**	**60 min**	**90 min[a]**
Dämmschichtbildender Anstrich	• Ausführung auf der Baustelle • Ausführung in der Werkstatt	23 - 36 19 - 32	54 - 77 49 - 71	90 - 129 84 - 122
Spritzputzbekleidung	• Standardprodukte (normal) • Hochleistungsprodukte/-systeme	23 - 31 27 - 36	26 - 36 32 - 45	32 - 45 39 - 52
Ummantelung/Beplankung (Hauptstützen und Hauptträger)	• Gipskartonplatten (normal) • spezielle Brandschutzplatten/-systeme	26 - 36 36 - 52	39 - 64 45 - 71	52 - 77 58 - 84

Passiver Brandschutz €/kg		**Preisindikation in €/kg zu schützende Konstruktion [d]**		
Feuerwiderstand [c] in min		**30 min**	**60 min**	**90 min[b]**
Dämmschichtbildender Anstrich	• Ausführung auf der Baustelle • Ausführung in der Werkstatt	0,45 - 0,85 0,40 - 0,75	1,05 - 1,85 0,85 - 1,70	1,60 - 3,15 1,55 - 2,95
Spritzputzbekleidung	• Standardprodukte (normal) • Hochleistungsprodukte/-systeme	0,30 - 0,70 0,40 - 0,70	0,45 - 0,70 0,60 - 0,85	0,45 - 0,85 0,60 - 0,95
Ummantelung/Beplankung (Hauptstützen und Hauptträger)	• Gipskartonplatten (normal) • spezielle Brandschutzplatten/-systeme	0,40 - 0,70 0,60 - 0,95	0,65 - 1,10 0,70 - 1,30	0,85 - 1,55 0,85 - 1,60
Feuerverzinken als Brandschutz	Information siehe Seite 144	0,25 - 0,75	Detaillierte Kosten siehe Tabelle Seite 141	

Aktiver Brandschutz	**Preisindikation in €/m2 BGF[a]**
Sprinklersystem [e]	39 - 58
Entrauchungsanlage [f]	13 - 19
Feuermeldeeinrichtung, lokal, über Wärmedetektion	15 - 32
Feuermeldeeinrichtung, lokal, über Rauchdetektion	15 - 32
Brandmeldeanlage mit Branderkennung und autom. Alarmübermittlung	19 - 36

a) BGF: Brutto-Grundfläche (DIN 277-1:2016-01): Gesamtfläche aller grundrissebenen eine Bauwerks.
b) Eine „Bauaufsichtliche Zulassung" ist jeweils zu prüfen; zum Teil bedarf es einer „Zustimmung im Einzelfall", die meist vom Hersteller unterstützt wird.
c) DIN EN 13501-1 und 13501-2: Klassifizierung von Bauprodukten und Bauarten zu ihrem Brandverhalten.
d) Diese Werte sollten nur mit einem brandzuschützenden Teil der Gesamttonnage aus Kapitel 1 multipliziert werden. Eine entsprechende Annahme (bspw. 30 % oder 60 %) sollte getroffen werden.
e) Eine ausreichende Wasserversorgung über das öffentliche Leitungsnetz wird vorausgesetzt. Ansonsten entstehen Zusatzkosten durch eine komplexere Sprinklerzentrale, Vorratsbehälter etc.
f) Entrauchungsanlagen, die auf dem Prinzip der freien Entrauchung ohne mechanisch induzierte Luftströmung (Ventilatoren, Turbinen) basieren.

Gesamtkostenverteilung

Die Gesamtkosten für ein Tragwerk können berechnet werden, indem auf jede der verschiedenen Teilkomponenten ein Kostenkennwert (z.B. .../kg oder .../t) angewendet wird und die Teilergebnisse dann summiert werden. Das Ergebnis beinhaltet dann alle Kosten für Material, Fertigung, Korrosionsschutz, Brandschutz, Technische Bearbeitung, Lieferung und Montage.

Die folgenden Grafiken zeigen typische Verteilungen der Gesamtkosten, wobei vier unterschiedliche Szenarien dargestellt sind, je nachdem ob im Projekt Brandschutz und / oder Korrosionsschutz benötigt werden. Oft wird angenommen, dass ein Tragwerk mit der geringen Tonnage am kostengünstigsten ist, aber die Gesamtkosten hängen eben nicht allein davon ab. Wie aus den Grafiken hervorgeht, macht der Baustahl selbst zwar ca. 30-40% der gesamten Tragwerkskosten aus, aber die Fertigungskosten liegen mit fast dem gleichen Anteil unmittelbar darunter.

Neben dem Gesamtgewicht des Tragwerks ist es auch wichtig, die weiteren Komponenten dieses Tragwerks zu kennen. Der Kostenkennwert pro Tonne für komplexere Konstruktionen ist in der Regel höher als für ein Standardtragwerk, da für nicht standardisierte Profile, komplexe Verbindungen oder Spezialsysteme höhere Anforderungen an die Fertigung gestellt werden. Zudem kann sich dadurch die Oberfläche des Tragwerks erhöhen, welche mit Brandschutz und / oder Korrosionsschutz zu versehen ist. Es ist anzumerken, dass es sich auf den folgenden Seiten um rein beispielhafte Verteilungen handelt. Je nach Komplexität der Konstruktion könne einzelne Kostenkomponenten durch den Nutzerdieses Leitfadens angepasst werden. Fehlende Kostendaten können aus den prozentualen Verhältnissen überschlägig errechnet werden.

Es ist daher empfehlenswert, das Tragwerk in Alternativen zu denken und jeweils deren Gesamtkosten zu ermitteln, um am Ende eine Lösung zu erhalten, welche den funktionalen, ästhetischen und wirtschaftlichen Projektzielen entspricht.

Beispielhafte Verteilungen der Gesamtkosten bei unterschiedlichen Szenarien

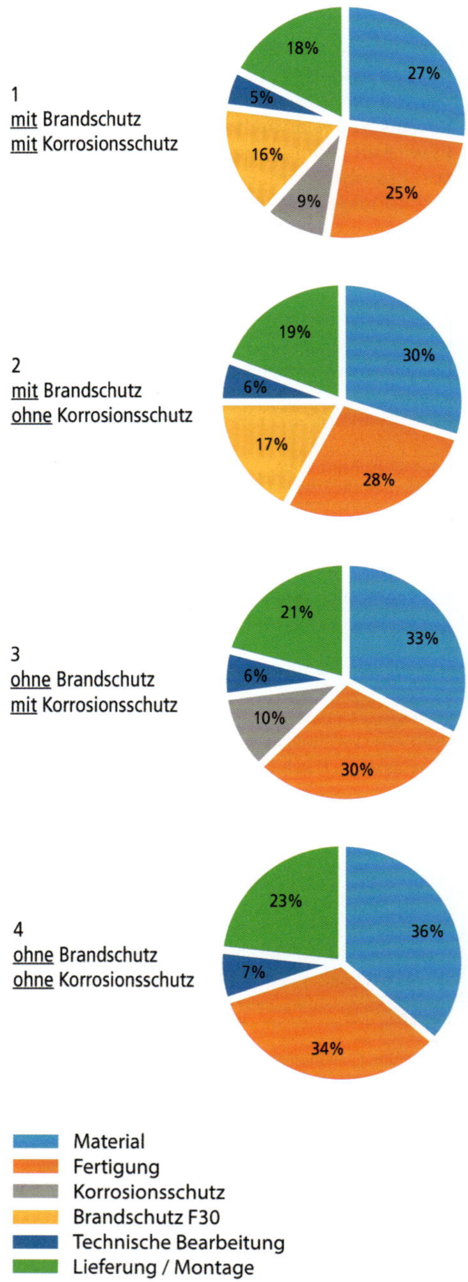

Normen (Auszug)

Korrosion

DIN EN ISO 12944 Teile 1-8
Beschichtungsstoffe - Korrosionsschutz von Stahlbauten durch Beschichtungssysteme
- Teil 1: Allgemeine Einleitung
- Teil 2: Einteilung der Umgebungsbedingungen
- Teil 3: Grundregeln zur Gestaltung
- Teil 4: Arten von Oberflächen und Oberflächenvorbereitung
- Teil 5: Beschichtungssysteme
- Teil 6: Laborprüfungen zur Bewertung von Beschichtungssystemen
- Teil 7: Ausführung und Überwachung der Beschichtungsarbeiten
- Teil 8: Erarbeiten von Spezifikationen für Erstschutz und Instandsetzung

(Teile 3-5 haben keine Anwendung für dünnwandige Stahlblechbauteile)

DIN EN ISO 1461
Durch Feuerverzinken auf Stahl aufgebrachte Zinküberzüge (Stückverzinken)

DIN EN ISO 8501-1
Vorbereitung von Stahloberflächen vor dem Auftragen von Beschichtungsstoffen
- Visuelle Beurteilung der Oberflächenreinheit
- Teil 1: Rostgrade und Oberflächenvorbereitungsgrade von unbeschichteten Stahloberflächen und Stahloberflächen nach ganzflächigem Entfernen vorhandener Beschichtungen

DIN EN ISO 8501-2
Vorbereitung von Stahloberflächen vor dem Auftragen von Beschichtungsstoffen
Visuelle Beurteilung der Oberflächenreinheit
- Teil 2: Oberflächenvorbereitungsgrade von beschichteten Oberflächen nach örtlichem Entfernen der vorhandenen Beschichtungen

DIN EN ISO 8501-3
Vorbereitung von Stahloberflächen vor dem Auftragen von Beschichtungsstoffen
Visuelle Beurteilung der Oberflächenreinheit
- Teil 3: Vorbereitungsgrade von Schweißnähten, Kanten und anderen Flächen mit Oberflächenunregelmäßigkeiten

DIN EN ISO 14713-2
Zinküberzüge - Leitfäden und Empfehlungen zum Schutz von Eisen- und Stahlkonstruktionen vor Korrosion
- Teil 2: Feuerverzinken

DASt 022 Anwendung der DASt-Richtlinie 022: „Feuerverzinken von tragenden Stahlbauteilen"

DIN EN ISO 8503-1
Vorbereitung von Stahloberflächen vor dem Auftragen von Beschichtungsstoffen
Rauheitskenngrößen von gestrahlten Stahloberflächen
- Teil 1: Anforderungen und Begriffe für ISO-Rauheitsvergleichsmuster zur Beurteilung gestrahlter Oberflächen

DIN EN ISO 8503-2
Vorbereitung von Stahloberflächen vor dem Auftragen von Beschichtungsstoffen
- Rauheitskenngrößen von gestrahlten Stahloberflächen
Teil 2: Verfahren zur Prüfung der Rauheit von gestrahltem Stahl – Vergleichsmusterverfahren

Brandschutz

DIN EN 1364 Teile 1-4
Feuerwiderstandsprüfungen für nichttragende Bauteile
- Teil 1: Wände
- Teil 2: Unterdecken
- Teil 3: Vorhangfassaden – Gesamtausführung
- Teil 4: Vorhangfassaden - Teilausführung

DIN EN 13501 Teile 1-6
Klassifizierung von Bauprodukten und Bauarten zu ihrem Brandverhalten
- Teil 1: Klassifizierung mit den Ergebnissen aus den Prüfungen zum Brandverhalten von Bauprodukten
- Teil 2: Klassifizierung mit den Ergebnissen aus den Feuerwiderstandsprüfungen, mit Ausnahme von Lüftungsanlagen
- Teil 3: Klassifizierung mit den Ergebnissen aus den Feuerwiderstandsprüfungen an Bauteilen von haustechnischen Anlagen: Feuerwiderstandsfähige Leitungen und Brandschutzklappen

- Teil 4: Klassifizierung mit den Ergebnissen aus den Feuerwiderstandsprüfungen von Anlagen zur Rauchfreihaltung
- Teil 5: Klassifizierung mit den Ergebnissen aus Prüfungen von Bedachungen bei Beanspruchung durch Feuer von außen
- Teil 6: Klassifizierung mit den Ergebnissen aus den Prüfungen zum Brandverhalten von elektrischen Kabeln

DIN 4102 Teil 4
Brandverhalten von Baustoffen und Bauteilen

- Teil 4: Zusammenstellung und Anwendung klassifizierter Baustoffe, Bauteile und Sonderbauteile; Änderung A1

Bauelemente Neubau nach Gebäudearten

Kostenkennwerte für die Kostengruppen der 3. Ebene DIN 276

Büro- und Verwaltungsgebäude, einfacher Standard

Kosten:
Stand 1.Quartal 2021
Bundesdurchschnitt
inkl. 19% MwSt.

Kostengruppen		▷	€/Einheit	◁	KG an 300+400
310	**Baugrube / Erdbau**				
311	Herstellung [m³]	16,00	**26,00**	35,00	1,2%
320	**Gründung, Unterbau**				
321	Baugrundverbesserung [m²]	17,00	**17,00**	17,00	0,6%
322	Flachgründungen und Bodenplatten [m²]	117,00	**156,00**	271,00	6,6%
324	Gründungsbeläge [m²]	97,00	**114,00**	163,00	4,3%
325	Abdichtungen und Bekleidungen [m²]	19,00	**28,00**	53,00	1,2%
326	Dränagen [m²]	–	**7,40**	–	0,1%
329	Sonstiges zur KG 320 [m²]	–	**8,90**	–	0,1%
330	**Außenwände/Vertikale Baukonstruktionen, außen**				
331	Tragende Außenwände [m²]	124,00	**137,00**	171,00	7,9%
333	Außenstützen [m]	215,00	**259,00**	303,00	0,4%
334	Außenwandöffnungen [m²]	303,00	**441,00**	631,00	7,6%
335	Außenwandbekleidungen, außen [m²]	68,00	**78,00**	87,00	4,7%
336	Außenwandbekleidungen, innen [m²]	19,00	**35,00**	47,00	1,7%
338	Lichtschutz zur KG 330 [m²]	156,00	**246,00**	302,00	1,4%
339	Sonstiges zur KG 330 [m²]	1,10	**2,60**	4,10	0,1%
340	**Innenwände/Vertikale Baukonstruktionen, innen**				
341	Tragende Innenwände [m²]	74,00	**108,00**	166,00	2,1%
342	Nichttragende Innenwände [m²]	70,00	**79,00**	97,00	3,0%
343	Innenstützen [m]	53,00	**139,00**	187,00	0,2%
344	Innenwandöffnungen [m²]	484,00	**522,00**	611,00	3,9%
345	Innenwandbekleidungen [m²]	17,00	**30,00**	43,00	3,1%
346	Elementierte Innenwandkonstruktionen [m²]	–	**569,00**	–	0,9%
349	Sonstiges zur KG 340 [m²]	–	**5,40**	–	0,0%
350	**Decken/Horizontale Baukonstruktionen**				
351	Deckenkonstruktionen [m²]	97,00	**149,00**	186,00	5,3%
353	Deckenbeläge [m²]	72,00	**102,00**	120,00	3,3%
354	Deckenbekleidungen [m²]	16,00	**28,00**	51,00	0,9%
359	Sonstiges zur KG 350 [m²]	6,90	**20,00**	32,00	0,5%
360	**Dächer**				
361	Dachkonstruktionen [m²]	77,00	**112,00**	151,00	5,2%
362	Dachöffnungen [m²]	1.173,00	**1.618,00**	2.063,00	2,5%
363	Dachbeläge [m²]	100,00	**150,00**	264,00	6,2%
364	Dachbekleidungen [m²]	68,00	**82,00**	97,00	3,3%
369	Sonstiges zur KG 360 [m²]	–	**0,60**	–	0,0%
370	**Infrastrukturanlagen**				
380	**Baukonstruktive Einbauten**				
381	Allgemeine Einbauten [m² BGF]	2,10	**10,00**	33,00	0,8%

▷ von
ø Mittel
◁ bis

Kostengruppen		▷	€/Einheit	◁	KG an 300+400
390	**Sonstige Maßnahmen für Baukonstruktionen**				
391	Baustelleneinrichtung [m² BGF]	20,00	**25,00**	40,00	2,1%
392	Gerüste [m² BGF]	6,90	**8,90**	11,00	0,7%
397	Zusätzliche Maßnahmen [m² BGF]	3,50	**6,20**	8,90	0,2%
410	**Abwasser-, Wasser-, Gasanlagen**				
411	Abwasseranlagen [m² BGF]	5,40	**20,00**	34,00	1,6%
412	Wasseranlagen [m² BGF]	13,00	**18,00**	23,00	1,5%
419	Sonstiges zur KG 410 [m² BGF]	1,10	**3,20**	5,40	0,1%
420	**Wärmeversorgungsanlagen**				
421	Wärmeerzeugungsanlagen [m² BGF]	8,00	**16,00**	20,00	1,0%
422	Wärmeverteilnetze [m² BGF]	6,00	**7,40**	10,00	0,5%
423	Raumheizflächen [m² BGF]	19,00	**27,00**	39,00	1,7%
429	Sonstiges zur KG 420 [m² BGF]	2,90	**3,40**	4,00	0,1%
430	**Raumlufttechnische Anlagen**				
431	Lüftungsanlagen [m² BGF]	1,40	**41,00**	120,00	2,3%
440	**Elektrische Anlagen**				
442	Eigenstromversorgungsanlagen [m² BGF]	–	**115,00**	–	2,1%
444	Niederspannungsinstallationsanlagen [m² BGF]	24,00	**33,00**	41,00	2,7%
445	Beleuchtungsanlagen [m² BGF]	7,30	**20,00**	30,00	1,7%
446	Blitzschutz- und Erdungsanlagen [m² BGF]	1,80	**2,90**	4,00	0,2%
450	**Kommunikations-, sicherheits- und informationstechnische Anlagen**				
452	Such- und Signalanlagen [m² BGF]	0,70	**2,50**	6,20	0,2%
455	Audiovisuelle Medien- und Antennenanlagen [m² BGF]	1,30	**3,00**	4,70	0,1%
457	Datenübertragungsnetze [m² BGF]	7,40	**9,00**	9,90	0,6%
460	**Förderanlagen**				
461	Aufzugsanlagen [m² BGF]	–	**45,00**	–	1,0%
470	**Nutzungsspezifische und verfahrenstechnische Anlagen**				
474	Feuerlöschanlagen [m² BGF]	–	**3,90**	–	0,1%
480	**Gebäude- und Anlagenautomation**				
481	Automationseinrichtungen [m² BGF]	–	**31,00**	–	0,6%
490	**Sonstige Maßnahmen für technische Anlagen**				

Büro- und Verwaltungsgebäude, mittlerer Standard

Kosten:
Stand 1.Quartal 2021
Bundesdurchschnitt
inkl. 19% MwSt.

Kostengruppen		▷	€/Einheit	◁	KG an 300+400
310	**Baugrube / Erdbau**				
311	Herstellung [m³]	23,00	**40,00**	114,00	1,1%
312	Umschließung [m²]	17,00	**94,00**	148,00	0,2%
320	**Gründung, Unterbau**				
321	Baugrundverbesserung [m²]	11,00	**35,00**	85,00	0,3%
322	Flachgründungen und Bodenplatten [m²]	144,00	**184,00**	245,00	4,0%
323	Tiefgründungen [m²]	74,00	**235,00**	526,00	0,7%
324	Gründungsbeläge [m²]	84,00	**134,00**	173,00	2,7%
325	Abdichtungen und Bekleidungen [m²]	16,00	**32,00**	48,00	0,7%
330	**Außenwände/Vertikale Baukonstruktionen, außen**				
331	Tragende Außenwände [m²]	129,00	**182,00**	261,00	4,8%
332	Nichttragende Außenwände [m²]	122,00	**209,00**	319,00	0,4%
333	Außenstützen [m]	138,00	**230,00**	298,00	0,3%
334	Außenwandöffnungen [m²]	506,00	**693,00**	997,00	11,0%
335	Außenwandbekleidungen, außen [m²]	123,00	**203,00**	343,00	6,2%
336	Außenwandbekleidungen, innen [m²]	21,00	**39,00**	58,00	1,0%
338	Lichtschutz zur KG 330 [m²]	128,00	**233,00**	531,00	1,8%
339	Sonstiges zur KG 330 [m²]	2,80	**10,00**	40,00	0,2%
340	**Innenwände/Vertikale Baukonstruktionen, innen**				
341	Tragende Innenwände [m²]	95,00	**166,00**	295,00	3,0%
342	Nichttragende Innenwände [m²]	75,00	**91,00**	118,00	2,3%
343	Innenstützen [m]	111,00	**172,00**	265,00	0,4%
344	Innenwandöffnungen [m²]	450,00	**666,00**	879,00	4,7%
345	Innenwandbekleidungen [m²]	25,00	**37,00**	53,00	2,6%
346	Elementierte Innenwandkonstruktionen [m²]	176,00	**316,00**	541,00	0,6%
350	**Decken/Horizontale Baukonstruktionen**				
351	Deckenkonstruktionen [m²]	145,00	**181,00**	220,00	6,1%
353	Deckenbeläge [m²]	119,00	**132,00**	153,00	3,9%
354	Deckenbekleidungen [m²]	48,00	**69,00**	106,00	1,8%
359	Sonstiges zur KG 350 [m²]	15,00	**36,00**	115,00	1,0%
360	**Dächer**				
361	Dachkonstruktionen [m²]	122,00	**156,00**	208,00	3,3%
362	Dachöffnungen [m²]	1.310,00	**2.168,00**	4.814,00	0,5%
363	Dachbeläge [m²]	148,00	**197,00**	321,00	4,1%
364	Dachbekleidungen [m²]	17,00	**50,00**	91,00	0,9%
369	Sonstiges zur KG 360 [m²]	11,00	**30,00**	55,00	0,3%
370	**Infrastrukturanlagen**				
380	**Baukonstruktive Einbauten**				
381	Allgemeine Einbauten [m² BGF]	18,00	**35,00**	56,00	0,9%

▷ von
ø Mittel
◁ bis

Kostengruppen		▷	€/Einheit	◁	KG an 300+400
390	**Sonstige Maßnahmen für Baukonstruktionen**				
391	Baustelleneinrichtung [m² BGF]	20,00	**38,00**	60,00	2,1%
392	Gerüste [m² BGF]	11,00	**17,00**	24,00	0,9%
397	Zusätzliche Maßnahmen [m² BGF]	3,50	**8,90**	20,00	0,4%
	Sonstige Kostengruppen Bauwerk - Baukonstruktion				
	313, 326, 337, 349, 355, 366, 382, 383, 386, 387, 389, 393, 394, 395, 396, 398, 399				0,8%
410	**Abwasser-, Wasser-, Gasanlagen**				
411	Abwasseranlagen [m² BGF]	15,00	**24,00**	36,00	1,3%
412	Wasseranlagen [m² BGF]	20,00	**26,00**	41,00	1,5%
420	**Wärmeversorgungsanlagen**				
421	Wärmeerzeugungsanlagen [m² BGF]	9,50	**22,00**	58,00	1,2%
422	Wärmeverteilnetze [m² BGF]	20,00	**32,00**	57,00	1,7%
423	Raumheizflächen [m² BGF]	27,00	**42,00**	68,00	2,3%
430	**Raumlufttechnische Anlagen**				
431	Lüftungsanlagen [m² BGF]	5,90	**31,00**	62,00	1,3%
433	Klimaanlagen [m² BGF]	6,00	**20,00**	63,00	0,2%
434	Kälteanlagen [m² BGF]	31,00	**50,00**	106,00	0,5%
440	**Elektrische Anlagen**				
442	Eigenstromversorgungsanlagen [m² BGF]	6,40	**29,00**	81,00	0,7%
444	Niederspannungsinstallationsanlagen [m² BGF]	57,00	**76,00**	108,00	4,4%
445	Beleuchtungsanlagen [m² BGF]	20,00	**37,00**	49,00	2,1%
446	Blitzschutz- und Erdungsanlagen [m² BGF]	2,60	**5,30**	9,30	0,3%
450	**Kommunikations-, sicherheits- und informationstechnische Anlagen**				
451	Telekommunikationsanlagen [m² BGF]	4,60	**12,00**	25,00	0,3%
456	Gefahrenmelde- und Alarmanlagen [m² BGF]	11,00	**27,00**	78,00	1,3%
457	Datenübertragungsnetze [m² BGF]	20,00	**29,00**	50,00	1,7%
460	**Förderanlagen**				
461	Aufzugsanlagen [m² BGF]	20,00	**36,00**	61,00	0,6%
470	**Nutzungsspezifische und verfahrenstechnische Anlagen**				
480	**Gebäude- und Anlagenautomation**				
481	Automationseinrichtungen [m² BGF]	18,00	**25,00**	35,00	0,4%
490	**Sonstige Maßnahmen für technische Anlagen**				
	Sonstige Kostengruppen Bauwerk - Technische Anlagen				
	419, 429, 432, 439, 443, 452, 453, 455, 458, 463, 466, 471, 473, 474, 476, 482, 483, 484, 485, 491, 492, 495, 497, 498				1,8%

Büro- und Verwaltungsgebäude, hoher Standard

Kosten:
Stand 1.Quartal 2021
Bundesdurchschnitt
inkl. 19% MwSt.

Kostengruppen		▷	€/Einheit	◁	KG an 300+400
310	**Baugrube / Erdbau**				
311	Herstellung [m³]	31,00	**59,00**	107,00	1,2%
312	Umschließung [m²]	1,50	**218,00**	359,00	0,5%
320	**Gründung, Unterbau**				
322	Flachgründungen und Bodenplatten [m²]	112,00	**179,00**	228,00	2,6%
323	Tiefgründungen [m²]	115,00	**289,00**	423,00	1,1%
324	Gründungsbeläge [m²]	124,00	**190,00**	295,00	2,8%
325	Abdichtungen und Bekleidungen [m²]	27,00	**52,00**	111,00	0,9%
330	**Außenwände/Vertikale Baukonstruktionen, außen**				
331	Tragende Außenwände [m²]	146,00	**193,00**	304,00	3,1%
332	Nichttragende Außenwände [m²]	135,00	**204,00**	369,00	0,6%
333	Außenstützen [m]	116,00	**144,00**	191,00	0,3%
334	Außenwandöffnungen [m²]	629,00	**914,00**	1.220,00	8,7%
335	Außenwandbekleidungen, außen [m²]	193,00	**326,00**	803,00	6,2%
336	Außenwandbekleidungen, innen [m²]	33,00	**52,00**	84,00	0,8%
337	Elementierte Außenwandkonstruktionen [m²]	543,00	**657,00**	714,00	3,1%
338	Lichtschutz zur KG 330 [m²]	181,00	**363,00**	720,00	2,2%
339	Sonstiges zur KG 330 [m²]	14,00	**25,00**	82,00	0,6%
340	**Innenwände/Vertikale Baukonstruktionen, innen**				
341	Tragende Innenwände [m²]	165,00	**212,00**	317,00	2,2%
342	Nichttragende Innenwände [m²]	81,00	**107,00**	134,00	1,4%
343	Innenstützen [m]	116,00	**181,00**	264,00	0,3%
344	Innenwandöffnungen [m²]	735,00	**1.012,00**	1.202,00	3,9%
345	Innenwandbekleidungen [m²]	30,00	**46,00**	82,00	1,8%
346	Elementierte Innenwandkonstruktionen [m²]	385,00	**657,00**	1.177,00	3,2%
350	**Decken/Horizontale Baukonstruktionen**				
351	Deckenkonstruktionen [m²]	156,00	**221,00**	318,00	4,8%
353	Deckenbeläge [m²]	138,00	**177,00**	214,00	3,7%
354	Deckenbekleidungen [m²]	48,00	**76,00**	136,00	1,5%
359	Sonstiges zur KG 350 [m²]	15,00	**35,00**	52,00	0,8%
360	**Dächer**				
361	Dachkonstruktionen [m²]	143,00	**203,00**	267,00	3,8%
362	Dachöffnungen [m²]	1.769,00	**2.350,00**	3.773,00	0,3%
363	Dachbeläge [m²]	152,00	**288,00**	447,00	4,8%
364	Dachbekleidungen [m²]	71,00	**102,00**	166,00	1,6%
369	Sonstiges zur KG 360 [m²]	8,00	**27,00**	61,00	0,3%
370	**Infrastrukturanlagen**				
380	**Baukonstruktive Einbauten**				
381	Allgemeine Einbauten [m² BGF]	11,00	**39,00**	114,00	0,9%

▷ von
ø Mittel
◁ bis

Kostengruppen		▷	€/Einheit	◁	KG an 300+400
390	**Sonstige Maßnahmen für Baukonstruktionen**				
391	Baustelleneinrichtung [m² BGF]	34,00	**67,00**	115,00	2,5%
392	Gerüste [m² BGF]	10,00	**21,00**	34,00	0,8%
397	Zusätzliche Maßnahmen [m² BGF]	13,00	**34,00**	84,00	1,1%
	Sonstige Kostengruppen Bauwerk - Baukonstruktion				
	313, 321, 326, 329, 349, 352, 355, 366, 382, 386, 394, 395, 396, 398, 399				0,7%
410	**Abwasser-, Wasser-, Gasanlagen**				
411	Abwasseranlagen [m² BGF]	12,00	**19,00**	26,00	0,8%
412	Wasseranlagen [m² BGF]	26,00	**37,00**	51,00	1,5%
420	**Wärmeversorgungsanlagen**				
421	Wärmeerzeugungsanlagen [m² BGF]	15,00	**38,00**	55,00	1,6%
422	Wärmeverteilnetze [m² BGF]	27,00	**54,00**	90,00	2,1%
423	Raumheizflächen [m² BGF]	18,00	**39,00**	66,00	1,5%
430	**Raumlufttechnische Anlagen**				
431	Lüftungsanlagen [m² BGF]	12,00	**63,00**	115,00	2,1%
432	Teilklimaanlagen [m² BGF]	28,00	**58,00**	89,00	0,5%
433	Klimaanlagen [m² BGF]	39,00	**78,00**	122,00	1,3%
434	Kälteanlagen [m² BGF]	12,00	**43,00**	61,00	0,4%
439	Sonstiges zur KG 430 [m² BGF]	–	**91,00**	–	0,3%
440	**Elektrische Anlagen**				
442	Eigenstromversorgungsanlagen [m² BGF]	19,00	**40,00**	84,00	1,2%
443	Niederspannungsschaltanlagen [m² BGF]	11,00	**16,00**	22,00	0,3%
444	Niederspannungsinstallationsanlagen [m² BGF]	68,00	**93,00**	136,00	3,7%
445	Beleuchtungsanlagen [m² BGF]	46,00	**78,00**	113,00	2,6%
446	Blitzschutz- und Erdungsanlagen [m² BGF]	4,20	**7,10**	14,00	0,3%
450	**Kommunikations-, sicherheits- und informationstechnische Anlagen**				
456	Gefahrenmelde- und Alarmanlagen [m² BGF]	15,00	**36,00**	64,00	1,2%
457	Datenübertragungsnetze [m² BGF]	15,00	**37,00**	85,00	1,2%
460	**Förderanlagen**				
461	Aufzugsanlagen [m² BGF]	25,00	**38,00**	54,00	0,9%
470	**Nutzungsspezifische und verfahrenstechnische Anlagen**				
480	**Gebäude- und Anlagenautomation**				
481	Automationseinrichtungen [m² BGF]	17,00	**39,00**	91,00	0,9%
490	**Sonstige Maßnahmen für technische Anlagen**				
	Sonstige Kostengruppen Bauwerk - Technische Anlagen				
	413, 419, 429, 441, 451, 452, 455, 471, 474, 476, 482, 483, 484, 485, 489, 491, 498, 499				1,3%

Kosten:
Stand 1.Quartal 2021
Bundesdurchschnitt
inkl. 19% MwSt.

Kostengruppen		▷	€/Einheit	◁	KG an 300+400
310	**Baugrube / Erdbau**				
311	Herstellung [m3]	31,00	**34,00**	43,00	0,3%
320	**Gründung, Unterbau**				
321	Baugrundverbesserung [m2]	–	**–**	–	0,3%
322	Flachgründungen und Bodenplatten [m2]	139,00	**163,00**	189,00	4,1%
324	Gründungsbeläge [m2]	63,00	**114,00**	136,00	2,4%
325	Abdichtungen und Bekleidungen [m2]	29,00	**47,00**	63,00	1,4%
330	**Außenwände/Vertikale Baukonstruktionen, außen**				
331	Tragende Außenwände [m2]	57,00	**112,00**	166,00	2,9%
334	Außenwandöffnungen [m2]	803,00	**1.085,00**	1.912,00	7,6%
335	Außenwandbekleidungen, außen [m2]	228,00	**299,00**	328,00	7,8%
336	Außenwandbekleidungen, innen [m2]	18,00	**46,00**	57,00	0,6%
337	Elementierte Außenwandkonstruktionen [m2]	–	**132,00**	–	0,5%
338	Lichtschutz zur KG 330 [m2]	196,00	**281,00**	443,00	0,7%
340	**Innenwände/Vertikale Baukonstruktionen, innen**				
341	Tragende Innenwände [m2]	118,00	**135,00**	156,00	1,1%
342	Nichttragende Innenwände [m2]	72,00	**95,00**	151,00	1,7%
343	Innenstützen [m]	108,00	**200,00**	235,00	0,3%
344	Innenwandöffnungen [m2]	804,00	**965,00**	1.053,00	4,2%
345	Innenwandbekleidungen [m2]	38,00	**53,00**	71,00	1,8%
346	Elementierte Innenwandkonstruktionen [m2]	131,00	**458,00**	634,00	0,6%
350	**Decken/Horizontale Baukonstruktionen**				
351	Deckenkonstruktionen [m2]	159,00	**218,00**	280,00	3,3%
353	Deckenbeläge [m2]	45,00	**113,00**	139,00	1,8%
354	Deckenbekleidungen [m2]	82,00	**182,00**	482,00	1,1%
355	Elementierte Deckenkonstruktionen [m2]	964,00	**3.397,00**	8.200,00	0,7%
359	Sonstiges zur KG 350 [m2]	35,00	**60,00**	121,00	0,7%
360	**Dächer**				
361	Dachkonstruktionen [m2]	98,00	**111,00**	143,00	2,8%
362	Dachöffnungen [m2]	1.055,00	**1.688,00**	2.902,00	0,4%
363	Dachbeläge [m2]	141,00	**166,00**	192,00	4,0%
364	Dachbekleidungen [m2]	22,00	**47,00**	65,00	0,8%
370	**Infrastrukturanlagen**				
380	**Baukonstruktive Einbauten**				
390	**Sonstige Maßnahmen für Baukonstruktionen**				
391	Baustelleneinrichtung [m2 BGF]	25,00	**40,00**	51,00	1,6%
392	Gerüste [m2 BGF]	12,00	**24,00**	58,00	1,0%
397	Zusätzliche Maßnahmen [m2 BGF]	5,00	**9,20**	14,00	0,3%
	Sonstige Kostengruppen Bauwerk - Baukonstruktion				
	313, 326, 329, 332, 333, 339, 369, 381, 382, 393, 394, 399				1,0%

▷ von
ø Mittel
◁ bis

Kostengruppen	▷	€/Einheit	◁	KG an 300+400
410 Abwasser-, Wasser-, Gasanlagen				
411 Abwasseranlagen [m² BGF]	21,00	**35,00**	71,00	1,3%
412 Wasseranlagen [m² BGF]	25,00	**46,00**	110,00	1,7%
420 Wärmeversorgungsanlagen				
421 Wärmeerzeugungsanlagen [m² BGF]	11,00	**62,00**	165,00	1,5%
422 Wärmeverteilnetze [m² BGF]	21,00	**65,00**	110,00	2,4%
423 Raumheizflächen [m² BGF]	18,00	**23,00**	37,00	0,9%
429 Sonstiges zur KG 420 [m² BGF]	1,00	**11,00**	30,00	0,2%
430 Raumlufttechnische Anlagen				
431 Lüftungsanlagen [m² BGF]	108,00	**217,00**	279,00	7,4%
433 Klimaanlagen [m² BGF]	–	**393,00**	–	2,8%
434 Kälteanlagen [m² BGF]	137,00	**249,00**	467,00	6,2%
440 Elektrische Anlagen				
441 Hoch- und Mittelspannungsanlagen [m² BGF]	–	**64,00**	–	0,5%
443 Niederspannungsschaltanlagen [m² BGF]	16,00	**65,00**	115,00	1,3%
444 Niederspannungsinstallationsanlagen [m² BGF]	35,00	**77,00**	113,00	3,3%
445 Beleuchtungsanlagen [m² BGF]	31,00	**43,00**	66,00	1,5%
446 Blitzschutz- und Erdungsanlagen [m² BGF]	2,80	**7,50**	11,00	0,3%
450 Kommunikations-, sicherheits- und informationstechnische Anlagen				
456 Gefahrenmelde- und Alarmanlagen [m² BGF]	5,10	**24,00**	43,00	1,0%
457 Datenübertragungsnetze [m² BGF]	21,00	**34,00**	67,00	1,2%
460 Förderanlagen				
461 Aufzugsanlagen [m² BGF]	–	**19,00**	–	0,2%
470 Nutzungsspezifische und verfahrenstechnische Anlagen				
473 Medienversorgungsanlagen, Medizin- und labortechnische Anlagen [m² BGF]	99,00	**175,00**	316,00	5,4%
475 Prozesswärme-, kälte- und -luftanlagen [m² BGF]	–	**68,00**	–	0,5%
480 Gebäude- und Anlagenautomation				
481 Automationseinrichtungen [m² BGF]	7,10	**69,00**	130,00	1,3%
482 Schaltschränke, Automationsschwerpunkte [m² BGF]	7,50	**13,00**	19,00	0,3%
490 Sonstige Maßnahmen für technische Anlagen				
493 Sicherungsmaßnahmen [m² BGF]	–	**30,00**	–	0,2%
Sonstige Kostengruppen Bauwerk - Technische Anlagen				
419, 442, 451, 452, 453, 474, 483, 485, 491				0,8%

Kostengruppen		▷	€/Einheit	◁	KG an 300+400
310	**Baugrube / Erdbau**				
311	Herstellung [m³]	23,00	**39,00**	66,00	1,4%
312	Umschließung [m²]	–	**258,00**	–	0,5%
320	**Gründung, Unterbau**				
321	Baugrundverbesserung [m²]	5,30	**11,00**	21,00	0,4%
322	Flachgründungen und Bodenplatten [m²]	138,00	**218,00**	375,00	3,7%
324	Gründungsbeläge [m²]	89,00	**115,00**	164,00	2,2%
325	Abdichtungen und Bekleidungen [m²]	14,00	**33,00**	44,00	0,6%
330	**Außenwände/Vertikale Baukonstruktionen, außen**				
331	Tragende Außenwände [m²]	108,00	**151,00**	220,00	3,1%
334	Außenwandöffnungen [m²]	344,00	**546,00**	647,00	6,1%
335	Außenwandbekleidungen, außen [m²]	285,00	**294,00**	311,00	8,1%
336	Außenwandbekleidungen, innen [m²]	36,00	**41,00**	49,00	0,8%
338	Lichtschutz zur KG 330 [m²]	134,00	**174,00**	214,00	0,6%
340	**Innenwände/Vertikale Baukonstruktionen, innen**				
341	Tragende Innenwände [m²]	96,00	**108,00**	115,00	2,0%
342	Nichttragende Innenwände [m²]	64,00	**89,00**	105,00	4,0%
343	Innenstützen [m]	103,00	**126,00**	172,00	0,4%
344	Innenwandöffnungen [m²]	413,00	**789,00**	992,00	5,6%
345	Innenwandbekleidungen [m²]	26,00	**30,00**	32,00	3,1%
346	Elementierte Innenwandkonstruktionen [m²]	1.562,00	**1.755,00**	1.949,00	0,3%
350	**Decken/Horizontale Baukonstruktionen**				
351	Deckenkonstruktionen [m²]	145,00	**164,00**	195,00	6,3%
353	Deckenbeläge [m²]	94,00	**127,00**	182,00	3,7%
354	Deckenbekleidungen [m²]	44,00	**76,00**	93,00	2,2%
359	Sonstiges zur KG 350 [m²]	10,00	**13,00**	14,00	0,5%
360	**Dächer**				
361	Dachkonstruktionen [m²]	74,00	**107,00**	157,00	2,0%
363	Dachbeläge [m²]	107,00	**199,00**	248,00	4,1%
364	Dachbekleidungen [m²]	73,00	**82,00**	99,00	1,4%
369	Sonstiges zur KG 360 [m²]	5,30	**18,00**	24,00	0,3%
370	**Infrastrukturanlagen**				
380	**Baukonstruktive Einbauten**				
381	Allgemeine Einbauten [m² BGF]	20,00	**30,00**	40,00	1,0%
390	**Sonstige Maßnahmen für Baukonstruktionen**				
391	Baustelleneinrichtung [m² BGF]	26,00	**34,00**	49,00	2,0%
392	Gerüste [m² BGF]	16,00	**17,00**	20,00	1,0%
395	Instandsetzungen [m² BGF]	–	**15,00**	–	0,3%
397	Zusätzliche Maßnahmen [m² BGF]	4,20	**10,00**	20,00	0,5%
	Sonstige Kostengruppen Bauwerk - Baukonstruktion				
	313, 326, 329, 332, 333, 339, 349, 362, 382, 389, 394, 396, 398				1,3%

Kosten:
Stand 1.Quartal 2021
Bundesdurchschnitt
inkl. 19% MwSt.

▷ von
ø Mittel
◁ bis

Kostengruppen		▷	€/Einheit	◁	KG an 300+400
410	**Abwasser-, Wasser-, Gasanlagen**				
411	Abwasseranlagen [m² BGF]	31,00	**35,00**	42,00	2,1%
412	Wasseranlagen [m² BGF]	41,00	**46,00**	55,00	2,7%
420	**Wärmeversorgungsanlagen**				
421	Wärmeerzeugungsanlagen [m² BGF]	9,70	**16,00**	27,00	0,9%
422	Wärmeverteilnetze [m² BGF]	13,00	**16,00**	19,00	1,0%
423	Raumheizflächen [m² BGF]	9,00	**12,00**	17,00	0,8%
430	**Raumlufttechnische Anlagen**				
432	Teilklimaanlagen [m² BGF]	0,80	**77,00**	116,00	3,9%
434	Kälteanlagen [m² BGF]	–	**47,00**	–	0,8%
440	**Elektrische Anlagen**				
442	Eigenstromversorgungsanlagen [m² BGF]	14,00	**23,00**	31,00	0,8%
444	Niederspannungsinstallationsanlagen [m² BGF]	69,00	**100,00**	159,00	5,8%
445	Beleuchtungsanlagen [m² BGF]	56,00	**69,00**	90,00	4,3%
446	Blitzschutz- und Erdungsanlagen [m² BGF]	5,30	**8,00**	9,40	0,5%
450	**Kommunikations-, sicherheits- und informationstechnische Anlagen**				
452	Such- und Signalanlagen [m² BGF]	3,70	**11,00**	27,00	0,6%
456	Gefahrenmelde- und Alarmanlagen [m² BGF]	11,00	**20,00**	35,00	1,1%
457	Datenübertragungsnetze [m² BGF]	12,00	**20,00**	24,00	1,2%
460	**Förderanlagen**				
461	Aufzugsanlagen [m² BGF]	19,00	**33,00**	39,00	2,0%
470	**Nutzungsspezifische und verfahrenstechnische Anlagen**				
473	Medienversorgungsanlagen, Medizin- und labortechnische Anlagen [m² BGF]	–	**35,00**	–	0,6%
480	**Gebäude- und Anlagenautomation**				
481	Automationseinrichtungen [m² BGF]	11,00	**14,00**	17,00	0,5%
490	**Sonstige Maßnahmen für technische Anlagen**				
	Sonstige Kostengruppen Bauwerk - Technische Anlagen				
	419, 429, 431, 439, 451, 454, 455, 471, 474, 484, 485, 491, 492, 495				1,3%

Kostengruppen		▷	€/Einheit	◁	KG an 300+400
310	**Baugrube / Erdbau**				
311	Herstellung [m³]	16,00	**26,00**	36,00	1,5%
320	**Gründung, Unterbau**				
321	Baugrundverbesserung [m²]	1,20	**16,00**	25,00	0,4%
322	Flachgründungen und Bodenplatten [m²]	94,00	**186,00**	277,00	4,0%
324	Gründungsbeläge [m²]	106,00	**125,00**	146,00	3,0%
325	Abdichtungen und Bekleidungen [m²]	8,60	**28,00**	49,00	0,5%
330	**Außenwände/Vertikale Baukonstruktionen, außen**				
331	Tragende Außenwände [m²]	134,00	**163,00**	190,00	3,2%
332	Nichttragende Außenwände [m²]	162,00	**208,00**	253,00	0,7%
334	Außenwandöffnungen [m²]	456,00	**630,00**	805,00	5,5%
335	Außenwandbekleidungen, außen [m²]	127,00	**203,00**	293,00	4,1%
336	Außenwandbekleidungen, innen [m²]	33,00	**60,00**	128,00	0,8%
338	Lichtschutz zur KG 330 [m²]	177,00	**231,00**	356,00	1,2%
339	Sonstiges zur KG 330 [m²]	7,90	**10,00**	14,00	0,3%
340	**Innenwände/Vertikale Baukonstruktionen, innen**				
341	Tragende Innenwände [m²]	106,00	**137,00**	168,00	3,1%
342	Nichttragende Innenwände [m²]	49,00	**81,00**	95,00	3,6%
343	Innenstützen [m]	90,00	**132,00**	171,00	0,4%
344	Innenwandöffnungen [m²]	504,00	**571,00**	645,00	4,9%
345	Innenwandbekleidungen [m²]	27,00	**36,00**	39,00	3,6%
346	Elementierte Innenwandkonstruktionen [m²]	286,00	**451,00**	768,00	0,4%
349	Sonstiges zur KG 340 [m²]	3,20	**5,40**	6,50	0,4%
350	**Decken/Horizontale Baukonstruktionen**				
351	Deckenkonstruktionen [m²]	117,00	**128,00**	151,00	4,4%
353	Deckenbeläge [m²]	81,00	**103,00**	147,00	3,0%
354	Deckenbekleidungen [m²]	38,00	**75,00**	100,00	2,1%
355	Elementierte Deckenkonstruktionen [m²]	–	**–**	–	0,2%
359	Sonstiges zur KG 350 [m²]	5,20	**10,00**	13,00	0,3%
360	**Dächer**				
361	Dachkonstruktionen [m²]	67,00	**107,00**	144,00	2,5%
363	Dachbeläge [m²]	87,00	**121,00**	153,00	3,0%
364	Dachbekleidungen [m²]	26,00	**58,00**	101,00	2,2%
370	**Infrastrukturanlagen**				
380	**Baukonstruktive Einbauten**				
381	Allgemeine Einbauten [m² BGF]	0,50	**3,20**	11,00	0,2%
390	**Sonstige Maßnahmen für Baukonstruktionen**				
391	Baustelleneinrichtung [m² BGF]	7,30	**12,00**	23,00	0,8%
392	Gerüste [m² BGF]	4,50	**12,00**	21,00	0,7%
397	Zusätzliche Maßnahmen [m² BGF]	2,50	**4,70**	9,10	0,2%
	Sonstige Kostengruppen Bauwerk - Baukonstruktion				
	312, 313, 326, 333, 337, 362, 369, 398, 399				0,9%

Kosten:
Stand 1.Quartal 2021
Bundesdurchschnitt
inkl. 19% MwSt.

▷ von
ø Mittel
◁ bis

 Erläuterungen zu den Tabellen siehe Seite 46

Kostengruppen		▷	€/Einheit	◁	KG an 300+400
410	**Abwasser-, Wasser-, Gasanlagen**				
411	Abwasseranlagen [m2 BGF]	39,00	**44,00**	58,00	2,7%
412	Wasseranlagen [m2 BGF]	48,00	**73,00**	97,00	4,3%
419	Sonstiges zur KG 410 [m2 BGF]	36,00	**78,00**	145,00	3,9%
420	**Wärmeversorgungsanlagen**				
421	Wärmeerzeugungsanlagen [m2 BGF]	8,60	**14,00**	29,00	0,8%
422	Wärmeverteilnetze [m2 BGF]	22,00	**25,00**	27,00	1,5%
423	Raumheizflächen [m2 BGF]	14,00	**15,00**	17,00	0,9%
430	**Raumlufttechnische Anlagen**				
431	Lüftungsanlagen [m2 BGF]	43,00	**87,00**	122,00	5,0%
434	Kälteanlagen [m2 BGF]	–	**14,00**	–	0,3%
440	**Elektrische Anlagen**				
442	Eigenstromversorgungsanlagen [m2 BGF]	3,50	**6,00**	11,00	0,3%
443	Niederspannungsschaltanlagen [m2 BGF]	8,50	**9,30**	10,00	0,3%
444	Niederspannungsinstallationsanlagen [m2 BGF]	39,00	**68,00**	79,00	4,1%
445	Beleuchtungsanlagen [m2 BGF]	46,00	**50,00**	59,00	3,1%
446	Blitzschutz- und Erdungsanlagen [m2 BGF]	2,40	**3,90**	5,50	0,2%
450	**Kommunikations-, sicherheits- und informationstechnische Anlagen**				
452	Such- und Signalanlagen [m2 BGF]	18,00	**22,00**	28,00	1,4%
454	Elektroakustische Anlagen [m2 BGF]	2,40	**6,90**	11,00	0,2%
455	Audiovisuelle Medien- und Antennenanlagen [m2 BGF]	3,00	**3,70**	4,30	0,2%
456	Gefahrenmelde- und Alarmanlagen [m2 BGF]	17,00	**28,00**	40,00	1,7%
457	Datenübertragungsnetze [m2 BGF]	1,40	**13,00**	18,00	0,8%
460	**Förderanlagen**				
461	Aufzugsanlagen [m2 BGF]	30,00	**35,00**	43,00	1,6%
470	**Nutzungsspezifische und verfahrenstechnische Anlagen**				
471	Küchentechnische Anlagen [m2 BGF]	37,00	**61,00**	120,00	3,7%
472	Wäscherei-, Reinigungs- und badetechnische Anlagen [m2 BGF]	7,10	**10,00**	13,00	0,3%
473	Medienversorgungsanlagen, Medizin- und labortechnische Anlagen [m2 BGF]	–	**21,00**	–	0,4%
480	**Gebäude- und Anlagenautomation**				
490	**Sonstige Maßnahmen für technische Anlagen**				
	Sonstige Kostengruppen Bauwerk - Technische Anlagen				
	429, 432, 451, 474, 481, 482, 494, 497				0,3%

Kostengruppen	▷	€/Einheit	◁	KG an 300+400
310 Baugrube / Erdbau				
311 Herstellung [m3]	16,00	**36,00**	64,00	2,0%
320 Gründung, Unterbau				
321 Baugrundverbesserung [m2]	6,90	**16,00**	44,00	0,4%
322 Flachgründungen und Bodenplatten [m2]	123,00	**172,00**	226,00	6,0%
323 Tiefgründungen [m2]	57,00	**92,00**	198,00	0,6%
324 Gründungsbeläge [m2]	107,00	**142,00**	176,00	3,7%
325 Abdichtungen und Bekleidungen [m2]	19,00	**42,00**	77,00	1,2%
326 Dränagen [m2]	7,00	**32,00**	131,00	0,3%
330 Außenwände/Vertikale Baukonstruktionen, außen				
331 Tragende Außenwände [m2]	174,00	**221,00**	390,00	3,3%
332 Nichttragende Außenwände [m2]	159,00	**185,00**	237,00	0,7%
333 Außenstützen [m]	138,00	**231,00**	347,00	0,4%
334 Außenwandöffnungen [m2]	647,00	**937,00**	1.737,00	10,9%
335 Außenwandbekleidungen, außen [m2]	121,00	**195,00**	268,00	4,7%
336 Außenwandbekleidungen, innen [m2]	27,00	**53,00**	112,00	0,9%
337 Elementierte Außenwandkonstruktionen [m2]	280,00	**538,00**	688,00	2,1%
338 Lichtschutz zur KG 330 [m2]	116,00	**244,00**	396,00	1,1%
339 Sonstiges zur KG 330 [m2]	2,20	**14,00**	37,00	0,3%
340 Innenwände/Vertikale Baukonstruktionen, innen				
341 Tragende Innenwände [m2]	146,00	**176,00**	244,00	2,8%
342 Nichttragende Innenwände [m2]	92,00	**110,00**	156,00	1,6%
343 Innenstützen [m]	95,00	**174,00**	271,00	0,3%
344 Innenwandöffnungen [m2]	769,00	**986,00**	1.217,00	3,9%
345 Innenwandbekleidungen [m2]	31,00	**55,00**	74,00	2,4%
346 Elementierte Innenwandkonstruktionen [m2]	344,00	**596,00**	1.102,00	0,8%
350 Decken/Horizontale Baukonstruktionen				
351 Deckenkonstruktionen [m2]	170,00	**200,00**	229,00	4,4%
353 Deckenbeläge [m2]	108,00	**116,00**	126,00	2,2%
354 Deckenbekleidungen [m2]	77,00	**99,00**	114,00	1,6%
355 Elementierte Deckenkonstruktionen [m2]	–	**1.544,00**	–	0,2%
359 Sonstiges zur KG 350 [m2]	26,00	**37,00**	49,00	0,7%
360 Dächer				
361 Dachkonstruktionen [m2]	110,00	**155,00**	194,00	5,6%
362 Dachöffnungen [m2]	1.905,00	**2.701,00**	5.071,00	0,7%
363 Dachbeläge [m2]	113,00	**153,00**	186,00	5,3%
364 Dachbekleidungen [m2]	42,00	**81,00**	105,00	2,2%
369 Sonstiges zur KG 360 [m2]	2,70	**11,00**	19,00	0,2%
370 Infrastrukturanlagen				
380 Baukonstruktive Einbauten				
381 Allgemeine Einbauten [m2 BGF]	3,10	**12,00**	31,00	0,4%
382 Besondere Einbauten [m2 BGF]	4,70	**10,00**	21,00	0,2%

Kosten:
Stand 1.Quartal 2021
Bundesdurchschnitt
inkl. 19% MwSt.

▷ von
ø Mittel
◁ bis

Kostengruppen		▷	€/Einheit	◁	KG an 300+400
390	**Sonstige Maßnahmen für Baukonstruktionen**				
391	Baustelleneinrichtung [m² BGF]	21,00	**42,00**	76,00	2,2%
392	Gerüste [m² BGF]	11,00	**21,00**	32,00	1,0%
397	Zusätzliche Maßnahmen [m² BGF]	7,60	**13,00**	23,00	0,7%
	Sonstige Kostengruppen Bauwerk - Baukonstruktion				
	312, 313, 347, 349, 366, 386, 389, 393, 394, 395, 396, 398, 399				0,4%
410	**Abwasser-, Wasser-, Gasanlagen**				
411	Abwasseranlagen [m² BGF]	11,00	**22,00**	33,00	1,1%
412	Wasseranlagen [m² BGF]	23,00	**30,00**	37,00	1,7%
419	Sonstiges zur KG 410 [m² BGF]	2,80	**4,90**	8,70	0,2%
420	**Wärmeversorgungsanlagen**				
421	Wärmeerzeugungsanlagen [m² BGF]	7,30	**23,00**	63,00	1,2%
422	Wärmeverteilnetze [m² BGF]	16,00	**24,00**	39,00	1,5%
423	Raumheizflächen [m² BGF]	13,00	**23,00**	40,00	1,4%
430	**Raumlufttechnische Anlagen**				
431	Lüftungsanlagen [m² BGF]	12,00	**62,00**	132,00	2,8%
440	**Elektrische Anlagen**				
442	Eigenstromversorgungsanlagen [m² BGF]	5,20	**13,00**	33,00	0,4%
443	Niederspannungsschaltanlagen [m² BGF]	5,30	**15,00**	20,00	0,2%
444	Niederspannungsinstallationsanlagen [m² BGF]	41,00	**62,00**	81,00	3,5%
445	Beleuchtungsanlagen [m² BGF]	34,00	**50,00**	100,00	2,6%
446	Blitzschutz- und Erdungsanlagen [m² BGF]	2,80	**5,80**	12,00	0,4%
450	**Kommunikations-, sicherheits- und informationstechnische Anlagen**				
454	Elektroakustische Anlagen [m² BGF]	1,60	**5,10**	8,70	0,2%
456	Gefahrenmelde- und Alarmanlagen [m² BGF]	6,70	**15,00**	42,00	0,7%
457	Datenübertragungsnetze [m² BGF]	6,00	**12,00**	19,00	0,6%
460	**Förderanlagen**				
461	Aufzugsanlagen [m² BGF]	13,00	**19,00**	24,00	0,8%
470	**Nutzungsspezifische und verfahrenstechnische Anlagen**				
471	Küchentechnische Anlagen [m² BGF]	9,60	**47,00**	103,00	1,0%
473	Medienversorgungsanlagen, Medizin- und labortechnische Anlagen [m² BGF]	17,00	**31,00**	44,00	0,4%
480	**Gebäude- und Anlagenautomation**				
481	Automationseinrichtungen [m² BGF]	14,00	**28,00**	36,00	0,6%
490	**Sonstige Maßnahmen für technische Anlagen**				
	Sonstige Kostengruppen Bauwerk - Technische Anlagen				
	413, 424, 429, 432, 451, 452, 453, 455, 459, 474, 476, 482, 483, 484, 485, 491, 492, 494, 495, 496, 497, 498				0,7%

Kostengruppen	▷	€/Einheit	◁	KG an 300+400
310 Baugrube / Erdbau				
311 Herstellung [m³]	18,00	**31,00**	41,00	1,3%
320 Gründung, Unterbau				
321 Baugrundverbesserung [m²]	–	**31,00**	–	0,5%
322 Flachgründungen und Bodenplatten [m²]	95,00	**125,00**	181,00	4,6%
324 Gründungsbeläge [m²]	78,00	**103,00**	138,00	4,0%
325 Abdichtungen und Bekleidungen [m²]	25,00	**41,00**	67,00	1,8%
330 Außenwände/Vertikale Baukonstruktionen, außen				
331 Tragende Außenwände [m²]	136,00	**214,00**	498,00	1,9%
332 Nichttragende Außenwände [m²]	124,00	**156,00**	219,00	1,1%
333 Außenstützen [m]	134,00	**841,00**	3.656,00	0,6%
334 Außenwandöffnungen [m²]	627,00	**826,00**	1.141,00	7,7%
335 Außenwandbekleidungen, außen [m²]	178,00	**222,00**	340,00	4,0%
336 Außenwandbekleidungen, innen [m²]	68,00	**117,00**	244,00	1,1%
337 Elementierte Außenwandkonstruktionen [m²]	99,00	**371,00**	643,00	2,5%
338 Lichtschutz zur KG 330 [m²]	162,00	**229,00**	294,00	1,2%
339 Sonstiges zur KG 330 [m²]	–	**42,00**	–	0,2%
340 Innenwände/Vertikale Baukonstruktionen, innen				
341 Tragende Innenwände [m²]	118,00	**177,00**	259,00	1,8%
342 Nichttragende Innenwände [m²]	104,00	**157,00**	312,00	1,1%
343 Innenstützen [m]	85,00	**157,00**	225,00	0,4%
344 Innenwandöffnungen [m²]	582,00	**764,00**	896,00	2,7%
345 Innenwandbekleidungen [m²]	39,00	**73,00**	95,00	2,1%
346 Elementierte Innenwandkonstruktionen [m²]	204,00	**244,00**	299,00	1,3%
350 Decken/Horizontale Baukonstruktionen				
351 Deckenkonstruktionen [m²]	138,00	**195,00**	230,00	2,2%
353 Deckenbeläge [m²]	158,00	**169,00**	181,00	1,8%
354 Deckenbekleidungen [m²]	157,00	**169,00**	182,00	1,4%
359 Sonstiges zur KG 350 [m²]	24,00	**27,00**	30,00	0,3%
360 Dächer				
361 Dachkonstruktionen [m²]	93,00	**141,00**	204,00	6,7%
362 Dachöffnungen [m²]	647,00	**1.210,00**	2.235,00	1,9%
363 Dachbeläge [m²]	131,00	**184,00**	343,00	7,4%
364 Dachbekleidungen [m²]	42,00	**128,00**	193,00	2,7%
366 Lichtschutz zur KG 360 [m²]	71,00	**327,00**	584,00	0,2%
369 Sonstiges zur KG 360 [m²]	4,20	**11,00**	18,00	0,3%
370 Infrastrukturanlagen				
380 Baukonstruktive Einbauten				
382 Besondere Einbauten [m² BGF]	9,50	**44,00**	108,00	1,1%

Kosten:
Stand 1.Quartal 2021
Bundesdurchschnitt
inkl. 19% MwSt.

▷ von
ø Mittel
◁ bis

Kostengruppen		▷	€/Einheit	◁	KG an 300+400
390	**Sonstige Maßnahmen für Baukonstruktionen**				
391	Baustelleneinrichtung [m² BGF]	10,00	**46,00**	100,00	2,5%
392	Gerüste [m² BGF]	7,40	**17,00**	32,00	0,8%
397	Zusätzliche Maßnahmen [m² BGF]	8,70	**15,00**	33,00	0,6%
	Sonstige Kostengruppen Bauwerk - Baukonstruktion				
	312, 313, 326, 347, 349, 355, 381, 386, 394, 395, 396, 399				0,3%
410	**Abwasser-, Wasser-, Gasanlagen**				
411	Abwasseranlagen [m² BGF]	23,00	**36,00**	81,00	1,7%
412	Wasseranlagen [m² BGF]	26,00	**47,00**	119,00	2,1%
420	**Wärmeversorgungsanlagen**				
421	Wärmeerzeugungsanlagen [m² BGF]	7,50	**17,00**	26,00	0,4%
422	Wärmeverteilnetze [m² BGF]	12,00	**29,00**	55,00	0,8%
423	Raumheizflächen [m² BGF]	8,60	**17,00**	33,00	0,6%
430	**Raumlufttechnische Anlagen**				
431	Lüftungsanlagen [m² BGF]	37,00	**51,00**	65,00	1,3%
440	**Elektrische Anlagen**				
443	Niederspannungsschaltanlagen [m² BGF]	–	**15,00**	–	0,2%
444	Niederspannungsinstallationsanlagen [m² BGF]	70,00	**108,00**	141,00	4,8%
445	Beleuchtungsanlagen [m² BGF]	33,00	**47,00**	61,00	1,9%
446	Blitzschutz- und Erdungsanlagen [m² BGF]	4,80	**18,00**	25,00	0,7%
450	**Kommunikations-, sicherheits- und informationstechnische Anlagen**				
451	Telekommunikationsanlagen [m² BGF]	4,90	**7,10**	9,20	0,2%
454	Elektroakustische Anlagen [m² BGF]	7,40	**9,80**	12,00	0,2%
456	Gefahrenmelde- und Alarmanlagen [m² BGF]	13,00	**22,00**	46,00	0,9%
457	Datenübertragungsnetze [m² BGF]	3,40	**15,00**	38,00	0,4%
460	**Förderanlagen**				
461	Aufzugsanlagen [m² BGF]	15,00	**42,00**	92,00	1,0%
470	**Nutzungsspezifische und verfahrenstechnische Anlagen**				
471	Küchentechnische Anlagen [m² BGF]	–	**107,00**	–	0,8%
475	Prozesswärme-, kälte- und -luftanlagen [m² BGF]	–	**191,00**	–	1,6%
476	Weitere nutzungsspezifische Anlagen [m² BGF]	0,40	**7,70**	11,00	0,2%
480	**Gebäude- und Anlagenautomation**				
481	Automationseinrichtungen [m² BGF]	41,00	**67,00**	94,00	1,3%
490	**Sonstige Maßnahmen für technische Anlagen**				
	Sonstige Kostengruppen Bauwerk - Technische Anlagen				
	413, 419, 429, 439, 442, 452, 453, 455, 474, 494				0,3%

Kosten:
Stand 1.Quartal 2021
Bundesdurchschnitt
inkl. 19% MwSt.

Kostengruppen		▷	€/Einheit	◁	KG an 300+400
310	**Baugrube / Erdbau**				
311	Herstellung [m3]	12,00	**29,00**	54,00	1,0%
320	**Gründung, Unterbau**				
321	Baugrundverbesserung [m2]	9,10	**44,00**	61,00	0,7%
322	Flachgründungen und Bodenplatten [m2]	121,00	**137,00**	165,00	3,1%
323	Tiefgründungen [m2]	–	**344,00**	–	1,0%
324	Gründungsbeläge [m2]	115,00	**127,00**	151,00	2,4%
325	Abdichtungen und Bekleidungen [m2]	19,00	**83,00**	149,00	1,1%
326	Dränagen [m2]	7,00	**15,00**	28,00	0,2%
330	**Außenwände/Vertikale Baukonstruktionen, außen**				
331	Tragende Außenwände [m2]	114,00	**187,00**	232,00	3,2%
332	Nichttragende Außenwände [m2]	93,00	**156,00**	219,00	0,1%
333	Außenstützen [m]	126,00	**154,00**	183,00	0,3%
334	Außenwandöffnungen [m2]	662,00	**2.341,00**	9.022,00	10,0%
335	Außenwandbekleidungen, außen [m2]	109,00	**205,00**	290,00	5,2%
336	Außenwandbekleidungen, innen [m2]	38,00	**45,00**	65,00	0,6%
338	Lichtschutz zur KG 330 [m2]	136,00	**190,00**	268,00	1,1%
340	**Innenwände/Vertikale Baukonstruktionen, innen**				
341	Tragende Innenwände [m2]	110,00	**183,00**	232,00	5,2%
342	Nichttragende Innenwände [m2]	100,00	**111,00**	118,00	1,8%
343	Innenstützen [m]	157,00	**198,00**	274,00	0,2%
344	Innenwandöffnungen [m2]	734,00	**823,00**	880,00	4,1%
345	Innenwandbekleidungen [m2]	28,00	**42,00**	64,00	2,5%
346	Elementierte Innenwandkonstruktionen [m2]	255,00	**525,00**	734,00	0,6%
349	Sonstiges zur KG 340 [m2]	3,90	**6,60**	9,30	0,1%
350	**Decken/Horizontale Baukonstruktionen**				
351	Deckenkonstruktionen [m2]	163,00	**197,00**	219,00	5,9%
353	Deckenbeläge [m2]	93,00	**118,00**	155,00	3,1%
354	Deckenbekleidungen [m2]	101,00	**123,00**	162,00	3,0%
355	Elementierte Deckenkonstruktionen [m2]	–	**3.059,00**	–	0,1%
359	Sonstiges zur KG 350 [m2]	23,00	**45,00**	108,00	1,3%
360	**Dächer**				
361	Dachkonstruktionen [m2]	112,00	**152,00**	213,00	4,0%
362	Dachöffnungen [m2]	1.453,00	**2.147,00**	4.521,00	0,7%
363	Dachbeläge [m2]	139,00	**162,00**	191,00	4,4%
364	Dachbekleidungen [m2]	72,00	**115,00**	158,00	2,6%
369	Sonstiges zur KG 360 [m2]	4,30	**7,60**	10,00	0,2%
370	**Infrastrukturanlagen**				
380	**Baukonstruktive Einbauten**				
381	Allgemeine Einbauten [m2 BGF]	18,00	**42,00**	117,00	2,1%
382	Besondere Einbauten [m2 BGF]	0,50	**7,30**	11,00	0,2%

▷ von
ø Mittel
◁ bis

Kostengruppen		▷	€/Einheit	◁	KG an 300+400
390	**Sonstige Maßnahmen für Baukonstruktionen**				
391	Baustelleneinrichtung [m2 BGF]	32,00	**47,00**	68,00	2,5%
392	Gerüste [m2 BGF]	12,00	**30,00**	46,00	1,5%
394	Abbruchmaßnahmen [m2 BGF]	–	**13,00**	–	0,1%
395	Instandsetzungen [m2 BGF]	–	**31,00**	–	0,3%
397	Zusätzliche Maßnahmen [m2 BGF]	1,90	**6,10**	8,70	0,3%
	Sonstige Kostengruppen Bauwerk - Baukonstruktion				
	312, 313, 339, 347, 393, 396, 398, 399				0,2%
410	**Abwasser-, Wasser-, Gasanlagen**				
411	Abwasseranlagen [m2 BGF]	14,00	**23,00**	40,00	1,4%
412	Wasseranlagen [m2 BGF]	28,00	**39,00**	74,00	2,0%
420	**Wärmeversorgungsanlagen**				
421	Wärmeerzeugungsanlagen [m2 BGF]	10,00	**33,00**	73,00	2,1%
422	Wärmeverteilnetze [m2 BGF]	15,00	**29,00**	46,00	1,5%
423	Raumheizflächen [m2 BGF]	24,00	**38,00**	59,00	2,1%
430	**Raumlufttechnische Anlagen**				
431	Lüftungsanlagen [m2 BGF]	11,00	**18,00**	27,00	1,0%
440	**Elektrische Anlagen**				
442	Eigenstromversorgungsanlagen [m2 BGF]	6,10	**16,00**	44,00	0,7%
443	Niederspannungsschaltanlagen [m2 BGF]	–	**13,00**	–	0,1%
444	Niederspannungsinstallationsanlagen [m2 BGF]	66,00	**101,00**	219,00	5,2%
445	Beleuchtungsanlagen [m2 BGF]	26,00	**42,00**	64,00	2,2%
446	Blitzschutz- und Erdungsanlagen [m2 BGF]	2,70	**5,10**	9,30	0,3%
450	**Kommunikations-, sicherheits- und informationstechnische Anlagen**				
451	Telekommunikationsanlagen [m2 BGF]	2,20	**5,80**	20,00	0,3%
454	Elektroakustische Anlagen [m2 BGF]	2,60	**6,20**	13,00	0,2%
456	Gefahrenmelde- und Alarmanlagen [m2 BGF]	3,10	**11,00**	15,00	0,6%
457	Datenübertragungsnetze [m2 BGF]	4,90	**11,00**	13,00	0,5%
460	**Förderanlagen**				
461	Aufzugsanlagen [m2 BGF]	14,00	**30,00**	41,00	1,6%
470	**Nutzungsspezifische und verfahrenstechnische Anlagen**				
471	Küchentechnische Anlagen [m2 BGF]	6,00	**8,70**	11,00	0,2%
480	**Gebäude- und Anlagenautomation**				
481	Automationseinrichtungen [m2 BGF]	6,20	**17,00**	29,00	0,7%
482	Schaltschränke, Automationsschwerpunkte [m2 BGF]	6,40	**9,10**	12,00	0,2%
490	**Sonstige Maßnahmen für technische Anlagen**				
	Sonstige Kostengruppen Bauwerk - Technische Anlagen				
	413, 419, 429, 432, 452, 453, 455, 459, 474, 484, 485, 489, 491, 492, 494, 497, 498				0,4%

Kosten:
Stand 1.Quartal 2021
Bundesdurchschnitt
inkl. 19% MwSt.

Kostengruppen		▷	€/Einheit	◁	KG an 300+400
310	**Baugrube / Erdbau**				
311	Herstellung [m3]	22,00	**24,00**	25,00	1,6%
320	**Gründung, Unterbau**				
322	Flachgründungen und Bodenplatten [m2]	78,00	**209,00**	288,00	4,5%
323	Tiefgründungen [m2]	–	**454,00**	–	0,6%
324	Gründungsbeläge [m2]	63,00	**132,00**	170,00	1,9%
325	Abdichtungen und Bekleidungen [m2]	54,00	**73,00**	109,00	1,7%
326	Dränagen [m2]	22,00	**34,00**	46,00	0,4%
329	Sonstiges zur KG 320 [m2]	19,00	**23,00**	28,00	0,3%
330	**Außenwände/Vertikale Baukonstruktionen, außen**				
331	Tragende Außenwände [m2]	173,00	**225,00**	254,00	3,7%
333	Außenstützen [m]	137,00	**154,00**	188,00	0,5%
334	Außenwandöffnungen [m2]	942,00	**985,00**	1.052,00	14,1%
335	Außenwandbekleidungen, außen [m2]	211,00	**263,00**	357,00	4,1%
336	Außenwandbekleidungen, innen [m2]	15,00	**41,00**	92,00	0,3%
337	Elementierte Außenwandkonstruktionen [m2]	–	**129,00**	–	0,1%
338	Lichtschutz zur KG 330 [m2]	116,00	**143,00**	195,00	0,9%
339	Sonstiges zur KG 330 [m2]	2,70	**11,00**	27,00	0,3%
340	**Innenwände/Vertikale Baukonstruktionen, innen**				
341	Tragende Innenwände [m2]	197,00	**231,00**	250,00	2,8%
342	Nichttragende Innenwände [m2]	116,00	**177,00**	290,00	2,0%
343	Innenstützen [m]	158,00	**290,00**	361,00	0,8%
344	Innenwandöffnungen [m2]	928,00	**1.276,00**	1.930,00	4,1%
345	Innenwandbekleidungen [m2]	27,00	**46,00**	81,00	1,2%
346	Elementierte Innenwandkonstruktionen [m2]	623,00	**876,00**	1.039,00	1,0%
347	Lichtschutz zur KG 340 [m2]	–	**859,00**	–	0,1%
350	**Decken/Horizontale Baukonstruktionen**				
351	Deckenkonstruktionen [m2]	228,00	**279,00**	376,00	6,7%
353	Deckenbeläge [m2]	122,00	**149,00**	162,00	3,0%
354	Deckenbekleidungen [m2]	34,00	**48,00**	68,00	0,8%
359	Sonstiges zur KG 350 [m2]	17,00	**68,00**	168,00	1,5%
360	**Dächer**				
361	Dachkonstruktionen [m2]	136,00	**202,00**	321,00	5,2%
363	Dachbeläge [m2]	166,00	**179,00**	187,00	4,1%
364	Dachbekleidungen [m2]	26,00	**51,00**	93,00	0,4%
369	Sonstiges zur KG 360 [m2]	1,70	**10,00**	19,00	0,2%
370	**Infrastrukturanlagen**				
380	**Baukonstruktive Einbauten**				
381	Allgemeine Einbauten [m2 BGF]	39,00	**40,00**	42,00	1,3%
383	Landschaftsgestalterische Einbauten [m2 BGF]	–	**8,70**	–	0,1%

▷ von
ø Mittel
◁ bis

Kostengruppen		▷	€/Einheit	◁	KG an 300+400
390	**Sonstige Maßnahmen für Baukonstruktionen**				
391	Baustelleneinrichtung [m2 BGF]	10,00	**42,00**	58,00	2,0%
392	Gerüste [m2 BGF]	2,10	**28,00**	44,00	1,1%
397	Zusätzliche Maßnahmen [m2 BGF]	2,80	**5,40**	8,00	0,2%
	Sonstige Kostengruppen Bauwerk - Baukonstruktion				
	312, 332, 349, 362, 382, 394, 395, 398, 399				0,3%
410	**Abwasser-, Wasser-, Gasanlagen**				
411	Abwasseranlagen [m2 BGF]	37,00	**49,00**	60,00	1,6%
412	Wasseranlagen [m2 BGF]	23,00	**23,00**	24,00	0,8%
419	Sonstiges zur KG 410 [m2 BGF]	–	**8,30**	–	0,1%
420	**Wärmeversorgungsanlagen**				
421	Wärmeerzeugungsanlagen [m2 BGF]	5,50	**12,00**	18,00	0,4%
422	Wärmeverteilnetze [m2 BGF]	12,00	**21,00**	31,00	0,8%
423	Raumheizflächen [m2 BGF]	15,00	**24,00**	33,00	0,9%
430	**Raumlufttechnische Anlagen**				
431	Lüftungsanlagen [m2 BGF]	54,00	**69,00**	83,00	2,4%
440	**Elektrische Anlagen**				
441	Hoch- und Mittelspannungsanlagen [m2 BGF]	–	**6,60**	–	0,1%
443	Niederspannungsschaltanlagen [m2 BGF]	–	**20,00**	–	0,3%
444	Niederspannungsinstallationsanlagen [m2 BGF]	65,00	**126,00**	247,00	5,3%
445	Beleuchtungsanlagen [m2 BGF]	21,00	**51,00**	66,00	2,1%
446	Blitzschutz- und Erdungsanlagen [m2 BGF]	1,20	**4,10**	5,60	0,2%
450	**Kommunikations-, sicherheits- und informationstechnische Anlagen**				
451	Telekommunikationsanlagen [m2 BGF]	2,00	**5,90**	9,80	0,2%
456	Gefahrenmelde- und Alarmanlagen [m2 BGF]	0,10	**8,50**	17,00	0,2%
457	Datenübertragungsnetze [m2 BGF]	–	**15,00**	–	0,3%
460	**Förderanlagen**				
461	Aufzugsanlagen [m2 BGF]	17,00	**34,00**	65,00	1,4%
470	**Nutzungsspezifische und verfahrenstechnische Anlagen**				
471	Küchentechnische Anlagen [m2 BGF]	5,10	**80,00**	154,00	2,2%
473	Medienversorgungsanlagen, Medizin- und labortechnische Anlagen [m2 BGF]	–	**12,00**	–	0,2%
480	**Gebäude- und Anlagenautomation**				
481	Automationseinrichtungen [m2 BGF]	13,00	**55,00**	96,00	1,6%
482	Schaltschränke, Automationsschwerpunkte [m2 BGF]	–	**14,00**	–	0,3%
490	**Sonstige Maßnahmen für technische Anlagen**				
	Sonstige Kostengruppen Bauwerk - Technische Anlagen				
	413, 429, 442, 452, 455, 474, 476, 484, 492				0,4%

Kindergärten, nicht unterkellert, einfacher Standard

Kosten:
Stand 1.Quartal 2021
Bundesdurchschnitt
inkl. 19% MwSt.

▷ von
ø Mittel
◁ bis

Kostengruppen		▷	€/Einheit	◁	KG an 300+400
310	**Baugrube / Erdbau**				
311	Herstellung [m3]	–	**35,00**	–	0,8%
319	Sonstiges zur KG 310 [m3]	–	**2,20**	–	0,1%
320	**Gründung, Unterbau**				
321	Baugrundverbesserung [m2]	–	**52,00**	–	3,6%
322	Flachgründungen und Bodenplatten [m2]	–	**129,00**	–	9,0%
324	Gründungsbeläge [m2]	–	**118,00**	–	7,7%
325	Abdichtungen und Bekleidungen [m2]	–	**7,70**	–	0,5%
330	**Außenwände/Vertikale Baukonstruktionen, außen**				
331	Tragende Außenwände [m2]	–	**115,00**	–	4,4%
334	Außenwandöffnungen [m2]	–	**733,00**	–	6,5%
335	Außenwandbekleidungen, außen [m2]	–	**183,00**	–	7,0%
336	Außenwandbekleidungen, innen [m2]	–	**60,00**	–	2,3%
338	Lichtschutz zur KG 330 [m2]	–	**176,00**	–	1,5%
340	**Innenwände/Vertikale Baukonstruktionen, innen**				
341	Tragende Innenwände [m2]	–	**136,00**	–	4,6%
342	Nichttragende Innenwände [m2]	–	**85,00**	–	1,3%
343	Innenstützen [m]	–	**160,00**	–	0,1%
344	Innenwandöffnungen [m2]	–	**462,00**	–	2,6%
345	Innenwandbekleidungen [m2]	–	**68,00**	–	5,1%
346	Elementierte Innenwandkonstruktionen [m2]	–	**487,00**	–	2,4%
350	**Decken/Horizontale Baukonstruktionen**				
351	Deckenkonstruktionen [m2]	–	**417,00**	–	2,4%
353	Deckenbeläge [m2]	–	**125,00**	–	0,6%
359	Sonstiges zur KG 350 [m2]	–	**172,00**	–	0,8%
360	**Dächer**				
361	Dachkonstruktionen [m2]	–	**63,00**	–	4,5%
362	Dachöffnungen [m2]	–	**896,00**	–	0,3%
363	Dachbeläge [m2]	–	**86,00**	–	6,2%
364	Dachbekleidungen [m2]	–	**82,00**	–	5,6%
370	**Infrastrukturanlagen**				
380	**Baukonstruktive Einbauten**				
381	Allgemeine Einbauten [m2 BGF]	–	**36,00**	–	2,6%
389	Sonstiges zur KG 380 [m2 BGF]	–	**8,70**	–	0,6%
390	**Sonstige Maßnahmen für Baukonstruktionen**				
391	Baustelleneinrichtung [m2 BGF]	–	**2,40**	–	0,2%
392	Gerüste [m2 BGF]	–	**6,30**	–	0,5%

Kindergärten, nicht unterkellert, einfacher Standard

Kostengruppen		▷	€/Einheit	◁	KG an 300+400
410	**Abwasser-, Wasser-, Gasanlagen**				
411	Abwasseranlagen [m2 BGF]	–	**21,00**	–	1,6%
412	Wasseranlagen [m2 BGF]	–	**44,00**	–	3,3%
420	**Wärmeversorgungsanlagen**				
421	Wärmeerzeugungsanlagen [m2 BGF]	–	**12,00**	–	0,9%
422	Wärmeverteilnetze [m2 BGF]	–	**17,00**	–	1,2%
423	Raumheizflächen [m2 BGF]	–	**39,00**	–	2,9%
430	**Raumlufttechnische Anlagen**				
431	Lüftungsanlagen [m2 BGF]	–	**9,80**	–	0,7%
440	**Elektrische Anlagen**				
444	Niederspannungsinstallationsanlagen [m2 BGF]	–	**31,00**	–	2,3%
445	Beleuchtungsanlagen [m2 BGF]	–	**41,00**	–	3,0%
446	Blitzschutz- und Erdungsanlagen [m2 BGF]	–	**5,50**	–	0,4%
450	**Kommunikations-, sicherheits- und informationstechnische Anlagen**				
452	Such- und Signalanlagen [m2 BGF]	–	**0,60**	–	0,0%
456	Gefahrenmelde- und Alarmanlagen [m2 BGF]	–	**4,60**	–	0,3%
460	**Förderanlagen**				
470	**Nutzungsspezifische und verfahrenstechnische Anlagen**				
480	**Gebäude- und Anlagenautomation**				
490	**Sonstige Maßnahmen für technische Anlagen**				

Kindergärten, nicht unterkellert, mittlerer Standard

Kosten:
Stand 1.Quartal 2021
Bundesdurchschnitt
inkl. 19% MwSt.

Kostengruppen		▷	€/Einheit	◁	KG an 300+400
310	**Baugrube / Erdbau**				
311	Herstellung [m³]	19,00	**30,00**	39,00	1,2%
320	**Gründung, Unterbau**				
321	Baugrundverbesserung [m²]	4,40	**9,30**	14,00	0,1%
322	Flachgründungen und Bodenplatten [m²]	73,00	**113,00**	137,00	5,1%
323	Tiefgründungen [m²]	24,00	**39,00**	54,00	0,5%
324	Gründungsbeläge [m²]	120,00	**150,00**	197,00	6,1%
325	Abdichtungen und Bekleidungen [m²]	20,00	**37,00**	56,00	1,6%
330	**Außenwände/Vertikale Baukonstruktionen, außen**				
331	Tragende Außenwände [m²]	132,00	**148,00**	171,00	4,9%
332	Nichttragende Außenwände [m²]	130,00	**173,00**	221,00	0,3%
333	Außenstützen [m]	132,00	**165,00**	304,00	0,2%
334	Außenwandöffnungen [m²]	612,00	**736,00**	1.146,00	8,7%
335	Außenwandbekleidungen, außen [m²]	125,00	**174,00**	220,00	6,6%
336	Außenwandbekleidungen, innen [m²]	35,00	**49,00**	68,00	1,5%
338	Lichtschutz zur KG 330 [m²]	184,00	**297,00**	564,00	1,3%
339	Sonstiges zur KG 330 [m²]	13,00	**27,00**	52,00	0,4%
340	**Innenwände/Vertikale Baukonstruktionen, innen**				
341	Tragende Innenwände [m²]	88,00	**102,00**	120,00	3,9%
342	Nichttragende Innenwände [m²]	59,00	**73,00**	92,00	0,9%
344	Innenwandöffnungen [m²]	547,00	**765,00**	1.075,00	4,1%
345	Innenwandbekleidungen [m²]	44,00	**63,00**	176,00	3,9%
346	Elementierte Innenwandkonstruktionen [m²]	293,00	**456,00**	933,00	0,9%
349	Sonstiges zur KG 340 [m²]	1,80	**5,80**	14,00	0,1%
350	**Decken/Horizontale Baukonstruktionen**				
351	Deckenkonstruktionen [m²]	169,00	**188,00**	200,00	1,8%
353	Deckenbeläge [m²]	83,00	**113,00**	130,00	1,0%
354	Deckenbekleidungen [m²]	53,00	**67,00**	74,00	0,6%
359	Sonstiges zur KG 350 [m²]	20,00	**52,00**	98,00	0,5%
360	**Dächer**				
361	Dachkonstruktionen [m²]	85,00	**127,00**	167,00	6,6%
362	Dachöffnungen [m²]	1.342,00	**1.761,00**	2.290,00	0,7%
363	Dachbeläge [m²]	110,00	**133,00**	148,00	7,0%
364	Dachbekleidungen [m²]	65,00	**84,00**	107,00	3,6%
369	Sonstiges zur KG 360 [m²]	4,20	**4,80**	6,60	0,1%
370	**Infrastrukturanlagen**				
380	**Baukonstruktive Einbauten**				
381	Allgemeine Einbauten [m² BGF]	39,00	**66,00**	132,00	1,6%

▷ von
ø Mittel
◁ bis

Kostengruppen		▷	€/Einheit	◁	KG an 300+400
390	**Sonstige Maßnahmen für Baukonstruktionen**				
391	Baustelleneinrichtung [m² BGF]	14,00	**29,00**	43,00	1,4%
392	Gerüste [m² BGF]	7,30	**16,00**	24,00	0,9%
397	Zusätzliche Maßnahmen [m² BGF]	3,60	**12,00**	25,00	0,4%
399	Sonstiges zur KG 390 [m² BGF]	4,60	**6,90**	9,10	0,1%
	Sonstige Kostengruppen Bauwerk - Baukonstruktion				
	312, 343, 366, 382, 386, 394, 395, 396, 398				0,2%
410	**Abwasser-, Wasser-, Gasanlagen**				
411	Abwasseranlagen [m² BGF]	13,00	**25,00**	39,00	1,5%
412	Wasseranlagen [m² BGF]	39,00	**61,00**	76,00	3,5%
419	Sonstiges zur KG 410 [m² BGF]	5,00	**7,60**	10,00	0,3%
420	**Wärmeversorgungsanlagen**				
421	Wärmeerzeugungsanlagen [m² BGF]	20,00	**41,00**	97,00	2,3%
422	Wärmeverteilnetze [m² BGF]	11,00	**17,00**	21,00	0,6%
423	Raumheizflächen [m² BGF]	18,00	**22,00**	23,00	0,9%
430	**Raumlufttechnische Anlagen**				
431	Lüftungsanlagen [m² BGF]	17,00	**52,00**	140,00	2,0%
440	**Elektrische Anlagen**				
443	Niederspannungsschaltanlagen [m² BGF]	–	**9,10**	–	0,1%
444	Niederspannungsinstallationsanlagen [m² BGF]	45,00	**65,00**	103,00	3,6%
445	Beleuchtungsanlagen [m² BGF]	32,00	**56,00**	123,00	2,7%
446	Blitzschutz- und Erdungsanlagen [m² BGF]	6,90	**13,00**	29,00	0,7%
450	**Kommunikations-, sicherheits- und informationstechnische Anlagen**				
451	Telekommunikationsanlagen [m² BGF]	1,80	**6,10**	15,00	0,1%
452	Such- und Signalanlagen [m² BGF]	1,80	**2,60**	4,90	0,1%
454	Elektroakustische Anlagen [m² BGF]	–	**15,00**	–	0,1%
456	Gefahrenmelde- und Alarmanlagen [m² BGF]	8,50	**16,00**	31,00	0,6%
457	Datenübertragungsnetze [m² BGF]	3,50	**7,40**	12,00	0,3%
460	**Förderanlagen**				
461	Aufzugsanlagen [m² BGF]	–	**37,00**	–	0,3%
470	**Nutzungsspezifische und verfahrenstechnische Anlagen**				
480	**Gebäude- und Anlagenautomation**				
481	Automationseinrichtungen [m² BGF]	–	**38,00**	–	0,2%
482	Schaltschränke, Automationsschwerpunkte [m² BGF]	–	**18,00**	–	0,1%
483	Automationsmanagement [m² BGF]	–	**14,00**	–	0,1%
490	**Sonstige Maßnahmen für technische Anlagen**				
	Sonstige Kostengruppen Bauwerk - Technische Anlagen				
	413, 429, 442, 449, 455, 474, 484, 491, 492, 495, 497				0,3%

Kosten:
Stand 1.Quartal 2021
Bundesdurchschnitt
inkl. 19% MwSt.

Kostengruppen		▷	€/Einheit	◁	KG an 300+400
310	**Baugrube / Erdbau**				
311	Herstellung [m³]	5,80	**20,00**	34,00	0,1%
320	**Gründung, Unterbau**				
321	Baugrundverbesserung [m²]	23,00	**52,00**	81,00	2,4%
322	Flachgründungen und Bodenplatten [m²]	82,00	**83,00**	83,00	3,7%
324	Gründungsbeläge [m²]	140,00	**144,00**	147,00	5,5%
325	Abdichtungen und Bekleidungen [m²]	42,00	**45,00**	48,00	2,0%
326	Dränagen [m²]	–	**8,40**	–	0,2%
329	Sonstiges zur KG 320 [m²]	–	**10,00**	–	0,2%
330	**Außenwände/Vertikale Baukonstruktionen, außen**				
331	Tragende Außenwände [m²]	177,00	**223,00**	269,00	5,2%
333	Außenstützen [m]	198,00	**202,00**	206,00	0,4%
334	Außenwandöffnungen [m²]	604,00	**762,00**	919,00	11,2%
335	Außenwandbekleidungen, außen [m²]	114,00	**116,00**	117,00	3,5%
336	Außenwandbekleidungen, innen [m²]	35,00	**39,00**	43,00	0,8%
338	Lichtschutz zur KG 330 [m²]	–	**530,00**	–	1,3%
340	**Innenwände/Vertikale Baukonstruktionen, innen**				
341	Tragende Innenwände [m²]	110,00	**152,00**	194,00	5,1%
342	Nichttragende Innenwände [m²]	52,00	**66,00**	80,00	0,5%
343	Innenstützen [m]	–	**19,00**	–	0,0%
344	Innenwandöffnungen [m²]	510,00	**575,00**	640,00	2,5%
345	Innenwandbekleidungen [m²]	38,00	**42,00**	45,00	3,4%
346	Elementierte Innenwandkonstruktionen [m²]	554,00	**658,00**	763,00	2,4%
349	Sonstiges zur KG 340 [m²]	–	**4,30**	–	0,1%
350	**Decken/Horizontale Baukonstruktionen**				
351	Deckenkonstruktionen [m²]	193,00	**262,00**	330,00	2,0%
352	Deckenöffnungen [m²]	–	**710,00**	–	0,3%
353	Deckenbeläge [m²]	30,00	**69,00**	109,00	0,5%
354	Deckenbekleidungen [m²]	49,00	**63,00**	77,00	0,4%
355	Elementierte Deckenkonstruktionen [m²]	–	**2.250,00**	–	0,4%
359	Sonstiges zur KG 350 [m²]	63,00	**116,00**	170,00	0,9%
360	**Dächer**				
361	Dachkonstruktionen [m²]	109,00	**132,00**	155,00	7,5%
362	Dachöffnungen [m²]	1.300,00	**2.029,00**	2.759,00	2,2%
363	Dachbeläge [m²]	93,00	**112,00**	131,00	6,6%
364	Dachbekleidungen [m²]	85,00	**117,00**	150,00	5,7%
366	Lichtschutz zur KG 360 [m²]	–	**–**	–	0,2%
369	Sonstiges zur KG 360 [m²]	20,00	**21,00**	23,00	1,3%
370	**Infrastrukturanlagen**				
380	**Baukonstruktive Einbauten**				
381	Allgemeine Einbauten [m² BGF]	–	**76,00**	–	2,0%

▷ von
ø Mittel
◁ bis

Kostengruppen		▷	€/Einheit	◁	KG an 300+400
390	**Sonstige Maßnahmen für Baukonstruktionen**				
391	Baustelleneinrichtung [m² BGF]	25,00	**34,00**	43,00	1,9%
392	Gerüste [m² BGF]	–	**9,70**	–	0,3%
395	Instandsetzungen [m² BGF]	–	**1,30**	–	0,0%
397	Zusätzliche Maßnahmen [m² BGF]	–	**2,10**	–	0,1%
410	**Abwasser-, Wasser-, Gasanlagen**				
411	Abwasseranlagen [m² BGF]	9,40	**10,00**	11,00	0,6%
412	Wasseranlagen [m² BGF]	45,00	**55,00**	65,00	3,0%
420	**Wärmeversorgungsanlagen**				
421	Wärmeerzeugungsanlagen [m² BGF]	20,00	**26,00**	32,00	1,4%
422	Wärmeverteilnetze [m² BGF]	10,00	**19,00**	28,00	1,1%
423	Raumheizflächen [m² BGF]	3,60	**30,00**	57,00	1,7%
429	Sonstiges zur KG 420 [m² BGF]	–	**13,00**	–	0,4%
430	**Raumlufttechnische Anlagen**				
431	Lüftungsanlagen [m² BGF]	0,20	**50,00**	100,00	2,7%
440	**Elektrische Anlagen**				
443	Niederspannungsschaltanlagen [m² BGF]	–	**7,40**	–	0,2%
444	Niederspannungsinstallationsanlagen [m² BGF]	27,00	**30,00**	33,00	1,6%
445	Beleuchtungsanlagen [m² BGF]	49,00	**56,00**	63,00	3,1%
446	Blitzschutz- und Erdungsanlagen [m² BGF]	2,10	**4,00**	5,80	0,2%
450	**Kommunikations-, sicherheits- und informationstechnische Anlagen**				
451	Telekommunikationsanlagen [m² BGF]	–	**2,90**	–	0,1%
452	Such- und Signalanlagen [m² BGF]	–	**0,70**	–	0,0%
455	Audiovisuelle Medien- und Antennenanlagen [m² BGF]	–	**3,80**	–	0,1%
456	Gefahrenmelde- und Alarmanlagen [m² BGF]	–	**16,00**	–	0,4%
460	**Förderanlagen**				
470	**Nutzungsspezifische und verfahrenstechnische Anlagen**				
471	Küchentechnische Anlagen [m² BGF]	–	**31,00**	–	0,9%
474	Feuerlöschanlagen [m² BGF]	–	**0,30**	–	0,0%
480	**Gebäude- und Anlagenautomation**				
490	**Sonstige Maßnahmen für technische Anlagen**				
495	Instandsetzungen [m² BGF]	–	**0,90**	–	0,0%

Kindergärten, Holzbauweise, nicht unterkellert

Kosten:
Stand 1.Quartal 2021
Bundesdurchschnitt
inkl. 19% MwSt.

Kostengruppen		▷	€/Einheit	◁	KG an 300+400
310	**Baugrube / Erdbau**				
311	Herstellung [m³]	26,00	**44,00**	91,00	1,3%
320	**Gründung, Unterbau**				
321	Baugrundverbesserung [m²]	4,70	**22,00**	39,00	0,2%
322	Flachgründungen und Bodenplatten [m²]	88,00	**129,00**	210,00	6,6%
324	Gründungsbeläge [m²]	87,00	**113,00**	152,00	4,5%
325	Abdichtungen und Bekleidungen [m²]	18,00	**33,00**	43,00	1,0%
330	**Außenwände/Vertikale Baukonstruktionen, außen**				
331	Tragende Außenwände [m²]	151,00	**199,00**	286,00	3,2%
332	Nichttragende Außenwände [m²]	129,00	**154,00**	179,00	0,1%
334	Außenwandöffnungen [m²]	552,00	**741,00**	912,00	9,0%
335	Außenwandbekleidungen, außen [m²]	124,00	**174,00**	249,00	6,4%
336	Außenwandbekleidungen, innen [m²]	41,00	**45,00**	53,00	1,4%
337	Elementierte Außenwandkonstruktionen [m²]	160,00	**175,00**	190,00	3,3%
338	Lichtschutz zur KG 330 [m²]	163,00	**238,00**	501,00	1,5%
339	Sonstiges zur KG 330 [m²]	3,30	**7,30**	11,00	0,1%
340	**Innenwände/Vertikale Baukonstruktionen, innen**				
341	Tragende Innenwände [m²]	103,00	**143,00**	215,00	2,2%
342	Nichttragende Innenwände [m²]	71,00	**113,00**	196,00	1,6%
344	Innenwandöffnungen [m²]	532,00	**789,00**	978,00	4,0%
345	Innenwandbekleidungen [m²]	22,00	**31,00**	44,00	2,4%
346	Elementierte Innenwandkonstruktionen [m²]	172,00	**470,00**	908,00	3,4%
350	**Decken/Horizontale Baukonstruktionen**				
351	Deckenkonstruktionen [m²]	279,00	**518,00**	787,00	3,4%
353	Deckenbeläge [m²]	82,00	**122,00**	156,00	0,8%
354	Deckenbekleidungen [m²]	56,00	**115,00**	154,00	0,5%
355	Elementierte Deckenkonstruktionen [m²]	–	**607,00**	–	0,2%
359	Sonstiges zur KG 350 [m²]	48,00	**51,00**	53,00	0,4%
360	**Dächer**				
361	Dachkonstruktionen [m²]	136,00	**183,00**	241,00	6,1%
362	Dachöffnungen [m²]	1.024,00	**1.576,00**	2.315,00	0,9%
363	Dachbeläge [m²]	95,00	**131,00**	179,00	6,7%
364	Dachbekleidungen [m²]	27,00	**68,00**	104,00	1,9%
365	Elementierte Dachkonstruktionen [m²]	142,00	**145,00**	148,00	2,7%
369	Sonstiges zur KG 360 [m²]	2,80	**7,00**	15,00	0,3%
370	**Infrastrukturanlagen**				
380	**Baukonstruktive Einbauten**				
381	Allgemeine Einbauten [m² BGF]	45,00	**57,00**	80,00	2,7%
390	**Sonstige Maßnahmen für Baukonstruktionen**				
391	Baustelleneinrichtung [m² BGF]	19,00	**32,00**	50,00	1,8%
392	Gerüste [m² BGF]	12,00	**16,00**	22,00	0,7%
397	Zusätzliche Maßnahmen [m² BGF]	3,60	**7,30**	13,00	0,3%

▷ von
ø Mittel
◁ bis

Kostengruppen		▷	€/Einheit	◁	KG an 300+400
	Sonstige Kostengruppen Bauwerk - Baukonstruktion				
	326, 329, 333, 343, 349, 386, 387, 389, 395, 398, 399				0,4%
410	**Abwasser-, Wasser-, Gasanlagen**				
411	Abwasseranlagen [m² BGF]	16,00	**25,00**	44,00	1,3%
412	Wasseranlagen [m² BGF]	38,00	**53,00**	65,00	3,1%
419	Sonstiges zur KG 410 [m² BGF]	6,10	**8,90**	12,00	0,5%
420	**Wärmeversorgungsanlagen**				
421	Wärmeerzeugungsanlagen [m² BGF]	17,00	**33,00**	55,00	1,9%
422	Wärmeverteilnetze [m² BGF]	12,00	**18,00**	20,00	1,0%
423	Raumheizflächen [m² BGF]	23,00	**31,00**	75,00	1,8%
430	**Raumlufttechnische Anlagen**				
431	Lüftungsanlagen [m² BGF]	13,00	**28,00**	55,00	1,0%
440	**Elektrische Anlagen**				
442	Eigenstromversorgungsanlagen [m² BGF]	–	**40,00**	–	0,3%
444	Niederspannungsinstallationsanlagen [m² BGF]	24,00	**48,00**	60,00	2,7%
445	Beleuchtungsanlagen [m² BGF]	18,00	**43,00**	63,00	2,3%
446	Blitzschutz- und Erdungsanlagen [m² BGF]	5,20	**10,00**	17,00	0,6%
450	**Kommunikations-, sicherheits- und informationstechnische Anlagen**				
452	Such- und Signalanlagen [m² BGF]	1,50	**2,80**	4,60	0,1%
456	Gefahrenmelde- und Alarmanlagen [m² BGF]	5,30	**14,00**	24,00	0,6%
457	Datenübertragungsnetze [m² BGF]	2,60	**6,00**	22,00	0,3%
460	**Förderanlagen**				
461	Aufzugsanlagen [m² BGF]	–	**40,00**	–	0,3%
470	**Nutzungsspezifische und verfahrenstechnische Anlagen**				
480	**Gebäude- und Anlagenautomation**				
481	Automationseinrichtungen [m² BGF]	4,40	**13,00**	22,00	0,2%
490	**Sonstige Maßnahmen für technische Anlagen**				
	Sonstige Kostengruppen Bauwerk - Technische Anlagen				
	429, 451, 455, 474, 485, 497				0,1%

Kindergärten, unterkellert

Kosten:
Stand 1.Quartal 2021
Bundesdurchschnitt
inkl. 19% MwSt.

Kostengruppen		▷	€/Einheit	◁	KG an 300+400
310	**Baugrube / Erdbau**				
311	Herstellung [m³]	14,00	**27,00**	33,00	2,5%
312	Umschließung [m²]	3,70	**4,30**	4,80	0,0%
320	**Gründung, Unterbau**				
322	Flachgründungen und Bodenplatten [m²]	112,00	**134,00**	171,00	5,1%
324	Gründungsbeläge [m²]	131,00	**142,00**	150,00	4,6%
325	Abdichtungen und Bekleidungen [m²]	33,00	**53,00**	92,00	2,3%
330	**Außenwände/Vertikale Baukonstruktionen, außen**				
331	Tragende Außenwände [m²]	149,00	**155,00**	158,00	5,4%
332	Nichttragende Außenwände [m²]	–	**117,00**	–	0,3%
333	Außenstützen [m]	–	**63,00**	–	0,0%
334	Außenwandöffnungen [m²]	683,00	**756,00**	888,00	8,1%
335	Außenwandbekleidungen, außen [m²]	122,00	**149,00**	192,00	6,0%
336	Außenwandbekleidungen, innen [m²]	39,00	**40,00**	41,00	1,4%
338	Lichtschutz zur KG 330 [m²]	241,00	**254,00**	267,00	1,1%
339	Sonstiges zur KG 330 [m²]	6,30	**16,00**	34,00	0,7%
340	**Innenwände/Vertikale Baukonstruktionen, innen**				
341	Tragende Innenwände [m²]	90,00	**121,00**	136,00	4,8%
342	Nichttragende Innenwände [m²]	68,00	**112,00**	199,00	0,9%
344	Innenwandöffnungen [m²]	551,00	**707,00**	785,00	3,3%
345	Innenwandbekleidungen [m²]	25,00	**42,00**	52,00	3,7%
346	Elementierte Innenwandkonstruktionen [m²]	200,00	**292,00**	355,00	0,4%
349	Sonstiges zur KG 340 [m²]	0,30	**1,80**	3,30	0,1%
350	**Decken/Horizontale Baukonstruktionen**				
351	Deckenkonstruktionen [m²]	141,00	**193,00**	284,00	2,6%
353	Deckenbeläge [m²]	87,00	**96,00**	108,00	1,2%
354	Deckenbekleidungen [m²]	30,00	**77,00**	169,00	0,5%
359	Sonstiges zur KG 350 [m²]	48,00	**127,00**	206,00	0,7%
360	**Dächer**				
361	Dachkonstruktionen [m²]	81,00	**119,00**	141,00	5,1%
362	Dachöffnungen [m²]	764,00	**3.093,00**	5.421,00	0,2%
363	Dachbeläge [m²]	130,00	**196,00**	311,00	7,6%
364	Dachbekleidungen [m²]	90,00	**95,00**	98,00	3,7%
369	Sonstiges zur KG 360 [m²]	5,40	**12,00**	19,00	0,3%
370	**Infrastrukturanlagen**				
380	**Baukonstruktive Einbauten**				
381	Allgemeine Einbauten [m² BGF]	18,00	**73,00**	102,00	4,2%
382	Besondere Einbauten [m² BGF]	–	**3,00**	–	0,1%
386	Orientierungs- und Informationssysteme [m² BGF]	–	**11,00**	–	0,2%

▷ von
ø Mittel
◁ bis

Kostengruppen		▷	€/Einheit	◁	KG an 300+400
390	**Sonstige Maßnahmen für Baukonstruktionen**				
391	Baustelleneinrichtung [m2 BGF]	52,00	**61,00**	75,00	3,3%
392	Gerüste [m2 BGF]	12,00	**15,00**	17,00	0,8%
394	Abbruchmaßnahmen [m2 BGF]	–	**2,70**	–	0,0%
395	Instandsetzungen [m2 BGF]	1,70	**4,80**	8,00	0,2%
396	Materialentsorgung [m2 BGF]	–	**3,50**	–	0,1%
397	Zusätzliche Maßnahmen [m2 BGF]	4,20	**9,60**	13,00	0,5%
410	**Abwasser-, Wasser-, Gasanlagen**				
411	Abwasseranlagen [m2 BGF]	22,00	**27,00**	30,00	1,5%
412	Wasseranlagen [m2 BGF]	36,00	**52,00**	84,00	2,7%
419	Sonstiges zur KG 410 [m2 BGF]	4,50	**5,40**	6,30	0,2%
420	**Wärmeversorgungsanlagen**				
421	Wärmeerzeugungsanlagen [m2 BGF]	10,00	**26,00**	56,00	1,4%
422	Wärmeverteilnetze [m2 BGF]	18,00	**20,00**	25,00	1,1%
423	Raumheizflächen [m2 BGF]	16,00	**30,00**	37,00	1,7%
429	Sonstiges zur KG 420 [m2 BGF]	1,20	**2,50**	3,80	0,1%
430	**Raumlufttechnische Anlagen**				
431	Lüftungsanlagen [m2 BGF]	3,40	**37,00**	105,00	1,7%
440	**Elektrische Anlagen**				
444	Niederspannungsinstallationsanlagen [m2 BGF]	34,00	**68,00**	132,00	3,4%
445	Beleuchtungsanlagen [m2 BGF]	32,00	**48,00**	76,00	2,5%
446	Blitzschutz- und Erdungsanlagen [m2 BGF]	0,50	**6,60**	11,00	0,3%
450	**Kommunikations-, sicherheits- und informationstechnische Anlagen**				
451	Telekommunikationsanlagen [m2 BGF]	3,00	**4,30**	5,50	0,1%
452	Such- und Signalanlagen [m2 BGF]	1,10	**3,50**	7,70	0,2%
453	Zeitdienstanlagen [m2 BGF]	–	**0,40**	–	0,0%
455	Audiovisuelle Medien- und Antennenanlagen [m2 BGF]	–	**0,50**	–	0,0%
456	Gefahrenmelde- und Alarmanlagen [m2 BGF]	2,30	**4,90**	9,20	0,3%
457	Datenübertragungsnetze [m2 BGF]	0,40	**3,20**	5,00	0,2%
460	**Förderanlagen**				
470	**Nutzungsspezifische und verfahrenstechnische Anlagen**				
474	Feuerlöschanlagen [m2 BGF]	0,80	**1,00**	1,10	0,1%
480	**Gebäude- und Anlagenautomation**				
481	Automationseinrichtungen [m2 BGF]	–	**8,80**	–	0,1%
482	Schaltschränke, Automationsschwerpunkte [m2 BGF]	–	**20,00**	–	0,3%
485	Datenübertragungsnetze [m2 BGF]	–	**6,60**	–	0,1%
490	**Sonstige Maßnahmen für technische Anlagen**				
491	Baustelleneinrichtung [m2 BGF]	–	**0,50**	–	0,0%
492	Gerüste [m2 BGF]	–	**1,90**	–	0,0%
495	Instandsetzungen [m2 BGF]	1,00	**3,30**	5,70	0,1%
497	Zusätzliche Maßnahmen [m2 BGF]	–	**0,30**	–	0,0%

Kostengruppen		▷	€/Einheit	◁	KG an 300+400
310	**Baugrube / Erdbau**				
311	Herstellung [m³]	13,00	**29,00**	45,00	2,2%
312	Umschließung [m²]	–	**2,70**	–	0,0%
320	**Gründung, Unterbau**				
321	Baugrundverbesserung [m²]	–	**26,00**	–	0,4%
322	Flachgründungen und Bodenplatten [m²]	128,00	**155,00**	205,00	6,5%
324	Gründungsbeläge [m²]	122,00	**159,00**	182,00	5,8%
325	Abdichtungen und Bekleidungen [m²]	8,40	**14,00**	17,00	0,6%
326	Dränagen [m²]	3,80	**6,50**	9,20	0,2%
329	Sonstiges zur KG 320 [m²]	–	**4,40**	–	0,1%
330	**Außenwände/Vertikale Baukonstruktionen, außen**				
331	Tragende Außenwände [m²]	169,00	**177,00**	189,00	4,7%
333	Außenstützen [m]	–	**342,00**	–	0,2%
334	Außenwandöffnungen [m²]	646,00	**754,00**	808,00	15,3%
335	Außenwandbekleidungen, außen [m²]	71,00	**98,00**	148,00	2,9%
336	Außenwandbekleidungen, innen [m²]	7,50	**43,00**	69,00	1,1%
338	Lichtschutz zur KG 330 [m²]	–	**171,00**	–	0,3%
340	**Innenwände/Vertikale Baukonstruktionen, innen**				
341	Tragende Innenwände [m²]	81,00	**101,00**	136,00	1,2%
342	Nichttragende Innenwände [m²]	68,00	**92,00**	137,00	0,6%
343	Innenstützen [m]	106,00	**198,00**	289,00	0,1%
344	Innenwandöffnungen [m²]	136,00	**468,00**	644,00	1,6%
345	Innenwandbekleidungen [m²]	22,00	**67,00**	150,00	2,4%
346	Elementierte Innenwandkonstruktionen [m²]	140,00	**182,00**	223,00	0,2%
347	Lichtschutz zur KG 340 [m²]	–	**300,00**	–	0,0%
349	Sonstiges zur KG 340 [m²]	14,00	**20,00**	26,00	0,3%
350	**Decken/Horizontale Baukonstruktionen**				
351	Deckenkonstruktionen [m²]	133,00	**186,00**	240,00	1,5%
353	Deckenbeläge [m²]	117,00	**250,00**	383,00	1,6%
354	Deckenbekleidungen [m²]	80,00	**91,00**	102,00	0,6%
355	Elementierte Deckenkonstruktionen [m²]	–	**211,00**	–	0,1%
359	Sonstiges zur KG 350 [m²]	16,00	**24,00**	33,00	0,2%
360	**Dächer**				
361	Dachkonstruktionen [m²]	153,00	**233,00**	379,00	11,5%
362	Dachöffnungen [m²]	499,00	**2.027,00**	3.554,00	1,0%
363	Dachbeläge [m²]	123,00	**229,00**	441,00	10,5%
364	Dachbekleidungen [m²]	6,10	**57,00**	83,00	3,1%
369	Sonstiges zur KG 360 [m²]	–	**1,20**	–	0,0%
370	**Infrastrukturanlagen**				
380	**Baukonstruktive Einbauten**				
381	Allgemeine Einbauten [m² BGF]	–	**23,00**	–	0,4%
382	Besondere Einbauten [m² BGF]	–	**9,20**	–	0,2%

Kosten:
Stand 1.Quartal 2021
Bundesdurchschnitt
inkl. 19% MwSt.

▷ von
ø Mittel
◁ bis

Kostengruppen		▷	€/Einheit	◁	KG an 300+400
390	**Sonstige Maßnahmen für Baukonstruktionen**				
391	Baustelleneinrichtung [m2 BGF]	7,50	**27,00**	62,00	1,4%
392	Gerüste [m2 BGF]	29,00	**33,00**	38,00	1,1%
395	Instandsetzungen [m2 BGF]	–	**14,00**	–	0,2%
397	Zusätzliche Maßnahmen [m2 BGF]	2,00	**3,60**	5,90	0,2%
399	Sonstiges zur KG 390 [m2 BGF]	1,50	**2,00**	2,40	0,1%
410	**Abwasser-, Wasser-, Gasanlagen**				
411	Abwasseranlagen [m2 BGF]	25,00	**31,00**	40,00	1,6%
412	Wasseranlagen [m2 BGF]	42,00	**49,00**	65,00	2,5%
420	**Wärmeversorgungsanlagen**				
421	Wärmeerzeugungsanlagen [m2 BGF]	8,00	**25,00**	34,00	1,3%
422	Wärmeverteilnetze [m2 BGF]	5,40	**23,00**	32,00	1,2%
423	Raumheizflächen [m2 BGF]	12,00	**24,00**	47,00	1,2%
429	Sonstiges zur KG 420 [m2 BGF]	–	**11,00**	–	0,2%
430	**Raumlufttechnische Anlagen**				
431	Lüftungsanlagen [m2 BGF]	11,00	**58,00**	82,00	3,0%
440	**Elektrische Anlagen**				
442	Eigenstromversorgungsanlagen [m2 BGF]	11,00	**17,00**	24,00	0,6%
443	Niederspannungsschaltanlagen [m2 BGF]	–	**10,00**	–	0,2%
444	Niederspannungsinstallationsanlagen [m2 BGF]	33,00	**85,00**	188,00	4,2%
445	Beleuchtungsanlagen [m2 BGF]	17,00	**40,00**	81,00	2,0%
446	Blitzschutz- und Erdungsanlagen [m2 BGF]	4,10	**6,70**	12,00	0,3%
450	**Kommunikations-, sicherheits- und informationstechnische Anlagen**				
451	Telekommunikationsanlagen [m2 BGF]	–	**0,60**	–	0,0%
452	Such- und Signalanlagen [m2 BGF]	–	**0,70**	–	0,0%
453	Zeitdienstanlagen [m2 BGF]	–	**0,30**	–	0,0%
454	Elektroakustische Anlagen [m2 BGF]	3,10	**4,50**	5,90	0,2%
455	Audiovisuelle Medien- und Antennenanlagen [m2 BGF]	0,80	**1,00**	1,10	0,0%
456	Gefahrenmelde- und Alarmanlagen [m2 BGF]	–	**18,00**	–	0,3%
457	Datenübertragungsnetze [m2 BGF]	–	**20,00**	–	0,3%
460	**Förderanlagen**				
470	**Nutzungsspezifische und verfahrenstechnische Anlagen**				
471	Küchentechnische Anlagen [m2 BGF]	–	**0,90**	–	0,0%
474	Feuerlöschanlagen [m2 BGF]	–	**0,40**	–	0,0%
480	**Gebäude- und Anlagenautomation**				
481	Automationseinrichtungen [m2 BGF]	–	**17,00**	–	0,3%
482	Schaltschränke, Automationsschwerpunkte [m2 BGF]	–	**7,80**	–	0,1%
490	**Sonstige Maßnahmen für technische Anlagen**				
494	Abbruchmaßnahmen [m2 BGF]	–	**0,50**	–	0,0%

Sporthallen (Einfeldhallen)

Kosten:
Stand 1.Quartal 2021
Bundesdurchschnitt
inkl. 19% MwSt.

▷ von
ø Mittel
◁ bis

Kostengruppen		▷	€/Einheit	◁	KG an 300+400
310	**Baugrube / Erdbau**				
311	Herstellung [m³]	20,00	**27,00**	38,00	2,8%
320	**Gründung, Unterbau**				
321	Baugrundverbesserung [m²]	8,00	**25,00**	42,00	1,1%
322	Flachgründungen und Bodenplatten [m²]	84,00	**111,00**	158,00	5,1%
324	Gründungsbeläge [m²]	132,00	**152,00**	162,00	6,6%
325	Abdichtungen und Bekleidungen [m²]	18,00	**27,00**	41,00	1,3%
326	Dränagen [m²]	7,30	**8,20**	9,10	0,2%
330	**Außenwände/Vertikale Baukonstruktionen, außen**				
331	Tragende Außenwände [m²]	139,00	**197,00**	295,00	7,0%
332	Nichttragende Außenwände [m²]	–	**111,00**	–	0,1%
333	Außenstützen [m]	53,00	**167,00**	282,00	0,6%
334	Außenwandöffnungen [m²]	629,00	**858,00**	1.312,00	5,6%
335	Außenwandbekleidungen, außen [m²]	111,00	**150,00**	174,00	7,1%
336	Außenwandbekleidungen, innen [m²]	70,00	**84,00**	91,00	3,0%
339	Sonstiges zur KG 330 [m²]	3,80	**4,10**	4,30	0,1%
340	**Innenwände/Vertikale Baukonstruktionen, innen**				
341	Tragende Innenwände [m²]	83,00	**106,00**	119,00	1,9%
342	Nichttragende Innenwände [m²]	75,00	**80,00**	89,00	0,8%
343	Innenstützen [m]	48,00	**78,00**	108,00	0,2%
344	Innenwandöffnungen [m²]	592,00	**757,00**	840,00	3,2%
345	Innenwandbekleidungen [m²]	40,00	**68,00**	84,00	3,8%
346	Elementierte Innenwandkonstruktionen [m²]	–	**338,00**	–	0,3%
349	Sonstiges zur KG 340 [m²]	1,00	**1,70**	2,90	0,1%
350	**Decken/Horizontale Baukonstruktionen**				
351	Deckenkonstruktionen [m²]	74,00	**190,00**	265,00	1,7%
353	Deckenbeläge [m²]	109,00	**141,00**	172,00	0,8%
354	Deckenbekleidungen [m²]	27,00	**43,00**	67,00	0,3%
359	Sonstiges zur KG 350 [m²]	74,00	**131,00**	188,00	0,8%
360	**Dächer**				
361	Dachkonstruktionen [m²]	138,00	**208,00**	319,00	12,1%
362	Dachöffnungen [m²]	434,00	**1.033,00**	1.631,00	0,8%
363	Dachbeläge [m²]	113,00	**136,00**	149,00	7,9%
364	Dachbekleidungen [m²]	15,00	**49,00**	71,00	2,1%
369	Sonstiges zur KG 360 [m²]	–	**7,20**	–	0,1%
370	**Infrastrukturanlagen**				
380	**Baukonstruktive Einbauten**				
382	Besondere Einbauten [m² BGF]	9,70	**23,00**	31,00	1,3%
386	Orientierungs- und Informationssysteme [m² BGF]	–	**0,20**	–	0,0%
387	Schutzeinbauten [m² BGF]	5,30	**9,70**	14,00	0,4%

Kostengruppen		▷	€/Einheit	◁	KG an 300+400
390	**Sonstige Maßnahmen für Baukonstruktionen**				
391	Baustelleneinrichtung [m² BGF]	25,00	**28,00**	34,00	1,6%
392	Gerüste [m² BGF]	24,00	**35,00**	54,00	1,9%
395	Instandsetzungen [m² BGF]	–	**0,30**	–	0,0%
397	Zusätzliche Maßnahmen [m² BGF]	0,20	**3,50**	6,80	0,2%
410	**Abwasser-, Wasser-, Gasanlagen**				
411	Abwasseranlagen [m² BGF]	8,20	**14,00**	23,00	0,8%
412	Wasseranlagen [m² BGF]	42,00	**50,00**	55,00	2,9%
419	Sonstiges zur KG 410 [m² BGF]	–	**5,20**	–	0,1%
420	**Wärmeversorgungsanlagen**				
421	Wärmeerzeugungsanlagen [m² BGF]	8,10	**11,00**	17,00	0,7%
422	Wärmeverteilnetze [m² BGF]	14,00	**30,00**	52,00	1,6%
423	Raumheizflächen [m² BGF]	11,00	**34,00**	49,00	1,9%
429	Sonstiges zur KG 420 [m² BGF]	–	**1,00**	–	0,0%
430	**Raumlufttechnische Anlagen**				
431	Lüftungsanlagen [m² BGF]	7,00	**20,00**	46,00	1,2%
440	**Elektrische Anlagen**				
442	Eigenstromversorgungsanlagen [m² BGF]	–	**12,00**	–	0,2%
444	Niederspannungsinstallationsanlagen [m² BGF]	25,00	**33,00**	48,00	1,9%
445	Beleuchtungsanlagen [m² BGF]	44,00	**76,00**	137,00	4,6%
446	Blitzschutz- und Erdungsanlagen [m² BGF]	4,90	**9,00**	11,00	0,5%
450	**Kommunikations-, sicherheits- und informationstechnische Anlagen**				
451	Telekommunikationsanlagen [m² BGF]	–	**0,10**	–	0,0%
452	Such- und Signalanlagen [m² BGF]	–	**2,10**	–	0,0%
454	Elektroakustische Anlagen [m² BGF]	0,70	**3,90**	7,00	0,2%
456	Gefahrenmelde- und Alarmanlagen [m² BGF]	6,40	**10,00**	16,00	0,6%
457	Datenübertragungsnetze [m² BGF]	0,60	**3,00**	5,40	0,1%
460	**Förderanlagen**				
470	**Nutzungsspezifische und verfahrenstechnische Anlagen**				
480	**Gebäude- und Anlagenautomation**				
490	**Sonstige Maßnahmen für technische Anlagen**				
491	Baustelleneinrichtung [m² BGF]	–	**0,60**	–	0,0%

Sporthallen (Dreifeldhallen)

Kosten:
Stand 1.Quartal 2021
Bundesdurchschnitt
inkl. 19% MwSt.

Kostengruppen		▷	€/Einheit	◁	KG an 300+400
310	**Baugrube / Erdbau**				
311	Herstellung [m³]	19,00	**23,00**	28,00	2,3%
320	**Gründung, Unterbau**				
321	Baugrundverbesserung [m²]	4,50	**25,00**	65,00	0,1%
322	Flachgründungen und Bodenplatten [m²]	87,00	**104,00**	126,00	3,6%
323	Tiefgründungen [m²]	–	**528,00**	–	0,8%
324	Gründungsbeläge [m²]	122,00	**138,00**	175,00	4,7%
325	Abdichtungen und Bekleidungen [m²]	3,80	**30,00**	39,00	1,1%
326	Dränagen [m²]	14,00	**21,00**	41,00	0,8%
330	**Außenwände/Vertikale Baukonstruktionen, außen**				
331	Tragende Außenwände [m²]	77,00	**185,00**	225,00	2,9%
333	Außenstützen [m]	172,00	**242,00**	302,00	0,5%
334	Außenwandöffnungen [m²]	540,00	**646,00**	763,00	8,8%
335	Außenwandbekleidungen, außen [m²]	67,00	**128,00**	202,00	2,2%
336	Außenwandbekleidungen, innen [m²]	45,00	**99,00**	118,00	1,1%
338	Lichtschutz zur KG 330 [m²]	141,00	**170,00**	223,00	1,0%
339	Sonstiges zur KG 330 [m²]	12,00	**27,00**	53,00	0,6%
340	**Innenwände/Vertikale Baukonstruktionen, innen**				
341	Tragende Innenwände [m²]	119,00	**137,00**	155,00	1,7%
342	Nichttragende Innenwände [m²]	79,00	**89,00**	112,00	0,8%
343	Innenstützen [m]	111,00	**225,00**	378,00	0,2%
344	Innenwandöffnungen [m²]	545,00	**874,00**	1.192,00	2,7%
345	Innenwandbekleidungen [m²]	78,00	**95,00**	113,00	2,8%
346	Elementierte Innenwandkonstruktionen [m²]	149,00	**201,00**	241,00	0,7%
349	Sonstiges zur KG 340 [m²]	2,50	**6,00**	12,00	0,1%
350	**Decken/Horizontale Baukonstruktionen**				
351	Deckenkonstruktionen [m²]	181,00	**190,00**	202,00	2,3%
353	Deckenbeläge [m²]	142,00	**172,00**	186,00	1,4%
354	Deckenbekleidungen [m²]	45,00	**53,00**	61,00	0,4%
359	Sonstiges zur KG 350 [m²]	64,00	**76,00**	91,00	0,9%
360	**Dächer**				
361	Dachkonstruktionen [m²]	129,00	**165,00**	254,00	8,0%
362	Dachöffnungen [m²]	564,00	**778,00**	1.297,00	3,8%
363	Dachbeläge [m²]	100,00	**139,00**	178,00	7,2%
364	Dachbekleidungen [m²]	76,00	**177,00**	229,00	2,4%
369	Sonstiges zur KG 360 [m²]	0,40	**2,70**	5,00	0,1%
370	**Infrastrukturanlagen**				
380	**Baukonstruktive Einbauten**				
381	Allgemeine Einbauten [m² BGF]	15,00	**21,00**	33,00	0,8%
382	Besondere Einbauten [m² BGF]	78,00	**94,00**	99,00	4,7%

▷ von
ø Mittel
◁ bis

Kostengruppen		▷	€/Einheit	◁	KG an 300+400
390	**Sonstige Maßnahmen für Baukonstruktionen**				
391	Baustelleneinrichtung [m² BGF]	49,00	**77,00**	107,00	3,7%
392	Gerüste [m² BGF]	10,00	**30,00**	51,00	1,4%
397	Zusätzliche Maßnahmen [m² BGF]	7,80	**30,00**	95,00	1,4%
	Sonstige Kostengruppen Bauwerk - Baukonstruktion				
	312, 313, 319, 329, 332, 386, 387, 396, 399				0,5%
410	**Abwasser-, Wasser-, Gasanlagen**				
411	Abwasseranlagen [m² BGF]	34,00	**38,00**	47,00	1,4%
412	Wasseranlagen [m² BGF]	42,00	**52,00**	67,00	2,0%
420	**Wärmeversorgungsanlagen**				
421	Wärmeerzeugungsanlagen [m² BGF]	–	**61,00**	–	0,7%
422	Wärmeverteilnetze [m² BGF]	–	**30,00**	–	0,4%
423	Raumheizflächen [m² BGF]	–	**41,00**	–	0,5%
430	**Raumlufttechnische Anlagen**				
431	Lüftungsanlagen [m² BGF]	19,00	**42,00**	65,00	1,0%
440	**Elektrische Anlagen**				
441	Hoch- und Mittelspannungsanlagen [m² BGF]	–	**9,40**	–	0,1%
442	Eigenstromversorgungsanlagen [m² BGF]	–	**19,00**	–	0,2%
444	Niederspannungsinstallationsanlagen [m² BGF]	35,00	**36,00**	36,00	0,9%
445	Beleuchtungsanlagen [m² BGF]	37,00	**37,00**	37,00	1,0%
450	**Kommunikations-, sicherheits- und informationstechnische Anlagen**				
454	Elektroakustische Anlagen [m² BGF]	8,30	**9,30**	10,00	0,2%
460	**Förderanlagen**				
470	**Nutzungsspezifische und verfahrenstechnische Anlagen**				
480	**Gebäude- und Anlagenautomation**				
481	Automationseinrichtungen [m² BGF]	–	**12,00**	–	0,1%
490	**Sonstige Maßnahmen für technische Anlagen**				
	Sonstige Kostengruppen Bauwerk - Technische Anlagen				
	429, 446, 451, 453, 456, 474, 476, 482, 484, 494, 499				0,4%

Ein- und Zweifamilienhäuser, unterkellert, einfacher Standard

Kosten:
Stand 1.Quartal 2021
Bundesdurchschnitt
inkl. 19% MwSt.

Kostengruppen		▷	€/Einheit	◁	KG an 300+400
310	**Baugrube / Erdbau**				
311	Herstellung [m³]	19,00	**27,00**	42,00	3,8%
313	Wasserhaltung [m³]	3,40	**3,40**	3,40	0,1%
320	**Gründung, Unterbau**				
321	Baugrundverbesserung [m²]	–	**195,00**	–	0,0%
322	Flachgründungen und Bodenplatten [m²]	79,00	**86,00**	98,00	3,3%
324	Gründungsbeläge [m²]	23,00	**61,00**	87,00	1,9%
325	Abdichtungen und Bekleidungen [m²]	14,00	**26,00**	34,00	0,9%
326	Dränagen [m²]	11,00	**42,00**	72,00	0,9%
330	**Außenwände/Vertikale Baukonstruktionen, außen**				
331	Tragende Außenwände [m²]	131,00	**144,00**	163,00	12,0%
332	Nichttragende Außenwände [m²]	65,00	**134,00**	203,00	0,2%
333	Außenstützen [m]	–	**88,00**	–	0,2%
334	Außenwandöffnungen [m²]	531,00	**589,00**	676,00	6,2%
335	Außenwandbekleidungen, außen [m²]	39,00	**50,00**	55,00	4,6%
336	Außenwandbekleidungen, innen [m²]	20,00	**25,00**	29,00	2,2%
338	Lichtschutz zur KG 330 [m²]	82,00	**277,00**	388,00	1,8%
339	Sonstiges zur KG 330 [m²]	1,70	**7,70**	11,00	0,7%
340	**Innenwände/Vertikale Baukonstruktionen, innen**				
341	Tragende Innenwände [m²]	77,00	**102,00**	114,00	2,5%
342	Nichttragende Innenwände [m²]	52,00	**72,00**	84,00	2,4%
343	Innenstützen [m]	–	**37,00**	–	0,0%
344	Innenwandöffnungen [m²]	221,00	**255,00**	303,00	2,4%
345	Innenwandbekleidungen [m²]	37,00	**42,00**	51,00	4,6%
349	Sonstiges zur KG 340 [m²]	–	**8,30**	–	0,2%
350	**Decken/Horizontale Baukonstruktionen**				
351	Deckenkonstruktionen [m²]	128,00	**146,00**	183,00	8,6%
352	Deckenöffnungen [m²]	610,00	**610,00**	610,00	0,1%
353	Deckenbeläge [m²]	122,00	**143,00**	155,00	7,1%
354	Deckenbekleidungen [m²]	10,00	**19,00**	31,00	0,9%
355	Elementierte Deckenkonstruktionen [m²]	–	**767,00**	–	0,6%
359	Sonstiges zur KG 350 [m²]	–	**12,00**	–	0,2%
360	**Dächer**				
361	Dachkonstruktionen [m²]	63,00	**69,00**	81,00	3,9%
362	Dachöffnungen [m²]	625,00	**1.057,00**	1.321,00	1,1%
363	Dachbeläge [m²]	94,00	**126,00**	172,00	7,1%
364	Dachbekleidungen [m²]	29,00	**52,00**	94,00	2,3%
369	Sonstiges zur KG 360 [m²]	–	**11,00**	–	0,2%
370	**Infrastrukturanlagen**				
380	**Baukonstruktive Einbauten**				
390	**Sonstige Maßnahmen für Baukonstruktionen**				
391	Baustelleneinrichtung [m² BGF]	8,10	**14,00**	19,00	0,9%
392	Gerüste [m² BGF]	5,50	**7,50**	11,00	0,8%

▷ von
ø Mittel
◁ bis

Ein- und Zweifamilienhäuser, unterkellert, einfacher Standard

Kostengruppen	▷	€/Einheit	◁	KG an 300+400
410 Abwasser-, Wasser-, Gasanlagen				
411 Abwasseranlagen [m² BGF]	8,90	**17,00**	31,00	1,7%
412 Wasseranlagen [m² BGF]	30,00	**35,00**	37,00	3,6%
419 Sonstiges zur KG 410 [m² BGF]	–	**1,10**	–	0,0%
420 Wärmeversorgungsanlagen				
421 Wärmeerzeugungsanlagen [m² BGF]	25,00	**27,00**	31,00	2,8%
422 Wärmeverteilnetze [m² BGF]	6,60	**9,50**	15,00	1,0%
423 Raumheizflächen [m² BGF]	11,00	**17,00**	20,00	1,7%
429 Sonstiges zur KG 420 [m² BGF]	13,00	**14,00**	15,00	1,0%
430 Raumlufttechnische Anlagen				
440 Elektrische Anlagen				
444 Niederspannungsinstallationsanlagen [m² BGF]	20,00	**26,00**	39,00	2,6%
445 Beleuchtungsanlagen [m² BGF]	0,10	**0,60**	1,00	0,0%
446 Blitzschutz- und Erdungsanlagen [m² BGF]	0,80	**1,50**	3,00	0,2%
450 Kommunikations-, sicherheits- und informationstechnische Anlagen				
451 Telekommunikationsanlagen [m² BGF]	0,70	**1,20**	2,20	0,1%
452 Such- und Signalanlagen [m² BGF]	0,90	**1,40**	2,30	0,2%
455 Audiovisuelle Medien- und Antennenanlagen [m² BGF]	1,20	**3,20**	6,40	0,3%
460 Förderanlagen				
470 Nutzungsspezifische und verfahrenstechnische Anlagen				
480 Gebäude- und Anlagenautomation				
490 Sonstige Maßnahmen für technische Anlagen				

Ein- und Zweifamilienhäuser, unterkellert, mittlerer Standard

Kosten:
Stand 1.Quartal 2021
Bundesdurchschnitt
inkl. 19% MwSt.

Kostengruppen		▷	€/Einheit	◁	KG an 300+400
310	**Baugrube / Erdbau**				
311	Herstellung [m³]	23,00	**32,00**	44,00	3,6%
313	Wasserhaltung [m³]	4,90	**14,00**	29,00	0,3%
320	**Gründung, Unterbau**				
321	Baugrundverbesserung [m²]	–	**63,00**	–	0,0%
322	Flachgründungen und Bodenplatten [m²]	98,00	**120,00**	141,00	3,2%
324	Gründungsbeläge [m²]	62,00	**103,00**	129,00	1,9%
325	Abdichtungen und Bekleidungen [m²]	17,00	**34,00**	53,00	0,9%
326	Dränagen [m²]	10,00	**24,00**	59,00	0,3%
330	**Außenwände/Vertikale Baukonstruktionen, außen**				
331	Tragende Außenwände [m²]	104,00	**143,00**	198,00	9,0%
332	Nichttragende Außenwände [m²]	123,00	**187,00**	252,00	0,0%
333	Außenstützen [m]	99,00	**118,00**	155,00	0,1%
334	Außenwandöffnungen [m²]	481,00	**606,00**	764,00	8,0%
335	Außenwandbekleidungen, außen [m²]	85,00	**127,00**	158,00	8,9%
336	Außenwandbekleidungen, innen [m²]	36,00	**43,00**	59,00	2,2%
337	Elementierte Außenwandkonstruktionen [m²]	–	**238,00**	–	0,6%
338	Lichtschutz zur KG 330 [m²]	183,00	**283,00**	474,00	1,4%
339	Sonstiges zur KG 330 [m²]	4,80	**16,00**	57,00	1,1%
340	**Innenwände/Vertikale Baukonstruktionen, innen**				
341	Tragende Innenwände [m²]	72,00	**94,00**	135,00	2,5%
342	Nichttragende Innenwände [m²]	69,00	**93,00**	209,00	1,8%
343	Innenstützen [m]	92,00	**109,00**	150,00	0,1%
344	Innenwandöffnungen [m²]	313,00	**401,00**	502,00	2,3%
345	Innenwandbekleidungen [m²]	37,00	**44,00**	57,00	3,3%
349	Sonstiges zur KG 340 [m²]	1,80	**7,20**	9,90	0,1%
350	**Decken/Horizontale Baukonstruktionen**				
351	Deckenkonstruktionen [m²]	143,00	**180,00**	266,00	7,8%
352	Deckenöffnungen [m²]	717,00	**717,00**	717,00	0,0%
353	Deckenbeläge [m²]	122,00	**149,00**	196,00	5,4%
354	Deckenbekleidungen [m²]	12,00	**25,00**	48,00	0,7%
355	Elementierte Deckenkonstruktionen [m²]	–	**1.397,00**	–	0,2%
359	Sonstiges zur KG 350 [m²]	7,90	**24,00**	56,00	0,7%
360	**Dächer**				
361	Dachkonstruktionen [m²]	58,00	**89,00**	130,00	3,0%
362	Dachöffnungen [m²]	923,00	**1.443,00**	2.290,00	1,1%
363	Dachbeläge [m²]	128,00	**162,00**	330,00	5,3%
364	Dachbekleidungen [m²]	35,00	**66,00**	104,00	1,7%
366	Lichtschutz zur KG 360 [m²]	554,00	**664,00**	773,00	0,1%
369	Sonstiges zur KG 360 [m²]	2,90	**16,00**	39,00	0,3%
370	**Infrastrukturanlagen**				

▷ von
ø Mittel
◁ bis

Kostengruppen		▷	€/Einheit	◁	KG an 300+400
380	**Baukonstruktive Einbauten**				
381	Allgemeine Einbauten [m² BGF]	6,00	**14,00**	45,00	0,3%
382	Besondere Einbauten [m² BGF]	–	**6,50**	–	0,0%
389	Sonstiges zur KG 380 [m² BGF]	–	**3,10**	–	0,0%
390	**Sonstige Maßnahmen für Baukonstruktionen**				
391	Baustelleneinrichtung [m² BGF]	14,00	**27,00**	56,00	2,0%
392	Gerüste [m² BGF]	8,20	**13,00**	19,00	1,0%
396	Materialentsorgung [m² BGF]	–	**0,20**	–	0,0%
397	Zusätzliche Maßnahmen [m² BGF]	2,00	**7,30**	16,00	0,2%
410	**Abwasser-, Wasser-, Gasanlagen**				
411	Abwasseranlagen [m² BGF]	11,00	**19,00**	31,00	1,4%
412	Wasseranlagen [m² BGF]	33,00	**44,00**	61,00	3,1%
419	Sonstiges zur KG 410 [m² BGF]	1,60	**2,60**	4,70	0,1%
420	**Wärmeversorgungsanlagen**				
421	Wärmeerzeugungsanlagen [m² BGF]	22,00	**55,00**	79,00	3,8%
422	Wärmeverteilnetze [m² BGF]	7,20	**12,00**	21,00	0,8%
423	Raumheizflächen [m² BGF]	24,00	**30,00**	39,00	2,2%
429	Sonstiges zur KG 420 [m² BGF]	9,10	**16,00**	33,00	0,9%
430	**Raumlufttechnische Anlagen**				
431	Lüftungsanlagen [m² BGF]	1,90	**19,00**	33,00	0,6%
440	**Elektrische Anlagen**				
442	Eigenstromversorgungsanlagen [m² BGF]	51,00	**72,00**	85,00	0,9%
444	Niederspannungsinstallationsanlagen [m² BGF]	28,00	**42,00**	66,00	3,1%
445	Beleuchtungsanlagen [m² BGF]	1,80	**3,10**	10,00	0,1%
446	Blitzschutz- und Erdungsanlagen [m² BGF]	1,30	**2,30**	5,60	0,2%
450	**Kommunikations-, sicherheits- und informationstechnische Anlagen**				
451	Telekommunikationsanlagen [m² BGF]	1,10	**1,70**	3,10	0,0%
452	Such- und Signalanlagen [m² BGF]	1,00	**2,40**	4,00	0,1%
454	Elektroakustische Anlagen [m² BGF]	1,20	**1,80**	3,00	0,0%
455	Audiovisuelle Medien- und Antennenanlagen [m² BGF]	2,80	**3,90**	5,50	0,2%
456	Gefahrenmelde- und Alarmanlagen [m² BGF]	1,30	**2,10**	4,40	0,0%
457	Datenübertragungsnetze [m² BGF]	2,30	**4,80**	7,80	0,2%
460	**Förderanlagen**				
470	**Nutzungsspezifische und verfahrenstechnische Anlagen**				
480	**Gebäude- und Anlagenautomation**				
481	Automationseinrichtungen [m² BGF]	16,00	**27,00**	37,00	0,2%
485	Datenübertragungsnetze [m² BGF]	–	**0,80**	–	0,0%
490	**Sonstige Maßnahmen für technische Anlagen**				

Ein- und Zweifamilienhäuser, unterkellert, hoher Standard

Kosten:
Stand 1.Quartal 2021
Bundesdurchschnitt
inkl. 19% MwSt.

Kostengruppen		▷	€/Einheit	◁	KG an 300+400
310	**Baugrube / Erdbau**				
311	Herstellung [m³]	5,50	**20,00**	27,00	2,2%
312	Umschließung [m²]	–	**3,10**	–	0,0%
320	**Gründung, Unterbau**				
321	Baugrundverbesserung [m²]	10,00	**11,00**	12,00	0,1%
322	Flachgründungen und Bodenplatten [m²]	123,00	**158,00**	199,00	3,8%
324	Gründungsbeläge [m²]	60,00	**124,00**	203,00	1,8%
325	Abdichtungen und Bekleidungen [m²]	20,00	**40,00**	51,00	1,0%
326	Dränagen [m²]	12,00	**18,00**	34,00	0,2%
330	**Außenwände/Vertikale Baukonstruktionen, außen**				
331	Tragende Außenwände [m²]	125,00	**150,00**	192,00	8,4%
332	Nichttragende Außenwände [m²]	96,00	**146,00**	225,00	0,2%
333	Außenstützen [m]	80,00	**121,00**	177,00	0,3%
334	Außenwandöffnungen [m²]	598,00	**748,00**	917,00	11,5%
335	Außenwandbekleidungen, außen [m²]	87,00	**117,00**	159,00	7,2%
336	Außenwandbekleidungen, innen [m²]	30,00	**42,00**	63,00	1,9%
338	Lichtschutz zur KG 330 [m²]	213,00	**348,00**	704,00	2,4%
339	Sonstiges zur KG 330 [m²]	5,60	**12,00**	23,00	0,7%
340	**Innenwände/Vertikale Baukonstruktionen, innen**				
341	Tragende Innenwände [m²]	86,00	**105,00**	136,00	1,9%
342	Nichttragende Innenwände [m²]	70,00	**91,00**	129,00	1,9%
343	Innenstützen [m]	90,00	**145,00**	159,00	0,2%
344	Innenwandöffnungen [m²]	372,00	**599,00**	824,00	3,0%
345	Innenwandbekleidungen [m²]	29,00	**45,00**	57,00	2,9%
349	Sonstiges zur KG 340 [m²]	3,50	**3,70**	4,00	0,0%
350	**Decken/Horizontale Baukonstruktionen**				
351	Deckenkonstruktionen [m²]	152,00	**199,00**	288,00	7,4%
353	Deckenbeläge [m²]	128,00	**186,00**	248,00	5,7%
354	Deckenbekleidungen [m²]	23,00	**52,00**	81,00	1,5%
359	Sonstiges zur KG 350 [m²]	20,00	**46,00**	151,00	1,0%
360	**Dächer**				
361	Dachkonstruktionen [m²]	66,00	**112,00**	184,00	2,8%
362	Dachöffnungen [m²]	849,00	**1.314,00**	2.284,00	0,4%
363	Dachbeläge [m²]	111,00	**173,00**	217,00	4,6%
364	Dachbekleidungen [m²]	35,00	**76,00**	133,00	1,6%
369	Sonstiges zur KG 360 [m²]	6,60	**12,00**	20,00	0,1%
370	**Infrastrukturanlagen**				
380	**Baukonstruktive Einbauten**				
381	Allgemeine Einbauten [m² BGF]	9,10	**27,00**	62,00	0,7%
382	Besondere Einbauten [m² BGF]	11,00	**18,00**	30,00	0,2%
389	Sonstiges zur KG 380 [m² BGF]	5,40	**6,30**	7,10	0,1%

▷ von
ø Mittel
◁ bis

Kostengruppen		▷	€/Einheit	◁	KG an 300+400
390	**Sonstige Maßnahmen für Baukonstruktionen**				
391	Baustelleneinrichtung [m² BGF]	13,00	**26,00**	52,00	1,5%
392	Gerüste [m² BGF]	7,30	**11,00**	17,00	0,7%
393	Sicherungsmaßnahmen [m² BGF]	2,30	**7,90**	14,00	0,1%
394	Abbruchmaßnahmen [m² BGF]	3,90	**4,90**	5,80	0,1%
395	Instandsetzungen [m² BGF]	–	**19,00**	–	0,1%
397	Zusätzliche Maßnahmen [m² BGF]	1,50	**6,70**	15,00	0,1%
398	Provisorische Baukonstruktionen [m² BGF]	–	**0,70**	–	0,0%
410	**Abwasser-, Wasser-, Gasanlagen**				
411	Abwasseranlagen [m² BGF]	18,00	**25,00**	35,00	1,5%
412	Wasseranlagen [m² BGF]	34,00	**53,00**	73,00	3,1%
413	Gasanlagen [m² BGF]	–	**2,50**	–	0,0%
419	Sonstiges zur KG 410 [m² BGF]	1,30	**2,50**	4,00	0,1%
420	**Wärmeversorgungsanlagen**				
421	Wärmeerzeugungsanlagen [m² BGF]	39,00	**73,00**	109,00	4,4%
422	Wärmeverteilnetze [m² BGF]	8,70	**17,00**	28,00	0,9%
423	Raumheizflächen [m² BGF]	23,00	**35,00**	44,00	2,1%
429	Sonstiges zur KG 420 [m² BGF]	8,10	**19,00**	48,00	1,0%
430	**Raumlufttechnische Anlagen**				
431	Lüftungsanlagen [m² BGF]	13,00	**31,00**	45,00	1,0%
433	Klimaanlagen [m² BGF]	–	**73,00**	–	0,3%
440	**Elektrische Anlagen**				
444	Niederspannungsinstallationsanlagen [m² BGF]	32,00	**55,00**	104,00	3,1%
445	Beleuchtungsanlagen [m² BGF]	3,90	**13,00**	37,00	0,6%
446	Blitzschutz- und Erdungsanlagen [m² BGF]	1,70	**3,90**	7,70	0,2%
450	**Kommunikations-, sicherheits- und informationstechnische Anlagen**				
451	Telekommunikationsanlagen [m² BGF]	–	**3,60**	–	0,0%
452	Such- und Signalanlagen [m² BGF]	2,10	**4,70**	12,00	0,3%
454	Elektroakustische Anlagen [m² BGF]	1,10	**2,90**	12,00	0,1%
455	Audiovisuelle Medien- und Antennenanlagen [m² BGF]	3,50	**4,70**	6,40	0,2%
456	Gefahrenmelde- und Alarmanlagen [m² BGF]	1,90	**6,40**	10,00	0,1%
457	Datenübertragungsnetze [m² BGF]	4,60	**7,30**	15,00	0,4%
460	**Förderanlagen**				
470	**Nutzungsspezifische und verfahrenstechnische Anlagen**				
480	**Gebäude- und Anlagenautomation**				
481	Automationseinrichtungen [m² BGF]	38,00	**39,00**	40,00	0,6%
483	Automationsmanagement [m² BGF]	–	**8,10**	–	0,0%
485	Datenübertragungsnetze [m² BGF]	1,10	**1,70**	2,40	0,0%
490	**Sonstige Maßnahmen für technische Anlagen**				

Ein- und Zweifamilienhäuser, nicht unterkellert, einfacher Standard

Kosten:
Stand 1.Quartal 2021
Bundesdurchschnitt
inkl. 19% MwSt.

Kostengruppen		▷	€/Einheit	◁	KG an 300+400
310	**Baugrube / Erdbau**				
311	Herstellung [m³]	20,00	**43,00**	66,00	1,2%
320	**Gründung, Unterbau**				
321	Baugrundverbesserung [m²]	–	**46,00**	–	1,5%
322	Flachgründungen und Bodenplatten [m²]	150,00	**155,00**	159,00	6,5%
324	Gründungsbeläge [m²]	124,00	**128,00**	132,00	4,0%
325	Abdichtungen und Bekleidungen [m²]	12,00	**17,00**	23,00	0,7%
330	**Außenwände/Vertikale Baukonstruktionen, außen**				
331	Tragende Außenwände [m²]	82,00	**104,00**	127,00	8,8%
334	Außenwandöffnungen [m²]	425,00	**488,00**	552,00	7,5%
335	Außenwandbekleidungen, außen [m²]	65,00	**109,00**	153,00	8,9%
336	Außenwandbekleidungen, innen [m²]	45,00	**48,00**	51,00	3,0%
338	Lichtschutz zur KG 330 [m²]	329,00	**402,00**	475,00	2,6%
339	Sonstiges zur KG 330 [m²]	–	**2,10**	–	0,1%
340	**Innenwände/Vertikale Baukonstruktionen, innen**				
341	Tragende Innenwände [m²]	65,00	**67,00**	69,00	1,6%
342	Nichttragende Innenwände [m²]	62,00	**80,00**	98,00	2,5%
344	Innenwandöffnungen [m²]	278,00	**322,00**	367,00	2,4%
345	Innenwandbekleidungen [m²]	42,00	**45,00**	49,00	3,4%
350	**Decken/Horizontale Baukonstruktionen**				
351	Deckenkonstruktionen [m²]	135,00	**145,00**	156,00	8,7%
352	Deckenöffnungen [m²]	–	**852,00**	–	0,1%
353	Deckenbeläge [m²]	97,00	**111,00**	125,00	4,4%
354	Deckenbekleidungen [m²]	25,00	**33,00**	40,00	1,7%
359	Sonstiges zur KG 350 [m²]	–	**7,20**	–	0,2%
360	**Dächer**				
361	Dachkonstruktionen [m²]	38,00	**51,00**	63,00	2,9%
362	Dachöffnungen [m²]	–	**833,00**	–	0,1%
363	Dachbeläge [m²]	88,00	**101,00**	114,00	5,5%
364	Dachbekleidungen [m²]	–	**49,00**	–	0,3%
370	**Infrastrukturanlagen**				
380	**Baukonstruktive Einbauten**				
390	**Sonstige Maßnahmen für Baukonstruktionen**				
391	Baustelleneinrichtung [m² BGF]	15,00	**23,00**	31,00	2,5%
392	Gerüste [m² BGF]	14,00	**14,00**	15,00	1,5%

▷ von
ø Mittel
◁ bis

Kostengruppen		▷	€/Einheit	◁	KG an 300+400
410	**Abwasser-, Wasser-, Gasanlagen**				
411	Abwasseranlagen [m² BGF]	8,20	**15,00**	21,00	1,5%
412	Wasseranlagen [m² BGF]	30,00	**38,00**	46,00	4,1%
419	Sonstiges zur KG 410 [m² BGF]	–	**2,70**	–	0,1%
420	**Wärmeversorgungsanlagen**				
421	Wärmeerzeugungsanlagen [m² BGF]	18,00	**34,00**	50,00	3,6%
422	Wärmeverteilnetze [m² BGF]	12,00	**14,00**	17,00	1,5%
423	Raumheizflächen [m² BGF]	9,60	**11,00**	13,00	1,2%
429	Sonstiges zur KG 420 [m² BGF]	–	**16,00**	–	0,9%
430	**Raumlufttechnische Anlagen**				
431	Lüftungsanlagen [m² BGF]	–	**25,00**	–	1,3%
440	**Elektrische Anlagen**				
444	Niederspannungsinstallationsanlagen [m² BGF]	21,00	**21,00**	22,00	2,3%
445	Beleuchtungsanlagen [m² BGF]	–	**3,40**	–	0,2%
446	Blitzschutz- und Erdungsanlagen [m² BGF]	1,20	**1,80**	2,50	0,2%
450	**Kommunikations-, sicherheits- und informationstechnische Anlagen**				
451	Telekommunikationsanlagen [m² BGF]	–	**0,30**	–	0,0%
452	Such- und Signalanlagen [m² BGF]	1,00	**1,20**	1,30	0,1%
455	Audiovisuelle Medien- und Antennenanlagen [m² BGF]	0,40	**2,80**	5,10	0,3%
457	Datenübertragungsnetze [m² BGF]	–	**3,90**	–	0,2%
460	**Förderanlagen**				
470	**Nutzungsspezifische und verfahrenstechnische Anlagen**				
480	**Gebäude- und Anlagenautomation**				
490	**Sonstige Maßnahmen für technische Anlagen**				

Kosten:
Stand 1.Quartal 2021
Bundesdurchschnitt
inkl. 19% MwSt.

▷ von
ø Mittel
◁ bis

Kostengruppen		▷	€/Einheit	◁	KG an 300+400
310	**Baugrube / Erdbau**				
311	Herstellung [m³]	24,00	**35,00**	65,00	1,1%
313	Wasserhaltung [m³]	–	**–**	–	0,0%
320	**Gründung, Unterbau**				
321	Baugrundverbesserung [m²]	29,00	**37,00**	58,00	0,3%
322	Flachgründungen und Bodenplatten [m²]	98,00	**135,00**	153,00	5,0%
324	Gründungsbeläge [m²]	109,00	**161,00**	201,00	4,9%
325	Abdichtungen und Bekleidungen [m²]	19,00	**33,00**	49,00	1,3%
326	Dränagen [m²]	16,00	**18,00**	20,00	0,1%
329	Sonstiges zur KG 320 [m²]	–	**20,00**	–	0,0%
330	**Außenwände/Vertikale Baukonstruktionen, außen**				
331	Tragende Außenwände [m²]	95,00	**138,00**	178,00	7,6%
332	Nichttragende Außenwände [m²]	82,00	**106,00**	130,00	0,2%
333	Außenstützen [m]	85,00	**138,00**	187,00	0,3%
334	Außenwandöffnungen [m²]	497,00	**632,00**	805,00	9,7%
335	Außenwandbekleidungen, außen [m²]	86,00	**120,00**	161,00	7,7%
336	Außenwandbekleidungen, innen [m²]	30,00	**45,00**	58,00	2,1%
338	Lichtschutz zur KG 330 [m²]	77,00	**255,00**	446,00	1,3%
339	Sonstiges zur KG 330 [m²]	8,50	**20,00**	84,00	0,7%
340	**Innenwände/Vertikale Baukonstruktionen, innen**				
341	Tragende Innenwände [m²]	65,00	**86,00**	103,00	2,0%
342	Nichttragende Innenwände [m²]	65,00	**83,00**	94,00	2,1%
343	Innenstützen [m]	112,00	**149,00**	215,00	0,1%
344	Innenwandöffnungen [m²]	290,00	**440,00**	716,00	1,9%
345	Innenwandbekleidungen [m²]	32,00	**44,00**	58,00	3,9%
346	Elementierte Innenwandkonstruktionen [m²]	–	**706,00**	–	0,1%
349	Sonstiges zur KG 340 [m²]	2,70	**5,10**	6,50	0,1%
350	**Decken/Horizontale Baukonstruktionen**				
351	Deckenkonstruktionen [m²]	128,00	**172,00**	209,00	5,4%
352	Deckenöffnungen [m²]	520,00	**710,00**	900,00	0,0%
353	Deckenbeläge [m²]	106,00	**143,00**	183,00	3,4%
354	Deckenbekleidungen [m²]	15,00	**32,00**	54,00	0,9%
359	Sonstiges zur KG 350 [m²]	12,00	**26,00**	56,00	0,5%
360	**Dächer**				
361	Dachkonstruktionen [m²]	69,00	**91,00**	113,00	4,7%
362	Dachöffnungen [m²]	932,00	**1.442,00**	2.209,00	0,7%
363	Dachbeläge [m²]	102,00	**141,00**	214,00	6,9%
364	Dachbekleidungen [m²]	26,00	**65,00**	93,00	2,7%
366	Lichtschutz zur KG 360 [m²]	1.058,00	**1.956,00**	2.855,00	0,1%
369	Sonstiges zur KG 360 [m²]	2,80	**7,10**	18,00	0,1%
370	**Infrastrukturanlagen**				
380	**Baukonstruktive Einbauten**				
381	Allgemeine Einbauten [m² BGF]	39,00	**50,00**	62,00	0,6%

Kostengruppen		▷	€/Einheit	◁	KG an 300+400
390	**Sonstige Maßnahmen für Baukonstruktionen**				
391	Baustelleneinrichtung [m² BGF]	8,00	**17,00**	36,00	1,2%
392	Gerüste [m² BGF]	12,00	**18,00**	26,00	1,2%
394	Abbruchmaßnahmen [m² BGF]	–	**1,10**	–	0,0%
396	Materialentsorgung [m² BGF]	–	**0,40**	–	0,0%
397	Zusätzliche Maßnahmen [m² BGF]	0,80	**2,20**	3,90	0,1%
398	Provisorische Baukonstruktionen [m² BGF]	–	**1,30**	–	0,0%
399	Sonstiges zur KG 390 [m² BGF]	–	**11,00**	–	0,1%
410	**Abwasser-, Wasser-, Gasanlagen**				
411	Abwasseranlagen [m² BGF]	15,00	**23,00**	40,00	1,6%
412	Wasseranlagen [m² BGF]	47,00	**58,00**	81,00	4,2%
419	Sonstiges zur KG 410 [m² BGF]	2,10	**4,10**	5,70	0,2%
420	**Wärmeversorgungsanlagen**				
421	Wärmeerzeugungsanlagen [m² BGF]	30,00	**51,00**	92,00	3,7%
422	Wärmeverteilnetze [m² BGF]	5,10	**10,00**	15,00	0,6%
423	Raumheizflächen [m² BGF]	21,00	**37,00**	58,00	2,7%
429	Sonstiges zur KG 420 [m² BGF]	3,10	**18,00**	46,00	0,8%
430	**Raumlufttechnische Anlagen**				
431	Lüftungsanlagen [m² BGF]	11,00	**30,00**	44,00	1,0%
440	**Elektrische Anlagen**				
444	Niederspannungsinstallationsanlagen [m² BGF]	30,00	**43,00**	60,00	3,1%
445	Beleuchtungsanlagen [m² BGF]	3,30	**6,10**	16,00	0,3%
446	Blitzschutz- und Erdungsanlagen [m² BGF]	1,40	**2,70**	4,50	0,2%
449	Sonstiges zur KG 440 [m² BGF]	–	**6,10**	–	0,0%
450	**Kommunikations-, sicherheits- und informationstechnische Anlagen**				
451	Telekommunikationsanlagen [m² BGF]	0,50	**1,10**	2,10	0,0%
452	Such- und Signalanlagen [m² BGF]	0,80	**1,70**	2,90	0,1%
454	Elektroakustische Anlagen [m² BGF]	0,70	**1,70**	4,60	0,0%
455	Audiovisuelle Medien- und Antennenanlagen [m² BGF]	2,00	**4,30**	6,60	0,3%
456	Gefahrenmelde- und Alarmanlagen [m² BGF]	2,10	**7,80**	19,00	0,1%
457	Datenübertragungsnetze [m² BGF]	3,20	**6,40**	10,00	0,2%
460	**Förderanlagen**				
470	**Nutzungsspezifische und verfahrenstechnische Anlagen**				
480	**Gebäude- und Anlagenautomation**				
490	**Sonstige Maßnahmen für technische Anlagen**				
491	Baustelleneinrichtung [m² BGF]	–	**0,70**	–	0,0%

Ein- und Zweifamilienhäuser, nicht unterkellert, hoher Standard

Kosten:
Stand 1.Quartal 2021
Bundesdurchschnitt
inkl. 19% MwSt.

Kostengruppen		▷	€/Einheit	◁	KG an 300+400
310	**Baugrube / Erdbau**				
311	Herstellung [m³]	26,00	**54,00**	87,00	1,4%
313	Wasserhaltung [m³]	–	**0,20**	–	0,0%
320	**Gründung, Unterbau**				
321	Baugrundverbesserung [m²]	25,00	**45,00**	66,00	0,6%
322	Flachgründungen und Bodenplatten [m²]	116,00	**164,00**	222,00	4,8%
324	Gründungsbeläge [m²]	129,00	**175,00**	229,00	4,0%
325	Abdichtungen und Bekleidungen [m²]	22,00	**42,00**	73,00	1,3%
326	Dränagen [m²]	9,70	**25,00**	56,00	0,2%
329	Sonstiges zur KG 320 [m²]	–	**4,40**	–	0,0%
330	**Außenwände/Vertikale Baukonstruktionen, außen**				
331	Tragende Außenwände [m²]	104,00	**138,00**	192,00	7,0%
332	Nichttragende Außenwände [m²]	115,00	**161,00**	288,00	0,2%
333	Außenstützen [m]	166,00	**292,00**	509,00	0,2%
334	Außenwandöffnungen [m²]	595,00	**700,00**	876,00	11,9%
335	Außenwandbekleidungen, außen [m²]	91,00	**117,00**	165,00	6,5%
336	Außenwandbekleidungen, innen [m²]	32,00	**39,00**	51,00	1,8%
338	Lichtschutz zur KG 330 [m²]	234,00	**392,00**	527,00	1,5%
339	Sonstiges zur KG 330 [m²]	2,70	**6,30**	13,00	0,4%
340	**Innenwände/Vertikale Baukonstruktionen, innen**				
341	Tragende Innenwände [m²]	90,00	**105,00**	142,00	1,4%
342	Nichttragende Innenwände [m²]	74,00	**96,00**	118,00	2,0%
343	Innenstützen [m]	99,00	**197,00**	360,00	0,1%
344	Innenwandöffnungen [m²]	387,00	**560,00**	850,00	3,3%
345	Innenwandbekleidungen [m²]	29,00	**45,00**	85,00	2,7%
346	Elementierte Innenwandkonstruktionen [m²]	–	**387,00**	–	0,0%
349	Sonstiges zur KG 340 [m²]	–	**3,30**	–	0,0%
350	**Decken/Horizontale Baukonstruktionen**				
351	Deckenkonstruktionen [m²]	165,00	**212,00**	247,00	5,8%
353	Deckenbeläge [m²]	142,00	**188,00**	246,00	3,9%
354	Deckenbekleidungen [m²]	20,00	**39,00**	83,00	0,7%
355	Elementierte Deckenkonstruktionen [m²]	–	**4.015,00**	–	0,3%
359	Sonstiges zur KG 350 [m²]	11,00	**31,00**	51,00	0,8%
360	**Dächer**				
361	Dachkonstruktionen [m²]	112,00	**149,00**	200,00	5,1%
362	Dachöffnungen [m²]	551,00	**1.142,00**	1.583,00	0,5%
363	Dachbeläge [m²]	157,00	**222,00**	288,00	7,5%
364	Dachbekleidungen [m²]	14,00	**53,00**	82,00	1,9%
366	Lichtschutz zur KG 360 [m²]	–	**322,00**	–	0,0%
369	Sonstiges zur KG 360 [m²]	17,00	**27,00**	47,00	0,2%
370	**Infrastrukturanlagen**				

▷ von
ø Mittel
◁ bis

Kostengruppen		▷	€/Einheit	◁	KG an 300+400
380	**Baukonstruktive Einbauten**				
381	Allgemeine Einbauten [m² BGF]	17,00	**31,00**	59,00	1,2%
386	Orientierungs- und Informationssysteme [m² BGF]	–	**3,20**	–	0,0%
390	**Sonstige Maßnahmen für Baukonstruktionen**				
391	Baustelleneinrichtung [m² BGF]	9,70	**22,00**	40,00	1,4%
392	Gerüste [m² BGF]	13,00	**18,00**	34,00	1,1%
394	Abbruchmaßnahmen [m² BGF]	–	**3,10**	–	0,0%
395	Instandsetzungen [m² BGF]	–	**79,00**	–	0,4%
397	Zusätzliche Maßnahmen [m² BGF]	1,40	**4,00**	5,60	0,1%
410	**Abwasser-, Wasser-, Gasanlagen**				
411	Abwasseranlagen [m² BGF]	13,00	**25,00**	35,00	1,5%
412	Wasseranlagen [m² BGF]	40,00	**63,00**	103,00	3,6%
419	Sonstiges zur KG 410 [m² BGF]	0,60	**1,50**	1,80	0,0%
420	**Wärmeversorgungsanlagen**				
421	Wärmeerzeugungsanlagen [m² BGF]	45,00	**85,00**	151,00	4,8%
422	Wärmeverteilnetze [m² BGF]	6,30	**11,00**	18,00	0,6%
423	Raumheizflächen [m² BGF]	33,00	**42,00**	61,00	2,5%
429	Sonstiges zur KG 420 [m² BGF]	13,00	**22,00**	35,00	1,0%
430	**Raumlufttechnische Anlagen**				
431	Lüftungsanlagen [m² BGF]	–	**1,80**	–	0,0%
440	**Elektrische Anlagen**				
444	Niederspannungsinstallationsanlagen [m² BGF]	32,00	**48,00**	66,00	2,8%
445	Beleuchtungsanlagen [m² BGF]	0,90	**2,40**	5,60	0,1%
446	Blitzschutz- und Erdungsanlagen [m² BGF]	1,40	**5,00**	10,00	0,3%
450	**Kommunikations-, sicherheits- und informationstechnische Anlagen**				
451	Telekommunikationsanlagen [m² BGF]	1,90	**3,70**	5,40	0,1%
452	Such- und Signalanlagen [m² BGF]	1,20	**3,30**	7,10	0,2%
454	Elektroakustische Anlagen [m² BGF]	0,40	**0,70**	1,50	0,0%
455	Audiovisuelle Medien- und Antennenanlagen [m² BGF]	1,30	**3,60**	8,30	0,2%
456	Gefahrenmelde- und Alarmanlagen [m² BGF]	2,10	**5,50**	19,00	0,2%
457	Datenübertragungsnetze [m² BGF]	2,80	**6,10**	12,00	0,2%
460	**Förderanlagen**				
470	**Nutzungsspezifische und verfahrenstechnische Anlagen**				
480	**Gebäude- und Anlagenautomation**				
490	**Sonstige Maßnahmen für technische Anlagen**				
491	Baustelleneinrichtung [m² BGF]	–	**5,50**	–	0,0%

Ein- und Zweifamilienhäuser, Passivhausstandard, Massivbau

Kosten:
Stand 1.Quartal 2021
Bundesdurchschnitt
inkl. 19% MwSt.

Kostengruppen		▷	€/Einheit	◁	KG an 300+400
310	**Baugrube / Erdbau**				
311	Herstellung [m³]	19,00	**33,00**	75,00	2,1%
312	Umschließung [m²]	–	**172,00**	–	0,5%
313	Wasserhaltung [m³]	–	**22,00**	–	0,2%
320	**Gründung, Unterbau**				
321	Baugrundverbesserung [m²]	13,00	**29,00**	46,00	0,3%
322	Flachgründungen und Bodenplatten [m²]	95,00	**122,00**	159,00	3,0%
324	Gründungsbeläge [m²]	74,00	**134,00**	224,00	2,5%
325	Abdichtungen und Bekleidungen [m²]	44,00	**83,00**	142,00	2,5%
326	Dränagen [m²]	5,00	**12,00**	19,00	0,2%
330	**Außenwände/Vertikale Baukonstruktionen, außen**				
331	Tragende Außenwände [m²]	105,00	**125,00**	145,00	7,6%
332	Nichttragende Außenwände [m²]	69,00	**124,00**	179,00	0,1%
333	Außenstützen [m]	114,00	**225,00**	571,00	0,2%
334	Außenwandöffnungen [m²]	591,00	**734,00**	863,00	10,1%
335	Außenwandbekleidungen, außen [m²]	109,00	**146,00**	187,00	9,7%
336	Außenwandbekleidungen, innen [m²]	38,00	**48,00**	57,00	2,4%
337	Elementierte Außenwandkonstruktionen [m²]	–	**284,00**	–	1,0%
338	Lichtschutz zur KG 330 [m²]	199,00	**331,00**	526,00	2,4%
339	Sonstiges zur KG 330 [m²]	3,10	**7,90**	15,00	0,4%
340	**Innenwände/Vertikale Baukonstruktionen, innen**				
341	Tragende Innenwände [m²]	79,00	**93,00**	120,00	1,6%
342	Nichttragende Innenwände [m²]	59,00	**73,00**	91,00	1,7%
343	Innenstützen [m]	136,00	**165,00**	243,00	0,1%
344	Innenwandöffnungen [m²]	272,00	**357,00**	461,00	2,0%
345	Innenwandbekleidungen [m²]	26,00	**44,00**	56,00	3,1%
346	Elementierte Innenwandkonstruktionen [m²]	–	**1.018,00**	–	0,0%
349	Sonstiges zur KG 340 [m²]	–	**4,90**	–	0,0%
350	**Decken/Horizontale Baukonstruktionen**				
351	Deckenkonstruktionen [m²]	136,00	**163,00**	227,00	6,1%
352	Deckenöffnungen [m²]	–	**1.191,00**	–	0,0%
353	Deckenbeläge [m²]	112,00	**133,00**	154,00	3,9%
354	Deckenbekleidungen [m²]	18,00	**30,00**	49,00	0,8%
355	Elementierte Deckenkonstruktionen [m²]	–	**829,00**	–	0,3%
359	Sonstiges zur KG 350 [m²]	10,00	**24,00**	29,00	0,3%
360	**Dächer**				
361	Dachkonstruktionen [m²]	81,00	**123,00**	175,00	3,5%
362	Dachöffnungen [m²]	1.495,00	**1.640,00**	1.785,00	0,1%
363	Dachbeläge [m²]	116,00	**158,00**	208,00	5,1%
364	Dachbekleidungen [m²]	47,00	**81,00**	145,00	1,8%
365	Elementierte Dachkonstruktionen [m²]	–	**185,00**	–	0,3%
369	Sonstiges zur KG 360 [m²]	2,80	**3,90**	5,00	0,0%
370	**Infrastrukturanlagen**				

▷ von
ø Mittel
◁ bis

Kostengruppen		▷	€/Einheit	◁	KG an 300+400
380	**Baukonstruktive Einbauten**				
381	Allgemeine Einbauten [m² BGF]	5,40	**9,00**	12,00	0,1%
390	**Sonstige Maßnahmen für Baukonstruktionen**				
391	Baustelleneinrichtung [m² BGF]	9,20	**21,00**	41,00	1,4%
392	Gerüste [m² BGF]	9,60	**14,00**	21,00	0,9%
397	Zusätzliche Maßnahmen [m² BGF]	2,00	**3,90**	6,10	0,1%
410	**Abwasser-, Wasser-, Gasanlagen**				
411	Abwasseranlagen [m² BGF]	12,00	**22,00**	36,00	1,5%
412	Wasseranlagen [m² BGF]	41,00	**60,00**	90,00	4,1%
413	Gasanlagen [m² BGF]	–	**6,00**	–	0,0%
419	Sonstiges zur KG 410 [m² BGF]	4,40	**7,60**	9,30	0,2%
420	**Wärmeversorgungsanlagen**				
421	Wärmeerzeugungsanlagen [m² BGF]	27,00	**64,00**	91,00	4,5%
422	Wärmeverteilnetze [m² BGF]	6,10	**10,00**	17,00	0,5%
423	Raumheizflächen [m² BGF]	15,00	**23,00**	29,00	1,5%
429	Sonstiges zur KG 420 [m² BGF]	–	**9,80**	–	0,1%
430	**Raumlufttechnische Anlagen**				
431	Lüftungsanlagen [m² BGF]	38,00	**72,00**	122,00	3,8%
434	Kälteanlagen [m² BGF]	–	**40,00**	–	0,2%
440	**Elektrische Anlagen**				
442	Eigenstromversorgungsanlagen [m² BGF]	53,00	**126,00**	200,00	1,3%
444	Niederspannungsinstallationsanlagen [m² BGF]	32,00	**37,00**	46,00	2,5%
445	Beleuchtungsanlagen [m² BGF]	1,30	**4,10**	7,10	0,1%
446	Blitzschutz- und Erdungsanlagen [m² BGF]	1,40	**3,20**	6,70	0,2%
450	**Kommunikations-, sicherheits- und informationstechnische Anlagen**				
451	Telekommunikationsanlagen [m² BGF]	0,90	**1,70**	2,90	0,1%
452	Such- und Signalanlagen [m² BGF]	1,20	**2,90**	6,00	0,2%
455	Audiovisuelle Medien- und Antennenanlagen [m² BGF]	1,30	**3,10**	5,30	0,2%
456	Gefahrenmelde- und Alarmanlagen [m² BGF]	0,60	**5,60**	9,00	0,1%
457	Datenübertragungsnetze [m² BGF]	1,40	**3,60**	5,90	0,2%
460	**Förderanlagen**				
470	**Nutzungsspezifische und verfahrenstechnische Anlagen**				
480	**Gebäude- und Anlagenautomation**				
481	Automationseinrichtungen [m² BGF]	7,10	**25,00**	34,00	0,4%
484	Kabel, Leitungen und Verlegesysteme [m² BGF]	–	**5,50**	–	0,0%
485	Datenübertragungsnetze [m² BGF]	–	**3,60**	–	0,0%
490	**Sonstige Maßnahmen für technische Anlagen**				

Ein- und Zweifamilienhäuser, Passivhausstandard, Holzbau

Kosten:
Stand 1.Quartal 2021
Bundesdurchschnitt
inkl. 19% MwSt.

▷ von
ø Mittel
◁ bis

Kostengruppen		▷	€/Einheit	◁	KG an 300+400
310	**Baugrube / Erdbau**				
311	Herstellung [m³]	26,00	**42,00**	67,00	1,6%
320	**Gründung, Unterbau**				
321	Baugrundverbesserung [m²]	19,00	**38,00**	49,00	0,2%
322	Flachgründungen und Bodenplatten [m²]	106,00	**154,00**	264,00	3,9%
324	Gründungsbeläge [m²]	77,00	**145,00**	241,00	3,4%
325	Abdichtungen und Bekleidungen [m²]	19,00	**60,00**	113,00	1,5%
326	Dränagen [m²]	8,40	**16,00**	21,00	0,2%
330	**Außenwände/Vertikale Baukonstruktionen, außen**				
331	Tragende Außenwände [m²]	176,00	**210,00**	266,00	12,1%
332	Nichttragende Außenwände [m²]	–	**92,00**	–	0,0%
333	Außenstützen [m]	102,00	**141,00**	181,00	0,0%
334	Außenwandöffnungen [m²]	700,00	**797,00**	1.163,00	10,6%
335	Außenwandbekleidungen, außen [m²]	77,00	**115,00**	155,00	6,9%
336	Außenwandbekleidungen, innen [m²]	22,00	**42,00**	60,00	1,9%
338	Lichtschutz zur KG 330 [m²]	155,00	**241,00**	392,00	2,4%
339	Sonstiges zur KG 330 [m²]	4,40	**10,00**	20,00	0,5%
340	**Innenwände/Vertikale Baukonstruktionen, innen**				
341	Tragende Innenwände [m²]	102,00	**132,00**	160,00	1,9%
342	Nichttragende Innenwände [m²]	77,00	**110,00**	149,00	2,3%
343	Innenstützen [m]	104,00	**142,00**	229,00	0,1%
344	Innenwandöffnungen [m²]	256,00	**368,00**	494,00	1,7%
345	Innenwandbekleidungen [m²]	25,00	**36,00**	49,00	2,1%
346	Elementierte Innenwandkonstruktionen [m²]	–	**985,00**	–	0,1%
350	**Decken/Horizontale Baukonstruktionen**				
351	Deckenkonstruktionen [m²]	151,00	**190,00**	235,00	5,0%
353	Deckenbeläge [m²]	125,00	**147,00**	181,00	3,4%
354	Deckenbekleidungen [m²]	17,00	**49,00**	78,00	0,9%
355	Elementierte Deckenkonstruktionen [m²]	860,00	**1.745,00**	5.598,00	0,9%
359	Sonstiges zur KG 350 [m²]	9,40	**16,00**	29,00	0,3%
360	**Dächer**				
361	Dachkonstruktionen [m²]	131,00	**165,00**	206,00	5,1%
362	Dachöffnungen [m²]	–	**3.112,00**	–	0,1%
363	Dachbeläge [m²]	112,00	**142,00**	184,00	4,5%
364	Dachbekleidungen [m²]	42,00	**68,00**	123,00	1,3%
366	Lichtschutz zur KG 360 [m²]	209,00	**401,00**	593,00	0,1%
369	Sonstiges zur KG 360 [m²]	3,30	**5,40**	6,50	0,0%
370	**Infrastrukturanlagen**				
380	**Baukonstruktive Einbauten**				
381	Allgemeine Einbauten [m² BGF]	12,00	**45,00**	79,00	0,8%

Kostengruppen		▷	€/Einheit	◁	KG an 300+400
390	**Sonstige Maßnahmen für Baukonstruktionen**				
391	Baustelleneinrichtung [m² BGF]	16,00	**23,00**	32,00	1,4%
392	Gerüste [m² BGF]	11,00	**15,00**	24,00	0,8%
394	Abbruchmaßnahmen [m² BGF]	–	**41,00**	–	0,2%
397	Zusätzliche Maßnahmen [m² BGF]	1,40	**2,30**	2,80	0,1%
410	**Abwasser-, Wasser-, Gasanlagen**				
411	Abwasseranlagen [m² BGF]	14,00	**24,00**	40,00	1,5%
412	Wasseranlagen [m² BGF]	50,00	**77,00**	113,00	4,6%
419	Sonstiges zur KG 410 [m² BGF]	2,70	**4,50**	6,00	0,1%
420	**Wärmeversorgungsanlagen**				
421	Wärmeerzeugungsanlagen [m² BGF]	57,00	**91,00**	131,00	3,3%
422	Wärmeverteilnetze [m² BGF]	5,00	**7,30**	12,00	0,3%
423	Raumheizflächen [m² BGF]	13,00	**24,00**	44,00	1,1%
429	Sonstiges zur KG 420 [m² BGF]	14,00	**23,00**	39,00	0,5%
430	**Raumlufttechnische Anlagen**				
431	Lüftungsanlagen [m² BGF]	62,00	**97,00**	148,00	5,3%
440	**Elektrische Anlagen**				
442	Eigenstromversorgungsanlagen [m² BGF]	107,00	**113,00**	120,00	1,0%
444	Niederspannungsinstallationsanlagen [m² BGF]	40,00	**54,00**	75,00	3,2%
445	Beleuchtungsanlagen [m² BGF]	1,00	**7,80**	13,00	0,2%
446	Blitzschutz- und Erdungsanlagen [m² BGF]	1,50	**2,70**	5,60	0,1%
450	**Kommunikations-, sicherheits- und informationstechnische Anlagen**				
451	Telekommunikationsanlagen [m² BGF]	1,10	**2,10**	3,20	0,1%
452	Such- und Signalanlagen [m² BGF]	2,50	**4,00**	7,50	0,2%
455	Audiovisuelle Medien- und Antennenanlagen [m² BGF]	2,40	**4,80**	7,80	0,2%
456	Gefahrenmelde- und Alarmanlagen [m² BGF]	0,40	**0,90**	1,50	0,0%
457	Datenübertragungsnetze [m² BGF]	2,40	**3,90**	8,80	0,1%
460	**Förderanlagen**				
470	**Nutzungsspezifische und verfahrenstechnische Anlagen**				
476	Weitere nutzungsspezifische Anlagen [m² BGF]	–	**7,70**	–	0,0%
480	**Gebäude- und Anlagenautomation**				
490	**Sonstige Maßnahmen für technische Anlagen**				

Ein- und Zweifamilienhäuser, Holzbauweise, unterkellert

Kosten:
Stand 1.Quartal 2021
Bundesdurchschnitt
inkl. 19% MwSt.

Kostengruppen		▷	€/Einheit	◁	KG an 300+400
310	**Baugrube / Erdbau**				
311	Herstellung [m³]	17,00	**26,00**	40,00	2,2%
312	Umschließung [m²]	–	**2,70**	–	0,0%
313	Wasserhaltung [m³]	–	**3,30**	–	0,0%
320	**Gründung, Unterbau**				
322	Flachgründungen und Bodenplatten [m²]	107,00	**128,00**	216,00	3,4%
324	Gründungsbeläge [m²]	62,00	**107,00**	199,00	1,2%
325	Abdichtungen und Bekleidungen [m²]	21,00	**39,00**	69,00	1,2%
326	Dränagen [m²]	6,40	**18,00**	36,00	0,3%
329	Sonstiges zur KG 320 [m²]	–	**7,20**	–	0,0%
330	**Außenwände/Vertikale Baukonstruktionen, außen**				
331	Tragende Außenwände [m²]	120,00	**165,00**	237,00	13,2%
333	Außenstützen [m]	44,00	**99,00**	129,00	0,5%
334	Außenwandöffnungen [m²]	485,00	**536,00**	650,00	8,0%
335	Außenwandbekleidungen, außen [m²]	79,00	**107,00**	185,00	8,0%
336	Außenwandbekleidungen, innen [m²]	27,00	**39,00**	56,00	2,8%
337	Elementierte Außenwandkonstruktionen [m²]	–	**257,00**	–	1,2%
338	Lichtschutz zur KG 330 [m²]	141,00	**186,00**	273,00	1,3%
339	Sonstiges zur KG 330 [m²]	4,10	**11,00**	29,00	0,9%
340	**Innenwände/Vertikale Baukonstruktionen, innen**				
341	Tragende Innenwände [m²]	64,00	**88,00**	113,00	3,5%
342	Nichttragende Innenwände [m²]	64,00	**81,00**	98,00	0,8%
343	Innenstützen [m]	–	**19,00**	–	0,0%
344	Innenwandöffnungen [m²]	273,00	**379,00**	757,00	2,0%
345	Innenwandbekleidungen [m²]	23,00	**33,00**	45,00	3,0%
346	Elementierte Innenwandkonstruktionen [m²]	–	**634,00**	–	0,2%
349	Sonstiges zur KG 340 [m²]	1,50	**3,10**	4,70	0,0%
350	**Decken/Horizontale Baukonstruktionen**				
351	Deckenkonstruktionen [m²]	136,00	**175,00**	225,00	8,8%
353	Deckenbeläge [m²]	75,00	**113,00**	193,00	4,3%
354	Deckenbekleidungen [m²]	25,00	**32,00**	46,00	0,8%
355	Elementierte Deckenkonstruktionen [m²]	–	**885,00**	–	0,0%
359	Sonstiges zur KG 350 [m²]	6,70	**17,00**	34,00	0,4%
360	**Dächer**				
361	Dachkonstruktionen [m²]	79,00	**122,00**	184,00	3,9%
362	Dachöffnungen [m²]	849,00	**1.241,00**	2.025,00	0,3%
363	Dachbeläge [m²]	75,00	**127,00**	174,00	4,2%
364	Dachbekleidungen [m²]	25,00	**62,00**	108,00	1,7%
369	Sonstiges zur KG 360 [m²]	1,60	**3,40**	7,00	0,0%
370	**Infrastrukturanlagen**				

▷ von
ø Mittel
◁ bis

Kostengruppen		▷	€/Einheit	◁	KG an 300+400
380	**Baukonstruktive Einbauten**				
381	Allgemeine Einbauten [m² BGF]	–	**68,00**	–	0,3%
382	Besondere Einbauten [m² BGF]	–	**1,30**	–	0,0%
389	Sonstiges zur KG 380 [m² BGF]	–	**1,60**	–	0,0%
390	**Sonstige Maßnahmen für Baukonstruktionen**				
391	Baustelleneinrichtung [m² BGF]	13,00	**17,00**	30,00	1,3%
392	Gerüste [m² BGF]	12,00	**20,00**	89,00	1,2%
396	Materialentsorgung [m² BGF]	–	**2,10**	–	0,0%
397	Zusätzliche Maßnahmen [m² BGF]	1,10	**2,50**	5,30	0,0%
410	**Abwasser-, Wasser-, Gasanlagen**				
411	Abwasseranlagen [m² BGF]	12,00	**21,00**	33,00	1,7%
412	Wasseranlagen [m² BGF]	35,00	**53,00**	94,00	3,9%
413	Gasanlagen [m² BGF]	–	**1,80**	–	0,0%
419	Sonstiges zur KG 410 [m² BGF]	2,80	**4,50**	6,40	0,1%
420	**Wärmeversorgungsanlagen**				
421	Wärmeerzeugungsanlagen [m² BGF]	31,00	**49,00**	75,00	2,9%
422	Wärmeverteilnetze [m² BGF]	6,70	**12,00**	17,00	0,8%
423	Raumheizflächen [m² BGF]	19,00	**29,00**	45,00	1,5%
429	Sonstiges zur KG 420 [m² BGF]	7,30	**12,00**	20,00	0,4%
430	**Raumlufttechnische Anlagen**				
431	Lüftungsanlagen [m² BGF]	17,00	**31,00**	51,00	1,3%
440	**Elektrische Anlagen**				
444	Niederspannungsinstallationsanlagen [m² BGF]	28,00	**41,00**	63,00	3,1%
445	Beleuchtungsanlagen [m² BGF]	0,90	**1,90**	3,50	0,0%
446	Blitzschutz- und Erdungsanlagen [m² BGF]	1,80	**3,50**	9,60	0,2%
450	**Kommunikations-, sicherheits- und informationstechnische Anlagen**				
451	Telekommunikationsanlagen [m² BGF]	0,60	**1,50**	2,70	0,1%
452	Such- und Signalanlagen [m² BGF]	1,10	**2,30**	3,30	0,2%
454	Elektroakustische Anlagen [m² BGF]	–	**3,80**	–	0,0%
455	Audiovisuelle Medien- und Antennenanlagen [m² BGF]	1,30	**2,80**	5,00	0,2%
457	Datenübertragungsnetze [m² BGF]	0,30	**1,80**	3,70	0,1%
460	**Förderanlagen**				
470	**Nutzungsspezifische und verfahrenstechnische Anlagen**				
476	Weitere nutzungsspezifische Anlagen [m² BGF]	–	**7,10**	–	0,1%
480	**Gebäude- und Anlagenautomation**				
490	**Sonstige Maßnahmen für technische Anlagen**				
495	Instandsetzungen [m² BGF]	–	**9,10**	–	0,0%

Ein- und Zweifamilienhäuser, Holzbauweise, nicht unterkellert

Kosten:
Stand 1.Quartal 2021
Bundesdurchschnitt
inkl. 19% MwSt.

Kostengruppen		▷	€/Einheit	◁	KG an 300+400
310	**Baugrube / Erdbau**				
311	Herstellung [m³]	15,00	**40,00**	105,00	1,1%
320	**Gründung, Unterbau**				
321	Baugrundverbesserung [m²]	22,00	**37,00**	65,00	0,7%
322	Flachgründungen und Bodenplatten [m²]	115,00	**129,00**	162,00	4,2%
324	Gründungsbeläge [m²]	87,00	**150,00**	223,00	3,3%
325	Abdichtungen und Bekleidungen [m²]	20,00	**43,00**	63,00	1,5%
326	Dränagen [m²]	–	**1,40**	–	0,0%
330	**Außenwände/Vertikale Baukonstruktionen, außen**				
331	Tragende Außenwände [m²]	120,00	**168,00**	216,00	9,9%
332	Nichttragende Außenwände [m²]	139,00	**214,00**	289,00	0,4%
333	Außenstützen [m]	53,00	**114,00**	209,00	0,1%
334	Außenwandöffnungen [m²]	527,00	**613,00**	742,00	9,0%
335	Außenwandbekleidungen, außen [m²]	65,00	**99,00**	127,00	6,9%
336	Außenwandbekleidungen, innen [m²]	23,00	**51,00**	74,00	2,6%
337	Elementierte Außenwandkonstruktionen [m²]	–	**176,00**	–	1,9%
338	Lichtschutz zur KG 330 [m²]	195,00	**301,00**	452,00	1,8%
339	Sonstiges zur KG 330 [m²]	2,80	**7,70**	14,00	0,4%
340	**Innenwände/Vertikale Baukonstruktionen, innen**				
341	Tragende Innenwände [m²]	133,00	**152,00**	172,00	1,4%
342	Nichttragende Innenwände [m²]	46,00	**72,00**	117,00	2,5%
343	Innenstützen [m]	29,00	**36,00**	47,00	0,1%
344	Innenwandöffnungen [m²]	312,00	**423,00**	747,00	2,1%
345	Innenwandbekleidungen [m²]	43,00	**62,00**	94,00	2,6%
350	**Decken/Horizontale Baukonstruktionen**				
351	Deckenkonstruktionen [m²]	144,00	**162,00**	261,00	5,2%
353	Deckenbeläge [m²]	75,00	**117,00**	189,00	2,8%
354	Deckenbekleidungen [m²]	19,00	**42,00**	62,00	0,7%
355	Elementierte Deckenkonstruktionen [m²]	999,00	**1.035,00**	1.072,00	0,4%
359	Sonstiges zur KG 350 [m²]	6,50	**13,00**	39,00	0,4%
360	**Dächer**				
361	Dachkonstruktionen [m²]	71,00	**116,00**	155,00	5,0%
362	Dachöffnungen [m²]	987,00	**1.250,00**	2.063,00	1,7%
363	Dachbeläge [m²]	93,00	**177,00**	312,00	6,9%
364	Dachbekleidungen [m²]	25,00	**54,00**	88,00	1,6%
365	Elementierte Dachkonstruktionen [m²]	–	**147,00**	–	0,6%
366	Lichtschutz zur KG 360 [m²]	173,00	**520,00**	866,00	0,0%
369	Sonstiges zur KG 360 [m²]	1,00	**2,40**	4,30	0,1%
370	**Infrastrukturanlagen**				
380	**Baukonstruktive Einbauten**				
381	Allgemeine Einbauten [m² BGF]	13,00	**16,00**	19,00	0,4%
382	Besondere Einbauten [m² BGF]	–	**6,20**	–	0,1%

▷ von
ø Mittel
◁ bis

Kostengruppen	▷	€/Einheit	◁	KG an 300+400
390 Sonstige Maßnahmen für Baukonstruktionen				
391 Baustelleneinrichtung [m² BGF]	9,70	**27,00**	55,00	1,7%
392 Gerüste [m² BGF]	8,90	**13,00**	21,00	0,7%
394 Abbruchmaßnahmen [m² BGF]	–	**49,00**	–	0,5%
397 Zusätzliche Maßnahmen [m² BGF]	–	**2,20**	–	0,0%
410 Abwasser-, Wasser-, Gasanlagen				
411 Abwasseranlagen [m² BGF]	9,50	**20,00**	35,00	1,4%
412 Wasseranlagen [m² BGF]	27,00	**47,00**	73,00	3,2%
413 Gasanlagen [m² BGF]	–	**1,50**	–	0,0%
419 Sonstiges zur KG 410 [m² BGF]	2,60	**4,10**	5,40	0,2%
420 Wärmeversorgungsanlagen				
421 Wärmeerzeugungsanlagen [m² BGF]	38,00	**61,00**	108,00	4,2%
422 Wärmeverteilnetze [m² BGF]	7,50	**12,00**	23,00	0,8%
423 Raumheizflächen [m² BGF]	16,00	**24,00**	31,00	1,6%
429 Sonstiges zur KG 420 [m² BGF]	6,40	**14,00**	21,00	0,5%
430 Raumlufttechnische Anlagen				
431 Lüftungsanlagen [m² BGF]	27,00	**34,00**	43,00	2,1%
439 Sonstiges zur KG 430 [m² BGF]	–	**1,10**	–	0,0%
440 Elektrische Anlagen				
442 Eigenstromversorgungsanlagen [m² BGF]	–	**112,00**	–	1,0%
444 Niederspannungsinstallationsanlagen [m² BGF]	21,00	**35,00**	41,00	2,4%
445 Beleuchtungsanlagen [m² BGF]	8,10	**11,00**	15,00	0,5%
446 Blitzschutz- und Erdungsanlagen [m² BGF]	1,30	**1,80**	2,90	0,1%
450 Kommunikations-, sicherheits- und informationstechnische Anlagen				
452 Such- und Signalanlagen [m² BGF]	1,10	**2,30**	4,40	0,1%
454 Elektroakustische Anlagen [m² BGF]	1,00	**1,70**	2,30	0,0%
455 Audiovisuelle Medien- und Antennenanlagen [m² BGF]	1,90	**4,00**	6,40	0,2%
456 Gefahrenmelde- und Alarmanlagen [m² BGF]	0,90	**1,00**	1,10	0,0%
457 Datenübertragungsnetze [m² BGF]	2,10	**3,50**	6,00	0,2%
460 Förderanlagen				
470 Nutzungsspezifische und verfahrenstechnische Anlagen				
476 Weitere nutzungsspezifische Anlagen [m² BGF]	–	**8,30**	–	0,1%
480 Gebäude- und Anlagenautomation				
481 Automationseinrichtungen [m² BGF]	–	**15,00**	–	0,2%
490 Sonstige Maßnahmen für technische Anlagen				

Doppel- und Reihenendhäuser, einfacher Standard

Kosten:
Stand 1.Quartal 2021
Bundesdurchschnitt
inkl. 19% MwSt.

Kostengruppen		▷	€/Einheit	◁	KG an 300+400
310	**Baugrube / Erdbau**				
311	Herstellung [m³]	51,00	**63,00**	75,00	1,4%
312	Umschließung [m²]	–	**3,40**	–	0,0%
320	**Gründung, Unterbau**				
322	Flachgründungen und Bodenplatten [m²]	98,00	**145,00**	171,00	5,1%
324	Gründungsbeläge [m²]	60,00	**85,00**	133,00	2,6%
325	Abdichtungen und Bekleidungen [m²]	13,00	**36,00**	59,00	1,1%
326	Dränagen [m²]	–	**9,10**	–	0,1%
330	**Außenwände/Vertikale Baukonstruktionen, außen**				
331	Tragende Außenwände [m²]	78,00	**91,00**	114,00	9,4%
332	Nichttragende Außenwände [m²]	–	**130,00**	–	0,1%
333	Außenstützen [m]	–	**77,00**	–	0,2%
334	Außenwandöffnungen [m²]	394,00	**518,00**	703,00	9,0%
335	Außenwandbekleidungen, außen [m²]	60,00	**78,00**	90,00	7,9%
336	Außenwandbekleidungen, innen [m²]	4,40	**23,00**	33,00	1,9%
338	Lichtschutz zur KG 330 [m²]	90,00	**223,00**	356,00	1,9%
340	**Innenwände/Vertikale Baukonstruktionen, innen**				
341	Tragende Innenwände [m²]	72,00	**92,00**	130,00	3,4%
342	Nichttragende Innenwände [m²]	77,00	**80,00**	82,00	2,1%
344	Innenwandöffnungen [m²]	185,00	**193,00**	206,00	1,6%
345	Innenwandbekleidungen [m²]	11,00	**18,00**	23,00	2,0%
349	Sonstiges zur KG 340 [m²]	–	**6,00**	–	0,1%
350	**Decken/Horizontale Baukonstruktionen**				
351	Deckenkonstruktionen [m²]	128,00	**137,00**	142,00	9,2%
353	Deckenbeläge [m²]	76,00	**108,00**	125,00	5,4%
354	Deckenbekleidungen [m²]	5,40	**9,90**	19,00	0,4%
355	Elementierte Deckenkonstruktionen [m²]	–	**633,00**	–	1,0%
359	Sonstiges zur KG 350 [m²]	6,90	**19,00**	44,00	1,0%
360	**Dächer**				
361	Dachkonstruktionen [m²]	70,00	**88,00**	119,00	3,6%
362	Dachöffnungen [m²]	–	**172,00**	–	0,2%
363	Dachbeläge [m²]	63,00	**108,00**	134,00	4,4%
364	Dachbekleidungen [m²]	28,00	**48,00**	69,00	0,9%
370	**Infrastrukturanlagen**				
380	**Baukonstruktive Einbauten**				
390	**Sonstige Maßnahmen für Baukonstruktionen**				
391	Baustelleneinrichtung [m² BGF]	2,20	**8,50**	12,00	0,8%
392	Gerüste [m² BGF]	12,00	**12,00**	13,00	0,8%
395	Instandsetzungen [m² BGF]	–	**1,00**	–	0,0%
397	Zusätzliche Maßnahmen [m² BGF]	–	**1,80**	–	0,1%

▷ von
ø Mittel
◁ bis

Kostengruppen		▷	€/Einheit	◁	KG an 300+400
410	**Abwasser-, Wasser-, Gasanlagen**				
411	Abwasseranlagen [m2 BGF]	15,00	**18,00**	22,00	1,8%
412	Wasseranlagen [m2 BGF]	30,00	**37,00**	52,00	3,8%
419	Sonstiges zur KG 410 [m2 BGF]	3,60	**6,00**	8,40	0,4%
420	**Wärmeversorgungsanlagen**				
421	Wärmeerzeugungsanlagen [m2 BGF]	31,00	**74,00**	96,00	7,3%
422	Wärmeverteilnetze [m2 BGF]	11,00	**12,00**	13,00	0,8%
423	Raumheizflächen [m2 BGF]	18,00	**20,00**	26,00	2,0%
429	Sonstiges zur KG 420 [m2 BGF]	–	**3,00**	–	0,1%
430	**Raumlufttechnische Anlagen**				
440	**Elektrische Anlagen**				
442	Eigenstromversorgungsanlagen [m2 BGF]	–	**61,00**	–	2,0%
444	Niederspannungsinstallationsanlagen [m2 BGF]	32,00	**33,00**	37,00	3,4%
445	Beleuchtungsanlagen [m2 BGF]	–	**0,10**	–	0,0%
446	Blitzschutz- und Erdungsanlagen [m2 BGF]	0,80	**1,40**	2,00	0,1%
450	**Kommunikations-, sicherheits- und informationstechnische Anlagen**				
451	Telekommunikationsanlagen [m2 BGF]	–	**0,20**	–	0,0%
452	Such- und Signalanlagen [m2 BGF]	1,10	**1,90**	2,80	0,1%
455	Audiovisuelle Medien- und Antennenanlagen [m2 BGF]	1,40	**2,60**	3,80	0,2%
456	Gefahrenmelde- und Alarmanlagen [m2 BGF]	–	**1,30**	–	0,0%
457	Datenübertragungsnetze [m2 BGF]	–	**2,40**	–	0,1%
460	**Förderanlagen**				
470	**Nutzungsspezifische und verfahrenstechnische Anlagen**				
480	**Gebäude- und Anlagenautomation**				
490	**Sonstige Maßnahmen für technische Anlagen**				
491	Baustelleneinrichtung [m2 BGF]	–	**0,80**	–	0,0%

Doppel- und Reihenendhäuser, mittlerer Standard

Kosten:
Stand 1.Quartal 2021
Bundesdurchschnitt
inkl. 19% MwSt.

Kostengruppen		▷	€/Einheit	◁	KG an 300+400
310	**Baugrube / Erdbau**				
311	Herstellung [m³]	16,00	**36,00**	54,00	2,1%
312	Umschließung [m²]	–	**6,60**	–	0,0%
313	Wasserhaltung [m³]	–	**–**	–	0,0%
319	Sonstiges zur KG 310 [m³]	–	**1,10**	–	0,0%
320	**Gründung, Unterbau**				
321	Baugrundverbesserung [m²]	–	**14,00**	–	0,1%
322	Flachgründungen und Bodenplatten [m²]	90,00	**117,00**	143,00	3,3%
324	Gründungsbeläge [m²]	36,00	**84,00**	136,00	2,0%
325	Abdichtungen und Bekleidungen [m²]	15,00	**43,00**	74,00	1,3%
330	**Außenwände/Vertikale Baukonstruktionen, außen**				
331	Tragende Außenwände [m²]	87,00	**116,00**	139,00	8,6%
333	Außenstützen [m]	53,00	**256,00**	460,00	0,2%
334	Außenwandöffnungen [m²]	493,00	**641,00**	784,00	7,2%
335	Außenwandbekleidungen, außen [m²]	78,00	**114,00**	194,00	8,6%
336	Außenwandbekleidungen, innen [m²]	24,00	**34,00**	45,00	2,1%
338	Lichtschutz zur KG 330 [m²]	170,00	**342,00**	1.081,00	1,4%
339	Sonstiges zur KG 330 [m²]	2,50	**9,30**	12,00	0,7%
340	**Innenwände/Vertikale Baukonstruktionen, innen**				
341	Tragende Innenwände [m²]	73,00	**117,00**	162,00	2,2%
342	Nichttragende Innenwände [m²]	59,00	**75,00**	87,00	2,7%
343	Innenstützen [m]	108,00	**152,00**	199,00	0,1%
344	Innenwandöffnungen [m²]	217,00	**299,00**	369,00	2,2%
345	Innenwandbekleidungen [m²]	32,00	**45,00**	62,00	4,1%
349	Sonstiges zur KG 340 [m²]	2,30	**3,50**	4,30	0,1%
350	**Decken/Horizontale Baukonstruktionen**				
351	Deckenkonstruktionen [m²]	127,00	**173,00**	224,00	8,6%
352	Deckenöffnungen [m²]	783,00	**991,00**	1.287,00	0,1%
353	Deckenbeläge [m²]	106,00	**123,00**	160,00	4,7%
354	Deckenbekleidungen [m²]	19,00	**28,00**	37,00	1,0%
355	Elementierte Deckenkonstruktionen [m²]	–	**5.172,00**	–	0,6%
359	Sonstiges zur KG 350 [m²]	16,00	**33,00**	66,00	1,3%
360	**Dächer**				
361	Dachkonstruktionen [m²]	66,00	**102,00**	120,00	3,8%
362	Dachöffnungen [m²]	441,00	**969,00**	1.214,00	0,9%
363	Dachbeläge [m²]	87,00	**101,00**	124,00	4,1%
364	Dachbekleidungen [m²]	35,00	**59,00**	73,00	1,6%
369	Sonstiges zur KG 360 [m²]	5,40	**6,50**	7,60	0,1%
370	**Infrastrukturanlagen**				
380	**Baukonstruktive Einbauten**				
381	Allgemeine Einbauten [m² BGF]	–	**59,00**	–	0,7%

▷ von
ø Mittel
◁ bis

Kostengruppen		▷	€/Einheit	◁	KG an 300+400
390	**Sonstige Maßnahmen für Baukonstruktionen**				
391	Baustelleneinrichtung [m² BGF]	5,30	**13,00**	22,00	1,1%
392	Gerüste [m² BGF]	12,00	**16,00**	20,00	1,1%
393	Sicherungsmaßnahmen [m² BGF]	–	**36,00**	–	0,3%
397	Zusätzliche Maßnahmen [m² BGF]	3,20	**5,40**	12,00	0,3%
398	Provisorische Baukonstruktionen [m² BGF]	–	**0,10**	–	0,0%
399	Sonstiges zur KG 390 [m² BGF]	–	**12,00**	–	0,1%
410	**Abwasser-, Wasser-, Gasanlagen**				
411	Abwasseranlagen [m² BGF]	16,00	**26,00**	54,00	2,1%
412	Wasseranlagen [m² BGF]	29,00	**42,00**	55,00	3,5%
419	Sonstiges zur KG 410 [m² BGF]	2,30	**4,20**	7,30	0,2%
420	**Wärmeversorgungsanlagen**				
421	Wärmeerzeugungsanlagen [m² BGF]	25,00	**45,00**	70,00	3,6%
422	Wärmeverteilnetze [m² BGF]	16,00	**23,00**	57,00	1,6%
423	Raumheizflächen [m² BGF]	13,00	**23,00**	41,00	1,9%
429	Sonstiges zur KG 420 [m² BGF]	4,70	**11,00**	22,00	0,5%
430	**Raumlufttechnische Anlagen**				
431	Lüftungsanlagen [m² BGF]	10,00	**33,00**	42,00	2,3%
440	**Elektrische Anlagen**				
444	Niederspannungsinstallationsanlagen [m² BGF]	34,00	**41,00**	58,00	3,4%
445	Beleuchtungsanlagen [m² BGF]	2,80	**6,90**	19,00	0,3%
446	Blitzschutz- und Erdungsanlagen [m² BGF]	2,30	**3,00**	4,30	0,3%
449	Sonstiges zur KG 440 [m² BGF]	–	**6,40**	–	0,1%
450	**Kommunikations-, sicherheits- und informationstechnische Anlagen**				
451	Telekommunikationsanlagen [m² BGF]	0,50	**0,70**	1,10	0,0%
452	Such- und Signalanlagen [m² BGF]	1,60	**3,50**	5,50	0,3%
455	Audiovisuelle Medien- und Antennenanlagen [m² BGF]	1,00	**4,10**	6,30	0,4%
456	Gefahrenmelde- und Alarmanlagen [m² BGF]	–	**2,40**	–	0,0%
457	Datenübertragungsnetze [m² BGF]	2,30	**4,20**	9,50	0,3%
460	**Förderanlagen**				
470	**Nutzungsspezifische und verfahrenstechnische Anlagen**				
480	**Gebäude- und Anlagenautomation**				
490	**Sonstige Maßnahmen für technische Anlagen**				

Doppel- und Reihenendhäuser, hoher Standard

Kosten:
Stand 1.Quartal 2021
Bundesdurchschnitt
inkl. 19% MwSt.

▷ von
ø Mittel
◁ bis

Kostengruppen		▷	€/Einheit	◁	KG an 300+400
310	**Baugrube / Erdbau**				
311	Herstellung [m³]	24,00	**36,00**	56,00	2,5%
312	Umschließung [m²]	–	**4,60**	–	0,0%
313	Wasserhaltung [m³]	–	**9,00**	–	0,1%
320	**Gründung, Unterbau**				
322	Flachgründungen und Bodenplatten [m²]	95,00	**119,00**	139,00	3,1%
324	Gründungsbeläge [m²]	93,00	**129,00**	166,00	2,2%
325	Abdichtungen und Bekleidungen [m²]	13,00	**26,00**	39,00	0,6%
326	Dränagen [m²]	9,00	**13,00**	21,00	0,1%
330	**Außenwände/Vertikale Baukonstruktionen, außen**				
331	Tragende Außenwände [m²]	113,00	**128,00**	138,00	9,7%
332	Nichttragende Außenwände [m²]	115,00	**226,00**	538,00	0,3%
333	Außenstützen [m]	84,00	**111,00**	126,00	0,2%
334	Außenwandöffnungen [m²]	475,00	**549,00**	704,00	6,8%
335	Außenwandbekleidungen, außen [m²]	92,00	**125,00**	150,00	9,1%
336	Außenwandbekleidungen, innen [m²]	35,00	**44,00**	67,00	2,6%
338	Lichtschutz zur KG 330 [m²]	150,00	**193,00**	242,00	1,5%
339	Sonstiges zur KG 330 [m²]	5,00	**12,00**	19,00	0,9%
340	**Innenwände/Vertikale Baukonstruktionen, innen**				
341	Tragende Innenwände [m²]	94,00	**106,00**	119,00	2,1%
342	Nichttragende Innenwände [m²]	61,00	**83,00**	122,00	2,2%
343	Innenstützen [m]	40,00	**110,00**	190,00	0,1%
344	Innenwandöffnungen [m²]	206,00	**330,00**	434,00	2,0%
345	Innenwandbekleidungen [m²]	30,00	**49,00**	76,00	3,5%
349	Sonstiges zur KG 340 [m²]	3,20	**5,50**	7,80	0,1%
350	**Decken/Horizontale Baukonstruktionen**				
351	Deckenkonstruktionen [m²]	146,00	**178,00**	220,00	7,9%
353	Deckenbeläge [m²]	120,00	**150,00**	180,00	5,3%
354	Deckenbekleidungen [m²]	22,00	**27,00**	34,00	0,7%
355	Elementierte Deckenkonstruktionen [m²]	–	**831,00**	–	0,3%
359	Sonstiges zur KG 350 [m²]	14,00	**33,00**	51,00	1,2%
360	**Dächer**				
361	Dachkonstruktionen [m²]	88,00	**126,00**	176,00	3,9%
362	Dachöffnungen [m²]	870,00	**1.286,00**	1.707,00	0,8%
363	Dachbeläge [m²]	134,00	**158,00**	193,00	5,3%
364	Dachbekleidungen [m²]	32,00	**49,00**	66,00	1,1%
369	Sonstiges zur KG 360 [m²]	4,90	**17,00**	40,00	0,2%
370	**Infrastrukturanlagen**				
380	**Baukonstruktive Einbauten**				
381	Allgemeine Einbauten [m² BGF]	7,30	**17,00**	27,00	0,3%

Kostengruppen		▷	€/Einheit	◁	KG an 300+400
390	**Sonstige Maßnahmen für Baukonstruktionen**				
391	Baustelleneinrichtung [m2 BGF]	9,20	**24,00**	36,00	1,8%
392	Gerüste [m2 BGF]	4,50	**8,90**	14,00	0,6%
393	Sicherungsmaßnahmen [m2 BGF]	–	**2,20**	–	0,0%
394	Abbruchmaßnahmen [m2 BGF]	1,80	**3,20**	4,60	0,1%
396	Materialentsorgung [m2 BGF]	–	**0,80**	–	0,0%
397	Zusätzliche Maßnahmen [m2 BGF]	0,90	**4,10**	7,40	0,2%
398	Provisorische Baukonstruktionen [m2 BGF]	–	**0,50**	–	0,0%
410	**Abwasser-, Wasser-, Gasanlagen**				
411	Abwasseranlagen [m2 BGF]	15,00	**26,00**	58,00	2,0%
412	Wasseranlagen [m2 BGF]	47,00	**61,00**	88,00	4,4%
413	Gasanlagen [m2 BGF]	–	**1,10**	–	0,0%
419	Sonstiges zur KG 410 [m2 BGF]	–	**5,20**	–	0,1%
420	**Wärmeversorgungsanlagen**				
421	Wärmeerzeugungsanlagen [m2 BGF]	36,00	**45,00**	73,00	2,5%
422	Wärmeverteilnetze [m2 BGF]	7,20	**15,00**	18,00	0,8%
423	Raumheizflächen [m2 BGF]	20,00	**29,00**	35,00	1,6%
429	Sonstiges zur KG 420 [m2 BGF]	15,00	**24,00**	49,00	1,3%
430	**Raumlufttechnische Anlagen**				
431	Lüftungsanlagen [m2 BGF]	5,60	**17,00**	29,00	1,1%
440	**Elektrische Anlagen**				
444	Niederspannungsinstallationsanlagen [m2 BGF]	26,00	**45,00**	70,00	3,2%
445	Beleuchtungsanlagen [m2 BGF]	4,20	**12,00**	29,00	0,7%
446	Blitzschutz- und Erdungsanlagen [m2 BGF]	2,50	**4,20**	5,80	0,3%
450	**Kommunikations-, sicherheits- und informationstechnische Anlagen**				
451	Telekommunikationsanlagen [m2 BGF]	0,90	**1,50**	2,20	0,1%
452	Such- und Signalanlagen [m2 BGF]	1,90	**2,70**	3,20	0,2%
454	Elektroakustische Anlagen [m2 BGF]	0,20	**0,60**	1,00	0,0%
455	Audiovisuelle Medien- und Antennenanlagen [m2 BGF]	0,90	**3,30**	6,20	0,2%
456	Gefahrenmelde- und Alarmanlagen [m2 BGF]	–	**0,50**	–	0,0%
457	Datenübertragungsnetze [m2 BGF]	–	**3,90**	–	0,1%
460	**Förderanlagen**				
470	**Nutzungsspezifische und verfahrenstechnische Anlagen**				
480	**Gebäude- und Anlagenautomation**				
490	**Sonstige Maßnahmen für technische Anlagen**				

Reihenhäuser, einfacher Standard

Kosten:
Stand 1.Quartal 2021
Bundesdurchschnitt
inkl. 19% MwSt.

Kostengruppen		▷	€/Einheit	◁	KG an 300+400
310	**Baugrube / Erdbau**				
311	Herstellung [m³]	38,00	**58,00**	78,00	1,2%
320	**Gründung, Unterbau**				
322	Flachgründungen und Bodenplatten [m²]	100,00	**117,00**	135,00	4,7%
324	Gründungsbeläge [m²]	63,00	**103,00**	143,00	3,5%
325	Abdichtungen und Bekleidungen [m²]	–	**46,00**	–	0,9%
330	**Außenwände/Vertikale Baukonstruktionen, außen**				
331	Tragende Außenwände [m²]	73,00	**89,00**	106,00	8,8%
332	Nichttragende Außenwände [m²]	–	**130,00**	–	0,2%
334	Außenwandöffnungen [m²]	338,00	**463,00**	588,00	7,7%
335	Außenwandbekleidungen, außen [m²]	84,00	**104,00**	124,00	5,4%
336	Außenwandbekleidungen, innen [m²]	4,40	**47,00**	89,00	2,0%
338	Lichtschutz zur KG 330 [m²]	–	**103,00**	–	0,9%
339	Sonstiges zur KG 330 [m²]	–	**8,00**	–	0,3%
340	**Innenwände/Vertikale Baukonstruktionen, innen**				
341	Tragende Innenwände [m²]	80,00	**105,00**	130,00	4,4%
342	Nichttragende Innenwände [m²]	81,00	**87,00**	93,00	3,5%
344	Innenwandöffnungen [m²]	181,00	**397,00**	613,00	2,4%
345	Innenwandbekleidungen [m²]	20,00	**29,00**	38,00	3,6%
350	**Decken/Horizontale Baukonstruktionen**				
351	Deckenkonstruktionen [m²]	133,00	**138,00**	144,00	11,7%
352	Deckenöffnungen [m²]	–	**896,00**	–	0,1%
353	Deckenbeläge [m²]	50,00	**105,00**	160,00	4,3%
354	Deckenbekleidungen [m²]	4,40	**25,00**	45,00	2,0%
359	Sonstiges zur KG 350 [m²]	4,00	**5,80**	7,50	0,5%
360	**Dächer**				
361	Dachkonstruktionen [m²]	35,00	**77,00**	119,00	3,7%
362	Dachöffnungen [m²]	–	**602,00**	–	0,0%
363	Dachbeläge [m²]	81,00	**94,00**	106,00	4,6%
364	Dachbekleidungen [m²]	–	**116,00**	–	0,1%
369	Sonstiges zur KG 360 [m²]	–	**2,10**	–	0,1%
370	**Infrastrukturanlagen**				
380	**Baukonstruktive Einbauten**				
381	Allgemeine Einbauten [m² BGF]	–	**0,90**	–	0,1%
390	**Sonstige Maßnahmen für Baukonstruktionen**				
391	Baustelleneinrichtung [m² BGF]	2,20	**2,80**	3,50	0,3%
392	Gerüste [m² BGF]	5,30	**6,60**	7,90	0,8%
394	Abbruchmaßnahmen [m² BGF]	–	**1,60**	–	0,1%
396	Materialentsorgung [m² BGF]	–	**0,10**	–	0,0%
397	Zusätzliche Maßnahmen [m² BGF]	–	**2,40**	–	0,1%

▷ von
ø Mittel
◁ bis

Kostengruppen		▷	€/Einheit	◁	KG an 300+400
410	**Abwasser-, Wasser-, Gasanlagen**				
411	Abwasseranlagen [m² BGF]	9,40	**20,00**	31,00	2,4%
412	Wasseranlagen [m² BGF]	35,00	**42,00**	49,00	5,0%
420	**Wärmeversorgungsanlagen**				
421	Wärmeerzeugungsanlagen [m² BGF]	31,00	**41,00**	50,00	4,8%
422	Wärmeverteilnetze [m² BGF]	13,00	**15,00**	17,00	1,8%
423	Raumheizflächen [m² BGF]	17,00	**22,00**	27,00	2,6%
429	Sonstiges zur KG 420 [m² BGF]	–	**3,00**	–	0,2%
430	**Raumlufttechnische Anlagen**				
431	Lüftungsanlagen [m² BGF]	–	**4,90**	–	0,3%
433	Klimaanlagen [m² BGF]	–	**9,80**	–	0,6%
440	**Elektrische Anlagen**				
443	Niederspannungsschaltanlagen [m² BGF]	–	**13,00**	–	0,8%
444	Niederspannungsinstallationsanlagen [m² BGF]	21,00	**28,00**	35,00	3,3%
445	Beleuchtungsanlagen [m² BGF]	–	**0,80**	–	0,1%
446	Blitzschutz- und Erdungsanlagen [m² BGF]	–	**0,90**	–	0,1%
450	**Kommunikations-, sicherheits- und informationstechnische Anlagen**				
452	Such- und Signalanlagen [m² BGF]	–	**1,10**	–	0,1%
455	Audiovisuelle Medien- und Antennenanlagen [m² BGF]	–	**1,20**	–	0,1%
456	Gefahrenmelde- und Alarmanlagen [m² BGF]	–	**5,30**	–	0,3%
460	**Förderanlagen**				
470	**Nutzungsspezifische und verfahrenstechnische Anlagen**				
480	**Gebäude- und Anlagenautomation**				
490	**Sonstige Maßnahmen für technische Anlagen**				
491	Baustelleneinrichtung [m² BGF]	–	**0,80**	–	0,1%

Reihenhäuser, mittlerer Standard

Kosten:
Stand 1.Quartal 2021
Bundesdurchschnitt
inkl. 19% MwSt.

Kostengruppen		▷	€/Einheit	◁	KG an 300+400
310	**Baugrube / Erdbau**				
311	Herstellung [m³]	43,00	**56,00**	74,00	2,3%
320	**Gründung, Unterbau**				
321	Baugrundverbesserung [m²]	–	**26,00**	–	0,2%
322	Flachgründungen und Bodenplatten [m²]	113,00	**187,00**	336,00	3,0%
324	Gründungsbeläge [m²]	129,00	**144,00**	158,00	2,1%
325	Abdichtungen und Bekleidungen [m²]	23,00	**42,00**	53,00	1,1%
326	Dränagen [m²]	–	**9,60**	–	0,1%
330	**Außenwände/Vertikale Baukonstruktionen, außen**				
331	Tragende Außenwände [m²]	76,00	**126,00**	150,00	12,8%
332	Nichttragende Außenwände [m²]	–	**105,00**	–	0,1%
334	Außenwandöffnungen [m²]	461,00	**607,00**	705,00	8,4%
335	Außenwandbekleidungen, außen [m²]	51,00	**72,00**	85,00	6,1%
336	Außenwandbekleidungen, innen [m²]	37,00	**49,00**	67,00	3,2%
337	Elementierte Außenwandkonstruktionen [m²]	–	**209,00**	–	1,0%
338	Lichtschutz zur KG 330 [m²]	132,00	**142,00**	153,00	0,9%
339	Sonstiges zur KG 330 [m²]	4,30	**8,00**	15,00	1,0%
340	**Innenwände/Vertikale Baukonstruktionen, innen**				
341	Tragende Innenwände [m²]	88,00	**97,00**	106,00	0,7%
342	Nichttragende Innenwände [m²]	65,00	**81,00**	109,00	3,6%
343	Innenstützen [m]	105,00	**183,00**	260,00	0,2%
344	Innenwandöffnungen [m²]	227,00	**257,00**	304,00	1,4%
345	Innenwandbekleidungen [m²]	12,00	**22,00**	41,00	1,8%
350	**Decken/Horizontale Baukonstruktionen**				
351	Deckenkonstruktionen [m²]	145,00	**165,00**	177,00	9,3%
353	Deckenbeläge [m²]	93,00	**113,00**	153,00	5,2%
354	Deckenbekleidungen [m²]	10,00	**25,00**	55,00	1,0%
355	Elementierte Deckenkonstruktionen [m²]	333,00	**448,00**	564,00	0,5%
359	Sonstiges zur KG 350 [m²]	8,40	**14,00**	24,00	0,8%
360	**Dächer**				
361	Dachkonstruktionen [m²]	81,00	**120,00**	186,00	3,6%
362	Dachöffnungen [m²]	539,00	**1.159,00**	1.778,00	0,4%
363	Dachbeläge [m²]	77,00	**119,00**	145,00	4,0%
364	Dachbekleidungen [m²]	60,00	**66,00**	78,00	1,6%
369	Sonstiges zur KG 360 [m²]	1,10	**6,00**	16,00	0,2%
370	**Infrastrukturanlagen**				
380	**Baukonstruktive Einbauten**				
390	**Sonstige Maßnahmen für Baukonstruktionen**				
391	Baustelleneinrichtung [m² BGF]	9,40	**20,00**	25,00	1,7%
392	Gerüste [m² BGF]	7,10	**8,40**	11,00	0,7%
397	Zusätzliche Maßnahmen [m² BGF]	–	**5,10**	–	0,1%

▷ von
ø Mittel
◁ bis

Kostengruppen		▷	€/Einheit	◁	KG an 300+400
410	**Abwasser-, Wasser-, Gasanlagen**				
411	Abwasseranlagen [m² BGF]	23,00	**27,00**	35,00	2,3%
412	Wasseranlagen [m² BGF]	37,00	**50,00**	71,00	4,2%
419	Sonstiges zur KG 410 [m² BGF]	3,40	**4,10**	4,70	0,2%
420	**Wärmeversorgungsanlagen**				
421	Wärmeerzeugungsanlagen [m² BGF]	36,00	**40,00**	46,00	3,5%
422	Wärmeverteilnetze [m² BGF]	3,20	**16,00**	22,00	1,3%
423	Raumheizflächen [m² BGF]	17,00	**26,00**	31,00	2,4%
429	Sonstiges zur KG 420 [m² BGF]	4,20	**5,00**	6,60	0,5%
430	**Raumlufttechnische Anlagen**				
431	Lüftungsanlagen [m² BGF]	4,70	**37,00**	53,00	3,0%
440	**Elektrische Anlagen**				
444	Niederspannungsinstallationsanlagen [m² BGF]	23,00	**27,00**	34,00	2,5%
445	Beleuchtungsanlagen [m² BGF]	0,50	**5,30**	10,00	0,2%
446	Blitzschutz- und Erdungsanlagen [m² BGF]	1,70	**1,80**	1,90	0,1%
450	**Kommunikations-, sicherheits- und informationstechnische Anlagen**				
451	Telekommunikationsanlagen [m² BGF]	1,30	**1,60**	1,80	0,1%
452	Such- und Signalanlagen [m² BGF]	1,00	**1,90**	2,90	0,1%
454	Elektroakustische Anlagen [m² BGF]	–	**0,60**	–	0,0%
455	Audiovisuelle Medien- und Antennenanlagen [m² BGF]	1,30	**5,00**	8,80	0,3%
456	Gefahrenmelde- und Alarmanlagen [m² BGF]	–	**1,20**	–	0,0%
457	Datenübertragungsnetze [m² BGF]	0,30	**4,90**	9,50	0,2%
460	**Förderanlagen**				
470	**Nutzungsspezifische und verfahrenstechnische Anlagen**				
480	**Gebäude- und Anlagenautomation**				
490	**Sonstige Maßnahmen für technische Anlagen**				

Kostengruppen		▷	€/Einheit	◁	KG an 300+400
310	**Baugrube / Erdbau**				
311	Herstellung [m³]	24,00	**38,00**	65,00	2,2%
320	**Gründung, Unterbau**				
321	Baugrundverbesserung [m²]	–	**5,00**	–	0,0%
322	Flachgründungen und Bodenplatten [m²]	140,00	**335,00**	726,00	2,7%
323	Tiefgründungen [m²]	–	**161,00**	–	1,6%
324	Gründungsbeläge [m²]	113,00	**169,00**	226,00	2,1%
325	Abdichtungen und Bekleidungen [m²]	5,10	**15,00**	23,00	0,4%
326	Dränagen [m²]	7,40	**7,70**	8,10	0,1%
330	**Außenwände/Vertikale Baukonstruktionen, außen**				
331	Tragende Außenwände [m²]	109,00	**124,00**	152,00	5,4%
334	Außenwandöffnungen [m²]	465,00	**586,00**	826,00	6,4%
335	Außenwandbekleidungen, außen [m²]	45,00	**99,00**	133,00	5,2%
336	Außenwandbekleidungen, innen [m²]	10,00	**38,00**	53,00	2,1%
337	Elementierte Außenwandkonstruktionen [m²]	–	**279,00**	–	3,2%
338	Lichtschutz zur KG 330 [m²]	–	**136,00**	–	0,4%
339	Sonstiges zur KG 330 [m²]	3,00	**23,00**	44,00	1,0%
340	**Innenwände/Vertikale Baukonstruktionen, innen**				
341	Tragende Innenwände [m²]	118,00	**172,00**	272,00	3,5%
342	Nichttragende Innenwände [m²]	82,00	**91,00**	106,00	2,5%
343	Innenstützen [m]	–	**45,00**	–	0,0%
344	Innenwandöffnungen [m²]	360,00	**436,00**	475,00	2,2%
345	Innenwandbekleidungen [m²]	13,00	**37,00**	50,00	2,8%
346	Elementierte Innenwandkonstruktionen [m²]	–	**176,00**	–	0,3%
350	**Decken/Horizontale Baukonstruktionen**				
351	Deckenkonstruktionen [m²]	226,00	**240,00**	267,00	11,1%
353	Deckenbeläge [m²]	128,00	**180,00**	216,00	7,3%
354	Deckenbekleidungen [m²]	16,00	**18,00**	22,00	0,7%
359	Sonstiges zur KG 350 [m²]	7,50	**20,00**	32,00	0,7%
360	**Dächer**				
361	Dachkonstruktionen [m²]	86,00	**143,00**	241,00	3,5%
362	Dachöffnungen [m²]	842,00	**996,00**	1.150,00	0,9%
363	Dachbeläge [m²]	134,00	**183,00**	281,00	4,8%
364	Dachbekleidungen [m²]	7,80	**90,00**	142,00	2,2%
369	Sonstiges zur KG 360 [m²]	4,90	**19,00**	45,00	0,5%
370	**Infrastrukturanlagen**				
380	**Baukonstruktive Einbauten**				
390	**Sonstige Maßnahmen für Baukonstruktionen**				
391	Baustelleneinrichtung [m² BGF]	23,00	**25,00**	28,00	1,8%
392	Gerüste [m² BGF]	11,00	**14,00**	17,00	0,6%
397	Zusätzliche Maßnahmen [m² BGF]	–	**8,20**	–	0,2%

Kosten:
Stand 1.Quartal 2021
Bundesdurchschnitt
inkl. 19% MwSt.

▷ von
ø Mittel
◁ bis

Kostengruppen		▷	€/Einheit	◁	KG an 300+400
410	**Abwasser-, Wasser-, Gasanlagen**				
411	Abwasseranlagen [m² BGF]	23,00	**29,00**	39,00	2,1%
412	Wasseranlagen [m² BGF]	57,00	**69,00**	76,00	4,9%
420	**Wärmeversorgungsanlagen**				
421	Wärmeerzeugungsanlagen [m² BGF]	38,00	**61,00**	74,00	4,2%
422	Wärmeverteilnetze [m² BGF]	14,00	**25,00**	43,00	1,7%
423	Raumheizflächen [m² BGF]	20,00	**25,00**	33,00	1,7%
429	Sonstiges zur KG 420 [m² BGF]	–	**48,00**	–	1,0%
430	**Raumlufttechnische Anlagen**				
431	Lüftungsanlagen [m² BGF]	34,00	**42,00**	54,00	3,0%
440	**Elektrische Anlagen**				
444	Niederspannungsinstallationsanlagen [m² BGF]	28,00	**36,00**	49,00	2,6%
445	Beleuchtungsanlagen [m² BGF]	3,20	**3,70**	4,30	0,2%
446	Blitzschutz- und Erdungsanlagen [m² BGF]	0,90	**1,50**	2,90	0,1%
450	**Kommunikations-, sicherheits- und informationstechnische Anlagen**				
452	Such- und Signalanlagen [m² BGF]	2,80	**3,30**	3,90	0,2%
455	Audiovisuelle Medien- und Antennenanlagen [m² BGF]	1,40	**2,60**	3,80	0,1%
457	Datenübertragungsnetze [m² BGF]	–	**3,80**	–	0,1%
460	**Förderanlagen**				
470	**Nutzungsspezifische und verfahrenstechnische Anlagen**				
480	**Gebäude- und Anlagenautomation**				
490	**Sonstige Maßnahmen für technische Anlagen**				

Mehrfamilienhäuser, mit bis zu 6 WE, einfacher Standard

Kosten:
Stand 1.Quartal 2021
Bundesdurchschnitt
inkl. 19% MwSt.

Kostengruppen		▷	€/Einheit	◁	KG an 300+400
310	**Baugrube / Erdbau**				
311	Herstellung [m³]	5,60	**16,00**	21,00	1,4%
320	**Gründung, Unterbau**				
321	Baugrundverbesserung [m²]	–	**31,00**	–	0,4%
322	Flachgründungen und Bodenplatten [m²]	102,00	**116,00**	142,00	4,3%
324	Gründungsbeläge [m²]	39,00	**56,00**	87,00	1,1%
325	Abdichtungen und Bekleidungen [m²]	14,00	**20,00**	28,00	0,7%
326	Dränagen [m²]	–	**25,00**	–	0,3%
329	Sonstiges zur KG 320 [m²]	–	**2,20**	–	0,0%
330	**Außenwände/Vertikale Baukonstruktionen, außen**				
331	Tragende Außenwände [m²]	89,00	**120,00**	136,00	8,1%
333	Außenstützen [m]	148,00	**185,00**	221,00	0,2%
334	Außenwandöffnungen [m²]	328,00	**412,00**	464,00	6,1%
335	Außenwandbekleidungen, außen [m²]	58,00	**79,00**	90,00	5,3%
336	Außenwandbekleidungen, innen [m²]	30,00	**35,00**	45,00	2,2%
338	Lichtschutz zur KG 330 [m²]	–	**137,00**	–	0,2%
339	Sonstiges zur KG 330 [m²]	1,80	**4,20**	8,70	0,4%
340	**Innenwände/Vertikale Baukonstruktionen, innen**				
341	Tragende Innenwände [m²]	83,00	**100,00**	108,00	3,4%
342	Nichttragende Innenwände [m²]	69,00	**77,00**	91,00	3,4%
343	Innenstützen [m]	84,00	**139,00**	194,00	0,1%
344	Innenwandöffnungen [m²]	281,00	**376,00**	514,00	3,8%
345	Innenwandbekleidungen [m²]	31,00	**49,00**	76,00	6,6%
346	Elementierte Innenwandkonstruktionen [m²]	85,00	**87,00**	90,00	0,2%
350	**Decken/Horizontale Baukonstruktionen**				
351	Deckenkonstruktionen [m²]	109,00	**162,00**	197,00	11,0%
352	Deckenöffnungen [m²]	–	**1.561,00**	–	0,1%
353	Deckenbeläge [m²]	81,00	**134,00**	214,00	6,5%
354	Deckenbekleidungen [m²]	14,00	**17,00**	23,00	0,9%
355	Elementierte Deckenkonstruktionen [m²]	–	**1.279,00**	–	1,6%
359	Sonstiges zur KG 350 [m²]	13,00	**31,00**	64,00	1,9%
360	**Dächer**				
361	Dachkonstruktionen [m²]	61,00	**100,00**	121,00	4,8%
362	Dachöffnungen [m²]	611,00	**672,00**	733,00	0,7%
363	Dachbeläge [m²]	71,00	**94,00**	136,00	4,7%
364	Dachbekleidungen [m²]	62,00	**84,00**	105,00	1,7%
369	Sonstiges zur KG 360 [m²]	–	**5,70**	–	0,1%
370	**Infrastrukturanlagen**				
380	**Baukonstruktive Einbauten**				
381	Allgemeine Einbauten [m² BGF]	1,90	**2,70**	3,50	0,2%

▷ von
ø Mittel
◁ bis

Kostengruppen		▷	€/Einheit	◁	KG an 300+400
390	**Sonstige Maßnahmen für Baukonstruktionen**				
391	Baustelleneinrichtung [m2 BGF]	9,00	**9,30**	9,80	1,1%
392	Gerüste [m2 BGF]	2,80	**5,30**	6,80	0,6%
394	Abbruchmaßnahmen [m2 BGF]	–	**0,30**	–	0,0%
397	Zusätzliche Maßnahmen [m2 BGF]	0,80	**4,40**	8,10	0,4%
410	**Abwasser-, Wasser-, Gasanlagen**				
411	Abwasseranlagen [m2 BGF]	13,00	**18,00**	26,00	2,1%
412	Wasseranlagen [m2 BGF]	30,00	**34,00**	42,00	4,0%
420	**Wärmeversorgungsanlagen**				
421	Wärmeerzeugungsanlagen [m2 BGF]	6,30	**8,50**	9,80	1,0%
422	Wärmeverteilnetze [m2 BGF]	15,00	**20,00**	29,00	2,4%
423	Raumheizflächen [m2 BGF]	13,00	**15,00**	19,00	1,8%
429	Sonstiges zur KG 420 [m2 BGF]	2,60	**4,00**	7,00	0,5%
430	**Raumlufttechnische Anlagen**				
431	Lüftungsanlagen [m2 BGF]	1,40	**3,10**	4,80	0,2%
440	**Elektrische Anlagen**				
443	Niederspannungsschaltanlagen [m2 BGF]	2,10	**4,50**	7,00	0,4%
444	Niederspannungsinstallationsanlagen [m2 BGF]	20,00	**26,00**	36,00	3,0%
445	Beleuchtungsanlagen [m2 BGF]	1,10	**1,70**	2,40	0,1%
446	Blitzschutz- und Erdungsanlagen [m2 BGF]	0,50	**1,30**	2,80	0,1%
449	Sonstiges zur KG 440 [m2 BGF]	–	**0,30**	–	0,0%
450	**Kommunikations-, sicherheits- und informationstechnische Anlagen**				
451	Telekommunikationsanlagen [m2 BGF]	–	**0,70**	–	0,0%
452	Such- und Signalanlagen [m2 BGF]	1,70	**2,20**	2,60	0,2%
455	Audiovisuelle Medien- und Antennenanlagen [m2 BGF]	0,70	**1,70**	2,70	0,1%
460	**Förderanlagen**				
470	**Nutzungsspezifische und verfahrenstechnische Anlagen**				
474	Feuerlöschanlagen [m2 BGF]	–	**0,20**	–	0,0%
480	**Gebäude- und Anlagenautomation**				
490	**Sonstige Maßnahmen für technische Anlagen**				

Mehrfamilienhäuser, mit bis zu 6 WE, mittlerer Standard

Kosten:
Stand 1.Quartal 2021
Bundesdurchschnitt
inkl. 19% MwSt.

Kostengruppen		▷	€/Einheit	◁	KG an 300+400
310	**Baugrube / Erdbau**				
311	Herstellung [m³]	33,00	**48,00**	101,00	2,1%
312	Umschließung [m²]	–	**3,10**	–	0,0%
313	Wasserhaltung [m³]	–	**3,30**	–	0,1%
320	**Gründung, Unterbau**				
321	Baugrundverbesserung [m²]	–	**9,60**	–	0,0%
322	Flachgründungen und Bodenplatten [m²]	99,00	**131,00**	172,00	3,1%
324	Gründungsbeläge [m²]	40,00	**86,00**	174,00	1,9%
325	Abdichtungen und Bekleidungen [m²]	16,00	**29,00**	90,00	0,6%
326	Dränagen [m²]	–	**19,00**	–	0,1%
330	**Außenwände/Vertikale Baukonstruktionen, außen**				
331	Tragende Außenwände [m²]	113,00	**137,00**	161,00	7,1%
332	Nichttragende Außenwände [m²]	–	**155,00**	–	0,4%
333	Außenstützen [m]	–	**144,00**	–	0,0%
334	Außenwandöffnungen [m²]	369,00	**524,00**	588,00	6,9%
335	Außenwandbekleidungen, außen [m²]	83,00	**124,00**	166,00	6,9%
336	Außenwandbekleidungen, innen [m²]	26,00	**31,00**	36,00	1,5%
338	Lichtschutz zur KG 330 [m²]	168,00	**217,00**	262,00	1,1%
339	Sonstiges zur KG 330 [m²]	6,20	**12,00**	37,00	0,8%
340	**Innenwände/Vertikale Baukonstruktionen, innen**				
341	Tragende Innenwände [m²]	77,00	**127,00**	181,00	2,2%
342	Nichttragende Innenwände [m²]	79,00	**84,00**	94,00	3,8%
343	Innenstützen [m]	156,00	**234,00**	446,00	0,3%
344	Innenwandöffnungen [m²]	354,00	**401,00**	423,00	2,9%
345	Innenwandbekleidungen [m²]	26,00	**34,00**	51,00	3,5%
349	Sonstiges zur KG 340 [m²]	–	**4,10**	–	0,0%
350	**Decken/Horizontale Baukonstruktionen**				
351	Deckenkonstruktionen [m²]	151,00	**175,00**	233,00	9,8%
352	Deckenöffnungen [m²]	–	**2.616,00**	–	0,1%
353	Deckenbeläge [m²]	121,00	**139,00**	169,00	5,7%
354	Deckenbekleidungen [m²]	13,00	**35,00**	53,00	1,4%
355	Elementierte Deckenkonstruktionen [m²]	1.060,00	**1.588,00**	2.116,00	0,5%
359	Sonstiges zur KG 350 [m²]	8,00	**32,00**	44,00	2,0%
360	**Dächer**				
361	Dachkonstruktionen [m²]	75,00	**99,00**	123,00	3,2%
362	Dachöffnungen [m²]	874,00	**1.360,00**	1.913,00	1,1%
363	Dachbeläge [m²]	113,00	**168,00**	227,00	5,3%
364	Dachbekleidungen [m²]	52,00	**65,00**	89,00	1,8%
369	Sonstiges zur KG 360 [m²]	4,40	**7,80**	14,00	0,2%
370	**Infrastrukturanlagen**				
380	**Baukonstruktive Einbauten**				
381	Allgemeine Einbauten [m² BGF]	1,30	**2,00**	2,60	0,1%

▷ von
ø Mittel
◁ bis

Kostengruppen		▷	€/Einheit	◁	KG an 300+400
390	**Sonstige Maßnahmen für Baukonstruktionen**				
391	Baustelleneinrichtung [m² BGF]	6,40	**18,00**	39,00	1,5%
392	Gerüste [m² BGF]	7,90	**11,00**	16,00	1,0%
394	Abbruchmaßnahmen [m² BGF]	–	**16,00**	–	0,2%
397	Zusätzliche Maßnahmen [m² BGF]	1,70	**4,00**	6,60	0,2%
399	Sonstiges zur KG 390 [m² BGF]	–	**120,00**	–	1,9%
410	**Abwasser-, Wasser-, Gasanlagen**				
411	Abwasseranlagen [m² BGF]	12,00	**19,00**	29,00	1,6%
412	Wasseranlagen [m² BGF]	35,00	**57,00**	82,00	4,9%
419	Sonstiges zur KG 410 [m² BGF]	1,40	**2,00**	2,60	0,1%
420	**Wärmeversorgungsanlagen**				
421	Wärmeerzeugungsanlagen [m² BGF]	17,00	**24,00**	35,00	1,7%
422	Wärmeverteilnetze [m² BGF]	8,50	**17,00**	22,00	1,2%
423	Raumheizflächen [m² BGF]	17,00	**31,00**	47,00	2,8%
429	Sonstiges zur KG 420 [m² BGF]	3,40	**7,00**	12,00	0,5%
430	**Raumlufttechnische Anlagen**				
431	Lüftungsanlagen [m² BGF]	4,00	**11,00**	31,00	0,7%
440	**Elektrische Anlagen**				
442	Eigenstromversorgungsanlagen [m² BGF]	–	**74,00**	–	1,2%
444	Niederspannungsinstallationsanlagen [m² BGF]	26,00	**36,00**	46,00	3,1%
445	Beleuchtungsanlagen [m² BGF]	1,60	**2,90**	5,30	0,3%
446	Blitzschutz- und Erdungsanlagen [m² BGF]	1,30	**1,80**	2,90	0,2%
450	**Kommunikations-, sicherheits- und informationstechnische Anlagen**				
451	Telekommunikationsanlagen [m² BGF]	0,30	**0,50**	0,80	0,0%
452	Such- und Signalanlagen [m² BGF]	1,70	**3,40**	5,50	0,3%
454	Elektroakustische Anlagen [m² BGF]	–	**0,40**	–	0,0%
455	Audiovisuelle Medien- und Antennenanlagen [m² BGF]	1,50	**2,90**	4,60	0,3%
456	Gefahrenmelde- und Alarmanlagen [m² BGF]	0,60	**1,50**	2,40	0,0%
457	Datenübertragungsnetze [m² BGF]	0,90	**1,30**	1,90	0,1%
460	**Förderanlagen**				
470	**Nutzungsspezifische und verfahrenstechnische Anlagen**				
480	**Gebäude- und Anlagenautomation**				
490	**Sonstige Maßnahmen für technische Anlagen**				

Mehrfamilienhäuser, mit bis zu 6 WE, hoher Standard

Kosten:
Stand 1.Quartal 2021
Bundesdurchschnitt
inkl. 19% MwSt.

Kostengruppen		▷	€/Einheit	◁	KG an 300+400
310	**Baugrube / Erdbau**				
311	Herstellung [m³]	19,00	**27,00**	40,00	2,0%
312	Umschließung [m²]	2,40	**21,00**	40,00	0,1%
319	Sonstiges zur KG 310 [m³]	–	**1,10**	–	0,0%
320	**Gründung, Unterbau**				
322	Flachgründungen und Bodenplatten [m²]	134,00	**169,00**	263,00	3,7%
324	Gründungsbeläge [m²]	53,00	**98,00**	157,00	1,4%
325	Abdichtungen und Bekleidungen [m²]	16,00	**35,00**	45,00	0,8%
326	Dränagen [m²]	–	**24,00**	–	0,1%
330	**Außenwände/Vertikale Baukonstruktionen, außen**				
331	Tragende Außenwände [m²]	113,00	**122,00**	140,00	5,5%
332	Nichttragende Außenwände [m²]	142,00	**231,00**	355,00	0,5%
333	Außenstützen [m]	107,00	**169,00**	214,00	0,2%
334	Außenwandöffnungen [m²]	448,00	**584,00**	649,00	6,6%
335	Außenwandbekleidungen, außen [m²]	91,00	**144,00**	221,00	7,0%
336	Außenwandbekleidungen, innen [m²]	26,00	**34,00**	42,00	1,2%
338	Lichtschutz zur KG 330 [m²]	158,00	**208,00**	277,00	1,2%
339	Sonstiges zur KG 330 [m²]	15,00	**20,00**	37,00	1,0%
340	**Innenwände/Vertikale Baukonstruktionen, innen**				
341	Tragende Innenwände [m²]	92,00	**126,00**	144,00	3,5%
342	Nichttragende Innenwände [m²]	54,00	**72,00**	93,00	1,9%
343	Innenstützen [m]	112,00	**155,00**	223,00	0,1%
344	Innenwandöffnungen [m²]	453,00	**714,00**	1.281,00	4,0%
345	Innenwandbekleidungen [m²]	32,00	**41,00**	49,00	3,6%
346	Elementierte Innenwandkonstruktionen [m²]	29,00	**43,00**	70,00	0,1%
349	Sonstiges zur KG 340 [m²]	–	**1,40**	–	0,0%
350	**Decken/Horizontale Baukonstruktionen**				
351	Deckenkonstruktionen [m²]	170,00	**217,00**	326,00	9,5%
352	Deckenöffnungen [m²]	1.666,00	**1.693,00**	1.721,00	0,1%
353	Deckenbeläge [m²]	165,00	**182,00**	200,00	7,1%
354	Deckenbekleidungen [m²]	25,00	**29,00**	35,00	1,2%
359	Sonstiges zur KG 350 [m²]	17,00	**28,00**	38,00	0,9%
360	**Dächer**				
361	Dachkonstruktionen [m²]	127,00	**161,00**	208,00	3,9%
362	Dachöffnungen [m²]	392,00	**1.707,00**	2.306,00	0,5%
363	Dachbeläge [m²]	159,00	**257,00**	316,00	6,5%
364	Dachbekleidungen [m²]	41,00	**64,00**	107,00	1,3%
366	Lichtschutz zur KG 360 [m²]	301,00	**523,00**	744,00	0,2%
369	Sonstiges zur KG 360 [m²]	7,00	**32,00**	74,00	0,6%
370	**Infrastrukturanlagen**				
380	**Baukonstruktive Einbauten**				
381	Allgemeine Einbauten [m² BGF]	0,10	**12,00**	24,00	0,3%
382	Besondere Einbauten [m² BGF]	–	**5,20**	–	0,1%

▷ von
ø Mittel
◁ bis

Kostengruppen		▷	€/Einheit	◁	KG an 300+400
390	**Sonstige Maßnahmen für Baukonstruktionen**				
391	Baustelleneinrichtung [m2 BGF]	16,00	**27,00**	40,00	1,9%
392	Gerüste [m2 BGF]	6,10	**12,00**	19,00	0,9%
396	Materialentsorgung [m2 BGF]	–	**0,90**	–	0,0%
397	Zusätzliche Maßnahmen [m2 BGF]	1,40	**4,60**	6,70	0,3%
398	Provisorische Baukonstruktionen [m2 BGF]	0,70	**1,60**	2,40	0,0%
399	Sonstiges zur KG 390 [m2 BGF]	4,60	**19,00**	68,00	1,0%
410	**Abwasser-, Wasser-, Gasanlagen**				
411	Abwasseranlagen [m2 BGF]	17,00	**22,00**	29,00	1,6%
412	Wasseranlagen [m2 BGF]	37,00	**48,00**	60,00	3,4%
419	Sonstiges zur KG 410 [m2 BGF]	1,70	**4,00**	5,40	0,1%
420	**Wärmeversorgungsanlagen**				
421	Wärmeerzeugungsanlagen [m2 BGF]	22,00	**33,00**	45,00	2,3%
422	Wärmeverteilnetze [m2 BGF]	12,00	**18,00**	44,00	1,2%
423	Raumheizflächen [m2 BGF]	25,00	**30,00**	36,00	2,1%
429	Sonstiges zur KG 420 [m2 BGF]	2,50	**5,50**	7,60	0,3%
430	**Raumlufttechnische Anlagen**				
431	Lüftungsanlagen [m2 BGF]	3,10	**15,00**	33,00	0,9%
440	**Elektrische Anlagen**				
444	Niederspannungsinstallationsanlagen [m2 BGF]	41,00	**52,00**	66,00	3,8%
445	Beleuchtungsanlagen [m2 BGF]	5,60	**9,90**	17,00	0,6%
446	Blitzschutz- und Erdungsanlagen [m2 BGF]	1,20	**2,50**	3,60	0,2%
450	**Kommunikations-, sicherheits- und informationstechnische Anlagen**				
451	Telekommunikationsanlagen [m2 BGF]	0,50	**1,60**	2,00	0,1%
452	Such- und Signalanlagen [m2 BGF]	1,80	**6,10**	8,50	0,4%
454	Elektroakustische Anlagen [m2 BGF]	–	**0,60**	–	0,0%
455	Audiovisuelle Medien- und Antennenanlagen [m2 BGF]	1,80	**2,60**	3,00	0,2%
456	Gefahrenmelde- und Alarmanlagen [m2 BGF]	0,90	**2,40**	4,00	0,1%
457	Datenübertragungsnetze [m2 BGF]	1,10	**4,00**	8,50	0,2%
460	**Förderanlagen**				
461	Aufzugsanlagen [m2 BGF]	41,00	**45,00**	49,00	2,2%
470	**Nutzungsspezifische und verfahrenstechnische Anlagen**				
480	**Gebäude- und Anlagenautomation**				
490	**Sonstige Maßnahmen für technische Anlagen**				
497	Zusätzliche Maßnahmen [m2 BGF]	–	**0,50**	–	0,0%

Mehrfamilienhäuser, mit 6 bis 19 WE, einfacher Standard

Kosten:
Stand 1.Quartal 2021
Bundesdurchschnitt
inkl. 19% MwSt.

Kostengruppen		▷	€/Einheit	◁	KG an 300+400
310	**Baugrube / Erdbau**				
311	Herstellung [m³]	26,00	**33,00**	37,00	2,2%
313	Wasserhaltung [m³]	–	**7,00**	–	0,1%
320	**Gründung, Unterbau**				
322	Flachgründungen und Bodenplatten [m²]	123,00	**140,00**	151,00	3,9%
323	Tiefgründungen [m²]	–	**215,00**	–	1,5%
324	Gründungsbeläge [m²]	28,00	**36,00**	42,00	0,4%
325	Abdichtungen und Bekleidungen [m²]	13,00	**25,00**	49,00	0,8%
326	Dränagen [m²]	7,80	**19,00**	35,00	0,5%
330	**Außenwände/Vertikale Baukonstruktionen, außen**				
331	Tragende Außenwände [m²]	95,00	**133,00**	152,00	6,4%
334	Außenwandöffnungen [m²]	490,00	**621,00**	863,00	5,8%
335	Außenwandbekleidungen, außen [m²]	81,00	**140,00**	173,00	7,1%
336	Außenwandbekleidungen, innen [m²]	19,00	**28,00**	33,00	1,3%
338	Lichtschutz zur KG 330 [m²]	187,00	**250,00**	313,00	1,1%
339	Sonstiges zur KG 330 [m²]	4,40	**8,60**	15,00	0,5%
340	**Innenwände/Vertikale Baukonstruktionen, innen**				
341	Tragende Innenwände [m²]	96,00	**107,00**	113,00	3,5%
342	Nichttragende Innenwände [m²]	82,00	**84,00**	85,00	3,0%
343	Innenstützen [m]	156,00	**228,00**	266,00	0,7%
344	Innenwandöffnungen [m²]	311,00	**352,00**	373,00	2,6%
345	Innenwandbekleidungen [m²]	23,00	**38,00**	67,00	3,8%
346	Elementierte Innenwandkonstruktionen [m²]	63,00	**80,00**	97,00	0,3%
349	Sonstiges zur KG 340 [m²]	–	**0,90**	–	0,0%
350	**Decken/Horizontale Baukonstruktionen**				
351	Deckenkonstruktionen [m²]	168,00	**177,00**	193,00	11,7%
353	Deckenbeläge [m²]	101,00	**122,00**	133,00	7,0%
354	Deckenbekleidungen [m²]	14,00	**19,00**	29,00	1,1%
355	Elementierte Deckenkonstruktionen [m²]	–	**2.921,00**	–	0,5%
359	Sonstiges zur KG 350 [m²]	19,00	**33,00**	41,00	2,1%
360	**Dächer**				
361	Dachkonstruktionen [m²]	88,00	**110,00**	123,00	3,6%
362	Dachöffnungen [m²]	665,00	**870,00**	1.074,00	0,8%
363	Dachbeläge [m²]	109,00	**149,00**	217,00	4,1%
364	Dachbekleidungen [m²]	32,00	**68,00**	87,00	1,5%
369	Sonstiges zur KG 360 [m²]	3,50	**19,00**	27,00	0,6%
370	**Infrastrukturanlagen**				
380	**Baukonstruktive Einbauten**				
381	Allgemeine Einbauten [m² BGF]	–	**26,00**	–	0,7%

▷ von
ø Mittel
◁ bis

Kostengruppen		▷	€/Einheit	◁	KG an 300+400
390	**Sonstige Maßnahmen für Baukonstruktionen**				
391	Baustelleneinrichtung [m² BGF]	6,40	**24,00**	57,00	2,1%
392	Gerüste [m² BGF]	4,20	**10,00**	17,00	0,6%
394	Abbruchmaßnahmen [m² BGF]	–	**2,60**	–	0,1%
395	Instandsetzungen [m² BGF]	–	**0,90**	–	0,0%
397	Zusätzliche Maßnahmen [m² BGF]	1,00	**5,10**	9,30	0,3%
399	Sonstiges zur KG 390 [m² BGF]	–	**2,80**	–	0,1%
410	**Abwasser-, Wasser-, Gasanlagen**				
411	Abwasseranlagen [m² BGF]	14,00	**20,00**	25,00	2,0%
412	Wasseranlagen [m² BGF]	41,00	**49,00**	63,00	4,7%
419	Sonstiges zur KG 410 [m² BGF]	–	**3,40**	–	0,1%
420	**Wärmeversorgungsanlagen**				
421	Wärmeerzeugungsanlagen [m² BGF]	4,30	**13,00**	30,00	1,3%
422	Wärmeverteilnetze [m² BGF]	17,00	**20,00**	26,00	1,9%
423	Raumheizflächen [m² BGF]	11,00	**16,00**	20,00	1,6%
429	Sonstiges zur KG 420 [m² BGF]	1,20	**8,10**	22,00	0,8%
430	**Raumlufttechnische Anlagen**				
431	Lüftungsanlagen [m² BGF]	3,70	**15,00**	27,00	0,9%
432	Teilklimaanlagen [m² BGF]	–	**2,80**	–	0,1%
440	**Elektrische Anlagen**				
443	Niederspannungsschaltanlagen [m² BGF]	–	**3,40**	–	0,1%
444	Niederspannungsinstallationsanlagen [m² BGF]	26,00	**32,00**	44,00	3,0%
445	Beleuchtungsanlagen [m² BGF]	2,40	**6,70**	14,00	0,6%
446	Blitzschutz- und Erdungsanlagen [m² BGF]	1,10	**1,50**	2,40	0,1%
450	**Kommunikations-, sicherheits- und informationstechnische Anlagen**				
451	Telekommunikationsanlagen [m² BGF]	0,60	**0,70**	0,70	0,1%
452	Such- und Signalanlagen [m² BGF]	1,60	**1,90**	2,50	0,2%
455	Audiovisuelle Medien- und Antennenanlagen [m² BGF]	1,70	**3,50**	7,20	0,3%
456	Gefahrenmelde- und Alarmanlagen [m² BGF]	–	**1,00**	–	0,0%
457	Datenübertragungsnetze [m² BGF]	–	**1,70**	–	0,1%
460	**Förderanlagen**				
470	**Nutzungsspezifische und verfahrenstechnische Anlagen**				
480	**Gebäude- und Anlagenautomation**				
490	**Sonstige Maßnahmen für technische Anlagen**				
491	Baustelleneinrichtung [m² BGF]	–	**1,70**	–	0,1%
494	Abbruchmaßnahmen [m² BGF]	–	**0,20**	–	0,0%

Mehrfamilienhäuser, mit 6 bis 19 WE, mittlerer Standard

Kosten:
Stand 1.Quartal 2021
Bundesdurchschnitt
inkl. 19% MwSt.

▷ von
ø Mittel
◁ bis

Kostengruppen		▷	€/Einheit	◁	KG an 300+400
310	**Baugrube / Erdbau**				
311	Herstellung [m3]	21,00	**40,00**	62,00	3,1%
320	**Gründung, Unterbau**				
322	Flachgründungen und Bodenplatten [m2]	125,00	**179,00**	272,00	4,2%
324	Gründungsbeläge [m2]	34,00	**57,00**	88,00	0,9%
325	Abdichtungen und Bekleidungen [m2]	12,00	**22,00**	42,00	0,5%
330	**Außenwände/Vertikale Baukonstruktionen, außen**				
331	Tragende Außenwände [m2]	100,00	**137,00**	173,00	7,0%
332	Nichttragende Außenwände [m2]	96,00	**166,00**	234,00	0,5%
333	Außenstützen [m]	112,00	**155,00**	195,00	0,1%
334	Außenwandöffnungen [m2]	330,00	**452,00**	638,00	5,9%
335	Außenwandbekleidungen, außen [m2]	96,00	**126,00**	171,00	6,6%
336	Außenwandbekleidungen, innen [m2]	25,00	**33,00**	37,00	1,3%
338	Lichtschutz zur KG 330 [m2]	114,00	**199,00**	754,00	1,4%
339	Sonstiges zur KG 330 [m2]	6,60	**14,00**	23,00	0,8%
340	**Innenwände/Vertikale Baukonstruktionen, innen**				
341	Tragende Innenwände [m2]	97,00	**110,00**	127,00	4,5%
342	Nichttragende Innenwände [m2]	64,00	**72,00**	80,00	2,6%
343	Innenstützen [m]	84,00	**131,00**	182,00	0,3%
344	Innenwandöffnungen [m2]	283,00	**332,00**	456,00	2,6%
345	Innenwandbekleidungen [m2]	24,00	**31,00**	37,00	3,9%
346	Elementierte Innenwandkonstruktionen [m2]	31,00	**50,00**	65,00	0,2%
350	**Decken/Horizontale Baukonstruktionen**				
351	Deckenkonstruktionen [m2]	123,00	**150,00**	171,00	10,0%
353	Deckenbeläge [m2]	100,00	**120,00**	149,00	6,6%
354	Deckenbekleidungen [m2]	15,00	**28,00**	43,00	1,6%
355	Elementierte Deckenkonstruktionen [m2]	1.271,00	**1.274,00**	1.277,00	0,5%
359	Sonstiges zur KG 350 [m2]	22,00	**28,00**	38,00	1,8%
360	**Dächer**				
361	Dachkonstruktionen [m2]	74,00	**100,00**	114,00	3,2%
362	Dachöffnungen [m2]	1.044,00	**2.885,00**	6.516,00	0,7%
363	Dachbeläge [m2]	108,00	**136,00**	191,00	4,1%
364	Dachbekleidungen [m2]	33,00	**58,00**	128,00	1,6%
369	Sonstiges zur KG 360 [m2]	3,30	**14,00**	43,00	0,3%
370	**Infrastrukturanlagen**				
380	**Baukonstruktive Einbauten**				
381	Allgemeine Einbauten [m2 BGF]	3,50	**14,00**	41,00	0,7%
390	**Sonstige Maßnahmen für Baukonstruktionen**				
391	Baustelleneinrichtung [m2 BGF]	8,60	**14,00**	30,00	1,2%
392	Gerüste [m2 BGF]	7,20	**11,00**	16,00	0,8%
397	Zusätzliche Maßnahmen [m2 BGF]	1,80	**4,70**	7,00	0,3%
	Sonstige Kostengruppen Bauwerk - Baukonstruktion				
	312, 313, 323, 326, 349, 352, 382, 386, 389, 393, 395, 396, 398				0,4%

Kostengruppen		▷	€/Einheit	◁	KG an 300+400
410	**Abwasser-, Wasser-, Gasanlagen**				
411	Abwasseranlagen [m² BGF]	10,00	**20,00**	27,00	1,8%
412	Wasseranlagen [m² BGF]	26,00	**38,00**	50,00	3,5%
419	Sonstiges zur KG 410 [m² BGF]	5,40	**8,20**	16,00	0,5%
420	**Wärmeversorgungsanlagen**				
421	Wärmeerzeugungsanlagen [m² BGF]	8,30	**28,00**	58,00	2,3%
422	Wärmeverteilnetze [m² BGF]	7,40	**15,00**	21,00	1,3%
423	Raumheizflächen [m² BGF]	9,70	**16,00**	23,00	1,3%
429	Sonstiges zur KG 420 [m² BGF]	4,90	**7,70**	9,50	0,2%
430	**Raumlufttechnische Anlagen**				
431	Lüftungsanlagen [m² BGF]	5,70	**21,00**	59,00	1,7%
440	**Elektrische Anlagen**				
442	Eigenstromversorgungsanlagen [m² BGF]	–	**86,00**	–	0,5%
444	Niederspannungsinstallationsanlagen [m² BGF]	26,00	**41,00**	56,00	3,8%
445	Beleuchtungsanlagen [m² BGF]	1,70	**3,90**	7,40	0,3%
450	**Kommunikations-, sicherheits- und informationstechnische Anlagen**				
452	Such- und Signalanlagen [m² BGF]	1,30	**2,20**	4,60	0,2%
455	Audiovisuelle Medien- und Antennenanlagen [m² BGF]	1,50	**2,60**	4,40	0,2%
457	Datenübertragungsnetze [m² BGF]	2,40	**4,40**	11,00	0,2%
460	**Förderanlagen**				
461	Aufzugsanlagen [m² BGF]	22,00	**31,00**	69,00	1,5%
469	Sonstiges zur KG 460 [m² BGF]	7,70	**7,90**	8,00	0,2%
470	**Nutzungsspezifische und verfahrenstechnische Anlagen**				
480	**Gebäude- und Anlagenautomation**				
490	**Sonstige Maßnahmen für technische Anlagen**				
	Sonstige Kostengruppen Bauwerk - Technische Anlagen				
	443, 446, 451, 456, 474				0,3%

Mehrfamilienhäuser, mit 6 bis 19 WE, hoher Standard

Kosten:
Stand 1.Quartal 2021
Bundesdurchschnitt
inkl. 19% MwSt.

Kostengruppen		▷	€/Einheit	◁	KG an 300+400
310	**Baugrube / Erdbau**				
311	Herstellung [m³]	29,00	**37,00**	52,00	3,1%
312	Umschließung [m²]	86,00	**207,00**	382,00	0,6%
313	Wasserhaltung [m³]	3,40	**6,40**	9,40	0,1%
320	**Gründung, Unterbau**				
321	Baugrundverbesserung [m²]	17,00	**56,00**	96,00	0,4%
322	Flachgründungen und Bodenplatten [m²]	115,00	**144,00**	175,00	4,2%
323	Tiefgründungen [m²]	–	**49,00**	–	0,3%
324	Gründungsbeläge [m²]	34,00	**53,00**	74,00	0,5%
325	Abdichtungen und Bekleidungen [m²]	13,00	**19,00**	38,00	0,6%
326	Dränagen [m²]	5,00	**10,00**	25,00	0,2%
329	Sonstiges zur KG 320 [m²]	–	**0,60**	–	0,0%
330	**Außenwände/Vertikale Baukonstruktionen, außen**				
331	Tragende Außenwände [m²]	119,00	**139,00**	187,00	7,3%
332	Nichttragende Außenwände [m²]	–	**170,00**	–	0,2%
333	Außenstützen [m]	–	**399,00**	–	0,1%
334	Außenwandöffnungen [m²]	344,00	**473,00**	596,00	6,1%
335	Außenwandbekleidungen, außen [m²]	84,00	**150,00**	325,00	8,0%
336	Außenwandbekleidungen, innen [m²]	21,00	**29,00**	38,00	1,3%
338	Lichtschutz zur KG 330 [m²]	101,00	**206,00**	262,00	0,9%
339	Sonstiges zur KG 330 [m²]	6,30	**8,60**	13,00	0,6%
340	**Innenwände/Vertikale Baukonstruktionen, innen**				
341	Tragende Innenwände [m²]	91,00	**131,00**	175,00	3,6%
342	Nichttragende Innenwände [m²]	56,00	**67,00**	84,00	2,7%
343	Innenstützen [m]	138,00	**197,00**	256,00	0,6%
344	Innenwandöffnungen [m²]	338,00	**457,00**	519,00	3,3%
345	Innenwandbekleidungen [m²]	30,00	**37,00**	55,00	3,9%
346	Elementierte Innenwandkonstruktionen [m²]	68,00	**127,00**	221,00	0,1%
349	Sonstiges zur KG 340 [m²]	–	**1,50**	–	0,0%
350	**Decken/Horizontale Baukonstruktionen**				
351	Deckenkonstruktionen [m²]	133,00	**162,00**	194,00	9,3%
353	Deckenbeläge [m²]	99,00	**116,00**	132,00	5,3%
354	Deckenbekleidungen [m²]	22,00	**29,00**	39,00	1,3%
355	Elementierte Deckenkonstruktionen [m²]	–	**949,00**	–	0,2%
359	Sonstiges zur KG 350 [m²]	18,00	**25,00**	36,00	1,5%
360	**Dächer**				
361	Dachkonstruktionen [m²]	119,00	**137,00**	173,00	4,1%
362	Dachöffnungen [m²]	320,00	**946,00**	1.461,00	0,5%
363	Dachbeläge [m²]	153,00	**182,00**	211,00	5,0%
364	Dachbekleidungen [m²]	18,00	**32,00**	62,00	0,7%
369	Sonstiges zur KG 360 [m²]	5,90	**24,00**	50,00	0,7%
370	**Infrastrukturanlagen**				

▷ von
ø Mittel
◁ bis

Kostengruppen		▷	€/Einheit	◁	KG an 300+400
380	**Baukonstruktive Einbauten**				
381	Allgemeine Einbauten [m² BGF]	3,30	**10,00**	30,00	0,6%
382	Besondere Einbauten [m² BGF]	–	**0,10**	–	0,0%
390	**Sonstige Maßnahmen für Baukonstruktionen**				
391	Baustelleneinrichtung [m² BGF]	12,00	**23,00**	48,00	2,0%
392	Gerüste [m² BGF]	5,80	**10,00**	15,00	0,9%
393	Sicherungsmaßnahmen [m² BGF]	4,40	**14,00**	20,00	0,6%
394	Abbruchmaßnahmen [m² BGF]	3,50	**4,60**	5,70	0,1%
396	Materialentsorgung [m² BGF]	0,20	**0,90**	1,60	0,0%
397	Zusätzliche Maßnahmen [m² BGF]	1,00	**3,30**	4,70	0,2%
399	Sonstiges zur KG 390 [m² BGF]	–	**15,00**	–	0,2%
410	**Abwasser-, Wasser-, Gasanlagen**				
411	Abwasseranlagen [m² BGF]	18,00	**22,00**	27,00	1,9%
412	Wasseranlagen [m² BGF]	34,00	**44,00**	50,00	3,9%
419	Sonstiges zur KG 410 [m² BGF]	3,60	**5,90**	7,50	0,4%
420	**Wärmeversorgungsanlagen**				
421	Wärmeerzeugungsanlagen [m² BGF]	6,90	**10,00**	13,00	0,9%
422	Wärmeverteilnetze [m² BGF]	11,00	**16,00**	18,00	1,4%
423	Raumheizflächen [m² BGF]	12,00	**23,00**	36,00	2,1%
429	Sonstiges zur KG 420 [m² BGF]	–	**4,10**	–	0,1%
430	**Raumlufttechnische Anlagen**				
431	Lüftungsanlagen [m² BGF]	5,50	**9,90**	20,00	0,9%
440	**Elektrische Anlagen**				
444	Niederspannungsinstallationsanlagen [m² BGF]	23,00	**30,00**	37,00	2,7%
445	Beleuchtungsanlagen [m² BGF]	1,60	**3,60**	6,50	0,3%
446	Blitzschutz- und Erdungsanlagen [m² BGF]	0,80	**1,20**	1,50	0,1%
450	**Kommunikations-, sicherheits- und informationstechnische Anlagen**				
451	Telekommunikationsanlagen [m² BGF]	0,80	**2,10**	2,50	0,2%
452	Such- und Signalanlagen [m² BGF]	2,20	**4,00**	5,10	0,3%
454	Elektroakustische Anlagen [m² BGF]	–	**0,90**	–	0,0%
455	Audiovisuelle Medien- und Antennenanlagen [m² BGF]	2,10	**3,00**	3,80	0,2%
456	Gefahrenmelde- und Alarmanlagen [m² BGF]	1,70	**4,80**	10,00	0,2%
457	Datenübertragungsnetze [m² BGF]	–	**1,80**	–	0,0%
460	**Förderanlagen**				
461	Aufzugsanlagen [m² BGF]	21,00	**33,00**	38,00	2,9%
470	**Nutzungsspezifische und verfahrenstechnische Anlagen**				
474	Feuerlöschanlagen [m² BGF]	–	**0,40**	–	0,0%
480	**Gebäude- und Anlagenautomation**				
490	**Sonstige Maßnahmen für technische Anlagen**				
491	Baustelleneinrichtung [m² BGF]	–	**0,50**	–	0,0%

Mehrfamilienhäuser, mit 20 oder mehr WE, einfacher Standard

Kosten:
Stand 1.Quartal 2021
Bundesdurchschnitt
inkl. 19% MwSt.

Kostengruppen		▷	€/Einheit	◁	KG an 300+400
310	**Baugrube / Erdbau**				
311	Herstellung [m³]	17,00	**27,00**	49,00	1,5%
312	Umschließung [m²]	88,00	**144,00**	200,00	1,2%
313	Wasserhaltung [m³]	–	**6,40**	–	0,2%
320	**Gründung, Unterbau**				
322	Flachgründungen und Bodenplatten [m²]	97,00	**134,00**	177,00	3,6%
324	Gründungsbeläge [m²]	37,00	**60,00**	83,00	1,2%
325	Abdichtungen und Bekleidungen [m²]	16,00	**29,00**	64,00	0,8%
326	Dränagen [m²]	–	**13,00**	–	0,1%
330	**Außenwände/Vertikale Baukonstruktionen, außen**				
331	Tragende Außenwände [m²]	84,00	**118,00**	156,00	5,7%
332	Nichttragende Außenwände [m²]	–	**95,00**	–	0,2%
333	Außenstützen [m]	131,00	**170,00**	230,00	0,1%
334	Außenwandöffnungen [m²]	336,00	**461,00**	507,00	7,6%
335	Außenwandbekleidungen, außen [m²]	83,00	**101,00**	120,00	5,2%
336	Außenwandbekleidungen, innen [m²]	23,00	**36,00**	69,00	1,5%
338	Lichtschutz zur KG 330 [m²]	77,00	**204,00**	292,00	1,0%
339	Sonstiges zur KG 330 [m²]	23,00	**50,00**	78,00	1,5%
340	**Innenwände/Vertikale Baukonstruktionen, innen**				
341	Tragende Innenwände [m²]	74,00	**91,00**	105,00	4,1%
342	Nichttragende Innenwände [m²]	54,00	**61,00**	79,00	2,8%
343	Innenstützen [m]	–	**306,00**	–	0,1%
344	Innenwandöffnungen [m²]	228,00	**324,00**	356,00	3,5%
345	Innenwandbekleidungen [m²]	16,00	**22,00**	37,00	3,0%
346	Elementierte Innenwandkonstruktionen [m²]	29,00	**37,00**	43,00	0,2%
347	Lichtschutz zur KG 340 [m²]	–	**200,00**	–	0,0%
350	**Decken/Horizontale Baukonstruktionen**				
351	Deckenkonstruktionen [m²]	129,00	**170,00**	263,00	12,8%
353	Deckenbeläge [m²]	74,00	**84,00**	114,00	5,2%
354	Deckenbekleidungen [m²]	17,00	**32,00**	48,00	1,1%
355	Elementierte Deckenkonstruktionen [m²]	–	**2.296,00**	–	0,2%
359	Sonstiges zur KG 350 [m²]	36,00	**49,00**	63,00	3,7%
360	**Dächer**				
361	Dachkonstruktionen [m²]	128,00	**169,00**	216,00	4,6%
362	Dachöffnungen [m²]	709,00	**1.762,00**	2.387,00	0,2%
363	Dachbeläge [m²]	106,00	**122,00**	138,00	3,5%
364	Dachbekleidungen [m²]	9,80	**29,00**	51,00	0,2%
369	Sonstiges zur KG 360 [m²]	3,00	**16,00**	40,00	0,2%
370	**Infrastrukturanlagen**				
380	**Baukonstruktive Einbauten**				
381	Allgemeine Einbauten [m² BGF]	1,20	**4,00**	6,70	0,2%

▷ von
ø Mittel
◁ bis

Kostengruppen		▷	€/Einheit	◁	KG an 300+400
390	**Sonstige Maßnahmen für Baukonstruktionen**				
391	Baustelleneinrichtung [m² BGF]	9,00	**17,00**	26,00	1,8%
392	Gerüste [m² BGF]	2,90	**8,90**	14,00	1,0%
394	Abbruchmaßnahmen [m² BGF]	–	**2,70**	–	0,1%
395	Instandsetzungen [m² BGF]	–	**0,10**	–	0,0%
396	Materialentsorgung [m² BGF]	–	**0,20**	–	0,0%
397	Zusätzliche Maßnahmen [m² BGF]	2,60	**8,40**	14,00	0,9%
398	Provisorische Baukonstruktionen [m² BGF]	0,00	**0,10**	0,10	0,0%
410	**Abwasser-, Wasser-, Gasanlagen**				
411	Abwasseranlagen [m² BGF]	15,00	**18,00**	22,00	1,3%
412	Wasseranlagen [m² BGF]	26,00	**37,00**	42,00	2,8%
419	Sonstiges zur KG 410 [m² BGF]	3,30	**19,00**	50,00	1,5%
420	**Wärmeversorgungsanlagen**				
421	Wärmeerzeugungsanlagen [m² BGF]	5,60	**11,00**	15,00	0,9%
422	Wärmeverteilnetze [m² BGF]	12,00	**15,00**	22,00	1,2%
423	Raumheizflächen [m² BGF]	9,60	**11,00**	14,00	0,9%
429	Sonstiges zur KG 420 [m² BGF]	1,80	**2,50**	3,70	0,2%
430	**Raumlufttechnische Anlagen**				
431	Lüftungsanlagen [m² BGF]	5,40	**6,40**	8,50	0,5%
440	**Elektrische Anlagen**				
444	Niederspannungsinstallationsanlagen [m² BGF]	34,00	**38,00**	45,00	2,9%
445	Beleuchtungsanlagen [m² BGF]	6,50	**7,60**	10,00	0,6%
446	Blitzschutz- und Erdungsanlagen [m² BGF]	1,70	**1,90**	2,20	0,2%
450	**Kommunikations-, sicherheits- und informationstechnische Anlagen**				
451	Telekommunikationsanlagen [m² BGF]	1,40	**1,90**	2,40	0,1%
452	Such- und Signalanlagen [m² BGF]	1,30	**1,60**	2,10	0,1%
455	Audiovisuelle Medien- und Antennenanlagen [m² BGF]	1,30	**1,40**	1,50	0,1%
456	Gefahrenmelde- und Alarmanlagen [m² BGF]	0,70	**1,20**	2,10	0,1%
457	Datenübertragungsnetze [m² BGF]	2,30	**2,40**	2,50	0,1%
460	**Förderanlagen**				
461	Aufzugsanlagen [m² BGF]	–	**62,00**	–	1,6%
470	**Nutzungsspezifische und verfahrenstechnische Anlagen**				
474	Feuerlöschanlagen [m² BGF]	–	**2,20**	–	0,1%
480	**Gebäude- und Anlagenautomation**				
490	**Sonstige Maßnahmen für technische Anlagen**				
491	Baustelleneinrichtung [m² BGF]	–	**0,20**	–	0,0%

Mehrfamilienhäuser, mit 20 oder mehr WE, mittlerer Standard

Kosten:
Stand 1.Quartal 2021
Bundesdurchschnitt
inkl. 19% MwSt.

Kostengruppen		▷	€/Einheit	◁	KG an 300+400
310	**Baugrube / Erdbau**				
311	Herstellung [m³]	30,00	**66,00**	84,00	3,1%
320	**Gründung, Unterbau**				
321	Baugrundverbesserung [m²]	102,00	**130,00**	157,00	1,2%
322	Flachgründungen und Bodenplatten [m²]	174,00	**188,00**	210,00	3,8%
324	Gründungsbeläge [m²]	35,00	**100,00**	141,00	1,8%
325	Abdichtungen und Bekleidungen [m²]	32,00	**42,00**	61,00	1,0%
326	Dränagen [m²]	16,00	**25,00**	34,00	0,3%
330	**Außenwände/Vertikale Baukonstruktionen, außen**				
331	Tragende Außenwände [m²]	104,00	**108,00**	113,00	5,5%
332	Nichttragende Außenwände [m²]	135,00	**219,00**	303,00	0,5%
333	Außenstützen [m]	83,00	**187,00**	290,00	0,4%
334	Außenwandöffnungen [m²]	563,00	**603,00**	625,00	6,7%
335	Außenwandbekleidungen, außen [m²]	103,00	**141,00**	216,00	7,7%
336	Außenwandbekleidungen, innen [m²]	19,00	**40,00**	51,00	1,9%
338	Lichtschutz zur KG 330 [m²]	182,00	**422,00**	662,00	0,9%
339	Sonstiges zur KG 330 [m²]	0,30	**18,00**	37,00	0,6%
340	**Innenwände/Vertikale Baukonstruktionen, innen**				
341	Tragende Innenwände [m²]	85,00	**96,00**	117,00	2,8%
342	Nichttragende Innenwände [m²]	56,00	**70,00**	79,00	2,5%
344	Innenwandöffnungen [m²]	277,00	**427,00**	502,00	3,7%
345	Innenwandbekleidungen [m²]	23,00	**26,00**	30,00	2,9%
346	Elementierte Innenwandkonstruktionen [m²]	55,00	**62,00**	75,00	0,5%
350	**Decken/Horizontale Baukonstruktionen**				
351	Deckenkonstruktionen [m²]	140,00	**159,00**	193,00	10,3%
353	Deckenbeläge [m²]	95,00	**99,00**	106,00	5,5%
354	Deckenbekleidungen [m²]	7,60	**17,00**	21,00	0,8%
359	Sonstiges zur KG 350 [m²]	22,00	**23,00**	24,00	1,0%
360	**Dächer**				
361	Dachkonstruktionen [m²]	83,00	**102,00**	115,00	2,5%
362	Dachöffnungen [m²]	–	**1.705,00**	–	0,3%
363	Dachbeläge [m²]	118,00	**175,00**	214,00	4,3%
364	Dachbekleidungen [m²]	20,00	**30,00**	50,00	0,6%
369	Sonstiges zur KG 360 [m²]	2,90	**4,90**	8,20	0,1%
370	**Infrastrukturanlagen**				
380	**Baukonstruktive Einbauten**				
381	Allgemeine Einbauten [m² BGF]	1,10	**1,90**	3,00	0,2%
390	**Sonstige Maßnahmen für Baukonstruktionen**				
391	Baustelleneinrichtung [m² BGF]	6,60	**29,00**	43,00	2,4%
392	Gerüste [m² BGF]	6,40	**13,00**	25,00	1,1%
397	Zusätzliche Maßnahmen [m² BGF]	2,50	**3,90**	6,10	0,3%
398	Provisorische Baukonstruktionen [m² BGF]	0,70	**2,50**	4,40	0,1%
399	Sonstiges zur KG 390 [m² BGF]	1,50	**35,00**	102,00	2,8%

▷ von
ø Mittel
◁ bis

Kostengruppen		▷	€/Einheit	◁	KG an 300+400
	Sonstige Kostengruppen Bauwerk - Baukonstruktion				
	313, 343, 349, 394				0,2%
410	**Abwasser-, Wasser-, Gasanlagen**				
411	Abwasseranlagen [m² BGF]	13,00	**17,00**	26,00	1,5%
412	Wasseranlagen [m² BGF]	26,00	**31,00**	33,00	2,8%
419	Sonstiges zur KG 410 [m² BGF]	3,60	**5,20**	7,90	0,4%
420	**Wärmeversorgungsanlagen**				
421	Wärmeerzeugungsanlagen [m² BGF]	7,90	**16,00**	32,00	1,3%
422	Wärmeverteilnetze [m² BGF]	8,20	**20,00**	28,00	1,7%
423	Raumheizflächen [m² BGF]	13,00	**20,00**	33,00	1,8%
430	**Raumlufttechnische Anlagen**				
431	Lüftungsanlagen [m² BGF]	3,30	**8,30**	17,00	0,8%
440	**Elektrische Anlagen**				
442	Eigenstromversorgungsanlagen [m² BGF]	–	**3,40**	–	0,1%
443	Niederspannungsschaltanlagen [m² BGF]	–	**6,40**	–	0,2%
444	Niederspannungsinstallationsanlagen [m² BGF]	35,00	**43,00**	57,00	3,7%
445	Beleuchtungsanlagen [m² BGF]	7,60	**14,00**	17,00	1,3%
446	Blitzschutz- und Erdungsanlagen [m² BGF]	1,90	**3,90**	7,20	0,3%
450	**Kommunikations-, sicherheits- und informationstechnische Anlagen**				
452	Such- und Signalanlagen [m² BGF]	2,20	**6,70**	16,00	0,7%
455	Audiovisuelle Medien- und Antennenanlagen [m² BGF]	1,60	**5,80**	14,00	0,5%
456	Gefahrenmelde- und Alarmanlagen [m² BGF]	2,40	**4,30**	7,90	0,4%
457	Datenübertragungsnetze [m² BGF]	3,20	**5,90**	8,60	0,3%
460	**Förderanlagen**				
461	Aufzugsanlagen [m² BGF]	17,00	**23,00**	34,00	2,0%
470	**Nutzungsspezifische und verfahrenstechnische Anlagen**				
480	**Gebäude- und Anlagenautomation**				
490	**Sonstige Maßnahmen für technische Anlagen**				
	Sonstige Kostengruppen Bauwerk - Technische Anlagen				
	429, 451, 491, 497, 498				0,1%

Mehrfamilienhäuser, mit 20 oder mehr WE, hoher Standard

Kosten:
Stand 1.Quartal 2021
Bundesdurchschnitt
inkl. 19% MwSt.

Kostengruppen		▷	€/Einheit	◁	KG an 300+400
310	**Baugrube / Erdbau**				
311	Herstellung [m³]	20,00	**26,00**	36,00	3,2%
312	Umschließung [m²]	3,30	**207,00**	412,00	0,4%
313	Wasserhaltung [m³]	1,00	**2,90**	4,90	0,2%
320	**Gründung, Unterbau**				
321	Baugrundverbesserung [m²]	14,00	**15,00**	17,00	0,2%
322	Flachgründungen und Bodenplatten [m²]	67,00	**175,00**	229,00	4,2%
323	Tiefgründungen [m²]	–	**116,00**	–	0,9%
324	Gründungsbeläge [m²]	55,00	**63,00**	67,00	1,3%
325	Abdichtungen und Bekleidungen [m²]	16,00	**37,00**	52,00	1,0%
326	Dränagen [m²]	14,00	**15,00**	16,00	0,2%
329	Sonstiges zur KG 320 [m²]	–	**0,30**	–	0,0%
330	**Außenwände/Vertikale Baukonstruktionen, außen**				
331	Tragende Außenwände [m²]	102,00	**155,00**	231,00	7,0%
332	Nichttragende Außenwände [m²]	103,00	**187,00**	271,00	0,6%
333	Außenstützen [m]	151,00	**164,00**	177,00	0,2%
334	Außenwandöffnungen [m²]	403,00	**507,00**	691,00	5,4%
335	Außenwandbekleidungen, außen [m²]	119,00	**127,00**	142,00	6,9%
336	Außenwandbekleidungen, innen [m²]	28,00	**32,00**	34,00	1,6%
338	Lichtschutz zur KG 330 [m²]	309,00	**488,00**	594,00	2,2%
339	Sonstiges zur KG 330 [m²]	2,80	**8,00**	11,00	0,5%
340	**Innenwände/Vertikale Baukonstruktionen, innen**				
341	Tragende Innenwände [m²]	87,00	**122,00**	190,00	3,7%
342	Nichttragende Innenwände [m²]	79,00	**198,00**	435,00	3,0%
343	Innenstützen [m]	131,00	**136,00**	141,00	0,2%
344	Innenwandöffnungen [m²]	364,00	**392,00**	441,00	2,5%
345	Innenwandbekleidungen [m²]	28,00	**32,00**	40,00	3,3%
346	Elementierte Innenwandkonstruktionen [m²]	41,00	**47,00**	60,00	0,2%
349	Sonstiges zur KG 340 [m²]	–	**1,90**	–	0,1%
350	**Decken/Horizontale Baukonstruktionen**				
351	Deckenkonstruktionen [m²]	143,00	**174,00**	235,00	8,6%
353	Deckenbeläge [m²]	122,00	**135,00**	154,00	6,0%
354	Deckenbekleidungen [m²]	17,00	**25,00**	41,00	1,0%
355	Elementierte Deckenkonstruktionen [m²]	–	**1.529,00**	–	0,2%
359	Sonstiges zur KG 350 [m²]	0,40	**34,00**	52,00	1,9%
360	**Dächer**				
361	Dachkonstruktionen [m²]	92,00	**124,00**	156,00	2,1%
362	Dachöffnungen [m²]	897,00	**964,00**	1.032,00	0,3%
363	Dachbeläge [m²]	128,00	**214,00**	299,00	3,3%
364	Dachbekleidungen [m²]	24,00	**26,00**	27,00	0,2%
366	Lichtschutz zur KG 360 [m²]	–	**–**	–	0,0%
369	Sonstiges zur KG 360 [m²]	–	**2,30**	–	0,0%
370	**Infrastrukturanlagen**				
379	Sonstiges zur KG 370	–	**–**	–	0,1%

▷ von
ø Mittel
◁ bis

Kostengruppen		▷	€/Einheit	◁	KG an 300+400
380	**Baukonstruktive Einbauten**				
381	Allgemeine Einbauten [m² BGF]	–	**19,00**	–	0,5%
382	Besondere Einbauten [m² BGF]	–	**1,00**	–	0,0%
390	**Sonstige Maßnahmen für Baukonstruktionen**				
391	Baustelleneinrichtung [m² BGF]	9,30	**28,00**	64,00	2,2%
392	Gerüste [m² BGF]	6,80	**11,00**	13,00	0,8%
395	Instandsetzungen [m² BGF]	–	**1,10**	–	0,0%
397	Zusätzliche Maßnahmen [m² BGF]	3,10	**5,90**	8,60	0,3%
410	**Abwasser-, Wasser-, Gasanlagen**				
411	Abwasseranlagen [m² BGF]	21,00	**25,00**	32,00	1,9%
412	Wasseranlagen [m² BGF]	34,00	**64,00**	84,00	4,7%
419	Sonstiges zur KG 410 [m² BGF]	2,10	**4,20**	5,30	0,3%
420	**Wärmeversorgungsanlagen**				
421	Wärmeerzeugungsanlagen [m² BGF]	5,20	**10,00**	15,00	0,5%
422	Wärmeverteilnetze [m² BGF]	9,60	**15,00**	24,00	1,1%
423	Raumheizflächen [m² BGF]	26,00	**45,00**	81,00	3,2%
429	Sonstiges zur KG 420 [m² BGF]	–	**0,40**	–	0,0%
430	**Raumlufttechnische Anlagen**				
431	Lüftungsanlagen [m² BGF]	15,00	**31,00**	62,00	2,6%
440	**Elektrische Anlagen**				
444	Niederspannungsinstallationsanlagen [m² BGF]	31,00	**41,00**	47,00	3,1%
445	Beleuchtungsanlagen [m² BGF]	0,60	**3,60**	5,60	0,3%
446	Blitzschutz- und Erdungsanlagen [m² BGF]	2,70	**3,60**	5,10	0,3%
450	**Kommunikations-, sicherheits- und informationstechnische Anlagen**				
451	Telekommunikationsanlagen [m² BGF]	1,00	**1,20**	1,50	0,1%
452	Such- und Signalanlagen [m² BGF]	1,60	**2,40**	4,00	0,2%
455	Audiovisuelle Medien- und Antennenanlagen [m² BGF]	2,50	**5,50**	11,00	0,4%
456	Gefahrenmelde- und Alarmanlagen [m² BGF]	–	**2,10**	–	0,1%
457	Datenübertragungsnetze [m² BGF]	–	**3,90**	–	0,1%
460	**Förderanlagen**				
461	Aufzugsanlagen [m² BGF]	18,00	**42,00**	65,00	2,1%
470	**Nutzungsspezifische und verfahrenstechnische Anlagen**				
480	**Gebäude- und Anlagenautomation**				
490	**Sonstige Maßnahmen für technische Anlagen**				
491	Baustelleneinrichtung [m² BGF]	–	**0,10**	–	0,0%
495	Instandsetzungen [m² BGF]	–	**0,30**	–	0,0%
498	Provisorische technische Anlagen [m² BGF]	–	**0,70**	–	0,0%

Kosten:
Stand 1.Quartal 2021
Bundesdurchschnitt
inkl. 19% MwSt.

Kostengruppen		▷	€/Einheit	◁	KG an 300+400
310	**Baugrube / Erdbau**				
311	Herstellung [m³]	20,00	**25,00**	28,00	2,0%
313	Wasserhaltung [m³]	1,70	**3,30**	6,50	0,2%
320	**Gründung, Unterbau**				
321	Baugrundverbesserung [m²]	–	**21,00**	–	0,1%
322	Flachgründungen und Bodenplatten [m²]	120,00	**143,00**	186,00	3,2%
324	Gründungsbeläge [m²]	53,00	**106,00**	154,00	1,8%
325	Abdichtungen und Bekleidungen [m²]	29,00	**48,00**	83,00	1,3%
326	Dränagen [m²]	3,00	**15,00**	27,00	0,2%
330	**Außenwände/Vertikale Baukonstruktionen, außen**				
331	Tragende Außenwände [m²]	98,00	**106,00**	124,00	6,0%
332	Nichttragende Außenwände [m²]	94,00	**231,00**	344,00	0,9%
333	Außenstützen [m]	102,00	**156,00**	218,00	0,4%
334	Außenwandöffnungen [m²]	512,00	**602,00**	761,00	8,0%
335	Außenwandbekleidungen, außen [m²]	82,00	**125,00**	149,00	7,8%
336	Außenwandbekleidungen, innen [m²]	32,00	**38,00**	63,00	1,6%
338	Lichtschutz zur KG 330 [m²]	183,00	**312,00**	574,00	2,3%
339	Sonstiges zur KG 330 [m²]	2,90	**7,20**	15,00	0,5%
340	**Innenwände/Vertikale Baukonstruktionen, innen**				
341	Tragende Innenwände [m²]	79,00	**108,00**	136,00	3,0%
342	Nichttragende Innenwände [m²]	63,00	**76,00**	89,00	2,3%
343	Innenstützen [m]	104,00	**147,00**	227,00	0,2%
344	Innenwandöffnungen [m²]	240,00	**295,00**	416,00	1,7%
345	Innenwandbekleidungen [m²]	29,00	**36,00**	45,00	3,6%
346	Elementierte Innenwandkonstruktionen [m²]	25,00	**33,00**	38,00	0,1%
349	Sonstiges zur KG 340 [m²]	6,50	**9,20**	12,00	0,2%
350	**Decken/Horizontale Baukonstruktionen**				
351	Deckenkonstruktionen [m²]	135,00	**162,00**	197,00	8,6%
353	Deckenbeläge [m²]	110,00	**147,00**	192,00	6,1%
354	Deckenbekleidungen [m²]	30,00	**35,00**	40,00	1,5%
355	Elementierte Deckenkonstruktionen [m²]	–	**1.433,00**	–	0,2%
359	Sonstiges zur KG 350 [m²]	24,00	**39,00**	64,00	1,8%
360	**Dächer**				
361	Dachkonstruktionen [m²]	127,00	**141,00**	185,00	3,6%
362	Dachöffnungen [m²]	1.948,00	**3.021,00**	4.094,00	0,1%
363	Dachbeläge [m²]	166,00	**209,00**	283,00	5,3%
364	Dachbekleidungen [m²]	21,00	**37,00**	65,00	0,8%
369	Sonstiges zur KG 360 [m²]	4,20	**15,00**	33,00	0,3%
370	**Infrastrukturanlagen**				
380	**Baukonstruktive Einbauten**				
381	Allgemeine Einbauten [m² BGF]	3,50	**9,70**	22,00	0,3%

▷ von
ø Mittel
◁ bis

Kostengruppen		▷	€/Einheit	◁	KG an 300+400
390	**Sonstige Maßnahmen für Baukonstruktionen**				
391	Baustelleneinrichtung [m2 BGF]	13,00	**22,00**	39,00	1,8%
392	Gerüste [m2 BGF]	9,20	**15,00**	22,00	1,2%
393	Sicherungsmaßnahmen [m2 BGF]	–	**4,10**	–	0,0%
394	Abbruchmaßnahmen [m2 BGF]	–	**5,80**	–	0,1%
395	Instandsetzungen [m2 BGF]	–	**2,30**	–	0,0%
396	Materialentsorgung [m2 BGF]	–	**2,40**	–	0,0%
397	Zusätzliche Maßnahmen [m2 BGF]	1,20	**6,10**	12,00	0,5%
398	Provisorische Baukonstruktionen [m2 BGF]	–	**0,50**	–	0,0%
399	Sonstiges zur KG 390 [m2 BGF]	1,30	**1,60**	1,90	0,1%
410	**Abwasser-, Wasser-, Gasanlagen**				
411	Abwasseranlagen [m2 BGF]	13,00	**22,00**	32,00	1,7%
412	Wasseranlagen [m2 BGF]	36,00	**43,00**	54,00	3,4%
413	Gasanlagen [m2 BGF]	–	**1,70**	–	0,0%
419	Sonstiges zur KG 410 [m2 BGF]	1,70	**5,00**	10,00	0,3%
420	**Wärmeversorgungsanlagen**				
421	Wärmeerzeugungsanlagen [m2 BGF]	13,00	**35,00**	89,00	2,5%
422	Wärmeverteilnetze [m2 BGF]	8,10	**12,00**	18,00	0,8%
423	Raumheizflächen [m2 BGF]	11,00	**19,00**	27,00	1,5%
429	Sonstiges zur KG 420 [m2 BGF]	0,70	**1,40**	2,70	0,1%
430	**Raumlufttechnische Anlagen**				
431	Lüftungsanlagen [m2 BGF]	30,00	**52,00**	70,00	4,2%
440	**Elektrische Anlagen**				
444	Niederspannungsinstallationsanlagen [m2 BGF]	35,00	**46,00**	63,00	3,7%
445	Beleuchtungsanlagen [m2 BGF]	2,30	**3,80**	4,30	0,2%
446	Blitzschutz- und Erdungsanlagen [m2 BGF]	1,30	**2,00**	4,40	0,2%
450	**Kommunikations-, sicherheits- und informationstechnische Anlagen**				
451	Telekommunikationsanlagen [m2 BGF]	0,90	**1,40**	1,90	0,1%
452	Such- und Signalanlagen [m2 BGF]	1,90	**2,70**	3,70	0,2%
454	Elektroakustische Anlagen [m2 BGF]	–	**0,10**	–	0,0%
455	Audiovisuelle Medien- und Antennenanlagen [m2 BGF]	1,40	**4,30**	7,10	0,3%
456	Gefahrenmelde- und Alarmanlagen [m2 BGF]	–	**0,20**	–	0,0%
457	Datenübertragungsnetze [m2 BGF]	1,70	**3,50**	7,60	0,2%
460	**Förderanlagen**				
461	Aufzugsanlagen [m2 BGF]	15,00	**26,00**	38,00	0,8%
470	**Nutzungsspezifische und verfahrenstechnische Anlagen**				
480	**Gebäude- und Anlagenautomation**				
490	**Sonstige Maßnahmen für technische Anlagen**				

Wohnhäuser, mit bis zu 15% Mischnutzung, einfacher Standard

Kosten:
Stand 1.Quartal 2021
Bundesdurchschnitt
inkl. 19% MwSt.

Kostengruppen		▷	€/Einheit	◁	KG an 300+400
310	**Baugrube / Erdbau**				
311	Herstellung [m³]	31,00	**37,00**	49,00	2,1%
312	Umschließung [m²]	–	**360,00**	–	0,3%
313	Wasserhaltung [m³]	–	**10,00**	–	0,2%
320	**Gründung, Unterbau**				
321	Baugrundverbesserung [m²]	–	**22,00**	–	0,1%
322	Flachgründungen und Bodenplatten [m²]	147,00	**188,00**	211,00	2,8%
324	Gründungsbeläge [m²]	41,00	**75,00**	134,00	0,9%
325	Abdichtungen und Bekleidungen [m²]	8,60	**19,00**	24,00	0,3%
326	Dränagen [m²]	10,00	**11,00**	11,00	0,1%
330	**Außenwände/Vertikale Baukonstruktionen, außen**				
331	Tragende Außenwände [m²]	97,00	**131,00**	197,00	3,0%
332	Nichttragende Außenwände [m²]	233,00	**290,00**	404,00	3,1%
333	Außenstützen [m]	–	**163,00**	–	0,5%
334	Außenwandöffnungen [m²]	425,00	**571,00**	671,00	10,3%
335	Außenwandbekleidungen, außen [m²]	76,00	**100,00**	146,00	3,9%
336	Außenwandbekleidungen, innen [m²]	50,00	**94,00**	174,00	2,7%
338	Lichtschutz zur KG 330 [m²]	103,00	**137,00**	204,00	1,5%
339	Sonstiges zur KG 330 [m²]	1,50	**4,10**	5,90	0,2%
340	**Innenwände/Vertikale Baukonstruktionen, innen**				
341	Tragende Innenwände [m²]	100,00	**119,00**	149,00	4,5%
342	Nichttragende Innenwände [m²]	69,00	**85,00**	113,00	3,3%
343	Innenstützen [m]	137,00	**194,00**	250,00	0,3%
344	Innenwandöffnungen [m²]	231,00	**304,00**	345,00	1,9%
345	Innenwandbekleidungen [m²]	11,00	**35,00**	48,00	3,7%
346	Elementierte Innenwandkonstruktionen [m²]	38,00	**106,00**	173,00	0,1%
349	Sonstiges zur KG 340 [m²]	–	**0,10**	–	0,0%
350	**Decken/Horizontale Baukonstruktionen**				
351	Deckenkonstruktionen [m²]	181,00	**198,00**	229,00	14,0%
353	Deckenbeläge [m²]	46,00	**72,00**	121,00	4,0%
354	Deckenbekleidungen [m²]	21,00	**24,00**	31,00	1,2%
359	Sonstiges zur KG 350 [m²]	34,00	**37,00**	38,00	2,6%
360	**Dächer**				
361	Dachkonstruktionen [m²]	167,00	**180,00**	188,00	2,5%
362	Dachöffnungen [m²]	802,00	**1.095,00**	1.389,00	0,1%
363	Dachbeläge [m²]	192,00	**208,00**	232,00	2,9%
364	Dachbekleidungen [m²]	16,00	**25,00**	29,00	0,3%
369	Sonstiges zur KG 360 [m²]	2,10	**45,00**	67,00	0,6%
370	**Infrastrukturanlagen**				
380	**Baukonstruktive Einbauten**				
381	Allgemeine Einbauten [m² BGF]	2,10	**14,00**	25,00	0,8%
389	Sonstiges zur KG 380 [m² BGF]	–	**0,50**	–	0,0%

▷ von
ø Mittel
◁ bis

Kostengruppen		▷	€/Einheit	◁	KG an 300+400
390	**Sonstige Maßnahmen für Baukonstruktionen**				
391	Baustelleneinrichtung [m² BGF]	16,00	**31,00**	59,00	2,9%
392	Gerüste [m² BGF]	7,90	**10,00**	14,00	1,0%
395	Instandsetzungen [m² BGF]	–	**0,20**	–	0,0%
397	Zusätzliche Maßnahmen [m² BGF]	0,90	**2,60**	5,70	0,3%
399	Sonstiges zur KG 390 [m² BGF]	–	**3,50**	–	0,1%
410	**Abwasser-, Wasser-, Gasanlagen**				
411	Abwasseranlagen [m² BGF]	23,00	**27,00**	30,00	2,6%
412	Wasseranlagen [m² BGF]	46,00	**50,00**	57,00	4,8%
420	**Wärmeversorgungsanlagen**				
421	Wärmeerzeugungsanlagen [m² BGF]	15,00	**35,00**	68,00	3,4%
422	Wärmeverteilnetze [m² BGF]	–	**15,00**	–	0,5%
423	Raumheizflächen [m² BGF]	14,00	**26,00**	32,00	2,4%
429	Sonstiges zur KG 420 [m² BGF]	1,00	**1,70**	2,40	0,1%
430	**Raumlufttechnische Anlagen**				
431	Lüftungsanlagen [m² BGF]	0,60	**3,70**	9,80	0,3%
440	**Elektrische Anlagen**				
444	Niederspannungsinstallationsanlagen [m² BGF]	35,00	**37,00**	40,00	3,5%
445	Beleuchtungsanlagen [m² BGF]	1,20	**3,80**	9,10	0,4%
446	Blitzschutz- und Erdungsanlagen [m² BGF]	2,00	**2,00**	2,10	0,2%
450	**Kommunikations-, sicherheits- und informationstechnische Anlagen**				
452	Such- und Signalanlagen [m² BGF]	–	**0,70**	–	0,0%
454	Elektroakustische Anlagen [m² BGF]	–	**1,00**	–	0,0%
455	Audiovisuelle Medien- und Antennenanlagen [m² BGF]	1,80	**2,70**	3,30	0,3%
457	Datenübertragungsnetze [m² BGF]	3,40	**3,90**	4,50	0,3%
460	**Förderanlagen**				
461	Aufzugsanlagen [m² BGF]	17,00	**25,00**	30,00	2,4%
470	**Nutzungsspezifische und verfahrenstechnische Anlagen**				
474	Feuerlöschanlagen [m² BGF]	–	**0,20**	–	0,0%
480	**Gebäude- und Anlagenautomation**				
490	**Sonstige Maßnahmen für technische Anlagen**				

Wohnhäuser, mit bis zu 15% Mischnutzung, mittlerer Standard

Kosten:
Stand 1.Quartal 2021
Bundesdurchschnitt
inkl. 19% MwSt.

Kostengruppen		▷	€/Einheit	◁	KG an 300+400
310	**Baugrube / Erdbau**				
311	Herstellung [m³]	10,00	**24,00**	31,00	1,1%
320	**Gründung, Unterbau**				
322	Flachgründungen und Bodenplatten [m²]	76,00	**165,00**	209,00	5,6%
324	Gründungsbeläge [m²]	124,00	**134,00**	153,00	4,6%
325	Abdichtungen und Bekleidungen [m²]	1,90	**26,00**	40,00	0,9%
326	Dränagen [m²]	–	**14,00**	–	0,1%
330	**Außenwände/Vertikale Baukonstruktionen, außen**				
331	Tragende Außenwände [m²]	115,00	**138,00**	175,00	11,0%
332	Nichttragende Außenwände [m²]	–	**115,00**	–	0,1%
333	Außenstützen [m]	–	**116,00**	–	0,1%
334	Außenwandöffnungen [m²]	479,00	**514,00**	580,00	7,8%
335	Außenwandbekleidungen, außen [m²]	105,00	**142,00**	180,00	5,9%
336	Außenwandbekleidungen, innen [m²]	14,00	**39,00**	55,00	1,9%
338	Lichtschutz zur KG 330 [m²]	155,00	**186,00**	245,00	2,3%
339	Sonstiges zur KG 330 [m²]	14,00	**14,00**	15,00	0,8%
340	**Innenwände/Vertikale Baukonstruktionen, innen**				
341	Tragende Innenwände [m²]	–	**110,00**	–	1,4%
342	Nichttragende Innenwände [m²]	83,00	**96,00**	117,00	3,9%
343	Innenstützen [m]	145,00	**151,00**	156,00	0,2%
344	Innenwandöffnungen [m²]	330,00	**483,00**	740,00	3,7%
345	Innenwandbekleidungen [m²]	16,00	**37,00**	52,00	3,8%
350	**Decken/Horizontale Baukonstruktionen**				
351	Deckenkonstruktionen [m²]	81,00	**115,00**	169,00	5,6%
352	Deckenöffnungen [m²]	–	**–**	–	0,1%
353	Deckenbeläge [m²]	23,00	**96,00**	134,00	3,8%
354	Deckenbekleidungen [m²]	16,00	**28,00**	48,00	1,5%
359	Sonstiges zur KG 350 [m²]	–	**21,00**	–	0,4%
360	**Dächer**				
361	Dachkonstruktionen [m²]	27,00	**91,00**	156,00	1,8%
362	Dachöffnungen [m²]	–	**4.385,00**	–	0,2%
363	Dachbeläge [m²]	78,00	**202,00**	326,00	4,2%
364	Dachbekleidungen [m²]	–	**51,00**	–	0,2%
369	Sonstiges zur KG 360 [m²]	–	**17,00**	–	0,1%
370	**Infrastrukturanlagen**				
380	**Baukonstruktive Einbauten**				
381	Allgemeine Einbauten [m² BGF]	11,00	**17,00**	23,00	1,0%
390	**Sonstige Maßnahmen für Baukonstruktionen**				
391	Baustelleneinrichtung [m² BGF]	15,00	**18,00**	21,00	1,0%
392	Gerüste [m² BGF]	–	**8,30**	–	0,2%
397	Zusätzliche Maßnahmen [m² BGF]	–	**8,80**	–	0,2%
399	Sonstiges zur KG 390 [m² BGF]	–	**42,00**	–	1,2%

▷ von
ø Mittel
◁ bis

Wohnhäuser, mit bis zu 15% Mischnutzung, mittlerer Standard

Kostengruppen		▷	€/Einheit	◁	KG an 300+400
410	**Abwasser-, Wasser-, Gasanlagen**				
411	Abwasseranlagen [m² BGF]	5,20	**19,00**	26,00	1,7%
412	Wasseranlagen [m² BGF]	17,00	**44,00**	61,00	4,1%
419	Sonstiges zur KG 410 [m² BGF]	–	**12,00**	–	0,3%
420	**Wärmeversorgungsanlagen**				
421	Wärmeerzeugungsanlagen [m² BGF]	25,00	**32,00**	41,00	3,4%
422	Wärmeverteilnetze [m² BGF]	6,20	**13,00**	25,00	1,2%
423	Raumheizflächen [m² BGF]	13,00	**18,00**	29,00	1,8%
429	Sonstiges zur KG 420 [m² BGF]	–	**3,00**	–	0,1%
430	**Raumlufttechnische Anlagen**				
431	Lüftungsanlagen [m² BGF]	16,00	**21,00**	26,00	1,2%
440	**Elektrische Anlagen**				
442	Eigenstromversorgungsanlagen [m² BGF]	–	**23,00**	–	0,6%
444	Niederspannungsinstallationsanlagen [m² BGF]	18,00	**30,00**	37,00	3,0%
445	Beleuchtungsanlagen [m² BGF]	0,40	**2,70**	7,40	0,2%
446	Blitzschutz- und Erdungsanlagen [m² BGF]	1,40	**2,20**	3,30	0,2%
450	**Kommunikations-, sicherheits- und informationstechnische Anlagen**				
451	Telekommunikationsanlagen [m² BGF]	1,30	**1,40**	1,60	0,1%
452	Such- und Signalanlagen [m² BGF]	1,00	**1,80**	2,60	0,1%
454	Elektroakustische Anlagen [m² BGF]	–	**0,70**	–	0,0%
455	Audiovisuelle Medien- und Antennenanlagen [m² BGF]	2,00	**6,10**	13,00	0,5%
456	Gefahrenmelde- und Alarmanlagen [m² BGF]	–	**1,50**	–	0,0%
457	Datenübertragungsnetze [m² BGF]	1,20	**1,70**	2,30	0,1%
460	**Förderanlagen**				
461	Aufzugsanlagen [m² BGF]	–	**31,00**	–	0,8%
470	**Nutzungsspezifische und verfahrenstechnische Anlagen**				
480	**Gebäude- und Anlagenautomation**				
490	**Sonstige Maßnahmen für technische Anlagen**				

Wohnhäuser, mit bis zu 15% Mischnutzung, hoher Standard

Kosten:
Stand 1.Quartal 2021
Bundesdurchschnitt
inkl. 19% MwSt.

▷ von
ø Mittel
◁ bis

Kostengruppen		▷	€/Einheit	◁	KG an 300+400
310	**Baugrube / Erdbau**				
311	Herstellung [m³]	–	**27,00**	–	0,9%
312	Umschließung [m²]	–	**618,00**	–	4,3%
313	Wasserhaltung [m³]	–	**11,00**	–	0,4%
320	**Gründung, Unterbau**				
321	Baugrundverbesserung [m²]	–	**47,00**	–	0,4%
322	Flachgründungen und Bodenplatten [m²]	–	**185,00**	–	1,7%
323	Tiefgründungen [m²]	–	**480,00**	–	3,6%
324	Gründungsbeläge [m²]	–	**42,00**	–	0,3%
325	Abdichtungen und Bekleidungen [m²]	–	**23,00**	–	0,2%
326	Dränagen [m²]	–	**58,00**	–	0,4%
330	**Außenwände/Vertikale Baukonstruktionen, außen**				
331	Tragende Außenwände [m²]	–	**266,00**	–	8,7%
332	Nichttragende Außenwände [m²]	–	**697,00**	–	0,3%
333	Außenstützen [m]	–	**247,00**	–	0,4%
334	Außenwandöffnungen [m²]	–	**819,00**	–	9,8%
335	Außenwandbekleidungen, außen [m²]	–	**251,00**	–	6,6%
336	Außenwandbekleidungen, innen [m²]	–	**47,00**	–	1,4%
338	Lichtschutz zur KG 330 [m²]	–	**293,00**	–	1,5%
339	Sonstiges zur KG 330 [m²]	–	**22,00**	–	0,9%
340	**Innenwände/Vertikale Baukonstruktionen, innen**				
341	Tragende Innenwände [m²]	–	**142,00**	–	4,6%
342	Nichttragende Innenwände [m²]	–	**117,00**	–	3,6%
343	Innenstützen [m]	–	**200,00**	–	0,3%
344	Innenwandöffnungen [m²]	–	**536,00**	–	2,1%
345	Innenwandbekleidungen [m²]	–	**45,00**	–	3,6%
349	Sonstiges zur KG 340 [m²]	–	**1,30**	–	0,1%
350	**Decken/Horizontale Baukonstruktionen**				
351	Deckenkonstruktionen [m²]	–	**194,00**	–	8,9%
353	Deckenbeläge [m²]	–	**137,00**	–	5,2%
354	Deckenbekleidungen [m²]	–	**43,00**	–	1,7%
359	Sonstiges zur KG 350 [m²]	–	**30,00**	–	1,3%
360	**Dächer**				
361	Dachkonstruktionen [m²]	–	**174,00**	–	1,2%
362	Dachöffnungen [m²]	–	**1.464,00**	–	0,8%
363	Dachbeläge [m²]	–	**360,00**	–	2,6%
364	Dachbekleidungen [m²]	–	**73,00**	–	0,4%
369	Sonstiges zur KG 360 [m²]	–	**292,00**	–	1,9%
370	**Infrastrukturanlagen**				
380	**Baukonstruktive Einbauten**				
381	Allgemeine Einbauten [m² BGF]	–	**2,50**	–	0,2%

Kostengruppen		▷	€/Einheit	◁	KG an 300+400
390	**Sonstige Maßnahmen für Baukonstruktionen**				
391	Baustelleneinrichtung [m² BGF]	–	**70,00**	–	4,1%
392	Gerüste [m² BGF]	–	**22,00**	–	1,3%
394	Abbruchmaßnahmen [m² BGF]	–	**0,50**	–	0,0%
395	Instandsetzungen [m² BGF]	–	**0,50**	–	0,0%
397	Zusätzliche Maßnahmen [m² BGF]	–	**9,10**	–	0,5%
410	**Abwasser-, Wasser-, Gasanlagen**				
411	Abwasseranlagen [m² BGF]	–	**21,00**	–	1,2%
412	Wasseranlagen [m² BGF]	–	**56,00**	–	3,2%
420	**Wärmeversorgungsanlagen**				
421	Wärmeerzeugungsanlagen [m² BGF]	–	**3,20**	–	0,2%
422	Wärmeverteilnetze [m² BGF]	–	**32,00**	–	1,9%
423	Raumheizflächen [m² BGF]	–	**24,00**	–	1,4%
429	Sonstiges zur KG 420 [m² BGF]	–	**3,30**	–	0,2%
430	**Raumlufttechnische Anlagen**				
431	Lüftungsanlagen [m² BGF]	–	**19,00**	–	1,1%
440	**Elektrische Anlagen**				
443	Niederspannungsschaltanlagen [m² BGF]	–	**2,20**	–	0,1%
444	Niederspannungsinstallationsanlagen [m² BGF]	–	**40,00**	–	2,3%
445	Beleuchtungsanlagen [m² BGF]	–	**8,40**	–	0,5%
446	Blitzschutz- und Erdungsanlagen [m² BGF]	–	**1,60**	–	0,1%
450	**Kommunikations-, sicherheits- und informationstechnische Anlagen**				
451	Telekommunikationsanlagen [m² BGF]	–	**0,20**	–	0,0%
452	Such- und Signalanlagen [m² BGF]	–	**1,90**	–	0,1%
455	Audiovisuelle Medien- und Antennenanlagen [m² BGF]	–	**1,40**	–	0,1%
460	**Förderanlagen**				
461	Aufzugsanlagen [m² BGF]	–	**28,00**	–	1,6%
470	**Nutzungsspezifische und verfahrenstechnische Anlagen**				
480	**Gebäude- und Anlagenautomation**				
490	**Sonstige Maßnahmen für technische Anlagen**				

Kosten:
Stand 1.Quartal 2021
Bundesdurchschnitt
inkl. 19% MwSt.

Kostengruppen		▷	€/Einheit	◁	KG an 300+400
310	**Baugrube / Erdbau**				
311	Herstellung [m^3]	23,00	**32,00**	49,00	1,6%
320	**Gründung, Unterbau**				
322	Flachgründungen und Bodenplatten [m^2]	92,00	**136,00**	158,00	2,7%
324	Gründungsbeläge [m^2]	23,00	**74,00**	176,00	1,7%
325	Abdichtungen und Bekleidungen [m^2]	48,00	**51,00**	55,00	1,1%
326	Dränagen [m^2]	–	**12,00**	–	0,1%
330	**Außenwände/Vertikale Baukonstruktionen, außen**				
331	Tragende Außenwände [m^2]	125,00	**150,00**	196,00	5,0%
332	Nichttragende Außenwände [m^2]	138,00	**198,00**	257,00	1,0%
334	Außenwandöffnungen [m^2]	527,00	**598,00**	741,00	13,4%
335	Außenwandbekleidungen, außen [m^2]	95,00	**171,00**	209,00	6,7%
336	Außenwandbekleidungen, innen [m^2]	40,00	**47,00**	59,00	1,3%
339	Sonstiges zur KG 330 [m^2]	–	**2,30**	–	0,1%
340	**Innenwände/Vertikale Baukonstruktionen, innen**				
341	Tragende Innenwände [m^2]	98,00	**186,00**	331,00	3,7%
342	Nichttragende Innenwände [m^2]	63,00	**70,00**	73,00	2,9%
343	Innenstützen [m]	–	**149,00**	–	0,0%
344	Innenwandöffnungen [m^2]	359,00	**443,00**	501,00	2,9%
345	Innenwandbekleidungen [m^2]	23,00	**33,00**	53,00	3,4%
346	Elementierte Innenwandkonstruktionen [m^2]	–	**434,00**	–	0,2%
349	Sonstiges zur KG 340 [m^2]	–	**0,90**	–	0,0%
350	**Decken/Horizontale Baukonstruktionen**				
351	Deckenkonstruktionen [m^2]	124,00	**178,00**	285,00	7,1%
352	Deckenöffnungen [m^2]	–	**856,00**	–	0,0%
353	Deckenbeläge [m^2]	51,00	**112,00**	210,00	4,3%
354	Deckenbekleidungen [m^2]	6,30	**21,00**	36,00	0,4%
355	Elementierte Deckenkonstruktionen [m^2]	–	**611,00**	–	1,3%
359	Sonstiges zur KG 350 [m^2]	9,50	**18,00**	23,00	0,8%
360	**Dächer**				
361	Dachkonstruktionen [m^2]	116,00	**163,00**	250,00	3,4%
362	Dachöffnungen [m^2]	838,00	**1.409,00**	1.711,00	1,9%
363	Dachbeläge [m^2]	85,00	**178,00**	237,00	3,2%
364	Dachbekleidungen [m^2]	48,00	**51,00**	55,00	0,7%
369	Sonstiges zur KG 360 [m^2]	0,70	**4,70**	8,70	0,1%
370	**Infrastrukturanlagen**				
380	**Baukonstruktive Einbauten**				
381	Allgemeine Einbauten [m^2 BGF]	3,30	**9,10**	15,00	0,4%
382	Besondere Einbauten [m^2 BGF]	–	**20,00**	–	0,5%

▷ von
ø Mittel
◁ bis

Kostengruppen		▷	€/Einheit	◁	KG an 300+400
390	**Sonstige Maßnahmen für Baukonstruktionen**				
391	Baustelleneinrichtung [m2 BGF]	13,00	**24,00**	45,00	1,5%
392	Gerüste [m2 BGF]	11,00	**17,00**	27,00	1,2%
397	Zusätzliche Maßnahmen [m2 BGF]	0,30	**4,20**	8,10	0,2%
399	Sonstiges zur KG 390 [m2 BGF]	–	**1,00**	–	0,0%
410	**Abwasser-, Wasser-, Gasanlagen**				
411	Abwasseranlagen [m2 BGF]	28,00	**36,00**	43,00	1,6%
412	Wasseranlagen [m2 BGF]	41,00	**60,00**	79,00	2,6%
420	**Wärmeversorgungsanlagen**				
421	Wärmeerzeugungsanlagen [m2 BGF]	–	**12,00**	–	0,3%
422	Wärmeverteilnetze [m2 BGF]	–	**26,00**	–	0,7%
423	Raumheizflächen [m2 BGF]	–	**32,00**	–	0,9%
430	**Raumlufttechnische Anlagen**				
431	Lüftungsanlagen [m2 BGF]	–	**4,10**	–	0,1%
440	**Elektrische Anlagen**				
444	Niederspannungsinstallationsanlagen [m2 BGF]	60,00	**91,00**	123,00	4,0%
445	Beleuchtungsanlagen [m2 BGF]	–	**7,50**	–	0,2%
446	Blitzschutz- und Erdungsanlagen [m2 BGF]	2,40	**3,10**	3,80	0,1%
450	**Kommunikations-, sicherheits- und informationstechnische Anlagen**				
451	Telekommunikationsanlagen [m2 BGF]	–	**2,70**	–	0,1%
452	Such- und Signalanlagen [m2 BGF]	1,70	**1,80**	1,90	0,1%
455	Audiovisuelle Medien- und Antennenanlagen [m2 BGF]	–	**3,30**	–	0,1%
456	Gefahrenmelde- und Alarmanlagen [m2 BGF]	–	**13,00**	–	0,2%
460	**Förderanlagen**				
470	**Nutzungsspezifische und verfahrenstechnische Anlagen**				
471	Küchentechnische Anlagen [m2 BGF]	–	**161,00**	–	3,7%
476	Weitere nutzungsspezifische Anlagen [m2 BGF]	–	**47,00**	–	1,1%
480	**Gebäude- und Anlagenautomation**				
490	**Sonstige Maßnahmen für technische Anlagen**				

Senioren-wohnungen, mittlerer Standard

Kosten:
Stand 1.Quartal 2021
Bundesdurchschnitt
inkl. 19% MwSt.

▷ von
ø Mittel
◁ bis

Kostengruppen		▷	€/Einheit	◁	KG an 300+400
310	**Baugrube / Erdbau**				
311	Herstellung [m³]	23,00	**38,00**	64,00	1,6%
312	Umschließung [m²]	1,60	**2,20**	2,70	0,0%
313	Wasserhaltung [m³]	–	**0,60**	–	0,0%
320	**Gründung, Unterbau**				
321	Baugrundverbesserung [m²]	3,90	**8,70**	16,00	0,1%
322	Flachgründungen und Bodenplatten [m²]	76,00	**117,00**	144,00	2,6%
324	Gründungsbeläge [m²]	64,00	**99,00**	127,00	1,6%
325	Abdichtungen und Bekleidungen [m²]	9,20	**20,00**	59,00	0,5%
326	Dränagen [m²]	–	**19,00**	–	0,1%
330	**Außenwände/Vertikale Baukonstruktionen, außen**				
331	Tragende Außenwände [m²]	99,00	**105,00**	117,00	5,0%
332	Nichttragende Außenwände [m²]	69,00	**115,00**	208,00	0,1%
333	Außenstützen [m]	116,00	**158,00**	182,00	0,2%
334	Außenwandöffnungen [m²]	415,00	**460,00**	541,00	6,5%
335	Außenwandbekleidungen, außen [m²]	91,00	**101,00**	118,00	5,5%
336	Außenwandbekleidungen, innen [m²]	27,00	**32,00**	36,00	1,4%
338	Lichtschutz zur KG 330 [m²]	150,00	**616,00**	854,00	3,4%
339	Sonstiges zur KG 330 [m²]	5,00	**8,80**	12,00	0,5%
340	**Innenwände/Vertikale Baukonstruktionen, innen**				
341	Tragende Innenwände [m²]	76,00	**94,00**	106,00	4,3%
342	Nichttragende Innenwände [m²]	59,00	**70,00**	100,00	1,8%
343	Innenstützen [m]	116,00	**155,00**	175,00	0,1%
344	Innenwandöffnungen [m²]	280,00	**359,00**	471,00	3,2%
345	Innenwandbekleidungen [m²]	26,00	**33,00**	43,00	4,2%
346	Elementierte Innenwandkonstruktionen [m²]	34,00	**46,00**	53,00	0,2%
349	Sonstiges zur KG 340 [m²]	0,80	**1,60**	3,10	0,1%
350	**Decken/Horizontale Baukonstruktionen**				
351	Deckenkonstruktionen [m²]	111,00	**135,00**	164,00	8,5%
352	Deckenöffnungen [m²]	1.066,00	**1.138,00**	1.210,00	0,1%
353	Deckenbeläge [m²]	76,00	**111,00**	135,00	5,7%
354	Deckenbekleidungen [m²]	13,00	**17,00**	19,00	1,0%
355	Elementierte Deckenkonstruktionen [m²]	–	**1.079,00**	–	0,3%
359	Sonstiges zur KG 350 [m²]	18,00	**21,00**	29,00	1,3%
360	**Dächer**				
361	Dachkonstruktionen [m²]	66,00	**106,00**	165,00	2,7%
362	Dachöffnungen [m²]	754,00	**841,00**	931,00	0,4%
363	Dachbeläge [m²]	117,00	**175,00**	264,00	4,5%
364	Dachbekleidungen [m²]	12,00	**28,00**	39,00	0,6%
366	Lichtschutz zur KG 360 [m²]	–	**61,00**	–	0,0%
369	Sonstiges zur KG 360 [m²]	4,40	**15,00**	57,00	0,4%
370	**Infrastrukturanlagen**				

Kostengruppen		▷	€/Einheit	◁	KG an 300+400
380	**Baukonstruktive Einbauten**				
381	Allgemeine Einbauten [m² BGF]	4,90	**29,00**	53,00	0,9%
386	Orientierungs- und Informationssysteme [m² BGF]	–	**1,00**	–	0,0%
389	Sonstiges zur KG 380 [m² BGF]	–	**2,70**	–	0,1%
390	**Sonstige Maßnahmen für Baukonstruktionen**				
391	Baustelleneinrichtung [m² BGF]	11,00	**29,00**	58,00	2,4%
392	Gerüste [m² BGF]	4,80	**9,80**	15,00	0,9%
395	Instandsetzungen [m² BGF]	–	**8,30**	–	0,1%
397	Zusätzliche Maßnahmen [m² BGF]	1,80	**5,60**	11,00	0,5%
399	Sonstiges zur KG 390 [m² BGF]	0,50	**41,00**	82,00	1,5%
410	**Abwasser-, Wasser-, Gasanlagen**				
411	Abwasseranlagen [m² BGF]	19,00	**28,00**	40,00	2,4%
412	Wasseranlagen [m² BGF]	30,00	**40,00**	49,00	3,5%
419	Sonstiges zur KG 410 [m² BGF]	7,40	**31,00**	100,00	2,0%
420	**Wärmeversorgungsanlagen**				
421	Wärmeerzeugungsanlagen [m² BGF]	4,00	**14,00**	29,00	1,2%
422	Wärmeverteilnetze [m² BGF]	14,00	**25,00**	35,00	2,1%
423	Raumheizflächen [m² BGF]	15,00	**18,00**	23,00	1,6%
429	Sonstiges zur KG 420 [m² BGF]	0,20	**0,50**	0,80	0,0%
430	**Raumlufttechnische Anlagen**				
431	Lüftungsanlagen [m² BGF]	8,30	**9,80**	11,00	0,8%
440	**Elektrische Anlagen**				
442	Eigenstromversorgungsanlagen [m² BGF]	–	**2,30**	–	0,0%
443	Niederspannungsschaltanlagen [m² BGF]	–	**4,10**	–	0,1%
444	Niederspannungsinstallationsanlagen [m² BGF]	42,00	**52,00**	58,00	4,4%
445	Beleuchtungsanlagen [m² BGF]	9,60	**12,00**	16,00	1,0%
446	Blitzschutz- und Erdungsanlagen [m² BGF]	2,70	**4,50**	7,90	0,4%
450	**Kommunikations-, sicherheits- und informationstechnische Anlagen**				
451	Telekommunikationsanlagen [m² BGF]	1,60	**3,10**	4,40	0,2%
452	Such- und Signalanlagen [m² BGF]	2,80	**8,60**	19,00	0,7%
455	Audiovisuelle Medien- und Antennenanlagen [m² BGF]	1,50	**3,00**	5,70	0,3%
456	Gefahrenmelde- und Alarmanlagen [m² BGF]	2,50	**3,10**	4,10	0,3%
457	Datenübertragungsnetze [m² BGF]	0,90	**2,20**	4,50	0,1%
460	**Förderanlagen**				
461	Aufzugsanlagen [m² BGF]	22,00	**45,00**	80,00	4,0%
470	**Nutzungsspezifische und verfahrenstechnische Anlagen**				
474	Feuerlöschanlagen [m² BGF]	0,40	**0,70**	1,70	0,1%
480	**Gebäude- und Anlagenautomation**				
490	**Sonstige Maßnahmen für technische Anlagen**				

Senioren-wohnungen, hoher Standard

Kosten:
Stand 1.Quartal 2021
Bundesdurchschnitt
inkl. 19% MwSt.

Kostengruppen		▷	€/Einheit	◁	KG an 300+400
310	**Baugrube / Erdbau**				
311	Herstellung [m³]	38,00	**73,00**	108,00	3,8%
320	**Gründung, Unterbau**				
321	Baugrundverbesserung [m²]	–	**49,00**	–	0,5%
322	Flachgründungen und Bodenplatten [m²]	120,00	**151,00**	182,00	2,8%
324	Gründungsbeläge [m²]	63,00	**73,00**	83,00	1,1%
325	Abdichtungen und Bekleidungen [m²]	19,00	**26,00**	34,00	0,5%
326	Dränagen [m²]	17,00	**20,00**	22,00	0,4%
330	**Außenwände/Vertikale Baukonstruktionen, außen**				
331	Tragende Außenwände [m²]	101,00	**141,00**	180,00	5,4%
333	Außenstützen [m]	–	**111,00**	–	0,2%
334	Außenwandöffnungen [m²]	333,00	**448,00**	564,00	5,7%
335	Außenwandbekleidungen, außen [m²]	89,00	**126,00**	162,00	5,0%
336	Außenwandbekleidungen, innen [m²]	27,00	**36,00**	45,00	1,3%
338	Lichtschutz zur KG 330 [m²]	156,00	**325,00**	494,00	2,1%
339	Sonstiges zur KG 330 [m²]	–	**26,00**	–	0,6%
340	**Innenwände/Vertikale Baukonstruktionen, innen**				
341	Tragende Innenwände [m²]	106,00	**112,00**	118,00	2,6%
342	Nichttragende Innenwände [m²]	78,00	**89,00**	100,00	2,8%
343	Innenstützen [m]	88,00	**132,00**	176,00	0,5%
344	Innenwandöffnungen [m²]	443,00	**471,00**	499,00	3,2%
345	Innenwandbekleidungen [m²]	32,00	**34,00**	36,00	3,5%
346	Elementierte Innenwandkonstruktionen [m²]	–	**50,00**	–	0,2%
350	**Decken/Horizontale Baukonstruktionen**				
351	Deckenkonstruktionen [m²]	134,00	**176,00**	218,00	10,5%
353	Deckenbeläge [m²]	81,00	**94,00**	107,00	4,9%
354	Deckenbekleidungen [m²]	17,00	**24,00**	32,00	1,3%
359	Sonstiges zur KG 350 [m²]	40,00	**40,00**	40,00	2,4%
360	**Dächer**				
361	Dachkonstruktionen [m²]	92,00	**125,00**	159,00	3,1%
362	Dachöffnungen [m²]	748,00	**1.222,00**	1.696,00	0,2%
363	Dachbeläge [m²]	182,00	**182,00**	183,00	4,7%
364	Dachbekleidungen [m²]	28,00	**49,00**	70,00	1,1%
370	**Infrastrukturanlagen**				
380	**Baukonstruktive Einbauten**				
381	Allgemeine Einbauten [m² BGF]	–	**5,20**	–	0,2%
389	Sonstiges zur KG 380 [m² BGF]	–	**3,40**	–	0,1%
390	**Sonstige Maßnahmen für Baukonstruktionen**				
391	Baustelleneinrichtung [m² BGF]	11,00	**14,00**	17,00	1,1%
392	Gerüste [m² BGF]	11,00	**15,00**	19,00	1,2%
397	Zusätzliche Maßnahmen [m² BGF]	2,30	**5,20**	8,10	0,4%
	Sonstige Kostengruppen Bauwerk - Baukonstruktion				
	332, 349, 352, 366, 369				0,3%

▷ von
ø Mittel
◁ bis

Kostengruppen		▷	€/Einheit	◁	KG an 300+400
410	**Abwasser-, Wasser-, Gasanlagen**				
411	Abwasseranlagen [m2 BGF]	16,00	**24,00**	32,00	1,9%
412	Wasseranlagen [m2 BGF]	48,00	**68,00**	89,00	5,5%
420	**Wärmeversorgungsanlagen**				
421	Wärmeerzeugungsanlagen [m2 BGF]	40,00	**44,00**	49,00	3,6%
422	Wärmeverteilnetze [m2 BGF]	26,00	**38,00**	51,00	3,0%
423	Raumheizflächen [m2 BGF]	22,00	**26,00**	31,00	2,1%
429	Sonstiges zur KG 420 [m2 BGF]	4,90	**5,60**	6,20	0,4%
430	**Raumlufttechnische Anlagen**				
431	Lüftungsanlagen [m2 BGF]	–	**3,30**	–	0,1%
440	**Elektrische Anlagen**				
444	Niederspannungsinstallationsanlagen [m2 BGF]	48,00	**54,00**	61,00	4,3%
445	Beleuchtungsanlagen [m2 BGF]	1,90	**3,30**	4,80	0,3%
446	Blitzschutz- und Erdungsanlagen [m2 BGF]	4,10	**4,80**	5,40	0,4%
450	**Kommunikations-, sicherheits- und informationstechnische Anlagen**				
452	Such- und Signalanlagen [m2 BGF]	3,90	**7,60**	11,00	0,6%
455	Audiovisuelle Medien- und Antennenanlagen [m2 BGF]	2,70	**2,70**	2,70	0,2%
457	Datenübertragungsnetze [m2 BGF]	2,20	**4,60**	7,00	0,4%
460	**Förderanlagen**				
461	Aufzugsanlagen [m2 BGF]	23,00	**45,00**	67,00	3,7%
470	**Nutzungsspezifische und verfahrenstechnische Anlagen**				
480	**Gebäude- und Anlagenautomation**				
490	**Sonstige Maßnahmen für technische Anlagen**				
	Sonstige Kostengruppen Bauwerk - Technische Anlagen				
	442, 456, 474				0,2%

Kostengruppen		▷	€/Einheit	◁	KG an 300+400
310	**Baugrube / Erdbau**				
311	Herstellung [m3]	26,00	**38,00**	60,00	1,4%
320	**Gründung, Unterbau**				
321	Baugrundverbesserung [m2]	46,00	**69,00**	107,00	0,4%
322	Flachgründungen und Bodenplatten [m2]	133,00	**158,00**	194,00	3,5%
323	Tiefgründungen [m2]	–	**237,00**	–	0,5%
324	Gründungsbeläge [m2]	75,00	**133,00**	209,00	2,3%
325	Abdichtungen und Bekleidungen [m2]	15,00	**28,00**	63,00	0,6%
330	**Außenwände/Vertikale Baukonstruktionen, außen**				
331	Tragende Außenwände [m2]	124,00	**142,00**	168,00	4,5%
332	Nichttragende Außenwände [m2]	103,00	**198,00**	350,00	0,9%
333	Außenstützen [m]	99,00	**159,00**	227,00	0,3%
334	Außenwandöffnungen [m2]	590,00	**655,00**	831,00	9,6%
335	Außenwandbekleidungen, außen [m2]	100,00	**155,00**	244,00	5,3%
336	Außenwandbekleidungen, innen [m2]	30,00	**43,00**	60,00	1,1%
337	Elementierte Außenwandkonstruktionen [m2]	447,00	**529,00**	612,00	1,1%
338	Lichtschutz zur KG 330 [m2]	153,00	**273,00**	415,00	0,8%
339	Sonstiges zur KG 330 [m2]	6,20	**8,50**	18,00	0,4%
340	**Innenwände/Vertikale Baukonstruktionen, innen**				
341	Tragende Innenwände [m2]	93,00	**115,00**	139,00	3,0%
342	Nichttragende Innenwände [m2]	78,00	**100,00**	147,00	2,5%
343	Innenstützen [m]	143,00	**197,00**	261,00	0,4%
344	Innenwandöffnungen [m2]	443,00	**622,00**	813,00	4,3%
345	Innenwandbekleidungen [m2]	29,00	**42,00**	63,00	3,8%
346	Elementierte Innenwandkonstruktionen [m2]	382,00	**484,00**	680,00	0,5%
350	**Decken/Horizontale Baukonstruktionen**				
351	Deckenkonstruktionen [m2]	148,00	**194,00**	243,00	7,0%
353	Deckenbeläge [m2]	87,00	**142,00**	182,00	4,3%
354	Deckenbekleidungen [m2]	24,00	**55,00**	128,00	1,3%
359	Sonstiges zur KG 350 [m2]	14,00	**33,00**	61,00	1,5%
360	**Dächer**				
361	Dachkonstruktionen [m2]	86,00	**139,00**	183,00	3,1%
362	Dachöffnungen [m2]	1.222,00	**1.794,00**	2.655,00	0,5%
363	Dachbeläge [m2]	117,00	**211,00**	273,00	4,7%
364	Dachbekleidungen [m2]	18,00	**50,00**	96,00	1,1%
369	Sonstiges zur KG 360 [m2]	8,80	**29,00**	76,00	0,5%
370	**Infrastrukturanlagen**				
380	**Baukonstruktive Einbauten**				
381	Allgemeine Einbauten [m2 BGF]	14,00	**42,00**	64,00	1,9%

Kosten:
Stand 1.Quartal 2021
Bundesdurchschnitt
inkl. 19% MwSt.

▷ von
ø Mittel
◁ bis

Kostengruppen		▷	€/Einheit	◁	KG an 300+400
390	**Sonstige Maßnahmen für Baukonstruktionen**				
391	Baustelleneinrichtung [m2 BGF]	15,00	**45,00**	203,00	2,8%
392	Gerüste [m2 BGF]	9,40	**16,00**	23,00	0,9%
393	Sicherungsmaßnahmen [m2 BGF]	–	**32,00**	–	0,3%
394	Abbruchmaßnahmen [m2 BGF]	1,60	**12,00**	31,00	0,3%
397	Zusätzliche Maßnahmen [m2 BGF]	4,70	**10,00**	18,00	0,6%
399	Sonstiges zur KG 390 [m2 BGF]	–	**51,00**	–	0,5%
	Sonstige Kostengruppen Bauwerk - Baukonstruktion				
	312, 313, 326, 347, 349, 355, 382, 383, 386, 395, 396, 398				0,4%
410	**Abwasser-, Wasser-, Gasanlagen**				
411	Abwasseranlagen [m2 BGF]	13,00	**28,00**	39,00	1,6%
412	Wasseranlagen [m2 BGF]	37,00	**61,00**	99,00	3,4%
419	Sonstiges zur KG 410 [m2 BGF]	3,70	**8,50**	17,00	0,4%
420	**Wärmeversorgungsanlagen**				
421	Wärmeerzeugungsanlagen [m2 BGF]	18,00	**42,00**	63,00	2,4%
422	Wärmeverteilnetze [m2 BGF]	12,00	**21,00**	30,00	1,2%
423	Raumheizflächen [m2 BGF]	21,00	**30,00**	38,00	1,9%
430	**Raumlufttechnische Anlagen**				
431	Lüftungsanlagen [m2 BGF]	7,30	**39,00**	73,00	1,7%
440	**Elektrische Anlagen**				
442	Eigenstromversorgungsanlagen [m2 BGF]	–	**30,00**	–	0,3%
444	Niederspannungsinstallationsanlagen [m2 BGF]	46,00	**62,00**	85,00	3,7%
445	Beleuchtungsanlagen [m2 BGF]	8,30	**23,00**	64,00	1,2%
446	Blitzschutz- und Erdungsanlagen [m2 BGF]	2,20	**6,60**	21,00	0,4%
450	**Kommunikations-, sicherheits- und informationstechnische Anlagen**				
452	Such- und Signalanlagen [m2 BGF]	1,60	**2,50**	4,10	0,2%
456	Gefahrenmelde- und Alarmanlagen [m2 BGF]	4,70	**11,00**	15,00	0,6%
457	Datenübertragungsnetze [m2 BGF]	5,30	**12,00**	16,00	0,3%
460	**Förderanlagen**				
461	Aufzugsanlagen [m2 BGF]	7,80	**24,00**	33,00	0,7%
470	**Nutzungsspezifische und verfahrenstechnische Anlagen**				
471	Küchentechnische Anlagen [m2 BGF]	–	**31,00**	–	0,2%
473	Medienversorgungsanlagen, Medizin- und labortechnische Anlagen [m2 BGF]	–	**58,00**	–	0,4%
480	**Gebäude- und Anlagenautomation**				
481	Automationseinrichtungen [m2 BGF]	8,60	**8,80**	9,00	0,2%
490	**Sonstige Maßnahmen für technische Anlagen**				
	Sonstige Kostengruppen Bauwerk - Technische Anlagen				
	413, 429, 433, 451, 454, 455, 474, 476, 482, 485, 491, 494, 498				0,5%

Kosten: 1.Quartal 2021, Bundesdurchschnitt, **inkl. 19% MwSt.**

Kosten:
Stand 1.Quartal 2021
Bundesdurchschnitt
inkl. 19% MwSt.

Kostengruppen		▷	€/Einheit	◁	KG an 300+400
310	**Baugrube / Erdbau**				
311	Herstellung [m³]	–	**53,00**	–	3,5%
320	**Gründung, Unterbau**				
322	Flachgründungen und Bodenplatten [m²]	–	**137,00**	–	1,9%
324	Gründungsbeläge [m²]	–	**97,00**	–	0,9%
325	Abdichtungen und Bekleidungen [m²]	–	**65,00**	–	1,0%
326	Dränagen [m²]	–	**19,00**	–	0,3%
330	**Außenwände/Vertikale Baukonstruktionen, außen**				
331	Tragende Außenwände [m²]	–	**190,00**	–	2,8%
333	Außenstützen [m]	–	**581,00**	–	0,4%
334	Außenwandöffnungen [m²]	–	**1.089,00**	–	7,7%
335	Außenwandbekleidungen, außen [m²]	–	**240,00**	–	4,0%
336	Außenwandbekleidungen, innen [m²]	–	**118,00**	–	1,1%
338	Lichtschutz zur KG 330 [m²]	–	**418,00**	–	0,5%
339	Sonstiges zur KG 330 [m²]	–	**11,00**	–	0,2%
340	**Innenwände/Vertikale Baukonstruktionen, innen**				
341	Tragende Innenwände [m²]	–	**216,00**	–	3,4%
342	Nichttragende Innenwände [m²]	–	**104,00**	–	1,1%
343	Innenstützen [m]	–	**603,00**	–	0,2%
344	Innenwandöffnungen [m²]	–	**1.285,00**	–	3,7%
345	Innenwandbekleidungen [m²]	–	**107,00**	–	4,0%
346	Elementierte Innenwandkonstruktionen [m²]	–	**865,00**	–	0,8%
349	Sonstiges zur KG 340 [m²]	–	**3,50**	–	0,1%
350	**Decken/Horizontale Baukonstruktionen**				
351	Deckenkonstruktionen [m²]	–	**236,00**	–	6,1%
353	Deckenbeläge [m²]	–	**198,00**	–	4,6%
354	Deckenbekleidungen [m²]	–	**76,00**	–	1,8%
359	Sonstiges zur KG 350 [m²]	–	**45,00**	–	1,2%
360	**Dächer**				
361	Dachkonstruktionen [m²]	–	**232,00**	–	3,8%
362	Dachöffnungen [m²]	–	**3.411,00**	–	1,5%
363	Dachbeläge [m²]	–	**158,00**	–	2,8%
364	Dachbekleidungen [m²]	–	**236,00**	–	4,3%
370	**Infrastrukturanlagen**				
380	**Baukonstruktive Einbauten**				
381	Allgemeine Einbauten [m² BGF]	–	**0,90**	–	0,0%
382	Besondere Einbauten [m² BGF]	–	**1,00**	–	0,0%
386	Orientierungs- und Informationssysteme [m² BGF]	–	**4,20**	–	0,2%
390	**Sonstige Maßnahmen für Baukonstruktionen**				
391	Baustelleneinrichtung [m² BGF]	–	**47,00**	–	1,8%
392	Gerüste [m² BGF]	–	**17,00**	–	0,7%
396	Materialentsorgung [m² BGF]	–	**8,50**	–	0,3%
397	Zusätzliche Maßnahmen [m² BGF]	–	**7,40**	–	0,3%
399	Sonstiges zur KG 390 [m² BGF]	–	**34,00**	–	1,3%

▷ von
ø Mittel
◁ bis

Kostengruppen		▷	€/Einheit	◁	KG an 300+400
410	**Abwasser-, Wasser-, Gasanlagen**				
411	Abwasseranlagen [m² BGF]	–	**78,00**	–	3,0%
412	Wasseranlagen [m² BGF]	–	**75,00**	–	2,9%
413	Gasanlagen [m² BGF]	–	**0,50**	–	0,0%
420	**Wärmeversorgungsanlagen**				
421	Wärmeerzeugungsanlagen [m² BGF]	–	**35,00**	–	1,4%
422	Wärmeverteilnetze [m² BGF]	–	**50,00**	–	1,9%
423	Raumheizflächen [m² BGF]	–	**25,00**	–	1,0%
429	Sonstiges zur KG 420 [m² BGF]	–	**3,50**	–	0,1%
430	**Raumlufttechnische Anlagen**				
431	Lüftungsanlagen [m² BGF]	–	**217,00**	–	8,4%
440	**Elektrische Anlagen**				
443	Niederspannungsschaltanlagen [m² BGF]	–	**32,00**	–	1,2%
444	Niederspannungsinstallationsanlagen [m² BGF]	–	**36,00**	–	1,4%
445	Beleuchtungsanlagen [m² BGF]	–	**69,00**	–	2,7%
446	Blitzschutz- und Erdungsanlagen [m² BGF]	–	**4,60**	–	0,2%
450	**Kommunikations-, sicherheits- und informationstechnische Anlagen**				
451	Telekommunikationsanlagen [m² BGF]	–	**4,90**	–	0,2%
454	Elektroakustische Anlagen [m² BGF]	–	**13,00**	–	0,5%
455	Audiovisuelle Medien- und Antennenanlagen [m² BGF]	–	**3,00**	–	0,1%
456	Gefahrenmelde- und Alarmanlagen [m² BGF]	–	**12,00**	–	0,5%
460	**Förderanlagen**				
461	Aufzugsanlagen [m² BGF]	–	**50,00**	–	1,9%
469	Sonstiges zur KG 460 [m² BGF]	–	**5,10**	–	0,2%
470	**Nutzungsspezifische und verfahrenstechnische Anlagen**				
471	Küchentechnische Anlagen [m² BGF]	–	**70,00**	–	2,7%
474	Feuerlöschanlagen [m² BGF]	–	**0,90**	–	0,0%
475	Prozesswärme-, kälte- und -luftanlagen [m² BGF]	–	**35,00**	–	1,3%
480	**Gebäude- und Anlagenautomation**				
490	**Sonstige Maßnahmen für technische Anlagen**				
491	Baustelleneinrichtung [m² BGF]	–	**0,90**	–	0,0%
497	Zusätzliche Maßnahmen [m² BGF]	–	**13,00**	–	0,5%

Industrielle Produktionsgebäude, Massivbauweise

Kostengruppen		▷	€/Einheit	◁	KG an 300+400
310	**Baugrube / Erdbau**				
311	Herstellung [m3]	14,00	**20,00**	22,00	0,9%
320	**Gründung, Unterbau**				
321	Baugrundverbesserung [m2]	–	**13,00**	–	0,3%
322	Flachgründungen und Bodenplatten [m2]	123,00	**161,00**	225,00	7,8%
323	Tiefgründungen [m2]	–	**140,00**	–	2,2%
324	Gründungsbeläge [m2]	44,00	**73,00**	89,00	2,9%
325	Abdichtungen und Bekleidungen [m2]	17,00	**21,00**	23,00	1,1%
326	Dränagen [m2]	–	**2,60**	–	0,1%
330	**Außenwände/Vertikale Baukonstruktionen, außen**				
331	Tragende Außenwände [m2]	113,00	**139,00**	180,00	4,7%
332	Nichttragende Außenwände [m2]	70,00	**94,00**	118,00	1,3%
334	Außenwandöffnungen [m2]	405,00	**598,00**	696,00	11,2%
335	Außenwandbekleidungen, außen [m2]	98,00	**136,00**	158,00	6,4%
336	Außenwandbekleidungen, innen [m2]	19,00	**37,00**	71,00	1,2%
338	Lichtschutz zur KG 330 [m2]	137,00	**330,00**	524,00	0,9%
339	Sonstiges zur KG 330 [m2]	–	**13,00**	–	0,3%
340	**Innenwände/Vertikale Baukonstruktionen, innen**				
341	Tragende Innenwände [m2]	86,00	**140,00**	245,00	1,7%
342	Nichttragende Innenwände [m2]	72,00	**86,00**	115,00	2,0%
343	Innenstützen [m]	119,00	**178,00**	295,00	0,6%
344	Innenwandöffnungen [m2]	474,00	**651,00**	966,00	3,7%
345	Innenwandbekleidungen [m2]	15,00	**43,00**	59,00	2,1%
346	Elementierte Innenwandkonstruktionen [m2]	–	**195,00**	–	0,1%
350	**Decken/Horizontale Baukonstruktionen**				
351	Deckenkonstruktionen [m2]	148,00	**182,00**	241,00	4,4%
353	Deckenbeläge [m2]	106,00	**108,00**	113,00	2,6%
354	Deckenbekleidungen [m2]	5,40	**42,00**	61,00	0,5%
359	Sonstiges zur KG 350 [m2]	14,00	**40,00**	56,00	0,9%
360	**Dächer**				
361	Dachkonstruktionen [m2]	115,00	**125,00**	143,00	6,5%
362	Dachöffnungen [m2]	223,00	**482,00**	612,00	1,3%
363	Dachbeläge [m2]	117,00	**132,00**	142,00	6,9%
364	Dachbekleidungen [m2]	23,00	**40,00**	73,00	0,4%
369	Sonstiges zur KG 360 [m2]	–	**6,90**	–	0,1%
370	**Infrastrukturanlagen**				
380	**Baukonstruktive Einbauten**				
381	Allgemeine Einbauten [m2 BGF]	–	**37,00**	–	0,9%
390	**Sonstige Maßnahmen für Baukonstruktionen**				
391	Baustelleneinrichtung [m2 BGF]	19,00	**23,00**	25,00	1,8%
392	Gerüste [m2 BGF]	5,70	**8,70**	10,00	0,7%
397	Zusätzliche Maßnahmen [m2 BGF]	1,90	**2,20**	2,80	0,2%
399	Sonstiges zur KG 390 [m2 BGF]	–	**2,20**	–	0,1%

Kosten:
Stand 1.Quartal 2021
Bundesdurchschnitt
inkl. 19% MwSt.

▷ von
ø Mittel
◁ bis

Kostengruppen		▷	€/Einheit	◁	KG an 300+400
410	**Abwasser-, Wasser-, Gasanlagen**				
411	Abwasseranlagen [m² BGF]	15,00	**18,00**	24,00	1,4%
412	Wasseranlagen [m² BGF]	25,00	**33,00**	38,00	2,5%
420	**Wärmeversorgungsanlagen**				
421	Wärmeerzeugungsanlagen [m² BGF]	6,30	**25,00**	35,00	2,0%
422	Wärmeverteilnetze [m² BGF]	15,00	**19,00**	26,00	1,5%
423	Raumheizflächen [m² BGF]	14,00	**26,00**	45,00	2,0%
429	Sonstiges zur KG 420 [m² BGF]	–	**5,80**	–	0,2%
430	**Raumlufttechnische Anlagen**				
431	Lüftungsanlagen [m² BGF]	–	**11,00**	–	0,3%
432	Teilklimaanlagen [m² BGF]	–	**46,00**	–	1,1%
440	**Elektrische Anlagen**				
442	Eigenstromversorgungsanlagen [m² BGF]	–	**21,00**	–	0,5%
443	Niederspannungsschaltanlagen [m² BGF]	6,40	**22,00**	38,00	1,2%
444	Niederspannungsinstallationsanlagen [m² BGF]	40,00	**59,00**	89,00	4,7%
445	Beleuchtungsanlagen [m² BGF]	26,00	**30,00**	39,00	2,4%
446	Blitzschutz- und Erdungsanlagen [m² BGF]	3,50	**5,40**	9,10	0,4%
450	**Kommunikations-, sicherheits- und informationstechnische Anlagen**				
451	Telekommunikationsanlagen [m² BGF]	1,30	**2,40**	3,60	0,1%
452	Such- und Signalanlagen [m² BGF]	–	**4,60**	–	0,1%
457	Datenübertragungsnetze [m² BGF]	–	**3,60**	–	0,1%
460	**Förderanlagen**				
461	Aufzugsanlagen [m² BGF]	–	**29,00**	–	0,8%
470	**Nutzungsspezifische und verfahrenstechnische Anlagen**				
473	Medienversorgungsanlagen, Medizin- und labortechnische Anlagen [m² BGF]	6,40	**7,90**	9,50	0,4%
474	Feuerlöschanlagen [m² BGF]	–	**0,80**	–	0,0%
480	**Gebäude- und Anlagenautomation**				
490	**Sonstige Maßnahmen für technische Anlagen**				

Industrielle Produktionsgebäude, überwiegend Skelettbauweise

Kosten:
Stand 1.Quartal 2021
Bundesdurchschnitt
inkl. 19% MwSt.

Kostengruppen		▷	€/Einheit	◁	KG an 300+400
310	**Baugrube / Erdbau**				
311	Herstellung [m³]	12,00	**45,00**	77,00	1,5%
320	**Gründung, Unterbau**				
321	Baugrundverbesserung [m²]	48,00	**81,00**	115,00	0,6%
322	Flachgründungen und Bodenplatten [m²]	125,00	**203,00**	312,00	11,0%
323	Tiefgründungen [m²]	144,00	**248,00**	351,00	3,3%
324	Gründungsbeläge [m²]	48,00	**68,00**	88,00	1,0%
325	Abdichtungen und Bekleidungen [m²]	25,00	**34,00**	46,00	2,1%
330	**Außenwände/Vertikale Baukonstruktionen, außen**				
331	Tragende Außenwände [m²]	131,00	**165,00**	192,00	7,2%
332	Nichttragende Außenwände [m²]	92,00	**128,00**	197,00	1,8%
333	Außenstützen [m]	100,00	**249,00**	363,00	1,0%
334	Außenwandöffnungen [m²]	442,00	**561,00**	783,00	4,6%
335	Außenwandbekleidungen, außen [m²]	34,00	**82,00**	177,00	3,4%
336	Außenwandbekleidungen, innen [m²]	8,60	**15,00**	22,00	0,3%
337	Elementierte Außenwandkonstruktionen [m²]	–	**107,00**	–	0,9%
338	Lichtschutz zur KG 330 [m²]	258,00	**291,00**	341,00	0,3%
339	Sonstiges zur KG 330 [m²]	2,90	**7,90**	21,00	0,4%
340	**Innenwände/Vertikale Baukonstruktionen, innen**				
341	Tragende Innenwände [m²]	111,00	**139,00**	171,00	2,0%
342	Nichttragende Innenwände [m²]	84,00	**90,00**	108,00	0,6%
343	Innenstützen [m]	109,00	**286,00**	466,00	0,9%
344	Innenwandöffnungen [m²]	574,00	**702,00**	803,00	2,7%
345	Innenwandbekleidungen [m²]	20,00	**27,00**	35,00	0,7%
346	Elementierte Innenwandkonstruktionen [m²]	246,00	**368,00**	592,00	0,4%
350	**Decken/Horizontale Baukonstruktionen**				
351	Deckenkonstruktionen [m²]	147,00	**187,00**	292,00	2,6%
353	Deckenbeläge [m²]	91,00	**119,00**	144,00	1,2%
354	Deckenbekleidungen [m²]	6,40	**43,00**	80,00	0,4%
359	Sonstiges zur KG 350 [m²]	14,00	**16,00**	19,00	0,2%
360	**Dächer**				
361	Dachkonstruktionen [m²]	112,00	**155,00**	214,00	8,9%
362	Dachöffnungen [m²]	462,00	**792,00**	1.119,00	1,2%
363	Dachbeläge [m²]	90,00	**105,00**	163,00	6,1%
364	Dachbekleidungen [m²]	6,20	**55,00**	103,00	0,5%
370	**Infrastrukturanlagen**				
380	**Baukonstruktive Einbauten**				
390	**Sonstige Maßnahmen für Baukonstruktionen**				
391	Baustelleneinrichtung [m² BGF]	13,00	**35,00**	67,00	2,1%
392	Gerüste [m² BGF]	2,30	**3,80**	6,20	0,3%
397	Zusätzliche Maßnahmen [m² BGF]	2,10	**5,10**	9,20	0,4%
399	Sonstiges zur KG 390 [m² BGF]	5,70	**12,00**	18,00	0,3%

▷ von
ø Mittel
◁ bis

Kostengruppen		▷	€/Einheit	◁	KG an 300+400
	Sonstige Kostengruppen Bauwerk - Baukonstruktion				
	312, 313, 319, 326, 329, 349, 355, 369, 394, 395, 396, 398				0,6%
410	**Abwasser-, Wasser-, Gasanlagen**				
411	Abwasseranlagen [m2 BGF]	10,00	**16,00**	20,00	1,2%
412	Wasseranlagen [m2 BGF]	8,80	**15,00**	23,00	0,8%
420	**Wärmeversorgungsanlagen**				
421	Wärmeerzeugungsanlagen [m2 BGF]	5,70	**14,00**	27,00	0,6%
422	Wärmeverteilnetze [m2 BGF]	15,00	**21,00**	34,00	1,0%
423	Raumheizflächen [m2 BGF]	13,00	**19,00**	30,00	0,9%
430	**Raumlufttechnische Anlagen**				
431	Lüftungsanlagen [m2 BGF]	5,20	**17,00**	27,00	1,0%
432	Teilklimaanlagen [m2 BGF]	–	**28,00**	–	0,3%
433	Klimaanlagen [m2 BGF]	9,20	**57,00**	150,00	1,6%
434	Kälteanlagen [m2 BGF]	62,00	**131,00**	200,00	2,4%
440	**Elektrische Anlagen**				
443	Niederspannungsschaltanlagen [m2 BGF]	4,50	**12,00**	24,00	0,5%
444	Niederspannungsinstallationsanlagen [m2 BGF]	49,00	**96,00**	165,00	6,3%
445	Beleuchtungsanlagen [m2 BGF]	13,00	**21,00**	31,00	1,4%
446	Blitzschutz- und Erdungsanlagen [m2 BGF]	1,70	**5,80**	8,20	0,5%
450	**Kommunikations-, sicherheits- und informationstechnische Anlagen**				
456	Gefahrenmelde- und Alarmanlagen [m2 BGF]	2,80	**8,60**	20,00	0,3%
457	Datenübertragungsnetze [m2 BGF]	3,80	**10,00**	16,00	0,7%
460	**Förderanlagen**				
461	Aufzugsanlagen [m2 BGF]	–	**21,00**	–	0,2%
465	Krananlagen [m2 BGF]	37,00	**67,00**	124,00	2,0%
470	**Nutzungsspezifische und verfahrenstechnische Anlagen**				
473	Medienversorgungsanlagen, Medizin- und labortechnische Anlagen [m2 BGF]	8,60	**32,00**	55,00	0,8%
476	Weitere nutzungsspezifische Anlagen [m2 BGF]	25,00	**66,00**	139,00	4,1%
480	**Gebäude- und Anlagenautomation**				
481	Automationseinrichtungen [m2 BGF]	14,00	**24,00**	40,00	0,7%
482	Schaltschränke, Automationsschwerpunkte [m2 BGF]	7,20	**11,00**	16,00	0,2%
490	**Sonstige Maßnahmen für technische Anlagen**				
	Sonstige Kostengruppen Bauwerk - Technische Anlagen				
	413, 419, 429, 439, 441, 442, 451, 452, 474, 475, 483, 484, 485, 491, 492, 497, 498				1,1%

Betriebs- und Werkstätten, eingeschossig

Kosten:
Stand 1.Quartal 2021
Bundesdurchschnitt
inkl. 19% MwSt.

Kostengruppen		▷	€/Einheit	◁	KG an 300+400
310	**Baugrube / Erdbau**				
311	Herstellung [m³]	12,00	**17,00**	21,00	1,7%
320	**Gründung, Unterbau**				
321	Baugrundverbesserung [m²]	32,00	**46,00**	60,00	3,1%
322	Flachgründungen und Bodenplatten [m²]	111,00	**129,00**	148,00	7,4%
324	Gründungsbeläge [m²]	58,00	**65,00**	72,00	3,9%
325	Abdichtungen und Bekleidungen [m²]	21,00	**23,00**	25,00	1,7%
329	Sonstiges zur KG 320 [m²]	–	**5,50**	–	0,1%
330	**Außenwände/Vertikale Baukonstruktionen, außen**				
331	Tragende Außenwände [m²]	–	**55,00**	–	0,6%
333	Außenstützen [m]	–	**222,00**	–	0,1%
334	Außenwandöffnungen [m²]	621,00	**725,00**	830,00	7,7%
335	Außenwandbekleidungen, außen [m²]	–	**195,00**	–	0,9%
336	Außenwandbekleidungen, innen [m²]	–	**8,90**	–	0,0%
337	Elementierte Außenwandkonstruktionen [m²]	155,00	**169,00**	182,00	5,4%
338	Lichtschutz zur KG 330 [m²]	157,00	**248,00**	340,00	1,3%
339	Sonstiges zur KG 330 [m²]	3,60	**8,50**	13,00	0,5%
340	**Innenwände/Vertikale Baukonstruktionen, innen**				
341	Tragende Innenwände [m²]	–	**159,00**	–	1,2%
342	Nichttragende Innenwände [m²]	85,00	**111,00**	138,00	3,1%
343	Innenstützen [m]	–	**291,00**	–	0,3%
344	Innenwandöffnungen [m²]	431,00	**480,00**	529,00	2,5%
345	Innenwandbekleidungen [m²]	17,00	**18,00**	18,00	1,1%
346	Elementierte Innenwandkonstruktionen [m²]	–	**236,00**	–	0,6%
349	Sonstiges zur KG 340 [m²]	–	**15,00**	–	0,3%
350	**Decken/Horizontale Baukonstruktionen**				
351	Deckenkonstruktionen [m²]	–	**174,00**	–	1,9%
353	Deckenbeläge [m²]	–	**108,00**	–	1,1%
354	Deckenbekleidungen [m²]	–	**28,00**	–	0,2%
360	**Dächer**				
361	Dachkonstruktionen [m²]	68,00	**141,00**	213,00	8,9%
362	Dachöffnungen [m²]	432,00	**930,00**	1.429,00	2,4%
363	Dachbeläge [m²]	–	**125,00**	–	2,3%
364	Dachbekleidungen [m²]	55,00	**76,00**	98,00	1,3%
365	Elementierte Dachkonstruktionen [m²]	–	**89,00**	–	3,5%
369	Sonstiges zur KG 360 [m²]	–	**0,40**	–	0,0%
370	**Infrastrukturanlagen**				
380	**Baukonstruktive Einbauten**				
381	Allgemeine Einbauten [m² BGF]	–	**5,90**	–	0,2%
382	Besondere Einbauten [m² BGF]	–	**23,00**	–	0,7%

▷ von
ø Mittel
◁ bis

Kostengruppen		▷	€/Einheit	◁	KG an 300+400
390	**Sonstige Maßnahmen für Baukonstruktionen**				
391	Baustelleneinrichtung [m² BGF]	26,00	**41,00**	55,00	2,8%
392	Gerüste [m² BGF]	0,50	**3,40**	6,20	0,2%
397	Zusätzliche Maßnahmen [m² BGF]	–	**2,90**	–	0,1%
399	Sonstiges zur KG 390 [m² BGF]	–	**0,60**	–	0,0%
410	**Abwasser-, Wasser-, Gasanlagen**				
411	Abwasseranlagen [m² BGF]	7,70	**20,00**	33,00	1,3%
412	Wasseranlagen [m² BGF]	35,00	**47,00**	60,00	3,6%
420	**Wärmeversorgungsanlagen**				
421	Wärmeerzeugungsanlagen [m² BGF]	–	**10,00**	–	0,3%
422	Wärmeverteilnetze [m² BGF]	–	**49,00**	–	1,5%
423	Raumheizflächen [m² BGF]	–	**14,00**	–	0,4%
429	Sonstiges zur KG 420 [m² BGF]	–	**0,50**	–	0,0%
430	**Raumlufttechnische Anlagen**				
431	Lüftungsanlagen [m² BGF]	–	**137,00**	–	4,2%
434	Kälteanlagen [m² BGF]	–	**53,00**	–	1,6%
440	**Elektrische Anlagen**				
441	Hoch- und Mittelspannungsanlagen [m² BGF]	–	**23,00**	–	0,7%
442	Eigenstromversorgungsanlagen [m² BGF]	–	**1,60**	–	0,1%
443	Niederspannungsschaltanlagen [m² BGF]	–	**24,00**	–	0,7%
444	Niederspannungsinstallationsanlagen [m² BGF]	93,00	**96,00**	98,00	7,0%
445	Beleuchtungsanlagen [m² BGF]	–	**15,00**	–	0,5%
446	Blitzschutz- und Erdungsanlagen [m² BGF]	0,90	**1,80**	2,70	0,1%
450	**Kommunikations-, sicherheits- und informationstechnische Anlagen**				
451	Telekommunikationsanlagen [m² BGF]	–	**5,20**	–	0,2%
452	Such- und Signalanlagen [m² BGF]	–	**1,80**	–	0,1%
456	Gefahrenmelde- und Alarmanlagen [m² BGF]	–	**31,00**	–	0,9%
457	Datenübertragungsnetze [m² BGF]	–	**13,00**	–	0,4%
460	**Förderanlagen**				
461	Aufzugsanlagen [m² BGF]	–	**10,00**	–	0,3%
465	Krananlagen [m² BGF]	–	**9,60**	–	0,3%
470	**Nutzungsspezifische und verfahrenstechnische Anlagen**				
473	Medienversorgungsanlagen, Medizin- und labortechnische Anlagen [m² BGF]	–	**17,00**	–	0,5%
474	Feuerlöschanlagen [m² BGF]	–	**6,50**	–	0,2%
480	**Gebäude- und Anlagenautomation**				
481	Automationseinrichtungen [m² BGF]	–	**70,00**	–	2,1%
490	**Sonstige Maßnahmen für technische Anlagen**				

Betriebs- und Werkstätten, mehrgeschossig, geringer Hallenanteil

Kosten:
Stand 1.Quartal 2021
Bundesdurchschnitt
inkl. 19% MwSt.

Kostengruppen		▷	€/Einheit	◁	KG an 300+400
310	**Baugrube / Erdbau**				
311	Herstellung [m³]	29,00	**33,00**	41,00	2,2%
320	**Gründung, Unterbau**				
322	Flachgründungen und Bodenplatten [m²]	110,00	**147,00**	213,00	6,2%
324	Gründungsbeläge [m²]	75,00	**90,00**	119,00	3,5%
325	Abdichtungen und Bekleidungen [m²]	25,00	**37,00**	73,00	1,7%
326	Dränagen [m²]	1,70	**14,00**	21,00	0,3%
330	**Außenwände/Vertikale Baukonstruktionen, außen**				
331	Tragende Außenwände [m²]	144,00	**176,00**	285,00	8,3%
332	Nichttragende Außenwände [m²]	–	**295,00**	–	0,1%
333	Außenstützen [m]	160,00	**211,00**	301,00	0,3%
334	Außenwandöffnungen [m²]	385,00	**476,00**	655,00	7,6%
335	Außenwandbekleidungen, außen [m²]	107,00	**157,00**	190,00	7,3%
336	Außenwandbekleidungen, innen [m²]	16,00	**28,00**	42,00	0,9%
338	Lichtschutz zur KG 330 [m²]	159,00	**236,00**	345,00	1,9%
339	Sonstiges zur KG 330 [m²]	–	**4,40**	–	0,1%
340	**Innenwände/Vertikale Baukonstruktionen, innen**				
341	Tragende Innenwände [m²]	85,00	**120,00**	178,00	2,8%
342	Nichttragende Innenwände [m²]	78,00	**96,00**	106,00	1,3%
343	Innenstützen [m]	114,00	**213,00**	289,00	0,7%
344	Innenwandöffnungen [m²]	485,00	**612,00**	807,00	2,9%
345	Innenwandbekleidungen [m²]	25,00	**37,00**	55,00	1,7%
346	Elementierte Innenwandkonstruktionen [m²]	170,00	**263,00**	318,00	0,8%
350	**Decken/Horizontale Baukonstruktionen**				
351	Deckenkonstruktionen [m²]	116,00	**152,00**	206,00	5,3%
353	Deckenbeläge [m²]	70,00	**88,00**	114,00	2,7%
354	Deckenbekleidungen [m²]	21,00	**51,00**	100,00	1,4%
355	Elementierte Deckenkonstruktionen [m²]	1.222,00	**1.263,00**	1.305,00	0,3%
359	Sonstiges zur KG 350 [m²]	13,00	**30,00**	53,00	0,9%
360	**Dächer**				
361	Dachkonstruktionen [m²]	105,00	**145,00**	208,00	6,9%
362	Dachöffnungen [m²]	487,00	**799,00**	1.348,00	1,0%
363	Dachbeläge [m²]	72,00	**117,00**	147,00	5,4%
364	Dachbekleidungen [m²]	52,00	**75,00**	134,00	0,9%
369	Sonstiges zur KG 360 [m²]	11,00	**11,00**	12,00	0,3%
370	**Infrastrukturanlagen**				
380	**Baukonstruktive Einbauten**				
381	Allgemeine Einbauten [m² BGF]	7,00	**49,00**	133,00	1,9%
386	Orientierungs- und Informationssysteme [m² BGF]	–	**5,80**	–	0,1%

▷ von
ø Mittel
◁ bis

Kostengruppen		▷	€/Einheit	◁	KG an 300+400
390	**Sonstige Maßnahmen für Baukonstruktionen**				
391	Baustelleneinrichtung [m² BGF]	13,00	**25,00**	38,00	2,1%
392	Gerüste [m² BGF]	2,80	**6,50**	12,00	0,5%
397	Zusätzliche Maßnahmen [m² BGF]	5,10	**5,80**	7,20	0,3%
	Sonstige Kostengruppen Bauwerk - Baukonstruktion				
	313, 347, 393, 394, 398				0,1%
410	**Abwasser-, Wasser-, Gasanlagen**				
411	Abwasseranlagen [m² BGF]	1,90	**7,50**	13,00	0,7%
412	Wasseranlagen [m² BGF]	7,90	**18,00**	22,00	1,2%
419	Sonstiges zur KG 410 [m² BGF]	0,60	**1,90**	2,50	0,1%
420	**Wärmeversorgungsanlagen**				
421	Wärmeerzeugungsanlagen [m² BGF]	12,00	**31,00**	86,00	1,8%
422	Wärmeverteilnetze [m² BGF]	6,60	**9,60**	11,00	0,6%
423	Raumheizflächen [m² BGF]	16,00	**27,00**	42,00	1,7%
429	Sonstiges zur KG 420 [m² BGF]	1,20	**1,80**	3,10	0,1%
430	**Raumlufttechnische Anlagen**				
431	Lüftungsanlagen [m² BGF]	5,90	**36,00**	124,00	1,9%
432	Teilklimaanlagen [m² BGF]	2,10	**3,60**	5,10	0,1%
433	Klimaanlagen [m² BGF]	–	**207,00**	–	2,6%
440	**Elektrische Anlagen**				
443	Niederspannungsschaltanlagen [m² BGF]	2,80	**19,00**	35,00	0,8%
444	Niederspannungsinstallationsanlagen [m² BGF]	16,00	**36,00**	61,00	2,9%
445	Beleuchtungsanlagen [m² BGF]	13,00	**32,00**	51,00	1,9%
446	Blitzschutz- und Erdungsanlagen [m² BGF]	1,70	**5,40**	11,00	0,4%
450	**Kommunikations-, sicherheits- und informationstechnische Anlagen**				
452	Such- und Signalanlagen [m² BGF]	0,60	**1,40**	1,90	0,1%
456	Gefahrenmelde- und Alarmanlagen [m² BGF]	–	**18,00**	–	0,4%
457	Datenübertragungsnetze [m² BGF]	12,00	**13,00**	13,00	0,4%
460	**Förderanlagen**				
461	Aufzugsanlagen [m² BGF]	9,50	**14,00**	17,00	0,6%
470	**Nutzungsspezifische und verfahrenstechnische Anlagen**				
475	Prozesswärme-, kälte- und -luftanlagen [m² BGF]	–	**11,00**	–	0,1%
476	Weitere nutzungsspezifische Anlagen [m² BGF]	8,10	**24,00**	39,00	0,7%
480	**Gebäude- und Anlagenautomation**				
483	Automationsmanagement [m² BGF]	–	**28,00**	–	0,4%
490	**Sonstige Maßnahmen für technische Anlagen**				
	Sonstige Kostengruppen Bauwerk - Technische Anlagen				
	442, 451, 455, 474, 491				0,1%

Betriebs- und Werkstätten, mehrgeschossig, hoher Hallenanteil

Kosten:
Stand 1.Quartal 2021
Bundesdurchschnitt
inkl. 19% MwSt.

Kostengruppen		▷	€/Einheit	◁	KG an 300+400
310	**Baugrube / Erdbau**				
311	Herstellung [m³]	23,00	**38,00**	60,00	2,1%
313	Wasserhaltung [m³]	2,80	**9,10**	15,00	0,2%
320	**Gründung, Unterbau**				
321	Baugrundverbesserung [m²]	13,00	**26,00**	45,00	1,7%
322	Flachgründungen und Bodenplatten [m²]	139,00	**178,00**	251,00	10,3%
324	Gründungsbeläge [m²]	56,00	**88,00**	127,00	3,2%
325	Abdichtungen und Bekleidungen [m²]	10,00	**22,00**	46,00	1,2%
326	Dränagen [m²]	0,70	**3,20**	6,20	0,2%
330	**Außenwände/Vertikale Baukonstruktionen, außen**				
331	Tragende Außenwände [m²]	102,00	**160,00**	247,00	5,3%
333	Außenstützen [m]	126,00	**233,00**	496,00	1,4%
334	Außenwandöffnungen [m²]	447,00	**560,00**	862,00	6,8%
335	Außenwandbekleidungen, außen [m²]	88,00	**144,00**	430,00	4,2%
336	Außenwandbekleidungen, innen [m²]	25,00	**46,00**	65,00	1,4%
337	Elementierte Außenwandkonstruktionen [m²]	117,00	**128,00**	144,00	2,0%
338	Lichtschutz zur KG 330 [m²]	171,00	**302,00**	394,00	1,1%
340	**Innenwände/Vertikale Baukonstruktionen, innen**				
341	Tragende Innenwände [m²]	62,00	**104,00**	169,00	2,3%
342	Nichttragende Innenwände [m²]	76,00	**94,00**	107,00	0,8%
343	Innenstützen [m]	151,00	**266,00**	558,00	0,8%
344	Innenwandöffnungen [m²]	255,00	**422,00**	616,00	1,3%
345	Innenwandbekleidungen [m²]	35,00	**47,00**	64,00	2,7%
350	**Decken/Horizontale Baukonstruktionen**				
351	Deckenkonstruktionen [m²]	95,00	**140,00**	307,00	2,0%
353	Deckenbeläge [m²]	59,00	**91,00**	120,00	1,1%
354	Deckenbekleidungen [m²]	31,00	**68,00**	92,00	0,6%
355	Elementierte Deckenkonstruktionen [m²]	1.305,00	**1.396,00**	1.488,00	0,7%
359	Sonstiges zur KG 350 [m²]	24,00	**56,00**	120,00	0,2%
360	**Dächer**				
361	Dachkonstruktionen [m²]	90,00	**114,00**	153,00	9,0%
362	Dachöffnungen [m²]	301,00	**490,00**	856,00	1,3%
363	Dachbeläge [m²]	69,00	**108,00**	139,00	8,3%
364	Dachbekleidungen [m²]	40,00	**57,00**	84,00	1,2%
369	Sonstiges zur KG 360 [m²]	1,40	**3,70**	7,50	0,2%
370	**Infrastrukturanlagen**				
380	**Baukonstruktive Einbauten**				
390	**Sonstige Maßnahmen für Baukonstruktionen**				
391	Baustelleneinrichtung [m² BGF]	5,30	**18,00**	32,00	1,1%
392	Gerüste [m² BGF]	8,60	**12,00**	15,00	1,1%
397	Zusätzliche Maßnahmen [m² BGF]	1,00	**2,70**	5,70	0,1%
399	Sonstiges zur KG 390 [m² BGF]	6,00	**7,90**	9,80	0,2%

▷ von
ø Mittel
◁ bis

Kostengruppen		▷	€/Einheit	◁	KG an 300+400
	Sonstige Kostengruppen Bauwerk - Baukonstruktion				
	332, 339, 346, 349, 366, 381, 382, 386, 394, 395, 396				0,4%
410	**Abwasser-, Wasser-, Gasanlagen**				
411	Abwasseranlagen [m² BGF]	7,80	**22,00**	38,00	1,7%
412	Wasseranlagen [m² BGF]	17,00	**30,00**	57,00	2,0%
420	**Wärmeversorgungsanlagen**				
421	Wärmeerzeugungsanlagen [m² BGF]	9,60	**33,00**	53,00	2,7%
422	Wärmeverteilnetze [m² BGF]	10,00	**33,00**	71,00	1,7%
423	Raumheizflächen [m² BGF]	16,00	**24,00**	31,00	2,1%
429	Sonstiges zur KG 420 [m² BGF]	1,30	**5,70**	8,60	0,2%
430	**Raumlufttechnische Anlagen**				
431	Lüftungsanlagen [m² BGF]	2,10	**31,00**	61,00	1,3%
440	**Elektrische Anlagen**				
443	Niederspannungsschaltanlagen [m² BGF]	9,50	**18,00**	29,00	0,8%
444	Niederspannungsinstallationsanlagen [m² BGF]	28,00	**61,00**	93,00	5,1%
445	Beleuchtungsanlagen [m² BGF]	8,30	**24,00**	41,00	1,8%
446	Blitzschutz- und Erdungsanlagen [m² BGF]	1,80	**3,80**	7,40	0,3%
450	**Kommunikations-, sicherheits- und informationstechnische Anlagen**				
451	Telekommunikationsanlagen [m² BGF]	1,10	**2,90**	7,30	0,1%
456	Gefahrenmelde- und Alarmanlagen [m² BGF]	–	**20,00**	–	0,3%
457	Datenübertragungsnetze [m² BGF]	3,80	**7,00**	10,00	0,3%
460	**Förderanlagen**				
465	Krananlagen [m² BGF]	8,50	**42,00**	64,00	1,8%
470	**Nutzungsspezifische und verfahrenstechnische Anlagen**				
473	Medienversorgungsanlagen, Medizin- und labortechnische Anlagen [m² BGF]	3,10	**9,60**	22,00	0,4%
474	Feuerlöschanlagen [m² BGF]	–	**13,00**	–	0,2%
480	**Gebäude- und Anlagenautomation**				
481	Automationseinrichtungen [m² BGF]	–	**20,00**	–	0,3%
490	**Sonstige Maßnahmen für technische Anlagen**				
	Sonstige Kostengruppen Bauwerk - Technische Anlagen				
	413, 419, 433, 442, 452, 454, 455, 461, 472, 476, 482, 491, 497				0,5%

Geschäftshäuser, mit Wohnungen

Kosten:
Stand 1.Quartal 2021
Bundesdurchschnitt
inkl. 19% MwSt.

Kostengruppen		▷	€/Einheit	◁	KG an 300+400
310	**Baugrube / Erdbau**				
311	Herstellung [m³]	15,00	**20,00**	25,00	1,7%
312	Umschließung [m²]	–	**619,00**	–	3,0%
320	**Gründung, Unterbau**				
321	Baugrundverbesserung [m²]	–	**7,50**	–	0,1%
322	Flachgründungen und Bodenplatten [m²]	158,00	**261,00**	467,00	3,5%
324	Gründungsbeläge [m²]	82,00	**88,00**	94,00	1,1%
325	Abdichtungen und Bekleidungen [m²]	14,00	**19,00**	21,00	0,3%
326	Dränagen [m²]	–	**4,70**	–	0,0%
330	**Außenwände/Vertikale Baukonstruktionen, außen**				
331	Tragende Außenwände [m²]	127,00	**173,00**	248,00	5,6%
333	Außenstützen [m]	130,00	**152,00**	190,00	0,1%
334	Außenwandöffnungen [m²]	607,00	**873,00**	1.041,00	11,6%
335	Außenwandbekleidungen, außen [m²]	138,00	**161,00**	172,00	5,1%
336	Außenwandbekleidungen, innen [m²]	46,00	**47,00**	48,00	1,7%
338	Lichtschutz zur KG 330 [m²]	125,00	**175,00**	224,00	0,8%
339	Sonstiges zur KG 330 [m²]	1,40	**28,00**	55,00	0,7%
340	**Innenwände/Vertikale Baukonstruktionen, innen**				
341	Tragende Innenwände [m²]	109,00	**172,00**	292,00	2,8%
342	Nichttragende Innenwände [m²]	68,00	**91,00**	104,00	2,6%
343	Innenstützen [m]	145,00	**223,00**	378,00	1,0%
344	Innenwandöffnungen [m²]	536,00	**572,00**	624,00	3,0%
345	Innenwandbekleidungen [m²]	26,00	**31,00**	41,00	2,3%
346	Elementierte Innenwandkonstruktionen [m²]	–	**563,00**	–	0,2%
349	Sonstiges zur KG 340 [m²]	–	**28,00**	–	0,3%
350	**Decken/Horizontale Baukonstruktionen**				
351	Deckenkonstruktionen [m²]	173,00	**197,00**	213,00	12,1%
353	Deckenbeläge [m²]	90,00	**118,00**	163,00	5,4%
354	Deckenbekleidungen [m²]	48,00	**55,00**	69,00	2,3%
355	Elementierte Deckenkonstruktionen [m²]	657,00	**1.410,00**	2.162,00	0,1%
359	Sonstiges zur KG 350 [m²]	14,00	**17,00**	19,00	1,1%
360	**Dächer**				
361	Dachkonstruktionen [m²]	91,00	**128,00**	147,00	2,8%
362	Dachöffnungen [m²]	545,00	**877,00**	1.208,00	0,5%
363	Dachbeläge [m²]	89,00	**143,00**	179,00	2,9%
364	Dachbekleidungen [m²]	17,00	**33,00**	61,00	0,6%
369	Sonstiges zur KG 360 [m²]	8,50	**12,00**	20,00	0,2%
370	**Infrastrukturanlagen**				
380	**Baukonstruktive Einbauten**				
381	Allgemeine Einbauten [m² BGF]	–	**4,90**	–	0,1%
382	Besondere Einbauten [m² BGF]	–	**0,30**	–	0,0%

▷ von
ø Mittel
◁ bis

Kostengruppen		▷	€/Einheit	◁	KG an 300+400
390	**Sonstige Maßnahmen für Baukonstruktionen**				
391	Baustelleneinrichtung [m² BGF]	13,00	**22,00**	38,00	1,6%
392	Gerüste [m² BGF]	8,00	**9,30**	10,00	0,7%
396	Materialentsorgung [m² BGF]	–	**0,90**	–	0,0%
397	Zusätzliche Maßnahmen [m² BGF]	–	**1,00**	–	0,0%
410	**Abwasser-, Wasser-, Gasanlagen**				
411	Abwasseranlagen [m² BGF]	15,00	**16,00**	18,00	1,3%
412	Wasseranlagen [m² BGF]	11,00	**20,00**	26,00	1,7%
419	Sonstiges zur KG 410 [m² BGF]	–	**1,70**	–	0,1%
420	**Wärmeversorgungsanlagen**				
421	Wärmeerzeugungsanlagen [m² BGF]	13,00	**23,00**	30,00	1,8%
422	Wärmeverteilnetze [m² BGF]	13,00	**15,00**	16,00	1,2%
423	Raumheizflächen [m² BGF]	3,90	**13,00**	18,00	1,0%
429	Sonstiges zur KG 420 [m² BGF]	–	**1,20**	–	0,0%
430	**Raumlufttechnische Anlagen**				
431	Lüftungsanlagen [m² BGF]	2,30	**8,20**	20,00	0,6%
432	Teilklimaanlagen [m² BGF]	–	**59,00**	–	1,4%
434	Kälteanlagen [m² BGF]	–	**24,00**	–	0,6%
440	**Elektrische Anlagen**				
442	Eigenstromversorgungsanlagen [m² BGF]	–	**17,00**	–	0,4%
443	Niederspannungsschaltanlagen [m² BGF]	–	**1,40**	–	0,0%
444	Niederspannungsinstallationsanlagen [m² BGF]	26,00	**56,00**	73,00	4,5%
445	Beleuchtungsanlagen [m² BGF]	15,00	**24,00**	38,00	1,9%
446	Blitzschutz- und Erdungsanlagen [m² BGF]	0,60	**1,50**	2,00	0,1%
450	**Kommunikations-, sicherheits- und informationstechnische Anlagen**				
451	Telekommunikationsanlagen [m² BGF]	0,90	**1,40**	2,00	0,1%
452	Such- und Signalanlagen [m² BGF]	0,30	**4,30**	8,30	0,2%
455	Audiovisuelle Medien- und Antennenanlagen [m² BGF]	0,20	**0,70**	1,20	0,0%
456	Gefahrenmelde- und Alarmanlagen [m² BGF]	–	**8,80**	–	0,2%
457	Datenübertragungsnetze [m² BGF]	–	**12,00**	–	0,3%
460	**Förderanlagen**				
461	Aufzugsanlagen [m² BGF]	26,00	**29,00**	31,00	1,5%
462	Fahrtreppen, Fahrsteige [m² BGF]	–	**60,00**	–	1,4%
469	Sonstiges zur KG 460 [m² BGF]	15,00	**16,00**	16,00	0,8%
470	**Nutzungsspezifische und verfahrenstechnische Anlagen**				
474	Feuerlöschanlagen [m² BGF]	0,70	**23,00**	46,00	1,1%
480	**Gebäude- und Anlagenautomation**				
490	**Sonstige Maßnahmen für technische Anlagen**				

Geschäftshäuser, ohne Wohnungen

Kosten:
Stand 1.Quartal 2021
Bundesdurchschnitt
inkl. 19% MwSt.

Kostengruppen		▷	€/Einheit	◁	KG an 300+400
310	**Baugrube / Erdbau**				
311	Herstellung [m³]	30,00	**37,00**	44,00	3,1%
320	**Gründung, Unterbau**				
322	Flachgründungen und Bodenplatten [m²]	89,00	**156,00**	223,00	3,0%
324	Gründungsbeläge [m²]	74,00	**76,00**	78,00	1,3%
325	Abdichtungen und Bekleidungen [m²]	26,00	**34,00**	41,00	0,9%
326	Dränagen [m²]	–	**20,00**	–	0,2%
330	**Außenwände/Vertikale Baukonstruktionen, außen**				
331	Tragende Außenwände [m²]	139,00	**143,00**	147,00	9,3%
333	Außenstützen [m]	–	**344,00**	–	0,3%
334	Außenwandöffnungen [m²]	626,00	**776,00**	926,00	9,5%
335	Außenwandbekleidungen, außen [m²]	69,00	**85,00**	102,00	5,3%
336	Außenwandbekleidungen, innen [m²]	29,00	**30,00**	30,00	1,6%
338	Lichtschutz zur KG 330 [m²]	–	**568,00**	–	1,2%
339	Sonstiges zur KG 330 [m²]	1,20	**5,50**	9,80	0,4%
340	**Innenwände/Vertikale Baukonstruktionen, innen**				
341	Tragende Innenwände [m²]	95,00	**139,00**	183,00	1,5%
342	Nichttragende Innenwände [m²]	67,00	**75,00**	82,00	2,5%
343	Innenstützen [m]	199,00	**228,00**	256,00	0,5%
344	Innenwandöffnungen [m²]	569,00	**584,00**	599,00	3,3%
345	Innenwandbekleidungen [m²]	42,00	**46,00**	50,00	3,6%
346	Elementierte Innenwandkonstruktionen [m²]	62,00	**404,00**	745,00	2,7%
349	Sonstiges zur KG 340 [m²]	–	**29,00**	–	0,9%
350	**Decken/Horizontale Baukonstruktionen**				
351	Deckenkonstruktionen [m²]	131,00	**143,00**	155,00	9,4%
353	Deckenbeläge [m²]	130,00	**143,00**	156,00	7,8%
354	Deckenbekleidungen [m²]	26,00	**32,00**	38,00	1,7%
359	Sonstiges zur KG 350 [m²]	–	**43,00**	–	1,3%
360	**Dächer**				
361	Dachkonstruktionen [m²]	64,00	**97,00**	130,00	2,2%
362	Dachöffnungen [m²]	–	**1.588,00**	–	0,1%
363	Dachbeläge [m²]	162,00	**186,00**	211,00	4,5%
364	Dachbekleidungen [m²]	29,00	**37,00**	45,00	0,5%
369	Sonstiges zur KG 360 [m²]	4,50	**4,90**	5,20	0,1%
370	**Infrastrukturanlagen**				
380	**Baukonstruktive Einbauten**				
381	Allgemeine Einbauten [m² BGF]	–	**1,40**	–	0,1%
382	Besondere Einbauten [m² BGF]	–	**1,30**	–	0,1%
390	**Sonstige Maßnahmen für Baukonstruktionen**				
391	Baustelleneinrichtung [m² BGF]	5,40	**6,70**	8,10	0,6%
392	Gerüste [m² BGF]	9,90	**11,00**	12,00	0,9%
397	Zusätzliche Maßnahmen [m² BGF]	2,80	**4,00**	5,30	0,4%

▷ von
ø Mittel
◁ bis

Kostengruppen		▷	€/Einheit	◁	KG an 300+400
410	**Abwasser-, Wasser-, Gasanlagen**				
411	Abwasseranlagen [m² BGF]	15,00	**25,00**	35,00	2,0%
412	Wasseranlagen [m² BGF]	30,00	**35,00**	40,00	2,9%
419	Sonstiges zur KG 410 [m² BGF]	0,90	**1,80**	2,80	0,2%
420	**Wärmeversorgungsanlagen**				
421	Wärmeerzeugungsanlagen [m² BGF]	7,70	**12,00**	17,00	1,0%
422	Wärmeverteilnetze [m² BGF]	22,00	**27,00**	32,00	2,3%
423	Raumheizflächen [m² BGF]	21,00	**27,00**	33,00	2,2%
429	Sonstiges zur KG 420 [m² BGF]	3,40	**7,30**	11,00	0,7%
430	**Raumlufttechnische Anlagen**				
431	Lüftungsanlagen [m² BGF]	2,60	**3,00**	3,40	0,3%
434	Kälteanlagen [m² BGF]	–	**0,30**	–	0,0%
440	**Elektrische Anlagen**				
444	Niederspannungsinstallationsanlagen [m² BGF]	38,00	**43,00**	48,00	3,7%
445	Beleuchtungsanlagen [m² BGF]	3,40	**3,60**	3,70	0,3%
446	Blitzschutz- und Erdungsanlagen [m² BGF]	1,70	**2,60**	3,50	0,2%
450	**Kommunikations-, sicherheits- und informationstechnische Anlagen**				
451	Telekommunikationsanlagen [m² BGF]	1,10	**1,40**	1,80	0,1%
452	Such- und Signalanlagen [m² BGF]	1,80	**1,90**	2,00	0,2%
455	Audiovisuelle Medien- und Antennenanlagen [m² BGF]	–	**1,70**	–	0,1%
456	Gefahrenmelde- und Alarmanlagen [m² BGF]	–	**9,20**	–	0,4%
460	**Förderanlagen**				
461	Aufzugsanlagen [m² BGF]	–	**72,00**	–	2,8%
470	**Nutzungsspezifische und verfahrenstechnische Anlagen**				
480	**Gebäude- und Anlagenautomation**				
490	**Sonstige Maßnahmen für technische Anlagen**				

Kostengruppen		▷	€/Einheit	◁	KG an 300+400
310	**Baugrube / Erdbau**				
311	Herstellung [m3]	27,00	**37,00**	47,00	0,7%
320	**Gründung, Unterbau**				
321	Baugrundverbesserung [m2]	–	**18,00**	–	0,7%
322	Flachgründungen und Bodenplatten [m2]	94,00	**111,00**	127,00	8,5%
324	Gründungsbeläge [m2]	105,00	**158,00**	212,00	7,1%
325	Abdichtungen und Bekleidungen [m2]	20,00	**27,00**	35,00	2,1%
330	**Außenwände/Vertikale Baukonstruktionen, außen**				
331	Tragende Außenwände [m2]	142,00	**174,00**	206,00	6,8%
334	Außenwandöffnungen [m2]	1.057,00	**1.225,00**	1.393,00	5,3%
335	Außenwandbekleidungen, außen [m2]	109,00	**179,00**	249,00	6,8%
336	Außenwandbekleidungen, innen [m2]	20,00	**41,00**	62,00	0,6%
338	Lichtschutz zur KG 330 [m2]	–	**85,00**	–	0,0%
339	Sonstiges zur KG 330 [m2]	13,00	**13,00**	13,00	0,6%
340	**Innenwände/Vertikale Baukonstruktionen, innen**				
341	Tragende Innenwände [m2]	93,00	**107,00**	121,00	2,1%
342	Nichttragende Innenwände [m2]	72,00	**76,00**	81,00	1,1%
343	Innenstützen [m]	102,00	**157,00**	213,00	0,2%
344	Innenwandöffnungen [m2]	645,00	**681,00**	716,00	3,9%
345	Innenwandbekleidungen [m2]	29,00	**43,00**	57,00	2,8%
346	Elementierte Innenwandkonstruktionen [m2]	257,00	**283,00**	309,00	0,3%
349	Sonstiges zur KG 340 [m2]	8,90	**9,20**	9,50	0,4%
350	**Decken/Horizontale Baukonstruktionen**				
360	**Dächer**				
361	Dachkonstruktionen [m2]	93,00	**98,00**	103,00	9,1%
362	Dachöffnungen [m2]	–	**–**	–	0,1%
363	Dachbeläge [m2]	74,00	**79,00**	84,00	7,3%
364	Dachbekleidungen [m2]	34,00	**36,00**	39,00	2,5%
369	Sonstiges zur KG 360 [m2]	2,60	**3,20**	3,70	0,3%
370	**Infrastrukturanlagen**				
380	**Baukonstruktive Einbauten**				
381	Allgemeine Einbauten [m2 BGF]	–	**1,10**	–	0,0%
390	**Sonstige Maßnahmen für Baukonstruktionen**				
391	Baustelleneinrichtung [m2 BGF]	5,00	**7,50**	10,00	0,6%
392	Gerüste [m2 BGF]	7,70	**13,00**	18,00	1,0%
397	Zusätzliche Maßnahmen [m2 BGF]	–	**0,80**	–	0,0%
399	Sonstiges zur KG 390 [m2 BGF]	–	**1,80**	–	0,1%

Kosten:
Stand 1.Quartal 2021
Bundesdurchschnitt
inkl. 19% MwSt.

▷ von
ø Mittel
◁ bis

Kostengruppen		▷	€/Einheit	◁	KG an 300+400
410	**Abwasser-, Wasser-, Gasanlagen**				
411	Abwasseranlagen [m2 BGF]	15,00	**19,00**	24,00	1,5%
412	Wasseranlagen [m2 BGF]	24,00	**34,00**	44,00	2,7%
419	Sonstiges zur KG 410 [m2 BGF]	–	**1,80**	–	0,1%
420	**Wärmeversorgungsanlagen**				
421	Wärmeerzeugungsanlagen [m2 BGF]	–	**22,00**	–	0,8%
422	Wärmeverteilnetze [m2 BGF]	–	**80,00**	–	3,0%
423	Raumheizflächen [m2 BGF]	–	**26,00**	–	1,0%
429	Sonstiges zur KG 420 [m2 BGF]	–	**4,90**	–	0,2%
430	**Raumlufttechnische Anlagen**				
431	Lüftungsanlagen [m2 BGF]	–	**76,00**	–	2,8%
440	**Elektrische Anlagen**				
443	Niederspannungsschaltanlagen [m2 BGF]	–	**3,60**	–	0,1%
444	Niederspannungsinstallationsanlagen [m2 BGF]	83,00	**85,00**	87,00	6,8%
445	Beleuchtungsanlagen [m2 BGF]	8,20	**18,00**	27,00	1,4%
446	Blitzschutz- und Erdungsanlagen [m2 BGF]	3,00	**4,50**	5,90	0,4%
450	**Kommunikations-, sicherheits- und informationstechnische Anlagen**				
451	Telekommunikationsanlagen [m2 BGF]	–	**0,70**	–	0,0%
452	Such- und Signalanlagen [m2 BGF]	–	**1,70**	–	0,1%
454	Elektroakustische Anlagen [m2 BGF]	–	**1,20**	–	0,0%
456	Gefahrenmelde- und Alarmanlagen [m2 BGF]	–	**6,30**	–	0,2%
457	Datenübertragungsnetze [m2 BGF]	–	**0,40**	–	0,0%
460	**Förderanlagen**				
470	**Nutzungsspezifische und verfahrenstechnische Anlagen**				
475	Prozesswärme-, kälte- und -luftanlagen [m2 BGF]	–	**49,00**	–	1,8%
480	**Gebäude- und Anlagenautomation**				
490	**Sonstige Maßnahmen für technische Anlagen**				

Kostengruppen		▷	€/Einheit	◁	KG an 300+400
310	**Baugrube / Erdbau**				
311	Herstellung [m³]	9,00	**14,00**	18,00	5,3%
312	Umschließung [m²]	–	**904,00**	–	17,2%
320	**Gründung, Unterbau**				
321	Baugrundverbesserung [m²]	–	**68,00**	–	1,9%
322	Flachgründungen und Bodenplatten [m²]	154,00	**191,00**	227,00	8,4%
324	Gründungsbeläge [m²]	38,00	**68,00**	99,00	3,1%
325	Abdichtungen und Bekleidungen [m²]	36,00	**41,00**	45,00	2,1%
326	Dränagen [m²]	3,50	**7,00**	11,00	0,3%
330	**Außenwände/Vertikale Baukonstruktionen, außen**				
331	Tragende Außenwände [m²]	88,00	**162,00**	237,00	4,4%
332	Nichttragende Außenwände [m²]	–	**162,00**	–	0,3%
333	Außenstützen [m]	–	**144,00**	–	0,2%
334	Außenwandöffnungen [m²]	504,00	**589,00**	673,00	9,3%
335	Außenwandbekleidungen, außen [m²]	114,00	**157,00**	200,00	2,8%
336	Außenwandbekleidungen, innen [m²]	63,00	**69,00**	74,00	0,8%
337	Elementierte Außenwandkonstruktionen [m²]	–	**117,00**	–	2,5%
338	Lichtschutz zur KG 330 [m²]	–	**1.136,00**	–	0,2%
339	Sonstiges zur KG 330 [m²]	–	**1,00**	–	0,0%
340	**Innenwände/Vertikale Baukonstruktionen, innen**				
341	Tragende Innenwände [m²]	155,00	**177,00**	199,00	3,1%
342	Nichttragende Innenwände [m²]	77,00	**91,00**	104,00	1,3%
343	Innenstützen [m]	106,00	**224,00**	341,00	0,7%
344	Innenwandöffnungen [m²]	507,00	**530,00**	552,00	3,0%
345	Innenwandbekleidungen [m²]	18,00	**22,00**	27,00	1,4%
346	Elementierte Innenwandkonstruktionen [m²]	152,00	**285,00**	418,00	0,2%
350	**Decken/Horizontale Baukonstruktionen**				
351	Deckenkonstruktionen [m²]	98,00	**148,00**	199,00	2,0%
353	Deckenbeläge [m²]	64,00	**99,00**	134,00	1,3%
354	Deckenbekleidungen [m²]	66,00	**82,00**	99,00	0,3%
359	Sonstiges zur KG 350 [m²]	45,00	**61,00**	77,00	0,9%
360	**Dächer**				
361	Dachkonstruktionen [m²]	82,00	**103,00**	124,00	5,3%
362	Dachöffnungen [m²]	1.345,00	**1.640,00**	1.935,00	0,9%
363	Dachbeläge [m²]	114,00	**127,00**	141,00	6,1%
364	Dachbekleidungen [m²]	–	**13,00**	–	0,4%
370	**Infrastrukturanlagen**				
380	**Baukonstruktive Einbauten**				
386	Orientierungs- und Informationssysteme [m² BGF]	–	**3,50**	–	0,1%
390	**Sonstige Maßnahmen für Baukonstruktionen**				
391	Baustelleneinrichtung [m² BGF]	10,00	**15,00**	20,00	0,9%
392	Gerüste [m² BGF]	11,00	**13,00**	15,00	0,8%
397	Zusätzliche Maßnahmen [m² BGF]	–	**6,80**	–	0,2%

Kosten:
Stand 1.Quartal 2021
Bundesdurchschnitt
inkl. 19% MwSt.

▷ von
ø Mittel
◁ bis

Kostengruppen		▷	€/Einheit	◁	KG an 300+400
410	**Abwasser-, Wasser-, Gasanlagen**				
411	Abwasseranlagen [m² BGF]	5,50	**23,00**	41,00	1,5%
412	Wasseranlagen [m² BGF]	6,50	**15,00**	24,00	1,0%
419	Sonstiges zur KG 410 [m² BGF]	–	**2,40**	–	0,1%
420	**Wärmeversorgungsanlagen**				
421	Wärmeerzeugungsanlagen [m² BGF]	8,70	**13,00**	17,00	0,8%
422	Wärmeverteilnetze [m² BGF]	8,80	**20,00**	32,00	1,3%
423	Raumheizflächen [m² BGF]	9,50	**15,00**	20,00	1,0%
429	Sonstiges zur KG 420 [m² BGF]	1,50	**1,60**	1,60	0,1%
430	**Raumlufttechnische Anlagen**				
431	Lüftungsanlagen [m² BGF]	0,60	**2,40**	4,10	0,2%
440	**Elektrische Anlagen**				
444	Niederspannungsinstallationsanlagen [m² BGF]	23,00	**64,00**	104,00	4,1%
445	Beleuchtungsanlagen [m² BGF]	18,00	**23,00**	29,00	1,5%
446	Blitzschutz- und Erdungsanlagen [m² BGF]	1,00	**1,20**	1,50	0,1%
450	**Kommunikations-, sicherheits- und informationstechnische Anlagen**				
451	Telekommunikationsanlagen [m² BGF]	–	**6,70**	–	0,2%
457	Datenübertragungsnetze [m² BGF]	–	**13,00**	–	0,4%
460	**Förderanlagen**				
470	**Nutzungsspezifische und verfahrenstechnische Anlagen**				
476	Weitere nutzungsspezifische Anlagen [m² BGF]	–	**6,80**	–	0,2%
480	**Gebäude- und Anlagenautomation**				
490	**Sonstige Maßnahmen für technische Anlagen**				

Lagergebäude, ohne Mischnutzung

Kosten:
Stand 1.Quartal 2021
Bundesdurchschnitt
inkl. 19% MwSt.

Kostengruppen		▷	€/Einheit	◁	KG an 300+400
310	**Baugrube / Erdbau**				
311	Herstellung [m³]	15,00	**32,00**	53,00	2,8%
320	**Gründung, Unterbau**				
321	Baugrundverbesserung [m²]	39,00	**123,00**	375,00	1,5%
322	Flachgründungen und Bodenplatten [m²]	79,00	**121,00**	148,00	13,4%
323	Tiefgründungen [m²]	–	**80,00**	–	1,2%
324	Gründungsbeläge [m²]	35,00	**53,00**	103,00	1,5%
325	Abdichtungen und Bekleidungen [m²]	13,00	**24,00**	34,00	2,8%
330	**Außenwände/Vertikale Baukonstruktionen, außen**				
331	Tragende Außenwände [m²]	75,00	**130,00**	312,00	5,9%
332	Nichttragende Außenwände [m²]	–	**106,00**	–	0,6%
333	Außenstützen [m]	91,00	**213,00**	311,00	2,5%
334	Außenwandöffnungen [m²]	274,00	**424,00**	595,00	7,3%
335	Außenwandbekleidungen, außen [m²]	59,00	**101,00**	127,00	8,5%
336	Außenwandbekleidungen, innen [m²]	7,30	**26,00**	39,00	0,5%
337	Elementierte Außenwandkonstruktionen [m²]	86,00	**140,00**	195,00	4,0%
339	Sonstiges zur KG 330 [m²]	2,50	**3,80**	5,00	0,2%
340	**Innenwände/Vertikale Baukonstruktionen, innen**				
341	Tragende Innenwände [m²]	67,00	**82,00**	106,00	0,9%
342	Nichttragende Innenwände [m²]	52,00	**83,00**	114,00	0,1%
343	Innenstützen [m]	190,00	**270,00**	362,00	1,3%
344	Innenwandöffnungen [m²]	533,00	**691,00**	954,00	1,2%
345	Innenwandbekleidungen [m²]	32,00	**37,00**	40,00	0,5%
346	Elementierte Innenwandkonstruktionen [m²]	168,00	**209,00**	276,00	1,2%
350	**Decken/Horizontale Baukonstruktionen**				
351	Deckenkonstruktionen [m²]	65,00	**117,00**	236,00	1,0%
353	Deckenbeläge [m²]	36,00	**51,00**	70,00	0,1%
355	Elementierte Deckenkonstruktionen [m²]	–	**733,00**	–	0,1%
359	Sonstiges zur KG 350 [m²]	27,00	**63,00**	134,00	0,2%
360	**Dächer**				
361	Dachkonstruktionen [m²]	48,00	**92,00**	147,00	9,9%
362	Dachöffnungen [m²]	371,00	**519,00**	812,00	1,2%
363	Dachbeläge [m²]	53,00	**86,00**	121,00	10,4%
364	Dachbekleidungen [m²]	8,10	**22,00**	50,00	1,2%
370	**Infrastrukturanlagen**				
380	**Baukonstruktive Einbauten**				
390	**Sonstige Maßnahmen für Baukonstruktionen**				
391	Baustelleneinrichtung [m² BGF]	9,60	**21,00**	31,00	2,2%
392	Gerüste [m² BGF]	9,30	**14,00**	19,00	1,6%
	Sonstige Kostengruppen Bauwerk - Baukonstruktion				
	326, 338, 354, 369, 386, 394, 395, 397, 398, 399				0,4%

▷ von
ø Mittel
◁ bis

Kostengruppen		▷	€/Einheit	◁	KG an 300+400
410	**Abwasser-, Wasser-, Gasanlagen**				
411	Abwasseranlagen [m² BGF]	2,50	**8,10**	9,90	0,7%
412	Wasseranlagen [m² BGF]	4,60	**9,30**	19,00	0,4%
420	**Wärmeversorgungsanlagen**				
421	Wärmeerzeugungsanlagen [m² BGF]	4,40	**14,00**	26,00	0,8%
422	Wärmeverteilnetze [m² BGF]	11,00	**22,00**	50,00	1,3%
423	Raumheizflächen [m² BGF]	8,10	**17,00**	29,00	1,1%
429	Sonstiges zur KG 420 [m² BGF]	0,60	**2,70**	4,20	0,2%
430	**Raumlufttechnische Anlagen**				
431	Lüftungsanlagen [m² BGF]	2,80	**54,00**	104,00	1,2%
434	Kälteanlagen [m² BGF]	–	**26,00**	–	0,3%
440	**Elektrische Anlagen**				
443	Niederspannungsschaltanlagen [m² BGF]	–	**13,00**	–	0,1%
444	Niederspannungsinstallationsanlagen [m² BGF]	20,00	**38,00**	98,00	3,0%
445	Beleuchtungsanlagen [m² BGF]	8,10	**14,00**	28,00	0,9%
446	Blitzschutz- und Erdungsanlagen [m² BGF]	1,40	**2,30**	5,60	0,3%
450	**Kommunikations-, sicherheits- und informationstechnische Anlagen**				
456	Gefahrenmelde- und Alarmanlagen [m² BGF]	12,00	**24,00**	49,00	0,9%
460	**Förderanlagen**				
470	**Nutzungsspezifische und verfahrenstechnische Anlagen**				
473	Medienversorgungsanlagen, Medizin- und labortechnische Anlagen [m² BGF]	–	**11,00**	–	0,1%
474	Feuerlöschanlagen [m² BGF]	0,50	**7,50**	14,00	0,2%
475	Prozesswärme-, kälte- und -luftanlagen [m² BGF]	–	**123,00**	–	1,3%
480	**Gebäude- und Anlagenautomation**				
481	Automationseinrichtungen [m² BGF]	–	**28,00**	–	0,3%
482	Schaltschränke, Automationsschwerpunkte [m² BGF]	–	**14,00**	–	0,1%
490	**Sonstige Maßnahmen für technische Anlagen**				
	Sonstige Kostengruppen Bauwerk - Technische Anlagen				
	442, 452, 453, 457, 465, 485, 491, 494				0,3%

Lagergebäude, mit bis zu 25% Mischnutzung

Kosten:
Stand 1.Quartal 2021
Bundesdurchschnitt
inkl. 19% MwSt.

Kostengruppen		▷	€/Einheit	◁	KG an 300+400
310	**Baugrube / Erdbau**				
311	Herstellung [m³]	18,00	**27,00**	31,00	1,2%
320	**Gründung, Unterbau**				
321	Baugrundverbesserung [m²]	16,00	**16,00**	16,00	0,9%
322	Flachgründungen und Bodenplatten [m²]	102,00	**123,00**	164,00	11,4%
324	Gründungsbeläge [m²]	111,00	**124,00**	150,00	1,3%
325	Abdichtungen und Bekleidungen [m²]	9,60	**27,00**	36,00	3,2%
330	**Außenwände/Vertikale Baukonstruktionen, außen**				
331	Tragende Außenwände [m²]	151,00	**170,00**	208,00	6,1%
332	Nichttragende Außenwände [m²]	–	**273,00**	–	0,1%
333	Außenstützen [m]	–	**442,00**	–	0,4%
334	Außenwandöffnungen [m²]	526,00	**608,00**	761,00	8,5%
335	Außenwandbekleidungen, außen [m²]	74,00	**177,00**	280,00	2,7%
336	Außenwandbekleidungen, innen [m²]	12,00	**25,00**	37,00	0,6%
337	Elementierte Außenwandkonstruktionen [m²]	100,00	**101,00**	102,00	5,6%
338	Lichtschutz zur KG 330 [m²]	–	**1.090,00**	–	0,5%
339	Sonstiges zur KG 330 [m²]	7,20	**7,40**	7,60	0,6%
340	**Innenwände/Vertikale Baukonstruktionen, innen**				
341	Tragende Innenwände [m²]	98,00	**136,00**	158,00	2,5%
342	Nichttragende Innenwände [m²]	98,00	**140,00**	163,00	1,6%
343	Innenstützen [m]	359,00	**409,00**	460,00	2,5%
344	Innenwandöffnungen [m²]	656,00	**761,00**	939,00	1,7%
345	Innenwandbekleidungen [m²]	11,00	**24,00**	49,00	1,1%
346	Elementierte Innenwandkonstruktionen [m²]	–	**541,00**	–	0,1%
350	**Decken/Horizontale Baukonstruktionen**				
351	Deckenkonstruktionen [m²]	119,00	**165,00**	241,00	1,9%
353	Deckenbeläge [m²]	–	**140,00**	–	0,4%
354	Deckenbekleidungen [m²]	42,00	**78,00**	96,00	0,6%
359	Sonstiges zur KG 350 [m²]	30,00	**37,00**	43,00	0,3%
360	**Dächer**				
361	Dachkonstruktionen [m²]	96,00	**109,00**	131,00	11,1%
362	Dachöffnungen [m²]	240,00	**412,00**	740,00	2,0%
363	Dachbeläge [m²]	90,00	**105,00**	134,00	9,8%
364	Dachbekleidungen [m²]	6,50	**18,00**	30,00	0,3%
369	Sonstiges zur KG 360 [m²]	1,20	**4,20**	10,00	0,4%
370	**Infrastrukturanlagen**				
380	**Baukonstruktive Einbauten**				
381	Allgemeine Einbauten [m² BGF]	–	**22,00**	–	0,5%
382	Besondere Einbauten [m² BGF]	–	**6,10**	–	0,2%
386	Orientierungs- und Informationssysteme [m² BGF]	–	**11,00**	–	0,3%

▷ von
ø Mittel
◁ bis

Kostengruppen		▷	€/Einheit	◁	KG an 300+400
390	**Sonstige Maßnahmen für Baukonstruktionen**				
391	Baustelleneinrichtung [m² BGF]	7,10	**8,20**	10,00	0,8%
392	Gerüste [m² BGF]	4,80	**14,00**	31,00	1,4%
	Sonstige Kostengruppen Bauwerk - Baukonstruktion				
	312, 352, 366, 387, 394, 397, 399				0,2%
410	**Abwasser-, Wasser-, Gasanlagen**				
411	Abwasseranlagen [m² BGF]	4,70	**8,90**	16,00	0,9%
412	Wasseranlagen [m² BGF]	8,40	**14,00**	26,00	1,3%
419	Sonstiges zur KG 410 [m² BGF]	0,70	**1,60**	2,50	0,1%
420	**Wärmeversorgungsanlagen**				
421	Wärmeerzeugungsanlagen [m² BGF]	4,80	**7,00**	9,10	0,4%
422	Wärmeverteilnetze [m² BGF]	7,60	**16,00**	24,00	0,8%
423	Raumheizflächen [m² BGF]	19,00	**27,00**	35,00	1,4%
430	**Raumlufttechnische Anlagen**				
431	Lüftungsanlagen [m² BGF]	–	**28,00**	–	0,7%
434	Kälteanlagen [m² BGF]	–	**20,00**	–	0,5%
440	**Elektrische Anlagen**				
442	Eigenstromversorgungsanlagen [m² BGF]	–	**5,30**	–	0,1%
444	Niederspannungsinstallationsanlagen [m² BGF]	19,00	**43,00**	58,00	3,9%
445	Beleuchtungsanlagen [m² BGF]	8,70	**22,00**	46,00	1,8%
446	Blitzschutz- und Erdungsanlagen [m² BGF]	1,50	**4,40**	5,80	0,4%
450	**Kommunikations-, sicherheits- und informationstechnische Anlagen**				
452	Such- und Signalanlagen [m² BGF]	1,20	**2,30**	3,30	0,1%
456	Gefahrenmelde- und Alarmanlagen [m² BGF]	2,50	**13,00**	24,00	0,7%
457	Datenübertragungsnetze [m² BGF]	12,00	**12,00**	13,00	0,7%
460	**Förderanlagen**				
466	Hydraulikanlagen [m² BGF]	–	**14,00**	–	0,4%
470	**Nutzungsspezifische und verfahrenstechnische Anlagen**				
474	Feuerlöschanlagen [m² BGF]	–	**9,20**	–	0,2%
476	Weitere nutzungsspezifische Anlagen [m² BGF]	–	**4,40**	–	0,1%
480	**Gebäude- und Anlagenautomation**				
481	Automationseinrichtungen [m² BGF]	–	**31,00**	–	0,8%
490	**Sonstige Maßnahmen für technische Anlagen**				
	Sonstige Kostengruppen Bauwerk - Technische Anlagen				
	429, 451, 455				0,1%

Kosten:
Stand 1.Quartal 2021
Bundesdurchschnitt
inkl. 19% MwSt.

Kostengruppen		▷	€/Einheit	◁	KG an 300+400
310	**Baugrube / Erdbau**				
311	Herstellung [m³]	7,80	**30,00**	52,00	0,4%
320	**Gründung, Unterbau**				
321	Baugrundverbesserung [m²]	45,00	**48,00**	51,00	1,3%
322	Flachgründungen und Bodenplatten [m²]	120,00	**136,00**	152,00	9,0%
324	Gründungsbeläge [m²]	29,00	**51,00**	73,00	2,4%
325	Abdichtungen und Bekleidungen [m²]	5,90	**8,00**	10,00	0,6%
330	**Außenwände/Vertikale Baukonstruktionen, außen**				
331	Tragende Außenwände [m²]	109,00	**167,00**	225,00	4,0%
333	Außenstützen [m]	213,00	**394,00**	575,00	2,3%
334	Außenwandöffnungen [m²]	258,00	**339,00**	421,00	10,1%
335	Außenwandbekleidungen, außen [m²]	–	**75,00**	–	1,9%
336	Außenwandbekleidungen, innen [m²]	–	**39,00**	–	0,8%
338	Lichtschutz zur KG 330 [m²]	–	**356,00**	–	0,4%
339	Sonstiges zur KG 330 [m²]	–	**3,10**	–	0,1%
340	**Innenwände/Vertikale Baukonstruktionen, innen**				
341	Tragende Innenwände [m²]	89,00	**100,00**	111,00	2,5%
342	Nichttragende Innenwände [m²]	111,00	**134,00**	157,00	1,0%
343	Innenstützen [m]	218,00	**482,00**	745,00	1,0%
344	Innenwandöffnungen [m²]	401,00	**624,00**	847,00	3,0%
345	Innenwandbekleidungen [m²]	47,00	**84,00**	122,00	2,1%
346	Elementierte Innenwandkonstruktionen [m²]	216,00	**310,00**	404,00	0,1%
349	Sonstiges zur KG 340 [m²]	–	**12,00**	–	0,1%
350	**Decken/Horizontale Baukonstruktionen**				
351	Deckenkonstruktionen [m²]	192,00	**232,00**	272,00	5,4%
353	Deckenbeläge [m²]	116,00	**122,00**	127,00	1,3%
354	Deckenbekleidungen [m²]	–	**64,00**	–	0,6%
359	Sonstiges zur KG 350 [m²]	–	**18,00**	–	0,2%
360	**Dächer**				
361	Dachkonstruktionen [m²]	41,00	**182,00**	322,00	14,5%
362	Dachöffnungen [m²]	1.138,00	**1.454,00**	1.771,00	6,0%
363	Dachbeläge [m²]	106,00	**110,00**	114,00	8,4%
364	Dachbekleidungen [m²]	–	**161,00**	–	0,0%
370	**Infrastrukturanlagen**				
380	**Baukonstruktive Einbauten**				
381	Allgemeine Einbauten [m² BGF]	–	**5,40**	–	0,3%
382	Besondere Einbauten [m² BGF]	–	**0,90**	–	0,0%
386	Orientierungs- und Informationssysteme [m² BGF]	–	**0,20**	–	0,0%

▷ von
ø Mittel
◁ bis

Kostengruppen		▷	€/Einheit	◁	KG an 300+400
390	**Sonstige Maßnahmen für Baukonstruktionen**				
391	Baustelleneinrichtung [m² BGF]	13,00	**27,00**	40,00	2,5%
392	Gerüste [m² BGF]	–	**8,50**	–	0,4%
397	Zusätzliche Maßnahmen [m² BGF]	–	**1,70**	–	0,1%
399	Sonstiges zur KG 390 [m² BGF]	–	**1,20**	–	0,1%
410	**Abwasser-, Wasser-, Gasanlagen**				
411	Abwasseranlagen [m² BGF]	5,50	**12,00**	18,00	1,1%
412	Wasseranlagen [m² BGF]	13,00	**25,00**	37,00	2,4%
420	**Wärmeversorgungsanlagen**				
421	Wärmeerzeugungsanlagen [m² BGF]	10,00	**12,00**	14,00	1,1%
422	Wärmeverteilnetze [m² BGF]	9,50	**9,60**	9,70	0,9%
423	Raumheizflächen [m² BGF]	4,50	**14,00**	23,00	1,2%
429	Sonstiges zur KG 420 [m² BGF]	–	**0,90**	–	0,0%
430	**Raumlufttechnische Anlagen**				
431	Lüftungsanlagen [m² BGF]	–	**1,90**	–	0,1%
440	**Elektrische Anlagen**				
443	Niederspannungsschaltanlagen [m² BGF]	–	**6,70**	–	0,3%
444	Niederspannungsinstallationsanlagen [m² BGF]	27,00	**29,00**	30,00	2,6%
445	Beleuchtungsanlagen [m² BGF]	10,00	**22,00**	33,00	1,9%
446	Blitzschutz- und Erdungsanlagen [m² BGF]	1,20	**2,00**	2,90	0,2%
450	**Kommunikations-, sicherheits- und informationstechnische Anlagen**				
452	Such- und Signalanlagen [m² BGF]	–	**0,40**	–	0,0%
456	Gefahrenmelde- und Alarmanlagen [m² BGF]	–	**9,70**	–	0,5%
460	**Förderanlagen**				
470	**Nutzungsspezifische und verfahrenstechnische Anlagen**				
474	Feuerlöschanlagen [m² BGF]	–	**1,30**	–	0,1%
476	Weitere nutzungsspezifische Anlagen [m² BGF]	–	**104,00**	–	5,0%
480	**Gebäude- und Anlagenautomation**				
490	**Sonstige Maßnahmen für technische Anlagen**				

Einzel-, Mehrfach- und Hochgaragen

Kosten:
Stand 1.Quartal 2021
Bundesdurchschnitt
inkl. 19% MwSt.

Kostengruppen		▷	€/Einheit	◁	KG an 300+400
310	**Baugrube / Erdbau**				
311	Herstellung [m3]	11,00	**25,00**	38,00	0,7%
320	**Gründung, Unterbau**				
321	Baugrundverbesserung [m2]	15,00	**15,00**	15,00	0,4%
322	Flachgründungen und Bodenplatten [m2]	44,00	**109,00**	221,00	12,6%
324	Gründungsbeläge [m2]	9,90	**26,00**	51,00	1,2%
325	Abdichtungen und Bekleidungen [m2]	11,00	**15,00**	19,00	1,6%
326	Dränagen [m2]	–	**2,00**	–	0,1%
330	**Außenwände/Vertikale Baukonstruktionen, außen**				
331	Tragende Außenwände [m2]	90,00	**105,00**	130,00	6,6%
332	Nichttragende Außenwände [m2]	92,00	**95,00**	99,00	8,1%
333	Außenstützen [m]	39,00	**164,00**	288,00	2,4%
334	Außenwandöffnungen [m2]	360,00	**438,00**	693,00	13,9%
335	Außenwandbekleidungen, außen [m2]	27,00	**40,00**	53,00	3,0%
336	Außenwandbekleidungen, innen [m2]	27,00	**45,00**	79,00	0,6%
337	Elementierte Außenwandkonstruktionen [m2]	–	**149,00**	–	1,9%
339	Sonstiges zur KG 330 [m2]	–	**5,70**	–	0,2%
340	**Innenwände/Vertikale Baukonstruktionen, innen**				
341	Tragende Innenwände [m2]	93,00	**164,00**	212,00	1,2%
345	Innenwandbekleidungen [m2]	15,00	**40,00**	53,00	0,8%
346	Elementierte Innenwandkonstruktionen [m2]	–	**161,00**	–	0,0%
350	**Decken/Horizontale Baukonstruktionen**				
351	Deckenkonstruktionen [m2]	170,00	**193,00**	217,00	3,9%
353	Deckenbeläge [m2]	34,00	**51,00**	67,00	1,2%
354	Deckenbekleidungen [m2]	7,00	**45,00**	82,00	0,1%
359	Sonstiges zur KG 350 [m2]	–	**17,00**	–	0,3%
360	**Dächer**				
361	Dachkonstruktionen [m2]	73,00	**100,00**	188,00	14,8%
363	Dachbeläge [m2]	70,00	**112,00**	235,00	13,8%
364	Dachbekleidungen [m2]	–	**6,90**	–	0,1%
365	Elementierte Dachkonstruktionen [m2]	–	**78,00**	–	2,8%
369	Sonstiges zur KG 360 [m2]	43,00	**63,00**	83,00	2,6%
370	**Infrastrukturanlagen**				
380	**Baukonstruktive Einbauten**				
382	Besondere Einbauten [m2 BGF]	–	**11,00**	–	0,5%
386	Orientierungs- und Informationssysteme [m2 BGF]	–	**1,60**	–	0,1%
390	**Sonstige Maßnahmen für Baukonstruktionen**				
391	Baustelleneinrichtung [m2 BGF]	2,50	**3,10**	3,60	0,2%
392	Gerüste [m2 BGF]	0,60	**2,80**	4,90	0,2%
397	Zusätzliche Maßnahmen [m2 BGF]	–	**0,70**	–	0,0%

▷ von
ø Mittel
◁ bis

Kostengruppen	▷	€/Einheit	◁	KG an 300+400
410 Abwasser-, Wasser-, Gasanlagen				
411 Abwasseranlagen [m2 BGF]	3,00	**9,60**	17,00	1,4%
412 Wasseranlagen [m2 BGF]	–	**2,20**	–	0,1%
420 Wärmeversorgungsanlagen				
423 Raumheizflächen [m2 BGF]	–	**0,10**	–	0,0%
430 Raumlufttechnische Anlagen				
440 Elektrische Anlagen				
444 Niederspannungsinstallationsanlagen [m2 BGF]	3,70	**6,90**	13,00	0,7%
445 Beleuchtungsanlagen [m2 BGF]	1,60	**2,60**	3,20	0,3%
446 Blitzschutz- und Erdungsanlagen [m2 BGF]	1,40	**3,10**	6,50	0,4%
450 Kommunikations-, sicherheits- und informationstechnische Anlagen				
451 Telekommunikationsanlagen [m2 BGF]	–	**0,20**	–	0,0%
457 Datenübertragungsnetze [m2 BGF]	–	**0,10**	–	0,0%
460 Förderanlagen				
470 Nutzungsspezifische und verfahrenstechnische Anlagen				
476 Weitere nutzungsspezifische Anlagen [m2 BGF]	–	**45,00**	–	1,5%
480 Gebäude- und Anlagenautomation				
490 Sonstige Maßnahmen für technische Anlagen				

Kosten:
Stand 1.Quartal 2021
Bundesdurchschnitt
inkl. 19% MwSt.

Kostengruppen		▷	€/Einheit	◁	KG an 300+400
310	**Baugrube / Erdbau**				
311	Herstellung [m³]	–	**40,00**	–	12,4%
320	**Gründung, Unterbau**				
322	Flachgründungen und Bodenplatten [m²]	–	**93,00**	–	10,9%
324	Gründungsbeläge [m²]	–	**48,00**	–	5,2%
325	Abdichtungen und Bekleidungen [m²]	–	**12,00**	–	1,4%
326	Dränagen [m²]	–	**9,30**	–	1,1%
330	**Außenwände/Vertikale Baukonstruktionen, außen**				
331	Tragende Außenwände [m²]	–	**218,00**	–	17,7%
334	Außenwandöffnungen [m²]	–	**–**	–	3,2%
335	Außenwandbekleidungen, außen [m²]	–	**153,00**	–	8,3%
340	**Innenwände/Vertikale Baukonstruktionen, innen**				
343	Innenstützen [m]	–	**153,00**	–	1,2%
350	**Decken/Horizontale Baukonstruktionen**				
360	**Dächer**				
361	Dachkonstruktionen [m²]	–	**168,00**	–	20,1%
363	Dachbeläge [m²]	–	**116,00**	–	14,0%
370	**Infrastrukturanlagen**				
380	**Baukonstruktive Einbauten**				
390	**Sonstige Maßnahmen für Baukonstruktionen**				
391	Baustelleneinrichtung [m² BGF]	–	**18,00**	–	2,0%

▷ von
ø Mittel
◁ bis

Kostengruppen	▷	€/Einheit	◁	KG an 300+400
410 Abwasser-, Wasser-, Gasanlagen				
411 Abwasseranlagen [m² BGF]	–	**11,00**	–	1,3%
420 Wärmeversorgungsanlagen				
430 Raumlufttechnische Anlagen				
440 Elektrische Anlagen				
444 Niederspannungsinstallationsanlagen [m² BGF]	–	**9,10**	–	1,1%
445 Beleuchtungsanlagen [m² BGF]	–	**0,70**	–	0,1%
446 Blitzschutz- und Erdungsanlagen [m² BGF]	–	**1,70**	–	0,2%
450 Kommunikations-, sicherheits- und informationstechnische Anlagen				
460 Förderanlagen				
470 Nutzungsspezifische und verfahrenstechnische Anlagen				
480 Gebäude- und Anlagenautomation				
490 Sonstige Maßnahmen für technische Anlagen				

Kosten:
Stand 1.Quartal 2021
Bundesdurchschnitt
inkl. 19% MwSt.

Kostengruppen		▷	€/Einheit	◁	KG an 300+400
310	**Baugrube / Erdbau**				
311	Herstellung [m³]	12,00	**18,00**	28,00	1,2%
320	**Gründung, Unterbau**				
321	Baugrundverbesserung [m²]	39,00	**45,00**	51,00	1,7%
322	Flachgründungen und Bodenplatten [m²]	46,00	**77,00**	126,00	3,7%
323	Tiefgründungen [m²]	–	**50,00**	–	0,8%
324	Gründungsbeläge [m²]	39,00	**78,00**	153,00	3,8%
325	Abdichtungen und Bekleidungen [m²]	16,00	**27,00**	48,00	1,5%
330	**Außenwände/Vertikale Baukonstruktionen, außen**				
331	Tragende Außenwände [m²]	110,00	**138,00**	155,00	5,5%
332	Nichttragende Außenwände [m²]	103,00	**132,00**	184,00	0,5%
334	Außenwandöffnungen [m²]	640,00	**753,00**	975,00	8,8%
335	Außenwandbekleidungen, außen [m²]	141,00	**155,00**	182,00	7,2%
336	Außenwandbekleidungen, innen [m²]	23,00	**35,00**	43,00	1,0%
339	Sonstiges zur KG 330 [m²]	1,10	**10,00**	15,00	0,6%
340	**Innenwände/Vertikale Baukonstruktionen, innen**				
341	Tragende Innenwände [m²]	90,00	**115,00**	153,00	2,4%
342	Nichttragende Innenwände [m²]	73,00	**95,00**	106,00	1,5%
343	Innenstützen [m]	109,00	**127,00**	156,00	0,3%
344	Innenwandöffnungen [m²]	480,00	**698,00**	850,00	4,5%
345	Innenwandbekleidungen [m²]	36,00	**40,00**	49,00	2,3%
346	Elementierte Innenwandkonstruktionen [m²]	321,00	**349,00**	378,00	0,7%
350	**Decken/Horizontale Baukonstruktionen**				
351	Deckenkonstruktionen [m²]	70,00	**121,00**	172,00	1,9%
353	Deckenbeläge [m²]	98,00	**102,00**	106,00	1,3%
354	Deckenbekleidungen [m²]	78,00	**86,00**	93,00	0,7%
355	Elementierte Deckenkonstruktionen [m²]	671,00	**1.354,00**	2.037,00	0,3%
359	Sonstiges zur KG 350 [m²]	12,00	**13,00**	15,00	0,2%
360	**Dächer**				
361	Dachkonstruktionen [m²]	81,00	**105,00**	118,00	5,5%
362	Dachöffnungen [m²]	726,00	**1.293,00**	2.152,00	1,8%
363	Dachbeläge [m²]	112,00	**133,00**	146,00	7,1%
364	Dachbekleidungen [m²]	23,00	**42,00**	80,00	0,7%
369	Sonstiges zur KG 360 [m²]	3,60	**7,70**	12,00	0,3%
370	**Infrastrukturanlagen**				
380	**Baukonstruktive Einbauten**				
381	Allgemeine Einbauten [m² BGF]	14,00	**32,00**	49,00	1,6%
382	Besondere Einbauten [m² BGF]	2,90	**6,40**	9,90	0,3%
390	**Sonstige Maßnahmen für Baukonstruktionen**				
391	Baustelleneinrichtung [m² BGF]	15,00	**28,00**	37,00	1,9%
392	Gerüste [m² BGF]	1,30	**9,50**	14,00	0,6%
397	Zusätzliche Maßnahmen [m² BGF]	6,70	**7,20**	7,80	0,3%

▷ von
ø Mittel
◁ bis

Kostengruppen		▷	€/Einheit	◁	KG an 300+400
	Sonstige Kostengruppen Bauwerk - Baukonstruktion				
	313, 326, 329, 333, 338, 349, 386, 399				0,6%
410	**Abwasser-, Wasser-, Gasanlagen**				
411	Abwasseranlagen [m² BGF]	22,00	**33,00**	48,00	2,2%
412	Wasseranlagen [m² BGF]	26,00	**33,00**	37,00	2,3%
419	Sonstiges zur KG 410 [m² BGF]	3,40	**4,90**	5,80	0,3%
420	**Wärmeversorgungsanlagen**				
421	Wärmeerzeugungsanlagen [m² BGF]	4,80	**7,60**	13,00	0,6%
422	Wärmeverteilnetze [m² BGF]	16,00	**23,00**	28,00	1,6%
423	Raumheizflächen [m² BGF]	17,00	**25,00**	30,00	1,7%
430	**Raumlufttechnische Anlagen**				
431	Lüftungsanlagen [m² BGF]	21,00	**41,00**	52,00	2,9%
440	**Elektrische Anlagen**				
442	Eigenstromversorgungsanlagen [m² BGF]	–	**25,00**	–	0,5%
444	Niederspannungsinstallationsanlagen [m² BGF]	55,00	**57,00**	60,00	3,9%
445	Beleuchtungsanlagen [m² BGF]	28,00	**35,00**	50,00	2,4%
446	Blitzschutz- und Erdungsanlagen [m² BGF]	3,60	**6,90**	13,00	0,4%
450	**Kommunikations-, sicherheits- und informationstechnische Anlagen**				
451	Telekommunikationsanlagen [m² BGF]	3,90	**7,40**	11,00	0,3%
452	Such- und Signalanlagen [m² BGF]	0,60	**8,40**	16,00	0,4%
455	Audiovisuelle Medien- und Antennenanlagen [m² BGF]	1,40	**3,00**	6,30	0,2%
456	Gefahrenmelde- und Alarmanlagen [m² BGF]	5,50	**18,00**	40,00	1,1%
457	Datenübertragungsnetze [m² BGF]	2,60	**6,70**	13,00	0,5%
460	**Förderanlagen**				
461	Aufzugsanlagen [m² BGF]	–	**18,00**	–	0,4%
470	**Nutzungsspezifische und verfahrenstechnische Anlagen**				
474	Feuerlöschanlagen [m² BGF]	4,50	**13,00**	27,00	0,9%
475	Prozesswärme-, kälte- und -luftanlagen [m² BGF]	–	**40,00**	–	0,9%
476	Weitere nutzungsspezifische Anlagen [m² BGF]	8,10	**29,00**	69,00	2,3%
480	**Gebäude- und Anlagenautomation**				
481	Automationseinrichtungen [m² BGF]	–	**25,00**	–	0,5%
483	Automationsmanagement [m² BGF]	–	**10,00**	–	0,2%
490	**Sonstige Maßnahmen für technische Anlagen**				
	Sonstige Kostengruppen Bauwerk - Technische Anlagen				
	429, 432, 453, 454, 482, 485, 492				0,6%

Öffentliche Bereitschaftsdienste

Kosten:
Stand 1.Quartal 2021
Bundesdurchschnitt
inkl. 19% MwSt.

Kostengruppen		▷	€/Einheit	◁	KG an 300+400
310	**Baugrube / Erdbau**				
311	Herstellung [m³]	13,00	**31,00**	38,00	2,6%
320	**Gründung, Unterbau**				
321	Baugrundverbesserung [m²]	8,90	**13,00**	16,00	0,9%
322	Flachgründungen und Bodenplatten [m²]	126,00	**185,00**	348,00	8,5%
323	Tiefgründungen [m²]	–	**220,00**	–	1,5%
324	Gründungsbeläge [m²]	69,00	**99,00**	176,00	1,4%
325	Abdichtungen und Bekleidungen [m²]	30,00	**37,00**	43,00	2,3%
330	**Außenwände/Vertikale Baukonstruktionen, außen**				
331	Tragende Außenwände [m²]	109,00	**144,00**	177,00	6,3%
332	Nichttragende Außenwände [m²]	107,00	**123,00**	139,00	0,1%
333	Außenstützen [m]	223,00	**397,00**	707,00	1,9%
334	Außenwandöffnungen [m²]	585,00	**887,00**	1.645,00	8,5%
335	Außenwandbekleidungen, außen [m²]	104,00	**178,00**	385,00	6,9%
336	Außenwandbekleidungen, innen [m²]	27,00	**45,00**	97,00	1,8%
337	Elementierte Außenwandkonstruktionen [m²]	–	**171,00**	–	1,1%
338	Lichtschutz zur KG 330 [m²]	203,00	**287,00**	449,00	0,4%
339	Sonstiges zur KG 330 [m²]	4,20	**4,50**	4,70	0,1%
340	**Innenwände/Vertikale Baukonstruktionen, innen**				
341	Tragende Innenwände [m²]	88,00	**106,00**	151,00	1,6%
342	Nichttragende Innenwände [m²]	60,00	**97,00**	207,00	1,0%
343	Innenstützen [m]	194,00	**312,00**	647,00	1,3%
344	Innenwandöffnungen [m²]	541,00	**723,00**	1.180,00	2,2%
345	Innenwandbekleidungen [m²]	25,00	**46,00**	71,00	1,6%
346	Elementierte Innenwandkonstruktionen [m²]	460,00	**472,00**	483,00	0,4%
350	**Decken/Horizontale Baukonstruktionen**				
351	Deckenkonstruktionen [m²]	117,00	**128,00**	156,00	2,6%
353	Deckenbeläge [m²]	27,00	**68,00**	92,00	0,9%
354	Deckenbekleidungen [m²]	4,80	**37,00**	58,00	0,3%
359	Sonstiges zur KG 350 [m²]	20,00	**50,00**	68,00	0,9%
360	**Dächer**				
361	Dachkonstruktionen [m²]	83,00	**128,00**	171,00	7,7%
362	Dachöffnungen [m²]	538,00	**4.993,00**	9.448,00	0,7%
363	Dachbeläge [m²]	65,00	**110,00**	231,00	5,5%
364	Dachbekleidungen [m²]	43,00	**46,00**	53,00	1,0%
369	Sonstiges zur KG 360 [m²]	1,80	**4,80**	9,90	0,1%
370	**Infrastrukturanlagen**				
380	**Baukonstruktive Einbauten**				
381	Allgemeine Einbauten [m² BGF]	–	**43,00**	–	0,6%
382	Besondere Einbauten [m² BGF]	21,00	**49,00**	78,00	1,5%

▷ von
ø Mittel
◁ bis

Kostengruppen		▷	€/Einheit	◁	KG an 300+400
390	**Sonstige Maßnahmen für Baukonstruktionen**				
391	Baustelleneinrichtung [m² BGF]	22,00	**23,00**	27,00	1,8%
392	Gerüste [m² BGF]	14,00	**17,00**	29,00	1,3%
394	Abbruchmaßnahmen [m² BGF]	–	**43,00**	–	0,8%
	Sonstige Kostengruppen Bauwerk - Baukonstruktion				
	313, 326, 329, 349, 355, 397, 398, 399				0,3%
410	**Abwasser-, Wasser-, Gasanlagen**				
411	Abwasseranlagen [m² BGF]	8,80	**12,00**	18,00	0,7%
412	Wasseranlagen [m² BGF]	6,00	**11,00**	21,00	0,7%
420	**Wärmeversorgungsanlagen**				
421	Wärmeerzeugungsanlagen [m² BGF]	9,50	**11,00**	14,00	0,7%
422	Wärmeverteilnetze [m² BGF]	12,00	**15,00**	19,00	0,9%
423	Raumheizflächen [m² BGF]	5,10	**8,40**	14,00	0,6%
430	**Raumlufttechnische Anlagen**				
431	Lüftungsanlagen [m² BGF]	–	**28,00**	–	0,5%
434	Kälteanlagen [m² BGF]	–	**29,00**	–	0,8%
440	**Elektrische Anlagen**				
444	Niederspannungsinstallationsanlagen [m² BGF]	45,00	**56,00**	77,00	3,4%
445	Beleuchtungsanlagen [m² BGF]	14,00	**18,00**	20,00	1,1%
446	Blitzschutz- und Erdungsanlagen [m² BGF]	1,70	**4,40**	9,80	0,3%
450	**Kommunikations-, sicherheits- und informationstechnische Anlagen**				
456	Gefahrenmelde- und Alarmanlagen [m² BGF]	8,20	**22,00**	36,00	1,1%
457	Datenübertragungsnetze [m² BGF]	3,40	**3,70**	4,50	0,2%
460	**Förderanlagen**				
470	**Nutzungsspezifische und verfahrenstechnische Anlagen**				
473	Medienversorgungsanlagen, Medizin- und labortechnische Anlagen [m² BGF]	–	**9,20**	–	0,2%
475	Prozesswärme-, kälte- und -luftanlagen [m² BGF]	–	**13,00**	–	0,2%
476	Weitere nutzungsspezifische Anlagen [m² BGF]	1,30	**113,00**	224,00	3,9%
480	**Gebäude- und Anlagenautomation**				
482	Schaltschränke, Automationsschwerpunkte [m² BGF]	–	**6,80**	–	0,1%
485	Datenübertragungsnetze [m² BGF]	–	**7,30**	–	0,1%
490	**Sonstige Maßnahmen für technische Anlagen**				
	Sonstige Kostengruppen Bauwerk - Technische Anlagen				
	419, 429, 432, 442, 451, 452, 455, 481, 483, 491, 492, 494				0,5%

Kostengruppen		▷	€/Einheit	◁	KG an 300+400
310	**Baugrube / Erdbau**				
311	Herstellung [m³]	19,00	**46,00**	141,00	1,5%
320	**Gründung, Unterbau**				
321	Baugrundverbesserung [m²]	7,60	**24,00**	34,00	0,4%
322	Flachgründungen und Bodenplatten [m²]	128,00	**218,00**	352,00	5,4%
323	Tiefgründungen [m²]	55,00	**314,00**	573,00	1,2%
324	Gründungsbeläge [m²]	132,00	**198,00**	303,00	4,5%
325	Abdichtungen und Bekleidungen [m²]	19,00	**43,00**	87,00	1,1%
330	**Außenwände/Vertikale Baukonstruktionen, außen**				
331	Tragende Außenwände [m²]	137,00	**163,00**	203,00	5,5%
332	Nichttragende Außenwände [m²]	129,00	**198,00**	312,00	0,5%
333	Außenstützen [m]	111,00	**181,00**	221,00	0,5%
334	Außenwandöffnungen [m²]	815,00	**1.100,00**	1.406,00	9,7%
335	Außenwandbekleidungen, außen [m²]	177,00	**327,00**	418,00	10,8%
336	Außenwandbekleidungen, innen [m²]	31,00	**54,00**	73,00	1,5%
338	Lichtschutz zur KG 330 [m²]	91,00	**206,00**	264,00	0,5%
339	Sonstiges zur KG 330 [m²]	4,70	**11,00**	22,00	0,4%
340	**Innenwände/Vertikale Baukonstruktionen, innen**				
341	Tragende Innenwände [m²]	102,00	**124,00**	146,00	1,4%
342	Nichttragende Innenwände [m²]	68,00	**120,00**	186,00	1,1%
343	Innenstützen [m]	85,00	**90,00**	95,00	0,1%
344	Innenwandöffnungen [m²]	753,00	**1.168,00**	2.592,00	3,0%
345	Innenwandbekleidungen [m²]	62,00	**82,00**	138,00	2,0%
346	Elementierte Innenwandkonstruktionen [m²]	326,00	**501,00**	774,00	1,0%
350	**Decken/Horizontale Baukonstruktionen**				
351	Deckenkonstruktionen [m²]	74,00	**184,00**	255,00	2,0%
353	Deckenbeläge [m²]	24,00	**143,00**	224,00	1,3%
354	Deckenbekleidungen [m²]	34,00	**64,00**	125,00	0,4%
360	**Dächer**				
361	Dachkonstruktionen [m²]	147,00	**193,00**	268,00	5,4%
362	Dachöffnungen [m²]	940,00	**3.626,00**	6.311,00	0,4%
363	Dachbeläge [m²]	170,00	**272,00**	650,00	6,2%
364	Dachbekleidungen [m²]	74,00	**144,00**	252,00	3,3%
369	Sonstiges zur KG 360 [m²]	2,90	**9,60**	23,00	0,4%
370	**Infrastrukturanlagen**				
380	**Baukonstruktive Einbauten**				
381	Allgemeine Einbauten [m² BGF]	35,00	**62,00**	91,00	1,8%
382	Besondere Einbauten [m² BGF]	–	**172,00**	–	1,2%
386	Orientierungs- und Informationssysteme [m² BGF]	1,30	**12,00**	22,00	0,2%

Kosten:
Stand 1.Quartal 2021
Bundesdurchschnitt
inkl. 19% MwSt.

▷ von
ø Mittel
◁ bis

Kostengruppen		▷	€/Einheit	◁	KG an 300+400
390	**Sonstige Maßnahmen für Baukonstruktionen**				
391	Baustelleneinrichtung [m² BGF]	39,00	**67,00**	109,00	2,3%
392	Gerüste [m² BGF]	17,00	**26,00**	60,00	0,9%
397	Zusätzliche Maßnahmen [m² BGF]	3,50	**9,10**	16,00	0,3%
	Sonstige Kostengruppen Bauwerk - Baukonstruktion				
	312, 313, 326, 329, 349, 352, 355, 359, 387, 398, 399				0,3%
410	**Abwasser-, Wasser-, Gasanlagen**				
411	Abwasseranlagen [m² BGF]	12,00	**22,00**	27,00	0,7%
412	Wasseranlagen [m² BGF]	23,00	**37,00**	55,00	1,2%
419	Sonstiges zur KG 410 [m² BGF]	3,40	**4,50**	7,40	0,2%
420	**Wärmeversorgungsanlagen**				
421	Wärmeerzeugungsanlagen [m² BGF]	13,00	**24,00**	33,00	0,9%
422	Wärmeverteilnetze [m² BGF]	12,00	**15,00**	19,00	0,4%
423	Raumheizflächen [m² BGF]	25,00	**33,00**	42,00	1,1%
429	Sonstiges zur KG 420 [m² BGF]	4,80	**6,40**	7,90	0,1%
430	**Raumlufttechnische Anlagen**				
433	Klimaanlagen [m² BGF]	–	**103,00**	–	0,7%
434	Kälteanlagen [m² BGF]	–	**32,00**	–	0,2%
440	**Elektrische Anlagen**				
441	Hoch- und Mittelspannungsanlagen [m² BGF]	–	**32,00**	–	0,2%
443	Niederspannungsschaltanlagen [m² BGF]	–	**16,00**	–	0,1%
444	Niederspannungsinstallationsanlagen [m² BGF]	68,00	**85,00**	105,00	2,9%
445	Beleuchtungsanlagen [m² BGF]	19,00	**54,00**	89,00	1,7%
446	Blitzschutz- und Erdungsanlagen [m² BGF]	4,90	**12,00**	21,00	0,4%
450	**Kommunikations-, sicherheits- und informationstechnische Anlagen**				
454	Elektroakustische Anlagen [m² BGF]	11,00	**44,00**	77,00	0,7%
456	Gefahrenmelde- und Alarmanlagen [m² BGF]	19,00	**24,00**	30,00	0,4%
457	Datenübertragungsnetze [m² BGF]	6,60	**11,00**	20,00	0,3%
460	**Förderanlagen**				
470	**Nutzungsspezifische und verfahrenstechnische Anlagen**				
471	Küchentechnische Anlagen [m² BGF]	–	**51,00**	–	0,4%
476	Weitere nutzungsspezifische Anlagen [m² BGF]	–	**81,00**	–	0,6%
480	**Gebäude- und Anlagenautomation**				
481	Automationseinrichtungen [m² BGF]	–	**15,00**	–	0,1%
490	**Sonstige Maßnahmen für technische Anlagen**				
495	Instandsetzungen [m² BGF]	–	**22,00**	–	0,2%
	Sonstige Kostengruppen Bauwerk - Technische Anlagen				
	431, 442, 451, 452, 455, 474, 482, 491, 492, 496				0,4%

Kosten:
Stand 1.Quartal 2021
Bundesdurchschnitt
inkl. 19% MwSt.

Kostengruppen		▷	€/Einheit	◁	KG an 300+400
310	**Baugrube / Erdbau**				
311	Herstellung [m³]	23,00	**27,00**	31,00	1,5%
313	Wasserhaltung [m³]	–	**3,30**	–	0,2%
320	**Gründung, Unterbau**				
322	Flachgründungen und Bodenplatten [m²]	80,00	**156,00**	233,00	2,3%
323	Tiefgründungen [m²]	–	**313,00**	–	4,6%
324	Gründungsbeläge [m²]	129,00	**140,00**	152,00	2,3%
325	Abdichtungen und Bekleidungen [m²]	7,10	**48,00**	89,00	0,5%
326	Dränagen [m²]	–	**11,00**	–	0,1%
329	Sonstiges zur KG 320 [m²]	–	**1,80**	–	0,0%
330	**Außenwände/Vertikale Baukonstruktionen, außen**				
331	Tragende Außenwände [m²]	271,00	**290,00**	308,00	2,2%
332	Nichttragende Außenwände [m²]	186,00	**216,00**	245,00	0,9%
333	Außenstützen [m]	155,00	**742,00**	1.330,00	0,8%
334	Außenwandöffnungen [m²]	752,00	**1.236,00**	1.721,00	11,9%
335	Außenwandbekleidungen, außen [m²]	162,00	**185,00**	209,00	3,2%
336	Außenwandbekleidungen, innen [m²]	16,00	**64,00**	111,00	1,0%
338	Lichtschutz zur KG 330 [m²]	164,00	**212,00**	259,00	0,4%
339	Sonstiges zur KG 330 [m²]	–	**9,80**	–	0,1%
340	**Innenwände/Vertikale Baukonstruktionen, innen**				
341	Tragende Innenwände [m²]	–	**332,00**	–	2,5%
342	Nichttragende Innenwände [m²]	165,00	**176,00**	187,00	2,7%
343	Innenstützen [m]	244,00	**805,00**	1.365,00	1,4%
344	Innenwandöffnungen [m²]	534,00	**1.214,00**	1.893,00	3,6%
345	Innenwandbekleidungen [m²]	58,00	**85,00**	113,00	4,2%
346	Elementierte Innenwandkonstruktionen [m²]	158,00	**346,00**	533,00	0,4%
349	Sonstiges zur KG 340 [m²]	–	**8,50**	–	0,1%
350	**Decken/Horizontale Baukonstruktionen**				
351	Deckenkonstruktionen [m²]	164,00	**275,00**	385,00	3,7%
353	Deckenbeläge [m²]	–	**200,00**	–	1,2%
354	Deckenbekleidungen [m²]	153,00	**160,00**	167,00	1,6%
359	Sonstiges zur KG 350 [m²]	–	**45,00**	–	0,4%
360	**Dächer**				
361	Dachkonstruktionen [m²]	407,00	**460,00**	513,00	8,5%
362	Dachöffnungen [m²]	–	**1.485,00**	–	0,0%
363	Dachbeläge [m²]	192,00	**231,00**	271,00	4,9%
364	Dachbekleidungen [m²]	147,00	**170,00**	192,00	1,6%
366	Lichtschutz zur KG 360 [m²]	–	**–**	–	0,1%
370	**Infrastrukturanlagen**				

▷ von
ø Mittel
◁ bis

Kostengruppen		▷	€/Einheit	◁	KG an 300+400
380	**Baukonstruktive Einbauten**				
381	Allgemeine Einbauten [m² BGF]	30,00	**45,00**	59,00	1,4%
382	Besondere Einbauten [m² BGF]	–	**66,00**	–	0,8%
383	Landschaftsgestalterische Einbauten [m² BGF]	–	**7,60**	–	0,1%
386	Orientierungs- und Informationssysteme [m² BGF]	–	**14,00**	–	0,3%
390	**Sonstige Maßnahmen für Baukonstruktionen**				
391	Baustelleneinrichtung [m² BGF]	43,00	**54,00**	65,00	1,9%
392	Gerüste [m² BGF]	42,00	**46,00**	50,00	1,5%
397	Zusätzliche Maßnahmen [m² BGF]	–	**5,10**	–	0,1%
410	**Abwasser-, Wasser-, Gasanlagen**				
411	Abwasseranlagen [m² BGF]	41,00	**57,00**	74,00	2,0%
412	Wasseranlagen [m² BGF]	38,00	**61,00**	83,00	1,8%
413	Gasanlagen [m² BGF]	–	**7,80**	–	0,1%
419	Sonstiges zur KG 410 [m² BGF]	–	**5,80**	–	0,1%
420	**Wärmeversorgungsanlagen**				
421	Wärmeerzeugungsanlagen [m² BGF]	–	**5,50**	–	0,1%
422	Wärmeverteilnetze [m² BGF]	–	**59,00**	–	0,8%
423	Raumheizflächen [m² BGF]	–	**69,00**	–	0,9%
430	**Raumlufttechnische Anlagen**				
431	Lüftungsanlagen [m² BGF]	–	**273,00**	–	3,4%
440	**Elektrische Anlagen**				
442	Eigenstromversorgungsanlagen [m² BGF]	–	**4,50**	–	0,1%
444	Niederspannungsinstallationsanlagen [m² BGF]	80,00	**101,00**	122,00	3,1%
445	Beleuchtungsanlagen [m² BGF]	56,00	**61,00**	67,00	2,0%
446	Blitzschutz- und Erdungsanlagen [m² BGF]	1,70	**4,60**	7,50	0,2%
450	**Kommunikations-, sicherheits- und informationstechnische Anlagen**				
451	Telekommunikationsanlagen [m² BGF]	0,40	**2,70**	5,00	0,1%
452	Such- und Signalanlagen [m² BGF]	–	**0,90**	–	0,0%
454	Elektroakustische Anlagen [m² BGF]	–	**17,00**	–	0,2%
456	Gefahrenmelde- und Alarmanlagen [m² BGF]	–	**15,00**	–	0,2%
457	Datenübertragungsnetze [m² BGF]	4,00	**11,00**	17,00	0,3%
460	**Förderanlagen**				
461	Aufzugsanlagen [m² BGF]	–	**41,00**	–	0,5%
470	**Nutzungsspezifische und verfahrenstechnische Anlagen**				
474	Feuerlöschanlagen [m² BGF]	–	**33,00**	–	0,4%
476	Weitere nutzungsspezifische Anlagen [m² BGF]	–	**716,00**	–	9,0%
480	**Gebäude- und Anlagenautomation**				
490	**Sonstige Maßnahmen für technische Anlagen**				

Kosten:
Stand 1.Quartal 2021
Bundesdurchschnitt
inkl. 19% MwSt.

Kostengruppen		▷	€/Einheit	◁	KG an 300+400
310	**Baugrube / Erdbau**				
311	Herstellung [m³]	26,00	**50,00**	85,00	3,5%
319	Sonstiges zur KG 310 [m³]	–	**1,00**	–	0,1%
320	**Gründung, Unterbau**				
321	Baugrundverbesserung [m²]	4,10	**8,80**	13,00	0,3%
322	Flachgründungen und Bodenplatten [m²]	81,00	**85,00**	87,00	4,2%
324	Gründungsbeläge [m²]	66,00	**108,00**	129,00	4,9%
325	Abdichtungen und Bekleidungen [m²]	7,50	**11,00**	19,00	0,6%
330	**Außenwände/Vertikale Baukonstruktionen, außen**				
331	Tragende Außenwände [m²]	137,00	**151,00**	177,00	7,0%
333	Außenstützen [m]	183,00	**260,00**	337,00	0,5%
334	Außenwandöffnungen [m²]	437,00	**488,00**	520,00	7,3%
335	Außenwandbekleidungen, außen [m²]	93,00	**143,00**	170,00	7,8%
336	Außenwandbekleidungen, innen [m²]	21,00	**35,00**	43,00	1,2%
338	Lichtschutz zur KG 330 [m²]	164,00	**225,00**	287,00	1,3%
339	Sonstiges zur KG 330 [m²]	–	**12,00**	–	0,3%
340	**Innenwände/Vertikale Baukonstruktionen, innen**				
341	Tragende Innenwände [m²]	83,00	**90,00**	94,00	1,8%
342	Nichttragende Innenwände [m²]	43,00	**63,00**	72,00	1,7%
343	Innenstützen [m]	148,00	**170,00**	192,00	0,1%
344	Innenwandöffnungen [m²]	531,00	**636,00**	811,00	3,6%
345	Innenwandbekleidungen [m²]	31,00	**49,00**	61,00	4,0%
346	Elementierte Innenwandkonstruktionen [m²]	284,00	**296,00**	309,00	1,8%
350	**Decken/Horizontale Baukonstruktionen**				
351	Deckenkonstruktionen [m²]	158,00	**206,00**	254,00	4,5%
352	Deckenöffnungen [m²]	–	**2.292,00**	–	0,0%
353	Deckenbeläge [m²]	94,00	**95,00**	95,00	1,9%
354	Deckenbekleidungen [m²]	7,00	**20,00**	34,00	0,1%
359	Sonstiges zur KG 350 [m²]	12,00	**57,00**	103,00	0,8%
360	**Dächer**				
361	Dachkonstruktionen [m²]	62,00	**125,00**	249,00	7,4%
362	Dachöffnungen [m²]	1.156,00	**1.200,00**	1.285,00	1,6%
363	Dachbeläge [m²]	88,00	**108,00**	142,00	6,3%
364	Dachbekleidungen [m²]	82,00	**94,00**	117,00	4,6%
366	Lichtschutz zur KG 360 [m²]	–	**231,00**	–	0,0%
369	Sonstiges zur KG 360 [m²]	4,70	**5,60**	6,40	0,2%
370	**Infrastrukturanlagen**				
380	**Baukonstruktive Einbauten**				
381	Allgemeine Einbauten [m² BGF]	20,00	**64,00**	150,00	4,3%
382	Besondere Einbauten [m² BGF]	9,80	**20,00**	30,00	1,1%

▷ von
ø Mittel
◁ bis

Kostengruppen		▷	€/Einheit	◁	KG an 300+400
390	**Sonstige Maßnahmen für Baukonstruktionen**				
391	Baustelleneinrichtung [m² BGF]	11,00	**16,00**	18,00	1,1%
392	Gerüste [m² BGF]	2,90	**6,80**	13,00	0,6%
397	Zusätzliche Maßnahmen [m² BGF]	–	**2,60**	–	0,1%
399	Sonstiges zur KG 390 [m² BGF]	–	**6,80**	–	0,1%
410	**Abwasser-, Wasser-, Gasanlagen**				
411	Abwasseranlagen [m² BGF]	9,80	**13,00**	17,00	1,0%
412	Wasseranlagen [m² BGF]	23,00	**33,00**	52,00	2,3%
419	Sonstiges zur KG 410 [m² BGF]	0,30	**2,80**	5,20	0,1%
420	**Wärmeversorgungsanlagen**				
421	Wärmeerzeugungsanlagen [m² BGF]	12,00	**21,00**	34,00	1,5%
422	Wärmeverteilnetze [m² BGF]	3,30	**11,00**	16,00	0,8%
423	Raumheizflächen [m² BGF]	19,00	**24,00**	33,00	1,9%
429	Sonstiges zur KG 420 [m² BGF]	1,50	**5,30**	9,00	0,2%
430	**Raumlufttechnische Anlagen**				
431	Lüftungsanlagen [m² BGF]	1,10	**7,80**	15,00	0,3%
440	**Elektrische Anlagen**				
444	Niederspannungsinstallationsanlagen [m² BGF]	16,00	**22,00**	31,00	1,5%
445	Beleuchtungsanlagen [m² BGF]	15,00	**27,00**	52,00	1,9%
446	Blitzschutz- und Erdungsanlagen [m² BGF]	1,60	**3,70**	5,80	0,3%
450	**Kommunikations-, sicherheits- und informationstechnische Anlagen**				
451	Telekommunikationsanlagen [m² BGF]	0,40	**0,60**	0,70	0,0%
452	Such- und Signalanlagen [m² BGF]	0,40	**1,10**	1,70	0,1%
454	Elektroakustische Anlagen [m² BGF]	–	**1,80**	–	0,0%
455	Audiovisuelle Medien- und Antennenanlagen [m² BGF]	1,70	**1,90**	2,00	0,1%
457	Datenübertragungsnetze [m² BGF]	–	**2,10**	–	0,1%
460	**Förderanlagen**				
461	Aufzugsanlagen [m² BGF]	–	**11,00**	–	0,3%
470	**Nutzungsspezifische und verfahrenstechnische Anlagen**				
471	Küchentechnische Anlagen [m² BGF]	–	**37,00**	–	1,1%
474	Feuerlöschanlagen [m² BGF]	0,20	**0,50**	1,20	0,0%
480	**Gebäude- und Anlagenautomation**				
490	**Sonstige Maßnahmen für technische Anlagen**				

Gemeindezentren, mittlerer Standard

Kosten:
Stand 1.Quartal 2021
Bundesdurchschnitt
inkl. 19% MwSt.

Kostengruppen		▷	€/Einheit	◁	KG an 300+400
310	**Baugrube / Erdbau**				
311	Herstellung [m³]	32,00	**60,00**	160,00	2,1%
320	**Gründung, Unterbau**				
322	Flachgründungen und Bodenplatten [m²]	122,00	**151,00**	174,00	5,0%
324	Gründungsbeläge [m²]	82,00	**150,00**	195,00	4,5%
325	Abdichtungen und Bekleidungen [m²]	22,00	**44,00**	74,00	1,6%
326	Dränagen [m²]	8,70	**19,00**	29,00	0,2%
330	**Außenwände/Vertikale Baukonstruktionen, außen**				
331	Tragende Außenwände [m²]	150,00	**170,00**	197,00	5,6%
332	Nichttragende Außenwände [m²]	85,00	**237,00**	388,00	0,5%
333	Außenstützen [m]	98,00	**177,00**	370,00	0,5%
334	Außenwandöffnungen [m²]	694,00	**786,00**	1.123,00	12,6%
335	Außenwandbekleidungen, außen [m²]	124,00	**166,00**	223,00	6,4%
336	Außenwandbekleidungen, innen [m²]	17,00	**41,00**	49,00	1,2%
338	Lichtschutz zur KG 330 [m²]	160,00	**376,00**	592,00	1,4%
339	Sonstiges zur KG 330 [m²]	5,80	**13,00**	16,00	0,4%
340	**Innenwände/Vertikale Baukonstruktionen, innen**				
341	Tragende Innenwände [m²]	99,00	**151,00**	188,00	2,1%
342	Nichttragende Innenwände [m²]	67,00	**95,00**	134,00	1,2%
344	Innenwandöffnungen [m²]	523,00	**718,00**	872,00	3,4%
345	Innenwandbekleidungen [m²]	40,00	**46,00**	50,00	2,2%
346	Elementierte Innenwandkonstruktionen [m²]	498,00	**650,00**	1.100,00	1,9%
350	**Decken/Horizontale Baukonstruktionen**				
351	Deckenkonstruktionen [m²]	99,00	**161,00**	246,00	3,0%
352	Deckenöffnungen [m²]	810,00	**1.908,00**	3.007,00	0,1%
353	Deckenbeläge [m²]	52,00	**89,00**	117,00	1,8%
354	Deckenbekleidungen [m²]	31,00	**74,00**	142,00	1,6%
359	Sonstiges zur KG 350 [m²]	23,00	**35,00**	42,00	0,6%
360	**Dächer**				
361	Dachkonstruktionen [m²]	79,00	**113,00**	137,00	4,7%
362	Dachöffnungen [m²]	1.492,00	**1.923,00**	2.355,00	0,1%
363	Dachbeläge [m²]	101,00	**144,00**	176,00	6,0%
364	Dachbekleidungen [m²]	62,00	**93,00**	113,00	3,3%
369	Sonstiges zur KG 360 [m²]	4,60	**6,10**	6,80	0,1%
370	**Infrastrukturanlagen**				
380	**Baukonstruktive Einbauten**				
381	Allgemeine Einbauten [m² BGF]	5,50	**38,00**	101,00	1,7%
390	**Sonstige Maßnahmen für Baukonstruktionen**				
391	Baustelleneinrichtung [m² BGF]	21,00	**31,00**	66,00	1,8%
392	Gerüste [m² BGF]	10,00	**20,00**	29,00	1,1%
397	Zusätzliche Maßnahmen [m² BGF]	2,30	**5,00**	9,10	0,3%
399	Sonstiges zur KG 390 [m² BGF]	–	**16,00**	–	0,1%

▷ von
ø Mittel
◁ bis

Kostengruppen		▷	€/Einheit	◁	KG an 300+400
	Sonstige Kostengruppen Bauwerk - Baukonstruktion				
	321, 343, 349, 382, 395				0,2%
410	**Abwasser-, Wasser-, Gasanlagen**				
411	Abwasseranlagen [m² BGF]	10,00	**26,00**	37,00	1,4%
412	Wasseranlagen [m² BGF]	32,00	**46,00**	65,00	2,4%
419	Sonstiges zur KG 410 [m² BGF]	5,60	**8,40**	13,00	0,3%
420	**Wärmeversorgungsanlagen**				
421	Wärmeerzeugungsanlagen [m² BGF]	27,00	**39,00**	83,00	2,2%
422	Wärmeverteilnetze [m² BGF]	11,00	**19,00**	26,00	1,1%
423	Raumheizflächen [m² BGF]	22,00	**40,00**	63,00	2,1%
430	**Raumlufttechnische Anlagen**				
431	Lüftungsanlagen [m² BGF]	2,30	**28,00**	53,00	0,7%
440	**Elektrische Anlagen**				
442	Eigenstromversorgungsanlagen [m² BGF]	–	**28,00**	–	0,3%
444	Niederspannungsinstallationsanlagen [m² BGF]	45,00	**70,00**	101,00	3,7%
445	Beleuchtungsanlagen [m² BGF]	42,00	**68,00**	103,00	3,6%
446	Blitzschutz- und Erdungsanlagen [m² BGF]	2,40	**5,40**	11,00	0,3%
450	**Kommunikations-, sicherheits- und informationstechnische Anlagen**				
451	Telekommunikationsanlagen [m² BGF]	1,50	**3,90**	7,80	0,1%
454	Elektroakustische Anlagen [m² BGF]	1,80	**7,00**	9,90	0,2%
456	Gefahrenmelde- und Alarmanlagen [m² BGF]	1,00	**3,30**	4,70	0,1%
457	Datenübertragungsnetze [m² BGF]	1,40	**6,40**	16,00	0,2%
460	**Förderanlagen**				
461	Aufzugsanlagen [m² BGF]	51,00	**54,00**	57,00	1,4%
470	**Nutzungsspezifische und verfahrenstechnische Anlagen**				
471	Küchentechnische Anlagen [m² BGF]	–	**46,00**	–	0,6%
480	**Gebäude- und Anlagenautomation**				
490	**Sonstige Maßnahmen für technische Anlagen**				
	Sonstige Kostengruppen Bauwerk - Technische Anlagen				
	429, 439, 452, 455, 474, 481, 484, 491				0,3%

Gemeindezentren, hoher Standard

Kosten:
Stand 1.Quartal 2021
Bundesdurchschnitt
inkl. 19% MwSt.

Kostengruppen		▷	€/Einheit	◁	KG an 300+400
310	**Baugrube / Erdbau**				
311	Herstellung [m³]	11,00	**44,00**	67,00	1,7%
312	Umschließung [m²]	–	**405,00**	–	0,5%
320	**Gründung, Unterbau**				
322	Flachgründungen und Bodenplatten [m²]	154,00	**184,00**	244,00	5,1%
324	Gründungsbeläge [m²]	114,00	**149,00**	201,00	3,7%
325	Abdichtungen und Bekleidungen [m²]	13,00	**15,00**	19,00	0,4%
326	Dränagen [m²]	–	**11,00**	–	0,1%
330	**Außenwände/Vertikale Baukonstruktionen, außen**				
331	Tragende Außenwände [m²]	166,00	**227,00**	316,00	6,2%
333	Außenstützen [m]	150,00	**289,00**	568,00	0,3%
334	Außenwandöffnungen [m²]	776,00	**809,00**	825,00	6,9%
335	Außenwandbekleidungen, außen [m²]	102,00	**175,00**	312,00	5,3%
336	Außenwandbekleidungen, innen [m²]	58,00	**76,00**	103,00	1,5%
338	Lichtschutz zur KG 330 [m²]	–	**1.093,00**	–	0,1%
339	Sonstiges zur KG 330 [m²]	3,00	**22,00**	36,00	0,8%
340	**Innenwände/Vertikale Baukonstruktionen, innen**				
341	Tragende Innenwände [m²]	82,00	**127,00**	211,00	1,8%
342	Nichttragende Innenwände [m²]	141,00	**217,00**	370,00	2,3%
343	Innenstützen [m]	111,00	**193,00**	235,00	1,2%
344	Innenwandöffnungen [m²]	1.041,00	**1.165,00**	1.375,00	3,8%
345	Innenwandbekleidungen [m²]	35,00	**56,00**	70,00	2,5%
346	Elementierte Innenwandkonstruktionen [m²]	252,00	**384,00**	595,00	1,5%
349	Sonstiges zur KG 340 [m²]	8,30	**8,90**	9,50	0,2%
350	**Decken/Horizontale Baukonstruktionen**				
351	Deckenkonstruktionen [m²]	149,00	**226,00**	372,00	3,3%
353	Deckenbeläge [m²]	172,00	**189,00**	224,00	2,0%
354	Deckenbekleidungen [m²]	18,00	**54,00**	72,00	0,5%
355	Elementierte Deckenkonstruktionen [m²]	–	**749,00**	–	0,8%
359	Sonstiges zur KG 350 [m²]	49,00	**77,00**	95,00	1,2%
360	**Dächer**				
361	Dachkonstruktionen [m²]	127,00	**186,00**	291,00	6,1%
362	Dachöffnungen [m²]	1.806,00	**2.385,00**	2.965,00	1,1%
363	Dachbeläge [m²]	136,00	**168,00**	220,00	5,6%
364	Dachbekleidungen [m²]	64,00	**102,00**	161,00	3,5%
366	Lichtschutz zur KG 360 [m²]	–	**–**	–	0,1%
369	Sonstiges zur KG 360 [m²]	4,00	**8,50**	18,00	0,3%
370	**Infrastrukturanlagen**				
380	**Baukonstruktive Einbauten**				
381	Allgemeine Einbauten [m² BGF]	11,00	**35,00**	82,00	1,7%
382	Besondere Einbauten [m² BGF]	10,00	**29,00**	63,00	1,2%

▷ von
ø Mittel
◁ bis

Kostengruppen		▷	€/Einheit	◁	KG an 300+400
390	**Sonstige Maßnahmen für Baukonstruktionen**				
391	Baustelleneinrichtung [m2 BGF]	5,20	**22,00**	33,00	1,0%
392	Gerüste [m2 BGF]	11,00	**20,00**	39,00	0,9%
393	Sicherungsmaßnahmen [m2 BGF]	–	**8,50**	–	0,1%
397	Zusätzliche Maßnahmen [m2 BGF]	2,00	**7,00**	9,40	0,3%
399	Sonstiges zur KG 390 [m2 BGF]	7,30	**11,00**	14,00	0,3%
	Sonstige Kostengruppen Bauwerk - Baukonstruktion				
	319, 321, 329, 332, 386, 398				0,2%
410	**Abwasser-, Wasser-, Gasanlagen**				
411	Abwasseranlagen [m2 BGF]	22,00	**33,00**	54,00	1,5%
412	Wasseranlagen [m2 BGF]	39,00	**55,00**	87,00	2,5%
420	**Wärmeversorgungsanlagen**				
421	Wärmeerzeugungsanlagen [m2 BGF]	43,00	**55,00**	78,00	2,4%
422	Wärmeverteilnetze [m2 BGF]	21,00	**23,00**	25,00	1,1%
423	Raumheizflächen [m2 BGF]	28,00	**34,00**	41,00	1,5%
429	Sonstiges zur KG 420 [m2 BGF]	4,10	**17,00**	30,00	0,6%
430	**Raumlufttechnische Anlagen**				
431	Lüftungsanlagen [m2 BGF]	18,00	**53,00**	122,00	2,4%
440	**Elektrische Anlagen**				
442	Eigenstromversorgungsanlagen [m2 BGF]	–	**13,00**	–	0,2%
444	Niederspannungsinstallationsanlagen [m2 BGF]	58,00	**77,00**	113,00	3,5%
445	Beleuchtungsanlagen [m2 BGF]	39,00	**85,00**	111,00	3,8%
446	Blitzschutz- und Erdungsanlagen [m2 BGF]	1,40	**4,70**	6,40	0,2%
449	Sonstiges zur KG 440 [m2 BGF]	–	**20,00**	–	0,3%
450	**Kommunikations-, sicherheits- und informationstechnische Anlagen**				
454	Elektroakustische Anlagen [m2 BGF]	–	**41,00**	–	0,5%
460	**Förderanlagen**				
461	Aufzugsanlagen [m2 BGF]	–	**107,00**	–	1,7%
470	**Nutzungsspezifische und verfahrenstechnische Anlagen**				
471	Küchentechnische Anlagen [m2 BGF]	–	**59,00**	–	0,8%
476	Weitere nutzungsspezifische Anlagen [m2 BGF]	–	**40,00**	–	0,5%
480	**Gebäude- und Anlagenautomation**				
481	Automationseinrichtungen [m2 BGF]	–	**20,00**	–	0,3%
490	**Sonstige Maßnahmen für technische Anlagen**				
	Sonstige Kostengruppen Bauwerk - Technische Anlagen				
	413, 451, 452, 455, 456, 457, 474				0,3%

Kostengruppen		▷	€/Einheit	◁	KG an 300+400
310	**Baugrube / Erdbau**				
311	Herstellung [m³]	–	**51,00**	–	2,4%
320	**Gründung, Unterbau**				
322	Flachgründungen und Bodenplatten [m²]	–	**183,00**	–	3,2%
324	Gründungsbeläge [m²]	–	**109,00**	–	1,6%
325	Abdichtungen und Bekleidungen [m²]	–	**28,00**	–	0,5%
326	Dränagen [m²]	–	**15,00**	–	0,3%
330	**Außenwände/Vertikale Baukonstruktionen, außen**				
331	Tragende Außenwände [m²]	–	**133,00**	–	7,5%
332	Nichttragende Außenwände [m²]	–	**57,00**	–	0,6%
333	Außenstützen [m]	–	**213,00**	–	2,2%
334	Außenwandöffnungen [m²]	–	**860,00**	–	13,5%
335	Außenwandbekleidungen, außen [m²]	–	**104,00**	–	7,2%
336	Außenwandbekleidungen, innen [m²]	–	**48,00**	–	3,7%
339	Sonstiges zur KG 330 [m²]	–	**2,70**	–	0,2%
340	**Innenwände/Vertikale Baukonstruktionen, innen**				
341	Tragende Innenwände [m²]	–	**97,00**	–	1,6%
342	Nichttragende Innenwände [m²]	–	**53,00**	–	0,1%
344	Innenwandöffnungen [m²]	–	**830,00**	–	5,8%
345	Innenwandbekleidungen [m²]	–	**20,00**	–	0,8%
346	Elementierte Innenwandkonstruktionen [m²]	–	**502,00**	–	1,5%
350	**Decken/Horizontale Baukonstruktionen**				
351	Deckenkonstruktionen [m²]	–	**112,00**	–	2,0%
353	Deckenbeläge [m²]	–	**259,00**	–	3,8%
354	Deckenbekleidungen [m²]	–	**5,10**	–	0,0%
360	**Dächer**				
361	Dachkonstruktionen [m²]	–	**94,00**	–	5,1%
363	Dachbeläge [m²]	–	**221,00**	–	12,0%
364	Dachbekleidungen [m²]	–	**44,00**	–	1,9%
369	Sonstiges zur KG 360 [m²]	–	**5,40**	–	0,3%
370	**Infrastrukturanlagen**				
380	**Baukonstruktive Einbauten**				
381	Allgemeine Einbauten [m² BGF]	–	**17,00**	–	0,8%
390	**Sonstige Maßnahmen für Baukonstruktionen**				
391	Baustelleneinrichtung [m² BGF]	–	**54,00**	–	2,7%
392	Gerüste [m² BGF]	–	**28,00**	–	1,4%

Kosten:
Stand 1.Quartal 2021
Bundesdurchschnitt
inkl. 19% MwSt.

▷ von
ø Mittel
◁ bis

Kostengruppen		▷	€/Einheit	◁	KG an 300+400
410	**Abwasser-, Wasser-, Gasanlagen**				
411	Abwasseranlagen [m2 BGF]	–	**19,00**	–	1,0%
412	Wasseranlagen [m2 BGF]	–	**35,00**	–	1,8%
420	**Wärmeversorgungsanlagen**				
430	**Raumlufttechnische Anlagen**				
431	Lüftungsanlagen [m2 BGF]	–	**5,40**	–	0,3%
434	Kälteanlagen [m2 BGF]	–	**191,00**	–	9,6%
440	**Elektrische Anlagen**				
444	Niederspannungsinstallationsanlagen [m2 BGF]	–	**70,00**	–	3,5%
445	Beleuchtungsanlagen [m2 BGF]	–	**11,00**	–	0,5%
446	Blitzschutz- und Erdungsanlagen [m2 BGF]	–	**10,00**	–	0,5%
450	**Kommunikations-, sicherheits- und informationstechnische Anlagen**				
460	**Förderanlagen**				
470	**Nutzungsspezifische und verfahrenstechnische Anlagen**				
480	**Gebäude- und Anlagenautomation**				
490	**Sonstige Maßnahmen für technische Anlagen**				

Bauelemente Neubau nach Kostengruppen

Kostenkennwerte für die Kostengruppen der 3. Ebene DIN 276

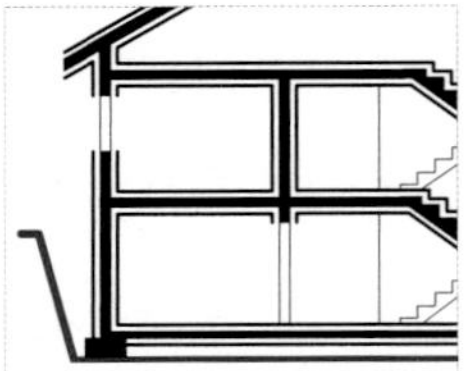

Kosten:
Stand 1.Quartal 2021
Bundesdurchschnitt
inkl. 19% MwSt.

Einheit: m³
Baugrubenrauminhalt /
Erdbaurauminhalt

▷ von
ø Mittel
◁ bis

Gebäudeart	▷	€/Einheit	◁	KG an 300
1 Büro- und Verwaltungsgebäude				
Büro- und Verwaltungsgebäude, einfacher Standard	16,00	**26,00**	35,00	1,4%
Büro- und Verwaltungsgebäude, mittlerer Standard	23,00	**40,00**	114,00	1,5%
Büro- und Verwaltungsgebäude, hoher Standard	31,00	**59,00**	107,00	1,5%
2 Gebäude für Forschung und Lehre				
Instituts- und Laborgebäude	31,00	**34,00**	43,00	0,6%
3 Gebäude des Gesundheitswesens				
Medizinische Einrichtungen	23,00	**39,00**	66,00	1,9%
Pflegeheime	16,00	**26,00**	36,00	2,5%
4 Schulen und Kindergärten				
Allgemeinbildende Schulen	16,00	**36,00**	64,00	2,5%
Berufliche Schulen	18,00	**31,00**	41,00	1,8%
Förder- und Sonderschulen	12,00	**29,00**	54,00	1,2%
Weiterbildungseinrichtungen	22,00	**24,00**	25,00	2,2%
Kindergärten, nicht unterkellert, einfacher Standard	–	**35,00**	–	0,9%
Kindergärten, nicht unterkellert, mittlerer Standard	19,00	**30,00**	39,00	1,5%
Kindergärten, nicht unterkellert, hoher Standard	5,80	**20,00**	34,00	0,2%
Kindergärten, Holzbauweise, nicht unterkellert	26,00	**44,00**	91,00	1,6%
Kindergärten, unterkellert	14,00	**27,00**	33,00	3,0%
5 Sportbauten				
Sport- und Mehrzweckhallen	13,00	**29,00**	45,00	2,7%
Sporthallen (Einfeldhallen)	20,00	**27,00**	38,00	3,3%
Sporthallen (Dreifeldhallen)	19,00	**23,00**	28,00	2,9%
Schwimmhallen	–	**–**	–	–
6 Wohngebäude				
Ein- und Zweifamilienhäuser				
Ein- und Zweifamilienhäuser, unterkellert, einfacher Standard	19,00	**27,00**	42,00	4,5%
Ein- und Zweifamilienhäuser, unterkellert, mittlerer Standard	23,00	**32,00**	44,00	4,4%
Ein- und Zweifamilienhäuser, unterkellert, hoher Standard	5,50	**20,00**	27,00	2,8%
Ein- und Zweifamilienhäuser, nicht unterkellert, einfacher Standard	20,00	**43,00**	66,00	1,5%
Ein- und Zweifamilienhäuser, nicht unterkellert, mittlerer Standard	24,00	**35,00**	65,00	1,4%
Ein- und Zweifamilienhäuser, nicht unterkellert, hoher Standard	26,00	**54,00**	87,00	1,7%
Ein- und Zweifamilienhäuser, Passivhausstandard, Massivbau	19,00	**33,00**	75,00	2,6%
Ein- und Zweifamilienhäuser, Passivhausstandard, Holzbau	26,00	**42,00**	67,00	2,0%
Ein- und Zweifamilienhäuser, Holzbauweise, unterkellert	17,00	**26,00**	40,00	2,8%
Ein- und Zweifamilienhäuser, Holzbauweise, nicht unterkellert	15,00	**40,00**	105,00	1,4%
Doppel- und Reihenendhäuser, einfacher Standard	51,00	**63,00**	75,00	1,8%
Doppel- und Reihenendhäuser, mittlerer Standard	16,00	**36,00**	54,00	2,7%
Doppel- und Reihenendhäuser, hoher Standard	24,00	**36,00**	56,00	3,2%
Reihenhäuser, einfacher Standard	38,00	**58,00**	78,00	1,5%
Reihenhäuser, mittlerer Standard	43,00	**56,00**	74,00	2,9%
Reihenhäuser, hoher Standard	24,00	**38,00**	65,00	2,9%
Mehrfamilienhäuser				
Mehrfamilienhäuser, mit bis zu 6 WE, einfacher Standard	5,60	**16,00**	21,00	1,7%
Mehrfamilienhäuser, mit bis zu 6 WE, mittlerer Standard	33,00	**48,00**	101,00	2,6%
Mehrfamilienhäuser, mit bis zu 6 WE, hoher Standard	19,00	**27,00**	40,00	2,5%

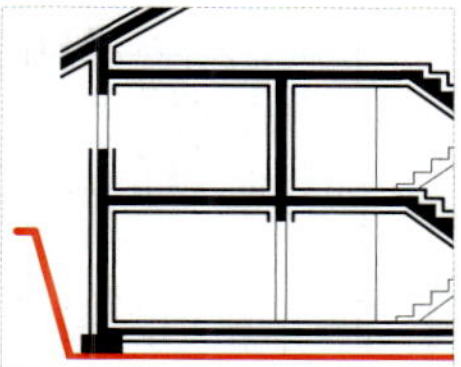

Gebäudeart	▷	€/Einheit	◁	KG an 300
Mehrfamilienhäuser (Fortsetzung)				
Mehrfamilienhäuser, mit 6 bis 19 WE, einfacher Standard	26,00	**33,00**	37,00	2,6%
Mehrfamilienhäuser, mit 6 bis 19 WE, mittlerer Standard	21,00	**40,00**	62,00	3,9%
Mehrfamilienhäuser, mit 6 bis 19 WE, hoher Standard	29,00	**37,00**	52,00	3,8%
Mehrfamilienhäuser, mit 20 oder mehr WE, einfacher Standard	17,00	**27,00**	49,00	1,8%
Mehrfamilienhäuser, mit 20 oder mehr WE, mittlerer Standard	30,00	**66,00**	84,00	3,9%
Mehrfamilienhäuser, mit 20 oder mehr WE, hoher Standard	20,00	**26,00**	36,00	4,0%
Mehrfamilienhäuser, Passivhäuser	20,00	**25,00**	28,00	2,5%
Wohnhäuser, mit bis zu 15% Mischnutzung, einfacher Standard	31,00	**37,00**	49,00	2,6%
Wohnhäuser, mit bis zu 15% Mischnutzung, mittlerer Standard	10,00	**24,00**	31,00	1,3%
Wohnhäuser, mit bis zu 15% Mischnutzung, hoher Standard	–	**27,00**	–	1,0%
Wohnhäuser, mit mehr als 15% Mischnutzung	23,00	**32,00**	49,00	2,0%
Seniorenwohnungen				
Seniorenwohnungen, mittlerer Standard	23,00	**38,00**	64,00	2,1%
Seniorenwohnungen, hoher Standard	38,00	**73,00**	108,00	5,0%
Beherbergung				
Wohnheime und Internate	26,00	**38,00**	60,00	1,8%
7 Gewerbegebäude				
Gaststätten und Kantinen				
Gaststätten, Kantinen und Mensen	–	**53,00**	–	5,1%
Gebäude für Produktion				
Industrielle Produktionsgebäude, Massivbauweise	14,00	**20,00**	22,00	1,2%
Industrielle Produktionsgebäude, überwiegend Skelettbauweise	12,00	**45,00**	77,00	2,1%
Betriebs- und Werkstätten, eingeschossig	12,00	**17,00**	21,00	2,4%
Betriebs- und Werkstätten, mehrgeschossig, geringer Hallenanteil	29,00	**33,00**	41,00	2,7%
Betriebs- und Werkstätten, mehrgeschossig, hoher Hallenanteil	23,00	**38,00**	60,00	2,6%
Gebäude für Handel und Lager				
Geschäftshäuser, mit Wohnungen	15,00	**20,00**	25,00	2,1%
Geschäftshäuser, ohne Wohnungen	30,00	**37,00**	44,00	3,8%
Verbrauchermärkte	27,00	**37,00**	47,00	1,0%
Autohäuser	9,00	**14,00**	18,00	5,7%
Lagergebäude, ohne Mischnutzung	15,00	**32,00**	53,00	3,2%
Lagergebäude, mit bis zu 25% Mischnutzung	18,00	**27,00**	31,00	1,3%
Lagergebäude, mit mehr als 25% Mischnutzung	7,80	**30,00**	52,00	0,5%
Garagen und Bereitschaftsdienste				
Einzel-, Mehrfach- und Hochgaragen	11,00	**25,00**	38,00	0,8%
Tiefgaragen	–	**40,00**	–	12,7%
Feuerwehrhäuser	12,00	**18,00**	28,00	1,6%
Öffentliche Bereitschaftsdienste	13,00	**31,00**	38,00	3,1%
9 Kulturgebäude				
Gebäude für kulturelle Zwecke				
Bibliotheken, Museen und Ausstellungen	19,00	**46,00**	141,00	2,0%
Theater	23,00	**27,00**	31,00	2,0%
Gemeindezentren, einfacher Standard	26,00	**50,00**	85,00	4,1%
Gemeindezentren, mittlerer Standard	32,00	**60,00**	160,00	2,8%
Gemeindezentren, hoher Standard	11,00	**44,00**	67,00	2,2%
Gebäude für religiöse Zwecke				
Sakralbauten	–	**–**	–	–
Friedhofsgebäude	–	**51,00**	–	2,9%

Einheit: m³
Baugrubenrauminhalt / Erdbaurauminhalt

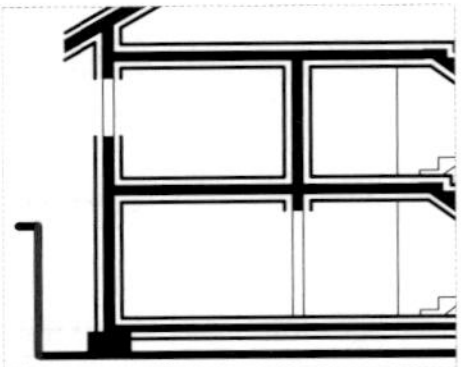

Kosten:
Stand 1.Quartal 2021
Bundesdurchschnitt
inkl. 19% MwSt.

Einheit: m²
Umschließungsfläche

▷ von
ø Mittel
◁ bis

Gebäudeart	▷	€/Einheit	◁	KG an 300
1 Büro- und Verwaltungsgebäude				
Büro- und Verwaltungsgebäude, einfacher Standard	–	**–**	–	–
Büro- und Verwaltungsgebäude, mittlerer Standard	17,00	**94,00**	148,00	0,3%
Büro- und Verwaltungsgebäude, hoher Standard	1,50	**218,00**	359,00	0,7%
2 Gebäude für Forschung und Lehre				
Instituts- und Laborgebäude	–	**–**	–	–
3 Gebäude des Gesundheitswesens				
Medizinische Einrichtungen	–	**258,00**	–	0,8%
Pflegeheime	5,30	**35,00**	93,00	0,2%
4 Schulen und Kindergärten				
Allgemeinbildende Schulen	250,00	**250,00**	250,00	0,1%
Berufliche Schulen	1,50	**196,00**	390,00	0,1%
Förder- und Sonderschulen	–	**0,70**	–	0,0%
Weiterbildungseinrichtungen	5,30	**26,00**	47,00	0,1%
Kindergärten, nicht unterkellert, einfacher Standard	–	**–**	–	–
Kindergärten, nicht unterkellert, mittlerer Standard	–	**7,70**	–	0,0%
Kindergärten, nicht unterkellert, hoher Standard	–	**–**	–	–
Kindergärten, Holzbauweise, nicht unterkellert	–	**–**	–	–
Kindergärten, unterkellert	3,70	**4,30**	4,80	0,0%
5 Sportbauten				
Sport- und Mehrzweckhallen	–	**2,70**	–	0,1%
Sporthallen (Einfeldhallen)	–	**–**	–	–
Sporthallen (Dreifeldhallen)	–	**59,00**	–	0,1%
Schwimmhallen	–	**–**	–	–
6 Wohngebäude				
Ein- und Zweifamilienhäuser				
Ein- und Zweifamilienhäuser, unterkellert, einfacher Standard	–	**–**	–	–
Ein- und Zweifamilienhäuser, unterkellert, mittlerer Standard	–	**–**	–	–
Ein- und Zweifamilienhäuser, unterkellert, hoher Standard	–	**3,10**	–	0,0%
Ein- und Zweifamilienhäuser, nicht unterkellert, einfacher Standard	–	**–**	–	–
Ein- und Zweifamilienhäuser, nicht unterkellert, mittlerer Standard	–	**–**	–	–
Ein- und Zweifamilienhäuser, nicht unterkellert, hoher Standard	–	**–**	–	–
Ein- und Zweifamilienhäuser, Passivhausstandard, Massivbau	–	**172,00**	–	0,6%
Ein- und Zweifamilienhäuser, Passivhausstandard, Holzbau	–	**–**	–	–
Ein- und Zweifamilienhäuser, Holzbauweise, unterkellert	–	**2,70**	–	0,0%
Ein- und Zweifamilienhäuser, Holzbauweise, nicht unterkellert	–	**–**	–	–
Doppel- und Reihenendhäuser, einfacher Standard	–	**3,40**	–	0,0%
Doppel- und Reihenendhäuser, mittlerer Standard	–	**6,60**	–	0,0%
Doppel- und Reihenendhäuser, hoher Standard	–	**4,60**	–	0,0%
Reihenhäuser, einfacher Standard	–	**–**	–	–
Reihenhäuser, mittlerer Standard	–	**–**	–	–
Reihenhäuser, hoher Standard	–	**–**	–	–
Mehrfamilienhäuser				
Mehrfamilienhäuser, mit bis zu 6 WE, einfacher Standard	–	**–**	–	–
Mehrfamilienhäuser, mit bis zu 6 WE, mittlerer Standard	–	**3,10**	–	0,1%
Mehrfamilienhäuser, mit bis zu 6 WE, hoher Standard	2,40	**21,00**	40,00	0,1%

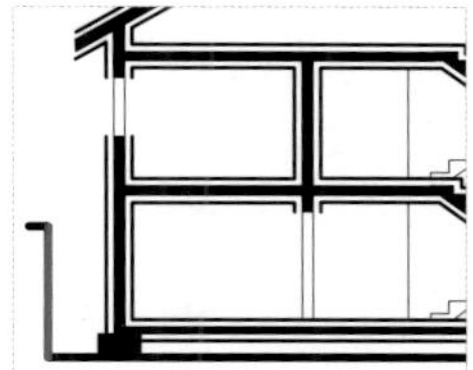

Einheit: m²
Umschließungsfläche

Gebäudeart	▷	€/Einheit	◁	KG an 300
Mehrfamilienhäuser (Fortsetzung)				
Mehrfamilienhäuser, mit 6 bis 19 WE, einfacher Standard	–	**–**	–	–
Mehrfamilienhäuser, mit 6 bis 19 WE, mittlerer Standard	1,80	**1,80**	1,80	0,1%
Mehrfamilienhäuser, mit 6 bis 19 WE, hoher Standard	86,00	**207,00**	382,00	0,7%
Mehrfamilienhäuser, mit 20 oder mehr WE, einfacher Standard	88,00	**144,00**	200,00	1,5%
Mehrfamilienhäuser, mit 20 oder mehr WE, mittlerer Standard	–	**–**	–	–
Mehrfamilienhäuser, mit 20 oder mehr WE, hoher Standard	3,30	**207,00**	412,00	0,5%
Mehrfamilienhäuser, Passivhäuser	–	**–**	–	–
Wohnhäuser, mit bis zu 15% Mischnutzung, einfacher Standard	–	**360,00**	–	0,4%
Wohnhäuser, mit bis zu 15% Mischnutzung, mittlerer Standard	–	**–**	–	–
Wohnhäuser, mit bis zu 15% Mischnutzung, hoher Standard	–	**618,00**	–	5,0%
Wohnhäuser, mit mehr als 15% Mischnutzung	–	**–**	–	–
Seniorenwohnungen				
Seniorenwohnungen, mittlerer Standard	1,60	**2,20**	2,70	0,0%
Seniorenwohnungen, hoher Standard	–	**–**	–	–
Beherbergung				
Wohnheime und Internate	–	**236,00**	–	0,1%
7 Gewerbegebäude				
Gaststätten und Kantinen				
Gaststätten, Kantinen und Mensen	–	**–**	–	–
Gebäude für Produktion				
Industrielle Produktionsgebäude, Massivbauweise	–	**–**	–	–
Industrielle Produktionsgebäude, überwiegend Skelettbauweise	–	**2,20**	–	0,0%
Betriebs- und Werkstätten, eingeschossig	–	**–**	–	–
Betriebs- und Werkstätten, mehrgeschossig, geringer Hallenanteil	–	**–**	–	–
Betriebs- und Werkstätten, mehrgeschossig, hoher Hallenanteil	–	**–**	–	–
Gebäude für Handel und Lager				
Geschäftshäuser, mit Wohnungen	–	**619,00**	–	4,1%
Geschäftshäuser, ohne Wohnungen	–	**–**	–	–
Verbrauchermärkte	–	**–**	–	–
Autohäuser	–	**904,00**	–	18,1%
Lagergebäude, ohne Mischnutzung	–	**–**	–	–
Lagergebäude, mit bis zu 25% Mischnutzung	–	**1,20**	–	0,0%
Lagergebäude, mit mehr als 25% Mischnutzung	–	**–**	–	–
Garagen und Bereitschaftsdienste				
Einzel-, Mehrfach- und Hochgaragen	–	**–**	–	–
Tiefgaragen	–	**–**	–	–
Feuerwehrhäuser	–	**–**	–	–
Öffentliche Bereitschaftsdienste	–	**–**	–	–
9 Kulturgebäude				
Gebäude für kulturelle Zwecke				
Bibliotheken, Museen und Ausstellungen	0,80	**18,00**	35,00	0,0%
Theater	–	**–**	–	–
Gemeindezentren, einfacher Standard	–	**–**	–	–
Gemeindezentren, mittlerer Standard	–	**–**	–	–
Gemeindezentren, hoher Standard	–	**405,00**	–	0,7%
Gebäude für religiöse Zwecke				
Sakralbauten	–	**–**	–	–
Friedhofsgebäude	–	**–**	–	–

313 Wasserhaltung

Kosten:
Stand 1.Quartal 2021
Bundesdurchschnitt
inkl. 19% MwSt.

Einheit: m³
Wasserhaltungsvolumen

Gebäudeart	▷	€/Einheit	◁	KG an 300
1 Büro- und Verwaltungsgebäude				
Büro- und Verwaltungsgebäude, einfacher Standard	–	**–**	–	–
Büro- und Verwaltungsgebäude, mittlerer Standard	1,60	**3,50**	5,90	0,1%
Büro- und Verwaltungsgebäude, hoher Standard	2,70	**10,00**	18,00	0,1%
2 Gebäude für Forschung und Lehre				
Instituts- und Laborgebäude	–	**79,00**	–	0,2%
3 Gebäude des Gesundheitswesens				
Medizinische Einrichtungen	–	**43,00**	–	0,4%
Pflegeheime	12,00	**12,00**	12,00	0,1%
4 Schulen und Kindergärten				
Allgemeinbildende Schulen	0,40	**0,40**	0,40	0,0%
Berufliche Schulen	1,00	**3,20**	5,40	0,1%
Förder- und Sonderschulen	0,20	**0,50**	0,80	0,0%
Weiterbildungseinrichtungen	–	**–**	–	–
Kindergärten, nicht unterkellert, einfacher Standard	–	**–**	–	–
Kindergärten, nicht unterkellert, mittlerer Standard	–	**–**	–	–
Kindergärten, nicht unterkellert, hoher Standard	–	**–**	–	–
Kindergärten, Holzbauweise, nicht unterkellert	–	**–**	–	–
Kindergärten, unterkellert	–	**–**	–	–
5 Sportbauten				
Sport- und Mehrzweckhallen	–	**–**	–	–
Sporthallen (Einfeldhallen)	–	**–**	–	–
Sporthallen (Dreifeldhallen)	–	**1,20**	–	0,0%
Schwimmhallen	–	**–**	–	–
6 Wohngebäude				
Ein- und Zweifamilienhäuser				
Ein- und Zweifamilienhäuser, unterkellert, einfacher Standard	3,40	**3,40**	3,40	0,1%
Ein- und Zweifamilienhäuser, unterkellert, mittlerer Standard	4,90	**14,00**	29,00	0,3%
Ein- und Zweifamilienhäuser, unterkellert, hoher Standard	–	**–**	–	–
Ein- und Zweifamilienhäuser, nicht unterkellert, einfacher Standard	–	**–**	–	–
Ein- und Zweifamilienhäuser, nicht unterkellert, mittlerer Standard	–	**–**	–	0,0%
Ein- und Zweifamilienhäuser, nicht unterkellert, hoher Standard	–	**0,20**	–	0,0%
Ein- und Zweifamilienhäuser, Passivhausstandard, Massivbau	–	**22,00**	–	0,2%
Ein- und Zweifamilienhäuser, Passivhausstandard, Holzbau	–	**–**	–	–
Ein- und Zweifamilienhäuser, Holzbauweise, unterkellert	–	**3,30**	–	0,0%
Ein- und Zweifamilienhäuser, Holzbauweise, nicht unterkellert	–	**–**	–	–
Doppel- und Reihenendhäuser, einfacher Standard	–	**–**	–	–
Doppel- und Reihenendhäuser, mittlerer Standard	–	**–**	–	0,1%
Doppel- und Reihenendhäuser, hoher Standard	–	**9,00**	–	0,1%
Reihenhäuser, einfacher Standard	–	**–**	–	–
Reihenhäuser, mittlerer Standard	–	**–**	–	–
Reihenhäuser, hoher Standard	–	**–**	–	–
Mehrfamilienhäuser				
Mehrfamilienhäuser, mit bis zu 6 WE, einfacher Standard	–	**–**	–	–
Mehrfamilienhäuser, mit bis zu 6 WE, mittlerer Standard	–	**3,30**	–	0,1%
Mehrfamilienhäuser, mit bis zu 6 WE, hoher Standard	–	**–**	–	–

▷ von
ø Mittel
◁ bis

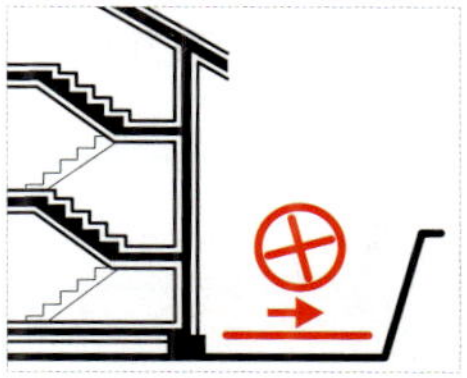

Einheit: m³
Wasserhaltungsvolumen

Gebäudeart	▷	€/Einheit	◁	KG an 300
Mehrfamilienhäuser (Fortsetzung)				
Mehrfamilienhäuser, mit 6 bis 19 WE, einfacher Standard	–	**7,00**	–	0,1%
Mehrfamilienhäuser, mit 6 bis 19 WE, mittlerer Standard	–	**0,40**	–	0,0%
Mehrfamilienhäuser, mit 6 bis 19 WE, hoher Standard	3,40	**6,40**	9,40	0,1%
Mehrfamilienhäuser, mit 20 oder mehr WE, einfacher Standard	–	**6,40**	–	0,2%
Mehrfamilienhäuser, mit 20 oder mehr WE, mittlerer Standard	1,00	**1,70**	3,00	0,1%
Mehrfamilienhäuser, mit 20 oder mehr WE, hoher Standard	1,00	**2,90**	4,90	0,2%
Mehrfamilienhäuser, Passivhäuser	1,70	**3,30**	6,50	0,2%
Wohnhäuser, mit bis zu 15% Mischnutzung, einfacher Standard	–	**10,00**	–	0,2%
Wohnhäuser, mit bis zu 15% Mischnutzung, mittlerer Standard	–	**–**	–	–
Wohnhäuser, mit bis zu 15% Mischnutzung, hoher Standard	–	**11,00**	–	0,4%
Wohnhäuser, mit mehr als 15% Mischnutzung	–	**–**	–	–
Seniorenwohnungen				
Seniorenwohnungen, mittlerer Standard	–	**0,60**	–	0,0%
Seniorenwohnungen, hoher Standard	–	**–**	–	–
Beherbergung				
Wohnheime und Internate	–	**1,50**	–	0,0%
7 Gewerbegebäude				
Gaststätten und Kantinen				
Gaststätten, Kantinen und Mensen	–	**–**	–	–
Gebäude für Produktion				
Industrielle Produktionsgebäude, Massivbauweise	–	**–**	–	–
Industrielle Produktionsgebäude, überwiegend Skelettbauweise	–	**3,30**	–	0,0%
Betriebs- und Werkstätten, eingeschossig	–	**–**	–	–
Betriebs- und Werkstätten, mehrgeschossig, geringer Hallenanteil	0,20	**0,20**	0,20	0,0%
Betriebs- und Werkstätten, mehrgeschossig, hoher Hallenanteil	2,80	**9,10**	15,00	0,2%
Gebäude für Handel und Lager				
Geschäftshäuser, mit Wohnungen	–	**–**	–	–
Geschäftshäuser, ohne Wohnungen	–	**–**	–	–
Verbrauchermärkte	–	**–**	–	–
Autohäuser	–	**–**	–	–
Lagergebäude, ohne Mischnutzung	–	**–**	–	–
Lagergebäude, mit bis zu 25% Mischnutzung	–	**–**	–	–
Lagergebäude, mit mehr als 25% Mischnutzung	–	**–**	–	–
Garagen und Bereitschaftsdienste				
Einzel-, Mehrfach- und Hochgaragen	–	**–**	–	–
Tiefgaragen	–	**–**	–	–
Feuerwehrhäuser	–	**0,20**	–	0,0%
Öffentliche Bereitschaftsdienste	–	**0,60**	–	0,0%
9 Kulturgebäude				
Gebäude für kulturelle Zwecke				
Bibliotheken, Museen und Ausstellungen	–	**–**	–	0,0%
Theater	–	**3,30**	–	0,2%
Gemeindezentren, einfacher Standard	–	**–**	–	–
Gemeindezentren, mittlerer Standard	–	**–**	–	–
Gemeindezentren, hoher Standard	–	**–**	–	–
Gebäude für religiöse Zwecke				
Sakralbauten	–	**–**	–	–
Friedhofsgebäude	–	**–**	–	–

321 Baugrund-verbesserung

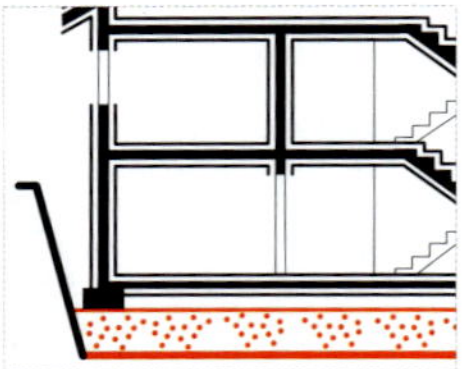

Kosten:
Stand 1.Quartal 2021
Bundesdurchschnitt
inkl. 19% MwSt.

Einheit: m²
Baugrundverbesserungs-
fläche

▷ von
ø Mittel
◁ bis

Gebäudeart	▷	€/Einheit	◁	KG an 300
1 Büro- und Verwaltungsgebäude				
Büro- und Verwaltungsgebäude, einfacher Standard	17,00	**17,00**	17,00	0,8%
Büro- und Verwaltungsgebäude, mittlerer Standard	11,00	**35,00**	85,00	0,4%
Büro- und Verwaltungsgebäude, hoher Standard	14,00	**24,00**	54,00	0,2%
2 Gebäude für Forschung und Lehre				
Instituts- und Laborgebäude	–	**–**	–	0,6%
3 Gebäude des Gesundheitswesens				
Medizinische Einrichtungen	5,30	**11,00**	21,00	0,5%
Pflegeheime	1,20	**16,00**	25,00	0,6%
4 Schulen und Kindergärten				
Allgemeinbildende Schulen	6,90	**16,00**	44,00	0,6%
Berufliche Schulen	–	**31,00**	–	0,7%
Förder- und Sonderschulen	9,10	**44,00**	61,00	0,9%
Weiterbildungseinrichtungen	–	**–**	–	–
Kindergärten, nicht unterkellert, einfacher Standard	–	**52,00**	–	4,4%
Kindergärten, nicht unterkellert, mittlerer Standard	4,40	**9,30**	14,00	0,2%
Kindergärten, nicht unterkellert, hoher Standard	23,00	**52,00**	81,00	3,0%
Kindergärten, Holzbauweise, nicht unterkellert	4,70	**22,00**	39,00	0,2%
Kindergärten, unterkellert	–	**–**	–	–
5 Sportbauten				
Sport- und Mehrzweckhallen	–	**26,00**	–	0,4%
Sporthallen (Einfeldhallen)	8,00	**25,00**	42,00	1,3%
Sporthallen (Dreifeldhallen)	4,50	**25,00**	65,00	0,2%
Schwimmhallen	–	**–**	–	–
6 Wohngebäude				
Ein- und Zweifamilienhäuser				
Ein- und Zweifamilienhäuser, unterkellert, einfacher Standard	–	**195,00**	–	0,0%
Ein- und Zweifamilienhäuser, unterkellert, mittlerer Standard	–	**63,00**	–	0,0%
Ein- und Zweifamilienhäuser, unterkellert, hoher Standard	10,00	**11,00**	12,00	0,1%
Ein- und Zweifamilienhäuser, nicht unterkellert, einfacher Standard	–	**46,00**	–	1,7%
Ein- und Zweifamilienhäuser, nicht unterkellert, mittlerer Standard	29,00	**37,00**	58,00	0,3%
Ein- und Zweifamilienhäuser, nicht unterkellert, hoher Standard	25,00	**45,00**	66,00	0,7%
Ein- und Zweifamilienhäuser, Passivhausstandard, Massivbau	13,00	**29,00**	46,00	0,3%
Ein- und Zweifamilienhäuser, Passivhausstandard, Holzbau	19,00	**38,00**	49,00	0,3%
Ein- und Zweifamilienhäuser, Holzbauweise, unterkellert	–	**–**	–	–
Ein- und Zweifamilienhäuser, Holzbauweise, nicht unterkellert	22,00	**37,00**	65,00	0,9%
Doppel- und Reihenendhäuser, einfacher Standard	–	**–**	–	–
Doppel- und Reihenendhäuser, mittlerer Standard	–	**14,00**	–	0,1%
Doppel- und Reihenendhäuser, hoher Standard	–	**–**	–	–
Reihenhäuser, einfacher Standard	–	**–**	–	–
Reihenhäuser, mittlerer Standard	–	**26,00**	–	0,2%
Reihenhäuser, hoher Standard	–	**5,00**	–	0,0%
Mehrfamilienhäuser				
Mehrfamilienhäuser, mit bis zu 6 WE, einfacher Standard	–	**31,00**	–	0,4%
Mehrfamilienhäuser, mit bis zu 6 WE, mittlerer Standard	–	**9,60**	–	0,0%
Mehrfamilienhäuser, mit bis zu 6 WE, hoher Standard	–	**–**	–	–

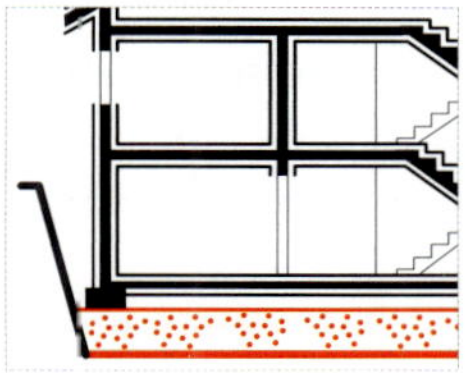

Einheit: m²
Baugrundverbesserungs-
fläche

Gebäudeart	▷	€/Einheit	◁	KG an 300
Mehrfamilienhäuser (Fortsetzung)				
Mehrfamilienhäuser, mit 6 bis 19 WE, einfacher Standard	–	**–**	–	–
Mehrfamilienhäuser, mit 6 bis 19 WE, mittlerer Standard	–	**–**	–	–
Mehrfamilienhäuser, mit 6 bis 19 WE, hoher Standard	17,00	**56,00**	96,00	0,5%
Mehrfamilienhäuser, mit 20 oder mehr WE, einfacher Standard	–	**–**	–	–
Mehrfamilienhäuser, mit 20 oder mehr WE, mittlerer Standard	102,00	**130,00**	157,00	1,5%
Mehrfamilienhäuser, mit 20 oder mehr WE, hoher Standard	14,00	**15,00**	17,00	0,2%
Mehrfamilienhäuser, Passivhäuser	–	**21,00**	–	0,1%
Wohnhäuser, mit bis zu 15% Mischnutzung, einfacher Standard	–	**22,00**	–	0,2%
Wohnhäuser, mit bis zu 15% Mischnutzung, mittlerer Standard	–	**–**	–	–
Wohnhäuser, mit bis zu 15% Mischnutzung, hoher Standard	–	**47,00**	–	0,5%
Wohnhäuser, mit mehr als 15% Mischnutzung	–	**–**	–	–
Seniorenwohnungen				
Seniorenwohnungen, mittlerer Standard	3,90	**8,70**	16,00	0,2%
Seniorenwohnungen, hoher Standard	–	**49,00**	–	0,6%
Beherbergung				
Wohnheime und Internate	46,00	**69,00**	107,00	0,4%
7 Gewerbegebäude				
Gaststätten und Kantinen				
Gaststätten, Kantinen und Mensen	–	**–**	–	–
Gebäude für Produktion				
Industrielle Produktionsgebäude, Massivbauweise	–	**13,00**	–	0,3%
Industrielle Produktionsgebäude, überwiegend Skelettbauweise	48,00	**81,00**	115,00	0,8%
Betriebs- und Werkstätten, eingeschossig	32,00	**46,00**	60,00	4,3%
Betriebs- und Werkstätten, mehrgeschossig, geringer Hallenanteil	–	**–**	–	–
Betriebs- und Werkstätten, mehrgeschossig, hoher Hallenanteil	13,00	**26,00**	45,00	2,2%
Gebäude für Handel und Lager				
Geschäftshäuser, mit Wohnungen	–	**7,50**	–	0,1%
Geschäftshäuser, ohne Wohnungen	–	**–**	–	–
Verbrauchermärkte	–	**18,00**	–	1,0%
Autohäuser	–	**68,00**	–	2,3%
Lagergebäude, ohne Mischnutzung	39,00	**123,00**	375,00	1,6%
Lagergebäude, mit bis zu 25% Mischnutzung	16,00	**16,00**	16,00	1,1%
Lagergebäude, mit mehr als 25% Mischnutzung	45,00	**48,00**	51,00	1,6%
Garagen und Bereitschaftsdienste				
Einzel-, Mehrfach- und Hochgaragen	15,00	**15,00**	15,00	0,4%
Tiefgaragen	–	**–**	–	–
Feuerwehrhäuser	39,00	**45,00**	51,00	2,3%
Öffentliche Bereitschaftsdienste	8,90	**13,00**	16,00	1,1%
9 Kulturgebäude				
Gebäude für kulturelle Zwecke				
Bibliotheken, Museen und Ausstellungen	7,60	**24,00**	34,00	0,5%
Theater	–	**–**	–	–
Gemeindezentren, einfacher Standard	4,10	**8,80**	13,00	0,3%
Gemeindezentren, mittlerer Standard	–	**3,40**	–	0,0%
Gemeindezentren, hoher Standard	–	**6,50**	–	0,1%
Gebäude für religiöse Zwecke				
Sakralbauten	–	**–**	–	–
Friedhofsgebäude	–	**–**	–	–

322 Flachgründungen und Bodenplatten

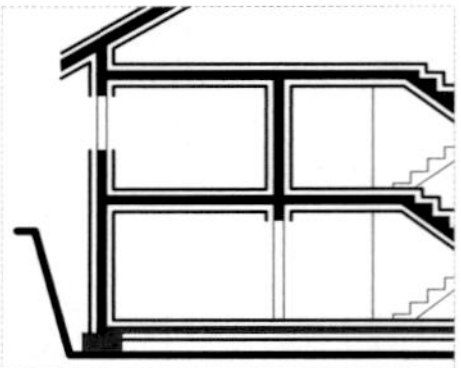

Kosten:
Stand 1.Quartal 2021
Bundesdurchschnitt
inkl. 19% MwSt.

Einheit: m²
Flachgründungsfläche

▷ von
ø Mittel
◁ bis

Gebäudeart	▷	€/Einheit	◁	KG an 300
1 Büro- und Verwaltungsgebäude				
Büro- und Verwaltungsgebäude, einfacher Standard	117,00	**156,00**	271,00	7,8%
Büro- und Verwaltungsgebäude, mittlerer Standard	144,00	**184,00**	245,00	5,2%
Büro- und Verwaltungsgebäude, hoher Standard	112,00	**179,00**	228,00	3,5%
2 Gebäude für Forschung und Lehre				
Instituts- und Laborgebäude	139,00	**163,00**	189,00	7,1%
3 Gebäude des Gesundheitswesens				
Medizinische Einrichtungen	138,00	**218,00**	375,00	5,3%
Pflegeheime	94,00	**186,00**	277,00	6,2%
4 Schulen und Kindergärten				
Allgemeinbildende Schulen	123,00	**172,00**	226,00	7,5%
Berufliche Schulen	95,00	**125,00**	181,00	6,3%
Förder- und Sonderschulen	121,00	**137,00**	165,00	4,1%
Weiterbildungseinrichtungen	78,00	**209,00**	288,00	6,0%
Kindergärten, nicht unterkellert, einfacher Standard	–	**129,00**	–	10,8%
Kindergärten, nicht unterkellert, mittlerer Standard	73,00	**113,00**	137,00	6,5%
Kindergärten, nicht unterkellert, hoher Standard	82,00	**83,00**	83,00	4,4%
Kindergärten, Holzbauweise, nicht unterkellert	88,00	**129,00**	210,00	8,0%
Kindergärten, unterkellert	112,00	**134,00**	171,00	6,2%
5 Sportbauten				
Sport- und Mehrzweckhallen	128,00	**155,00**	205,00	7,9%
Sporthallen (Einfeldhallen)	84,00	**111,00**	158,00	6,1%
Sporthallen (Dreifeldhallen)	87,00	**104,00**	126,00	4,6%
Schwimmhallen	–	**–**	–	–
6 Wohngebäude				
Ein- und Zweifamilienhäuser				
Ein- und Zweifamilienhäuser, unterkellert, einfacher Standard	79,00	**86,00**	98,00	3,9%
Ein- und Zweifamilienhäuser, unterkellert, mittlerer Standard	98,00	**120,00**	141,00	4,0%
Ein- und Zweifamilienhäuser, unterkellert, hoher Standard	123,00	**158,00**	199,00	4,7%
Ein- und Zweifamilienhäuser, nicht unterkellert, einfacher Standard	150,00	**155,00**	159,00	7,9%
Ein- und Zweifamilienhäuser, nicht unterkellert, mittlerer Standard	98,00	**135,00**	153,00	6,2%
Ein- und Zweifamilienhäuser, nicht unterkellert, hoher Standard	116,00	**164,00**	222,00	5,9%
Ein- und Zweifamilienhäuser, Passivhausstandard, Massivbau	95,00	**122,00**	159,00	3,9%
Ein- und Zweifamilienhäuser, Passivhausstandard, Holzbau	106,00	**154,00**	264,00	4,9%
Ein- und Zweifamilienhäuser, Holzbauweise, unterkellert	107,00	**128,00**	216,00	4,1%
Ein- und Zweifamilienhäuser, Holzbauweise, nicht unterkellert	115,00	**129,00**	162,00	5,2%
Doppel- und Reihenendhäuser, einfacher Standard	98,00	**145,00**	171,00	6,5%
Doppel- und Reihenendhäuser, mittlerer Standard	90,00	**117,00**	143,00	4,1%
Doppel- und Reihenendhäuser, hoher Standard	95,00	**119,00**	139,00	3,9%
Reihenhäuser, einfacher Standard	100,00	**117,00**	135,00	6,0%
Reihenhäuser, mittlerer Standard	113,00	**187,00**	336,00	3,9%
Reihenhäuser, hoher Standard	140,00	**335,00**	726,00	3,4%
Mehrfamilienhäuser				
Mehrfamilienhäuser, mit bis zu 6 WE, einfacher Standard	102,00	**116,00**	142,00	5,1%
Mehrfamilienhäuser, mit bis zu 6 WE, mittlerer Standard	99,00	**131,00**	172,00	3,9%
Mehrfamilienhäuser, mit bis zu 6 WE, hoher Standard	134,00	**169,00**	263,00	4,6%

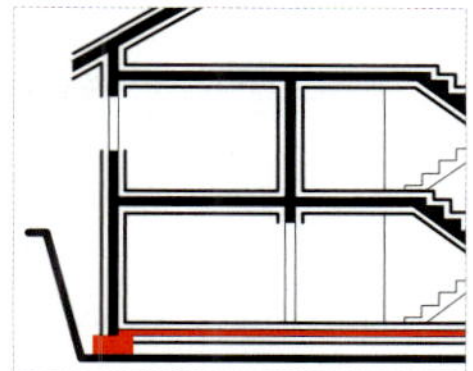

Einheit: m²
Flachgründungsfläche

Gebäudeart	▷	€/Einheit	◁	KG an 300
Mehrfamilienhäuser (Fortsetzung)				
Mehrfamilienhäuser, mit 6 bis 19 WE, einfacher Standard	123,00	**140,00**	151,00	4,8%
Mehrfamilienhäuser, mit 6 bis 19 WE, mittlerer Standard	125,00	**179,00**	272,00	5,1%
Mehrfamilienhäuser, mit 6 bis 19 WE, hoher Standard	115,00	**144,00**	175,00	5,1%
Mehrfamilienhäuser, mit 20 oder mehr WE, einfacher Standard	97,00	**134,00**	177,00	4,4%
Mehrfamilienhäuser, mit 20 oder mehr WE, mittlerer Standard	174,00	**188,00**	210,00	4,7%
Mehrfamilienhäuser, mit 20 oder mehr WE, hoher Standard	67,00	**175,00**	229,00	5,3%
Mehrfamilienhäuser, Passivhäuser	120,00	**143,00**	186,00	4,0%
Wohnhäuser, mit bis zu 15% Mischnutzung, einfacher Standard	147,00	**188,00**	211,00	3,5%
Wohnhäuser, mit bis zu 15% Mischnutzung, mittlerer Standard	76,00	**165,00**	209,00	6,9%
Wohnhäuser, mit bis zu 15% Mischnutzung, hoher Standard	–	**185,00**	–	1,9%
Wohnhäuser, mit mehr als 15% Mischnutzung	92,00	**136,00**	158,00	3,7%
Seniorenwohnungen				
Seniorenwohnungen, mittlerer Standard	76,00	**117,00**	144,00	3,4%
Seniorenwohnungen, hoher Standard	120,00	**151,00**	182,00	3,8%
Beherbergung				
Wohnheime und Internate	133,00	**158,00**	194,00	4,5%
7 Gewerbegebäude				
Gaststätten und Kantinen				
Gaststätten, Kantinen und Mensen	–	**137,00**	–	2,8%
Gebäude für Produktion				
Industrielle Produktionsgebäude, Massivbauweise	123,00	**161,00**	225,00	10,1%
Industrielle Produktionsgebäude, überwiegend Skelettbauweise	125,00	**203,00**	312,00	15,3%
Betriebs- und Werkstätten, eingeschossig	111,00	**129,00**	148,00	10,6%
Betriebs- und Werkstätten, mehrgeschossig, geringer Hallenanteil	110,00	**147,00**	213,00	7,6%
Betriebs- und Werkstätten, mehrgeschossig, hoher Hallenanteil	139,00	**178,00**	251,00	12,9%
Gebäude für Handel und Lager				
Geschäftshäuser, mit Wohnungen	158,00	**261,00**	467,00	4,5%
Geschäftshäuser, ohne Wohnungen	89,00	**156,00**	223,00	3,8%
Verbrauchermärkte	94,00	**111,00**	127,00	12,1%
Autohäuser	154,00	**191,00**	227,00	9,6%
Lagergebäude, ohne Mischnutzung	79,00	**121,00**	148,00	15,4%
Lagergebäude, mit bis zu 25% Mischnutzung	102,00	**123,00**	164,00	13,4%
Lagergebäude, mit mehr als 25% Mischnutzung	120,00	**136,00**	152,00	10,9%
Garagen und Bereitschaftsdienste				
Einzel-, Mehrfach- und Hochgaragen	44,00	**109,00**	221,00	13,4%
Tiefgaragen	–	**93,00**	–	11,2%
Feuerwehrhäuser	46,00	**77,00**	126,00	5,1%
Öffentliche Bereitschaftsdienste	126,00	**185,00**	348,00	10,6%
9 Kulturgebäude				
Gebäude für kulturelle Zwecke				
Bibliotheken, Museen und Ausstellungen	128,00	**218,00**	352,00	6,7%
Theater	80,00	**156,00**	233,00	3,2%
Gemeindezentren, einfacher Standard	81,00	**85,00**	87,00	4,9%
Gemeindezentren, mittlerer Standard	122,00	**151,00**	174,00	6,3%
Gemeindezentren, hoher Standard	154,00	**184,00**	244,00	6,6%
Gebäude für religiöse Zwecke				
Sakralbauten	–	**–**	–	–
Friedhofsgebäude	–	**183,00**	–	3,9%

323 Tiefgründungen

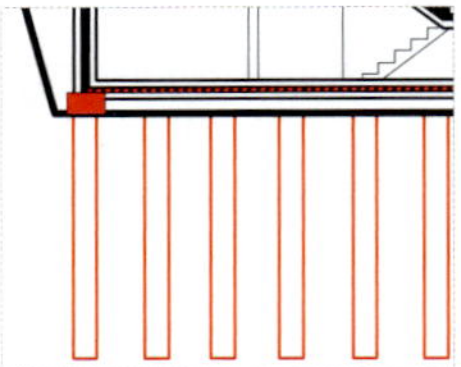

Kosten:
Stand 1.Quartal 2021
Bundesdurchschnitt
inkl. 19% MwSt.

Einheit: m²
Tiefgründungsfläche

▷ von
ø Mittel
◁ bis

Gebäudeart	▷	€/Einheit	◁	KG an 300
1 Büro- und Verwaltungsgebäude				
Büro- und Verwaltungsgebäude, einfacher Standard	–	**–**	–	–
Büro- und Verwaltungsgebäude, mittlerer Standard	74,00	**235,00**	526,00	0,9%
Büro- und Verwaltungsgebäude, hoher Standard	115,00	**289,00**	423,00	1,4%
2 Gebäude für Forschung und Lehre				
Instituts- und Laborgebäude	–	**–**	–	–
3 Gebäude des Gesundheitswesens				
Medizinische Einrichtungen	–	**–**	–	–
Pflegeheime	–	**–**	–	–
4 Schulen und Kindergärten				
Allgemeinbildende Schulen	57,00	**92,00**	198,00	0,7%
Berufliche Schulen	–	**–**	–	–
Förder- und Sonderschulen	–	**344,00**	–	1,2%
Weiterbildungseinrichtungen	–	**454,00**	–	0,8%
Kindergärten, nicht unterkellert, einfacher Standard	–	**–**	–	–
Kindergärten, nicht unterkellert, mittlerer Standard	24,00	**39,00**	54,00	0,7%
Kindergärten, nicht unterkellert, hoher Standard	–	**–**	–	–
Kindergärten, Holzbauweise, nicht unterkellert	–	**–**	–	–
Kindergärten, unterkellert	–	**–**	–	–
5 Sportbauten				
Sport- und Mehrzweckhallen	–	**–**	–	–
Sporthallen (Einfeldhallen)	–	**–**	–	–
Sporthallen (Dreifeldhallen)	–	**528,00**	–	1,1%
Schwimmhallen	–	**–**	–	–
6 Wohngebäude				
Ein- und Zweifamilienhäuser				
Ein- und Zweifamilienhäuser, unterkellert, einfacher Standard	–	**–**	–	–
Ein- und Zweifamilienhäuser, unterkellert, mittlerer Standard	–	**–**	–	–
Ein- und Zweifamilienhäuser, unterkellert, hoher Standard	–	**–**	–	–
Ein- und Zweifamilienhäuser, nicht unterkellert, einfacher Standard	–	**–**	–	–
Ein- und Zweifamilienhäuser, nicht unterkellert, mittlerer Standard	–	**–**	–	–
Ein- und Zweifamilienhäuser, nicht unterkellert, hoher Standard	–	**–**	–	–
Ein- und Zweifamilienhäuser, Passivhausstandard, Massivbau	–	**–**	–	–
Ein- und Zweifamilienhäuser, Passivhausstandard, Holzbau	–	**–**	–	–
Ein- und Zweifamilienhäuser, Holzbauweise, unterkellert	–	**–**	–	–
Ein- und Zweifamilienhäuser, Holzbauweise, nicht unterkellert	–	**–**	–	–
Doppel- und Reihenendhäuser, einfacher Standard	–	**–**	–	–
Doppel- und Reihenendhäuser, mittlerer Standard	–	**–**	–	–
Doppel- und Reihenendhäuser, hoher Standard	–	**–**	–	–
Reihenhäuser, einfacher Standard	–	**–**	–	–
Reihenhäuser, mittlerer Standard	–	**–**	–	–
Reihenhäuser, hoher Standard	–	**161,00**	–	2,0%
Mehrfamilienhäuser				
Mehrfamilienhäuser, mit bis zu 6 WE, einfacher Standard	–	**–**	–	–
Mehrfamilienhäuser, mit bis zu 6 WE, mittlerer Standard	–	**–**	–	–
Mehrfamilienhäuser, mit bis zu 6 WE, hoher Standard	–	**–**	–	–

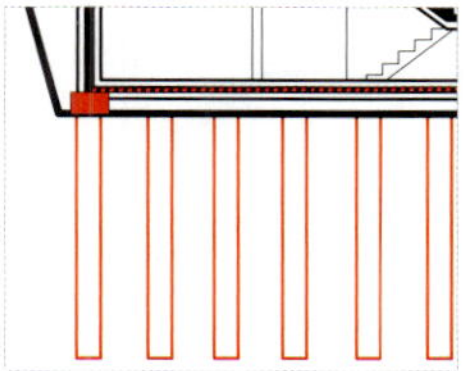

Einheit: m²
Tiefgründungsfläche

Gebäudeart	▷	€/Einheit	◁	KG an 300
Mehrfamilienhäuser (Fortsetzung)				
Mehrfamilienhäuser, mit 6 bis 19 WE, einfacher Standard	–	**215,00**	–	1,8%
Mehrfamilienhäuser, mit 6 bis 19 WE, mittlerer Standard	–	**91,00**	–	0,1%
Mehrfamilienhäuser, mit 6 bis 19 WE, hoher Standard	–	**49,00**	–	0,3%
Mehrfamilienhäuser, mit 20 oder mehr WE, einfacher Standard	–	**–**	–	–
Mehrfamilienhäuser, mit 20 oder mehr WE, mittlerer Standard	–	**–**	–	–
Mehrfamilienhäuser, mit 20 oder mehr WE, hoher Standard	–	**116,00**	–	1,1%
Mehrfamilienhäuser, Passivhäuser	–	**–**	–	–
Wohnhäuser, mit bis zu 15% Mischnutzung, einfacher Standard	–	**–**	–	–
Wohnhäuser, mit bis zu 15% Mischnutzung, mittlerer Standard	–	**–**	–	–
Wohnhäuser, mit bis zu 15% Mischnutzung, hoher Standard	–	**480,00**	–	4,1%
Wohnhäuser, mit mehr als 15% Mischnutzung	–	**–**	–	–
Seniorenwohnungen				
Seniorenwohnungen, mittlerer Standard	–	**–**	–	–
Seniorenwohnungen, hoher Standard	–	**–**	–	–
Beherbergung				
Wohnheime und Internate	–	**237,00**	–	0,6%
7 Gewerbegebäude				
Gaststätten und Kantinen				
Gaststätten, Kantinen und Mensen	–	**–**	–	–
Gebäude für Produktion				
Industrielle Produktionsgebäude, Massivbauweise	–	**140,00**	–	2,6%
Industrielle Produktionsgebäude, überwiegend Skelettbauweise	144,00	**248,00**	351,00	5,2%
Betriebs- und Werkstätten, eingeschossig	–	**–**	–	–
Betriebs- und Werkstätten, mehrgeschossig, geringer Hallenanteil	–	**–**	–	–
Betriebs- und Werkstätten, mehrgeschossig, hoher Hallenanteil	–	**–**	–	–
Gebäude für Handel und Lager				
Geschäftshäuser, mit Wohnungen	–	**–**	–	–
Geschäftshäuser, ohne Wohnungen	–	**–**	–	–
Verbrauchermärkte	–	**–**	–	–
Autohäuser	–	**–**	–	–
Lagergebäude, ohne Mischnutzung	–	**80,00**	–	1,3%
Lagergebäude, mit bis zu 25% Mischnutzung	–	**–**	–	–
Lagergebäude, mit mehr als 25% Mischnutzung	–	**–**	–	–
Garagen und Bereitschaftsdienste				
Einzel-, Mehrfach- und Hochgaragen	–	**–**	–	–
Tiefgaragen	–	**–**	–	–
Feuerwehrhäuser	–	**50,00**	–	1,2%
Öffentliche Bereitschaftsdienste	–	**220,00**	–	1,7%
9 Kulturgebäude				
Gebäude für kulturelle Zwecke				
Bibliotheken, Museen und Ausstellungen	55,00	**314,00**	573,00	1,8%
Theater	–	**313,00**	–	5,1%
Gemeindezentren, einfacher Standard	–	**–**	–	–
Gemeindezentren, mittlerer Standard	–	**–**	–	–
Gemeindezentren, hoher Standard	–	**–**	–	–
Gebäude für religiöse Zwecke				
Sakralbauten	–	**–**	–	–
Friedhofsgebäude	–	**–**	–	–

324 Gründungsbeläge

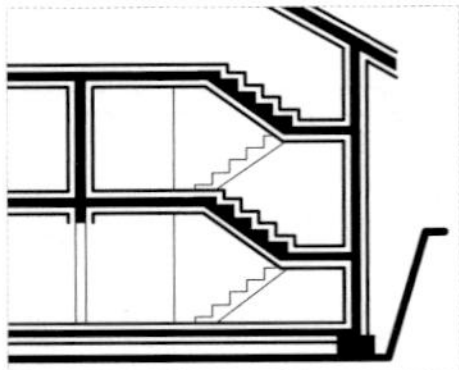

Kosten:
Stand 1.Quartal 2021
Bundesdurchschnitt
inkl. 19% MwSt.

Einheit: m²
Gründungsbelagsfläche

Gebäudeart	▷	€/Einheit	◁	KG an 300
1 Büro- und Verwaltungsgebäude				
Büro- und Verwaltungsgebäude, einfacher Standard	97,00	**114,00**	163,00	5,1%
Büro- und Verwaltungsgebäude, mittlerer Standard	84,00	**134,00**	173,00	3,5%
Büro- und Verwaltungsgebäude, hoher Standard	124,00	**190,00**	295,00	3,7%
2 Gebäude für Forschung und Lehre				
Instituts- und Laborgebäude	63,00	**114,00**	136,00	4,1%
3 Gebäude des Gesundheitswesens				
Medizinische Einrichtungen	89,00	**115,00**	164,00	3,0%
Pflegeheime	106,00	**125,00**	146,00	4,5%
4 Schulen und Kindergärten				
Allgemeinbildende Schulen	107,00	**142,00**	176,00	4,7%
Berufliche Schulen	78,00	**103,00**	138,00	5,5%
Förder- und Sonderschulen	115,00	**127,00**	151,00	3,2%
Weiterbildungseinrichtungen	63,00	**132,00**	170,00	2,6%
Kindergärten, nicht unterkellert, einfacher Standard	–	**118,00**	–	9,2%
Kindergärten, nicht unterkellert, mittlerer Standard	120,00	**150,00**	197,00	7,7%
Kindergärten, nicht unterkellert, hoher Standard	140,00	**144,00**	147,00	6,7%
Kindergärten, Holzbauweise, nicht unterkellert	87,00	**113,00**	152,00	5,4%
Kindergärten, unterkellert	131,00	**142,00**	150,00	5,7%
5 Sportbauten				
Sport- und Mehrzweckhallen	122,00	**159,00**	182,00	7,4%
Sporthallen (Einfeldhallen)	132,00	**152,00**	162,00	8,1%
Sporthallen (Dreifeldhallen)	122,00	**138,00**	175,00	6,0%
Schwimmhallen	–	**–**	–	–
6 Wohngebäude				
Ein- und Zweifamilienhäuser				
Ein- und Zweifamilienhäuser, unterkellert, einfacher Standard	23,00	**61,00**	87,00	2,3%
Ein- und Zweifamilienhäuser, unterkellert, mittlerer Standard	62,00	**103,00**	129,00	2,4%
Ein- und Zweifamilienhäuser, unterkellert, hoher Standard	60,00	**124,00**	203,00	2,3%
Ein- und Zweifamilienhäuser, nicht unterkellert, einfacher Standard	124,00	**128,00**	132,00	4,8%
Ein- und Zweifamilienhäuser, nicht unterkellert, mittlerer Standard	109,00	**161,00**	201,00	6,0%
Ein- und Zweifamilienhäuser, nicht unterkellert, hoher Standard	129,00	**175,00**	229,00	4,9%
Ein- und Zweifamilienhäuser, Passivhausstandard, Massivbau	74,00	**134,00**	224,00	3,1%
Ein- und Zweifamilienhäuser, Passivhausstandard, Holzbau	77,00	**145,00**	241,00	4,3%
Ein- und Zweifamilienhäuser, Holzbauweise, unterkellert	62,00	**107,00**	199,00	1,5%
Ein- und Zweifamilienhäuser, Holzbauweise, nicht unterkellert	87,00	**150,00**	223,00	4,1%
Doppel- und Reihenendhäuser, einfacher Standard	60,00	**85,00**	133,00	3,4%
Doppel- und Reihenendhäuser, mittlerer Standard	36,00	**84,00**	136,00	2,6%
Doppel- und Reihenendhäuser, hoher Standard	93,00	**129,00**	166,00	2,8%
Reihenhäuser, einfacher Standard	63,00	**103,00**	143,00	4,6%
Reihenhäuser, mittlerer Standard	129,00	**144,00**	158,00	2,8%
Reihenhäuser, hoher Standard	113,00	**169,00**	226,00	2,7%
Mehrfamilienhäuser				
Mehrfamilienhäuser, mit bis zu 6 WE, einfacher Standard	39,00	**56,00**	87,00	1,3%
Mehrfamilienhäuser, mit bis zu 6 WE, mittlerer Standard	40,00	**86,00**	174,00	2,4%
Mehrfamilienhäuser, mit bis zu 6 WE, hoher Standard	53,00	**98,00**	157,00	1,7%

▷ von
ø Mittel
◁ bis

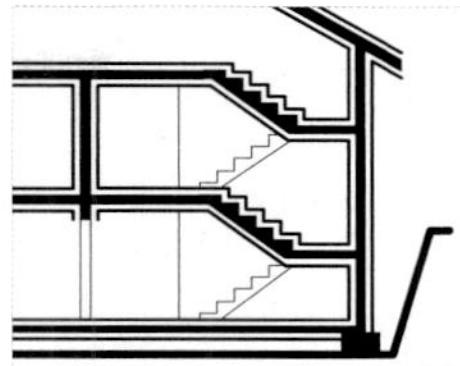

Einheit: m²
Gründungsbelagsfläche

Gebäudeart	▷	€/Einheit	◁	KG an 300
Mehrfamilienhäuser (Fortsetzung)				
Mehrfamilienhäuser, mit 6 bis 19 WE, einfacher Standard	28,00	**36,00**	42,00	0,5%
Mehrfamilienhäuser, mit 6 bis 19 WE, mittlerer Standard	34,00	**57,00**	88,00	1,2%
Mehrfamilienhäuser, mit 6 bis 19 WE, hoher Standard	34,00	**53,00**	74,00	0,6%
Mehrfamilienhäuser, mit 20 oder mehr WE, einfacher Standard	37,00	**60,00**	83,00	1,5%
Mehrfamilienhäuser, mit 20 oder mehr WE, mittlerer Standard	35,00	**100,00**	141,00	2,2%
Mehrfamilienhäuser, mit 20 oder mehr WE, hoher Standard	55,00	**63,00**	67,00	1,7%
Mehrfamilienhäuser, Passivhäuser	53,00	**106,00**	154,00	2,3%
Wohnhäuser, mit bis zu 15% Mischnutzung, einfacher Standard	41,00	**75,00**	134,00	1,1%
Wohnhäuser, mit bis zu 15% Mischnutzung, mittlerer Standard	124,00	**134,00**	153,00	5,5%
Wohnhäuser, mit bis zu 15% Mischnutzung, hoher Standard	–	**42,00**	–	0,4%
Wohnhäuser, mit mehr als 15% Mischnutzung	23,00	**74,00**	176,00	2,6%
Seniorenwohnungen				
Seniorenwohnungen, mittlerer Standard	64,00	**99,00**	127,00	2,1%
Seniorenwohnungen, hoher Standard	63,00	**73,00**	83,00	1,6%
Beherbergung				
Wohnheime und Internate	75,00	**133,00**	209,00	3,0%
7 Gewerbegebäude				
Gaststätten und Kantinen				
Gaststätten, Kantinen und Mensen	–	**97,00**	–	1,3%
Gebäude für Produktion				
Industrielle Produktionsgebäude, Massivbauweise	44,00	**73,00**	89,00	3,7%
Industrielle Produktionsgebäude, überwiegend Skelettbauweise	48,00	**68,00**	88,00	1,5%
Betriebs- und Werkstätten, eingeschossig	58,00	**65,00**	72,00	5,2%
Betriebs- und Werkstätten, mehrgeschossig, geringer Hallenanteil	75,00	**90,00**	119,00	4,5%
Betriebs- und Werkstätten, mehrgeschossig, hoher Hallenanteil	56,00	**88,00**	127,00	4,2%
Gebäude für Handel und Lager				
Geschäftshäuser, mit Wohnungen	82,00	**88,00**	94,00	1,3%
Geschäftshäuser, ohne Wohnungen	74,00	**76,00**	78,00	1,7%
Verbrauchermärkte	105,00	**158,00**	212,00	9,9%
Autohäuser	38,00	**68,00**	99,00	3,8%
Lagergebäude, ohne Mischnutzung	35,00	**53,00**	103,00	1,9%
Lagergebäude, mit bis zu 25% Mischnutzung	111,00	**124,00**	150,00	1,6%
Lagergebäude, mit mehr als 25% Mischnutzung	29,00	**51,00**	73,00	2,7%
Garagen und Bereitschaftsdienste				
Einzel-, Mehrfach- und Hochgaragen	9,90	**26,00**	51,00	1,3%
Tiefgaragen	–	**48,00**	–	5,3%
Feuerwehrhäuser	39,00	**78,00**	153,00	5,0%
Öffentliche Bereitschaftsdienste	69,00	**99,00**	176,00	1,9%
9 Kulturgebäude				
Gebäude für kulturelle Zwecke				
Bibliotheken, Museen und Ausstellungen	132,00	**198,00**	303,00	5,6%
Theater	129,00	**140,00**	152,00	2,9%
Gemeindezentren, einfacher Standard	66,00	**108,00**	129,00	5,6%
Gemeindezentren, mittlerer Standard	82,00	**150,00**	195,00	5,6%
Gemeindezentren, hoher Standard	114,00	**149,00**	201,00	4,9%
Gebäude für religiöse Zwecke				
Sakralbauten	–	**–**	–	–
Friedhofsgebäude	–	**109,00**	–	1,9%

Kosten: 1.Quartal 2021, Bundesdurchschnitt, **inkl. 19% MwSt.**

325 Abdichtungen und Bekleidungen

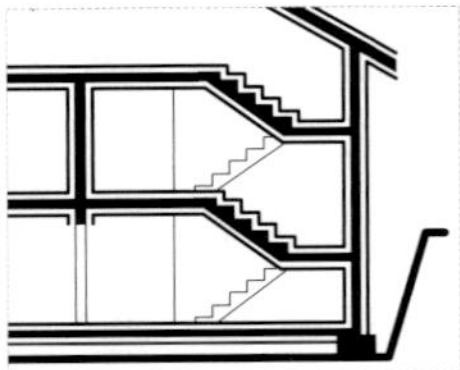

Kosten:
Stand 1.Quartal 2021
Bundesdurchschnitt
inkl. 19% MwSt.

Einheit: m²
Abdichtungs- und
Bekleidungsfläche

▷ von
ø Mittel
◁ bis

Gebäudeart	▷	€/Einheit	◁	KG an 300
1 Büro- und Verwaltungsgebäude				
Büro- und Verwaltungsgebäude, einfacher Standard	19,00	**28,00**	53,00	1,5%
Büro- und Verwaltungsgebäude, mittlerer Standard	16,00	**32,00**	48,00	0,9%
Büro- und Verwaltungsgebäude, hoher Standard	27,00	**52,00**	111,00	1,2%
2 Gebäude für Forschung und Lehre				
Instituts- und Laborgebäude	29,00	**47,00**	63,00	2,4%
3 Gebäude des Gesundheitswesens				
Medizinische Einrichtungen	14,00	**33,00**	44,00	0,9%
Pflegeheime	8,60	**28,00**	49,00	0,9%
4 Schulen und Kindergärten				
Allgemeinbildende Schulen	19,00	**42,00**	77,00	1,5%
Berufliche Schulen	25,00	**41,00**	67,00	2,5%
Förder- und Sonderschulen	19,00	**83,00**	149,00	1,5%
Weiterbildungseinrichtungen	54,00	**73,00**	109,00	2,3%
Kindergärten, nicht unterkellert, einfacher Standard	–	**7,70**	–	0,6%
Kindergärten, nicht unterkellert, mittlerer Standard	20,00	**37,00**	56,00	2,1%
Kindergärten, nicht unterkellert, hoher Standard	42,00	**45,00**	48,00	2,4%
Kindergärten, Holzbauweise, nicht unterkellert	18,00	**33,00**	43,00	1,3%
Kindergärten, unterkellert	33,00	**53,00**	92,00	2,8%
5 Sportbauten				
Sport- und Mehrzweckhallen	8,40	**14,00**	17,00	0,8%
Sporthallen (Einfeldhallen)	18,00	**27,00**	41,00	1,6%
Sporthallen (Dreifeldhallen)	3,80	**30,00**	39,00	1,4%
Schwimmhallen	–	**–**	–	–
6 Wohngebäude				
Ein- und Zweifamilienhäuser				
Ein- und Zweifamilienhäuser, unterkellert, einfacher Standard	14,00	**26,00**	34,00	1,1%
Ein- und Zweifamilienhäuser, unterkellert, mittlerer Standard	17,00	**34,00**	53,00	1,1%
Ein- und Zweifamilienhäuser, unterkellert, hoher Standard	20,00	**40,00**	51,00	1,2%
Ein- und Zweifamilienhäuser, nicht unterkellert, einfacher Standard	12,00	**17,00**	23,00	0,9%
Ein- und Zweifamilienhäuser, nicht unterkellert, mittlerer Standard	19,00	**33,00**	49,00	1,6%
Ein- und Zweifamilienhäuser, nicht unterkellert, hoher Standard	22,00	**42,00**	73,00	1,6%
Ein- und Zweifamilienhäuser, Passivhausstandard, Massivbau	44,00	**83,00**	142,00	3,1%
Ein- und Zweifamilienhäuser, Passivhausstandard, Holzbau	19,00	**60,00**	113,00	1,9%
Ein- und Zweifamilienhäuser, Holzbauweise, unterkellert	21,00	**39,00**	69,00	1,4%
Ein- und Zweifamilienhäuser, Holzbauweise, nicht unterkellert	20,00	**43,00**	63,00	1,9%
Doppel- und Reihenendhäuser, einfacher Standard	13,00	**36,00**	59,00	1,5%
Doppel- und Reihenendhäuser, mittlerer Standard	15,00	**43,00**	74,00	1,7%
Doppel- und Reihenendhäuser, hoher Standard	13,00	**26,00**	39,00	0,7%
Reihenhäuser, einfacher Standard	–	**46,00**	–	1,2%
Reihenhäuser, mittlerer Standard	23,00	**42,00**	53,00	1,5%
Reihenhäuser, hoher Standard	5,10	**15,00**	23,00	0,5%
Mehrfamilienhäuser				
Mehrfamilienhäuser, mit bis zu 6 WE, einfacher Standard	14,00	**20,00**	28,00	0,9%
Mehrfamilienhäuser, mit bis zu 6 WE, mittlerer Standard	16,00	**29,00**	90,00	0,8%
Mehrfamilienhäuser, mit bis zu 6 WE, hoher Standard	16,00	**35,00**	45,00	1,0%

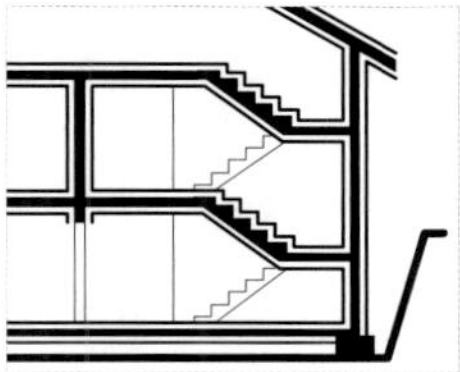

Einheit: m²
Abdichtungs- und
Bekleidungsfläche

Gebäudeart	▷	€/Einheit	◁	KG an 300
Mehrfamilienhäuser (Fortsetzung)				
Mehrfamilienhäuser, mit 6 bis 19 WE, einfacher Standard	13,00	**25,00**	49,00	0,9%
Mehrfamilienhäuser, mit 6 bis 19 WE, mittlerer Standard	12,00	**22,00**	42,00	0,7%
Mehrfamilienhäuser, mit 6 bis 19 WE, hoher Standard	13,00	**19,00**	38,00	0,7%
Mehrfamilienhäuser, mit 20 oder mehr WE, einfacher Standard	16,00	**29,00**	64,00	1,0%
Mehrfamilienhäuser, mit 20 oder mehr WE, mittlerer Standard	32,00	**42,00**	61,00	1,2%
Mehrfamilienhäuser, mit 20 oder mehr WE, hoher Standard	16,00	**37,00**	52,00	1,3%
Mehrfamilienhäuser, Passivhäuser	29,00	**48,00**	83,00	1,7%
Wohnhäuser, mit bis zu 15% Mischnutzung, einfacher Standard	8,60	**19,00**	24,00	0,3%
Wohnhäuser, mit bis zu 15% Mischnutzung, mittlerer Standard	1,90	**26,00**	40,00	1,1%
Wohnhäuser, mit bis zu 15% Mischnutzung, hoher Standard	–	**23,00**	–	0,2%
Wohnhäuser, mit mehr als 15% Mischnutzung	48,00	**51,00**	55,00	1,6%
Seniorenwohnungen				
Seniorenwohnungen, mittlerer Standard	9,20	**20,00**	59,00	0,7%
Seniorenwohnungen, hoher Standard	19,00	**26,00**	34,00	0,7%
Beherbergung				
Wohnheime und Internate	15,00	**28,00**	63,00	0,8%
7 Gewerbegebäude				
Gaststätten und Kantinen				
Gaststätten, Kantinen und Mensen	–	**65,00**	–	1,5%
Gebäude für Produktion				
Industrielle Produktionsgebäude, Massivbauweise	17,00	**21,00**	23,00	1,4%
Industrielle Produktionsgebäude, überwiegend Skelettbauweise	25,00	**34,00**	46,00	2,9%
Betriebs- und Werkstätten, eingeschossig	21,00	**23,00**	25,00	2,3%
Betriebs- und Werkstätten, mehrgeschossig, geringer Hallenanteil	25,00	**37,00**	73,00	2,0%
Betriebs- und Werkstätten, mehrgeschossig, hoher Hallenanteil	10,00	**22,00**	46,00	1,6%
Gebäude für Handel und Lager				
Geschäftshäuser, mit Wohnungen	14,00	**19,00**	21,00	0,4%
Geschäftshäuser, ohne Wohnungen	26,00	**34,00**	41,00	1,1%
Verbrauchermärkte	20,00	**27,00**	35,00	3,0%
Autohäuser	36,00	**41,00**	45,00	2,5%
Lagergebäude, ohne Mischnutzung	13,00	**24,00**	34,00	3,3%
Lagergebäude, mit bis zu 25% Mischnutzung	9,60	**27,00**	36,00	3,7%
Lagergebäude, mit mehr als 25% Mischnutzung	5,90	**8,00**	10,00	0,7%
Garagen und Bereitschaftsdienste				
Einzel-, Mehrfach- und Hochgaragen	11,00	**15,00**	19,00	1,7%
Tiefgaragen	–	**12,00**	–	1,4%
Feuerwehrhäuser	16,00	**27,00**	48,00	2,0%
Öffentliche Bereitschaftsdienste	30,00	**37,00**	43,00	3,0%
9 Kulturgebäude				
Gebäude für kulturelle Zwecke				
Bibliotheken, Museen und Ausstellungen	19,00	**43,00**	87,00	1,4%
Theater	7,10	**48,00**	89,00	0,8%
Gemeindezentren, einfacher Standard	7,50	**11,00**	19,00	0,7%
Gemeindezentren, mittlerer Standard	22,00	**44,00**	74,00	1,9%
Gemeindezentren, hoher Standard	13,00	**15,00**	19,00	0,5%
Gebäude für religiöse Zwecke				
Sakralbauten	–	**–**	–	–
Friedhofsgebäude	–	**28,00**	–	0,6%

Kosten: 1.Quartal 2021, Bundesdurchschnitt, **inkl. 19% MwSt.**

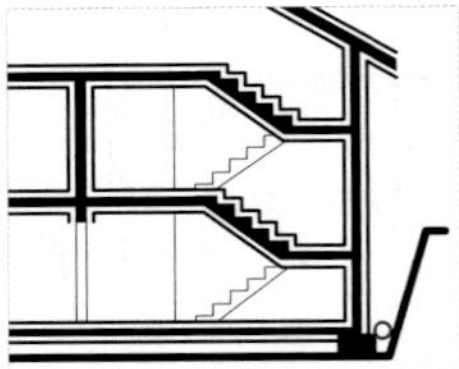

Kosten:
Stand 1.Quartal 2021
Bundesdurchschnitt
inkl. 19% MwSt.

Einheit: m² Gründungsfläche/ Unterbaufläche

▷ von
ø Mittel
◁ bis

Gebäudeart	▷	€/Einheit	◁	KG an 300
1 Büro- und Verwaltungsgebäude				
Büro- und Verwaltungsgebäude, einfacher Standard	–	**7,40**	–	0,2%
Büro- und Verwaltungsgebäude, mittlerer Standard	6,10	**12,00**	20,00	0,2%
Büro- und Verwaltungsgebäude, hoher Standard	2,40	**22,00**	33,00	0,1%
2 Gebäude für Forschung und Lehre				
Instituts- und Laborgebäude	–	**7,40**	–	0,1%
3 Gebäude des Gesundheitswesens				
Medizinische Einrichtungen	–	**2,20**	–	0,0%
Pflegeheime	5,60	**12,00**	19,00	0,2%
4 Schulen und Kindergärten				
Allgemeinbildende Schulen	7,00	**32,00**	131,00	0,4%
Berufliche Schulen	0,60	**1,50**	2,50	0,0%
Förder- und Sonderschulen	7,00	**15,00**	28,00	0,3%
Weiterbildungseinrichtungen	22,00	**34,00**	46,00	0,6%
Kindergärten, nicht unterkellert, einfacher Standard	–	**–**	–	–
Kindergärten, nicht unterkellert, mittlerer Standard	–	**–**	–	–
Kindergärten, nicht unterkellert, hoher Standard	–	**8,40**	–	0,2%
Kindergärten, Holzbauweise, nicht unterkellert	7,00	**13,00**	19,00	0,1%
Kindergärten, unterkellert	–	**–**	–	–
5 Sportbauten				
Sport- und Mehrzweckhallen	3,80	**6,50**	9,20	0,2%
Sporthallen (Einfeldhallen)	7,30	**8,20**	9,10	0,3%
Sporthallen (Dreifeldhallen)	14,00	**21,00**	41,00	1,0%
Schwimmhallen	–	**–**	–	–
6 Wohngebäude				
Ein- und Zweifamilienhäuser				
Ein- und Zweifamilienhäuser, unterkellert, einfacher Standard	11,00	**42,00**	72,00	1,1%
Ein- und Zweifamilienhäuser, unterkellert, mittlerer Standard	10,00	**24,00**	59,00	0,4%
Ein- und Zweifamilienhäuser, unterkellert, hoher Standard	12,00	**18,00**	34,00	0,3%
Ein- und Zweifamilienhäuser, nicht unterkellert, einfacher Standard	–	**–**	–	–
Ein- und Zweifamilienhäuser, nicht unterkellert, mittlerer Standard	16,00	**18,00**	20,00	0,1%
Ein- und Zweifamilienhäuser, nicht unterkellert, hoher Standard	9,70	**25,00**	56,00	0,2%
Ein- und Zweifamilienhäuser, Passivhausstandard, Massivbau	5,00	**12,00**	19,00	0,2%
Ein- und Zweifamilienhäuser, Passivhausstandard, Holzbau	8,40	**16,00**	21,00	0,3%
Ein- und Zweifamilienhäuser, Holzbauweise, unterkellert	6,40	**18,00**	36,00	0,3%
Ein- und Zweifamilienhäuser, Holzbauweise, nicht unterkellert	–	**1,40**	–	0,0%
Doppel- und Reihenendhäuser, einfacher Standard	–	**9,10**	–	0,1%
Doppel- und Reihenendhäuser, mittlerer Standard	–	**–**	–	–
Doppel- und Reihenendhäuser, hoher Standard	9,00	**13,00**	21,00	0,2%
Reihenhäuser, einfacher Standard	–	**–**	–	–
Reihenhäuser, mittlerer Standard	–	**9,60**	–	0,1%
Reihenhäuser, hoher Standard	7,40	**7,70**	8,10	0,1%
Mehrfamilienhäuser				
Mehrfamilienhäuser, mit bis zu 6 WE, einfacher Standard	–	**25,00**	–	0,4%
Mehrfamilienhäuser, mit bis zu 6 WE, mittlerer Standard	–	**19,00**	–	0,1%
Mehrfamilienhäuser, mit bis zu 6 WE, hoher Standard	–	**24,00**	–	0,1%

Gebäudeart	▷	€/Einheit	◁	KG an 300
Mehrfamilienhäuser (Fortsetzung)				
Mehrfamilienhäuser, mit 6 bis 19 WE, einfacher Standard	7,80	**19,00**	35,00	0,6%
Mehrfamilienhäuser, mit 6 bis 19 WE, mittlerer Standard	1,30	**5,20**	13,00	0,1%
Mehrfamilienhäuser, mit 6 bis 19 WE, hoher Standard	5,00	**10,00**	25,00	0,2%
Mehrfamilienhäuser, mit 20 oder mehr WE, einfacher Standard	–	**13,00**	–	0,1%
Mehrfamilienhäuser, mit 20 oder mehr WE, mittlerer Standard	16,00	**25,00**	34,00	0,4%
Mehrfamilienhäuser, mit 20 oder mehr WE, hoher Standard	14,00	**15,00**	16,00	0,3%
Mehrfamilienhäuser, Passivhäuser	3,00	**15,00**	27,00	0,2%
Wohnhäuser, mit bis zu 15% Mischnutzung, einfacher Standard	10,00	**11,00**	11,00	0,1%
Wohnhäuser, mit bis zu 15% Mischnutzung, mittlerer Standard	–	**14,00**	–	0,1%
Wohnhäuser, mit bis zu 15% Mischnutzung, hoher Standard	–	**58,00**	–	0,5%
Wohnhäuser, mit mehr als 15% Mischnutzung	–	**12,00**	–	0,1%
Seniorenwohnungen				
Seniorenwohnungen, mittlerer Standard	–	**19,00**	–	0,1%
Seniorenwohnungen, hoher Standard	17,00	**20,00**	22,00	0,5%
Beherbergung				
Wohnheime und Internate	3,10	**6,10**	9,10	0,0%
7 Gewerbegebäude				
Gaststätten und Kantinen				
Gaststätten, Kantinen und Mensen	–	**19,00**	–	0,4%
Gebäude für Produktion				
Industrielle Produktionsgebäude, Massivbauweise	–	**2,60**	–	0,1%
Industrielle Produktionsgebäude, überwiegend Skelettbauweise	4,30	**7,90**	11,00	0,2%
Betriebs- und Werkstätten, eingeschossig	–	**–**	–	–
Betriebs- und Werkstätten, mehrgeschossig, geringer Hallenanteil	1,70	**14,00**	21,00	0,3%
Betriebs- und Werkstätten, mehrgeschossig, hoher Hallenanteil	0,70	**3,20**	6,20	0,2%
Gebäude für Handel und Lager				
Geschäftshäuser, mit Wohnungen	–	**4,70**	–	0,0%
Geschäftshäuser, ohne Wohnungen	–	**20,00**	–	0,2%
Verbrauchermärkte	–	**–**	–	–
Autohäuser	3,50	**7,00**	11,00	0,3%
Lagergebäude, ohne Mischnutzung	1,40	**2,10**	2,90	0,1%
Lagergebäude, mit bis zu 25% Mischnutzung	–	**–**	–	–
Lagergebäude, mit mehr als 25% Mischnutzung	–	**–**	–	–
Garagen und Bereitschaftsdienste				
Einzel-, Mehrfach- und Hochgaragen	–	**2,00**	–	0,1%
Tiefgaragen	–	**9,30**	–	1,1%
Feuerwehrhäuser	–	**2,90**	–	0,1%
Öffentliche Bereitschaftsdienste	–	**1,30**	–	0,0%
9 Kulturgebäude				
Gebäude für kulturelle Zwecke				
Bibliotheken, Museen und Ausstellungen	0,70	**10,00**	19,00	0,1%
Theater	–	**11,00**	–	0,1%
Gemeindezentren, einfacher Standard	–	**–**	–	–
Gemeindezentren, mittlerer Standard	8,70	**19,00**	29,00	0,3%
Gemeindezentren, hoher Standard	–	**11,00**	–	0,1%
Gebäude für religiöse Zwecke				
Sakralbauten	–	**–**	–	–
Friedhofsgebäude	–	**15,00**	–	0,3%

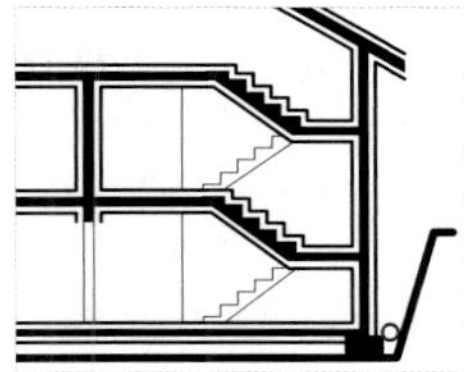

Einheit: m2
Gründungsfläche/
Unterbaufläche

329 Sonstiges zur KG 320

Kosten:
Stand 1.Quartal 2021
Bundesdurchschnitt
inkl. 19% MwSt.

Einheit: m² Gründungsfläche/ Unterbaufläche

▷ von
ø Mittel
◁ bis

Gebäudeart	▷	€/Einheit	◁	KG an 300
1 Büro- und Verwaltungsgebäude				
Büro- und Verwaltungsgebäude, einfacher Standard	–	**8,90**	–	0,1%
Büro- und Verwaltungsgebäude, mittlerer Standard	–	**–**	–	–
Büro- und Verwaltungsgebäude, hoher Standard	–	**2,60**	–	0,0%
2 Gebäude für Forschung und Lehre				
Instituts- und Laborgebäude	–	**4,40**	–	0,0%
3 Gebäude des Gesundheitswesens				
Medizinische Einrichtungen	–	**0,90**	–	0,0%
Pflegeheime	–	**–**	–	–
4 Schulen und Kindergärten				
Allgemeinbildende Schulen	–	**–**	–	–
Berufliche Schulen	–	**–**	–	–
Förder- und Sonderschulen	–	**–**	–	–
Weiterbildungseinrichtungen	19,00	**23,00**	28,00	0,4%
Kindergärten, nicht unterkellert, einfacher Standard	–	**–**	–	–
Kindergärten, nicht unterkellert, mittlerer Standard	–	**–**	–	–
Kindergärten, nicht unterkellert, hoher Standard	–	**10,00**	–	0,3%
Kindergärten, Holzbauweise, nicht unterkellert	–	**1,60**	–	0,0%
Kindergärten, unterkellert	–	**–**	–	–
5 Sportbauten				
Sport- und Mehrzweckhallen	–	**4,40**	–	0,1%
Sporthallen (Einfeldhallen)	–	**–**	–	–
Sporthallen (Dreifeldhallen)	0,20	**2,90**	5,60	0,1%
Schwimmhallen	–	**–**	–	–
6 Wohngebäude				
Ein- und Zweifamilienhäuser				
Ein- und Zweifamilienhäuser, unterkellert, einfacher Standard	–	**–**	–	–
Ein- und Zweifamilienhäuser, unterkellert, mittlerer Standard	–	**–**	–	–
Ein- und Zweifamilienhäuser, unterkellert, hoher Standard	–	**–**	–	–
Ein- und Zweifamilienhäuser, nicht unterkellert, einfacher Standard	–	**–**	–	–
Ein- und Zweifamilienhäuser, nicht unterkellert, mittlerer Standard	–	**20,00**	–	0,1%
Ein- und Zweifamilienhäuser, nicht unterkellert, hoher Standard	–	**4,40**	–	0,0%
Ein- und Zweifamilienhäuser, Passivhausstandard, Massivbau	–	**–**	–	–
Ein- und Zweifamilienhäuser, Passivhausstandard, Holzbau	–	**–**	–	–
Ein- und Zweifamilienhäuser, Holzbauweise, unterkellert	–	**7,20**	–	0,0%
Ein- und Zweifamilienhäuser, Holzbauweise, nicht unterkellert	–	**–**	–	–
Doppel- und Reihenendhäuser, einfacher Standard	–	**–**	–	–
Doppel- und Reihenendhäuser, mittlerer Standard	–	**–**	–	–
Doppel- und Reihenendhäuser, hoher Standard	–	**–**	–	–
Reihenhäuser, einfacher Standard	–	**–**	–	–
Reihenhäuser, mittlerer Standard	–	**–**	–	–
Reihenhäuser, hoher Standard	–	**–**	–	–
Mehrfamilienhäuser				
Mehrfamilienhäuser, mit bis zu 6 WE, einfacher Standard	–	**2,20**	–	0,0%
Mehrfamilienhäuser, mit bis zu 6 WE, mittlerer Standard	–	**–**	–	–
Mehrfamilienhäuser, mit bis zu 6 WE, hoher Standard	–	**–**	–	–

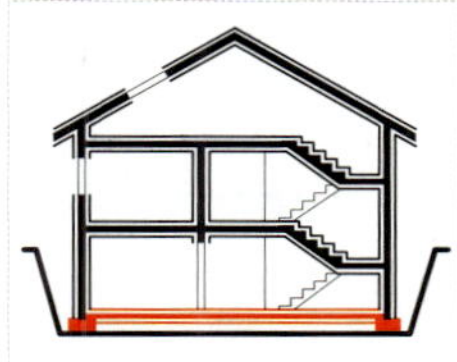

Einheit: m²
Gründungsfläche/
Unterbaufläche

Gebäudeart	▷	€/Einheit	◁	KG an 300
Mehrfamilienhäuser (Fortsetzung)				
Mehrfamilienhäuser, mit 6 bis 19 WE, einfacher Standard	–	**–**	–	–
Mehrfamilienhäuser, mit 6 bis 19 WE, mittlerer Standard	–	**–**	–	–
Mehrfamilienhäuser, mit 6 bis 19 WE, hoher Standard	–	**0,60**	–	0,0%
Mehrfamilienhäuser, mit 20 oder mehr WE, einfacher Standard	–	**–**	–	–
Mehrfamilienhäuser, mit 20 oder mehr WE, mittlerer Standard	–	**–**	–	–
Mehrfamilienhäuser, mit 20 oder mehr WE, hoher Standard	–	**0,30**	–	0,0%
Mehrfamilienhäuser, Passivhäuser	–	**–**	–	–
Wohnhäuser, mit bis zu 15% Mischnutzung, einfacher Standard	–	**–**	–	–
Wohnhäuser, mit bis zu 15% Mischnutzung, mittlerer Standard	–	**–**	–	–
Wohnhäuser, mit bis zu 15% Mischnutzung, hoher Standard	–	**–**	–	–
Wohnhäuser, mit mehr als 15% Mischnutzung	–	**–**	–	–
Seniorenwohnungen				
Seniorenwohnungen, mittlerer Standard	–	**–**	–	–
Seniorenwohnungen, hoher Standard	–	**–**	–	–
Beherbergung				
Wohnheime und Internate	–	**–**	–	–
7 Gewerbegebäude				
Gaststätten und Kantinen				
Gaststätten, Kantinen und Mensen	–	**–**	–	–
Gebäude für Produktion				
Industrielle Produktionsgebäude, Massivbauweise	–	**–**	–	–
Industrielle Produktionsgebäude, überwiegend Skelettbauweise	–	**3,00**	–	0,0%
Betriebs- und Werkstätten, eingeschossig	–	**5,50**	–	0,2%
Betriebs- und Werkstätten, mehrgeschossig, geringer Hallenanteil	–	**–**	–	–
Betriebs- und Werkstätten, mehrgeschossig, hoher Hallenanteil	–	**–**	–	–
Gebäude für Handel und Lager				
Geschäftshäuser, mit Wohnungen	–	**–**	–	–
Geschäftshäuser, ohne Wohnungen	–	**–**	–	–
Verbrauchermärkte	–	**–**	–	–
Autohäuser	–	**–**	–	–
Lagergebäude, ohne Mischnutzung	–	**–**	–	–
Lagergebäude, mit bis zu 25% Mischnutzung	–	**–**	–	–
Lagergebäude, mit mehr als 25% Mischnutzung	–	**–**	–	–
Garagen und Bereitschaftsdienste				
Einzel-, Mehrfach- und Hochgaragen	–	**–**	–	–
Tiefgaragen	–	**–**	–	–
Feuerwehrhäuser	–	**1,30**	–	0,0%
Öffentliche Bereitschaftsdienste	0,80	**3,00**	5,20	0,1%
9 Kulturgebäude				
Gebäude für kulturelle Zwecke				
Bibliotheken, Museen und Ausstellungen	0,40	**0,90**	1,50	0,0%
Theater	–	**1,80**	–	0,0%
Gemeindezentren, einfacher Standard	–	**–**	–	–
Gemeindezentren, mittlerer Standard	–	**–**	–	–
Gemeindezentren, hoher Standard	–	**8,50**	–	0,1%
Gebäude für religiöse Zwecke				
Sakralbauten	–	**–**	–	–
Friedhofsgebäude	–	**–**	–	–

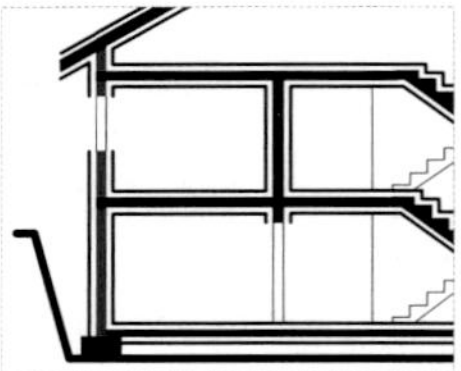

Kosten:
Stand 1.Quartal 2021
Bundesdurchschnitt
inkl. 19% MwSt.

Einheit: m²
Außenwandfläche,
tragend

▷ von
ø Mittel
◁ bis

Gebäudeart	▷	€/Einheit	◁	KG an 300
1 Büro- und Verwaltungsgebäude				
Büro- und Verwaltungsgebäude, einfacher Standard	124,00	**137,00**	171,00	9,8%
Büro- und Verwaltungsgebäude, mittlerer Standard	129,00	**182,00**	261,00	6,3%
Büro- und Verwaltungsgebäude, hoher Standard	146,00	**193,00**	304,00	4,1%
2 Gebäude für Forschung und Lehre				
Instituts- und Laborgebäude	57,00	**112,00**	166,00	5,3%
3 Gebäude des Gesundheitswesens				
Medizinische Einrichtungen	108,00	**151,00**	220,00	4,4%
Pflegeheime	134,00	**163,00**	190,00	5,1%
4 Schulen und Kindergärten				
Allgemeinbildende Schulen	174,00	**221,00**	390,00	4,1%
Berufliche Schulen	136,00	**214,00**	498,00	2,7%
Förder- und Sonderschulen	114,00	**187,00**	232,00	4,2%
Weiterbildungseinrichtungen	173,00	**225,00**	254,00	5,0%
Kindergärten, nicht unterkellert, einfacher Standard	–	**115,00**	–	5,2%
Kindergärten, nicht unterkellert, mittlerer Standard	132,00	**148,00**	171,00	6,2%
Kindergärten, nicht unterkellert, hoher Standard	177,00	**223,00**	269,00	6,3%
Kindergärten, Holzbauweise, nicht unterkellert	151,00	**199,00**	286,00	4,0%
Kindergärten, unterkellert	149,00	**155,00**	158,00	6,6%
5 Sportbauten				
Sport- und Mehrzweckhallen	169,00	**177,00**	189,00	5,8%
Sporthallen (Einfeldhallen)	139,00	**197,00**	295,00	8,4%
Sporthallen (Dreifeldhallen)	77,00	**185,00**	225,00	3,7%
Schwimmhallen	–	**–**	–	–
6 Wohngebäude				
Ein- und Zweifamilienhäuser				
Ein- und Zweifamilienhäuser, unterkellert, einfacher Standard	131,00	**144,00**	163,00	14,2%
Ein- und Zweifamilienhäuser, unterkellert, mittlerer Standard	104,00	**143,00**	198,00	11,1%
Ein- und Zweifamilienhäuser, unterkellert, hoher Standard	125,00	**150,00**	192,00	10,5%
Ein- und Zweifamilienhäuser, nicht unterkellert, einfacher Standard	82,00	**104,00**	127,00	10,5%
Ein- und Zweifamilienhäuser, nicht unterkellert, mittlerer Standard	95,00	**138,00**	178,00	9,4%
Ein- und Zweifamilienhäuser, nicht unterkellert, hoher Standard	104,00	**138,00**	192,00	8,6%
Ein- und Zweifamilienhäuser, Passivhausstandard, Massivbau	105,00	**125,00**	145,00	9,8%
Ein- und Zweifamilienhäuser, Passivhausstandard, Holzbau	176,00	**210,00**	266,00	15,4%
Ein- und Zweifamilienhäuser, Holzbauweise, unterkellert	120,00	**165,00**	237,00	16,2%
Ein- und Zweifamilienhäuser, Holzbauweise, nicht unterkellert	120,00	**168,00**	216,00	12,0%
Doppel- und Reihenendhäuser, einfacher Standard	78,00	**91,00**	114,00	12,1%
Doppel- und Reihenendhäuser, mittlerer Standard	87,00	**116,00**	139,00	10,9%
Doppel- und Reihenendhäuser, hoher Standard	113,00	**128,00**	138,00	12,3%
Reihenhäuser, einfacher Standard	73,00	**89,00**	106,00	11,1%
Reihenhäuser, mittlerer Standard	76,00	**126,00**	150,00	16,1%
Reihenhäuser, hoher Standard	109,00	**124,00**	152,00	7,0%
Mehrfamilienhäuser				
Mehrfamilienhäuser, mit bis zu 6 WE, einfacher Standard	89,00	**120,00**	136,00	9,6%
Mehrfamilienhäuser, mit bis zu 6 WE, mittlerer Standard	113,00	**137,00**	161,00	8,8%
Mehrfamilienhäuser, mit bis zu 6 WE, hoher Standard	113,00	**122,00**	140,00	6,9%

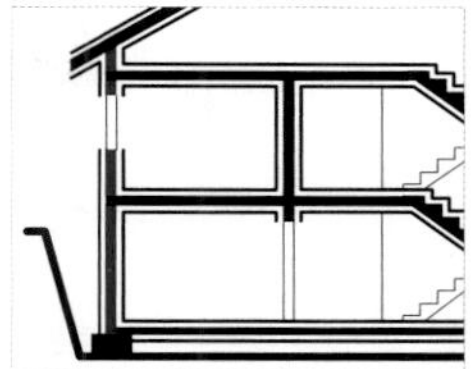

Einheit: m²
Außenwandfläche,
tragend

Gebäudeart	▷	€/Einheit	◁	KG an 300
Mehrfamilienhäuser (Fortsetzung)				
Mehrfamilienhäuser, mit 6 bis 19 WE, einfacher Standard	95,00	**133,00**	152,00	7,7%
Mehrfamilienhäuser, mit 6 bis 19 WE, mittlerer Standard	100,00	**137,00**	173,00	8,6%
Mehrfamilienhäuser, mit 6 bis 19 WE, hoher Standard	119,00	**139,00**	187,00	9,0%
Mehrfamilienhäuser, mit 20 oder mehr WE, einfacher Standard	84,00	**118,00**	156,00	7,0%
Mehrfamilienhäuser, mit 20 oder mehr WE, mittlerer Standard	104,00	**108,00**	113,00	6,9%
Mehrfamilienhäuser, mit 20 oder mehr WE, hoher Standard	102,00	**155,00**	231,00	8,8%
Mehrfamilienhäuser, Passivhäuser	98,00	**106,00**	124,00	7,4%
Wohnhäuser, mit bis zu 15% Mischnutzung, einfacher Standard	97,00	**131,00**	197,00	3,8%
Wohnhäuser, mit bis zu 15% Mischnutzung, mittlerer Standard	115,00	**138,00**	175,00	13,6%
Wohnhäuser, mit bis zu 15% Mischnutzung, hoher Standard	–	**266,00**	–	10,1%
Wohnhäuser, mit mehr als 15% Mischnutzung	125,00	**150,00**	196,00	6,8%
Seniorenwohnungen				
Seniorenwohnungen, mittlerer Standard	99,00	**105,00**	117,00	6,7%
Seniorenwohnungen, hoher Standard	101,00	**141,00**	180,00	7,3%
Beherbergung				
Wohnheime und Internate	124,00	**142,00**	168,00	5,7%
7 Gewerbegebäude				
Gaststätten und Kantinen				
Gaststätten, Kantinen und Mensen	–	**190,00**	–	4,1%
Gebäude für Produktion				
Industrielle Produktionsgebäude, Massivbauweise	113,00	**139,00**	180,00	6,1%
Industrielle Produktionsgebäude, überwiegend Skelettbauweise	131,00	**165,00**	192,00	9,7%
Betriebs- und Werkstätten, eingeschossig	–	**55,00**	–	1,1%
Betriebs- und Werkstätten, mehrgeschossig, geringer Hallenanteil	144,00	**176,00**	285,00	10,0%
Betriebs- und Werkstätten, mehrgeschossig, hoher Hallenanteil	102,00	**160,00**	247,00	7,1%
Gebäude für Handel und Lager				
Geschäftshäuser, mit Wohnungen	127,00	**173,00**	248,00	7,2%
Geschäftshäuser, ohne Wohnungen	139,00	**143,00**	147,00	11,6%
Verbrauchermärkte	142,00	**174,00**	206,00	9,8%
Autohäuser	88,00	**162,00**	237,00	5,0%
Lagergebäude, ohne Mischnutzung	75,00	**130,00**	312,00	6,3%
Lagergebäude, mit bis zu 25% Mischnutzung	151,00	**170,00**	208,00	7,7%
Lagergebäude, mit mehr als 25% Mischnutzung	109,00	**167,00**	225,00	4,7%
Garagen und Bereitschaftsdienste				
Einzel-, Mehrfach- und Hochgaragen	90,00	**105,00**	130,00	6,8%
Tiefgaragen	–	**218,00**	–	18,2%
Feuerwehrhäuser	110,00	**138,00**	155,00	7,5%
Öffentliche Bereitschaftsdienste	109,00	**144,00**	177,00	7,7%
9 Kulturgebäude				
Gebäude für kulturelle Zwecke				
Bibliotheken, Museen und Ausstellungen	137,00	**163,00**	203,00	6,9%
Theater	271,00	**290,00**	308,00	3,1%
Gemeindezentren, einfacher Standard	137,00	**151,00**	177,00	8,1%
Gemeindezentren, mittlerer Standard	150,00	**170,00**	197,00	6,9%
Gemeindezentren, hoher Standard	166,00	**227,00**	316,00	8,2%
Gebäude für religiöse Zwecke				
Sakralbauten	–	–	–	–
Friedhofsgebäude	–	**133,00**	–	9,1%

332 Nichttragende Außenwände

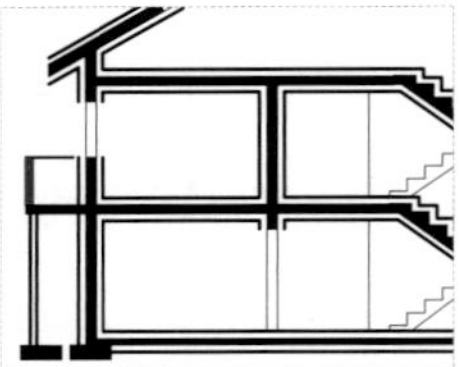

Kosten:
Stand 1.Quartal 2021
Bundesdurchschnitt
inkl. 19% MwSt.

Einheit: m²
Außenwandfläche, nichttragend

▷ von
ø Mittel
◁ bis

Gebäudeart	▷	€/Einheit	◁	KG an 300
1 Büro- und Verwaltungsgebäude				
Büro- und Verwaltungsgebäude, einfacher Standard	–	**–**	–	–
Büro- und Verwaltungsgebäude, mittlerer Standard	122,00	**209,00**	319,00	0,5%
Büro- und Verwaltungsgebäude, hoher Standard	135,00	**204,00**	369,00	0,8%
2 Gebäude für Forschung und Lehre				
Instituts- und Laborgebäude	–	**174,00**	–	0,2%
3 Gebäude des Gesundheitswesens				
Medizinische Einrichtungen	196,00	**383,00**	570,00	0,3%
Pflegeheime	162,00	**208,00**	253,00	1,2%
4 Schulen und Kindergärten				
Allgemeinbildende Schulen	159,00	**185,00**	237,00	1,0%
Berufliche Schulen	124,00	**156,00**	219,00	1,5%
Förder- und Sonderschulen	93,00	**156,00**	219,00	0,1%
Weiterbildungseinrichtungen	–	**568,00**	–	0,1%
Kindergärten, nicht unterkellert, einfacher Standard	–	**–**	–	–
Kindergärten, nicht unterkellert, mittlerer Standard	130,00	**173,00**	221,00	0,4%
Kindergärten, nicht unterkellert, hoher Standard	–	**–**	–	–
Kindergärten, Holzbauweise, nicht unterkellert	129,00	**154,00**	179,00	0,2%
Kindergärten, unterkellert	–	**117,00**	–	0,3%
5 Sportbauten				
Sport- und Mehrzweckhallen	–	**–**	–	–
Sporthallen (Einfeldhallen)	–	**111,00**	–	0,2%
Sporthallen (Dreifeldhallen)	197,00	**287,00**	377,00	0,1%
Schwimmhallen	–	**–**	–	–
6 Wohngebäude				
Ein- und Zweifamilienhäuser				
Ein- und Zweifamilienhäuser, unterkellert, einfacher Standard	65,00	**134,00**	203,00	0,2%
Ein- und Zweifamilienhäuser, unterkellert, mittlerer Standard	123,00	**187,00**	252,00	0,1%
Ein- und Zweifamilienhäuser, unterkellert, hoher Standard	96,00	**146,00**	225,00	0,3%
Ein- und Zweifamilienhäuser, nicht unterkellert, einfacher Standard	–	**–**	–	–
Ein- und Zweifamilienhäuser, nicht unterkellert, mittlerer Standard	82,00	**106,00**	130,00	0,3%
Ein- und Zweifamilienhäuser, nicht unterkellert, hoher Standard	115,00	**161,00**	288,00	0,3%
Ein- und Zweifamilienhäuser, Passivhausstandard, Massivbau	69,00	**124,00**	179,00	0,1%
Ein- und Zweifamilienhäuser, Passivhausstandard, Holzbau	–	**92,00**	–	0,1%
Ein- und Zweifamilienhäuser, Holzbauweise, unterkellert	–	**–**	–	–
Ein- und Zweifamilienhäuser, Holzbauweise, nicht unterkellert	139,00	**214,00**	289,00	0,4%
Doppel- und Reihenendhäuser, einfacher Standard	–	**130,00**	–	0,1%
Doppel- und Reihenendhäuser, mittlerer Standard	–	**–**	–	–
Doppel- und Reihenendhäuser, hoher Standard	115,00	**226,00**	538,00	0,3%
Reihenhäuser, einfacher Standard	–	**130,00**	–	0,3%
Reihenhäuser, mittlerer Standard	–	**105,00**	–	0,1%
Reihenhäuser, hoher Standard	–	**–**	–	–
Mehrfamilienhäuser				
Mehrfamilienhäuser, mit bis zu 6 WE, einfacher Standard	–	**–**	–	–
Mehrfamilienhäuser, mit bis zu 6 WE, mittlerer Standard	–	**155,00**	–	0,4%
Mehrfamilienhäuser, mit bis zu 6 WE, hoher Standard	142,00	**231,00**	355,00	0,6%

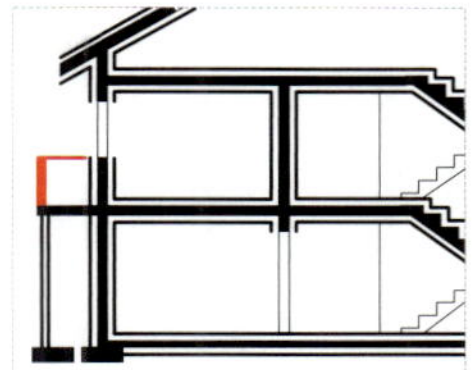

Einheit: m²
Außenwandfläche,
nichttragend

Gebäudeart	▷	€/Einheit	◁	KG an 300
Mehrfamilienhäuser (Fortsetzung)				
Mehrfamilienhäuser, mit 6 bis 19 WE, einfacher Standard	–	**–**	–	–
Mehrfamilienhäuser, mit 6 bis 19 WE, mittlerer Standard	96,00	**166,00**	234,00	0,7%
Mehrfamilienhäuser, mit 6 bis 19 WE, hoher Standard	–	**170,00**	–	0,3%
Mehrfamilienhäuser, mit 20 oder mehr WE, einfacher Standard	–	**95,00**	–	0,2%
Mehrfamilienhäuser, mit 20 oder mehr WE, mittlerer Standard	135,00	**219,00**	303,00	0,7%
Mehrfamilienhäuser, mit 20 oder mehr WE, hoher Standard	103,00	**187,00**	271,00	0,8%
Mehrfamilienhäuser, Passivhäuser	94,00	**231,00**	344,00	1,2%
Wohnhäuser, mit bis zu 15% Mischnutzung, einfacher Standard	233,00	**290,00**	404,00	4,0%
Wohnhäuser, mit bis zu 15% Mischnutzung, mittlerer Standard	–	**115,00**	–	0,2%
Wohnhäuser, mit bis zu 15% Mischnutzung, hoher Standard	–	**–**	–	–
Wohnhäuser, mit mehr als 15% Mischnutzung	138,00	**198,00**	257,00	1,3%
Seniorenwohnungen				
Seniorenwohnungen, mittlerer Standard	69,00	**115,00**	208,00	0,1%
Seniorenwohnungen, hoher Standard	–	**82,00**	–	0,1%
Beherbergung				
Wohnheime und Internate	103,00	**198,00**	350,00	1,2%
7 Gewerbegebäude				
Gaststätten und Kantinen				
Gaststätten, Kantinen und Mensen	–	**–**	–	–
Gebäude für Produktion				
Industrielle Produktionsgebäude, Massivbauweise	70,00	**94,00**	118,00	1,6%
Industrielle Produktionsgebäude, überwiegend Skelettbauweise	92,00	**128,00**	197,00	2,7%
Betriebs- und Werkstätten, eingeschossig	–	**–**	–	–
Betriebs- und Werkstätten, mehrgeschossig, geringer Hallenanteil	–	**295,00**	–	0,1%
Betriebs- und Werkstätten, mehrgeschossig, hoher Hallenanteil	66,00	**172,00**	278,00	0,1%
Gebäude für Handel und Lager				
Geschäftshäuser, mit Wohnungen	–	**–**	–	–
Geschäftshäuser, ohne Wohnungen	–	**–**	–	–
Verbrauchermärkte	–	**–**	–	–
Autohäuser	–	**162,00**	–	0,4%
Lagergebäude, ohne Mischnutzung	–	**106,00**	–	1,0%
Lagergebäude, mit bis zu 25% Mischnutzung	–	**273,00**	–	0,1%
Lagergebäude, mit mehr als 25% Mischnutzung	–	**–**	–	–
Garagen und Bereitschaftsdienste				
Einzel-, Mehrfach- und Hochgaragen	92,00	**95,00**	99,00	8,2%
Tiefgaragen	–	**–**	–	–
Feuerwehrhäuser	103,00	**132,00**	184,00	0,7%
Öffentliche Bereitschaftsdienste	107,00	**123,00**	139,00	0,2%
9 Kulturgebäude				
Gebäude für kulturelle Zwecke				
Bibliotheken, Museen und Ausstellungen	129,00	**198,00**	312,00	0,7%
Theater	186,00	**216,00**	245,00	1,1%
Gemeindezentren, einfacher Standard	–	**–**	–	–
Gemeindezentren, mittlerer Standard	85,00	**237,00**	388,00	0,7%
Gemeindezentren, hoher Standard	–	**184,00**	–	0,0%
Gebäude für religiöse Zwecke				
Sakralbauten	–	**–**	–	–
Friedhofsgebäude	–	**57,00**	–	0,7%

333 Außenstützen

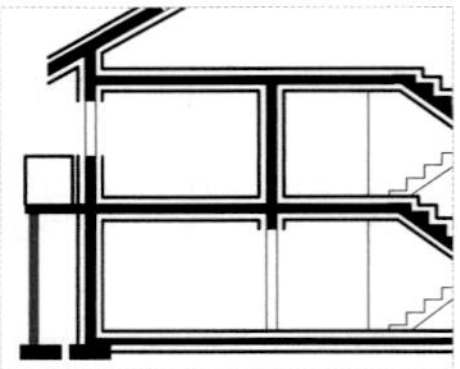

Kosten:
Stand 1.Quartal 2021
Bundesdurchschnitt
inkl. 19% MwSt.

Einheit: m
Außenstützenlänge

▷ von
ø Mittel
◁ bis

Gebäudeart	▷	€/Einheit	◁	KG an 300
1 Büro- und Verwaltungsgebäude				
Büro- und Verwaltungsgebäude, einfacher Standard	215,00	**259,00**	303,00	0,5%
Büro- und Verwaltungsgebäude, mittlerer Standard	138,00	**230,00**	298,00	0,5%
Büro- und Verwaltungsgebäude, hoher Standard	116,00	**144,00**	191,00	0,3%
2 Gebäude für Forschung und Lehre				
Instituts- und Laborgebäude	194,00	**215,00**	254,00	0,2%
3 Gebäude des Gesundheitswesens				
Medizinische Einrichtungen	175,00	**398,00**	824,00	0,3%
Pflegeheime	105,00	**133,00**	184,00	0,2%
4 Schulen und Kindergärten				
Allgemeinbildende Schulen	138,00	**231,00**	347,00	0,5%
Berufliche Schulen	134,00	**841,00**	3.656,00	0,8%
Förder- und Sonderschulen	126,00	**154,00**	183,00	0,4%
Weiterbildungseinrichtungen	137,00	**154,00**	188,00	0,7%
Kindergärten, nicht unterkellert, einfacher Standard	–	**–**	–	–
Kindergärten, nicht unterkellert, mittlerer Standard	132,00	**165,00**	304,00	0,3%
Kindergärten, nicht unterkellert, hoher Standard	198,00	**202,00**	206,00	0,5%
Kindergärten, Holzbauweise, nicht unterkellert	162,00	**705,00**	2.141,00	0,1%
Kindergärten, unterkellert	–	**63,00**	–	0,0%
5 Sportbauten				
Sport- und Mehrzweckhallen	–	**342,00**	–	0,2%
Sporthallen (Einfeldhallen)	53,00	**167,00**	282,00	0,7%
Sporthallen (Dreifeldhallen)	172,00	**242,00**	302,00	0,6%
Schwimmhallen	–	**–**	–	–
6 Wohngebäude				
Ein- und Zweifamilienhäuser				
Ein- und Zweifamilienhäuser, unterkellert, einfacher Standard	–	**88,00**	–	0,2%
Ein- und Zweifamilienhäuser, unterkellert, mittlerer Standard	99,00	**118,00**	155,00	0,1%
Ein- und Zweifamilienhäuser, unterkellert, hoher Standard	80,00	**121,00**	177,00	0,4%
Ein- und Zweifamilienhäuser, nicht unterkellert, einfacher Standard	–	**–**	–	–
Ein- und Zweifamilienhäuser, nicht unterkellert, mittlerer Standard	85,00	**138,00**	187,00	0,3%
Ein- und Zweifamilienhäuser, nicht unterkellert, hoher Standard	166,00	**292,00**	509,00	0,3%
Ein- und Zweifamilienhäuser, Passivhausstandard, Massivbau	114,00	**225,00**	571,00	0,2%
Ein- und Zweifamilienhäuser, Passivhausstandard, Holzbau	102,00	**141,00**	181,00	0,0%
Ein- und Zweifamilienhäuser, Holzbauweise, unterkellert	44,00	**99,00**	129,00	0,7%
Ein- und Zweifamilienhäuser, Holzbauweise, nicht unterkellert	53,00	**114,00**	209,00	0,1%
Doppel- und Reihenendhäuser, einfacher Standard	–	**77,00**	–	0,2%
Doppel- und Reihenendhäuser, mittlerer Standard	53,00	**256,00**	460,00	0,2%
Doppel- und Reihenendhäuser, hoher Standard	84,00	**111,00**	126,00	0,3%
Reihenhäuser, einfacher Standard	–	**–**	–	–
Reihenhäuser, mittlerer Standard	–	**–**	–	–
Reihenhäuser, hoher Standard	–	**–**	–	–
Mehrfamilienhäuser				
Mehrfamilienhäuser, mit bis zu 6 WE, einfacher Standard	148,00	**185,00**	221,00	0,3%
Mehrfamilienhäuser, mit bis zu 6 WE, mittlerer Standard	–	**144,00**	–	0,0%
Mehrfamilienhäuser, mit bis zu 6 WE, hoher Standard	107,00	**169,00**	214,00	0,3%

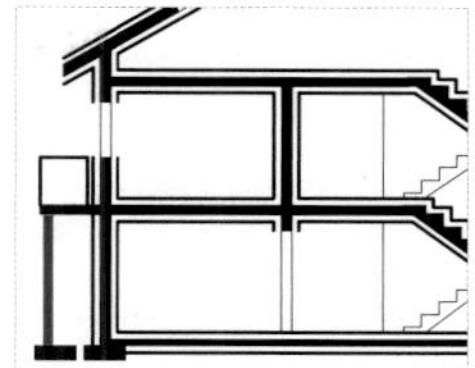

Einheit: m
Außenstützenlänge

Gebäudeart	▷	€/Einheit	◁	KG an 300
Mehrfamilienhäuser (Fortsetzung)				
Mehrfamilienhäuser, mit 6 bis 19 WE, einfacher Standard	–	**–**	–	–
Mehrfamilienhäuser, mit 6 bis 19 WE, mittlerer Standard	112,00	**155,00**	195,00	0,1%
Mehrfamilienhäuser, mit 6 bis 19 WE, hoher Standard	–	**399,00**	–	0,1%
Mehrfamilienhäuser, mit 20 oder mehr WE, einfacher Standard	131,00	**170,00**	230,00	0,2%
Mehrfamilienhäuser, mit 20 oder mehr WE, mittlerer Standard	83,00	**187,00**	290,00	0,5%
Mehrfamilienhäuser, mit 20 oder mehr WE, hoher Standard	151,00	**164,00**	177,00	0,2%
Mehrfamilienhäuser, Passivhäuser	102,00	**156,00**	218,00	0,5%
Wohnhäuser, mit bis zu 15% Mischnutzung, einfacher Standard	–	**163,00**	–	0,6%
Wohnhäuser, mit bis zu 15% Mischnutzung, mittlerer Standard	–	**116,00**	–	0,2%
Wohnhäuser, mit bis zu 15% Mischnutzung, hoher Standard	–	**247,00**	–	0,5%
Wohnhäuser, mit mehr als 15% Mischnutzung	–	**–**	–	–
Seniorenwohnungen				
Seniorenwohnungen, mittlerer Standard	116,00	**158,00**	182,00	0,3%
Seniorenwohnungen, hoher Standard	–	**111,00**	–	0,3%
Beherbergung				
Wohnheime und Internate	99,00	**159,00**	227,00	0,4%
7 Gewerbegebäude				
Gaststätten und Kantinen				
Gaststätten, Kantinen und Mensen	–	**581,00**	–	0,6%
Gebäude für Produktion				
Industrielle Produktionsgebäude, Massivbauweise	–	**–**	–	–
Industrielle Produktionsgebäude, überwiegend Skelettbauweise	100,00	**249,00**	363,00	1,5%
Betriebs- und Werkstätten, eingeschossig	–	**222,00**	–	0,1%
Betriebs- und Werkstätten, mehrgeschossig, geringer Hallenanteil	160,00	**211,00**	301,00	0,5%
Betriebs- und Werkstätten, mehrgeschossig, hoher Hallenanteil	126,00	**233,00**	496,00	1,8%
Gebäude für Handel und Lager				
Geschäftshäuser, mit Wohnungen	130,00	**152,00**	190,00	0,2%
Geschäftshäuser, ohne Wohnungen	–	**344,00**	–	0,4%
Verbrauchermärkte	–	**–**	–	–
Autohäuser	–	**144,00**	–	0,2%
Lagergebäude, ohne Mischnutzung	91,00	**213,00**	311,00	3,1%
Lagergebäude, mit bis zu 25% Mischnutzung	–	**442,00**	–	0,6%
Lagergebäude, mit mehr als 25% Mischnutzung	213,00	**394,00**	575,00	2,7%
Garagen und Bereitschaftsdienste				
Einzel-, Mehrfach- und Hochgaragen	39,00	**164,00**	288,00	2,5%
Tiefgaragen	–	**–**	–	–
Feuerwehrhäuser	134,00	**169,00**	204,00	0,3%
Öffentliche Bereitschaftsdienste	223,00	**397,00**	707,00	2,5%
9 Kulturgebäude				
Gebäude für kulturelle Zwecke				
Bibliotheken, Museen und Ausstellungen	111,00	**181,00**	221,00	0,6%
Theater	155,00	**742,00**	1.330,00	1,0%
Gemeindezentren, einfacher Standard	183,00	**260,00**	337,00	0,6%
Gemeindezentren, mittlerer Standard	98,00	**177,00**	370,00	0,6%
Gemeindezentren, hoher Standard	150,00	**289,00**	568,00	0,4%
Gebäude für religiöse Zwecke				
Sakralbauten	–	**–**	–	–
Friedhofsgebäude	–	**213,00**	–	2,7%

334 Außenwandöffnungen

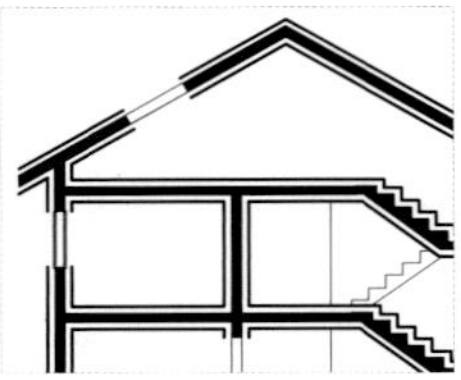

Kosten:
Stand 1.Quartal 2021
Bundesdurchschnitt
inkl. 19% MwSt.

Einheit: m²
Außenwandöffnungsfläche

Gebäudeart	▷	€/Einheit	◁	KG an 300
1 Büro- und Verwaltungsgebäude				
Büro- und Verwaltungsgebäude, einfacher Standard	303,00	**441,00**	631,00	9,6%
Büro- und Verwaltungsgebäude, mittlerer Standard	506,00	**693,00**	997,00	14,4%
Büro- und Verwaltungsgebäude, hoher Standard	629,00	**914,00**	1.220,00	11,8%
2 Gebäude für Forschung und Lehre				
Instituts- und Laborgebäude	803,00	**1.085,00**	1.912,00	13,5%
3 Gebäude des Gesundheitswesens				
Medizinische Einrichtungen	344,00	**546,00**	647,00	8,9%
Pflegeheime	456,00	**630,00**	805,00	8,9%
4 Schulen und Kindergärten				
Allgemeinbildende Schulen	647,00	**937,00**	1.737,00	14,0%
Berufliche Schulen	627,00	**826,00**	1.141,00	10,9%
Förder- und Sonderschulen	662,00	**2.341,00**	9.022,00	13,0%
Weiterbildungseinrichtungen	942,00	**985,00**	1.052,00	19,0%
Kindergärten, nicht unterkellert, einfacher Standard	–	**733,00**	–	7,7%
Kindergärten, nicht unterkellert, mittlerer Standard	612,00	**736,00**	1.146,00	10,9%
Kindergärten, nicht unterkellert, hoher Standard	604,00	**762,00**	919,00	13,5%
Kindergärten, Holzbauweise, nicht unterkellert	552,00	**741,00**	912,00	10,9%
Kindergärten, unterkellert	683,00	**756,00**	888,00	10,0%
5 Sportbauten				
Sport- und Mehrzweckhallen	646,00	**754,00**	808,00	18,5%
Sporthallen (Einfeldhallen)	629,00	**858,00**	1.312,00	6,7%
Sporthallen (Dreifeldhallen)	540,00	**646,00**	763,00	11,2%
Schwimmhallen	–	**–**	–	–
6 Wohngebäude				
Ein- und Zweifamilienhäuser				
Ein- und Zweifamilienhäuser, unterkellert, einfacher Standard	531,00	**589,00**	676,00	7,3%
Ein- und Zweifamilienhäuser, unterkellert, mittlerer Standard	481,00	**606,00**	764,00	9,9%
Ein- und Zweifamilienhäuser, unterkellert, hoher Standard	598,00	**748,00**	917,00	14,3%
Ein- und Zweifamilienhäuser, nicht unterkellert, einfacher Standard	425,00	**488,00**	552,00	9,1%
Ein- und Zweifamilienhäuser, nicht unterkellert, mittlerer Standard	497,00	**632,00**	805,00	12,0%
Ein- und Zweifamilienhäuser, nicht unterkellert, hoher Standard	595,00	**700,00**	876,00	14,4%
Ein- und Zweifamilienhäuser, Passivhausstandard, Massivbau	591,00	**734,00**	863,00	12,8%
Ein- und Zweifamilienhäuser, Passivhausstandard, Holzbau	700,00	**797,00**	1.163,00	13,6%
Ein- und Zweifamilienhäuser, Holzbauweise, unterkellert	485,00	**536,00**	650,00	9,9%
Ein- und Zweifamilienhäuser, Holzbauweise, nicht unterkellert	527,00	**613,00**	742,00	11,1%
Doppel- und Reihenendhäuser, einfacher Standard	394,00	**518,00**	703,00	11,6%
Doppel- und Reihenendhäuser, mittlerer Standard	493,00	**641,00**	784,00	9,1%
Doppel- und Reihenendhäuser, hoher Standard	475,00	**549,00**	704,00	8,6%
Reihenhäuser, einfacher Standard	338,00	**463,00**	588,00	9,9%
Reihenhäuser, mittlerer Standard	461,00	**607,00**	705,00	10,6%
Reihenhäuser, hoher Standard	465,00	**586,00**	826,00	8,2%
Mehrfamilienhäuser				
Mehrfamilienhäuser, mit bis zu 6 WE, einfacher Standard	328,00	**412,00**	464,00	7,2%
Mehrfamilienhäuser, mit bis zu 6 WE, mittlerer Standard	369,00	**524,00**	588,00	8,5%
Mehrfamilienhäuser, mit bis zu 6 WE, hoher Standard	448,00	**584,00**	649,00	8,2%

▷ von
ø Mittel
◁ bis

 Erläuterungen zu den Tabellen siehe Seite 48

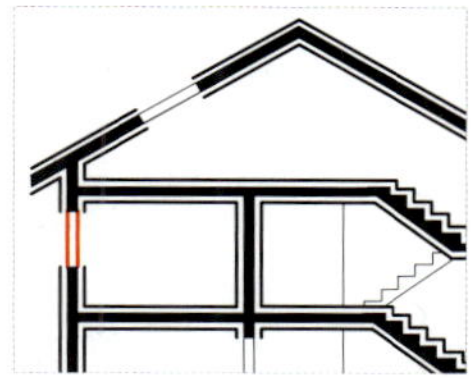

Einheit: m²
Außenwandöffnungs-
fläche

Gebäudeart	▷	€/Einheit	◁	KG an 300
Mehrfamilienhäuser (Fortsetzung)				
Mehrfamilienhäuser, mit 6 bis 19 WE, einfacher Standard	490,00	**621,00**	863,00	7,1%
Mehrfamilienhäuser, mit 6 bis 19 WE, mittlerer Standard	330,00	**452,00**	638,00	7,4%
Mehrfamilienhäuser, mit 6 bis 19 WE, hoher Standard	344,00	**473,00**	596,00	7,4%
Mehrfamilienhäuser, mit 20 oder mehr WE, einfacher Standard	336,00	**461,00**	507,00	9,5%
Mehrfamilienhäuser, mit 20 oder mehr WE, mittlerer Standard	563,00	**603,00**	625,00	8,3%
Mehrfamilienhäuser, mit 20 oder mehr WE, hoher Standard	403,00	**507,00**	691,00	6,8%
Mehrfamilienhäuser, Passivhäuser	512,00	**602,00**	761,00	10,1%
Wohnhäuser, mit bis zu 15% Mischnutzung, einfacher Standard	425,00	**571,00**	671,00	13,1%
Wohnhäuser, mit bis zu 15% Mischnutzung, mittlerer Standard	479,00	**514,00**	580,00	9,7%
Wohnhäuser, mit bis zu 15% Mischnutzung, hoher Standard	–	**819,00**	–	11,3%
Wohnhäuser, mit mehr als 15% Mischnutzung	527,00	**598,00**	741,00	17,3%
Seniorenwohnungen				
Seniorenwohnungen, mittlerer Standard	415,00	**460,00**	541,00	8,7%
Seniorenwohnungen, hoher Standard	333,00	**448,00**	564,00	7,7%
Beherbergung				
Wohnheime und Internate	590,00	**655,00**	831,00	12,0%
7 Gewerbegebäude				
Gaststätten und Kantinen				
Gaststätten, Kantinen und Mensen	–	**1.089,00**	–	11,3%
Gebäude für Produktion				
Industrielle Produktionsgebäude, Massivbauweise	405,00	**598,00**	696,00	14,1%
Industrielle Produktionsgebäude, überwiegend Skelettbauweise	442,00	**561,00**	783,00	6,4%
Betriebs- und Werkstätten, eingeschossig	621,00	**725,00**	830,00	10,8%
Betriebs- und Werkstätten, mehrgeschossig, geringer Hallenanteil	385,00	**476,00**	655,00	9,7%
Betriebs- und Werkstätten, mehrgeschossig, hoher Hallenanteil	447,00	**560,00**	862,00	8,8%
Gebäude für Handel und Lager				
Geschäftshäuser, mit Wohnungen	607,00	**873,00**	1.041,00	14,7%
Geschäftshäuser, ohne Wohnungen	626,00	**776,00**	926,00	11,9%
Verbrauchermärkte	1.057,00	**1.225,00**	1.393,00	7,4%
Autohäuser	504,00	**589,00**	673,00	10,9%
Lagergebäude, ohne Mischnutzung	274,00	**424,00**	595,00	8,3%
Lagergebäude, mit bis zu 25% Mischnutzung	526,00	**608,00**	761,00	10,0%
Lagergebäude, mit mehr als 25% Mischnutzung	258,00	**339,00**	421,00	12,2%
Garagen und Bereitschaftsdienste				
Einzel-, Mehrfach- und Hochgaragen	360,00	**438,00**	693,00	14,5%
Tiefgaragen	–	**–**	–	3,3%
Feuerwehrhäuser	640,00	**753,00**	975,00	12,2%
Öffentliche Bereitschaftsdienste	585,00	**887,00**	1.645,00	10,9%
9 Kulturgebäude				
Gebäude für kulturelle Zwecke				
Bibliotheken, Museen und Ausstellungen	815,00	**1.100,00**	1.406,00	12,1%
Theater	752,00	**1.236,00**	1.721,00	16,2%
Gemeindezentren, einfacher Standard	437,00	**488,00**	520,00	8,4%
Gemeindezentren, mittlerer Standard	694,00	**786,00**	1.123,00	15,9%
Gemeindezentren, hoher Standard	776,00	**809,00**	825,00	9,1%
Gebäude für religiöse Zwecke				
Sakralbauten	–	**–**	–	–
Friedhofsgebäude	–	**860,00**	–	16,4%

335 Außenwandbekleidungen, außen

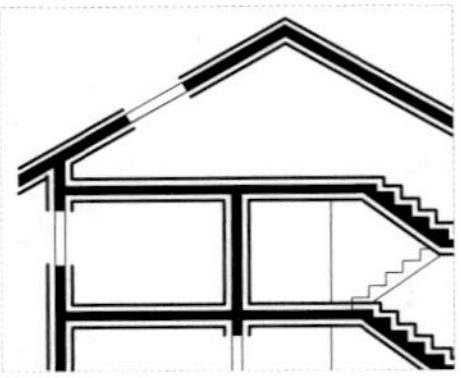

Kosten:
Stand 1.Quartal 2021
Bundesdurchschnitt
inkl. 19% MwSt.

Einheit: m²
Außenwandbekleidungsfläche, außen

Gebäudeart	▷	€/Einheit	◁	KG an 300
1 Büro- und Verwaltungsgebäude				
Büro- und Verwaltungsgebäude, einfacher Standard	68,00	**78,00**	87,00	5,7%
Büro- und Verwaltungsgebäude, mittlerer Standard	123,00	**203,00**	343,00	8,2%
Büro- und Verwaltungsgebäude, hoher Standard	193,00	**326,00**	803,00	8,3%
2 Gebäude für Forschung und Lehre				
Instituts- und Laborgebäude	228,00	**299,00**	328,00	13,7%
3 Gebäude des Gesundheitswesens				
Medizinische Einrichtungen	285,00	**294,00**	311,00	11,5%
Pflegeheime	127,00	**203,00**	293,00	6,7%
4 Schulen und Kindergärten				
Allgemeinbildende Schulen	121,00	**195,00**	268,00	6,0%
Berufliche Schulen	178,00	**222,00**	340,00	5,6%
Förder- und Sonderschulen	109,00	**205,00**	290,00	6,8%
Weiterbildungseinrichtungen	211,00	**263,00**	357,00	5,6%
Kindergärten, nicht unterkellert, einfacher Standard	–	**183,00**	–	8,4%
Kindergärten, nicht unterkellert, mittlerer Standard	125,00	**174,00**	220,00	8,5%
Kindergärten, nicht unterkellert, hoher Standard	114,00	**116,00**	117,00	4,3%
Kindergärten, Holzbauweise, nicht unterkellert	124,00	**174,00**	249,00	7,8%
Kindergärten, unterkellert	122,00	**149,00**	192,00	7,3%
5 Sportbauten				
Sport- und Mehrzweckhallen	71,00	**98,00**	148,00	3,7%
Sporthallen (Einfeldhallen)	111,00	**150,00**	174,00	8,7%
Sporthallen (Dreifeldhallen)	67,00	**128,00**	202,00	2,8%
Schwimmhallen	–	**–**	–	–
6 Wohngebäude				
Ein- und Zweifamilienhäuser				
Ein- und Zweifamilienhäuser, unterkellert, einfacher Standard	39,00	**50,00**	55,00	5,4%
Ein- und Zweifamilienhäuser, unterkellert, mittlerer Standard	85,00	**127,00**	158,00	11,0%
Ein- und Zweifamilienhäuser, unterkellert, hoher Standard	87,00	**117,00**	159,00	8,9%
Ein- und Zweifamilienhäuser, nicht unterkellert, einfacher Standard	65,00	**109,00**	153,00	11,0%
Ein- und Zweifamilienhäuser, nicht unterkellert, mittlerer Standard	86,00	**120,00**	161,00	9,5%
Ein- und Zweifamilienhäuser, nicht unterkellert, hoher Standard	91,00	**117,00**	165,00	7,9%
Ein- und Zweifamilienhäuser, Passivhausstandard, Massivbau	109,00	**146,00**	187,00	12,4%
Ein- und Zweifamilienhäuser, Passivhausstandard, Holzbau	77,00	**115,00**	155,00	8,8%
Ein- und Zweifamilienhäuser, Holzbauweise, unterkellert	79,00	**107,00**	185,00	9,9%
Ein- und Zweifamilienhäuser, Holzbauweise, nicht unterkellert	65,00	**99,00**	127,00	8,4%
Doppel- und Reihenendhäuser, einfacher Standard	60,00	**78,00**	90,00	10,1%
Doppel- und Reihenendhäuser, mittlerer Standard	78,00	**114,00**	194,00	10,8%
Doppel- und Reihenendhäuser, hoher Standard	92,00	**125,00**	150,00	11,5%
Reihenhäuser, einfacher Standard	84,00	**104,00**	124,00	7,0%
Reihenhäuser, mittlerer Standard	51,00	**72,00**	85,00	7,7%
Reihenhäuser, hoher Standard	45,00	**99,00**	133,00	6,6%
Mehrfamilienhäuser				
Mehrfamilienhäuser, mit bis zu 6 WE, einfacher Standard	58,00	**79,00**	90,00	6,2%
Mehrfamilienhäuser, mit bis zu 6 WE, mittlerer Standard	83,00	**124,00**	166,00	8,4%
Mehrfamilienhäuser, mit bis zu 6 WE, hoher Standard	91,00	**144,00**	221,00	8,7%

▷ von
ø Mittel
◁ bis

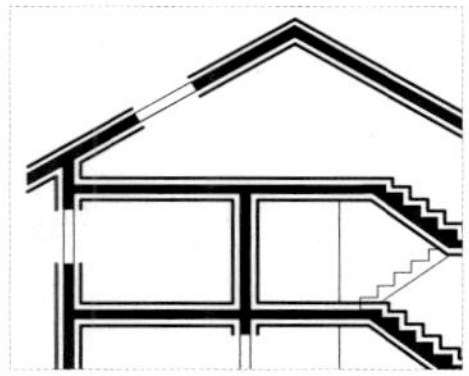

Gebäudeart	▷	€/Einheit	◁	KG an 300
Mehrfamilienhäuser (Fortsetzung)				
Mehrfamilienhäuser, mit 6 bis 19 WE, einfacher Standard	81,00	**140,00**	173,00	8,6%
Mehrfamilienhäuser, mit 6 bis 19 WE, mittlerer Standard	96,00	**126,00**	171,00	8,3%
Mehrfamilienhäuser, mit 6 bis 19 WE, hoher Standard	84,00	**150,00**	325,00	9,6%
Mehrfamilienhäuser, mit 20 oder mehr WE, einfacher Standard	83,00	**101,00**	120,00	6,4%
Mehrfamilienhäuser, mit 20 oder mehr WE, mittlerer Standard	103,00	**141,00**	216,00	9,6%
Mehrfamilienhäuser, mit 20 oder mehr WE, hoher Standard	119,00	**127,00**	142,00	8,7%
Mehrfamilienhäuser, Passivhäuser	82,00	**125,00**	149,00	9,8%
Wohnhäuser, mit bis zu 15% Mischnutzung, einfacher Standard	76,00	**100,00**	146,00	5,0%
Wohnhäuser, mit bis zu 15% Mischnutzung, mittlerer Standard	105,00	**142,00**	180,00	7,1%
Wohnhäuser, mit bis zu 15% Mischnutzung, hoher Standard	–	**251,00**	–	7,6%
Wohnhäuser, mit mehr als 15% Mischnutzung	95,00	**171,00**	209,00	8,7%
Seniorenwohnungen				
Seniorenwohnungen, mittlerer Standard	91,00	**101,00**	118,00	7,4%
Seniorenwohnungen, hoher Standard	89,00	**126,00**	162,00	6,9%
Beherbergung				
Wohnheime und Internate	100,00	**155,00**	244,00	6,8%
7 Gewerbegebäude				
Gaststätten und Kantinen				
Gaststätten, Kantinen und Mensen	–	**240,00**	–	5,9%
Gebäude für Produktion				
Industrielle Produktionsgebäude, Massivbauweise	98,00	**136,00**	158,00	8,1%
Industrielle Produktionsgebäude, überwiegend Skelettbauweise	34,00	**82,00**	177,00	4,9%
Betriebs- und Werkstätten, eingeschossig	–	**195,00**	–	1,4%
Betriebs- und Werkstätten, mehrgeschossig, geringer Hallenanteil	107,00	**157,00**	190,00	8,8%
Betriebs- und Werkstätten, mehrgeschossig, hoher Hallenanteil	88,00	**144,00**	430,00	5,7%
Gebäude für Handel und Lager				
Geschäftshäuser, mit Wohnungen	138,00	**161,00**	172,00	6,4%
Geschäftshäuser, ohne Wohnungen	69,00	**85,00**	102,00	6,6%
Verbrauchermärkte	109,00	**179,00**	249,00	9,3%
Autohäuser	114,00	**157,00**	200,00	3,5%
Lagergebäude, ohne Mischnutzung	59,00	**101,00**	127,00	9,6%
Lagergebäude, mit bis zu 25% Mischnutzung	74,00	**177,00**	280,00	3,4%
Lagergebäude, mit mehr als 25% Mischnutzung	–	**75,00**	–	2,2%
Garagen und Bereitschaftsdienste				
Einzel-, Mehrfach- und Hochgaragen	27,00	**40,00**	53,00	3,1%
Tiefgaragen	–	**153,00**	–	8,5%
Feuerwehrhäuser	141,00	**155,00**	182,00	9,8%
Öffentliche Bereitschaftsdienste	104,00	**178,00**	385,00	8,7%
9 Kulturgebäude				
Gebäude für kulturelle Zwecke				
Bibliotheken, Museen und Ausstellungen	177,00	**327,00**	418,00	13,5%
Theater	162,00	**185,00**	209,00	4,3%
Gemeindezentren, einfacher Standard	93,00	**143,00**	170,00	9,0%
Gemeindezentren, mittlerer Standard	124,00	**166,00**	223,00	8,0%
Gemeindezentren, hoher Standard	102,00	**175,00**	312,00	6,9%
Gebäude für religiöse Zwecke				
Sakralbauten	–	**–**	–	–
Friedhofsgebäude	–	**104,00**	–	8,8%

Einheit: m²
Außenwandbekleidungs-
fläche, außen

336 Außenwandbekleidungen, innen

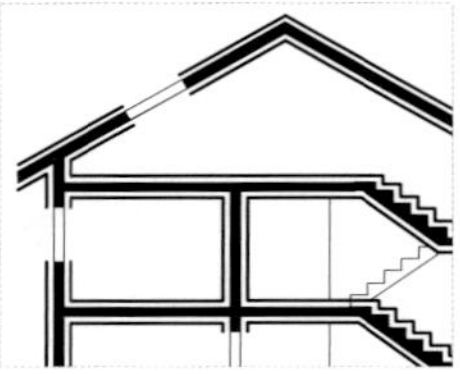

Kosten:
Stand 1.Quartal 2021
Bundesdurchschnitt
inkl. 19% MwSt.

Einheit: m²
Außenwandbekleidungsfläche, innen

▷ von
ø Mittel
◁ bis

Gebäudeart	▷	€/Einheit	◁	KG an 300
1 Büro- und Verwaltungsgebäude				
Büro- und Verwaltungsgebäude, einfacher Standard	19,00	**35,00**	47,00	2,1%
Büro- und Verwaltungsgebäude, mittlerer Standard	21,00	**39,00**	58,00	1,3%
Büro- und Verwaltungsgebäude, hoher Standard	33,00	**52,00**	84,00	1,0%
2 Gebäude für Forschung und Lehre				
Instituts- und Laborgebäude	18,00	**46,00**	57,00	1,1%
3 Gebäude des Gesundheitswesens				
Medizinische Einrichtungen	36,00	**41,00**	49,00	1,2%
Pflegeheime	33,00	**60,00**	128,00	1,3%
4 Schulen und Kindergärten				
Allgemeinbildende Schulen	27,00	**53,00**	112,00	1,2%
Berufliche Schulen	68,00	**117,00**	244,00	1,5%
Förder- und Sonderschulen	38,00	**45,00**	65,00	0,8%
Weiterbildungseinrichtungen	15,00	**41,00**	92,00	0,4%
Kindergärten, nicht unterkellert, einfacher Standard	–	**60,00**	–	2,8%
Kindergärten, nicht unterkellert, mittlerer Standard	35,00	**49,00**	68,00	1,9%
Kindergärten, nicht unterkellert, hoher Standard	35,00	**39,00**	43,00	1,0%
Kindergärten, Holzbauweise, nicht unterkellert	41,00	**45,00**	53,00	1,7%
Kindergärten, unterkellert	39,00	**40,00**	41,00	1,6%
5 Sportbauten				
Sport- und Mehrzweckhallen	7,50	**43,00**	69,00	1,5%
Sporthallen (Einfeldhallen)	70,00	**84,00**	91,00	3,7%
Sporthallen (Dreifeldhallen)	45,00	**99,00**	118,00	1,3%
Schwimmhallen	–	**–**	–	–
6 Wohngebäude				
Ein- und Zweifamilienhäuser				
Ein- und Zweifamilienhäuser, unterkellert, einfacher Standard	20,00	**25,00**	29,00	2,6%
Ein- und Zweifamilienhäuser, unterkellert, mittlerer Standard	36,00	**43,00**	59,00	2,8%
Ein- und Zweifamilienhäuser, unterkellert, hoher Standard	30,00	**42,00**	63,00	2,4%
Ein- und Zweifamilienhäuser, nicht unterkellert, einfacher Standard	45,00	**48,00**	51,00	3,7%
Ein- und Zweifamilienhäuser, nicht unterkellert, mittlerer Standard	30,00	**45,00**	58,00	2,5%
Ein- und Zweifamilienhäuser, nicht unterkellert, hoher Standard	32,00	**39,00**	51,00	2,2%
Ein- und Zweifamilienhäuser, Passivhausstandard, Massivbau	38,00	**48,00**	57,00	3,0%
Ein- und Zweifamilienhäuser, Passivhausstandard, Holzbau	22,00	**42,00**	60,00	2,5%
Ein- und Zweifamilienhäuser, Holzbauweise, unterkellert	27,00	**39,00**	56,00	3,5%
Ein- und Zweifamilienhäuser, Holzbauweise, nicht unterkellert	23,00	**51,00**	74,00	3,1%
Doppel- und Reihenendhäuser, einfacher Standard	4,40	**23,00**	33,00	2,4%
Doppel- und Reihenendhäuser, mittlerer Standard	24,00	**34,00**	45,00	2,7%
Doppel- und Reihenendhäuser, hoher Standard	35,00	**44,00**	67,00	3,2%
Reihenhäuser, einfacher Standard	4,40	**47,00**	89,00	2,6%
Reihenhäuser, mittlerer Standard	37,00	**49,00**	67,00	4,1%
Reihenhäuser, hoher Standard	10,00	**38,00**	53,00	2,7%
Mehrfamilienhäuser				
Mehrfamilienhäuser, mit bis zu 6 WE, einfacher Standard	30,00	**35,00**	45,00	2,6%
Mehrfamilienhäuser, mit bis zu 6 WE, mittlerer Standard	26,00	**31,00**	36,00	1,8%
Mehrfamilienhäuser, mit bis zu 6 WE, hoher Standard	26,00	**34,00**	42,00	1,5%

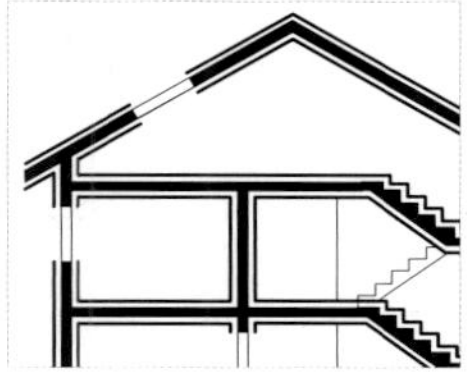

Einheit: m²
Außenwandbekleidungs-
fläche, innen

Gebäudeart	▷	€/Einheit	◁	KG an 300
Mehrfamilienhäuser (Fortsetzung)				
Mehrfamilienhäuser, mit 6 bis 19 WE, einfacher Standard	19,00	**28,00**	33,00	1,6%
Mehrfamilienhäuser, mit 6 bis 19 WE, mittlerer Standard	25,00	**33,00**	37,00	1,7%
Mehrfamilienhäuser, mit 6 bis 19 WE, hoher Standard	21,00	**29,00**	38,00	1,5%
Mehrfamilienhäuser, mit 20 oder mehr WE, einfacher Standard	23,00	**36,00**	69,00	1,9%
Mehrfamilienhäuser, mit 20 oder mehr WE, mittlerer Standard	19,00	**40,00**	51,00	2,3%
Mehrfamilienhäuser, mit 20 oder mehr WE, hoher Standard	28,00	**32,00**	34,00	2,1%
Mehrfamilienhäuser, Passivhäuser	32,00	**38,00**	63,00	2,0%
Wohnhäuser, mit bis zu 15% Mischnutzung, einfacher Standard	50,00	**94,00**	174,00	3,3%
Wohnhäuser, mit bis zu 15% Mischnutzung, mittlerer Standard	14,00	**39,00**	55,00	2,4%
Wohnhäuser, mit bis zu 15% Mischnutzung, hoher Standard	–	**47,00**	–	1,7%
Wohnhäuser, mit mehr als 15% Mischnutzung	40,00	**47,00**	59,00	1,8%
Seniorenwohnungen				
Seniorenwohnungen, mittlerer Standard	27,00	**32,00**	36,00	1,9%
Seniorenwohnungen, hoher Standard	27,00	**36,00**	45,00	1,8%
Beherbergung				
Wohnheime und Internate	30,00	**43,00**	60,00	1,4%
7 Gewerbegebäude				
Gaststätten und Kantinen				
Gaststätten, Kantinen und Mensen	–	**118,00**	–	1,7%
Gebäude für Produktion				
Industrielle Produktionsgebäude, Massivbauweise	19,00	**37,00**	71,00	1,5%
Industrielle Produktionsgebäude, überwiegend Skelettbauweise	8,60	**15,00**	22,00	0,4%
Betriebs- und Werkstätten, eingeschossig	–	**8,90**	–	0,0%
Betriebs- und Werkstätten, mehrgeschossig, geringer Hallenanteil	16,00	**28,00**	42,00	1,1%
Betriebs- und Werkstätten, mehrgeschossig, hoher Hallenanteil	25,00	**46,00**	65,00	1,7%
Gebäude für Handel und Lager				
Geschäftshäuser, mit Wohnungen	46,00	**47,00**	48,00	2,1%
Geschäftshäuser, ohne Wohnungen	29,00	**30,00**	30,00	2,0%
Verbrauchermärkte	20,00	**41,00**	62,00	0,8%
Autohäuser	63,00	**69,00**	74,00	0,9%
Lagergebäude, ohne Mischnutzung	7,30	**26,00**	39,00	0,5%
Lagergebäude, mit bis zu 25% Mischnutzung	12,00	**25,00**	37,00	0,7%
Lagergebäude, mit mehr als 25% Mischnutzung	–	**39,00**	–	0,9%
Garagen und Bereitschaftsdienste				
Einzel-, Mehrfach- und Hochgaragen	27,00	**45,00**	79,00	0,6%
Tiefgaragen	–	**–**	–	–
Feuerwehrhäuser	23,00	**35,00**	43,00	1,4%
Öffentliche Bereitschaftsdienste	27,00	**45,00**	97,00	2,2%
9 Kulturgebäude				
Gebäude für kulturelle Zwecke				
Bibliotheken, Museen und Ausstellungen	31,00	**54,00**	73,00	1,9%
Theater	16,00	**64,00**	111,00	1,1%
Gemeindezentren, einfacher Standard	21,00	**35,00**	43,00	1,3%
Gemeindezentren, mittlerer Standard	17,00	**41,00**	49,00	1,5%
Gemeindezentren, hoher Standard	58,00	**76,00**	103,00	2,0%
Gebäude für religiöse Zwecke				
Sakralbauten	–	**–**	–	–
Friedhofsgebäude	–	**48,00**	–	4,5%

337
Elementierte Außenwandkonstruktionen

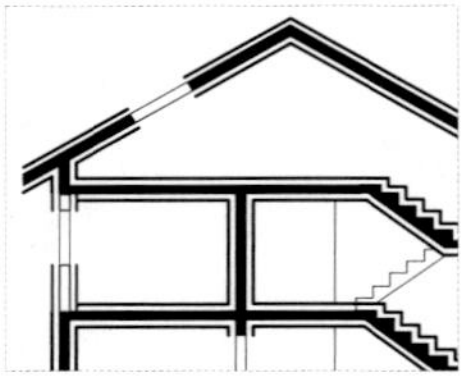

Kosten:
Stand 1.Quartal 2021
Bundesdurchschnitt
inkl. 19% MwSt.

Einheit: m²
Außenwandfläche,
elementiert

▷ von
ø Mittel
◁ bis

Gebäudeart	▷	€/Einheit	◁	KG an 300
1 Büro- und Verwaltungsgebäude				
Büro- und Verwaltungsgebäude, einfacher Standard	–	**–**	–	–
Büro- und Verwaltungsgebäude, mittlerer Standard	–	**637,00**	–	0,2%
Büro- und Verwaltungsgebäude, hoher Standard	543,00	**657,00**	714,00	3,9%
2 Gebäude für Forschung und Lehre				
Instituts- und Laborgebäude	–	**132,00**	–	0,7%
3 Gebäude des Gesundheitswesens				
Medizinische Einrichtungen	–	**–**	–	–
Pflegeheime	–	**85,00**	–	0,2%
4 Schulen und Kindergärten				
Allgemeinbildende Schulen	280,00	**538,00**	688,00	2,6%
Berufliche Schulen	99,00	**371,00**	643,00	3,4%
Förder- und Sonderschulen	–	**–**	–	–
Weiterbildungseinrichtungen	–	**129,00**	–	0,2%
Kindergärten, nicht unterkellert, einfacher Standard	–	**–**	–	–
Kindergärten, nicht unterkellert, mittlerer Standard	–	**–**	–	–
Kindergärten, nicht unterkellert, hoher Standard	–	**–**	–	–
Kindergärten, Holzbauweise, nicht unterkellert	160,00	**175,00**	190,00	4,0%
Kindergärten, unterkellert	–	**–**	–	–
5 Sportbauten				
Sport- und Mehrzweckhallen	–	**–**	–	–
Sporthallen (Einfeldhallen)	–	**–**	–	–
Sporthallen (Dreifeldhallen)	–	**–**	–	–
Schwimmhallen	–	**–**	–	–
6 Wohngebäude				
Ein- und Zweifamilienhäuser				
Ein- und Zweifamilienhäuser, unterkellert, einfacher Standard	–	**–**	–	–
Ein- und Zweifamilienhäuser, unterkellert, mittlerer Standard	–	**238,00**	–	0,7%
Ein- und Zweifamilienhäuser, unterkellert, hoher Standard	–	**–**	–	–
Ein- und Zweifamilienhäuser, nicht unterkellert, einfacher Standard	–	**–**	–	–
Ein- und Zweifamilienhäuser, nicht unterkellert, mittlerer Standard	–	**–**	–	–
Ein- und Zweifamilienhäuser, nicht unterkellert, hoher Standard	–	**–**	–	–
Ein- und Zweifamilienhäuser, Passivhausstandard, Massivbau	–	**284,00**	–	1,3%
Ein- und Zweifamilienhäuser, Passivhausstandard, Holzbau	–	**–**	–	–
Ein- und Zweifamilienhäuser, Holzbauweise, unterkellert	–	**257,00**	–	1,5%
Ein- und Zweifamilienhäuser, Holzbauweise, nicht unterkellert	–	**176,00**	–	2,4%
Doppel- und Reihenendhäuser, einfacher Standard	–	**–**	–	–
Doppel- und Reihenendhäuser, mittlerer Standard	–	**–**	–	–
Doppel- und Reihenendhäuser, hoher Standard	–	**–**	–	–
Reihenhäuser, einfacher Standard	–	**–**	–	–
Reihenhäuser, mittlerer Standard	–	**209,00**	–	1,3%
Reihenhäuser, hoher Standard	–	**279,00**	–	4,0%
Mehrfamilienhäuser				
Mehrfamilienhäuser, mit bis zu 6 WE, einfacher Standard	–	**–**	–	–
Mehrfamilienhäuser, mit bis zu 6 WE, mittlerer Standard	–	**–**	–	–
Mehrfamilienhäuser, mit bis zu 6 WE, hoher Standard	–	**–**	–	–

337 Elementierte Außenwandkonstruktionen

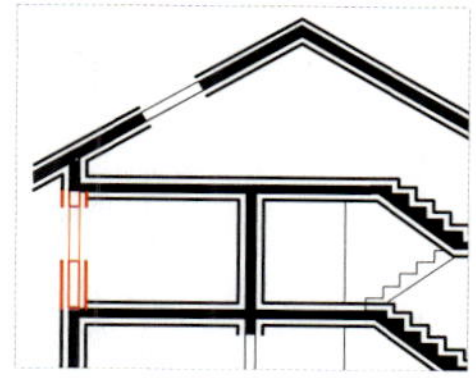

Einheit: m² Außenwandfläche, elementiert

Gebäudeart	▷	€/Einheit	◁	KG an 300
Mehrfamilienhäuser (Fortsetzung)				
Mehrfamilienhäuser, mit 6 bis 19 WE, einfacher Standard	–	–	–	–
Mehrfamilienhäuser, mit 6 bis 19 WE, mittlerer Standard	–	–	–	–
Mehrfamilienhäuser, mit 6 bis 19 WE, hoher Standard	–	–	–	–
Mehrfamilienhäuser, mit 20 oder mehr WE, einfacher Standard	–	–	–	–
Mehrfamilienhäuser, mit 20 oder mehr WE, mittlerer Standard	–	–	–	–
Mehrfamilienhäuser, mit 20 oder mehr WE, hoher Standard	–	–	–	–
Mehrfamilienhäuser, Passivhäuser	–	–	–	–
Wohnhäuser, mit bis zu 15% Mischnutzung, einfacher Standard	–	–	–	–
Wohnhäuser, mit bis zu 15% Mischnutzung, mittlerer Standard	–	–	–	–
Wohnhäuser, mit bis zu 15% Mischnutzung, hoher Standard	–	–	–	–
Wohnhäuser, mit mehr als 15% Mischnutzung	–	–	–	–
Seniorenwohnungen				
Seniorenwohnungen, mittlerer Standard	–	–	–	–
Seniorenwohnungen, hoher Standard	–	–	–	–
Beherbergung				
Wohnheime und Internate	447,00	**529,00**	612,00	1,4%
7 Gewerbegebäude				
Gaststätten und Kantinen				
Gaststätten, Kantinen und Mensen	–	–	–	–
Gebäude für Produktion				
Industrielle Produktionsgebäude, Massivbauweise	–	–	–	–
Industrielle Produktionsgebäude, überwiegend Skelettbauweise	–	**107,00**	–	1,1%
Betriebs- und Werkstätten, eingeschossig	155,00	**169,00**	182,00	7,5%
Betriebs- und Werkstätten, mehrgeschossig, geringer Hallenanteil	–	–	–	–
Betriebs- und Werkstätten, mehrgeschossig, hoher Hallenanteil	117,00	**128,00**	144,00	2,6%
Gebäude für Handel und Lager				
Geschäftshäuser, mit Wohnungen	–	–	–	–
Geschäftshäuser, ohne Wohnungen	–	–	–	–
Verbrauchermärkte	–	–	–	–
Autohäuser	–	**117,00**	–	2,6%
Lagergebäude, ohne Mischnutzung	86,00	**140,00**	195,00	4,6%
Lagergebäude, mit bis zu 25% Mischnutzung	100,00	**101,00**	102,00	6,6%
Lagergebäude, mit mehr als 25% Mischnutzung	–	–	–	–
Garagen und Bereitschaftsdienste				
Einzel-, Mehrfach- und Hochgaragen	–	**149,00**	–	2,1%
Tiefgaragen	–	–	–	–
Feuerwehrhäuser	–	–	–	–
Öffentliche Bereitschaftsdienste	–	**171,00**	–	1,7%
9 Kulturgebäude				
Gebäude für kulturelle Zwecke				
Bibliotheken, Museen und Ausstellungen	–	–	–	–
Theater	–	–	–	–
Gemeindezentren, einfacher Standard	–	–	–	–
Gemeindezentren, mittlerer Standard	–	–	–	–
Gemeindezentren, hoher Standard	–	–	–	–
Gebäude für religiöse Zwecke				
Sakralbauten	–	–	–	–
Friedhofsgebäude	–	–	–	–

338 Lichtschutz zur KG 330

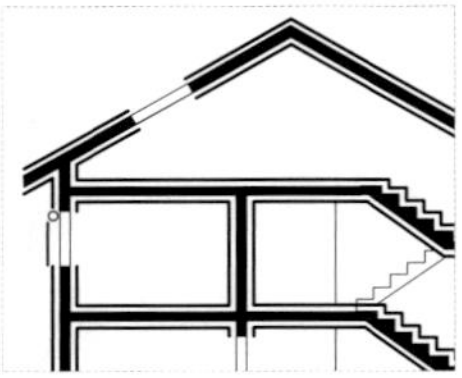

Kosten:
Stand 1.Quartal 2021
Bundesdurchschnitt
inkl. 19% MwSt.

Einheit: m²
Außenwand-
Lichtschutzfläche

▷ von
ø Mittel
◁ bis

Gebäudeart	▷	€/Einheit	◁	KG an 300
1 Büro- und Verwaltungsgebäude				
Büro- und Verwaltungsgebäude, einfacher Standard	156,00	**246,00**	302,00	1,7%
Büro- und Verwaltungsgebäude, mittlerer Standard	128,00	**233,00**	531,00	2,4%
Büro- und Verwaltungsgebäude, hoher Standard	181,00	**363,00**	720,00	2,9%
2 Gebäude für Forschung und Lehre				
Instituts- und Laborgebäude	196,00	**281,00**	443,00	1,1%
3 Gebäude des Gesundheitswesens				
Medizinische Einrichtungen	134,00	**174,00**	214,00	0,8%
Pflegeheime	177,00	**231,00**	356,00	2,0%
4 Schulen und Kindergärten				
Allgemeinbildende Schulen	116,00	**244,00**	396,00	1,4%
Berufliche Schulen	162,00	**229,00**	294,00	1,6%
Förder- und Sonderschulen	136,00	**190,00**	268,00	1,4%
Weiterbildungseinrichtungen	116,00	**143,00**	195,00	1,3%
Kindergärten, nicht unterkellert, einfacher Standard	–	**176,00**	–	1,8%
Kindergärten, nicht unterkellert, mittlerer Standard	184,00	**297,00**	564,00	1,7%
Kindergärten, nicht unterkellert, hoher Standard	–	**530,00**	–	1,5%
Kindergärten, Holzbauweise, nicht unterkellert	163,00	**238,00**	501,00	1,8%
Kindergärten, unterkellert	241,00	**254,00**	267,00	1,3%
5 Sportbauten				
Sport- und Mehrzweckhallen	–	**171,00**	–	0,4%
Sporthallen (Einfeldhallen)	–	**–**	–	–
Sporthallen (Dreifeldhallen)	141,00	**170,00**	223,00	1,3%
Schwimmhallen	–	**–**	–	–
6 Wohngebäude				
Ein- und Zweifamilienhäuser				
Ein- und Zweifamilienhäuser, unterkellert, einfacher Standard	82,00	**277,00**	388,00	2,2%
Ein- und Zweifamilienhäuser, unterkellert, mittlerer Standard	183,00	**283,00**	474,00	1,8%
Ein- und Zweifamilienhäuser, unterkellert, hoher Standard	213,00	**348,00**	704,00	2,9%
Ein- und Zweifamilienhäuser, nicht unterkellert, einfacher Standard	329,00	**402,00**	475,00	3,2%
Ein- und Zweifamilienhäuser, nicht unterkellert, mittlerer Standard	77,00	**255,00**	446,00	1,6%
Ein- und Zweifamilienhäuser, nicht unterkellert, hoher Standard	234,00	**392,00**	527,00	1,8%
Ein- und Zweifamilienhäuser, Passivhausstandard, Massivbau	199,00	**331,00**	526,00	3,1%
Ein- und Zweifamilienhäuser, Passivhausstandard, Holzbau	155,00	**241,00**	392,00	3,1%
Ein- und Zweifamilienhäuser, Holzbauweise, unterkellert	141,00	**186,00**	273,00	1,6%
Ein- und Zweifamilienhäuser, Holzbauweise, nicht unterkellert	195,00	**301,00**	452,00	2,1%
Doppel- und Reihenendhäuser, einfacher Standard	90,00	**223,00**	336,00	2,4%
Doppel- und Reihenendhäuser, mittlerer Standard	170,00	**342,00**	1.081,00	1,7%
Doppel- und Reihenendhäuser, hoher Standard	150,00	**193,00**	242,00	1,9%
Reihenhäuser, einfacher Standard	–	**103,00**	–	1,1%
Reihenhäuser, mittlerer Standard	132,00	**142,00**	153,00	1,2%
Reihenhäuser, hoher Standard	–	**136,00**	–	0,5%
Mehrfamilienhäuser				
Mehrfamilienhäuser, mit bis zu 6 WE, einfacher Standard	–	**137,00**	–	0,3%
Mehrfamilienhäuser, mit bis zu 6 WE, mittlerer Standard	168,00	**217,00**	262,00	1,3%
Mehrfamilienhäuser, mit bis zu 6 WE, hoher Standard	158,00	**208,00**	277,00	1,6%

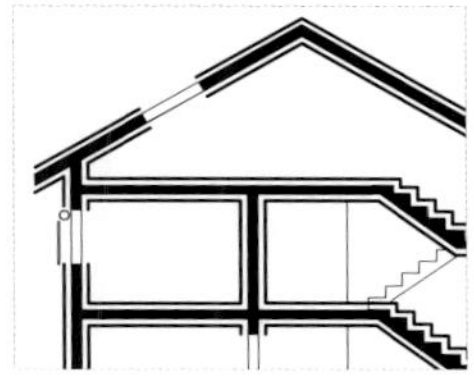

Einheit: m²
Außenwand-
Lichtschutzfläche

Gebäudeart	▷	€/Einheit	◁	KG an 300
Mehrfamilienhäuser (Fortsetzung)				
Mehrfamilienhäuser, mit 6 bis 19 WE, einfacher Standard	187,00	**250,00**	313,00	1,3%
Mehrfamilienhäuser, mit 6 bis 19 WE, mittlerer Standard	114,00	**199,00**	754,00	1,8%
Mehrfamilienhäuser, mit 6 bis 19 WE, hoher Standard	101,00	**206,00**	262,00	1,1%
Mehrfamilienhäuser, mit 20 oder mehr WE, einfacher Standard	77,00	**204,00**	292,00	1,3%
Mehrfamilienhäuser, mit 20 oder mehr WE, mittlerer Standard	182,00	**422,00**	662,00	1,1%
Mehrfamilienhäuser, mit 20 oder mehr WE, hoher Standard	309,00	**488,00**	594,00	2,8%
Mehrfamilienhäuser, Passivhäuser	183,00	**312,00**	574,00	2,8%
Wohnhäuser, mit bis zu 15% Mischnutzung, einfacher Standard	103,00	**137,00**	204,00	1,8%
Wohnhäuser, mit bis zu 15% Mischnutzung, mittlerer Standard	155,00	**186,00**	245,00	2,8%
Wohnhäuser, mit bis zu 15% Mischnutzung, hoher Standard	–	**293,00**	–	1,8%
Wohnhäuser, mit mehr als 15% Mischnutzung	–	**–**	–	–
Seniorenwohnungen				
Seniorenwohnungen, mittlerer Standard	150,00	**616,00**	854,00	4,5%
Seniorenwohnungen, hoher Standard	156,00	**325,00**	494,00	2,8%
Beherbergung				
Wohnheime und Internate	153,00	**273,00**	415,00	1,0%
7 Gewerbegebäude				
Gaststätten und Kantinen				
Gaststätten, Kantinen und Mensen	–	**418,00**	–	0,7%
Gebäude für Produktion				
Industrielle Produktionsgebäude, Massivbauweise	137,00	**330,00**	524,00	1,1%
Industrielle Produktionsgebäude, überwiegend Skelettbauweise	258,00	**291,00**	341,00	0,4%
Betriebs- und Werkstätten, eingeschossig	157,00	**248,00**	340,00	1,8%
Betriebs- und Werkstätten, mehrgeschossig, geringer Hallenanteil	159,00	**236,00**	345,00	2,5%
Betriebs- und Werkstätten, mehrgeschossig, hoher Hallenanteil	171,00	**302,00**	394,00	1,4%
Gebäude für Handel und Lager				
Geschäftshäuser, mit Wohnungen	125,00	**175,00**	224,00	1,1%
Geschäftshäuser, ohne Wohnungen	–	**568,00**	–	1,5%
Verbrauchermärkte	–	**85,00**	–	0,0%
Autohäuser	–	**1.136,00**	–	0,2%
Lagergebäude, ohne Mischnutzung	–	**288,00**	–	0,2%
Lagergebäude, mit bis zu 25% Mischnutzung	–	**1.090,00**	–	0,6%
Lagergebäude, mit mehr als 25% Mischnutzung	–	**356,00**	–	0,5%
Garagen und Bereitschaftsdienste				
Einzel-, Mehrfach- und Hochgaragen	–	**–**	–	–
Tiefgaragen	–	**–**	–	–
Feuerwehrhäuser	–	**98,00**	–	0,2%
Öffentliche Bereitschaftsdienste	203,00	**287,00**	449,00	0,5%
9 Kulturgebäude				
Gebäude für kulturelle Zwecke				
Bibliotheken, Museen und Ausstellungen	91,00	**206,00**	264,00	0,7%
Theater	164,00	**212,00**	259,00	0,6%
Gemeindezentren, einfacher Standard	164,00	**225,00**	287,00	1,6%
Gemeindezentren, mittlerer Standard	160,00	**376,00**	592,00	1,8%
Gemeindezentren, hoher Standard	–	**1.093,00**	–	0,1%
Gebäude für religiöse Zwecke				
Sakralbauten	–	**–**	–	–
Friedhofsgebäude	–	**–**	–	–

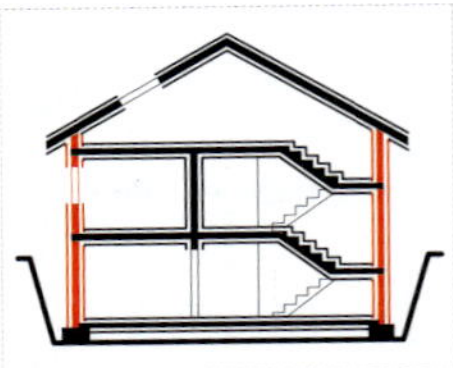

Kosten:
Stand 1.Quartal 2021
Bundesdurchschnitt
inkl. 19% MwSt.

Einheit: m² Außenwandfläche/ Fläche der vertikalen Baukonstruktionen

▷ von
ø Mittel
◁ bis

Gebäudeart	▷	€/Einheit	◁	KG an 300
1 Büro- und Verwaltungsgebäude				
Büro- und Verwaltungsgebäude, einfacher Standard	1,10	**2,60**	4,10	0,2%
Büro- und Verwaltungsgebäude, mittlerer Standard	2,80	**10,00**	40,00	0,3%
Büro- und Verwaltungsgebäude, hoher Standard	14,00	**25,00**	82,00	0,8%
2 Gebäude für Forschung und Lehre				
Instituts- und Laborgebäude	1,20	**5,90**	8,20	0,3%
3 Gebäude des Gesundheitswesens				
Medizinische Einrichtungen	7,40	**9,00**	11,00	0,3%
Pflegeheime	7,90	**10,00**	14,00	0,5%
4 Schulen und Kindergärten				
Allgemeinbildende Schulen	2,20	**14,00**	37,00	0,3%
Berufliche Schulen	–	**42,00**	–	0,3%
Förder- und Sonderschulen	0,50	**4,40**	12,00	0,1%
Weiterbildungseinrichtungen	2,70	**11,00**	27,00	0,4%
Kindergärten, nicht unterkellert, einfacher Standard	–	**–**	–	–
Kindergärten, nicht unterkellert, mittlerer Standard	13,00	**27,00**	52,00	0,5%
Kindergärten, nicht unterkellert, hoher Standard	–	**–**	–	–
Kindergärten, Holzbauweise, nicht unterkellert	3,30	**7,30**	11,00	0,2%
Kindergärten, unterkellert	6,30	**16,00**	34,00	0,8%
5 Sportbauten				
Sport- und Mehrzweckhallen	–	**–**	–	–
Sporthallen (Einfeldhallen)	3,80	**4,10**	4,30	0,2%
Sporthallen (Dreifeldhallen)	12,00	**27,00**	53,00	0,7%
Schwimmhallen	–	**–**	–	–
6 Wohngebäude				
Ein- und Zweifamilienhäuser				
Ein- und Zweifamilienhäuser, unterkellert, einfacher Standard	1,70	**7,70**	11,00	0,9%
Ein- und Zweifamilienhäuser, unterkellert, mittlerer Standard	4,80	**16,00**	57,00	1,3%
Ein- und Zweifamilienhäuser, unterkellert, hoher Standard	5,60	**12,00**	23,00	1,0%
Ein- und Zweifamilienhäuser, nicht unterkellert, einfacher Standard	–	**2,10**	–	0,1%
Ein- und Zweifamilienhäuser, nicht unterkellert, mittlerer Standard	8,50	**20,00**	84,00	0,9%
Ein- und Zweifamilienhäuser, nicht unterkellert, hoher Standard	2,70	**6,30**	13,00	0,4%
Ein- und Zweifamilienhäuser, Passivhausstandard, Massivbau	3,10	**7,90**	15,00	0,5%
Ein- und Zweifamilienhäuser, Passivhausstandard, Holzbau	4,40	**10,00**	20,00	0,6%
Ein- und Zweifamilienhäuser, Holzbauweise, unterkellert	4,10	**11,00**	29,00	1,1%
Ein- und Zweifamilienhäuser, Holzbauweise, nicht unterkellert	2,80	**7,70**	14,00	0,4%
Doppel- und Reihenendhäuser, einfacher Standard	–	**–**	–	–
Doppel- und Reihenendhäuser, mittlerer Standard	2,50	**9,30**	12,00	0,9%
Doppel- und Reihenendhäuser, hoher Standard	5,00	**12,00**	19,00	1,1%
Reihenhäuser, einfacher Standard	–	**8,00**	–	0,4%
Reihenhäuser, mittlerer Standard	4,30	**8,00**	15,00	1,3%
Reihenhäuser, hoher Standard	3,00	**23,00**	44,00	1,2%
Mehrfamilienhäuser				
Mehrfamilienhäuser, mit bis zu 6 WE, einfacher Standard	1,80	**4,20**	8,70	0,4%
Mehrfamilienhäuser, mit bis zu 6 WE, mittlerer Standard	6,20	**12,00**	37,00	1,0%
Mehrfamilienhäuser, mit bis zu 6 WE, hoher Standard	15,00	**20,00**	37,00	1,3%

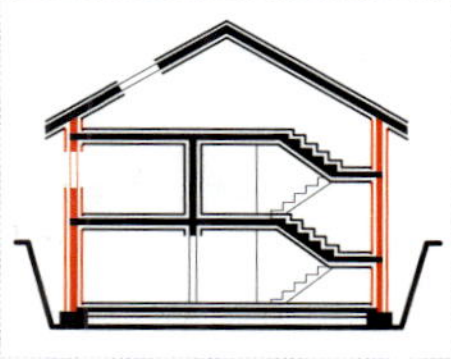

Einheit: m²
Außenwandfläche/
Fläche der vertikalen
Baukonstruktionen

Gebäudeart	▷	€/Einheit	◁	KG an 300
Mehrfamilienhäuser (Fortsetzung)				
Mehrfamilienhäuser, mit 6 bis 19 WE, einfacher Standard	4,40	**8,60**	15,00	0,7%
Mehrfamilienhäuser, mit 6 bis 19 WE, mittlerer Standard	6,60	**14,00**	23,00	1,0%
Mehrfamilienhäuser, mit 6 bis 19 WE, hoher Standard	6,30	**8,60**	13,00	0,7%
Mehrfamilienhäuser, mit 20 oder mehr WE, einfacher Standard	23,00	**50,00**	78,00	2,0%
Mehrfamilienhäuser, mit 20 oder mehr WE, mittlerer Standard	0,30	**18,00**	37,00	0,7%
Mehrfamilienhäuser, mit 20 oder mehr WE, hoher Standard	2,80	**8,00**	11,00	0,6%
Mehrfamilienhäuser, Passivhäuser	2,90	**7,20**	15,00	0,6%
Wohnhäuser, mit bis zu 15% Mischnutzung, einfacher Standard	1,50	**4,10**	5,90	0,3%
Wohnhäuser, mit bis zu 15% Mischnutzung, mittlerer Standard	14,00	**14,00**	15,00	0,9%
Wohnhäuser, mit bis zu 15% Mischnutzung, hoher Standard	–	**22,00**	–	1,1%
Wohnhäuser, mit mehr als 15% Mischnutzung	–	**2,30**	–	0,1%
Seniorenwohnungen				
Seniorenwohnungen, mittlerer Standard	5,00	**8,80**	12,00	0,7%
Seniorenwohnungen, hoher Standard	–	**26,00**	–	0,7%
Beherbergung				
Wohnheime und Internate	6,20	**8,50**	18,00	0,5%
7 Gewerbegebäude				
Gaststätten und Kantinen				
Gaststätten, Kantinen und Mensen	–	**11,00**	–	0,3%
Gebäude für Produktion				
Industrielle Produktionsgebäude, Massivbauweise	–	**13,00**	–	0,4%
Industrielle Produktionsgebäude, überwiegend Skelettbauweise	2,90	**7,90**	21,00	0,5%
Betriebs- und Werkstätten, eingeschossig	3,60	**8,50**	13,00	0,6%
Betriebs- und Werkstätten, mehrgeschossig, geringer Hallenanteil	–	**4,40**	–	0,1%
Betriebs- und Werkstätten, mehrgeschossig, hoher Hallenanteil	0,80	**1,10**	1,70	0,1%
Gebäude für Handel und Lager				
Geschäftshäuser, mit Wohnungen	1,40	**28,00**	55,00	1,0%
Geschäftshäuser, ohne Wohnungen	1,20	**5,50**	9,80	0,5%
Verbrauchermärkte	13,00	**13,00**	13,00	0,8%
Autohäuser	–	**1,00**	–	0,0%
Lagergebäude, ohne Mischnutzung	2,50	**3,80**	5,00	0,2%
Lagergebäude, mit bis zu 25% Mischnutzung	7,20	**7,40**	7,60	0,7%
Lagergebäude, mit mehr als 25% Mischnutzung	–	**3,10**	–	0,1%
Garagen und Bereitschaftsdienste				
Einzel-, Mehrfach- und Hochgaragen	–	**5,70**	–	0,2%
Tiefgaragen	–	**–**	–	–
Feuerwehrhäuser	1,10	**10,00**	15,00	0,8%
Öffentliche Bereitschaftsdienste	4,20	**4,50**	4,70	0,2%
9 Kulturgebäude				
Gebäude für kulturelle Zwecke				
Bibliotheken, Museen und Ausstellungen	4,70	**11,00**	22,00	0,4%
Theater	–	**9,80**	–	0,1%
Gemeindezentren, einfacher Standard	–	**12,00**	–	0,3%
Gemeindezentren, mittlerer Standard	5,80	**13,00**	16,00	0,5%
Gemeindezentren, hoher Standard	3,00	**22,00**	36,00	1,1%
Gebäude für religiöse Zwecke				
Sakralbauten	–	**–**	–	–
Friedhofsgebäude	–	**2,70**	–	0,3%

341 Tragende Innenwände

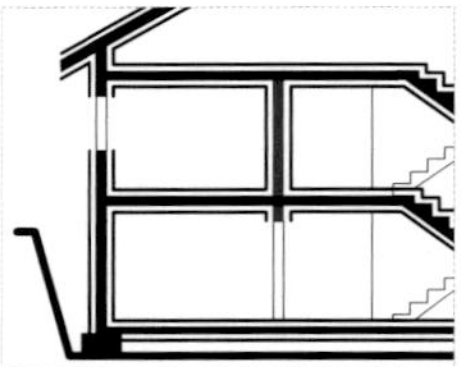

Kosten:
Stand 1.Quartal 2021
Bundesdurchschnitt
inkl. 19% MwSt.

Einheit: m² Innenwandfläche, tragend

▷ von
ø Mittel
◁ bis

Gebäudeart	▷	€/Einheit	◁	KG an 300
1 Büro- und Verwaltungsgebäude				
Büro- und Verwaltungsgebäude, einfacher Standard	74,00	**108,00**	166,00	2,7%
Büro- und Verwaltungsgebäude, mittlerer Standard	95,00	**166,00**	295,00	4,0%
Büro- und Verwaltungsgebäude, hoher Standard	165,00	**212,00**	317,00	2,9%
2 Gebäude für Forschung und Lehre				
Instituts- und Laborgebäude	118,00	**135,00**	156,00	1,9%
3 Gebäude des Gesundheitswesens				
Medizinische Einrichtungen	96,00	**108,00**	115,00	2,9%
Pflegeheime	106,00	**137,00**	168,00	5,2%
4 Schulen und Kindergärten				
Allgemeinbildende Schulen	146,00	**176,00**	244,00	3,7%
Berufliche Schulen	118,00	**177,00**	259,00	2,6%
Förder- und Sonderschulen	110,00	**183,00**	232,00	6,8%
Weiterbildungseinrichtungen	197,00	**231,00**	250,00	3,7%
Kindergärten, nicht unterkellert, einfacher Standard	–	**136,00**	–	5,5%
Kindergärten, nicht unterkellert, mittlerer Standard	88,00	**102,00**	120,00	5,0%
Kindergärten, nicht unterkellert, hoher Standard	110,00	**152,00**	194,00	6,2%
Kindergärten, Holzbauweise, nicht unterkellert	103,00	**143,00**	215,00	2,8%
Kindergärten, unterkellert	90,00	**121,00**	136,00	5,8%
5 Sportbauten				
Sport- und Mehrzweckhallen	81,00	**101,00**	136,00	1,5%
Sporthallen (Einfeldhallen)	83,00	**106,00**	119,00	2,3%
Sporthallen (Dreifeldhallen)	119,00	**137,00**	155,00	2,2%
Schwimmhallen	–	**–**	–	–
6 Wohngebäude				
Ein- und Zweifamilienhäuser				
Ein- und Zweifamilienhäuser, unterkellert, einfacher Standard	77,00	**102,00**	114,00	2,9%
Ein- und Zweifamilienhäuser, unterkellert, mittlerer Standard	72,00	**94,00**	135,00	3,0%
Ein- und Zweifamilienhäuser, unterkellert, hoher Standard	86,00	**105,00**	136,00	2,3%
Ein- und Zweifamilienhäuser, nicht unterkellert, einfacher Standard	65,00	**67,00**	69,00	1,9%
Ein- und Zweifamilienhäuser, nicht unterkellert, mittlerer Standard	65,00	**86,00**	103,00	2,5%
Ein- und Zweifamilienhäuser, nicht unterkellert, hoher Standard	90,00	**105,00**	142,00	1,7%
Ein- und Zweifamilienhäuser, Passivhausstandard, Massivbau	79,00	**93,00**	120,00	2,1%
Ein- und Zweifamilienhäuser, Passivhausstandard, Holzbau	102,00	**132,00**	160,00	2,4%
Ein- und Zweifamilienhäuser, Holzbauweise, unterkellert	64,00	**88,00**	113,00	4,4%
Ein- und Zweifamilienhäuser, Holzbauweise, nicht unterkellert	133,00	**152,00**	172,00	1,8%
Doppel- und Reihenendhäuser, einfacher Standard	72,00	**92,00**	130,00	4,4%
Doppel- und Reihenendhäuser, mittlerer Standard	73,00	**117,00**	162,00	2,8%
Doppel- und Reihenendhäuser, hoher Standard	94,00	**106,00**	119,00	2,6%
Reihenhäuser, einfacher Standard	80,00	**105,00**	130,00	5,6%
Reihenhäuser, mittlerer Standard	88,00	**97,00**	106,00	0,9%
Reihenhäuser, hoher Standard	118,00	**172,00**	272,00	4,4%
Mehrfamilienhäuser				
Mehrfamilienhäuser, mit bis zu 6 WE, einfacher Standard	83,00	**100,00**	108,00	4,0%
Mehrfamilienhäuser, mit bis zu 6 WE, mittlerer Standard	77,00	**127,00**	181,00	2,7%
Mehrfamilienhäuser, mit bis zu 6 WE, hoher Standard	92,00	**126,00**	144,00	4,4%

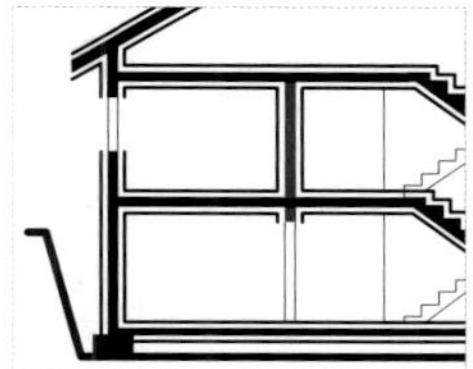

Einheit: m² Innenwandfläche, tragend

Gebäudeart	▷	€/Einheit	◁	KG an 300
Mehrfamilienhäuser (Fortsetzung)				
Mehrfamilienhäuser, mit 6 bis 19 WE, einfacher Standard	96,00	**107,00**	113,00	4,3%
Mehrfamilienhäuser, mit 6 bis 19 WE, mittlerer Standard	97,00	**110,00**	127,00	5,6%
Mehrfamilienhäuser, mit 6 bis 19 WE, hoher Standard	91,00	**131,00**	175,00	4,5%
Mehrfamilienhäuser, mit 20 oder mehr WE, einfacher Standard	74,00	**91,00**	105,00	5,1%
Mehrfamilienhäuser, mit 20 oder mehr WE, mittlerer Standard	85,00	**96,00**	117,00	3,5%
Mehrfamilienhäuser, mit 20 oder mehr WE, hoher Standard	87,00	**122,00**	190,00	4,7%
Mehrfamilienhäuser, Passivhäuser	79,00	**108,00**	136,00	3,8%
Wohnhäuser, mit bis zu 15% Mischnutzung, einfacher Standard	100,00	**119,00**	149,00	5,7%
Wohnhäuser, mit bis zu 15% Mischnutzung, mittlerer Standard	–	**110,00**	–	1,9%
Wohnhäuser, mit bis zu 15% Mischnutzung, hoher Standard	–	**142,00**	–	5,4%
Wohnhäuser, mit mehr als 15% Mischnutzung	98,00	**186,00**	331,00	4,9%
Seniorenwohnungen				
Seniorenwohnungen, mittlerer Standard	76,00	**94,00**	106,00	5,8%
Seniorenwohnungen, hoher Standard	106,00	**112,00**	118,00	3,6%
Beherbergung				
Wohnheime und Internate	93,00	**115,00**	139,00	3,9%
7 Gewerbegebäude				
Gaststätten und Kantinen				
Gaststätten, Kantinen und Mensen	–	**216,00**	–	5,0%
Gebäude für Produktion				
Industrielle Produktionsgebäude, Massivbauweise	86,00	**140,00**	245,00	2,1%
Industrielle Produktionsgebäude, überwiegend Skelettbauweise	111,00	**139,00**	171,00	2,8%
Betriebs- und Werkstätten, eingeschossig	–	**159,00**	–	2,0%
Betriebs- und Werkstätten, mehrgeschossig, geringer Hallenanteil	85,00	**120,00**	178,00	3,5%
Betriebs- und Werkstätten, mehrgeschossig, hoher Hallenanteil	62,00	**104,00**	169,00	3,0%
Gebäude für Handel und Lager				
Geschäftshäuser, mit Wohnungen	109,00	**172,00**	292,00	3,7%
Geschäftshäuser, ohne Wohnungen	95,00	**139,00**	183,00	1,9%
Verbrauchermärkte	93,00	**107,00**	121,00	3,1%
Autohäuser	155,00	**177,00**	199,00	3,7%
Lagergebäude, ohne Mischnutzung	67,00	**82,00**	106,00	0,9%
Lagergebäude, mit bis zu 25% Mischnutzung	98,00	**136,00**	158,00	3,3%
Lagergebäude, mit mehr als 25% Mischnutzung	89,00	**100,00**	111,00	3,0%
Garagen und Bereitschaftsdienste				
Einzel-, Mehrfach- und Hochgaragen	93,00	**164,00**	212,00	1,3%
Tiefgaragen	–	**–**	–	–
Feuerwehrhäuser	90,00	**115,00**	153,00	3,3%
Öffentliche Bereitschaftsdienste	88,00	**106,00**	151,00	2,1%
9 Kulturgebäude				
Gebäude für kulturelle Zwecke				
Bibliotheken, Museen und Ausstellungen	102,00	**124,00**	146,00	1,9%
Theater	–	**332,00**	–	4,1%
Gemeindezentren, einfacher Standard	83,00	**90,00**	94,00	2,1%
Gemeindezentren, mittlerer Standard	99,00	**151,00**	188,00	2,7%
Gemeindezentren, hoher Standard	82,00	**127,00**	211,00	2,4%
Gebäude für religiöse Zwecke				
Sakralbauten	–	**–**	–	–
Friedhofsgebäude	–	**97,00**	–	1,9%

342
Nichttragende Innenwände

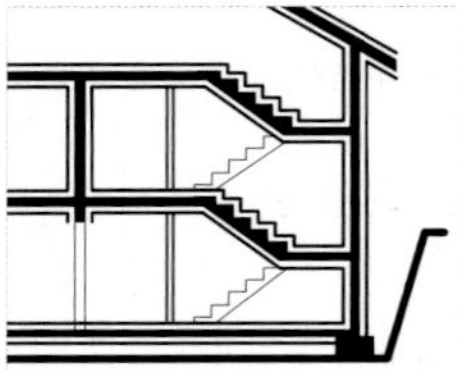

Kosten:
Stand 1.Quartal 2021
Bundesdurchschnitt
inkl. 19% MwSt.

Einheit: m² Innenwandfläche, nichttragend

▷ von
ø Mittel
◁ bis

Gebäudeart	▷	€/Einheit	◁	KG an 300
1 Büro- und Verwaltungsgebäude				
Büro- und Verwaltungsgebäude, einfacher Standard	70,00	**79,00**	97,00	3,4%
Büro- und Verwaltungsgebäude, mittlerer Standard	75,00	**91,00**	118,00	3,0%
Büro- und Verwaltungsgebäude, hoher Standard	81,00	**107,00**	134,00	1,8%
2 Gebäude für Forschung und Lehre				
Instituts- und Laborgebäude	72,00	**95,00**	151,00	2,9%
3 Gebäude des Gesundheitswesens				
Medizinische Einrichtungen	64,00	**89,00**	105,00	5,8%
Pflegeheime	49,00	**81,00**	95,00	5,5%
4 Schulen und Kindergärten				
Allgemeinbildende Schulen	92,00	**110,00**	156,00	2,0%
Berufliche Schulen	104,00	**157,00**	312,00	1,5%
Förder- und Sonderschulen	100,00	**111,00**	118,00	2,3%
Weiterbildungseinrichtungen	116,00	**177,00**	290,00	2,7%
Kindergärten, nicht unterkellert, einfacher Standard	–	**85,00**	–	1,5%
Kindergärten, nicht unterkellert, mittlerer Standard	59,00	**73,00**	92,00	1,1%
Kindergärten, nicht unterkellert, hoher Standard	52,00	**66,00**	80,00	0,6%
Kindergärten, Holzbauweise, nicht unterkellert	71,00	**113,00**	196,00	2,0%
Kindergärten, unterkellert	68,00	**112,00**	199,00	1,2%
5 Sportbauten				
Sport- und Mehrzweckhallen	68,00	**92,00**	137,00	0,8%
Sporthallen (Einfeldhallen)	75,00	**80,00**	89,00	1,0%
Sporthallen (Dreifeldhallen)	79,00	**89,00**	112,00	1,0%
Schwimmhallen	–	**–**	–	–
6 Wohngebäude				
Ein- und Zweifamilienhäuser				
Ein- und Zweifamilienhäuser, unterkellert, einfacher Standard	52,00	**72,00**	84,00	2,8%
Ein- und Zweifamilienhäuser, unterkellert, mittlerer Standard	69,00	**93,00**	209,00	2,2%
Ein- und Zweifamilienhäuser, unterkellert, hoher Standard	70,00	**91,00**	129,00	2,4%
Ein- und Zweifamilienhäuser, nicht unterkellert, einfacher Standard	62,00	**80,00**	98,00	3,0%
Ein- und Zweifamilienhäuser, nicht unterkellert, mittlerer Standard	65,00	**83,00**	94,00	2,5%
Ein- und Zweifamilienhäuser, nicht unterkellert, hoher Standard	74,00	**96,00**	118,00	2,5%
Ein- und Zweifamilienhäuser, Passivhausstandard, Massivbau	59,00	**73,00**	91,00	2,2%
Ein- und Zweifamilienhäuser, Passivhausstandard, Holzbau	77,00	**110,00**	149,00	3,0%
Ein- und Zweifamilienhäuser, Holzbauweise, unterkellert	64,00	**81,00**	98,00	1,0%
Ein- und Zweifamilienhäuser, Holzbauweise, nicht unterkellert	46,00	**72,00**	117,00	3,1%
Doppel- und Reihenendhäuser, einfacher Standard	77,00	**80,00**	82,00	2,6%
Doppel- und Reihenendhäuser, mittlerer Standard	59,00	**75,00**	87,00	3,4%
Doppel- und Reihenendhäuser, hoher Standard	61,00	**83,00**	122,00	2,8%
Reihenhäuser, einfacher Standard	81,00	**87,00**	93,00	4,4%
Reihenhäuser, mittlerer Standard	65,00	**81,00**	109,00	4,5%
Reihenhäuser, hoher Standard	82,00	**91,00**	106,00	3,1%
Mehrfamilienhäuser				
Mehrfamilienhäuser, mit bis zu 6 WE, einfacher Standard	69,00	**77,00**	91,00	4,0%
Mehrfamilienhäuser, mit bis zu 6 WE, mittlerer Standard	79,00	**84,00**	94,00	4,6%
Mehrfamilienhäuser, mit bis zu 6 WE, hoher Standard	54,00	**72,00**	93,00	2,3%

Gebäudeart	▷	€/Einheit	◁	KG an 300
Mehrfamilienhäuser (Fortsetzung)				
Mehrfamilienhäuser, mit 6 bis 19 WE, einfacher Standard	82,00	**84,00**	85,00	3,6%
Mehrfamilienhäuser, mit 6 bis 19 WE, mittlerer Standard	64,00	**72,00**	80,00	3,3%
Mehrfamilienhäuser, mit 6 bis 19 WE, hoher Standard	56,00	**67,00**	84,00	3,4%
Mehrfamilienhäuser, mit 20 oder mehr WE, einfacher Standard	54,00	**61,00**	79,00	3,5%
Mehrfamilienhäuser, mit 20 oder mehr WE, mittlerer Standard	56,00	**70,00**	79,00	3,1%
Mehrfamilienhäuser, mit 20 oder mehr WE, hoher Standard	79,00	**198,00**	435,00	3,8%
Mehrfamilienhäuser, Passivhäuser	63,00	**76,00**	89,00	2,9%
Wohnhäuser, mit bis zu 15% Mischnutzung, einfacher Standard	69,00	**85,00**	113,00	4,2%
Wohnhäuser, mit bis zu 15% Mischnutzung, mittlerer Standard	83,00	**96,00**	117,00	4,8%
Wohnhäuser, mit bis zu 15% Mischnutzung, hoher Standard	–	**117,00**	–	4,1%
Wohnhäuser, mit mehr als 15% Mischnutzung	63,00	**70,00**	73,00	3,8%
Seniorenwohnungen				
Seniorenwohnungen, mittlerer Standard	59,00	**70,00**	100,00	2,4%
Seniorenwohnungen, hoher Standard	78,00	**89,00**	100,00	3,8%
Beherbergung				
Wohnheime und Internate	78,00	**100,00**	147,00	3,2%
7 Gewerbegebäude				
Gaststätten und Kantinen				
Gaststätten, Kantinen und Mensen	–	**104,00**	–	1,6%
Gebäude für Produktion				
Industrielle Produktionsgebäude, Massivbauweise	72,00	**86,00**	115,00	2,6%
Industrielle Produktionsgebäude, überwiegend Skelettbauweise	84,00	**90,00**	108,00	0,9%
Betriebs- und Werkstätten, eingeschossig	85,00	**111,00**	138,00	4,4%
Betriebs- und Werkstätten, mehrgeschossig, geringer Hallenanteil	78,00	**96,00**	106,00	1,6%
Betriebs- und Werkstätten, mehrgeschossig, hoher Hallenanteil	76,00	**94,00**	107,00	1,2%
Gebäude für Handel und Lager				
Geschäftshäuser, mit Wohnungen	68,00	**91,00**	104,00	3,3%
Geschäftshäuser, ohne Wohnungen	67,00	**75,00**	82,00	3,1%
Verbrauchermärkte	72,00	**76,00**	81,00	1,5%
Autohäuser	77,00	**91,00**	104,00	1,5%
Lagergebäude, ohne Mischnutzung	52,00	**83,00**	114,00	0,2%
Lagergebäude, mit bis zu 25% Mischnutzung	98,00	**140,00**	163,00	2,1%
Lagergebäude, mit mehr als 25% Mischnutzung	111,00	**134,00**	157,00	1,1%
Garagen und Bereitschaftsdienste				
Einzel-, Mehrfach- und Hochgaragen	–	**–**	–	–
Tiefgaragen	–	**–**	–	–
Feuerwehrhäuser	73,00	**95,00**	106,00	2,1%
Öffentliche Bereitschaftsdienste	60,00	**97,00**	207,00	1,3%
9 Kulturgebäude				
Gebäude für kulturelle Zwecke				
Bibliotheken, Museen und Ausstellungen	68,00	**120,00**	186,00	1,4%
Theater	165,00	**176,00**	187,00	3,3%
Gemeindezentren, einfacher Standard	43,00	**63,00**	72,00	1,9%
Gemeindezentren, mittlerer Standard	67,00	**95,00**	134,00	1,6%
Gemeindezentren, hoher Standard	141,00	**217,00**	370,00	3,0%
Gebäude für religiöse Zwecke				
Sakralbauten	–	**–**	–	–
Friedhofsgebäude	–	**53,00**	–	0,1%

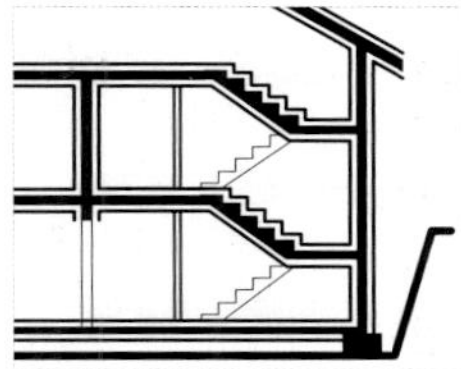

Einheit: m²
Innenwandfläche,
nichttragend

Kosten: 1.Quartal 2021, Bundesdurchschnitt, **inkl. 19% MwSt.**

343 Innenstützen

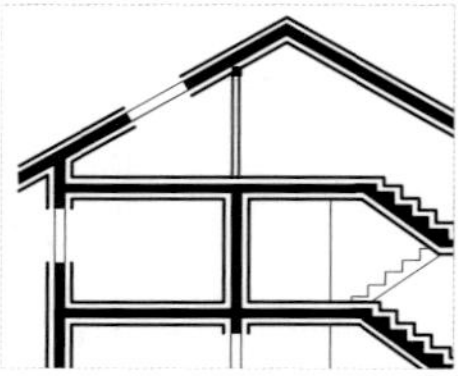

Kosten:
Stand 1.Quartal 2021
Bundesdurchschnitt
inkl. 19% MwSt.

Einheit: m
Innenstützenlänge

▷ von
ø Mittel
◁ bis

Gebäudeart	▷	€/Einheit	◁	KG an 300
1 Büro- und Verwaltungsgebäude				
Büro- und Verwaltungsgebäude, einfacher Standard	53,00	**139,00**	187,00	0,3%
Büro- und Verwaltungsgebäude, mittlerer Standard	111,00	**172,00**	265,00	0,5%
Büro- und Verwaltungsgebäude, hoher Standard	116,00	**181,00**	264,00	0,4%
2 Gebäude für Forschung und Lehre				
Instituts- und Laborgebäude	108,00	**200,00**	235,00	0,5%
3 Gebäude des Gesundheitswesens				
Medizinische Einrichtungen	103,00	**126,00**	172,00	0,6%
Pflegeheime	90,00	**132,00**	171,00	0,6%
4 Schulen und Kindergärten				
Allgemeinbildende Schulen	95,00	**174,00**	271,00	0,4%
Berufliche Schulen	85,00	**157,00**	225,00	0,5%
Förder- und Sonderschulen	157,00	**198,00**	274,00	0,3%
Weiterbildungseinrichtungen	158,00	**290,00**	361,00	1,1%
Kindergärten, nicht unterkellert, einfacher Standard	–	**160,00**	–	0,1%
Kindergärten, nicht unterkellert, mittlerer Standard	6,20	**105,00**	203,00	0,1%
Kindergärten, nicht unterkellert, hoher Standard	–	**19,00**	–	0,0%
Kindergärten, Holzbauweise, nicht unterkellert	22,00	**82,00**	146,00	0,1%
Kindergärten, unterkellert	–	**–**	–	–
5 Sportbauten				
Sport- und Mehrzweckhallen	106,00	**198,00**	289,00	0,2%
Sporthallen (Einfeldhallen)	48,00	**78,00**	108,00	0,2%
Sporthallen (Dreifeldhallen)	111,00	**225,00**	378,00	0,3%
Schwimmhallen	–	**–**	–	–
6 Wohngebäude				
Ein- und Zweifamilienhäuser				
Ein- und Zweifamilienhäuser, unterkellert, einfacher Standard	–	**37,00**	–	0,0%
Ein- und Zweifamilienhäuser, unterkellert, mittlerer Standard	92,00	**109,00**	150,00	0,1%
Ein- und Zweifamilienhäuser, unterkellert, hoher Standard	90,00	**145,00**	159,00	0,2%
Ein- und Zweifamilienhäuser, nicht unterkellert, einfacher Standard	–	**–**	–	–
Ein- und Zweifamilienhäuser, nicht unterkellert, mittlerer Standard	112,00	**149,00**	215,00	0,2%
Ein- und Zweifamilienhäuser, nicht unterkellert, hoher Standard	99,00	**197,00**	360,00	0,2%
Ein- und Zweifamilienhäuser, Passivhausstandard, Massivbau	136,00	**165,00**	243,00	0,1%
Ein- und Zweifamilienhäuser, Passivhausstandard, Holzbau	104,00	**142,00**	229,00	0,1%
Ein- und Zweifamilienhäuser, Holzbauweise, unterkellert	–	**19,00**	–	0,0%
Ein- und Zweifamilienhäuser, Holzbauweise, nicht unterkellert	29,00	**36,00**	47,00	0,1%
Doppel- und Reihenendhäuser, einfacher Standard	–	**–**	–	–
Doppel- und Reihenendhäuser, mittlerer Standard	108,00	**152,00**	199,00	0,1%
Doppel- und Reihenendhäuser, hoher Standard	40,00	**110,00**	190,00	0,2%
Reihenhäuser, einfacher Standard	–	**–**	–	–
Reihenhäuser, mittlerer Standard	105,00	**183,00**	260,00	0,2%
Reihenhäuser, hoher Standard	–	**45,00**	–	0,0%
Mehrfamilienhäuser				
Mehrfamilienhäuser, mit bis zu 6 WE, einfacher Standard	84,00	**139,00**	194,00	0,1%
Mehrfamilienhäuser, mit bis zu 6 WE, mittlerer Standard	156,00	**234,00**	446,00	0,4%
Mehrfamilienhäuser, mit bis zu 6 WE, hoher Standard	112,00	**155,00**	223,00	0,1%

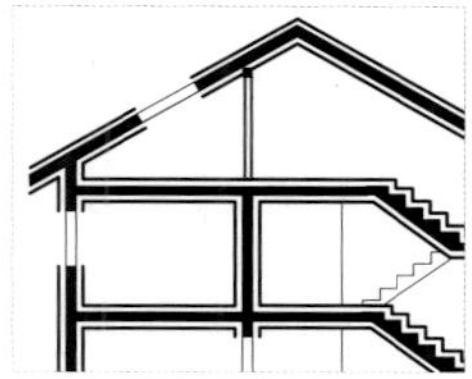

Einheit: m
Innenstützenlänge

Gebäudeart	▷	€/Einheit	◁	KG an 300
Mehrfamilienhäuser (Fortsetzung)				
Mehrfamilienhäuser, mit 6 bis 19 WE, einfacher Standard	156,00	**228,00**	266,00	0,8%
Mehrfamilienhäuser, mit 6 bis 19 WE, mittlerer Standard	84,00	**131,00**	182,00	0,4%
Mehrfamilienhäuser, mit 6 bis 19 WE, hoher Standard	138,00	**197,00**	256,00	0,7%
Mehrfamilienhäuser, mit 20 oder mehr WE, einfacher Standard	–	**306,00**	–	0,2%
Mehrfamilienhäuser, mit 20 oder mehr WE, mittlerer Standard	128,00	**143,00**	158,00	0,1%
Mehrfamilienhäuser, mit 20 oder mehr WE, hoher Standard	131,00	**136,00**	141,00	0,2%
Mehrfamilienhäuser, Passivhäuser	104,00	**147,00**	227,00	0,3%
Wohnhäuser, mit bis zu 15% Mischnutzung, einfacher Standard	137,00	**194,00**	250,00	0,4%
Wohnhäuser, mit bis zu 15% Mischnutzung, mittlerer Standard	145,00	**151,00**	156,00	0,3%
Wohnhäuser, mit bis zu 15% Mischnutzung, hoher Standard	–	**200,00**	–	0,3%
Wohnhäuser, mit mehr als 15% Mischnutzung	–	**149,00**	–	0,0%
Seniorenwohnungen				
Seniorenwohnungen, mittlerer Standard	116,00	**155,00**	175,00	0,1%
Seniorenwohnungen, hoher Standard	88,00	**132,00**	176,00	0,6%
Beherbergung				
Wohnheime und Internate	143,00	**197,00**	261,00	0,5%
7 Gewerbegebäude				
Gaststätten und Kantinen				
Gaststätten, Kantinen und Mensen	–	**603,00**	–	0,3%
Gebäude für Produktion				
Industrielle Produktionsgebäude, Massivbauweise	119,00	**178,00**	295,00	0,8%
Industrielle Produktionsgebäude, überwiegend Skelettbauweise	109,00	**286,00**	466,00	1,3%
Betriebs- und Werkstätten, eingeschossig	–	**291,00**	–	0,4%
Betriebs- und Werkstätten, mehrgeschossig, geringer Hallenanteil	114,00	**213,00**	289,00	0,8%
Betriebs- und Werkstätten, mehrgeschossig, hoher Hallenanteil	151,00	**266,00**	558,00	1,0%
Gebäude für Handel und Lager				
Geschäftshäuser, mit Wohnungen	145,00	**223,00**	378,00	1,3%
Geschäftshäuser, ohne Wohnungen	199,00	**228,00**	256,00	0,6%
Verbrauchermärkte	102,00	**157,00**	213,00	0,3%
Autohäuser	106,00	**224,00**	341,00	0,8%
Lagergebäude, ohne Mischnutzung	190,00	**270,00**	362,00	1,6%
Lagergebäude, mit bis zu 25% Mischnutzung	359,00	**409,00**	460,00	3,1%
Lagergebäude, mit mehr als 25% Mischnutzung	218,00	**482,00**	745,00	1,3%
Garagen und Bereitschaftsdienste				
Einzel-, Mehrfach- und Hochgaragen	–	**–**	–	–
Tiefgaragen	–	**153,00**	–	1,2%
Feuerwehrhäuser	109,00	**127,00**	156,00	0,4%
Öffentliche Bereitschaftsdienste	194,00	**312,00**	647,00	1,8%
9 Kulturgebäude				
Gebäude für kulturelle Zwecke				
Bibliotheken, Museen und Ausstellungen	85,00	**90,00**	95,00	0,2%
Theater	244,00	**805,00**	1.365,00	1,7%
Gemeindezentren, einfacher Standard	148,00	**170,00**	192,00	0,1%
Gemeindezentren, mittlerer Standard	72,00	**75,00**	77,00	0,1%
Gemeindezentren, hoher Standard	111,00	**193,00**	235,00	1,6%
Gebäude für religiöse Zwecke				
Sakralbauten	–	**–**	–	–
Friedhofsgebäude	–	**–**	–	–

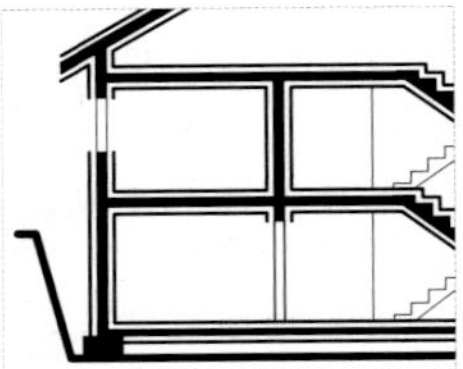

Kosten:
Stand 1.Quartal 2021
Bundesdurchschnitt
inkl. 19% MwSt.

Einheit: m2
Innenwandöffnungs-
fläche

▷ von
ø Mittel
◁ bis

Gebäudeart	▷	€/Einheit	◁	KG an 300
1 Büro- und Verwaltungsgebäude				
Büro- und Verwaltungsgebäude, einfacher Standard	484,00	**522,00**	611,00	4,6%
Büro- und Verwaltungsgebäude, mittlerer Standard	450,00	**666,00**	879,00	6,2%
Büro- und Verwaltungsgebäude, hoher Standard	735,00	**1.012,00**	1.202,00	5,4%
2 Gebäude für Forschung und Lehre				
Instituts- und Laborgebäude	804,00	**965,00**	1.053,00	7,1%
3 Gebäude des Gesundheitswesens				
Medizinische Einrichtungen	413,00	**789,00**	992,00	8,2%
Pflegeheime	504,00	**571,00**	645,00	8,1%
4 Schulen und Kindergärten				
Allgemeinbildende Schulen	769,00	**986,00**	1.217,00	5,0%
Berufliche Schulen	582,00	**764,00**	896,00	3,7%
Förder- und Sonderschulen	734,00	**823,00**	880,00	5,3%
Weiterbildungseinrichtungen	928,00	**1.276,00**	1.930,00	5,6%
Kindergärten, nicht unterkellert, einfacher Standard	–	**462,00**	–	3,1%
Kindergärten, nicht unterkellert, mittlerer Standard	547,00	**765,00**	1.075,00	5,2%
Kindergärten, nicht unterkellert, hoher Standard	510,00	**575,00**	640,00	3,0%
Kindergärten, Holzbauweise, nicht unterkellert	532,00	**789,00**	978,00	4,9%
Kindergärten, unterkellert	551,00	**707,00**	785,00	4,1%
5 Sportbauten				
Sport- und Mehrzweckhallen	136,00	**468,00**	644,00	2,2%
Sporthallen (Einfeldhallen)	592,00	**757,00**	840,00	3,9%
Sporthallen (Dreifeldhallen)	545,00	**874,00**	1.192,00	3,4%
Schwimmhallen	–	**–**	–	–
6 Wohngebäude				
Ein- und Zweifamilienhäuser				
Ein- und Zweifamilienhäuser, unterkellert, einfacher Standard	221,00	**255,00**	303,00	2,9%
Ein- und Zweifamilienhäuser, unterkellert, mittlerer Standard	313,00	**401,00**	502,00	2,8%
Ein- und Zweifamilienhäuser, unterkellert, hoher Standard	372,00	**599,00**	824,00	3,7%
Ein- und Zweifamilienhäuser, nicht unterkellert, einfacher Standard	278,00	**322,00**	357,00	2,9%
Ein- und Zweifamilienhäuser, nicht unterkellert, mittlerer Standard	290,00	**440,00**	716,00	2,3%
Ein- und Zweifamilienhäuser, nicht unterkellert, hoher Standard	387,00	**560,00**	850,00	4,0%
Ein- und Zweifamilienhäuser, Passivhausstandard, Massivbau	272,00	**357,00**	461,00	2,5%
Ein- und Zweifamilienhäuser, Passivhausstandard, Holzbau	256,00	**368,00**	494,00	2,2%
Ein- und Zweifamilienhäuser, Holzbauweise, unterkellert	273,00	**379,00**	757,00	2,4%
Ein- und Zweifamilienhäuser, Holzbauweise, nicht unterkellert	312,00	**423,00**	747,00	2,6%
Doppel- und Reihenendhäuser, einfacher Standard	185,00	**193,00**	206,00	2,1%
Doppel- und Reihenendhäuser, mittlerer Standard	217,00	**299,00**	369,00	2,8%
Doppel- und Reihenendhäuser, hoher Standard	206,00	**330,00**	434,00	2,5%
Reihenhäuser, einfacher Standard	181,00	**397,00**	613,00	3,0%
Reihenhäuser, mittlerer Standard	227,00	**257,00**	304,00	1,7%
Reihenhäuser, hoher Standard	360,00	**436,00**	475,00	2,9%
Mehrfamilienhäuser				
Mehrfamilienhäuser, mit bis zu 6 WE, einfacher Standard	281,00	**376,00**	514,00	4,6%
Mehrfamilienhäuser, mit bis zu 6 WE, mittlerer Standard	354,00	**401,00**	423,00	3,6%
Mehrfamilienhäuser, mit bis zu 6 WE, hoher Standard	453,00	**714,00**	1.281,00	4,9%

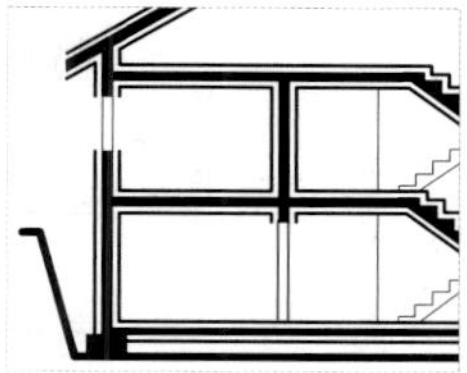

Einheit: m²
Innenwandöffnungsfläche

Gebäudeart	▷	€/Einheit	◁	KG an 300
Mehrfamilienhäuser (Fortsetzung)				
Mehrfamilienhäuser, mit 6 bis 19 WE, einfacher Standard	311,00	**352,00**	373,00	3,2%
Mehrfamilienhäuser, mit 6 bis 19 WE, mittlerer Standard	283,00	**332,00**	456,00	3,3%
Mehrfamilienhäuser, mit 6 bis 19 WE, hoher Standard	338,00	**457,00**	519,00	4,0%
Mehrfamilienhäuser, mit 20 oder mehr WE, einfacher Standard	228,00	**324,00**	356,00	4,3%
Mehrfamilienhäuser, mit 20 oder mehr WE, mittlerer Standard	277,00	**427,00**	502,00	4,6%
Mehrfamilienhäuser, mit 20 oder mehr WE, hoher Standard	364,00	**392,00**	441,00	3,2%
Mehrfamilienhäuser, Passivhäuser	240,00	**295,00**	416,00	2,2%
Wohnhäuser, mit bis zu 15% Mischnutzung, einfacher Standard	231,00	**304,00**	345,00	2,4%
Wohnhäuser, mit bis zu 15% Mischnutzung, mittlerer Standard	330,00	**483,00**	740,00	4,6%
Wohnhäuser, mit bis zu 15% Mischnutzung, hoher Standard	–	**536,00**	–	2,5%
Wohnhäuser, mit mehr als 15% Mischnutzung	359,00	**443,00**	501,00	3,9%
Seniorenwohnungen				
Seniorenwohnungen, mittlerer Standard	280,00	**359,00**	471,00	4,3%
Seniorenwohnungen, hoher Standard	443,00	**471,00**	499,00	4,4%
Beherbergung				
Wohnheime und Internate	443,00	**622,00**	813,00	5,5%
7 Gewerbegebäude				
Gaststätten und Kantinen				
Gaststätten, Kantinen und Mensen	–	**1.285,00**	–	5,4%
Gebäude für Produktion				
Industrielle Produktionsgebäude, Massivbauweise	474,00	**651,00**	966,00	4,7%
Industrielle Produktionsgebäude, überwiegend Skelettbauweise	574,00	**702,00**	803,00	3,7%
Betriebs- und Werkstätten, eingeschossig	431,00	**480,00**	529,00	3,6%
Betriebs- und Werkstätten, mehrgeschossig, geringer Hallenanteil	485,00	**612,00**	807,00	3,6%
Betriebs- und Werkstätten, mehrgeschossig, hoher Hallenanteil	255,00	**422,00**	616,00	1,9%
Gebäude für Handel und Lager				
Geschäftshäuser, mit Wohnungen	536,00	**572,00**	624,00	3,7%
Geschäftshäuser, ohne Wohnungen	569,00	**584,00**	599,00	4,1%
Verbrauchermärkte	645,00	**681,00**	716,00	5,5%
Autohäuser	507,00	**530,00**	552,00	3,7%
Lagergebäude, ohne Mischnutzung	533,00	**691,00**	954,00	1,5%
Lagergebäude, mit bis zu 25% Mischnutzung	656,00	**761,00**	939,00	2,2%
Lagergebäude, mit mehr als 25% Mischnutzung	401,00	**624,00**	847,00	3,6%
Garagen und Bereitschaftsdienste				
Einzel-, Mehrfach- und Hochgaragen	–	**–**	–	–
Tiefgaragen	–	**–**	–	–
Feuerwehrhäuser	480,00	**698,00**	850,00	6,2%
Öffentliche Bereitschaftsdienste	541,00	**723,00**	1.180,00	2,9%
9 Kulturgebäude				
Gebäude für kulturelle Zwecke				
Bibliotheken, Museen und Ausstellungen	753,00	**1.168,00**	2.592,00	3,9%
Theater	534,00	**1.214,00**	1.893,00	5,2%
Gemeindezentren, einfacher Standard	531,00	**636,00**	811,00	4,1%
Gemeindezentren, mittlerer Standard	523,00	**718,00**	872,00	4,3%
Gemeindezentren, hoher Standard	1.041,00	**1.165,00**	1.375,00	5,0%
Gebäude für religiöse Zwecke				
Sakralbauten	–	**–**	–	–
Friedhofsgebäude	–	**830,00**	–	7,0%

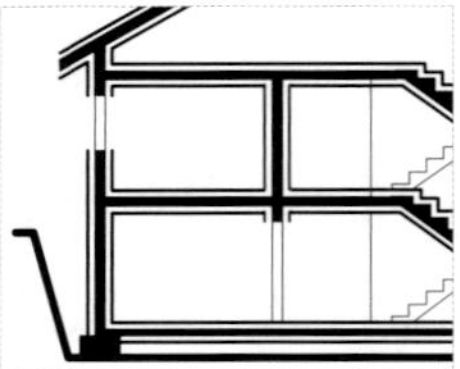

Kosten:
Stand 1.Quartal 2021
Bundesdurchschnitt
inkl. 19% MwSt.

Einheit: m²
Innenwandbekleidungs-
fläche

▷ von
ø Mittel
◁ bis

Gebäudeart	▷	€/Einheit	◁	KG an 300
1 Büro- und Verwaltungsgebäude				
Büro- und Verwaltungsgebäude, einfacher Standard	17,00	**30,00**	43,00	3,9%
Büro- und Verwaltungsgebäude, mittlerer Standard	25,00	**37,00**	53,00	3,5%
Büro- und Verwaltungsgebäude, hoher Standard	30,00	**46,00**	82,00	2,5%
2 Gebäude für Forschung und Lehre				
Instituts- und Laborgebäude	38,00	**53,00**	71,00	3,2%
3 Gebäude des Gesundheitswesens				
Medizinische Einrichtungen	26,00	**30,00**	32,00	4,5%
Pflegeheime	27,00	**36,00**	39,00	5,9%
4 Schulen und Kindergärten				
Allgemeinbildende Schulen	31,00	**55,00**	74,00	3,1%
Berufliche Schulen	39,00	**73,00**	95,00	3,0%
Förder- und Sonderschulen	28,00	**42,00**	64,00	3,3%
Weiterbildungseinrichtungen	27,00	**46,00**	81,00	1,6%
Kindergärten, nicht unterkellert, einfacher Standard	–	**68,00**	–	6,2%
Kindergärten, nicht unterkellert, mittlerer Standard	44,00	**63,00**	176,00	5,0%
Kindergärten, nicht unterkellert, hoher Standard	38,00	**42,00**	45,00	4,1%
Kindergärten, Holzbauweise, nicht unterkellert	22,00	**31,00**	44,00	2,9%
Kindergärten, unterkellert	25,00	**42,00**	52,00	4,5%
5 Sportbauten				
Sport- und Mehrzweckhallen	22,00	**67,00**	150,00	3,2%
Sporthallen (Einfeldhallen)	40,00	**68,00**	84,00	4,6%
Sporthallen (Dreifeldhallen)	78,00	**95,00**	113,00	3,7%
Schwimmhallen	–	**–**	–	–
6 Wohngebäude				
Ein- und Zweifamilienhäuser				
Ein- und Zweifamilienhäuser, unterkellert, einfacher Standard	37,00	**42,00**	51,00	5,4%
Ein- und Zweifamilienhäuser, unterkellert, mittlerer Standard	37,00	**44,00**	57,00	4,0%
Ein- und Zweifamilienhäuser, unterkellert, hoher Standard	29,00	**45,00**	57,00	3,5%
Ein- und Zweifamilienhäuser, nicht unterkellert, einfacher Standard	42,00	**45,00**	49,00	4,1%
Ein- und Zweifamilienhäuser, nicht unterkellert, mittlerer Standard	32,00	**44,00**	58,00	4,8%
Ein- und Zweifamilienhäuser, nicht unterkellert, hoher Standard	29,00	**45,00**	85,00	3,2%
Ein- und Zweifamilienhäuser, Passivhausstandard, Massivbau	26,00	**44,00**	56,00	3,9%
Ein- und Zweifamilienhäuser, Passivhausstandard, Holzbau	25,00	**36,00**	49,00	2,7%
Ein- und Zweifamilienhäuser, Holzbauweise, unterkellert	23,00	**33,00**	45,00	3,8%
Ein- und Zweifamilienhäuser, Holzbauweise, nicht unterkellert	43,00	**62,00**	94,00	3,2%
Doppel- und Reihenendhäuser, einfacher Standard	11,00	**18,00**	23,00	2,5%
Doppel- und Reihenendhäuser, mittlerer Standard	32,00	**45,00**	62,00	5,1%
Doppel- und Reihenendhäuser, hoher Standard	30,00	**49,00**	76,00	4,4%
Reihenhäuser, einfacher Standard	20,00	**29,00**	38,00	4,7%
Reihenhäuser, mittlerer Standard	12,00	**22,00**	41,00	2,2%
Reihenhäuser, hoher Standard	13,00	**37,00**	50,00	3,6%
Mehrfamilienhäuser				
Mehrfamilienhäuser, mit bis zu 6 WE, einfacher Standard	31,00	**49,00**	76,00	7,9%
Mehrfamilienhäuser, mit bis zu 6 WE, mittlerer Standard	26,00	**34,00**	51,00	4,3%
Mehrfamilienhäuser, mit bis zu 6 WE, hoher Standard	32,00	**41,00**	49,00	4,5%

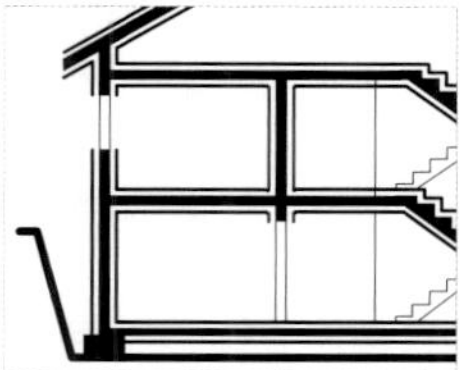

Gebäudeart	▷	€/Einheit	◁	KG an 300
Mehrfamilienhäuser (Fortsetzung)				
Mehrfamilienhäuser, mit 6 bis 19 WE, einfacher Standard	23,00	**38,00**	67,00	4,6%
Mehrfamilienhäuser, mit 6 bis 19 WE, mittlerer Standard	24,00	**31,00**	37,00	4,9%
Mehrfamilienhäuser, mit 6 bis 19 WE, hoher Standard	30,00	**37,00**	55,00	4,8%
Mehrfamilienhäuser, mit 20 oder mehr WE, einfacher Standard	16,00	**22,00**	37,00	3,7%
Mehrfamilienhäuser, mit 20 oder mehr WE, mittlerer Standard	23,00	**26,00**	30,00	3,6%
Mehrfamilienhäuser, mit 20 oder mehr WE, hoher Standard	28,00	**32,00**	40,00	4,2%
Mehrfamilienhäuser, Passivhäuser	29,00	**36,00**	45,00	4,6%
Wohnhäuser, mit bis zu 15% Mischnutzung, einfacher Standard	11,00	**35,00**	48,00	4,7%
Wohnhäuser, mit bis zu 15% Mischnutzung, mittlerer Standard	16,00	**37,00**	52,00	4,6%
Wohnhäuser, mit bis zu 15% Mischnutzung, hoher Standard	–	**45,00**	–	4,2%
Wohnhäuser, mit mehr als 15% Mischnutzung	23,00	**33,00**	53,00	5,0%
Seniorenwohnungen				
Seniorenwohnungen, mittlerer Standard	26,00	**33,00**	43,00	5,6%
Seniorenwohnungen, hoher Standard	32,00	**34,00**	36,00	4,8%
Beherbergung				
Wohnheime und Internate	29,00	**42,00**	63,00	4,9%
7 Gewerbegebäude				
Gaststätten und Kantinen				
Gaststätten, Kantinen und Mensen	–	**107,00**	–	5,8%
Gebäude für Produktion				
Industrielle Produktionsgebäude, Massivbauweise	15,00	**43,00**	59,00	2,6%
Industrielle Produktionsgebäude, überwiegend Skelettbauweise	20,00	**27,00**	35,00	1,0%
Betriebs- und Werkstätten, eingeschossig	17,00	**18,00**	18,00	1,7%
Betriebs- und Werkstätten, mehrgeschossig, geringer Hallenanteil	25,00	**37,00**	55,00	2,1%
Betriebs- und Werkstätten, mehrgeschossig, hoher Hallenanteil	35,00	**47,00**	64,00	3,5%
Gebäude für Handel und Lager				
Geschäftshäuser, mit Wohnungen	26,00	**31,00**	41,00	3,0%
Geschäftshäuser, ohne Wohnungen	42,00	**46,00**	50,00	4,5%
Verbrauchermärkte	29,00	**43,00**	57,00	3,8%
Autohäuser	18,00	**22,00**	27,00	1,7%
Lagergebäude, ohne Mischnutzung	32,00	**37,00**	40,00	0,6%
Lagergebäude, mit bis zu 25% Mischnutzung	11,00	**24,00**	49,00	1,3%
Lagergebäude, mit mehr als 25% Mischnutzung	47,00	**84,00**	122,00	2,5%
Garagen und Bereitschaftsdienste				
Einzel-, Mehrfach- und Hochgaragen	15,00	**40,00**	53,00	0,8%
Tiefgaragen	–	**–**	–	–
Feuerwehrhäuser	36,00	**40,00**	49,00	3,1%
Öffentliche Bereitschaftsdienste	25,00	**46,00**	71,00	2,2%
9 Kulturgebäude				
Gebäude für kulturelle Zwecke				
Bibliotheken, Museen und Ausstellungen	62,00	**82,00**	138,00	2,7%
Theater	58,00	**85,00**	113,00	5,3%
Gemeindezentren, einfacher Standard	31,00	**49,00**	61,00	4,7%
Gemeindezentren, mittlerer Standard	40,00	**46,00**	50,00	2,7%
Gemeindezentren, hoher Standard	35,00	**56,00**	70,00	3,3%
Gebäude für religiöse Zwecke				
Sakralbauten	–	**–**	–	–
Friedhofsgebäude	–	**20,00**	–	1,0%

Einheit: m²
Innenwandbekleidungsfläche

346 Elementierte Innenwandkonstruktionen

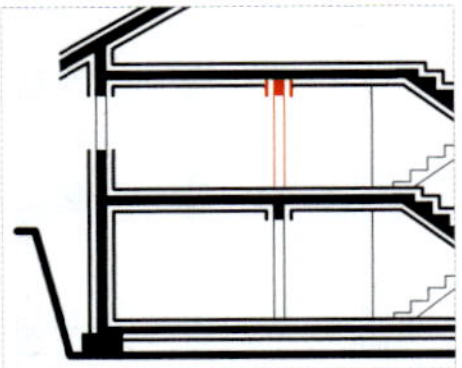

Kosten:
Stand 1.Quartal 2021
Bundesdurchschnitt
inkl. 19% MwSt.

Einheit: m² Innenwandfläche, elementiert

▷ von
ø Mittel
◁ bis

Gebäudeart	▷	€/Einheit	◁	KG an 300
1 Büro- und Verwaltungsgebäude				
Büro- und Verwaltungsgebäude, einfacher Standard	–	**569,00**	–	1,2%
Büro- und Verwaltungsgebäude, mittlerer Standard	176,00	**316,00**	541,00	0,8%
Büro- und Verwaltungsgebäude, hoher Standard	385,00	**657,00**	1.177,00	4,3%
2 Gebäude für Forschung und Lehre				
Instituts- und Laborgebäude	131,00	**458,00**	634,00	1,0%
3 Gebäude des Gesundheitswesens				
Medizinische Einrichtungen	1.562,00	**1.755,00**	1.949,00	0,4%
Pflegeheime	286,00	**451,00**	768,00	0,5%
4 Schulen und Kindergärten				
Allgemeinbildende Schulen	344,00	**596,00**	1.102,00	1,0%
Berufliche Schulen	204,00	**244,00**	299,00	1,8%
Förder- und Sonderschulen	255,00	**525,00**	734,00	0,8%
Weiterbildungseinrichtungen	623,00	**876,00**	1.039,00	1,4%
Kindergärten, nicht unterkellert, einfacher Standard	–	**487,00**	–	2,9%
Kindergärten, nicht unterkellert, mittlerer Standard	293,00	**456,00**	933,00	1,2%
Kindergärten, nicht unterkellert, hoher Standard	554,00	**658,00**	763,00	2,9%
Kindergärten, Holzbauweise, nicht unterkellert	172,00	**470,00**	908,00	4,2%
Kindergärten, unterkellert	200,00	**292,00**	355,00	0,5%
5 Sportbauten				
Sport- und Mehrzweckhallen	140,00	**182,00**	223,00	0,3%
Sporthallen (Einfeldhallen)	–	**338,00**	–	0,3%
Sporthallen (Dreifeldhallen)	149,00	**201,00**	241,00	0,9%
Schwimmhallen	–	–	–	–
6 Wohngebäude				
Ein- und Zweifamilienhäuser				
Ein- und Zweifamilienhäuser, unterkellert, einfacher Standard	–	–	–	–
Ein- und Zweifamilienhäuser, unterkellert, mittlerer Standard	–	–	–	–
Ein- und Zweifamilienhäuser, unterkellert, hoher Standard	–	–	–	–
Ein- und Zweifamilienhäuser, nicht unterkellert, einfacher Standard	–	–	–	–
Ein- und Zweifamilienhäuser, nicht unterkellert, mittlerer Standard	–	**706,00**	–	0,2%
Ein- und Zweifamilienhäuser, nicht unterkellert, hoher Standard	–	**387,00**	–	0,1%
Ein- und Zweifamilienhäuser, Passivhausstandard, Massivbau	–	**1.018,00**	–	0,1%
Ein- und Zweifamilienhäuser, Passivhausstandard, Holzbau	–	**985,00**	–	0,1%
Ein- und Zweifamilienhäuser, Holzbauweise, unterkellert	–	**634,00**	–	0,2%
Ein- und Zweifamilienhäuser, Holzbauweise, nicht unterkellert	–	–	–	–
Doppel- und Reihenendhäuser, einfacher Standard	–	–	–	–
Doppel- und Reihenendhäuser, mittlerer Standard	–	–	–	–
Doppel- und Reihenendhäuser, hoher Standard	–	–	–	–
Reihenhäuser, einfacher Standard	–	–	–	–
Reihenhäuser, mittlerer Standard	–	–	–	–
Reihenhäuser, hoher Standard	–	**176,00**	–	0,4%
Mehrfamilienhäuser				
Mehrfamilienhäuser, mit bis zu 6 WE, einfacher Standard	85,00	**87,00**	90,00	0,2%
Mehrfamilienhäuser, mit bis zu 6 WE, mittlerer Standard	–	–	–	–
Mehrfamilienhäuser, mit bis zu 6 WE, hoher Standard	29,00	**43,00**	70,00	0,1%

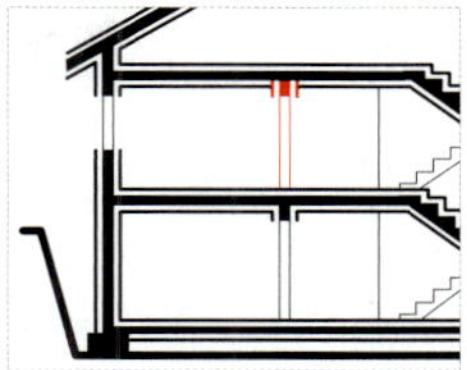

Einheit: m²
Innenwandfläche,
elementiert

Gebäudeart	▷	€/Einheit	◁	KG an 300
Mehrfamilienhäuser (Fortsetzung)				
Mehrfamilienhäuser, mit 6 bis 19 WE, einfacher Standard	63,00	**80,00**	97,00	0,4%
Mehrfamilienhäuser, mit 6 bis 19 WE, mittlerer Standard	31,00	**50,00**	65,00	0,2%
Mehrfamilienhäuser, mit 6 bis 19 WE, hoher Standard	68,00	**127,00**	221,00	0,1%
Mehrfamilienhäuser, mit 20 oder mehr WE, einfacher Standard	29,00	**37,00**	43,00	0,2%
Mehrfamilienhäuser, mit 20 oder mehr WE, mittlerer Standard	55,00	**62,00**	75,00	0,6%
Mehrfamilienhäuser, mit 20 oder mehr WE, hoher Standard	41,00	**47,00**	60,00	0,3%
Mehrfamilienhäuser, Passivhäuser	25,00	**33,00**	38,00	0,1%
Wohnhäuser, mit bis zu 15% Mischnutzung, einfacher Standard	38,00	**106,00**	173,00	0,2%
Wohnhäuser, mit bis zu 15% Mischnutzung, mittlerer Standard	–	**–**	–	–
Wohnhäuser, mit bis zu 15% Mischnutzung, hoher Standard	–	**–**	–	–
Wohnhäuser, mit mehr als 15% Mischnutzung	–	**434,00**	–	0,2%
Seniorenwohnungen				
Seniorenwohnungen, mittlerer Standard	34,00	**46,00**	53,00	0,3%
Seniorenwohnungen, hoher Standard	–	**50,00**	–	0,2%
Beherbergung				
Wohnheime und Internate	382,00	**484,00**	680,00	0,6%
7 Gewerbegebäude				
Gaststätten und Kantinen				
Gaststätten, Kantinen und Mensen	–	**865,00**	–	1,2%
Gebäude für Produktion				
Industrielle Produktionsgebäude, Massivbauweise	–	**195,00**	–	0,1%
Industrielle Produktionsgebäude, überwiegend Skelettbauweise	246,00	**368,00**	592,00	0,5%
Betriebs- und Werkstätten, eingeschossig	–	**236,00**	–	0,9%
Betriebs- und Werkstätten, mehrgeschossig, geringer Hallenanteil	170,00	**263,00**	318,00	0,9%
Betriebs- und Werkstätten, mehrgeschossig, hoher Hallenanteil	335,00	**391,00**	447,00	0,1%
Gebäude für Handel und Lager				
Geschäftshäuser, mit Wohnungen	–	**563,00**	–	0,2%
Geschäftshäuser, ohne Wohnungen	62,00	**404,00**	745,00	3,3%
Verbrauchermärkte	257,00	**283,00**	309,00	0,5%
Autohäuser	152,00	**285,00**	418,00	0,2%
Lagergebäude, ohne Mischnutzung	168,00	**209,00**	276,00	1,5%
Lagergebäude, mit bis zu 25% Mischnutzung	–	**541,00**	–	0,2%
Lagergebäude, mit mehr als 25% Mischnutzung	216,00	**310,00**	404,00	0,1%
Garagen und Bereitschaftsdienste				
Einzel-, Mehrfach- und Hochgaragen	–	**161,00**	–	0,0%
Tiefgaragen	–	**–**	–	–
Feuerwehrhäuser	321,00	**349,00**	378,00	1,0%
Öffentliche Bereitschaftsdienste	460,00	**472,00**	483,00	0,5%
9 Kulturgebäude				
Gebäude für kulturelle Zwecke				
Bibliotheken, Museen und Ausstellungen	326,00	**501,00**	774,00	1,4%
Theater	158,00	**346,00**	533,00	0,7%
Gemeindezentren, einfacher Standard	284,00	**296,00**	309,00	2,2%
Gemeindezentren, mittlerer Standard	498,00	**650,00**	1.100,00	2,5%
Gemeindezentren, hoher Standard	252,00	**384,00**	595,00	2,0%
Gebäude für religiöse Zwecke				
Sakralbauten	–	**–**	–	–
Friedhofsgebäude	–	**502,00**	–	1,8%

 Erläuterungen zu den Tabellen siehe Seite 48

Kosten: 1.Quartal 2021, Bundesdurchschnitt, **inkl. 19% MwSt.**

347 Lichtschutz zur KG 340

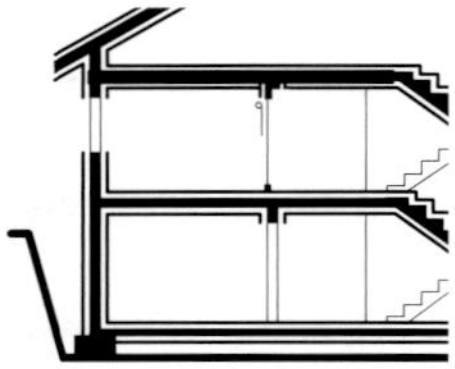

Kosten:
Stand 1.Quartal 2021
Bundesdurchschnitt
inkl. 19% MwSt.

Einheit: m²
Innenwand-
Lichtschutzfläche

▷ von
ø Mittel
◁ bis

Gebäudeart	▷	€/Einheit	◁	KG an 300
1 Büro- und Verwaltungsgebäude				
Büro- und Verwaltungsgebäude, einfacher Standard	–	**–**	–	–
Büro- und Verwaltungsgebäude, mittlerer Standard	–	**–**	–	–
Büro- und Verwaltungsgebäude, hoher Standard	–	**–**	–	–
2 Gebäude für Forschung und Lehre				
Instituts- und Laborgebäude	–	**–**	–	–
3 Gebäude des Gesundheitswesens				
Medizinische Einrichtungen	–	**–**	–	–
Pflegeheime	–	**–**	–	–
4 Schulen und Kindergärten				
Allgemeinbildende Schulen	376,00	**386,00**	397,00	0,0%
Berufliche Schulen	–	**343,00**	–	0,0%
Förder- und Sonderschulen	209,00	**354,00**	499,00	0,0%
Weiterbildungseinrichtungen	–	**859,00**	–	0,2%
Kindergärten, nicht unterkellert, einfacher Standard	–	**–**	–	–
Kindergärten, nicht unterkellert, mittlerer Standard	–	**–**	–	–
Kindergärten, nicht unterkellert, hoher Standard	–	**–**	–	–
Kindergärten, Holzbauweise, nicht unterkellert	–	**–**	–	–
Kindergärten, unterkellert	–	**–**	–	–
5 Sportbauten				
Sport- und Mehrzweckhallen	–	**300,00**	–	0,1%
Sporthallen (Einfeldhallen)	–	**–**	–	–
Sporthallen (Dreifeldhallen)	–	**–**	–	–
Schwimmhallen	–	**–**	–	–
6 Wohngebäude				
Ein- und Zweifamilienhäuser				
Ein- und Zweifamilienhäuser, unterkellert, einfacher Standard	–	**–**	–	–
Ein- und Zweifamilienhäuser, unterkellert, mittlerer Standard	–	**–**	–	–
Ein- und Zweifamilienhäuser, unterkellert, hoher Standard	–	**–**	–	–
Ein- und Zweifamilienhäuser, nicht unterkellert, einfacher Standard	–	**–**	–	–
Ein- und Zweifamilienhäuser, nicht unterkellert, mittlerer Standard	–	**–**	–	–
Ein- und Zweifamilienhäuser, nicht unterkellert, hoher Standard	–	**–**	–	–
Ein- und Zweifamilienhäuser, Passivhausstandard, Massivbau	–	**–**	–	–
Ein- und Zweifamilienhäuser, Passivhausstandard, Holzbau	–	**–**	–	–
Ein- und Zweifamilienhäuser, Holzbauweise, unterkellert	–	**–**	–	–
Ein- und Zweifamilienhäuser, Holzbauweise, nicht unterkellert	–	**–**	–	–
Doppel- und Reihenendhäuser, einfacher Standard	–	**–**	–	–
Doppel- und Reihenendhäuser, mittlerer Standard	–	**–**	–	–
Doppel- und Reihenendhäuser, hoher Standard	–	**–**	–	–
Reihenhäuser, einfacher Standard	–	**–**	–	–
Reihenhäuser, mittlerer Standard	–	**–**	–	–
Reihenhäuser, hoher Standard	–	**–**	–	–
Mehrfamilienhäuser				
Mehrfamilienhäuser, mit bis zu 6 WE, einfacher Standard	–	**–**	–	–
Mehrfamilienhäuser, mit bis zu 6 WE, mittlerer Standard	–	**–**	–	–
Mehrfamilienhäuser, mit bis zu 6 WE, hoher Standard	–	**–**	–	–

Gebäudeart	▷	€/Einheit	◁	KG an 300
Mehrfamilienhäuser (Fortsetzung)				
Mehrfamilienhäuser, mit 6 bis 19 WE, einfacher Standard	–	**–**	–	–
Mehrfamilienhäuser, mit 6 bis 19 WE, mittlerer Standard	–	**–**	–	–
Mehrfamilienhäuser, mit 6 bis 19 WE, hoher Standard	–	**–**	–	–
Mehrfamilienhäuser, mit 20 oder mehr WE, einfacher Standard	–	**200,00**	–	0,0%
Mehrfamilienhäuser, mit 20 oder mehr WE, mittlerer Standard	–	**–**	–	–
Mehrfamilienhäuser, mit 20 oder mehr WE, hoher Standard	–	**–**	–	–
Mehrfamilienhäuser, Passivhäuser	–	**–**	–	–
Wohnhäuser, mit bis zu 15% Mischnutzung, einfacher Standard	–	**–**	–	–
Wohnhäuser, mit bis zu 15% Mischnutzung, mittlerer Standard	–	**–**	–	–
Wohnhäuser, mit bis zu 15% Mischnutzung, hoher Standard	–	**–**	–	–
Wohnhäuser, mit mehr als 15% Mischnutzung	–	**–**	–	–
Seniorenwohnungen				
Seniorenwohnungen, mittlerer Standard	–	**–**	–	–
Seniorenwohnungen, hoher Standard	–	**–**	–	–
Beherbergung				
Wohnheime und Internate	–	**813,00**	–	0,0%
7 Gewerbegebäude				
Gaststätten und Kantinen				
Gaststätten, Kantinen und Mensen	–	**–**	–	–
Gebäude für Produktion				
Industrielle Produktionsgebäude, Massivbauweise	–	**–**	–	–
Industrielle Produktionsgebäude, überwiegend Skelettbauweise	–	**–**	–	–
Betriebs- und Werkstätten, eingeschossig	–	**–**	–	–
Betriebs- und Werkstätten, mehrgeschossig, geringer Hallenanteil	–	**168,00**	–	0,0%
Betriebs- und Werkstätten, mehrgeschossig, hoher Hallenanteil	–	**–**	–	–
Gebäude für Handel und Lager				
Geschäftshäuser, mit Wohnungen	–	**–**	–	–
Geschäftshäuser, ohne Wohnungen	–	**–**	–	–
Verbrauchermärkte	–	**–**	–	–
Autohäuser	–	**–**	–	–
Lagergebäude, ohne Mischnutzung	–	**–**	–	–
Lagergebäude, mit bis zu 25% Mischnutzung	–	**–**	–	–
Lagergebäude, mit mehr als 25% Mischnutzung	–	**–**	–	–
Garagen und Bereitschaftsdienste				
Einzel-, Mehrfach- und Hochgaragen	–	**–**	–	–
Tiefgaragen	–	**–**	–	–
Feuerwehrhäuser	–	**–**	–	–
Öffentliche Bereitschaftsdienste	–	**–**	–	–
9 Kulturgebäude				
Gebäude für kulturelle Zwecke				
Bibliotheken, Museen und Ausstellungen	–	**–**	–	–
Theater	–	**–**	–	–
Gemeindezentren, einfacher Standard	–	**–**	–	–
Gemeindezentren, mittlerer Standard	–	**–**	–	–
Gemeindezentren, hoher Standard	–	**–**	–	–
Gebäude für religiöse Zwecke				
Sakralbauten	–	**–**	–	–
Friedhofsgebäude	–	**–**	–	–

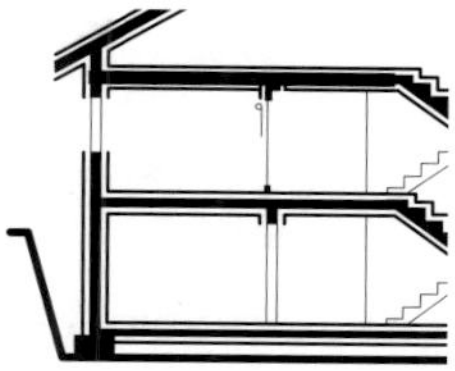

Einheit: m² Innenwand-Lichtschutzfläche

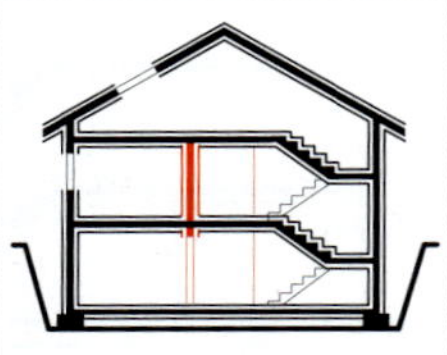

Kosten:
Stand 1.Quartal 2021
Bundesdurchschnitt
inkl. 19% MwSt.

Einheit: m²
Innenwandfläche/
Fläche der vertikalen
Baukonstruktionen

▷ von
ø Mittel
◁ bis

Gebäudeart	▷	€/Einheit	◁	KG an 300
1 Büro- und Verwaltungsgebäude				
Büro- und Verwaltungsgebäude, einfacher Standard	–	**5,40**	–	0,1%
Büro- und Verwaltungsgebäude, mittlerer Standard	2,30	**4,40**	7,70	0,1%
Büro- und Verwaltungsgebäude, hoher Standard	1,20	**2,40**	6,00	0,0%
2 Gebäude für Forschung und Lehre				
Instituts- und Laborgebäude	–	**–**	–	–
3 Gebäude des Gesundheitswesens				
Medizinische Einrichtungen	0,50	**3,30**	6,10	0,2%
Pflegeheime	3,20	**5,40**	6,50	0,6%
4 Schulen und Kindergärten				
Allgemeinbildende Schulen	0,70	**1,30**	1,70	0,0%
Berufliche Schulen	0,10	**1,80**	2,80	0,0%
Förder- und Sonderschulen	3,90	**6,60**	9,30	0,2%
Weiterbildungseinrichtungen	–	**0,90**	–	0,0%
Kindergärten, nicht unterkellert, einfacher Standard	–	**–**	–	–
Kindergärten, nicht unterkellert, mittlerer Standard	1,80	**5,80**	14,00	0,2%
Kindergärten, nicht unterkellert, hoher Standard	–	**4,30**	–	0,1%
Kindergärten, Holzbauweise, nicht unterkellert	2,40	**2,50**	2,60	0,0%
Kindergärten, unterkellert	0,30	**1,80**	3,30	0,1%
5 Sportbauten				
Sport- und Mehrzweckhallen	14,00	**20,00**	26,00	0,4%
Sporthallen (Einfeldhallen)	1,00	**1,70**	2,90	0,1%
Sporthallen (Dreifeldhallen)	2,50	**6,00**	12,00	0,2%
Schwimmhallen	–	**–**	–	–
6 Wohngebäude				
Ein- und Zweifamilienhäuser				
Ein- und Zweifamilienhäuser, unterkellert, einfacher Standard	–	**8,30**	–	0,2%
Ein- und Zweifamilienhäuser, unterkellert, mittlerer Standard	1,80	**7,20**	9,90	0,1%
Ein- und Zweifamilienhäuser, unterkellert, hoher Standard	3,50	**3,70**	4,00	0,0%
Ein- und Zweifamilienhäuser, nicht unterkellert, einfacher Standard	–	**–**	–	–
Ein- und Zweifamilienhäuser, nicht unterkellert, mittlerer Standard	2,70	**5,10**	6,50	0,1%
Ein- und Zweifamilienhäuser, nicht unterkellert, hoher Standard	–	**3,30**	–	0,0%
Ein- und Zweifamilienhäuser, Passivhausstandard, Massivbau	–	**4,90**	–	0,0%
Ein- und Zweifamilienhäuser, Passivhausstandard, Holzbau	–	**–**	–	–
Ein- und Zweifamilienhäuser, Holzbauweise, unterkellert	1,50	**3,10**	4,70	0,0%
Ein- und Zweifamilienhäuser, Holzbauweise, nicht unterkellert	–	**–**	–	–
Doppel- und Reihenendhäuser, einfacher Standard	–	**6,00**	–	0,2%
Doppel- und Reihenendhäuser, mittlerer Standard	2,30	**3,50**	4,30	0,1%
Doppel- und Reihenendhäuser, hoher Standard	3,20	**5,50**	7,80	0,1%
Reihenhäuser, einfacher Standard	–	**–**	–	–
Reihenhäuser, mittlerer Standard	–	**–**	–	–
Reihenhäuser, hoher Standard	–	**–**	–	–
Mehrfamilienhäuser				
Mehrfamilienhäuser, mit bis zu 6 WE, einfacher Standard	–	**–**	–	–
Mehrfamilienhäuser, mit bis zu 6 WE, mittlerer Standard	–	**4,10**	–	0,0%
Mehrfamilienhäuser, mit bis zu 6 WE, hoher Standard	–	**1,40**	–	0,0%

Gebäudeart	▷	€/Einheit	◁	KG an 300
Mehrfamilienhäuser (Fortsetzung)				
Mehrfamilienhäuser, mit 6 bis 19 WE, einfacher Standard	–	**0,90**	–	0,0%
Mehrfamilienhäuser, mit 6 bis 19 WE, mittlerer Standard	0,70	**1,90**	3,70	0,1%
Mehrfamilienhäuser, mit 6 bis 19 WE, hoher Standard	–	**1,50**	–	0,0%
Mehrfamilienhäuser, mit 20 oder mehr WE, einfacher Standard	–	**–**	–	–
Mehrfamilienhäuser, mit 20 oder mehr WE, mittlerer Standard	–	**2,50**	–	0,1%
Mehrfamilienhäuser, mit 20 oder mehr WE, hoher Standard	–	**1,90**	–	0,1%
Mehrfamilienhäuser, Passivhäuser	6,50	**9,20**	12,00	0,3%
Wohnhäuser, mit bis zu 15% Mischnutzung, einfacher Standard	–	**0,10**	–	0,0%
Wohnhäuser, mit bis zu 15% Mischnutzung, mittlerer Standard	–	**–**	–	–
Wohnhäuser, mit bis zu 15% Mischnutzung, hoher Standard	–	**1,30**	–	0,1%
Wohnhäuser, mit mehr als 15% Mischnutzung	–	**0,90**	–	0,0%
Seniorenwohnungen				
Seniorenwohnungen, mittlerer Standard	0,80	**1,60**	3,10	0,1%
Seniorenwohnungen, hoher Standard	0,10	**0,80**	1,60	0,1%
Beherbergung				
Wohnheime und Internate	0,50	**3,10**	4,50	0,1%
7 Gewerbegebäude				
Gaststätten und Kantinen				
Gaststätten, Kantinen und Mensen	–	**3,50**	–	0,2%
Gebäude für Produktion				
Industrielle Produktionsgebäude, Massivbauweise	–	**–**	–	–
Industrielle Produktionsgebäude, überwiegend Skelettbauweise	0,50	**0,80**	1,10	0,0%
Betriebs- und Werkstätten, eingeschossig	–	**15,00**	–	0,5%
Betriebs- und Werkstätten, mehrgeschossig, geringer Hallenanteil	–	**–**	–	–
Betriebs- und Werkstätten, mehrgeschossig, hoher Hallenanteil	–	**1,60**	–	0,0%
Gebäude für Handel und Lager				
Geschäftshäuser, mit Wohnungen	–	**28,00**	–	0,4%
Geschäftshäuser, ohne Wohnungen	–	**29,00**	–	1,0%
Verbrauchermärkte	8,90	**9,20**	9,50	0,5%
Autohäuser	–	**–**	–	–
Lagergebäude, ohne Mischnutzung	–	**–**	–	–
Lagergebäude, mit bis zu 25% Mischnutzung	–	**–**	–	–
Lagergebäude, mit mehr als 25% Mischnutzung	–	**12,00**	–	0,2%
Garagen und Bereitschaftsdienste				
Einzel-, Mehrfach- und Hochgaragen	–	**–**	–	–
Tiefgaragen	–	**–**	–	–
Feuerwehrhäuser	0,50	**1,10**	1,70	0,0%
Öffentliche Bereitschaftsdienste	–	**2,10**	–	0,0%
9 Kulturgebäude				
Gebäude für kulturelle Zwecke				
Bibliotheken, Museen und Ausstellungen	–	**3,00**	–	0,0%
Theater	–	**8,50**	–	0,2%
Gemeindezentren, einfacher Standard	–	**–**	–	–
Gemeindezentren, mittlerer Standard	3,50	**4,20**	5,00	0,1%
Gemeindezentren, hoher Standard	8,30	**8,90**	9,50	0,3%
Gebäude für religiöse Zwecke				
Sakralbauten	–	**–**	–	–
Friedhofsgebäude	–	**–**	–	–

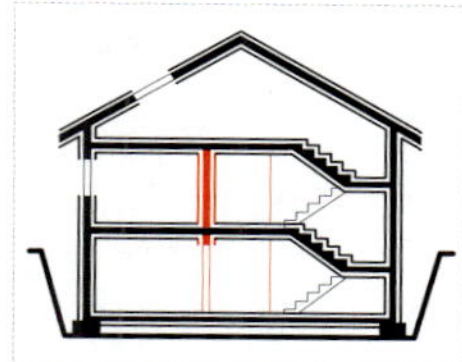

Einheit: m²
Innenwandfläche/
Fläche der vertikalen
Baukonstruktionen

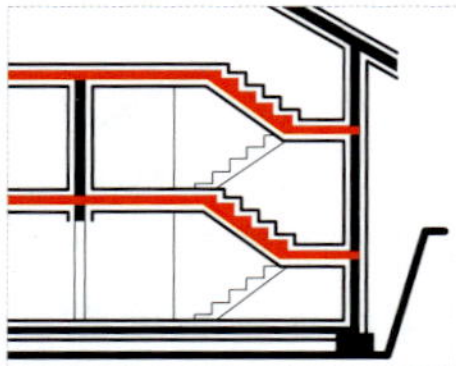

Kosten:
Stand 1.Quartal 2021
Bundesdurchschnitt
inkl. 19% MwSt.

Einheit: m²
Deckenkonstruktions-
fläche

▷ von
ø Mittel
◁ bis

Gebäudeart	▷	€/Einheit	◁	KG an 300
1 Büro- und Verwaltungsgebäude				
Büro- und Verwaltungsgebäude, einfacher Standard	97,00	**149,00**	186,00	6,6%
Büro- und Verwaltungsgebäude, mittlerer Standard	145,00	**181,00**	220,00	8,0%
Büro- und Verwaltungsgebäude, hoher Standard	156,00	**221,00**	318,00	6,5%
2 Gebäude für Forschung und Lehre				
Instituts- und Laborgebäude	159,00	**218,00**	280,00	5,4%
3 Gebäude des Gesundheitswesens				
Medizinische Einrichtungen	145,00	**164,00**	195,00	9,4%
Pflegeheime	117,00	**128,00**	151,00	7,5%
4 Schulen und Kindergärten				
Allgemeinbildende Schulen	170,00	**200,00**	229,00	5,8%
Berufliche Schulen	138,00	**195,00**	230,00	3,2%
Förder- und Sonderschulen	163,00	**197,00**	219,00	7,7%
Weiterbildungseinrichtungen	228,00	**279,00**	376,00	9,1%
Kindergärten, nicht unterkellert, einfacher Standard	–	**417,00**	–	2,9%
Kindergärten, nicht unterkellert, mittlerer Standard	169,00	**188,00**	200,00	2,2%
Kindergärten, nicht unterkellert, hoher Standard	193,00	**262,00**	330,00	2,5%
Kindergärten, Holzbauweise, nicht unterkellert	279,00	**518,00**	787,00	4,1%
Kindergärten, unterkellert	141,00	**193,00**	284,00	3,2%
5 Sportbauten				
Sport- und Mehrzweckhallen	133,00	**186,00**	240,00	2,0%
Sporthallen (Einfeldhallen)	74,00	**190,00**	265,00	2,1%
Sporthallen (Dreifeldhallen)	181,00	**190,00**	202,00	2,9%
Schwimmhallen	–	**–**	–	–
6 Wohngebäude				
Ein- und Zweifamilienhäuser				
Ein- und Zweifamilienhäuser, unterkellert, einfacher Standard	128,00	**146,00**	183,00	10,2%
Ein- und Zweifamilienhäuser, unterkellert, mittlerer Standard	143,00	**180,00**	266,00	9,6%
Ein- und Zweifamilienhäuser, unterkellert, hoher Standard	152,00	**199,00**	288,00	9,3%
Ein- und Zweifamilienhäuser, nicht unterkellert, einfacher Standard	135,00	**145,00**	156,00	10,5%
Ein- und Zweifamilienhäuser, nicht unterkellert, mittlerer Standard	128,00	**172,00**	209,00	6,7%
Ein- und Zweifamilienhäuser, nicht unterkellert, hoher Standard	165,00	**212,00**	247,00	7,1%
Ein- und Zweifamilienhäuser, Passivhausstandard, Massivbau	136,00	**163,00**	227,00	7,8%
Ein- und Zweifamilienhäuser, Passivhausstandard, Holzbau	151,00	**190,00**	235,00	6,4%
Ein- und Zweifamilienhäuser, Holzbauweise, unterkellert	136,00	**175,00**	225,00	10,9%
Ein- und Zweifamilienhäuser, Holzbauweise, nicht unterkellert	144,00	**162,00**	261,00	6,4%
Doppel- und Reihenendhäuser, einfacher Standard	128,00	**137,00**	142,00	11,7%
Doppel- und Reihenendhäuser, mittlerer Standard	127,00	**173,00**	224,00	10,8%
Doppel- und Reihenendhäuser, hoher Standard	146,00	**178,00**	220,00	9,9%
Reihenhäuser, einfacher Standard	133,00	**138,00**	144,00	15,0%
Reihenhäuser, mittlerer Standard	145,00	**165,00**	177,00	11,8%
Reihenhäuser, hoher Standard	226,00	**240,00**	267,00	14,1%
Mehrfamilienhäuser				
Mehrfamilienhäuser, mit bis zu 6 WE, einfacher Standard	109,00	**162,00**	197,00	13,1%
Mehrfamilienhäuser, mit bis zu 6 WE, mittlerer Standard	151,00	**175,00**	233,00	12,0%
Mehrfamilienhäuser, mit bis zu 6 WE, hoher Standard	170,00	**217,00**	326,00	11,9%

Gebäudeart	▷	€/Einheit	◁	KG an 300
Mehrfamilienhäuser (Fortsetzung)				
Mehrfamilienhäuser, mit 6 bis 19 WE, einfacher Standard	168,00	**177,00**	193,00	14,2%
Mehrfamilienhäuser, mit 6 bis 19 WE, mittlerer Standard	123,00	**150,00**	171,00	12,4%
Mehrfamilienhäuser, mit 6 bis 19 WE, hoher Standard	133,00	**162,00**	194,00	11,5%
Mehrfamilienhäuser, mit 20 oder mehr WE, einfacher Standard	129,00	**170,00**	263,00	15,7%
Mehrfamilienhäuser, mit 20 oder mehr WE, mittlerer Standard	140,00	**159,00**	193,00	12,9%
Mehrfamilienhäuser, mit 20 oder mehr WE, hoher Standard	143,00	**174,00**	235,00	10,9%
Mehrfamilienhäuser, Passivhäuser	135,00	**162,00**	197,00	10,7%
Wohnhäuser, mit bis zu 15% Mischnutzung, einfacher Standard	181,00	**198,00**	229,00	17,8%
Wohnhäuser, mit bis zu 15% Mischnutzung, mittlerer Standard	81,00	**115,00**	169,00	7,0%
Wohnhäuser, mit bis zu 15% Mischnutzung, hoher Standard	–	**194,00**	–	10,3%
Wohnhäuser, mit mehr als 15% Mischnutzung	124,00	**178,00**	285,00	9,1%
Seniorenwohnungen				
Seniorenwohnungen, mittlerer Standard	111,00	**135,00**	164,00	11,4%
Seniorenwohnungen, hoher Standard	134,00	**176,00**	218,00	14,1%
Beherbergung				
Wohnheime und Internate	148,00	**194,00**	243,00	8,9%
7 Gewerbegebäude				
Gaststätten und Kantinen				
Gaststätten, Kantinen und Mensen	–	**236,00**	–	9,0%
Gebäude für Produktion				
Industrielle Produktionsgebäude, Massivbauweise	148,00	**182,00**	241,00	5,7%
Industrielle Produktionsgebäude, überwiegend Skelettbauweise	147,00	**187,00**	292,00	3,6%
Betriebs- und Werkstätten, eingeschossig	–	**174,00**	–	3,2%
Betriebs- und Werkstätten, mehrgeschossig, geringer Hallenanteil	116,00	**152,00**	206,00	6,4%
Betriebs- und Werkstätten, mehrgeschossig, hoher Hallenanteil	95,00	**140,00**	307,00	2,6%
Gebäude für Handel und Lager				
Geschäftshäuser, mit Wohnungen	173,00	**197,00**	213,00	15,7%
Geschäftshäuser, ohne Wohnungen	131,00	**143,00**	155,00	11,6%
Verbrauchermärkte	–	**–**	–	–
Autohäuser	98,00	**148,00**	199,00	2,3%
Lagergebäude, ohne Mischnutzung	65,00	**117,00**	236,00	1,3%
Lagergebäude, mit bis zu 25% Mischnutzung	119,00	**165,00**	241,00	2,4%
Lagergebäude, mit mehr als 25% Mischnutzung	192,00	**232,00**	272,00	6,6%
Garagen und Bereitschaftsdienste				
Einzel-, Mehrfach- und Hochgaragen	170,00	**193,00**	217,00	4,0%
Tiefgaragen	–	**–**	–	–
Feuerwehrhäuser	70,00	**121,00**	172,00	2,6%
Öffentliche Bereitschaftsdienste	117,00	**128,00**	156,00	3,3%
9 Kulturgebäude				
Gebäude für kulturelle Zwecke				
Bibliotheken, Museen und Ausstellungen	74,00	**184,00**	255,00	2,6%
Theater	164,00	**275,00**	385,00	5,8%
Gemeindezentren, einfacher Standard	158,00	**206,00**	254,00	5,1%
Gemeindezentren, mittlerer Standard	99,00	**161,00**	246,00	3,9%
Gemeindezentren, hoher Standard	149,00	**226,00**	372,00	4,3%
Gebäude für religiöse Zwecke				
Sakralbauten	–	**–**	–	–
Friedhofsgebäude	–	**112,00**	–	2,4%

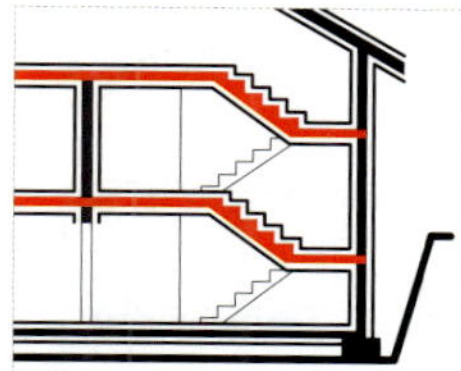

Einheit: m²
Deckenkonstruktions-
fläche

352
Deckenöffnungen

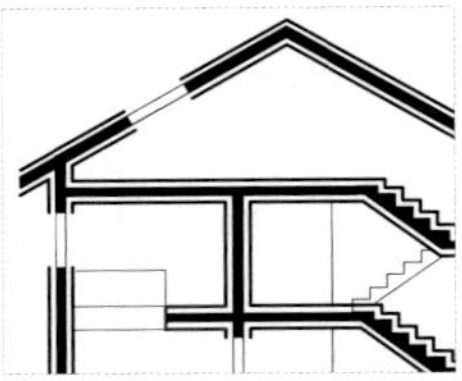

Kosten:
Stand 1.Quartal 2021
Bundesdurchschnitt
inkl. 19% MwSt.

Einheit: m²
Deckenöffnungsfläche

▷ von
ø Mittel
◁ bis

Gebäudeart	▷	€/Einheit	◁	KG an 300
1 Büro- und Verwaltungsgebäude				
Büro- und Verwaltungsgebäude, einfacher Standard	–	**–**	–	–
Büro- und Verwaltungsgebäude, mittlerer Standard	–	**–**	–	–
Büro- und Verwaltungsgebäude, hoher Standard	3.145,00	**5.248,00**	7.350,00	0,1%
2 Gebäude für Forschung und Lehre				
Instituts- und Laborgebäude	–	**–**	–	–
3 Gebäude des Gesundheitswesens				
Medizinische Einrichtungen	–	**–**	–	–
Pflegeheime	–	**–**	–	–
4 Schulen und Kindergärten				
Allgemeinbildende Schulen	–	**–**	–	–
Berufliche Schulen	–	**–**	–	–
Förder- und Sonderschulen	–	**–**	–	–
Weiterbildungseinrichtungen	–	**–**	–	–
Kindergärten, nicht unterkellert, einfacher Standard	–	**–**	–	–
Kindergärten, nicht unterkellert, mittlerer Standard	–	**–**	–	–
Kindergärten, nicht unterkellert, hoher Standard	–	**710,00**	–	0,3%
Kindergärten, Holzbauweise, nicht unterkellert	–	**–**	–	–
Kindergärten, unterkellert	–	**–**	–	–
5 Sportbauten				
Sport- und Mehrzweckhallen	–	**–**	–	–
Sporthallen (Einfeldhallen)	–	**–**	–	–
Sporthallen (Dreifeldhallen)	–	**–**	–	–
Schwimmhallen	–	**–**	–	–
6 Wohngebäude				
Ein- und Zweifamilienhäuser				
Ein- und Zweifamilienhäuser, unterkellert, einfacher Standard	610,00	**610,00**	610,00	0,1%
Ein- und Zweifamilienhäuser, unterkellert, mittlerer Standard	717,00	**717,00**	717,00	0,0%
Ein- und Zweifamilienhäuser, unterkellert, hoher Standard	–	**–**	–	–
Ein- und Zweifamilienhäuser, nicht unterkellert, einfacher Standard	–	**852,00**	–	0,1%
Ein- und Zweifamilienhäuser, nicht unterkellert, mittlerer Standard	520,00	**710,00**	900,00	0,0%
Ein- und Zweifamilienhäuser, nicht unterkellert, hoher Standard	–	**–**	–	–
Ein- und Zweifamilienhäuser, Passivhausstandard, Massivbau	–	**1.191,00**	–	0,0%
Ein- und Zweifamilienhäuser, Passivhausstandard, Holzbau	–	**–**	–	–
Ein- und Zweifamilienhäuser, Holzbauweise, unterkellert	–	**–**	–	–
Ein- und Zweifamilienhäuser, Holzbauweise, nicht unterkellert	–	**–**	–	–
Doppel- und Reihenendhäuser, einfacher Standard	–	**–**	–	–
Doppel- und Reihenendhäuser, mittlerer Standard	783,00	**991,00**	1.287,00	0,1%
Doppel- und Reihenendhäuser, hoher Standard	–	**–**	–	–
Reihenhäuser, einfacher Standard	–	**896,00**	–	0,1%
Reihenhäuser, mittlerer Standard	–	**–**	–	–
Reihenhäuser, hoher Standard	–	**–**	–	–
Mehrfamilienhäuser				
Mehrfamilienhäuser, mit bis zu 6 WE, einfacher Standard	–	**1.561,00**	–	0,1%
Mehrfamilienhäuser, mit bis zu 6 WE, mittlerer Standard	–	**2.616,00**	–	0,1%
Mehrfamilienhäuser, mit bis zu 6 WE, hoher Standard	1.666,00	**1.693,00**	1.721,00	0,1%

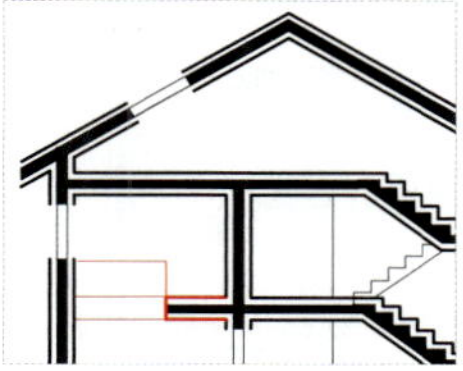

Einheit: m²
Deckenöffnungsfläche

Gebäudeart	▷	€/Einheit	◁	KG an 300
Mehrfamilienhäuser (Fortsetzung)				
Mehrfamilienhäuser, mit 6 bis 19 WE, einfacher Standard	–	–	–	–
Mehrfamilienhäuser, mit 6 bis 19 WE, mittlerer Standard	930,00	**1.685,00**	2.440,00	0,0%
Mehrfamilienhäuser, mit 6 bis 19 WE, hoher Standard	–	–	–	–
Mehrfamilienhäuser, mit 20 oder mehr WE, einfacher Standard	–	–	–	–
Mehrfamilienhäuser, mit 20 oder mehr WE, mittlerer Standard	–	–	–	–
Mehrfamilienhäuser, mit 20 oder mehr WE, hoher Standard	–	–	–	–
Mehrfamilienhäuser, Passivhäuser	–	–	–	–
Wohnhäuser, mit bis zu 15% Mischnutzung, einfacher Standard	–	–	–	–
Wohnhäuser, mit bis zu 15% Mischnutzung, mittlerer Standard	–	–	–	0,1%
Wohnhäuser, mit bis zu 15% Mischnutzung, hoher Standard	–	–	–	–
Wohnhäuser, mit mehr als 15% Mischnutzung	–	**856,00**	–	0,0%
Seniorenwohnungen				
Seniorenwohnungen, mittlerer Standard	1.066,00	**1.138,00**	1.210,00	0,1%
Seniorenwohnungen, hoher Standard	–	**800,00**	–	0,1%
Beherbergung				
Wohnheime und Internate	–	–	–	–
7 Gewerbegebäude				
Gaststätten und Kantinen				
Gaststätten, Kantinen und Mensen	–	–	–	–
Gebäude für Produktion				
Industrielle Produktionsgebäude, Massivbauweise	–	–	–	–
Industrielle Produktionsgebäude, überwiegend Skelettbauweise	–	–	–	–
Betriebs- und Werkstätten, eingeschossig	–	–	–	–
Betriebs- und Werkstätten, mehrgeschossig, geringer Hallenanteil	–	–	–	–
Betriebs- und Werkstätten, mehrgeschossig, hoher Hallenanteil	–	–	–	–
Gebäude für Handel und Lager				
Geschäftshäuser, mit Wohnungen	–	–	–	–
Geschäftshäuser, ohne Wohnungen	–	–	–	–
Verbrauchermärkte	–	–	–	–
Autohäuser	–	–	–	–
Lagergebäude, ohne Mischnutzung	–	–	–	–
Lagergebäude, mit bis zu 25% Mischnutzung	–	**1.450,00**	–	0,0%
Lagergebäude, mit mehr als 25% Mischnutzung	–	–	–	–
Garagen und Bereitschaftsdienste				
Einzel-, Mehrfach- und Hochgaragen	–	–	–	–
Tiefgaragen	–	–	–	–
Feuerwehrhäuser	–	–	–	–
Öffentliche Bereitschaftsdienste	–	–	–	–
9 Kulturgebäude				
Gebäude für kulturelle Zwecke				
Bibliotheken, Museen und Ausstellungen	–	**1.079,00**	–	0,0%
Theater	–	–	–	–
Gemeindezentren, einfacher Standard	–	**2.292,00**	–	0,0%
Gemeindezentren, mittlerer Standard	810,00	**1.908,00**	3.007,00	0,2%
Gemeindezentren, hoher Standard	–	–	–	–
Gebäude für religiöse Zwecke				
Sakralbauten	–	–	–	–
Friedhofsgebäude	–	–	–	–

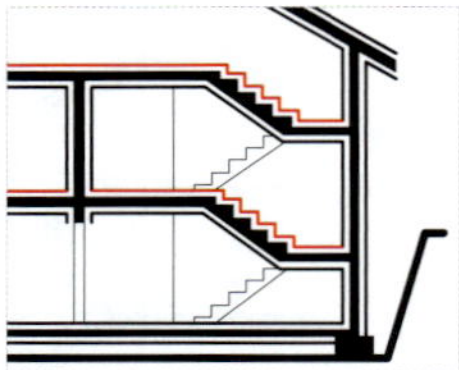

Kosten:
Stand 1.Quartal 2021
Bundesdurchschnitt
inkl. 19% MwSt.

Einheit: m2
Deckenbelagsfläche

▷ von
ø Mittel
◁ bis

Gebäudeart	▷	€/Einheit	◁	KG an 300
1 Büro- und Verwaltungsgebäude				
Büro- und Verwaltungsgebäude, einfacher Standard	72,00	**102,00**	120,00	4,1%
Büro- und Verwaltungsgebäude, mittlerer Standard	119,00	**132,00**	153,00	5,2%
Büro- und Verwaltungsgebäude, hoher Standard	138,00	**177,00**	214,00	4,9%
2 Gebäude für Forschung und Lehre				
Instituts- und Laborgebäude	45,00	**113,00**	139,00	2,9%
3 Gebäude des Gesundheitswesens				
Medizinische Einrichtungen	94,00	**127,00**	182,00	5,4%
Pflegeheime	81,00	**103,00**	147,00	5,0%
4 Schulen und Kindergärten				
Allgemeinbildende Schulen	108,00	**116,00**	126,00	2,8%
Berufliche Schulen	158,00	**169,00**	181,00	2,6%
Förder- und Sonderschulen	93,00	**118,00**	155,00	4,1%
Weiterbildungseinrichtungen	122,00	**149,00**	162,00	4,1%
Kindergärten, nicht unterkellert, einfacher Standard	–	**125,00**	–	0,7%
Kindergärten, nicht unterkellert, mittlerer Standard	83,00	**113,00**	130,00	1,2%
Kindergärten, nicht unterkellert, hoher Standard	30,00	**69,00**	109,00	0,5%
Kindergärten, Holzbauweise, nicht unterkellert	82,00	**122,00**	156,00	1,1%
Kindergärten, unterkellert	87,00	**96,00**	108,00	1,4%
5 Sportbauten				
Sport- und Mehrzweckhallen	117,00	**250,00**	383,00	2,2%
Sporthallen (Einfeldhallen)	109,00	**141,00**	172,00	1,0%
Sporthallen (Dreifeldhallen)	142,00	**172,00**	186,00	1,9%
Schwimmhallen	–	**–**	–	–
6 Wohngebäude				
Ein- und Zweifamilienhäuser				
Ein- und Zweifamilienhäuser, unterkellert, einfacher Standard	122,00	**143,00**	155,00	8,4%
Ein- und Zweifamilienhäuser, unterkellert, mittlerer Standard	122,00	**149,00**	196,00	6,7%
Ein- und Zweifamilienhäuser, unterkellert, hoher Standard	128,00	**186,00**	248,00	7,1%
Ein- und Zweifamilienhäuser, nicht unterkellert, einfacher Standard	97,00	**111,00**	125,00	5,5%
Ein- und Zweifamilienhäuser, nicht unterkellert, mittlerer Standard	106,00	**143,00**	183,00	4,2%
Ein- und Zweifamilienhäuser, nicht unterkellert, hoher Standard	142,00	**188,00**	246,00	4,8%
Ein- und Zweifamilienhäuser, Passivhausstandard, Massivbau	112,00	**133,00**	154,00	5,1%
Ein- und Zweifamilienhäuser, Passivhausstandard, Holzbau	125,00	**147,00**	181,00	4,3%
Ein- und Zweifamilienhäuser, Holzbauweise, unterkellert	75,00	**113,00**	193,00	5,4%
Ein- und Zweifamilienhäuser, Holzbauweise, nicht unterkellert	75,00	**117,00**	189,00	3,5%
Doppel- und Reihenendhäuser, einfacher Standard	76,00	**108,00**	125,00	7,0%
Doppel- und Reihenendhäuser, mittlerer Standard	106,00	**123,00**	160,00	6,0%
Doppel- und Reihenendhäuser, hoher Standard	120,00	**150,00**	180,00	6,6%
Reihenhäuser, einfacher Standard	50,00	**105,00**	160,00	5,5%
Reihenhäuser, mittlerer Standard	93,00	**113,00**	153,00	6,6%
Reihenhäuser, hoher Standard	128,00	**180,00**	216,00	9,4%
Mehrfamilienhäuser				
Mehrfamilienhäuser, mit bis zu 6 WE, einfacher Standard	81,00	**134,00**	214,00	7,7%
Mehrfamilienhäuser, mit bis zu 6 WE, mittlerer Standard	121,00	**139,00**	169,00	7,0%
Mehrfamilienhäuser, mit bis zu 6 WE, hoher Standard	165,00	**182,00**	200,00	8,8%

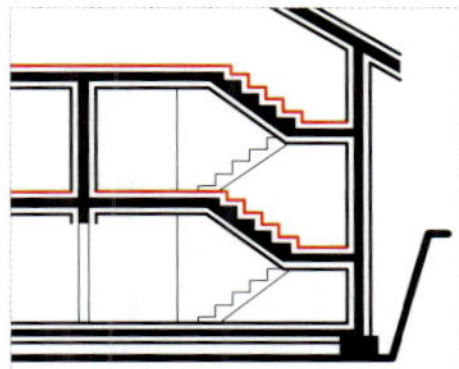

Einheit: m²
Deckenbelagsfläche

Gebäudeart	▷	€/Einheit	◁	KG an 300
Mehrfamilienhäuser (Fortsetzung)				
Mehrfamilienhäuser, mit 6 bis 19 WE, einfacher Standard	101,00	**122,00**	133,00	8,6%
Mehrfamilienhäuser, mit 6 bis 19 WE, mittlerer Standard	100,00	**120,00**	149,00	8,2%
Mehrfamilienhäuser, mit 6 bis 19 WE, hoher Standard	99,00	**116,00**	132,00	6,4%
Mehrfamilienhäuser, mit 20 oder mehr WE, einfacher Standard	74,00	**84,00**	114,00	6,5%
Mehrfamilienhäuser, mit 20 oder mehr WE, mittlerer Standard	95,00	**99,00**	106,00	6,9%
Mehrfamilienhäuser, mit 20 oder mehr WE, hoher Standard	122,00	**135,00**	154,00	7,6%
Mehrfamilienhäuser, Passivhäuser	110,00	**147,00**	192,00	7,7%
Wohnhäuser, mit bis zu 15% Mischnutzung, einfacher Standard	46,00	**72,00**	121,00	5,0%
Wohnhäuser, mit bis zu 15% Mischnutzung, mittlerer Standard	23,00	**96,00**	134,00	4,8%
Wohnhäuser, mit bis zu 15% Mischnutzung, hoher Standard	–	**137,00**	–	6,1%
Wohnhäuser, mit mehr als 15% Mischnutzung	51,00	**112,00**	210,00	5,7%
Seniorenwohnungen				
Seniorenwohnungen, mittlerer Standard	76,00	**111,00**	135,00	7,6%
Seniorenwohnungen, hoher Standard	81,00	**94,00**	107,00	6,8%
Beherbergung				
Wohnheime und Internate	87,00	**142,00**	182,00	5,5%
7 Gewerbegebäude				
Gaststätten und Kantinen				
Gaststätten, Kantinen und Mensen	–	**198,00**	–	6,8%
Gebäude für Produktion				
Industrielle Produktionsgebäude, Massivbauweise	106,00	**108,00**	113,00	3,4%
Industrielle Produktionsgebäude, überwiegend Skelettbauweise	91,00	**119,00**	144,00	1,7%
Betriebs- und Werkstätten, eingeschossig	–	**108,00**	–	1,9%
Betriebs- und Werkstätten, mehrgeschossig, geringer Hallenanteil	70,00	**88,00**	114,00	3,3%
Betriebs- und Werkstätten, mehrgeschossig, hoher Hallenanteil	59,00	**91,00**	120,00	1,4%
Gebäude für Handel und Lager				
Geschäftshäuser, mit Wohnungen	90,00	**118,00**	163,00	6,8%
Geschäftshäuser, ohne Wohnungen	130,00	**143,00**	156,00	9,7%
Verbrauchermärkte	–	**–**	–	–
Autohäuser	64,00	**99,00**	134,00	1,5%
Lagergebäude, ohne Mischnutzung	36,00	**51,00**	70,00	0,1%
Lagergebäude, mit bis zu 25% Mischnutzung	–	**140,00**	–	0,6%
Lagergebäude, mit mehr als 25% Mischnutzung	116,00	**122,00**	127,00	1,5%
Garagen und Bereitschaftsdienste				
Einzel-, Mehrfach- und Hochgaragen	34,00	**51,00**	67,00	1,2%
Tiefgaragen	–	**–**	–	–
Feuerwehrhäuser	98,00	**102,00**	106,00	1,9%
Öffentliche Bereitschaftsdienste	27,00	**68,00**	92,00	1,2%
9 Kulturgebäude				
Gebäude für kulturelle Zwecke				
Bibliotheken, Museen und Ausstellungen	24,00	**143,00**	224,00	1,8%
Theater	–	**200,00**	–	2,0%
Gemeindezentren, einfacher Standard	94,00	**95,00**	95,00	2,2%
Gemeindezentren, mittlerer Standard	52,00	**89,00**	117,00	2,3%
Gemeindezentren, hoher Standard	172,00	**189,00**	224,00	2,6%
Gebäude für religiöse Zwecke				
Sakralbauten	–	**–**	–	–
Friedhofsgebäude	–	**259,00**	–	4,6%

354 Decken-bekleidungen

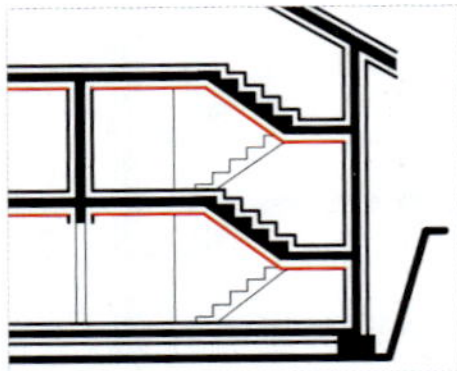

Kosten:
Stand 1.Quartal 2021
Bundesdurchschnitt
inkl. 19% MwSt.

Einheit: m²
Deckenbekleidungs-
fläche

▷ von
ø Mittel
◁ bis

Gebäudeart	▷	€/Einheit	◁	KG an 300
1 Büro- und Verwaltungsgebäude				
Büro- und Verwaltungsgebäude, einfacher Standard	16,00	**28,00**	51,00	1,1%
Büro- und Verwaltungsgebäude, mittlerer Standard	48,00	**69,00**	106,00	2,4%
Büro- und Verwaltungsgebäude, hoher Standard	48,00	**76,00**	136,00	2,0%
2 Gebäude für Forschung und Lehre				
Instituts- und Laborgebäude	82,00	**182,00**	482,00	1,8%
3 Gebäude des Gesundheitswesens				
Medizinische Einrichtungen	44,00	**76,00**	93,00	3,3%
Pflegeheime	38,00	**75,00**	100,00	3,5%
4 Schulen und Kindergärten				
Allgemeinbildende Schulen	77,00	**99,00**	114,00	2,1%
Berufliche Schulen	157,00	**169,00**	182,00	2,0%
Förder- und Sonderschulen	101,00	**123,00**	162,00	4,0%
Weiterbildungseinrichtungen	34,00	**48,00**	68,00	1,1%
Kindergärten, nicht unterkellert, einfacher Standard	–	**–**	–	–
Kindergärten, nicht unterkellert, mittlerer Standard	53,00	**67,00**	74,00	0,8%
Kindergärten, nicht unterkellert, hoher Standard	49,00	**63,00**	77,00	0,5%
Kindergärten, Holzbauweise, nicht unterkellert	56,00	**115,00**	154,00	0,7%
Kindergärten, unterkellert	30,00	**77,00**	169,00	0,6%
5 Sportbauten				
Sport- und Mehrzweckhallen	80,00	**91,00**	102,00	0,8%
Sporthallen (Einfeldhallen)	27,00	**43,00**	67,00	0,3%
Sporthallen (Dreifeldhallen)	45,00	**53,00**	61,00	0,5%
Schwimmhallen	–	**–**	–	–
6 Wohngebäude				
Ein- und Zweifamilienhäuser				
Ein- und Zweifamilienhäuser, unterkellert, einfacher Standard	10,00	**19,00**	31,00	1,1%
Ein- und Zweifamilienhäuser, unterkellert, mittlerer Standard	12,00	**25,00**	48,00	0,9%
Ein- und Zweifamilienhäuser, unterkellert, hoher Standard	23,00	**52,00**	81,00	1,8%
Ein- und Zweifamilienhäuser, nicht unterkellert, einfacher Standard	25,00	**33,00**	40,00	2,0%
Ein- und Zweifamilienhäuser, nicht unterkellert, mittlerer Standard	15,00	**32,00**	54,00	1,1%
Ein- und Zweifamilienhäuser, nicht unterkellert, hoher Standard	20,00	**39,00**	83,00	0,9%
Ein- und Zweifamilienhäuser, Passivhausstandard, Massivbau	18,00	**30,00**	49,00	1,1%
Ein- und Zweifamilienhäuser, Passivhausstandard, Holzbau	17,00	**49,00**	78,00	1,2%
Ein- und Zweifamilienhäuser, Holzbauweise, unterkellert	25,00	**32,00**	46,00	0,9%
Ein- und Zweifamilienhäuser, Holzbauweise, nicht unterkellert	19,00	**42,00**	62,00	0,8%
Doppel- und Reihenendhäuser, einfacher Standard	5,40	**9,90**	19,00	0,6%
Doppel- und Reihenendhäuser, mittlerer Standard	19,00	**28,00**	37,00	1,3%
Doppel- und Reihenendhäuser, hoher Standard	22,00	**27,00**	34,00	0,9%
Reihenhäuser, einfacher Standard	4,40	**25,00**	45,00	2,7%
Reihenhäuser, mittlerer Standard	10,00	**25,00**	55,00	1,2%
Reihenhäuser, hoher Standard	16,00	**18,00**	22,00	0,9%
Mehrfamilienhäuser				
Mehrfamilienhäuser, mit bis zu 6 WE, einfacher Standard	14,00	**17,00**	23,00	1,0%
Mehrfamilienhäuser, mit bis zu 6 WE, mittlerer Standard	13,00	**35,00**	53,00	1,7%
Mehrfamilienhäuser, mit bis zu 6 WE, hoher Standard	25,00	**29,00**	35,00	1,4%

Gebäudeart	▷	€/Einheit	◁	KG an 300
Mehrfamilienhäuser (Fortsetzung)				
Mehrfamilienhäuser, mit 6 bis 19 WE, einfacher Standard	14,00	**19,00**	29,00	1,3%
Mehrfamilienhäuser, mit 6 bis 19 WE, mittlerer Standard	15,00	**28,00**	43,00	2,0%
Mehrfamilienhäuser, mit 6 bis 19 WE, hoher Standard	22,00	**29,00**	39,00	1,5%
Mehrfamilienhäuser, mit 20 oder mehr WE, einfacher Standard	17,00	**32,00**	48,00	1,4%
Mehrfamilienhäuser, mit 20 oder mehr WE, mittlerer Standard	7,60	**17,00**	21,00	1,0%
Mehrfamilienhäuser, mit 20 oder mehr WE, hoher Standard	17,00	**25,00**	41,00	1,3%
Mehrfamilienhäuser, Passivhäuser	30,00	**35,00**	40,00	1,9%
Wohnhäuser, mit bis zu 15% Mischnutzung, einfacher Standard	21,00	**24,00**	31,00	1,5%
Wohnhäuser, mit bis zu 15% Mischnutzung, mittlerer Standard	16,00	**28,00**	48,00	1,8%
Wohnhäuser, mit bis zu 15% Mischnutzung, hoher Standard	–	**43,00**	–	2,0%
Wohnhäuser, mit mehr als 15% Mischnutzung	6,30	**21,00**	36,00	0,6%
Seniorenwohnungen				
Seniorenwohnungen, mittlerer Standard	13,00	**17,00**	19,00	1,4%
Seniorenwohnungen, hoher Standard	17,00	**24,00**	32,00	1,7%
Beherbergung				
Wohnheime und Internate	24,00	**55,00**	128,00	1,7%
7 Gewerbegebäude				
Gaststätten und Kantinen				
Gaststätten, Kantinen und Mensen	–	**76,00**	–	2,7%
Gebäude für Produktion				
Industrielle Produktionsgebäude, Massivbauweise	5,40	**42,00**	61,00	0,7%
Industrielle Produktionsgebäude, überwiegend Skelettbauweise	6,40	**43,00**	80,00	0,5%
Betriebs- und Werkstätten, eingeschossig	–	**28,00**	–	0,4%
Betriebs- und Werkstätten, mehrgeschossig, geringer Hallenanteil	21,00	**51,00**	100,00	1,7%
Betriebs- und Werkstätten, mehrgeschossig, hoher Hallenanteil	31,00	**68,00**	92,00	0,8%
Gebäude für Handel und Lager				
Geschäftshäuser, mit Wohnungen	48,00	**55,00**	69,00	3,0%
Geschäftshäuser, ohne Wohnungen	26,00	**32,00**	38,00	2,1%
Verbrauchermärkte	–	**–**	–	–
Autohäuser	66,00	**82,00**	99,00	0,4%
Lagergebäude, ohne Mischnutzung	9,60	**10,00**	11,00	0,0%
Lagergebäude, mit bis zu 25% Mischnutzung	42,00	**78,00**	96,00	0,8%
Lagergebäude, mit mehr als 25% Mischnutzung	–	**64,00**	–	0,7%
Garagen und Bereitschaftsdienste				
Einzel-, Mehrfach- und Hochgaragen	7,00	**45,00**	82,00	0,2%
Tiefgaragen	–	**–**	–	–
Feuerwehrhäuser	78,00	**86,00**	93,00	0,9%
Öffentliche Bereitschaftsdienste	4,80	**37,00**	58,00	0,4%
9 Kulturgebäude				
Gebäude für kulturelle Zwecke				
Bibliotheken, Museen und Ausstellungen	34,00	**64,00**	125,00	0,6%
Theater	153,00	**160,00**	167,00	2,3%
Gemeindezentren, einfacher Standard	7,00	**20,00**	34,00	0,1%
Gemeindezentren, mittlerer Standard	31,00	**74,00**	142,00	1,9%
Gemeindezentren, hoher Standard	18,00	**54,00**	72,00	0,7%
Gebäude für religiöse Zwecke				
Sakralbauten	–	**–**	–	–
Friedhofsgebäude	–	**5,10**	–	0,1%

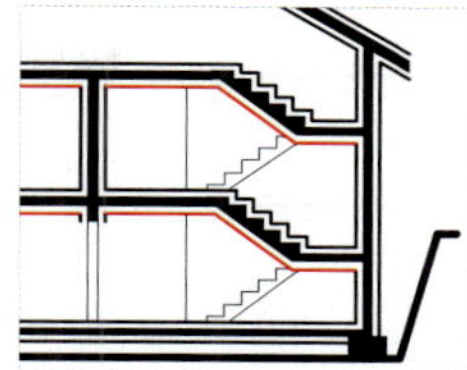

Einheit: m²
Deckenbekleidungs-
fläche

355 Elementierte Deckenkonstruktionen

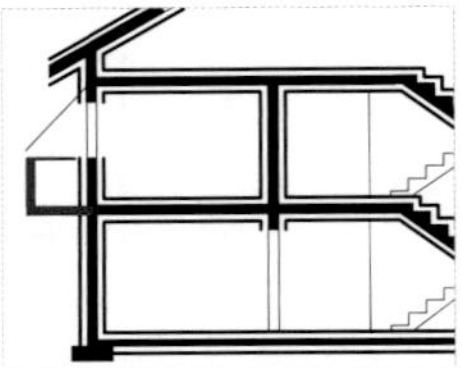

Kosten:
Stand 1.Quartal 2021
Bundesdurchschnitt
inkl. 19% MwSt.

Einheit: m² Deckenfläche, elementiert

▷ von
ø Mittel
◁ bis

Gebäudeart	▷	€/Einheit	◁	KG an 300
1 Büro- und Verwaltungsgebäude				
Büro- und Verwaltungsgebäude, einfacher Standard	–	**–**	–	–
Büro- und Verwaltungsgebäude, mittlerer Standard	1.526,00	**2.814,00**	4.103,00	0,1%
Büro- und Verwaltungsgebäude, hoher Standard	–	**576,00**	–	0,0%
2 Gebäude für Forschung und Lehre				
Instituts- und Laborgebäude	964,00	**3.397,00**	8.200,00	1,1%
3 Gebäude des Gesundheitswesens				
Medizinische Einrichtungen	–	**–**	–	–
Pflegeheime	–	**–**	–	0,4%
4 Schulen und Kindergärten				
Allgemeinbildende Schulen	–	**1.544,00**	–	0,2%
Berufliche Schulen	–	**595,00**	–	0,0%
Förder- und Sonderschulen	–	**3.059,00**	–	0,1%
Weiterbildungseinrichtungen	–	**–**	–	–
Kindergärten, nicht unterkellert, einfacher Standard	–	**–**	–	–
Kindergärten, nicht unterkellert, mittlerer Standard	–	**–**	–	–
Kindergärten, nicht unterkellert, hoher Standard	–	**2.250,00**	–	0,5%
Kindergärten, Holzbauweise, nicht unterkellert	–	**607,00**	–	0,3%
Kindergärten, unterkellert	–	**–**	–	–
5 Sportbauten				
Sport- und Mehrzweckhallen	–	**211,00**	–	0,1%
Sporthallen (Einfeldhallen)	–	**–**	–	–
Sporthallen (Dreifeldhallen)	–	**–**	–	–
Schwimmhallen	–	**–**	–	–
6 Wohngebäude				
Ein- und Zweifamilienhäuser				
Ein- und Zweifamilienhäuser, unterkellert, einfacher Standard	–	**767,00**	–	0,7%
Ein- und Zweifamilienhäuser, unterkellert, mittlerer Standard	–	**1.397,00**	–	0,2%
Ein- und Zweifamilienhäuser, unterkellert, hoher Standard	–	**–**	–	–
Ein- und Zweifamilienhäuser, nicht unterkellert, einfacher Standard	–	**–**	–	–
Ein- und Zweifamilienhäuser, nicht unterkellert, mittlerer Standard	–	**–**	–	–
Ein- und Zweifamilienhäuser, nicht unterkellert, hoher Standard	–	**4.015,00**	–	0,4%
Ein- und Zweifamilienhäuser, Passivhausstandard, Massivbau	–	**829,00**	–	0,4%
Ein- und Zweifamilienhäuser, Passivhausstandard, Holzbau	860,00	**1.745,00**	5.598,00	1,2%
Ein- und Zweifamilienhäuser, Holzbauweise, unterkellert	–	**885,00**	–	0,0%
Ein- und Zweifamilienhäuser, Holzbauweise, nicht unterkellert	999,00	**1.035,00**	1.072,00	0,5%
Doppel- und Reihenendhäuser, einfacher Standard	–	**633,00**	–	1,2%
Doppel- und Reihenendhäuser, mittlerer Standard	–	**5.172,00**	–	0,7%
Doppel- und Reihenendhäuser, hoher Standard	–	**831,00**	–	0,3%
Reihenhäuser, einfacher Standard	–	**–**	–	–
Reihenhäuser, mittlerer Standard	333,00	**448,00**	564,00	0,6%
Reihenhäuser, hoher Standard	–	**–**	–	–
Mehrfamilienhäuser				
Mehrfamilienhäuser, mit bis zu 6 WE, einfacher Standard	–	**1.279,00**	–	1,8%
Mehrfamilienhäuser, mit bis zu 6 WE, mittlerer Standard	1.060,00	**1.588,00**	2.116,00	0,6%
Mehrfamilienhäuser, mit bis zu 6 WE, hoher Standard	–	**–**	–	–

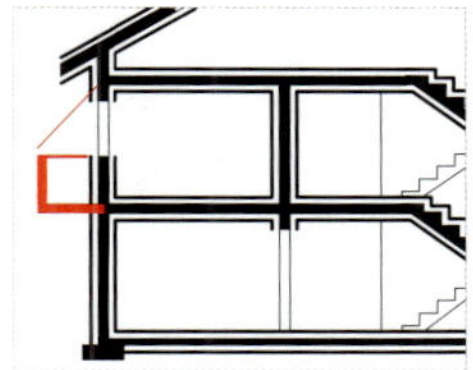

Einheit: m²
Deckenfläche, elementiert

Gebäudeart	▷	€/Einheit	◁	KG an 300
Mehrfamilienhäuser (Fortsetzung)				
Mehrfamilienhäuser, mit 6 bis 19 WE, einfacher Standard	–	**2.921,00**	–	0,6%
Mehrfamilienhäuser, mit 6 bis 19 WE, mittlerer Standard	1.271,00	**1.274,00**	1.277,00	0,6%
Mehrfamilienhäuser, mit 6 bis 19 WE, hoher Standard	–	**949,00**	–	0,2%
Mehrfamilienhäuser, mit 20 oder mehr WE, einfacher Standard	–	**2.296,00**	–	0,3%
Mehrfamilienhäuser, mit 20 oder mehr WE, mittlerer Standard	–	**–**	–	–
Mehrfamilienhäuser, mit 20 oder mehr WE, hoher Standard	–	**1.529,00**	–	0,2%
Mehrfamilienhäuser, Passivhäuser	–	**1.433,00**	–	0,3%
Wohnhäuser, mit bis zu 15% Mischnutzung, einfacher Standard	–	**–**	–	–
Wohnhäuser, mit bis zu 15% Mischnutzung, mittlerer Standard	–	**–**	–	–
Wohnhäuser, mit bis zu 15% Mischnutzung, hoher Standard	–	**–**	–	–
Wohnhäuser, mit mehr als 15% Mischnutzung	–	**611,00**	–	2,0%
Seniorenwohnungen				
Seniorenwohnungen, mittlerer Standard	–	**1.079,00**	–	0,4%
Seniorenwohnungen, hoher Standard	–	**–**	–	–
Beherbergung				
Wohnheime und Internate	1.854,00	**1.928,00**	2.002,00	0,1%
7 Gewerbegebäude				
Gaststätten und Kantinen				
Gaststätten, Kantinen und Mensen	–	**–**	–	–
Gebäude für Produktion				
Industrielle Produktionsgebäude, Massivbauweise	–	**–**	–	–
Industrielle Produktionsgebäude, überwiegend Skelettbauweise	852,00	**1.010,00**	1.168,00	0,1%
Betriebs- und Werkstätten, eingeschossig	–	**–**	–	–
Betriebs- und Werkstätten, mehrgeschossig, geringer Hallenanteil	1.222,00	**1.263,00**	1.305,00	0,3%
Betriebs- und Werkstätten, mehrgeschossig, hoher Hallenanteil	1.305,00	**1.396,00**	1.488,00	0,8%
Gebäude für Handel und Lager				
Geschäftshäuser, mit Wohnungen	657,00	**1.410,00**	2.162,00	0,1%
Geschäftshäuser, ohne Wohnungen	–	**–**	–	–
Verbrauchermärkte	–	**–**	–	–
Autohäuser	–	**–**	–	–
Lagergebäude, ohne Mischnutzung	–	**733,00**	–	0,1%
Lagergebäude, mit bis zu 25% Mischnutzung	–	**–**	–	–
Lagergebäude, mit mehr als 25% Mischnutzung	–	**–**	–	–
Garagen und Bereitschaftsdienste				
Einzel-, Mehrfach- und Hochgaragen	–	**–**	–	–
Tiefgaragen	–	**–**	–	–
Feuerwehrhäuser	671,00	**1.354,00**	2.037,00	0,5%
Öffentliche Bereitschaftsdienste	–	**1.189,00**	–	0,1%
9 Kulturgebäude				
Gebäude für kulturelle Zwecke				
Bibliotheken, Museen und Ausstellungen	–	**2.528,00**	–	0,0%
Theater	–	**–**	–	–
Gemeindezentren, einfacher Standard	–	**–**	–	–
Gemeindezentren, mittlerer Standard	–	**–**	–	–
Gemeindezentren, hoher Standard	–	**749,00**	–	1,0%
Gebäude für religiöse Zwecke				
Sakralbauten	–	**–**	–	–
Friedhofsgebäude	–	**–**	–	–

359
Sonstiges zur KG 350

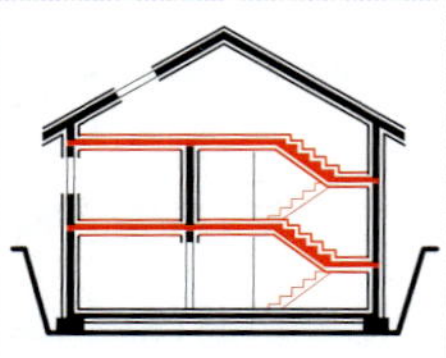

Kosten:
Stand 1.Quartal 2021
Bundesdurchschnitt
inkl. 19% MwSt.

Einheit: m²
Deckenfläche/
Fläche der horizontalen Baukonstruktionen

▷ von
ø Mittel
◁ bis

Gebäudeart	▷	€/Einheit	◁	KG an 300
1 Büro- und Verwaltungsgebäude				
Büro- und Verwaltungsgebäude, einfacher Standard	6,90	**20,00**	32,00	0,6%
Büro- und Verwaltungsgebäude, mittlerer Standard	15,00	**36,00**	115,00	1,2%
Büro- und Verwaltungsgebäude, hoher Standard	15,00	**35,00**	52,00	1,0%
2 Gebäude für Forschung und Lehre				
Instituts- und Laborgebäude	35,00	**60,00**	121,00	1,2%
3 Gebäude des Gesundheitswesens				
Medizinische Einrichtungen	10,00	**13,00**	14,00	0,7%
Pflegeheime	5,20	**10,00**	13,00	0,6%
4 Schulen und Kindergärten				
Allgemeinbildende Schulen	26,00	**37,00**	49,00	1,0%
Berufliche Schulen	24,00	**27,00**	30,00	0,5%
Förder- und Sonderschulen	23,00	**45,00**	108,00	1,6%
Weiterbildungseinrichtungen	17,00	**68,00**	168,00	2,1%
Kindergärten, nicht unterkellert, einfacher Standard	–	**172,00**	–	0,9%
Kindergärten, nicht unterkellert, mittlerer Standard	20,00	**52,00**	98,00	0,7%
Kindergärten, nicht unterkellert, hoher Standard	63,00	**116,00**	170,00	1,1%
Kindergärten, Holzbauweise, nicht unterkellert	48,00	**51,00**	53,00	0,5%
Kindergärten, unterkellert	48,00	**127,00**	206,00	0,8%
5 Sportbauten				
Sport- und Mehrzweckhallen	16,00	**24,00**	33,00	0,3%
Sporthallen (Einfeldhallen)	74,00	**131,00**	188,00	1,0%
Sporthallen (Dreifeldhallen)	64,00	**76,00**	91,00	1,1%
Schwimmhallen	–	**–**	–	–
6 Wohngebäude				
Ein- und Zweifamilienhäuser				
Ein- und Zweifamilienhäuser, unterkellert, einfacher Standard	–	**12,00**	–	0,3%
Ein- und Zweifamilienhäuser, unterkellert, mittlerer Standard	7,90	**24,00**	56,00	0,8%
Ein- und Zweifamilienhäuser, unterkellert, hoher Standard	20,00	**46,00**	151,00	1,3%
Ein- und Zweifamilienhäuser, nicht unterkellert, einfacher Standard	–	**7,20**	–	0,3%
Ein- und Zweifamilienhäuser, nicht unterkellert, mittlerer Standard	12,00	**26,00**	56,00	0,6%
Ein- und Zweifamilienhäuser, nicht unterkellert, hoher Standard	11,00	**31,00**	51,00	1,0%
Ein- und Zweifamilienhäuser, Passivhausstandard, Massivbau	10,00	**24,00**	29,00	0,4%
Ein- und Zweifamilienhäuser, Passivhausstandard, Holzbau	9,40	**16,00**	29,00	0,3%
Ein- und Zweifamilienhäuser, Holzbauweise, unterkellert	6,70	**17,00**	34,00	0,5%
Ein- und Zweifamilienhäuser, Holzbauweise, nicht unterkellert	6,50	**13,00**	39,00	0,5%
Doppel- und Reihenendhäuser, einfacher Standard	6,90	**19,00**	44,00	1,4%
Doppel- und Reihenendhäuser, mittlerer Standard	16,00	**33,00**	66,00	1,6%
Doppel- und Reihenendhäuser, hoher Standard	14,00	**33,00**	51,00	1,5%
Reihenhäuser, einfacher Standard	4,00	**5,80**	7,50	0,6%
Reihenhäuser, mittlerer Standard	8,40	**14,00**	24,00	1,0%
Reihenhäuser, hoher Standard	7,50	**20,00**	32,00	0,8%
Mehrfamilienhäuser				
Mehrfamilienhäuser, mit bis zu 6 WE, einfacher Standard	13,00	**31,00**	64,00	2,2%
Mehrfamilienhäuser, mit bis zu 6 WE, mittlerer Standard	8,00	**32,00**	44,00	2,4%
Mehrfamilienhäuser, mit bis zu 6 WE, hoher Standard	17,00	**28,00**	38,00	1,1%

Gebäudeart	▷	€/Einheit	◁	KG an 300
Mehrfamilienhäuser (Fortsetzung)				
Mehrfamilienhäuser, mit 6 bis 19 WE, einfacher Standard	19,00	**33,00**	41,00	2,6%
Mehrfamilienhäuser, mit 6 bis 19 WE, mittlerer Standard	22,00	**28,00**	38,00	2,3%
Mehrfamilienhäuser, mit 6 bis 19 WE, hoher Standard	18,00	**25,00**	36,00	1,8%
Mehrfamilienhäuser, mit 20 oder mehr WE, einfacher Standard	36,00	**49,00**	63,00	4,5%
Mehrfamilienhäuser, mit 20 oder mehr WE, mittlerer Standard	22,00	**23,00**	24,00	1,2%
Mehrfamilienhäuser, mit 20 oder mehr WE, hoher Standard	0,40	**34,00**	52,00	2,4%
Mehrfamilienhäuser, Passivhäuser	24,00	**39,00**	64,00	2,4%
Wohnhäuser, mit bis zu 15% Mischnutzung, einfacher Standard	34,00	**37,00**	38,00	3,3%
Wohnhäuser, mit bis zu 15% Mischnutzung, mittlerer Standard	–	**21,00**	–	0,5%
Wohnhäuser, mit bis zu 15% Mischnutzung, hoher Standard	–	**30,00**	–	1,6%
Wohnhäuser, mit mehr als 15% Mischnutzung	9,50	**18,00**	23,00	1,0%
Seniorenwohnungen				
Seniorenwohnungen, mittlerer Standard	18,00	**21,00**	29,00	1,8%
Seniorenwohnungen, hoher Standard	40,00	**40,00**	40,00	3,3%
Beherbergung				
Wohnheime und Internate	14,00	**33,00**	61,00	1,8%
7 Gewerbegebäude				
Gaststätten und Kantinen				
Gaststätten, Kantinen und Mensen	–	**45,00**	–	1,7%
Gebäude für Produktion				
Industrielle Produktionsgebäude, Massivbauweise	14,00	**40,00**	56,00	1,1%
Industrielle Produktionsgebäude, überwiegend Skelettbauweise	14,00	**16,00**	19,00	0,3%
Betriebs- und Werkstätten, eingeschossig	–	**–**	–	–
Betriebs- und Werkstätten, mehrgeschossig, geringer Hallenanteil	13,00	**30,00**	53,00	1,1%
Betriebs- und Werkstätten, mehrgeschossig, hoher Hallenanteil	24,00	**56,00**	120,00	0,3%
Gebäude für Handel und Lager				
Geschäftshäuser, mit Wohnungen	14,00	**17,00**	19,00	1,4%
Geschäftshäuser, ohne Wohnungen	–	**43,00**	–	1,6%
Verbrauchermärkte	–	**–**	–	–
Autohäuser	45,00	**61,00**	77,00	1,0%
Lagergebäude, ohne Mischnutzung	27,00	**63,00**	134,00	0,3%
Lagergebäude, mit bis zu 25% Mischnutzung	30,00	**37,00**	43,00	0,4%
Lagergebäude, mit mehr als 25% Mischnutzung	–	**18,00**	–	0,3%
Garagen und Bereitschaftsdienste				
Einzel-, Mehrfach- und Hochgaragen	–	**17,00**	–	0,3%
Tiefgaragen	–	**–**	–	–
Feuerwehrhäuser	12,00	**13,00**	15,00	0,3%
Öffentliche Bereitschaftsdienste	20,00	**50,00**	68,00	1,1%
9 Kulturgebäude				
Gebäude für kulturelle Zwecke				
Bibliotheken, Museen und Ausstellungen	2,10	**5,20**	8,30	0,1%
Theater	–	**45,00**	–	0,6%
Gemeindezentren, einfacher Standard	12,00	**57,00**	103,00	0,9%
Gemeindezentren, mittlerer Standard	23,00	**35,00**	42,00	0,7%
Gemeindezentren, hoher Standard	49,00	**77,00**	95,00	1,5%
Gebäude für religiöse Zwecke				
Sakralbauten	–	**–**	–	–
Friedhofsgebäude	–	**–**	–	–

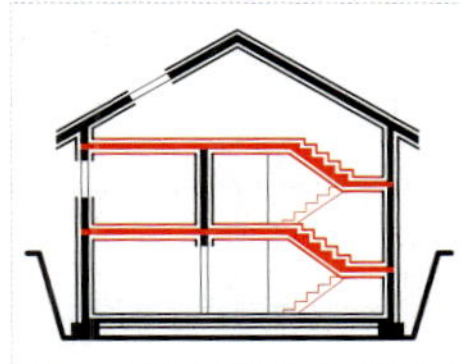

Einheit: m²
Deckenfläche/
Fläche der horizontalen
Baukonstruktionen

361 Dach-konstruktionen

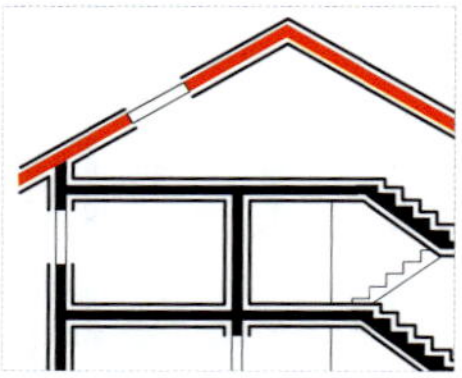

Kosten:
Stand 1.Quartal 2021
Bundesdurchschnitt
inkl. 19% MwSt.

Einheit: m2
Dachkonstruktionsfläche

▷ von
ø Mittel
◁ bis

Gebäudeart	▷	€/Einheit	◁	KG an 300
1 Büro- und Verwaltungsgebäude				
Büro- und Verwaltungsgebäude, einfacher Standard	77,00	**112,00**	151,00	6,2%
Büro- und Verwaltungsgebäude, mittlerer Standard	122,00	**156,00**	208,00	4,3%
Büro- und Verwaltungsgebäude, hoher Standard	143,00	**203,00**	267,00	5,1%
2 Gebäude für Forschung und Lehre				
Instituts- und Laborgebäude	98,00	**111,00**	143,00	4,8%
3 Gebäude des Gesundheitswesens				
Medizinische Einrichtungen	74,00	**107,00**	157,00	2,8%
Pflegeheime	67,00	**107,00**	144,00	3,9%
4 Schulen und Kindergärten				
Allgemeinbildende Schulen	110,00	**155,00**	194,00	7,0%
Berufliche Schulen	93,00	**141,00**	204,00	9,2%
Förder- und Sonderschulen	112,00	**152,00**	213,00	5,1%
Weiterbildungseinrichtungen	136,00	**202,00**	321,00	7,1%
Kindergärten, nicht unterkellert, einfacher Standard	–	**63,00**	–	5,4%
Kindergärten, nicht unterkellert, mittlerer Standard	85,00	**127,00**	167,00	8,4%
Kindergärten, nicht unterkellert, hoher Standard	109,00	**132,00**	155,00	9,1%
Kindergärten, Holzbauweise, nicht unterkellert	136,00	**183,00**	241,00	7,6%
Kindergärten, unterkellert	81,00	**119,00**	141,00	6,2%
5 Sportbauten				
Sport- und Mehrzweckhallen	153,00	**233,00**	379,00	13,7%
Sporthallen (Einfeldhallen)	138,00	**208,00**	319,00	14,7%
Sporthallen (Dreifeldhallen)	129,00	**165,00**	254,00	10,2%
Schwimmhallen	–	**–**	–	–
6 Wohngebäude				
Ein- und Zweifamilienhäuser				
Ein- und Zweifamilienhäuser, unterkellert, einfacher Standard	63,00	**69,00**	81,00	4,6%
Ein- und Zweifamilienhäuser, unterkellert, mittlerer Standard	58,00	**89,00**	130,00	3,8%
Ein- und Zweifamilienhäuser, unterkellert, hoher Standard	66,00	**112,00**	184,00	3,5%
Ein- und Zweifamilienhäuser, nicht unterkellert, einfacher Standard	38,00	**51,00**	63,00	3,5%
Ein- und Zweifamilienhäuser, nicht unterkellert, mittlerer Standard	69,00	**91,00**	113,00	5,8%
Ein- und Zweifamilienhäuser, nicht unterkellert, hoher Standard	112,00	**149,00**	200,00	6,2%
Ein- und Zweifamilienhäuser, Passivhausstandard, Massivbau	81,00	**123,00**	175,00	4,4%
Ein- und Zweifamilienhäuser, Passivhausstandard, Holzbau	131,00	**165,00**	206,00	6,5%
Ein- und Zweifamilienhäuser, Holzbauweise, unterkellert	79,00	**122,00**	184,00	4,8%
Ein- und Zweifamilienhäuser, Holzbauweise, nicht unterkellert	71,00	**116,00**	155,00	6,1%
Doppel- und Reihenendhäuser, einfacher Standard	70,00	**88,00**	119,00	4,7%
Doppel- und Reihenendhäuser, mittlerer Standard	66,00	**102,00**	120,00	4,7%
Doppel- und Reihenendhäuser, hoher Standard	88,00	**126,00**	176,00	5,0%
Reihenhäuser, einfacher Standard	35,00	**77,00**	119,00	4,7%
Reihenhäuser, mittlerer Standard	81,00	**120,00**	186,00	4,6%
Reihenhäuser, hoher Standard	86,00	**143,00**	241,00	4,5%
Mehrfamilienhäuser				
Mehrfamilienhäuser, mit bis zu 6 WE, einfacher Standard	61,00	**100,00**	121,00	5,7%
Mehrfamilienhäuser, mit bis zu 6 WE, mittlerer Standard	75,00	**99,00**	123,00	3,9%
Mehrfamilienhäuser, mit bis zu 6 WE, hoher Standard	127,00	**161,00**	208,00	4,8%

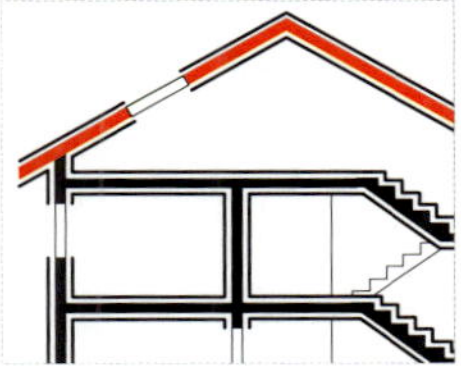

Einheit: m²
Dachkonstruktionsfläche

Gebäudeart	▷	€/Einheit	◁	KG an 300
Mehrfamilienhäuser (Fortsetzung)				
Mehrfamilienhäuser, mit 6 bis 19 WE, einfacher Standard	88,00	**110,00**	123,00	4,4%
Mehrfamilienhäuser, mit 6 bis 19 WE, mittlerer Standard	74,00	**100,00**	114,00	4,0%
Mehrfamilienhäuser, mit 6 bis 19 WE, hoher Standard	119,00	**137,00**	173,00	5,0%
Mehrfamilienhäuser, mit 20 oder mehr WE, einfacher Standard	128,00	**169,00**	216,00	5,7%
Mehrfamilienhäuser, mit 20 oder mehr WE, mittlerer Standard	83,00	**102,00**	115,00	3,1%
Mehrfamilienhäuser, mit 20 oder mehr WE, hoher Standard	92,00	**124,00**	156,00	2,7%
Mehrfamilienhäuser, Passivhäuser	127,00	**141,00**	185,00	4,4%
Wohnhäuser, mit bis zu 15% Mischnutzung, einfacher Standard	167,00	**180,00**	188,00	3,2%
Wohnhäuser, mit bis zu 15% Mischnutzung, mittlerer Standard	27,00	**91,00**	156,00	2,2%
Wohnhäuser, mit bis zu 15% Mischnutzung, hoher Standard	–	**174,00**	–	1,4%
Wohnhäuser, mit mehr als 15% Mischnutzung	116,00	**163,00**	250,00	4,7%
Seniorenwohnungen				
Seniorenwohnungen, mittlerer Standard	66,00	**106,00**	165,00	3,7%
Seniorenwohnungen, hoher Standard	92,00	**125,00**	159,00	4,2%
Beherbergung				
Wohnheime und Internate	86,00	**139,00**	183,00	3,9%
7 Gewerbegebäude				
Gaststätten und Kantinen				
Gaststätten, Kantinen und Mensen	–	**232,00**	–	5,5%
Gebäude für Produktion				
Industrielle Produktionsgebäude, Massivbauweise	115,00	**125,00**	143,00	8,3%
Industrielle Produktionsgebäude, überwiegend Skelettbauweise	112,00	**155,00**	214,00	12,3%
Betriebs- und Werkstätten, eingeschossig	68,00	**141,00**	213,00	13,0%
Betriebs- und Werkstätten, mehrgeschossig, geringer Hallenanteil	105,00	**145,00**	208,00	8,8%
Betriebs- und Werkstätten, mehrgeschossig, hoher Hallenanteil	90,00	**114,00**	153,00	12,5%
Gebäude für Handel und Lager				
Geschäftshäuser, mit Wohnungen	91,00	**128,00**	147,00	3,6%
Geschäftshäuser, ohne Wohnungen	64,00	**97,00**	130,00	2,8%
Verbrauchermärkte	93,00	**98,00**	103,00	12,8%
Autohäuser	82,00	**103,00**	124,00	6,2%
Lagergebäude, ohne Mischnutzung	48,00	**92,00**	147,00	12,0%
Lagergebäude, mit bis zu 25% Mischnutzung	96,00	**109,00**	131,00	13,1%
Lagergebäude, mit mehr als 25% Mischnutzung	41,00	**182,00**	322,00	18,3%
Garagen und Bereitschaftsdienste				
Einzel-, Mehrfach- und Hochgaragen	73,00	**100,00**	188,00	15,6%
Tiefgaragen	–	**168,00**	–	20,6%
Feuerwehrhäuser	81,00	**105,00**	118,00	7,5%
Öffentliche Bereitschaftsdienste	83,00	**128,00**	171,00	9,9%
9 Kulturgebäude				
Gebäude für kulturelle Zwecke				
Bibliotheken, Museen und Ausstellungen	147,00	**193,00**	268,00	6,7%
Theater	407,00	**460,00**	513,00	10,9%
Gemeindezentren, einfacher Standard	62,00	**125,00**	249,00	8,4%
Gemeindezentren, mittlerer Standard	79,00	**113,00**	137,00	6,0%
Gemeindezentren, hoher Standard	127,00	**186,00**	291,00	8,1%
Gebäude für religiöse Zwecke				
Sakralbauten	–	**–**	–	–
Friedhofsgebäude	–	**94,00**	–	6,2%

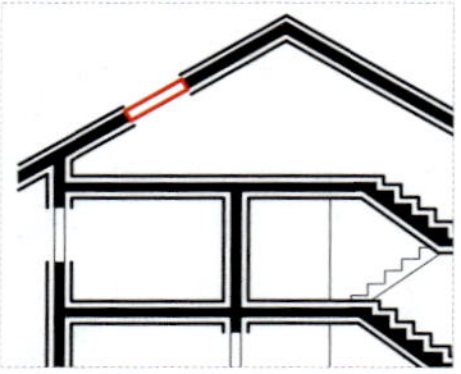

Kosten:
Stand 1.Quartal 2021
Bundesdurchschnitt
inkl. 19% MwSt.

Einheit: m² Dachöffnungsfläche

Gebäudeart	▷	€/Einheit	◁	KG an 300
1 Büro- und Verwaltungsgebäude				
Büro- und Verwaltungsgebäude, einfacher Standard	1.173,00	**1.618,00**	2.063,00	2,8%
Büro- und Verwaltungsgebäude, mittlerer Standard	1.310,00	**2.168,00**	4.814,00	0,6%
Büro- und Verwaltungsgebäude, hoher Standard	1.769,00	**2.350,00**	3.773,00	0,4%
2 Gebäude für Forschung und Lehre				
Instituts- und Laborgebäude	1.055,00	**1.688,00**	2.902,00	0,7%
3 Gebäude des Gesundheitswesens				
Medizinische Einrichtungen	5.159,00	**9.616,00**	17.485,00	0,3%
Pflegeheime	377,00	**1.094,00**	1.812,00	0,2%
4 Schulen und Kindergärten				
Allgemeinbildende Schulen	1.905,00	**2.701,00**	5.071,00	0,9%
Berufliche Schulen	647,00	**1.210,00**	2.235,00	2,6%
Förder- und Sonderschulen	1.453,00	**2.147,00**	4.521,00	0,9%
Weiterbildungseinrichtungen	713,00	**1.417,00**	1.830,00	0,1%
Kindergärten, nicht unterkellert, einfacher Standard	–	**896,00**	–	0,4%
Kindergärten, nicht unterkellert, mittlerer Standard	1.342,00	**1.761,00**	2.290,00	0,8%
Kindergärten, nicht unterkellert, hoher Standard	1.300,00	**2.029,00**	2.759,00	2,6%
Kindergärten, Holzbauweise, nicht unterkellert	1.024,00	**1.576,00**	2.315,00	1,1%
Kindergärten, unterkellert	764,00	**3.093,00**	5.421,00	0,3%
5 Sportbauten				
Sport- und Mehrzweckhallen	499,00	**2.027,00**	3.554,00	1,3%
Sporthallen (Einfeldhallen)	434,00	**1.033,00**	1.631,00	1,0%
Sporthallen (Dreifeldhallen)	564,00	**778,00**	1.297,00	4,7%
Schwimmhallen	–	**–**	–	–
6 Wohngebäude				
Ein- und Zweifamilienhäuser				
Ein- und Zweifamilienhäuser, unterkellert, einfacher Standard	625,00	**1.057,00**	1.321,00	1,3%
Ein- und Zweifamilienhäuser, unterkellert, mittlerer Standard	923,00	**1.443,00**	2.290,00	1,3%
Ein- und Zweifamilienhäuser, unterkellert, hoher Standard	849,00	**1.314,00**	2.284,00	0,5%
Ein- und Zweifamilienhäuser, nicht unterkellert, einfacher Standard	–	**833,00**	–	0,1%
Ein- und Zweifamilienhäuser, nicht unterkellert, mittlerer Standard	932,00	**1.442,00**	2.209,00	0,9%
Ein- und Zweifamilienhäuser, nicht unterkellert, hoher Standard	551,00	**1.142,00**	1.583,00	0,6%
Ein- und Zweifamilienhäuser, Passivhausstandard, Massivbau	1.495,00	**1.640,00**	1.785,00	0,2%
Ein- und Zweifamilienhäuser, Passivhausstandard, Holzbau	–	**3.112,00**	–	0,2%
Ein- und Zweifamilienhäuser, Holzbauweise, unterkellert	849,00	**1.241,00**	2.025,00	0,4%
Ein- und Zweifamilienhäuser, Holzbauweise, nicht unterkellert	987,00	**1.250,00**	2.063,00	2,2%
Doppel- und Reihenendhäuser, einfacher Standard	–	**172,00**	–	0,3%
Doppel- und Reihenendhäuser, mittlerer Standard	441,00	**969,00**	1.214,00	1,1%
Doppel- und Reihenendhäuser, hoher Standard	870,00	**1.286,00**	1.707,00	1,0%
Reihenhäuser, einfacher Standard	–	**602,00**	–	0,0%
Reihenhäuser, mittlerer Standard	539,00	**1.159,00**	1.778,00	0,5%
Reihenhäuser, hoher Standard	842,00	**996,00**	1.150,00	1,2%
Mehrfamilienhäuser				
Mehrfamilienhäuser, mit bis zu 6 WE, einfacher Standard	611,00	**672,00**	733,00	0,8%
Mehrfamilienhäuser, mit bis zu 6 WE, mittlerer Standard	874,00	**1.360,00**	1.913,00	1,4%
Mehrfamilienhäuser, mit bis zu 6 WE, hoher Standard	392,00	**1.707,00**	2.306,00	0,6%

▷ von
ø Mittel
◁ bis

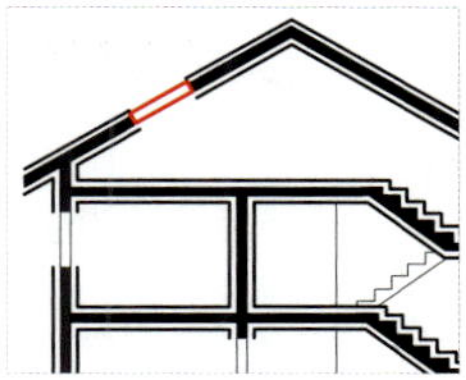

Einheit: m²
Dachöffnungsfläche

Gebäudeart	▷	€/Einheit	◁	KG an 300
Mehrfamilienhäuser (Fortsetzung)				
Mehrfamilienhäuser, mit 6 bis 19 WE, einfacher Standard	665,00	**870,00**	1.074,00	1,0%
Mehrfamilienhäuser, mit 6 bis 19 WE, mittlerer Standard	1.044,00	**2.885,00**	6.516,00	0,8%
Mehrfamilienhäuser, mit 6 bis 19 WE, hoher Standard	320,00	**946,00**	1.461,00	0,6%
Mehrfamilienhäuser, mit 20 oder mehr WE, einfacher Standard	709,00	**1.762,00**	2.387,00	0,2%
Mehrfamilienhäuser, mit 20 oder mehr WE, mittlerer Standard	–	**1.705,00**	–	0,4%
Mehrfamilienhäuser, mit 20 oder mehr WE, hoher Standard	897,00	**964,00**	1.032,00	0,3%
Mehrfamilienhäuser, Passivhäuser	1.948,00	**3.021,00**	4.094,00	0,1%
Wohnhäuser, mit bis zu 15% Mischnutzung, einfacher Standard	802,00	**1.095,00**	1.389,00	0,2%
Wohnhäuser, mit bis zu 15% Mischnutzung, mittlerer Standard	–	**4.385,00**	–	0,2%
Wohnhäuser, mit bis zu 15% Mischnutzung, hoher Standard	–	**1.464,00**	–	1,0%
Wohnhäuser, mit mehr als 15% Mischnutzung	838,00	**1.409,00**	1.711,00	2,4%
Seniorenwohnungen				
Seniorenwohnungen, mittlerer Standard	754,00	**841,00**	931,00	0,6%
Seniorenwohnungen, hoher Standard	748,00	**1.222,00**	1.696,00	0,3%
Beherbergung				
Wohnheime und Internate	1.222,00	**1.794,00**	2.655,00	0,7%
7 Gewerbegebäude				
Gaststätten und Kantinen				
Gaststätten, Kantinen und Mensen	–	**3.411,00**	–	2,3%
Gebäude für Produktion				
Industrielle Produktionsgebäude, Massivbauweise	223,00	**482,00**	612,00	1,7%
Industrielle Produktionsgebäude, überwiegend Skelettbauweise	462,00	**792,00**	1.119,00	1,6%
Betriebs- und Werkstätten, eingeschossig	432,00	**930,00**	1.429,00	3,5%
Betriebs- und Werkstätten, mehrgeschossig, geringer Hallenanteil	487,00	**799,00**	1.348,00	1,3%
Betriebs- und Werkstätten, mehrgeschossig, hoher Hallenanteil	301,00	**490,00**	856,00	1,7%
Gebäude für Handel und Lager				
Geschäftshäuser, mit Wohnungen	545,00	**877,00**	1.208,00	0,7%
Geschäftshäuser, ohne Wohnungen	–	**1.588,00**	–	0,1%
Verbrauchermärkte	–	**–**	–	0,1%
Autohäuser	1.345,00	**1.640,00**	1.935,00	1,0%
Lagergebäude, ohne Mischnutzung	371,00	**519,00**	812,00	1,6%
Lagergebäude, mit bis zu 25% Mischnutzung	240,00	**412,00**	740,00	2,4%
Lagergebäude, mit mehr als 25% Mischnutzung	1.138,00	**1.454,00**	1.771,00	6,9%
Garagen und Bereitschaftsdienste				
Einzel-, Mehrfach- und Hochgaragen	–	**–**	–	–
Tiefgaragen	–	**–**	–	–
Feuerwehrhäuser	726,00	**1.293,00**	2.152,00	2,5%
Öffentliche Bereitschaftsdienste	538,00	**4.993,00**	9.448,00	1,0%
9 Kulturgebäude				
Gebäude für kulturelle Zwecke				
Bibliotheken, Museen und Ausstellungen	940,00	**3.626,00**	6.311,00	0,5%
Theater	–	**1.485,00**	–	0,0%
Gemeindezentren, einfacher Standard	1.156,00	**1.200,00**	1.285,00	1,7%
Gemeindezentren, mittlerer Standard	1.492,00	**1.923,00**	2.355,00	0,2%
Gemeindezentren, hoher Standard	1.806,00	**2.385,00**	2.965,00	1,5%
Gebäude für religiöse Zwecke				
Sakralbauten	–	**–**	–	–
Friedhofsgebäude	–	**–**	–	–

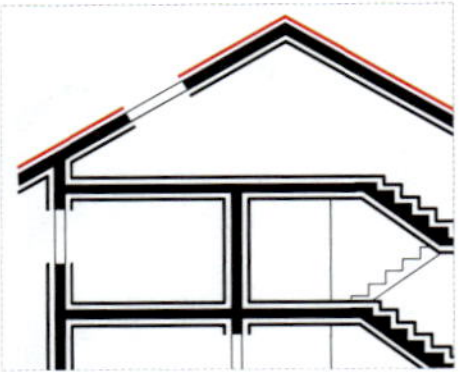

Kosten:
Stand 1.Quartal 2021
Bundesdurchschnitt
inkl. 19% MwSt.

Einheit: m²
Dachbelagsfläche

▷ von
ø Mittel
◁ bis

Gebäudeart	▷	€/Einheit	◁	KG an 300
1 Büro- und Verwaltungsgebäude				
Büro- und Verwaltungsgebäude, einfacher Standard	100,00	**150,00**	264,00	7,5%
Büro- und Verwaltungsgebäude, mittlerer Standard	148,00	**197,00**	321,00	5,3%
Büro- und Verwaltungsgebäude, hoher Standard	152,00	**288,00**	447,00	6,3%
2 Gebäude für Forschung und Lehre				
Instituts- und Laborgebäude	141,00	**166,00**	192,00	6,9%
3 Gebäude des Gesundheitswesens				
Medizinische Einrichtungen	107,00	**199,00**	248,00	5,7%
Pflegeheime	87,00	**121,00**	153,00	4,8%
4 Schulen und Kindergärten				
Allgemeinbildende Schulen	113,00	**153,00**	186,00	6,7%
Berufliche Schulen	131,00	**184,00**	343,00	10,2%
Förder- und Sonderschulen	139,00	**162,00**	191,00	5,8%
Weiterbildungseinrichtungen	166,00	**179,00**	187,00	5,6%
Kindergärten, nicht unterkellert, einfacher Standard	–	**86,00**	–	7,4%
Kindergärten, nicht unterkellert, mittlerer Standard	110,00	**133,00**	148,00	8,9%
Kindergärten, nicht unterkellert, hoher Standard	93,00	**112,00**	131,00	8,0%
Kindergärten, Holzbauweise, nicht unterkellert	95,00	**131,00**	179,00	8,2%
Kindergärten, unterkellert	130,00	**196,00**	311,00	9,4%
5 Sportbauten				
Sport- und Mehrzweckhallen	123,00	**229,00**	441,00	12,3%
Sporthallen (Einfeldhallen)	113,00	**136,00**	149,00	9,5%
Sporthallen (Dreifeldhallen)	100,00	**139,00**	178,00	9,2%
Schwimmhallen	–	**–**	–	–
6 Wohngebäude				
Ein- und Zweifamilienhäuser				
Ein- und Zweifamilienhäuser, unterkellert, einfacher Standard	94,00	**126,00**	172,00	8,4%
Ein- und Zweifamilienhäuser, unterkellert, mittlerer Standard	128,00	**162,00**	330,00	6,5%
Ein- und Zweifamilienhäuser, unterkellert, hoher Standard	111,00	**173,00**	217,00	5,7%
Ein- und Zweifamilienhäuser, nicht unterkellert, einfacher Standard	88,00	**101,00**	114,00	6,7%
Ein- und Zweifamilienhäuser, nicht unterkellert, mittlerer Standard	102,00	**141,00**	214,00	8,5%
Ein- und Zweifamilienhäuser, nicht unterkellert, hoher Standard	157,00	**222,00**	288,00	9,1%
Ein- und Zweifamilienhäuser, Passivhausstandard, Massivbau	116,00	**158,00**	208,00	6,4%
Ein- und Zweifamilienhäuser, Passivhausstandard, Holzbau	112,00	**142,00**	184,00	5,7%
Ein- und Zweifamilienhäuser, Holzbauweise, unterkellert	75,00	**127,00**	174,00	5,1%
Ein- und Zweifamilienhäuser, Holzbauweise, nicht unterkellert	93,00	**177,00**	312,00	8,5%
Doppel- und Reihenendhäuser, einfacher Standard	63,00	**108,00**	134,00	5,7%
Doppel- und Reihenendhäuser, mittlerer Standard	87,00	**101,00**	124,00	5,2%
Doppel- und Reihenendhäuser, hoher Standard	134,00	**158,00**	193,00	6,7%
Reihenhäuser, einfacher Standard	81,00	**94,00**	106,00	5,9%
Reihenhäuser, mittlerer Standard	77,00	**119,00**	145,00	5,1%
Reihenhäuser, hoher Standard	134,00	**183,00**	281,00	6,1%
Mehrfamilienhäuser				
Mehrfamilienhäuser, mit bis zu 6 WE, einfacher Standard	71,00	**94,00**	136,00	5,6%
Mehrfamilienhäuser, mit bis zu 6 WE, mittlerer Standard	113,00	**168,00**	227,00	6,6%
Mehrfamilienhäuser, mit bis zu 6 WE, hoher Standard	159,00	**257,00**	316,00	8,1%

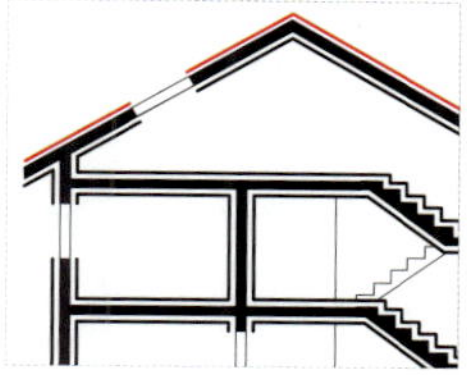

Einheit: m²
Dachbelagsfläche

Gebäudeart	▷	€/Einheit	◁	KG an 300
Mehrfamilienhäuser (Fortsetzung)				
Mehrfamilienhäuser, mit 6 bis 19 WE, einfacher Standard	109,00	**149,00**	217,00	5,0%
Mehrfamilienhäuser, mit 6 bis 19 WE, mittlerer Standard	108,00	**136,00**	191,00	5,1%
Mehrfamilienhäuser, mit 6 bis 19 WE, hoher Standard	153,00	**182,00**	211,00	6,2%
Mehrfamilienhäuser, mit 20 oder mehr WE, einfacher Standard	106,00	**122,00**	138,00	4,3%
Mehrfamilienhäuser, mit 20 oder mehr WE, mittlerer Standard	118,00	**175,00**	214,00	5,4%
Mehrfamilienhäuser, mit 20 oder mehr WE, hoher Standard	128,00	**214,00**	299,00	4,2%
Mehrfamilienhäuser, Passivhäuser	166,00	**209,00**	283,00	6,6%
Wohnhäuser, mit bis zu 15% Mischnutzung, einfacher Standard	192,00	**208,00**	232,00	3,7%
Wohnhäuser, mit bis zu 15% Mischnutzung, mittlerer Standard	78,00	**202,00**	326,00	5,1%
Wohnhäuser, mit bis zu 15% Mischnutzung, hoher Standard	–	**360,00**	–	3,0%
Wohnhäuser, mit mehr als 15% Mischnutzung	85,00	**178,00**	237,00	4,3%
Seniorenwohnungen				
Seniorenwohnungen, mittlerer Standard	117,00	**175,00**	264,00	6,0%
Seniorenwohnungen, hoher Standard	182,00	**182,00**	183,00	6,5%
Beherbergung				
Wohnheime und Internate	117,00	**211,00**	273,00	6,0%
7 Gewerbegebäude				
Gaststätten und Kantinen				
Gaststätten, Kantinen und Mensen	–	**158,00**	–	4,1%
Gebäude für Produktion				
Industrielle Produktionsgebäude, Massivbauweise	117,00	**132,00**	142,00	8,8%
Industrielle Produktionsgebäude, überwiegend Skelettbauweise	90,00	**105,00**	163,00	8,5%
Betriebs- und Werkstätten, eingeschossig	–	**125,00**	–	3,9%
Betriebs- und Werkstätten, mehrgeschossig, geringer Hallenanteil	72,00	**117,00**	147,00	6,7%
Betriebs- und Werkstätten, mehrgeschossig, hoher Hallenanteil	69,00	**108,00**	139,00	10,8%
Gebäude für Handel und Lager				
Geschäftshäuser, mit Wohnungen	89,00	**143,00**	179,00	3,7%
Geschäftshäuser, ohne Wohnungen	162,00	**186,00**	211,00	5,6%
Verbrauchermärkte	74,00	**79,00**	84,00	10,4%
Autohäuser	114,00	**127,00**	141,00	7,1%
Lagergebäude, ohne Mischnutzung	53,00	**86,00**	121,00	11,9%
Lagergebäude, mit bis zu 25% Mischnutzung	90,00	**105,00**	134,00	11,6%
Lagergebäude, mit mehr als 25% Mischnutzung	106,00	**110,00**	114,00	10,1%
Garagen und Bereitschaftsdienste				
Einzel-, Mehrfach- und Hochgaragen	70,00	**112,00**	235,00	14,1%
Tiefgaragen	–	**116,00**	–	14,3%
Feuerwehrhäuser	112,00	**133,00**	146,00	9,6%
Öffentliche Bereitschaftsdienste	65,00	**110,00**	231,00	7,0%
9 Kulturgebäude				
Gebäude für kulturelle Zwecke				
Bibliotheken, Museen und Ausstellungen	170,00	**272,00**	650,00	7,9%
Theater	192,00	**231,00**	271,00	6,0%
Gemeindezentren, einfacher Standard	88,00	**108,00**	142,00	7,3%
Gemeindezentren, mittlerer Standard	101,00	**144,00**	176,00	7,5%
Gemeindezentren, hoher Standard	136,00	**168,00**	220,00	7,3%
Gebäude für religiöse Zwecke				
Sakralbauten	–	**–**	–	–
Friedhofsgebäude	–	**221,00**	–	14,5%

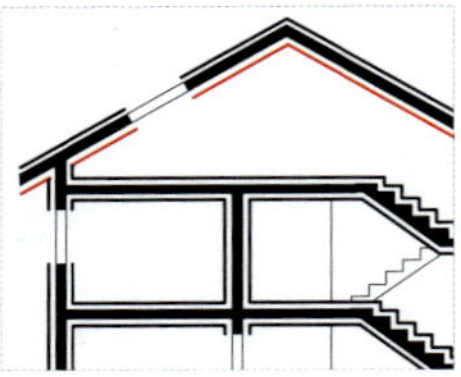

Kosten:
Stand 1.Quartal 2021
Bundesdurchschnitt
inkl. 19% MwSt.

Einheit: m²
Dachbekleidungsfläche

▷ von
ø Mittel
◁ bis

Gebäudeart	▷	€/Einheit	◁	KG an 300
1 Büro- und Verwaltungsgebäude				
Büro- und Verwaltungsgebäude, einfacher Standard	68,00	**82,00**	97,00	4,0%
Büro- und Verwaltungsgebäude, mittlerer Standard	17,00	**50,00**	91,00	1,1%
Büro- und Verwaltungsgebäude, hoher Standard	71,00	**102,00**	166,00	2,1%
2 Gebäude für Forschung und Lehre				
Instituts- und Laborgebäude	22,00	**47,00**	65,00	1,4%
3 Gebäude des Gesundheitswesens				
Medizinische Einrichtungen	73,00	**82,00**	99,00	2,0%
Pflegeheime	26,00	**58,00**	101,00	3,2%
4 Schulen und Kindergärten				
Allgemeinbildende Schulen	42,00	**81,00**	105,00	2,9%
Berufliche Schulen	42,00	**128,00**	193,00	3,7%
Förder- und Sonderschulen	72,00	**115,00**	158,00	3,4%
Weiterbildungseinrichtungen	26,00	**51,00**	93,00	0,6%
Kindergärten, nicht unterkellert, einfacher Standard	–	**82,00**	–	6,7%
Kindergärten, nicht unterkellert, mittlerer Standard	65,00	**84,00**	107,00	4,6%
Kindergärten, nicht unterkellert, hoher Standard	85,00	**117,00**	150,00	6,9%
Kindergärten, Holzbauweise, nicht unterkellert	27,00	**68,00**	104,00	2,3%
Kindergärten, unterkellert	90,00	**95,00**	98,00	4,5%
5 Sportbauten				
Sport- und Mehrzweckhallen	6,10	**57,00**	83,00	4,2%
Sporthallen (Einfeldhallen)	15,00	**49,00**	71,00	2,4%
Sporthallen (Dreifeldhallen)	76,00	**177,00**	229,00	3,1%
Schwimmhallen	–	**–**	–	–
6 Wohngebäude				
Ein- und Zweifamilienhäuser				
Ein- und Zweifamilienhäuser, unterkellert, einfacher Standard	29,00	**52,00**	94,00	2,7%
Ein- und Zweifamilienhäuser, unterkellert, mittlerer Standard	35,00	**66,00**	104,00	2,1%
Ein- und Zweifamilienhäuser, unterkellert, hoher Standard	35,00	**76,00**	133,00	2,0%
Ein- und Zweifamilienhäuser, nicht unterkellert, einfacher Standard	–	**49,00**	–	0,4%
Ein- und Zweifamilienhäuser, nicht unterkellert, mittlerer Standard	26,00	**65,00**	93,00	3,3%
Ein- und Zweifamilienhäuser, nicht unterkellert, hoher Standard	14,00	**53,00**	82,00	2,3%
Ein- und Zweifamilienhäuser, Passivhausstandard, Massivbau	47,00	**81,00**	145,00	2,3%
Ein- und Zweifamilienhäuser, Passivhausstandard, Holzbau	42,00	**68,00**	123,00	1,7%
Ein- und Zweifamilienhäuser, Holzbauweise, unterkellert	25,00	**62,00**	108,00	2,1%
Ein- und Zweifamilienhäuser, Holzbauweise, nicht unterkellert	25,00	**54,00**	88,00	1,9%
Doppel- und Reihenendhäuser, einfacher Standard	28,00	**48,00**	69,00	1,2%
Doppel- und Reihenendhäuser, mittlerer Standard	35,00	**59,00**	73,00	2,0%
Doppel- und Reihenendhäuser, hoher Standard	32,00	**49,00**	66,00	1,4%
Reihenhäuser, einfacher Standard	–	**116,00**	–	0,1%
Reihenhäuser, mittlerer Standard	60,00	**66,00**	78,00	2,1%
Reihenhäuser, hoher Standard	7,80	**90,00**	142,00	2,8%
Mehrfamilienhäuser				
Mehrfamilienhäuser, mit bis zu 6 WE, einfacher Standard	62,00	**84,00**	105,00	2,0%
Mehrfamilienhäuser, mit bis zu 6 WE, mittlerer Standard	52,00	**65,00**	89,00	2,2%
Mehrfamilienhäuser, mit bis zu 6 WE, hoher Standard	41,00	**64,00**	107,00	1,6%

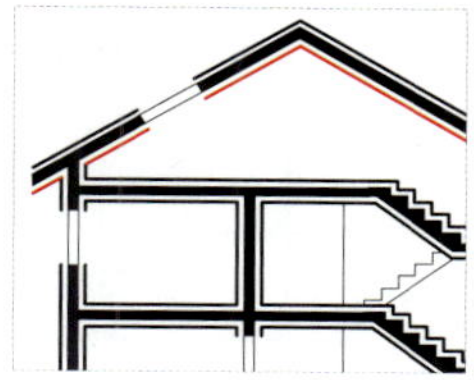

Einheit: m²
Dachbekleidungsfläche

Gebäudeart	▷	€/Einheit	◁	KG an 300
Mehrfamilienhäuser (Fortsetzung)				
Mehrfamilienhäuser, mit 6 bis 19 WE, einfacher Standard	32,00	**68,00**	87,00	1,8%
Mehrfamilienhäuser, mit 6 bis 19 WE, mittlerer Standard	33,00	**58,00**	128,00	1,9%
Mehrfamilienhäuser, mit 6 bis 19 WE, hoher Standard	18,00	**32,00**	62,00	0,9%
Mehrfamilienhäuser, mit 20 oder mehr WE, einfacher Standard	9,80	**29,00**	51,00	0,3%
Mehrfamilienhäuser, mit 20 oder mehr WE, mittlerer Standard	20,00	**30,00**	50,00	0,7%
Mehrfamilienhäuser, mit 20 oder mehr WE, hoher Standard	24,00	**26,00**	27,00	0,3%
Mehrfamilienhäuser, Passivhäuser	21,00	**37,00**	65,00	1,0%
Wohnhäuser, mit bis zu 15% Mischnutzung, einfacher Standard	16,00	**25,00**	29,00	0,4%
Wohnhäuser, mit bis zu 15% Mischnutzung, mittlerer Standard	–	**51,00**	–	0,2%
Wohnhäuser, mit bis zu 15% Mischnutzung, hoher Standard	–	**73,00**	–	0,5%
Wohnhäuser, mit mehr als 15% Mischnutzung	48,00	**51,00**	55,00	1,0%
Seniorenwohnungen				
Seniorenwohnungen, mittlerer Standard	12,00	**28,00**	39,00	0,8%
Seniorenwohnungen, hoher Standard	28,00	**49,00**	70,00	1,5%
Beherbergung				
Wohnheime und Internate	18,00	**50,00**	96,00	1,4%
7 Gewerbegebäude				
Gaststätten und Kantinen				
Gaststätten, Kantinen und Mensen	–	**236,00**	–	6,3%
Gebäude für Produktion				
Industrielle Produktionsgebäude, Massivbauweise	23,00	**40,00**	73,00	0,5%
Industrielle Produktionsgebäude, überwiegend Skelettbauweise	6,20	**55,00**	103,00	0,8%
Betriebs- und Werkstätten, eingeschossig	55,00	**76,00**	98,00	1,7%
Betriebs- und Werkstätten, mehrgeschossig, geringer Hallenanteil	52,00	**75,00**	134,00	1,1%
Betriebs- und Werkstätten, mehrgeschossig, hoher Hallenanteil	40,00	**57,00**	84,00	1,4%
Gebäude für Handel und Lager				
Geschäftshäuser, mit Wohnungen	17,00	**33,00**	61,00	0,8%
Geschäftshäuser, ohne Wohnungen	29,00	**37,00**	45,00	0,7%
Verbrauchermärkte	34,00	**36,00**	39,00	3,5%
Autohäuser	–	**13,00**	–	0,5%
Lagergebäude, ohne Mischnutzung	8,10	**22,00**	50,00	1,3%
Lagergebäude, mit bis zu 25% Mischnutzung	6,50	**18,00**	30,00	0,4%
Lagergebäude, mit mehr als 25% Mischnutzung	–	**161,00**	–	0,0%
Garagen und Bereitschaftsdienste				
Einzel-, Mehrfach- und Hochgaragen	–	**6,90**	–	0,1%
Tiefgaragen	–	**–**	–	–
Feuerwehrhäuser	23,00	**42,00**	80,00	0,9%
Öffentliche Bereitschaftsdienste	43,00	**46,00**	53,00	1,1%
9 Kulturgebäude				
Gebäude für kulturelle Zwecke				
Bibliotheken, Museen und Ausstellungen	74,00	**144,00**	252,00	4,2%
Theater	147,00	**170,00**	192,00	2,2%
Gemeindezentren, einfacher Standard	82,00	**94,00**	117,00	5,4%
Gemeindezentren, mittlerer Standard	62,00	**93,00**	113,00	4,1%
Gemeindezentren, hoher Standard	64,00	**102,00**	161,00	4,7%
Gebäude für religiöse Zwecke				
Sakralbauten	–	**–**	–	–
Friedhofsgebäude	–	**44,00**	–	2,3%

365 Elementierte Dachkonstruktionen

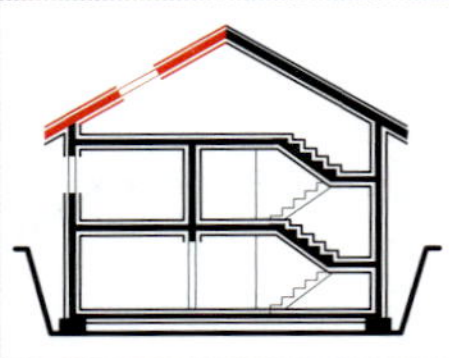

Kosten:
Stand 1.Quartal 2021
Bundesdurchschnitt
inkl. 19% MwSt.

Einheit: m²
Dachfläche, elementiert

▷ von
ø Mittel
◁ bis

Gebäudeart	▷	€/Einheit	◁	KG an 300
1 Büro- und Verwaltungsgebäude				
Büro- und Verwaltungsgebäude, einfacher Standard	–	**–**	–	–
Büro- und Verwaltungsgebäude, mittlerer Standard	–	**–**	–	–
Büro- und Verwaltungsgebäude, hoher Standard	–	**–**	–	–
2 Gebäude für Forschung und Lehre				
Instituts- und Laborgebäude	–	**–**	–	–
3 Gebäude des Gesundheitswesens				
Medizinische Einrichtungen	–	**–**	–	–
Pflegeheime	–	**–**	–	–
4 Schulen und Kindergärten				
Allgemeinbildende Schulen	–	**–**	–	–
Berufliche Schulen	–	**–**	–	–
Förder- und Sonderschulen	–	**–**	–	–
Weiterbildungseinrichtungen	–	**–**	–	–
Kindergärten, nicht unterkellert, einfacher Standard	–	**–**	–	–
Kindergärten, nicht unterkellert, mittlerer Standard	–	**–**	–	–
Kindergärten, nicht unterkellert, hoher Standard	–	**–**	–	–
Kindergärten, Holzbauweise, nicht unterkellert	142,00	**145,00**	148,00	3,2%
Kindergärten, unterkellert	–	**–**	–	–
5 Sportbauten				
Sport- und Mehrzweckhallen	–	**–**	–	–
Sporthallen (Einfeldhallen)	–	**–**	–	–
Sporthallen (Dreifeldhallen)	–	**–**	–	–
Schwimmhallen	–	**–**	–	–
6 Wohngebäude				
Ein- und Zweifamilienhäuser				
Ein- und Zweifamilienhäuser, unterkellert, einfacher Standard	–	**–**	–	–
Ein- und Zweifamilienhäuser, unterkellert, mittlerer Standard	–	**–**	–	–
Ein- und Zweifamilienhäuser, unterkellert, hoher Standard	–	**–**	–	–
Ein- und Zweifamilienhäuser, nicht unterkellert, einfacher Standard	–	**–**	–	–
Ein- und Zweifamilienhäuser, nicht unterkellert, mittlerer Standard	–	**–**	–	–
Ein- und Zweifamilienhäuser, nicht unterkellert, hoher Standard	–	**–**	–	–
Ein- und Zweifamilienhäuser, Passivhausstandard, Massivbau	–	**185,00**	–	0,4%
Ein- und Zweifamilienhäuser, Passivhausstandard, Holzbau	–	**–**	–	–
Ein- und Zweifamilienhäuser, Holzbauweise, unterkellert	–	**–**	–	–
Ein- und Zweifamilienhäuser, Holzbauweise, nicht unterkellert	–	**147,00**	–	0,7%
Doppel- und Reihenendhäuser, einfacher Standard	–	**–**	–	–
Doppel- und Reihenendhäuser, mittlerer Standard	–	**–**	–	–
Doppel- und Reihenendhäuser, hoher Standard	–	**–**	–	–
Reihenhäuser, einfacher Standard	–	**–**	–	–
Reihenhäuser, mittlerer Standard	–	**–**	–	–
Reihenhäuser, hoher Standard	–	**–**	–	–
Mehrfamilienhäuser				
Mehrfamilienhäuser, mit bis zu 6 WE, einfacher Standard	–	**–**	–	–
Mehrfamilienhäuser, mit bis zu 6 WE, mittlerer Standard	–	**–**	–	–
Mehrfamilienhäuser, mit bis zu 6 WE, hoher Standard	–	**–**	–	–

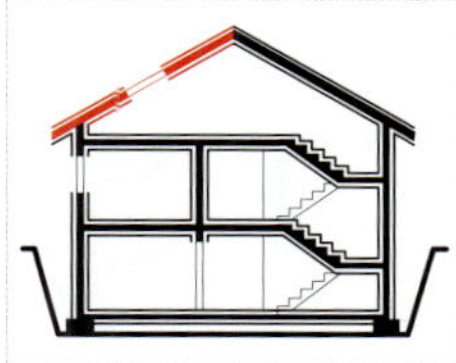

Einheit: m²
Dachfläche, elementiert

Gebäudeart	▷	€/Einheit	◁	KG an 300
Mehrfamilienhäuser (Fortsetzung)				
Mehrfamilienhäuser, mit 6 bis 19 WE, einfacher Standard	–	–	–	–
Mehrfamilienhäuser, mit 6 bis 19 WE, mittlerer Standard	–	–	–	–
Mehrfamilienhäuser, mit 6 bis 19 WE, hoher Standard	–	–	–	–
Mehrfamilienhäuser, mit 20 oder mehr WE, einfacher Standard	–	–	–	–
Mehrfamilienhäuser, mit 20 oder mehr WE, mittlerer Standard	–	–	–	–
Mehrfamilienhäuser, mit 20 oder mehr WE, hoher Standard	–	–	–	–
Mehrfamilienhäuser, Passivhäuser	–	–	–	–
Wohnhäuser, mit bis zu 15% Mischnutzung, einfacher Standard	–	–	–	–
Wohnhäuser, mit bis zu 15% Mischnutzung, mittlerer Standard	–	–	–	–
Wohnhäuser, mit bis zu 15% Mischnutzung, hoher Standard	–	–	–	–
Wohnhäuser, mit mehr als 15% Mischnutzung	–	–	–	–
Seniorenwohnungen				
Seniorenwohnungen, mittlerer Standard	–	–	–	–
Seniorenwohnungen, hoher Standard	–	–	–	–
Beherbergung				
Wohnheime und Internate	–	–	–	–
7 Gewerbegebäude				
Gaststätten und Kantinen				
Gaststätten, Kantinen und Mensen	–	–	–	–
Gebäude für Produktion				
Industrielle Produktionsgebäude, Massivbauweise	–	–	–	–
Industrielle Produktionsgebäude, überwiegend Skelettbauweise	–	–	–	–
Betriebs- und Werkstätten, eingeschossig	–	**89,00**	–	4,5%
Betriebs- und Werkstätten, mehrgeschossig, geringer Hallenanteil	–	–	–	–
Betriebs- und Werkstätten, mehrgeschossig, hoher Hallenanteil	–	–	–	–
Gebäude für Handel und Lager				
Geschäftshäuser, mit Wohnungen	–	–	–	–
Geschäftshäuser, ohne Wohnungen	–	–	–	–
Verbrauchermärkte	–	–	–	–
Autohäuser	–	–	–	–
Lagergebäude, ohne Mischnutzung	–	–	–	–
Lagergebäude, mit bis zu 25% Mischnutzung	–	–	–	–
Lagergebäude, mit mehr als 25% Mischnutzung	–	–	–	–
Garagen und Bereitschaftsdienste				
Einzel-, Mehrfach- und Hochgaragen	–	**78,00**	–	3,2%
Tiefgaragen	–	–	–	–
Feuerwehrhäuser	–	–	–	–
Öffentliche Bereitschaftsdienste	–	–	–	–
9 Kulturgebäude				
Gebäude für kulturelle Zwecke				
Bibliotheken, Museen und Ausstellungen	–	–	–	–
Theater	–	–	–	–
Gemeindezentren, einfacher Standard	–	–	–	–
Gemeindezentren, mittlerer Standard	–	–	–	–
Gemeindezentren, hoher Standard	–	–	–	–
Gebäude für religiöse Zwecke				
Sakralbauten	–	–	–	–
Friedhofsgebäude	–	–	–	–

366 Lichtschutz zur KG 360

Kosten:
Stand 1.Quartal 2021
Bundesdurchschnitt
inkl. 19% MwSt.

Einheit: m²
Dachlichtschutzfläche

▷ von
ø Mittel
◁ bis

Gebäudeart	▷	€/Einheit	◁	KG an 300
1 Büro- und Verwaltungsgebäude				
Büro- und Verwaltungsgebäude, einfacher Standard	–	**–**	–	–
Büro- und Verwaltungsgebäude, mittlerer Standard	–	**1.063,00**	–	0,0%
Büro- und Verwaltungsgebäude, hoher Standard	575,00	**707,00**	839,00	0,2%
2 Gebäude für Forschung und Lehre				
Instituts- und Laborgebäude	–	**–**	–	–
3 Gebäude des Gesundheitswesens				
Medizinische Einrichtungen	–	**–**	–	–
Pflegeheime	–	**–**	–	–
4 Schulen und Kindergärten				
Allgemeinbildende Schulen	663,00	**1.453,00**	2.243,00	0,0%
Berufliche Schulen	71,00	**327,00**	584,00	0,2%
Förder- und Sonderschulen	–	**–**	–	–
Weiterbildungseinrichtungen	–	**–**	–	–
Kindergärten, nicht unterkellert, einfacher Standard	–	**–**	–	–
Kindergärten, nicht unterkellert, mittlerer Standard	487,00	**533,00**	579,00	0,1%
Kindergärten, nicht unterkellert, hoher Standard	–	**–**	–	0,2%
Kindergärten, Holzbauweise, nicht unterkellert	–	**–**	–	–
Kindergärten, unterkellert	–	**–**	–	–
5 Sportbauten				
Sport- und Mehrzweckhallen	–	**–**	–	–
Sporthallen (Einfeldhallen)	–	**–**	–	–
Sporthallen (Dreifeldhallen)	–	**–**	–	–
Schwimmhallen	–	**–**	–	–
6 Wohngebäude				
Ein- und Zweifamilienhäuser				
Ein- und Zweifamilienhäuser, unterkellert, einfacher Standard	–	**–**	–	–
Ein- und Zweifamilienhäuser, unterkellert, mittlerer Standard	554,00	**664,00**	773,00	0,1%
Ein- und Zweifamilienhäuser, unterkellert, hoher Standard	–	**–**	–	–
Ein- und Zweifamilienhäuser, nicht unterkellert, einfacher Standard	–	**–**	–	–
Ein- und Zweifamilienhäuser, nicht unterkellert, mittlerer Standard	1.058,00	**1.956,00**	2.855,00	0,1%
Ein- und Zweifamilienhäuser, nicht unterkellert, hoher Standard	–	**322,00**	–	0,0%
Ein- und Zweifamilienhäuser, Passivhausstandard, Massivbau	–	**–**	–	–
Ein- und Zweifamilienhäuser, Passivhausstandard, Holzbau	209,00	**401,00**	593,00	0,1%
Ein- und Zweifamilienhäuser, Holzbauweise, unterkellert	–	**–**	–	–
Ein- und Zweifamilienhäuser, Holzbauweise, nicht unterkellert	173,00	**520,00**	866,00	0,1%
Doppel- und Reihenendhäuser, einfacher Standard	–	**–**	–	–
Doppel- und Reihenendhäuser, mittlerer Standard	–	**–**	–	–
Doppel- und Reihenendhäuser, hoher Standard	–	**–**	–	–
Reihenhäuser, einfacher Standard	–	**–**	–	–
Reihenhäuser, mittlerer Standard	–	**–**	–	–
Reihenhäuser, hoher Standard	–	**–**	–	–
Mehrfamilienhäuser				
Mehrfamilienhäuser, mit bis zu 6 WE, einfacher Standard	–	**–**	–	–
Mehrfamilienhäuser, mit bis zu 6 WE, mittlerer Standard	–	**–**	–	–
Mehrfamilienhäuser, mit bis zu 6 WE, hoher Standard	301,00	**523,00**	744,00	0,3%

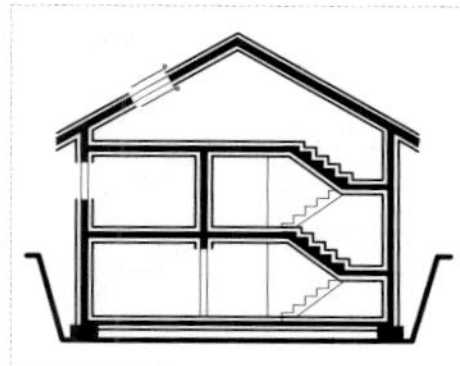

Einheit: m²
Dachlichtschutzfläche

Gebäudeart	▷	€/Einheit	◁	KG an 300
Mehrfamilienhäuser (Fortsetzung)				
Mehrfamilienhäuser, mit 6 bis 19 WE, einfacher Standard	–	–	–	–
Mehrfamilienhäuser, mit 6 bis 19 WE, mittlerer Standard	–	–	–	–
Mehrfamilienhäuser, mit 6 bis 19 WE, hoher Standard	–	–	–	–
Mehrfamilienhäuser, mit 20 oder mehr WE, einfacher Standard	–	–	–	–
Mehrfamilienhäuser, mit 20 oder mehr WE, mittlerer Standard	–	–	–	–
Mehrfamilienhäuser, mit 20 oder mehr WE, hoher Standard	–	–	–	0,0%
Mehrfamilienhäuser, Passivhäuser	–	–	–	–
Wohnhäuser, mit bis zu 15% Mischnutzung, einfacher Standard	–	–	–	–
Wohnhäuser, mit bis zu 15% Mischnutzung, mittlerer Standard	–	–	–	–
Wohnhäuser, mit bis zu 15% Mischnutzung, hoher Standard	–	–	–	–
Wohnhäuser, mit mehr als 15% Mischnutzung	–	–	–	–
Seniorenwohnungen				
Seniorenwohnungen, mittlerer Standard	–	**61,00**	–	0,0%
Seniorenwohnungen, hoher Standard	–	**113,00**	–	0,0%
Beherbergung				
Wohnheime und Internate	–	–	–	–
7 Gewerbegebäude				
Gaststätten und Kantinen				
Gaststätten, Kantinen und Mensen	–	–	–	–
Gebäude für Produktion				
Industrielle Produktionsgebäude, Massivbauweise	–	–	–	–
Industrielle Produktionsgebäude, überwiegend Skelettbauweise	–	–	–	–
Betriebs- und Werkstätten, eingeschossig	–	–	–	–
Betriebs- und Werkstätten, mehrgeschossig, geringer Hallenanteil	–	–	–	–
Betriebs- und Werkstätten, mehrgeschossig, hoher Hallenanteil	–	**472,00**	–	0,1%
Gebäude für Handel und Lager				
Geschäftshäuser, mit Wohnungen	–	–	–	–
Geschäftshäuser, ohne Wohnungen	–	–	–	–
Verbrauchermärkte	–	–	–	–
Autohäuser	–	–	–	–
Lagergebäude, ohne Mischnutzung	–	–	–	–
Lagergebäude, mit bis zu 25% Mischnutzung	–	**102,00**	–	0,1%
Lagergebäude, mit mehr als 25% Mischnutzung	–	–	–	–
Garagen und Bereitschaftsdienste				
Einzel-, Mehrfach- und Hochgaragen	–	–	–	–
Tiefgaragen	–	–	–	–
Feuerwehrhäuser	–	–	–	–
Öffentliche Bereitschaftsdienste	–	–	–	–
9 Kulturgebäude				
Gebäude für kulturelle Zwecke				
Bibliotheken, Museen und Ausstellungen	–	–	–	–
Theater	–	–	–	0,1%
Gemeindezentren, einfacher Standard	–	**231,00**	–	0,0%
Gemeindezentren, mittlerer Standard	–	–	–	–
Gemeindezentren, hoher Standard	–	–	–	0,2%
Gebäude für religiöse Zwecke				
Sakralbauten	–	–	–	–
Friedhofsgebäude	–	–	–	–

Kosten:
Stand 1.Quartal 2021
Bundesdurchschnitt
inkl. 19% MwSt.

Einheit: m²
Dachfläche

▷ von
ø Mittel
◁ bis

Gebäudeart	▷	€/Einheit	◁	KG an 300
1 Büro- und Verwaltungsgebäude				
Büro- und Verwaltungsgebäude, einfacher Standard	–	**0,60**	–	0,0%
Büro- und Verwaltungsgebäude, mittlerer Standard	11,00	**30,00**	55,00	0,4%
Büro- und Verwaltungsgebäude, hoher Standard	8,00	**27,00**	61,00	0,4%
2 Gebäude für Forschung und Lehre				
Instituts- und Laborgebäude	10,00	**10,00**	11,00	0,2%
3 Gebäude des Gesundheitswesens				
Medizinische Einrichtungen	5,30	**18,00**	24,00	0,5%
Pflegeheime	2,30	**9,70**	23,00	0,2%
4 Schulen und Kindergärten				
Allgemeinbildende Schulen	2,70	**11,00**	19,00	0,3%
Berufliche Schulen	4,20	**11,00**	18,00	0,4%
Förder- und Sonderschulen	4,30	**7,60**	10,00	0,3%
Weiterbildungseinrichtungen	1,70	**10,00**	19,00	0,2%
Kindergärten, nicht unterkellert, einfacher Standard	–	**–**	–	–
Kindergärten, nicht unterkellert, mittlerer Standard	4,20	**4,80**	6,60	0,2%
Kindergärten, nicht unterkellert, hoher Standard	20,00	**21,00**	23,00	1,5%
Kindergärten, Holzbauweise, nicht unterkellert	2,80	**7,00**	15,00	0,4%
Kindergärten, unterkellert	5,40	**12,00**	19,00	0,4%
5 Sportbauten				
Sport- und Mehrzweckhallen	–	**1,20**	–	0,0%
Sporthallen (Einfeldhallen)	–	**7,20**	–	0,2%
Sporthallen (Dreifeldhallen)	0,40	**2,70**	5,00	0,2%
Schwimmhallen	–	**–**	–	–
6 Wohngebäude				
Ein- und Zweifamilienhäuser				
Ein- und Zweifamilienhäuser, unterkellert, einfacher Standard	–	**11,00**	–	0,2%
Ein- und Zweifamilienhäuser, unterkellert, mittlerer Standard	2,90	**16,00**	39,00	0,3%
Ein- und Zweifamilienhäuser, unterkellert, hoher Standard	6,60	**12,00**	20,00	0,2%
Ein- und Zweifamilienhäuser, nicht unterkellert, einfacher Standard	–	**–**	–	–
Ein- und Zweifamilienhäuser, nicht unterkellert, mittlerer Standard	2,80	**7,10**	18,00	0,1%
Ein- und Zweifamilienhäuser, nicht unterkellert, hoher Standard	17,00	**27,00**	47,00	0,3%
Ein- und Zweifamilienhäuser, Passivhausstandard, Massivbau	2,80	**3,90**	5,00	0,0%
Ein- und Zweifamilienhäuser, Passivhausstandard, Holzbau	3,30	**5,40**	6,50	0,0%
Ein- und Zweifamilienhäuser, Holzbauweise, unterkellert	1,60	**3,40**	7,00	0,0%
Ein- und Zweifamilienhäuser, Holzbauweise, nicht unterkellert	1,00	**2,40**	4,30	0,1%
Doppel- und Reihenendhäuser, einfacher Standard	–	**–**	–	–
Doppel- und Reihenendhäuser, mittlerer Standard	5,40	**6,50**	7,60	0,1%
Doppel- und Reihenendhäuser, hoher Standard	4,90	**17,00**	40,00	0,3%
Reihenhäuser, einfacher Standard	–	**2,10**	–	0,1%
Reihenhäuser, mittlerer Standard	1,10	**6,00**	16,00	0,2%
Reihenhäuser, hoher Standard	4,90	**19,00**	45,00	0,6%
Mehrfamilienhäuser				
Mehrfamilienhäuser, mit bis zu 6 WE, einfacher Standard	–	**5,70**	–	0,1%
Mehrfamilienhäuser, mit bis zu 6 WE, mittlerer Standard	4,40	**7,80**	14,00	0,2%
Mehrfamilienhäuser, mit bis zu 6 WE, hoher Standard	7,00	**32,00**	74,00	0,8%

Gebäudeart	▷	€/Einheit	◁	KG an 300
Mehrfamilienhäuser (Fortsetzung)				
Mehrfamilienhäuser, mit 6 bis 19 WE, einfacher Standard	3,50	**19,00**	27,00	0,7%
Mehrfamilienhäuser, mit 6 bis 19 WE, mittlerer Standard	3,30	**14,00**	43,00	0,3%
Mehrfamilienhäuser, mit 6 bis 19 WE, hoher Standard	5,90	**24,00**	50,00	0,9%
Mehrfamilienhäuser, mit 20 oder mehr WE, einfacher Standard	3,00	**16,00**	40,00	0,3%
Mehrfamilienhäuser, mit 20 oder mehr WE, mittlerer Standard	2,90	**4,90**	8,20	0,1%
Mehrfamilienhäuser, mit 20 oder mehr WE, hoher Standard	–	**2,30**	–	0,0%
Mehrfamilienhäuser, Passivhäuser	4,20	**15,00**	33,00	0,4%
Wohnhäuser, mit bis zu 15% Mischnutzung, einfacher Standard	2,10	**45,00**	67,00	0,8%
Wohnhäuser, mit bis zu 15% Mischnutzung, mittlerer Standard	–	**17,00**	–	0,1%
Wohnhäuser, mit bis zu 15% Mischnutzung, hoher Standard	–	**292,00**	–	2,2%
Wohnhäuser, mit mehr als 15% Mischnutzung	0,70	**4,70**	8,70	0,1%
Seniorenwohnungen				
Seniorenwohnungen, mittlerer Standard	4,40	**15,00**	57,00	0,5%
Seniorenwohnungen, hoher Standard	1,30	**3,10**	4,90	0,1%
Beherbergung				
Wohnheime und Internate	8,80	**29,00**	76,00	0,7%
7 Gewerbegebäude				
Gaststätten und Kantinen				
Gaststätten, Kantinen und Mensen	–	**–**	–	–
Gebäude für Produktion				
Industrielle Produktionsgebäude, Massivbauweise	–	**6,90**	–	0,1%
Industrielle Produktionsgebäude, überwiegend Skelettbauweise	1,10	**3,30**	5,80	0,2%
Betriebs- und Werkstätten, eingeschossig	–	**0,40**	–	0,0%
Betriebs- und Werkstätten, mehrgeschossig, geringer Hallenanteil	11,00	**11,00**	12,00	0,3%
Betriebs- und Werkstätten, mehrgeschossig, hoher Hallenanteil	1,40	**3,70**	7,50	0,2%
Gebäude für Handel und Lager				
Geschäftshäuser, mit Wohnungen	8,50	**12,00**	20,00	0,3%
Geschäftshäuser, ohne Wohnungen	4,50	**4,90**	5,20	0,1%
Verbrauchermärkte	2,60	**3,20**	3,70	0,4%
Autohäuser	–	**–**	–	–
Lagergebäude, ohne Mischnutzung	1,20	**1,80**	2,40	0,1%
Lagergebäude, mit bis zu 25% Mischnutzung	1,20	**4,20**	10,00	0,4%
Lagergebäude, mit mehr als 25% Mischnutzung	–	**–**	–	–
Garagen und Bereitschaftsdienste				
Einzel-, Mehrfach- und Hochgaragen	43,00	**63,00**	83,00	2,6%
Tiefgaragen	–	**–**	–	–
Feuerwehrhäuser	3,60	**7,70**	12,00	0,4%
Öffentliche Bereitschaftsdienste	1,80	**4,80**	9,90	0,2%
9 Kulturgebäude				
Gebäude für kulturelle Zwecke				
Bibliotheken, Museen und Ausstellungen	2,90	**9,60**	23,00	0,4%
Theater	–	**–**	–	–
Gemeindezentren, einfacher Standard	4,70	**5,60**	6,40	0,3%
Gemeindezentren, mittlerer Standard	4,60	**6,10**	6,80	0,2%
Gemeindezentren, hoher Standard	4,00	**8,50**	18,00	0,4%
Gebäude für religiöse Zwecke				
Sakralbauten	–	**–**	–	–
Friedhofsgebäude	–	**5,40**	–	0,4%

Einheit: m²
Dachfläche

381 Allgemeine Einbauten

Kosten:
Stand 1.Quartal 2021
Bundesdurchschnitt
inkl. 19% MwSt.

Einheit: m²
Brutto-Grundfläche (BGF)

▷ von
ø Mittel
◁ bis

Gebäudeart	▷	€/Einheit	◁	KG an 300
1 Büro- und Verwaltungsgebäude				
Büro- und Verwaltungsgebäude, einfacher Standard	2,10	**10,00**	33,00	1,1%
Büro- und Verwaltungsgebäude, mittlerer Standard	18,00	**35,00**	56,00	1,2%
Büro- und Verwaltungsgebäude, hoher Standard	11,00	**39,00**	114,00	1,2%
2 Gebäude für Forschung und Lehre				
Instituts- und Laborgebäude	–	**10,00**	–	0,1%
3 Gebäude des Gesundheitswesens				
Medizinische Einrichtungen	20,00	**30,00**	40,00	1,5%
Pflegeheime	0,50	**3,20**	11,00	0,4%
4 Schulen und Kindergärten				
Allgemeinbildende Schulen	3,10	**12,00**	31,00	0,5%
Berufliche Schulen	–	**1,30**	–	0,0%
Förder- und Sonderschulen	18,00	**42,00**	117,00	2,8%
Weiterbildungseinrichtungen	39,00	**40,00**	42,00	1,7%
Kindergärten, nicht unterkellert, einfacher Standard	–	**36,00**	–	3,2%
Kindergärten, nicht unterkellert, mittlerer Standard	39,00	**66,00**	132,00	2,0%
Kindergärten, nicht unterkellert, hoher Standard	–	**76,00**	–	2,4%
Kindergärten, Holzbauweise, nicht unterkellert	45,00	**57,00**	80,00	3,3%
Kindergärten, unterkellert	18,00	**73,00**	102,00	5,1%
5 Sportbauten				
Sport- und Mehrzweckhallen	–	**23,00**	–	0,5%
Sporthallen (Einfeldhallen)	–	–	–	–
Sporthallen (Dreifeldhallen)	15,00	**21,00**	33,00	1,0%
Schwimmhallen	–	–	–	–
6 Wohngebäude				
Ein- und Zweifamilienhäuser				
Ein- und Zweifamilienhäuser, unterkellert, einfacher Standard	–	–	–	–
Ein- und Zweifamilienhäuser, unterkellert, mittlerer Standard	6,00	**14,00**	45,00	0,4%
Ein- und Zweifamilienhäuser, unterkellert, hoher Standard	9,10	**27,00**	62,00	0,9%
Ein- und Zweifamilienhäuser, nicht unterkellert, einfacher Standard	–	–	–	–
Ein- und Zweifamilienhäuser, nicht unterkellert, mittlerer Standard	39,00	**50,00**	62,00	0,8%
Ein- und Zweifamilienhäuser, nicht unterkellert, hoher Standard	17,00	**31,00**	59,00	1,4%
Ein- und Zweifamilienhäuser, Passivhausstandard, Massivbau	5,40	**9,00**	12,00	0,1%
Ein- und Zweifamilienhäuser, Passivhausstandard, Holzbau	12,00	**45,00**	79,00	1,0%
Ein- und Zweifamilienhäuser, Holzbauweise, unterkellert	–	**68,00**	–	0,4%
Ein- und Zweifamilienhäuser, Holzbauweise, nicht unterkellert	13,00	**16,00**	19,00	0,6%
Doppel- und Reihenendhäuser, einfacher Standard	–	–	–	–
Doppel- und Reihenendhäuser, mittlerer Standard	–	**59,00**	–	1,0%
Doppel- und Reihenendhäuser, hoher Standard	7,30	**17,00**	27,00	0,4%
Reihenhäuser, einfacher Standard	–	**0,90**	–	0,1%
Reihenhäuser, mittlerer Standard	–	–	–	–
Reihenhäuser, hoher Standard	–	–	–	–
Mehrfamilienhäuser				
Mehrfamilienhäuser, mit bis zu 6 WE, einfacher Standard	1,90	**2,70**	3,50	0,2%
Mehrfamilienhäuser, mit bis zu 6 WE, mittlerer Standard	1,30	**2,00**	2,60	0,1%
Mehrfamilienhäuser, mit bis zu 6 WE, hoher Standard	0,10	**12,00**	24,00	0,4%

Gebäudeart	▷	€/Einheit	◁	KG an 300
Mehrfamilienhäuser (Fortsetzung)				
Mehrfamilienhäuser, mit 6 bis 19 WE, einfacher Standard	–	**26,00**	–	0,9%
Mehrfamilienhäuser, mit 6 bis 19 WE, mittlerer Standard	3,50	**14,00**	41,00	0,9%
Mehrfamilienhäuser, mit 6 bis 19 WE, hoher Standard	3,30	**10,00**	30,00	0,7%
Mehrfamilienhäuser, mit 20 oder mehr WE, einfacher Standard	1,20	**4,00**	6,70	0,2%
Mehrfamilienhäuser, mit 20 oder mehr WE, mittlerer Standard	1,10	**1,90**	3,00	0,2%
Mehrfamilienhäuser, mit 20 oder mehr WE, hoher Standard	–	**19,00**	–	0,6%
Mehrfamilienhäuser, Passivhäuser	3,50	**9,70**	22,00	0,4%
Wohnhäuser, mit bis zu 15% Mischnutzung, einfacher Standard	2,10	**14,00**	25,00	1,1%
Wohnhäuser, mit bis zu 15% Mischnutzung, mittlerer Standard	11,00	**17,00**	23,00	1,2%
Wohnhäuser, mit bis zu 15% Mischnutzung, hoher Standard	–	**–**	–	–
Wohnhäuser, mit mehr als 15% Mischnutzung	3,30	**9,10**	15,00	0,7%
Seniorenwohnungen				
Seniorenwohnungen, mittlerer Standard	4,90	**29,00**	53,00	1,2%
Seniorenwohnungen, hoher Standard	–	**5,20**	–	0,3%
Beherbergung				
Wohnheime und Internate	14,00	**42,00**	64,00	2,4%
7 Gewerbegebäude				
Gaststätten und Kantinen				
Gaststätten, Kantinen und Mensen	–	**0,90**	–	0,1%
Gebäude für Produktion				
Industrielle Produktionsgebäude, Massivbauweise	–	**37,00**	–	1,1%
Industrielle Produktionsgebäude, überwiegend Skelettbauweise	–	**–**	–	–
Betriebs- und Werkstätten, eingeschossig	–	**5,90**	–	0,3%
Betriebs- und Werkstätten, mehrgeschossig, geringer Hallenanteil	7,00	**49,00**	133,00	2,7%
Betriebs- und Werkstätten, mehrgeschossig, hoher Hallenanteil	–	**6,80**	–	0,2%
Gebäude für Handel und Lager				
Geschäftshäuser, mit Wohnungen	–	**4,90**	–	0,2%
Geschäftshäuser, ohne Wohnungen	–	**1,40**	–	0,1%
Verbrauchermärkte	–	**1,10**	–	0,1%
Autohäuser	–	**–**	–	–
Lagergebäude, ohne Mischnutzung	–	**–**	–	–
Lagergebäude, mit bis zu 25% Mischnutzung	–	**22,00**	–	0,7%
Lagergebäude, mit mehr als 25% Mischnutzung	–	**5,40**	–	0,3%
Garagen und Bereitschaftsdienste				
Einzel-, Mehrfach- und Hochgaragen	–	**–**	–	–
Tiefgaragen	–	**–**	–	–
Feuerwehrhäuser	14,00	**32,00**	49,00	2,3%
Öffentliche Bereitschaftsdienste	–	**43,00**	–	0,8%
9 Kulturgebäude				
Gebäude für kulturelle Zwecke				
Bibliotheken, Museen und Ausstellungen	35,00	**62,00**	91,00	2,4%
Theater	30,00	**45,00**	59,00	1,9%
Gemeindezentren, einfacher Standard	20,00	**64,00**	150,00	5,1%
Gemeindezentren, mittlerer Standard	5,50	**38,00**	101,00	2,2%
Gemeindezentren, hoher Standard	11,00	**35,00**	82,00	2,2%
Gebäude für religiöse Zwecke				
Sakralbauten	–	**–**	–	–
Friedhofsgebäude	–	**17,00**	–	1,0%

Einheit: m²
Brutto-Grundfläche (BGF)

Gebäudeart	▷	€/Einheit	◁	KG an 300
1 Büro- und Verwaltungsgebäude				
Büro- und Verwaltungsgebäude, einfacher Standard	–	**–**	–	–
Büro- und Verwaltungsgebäude, mittlerer Standard	2,10	**3,10**	4,10	0,0%
Büro- und Verwaltungsgebäude, hoher Standard	–	**1,60**	–	0,0%
2 Gebäude für Forschung und Lehre				
Instituts- und Laborgebäude	–	**24,00**	–	0,3%
3 Gebäude des Gesundheitswesens				
Medizinische Einrichtungen	0,10	**0,20**	0,30	0,0%
Pflegeheime	–	**–**	–	–
4 Schulen und Kindergärten				
Allgemeinbildende Schulen	4,70	**10,00**	21,00	0,3%
Berufliche Schulen	9,50	**44,00**	108,00	1,5%
Förder- und Sonderschulen	0,50	**7,30**	11,00	0,3%
Weiterbildungseinrichtungen	0,50	**1,40**	2,40	0,1%
Kindergärten, nicht unterkellert, einfacher Standard	–	**–**	–	–
Kindergärten, nicht unterkellert, mittlerer Standard	–	**1,90**	–	0,0%
Kindergärten, nicht unterkellert, hoher Standard	–	**–**	–	–
Kindergärten, Holzbauweise, nicht unterkellert	–	**–**	–	–
Kindergärten, unterkellert	–	**3,00**	–	0,1%
5 Sportbauten				
Sport- und Mehrzweckhallen	–	**9,20**	–	0,2%
Sporthallen (Einfeldhallen)	9,70	**23,00**	31,00	1,5%
Sporthallen (Dreifeldhallen)	78,00	**94,00**	99,00	6,0%
Schwimmhallen	–	**–**	–	–
6 Wohngebäude				
Ein- und Zweifamilienhäuser				
Ein- und Zweifamilienhäuser, unterkellert, einfacher Standard	–	**–**	–	–
Ein- und Zweifamilienhäuser, unterkellert, mittlerer Standard	–	**6,50**	–	0,0%
Ein- und Zweifamilienhäuser, unterkellert, hoher Standard	11,00	**18,00**	30,00	0,3%
Ein- und Zweifamilienhäuser, nicht unterkellert, einfacher Standard	–	**–**	–	–
Ein- und Zweifamilienhäuser, nicht unterkellert, mittlerer Standard	–	**–**	–	–
Ein- und Zweifamilienhäuser, nicht unterkellert, hoher Standard	–	**–**	–	–
Ein- und Zweifamilienhäuser, Passivhausstandard, Massivbau	–	**–**	–	–
Ein- und Zweifamilienhäuser, Passivhausstandard, Holzbau	–	**–**	–	–
Ein- und Zweifamilienhäuser, Holzbauweise, unterkellert	–	**1,30**	–	0,0%
Ein- und Zweifamilienhäuser, Holzbauweise, nicht unterkellert	–	**6,20**	–	0,1%
Doppel- und Reihenendhäuser, einfacher Standard	–	**–**	–	–
Doppel- und Reihenendhäuser, mittlerer Standard	–	**–**	–	–
Doppel- und Reihenendhäuser, hoher Standard	–	**–**	–	–
Reihenhäuser, einfacher Standard	–	**–**	–	–
Reihenhäuser, mittlerer Standard	–	**–**	–	–
Reihenhäuser, hoher Standard	–	**–**	–	–
Mehrfamilienhäuser				
Mehrfamilienhäuser, mit bis zu 6 WE, einfacher Standard	–	**–**	–	–
Mehrfamilienhäuser, mit bis zu 6 WE, mittlerer Standard	–	**–**	–	–
Mehrfamilienhäuser, mit bis zu 6 WE, hoher Standard	–	**5,20**	–	0,1%

Kosten:
Stand 1.Quartal 2021
Bundesdurchschnitt
inkl. 19% MwSt.

Einheit: m²
Brutto-Grundfläche (BGF)

▷ von
ø Mittel
◁ bis

Gebäudeart	▷	€/Einheit	◁	KG an 300
Mehrfamilienhäuser (Fortsetzung)				
Mehrfamilienhäuser, mit 6 bis 19 WE, einfacher Standard	–	**–**	–	–
Mehrfamilienhäuser, mit 6 bis 19 WE, mittlerer Standard	–	**1,50**	–	0,0%
Mehrfamilienhäuser, mit 6 bis 19 WE, hoher Standard	–	**–**	–	–
Mehrfamilienhäuser, mit 20 oder mehr WE, einfacher Standard	–	**–**	–	–
Mehrfamilienhäuser, mit 20 oder mehr WE, mittlerer Standard	–	**–**	–	–
Mehrfamilienhäuser, mit 20 oder mehr WE, hoher Standard	–	**1,00**	–	0,0%
Mehrfamilienhäuser, Passivhäuser	–	**–**	–	–
Wohnhäuser, mit bis zu 15% Mischnutzung, einfacher Standard	–	**–**	–	–
Wohnhäuser, mit bis zu 15% Mischnutzung, mittlerer Standard	–	**–**	–	–
Wohnhäuser, mit bis zu 15% Mischnutzung, hoher Standard	–	**–**	–	–
Wohnhäuser, mit mehr als 15% Mischnutzung	–	**20,00**	–	0,7%
Seniorenwohnungen				
Seniorenwohnungen, mittlerer Standard	–	**–**	–	–
Seniorenwohnungen, hoher Standard	–	**–**	–	–
Beherbergung				
Wohnheime und Internate	–	**0,90**	–	0,0%
7 Gewerbegebäude				
Gaststätten und Kantinen				
Gaststätten, Kantinen und Mensen	–	**1,00**	–	0,1%
Gebäude für Produktion				
Industrielle Produktionsgebäude, Massivbauweise	–	**–**	–	–
Industrielle Produktionsgebäude, überwiegend Skelettbauweise	–	**–**	–	–
Betriebs- und Werkstätten, eingeschossig	–	**23,00**	–	1,2%
Betriebs- und Werkstätten, mehrgeschossig, geringer Hallenanteil	–	**–**	–	–
Betriebs- und Werkstätten, mehrgeschossig, hoher Hallenanteil	–	**1,60**	–	0,0%
Gebäude für Handel und Lager				
Geschäftshäuser, mit Wohnungen	–	**0,30**	–	0,0%
Geschäftshäuser, ohne Wohnungen	–	**1,30**	–	0,1%
Verbrauchermärkte	–	**–**	–	–
Autohäuser	–	**–**	–	–
Lagergebäude, ohne Mischnutzung	–	**–**	–	–
Lagergebäude, mit bis zu 25% Mischnutzung	–	**6,10**	–	0,2%
Lagergebäude, mit mehr als 25% Mischnutzung	–	**–**	–	–
Garagen und Bereitschaftsdienste				
Einzel-, Mehrfach- und Hochgaragen	–	**11,00**	–	0,5%
Tiefgaragen	–	**–**	–	–
Feuerwehrhäuser	2,90	**6,40**	9,90	0,4%
Öffentliche Bereitschaftsdienste	21,00	**49,00**	78,00	2,0%
9 Kulturgebäude				
Gebäude für kulturelle Zwecke				
Bibliotheken, Museen und Ausstellungen	–	**172,00**	–	1,6%
Theater	–	**66,00**	–	1,4%
Gemeindezentren, einfacher Standard	9,80	**20,00**	30,00	1,3%
Gemeindezentren, mittlerer Standard	–	**4,40**	–	0,1%
Gemeindezentren, hoher Standard	19,00	**41,00**	63,00	1,5%
Gebäude für religiöse Zwecke				
Sakralbauten	–	**–**	–	–
Friedhofsgebäude	–	**–**	–	–

Einheit: m²
Brutto-Grundfläche (BGF)

Kosten:
Stand 1.Quartal 2021
Bundesdurchschnitt
inkl. 19% MwSt.

Einheit: m²
Brutto-Grundfläche (BGF)

Gebäudeart	▷	€/Einheit	◁	KG an 300
1 Büro- und Verwaltungsgebäude				
Büro- und Verwaltungsgebäude, einfacher Standard	–	**–**	–	–
Büro- und Verwaltungsgebäude, mittlerer Standard	2,40	**5,10**	7,40	0,1%
Büro- und Verwaltungsgebäude, hoher Standard	–	**1,90**	–	0,0%
2 Gebäude für Forschung und Lehre				
Instituts- und Laborgebäude	–	**–**	–	–
3 Gebäude des Gesundheitswesens				
Medizinische Einrichtungen	–	**–**	–	–
Pflegeheime	–	**–**	–	–
4 Schulen und Kindergärten				
Allgemeinbildende Schulen	0,40	**2,40**	4,70	0,1%
Berufliche Schulen	0,20	**1,20**	1,90	0,1%
Förder- und Sonderschulen	–	**–**	–	–
Weiterbildungseinrichtungen	–	**–**	–	–
Kindergärten, nicht unterkellert, einfacher Standard	–	**–**	–	–
Kindergärten, nicht unterkellert, mittlerer Standard	0,40	**1,20**	1,60	0,0%
Kindergärten, nicht unterkellert, hoher Standard	–	**–**	–	–
Kindergärten, Holzbauweise, nicht unterkellert	0,50	**0,70**	0,90	0,0%
Kindergärten, unterkellert	–	**11,00**	–	0,2%
5 Sportbauten				
Sport- und Mehrzweckhallen	–	**–**	–	–
Sporthallen (Einfeldhallen)	–	**0,20**	–	0,0%
Sporthallen (Dreifeldhallen)	–	**2,60**	–	0,0%
Schwimmhallen	–	**–**	–	–
6 Wohngebäude				
Ein- und Zweifamilienhäuser				
Ein- und Zweifamilienhäuser, unterkellert, einfacher Standard	–	**–**	–	–
Ein- und Zweifamilienhäuser, unterkellert, mittlerer Standard	–	**–**	–	–
Ein- und Zweifamilienhäuser, unterkellert, hoher Standard	–	**–**	–	–
Ein- und Zweifamilienhäuser, nicht unterkellert, einfacher Standard	–	**–**	–	–
Ein- und Zweifamilienhäuser, nicht unterkellert, mittlerer Standard	–	**–**	–	–
Ein- und Zweifamilienhäuser, nicht unterkellert, hoher Standard	–	**3,20**	–	0,0%
Ein- und Zweifamilienhäuser, Passivhausstandard, Massivbau	–	**–**	–	–
Ein- und Zweifamilienhäuser, Passivhausstandard, Holzbau	–	**–**	–	–
Ein- und Zweifamilienhäuser, Holzbauweise, unterkellert	–	**–**	–	–
Ein- und Zweifamilienhäuser, Holzbauweise, nicht unterkellert	–	**–**	–	–
Doppel- und Reihenendhäuser, einfacher Standard	–	**–**	–	–
Doppel- und Reihenendhäuser, mittlerer Standard	–	**–**	–	–
Doppel- und Reihenendhäuser, hoher Standard	–	**–**	–	–
Reihenhäuser, einfacher Standard	–	**–**	–	–
Reihenhäuser, mittlerer Standard	–	**–**	–	–
Reihenhäuser, hoher Standard	–	**–**	–	–
Mehrfamilienhäuser				
Mehrfamilienhäuser, mit bis zu 6 WE, einfacher Standard	–	**–**	–	–
Mehrfamilienhäuser, mit bis zu 6 WE, mittlerer Standard	–	**–**	–	–
Mehrfamilienhäuser, mit bis zu 6 WE, hoher Standard	–	**–**	–	–

▷ von
ø Mittel
◁ bis

Einheit: m²
Brutto-Grundfläche (BGF)

Gebäudeart	▷	€/Einheit	◁	KG an 300
Mehrfamilienhäuser (Fortsetzung)				
Mehrfamilienhäuser, mit 6 bis 19 WE, einfacher Standard	–	**–**	–	–
Mehrfamilienhäuser, mit 6 bis 19 WE, mittlerer Standard	0,10	**0,10**	0,10	0,0%
Mehrfamilienhäuser, mit 6 bis 19 WE, hoher Standard	–	**–**	–	–
Mehrfamilienhäuser, mit 20 oder mehr WE, einfacher Standard	–	**–**	–	–
Mehrfamilienhäuser, mit 20 oder mehr WE, mittlerer Standard	–	**–**	–	–
Mehrfamilienhäuser, mit 20 oder mehr WE, hoher Standard	–	**–**	–	–
Mehrfamilienhäuser, Passivhäuser	–	**–**	–	–
Wohnhäuser, mit bis zu 15% Mischnutzung, einfacher Standard	–	**–**	–	–
Wohnhäuser, mit bis zu 15% Mischnutzung, mittlerer Standard	–	**–**	–	–
Wohnhäuser, mit bis zu 15% Mischnutzung, hoher Standard	–	**–**	–	–
Wohnhäuser, mit mehr als 15% Mischnutzung	–	**–**	–	–
Seniorenwohnungen				
Seniorenwohnungen, mittlerer Standard	–	**1,00**	–	0,0%
Seniorenwohnungen, hoher Standard	–	**–**	–	–
Beherbergung				
Wohnheime und Internate	0,40	**0,80**	1,20	0,0%
7 Gewerbegebäude				
Gaststätten und Kantinen				
Gaststätten, Kantinen und Mensen	–	**4,20**	–	0,2%
Gebäude für Produktion				
Industrielle Produktionsgebäude, Massivbauweise	–	**–**	–	–
Industrielle Produktionsgebäude, überwiegend Skelettbauweise	–	**–**	–	–
Betriebs- und Werkstätten, eingeschossig	–	**–**	–	–
Betriebs- und Werkstätten, mehrgeschossig, geringer Hallenanteil	–	**5,80**	–	0,1%
Betriebs- und Werkstätten, mehrgeschossig, hoher Hallenanteil	–	**0,10**	–	0,0%
Gebäude für Handel und Lager				
Geschäftshäuser, mit Wohnungen	–	**–**	–	–
Geschäftshäuser, ohne Wohnungen	–	**–**	–	–
Verbrauchermärkte	–	**–**	–	–
Autohäuser	–	**3,50**	–	0,1%
Lagergebäude, ohne Mischnutzung	–	**1,20**	–	0,0%
Lagergebäude, mit bis zu 25% Mischnutzung	–	**11,00**	–	0,4%
Lagergebäude, mit mehr als 25% Mischnutzung	–	**0,20**	–	0,0%
Garagen und Bereitschaftsdienste				
Einzel-, Mehrfach- und Hochgaragen	–	**1,60**	–	0,1%
Tiefgaragen	–	**–**	–	–
Feuerwehrhäuser	–	**3,10**	–	0,1%
Öffentliche Bereitschaftsdienste	–	**–**	–	–
9 Kulturgebäude				
Gebäude für kulturelle Zwecke				
Bibliotheken, Museen und Ausstellungen	1,30	**12,00**	22,00	0,3%
Theater	–	**14,00**	–	0,3%
Gemeindezentren, einfacher Standard	–	**–**	–	–
Gemeindezentren, mittlerer Standard	–	**–**	–	–
Gemeindezentren, hoher Standard	–	**0,30**	–	0,0%
Gebäude für religiöse Zwecke				
Sakralbauten	–	**–**	–	–
Friedhofsgebäude	–	**–**	–	–

Kosten:
Stand 1.Quartal 2021
Bundesdurchschnitt
inkl. 19% MwSt.

Einheit: m²
Brutto-Grundfläche (BGF)

▷ von
ø Mittel
◁ bis

Gebäudeart	▷	€/Einheit	◁	KG an 300
1 Büro- und Verwaltungsgebäude				
Büro- und Verwaltungsgebäude, einfacher Standard	–	**–**	–	–
Büro- und Verwaltungsgebäude, mittlerer Standard	2,10	**3,00**	4,30	0,0%
Büro- und Verwaltungsgebäude, hoher Standard	–	**–**	–	–
2 Gebäude für Forschung und Lehre				
Instituts- und Laborgebäude	–	**–**	–	–
3 Gebäude des Gesundheitswesens				
Medizinische Einrichtungen	–	**3,50**	–	0,1%
Pflegeheime	–	**–**	–	–
4 Schulen und Kindergärten				
Allgemeinbildende Schulen	–	**0,40**	–	0,0%
Berufliche Schulen	–	**–**	–	–
Förder- und Sonderschulen	–	**–**	–	–
Weiterbildungseinrichtungen	–	**–**	–	–
Kindergärten, nicht unterkellert, einfacher Standard	–	**8,70**	–	0,8%
Kindergärten, nicht unterkellert, mittlerer Standard	–	**–**	–	–
Kindergärten, nicht unterkellert, hoher Standard	–	**–**	–	–
Kindergärten, Holzbauweise, nicht unterkellert	–	**0,30**	–	0,0%
Kindergärten, unterkellert	–	**–**	–	–
5 Sportbauten				
Sport- und Mehrzweckhallen	–	**–**	–	–
Sporthallen (Einfeldhallen)	–	**–**	–	–
Sporthallen (Dreifeldhallen)	–	**–**	–	–
Schwimmhallen	–	**–**	–	–
6 Wohngebäude				
Ein- und Zweifamilienhäuser				
Ein- und Zweifamilienhäuser, unterkellert, einfacher Standard	–	**–**	–	–
Ein- und Zweifamilienhäuser, unterkellert, mittlerer Standard	–	**3,10**	–	0,0%
Ein- und Zweifamilienhäuser, unterkellert, hoher Standard	5,40	**6,30**	7,10	0,1%
Ein- und Zweifamilienhäuser, nicht unterkellert, einfacher Standard	–	**–**	–	–
Ein- und Zweifamilienhäuser, nicht unterkellert, mittlerer Standard	–	**–**	–	–
Ein- und Zweifamilienhäuser, nicht unterkellert, hoher Standard	–	**–**	–	–
Ein- und Zweifamilienhäuser, Passivhausstandard, Massivbau	–	**–**	–	–
Ein- und Zweifamilienhäuser, Passivhausstandard, Holzbau	–	**–**	–	–
Ein- und Zweifamilienhäuser, Holzbauweise, unterkellert	–	**1,60**	–	0,0%
Ein- und Zweifamilienhäuser, Holzbauweise, nicht unterkellert	–	**–**	–	–
Doppel- und Reihenendhäuser, einfacher Standard	–	**–**	–	–
Doppel- und Reihenendhäuser, mittlerer Standard	–	**–**	–	–
Doppel- und Reihenendhäuser, hoher Standard	–	**–**	–	–
Reihenhäuser, einfacher Standard	–	**–**	–	–
Reihenhäuser, mittlerer Standard	–	**–**	–	–
Reihenhäuser, hoher Standard	–	**–**	–	–
Mehrfamilienhäuser				
Mehrfamilienhäuser, mit bis zu 6 WE, einfacher Standard	–	**–**	–	–
Mehrfamilienhäuser, mit bis zu 6 WE, mittlerer Standard	–	**–**	–	–
Mehrfamilienhäuser, mit bis zu 6 WE, hoher Standard	–	**–**	–	–

Gebäudeart	▷	€/Einheit	◁	KG an 300
Mehrfamilienhäuser (Fortsetzung)				
Mehrfamilienhäuser, mit 6 bis 19 WE, einfacher Standard	–	–	–	–
Mehrfamilienhäuser, mit 6 bis 19 WE, mittlerer Standard	–	**0,30**	–	0,0%
Mehrfamilienhäuser, mit 6 bis 19 WE, hoher Standard	–	–	–	–
Mehrfamilienhäuser, mit 20 oder mehr WE, einfacher Standard	–	–	–	–
Mehrfamilienhäuser, mit 20 oder mehr WE, mittlerer Standard	–	–	–	–
Mehrfamilienhäuser, mit 20 oder mehr WE, hoher Standard	–	–	–	–
Mehrfamilienhäuser, Passivhäuser	–	–	–	–
Wohnhäuser, mit bis zu 15% Mischnutzung, einfacher Standard	–	**0,50**	–	0,0%
Wohnhäuser, mit bis zu 15% Mischnutzung, mittlerer Standard	–	–	–	–
Wohnhäuser, mit bis zu 15% Mischnutzung, hoher Standard	–	–	–	–
Wohnhäuser, mit mehr als 15% Mischnutzung	–	–	–	–
Seniorenwohnungen				
Seniorenwohnungen, mittlerer Standard	–	**2,70**	–	0,1%
Seniorenwohnungen, hoher Standard	–	**3,40**	–	0,2%
Beherbergung				
Wohnheime und Internate	–	–	–	–
7 Gewerbegebäude				
Gaststätten und Kantinen				
Gaststätten, Kantinen und Mensen	–	–	–	–
Gebäude für Produktion				
Industrielle Produktionsgebäude, Massivbauweise	–	–	–	–
Industrielle Produktionsgebäude, überwiegend Skelettbauweise	–	–	–	–
Betriebs- und Werkstätten, eingeschossig	–	–	–	–
Betriebs- und Werkstätten, mehrgeschossig, geringer Hallenanteil	–	–	–	–
Betriebs- und Werkstätten, mehrgeschossig, hoher Hallenanteil	–	–	–	–
Gebäude für Handel und Lager				
Geschäftshäuser, mit Wohnungen	–	–	–	–
Geschäftshäuser, ohne Wohnungen	–	–	–	–
Verbrauchermärkte	–	–	–	–
Autohäuser	–	–	–	–
Lagergebäude, ohne Mischnutzung	–	–	–	–
Lagergebäude, mit bis zu 25% Mischnutzung	–	–	–	–
Lagergebäude, mit mehr als 25% Mischnutzung	–	–	–	–
Garagen und Bereitschaftsdienste				
Einzel-, Mehrfach- und Hochgaragen	–	–	–	–
Tiefgaragen	–	–	–	–
Feuerwehrhäuser	–	–	–	–
Öffentliche Bereitschaftsdienste	–	–	–	–
9 Kulturgebäude				
Gebäude für kulturelle Zwecke				
Bibliotheken, Museen und Ausstellungen	–	–	–	–
Theater	–	–	–	–
Gemeindezentren, einfacher Standard	–	–	–	–
Gemeindezentren, mittlerer Standard	–	–	–	–
Gemeindezentren, hoher Standard	–	–	–	–
Gebäude für religiöse Zwecke				
Sakralbauten	–	–	–	–
Friedhofsgebäude	–	–	–	–

Einheit: m²
Brutto-Grundfläche (BGF)

Kosten:
Stand 1.Quartal 2021
Bundesdurchschnitt
inkl. 19% MwSt.

Einheit: m²
Brutto-Grundfläche (BGF)

▷ von
ø Mittel
◁ bis

Gebäudeart	▷	€/Einheit	◁	KG an 300
1 Büro- und Verwaltungsgebäude				
Büro- und Verwaltungsgebäude, einfacher Standard	20,00	**25,00**	40,00	2,5%
Büro- und Verwaltungsgebäude, mittlerer Standard	20,00	**38,00**	60,00	2,8%
Büro- und Verwaltungsgebäude, hoher Standard	34,00	**67,00**	115,00	3,3%
2 Gebäude für Forschung und Lehre				
Instituts- und Laborgebäude	25,00	**40,00**	51,00	2,8%
3 Gebäude des Gesundheitswesens				
Medizinische Einrichtungen	26,00	**34,00**	49,00	2,8%
Pflegeheime	7,30	**12,00**	23,00	1,3%
4 Schulen und Kindergärten				
Allgemeinbildende Schulen	21,00	**42,00**	76,00	2,8%
Berufliche Schulen	10,00	**46,00**	100,00	3,5%
Förder- und Sonderschulen	32,00	**47,00**	68,00	3,2%
Weiterbildungseinrichtungen	10,00	**42,00**	58,00	2,7%
Kindergärten, nicht unterkellert, einfacher Standard	–	**2,40**	–	0,2%
Kindergärten, nicht unterkellert, mittlerer Standard	14,00	**29,00**	43,00	1,7%
Kindergärten, nicht unterkellert, hoher Standard	25,00	**34,00**	43,00	2,3%
Kindergärten, Holzbauweise, nicht unterkellert	19,00	**32,00**	50,00	2,2%
Kindergärten, unterkellert	52,00	**61,00**	75,00	4,1%
5 Sportbauten				
Sport- und Mehrzweckhallen	7,50	**27,00**	62,00	1,9%
Sporthallen (Einfeldhallen)	25,00	**28,00**	34,00	2,0%
Sporthallen (Dreifeldhallen)	49,00	**77,00**	107,00	4,8%
Schwimmhallen	–	**–**	–	–
6 Wohngebäude				
Ein- und Zweifamilienhäuser				
Ein- und Zweifamilienhäuser, unterkellert, einfacher Standard	8,10	**14,00**	19,00	1,0%
Ein- und Zweifamilienhäuser, unterkellert, mittlerer Standard	14,00	**27,00**	56,00	2,4%
Ein- und Zweifamilienhäuser, unterkellert, hoher Standard	13,00	**26,00**	52,00	2,0%
Ein- und Zweifamilienhäuser, nicht unterkellert, einfacher Standard	15,00	**23,00**	31,00	3,0%
Ein- und Zweifamilienhäuser, nicht unterkellert, mittlerer Standard	8,00	**17,00**	36,00	1,5%
Ein- und Zweifamilienhäuser, nicht unterkellert, hoher Standard	9,70	**22,00**	40,00	1,6%
Ein- und Zweifamilienhäuser, Passivhausstandard, Massivbau	9,20	**21,00**	41,00	1,8%
Ein- und Zweifamilienhäuser, Passivhausstandard, Holzbau	16,00	**23,00**	32,00	1,8%
Ein- und Zweifamilienhäuser, Holzbauweise, unterkellert	13,00	**17,00**	30,00	1,7%
Ein- und Zweifamilienhäuser, Holzbauweise, nicht unterkellert	9,70	**27,00**	55,00	2,1%
Doppel- und Reihenendhäuser, einfacher Standard	2,20	**8,50**	12,00	1,1%
Doppel- und Reihenendhäuser, mittlerer Standard	5,30	**13,00**	22,00	1,4%
Doppel- und Reihenendhäuser, hoher Standard	9,20	**24,00**	36,00	2,3%
Reihenhäuser, einfacher Standard	2,20	**2,80**	3,50	0,4%
Reihenhäuser, mittlerer Standard	9,40	**20,00**	25,00	2,2%
Reihenhäuser, hoher Standard	23,00	**25,00**	28,00	2,3%
Mehrfamilienhäuser				
Mehrfamilienhäuser, mit bis zu 6 WE, einfacher Standard	9,00	**9,30**	9,80	1,3%
Mehrfamilienhäuser, mit bis zu 6 WE, mittlerer Standard	6,40	**18,00**	39,00	1,8%
Mehrfamilienhäuser, mit bis zu 6 WE, hoher Standard	16,00	**27,00**	40,00	2,4%

Einheit: m²
Brutto-Grundfläche (BGF)

Gebäudeart	▷	€/Einheit	◁	KG an 300
Mehrfamilienhäuser (Fortsetzung)				
Mehrfamilienhäuser, mit 6 bis 19 WE, einfacher Standard	6,40	**24,00**	57,00	2,5%
Mehrfamilienhäuser, mit 6 bis 19 WE, mittlerer Standard	8,60	**14,00**	30,00	1,6%
Mehrfamilienhäuser, mit 6 bis 19 WE, hoher Standard	12,00	**23,00**	48,00	2,5%
Mehrfamilienhäuser, mit 20 oder mehr WE, einfacher Standard	9,00	**17,00**	26,00	2,2%
Mehrfamilienhäuser, mit 20 oder mehr WE, mittlerer Standard	6,60	**29,00**	43,00	3,0%
Mehrfamilienhäuser, mit 20 oder mehr WE, hoher Standard	9,30	**28,00**	64,00	2,8%
Mehrfamilienhäuser, Passivhäuser	13,00	**22,00**	39,00	2,3%
Wohnhäuser, mit bis zu 15% Mischnutzung, einfacher Standard	16,00	**31,00**	59,00	3,6%
Wohnhäuser, mit bis zu 15% Mischnutzung, mittlerer Standard	15,00	**18,00**	21,00	1,3%
Wohnhäuser, mit bis zu 15% Mischnutzung, hoher Standard	–	**70,00**	–	4,7%
Wohnhäuser, mit mehr als 15% Mischnutzung	13,00	**24,00**	45,00	2,0%
Seniorenwohnungen				
Seniorenwohnungen, mittlerer Standard	11,00	**29,00**	58,00	3,3%
Seniorenwohnungen, hoher Standard	11,00	**14,00**	17,00	1,6%
Beherbergung				
Wohnheime und Internate	15,00	**45,00**	203,00	3,6%
7 Gewerbegebäude				
Gaststätten und Kantinen				
Gaststätten, Kantinen und Mensen	–	**47,00**	–	2,6%
Gebäude für Produktion				
Industrielle Produktionsgebäude, Massivbauweise	19,00	**23,00**	25,00	2,3%
Industrielle Produktionsgebäude, überwiegend Skelettbauweise	13,00	**35,00**	67,00	3,0%
Betriebs- und Werkstätten, eingeschossig	26,00	**41,00**	55,00	4,2%
Betriebs- und Werkstätten, mehrgeschossig, geringer Hallenanteil	13,00	**25,00**	38,00	2,6%
Betriebs- und Werkstätten, mehrgeschossig, hoher Hallenanteil	5,30	**18,00**	32,00	1,5%
Gebäude für Handel und Lager				
Geschäftshäuser, mit Wohnungen	13,00	**22,00**	38,00	2,1%
Geschäftshäuser, ohne Wohnungen	5,40	**6,70**	8,10	0,7%
Verbrauchermärkte	5,00	**7,50**	10,00	0,8%
Autohäuser	10,00	**15,00**	20,00	1,1%
Lagergebäude, ohne Mischnutzung	9,60	**21,00**	31,00	2,6%
Lagergebäude, mit bis zu 25% Mischnutzung	7,10	**8,20**	10,00	1,0%
Lagergebäude, mit mehr als 25% Mischnutzung	13,00	**27,00**	40,00	3,1%
Garagen und Bereitschaftsdienste				
Einzel-, Mehrfach- und Hochgaragen	2,50	**3,10**	3,60	0,3%
Tiefgaragen	–	**18,00**	–	2,1%
Feuerwehrhäuser	15,00	**28,00**	37,00	2,6%
Öffentliche Bereitschaftsdienste	22,00	**23,00**	27,00	2,3%
9 Kulturgebäude				
Gebäude für kulturelle Zwecke				
Bibliotheken, Museen und Ausstellungen	39,00	**67,00**	109,00	3,0%
Theater	43,00	**54,00**	65,00	2,4%
Gemeindezentren, einfacher Standard	11,00	**16,00**	18,00	1,3%
Gemeindezentren, mittlerer Standard	21,00	**31,00**	66,00	2,3%
Gemeindezentren, hoher Standard	5,20	**22,00**	33,00	1,3%
Gebäude für religiöse Zwecke				
Sakralbauten	–	**–**	–	–
Friedhofsgebäude	–	**54,00**	–	3,3%

Kosten:
Stand 1.Quartal 2021
Bundesdurchschnitt
inkl. 19% MwSt.

Einheit: m²
Brutto-Grundfläche (BGF)

Gebäudeart	▷	€/Einheit	◁	KG an 300
1 Büro- und Verwaltungsgebäude				
Büro- und Verwaltungsgebäude, einfacher Standard	6,90	**8,90**	11,00	0,9%
Büro- und Verwaltungsgebäude, mittlerer Standard	11,00	**17,00**	24,00	1,2%
Büro- und Verwaltungsgebäude, hoher Standard	10,00	**21,00**	34,00	1,1%
2 Gebäude für Forschung und Lehre				
Instituts- und Laborgebäude	12,00	**24,00**	58,00	1,7%
3 Gebäude des Gesundheitswesens				
Medizinische Einrichtungen	16,00	**17,00**	20,00	1,5%
Pflegeheime	4,50	**12,00**	21,00	1,1%
4 Schulen und Kindergärten				
Allgemeinbildende Schulen	11,00	**21,00**	32,00	1,3%
Berufliche Schulen	7,40	**17,00**	32,00	1,1%
Förder- und Sonderschulen	12,00	**30,00**	46,00	1,9%
Weiterbildungseinrichtungen	2,10	**28,00**	44,00	1,5%
Kindergärten, nicht unterkellert, einfacher Standard	–	**6,30**	–	0,6%
Kindergärten, nicht unterkellert, mittlerer Standard	7,30	**16,00**	24,00	1,1%
Kindergärten, nicht unterkellert, hoher Standard	–	**9,70**	–	0,3%
Kindergärten, Holzbauweise, nicht unterkellert	12,00	**16,00**	22,00	0,8%
Kindergärten, unterkellert	12,00	**15,00**	17,00	1,0%
5 Sportbauten				
Sport- und Mehrzweckhallen	29,00	**33,00**	38,00	1,5%
Sporthallen (Einfeldhallen)	24,00	**35,00**	54,00	2,3%
Sporthallen (Dreifeldhallen)	10,00	**30,00**	51,00	1,9%
Schwimmhallen	–	**–**	–	–
6 Wohngebäude				
Ein- und Zweifamilienhäuser				
Ein- und Zweifamilienhäuser, unterkellert, einfacher Standard	5,50	**7,50**	11,00	0,9%
Ein- und Zweifamilienhäuser, unterkellert, mittlerer Standard	8,20	**13,00**	19,00	1,2%
Ein- und Zweifamilienhäuser, unterkellert, hoher Standard	7,30	**11,00**	17,00	0,9%
Ein- und Zweifamilienhäuser, nicht unterkellert, einfacher Standard	14,00	**14,00**	15,00	1,9%
Ein- und Zweifamilienhäuser, nicht unterkellert, mittlerer Standard	12,00	**18,00**	26,00	1,5%
Ein- und Zweifamilienhäuser, nicht unterkellert, hoher Standard	13,00	**18,00**	34,00	1,3%
Ein- und Zweifamilienhäuser, Passivhausstandard, Massivbau	9,60	**14,00**	21,00	1,2%
Ein- und Zweifamilienhäuser, Passivhausstandard, Holzbau	11,00	**15,00**	24,00	1,0%
Ein- und Zweifamilienhäuser, Holzbauweise, unterkellert	12,00	**20,00**	39,00	1,5%
Ein- und Zweifamilienhäuser, Holzbauweise, nicht unterkellert	8,90	**13,00**	21,00	0,9%
Doppel- und Reihenendhäuser, einfacher Standard	12,00	**12,00**	13,00	1,1%
Doppel- und Reihenendhäuser, mittlerer Standard	12,00	**16,00**	20,00	1,4%
Doppel- und Reihenendhäuser, hoher Standard	4,50	**8,90**	14,00	0,7%
Reihenhäuser, einfacher Standard	5,30	**6,60**	7,90	1,0%
Reihenhäuser, mittlerer Standard	7,10	**8,40**	11,00	0,9%
Reihenhäuser, hoher Standard	11,00	**14,00**	17,00	0,8%
Mehrfamilienhäuser				
Mehrfamilienhäuser, mit bis zu 6 WE, einfacher Standard	2,80	**5,30**	6,80	0,7%
Mehrfamilienhäuser, mit bis zu 6 WE, mittlerer Standard	7,90	**11,00**	16,00	1,2%
Mehrfamilienhäuser, mit bis zu 6 WE, hoher Standard	6,10	**12,00**	19,00	1,1%

▷ von
ø Mittel
◁ bis

Gebäudeart	▷	€/Einheit	◁	KG an 300
Mehrfamilienhäuser (Fortsetzung)				
Mehrfamilienhäuser, mit 6 bis 19 WE, einfacher Standard	4,20	**10,00**	17,00	0,7%
Mehrfamilienhäuser, mit 6 bis 19 WE, mittlerer Standard	7,20	**11,00**	16,00	1,0%
Mehrfamilienhäuser, mit 6 bis 19 WE, hoher Standard	5,80	**10,00**	15,00	1,1%
Mehrfamilienhäuser, mit 20 oder mehr WE, einfacher Standard	2,90	**8,90**	14,00	1,2%
Mehrfamilienhäuser, mit 20 oder mehr WE, mittlerer Standard	6,40	**13,00**	25,00	1,3%
Mehrfamilienhäuser, mit 20 oder mehr WE, hoher Standard	6,80	**11,00**	13,00	1,0%
Mehrfamilienhäuser, Passivhäuser	9,20	**15,00**	22,00	1,6%
Wohnhäuser, mit bis zu 15% Mischnutzung, einfacher Standard	7,90	**10,00**	14,00	1,2%
Wohnhäuser, mit bis zu 15% Mischnutzung, mittlerer Standard	–	**8,30**	–	0,3%
Wohnhäuser, mit bis zu 15% Mischnutzung, hoher Standard	–	**22,00**	–	1,5%
Wohnhäuser, mit mehr als 15% Mischnutzung	11,00	**17,00**	27,00	1,6%
Seniorenwohnungen				
Seniorenwohnungen, mittlerer Standard	4,80	**9,80**	15,00	1,1%
Seniorenwohnungen, hoher Standard	11,00	**15,00**	19,00	1,6%
Beherbergung				
Wohnheime und Internate	9,40	**16,00**	23,00	1,2%
7 Gewerbegebäude				
Gaststätten und Kantinen				
Gaststätten, Kantinen und Mensen	–	**17,00**	–	1,0%
Gebäude für Produktion				
Industrielle Produktionsgebäude, Massivbauweise	5,70	**8,70**	10,00	0,9%
Industrielle Produktionsgebäude, überwiegend Skelettbauweise	2,30	**3,80**	6,20	0,4%
Betriebs- und Werkstätten, eingeschossig	0,50	**3,40**	6,20	0,3%
Betriebs- und Werkstätten, mehrgeschossig, geringer Hallenanteil	2,80	**6,50**	12,00	0,7%
Betriebs- und Werkstätten, mehrgeschossig, hoher Hallenanteil	8,60	**12,00**	15,00	1,5%
Gebäude für Handel und Lager				
Geschäftshäuser, mit Wohnungen	8,00	**9,30**	10,00	0,9%
Geschäftshäuser, ohne Wohnungen	9,90	**11,00**	12,00	1,1%
Verbrauchermärkte	7,70	**13,00**	18,00	1,4%
Autohäuser	11,00	**13,00**	15,00	0,9%
Lagergebäude, ohne Mischnutzung	9,30	**14,00**	19,00	1,9%
Lagergebäude, mit bis zu 25% Mischnutzung	4,80	**14,00**	31,00	1,6%
Lagergebäude, mit mehr als 25% Mischnutzung	–	**8,50**	–	0,4%
Garagen und Bereitschaftsdienste				
Einzel-, Mehrfach- und Hochgaragen	0,60	**2,80**	4,90	0,2%
Tiefgaragen	–	**–**	–	–
Feuerwehrhäuser	1,30	**9,50**	14,00	0,8%
Öffentliche Bereitschaftsdienste	14,00	**17,00**	29,00	1,7%
9 Kulturgebäude				
Gebäude für kulturelle Zwecke				
Bibliotheken, Museen und Ausstellungen	17,00	**26,00**	60,00	1,2%
Theater	42,00	**46,00**	50,00	2,0%
Gemeindezentren, einfacher Standard	2,90	**6,80**	13,00	0,6%
Gemeindezentren, mittlerer Standard	10,00	**20,00**	29,00	1,4%
Gemeindezentren, hoher Standard	11,00	**20,00**	39,00	1,1%
Gebäude für religiöse Zwecke				
Sakralbauten	–	**–**	–	–
Friedhofsgebäude	–	**28,00**	–	1,7%

Einheit: m²
Brutto-Grundfläche (BGF)

Kosten:
Stand 1.Quartal 2021
Bundesdurchschnitt
inkl. 19% MwSt.

Einheit: m²
Brutto-Grundfläche (BGF)

Gebäudeart	▷	€/Einheit	◁	KG an 300
1 Büro- und Verwaltungsgebäude				
Büro- und Verwaltungsgebäude, einfacher Standard	–	**–**	–	–
Büro- und Verwaltungsgebäude, mittlerer Standard	–	**3,90**	–	0,0%
Büro- und Verwaltungsgebäude, hoher Standard	–	**–**	–	–
2 Gebäude für Forschung und Lehre				
Instituts- und Laborgebäude	–	**4,90**	–	0,1%
3 Gebäude des Gesundheitswesens				
Medizinische Einrichtungen	–	**–**	–	–
Pflegeheime	–	**–**	–	–
4 Schulen und Kindergärten				
Allgemeinbildende Schulen	–	**6,00**	–	0,1%
Berufliche Schulen	–	**–**	–	–
Förder- und Sonderschulen	–	**3,20**	–	0,0%
Weiterbildungseinrichtungen	–	**–**	–	–
Kindergärten, nicht unterkellert, einfacher Standard	–	**–**	–	–
Kindergärten, nicht unterkellert, mittlerer Standard	–	**–**	–	–
Kindergärten, nicht unterkellert, hoher Standard	–	**–**	–	–
Kindergärten, Holzbauweise, nicht unterkellert	–	**–**	–	–
Kindergärten, unterkellert	–	**–**	–	–
5 Sportbauten				
Sport- und Mehrzweckhallen	–	**–**	–	–
Sporthallen (Einfeldhallen)	–	**–**	–	–
Sporthallen (Dreifeldhallen)	–	**–**	–	–
Schwimmhallen	–	**–**	–	–
6 Wohngebäude				
Ein- und Zweifamilienhäuser				
Ein- und Zweifamilienhäuser, unterkellert, einfacher Standard	–	**–**	–	–
Ein- und Zweifamilienhäuser, unterkellert, mittlerer Standard	–	**–**	–	–
Ein- und Zweifamilienhäuser, unterkellert, hoher Standard	2,30	**7,90**	14,00	0,1%
Ein- und Zweifamilienhäuser, nicht unterkellert, einfacher Standard	–	**–**	–	–
Ein- und Zweifamilienhäuser, nicht unterkellert, mittlerer Standard	–	**–**	–	–
Ein- und Zweifamilienhäuser, nicht unterkellert, hoher Standard	–	**–**	–	–
Ein- und Zweifamilienhäuser, Passivhausstandard, Massivbau	–	**–**	–	–
Ein- und Zweifamilienhäuser, Passivhausstandard, Holzbau	–	**–**	–	–
Ein- und Zweifamilienhäuser, Holzbauweise, unterkellert	–	**–**	–	–
Ein- und Zweifamilienhäuser, Holzbauweise, nicht unterkellert	–	**–**	–	–
Doppel- und Reihenendhäuser, einfacher Standard	–	**–**	–	–
Doppel- und Reihenendhäuser, mittlerer Standard	–	**36,00**	–	0,4%
Doppel- und Reihenendhäuser, hoher Standard	–	**2,20**	–	0,0%
Reihenhäuser, einfacher Standard	–	**–**	–	–
Reihenhäuser, mittlerer Standard	–	**–**	–	–
Reihenhäuser, hoher Standard	–	**–**	–	–
Mehrfamilienhäuser				
Mehrfamilienhäuser, mit bis zu 6 WE, einfacher Standard	–	**–**	–	–
Mehrfamilienhäuser, mit bis zu 6 WE, mittlerer Standard	–	**–**	–	–
Mehrfamilienhäuser, mit bis zu 6 WE, hoher Standard	–	**–**	–	–

▷ von
ø Mittel
◁ bis

 Erläuterungen zu den Tabellen siehe Seite 48

Gebäudeart	▷	€/Einheit	◁	KG an 300
Mehrfamilienhäuser (Fortsetzung)				
Mehrfamilienhäuser, mit 6 bis 19 WE, einfacher Standard	–	**–**	–	–
Mehrfamilienhäuser, mit 6 bis 19 WE, mittlerer Standard	–	**0,20**	–	0,0%
Mehrfamilienhäuser, mit 6 bis 19 WE, hoher Standard	4,40	**14,00**	20,00	0,8%
Mehrfamilienhäuser, mit 20 oder mehr WE, einfacher Standard	–	**–**	–	–
Mehrfamilienhäuser, mit 20 oder mehr WE, mittlerer Standard	–	**–**	–	–
Mehrfamilienhäuser, mit 20 oder mehr WE, hoher Standard	–	**–**	–	–
Mehrfamilienhäuser, Passivhäuser	–	**4,10**	–	0,1%
Wohnhäuser, mit bis zu 15% Mischnutzung, einfacher Standard	–	**–**	–	–
Wohnhäuser, mit bis zu 15% Mischnutzung, mittlerer Standard	–	**–**	–	–
Wohnhäuser, mit bis zu 15% Mischnutzung, hoher Standard	–	**–**	–	–
Wohnhäuser, mit mehr als 15% Mischnutzung	–	**–**	–	–
Seniorenwohnungen				
Seniorenwohnungen, mittlerer Standard	–	**–**	–	–
Seniorenwohnungen, hoher Standard	–	**–**	–	–
Beherbergung				
Wohnheime und Internate	–	**32,00**	–	0,4%
7 Gewerbegebäude				
Gaststätten und Kantinen				
Gaststätten, Kantinen und Mensen	–	**–**	–	–
Gebäude für Produktion				
Industrielle Produktionsgebäude, Massivbauweise	–	**–**	–	–
Industrielle Produktionsgebäude, überwiegend Skelettbauweise	–	**–**	–	–
Betriebs- und Werkstätten, eingeschossig	–	**–**	–	–
Betriebs- und Werkstätten, mehrgeschossig, geringer Hallenanteil	–	**2,90**	–	0,1%
Betriebs- und Werkstätten, mehrgeschossig, hoher Hallenanteil	–	**–**	–	–
Gebäude für Handel und Lager				
Geschäftshäuser, mit Wohnungen	–	**–**	–	–
Geschäftshäuser, ohne Wohnungen	–	**–**	–	–
Verbrauchermärkte	–	**–**	–	–
Autohäuser	–	**–**	–	–
Lagergebäude, ohne Mischnutzung	–	**–**	–	–
Lagergebäude, mit bis zu 25% Mischnutzung	–	**–**	–	–
Lagergebäude, mit mehr als 25% Mischnutzung	–	**–**	–	–
Garagen und Bereitschaftsdienste				
Einzel-, Mehrfach- und Hochgaragen	–	**–**	–	–
Tiefgaragen	–	**–**	–	–
Feuerwehrhäuser	–	**–**	–	–
Öffentliche Bereitschaftsdienste	–	**–**	–	–
9 Kulturgebäude				
Gebäude für kulturelle Zwecke				
Bibliotheken, Museen und Ausstellungen	–	**–**	–	–
Theater	–	**–**	–	–
Gemeindezentren, einfacher Standard	–	**–**	–	–
Gemeindezentren, mittlerer Standard	–	**–**	–	–
Gemeindezentren, hoher Standard	–	**8,50**	–	0,2%
Gebäude für religiöse Zwecke				
Sakralbauten	–	**–**	–	–
Friedhofsgebäude	–	**–**	–	–

Einheit: m²
Brutto-Grundfläche (BGF)

Kosten:
Stand 1.Quartal 2021
Bundesdurchschnitt
inkl. 19% MwSt.

Einheit: m²
Brutto-Grundfläche (BGF)

▷ von
ø Mittel
◁ bis

Gebäudeart	▷	€/Einheit	◁	KG an 300
1 Büro- und Verwaltungsgebäude				
Büro- und Verwaltungsgebäude, einfacher Standard	–	**–**	–	–
Büro- und Verwaltungsgebäude, mittlerer Standard	–	**1,80**	–	0,0%
Büro- und Verwaltungsgebäude, hoher Standard	0,60	**2,30**	3,20	0,0%
2 Gebäude für Forschung und Lehre				
Instituts- und Laborgebäude	–	**0,20**	–	0,0%
3 Gebäude des Gesundheitswesens				
Medizinische Einrichtungen	–	**0,70**	–	0,0%
Pflegeheime	–	**–**	–	–
4 Schulen und Kindergärten				
Allgemeinbildende Schulen	–	**3,10**	–	0,0%
Berufliche Schulen	–	**0,30**	–	0,0%
Förder- und Sonderschulen	–	**13,00**	–	0,1%
Weiterbildungseinrichtungen	–	**0,30**	–	0,0%
Kindergärten, nicht unterkellert, einfacher Standard	–	**–**	–	–
Kindergärten, nicht unterkellert, mittlerer Standard	2,20	**4,60**	7,00	0,1%
Kindergärten, nicht unterkellert, hoher Standard	–	**–**	–	–
Kindergärten, Holzbauweise, nicht unterkellert	–	**–**	–	–
Kindergärten, unterkellert	–	**2,70**	–	0,1%
5 Sportbauten				
Sport- und Mehrzweckhallen	–	**–**	–	–
Sporthallen (Einfeldhallen)	–	**–**	–	–
Sporthallen (Dreifeldhallen)	–	**–**	–	–
Schwimmhallen	–	**–**	–	–
6 Wohngebäude				
Ein- und Zweifamilienhäuser				
Ein- und Zweifamilienhäuser, unterkellert, einfacher Standard	–	**–**	–	–
Ein- und Zweifamilienhäuser, unterkellert, mittlerer Standard	–	**–**	–	–
Ein- und Zweifamilienhäuser, unterkellert, hoher Standard	3,90	**4,90**	5,80	0,1%
Ein- und Zweifamilienhäuser, nicht unterkellert, einfacher Standard	–	**–**	–	–
Ein- und Zweifamilienhäuser, nicht unterkellert, mittlerer Standard	–	**1,10**	–	0,0%
Ein- und Zweifamilienhäuser, nicht unterkellert, hoher Standard	–	**3,10**	–	0,0%
Ein- und Zweifamilienhäuser, Passivhausstandard, Massivbau	–	**–**	–	–
Ein- und Zweifamilienhäuser, Passivhausstandard, Holzbau	–	**41,00**	–	0,3%
Ein- und Zweifamilienhäuser, Holzbauweise, unterkellert	–	**–**	–	–
Ein- und Zweifamilienhäuser, Holzbauweise, nicht unterkellert	–	**49,00**	–	0,7%
Doppel- und Reihenendhäuser, einfacher Standard	–	**–**	–	–
Doppel- und Reihenendhäuser, mittlerer Standard	–	**–**	–	–
Doppel- und Reihenendhäuser, hoher Standard	1,80	**3,20**	4,60	0,1%
Reihenhäuser, einfacher Standard	–	**1,60**	–	0,1%
Reihenhäuser, mittlerer Standard	–	**–**	–	–
Reihenhäuser, hoher Standard	–	**–**	–	–
Mehrfamilienhäuser				
Mehrfamilienhäuser, mit bis zu 6 WE, einfacher Standard	–	**0,30**	–	0,0%
Mehrfamilienhäuser, mit bis zu 6 WE, mittlerer Standard	–	**16,00**	–	0,3%
Mehrfamilienhäuser, mit bis zu 6 WE, hoher Standard	–	**–**	–	–

Einheit: m²
Brutto-Grundfläche (BGF)

Gebäudeart	▷	€/Einheit	◁	KG an 300
Mehrfamilienhäuser (Fortsetzung)				
Mehrfamilienhäuser, mit 6 bis 19 WE, einfacher Standard	–	**2,60**	–	0,1%
Mehrfamilienhäuser, mit 6 bis 19 WE, mittlerer Standard	–	**–**	–	–
Mehrfamilienhäuser, mit 6 bis 19 WE, hoher Standard	3,50	**4,60**	5,70	0,2%
Mehrfamilienhäuser, mit 20 oder mehr WE, einfacher Standard	–	**2,70**	–	0,1%
Mehrfamilienhäuser, mit 20 oder mehr WE, mittlerer Standard	–	**0,10**	–	0,0%
Mehrfamilienhäuser, mit 20 oder mehr WE, hoher Standard	–	**–**	–	–
Mehrfamilienhäuser, Passivhäuser	–	**5,80**	–	0,1%
Wohnhäuser, mit bis zu 15% Mischnutzung, einfacher Standard	–	**–**	–	–
Wohnhäuser, mit bis zu 15% Mischnutzung, mittlerer Standard	–	**–**	–	–
Wohnhäuser, mit bis zu 15% Mischnutzung, hoher Standard	–	**0,50**	–	0,0%
Wohnhäuser, mit mehr als 15% Mischnutzung	–	**–**	–	–
Seniorenwohnungen				
Seniorenwohnungen, mittlerer Standard	–	**–**	–	–
Seniorenwohnungen, hoher Standard	–	**–**	–	–
Beherbergung				
Wohnheime und Internate	1,60	**12,00**	31,00	0,4%
7 Gewerbegebäude				
Gaststätten und Kantinen				
Gaststätten, Kantinen und Mensen	–	**–**	–	–
Gebäude für Produktion				
Industrielle Produktionsgebäude, Massivbauweise	–	**–**	–	–
Industrielle Produktionsgebäude, überwiegend Skelettbauweise	–	**5,90**	–	0,2%
Betriebs- und Werkstätten, eingeschossig	–	**–**	–	–
Betriebs- und Werkstätten, mehrgeschossig, geringer Hallenanteil	–	**0,40**	–	0,0%
Betriebs- und Werkstätten, mehrgeschossig, hoher Hallenanteil	–	**0,60**	–	0,0%
Gebäude für Handel und Lager				
Geschäftshäuser, mit Wohnungen	–	**–**	–	–
Geschäftshäuser, ohne Wohnungen	–	**–**	–	–
Verbrauchermärkte	–	**–**	–	–
Autohäuser	–	**–**	–	–
Lagergebäude, ohne Mischnutzung	–	**4,20**	–	0,1%
Lagergebäude, mit bis zu 25% Mischnutzung	–	**0,40**	–	0,0%
Lagergebäude, mit mehr als 25% Mischnutzung	–	**–**	–	–
Garagen und Bereitschaftsdienste				
Einzel-, Mehrfach- und Hochgaragen	–	**–**	–	–
Tiefgaragen	–	**–**	–	–
Feuerwehrhäuser	–	**–**	–	–
Öffentliche Bereitschaftsdienste	–	**43,00**	–	0,9%
9 Kulturgebäude				
Gebäude für kulturelle Zwecke				
Bibliotheken, Museen und Ausstellungen	–	**–**	–	–
Theater	–	**–**	–	–
Gemeindezentren, einfacher Standard	–	**–**	–	–
Gemeindezentren, mittlerer Standard	–	**–**	–	–
Gemeindezentren, hoher Standard	–	**–**	–	–
Gebäude für religiöse Zwecke				
Sakralbauten	–	**–**	–	–
Friedhofsgebäude	–	**–**	–	–

Kosten:
Stand 1.Quartal 2021
Bundesdurchschnitt
inkl. 19% MwSt.

Einheit: m²
Brutto-Grundfläche (BGF)

▷ von
ø Mittel
◁ bis

Gebäudeart	▷	€/Einheit	◁	KG an 300
1 Büro- und Verwaltungsgebäude				
Büro- und Verwaltungsgebäude, einfacher Standard	–	**–**	–	–
Büro- und Verwaltungsgebäude, mittlerer Standard	–	**3,00**	–	0,0%
Büro- und Verwaltungsgebäude, hoher Standard	0,60	**1,50**	3,20	0,0%
2 Gebäude für Forschung und Lehre				
Instituts- und Laborgebäude	–	**–**	–	–
3 Gebäude des Gesundheitswesens				
Medizinische Einrichtungen	–	**15,00**	–	0,4%
Pflegeheime	–	**–**	–	–
4 Schulen und Kindergärten				
Allgemeinbildende Schulen	1,80	**2,30**	2,90	0,0%
Berufliche Schulen	–	**1,80**	–	0,0%
Förder- und Sonderschulen	–	**31,00**	–	0,3%
Weiterbildungseinrichtungen	–	**1,50**	–	0,0%
Kindergärten, nicht unterkellert, einfacher Standard	–	**–**	–	–
Kindergärten, nicht unterkellert, mittlerer Standard	–	**0,50**	–	0,0%
Kindergärten, nicht unterkellert, hoher Standard	–	**1,30**	–	0,1%
Kindergärten, Holzbauweise, nicht unterkellert	–	**4,00**	–	0,0%
Kindergärten, unterkellert	1,70	**4,80**	8,00	0,2%
5 Sportbauten				
Sport- und Mehrzweckhallen	–	**14,00**	–	0,3%
Sporthallen (Einfeldhallen)	–	**0,30**	–	0,0%
Sporthallen (Dreifeldhallen)	–	**–**	–	–
Schwimmhallen	–	**–**	–	–
6 Wohngebäude				
Ein- und Zweifamilienhäuser				
Ein- und Zweifamilienhäuser, unterkellert, einfacher Standard	–	**–**	–	–
Ein- und Zweifamilienhäuser, unterkellert, mittlerer Standard	–	**–**	–	–
Ein- und Zweifamilienhäuser, unterkellert, hoher Standard	–	**19,00**	–	0,1%
Ein- und Zweifamilienhäuser, nicht unterkellert, einfacher Standard	–	**–**	–	–
Ein- und Zweifamilienhäuser, nicht unterkellert, mittlerer Standard	–	**–**	–	–
Ein- und Zweifamilienhäuser, nicht unterkellert, hoher Standard	–	**79,00**	–	0,6%
Ein- und Zweifamilienhäuser, Passivhausstandard, Massivbau	–	**–**	–	–
Ein- und Zweifamilienhäuser, Passivhausstandard, Holzbau	–	**–**	–	–
Ein- und Zweifamilienhäuser, Holzbauweise, unterkellert	–	**–**	–	–
Ein- und Zweifamilienhäuser, Holzbauweise, nicht unterkellert	–	**–**	–	–
Doppel- und Reihenendhäuser, einfacher Standard	–	**1,00**	–	0,0%
Doppel- und Reihenendhäuser, mittlerer Standard	–	**–**	–	–
Doppel- und Reihenendhäuser, hoher Standard	–	**–**	–	–
Reihenhäuser, einfacher Standard	–	**–**	–	–
Reihenhäuser, mittlerer Standard	–	**–**	–	–
Reihenhäuser, hoher Standard	–	**–**	–	–
Mehrfamilienhäuser				
Mehrfamilienhäuser, mit bis zu 6 WE, einfacher Standard	–	**–**	–	–
Mehrfamilienhäuser, mit bis zu 6 WE, mittlerer Standard	–	**–**	–	–
Mehrfamilienhäuser, mit bis zu 6 WE, hoher Standard	–	**–**	–	–

Gebäudeart	▷	€/Einheit	◁	KG an 300
Mehrfamilienhäuser (Fortsetzung)				
Mehrfamilienhäuser, mit 6 bis 19 WE, einfacher Standard	–	**0,90**	–	0,0%
Mehrfamilienhäuser, mit 6 bis 19 WE, mittlerer Standard	–	**5,70**	–	0,0%
Mehrfamilienhäuser, mit 6 bis 19 WE, hoher Standard	–	**–**	–	–
Mehrfamilienhäuser, mit 20 oder mehr WE, einfacher Standard	–	**0,10**	–	0,0%
Mehrfamilienhäuser, mit 20 oder mehr WE, mittlerer Standard	–	**–**	–	–
Mehrfamilienhäuser, mit 20 oder mehr WE, hoher Standard	–	**1,10**	–	0,0%
Mehrfamilienhäuser, Passivhäuser	–	**2,30**	–	0,0%
Wohnhäuser, mit bis zu 15% Mischnutzung, einfacher Standard	–	**0,20**	–	0,0%
Wohnhäuser, mit bis zu 15% Mischnutzung, mittlerer Standard	–	**–**	–	–
Wohnhäuser, mit bis zu 15% Mischnutzung, hoher Standard	–	**–**	–	–
Wohnhäuser, mit mehr als 15% Mischnutzung	–	**–**	–	–
Seniorenwohnungen				
Seniorenwohnungen, mittlerer Standard	–	**8,30**	–	0,2%
Seniorenwohnungen, hoher Standard	–	**–**	–	–
Beherbergung				
Wohnheime und Internate	–	**0,30**	–	0,0%
7 Gewerbegebäude				
Gaststätten und Kantinen				
Gaststätten, Kantinen und Mensen	–	**–**	–	–
Gebäude für Produktion				
Industrielle Produktionsgebäude, Massivbauweise	–	**–**	–	–
Industrielle Produktionsgebäude, überwiegend Skelettbauweise	0,10	**0,40**	0,70	0,0%
Betriebs- und Werkstätten, eingeschossig	–	**–**	–	–
Betriebs- und Werkstätten, mehrgeschossig, geringer Hallenanteil	–	**–**	–	–
Betriebs- und Werkstätten, mehrgeschossig, hoher Hallenanteil	–	**0,10**	–	0,0%
Gebäude für Handel und Lager				
Geschäftshäuser, mit Wohnungen	–	**–**	–	–
Geschäftshäuser, ohne Wohnungen	–	**–**	–	–
Verbrauchermärkte	–	**–**	–	–
Autohäuser	–	**–**	–	–
Lagergebäude, ohne Mischnutzung	–	**1,10**	–	0,0%
Lagergebäude, mit bis zu 25% Mischnutzung	–	**–**	–	–
Lagergebäude, mit mehr als 25% Mischnutzung	–	**–**	–	–
Garagen und Bereitschaftsdienste				
Einzel-, Mehrfach- und Hochgaragen	–	**–**	–	–
Tiefgaragen	–	**–**	–	–
Feuerwehrhäuser	–	**–**	–	–
Öffentliche Bereitschaftsdienste	–	**–**	–	–
9 Kulturgebäude				
Gebäude für kulturelle Zwecke				
Bibliotheken, Museen und Ausstellungen	–	**–**	–	–
Theater	–	**–**	–	–
Gemeindezentren, einfacher Standard	–	**–**	–	–
Gemeindezentren, mittlerer Standard	–	**2,00**	–	0,0%
Gemeindezentren, hoher Standard	–	**–**	–	–
Gebäude für religiöse Zwecke				
Sakralbauten	–	**–**	–	–
Friedhofsgebäude	–	**–**	–	–

Einheit: m²
Brutto-Grundfläche (BGF)

396 Materialentsorgung

Kosten:
Stand 1.Quartal 2021
Bundesdurchschnitt
inkl. 19% MwSt.

Einheit: m²
Brutto-Grundfläche (BGF)

▷ von
ø Mittel
◁ bis

Gebäudeart	▷	€/Einheit	◁	KG an 300
1 Büro- und Verwaltungsgebäude				
Büro- und Verwaltungsgebäude, einfacher Standard	–	**–**	–	–
Büro- und Verwaltungsgebäude, mittlerer Standard	–	**0,60**	–	0,0%
Büro- und Verwaltungsgebäude, hoher Standard	0,90	**1,60**	3,00	0,0%
2 Gebäude für Forschung und Lehre				
Instituts- und Laborgebäude	–	**–**	–	–
3 Gebäude des Gesundheitswesens				
Medizinische Einrichtungen	–	**3,90**	–	0,1%
Pflegeheime	–	**–**	–	–
4 Schulen und Kindergärten				
Allgemeinbildende Schulen	0,40	**1,50**	2,60	0,0%
Berufliche Schulen	–	**1,40**	–	0,0%
Förder- und Sonderschulen	0,10	**1,00**	2,00	0,0%
Weiterbildungseinrichtungen	–	**–**	–	–
Kindergärten, nicht unterkellert, einfacher Standard	–	**–**	–	–
Kindergärten, nicht unterkellert, mittlerer Standard	–	**1,30**	–	0,0%
Kindergärten, nicht unterkellert, hoher Standard	–	**–**	–	–
Kindergärten, Holzbauweise, nicht unterkellert	–	**–**	–	–
Kindergärten, unterkellert	–	**3,50**	–	0,1%
5 Sportbauten				
Sport- und Mehrzweckhallen	–	**–**	–	–
Sporthallen (Einfeldhallen)	–	**–**	–	–
Sporthallen (Dreifeldhallen)	–	**3,90**	–	0,1%
Schwimmhallen	–	**–**	–	–
6 Wohngebäude				
Ein- und Zweifamilienhäuser				
Ein- und Zweifamilienhäuser, unterkellert, einfacher Standard	–	**–**	–	–
Ein- und Zweifamilienhäuser, unterkellert, mittlerer Standard	–	**0,20**	–	0,0%
Ein- und Zweifamilienhäuser, unterkellert, hoher Standard	–	**–**	–	–
Ein- und Zweifamilienhäuser, nicht unterkellert, einfacher Standard	–	**–**	–	–
Ein- und Zweifamilienhäuser, nicht unterkellert, mittlerer Standard	–	**0,40**	–	0,0%
Ein- und Zweifamilienhäuser, nicht unterkellert, hoher Standard	–	**–**	–	–
Ein- und Zweifamilienhäuser, Passivhausstandard, Massivbau	–	**–**	–	–
Ein- und Zweifamilienhäuser, Passivhausstandard, Holzbau	–	**–**	–	–
Ein- und Zweifamilienhäuser, Holzbauweise, unterkellert	–	**2,10**	–	0,0%
Ein- und Zweifamilienhäuser, Holzbauweise, nicht unterkellert	–	**–**	–	–
Doppel- und Reihenendhäuser, einfacher Standard	–	**–**	–	–
Doppel- und Reihenendhäuser, mittlerer Standard	–	**–**	–	–
Doppel- und Reihenendhäuser, hoher Standard	–	**0,80**	–	0,0%
Reihenhäuser, einfacher Standard	–	**0,10**	–	0,0%
Reihenhäuser, mittlerer Standard	–	**–**	–	–
Reihenhäuser, hoher Standard	–	**–**	–	–
Mehrfamilienhäuser				
Mehrfamilienhäuser, mit bis zu 6 WE, einfacher Standard	–	**–**	–	–
Mehrfamilienhäuser, mit bis zu 6 WE, mittlerer Standard	–	**–**	–	–
Mehrfamilienhäuser, mit bis zu 6 WE, hoher Standard	–	**0,90**	–	0,0%

Gebäudeart	▷	€/Einheit	◁	KG an 300
Mehrfamilienhäuser (Fortsetzung)				
Mehrfamilienhäuser, mit 6 bis 19 WE, einfacher Standard	–	**–**	–	–
Mehrfamilienhäuser, mit 6 bis 19 WE, mittlerer Standard	–	**0,70**	–	0,0%
Mehrfamilienhäuser, mit 6 bis 19 WE, hoher Standard	0,20	**0,90**	1,60	0,0%
Mehrfamilienhäuser, mit 20 oder mehr WE, einfacher Standard	–	**0,20**	–	0,0%
Mehrfamilienhäuser, mit 20 oder mehr WE, mittlerer Standard	–	**–**	–	–
Mehrfamilienhäuser, mit 20 oder mehr WE, hoher Standard	–	**–**	–	–
Mehrfamilienhäuser, Passivhäuser	–	**2,40**	–	0,0%
Wohnhäuser, mit bis zu 15% Mischnutzung, einfacher Standard	–	**–**	–	–
Wohnhäuser, mit bis zu 15% Mischnutzung, mittlerer Standard	–	**–**	–	–
Wohnhäuser, mit bis zu 15% Mischnutzung, hoher Standard	–	**–**	–	–
Wohnhäuser, mit mehr als 15% Mischnutzung	–	**–**	–	–
Seniorenwohnungen				
Seniorenwohnungen, mittlerer Standard	–	**–**	–	–
Seniorenwohnungen, hoher Standard	–	**–**	–	–
Beherbergung				
Wohnheime und Internate	4,00	**4,30**	4,70	0,1%
7 Gewerbegebäude				
Gaststätten und Kantinen				
Gaststätten, Kantinen und Mensen	–	**8,50**	–	0,5%
Gebäude für Produktion				
Industrielle Produktionsgebäude, Massivbauweise	–	**–**	–	–
Industrielle Produktionsgebäude, überwiegend Skelettbauweise	–	**0,70**	–	0,0%
Betriebs- und Werkstätten, eingeschossig	–	**–**	–	–
Betriebs- und Werkstätten, mehrgeschossig, geringer Hallenanteil	–	**–**	–	–
Betriebs- und Werkstätten, mehrgeschossig, hoher Hallenanteil	–	**0,10**	–	0,0%
Gebäude für Handel und Lager				
Geschäftshäuser, mit Wohnungen	–	**0,90**	–	0,0%
Geschäftshäuser, ohne Wohnungen	–	**–**	–	–
Verbrauchermärkte	–	**–**	–	–
Autohäuser	–	**–**	–	–
Lagergebäude, ohne Mischnutzung	–	**–**	–	–
Lagergebäude, mit bis zu 25% Mischnutzung	–	**–**	–	–
Lagergebäude, mit mehr als 25% Mischnutzung	–	**–**	–	–
Garagen und Bereitschaftsdienste				
Einzel-, Mehrfach- und Hochgaragen	–	**–**	–	–
Tiefgaragen	–	**–**	–	–
Feuerwehrhäuser	–	**–**	–	–
Öffentliche Bereitschaftsdienste	–	**–**	–	–
9 Kulturgebäude				
Gebäude für kulturelle Zwecke				
Bibliotheken, Museen und Ausstellungen	–	**–**	–	–
Theater	–	**–**	–	–
Gemeindezentren, einfacher Standard	–	**–**	–	–
Gemeindezentren, mittlerer Standard	–	**–**	–	–
Gemeindezentren, hoher Standard	–	**–**	–	–
Gebäude für religiöse Zwecke				
Sakralbauten	–	**–**	–	–
Friedhofsgebäude	–	**–**	–	–

Einheit: m²
Brutto-Grundfläche (BGF)

Kosten:
Stand 1.Quartal 2021
Bundesdurchschnitt
inkl. 19% MwSt.

Einheit: m²
Brutto-Grundfläche (BGF)

Gebäudeart	▷	€/Einheit	◁	KG an 300
1 Büro- und Verwaltungsgebäude				
Büro- und Verwaltungsgebäude, einfacher Standard	3,50	**6,20**	8,90	0,3%
Büro- und Verwaltungsgebäude, mittlerer Standard	3,50	**8,90**	20,00	0,6%
Büro- und Verwaltungsgebäude, hoher Standard	13,00	**34,00**	84,00	1,4%
2 Gebäude für Forschung und Lehre				
Instituts- und Laborgebäude	5,00	**9,20**	14,00	0,6%
3 Gebäude des Gesundheitswesens				
Medizinische Einrichtungen	4,20	**10,00**	20,00	0,8%
Pflegeheime	2,50	**4,70**	9,10	0,3%
4 Schulen und Kindergärten				
Allgemeinbildende Schulen	7,60	**13,00**	23,00	0,8%
Berufliche Schulen	8,70	**15,00**	33,00	0,8%
Förder- und Sonderschulen	1,90	**6,10**	8,70	0,4%
Weiterbildungseinrichtungen	2,80	**5,40**	8,00	0,2%
Kindergärten, nicht unterkellert, einfacher Standard	–	**–**	–	–
Kindergärten, nicht unterkellert, mittlerer Standard	3,60	**12,00**	25,00	0,5%
Kindergärten, nicht unterkellert, hoher Standard	–	**2,10**	–	0,1%
Kindergärten, Holzbauweise, nicht unterkellert	3,60	**7,30**	13,00	0,3%
Kindergärten, unterkellert	4,20	**9,60**	13,00	0,6%
5 Sportbauten				
Sport- und Mehrzweckhallen	2,00	**3,60**	5,90	0,2%
Sporthallen (Einfeldhallen)	0,20	**3,50**	6,80	0,2%
Sporthallen (Dreifeldhallen)	7,80	**30,00**	95,00	1,8%
Schwimmhallen	–	**–**	–	–
6 Wohngebäude				
Ein- und Zweifamilienhäuser				
Ein- und Zweifamilienhäuser, unterkellert, einfacher Standard	–	**–**	–	–
Ein- und Zweifamilienhäuser, unterkellert, mittlerer Standard	2,00	**7,30**	16,00	0,3%
Ein- und Zweifamilienhäuser, unterkellert, hoher Standard	1,50	**6,70**	15,00	0,2%
Ein- und Zweifamilienhäuser, nicht unterkellert, einfacher Standard	–	**–**	–	–
Ein- und Zweifamilienhäuser, nicht unterkellert, mittlerer Standard	0,80	**2,20**	3,90	0,1%
Ein- und Zweifamilienhäuser, nicht unterkellert, hoher Standard	1,40	**4,00**	5,60	0,1%
Ein- und Zweifamilienhäuser, Passivhausstandard, Massivbau	2,00	**3,90**	6,10	0,2%
Ein- und Zweifamilienhäuser, Passivhausstandard, Holzbau	1,40	**2,30**	2,80	0,1%
Ein- und Zweifamilienhäuser, Holzbauweise, unterkellert	1,10	**2,50**	5,30	0,1%
Ein- und Zweifamilienhäuser, Holzbauweise, nicht unterkellert	–	**2,20**	–	0,0%
Doppel- und Reihenendhäuser, einfacher Standard	–	**1,80**	–	0,1%
Doppel- und Reihenendhäuser, mittlerer Standard	3,20	**5,40**	12,00	0,4%
Doppel- und Reihenendhäuser, hoher Standard	0,90	**4,10**	7,40	0,2%
Reihenhäuser, einfacher Standard	–	**2,40**	–	0,2%
Reihenhäuser, mittlerer Standard	–	**5,10**	–	0,1%
Reihenhäuser, hoher Standard	–	**8,20**	–	0,3%
Mehrfamilienhäuser				
Mehrfamilienhäuser, mit bis zu 6 WE, einfacher Standard	0,80	**4,40**	8,10	0,5%
Mehrfamilienhäuser, mit bis zu 6 WE, mittlerer Standard	1,70	**4,00**	6,60	0,3%
Mehrfamilienhäuser, mit bis zu 6 WE, hoher Standard	1,40	**4,60**	6,70	0,3%

▷ von
ø Mittel
◁ bis

Gebäudeart	▷	€/Einheit	◁	KG an 300
Mehrfamilienhäuser (Fortsetzung)				
Mehrfamilienhäuser, mit 6 bis 19 WE, einfacher Standard	1,00	**5,10**	9,30	0,4%
Mehrfamilienhäuser, mit 6 bis 19 WE, mittlerer Standard	1,80	**4,70**	7,00	0,3%
Mehrfamilienhäuser, mit 6 bis 19 WE, hoher Standard	1,00	**3,30**	4,70	0,3%
Mehrfamilienhäuser, mit 20 oder mehr WE, einfacher Standard	2,60	**8,40**	14,00	1,1%
Mehrfamilienhäuser, mit 20 oder mehr WE, mittlerer Standard	2,50	**3,90**	6,10	0,4%
Mehrfamilienhäuser, mit 20 oder mehr WE, hoher Standard	3,10	**5,90**	8,60	0,4%
Mehrfamilienhäuser, Passivhäuser	1,20	**6,10**	12,00	0,6%
Wohnhäuser, mit bis zu 15% Mischnutzung, einfacher Standard	0,90	**2,60**	5,70	0,3%
Wohnhäuser, mit bis zu 15% Mischnutzung, mittlerer Standard	–	**8,80**	–	0,3%
Wohnhäuser, mit bis zu 15% Mischnutzung, hoher Standard	–	**9,10**	–	0,6%
Wohnhäuser, mit mehr als 15% Mischnutzung	0,30	**4,20**	8,10	0,3%
Seniorenwohnungen				
Seniorenwohnungen, mittlerer Standard	1,80	**5,60**	11,00	0,6%
Seniorenwohnungen, hoher Standard	2,30	**5,20**	8,10	0,5%
Beherbergung				
Wohnheime und Internate	4,70	**10,00**	18,00	0,7%
7 Gewerbegebäude				
Gaststätten und Kantinen				
Gaststätten, Kantinen und Mensen	–	**7,40**	–	0,4%
Gebäude für Produktion				
Industrielle Produktionsgebäude, Massivbauweise	1,90	**2,20**	2,80	0,2%
Industrielle Produktionsgebäude, überwiegend Skelettbauweise	2,10	**5,10**	9,20	0,6%
Betriebs- und Werkstätten, eingeschossig	–	**2,90**	–	0,1%
Betriebs- und Werkstätten, mehrgeschossig, geringer Hallenanteil	5,10	**5,80**	7,20	0,4%
Betriebs- und Werkstätten, mehrgeschossig, hoher Hallenanteil	1,00	**2,70**	5,70	0,2%
Gebäude für Handel und Lager				
Geschäftshäuser, mit Wohnungen	–	**1,00**	–	0,0%
Geschäftshäuser, ohne Wohnungen	2,80	**4,00**	5,30	0,4%
Verbrauchermärkte	–	**0,80**	–	0,1%
Autohäuser	–	**6,80**	–	0,3%
Lagergebäude, ohne Mischnutzung	0,20	**0,50**	0,80	0,0%
Lagergebäude, mit bis zu 25% Mischnutzung	–	**0,30**	–	0,0%
Lagergebäude, mit mehr als 25% Mischnutzung	–	**1,70**	–	0,1%
Garagen und Bereitschaftsdienste				
Einzel-, Mehrfach- und Hochgaragen	–	**0,70**	–	0,0%
Tiefgaragen	–	**–**	–	–
Feuerwehrhäuser	6,70	**7,20**	7,80	0,4%
Öffentliche Bereitschaftsdienste	1,00	**2,10**	3,80	0,1%
9 Kulturgebäude				
Gebäude für kulturelle Zwecke				
Bibliotheken, Museen und Ausstellungen	3,50	**9,10**	16,00	0,4%
Theater	–	**5,10**	–	0,1%
Gemeindezentren, einfacher Standard	–	**2,60**	–	0,1%
Gemeindezentren, mittlerer Standard	2,30	**5,00**	9,10	0,3%
Gemeindezentren, hoher Standard	2,00	**7,00**	9,40	0,4%
Gebäude für religiöse Zwecke				
Sakralbauten	–	**–**	–	–
Friedhofsgebäude	–	**–**	–	–

Einheit: m²
Brutto-Grundfläche (BGF)

Kosten:
Stand 1.Quartal 2021
Bundesdurchschnitt
inkl. 19% MwSt.

Einheit: m²
Brutto-Grundfläche (BGF)

Gebäudeart	▷	€/Einheit	◁	KG an 300
1 Büro- und Verwaltungsgebäude				
Büro- und Verwaltungsgebäude, einfacher Standard	–	**–**	–	–
Büro- und Verwaltungsgebäude, mittlerer Standard	0,40	**2,70**	7,30	0,0%
Büro- und Verwaltungsgebäude, hoher Standard	0,60	**2,00**	4,10	0,1%
2 Gebäude für Forschung und Lehre				
Instituts- und Laborgebäude	–	**–**	–	–
3 Gebäude des Gesundheitswesens				
Medizinische Einrichtungen	0,40	**1,10**	1,70	0,1%
Pflegeheime	–	**0,10**	–	0,0%
4 Schulen und Kindergärten				
Allgemeinbildende Schulen	–	**1,10**	–	0,0%
Berufliche Schulen	–	**–**	–	–
Förder- und Sonderschulen	0,50	**1,20**	1,90	0,0%
Weiterbildungseinrichtungen	–	**0,60**	–	0,0%
Kindergärten, nicht unterkellert, einfacher Standard	–	**–**	–	–
Kindergärten, nicht unterkellert, mittlerer Standard	–	**0,20**	–	0,0%
Kindergärten, nicht unterkellert, hoher Standard	–	**–**	–	–
Kindergärten, Holzbauweise, nicht unterkellert	–	**0,60**	–	0,0%
Kindergärten, unterkellert	–	**–**	–	–
5 Sportbauten				
Sport- und Mehrzweckhallen	–	**–**	–	–
Sporthallen (Einfeldhallen)	–	**–**	–	–
Sporthallen (Dreifeldhallen)	–	**–**	–	–
Schwimmhallen	–	**–**	–	–
6 Wohngebäude				
Ein- und Zweifamilienhäuser				
Ein- und Zweifamilienhäuser, unterkellert, einfacher Standard	–	**–**	–	–
Ein- und Zweifamilienhäuser, unterkellert, mittlerer Standard	–	**–**	–	–
Ein- und Zweifamilienhäuser, unterkellert, hoher Standard	–	**0,70**	–	0,0%
Ein- und Zweifamilienhäuser, nicht unterkellert, einfacher Standard	–	**–**	–	–
Ein- und Zweifamilienhäuser, nicht unterkellert, mittlerer Standard	–	**1,30**	–	0,0%
Ein- und Zweifamilienhäuser, nicht unterkellert, hoher Standard	–	**–**	–	–
Ein- und Zweifamilienhäuser, Passivhausstandard, Massivbau	–	**–**	–	–
Ein- und Zweifamilienhäuser, Passivhausstandard, Holzbau	–	**–**	–	–
Ein- und Zweifamilienhäuser, Holzbauweise, unterkellert	–	**–**	–	–
Ein- und Zweifamilienhäuser, Holzbauweise, nicht unterkellert	–	**–**	–	–
Doppel- und Reihenendhäuser, einfacher Standard	–	**–**	–	–
Doppel- und Reihenendhäuser, mittlerer Standard	–	**0,10**	–	0,0%
Doppel- und Reihenendhäuser, hoher Standard	–	**0,50**	–	0,0%
Reihenhäuser, einfacher Standard	–	**–**	–	–
Reihenhäuser, mittlerer Standard	–	**–**	–	–
Reihenhäuser, hoher Standard	–	**–**	–	–
Mehrfamilienhäuser				
Mehrfamilienhäuser, mit bis zu 6 WE, einfacher Standard	–	**–**	–	–
Mehrfamilienhäuser, mit bis zu 6 WE, mittlerer Standard	–	**–**	–	–
Mehrfamilienhäuser, mit bis zu 6 WE, hoher Standard	0,70	**1,60**	2,40	0,0%

▷ von
ø Mittel
◁ bis

Gebäudeart	▷	€/Einheit	◁	KG an 300
Mehrfamilienhäuser (Fortsetzung)				
Mehrfamilienhäuser, mit 6 bis 19 WE, einfacher Standard	–	**–**	–	–
Mehrfamilienhäuser, mit 6 bis 19 WE, mittlerer Standard	–	**0,10**	–	0,0%
Mehrfamilienhäuser, mit 6 bis 19 WE, hoher Standard	–	**–**	–	–
Mehrfamilienhäuser, mit 20 oder mehr WE, einfacher Standard	0,00	**0,10**	0,10	0,0%
Mehrfamilienhäuser, mit 20 oder mehr WE, mittlerer Standard	0,70	**2,50**	4,40	0,2%
Mehrfamilienhäuser, mit 20 oder mehr WE, hoher Standard	–	**–**	–	–
Mehrfamilienhäuser, Passivhäuser	–	**0,50**	–	0,0%
Wohnhäuser, mit bis zu 15% Mischnutzung, einfacher Standard	–	**–**	–	–
Wohnhäuser, mit bis zu 15% Mischnutzung, mittlerer Standard	–	**–**	–	–
Wohnhäuser, mit bis zu 15% Mischnutzung, hoher Standard	–	**–**	–	–
Wohnhäuser, mit mehr als 15% Mischnutzung	–	**–**	–	–
Seniorenwohnungen				
Seniorenwohnungen, mittlerer Standard	–	**–**	–	–
Seniorenwohnungen, hoher Standard	–	**–**	–	–
Beherbergung				
Wohnheime und Internate	–	**0,30**	–	0,0%
7 Gewerbegebäude				
Gaststätten und Kantinen				
Gaststätten, Kantinen und Mensen	–	**–**	–	–
Gebäude für Produktion				
Industrielle Produktionsgebäude, Massivbauweise	–	**–**	–	–
Industrielle Produktionsgebäude, überwiegend Skelettbauweise	–	**1,20**	–	0,0%
Betriebs- und Werkstätten, eingeschossig	–	**–**	–	–
Betriebs- und Werkstätten, mehrgeschossig, geringer Hallenanteil	–	**0,40**	–	0,0%
Betriebs- und Werkstätten, mehrgeschossig, hoher Hallenanteil	–	**–**	–	–
Gebäude für Handel und Lager				
Geschäftshäuser, mit Wohnungen	–	**–**	–	–
Geschäftshäuser, ohne Wohnungen	–	**–**	–	–
Verbrauchermärkte	–	**–**	–	–
Autohäuser	–	**–**	–	–
Lagergebäude, ohne Mischnutzung	–	**3,60**	–	0,1%
Lagergebäude, mit bis zu 25% Mischnutzung	–	**–**	–	–
Lagergebäude, mit mehr als 25% Mischnutzung	–	**–**	–	–
Garagen und Bereitschaftsdienste				
Einzel-, Mehrfach- und Hochgaragen	–	**–**	–	–
Tiefgaragen	–	**–**	–	–
Feuerwehrhäuser	–	**–**	–	–
Öffentliche Bereitschaftsdienste	–	**0,10**	–	0,0%
9 Kulturgebäude				
Gebäude für kulturelle Zwecke				
Bibliotheken, Museen und Ausstellungen	1,00	**6,90**	13,00	0,1%
Theater	–	**–**	–	–
Gemeindezentren, einfacher Standard	–	**–**	–	–
Gemeindezentren, mittlerer Standard	–	**–**	–	–
Gemeindezentren, hoher Standard	–	**0,20**	–	0,0%
Gebäude für religiöse Zwecke				
Sakralbauten	–	**–**	–	–
Friedhofsgebäude	–	**–**	–	–

Einheit: m²
Brutto-Grundfläche (BGF)

399
Sonstiges zur KG 390

Kosten:
Stand 1.Quartal 2021
Bundesdurchschnitt
inkl. 19% MwSt.

Einheit: m²
Brutto-Grundfläche (BGF)

▷ von
ø Mittel
◁ bis

Gebäudeart	▷	€/Einheit	◁	KG an 300
1 Büro- und Verwaltungsgebäude				
Büro- und Verwaltungsgebäude, einfacher Standard	–	**–**	–	–
Büro- und Verwaltungsgebäude, mittlerer Standard	2,10	**3,50**	7,30	0,1%
Büro- und Verwaltungsgebäude, hoher Standard	–	**2,40**	–	0,0%
2 Gebäude für Forschung und Lehre				
Instituts- und Laborgebäude	4,60	**7,80**	11,00	0,2%
3 Gebäude des Gesundheitswesens				
Medizinische Einrichtungen	–	**–**	–	–
Pflegeheime	2,00	**2,40**	2,80	0,1%
4 Schulen und Kindergärten				
Allgemeinbildende Schulen	0,80	**6,50**	18,00	0,1%
Berufliche Schulen	1,60	**2,20**	2,80	0,1%
Förder- und Sonderschulen	–	**3,00**	–	0,0%
Weiterbildungseinrichtungen	–	**3,30**	–	0,1%
Kindergärten, nicht unterkellert, einfacher Standard	–	**–**	–	–
Kindergärten, nicht unterkellert, mittlerer Standard	4,60	**6,90**	9,10	0,1%
Kindergärten, nicht unterkellert, hoher Standard	–	**–**	–	–
Kindergärten, Holzbauweise, nicht unterkellert	–	**0,10**	–	0,0%
Kindergärten, unterkellert	–	**–**	–	–
5 Sportbauten				
Sport- und Mehrzweckhallen	1,50	**2,00**	2,40	0,1%
Sporthallen (Einfeldhallen)	–	**–**	–	–
Sporthallen (Dreifeldhallen)	1,50	**1,80**	2,10	0,1%
Schwimmhallen	–	**–**	–	–
6 Wohngebäude				
Ein- und Zweifamilienhäuser				
Ein- und Zweifamilienhäuser, unterkellert, einfacher Standard	–	**–**	–	–
Ein- und Zweifamilienhäuser, unterkellert, mittlerer Standard	–	**–**	–	–
Ein- und Zweifamilienhäuser, unterkellert, hoher Standard	–	**–**	–	–
Ein- und Zweifamilienhäuser, nicht unterkellert, einfacher Standard	–	**–**	–	–
Ein- und Zweifamilienhäuser, nicht unterkellert, mittlerer Standard	–	**11,00**	–	0,1%
Ein- und Zweifamilienhäuser, nicht unterkellert, hoher Standard	–	**–**	–	–
Ein- und Zweifamilienhäuser, Passivhausstandard, Massivbau	–	**–**	–	–
Ein- und Zweifamilienhäuser, Passivhausstandard, Holzbau	–	**–**	–	–
Ein- und Zweifamilienhäuser, Holzbauweise, unterkellert	–	**–**	–	–
Ein- und Zweifamilienhäuser, Holzbauweise, nicht unterkellert	–	**–**	–	–
Doppel- und Reihenendhäuser, einfacher Standard	–	**–**	–	–
Doppel- und Reihenendhäuser, mittlerer Standard	–	**12,00**	–	0,2%
Doppel- und Reihenendhäuser, hoher Standard	–	**–**	–	–
Reihenhäuser, einfacher Standard	–	**–**	–	–
Reihenhäuser, mittlerer Standard	–	**–**	–	–
Reihenhäuser, hoher Standard	–	**–**	–	–
Mehrfamilienhäuser				
Mehrfamilienhäuser, mit bis zu 6 WE, einfacher Standard	–	**–**	–	–
Mehrfamilienhäuser, mit bis zu 6 WE, mittlerer Standard	–	**120,00**	–	2,5%
Mehrfamilienhäuser, mit bis zu 6 WE, hoher Standard	4,60	**19,00**	68,00	1,1%

Gebäudeart	▷	€/Einheit	◁	KG an 300
Mehrfamilienhäuser (Fortsetzung)				
Mehrfamilienhäuser, mit 6 bis 19 WE, einfacher Standard	–	**2,80**	–	0,1%
Mehrfamilienhäuser, mit 6 bis 19 WE, mittlerer Standard	–	**–**	–	–
Mehrfamilienhäuser, mit 6 bis 19 WE, hoher Standard	–	**15,00**	–	0,3%
Mehrfamilienhäuser, mit 20 oder mehr WE, einfacher Standard	–	**–**	–	–
Mehrfamilienhäuser, mit 20 oder mehr WE, mittlerer Standard	1,50	**35,00**	102,00	3,4%
Mehrfamilienhäuser, mit 20 oder mehr WE, hoher Standard	–	**–**	–	–
Mehrfamilienhäuser, Passivhäuser	1,30	**1,60**	1,90	0,1%
Wohnhäuser, mit bis zu 15% Mischnutzung, einfacher Standard	–	**3,50**	–	0,1%
Wohnhäuser, mit bis zu 15% Mischnutzung, mittlerer Standard	–	**42,00**	–	1,5%
Wohnhäuser, mit bis zu 15% Mischnutzung, hoher Standard	–	**–**	–	–
Wohnhäuser, mit mehr als 15% Mischnutzung	–	**1,00**	–	0,0%
Seniorenwohnungen				
Seniorenwohnungen, mittlerer Standard	0,50	**41,00**	82,00	2,0%
Seniorenwohnungen, hoher Standard	–	**–**	–	–
Beherbergung				
Wohnheime und Internate	–	**51,00**	–	0,6%
7 Gewerbegebäude				
Gaststätten und Kantinen				
Gaststätten, Kantinen und Mensen	–	**34,00**	–	1,9%
Gebäude für Produktion				
Industrielle Produktionsgebäude, Massivbauweise	–	**2,20**	–	0,1%
Industrielle Produktionsgebäude, überwiegend Skelettbauweise	5,70	**12,00**	18,00	0,5%
Betriebs- und Werkstätten, eingeschossig	–	**0,60**	–	0,0%
Betriebs- und Werkstätten, mehrgeschossig, geringer Hallenanteil	–	**–**	–	–
Betriebs- und Werkstätten, mehrgeschossig, hoher Hallenanteil	6,00	**7,90**	9,80	0,2%
Gebäude für Handel und Lager				
Geschäftshäuser, mit Wohnungen	–	**–**	–	–
Geschäftshäuser, ohne Wohnungen	–	**–**	–	–
Verbrauchermärkte	–	**1,80**	–	0,1%
Autohäuser	–	**–**	–	–
Lagergebäude, ohne Mischnutzung	–	**1,00**	–	0,0%
Lagergebäude, mit bis zu 25% Mischnutzung	–	**1,90**	–	0,1%
Lagergebäude, mit mehr als 25% Mischnutzung	–	**1,20**	–	0,1%
Garagen und Bereitschaftsdienste				
Einzel-, Mehrfach- und Hochgaragen	–	**–**	–	–
Tiefgaragen	–	**–**	–	–
Feuerwehrhäuser	–	**4,60**	–	0,1%
Öffentliche Bereitschaftsdienste	–	**0,80**	–	0,0%
9 Kulturgebäude				
Gebäude für kulturelle Zwecke				
Bibliotheken, Museen und Ausstellungen	1,10	**2,20**	3,40	0,1%
Theater	–	**–**	–	–
Gemeindezentren, einfacher Standard	–	**6,80**	–	0,2%
Gemeindezentren, mittlerer Standard	–	**16,00**	–	0,2%
Gemeindezentren, hoher Standard	7,30	**11,00**	14,00	0,4%
Gebäude für religiöse Zwecke				
Sakralbauten	–	**–**	–	–
Friedhofsgebäude	–	**–**	–	–

Einheit: m²
Brutto-Grundfläche (BGF)

411 Abwasseranlagen

Kosten:
Stand 1.Quartal 2021
Bundesdurchschnitt
inkl. 19% MwSt.

Einheit: m²
Brutto-Grundfläche (BGF)

▷ von
ø Mittel
◁ bis

Gebäudeart	▷	€/Einheit	◁	KG an 400
1 Büro- und Verwaltungsgebäude				
Büro- und Verwaltungsgebäude, einfacher Standard	5,40	**20,00**	34,00	7,6%
Büro- und Verwaltungsgebäude, mittlerer Standard	15,00	**24,00**	36,00	5,7%
Büro- und Verwaltungsgebäude, hoher Standard	12,00	**19,00**	26,00	3,1%
2 Gebäude für Forschung und Lehre				
Instituts- und Laborgebäude	21,00	**35,00**	71,00	2,9%
3 Gebäude des Gesundheitswesens				
Medizinische Einrichtungen	31,00	**35,00**	42,00	6,9%
Pflegeheime	39,00	**44,00**	58,00	7,2%
4 Schulen und Kindergärten				
Allgemeinbildende Schulen	11,00	**22,00**	33,00	5,1%
Berufliche Schulen	23,00	**36,00**	81,00	6,0%
Förder- und Sonderschulen	14,00	**23,00**	40,00	5,5%
Weiterbildungseinrichtungen	37,00	**49,00**	60,00	6,2%
Kindergärten, nicht unterkellert, einfacher Standard	–	**21,00**	–	9,4%
Kindergärten, nicht unterkellert, mittlerer Standard	13,00	**25,00**	39,00	7,1%
Kindergärten, nicht unterkellert, hoher Standard	9,40	**10,00**	11,00	3,2%
Kindergärten, Holzbauweise, nicht unterkellert	16,00	**25,00**	44,00	7,6%
Kindergärten, unterkellert	22,00	**27,00**	30,00	8,9%
5 Sportbauten				
Sport- und Mehrzweckhallen	25,00	**31,00**	40,00	9,8%
Sporthallen (Einfeldhallen)	8,20	**14,00**	23,00	4,7%
Sporthallen (Dreifeldhallen)	34,00	**38,00**	47,00	7,2%
Schwimmhallen	–	**–**	–	–
6 Wohngebäude				
Ein- und Zweifamilienhäuser				
Ein- und Zweifamilienhäuser, unterkellert, einfacher Standard	8,90	**17,00**	31,00	10,7%
Ein- und Zweifamilienhäuser, unterkellert, mittlerer Standard	11,00	**19,00**	31,00	7,9%
Ein- und Zweifamilienhäuser, unterkellert, hoher Standard	18,00	**25,00**	35,00	7,7%
Ein- und Zweifamilienhäuser, nicht unterkellert, einfacher Standard	8,20	**15,00**	21,00	8,4%
Ein- und Zweifamilienhäuser, nicht unterkellert, mittlerer Standard	15,00	**23,00**	40,00	8,3%
Ein- und Zweifamilienhäuser, nicht unterkellert, hoher Standard	13,00	**25,00**	35,00	8,1%
Ein- und Zweifamilienhäuser, Passivhausstandard, Massivbau	12,00	**22,00**	36,00	7,0%
Ein- und Zweifamilienhäuser, Passivhausstandard, Holzbau	14,00	**24,00**	40,00	6,7%
Ein- und Zweifamilienhäuser, Holzbauweise, unterkellert	12,00	**21,00**	33,00	8,5%
Ein- und Zweifamilienhäuser, Holzbauweise, nicht unterkellert	9,50	**20,00**	35,00	7,8%
Doppel- und Reihenendhäuser, einfacher Standard	15,00	**18,00**	22,00	8,6%
Doppel- und Reihenendhäuser, mittlerer Standard	16,00	**26,00**	54,00	10,3%
Doppel- und Reihenendhäuser, hoher Standard	15,00	**26,00**	58,00	9,4%
Reihenhäuser, einfacher Standard	9,40	**20,00**	31,00	10,2%
Reihenhäuser, mittlerer Standard	23,00	**27,00**	35,00	11,3%
Reihenhäuser, hoher Standard	23,00	**29,00**	39,00	9,7%
Mehrfamilienhäuser				
Mehrfamilienhäuser, mit bis zu 6 WE, einfacher Standard	13,00	**18,00**	26,00	13,1%
Mehrfamilienhäuser, mit bis zu 6 WE, mittlerer Standard	12,00	**19,00**	29,00	8,7%
Mehrfamilienhäuser, mit bis zu 6 WE, hoher Standard	17,00	**22,00**	29,00	8,6%

Gebäudeart	▷	€/Einheit	◁	KG an 400
Mehrfamilienhäuser (Fortsetzung)				
Mehrfamilienhäuser, mit 6 bis 19 WE, einfacher Standard	14,00	**20,00**	25,00	11,2%
Mehrfamilienhäuser, mit 6 bis 19 WE, mittlerer Standard	10,00	**20,00**	27,00	9,2%
Mehrfamilienhäuser, mit 6 bis 19 WE, hoher Standard	18,00	**22,00**	27,00	10,5%
Mehrfamilienhäuser, mit 20 oder mehr WE, einfacher Standard	15,00	**18,00**	22,00	7,0%
Mehrfamilienhäuser, mit 20 oder mehr WE, mittlerer Standard	13,00	**17,00**	26,00	7,5%
Mehrfamilienhäuser, mit 20 oder mehr WE, hoher Standard	21,00	**25,00**	32,00	9,1%
Mehrfamilienhäuser, Passivhäuser	13,00	**22,00**	32,00	8,5%
Wohnhäuser, mit bis zu 15% Mischnutzung, einfacher Standard	23,00	**27,00**	30,00	12,4%
Wohnhäuser, mit bis zu 15% Mischnutzung, mittlerer Standard	5,20	**19,00**	26,00	8,5%
Wohnhäuser, mit bis zu 15% Mischnutzung, hoher Standard	–	**21,00**	–	8,5%
Wohnhäuser, mit mehr als 15% Mischnutzung	28,00	**36,00**	43,00	8,2%
Seniorenwohnungen				
Seniorenwohnungen, mittlerer Standard	19,00	**28,00**	40,00	9,4%
Seniorenwohnungen, hoher Standard	16,00	**24,00**	32,00	7,0%
Beherbergung				
Wohnheime und Internate	13,00	**28,00**	39,00	7,4%
7 Gewerbegebäude				
Gaststätten und Kantinen				
Gaststätten, Kantinen und Mensen	–	**78,00**	–	9,3%
Gebäude für Produktion				
Industrielle Produktionsgebäude, Massivbauweise	15,00	**18,00**	24,00	6,4%
Industrielle Produktionsgebäude, überwiegend Skelettbauweise	10,00	**16,00**	20,00	4,4%
Betriebs- und Werkstätten, eingeschossig	7,70	**20,00**	33,00	4,0%
Betriebs- und Werkstätten, mehrgeschossig, geringer Hallenanteil	1,90	**7,50**	13,00	5,7%
Betriebs- und Werkstätten, mehrgeschossig, hoher Hallenanteil	7,80	**22,00**	38,00	8,6%
Gebäude für Handel und Lager				
Geschäftshäuser, mit Wohnungen	15,00	**16,00**	18,00	6,0%
Geschäftshäuser, ohne Wohnungen	15,00	**25,00**	35,00	10,3%
Verbrauchermärkte	15,00	**19,00**	24,00	5,3%
Autohäuser	5,50	**23,00**	41,00	10,0%
Lagergebäude, ohne Mischnutzung	2,50	**8,10**	9,90	17,3%
Lagergebäude, mit bis zu 25% Mischnutzung	4,70	**8,90**	16,00	5,3%
Lagergebäude, mit mehr als 25% Mischnutzung	5,50	**12,00**	18,00	7,5%
Garagen und Bereitschaftsdienste				
Einzel-, Mehrfach- und Hochgaragen	3,00	**9,60**	17,00	31,2%
Tiefgaragen	–	**11,00**	–	48,9%
Feuerwehrhäuser	22,00	**33,00**	48,00	8,6%
Öffentliche Bereitschaftsdienste	8,80	**12,00**	18,00	3,6%
9 Kulturgebäude				
Gebäude für kulturelle Zwecke				
Bibliotheken, Museen und Ausstellungen	12,00	**22,00**	27,00	4,7%
Theater	41,00	**57,00**	74,00	14,9%
Gemeindezentren, einfacher Standard	9,80	**13,00**	17,00	7,0%
Gemeindezentren, mittlerer Standard	10,00	**26,00**	37,00	6,2%
Gemeindezentren, hoher Standard	22,00	**33,00**	54,00	6,2%
Gebäude für religiöse Zwecke				
Sakralbauten	–	**–**	–	–
Friedhofsgebäude	–	**19,00**	–	5,6%

Einheit: m²
Brutto-Grundfläche (BGF)

Gebäudeart	▷	€/Einheit	◁	KG an 400
1 Büro- und Verwaltungsgebäude				
Büro- und Verwaltungsgebäude, einfacher Standard	13,00	**18,00**	23,00	9,4%
Büro- und Verwaltungsgebäude, mittlerer Standard	20,00	**26,00**	41,00	6,3%
Büro- und Verwaltungsgebäude, hoher Standard	26,00	**37,00**	51,00	6,4%
2 Gebäude für Forschung und Lehre				
Instituts- und Laborgebäude	25,00	**46,00**	110,00	3,9%
3 Gebäude des Gesundheitswesens				
Medizinische Einrichtungen	41,00	**46,00**	55,00	9,0%
Pflegeheime	48,00	**73,00**	97,00	11,9%
4 Schulen und Kindergärten				
Allgemeinbildende Schulen	23,00	**30,00**	37,00	8,5%
Berufliche Schulen	26,00	**47,00**	119,00	7,4%
Förder- und Sonderschulen	28,00	**39,00**	74,00	8,6%
Weiterbildungseinrichtungen	23,00	**23,00**	24,00	3,1%
Kindergärten, nicht unterkellert, einfacher Standard	–	**44,00**	–	19,6%
Kindergärten, nicht unterkellert, mittlerer Standard	39,00	**61,00**	76,00	16,8%
Kindergärten, nicht unterkellert, hoher Standard	45,00	**55,00**	65,00	17,3%
Kindergärten, Holzbauweise, nicht unterkellert	38,00	**53,00**	65,00	17,3%
Kindergärten, unterkellert	36,00	**52,00**	84,00	14,9%
5 Sportbauten				
Sport- und Mehrzweckhallen	42,00	**49,00**	65,00	16,7%
Sporthallen (Einfeldhallen)	42,00	**50,00**	55,00	17,0%
Sporthallen (Dreifeldhallen)	42,00	**52,00**	67,00	10,0%
Schwimmhallen	–	**–**	–	–
6 Wohngebäude				
Ein- und Zweifamilienhäuser				
Ein- und Zweifamilienhäuser, unterkellert, einfacher Standard	30,00	**35,00**	37,00	23,4%
Ein- und Zweifamilienhäuser, unterkellert, mittlerer Standard	33,00	**44,00**	61,00	17,2%
Ein- und Zweifamilienhäuser, unterkellert, hoher Standard	34,00	**53,00**	73,00	16,3%
Ein- und Zweifamilienhäuser, nicht unterkellert, einfacher Standard	30,00	**38,00**	46,00	23,4%
Ein- und Zweifamilienhäuser, nicht unterkellert, mittlerer Standard	47,00	**58,00**	81,00	22,4%
Ein- und Zweifamilienhäuser, nicht unterkellert, hoher Standard	40,00	**63,00**	103,00	20,2%
Ein- und Zweifamilienhäuser, Passivhausstandard, Massivbau	41,00	**60,00**	90,00	19,3%
Ein- und Zweifamilienhäuser, Passivhausstandard, Holzbau	50,00	**77,00**	113,00	21,1%
Ein- und Zweifamilienhäuser, Holzbauweise, unterkellert	35,00	**53,00**	94,00	21,0%
Ein- und Zweifamilienhäuser, Holzbauweise, nicht unterkellert	27,00	**47,00**	73,00	16,8%
Doppel- und Reihenendhäuser, einfacher Standard	30,00	**37,00**	52,00	18,5%
Doppel- und Reihenendhäuser, mittlerer Standard	29,00	**42,00**	55,00	17,2%
Doppel- und Reihenendhäuser, hoher Standard	47,00	**61,00**	88,00	21,1%
Reihenhäuser, einfacher Standard	35,00	**42,00**	49,00	23,2%
Reihenhäuser, mittlerer Standard	37,00	**50,00**	71,00	19,9%
Reihenhäuser, hoher Standard	57,00	**69,00**	76,00	22,5%
Mehrfamilienhäuser				
Mehrfamilienhäuser, mit bis zu 6 WE, einfacher Standard	30,00	**34,00**	42,00	25,0%
Mehrfamilienhäuser, mit bis zu 6 WE, mittlerer Standard	35,00	**57,00**	82,00	26,8%
Mehrfamilienhäuser, mit bis zu 6 WE, hoher Standard	37,00	**48,00**	60,00	17,6%

Kosten:
Stand 1.Quartal 2021
Bundesdurchschnitt
inkl. 19% MwSt.

Einheit: m²
Brutto-Grundfläche (BGF)

▷ von
ø Mittel
◁ bis

 Erläuterungen zu den Tabellen siehe Seite 48

Einheit: m²
Brutto-Grundfläche (BGF)

Gebäudeart	▷	€/Einheit	◁	KG an 400
Mehrfamilienhäuser (Fortsetzung)				
Mehrfamilienhäuser, mit 6 bis 19 WE, einfacher Standard	41,00	**49,00**	63,00	26,2%
Mehrfamilienhäuser, mit 6 bis 19 WE, mittlerer Standard	26,00	**38,00**	50,00	19,1%
Mehrfamilienhäuser, mit 6 bis 19 WE, hoher Standard	34,00	**44,00**	50,00	21,3%
Mehrfamilienhäuser, mit 20 oder mehr WE, einfacher Standard	26,00	**37,00**	42,00	14,8%
Mehrfamilienhäuser, mit 20 oder mehr WE, mittlerer Standard	26,00	**31,00**	33,00	13,9%
Mehrfamilienhäuser, mit 20 oder mehr WE, hoher Standard	34,00	**64,00**	84,00	22,7%
Mehrfamilienhäuser, Passivhäuser	36,00	**43,00**	54,00	18,2%
Wohnhäuser, mit bis zu 15% Mischnutzung, einfacher Standard	46,00	**50,00**	57,00	22,6%
Wohnhäuser, mit bis zu 15% Mischnutzung, mittlerer Standard	17,00	**44,00**	61,00	20,9%
Wohnhäuser, mit bis zu 15% Mischnutzung, hoher Standard	–	**56,00**	–	23,0%
Wohnhäuser, mit mehr als 15% Mischnutzung	41,00	**60,00**	79,00	13,4%
Seniorenwohnungen				
Seniorenwohnungen, mittlerer Standard	30,00	**40,00**	49,00	13,9%
Seniorenwohnungen, hoher Standard	48,00	**68,00**	89,00	20,1%
Beherbergung				
Wohnheime und Internate	37,00	**61,00**	99,00	16,0%
7 Gewerbegebäude				
Gaststätten und Kantinen				
Gaststätten, Kantinen und Mensen	–	**75,00**	–	9,0%
Gebäude für Produktion				
Industrielle Produktionsgebäude, Massivbauweise	25,00	**33,00**	38,00	11,9%
Industrielle Produktionsgebäude, überwiegend Skelettbauweise	8,80	**15,00**	23,00	2,7%
Betriebs- und Werkstätten, eingeschossig	35,00	**47,00**	60,00	14,2%
Betriebs- und Werkstätten, mehrgeschossig, geringer Hallenanteil	7,90	**18,00**	22,00	5,8%
Betriebs- und Werkstätten, mehrgeschossig, hoher Hallenanteil	17,00	**30,00**	57,00	10,3%
Gebäude für Handel und Lager				
Geschäftshäuser, mit Wohnungen	11,00	**20,00**	26,00	8,0%
Geschäftshäuser, ohne Wohnungen	30,00	**35,00**	40,00	15,2%
Verbrauchermärkte	24,00	**34,00**	44,00	9,1%
Autohäuser	6,50	**15,00**	24,00	7,9%
Lagergebäude, ohne Mischnutzung	4,60	**9,30**	19,00	2,1%
Lagergebäude, mit bis zu 25% Mischnutzung	8,40	**14,00**	26,00	7,8%
Lagergebäude, mit mehr als 25% Mischnutzung	13,00	**25,00**	37,00	12,6%
Garagen und Bereitschaftsdienste				
Einzel-, Mehrfach- und Hochgaragen	–	**2,20**	–	0,6%
Tiefgaragen	–	**–**	–	–
Feuerwehrhäuser	26,00	**33,00**	37,00	8,5%
Öffentliche Bereitschaftsdienste	6,00	**11,00**	21,00	3,2%
9 Kulturgebäude				
Gebäude für kulturelle Zwecke				
Bibliotheken, Museen und Ausstellungen	23,00	**37,00**	55,00	7,7%
Theater	38,00	**61,00**	83,00	9,7%
Gemeindezentren, einfacher Standard	23,00	**33,00**	52,00	17,2%
Gemeindezentren, mittlerer Standard	32,00	**46,00**	65,00	12,2%
Gemeindezentren, hoher Standard	39,00	**55,00**	87,00	10,3%
Gebäude für religiöse Zwecke				
Sakralbauten	–	**–**	–	–
Friedhofsgebäude	–	**35,00**	–	10,3%

413
Gasanlagen

Kosten:
Stand 1.Quartal 2021
Bundesdurchschnitt
inkl. 19% MwSt.

Einheit: m²
Brutto-Grundfläche (BGF)

▷ von
ø Mittel
◁ bis

Gebäudeart	▷	€/Einheit	◁	KG an 400
1 Büro- und Verwaltungsgebäude				
Büro- und Verwaltungsgebäude, einfacher Standard	–	**–**	–	–
Büro- und Verwaltungsgebäude, mittlerer Standard	–	**–**	–	–
Büro- und Verwaltungsgebäude, hoher Standard	0,70	**0,90**	1,00	0,0%
2 Gebäude für Forschung und Lehre				
Instituts- und Laborgebäude	–	**–**	–	–
3 Gebäude des Gesundheitswesens				
Medizinische Einrichtungen	–	**–**	–	–
Pflegeheime	–	**–**	–	–
4 Schulen und Kindergärten				
Allgemeinbildende Schulen	–	**4,90**	–	0,1%
Berufliche Schulen	–	**0,90**	–	0,0%
Förder- und Sonderschulen	–	**0,30**	–	0,0%
Weiterbildungseinrichtungen	–	**2,30**	–	0,1%
Kindergärten, nicht unterkellert, einfacher Standard	–	**–**	–	–
Kindergärten, nicht unterkellert, mittlerer Standard	–	**4,40**	–	0,2%
Kindergärten, nicht unterkellert, hoher Standard	–	**–**	–	–
Kindergärten, Holzbauweise, nicht unterkellert	–	**–**	–	–
Kindergärten, unterkellert	–	**–**	–	–
5 Sportbauten				
Sport- und Mehrzweckhallen	–	**–**	–	–
Sporthallen (Einfeldhallen)	–	**–**	–	–
Sporthallen (Dreifeldhallen)	–	**–**	–	–
Schwimmhallen	–	**–**	–	–
6 Wohngebäude				
Ein- und Zweifamilienhäuser				
Ein- und Zweifamilienhäuser, unterkellert, einfacher Standard	–	**–**	–	–
Ein- und Zweifamilienhäuser, unterkellert, mittlerer Standard	–	**–**	–	–
Ein- und Zweifamilienhäuser, unterkellert, hoher Standard	–	**2,50**	–	0,1%
Ein- und Zweifamilienhäuser, nicht unterkellert, einfacher Standard	–	**–**	–	–
Ein- und Zweifamilienhäuser, nicht unterkellert, mittlerer Standard	–	**–**	–	–
Ein- und Zweifamilienhäuser, nicht unterkellert, hoher Standard	–	**–**	–	–
Ein- und Zweifamilienhäuser, Passivhausstandard, Massivbau	–	**6,00**	–	0,1%
Ein- und Zweifamilienhäuser, Passivhausstandard, Holzbau	–	**–**	–	–
Ein- und Zweifamilienhäuser, Holzbauweise, unterkellert	–	**1,80**	–	0,1%
Ein- und Zweifamilienhäuser, Holzbauweise, nicht unterkellert	–	**1,50**	–	0,1%
Doppel- und Reihenendhäuser, einfacher Standard	–	**–**	–	–
Doppel- und Reihenendhäuser, mittlerer Standard	–	**–**	–	–
Doppel- und Reihenendhäuser, hoher Standard	–	**1,10**	–	0,1%
Reihenhäuser, einfacher Standard	–	**–**	–	–
Reihenhäuser, mittlerer Standard	–	**–**	–	–
Reihenhäuser, hoher Standard	–	**–**	–	–
Mehrfamilienhäuser				
Mehrfamilienhäuser, mit bis zu 6 WE, einfacher Standard	–	**–**	–	–
Mehrfamilienhäuser, mit bis zu 6 WE, mittlerer Standard	–	**–**	–	–
Mehrfamilienhäuser, mit bis zu 6 WE, hoher Standard	–	**–**	–	–

Gebäudeart	▷	€/Einheit	◁	KG an 400
Mehrfamilienhäuser (Fortsetzung)				
Mehrfamilienhäuser, mit 6 bis 19 WE, einfacher Standard	–	–	–	–
Mehrfamilienhäuser, mit 6 bis 19 WE, mittlerer Standard	–	–	–	–
Mehrfamilienhäuser, mit 6 bis 19 WE, hoher Standard	–	–	–	–
Mehrfamilienhäuser, mit 20 oder mehr WE, einfacher Standard	–	–	–	–
Mehrfamilienhäuser, mit 20 oder mehr WE, mittlerer Standard	–	–	–	–
Mehrfamilienhäuser, mit 20 oder mehr WE, hoher Standard	–	–	–	–
Mehrfamilienhäuser, Passivhäuser	–	**1,70**	–	0,1%
Wohnhäuser, mit bis zu 15% Mischnutzung, einfacher Standard	–	–	–	–
Wohnhäuser, mit bis zu 15% Mischnutzung, mittlerer Standard	–	–	–	–
Wohnhäuser, mit bis zu 15% Mischnutzung, hoher Standard	–	–	–	–
Wohnhäuser, mit mehr als 15% Mischnutzung	–	–	–	–
Seniorenwohnungen				
Seniorenwohnungen, mittlerer Standard	–	–	–	–
Seniorenwohnungen, hoher Standard	–	–	–	–
Beherbergung				
Wohnheime und Internate	–	**3,70**	–	0,1%
7 Gewerbegebäude				
Gaststätten und Kantinen				
Gaststätten, Kantinen und Mensen	–	**0,50**	–	0,1%
Gebäude für Produktion				
Industrielle Produktionsgebäude, Massivbauweise	–	–	–	–
Industrielle Produktionsgebäude, überwiegend Skelettbauweise	–	**1,10**	–	0,0%
Betriebs- und Werkstätten, eingeschossig	–	–	–	–
Betriebs- und Werkstätten, mehrgeschossig, geringer Hallenanteil	–	–	–	–
Betriebs- und Werkstätten, mehrgeschossig, hoher Hallenanteil	–	**7,70**	–	0,2%
Gebäude für Handel und Lager				
Geschäftshäuser, mit Wohnungen	–	–	–	–
Geschäftshäuser, ohne Wohnungen	–	–	–	–
Verbrauchermärkte	–	–	–	–
Autohäuser	–	–	–	–
Lagergebäude, ohne Mischnutzung	–	–	–	–
Lagergebäude, mit bis zu 25% Mischnutzung	–	–	–	–
Lagergebäude, mit mehr als 25% Mischnutzung	–	–	–	–
Garagen und Bereitschaftsdienste				
Einzel-, Mehrfach- und Hochgaragen	–	–	–	–
Tiefgaragen	–	–	–	–
Feuerwehrhäuser	–	–	–	–
Öffentliche Bereitschaftsdienste	–	–	–	–
9 Kulturgebäude				
Gebäude für kulturelle Zwecke				
Bibliotheken, Museen und Ausstellungen	–	–	–	–
Theater	–	**7,80**	–	0,3%
Gemeindezentren, einfacher Standard	–	–	–	–
Gemeindezentren, mittlerer Standard	–	–	–	–
Gemeindezentren, hoher Standard	–	**2,40**	–	0,2%
Gebäude für religiöse Zwecke				
Sakralbauten	–	–	–	–
Friedhofsgebäude	–	–	–	–

Einheit: m²
Brutto-Grundfläche (BGF)

Gebäudeart	▷	€/Einheit	◁	KG an 400
1 Büro- und Verwaltungsgebäude				
Büro- und Verwaltungsgebäude, einfacher Standard	1,10	**3,20**	5,40	0,7%
Büro- und Verwaltungsgebäude, mittlerer Standard	2,40	**4,10**	6,50	0,8%
Büro- und Verwaltungsgebäude, hoher Standard	2,00	**3,10**	5,00	0,5%
2 Gebäude für Forschung und Lehre				
Instituts- und Laborgebäude	1,90	**4,20**	8,90	0,3%
3 Gebäude des Gesundheitswesens				
Medizinische Einrichtungen	–	**4,20**	–	0,3%
Pflegeheime	36,00	**78,00**	145,00	9,1%
4 Schulen und Kindergärten				
Allgemeinbildende Schulen	2,80	**4,90**	8,70	0,9%
Berufliche Schulen	1,70	**3,00**	4,40	0,3%
Förder- und Sonderschulen	2,40	**3,20**	4,00	0,4%
Weiterbildungseinrichtungen	–	**8,30**	–	0,4%
Kindergärten, nicht unterkellert, einfacher Standard	–	**–**	–	–
Kindergärten, nicht unterkellert, mittlerer Standard	5,00	**7,60**	10,00	1,5%
Kindergärten, nicht unterkellert, hoher Standard	–	**–**	–	–
Kindergärten, Holzbauweise, nicht unterkellert	6,10	**8,90**	12,00	3,0%
Kindergärten, unterkellert	4,50	**5,40**	6,30	0,9%
5 Sportbauten				
Sport- und Mehrzweckhallen	–	**–**	–	–
Sporthallen (Einfeldhallen)	–	**5,20**	–	0,7%
Sporthallen (Dreifeldhallen)	–	**–**	–	–
Schwimmhallen	–	**–**	–	–
6 Wohngebäude				
Ein- und Zweifamilienhäuser				
Ein- und Zweifamilienhäuser, unterkellert, einfacher Standard	–	**1,10**	–	0,2%
Ein- und Zweifamilienhäuser, unterkellert, mittlerer Standard	1,60	**2,60**	4,70	0,6%
Ein- und Zweifamilienhäuser, unterkellert, hoher Standard	1,30	**2,50**	4,00	0,3%
Ein- und Zweifamilienhäuser, nicht unterkellert, einfacher Standard	–	**2,70**	–	0,7%
Ein- und Zweifamilienhäuser, nicht unterkellert, mittlerer Standard	2,10	**4,10**	5,70	0,7%
Ein- und Zweifamilienhäuser, nicht unterkellert, hoher Standard	0,60	**1,50**	1,80	0,3%
Ein- und Zweifamilienhäuser, Passivhausstandard, Massivbau	4,40	**7,60**	9,30	1,1%
Ein- und Zweifamilienhäuser, Passivhausstandard, Holzbau	2,70	**4,50**	6,00	0,5%
Ein- und Zweifamilienhäuser, Holzbauweise, unterkellert	2,80	**4,50**	6,40	0,6%
Ein- und Zweifamilienhäuser, Holzbauweise, nicht unterkellert	2,60	**4,10**	5,40	1,1%
Doppel- und Reihenendhäuser, einfacher Standard	3,60	**6,00**	8,40	1,7%
Doppel- und Reihenendhäuser, mittlerer Standard	2,30	**4,20**	7,30	1,0%
Doppel- und Reihenendhäuser, hoher Standard	–	**5,20**	–	0,3%
Reihenhäuser, einfacher Standard	–	**–**	–	–
Reihenhäuser, mittlerer Standard	3,40	**4,10**	4.70	1,2%
Reihenhäuser, hoher Standard	–	**–**	–	–
Mehrfamilienhäuser				
Mehrfamilienhäuser, mit bis zu 6 WE, einfacher Standard	–	**–**	–	–
Mehrfamilienhäuser, mit bis zu 6 WE, mittlerer Standard	1,40	**2,00**	2,50	0,4%
Mehrfamilienhäuser, mit bis zu 6 WE, hoher Standard	1,70	**4,00**	5,40	0,7%

Kosten:
Stand 1.Quartal 2021
Bundesdurchschnitt
inkl. 19% MwSt.

Einheit: m²
Brutto-Grundfläche (BGF)

▷ von
ø Mittel
◁ bis

Einheit: m²
Brutto-Grundfläche (BGF)

Gebäudeart	▷	€/Einheit	◁	KG an 400
Mehrfamilienhäuser (Fortsetzung)				
Mehrfamilienhäuser, mit 6 bis 19 WE, einfacher Standard	–	**3,40**	–	0,6%
Mehrfamilienhäuser, mit 6 bis 19 WE, mittlerer Standard	5,40	**8,20**	16,00	2,5%
Mehrfamilienhäuser, mit 6 bis 19 WE, hoher Standard	3,60	**5,90**	7,50	1,9%
Mehrfamilienhäuser, mit 20 oder mehr WE, einfacher Standard	3,30	**19,00**	50,00	6,3%
Mehrfamilienhäuser, mit 20 oder mehr WE, mittlerer Standard	3,60	**5,20**	7,90	2,2%
Mehrfamilienhäuser, mit 20 oder mehr WE, hoher Standard	2,10	**4,20**	5,30	1,5%
Mehrfamilienhäuser, Passivhäuser	1,70	**5,00**	10,00	1,5%
Wohnhäuser, mit bis zu 15% Mischnutzung, einfacher Standard	–	**–**	–	–
Wohnhäuser, mit bis zu 15% Mischnutzung, mittlerer Standard	–	**12,00**	–	1,3%
Wohnhäuser, mit bis zu 15% Mischnutzung, hoher Standard	–	**–**	–	–
Wohnhäuser, mit mehr als 15% Mischnutzung	–	**–**	–	–
Seniorenwohnungen				
Seniorenwohnungen, mittlerer Standard	7,40	**31,00**	100,00	7,0%
Seniorenwohnungen, hoher Standard	–	**–**	–	–
Beherbergung				
Wohnheime und Internate	3,70	**8,50**	17,00	1,6%
7 Gewerbegebäude				
Gaststätten und Kantinen				
Gaststätten, Kantinen und Mensen	–	**–**	–	–
Gebäude für Produktion				
Industrielle Produktionsgebäude, Massivbauweise	–	**–**	–	–
Industrielle Produktionsgebäude, überwiegend Skelettbauweise	0,60	**1,30**	2,10	0,3%
Betriebs- und Werkstätten, eingeschossig	–	**–**	–	–
Betriebs- und Werkstätten, mehrgeschossig, geringer Hallenanteil	0,60	**1,90**	2,50	0,4%
Betriebs- und Werkstätten, mehrgeschossig, hoher Hallenanteil	1,20	**2,80**	5,90	0,2%
Gebäude für Handel und Lager				
Geschäftshäuser, mit Wohnungen	–	**1,70**	–	0,2%
Geschäftshäuser, ohne Wohnungen	0,90	**1,80**	2,80	0,9%
Verbrauchermärkte	–	**1,80**	–	0,2%
Autohäuser	–	**2,40**	–	1,4%
Lagergebäude, ohne Mischnutzung	–	**–**	–	–
Lagergebäude, mit bis zu 25% Mischnutzung	0,70	**1,60**	2,50	0,4%
Lagergebäude, mit mehr als 25% Mischnutzung	–	**–**	–	–
Garagen und Bereitschaftsdienste				
Einzel-, Mehrfach- und Hochgaragen	–	**–**	–	–
Tiefgaragen	–	**–**	–	–
Feuerwehrhäuser	3,40	**4,90**	5,80	1,2%
Öffentliche Bereitschaftsdienste	–	**1,70**	–	0,1%
9 Kulturgebäude				
Gebäude für kulturelle Zwecke				
Bibliotheken, Museen und Ausstellungen	3,40	**4,50**	7,40	0,9%
Theater	–	**5,80**	–	1,1%
Gemeindezentren, einfacher Standard	0,30	**2,80**	5,20	1,4%
Gemeindezentren, mittlerer Standard	5,60	**8,40**	13,00	1,7%
Gemeindezentren, hoher Standard	–	**–**	–	–
Gebäude für religiöse Zwecke				
Sakralbauten	–	**–**	–	–
Friedhofsgebäude	–	**–**	–	–

421 Wärmeerzeugungsanlagen

Kosten:
Stand 1.Quartal 2021
Bundesdurchschnitt
inkl. 19% MwSt.

Einheit: m²
Brutto-Grundfläche (BGF)

Gebäudeart	▷	€/Einheit	◁	KG an 400
1 Büro- und Verwaltungsgebäude				
Büro- und Verwaltungsgebäude, einfacher Standard	8,00	**16,00**	20,00	7,9%
Büro- und Verwaltungsgebäude, mittlerer Standard	9,50	**22,00**	58,00	4,8%
Büro- und Verwaltungsgebäude, hoher Standard	15,00	**38,00**	55,00	6,8%
2 Gebäude für Forschung und Lehre				
Instituts- und Laborgebäude	11,00	**62,00**	165,00	3,2%
3 Gebäude des Gesundheitswesens				
Medizinische Einrichtungen	9,70	**16,00**	27,00	2,8%
Pflegeheime	8,60	**14,00**	29,00	2,5%
4 Schulen und Kindergärten				
Allgemeinbildende Schulen	7,30	**23,00**	63,00	5,6%
Berufliche Schulen	7,50	**17,00**	26,00	1,5%
Förder- und Sonderschulen	10,00	**33,00**	73,00	7,7%
Weiterbildungseinrichtungen	5,50	**12,00**	18,00	1,8%
Kindergärten, nicht unterkellert, einfacher Standard	–	**12,00**	–	5,1%
Kindergärten, nicht unterkellert, mittlerer Standard	20,00	**41,00**	97,00	10,9%
Kindergärten, nicht unterkellert, hoher Standard	20,00	**26,00**	32,00	8,3%
Kindergärten, Holzbauweise, nicht unterkellert	17,00	**33,00**	55,00	10,4%
Kindergärten, unterkellert	10,00	**26,00**	56,00	6,9%
5 Sportbauten				
Sport- und Mehrzweckhallen	8,00	**25,00**	34,00	6,2%
Sporthallen (Einfeldhallen)	8,10	**11,00**	17,00	3,7%
Sporthallen (Dreifeldhallen)	–	**61,00**	–	3,3%
Schwimmhallen	–	**–**	–	–
6 Wohngebäude				
Ein- und Zweifamilienhäuser				
Ein- und Zweifamilienhäuser, unterkellert, einfacher Standard	25,00	**27,00**	31,00	18,8%
Ein- und Zweifamilienhäuser, unterkellert, mittlerer Standard	22,00	**55,00**	79,00	20,1%
Ein- und Zweifamilienhäuser, unterkellert, hoher Standard	39,00	**73,00**	109,00	21,5%
Ein- und Zweifamilienhäuser, nicht unterkellert, einfacher Standard	18,00	**34,00**	50,00	19,4%
Ein- und Zweifamilienhäuser, nicht unterkellert, mittlerer Standard	30,00	**51,00**	92,00	19,3%
Ein- und Zweifamilienhäuser, nicht unterkellert, hoher Standard	45,00	**85,00**	151,00	25,8%
Ein- und Zweifamilienhäuser, Passivhausstandard, Massivbau	27,00	**64,00**	91,00	20,0%
Ein- und Zweifamilienhäuser, Passivhausstandard, Holzbau	57,00	**91,00**	131,00	15,1%
Ein- und Zweifamilienhäuser, Holzbauweise, unterkellert	31,00	**49,00**	75,00	15,6%
Ein- und Zweifamilienhäuser, Holzbauweise, nicht unterkellert	38,00	**61,00**	108,00	21,3%
Doppel- und Reihenendhäuser, einfacher Standard	31,00	**74,00**	96,00	32,1%
Doppel- und Reihenendhäuser, mittlerer Standard	25,00	**45,00**	70,00	17,9%
Doppel- und Reihenendhäuser, hoher Standard	36,00	**45,00**	73,00	12,0%
Reihenhäuser, einfacher Standard	31,00	**41,00**	50,00	21,4%
Reihenhäuser, mittlerer Standard	36,00	**40,00**	46,00	16,8%
Reihenhäuser, hoher Standard	38,00	**61,00**	74,00	19,3%
Mehrfamilienhäuser				
Mehrfamilienhäuser, mit bis zu 6 WE, einfacher Standard	6,30	**8,50**	9,80	6,5%
Mehrfamilienhäuser, mit bis zu 6 WE, mittlerer Standard	17,00	**24,00**	35,00	9,3%
Mehrfamilienhäuser, mit bis zu 6 WE, hoher Standard	22,00	**33,00**	45,00	11,6%

▷ von
ø Mittel
◁ bis

Gebäudeart	▷	€/Einheit	◁	KG an 400
Mehrfamilienhäuser (Fortsetzung)				
Mehrfamilienhäuser, mit 6 bis 19 WE, einfacher Standard	4,30	**13,00**	30,00	7,3%
Mehrfamilienhäuser, mit 6 bis 19 WE, mittlerer Standard	8,30	**28,00**	58,00	10,7%
Mehrfamilienhäuser, mit 6 bis 19 WE, hoher Standard	6,90	**10,00**	13,00	4,9%
Mehrfamilienhäuser, mit 20 oder mehr WE, einfacher Standard	5,60	**11,00**	15,00	4,7%
Mehrfamilienhäuser, mit 20 oder mehr WE, mittlerer Standard	7,90	**16,00**	32,00	6,8%
Mehrfamilienhäuser, mit 20 oder mehr WE, hoher Standard	5,20	**10,00**	15,00	2,3%
Mehrfamilienhäuser, Passivhäuser	13,00	**35,00**	89,00	12,1%
Wohnhäuser, mit bis zu 15% Mischnutzung, einfacher Standard	15,00	**35,00**	68,00	14,9%
Wohnhäuser, mit bis zu 15% Mischnutzung, mittlerer Standard	25,00	**32,00**	41,00	19,4%
Wohnhäuser, mit bis zu 15% Mischnutzung, hoher Standard	–	**3,20**	–	1,3%
Wohnhäuser, mit mehr als 15% Mischnutzung	–	**12,00**	–	1,8%
Seniorenwohnungen				
Seniorenwohnungen, mittlerer Standard	4,00	**14,00**	29,00	5,0%
Seniorenwohnungen, hoher Standard	40,00	**44,00**	49,00	13,4%
Beherbergung				
Wohnheime und Internate	18,00	**42,00**	63,00	11,4%
7 Gewerbegebäude				
Gaststätten und Kantinen				
Gaststätten, Kantinen und Mensen	–	**35,00**	–	4,2%
Gebäude für Produktion				
Industrielle Produktionsgebäude, Massivbauweise	6,30	**25,00**	35,00	8,8%
Industrielle Produktionsgebäude, überwiegend Skelettbauweise	5,70	**14,00**	27,00	2,4%
Betriebs- und Werkstätten, eingeschossig	–	**10,00**	–	0,8%
Betriebs- und Werkstätten, mehrgeschossig, geringer Hallenanteil	12,00	**31,00**	86,00	7,1%
Betriebs- und Werkstätten, mehrgeschossig, hoher Hallenanteil	9,60	**33,00**	53,00	11,7%
Gebäude für Handel und Lager				
Geschäftshäuser, mit Wohnungen	13,00	**23,00**	30,00	9,3%
Geschäftshäuser, ohne Wohnungen	7,70	**12,00**	17,00	5,1%
Verbrauchermärkte	–	**22,00**	–	2,5%
Autohäuser	8,70	**13,00**	17,00	7,9%
Lagergebäude, ohne Mischnutzung	4,40	**14,00**	26,00	4,9%
Lagergebäude, mit bis zu 25% Mischnutzung	4,80	**7,00**	9,10	2,7%
Lagergebäude, mit mehr als 25% Mischnutzung	10,00	**12,00**	14,00	7,2%
Garagen und Bereitschaftsdienste				
Einzel-, Mehrfach- und Hochgaragen	–	**–**	–	–
Tiefgaragen	–	**–**	–	–
Feuerwehrhäuser	4,80	**7,60**	13,00	2,0%
Öffentliche Bereitschaftsdienste	9,50	**11,00**	14,00	4,0%
9 Kulturgebäude				
Gebäude für kulturelle Zwecke				
Bibliotheken, Museen und Ausstellungen	13,00	**24,00**	33,00	5,6%
Theater	–	**5,50**	–	0,2%
Gemeindezentren, einfacher Standard	12,00	**21,00**	34,00	11,4%
Gemeindezentren, mittlerer Standard	27,00	**39,00**	83,00	10,1%
Gemeindezentren, hoher Standard	43,00	**55,00**	78,00	10,2%
Gebäude für religiöse Zwecke				
Sakralbauten	–	**–**	–	–
Friedhofsgebäude	–	**–**	–	–

Einheit: m²
Brutto-Grundfläche (BGF)

Kosten:
Stand 1.Quartal 2021
Bundesdurchschnitt
inkl. 19% MwSt.

Einheit: m²
Brutto-Grundfläche (BGF)

▷ von
ø Mittel
◁ bis

Gebäudeart	▷	€/Einheit	◁	KG an 400
1 Büro- und Verwaltungsgebäude				
Büro- und Verwaltungsgebäude, einfacher Standard	6,00	**7,40**	10,00	3,2%
Büro- und Verwaltungsgebäude, mittlerer Standard	20,00	**32,00**	57,00	7,2%
Büro- und Verwaltungsgebäude, hoher Standard	27,00	**54,00**	90,00	7,9%
2 Gebäude für Forschung und Lehre				
Instituts- und Laborgebäude	21,00	**65,00**	110,00	5,4%
3 Gebäude des Gesundheitswesens				
Medizinische Einrichtungen	13,00	**16,00**	19,00	3,4%
Pflegeheime	22,00	**25,00**	27,00	4,0%
4 Schulen und Kindergärten				
Allgemeinbildende Schulen	16,00	**24,00**	39,00	7,7%
Berufliche Schulen	12,00	**29,00**	55,00	3,2%
Förder- und Sonderschulen	15,00	**29,00**	46,00	6,4%
Weiterbildungseinrichtungen	12,00	**21,00**	31,00	3,2%
Kindergärten, nicht unterkellert, einfacher Standard	–	**17,00**	–	7,4%
Kindergärten, nicht unterkellert, mittlerer Standard	11,00	**17,00**	21,00	3,0%
Kindergärten, nicht unterkellert, hoher Standard	10,00	**19,00**	28,00	6,0%
Kindergärten, Holzbauweise, nicht unterkellert	12,00	**18,00**	20,00	6,0%
Kindergärten, unterkellert	18,00	**20,00**	25,00	6,9%
5 Sportbauten				
Sport- und Mehrzweckhallen	5,40	**23,00**	32,00	5,4%
Sporthallen (Einfeldhallen)	14,00	**30,00**	52,00	9,8%
Sporthallen (Dreifeldhallen)	–	**30,00**	–	1,7%
Schwimmhallen	–	**–**	–	–
6 Wohngebäude				
Ein- und Zweifamilienhäuser				
Ein- und Zweifamilienhäuser, unterkellert, einfacher Standard	6,60	**9,50**	15,00	6,4%
Ein- und Zweifamilienhäuser, unterkellert, mittlerer Standard	7,20	**12,00**	21,00	4,5%
Ein- und Zweifamilienhäuser, unterkellert, hoher Standard	8,70	**17,00**	28,00	4,6%
Ein- und Zweifamilienhäuser, nicht unterkellert, einfacher Standard	12,00	**14,00**	17,00	9,4%
Ein- und Zweifamilienhäuser, nicht unterkellert, mittlerer Standard	5,10	**10,00**	15,00	3,0%
Ein- und Zweifamilienhäuser, nicht unterkellert, hoher Standard	6,30	**11,00**	18,00	3,2%
Ein- und Zweifamilienhäuser, Passivhausstandard, Massivbau	6,10	**10,00**	17,00	2,1%
Ein- und Zweifamilienhäuser, Passivhausstandard, Holzbau	5,00	**7,30**	12,00	1,7%
Ein- und Zweifamilienhäuser, Holzbauweise, unterkellert	6,70	**12,00**	17,00	4,2%
Ein- und Zweifamilienhäuser, Holzbauweise, nicht unterkellert	7,50	**12,00**	23,00	4,4%
Doppel- und Reihenendhäuser, einfacher Standard	11,00	**12,00**	13,00	4,2%
Doppel- und Reihenendhäuser, mittlerer Standard	16,00	**23,00**	57,00	7,5%
Doppel- und Reihenendhäuser, hoher Standard	7,20	**15,00**	18,00	4,0%
Reihenhäuser, einfacher Standard	13,00	**15,00**	17,00	7,9%
Reihenhäuser, mittlerer Standard	3,20	**16,00**	22,00	6,0%
Reihenhäuser, hoher Standard	14,00	**25,00**	43,00	7,5%
Mehrfamilienhäuser				
Mehrfamilienhäuser, mit bis zu 6 WE, einfacher Standard	15,00	**20,00**	29,00	14,4%
Mehrfamilienhäuser, mit bis zu 6 WE, mittlerer Standard	8,50	**17,00**	22,00	6,7%
Mehrfamilienhäuser, mit bis zu 6 WE, hoher Standard	12,00	**18,00**	44,00	6,5%

Gebäudeart	▷	€/Einheit	◁	KG an 400
Mehrfamilienhäuser (Fortsetzung)				
Mehrfamilienhäuser, mit 6 bis 19 WE, einfacher Standard	17,00	**20,00**	26,00	10,6%
Mehrfamilienhäuser, mit 6 bis 19 WE, mittlerer Standard	7,40	**15,00**	21,00	6,0%
Mehrfamilienhäuser, mit 6 bis 19 WE, hoher Standard	11,00	**16,00**	18,00	7,6%
Mehrfamilienhäuser, mit 20 oder mehr WE, einfacher Standard	12,00	**15,00**	22,00	6,0%
Mehrfamilienhäuser, mit 20 oder mehr WE, mittlerer Standard	8,20	**20,00**	28,00	8,9%
Mehrfamilienhäuser, mit 20 oder mehr WE, hoher Standard	9,60	**15,00**	24,00	5,3%
Mehrfamilienhäuser, Passivhäuser	8,10	**12,00**	18,00	3,5%
Wohnhäuser, mit bis zu 15% Mischnutzung, einfacher Standard	–	**15,00**	–	2,3%
Wohnhäuser, mit bis zu 15% Mischnutzung, mittlerer Standard	6,20	**13,00**	25,00	5,6%
Wohnhäuser, mit bis zu 15% Mischnutzung, hoher Standard	–	**32,00**	–	13,4%
Wohnhäuser, mit mehr als 15% Mischnutzung	–	**26,00**	–	4,0%
Seniorenwohnungen				
Seniorenwohnungen, mittlerer Standard	14,00	**25,00**	35,00	8,3%
Seniorenwohnungen, hoher Standard	26,00	**38,00**	51,00	12,1%
Beherbergung				
Wohnheime und Internate	12,00	**21,00**	30,00	5,9%
7 Gewerbegebäude				
Gaststätten und Kantinen				
Gaststätten, Kantinen und Mensen	–	**50,00**	–	6,0%
Gebäude für Produktion				
Industrielle Produktionsgebäude, Massivbauweise	15,00	**19,00**	26,00	7,1%
Industrielle Produktionsgebäude, überwiegend Skelettbauweise	15,00	**21,00**	34,00	3,5%
Betriebs- und Werkstätten, eingeschossig	–	**49,00**	–	3,7%
Betriebs- und Werkstätten, mehrgeschossig, geringer Hallenanteil	6,60	**9,60**	11,00	2,9%
Betriebs- und Werkstätten, mehrgeschossig, hoher Hallenanteil	10,00	**33,00**	71,00	5,6%
Gebäude für Handel und Lager				
Geschäftshäuser, mit Wohnungen	13,00	**15,00**	16,00	5,6%
Geschäftshäuser, ohne Wohnungen	22,00	**27,00**	32,00	12,3%
Verbrauchermärkte	–	**80,00**	–	8,8%
Autohäuser	8,80	**20,00**	32,00	10,4%
Lagergebäude, ohne Mischnutzung	11,00	**22,00**	50,00	8,0%
Lagergebäude, mit bis zu 25% Mischnutzung	7,60	**16,00**	24,00	4,0%
Lagergebäude, mit mehr als 25% Mischnutzung	9,50	**9,60**	9,70	5,4%
Garagen und Bereitschaftsdienste				
Einzel-, Mehrfach- und Hochgaragen	–	**–**	–	–
Tiefgaragen	–	**–**	–	–
Feuerwehrhäuser	16,00	**23,00**	28,00	6,0%
Öffentliche Bereitschaftsdienste	12,00	**15,00**	19,00	4,8%
9 Kulturgebäude				
Gebäude für kulturelle Zwecke				
Bibliotheken, Museen und Ausstellungen	12,00	**15,00**	19,00	2,7%
Theater	–	**59,00**	–	1,9%
Gemeindezentren, einfacher Standard	3,30	**11,00**	16,00	6,7%
Gemeindezentren, mittlerer Standard	11,00	**19,00**	26,00	5,5%
Gemeindezentren, hoher Standard	21,00	**23,00**	25,00	4,4%
Gebäude für religiöse Zwecke				
Sakralbauten	–	**–**	–	–
Friedhofsgebäude	–	**–**	–	–

Einheit: m^2
Brutto-Grundfläche (BGF)

Kosten:
Stand 1.Quartal 2021
Bundesdurchschnitt
inkl. 19% MwSt.

Einheit: m^2
Brutto-Grundfläche (BGF)

▷ von
ø Mittel
◁ bis

Gebäudeart	▷	€/Einheit	◁	KG an 400
1 Büro- und Verwaltungsgebäude				
Büro- und Verwaltungsgebäude, einfacher Standard	19,00	**27,00**	39,00	13,7%
Büro- und Verwaltungsgebäude, mittlerer Standard	27,00	**42,00**	68,00	10,0%
Büro- und Verwaltungsgebäude, hoher Standard	18,00	**39,00**	66,00	6,2%
2 Gebäude für Forschung und Lehre				
Instituts- und Laborgebäude	18,00	**23,00**	37,00	2,2%
3 Gebäude des Gesundheitswesens				
Medizinische Einrichtungen	9,00	**12,00**	17,00	2,6%
Pflegeheime	14,00	**15,00**	17,00	2,5%
4 Schulen und Kindergärten				
Allgemeinbildende Schulen	13,00	**23,00**	40,00	6,5%
Berufliche Schulen	8,60	**17,00**	33,00	2,1%
Förder- und Sonderschulen	24,00	**38,00**	59,00	8,6%
Weiterbildungseinrichtungen	15,00	**24,00**	33,00	3,5%
Kindergärten, nicht unterkellert, einfacher Standard	–	**39,00**	–	17,4%
Kindergärten, nicht unterkellert, mittlerer Standard	18,00	**22,00**	23,00	4,3%
Kindergärten, nicht unterkellert, hoher Standard	3,60	**30,00**	57,00	9,2%
Kindergärten, Holzbauweise, nicht unterkellert	23,00	**31,00**	75,00	10,0%
Kindergärten, unterkellert	16,00	**30,00**	37,00	9,7%
5 Sportbauten				
Sport- und Mehrzweckhallen	12,00	**24,00**	47,00	6,2%
Sporthallen (Einfeldhallen)	11,00	**34,00**	49,00	12,2%
Sporthallen (Dreifeldhallen)	–	**41,00**	–	2,3%
Schwimmhallen	–	**–**	–	–
6 Wohngebäude				
Ein- und Zweifamilienhäuser				
Ein- und Zweifamilienhäuser, unterkellert, einfacher Standard	11,00	**17,00**	20,00	11,2%
Ein- und Zweifamilienhäuser, unterkellert, mittlerer Standard	24,00	**30,00**	39,00	12,2%
Ein- und Zweifamilienhäuser, unterkellert, hoher Standard	23,00	**35,00**	44,00	11,2%
Ein- und Zweifamilienhäuser, nicht unterkellert, einfacher Standard	9,60	**11,00**	13,00	7,5%
Ein- und Zweifamilienhäuser, nicht unterkellert, mittlerer Standard	21,00	**37,00**	58,00	14,7%
Ein- und Zweifamilienhäuser, nicht unterkellert, hoher Standard	33,00	**42,00**	61,00	14,1%
Ein- und Zweifamilienhäuser, Passivhausstandard, Massivbau	15,00	**23,00**	29,00	6,8%
Ein- und Zweifamilienhäuser, Passivhausstandard, Holzbau	13,00	**24,00**	44,00	5,0%
Ein- und Zweifamilienhäuser, Holzbauweise, unterkellert	19,00	**29,00**	45,00	8,4%
Ein- und Zweifamilienhäuser, Holzbauweise, nicht unterkellert	16,00	**24,00**	31,00	9,1%
Doppel- und Reihenendhäuser, einfacher Standard	18,00	**20,00**	26,00	9,3%
Doppel- und Reihenendhäuser, mittlerer Standard	13,00	**23,00**	41,00	9,3%
Doppel- und Reihenendhäuser, hoher Standard	20,00	**29,00**	35,00	7,5%
Reihenhäuser, einfacher Standard	17,00	**22,00**	27,00	11,4%
Reihenhäuser, mittlerer Standard	17,00	**26,00**	31,00	11,7%
Reihenhäuser, hoher Standard	20,00	**25,00**	33,00	7,9%
Mehrfamilienhäuser				
Mehrfamilienhäuser, mit bis zu 6 WE, einfacher Standard	13,00	**15,00**	19,00	11,2%
Mehrfamilienhäuser, mit bis zu 6 WE, mittlerer Standard	17,00	**31,00**	47,00	14,7%
Mehrfamilienhäuser, mit bis zu 6 WE, hoher Standard	25,00	**30,00**	36,00	11,1%

Gebäudeart	▷	€/Einheit	◁	KG an 400
Mehrfamilienhäuser (Fortsetzung)				
Mehrfamilienhäuser, mit 6 bis 19 WE, einfacher Standard	11,00	**16,00**	20,00	8,9%
Mehrfamilienhäuser, mit 6 bis 19 WE, mittlerer Standard	9,70	**16,00**	23,00	7,3%
Mehrfamilienhäuser, mit 6 bis 19 WE, hoher Standard	12,00	**23,00**	36,00	10,7%
Mehrfamilienhäuser, mit 20 oder mehr WE, einfacher Standard	9,60	**11,00**	14,00	4,4%
Mehrfamilienhäuser, mit 20 oder mehr WE, mittlerer Standard	13,00	**20,00**	33,00	8,9%
Mehrfamilienhäuser, mit 20 oder mehr WE, hoher Standard	26,00	**45,00**	81,00	15,5%
Mehrfamilienhäuser, Passivhäuser	11,00	**19,00**	27,00	7,3%
Wohnhäuser, mit bis zu 15% Mischnutzung, einfacher Standard	14,00	**26,00**	32,00	12,1%
Wohnhäuser, mit bis zu 15% Mischnutzung, mittlerer Standard	13,00	**18,00**	29,00	10,0%
Wohnhäuser, mit bis zu 15% Mischnutzung, hoher Standard	–	**24,00**	–	9,8%
Wohnhäuser, mit mehr als 15% Mischnutzung	–	**32,00**	–	4,8%
Seniorenwohnungen				
Seniorenwohnungen, mittlerer Standard	15,00	**18,00**	23,00	6,3%
Seniorenwohnungen, hoher Standard	22,00	**26,00**	31,00	8,1%
Beherbergung				
Wohnheime und Internate	21,00	**30,00**	38,00	9,4%
7 Gewerbegebäude				
Gaststätten und Kantinen				
Gaststätten, Kantinen und Mensen	–	**25,00**	–	3,0%
Gebäude für Produktion				
Industrielle Produktionsgebäude, Massivbauweise	14,00	**26,00**	45,00	9,9%
Industrielle Produktionsgebäude, überwiegend Skelettbauweise	13,00	**19,00**	30,00	3,4%
Betriebs- und Werkstätten, eingeschossig	–	**14,00**	–	1,0%
Betriebs- und Werkstätten, mehrgeschossig, geringer Hallenanteil	16,00	**27,00**	42,00	8,2%
Betriebs- und Werkstätten, mehrgeschossig, hoher Hallenanteil	16,00	**24,00**	31,00	11,2%
Gebäude für Handel und Lager				
Geschäftshäuser, mit Wohnungen	3,90	**13,00**	18,00	5,1%
Geschäftshäuser, ohne Wohnungen	21,00	**27,00**	33,00	11,6%
Verbrauchermärkte	–	**26,00**	–	2,8%
Autohäuser	9,50	**15,00**	20,00	9,0%
Lagergebäude, ohne Mischnutzung	8,10	**17,00**	29,00	7,3%
Lagergebäude, mit bis zu 25% Mischnutzung	19,00	**27,00**	35,00	7,7%
Lagergebäude, mit mehr als 25% Mischnutzung	4,50	**14,00**	23,00	8,9%
Garagen und Bereitschaftsdienste				
Einzel-, Mehrfach- und Hochgaragen	–	**0,10**	–	0,0%
Tiefgaragen	–	**–**	–	–
Feuerwehrhäuser	17,00	**25,00**	30,00	6,4%
Öffentliche Bereitschaftsdienste	5,10	**8,40**	14,00	2,9%
9 Kulturgebäude				
Gebäude für kulturelle Zwecke				
Bibliotheken, Museen und Ausstellungen	25,00	**33,00**	42,00	7,6%
Theater	–	**69,00**	–	2,2%
Gemeindezentren, einfacher Standard	19,00	**24,00**	33,00	13,6%
Gemeindezentren, mittlerer Standard	22,00	**40,00**	63,00	10,0%
Gemeindezentren, hoher Standard	28,00	**34,00**	41,00	6,3%
Gebäude für religiöse Zwecke				
Sakralbauten	–	**–**	–	–
Friedhofsgebäude	–	**–**	–	–

Einheit: m²
Brutto-Grundfläche (BGF)

Kosten:
Stand 1.Quartal 2021
Bundesdurchschnitt
inkl. 19% MwSt.

Einheit: m²
Brutto-Grundfläche (BGF)

Gebäudeart	▷	€/Einheit	◁	KG an 400
1 Büro- und Verwaltungsgebäude				
Büro- und Verwaltungsgebäude, einfacher Standard	2,90	**3,40**	4,00	1,1%
Büro- und Verwaltungsgebäude, mittlerer Standard	2,00	**10,00**	36,00	0,9%
Büro- und Verwaltungsgebäude, hoher Standard	3,50	**4,60**	6,60	0,2%
2 Gebäude für Forschung und Lehre				
Instituts- und Laborgebäude	1,00	**11,00**	30,00	0,5%
3 Gebäude des Gesundheitswesens				
Medizinische Einrichtungen	0,80	**1,40**	1,90	0,2%
Pflegeheime	0,80	**1,30**	1,80	0,1%
4 Schulen und Kindergärten				
Allgemeinbildende Schulen	–	**1,90**	–	0,1%
Berufliche Schulen	1,00	**1,30**	1,60	0,1%
Förder- und Sonderschulen	–	**4,90**	–	0,2%
Weiterbildungseinrichtungen	0,60	**0,70**	0,70	0,1%
Kindergärten, nicht unterkellert, einfacher Standard	–	**–**	–	–
Kindergärten, nicht unterkellert, mittlerer Standard	2,70	**4,00**	5,30	0,3%
Kindergärten, nicht unterkellert, hoher Standard	–	**13,00**	–	2,0%
Kindergärten, Holzbauweise, nicht unterkellert	0,60	**1,60**	2,80	0,3%
Kindergärten, unterkellert	1,20	**2,50**	3,80	0,7%
5 Sportbauten				
Sport- und Mehrzweckhallen	–	**11,00**	–	0,8%
Sporthallen (Einfeldhallen)	–	**1,00**	–	0,1%
Sporthallen (Dreifeldhallen)	–	**6,30**	–	0,4%
Schwimmhallen	–	**–**	–	–
6 Wohngebäude				
Ein- und Zweifamilienhäuser				
Ein- und Zweifamilienhäuser, unterkellert, einfacher Standard	13,00	**14,00**	15,00	6,8%
Ein- und Zweifamilienhäuser, unterkellert, mittlerer Standard	9,10	**16,00**	33,00	4,8%
Ein- und Zweifamilienhäuser, unterkellert, hoher Standard	8,10	**19,00**	48,00	5,7%
Ein- und Zweifamilienhäuser, nicht unterkellert, einfacher Standard	–	**16,00**	–	6,3%
Ein- und Zweifamilienhäuser, nicht unterkellert, mittlerer Standard	3,10	**18,00**	46,00	3,9%
Ein- und Zweifamilienhäuser, nicht unterkellert, hoher Standard	13,00	**22,00**	35,00	6,3%
Ein- und Zweifamilienhäuser, Passivhausstandard, Massivbau	–	**9,80**	–	0,3%
Ein- und Zweifamilienhäuser, Passivhausstandard, Holzbau	14,00	**23,00**	39,00	2,4%
Ein- und Zweifamilienhäuser, Holzbauweise, unterkellert	7,30	**12,00**	20,00	2,3%
Ein- und Zweifamilienhäuser, Holzbauweise, nicht unterkellert	6,40	**14,00**	21,00	3,1%
Doppel- und Reihenendhäuser, einfacher Standard	–	**3,00**	–	0,6%
Doppel- und Reihenendhäuser, mittlerer Standard	4,70	**11,00**	22,00	2,5%
Doppel- und Reihenendhäuser, hoher Standard	15,00	**24,00**	49,00	6,0%
Reihenhäuser, einfacher Standard	–	**3,00**	–	0,9%
Reihenhäuser, mittlerer Standard	4,20	**5,00**	6,60	2,1%
Reihenhäuser, hoher Standard	–	**48,00**	–	4,3%
Mehrfamilienhäuser				
Mehrfamilienhäuser, mit bis zu 6 WE, einfacher Standard	2,60	**4,00**	7.00	3,2%
Mehrfamilienhäuser, mit bis zu 6 WE, mittlerer Standard	3,40	**7,00**	12,00	3,0%
Mehrfamilienhäuser, mit bis zu 6 WE, hoher Standard	2,50	**5,50**	7,60	1,5%

▷ von
ø Mittel
◁ bis

Einheit: m²
Brutto-Grundfläche (BGF)

Gebäudeart	▷	€/Einheit	◁	KG an 400
Mehrfamilienhäuser (Fortsetzung)				
Mehrfamilienhäuser, mit 6 bis 19 WE, einfacher Standard	1,20	**8,10**	22,00	4,4%
Mehrfamilienhäuser, mit 6 bis 19 WE, mittlerer Standard	4,90	**7,70**	9,50	1,1%
Mehrfamilienhäuser, mit 6 bis 19 WE, hoher Standard	–	**4,10**	–	0,3%
Mehrfamilienhäuser, mit 20 oder mehr WE, einfacher Standard	1,80	**2,50**	3,70	1,0%
Mehrfamilienhäuser, mit 20 oder mehr WE, mittlerer Standard	–	**1,40**	–	0,2%
Mehrfamilienhäuser, mit 20 oder mehr WE, hoher Standard	–	**0,40**	–	0,1%
Mehrfamilienhäuser, Passivhäuser	0,70	**1,40**	2,70	0,2%
Wohnhäuser, mit bis zu 15% Mischnutzung, einfacher Standard	1,00	**1,70**	2,40	0,6%
Wohnhäuser, mit bis zu 15% Mischnutzung, mittlerer Standard	–	**3,00**	–	0,3%
Wohnhäuser, mit bis zu 15% Mischnutzung, hoher Standard	–	**3,30**	–	1,4%
Wohnhäuser, mit mehr als 15% Mischnutzung	–	**–**	–	–
Seniorenwohnungen				
Seniorenwohnungen, mittlerer Standard	0,20	**0,50**	0,80	0,1%
Seniorenwohnungen, hoher Standard	4,90	**5,60**	6,20	1,7%
Beherbergung				
Wohnheime und Internate	–	**11,00**	–	0,4%
7 Gewerbegebäude				
Gaststätten und Kantinen				
Gaststätten, Kantinen und Mensen	–	**3,50**	–	0,4%
Gebäude für Produktion				
Industrielle Produktionsgebäude, Massivbauweise	–	**5,80**	–	0,6%
Industrielle Produktionsgebäude, überwiegend Skelettbauweise	0,30	**0,80**	1,20	0,1%
Betriebs- und Werkstätten, eingeschossig	–	**0,50**	–	0,0%
Betriebs- und Werkstätten, mehrgeschossig, geringer Hallenanteil	1,20	**1,80**	3,10	0,6%
Betriebs- und Werkstätten, mehrgeschossig, hoher Hallenanteil	1,30	**5,70**	8,60	1,2%
Gebäude für Handel und Lager				
Geschäftshäuser, mit Wohnungen	–	**1,20**	–	0,1%
Geschäftshäuser, ohne Wohnungen	3,40	**7,30**	11,00	3,6%
Verbrauchermärkte	–	**4,90**	–	0,5%
Autohäuser	1,50	**1,60**	1,60	1,2%
Lagergebäude, ohne Mischnutzung	0,60	**2,70**	4,20	0,8%
Lagergebäude, mit bis zu 25% Mischnutzung	0,80	**1,00**	1,10	0,3%
Lagergebäude, mit mehr als 25% Mischnutzung	–	**0,90**	–	0,2%
Garagen und Bereitschaftsdienste				
Einzel-, Mehrfach- und Hochgaragen	–	**–**	–	–
Tiefgaragen	–	**–**	–	–
Feuerwehrhäuser	0,70	**1,20**	1,60	0,2%
Öffentliche Bereitschaftsdienste	–	**1,10**	–	0,1%
9 Kulturgebäude				
Gebäude für kulturelle Zwecke				
Bibliotheken, Museen und Ausstellungen	4,80	**6,40**	7,90	0,8%
Theater	–	**–**	–	–
Gemeindezentren, einfacher Standard	1,50	**5,30**	9,00	1,5%
Gemeindezentren, mittlerer Standard	1,10	**2,00**	2,90	0,3%
Gemeindezentren, hoher Standard	4,10	**17,00**	30,00	2,2%
Gebäude für religiöse Zwecke				
Sakralbauten	–	**–**	–	–
Friedhofsgebäude	–	**–**	–	–

Kosten:
Stand 1.Quartal 2021
Bundesdurchschnitt
inkl. 19% MwSt.

Einheit: m²
Brutto-Grundfläche (BGF)

▷ von
ø Mittel
◁ bis

Gebäudeart	▷	€/Einheit	◁	KG an 400
1 Büro- und Verwaltungsgebäude				
Büro- und Verwaltungsgebäude, einfacher Standard	1,40	**41,00**	120,00	8,3%
Büro- und Verwaltungsgebäude, mittlerer Standard	5,90	**31,00**	62,00	5,1%
Büro- und Verwaltungsgebäude, hoher Standard	12,00	**63,00**	115,00	8,3%
2 Gebäude für Forschung und Lehre				
Instituts- und Laborgebäude	108,00	**217,00**	279,00	20,4%
3 Gebäude des Gesundheitswesens				
Medizinische Einrichtungen	–	**8,20**	–	0,7%
Pflegeheime	43,00	**87,00**	122,00	13,7%
4 Schulen und Kindergärten				
Allgemeinbildende Schulen	12,00	**62,00**	132,00	11,0%
Berufliche Schulen	37,00	**51,00**	65,00	4,8%
Förder- und Sonderschulen	11,00	**18,00**	27,00	4,3%
Weiterbildungseinrichtungen	54,00	**69,00**	83,00	9,6%
Kindergärten, nicht unterkellert, einfacher Standard	–	**9,80**	–	4,4%
Kindergärten, nicht unterkellert, mittlerer Standard	17,00	**52,00**	140,00	8,3%
Kindergärten, nicht unterkellert, hoher Standard	0,20	**50,00**	100,00	16,3%
Kindergärten, Holzbauweise, nicht unterkellert	13,00	**28,00**	55,00	5,4%
Kindergärten, unterkellert	3,40	**37,00**	105,00	10,4%
5 Sportbauten				
Sport- und Mehrzweckhallen	11,00	**58,00**	82,00	13,4%
Sporthallen (Einfeldhallen)	7,00	**20,00**	46,00	6,1%
Sporthallen (Dreifeldhallen)	19,00	**42,00**	65,00	5,3%
Schwimmhallen	–	**–**	–	–
6 Wohngebäude				
Ein- und Zweifamilienhäuser				
Ein- und Zweifamilienhäuser, unterkellert, einfacher Standard	–	**–**	–	–
Ein- und Zweifamilienhäuser, unterkellert, mittlerer Standard	1,90	**19,00**	33,00	3,0%
Ein- und Zweifamilienhäuser, unterkellert, hoher Standard	13,00	**31,00**	45,00	4,4%
Ein- und Zweifamilienhäuser, nicht unterkellert, einfacher Standard	–	**25,00**	–	6,0%
Ein- und Zweifamilienhäuser, nicht unterkellert, mittlerer Standard	11,00	**30,00**	44,00	4,6%
Ein- und Zweifamilienhäuser, nicht unterkellert, hoher Standard	–	**1,80**	–	0,1%
Ein- und Zweifamilienhäuser, Passivhausstandard, Massivbau	38,00	**72,00**	122,00	18,8%
Ein- und Zweifamilienhäuser, Passivhausstandard, Holzbau	62,00	**97,00**	148,00	25,1%
Ein- und Zweifamilienhäuser, Holzbauweise, unterkellert	17,00	**31,00**	51,00	6,6%
Ein- und Zweifamilienhäuser, Holzbauweise, nicht unterkellert	27,00	**34,00**	43,00	11,5%
Doppel- und Reihenendhäuser, einfacher Standard	–	**–**	–	–
Doppel- und Reihenendhäuser, mittlerer Standard	10,00	**33,00**	42,00	10,6%
Doppel- und Reihenendhäuser, hoher Standard	5,60	**17,00**	29,00	5,3%
Reihenhäuser, einfacher Standard	–	**4,90**	–	1,5%
Reihenhäuser, mittlerer Standard	4,70	**37,00**	53,00	13,6%
Reihenhäuser, hoher Standard	34,00	**42,00**	54,00	14,1%
Mehrfamilienhäuser				
Mehrfamilienhäuser, mit bis zu 6 WE, einfacher Standard	1,40	**3,10**	4,80	1,4%
Mehrfamilienhäuser, mit bis zu 6 WE, mittlerer Standard	4,00	**11,00**	31,00	3,1%
Mehrfamilienhäuser, mit bis zu 6 WE, hoher Standard	3,10	**15,00**	33,00	4,1%

 Erläuterungen zu den Tabellen siehe Seite 48

Gebäudeart	▷	€/Einheit	◁	KG an 400
Mehrfamilienhäuser (Fortsetzung)				
Mehrfamilienhäuser, mit 6 bis 19 WE, einfacher Standard	3,70	**15,00**	27,00	4,9%
Mehrfamilienhäuser, mit 6 bis 19 WE, mittlerer Standard	5,70	**21,00**	59,00	7,5%
Mehrfamilienhäuser, mit 6 bis 19 WE, hoher Standard	5,50	**9,90**	20,00	4,7%
Mehrfamilienhäuser, mit 20 oder mehr WE, einfacher Standard	5,40	**6,40**	8,50	2,5%
Mehrfamilienhäuser, mit 20 oder mehr WE, mittlerer Standard	3,30	**8,30**	17,00	3,7%
Mehrfamilienhäuser, mit 20 oder mehr WE, hoher Standard	15,00	**31,00**	62,00	12,1%
Mehrfamilienhäuser, Passivhäuser	30,00	**52,00**	70,00	20,1%
Wohnhäuser, mit bis zu 15% Mischnutzung, einfacher Standard	0,60	**3,70**	9,80	1,8%
Wohnhäuser, mit bis zu 15% Mischnutzung, mittlerer Standard	16,00	**21,00**	26,00	5,5%
Wohnhäuser, mit bis zu 15% Mischnutzung, hoher Standard	–	**19,00**	–	7,9%
Wohnhäuser, mit mehr als 15% Mischnutzung	–	**4,10**	–	0,6%
Seniorenwohnungen				
Seniorenwohnungen, mittlerer Standard	8,30	**9,80**	11,00	3,4%
Seniorenwohnungen, hoher Standard	–	**3,30**	–	0,5%
Beherbergung				
Wohnheime und Internate	7,30	**39,00**	73,00	7,5%
7 Gewerbegebäude				
Gaststätten und Kantinen				
Gaststätten, Kantinen und Mensen	–	**217,00**	–	26,1%
Gebäude für Produktion				
Industrielle Produktionsgebäude, Massivbauweise	–	**11,00**	–	1,4%
Industrielle Produktionsgebäude, überwiegend Skelettbauweise	5,20	**17,00**	27,00	3,8%
Betriebs- und Werkstätten, eingeschossig	–	**137,00**	–	10,5%
Betriebs- und Werkstätten, mehrgeschossig, geringer Hallenanteil	5,90	**36,00**	124,00	7,3%
Betriebs- und Werkstätten, mehrgeschossig, hoher Hallenanteil	2,10	**31,00**	61,00	3,3%
Gebäude für Handel und Lager				
Geschäftshäuser, mit Wohnungen	2,30	**8,20**	20,00	2,4%
Geschäftshäuser, ohne Wohnungen	2,60	**3,00**	3,40	1,4%
Verbrauchermärkte	–	**76,00**	–	8,4%
Autohäuser	0,60	**2,40**	4,10	1,1%
Lagergebäude, ohne Mischnutzung	2,80	**54,00**	104,00	3,1%
Lagergebäude, mit bis zu 25% Mischnutzung	–	**28,00**	–	2,5%
Lagergebäude, mit mehr als 25% Mischnutzung	–	**1,90**	–	0,6%
Garagen und Bereitschaftsdienste				
Einzel-, Mehrfach- und Hochgaragen	–	**–**	–	–
Tiefgaragen	–	**–**	–	–
Feuerwehrhäuser	21,00	**41,00**	52,00	10,9%
Öffentliche Bereitschaftsdienste	–	**28,00**	–	1,5%
9 Kulturgebäude				
Gebäude für kulturelle Zwecke				
Bibliotheken, Museen und Ausstellungen	3,00	**4,40**	5,90	0,6%
Theater	–	**273,00**	–	8,7%
Gemeindezentren, einfacher Standard	1,10	**7,80**	15,00	2,2%
Gemeindezentren, mittlerer Standard	2,30	**28,00**	53,00	2,2%
Gemeindezentren, hoher Standard	18,00	**53,00**	122,00	9,8%
Gebäude für religiöse Zwecke				
Sakralbauten	–	**–**	–	–
Friedhofsgebäude	–	**5,40**	–	1,6%

Einheit: m²
Brutto-Grundfläche (BGF)

432
Teilklimaanlagen

Kosten:
Stand 1.Quartal 2021
Bundesdurchschnitt
inkl. 19% MwSt.

Einheit: m²
Brutto-Grundfläche (BGF)

▷ von
ø Mittel
◁ bis

Gebäudeart	▷	€/Einheit	◁	KG an 400
1 Büro- und Verwaltungsgebäude				
Büro- und Verwaltungsgebäude, einfacher Standard	–	**–**	–	–
Büro- und Verwaltungsgebäude, mittlerer Standard	3,70	**9,40**	18,00	0,5%
Büro- und Verwaltungsgebäude, hoher Standard	28,00	**58,00**	89,00	1,5%
2 Gebäude für Forschung und Lehre				
Instituts- und Laborgebäude	–	**–**	–	–
3 Gebäude des Gesundheitswesens				
Medizinische Einrichtungen	0,80	**77,00**	116,00	13,5%
Pflegeheime	–	**1,00**	–	0,0%
4 Schulen und Kindergärten				
Allgemeinbildende Schulen	–	**3,80**	–	0,1%
Berufliche Schulen	–	**–**	–	–
Förder- und Sonderschulen	–	**1,20**	–	0,1%
Weiterbildungseinrichtungen	–	**–**	–	–
Kindergärten, nicht unterkellert, einfacher Standard	–	**–**	–	–
Kindergärten, nicht unterkellert, mittlerer Standard	–	**–**	–	–
Kindergärten, nicht unterkellert, hoher Standard	–	**–**	–	–
Kindergärten, Holzbauweise, nicht unterkellert	–	**–**	–	–
Kindergärten, unterkellert	–	**–**	–	–
5 Sportbauten				
Sport- und Mehrzweckhallen	–	**–**	–	–
Sporthallen (Einfeldhallen)	–	**–**	–	–
Sporthallen (Dreifeldhallen)	–	**–**	–	–
Schwimmhallen	–	**–**	–	–
6 Wohngebäude				
Ein- und Zweifamilienhäuser				
Ein- und Zweifamilienhäuser, unterkellert, einfacher Standard	–	**–**	–	–
Ein- und Zweifamilienhäuser, unterkellert, mittlerer Standard	–	**–**	–	–
Ein- und Zweifamilienhäuser, unterkellert, hoher Standard	–	**–**	–	–
Ein- und Zweifamilienhäuser, nicht unterkellert, einfacher Standard	–	**–**	–	–
Ein- und Zweifamilienhäuser, nicht unterkellert, mittlerer Standard	–	**–**	–	–
Ein- und Zweifamilienhäuser, nicht unterkellert, hoher Standard	–	**–**	–	–
Ein- und Zweifamilienhäuser, Passivhausstandard, Massivbau	–	**–**	–	–
Ein- und Zweifamilienhäuser, Passivhausstandard, Holzbau	–	**–**	–	–
Ein- und Zweifamilienhäuser, Holzbauweise, unterkellert	–	**–**	–	–
Ein- und Zweifamilienhäuser, Holzbauweise, nicht unterkellert	–	**–**	–	–
Doppel- und Reihenendhäuser, einfacher Standard	–	**–**	–	–
Doppel- und Reihenendhäuser, mittlerer Standard	–	**–**	–	–
Doppel- und Reihenendhäuser, hoher Standard	–	**–**	–	–
Reihenhäuser, einfacher Standard	–	**–**	–	–
Reihenhäuser, mittlerer Standard	–	**–**	–	–
Reihenhäuser, hoher Standard	–	**–**	–	–
Mehrfamilienhäuser				
Mehrfamilienhäuser, mit bis zu 6 WE, einfacher Standard	–	**–**	–	–
Mehrfamilienhäuser, mit bis zu 6 WE, mittlerer Standard	–	**–**	–	–
Mehrfamilienhäuser, mit bis zu 6 WE, hoher Standard	–	**–**	–	–

 Erläuterungen zu den Tabellen siehe Seite 48

Gebäudeart	▷	€/Einheit	◁	KG an 400
Mehrfamilienhäuser (Fortsetzung)				
Mehrfamilienhäuser, mit 6 bis 19 WE, einfacher Standard	–	**2,80**	–	0,4%
Mehrfamilienhäuser, mit 6 bis 19 WE, mittlerer Standard	–	**–**	–	–
Mehrfamilienhäuser, mit 6 bis 19 WE, hoher Standard	–	**–**	–	–
Mehrfamilienhäuser, mit 20 oder mehr WE, einfacher Standard	–	**–**	–	–
Mehrfamilienhäuser, mit 20 oder mehr WE, mittlerer Standard	–	**–**	–	–
Mehrfamilienhäuser, mit 20 oder mehr WE, hoher Standard	–	**–**	–	–
Mehrfamilienhäuser, Passivhäuser	–	**–**	–	–
Wohnhäuser, mit bis zu 15% Mischnutzung, einfacher Standard	–	**–**	–	–
Wohnhäuser, mit bis zu 15% Mischnutzung, mittlerer Standard	–	**–**	–	–
Wohnhäuser, mit bis zu 15% Mischnutzung, hoher Standard	–	**–**	–	–
Wohnhäuser, mit mehr als 15% Mischnutzung	–	**–**	–	–
Seniorenwohnungen				
Seniorenwohnungen, mittlerer Standard	–	**–**	–	–
Seniorenwohnungen, hoher Standard	–	**–**	–	–
Beherbergung				
Wohnheime und Internate	–	**–**	–	–
7 Gewerbegebäude				
Gaststätten und Kantinen				
Gaststätten, Kantinen und Mensen	–	**–**	–	–
Gebäude für Produktion				
Industrielle Produktionsgebäude, Massivbauweise	–	**46,00**	–	6,0%
Industrielle Produktionsgebäude, überwiegend Skelettbauweise	–	**28,00**	–	1,0%
Betriebs- und Werkstätten, eingeschossig	–	**–**	–	–
Betriebs- und Werkstätten, mehrgeschossig, geringer Hallenanteil	2,10	**3,60**	5,10	0,6%
Betriebs- und Werkstätten, mehrgeschossig, hoher Hallenanteil	–	**–**	–	–
Gebäude für Handel und Lager				
Geschäftshäuser, mit Wohnungen	–	**59,00**	–	5,2%
Geschäftshäuser, ohne Wohnungen	–	**–**	–	–
Verbrauchermärkte	–	**–**	–	–
Autohäuser	–	**–**	–	–
Lagergebäude, ohne Mischnutzung	–	**–**	–	–
Lagergebäude, mit bis zu 25% Mischnutzung	–	**–**	–	–
Lagergebäude, mit mehr als 25% Mischnutzung	–	**–**	–	–
Garagen und Bereitschaftsdienste				
Einzel-, Mehrfach- und Hochgaragen	–	**–**	–	–
Tiefgaragen	–	**–**	–	–
Feuerwehrhäuser	–	**3,60**	–	0,3%
Öffentliche Bereitschaftsdienste	–	**1,80**	–	0,1%
9 Kulturgebäude				
Gebäude für kulturelle Zwecke				
Bibliotheken, Museen und Ausstellungen	–	**–**	–	–
Theater	–	**–**	–	–
Gemeindezentren, einfacher Standard	–	**–**	–	–
Gemeindezentren, mittlerer Standard	–	**–**	–	–
Gemeindezentren, hoher Standard	–	**–**	–	–
Gebäude für religiöse Zwecke				
Sakralbauten	–	**–**	–	–
Friedhofsgebäude	–	**–**	–	–

Einheit: m²
Brutto-Grundfläche (BGF)

Kosten:
Stand 1.Quartal 2021
Bundesdurchschnitt
inkl. 19% MwSt.

Einheit: m²
Brutto-Grundfläche (BGF)

▷ von
ø Mittel
◁ bis

Gebäudeart	▷	€/Einheit	◁	KG an 400
1 Büro- und Verwaltungsgebäude				
Büro- und Verwaltungsgebäude, einfacher Standard	–	–	–	–
Büro- und Verwaltungsgebäude, mittlerer Standard	6,00	**20,00**	63,00	0,8%
Büro- und Verwaltungsgebäude, hoher Standard	39,00	**78,00**	122,00	4,9%
2 Gebäude für Forschung und Lehre				
Instituts- und Laborgebäude	–	**393,00**	–	5,7%
3 Gebäude des Gesundheitswesens				
Medizinische Einrichtungen	–	–	–	–
Pflegeheime	–	–	–	–
4 Schulen und Kindergärten				
Allgemeinbildende Schulen	–	–	–	–
Berufliche Schulen	–	–	–	–
Förder- und Sonderschulen	–	–	–	–
Weiterbildungseinrichtungen	–	–	–	–
Kindergärten, nicht unterkellert, einfacher Standard	–	–	–	–
Kindergärten, nicht unterkellert, mittlerer Standard	–	–	–	–
Kindergärten, nicht unterkellert, hoher Standard	–	–	–	–
Kindergärten, Holzbauweise, nicht unterkellert	–	–	–	–
Kindergärten, unterkellert	–	–	–	–
5 Sportbauten				
Sport- und Mehrzweckhallen	–	–	–	–
Sporthallen (Einfeldhallen)	–	–	–	–
Sporthallen (Dreifeldhallen)	–	–	–	–
Schwimmhallen	–	–	–	–
6 Wohngebäude				
Ein- und Zweifamilienhäuser				
Ein- und Zweifamilienhäuser, unterkellert, einfacher Standard	–	–	–	–
Ein- und Zweifamilienhäuser, unterkellert, mittlerer Standard	–	–	–	–
Ein- und Zweifamilienhäuser, unterkellert, hoher Standard	–	**73,00**	–	1,4%
Ein- und Zweifamilienhäuser, nicht unterkellert, einfacher Standard	–	–	–	–
Ein- und Zweifamilienhäuser, nicht unterkellert, mittlerer Standard	–	–	–	–
Ein- und Zweifamilienhäuser, nicht unterkellert, hoher Standard	–	–	–	–
Ein- und Zweifamilienhäuser, Passivhausstandard, Massivbau	–	–	–	–
Ein- und Zweifamilienhäuser, Passivhausstandard, Holzbau	–	–	–	–
Ein- und Zweifamilienhäuser, Holzbauweise, unterkellert	–	–	–	–
Ein- und Zweifamilienhäuser, Holzbauweise, nicht unterkellert	–	–	–	–
Doppel- und Reihenendhäuser, einfacher Standard	–	–	–	–
Doppel- und Reihenendhäuser, mittlerer Standard	–	–	–	–
Doppel- und Reihenendhäuser, hoher Standard	–	–	–	–
Reihenhäuser, einfacher Standard	–	**9,80**	–	2,3%
Reihenhäuser, mittlerer Standard	–	–	–	–
Reihenhäuser, hoher Standard	–	–	–	–
Mehrfamilienhäuser				
Mehrfamilienhäuser, mit bis zu 6 WE, einfacher Standard	–	–	–	–
Mehrfamilienhäuser, mit bis zu 6 WE, mittlerer Standard	–	–	–	–
Mehrfamilienhäuser, mit bis zu 6 WE, hoher Standard	–	–	–	–

Gebäudeart	▷	€/Einheit	◁	KG an 400
Mehrfamilienhäuser (Fortsetzung)				
Mehrfamilienhäuser, mit 6 bis 19 WE, einfacher Standard	–	**–**	–	–
Mehrfamilienhäuser, mit 6 bis 19 WE, mittlerer Standard	–	**–**	–	–
Mehrfamilienhäuser, mit 6 bis 19 WE, hoher Standard	–	**–**	–	–
Mehrfamilienhäuser, mit 20 oder mehr WE, einfacher Standard	–	**–**	–	–
Mehrfamilienhäuser, mit 20 oder mehr WE, mittlerer Standard	–	**–**	–	–
Mehrfamilienhäuser, mit 20 oder mehr WE, hoher Standard	–	**–**	–	–
Mehrfamilienhäuser, Passivhäuser	–	**–**	–	–
Wohnhäuser, mit bis zu 15% Mischnutzung, einfacher Standard	–	**–**	–	–
Wohnhäuser, mit bis zu 15% Mischnutzung, mittlerer Standard	–	**–**	–	–
Wohnhäuser, mit bis zu 15% Mischnutzung, hoher Standard	–	**–**	–	–
Wohnhäuser, mit mehr als 15% Mischnutzung	–	**–**	–	–
Seniorenwohnungen				
Seniorenwohnungen, mittlerer Standard	–	**–**	–	–
Seniorenwohnungen, hoher Standard	–	**–**	–	–
Beherbergung				
Wohnheime und Internate	–	**2,10**	–	0,1%
7 Gewerbegebäude				
Gaststätten und Kantinen				
Gaststätten, Kantinen und Mensen	–	**–**	–	–
Gebäude für Produktion				
Industrielle Produktionsgebäude, Massivbauweise	–	**–**	–	–
Industrielle Produktionsgebäude, überwiegend Skelettbauweise	9,20	**57,00**	150,00	4,8%
Betriebs- und Werkstätten, eingeschossig	–	**–**	–	–
Betriebs- und Werkstätten, mehrgeschossig, geringer Hallenanteil	–	**207,00**	–	8,6%
Betriebs- und Werkstätten, mehrgeschossig, hoher Hallenanteil	–	**3,00**	–	0,1%
Gebäude für Handel und Lager				
Geschäftshäuser, mit Wohnungen	–	**–**	–	–
Geschäftshäuser, ohne Wohnungen	–	**–**	–	–
Verbrauchermärkte	–	**–**	–	–
Autohäuser	–	**–**	–	–
Lagergebäude, ohne Mischnutzung	–	**–**	–	–
Lagergebäude, mit bis zu 25% Mischnutzung	–	**–**	–	–
Lagergebäude, mit mehr als 25% Mischnutzung	–	**–**	–	–
Garagen und Bereitschaftsdienste				
Einzel-, Mehrfach- und Hochgaragen	–	**–**	–	–
Tiefgaragen	–	**–**	–	–
Feuerwehrhäuser	–	**–**	–	–
Öffentliche Bereitschaftsdienste	–	**–**	–	–
9 Kulturgebäude				
Gebäude für kulturelle Zwecke				
Bibliotheken, Museen und Ausstellungen	–	**103,00**	–	2,7%
Theater	–	**–**	–	–
Gemeindezentren, einfacher Standard	–	**–**	–	–
Gemeindezentren, mittlerer Standard	–	**–**	–	–
Gemeindezentren, hoher Standard	–	**–**	–	–
Gebäude für religiöse Zwecke				
Sakralbauten	–	**–**	–	–
Friedhofsgebäude	–	**–**	–	–

Einheit: m²
Brutto-Grundfläche (BGF)

Kosten:
Stand 1.Quartal 2021
Bundesdurchschnitt
inkl. 19% MwSt.

Einheit: m²
Brutto-Grundfläche (BGF)

▷ von
ø Mittel
◁ bis

Gebäudeart	▷	€/Einheit	◁	KG an 400
1 Büro- und Verwaltungsgebäude				
Büro- und Verwaltungsgebäude, einfacher Standard	–	**–**	–	–
Büro- und Verwaltungsgebäude, mittlerer Standard	31,00	**50,00**	106,00	1,8%
Büro- und Verwaltungsgebäude, hoher Standard	12,00	**43,00**	61,00	1,4%
2 Gebäude für Forschung und Lehre				
Instituts- und Laborgebäude	137,00	**249,00**	467,00	13,3%
3 Gebäude des Gesundheitswesens				
Medizinische Einrichtungen	–	**47,00**	–	2,0%
Pflegeheime	–	**14,00**	–	0,6%
4 Schulen und Kindergärten				
Allgemeinbildende Schulen	–	**–**	–	–
Berufliche Schulen	–	**–**	–	–
Förder- und Sonderschulen	–	**–**	–	–
Weiterbildungseinrichtungen	–	**–**	–	–
Kindergärten, nicht unterkellert, einfacher Standard	–	**–**	–	–
Kindergärten, nicht unterkellert, mittlerer Standard	–	**–**	–	–
Kindergärten, nicht unterkellert, hoher Standard	–	**–**	–	–
Kindergärten, Holzbauweise, nicht unterkellert	–	**–**	–	–
Kindergärten, unterkellert	–	**–**	–	–
5 Sportbauten				
Sport- und Mehrzweckhallen	–	**–**	–	–
Sporthallen (Einfeldhallen)	–	**–**	–	–
Sporthallen (Dreifeldhallen)	–	**–**	–	–
Schwimmhallen	–	**–**	–	–
6 Wohngebäude				
Ein- und Zweifamilienhäuser				
Ein- und Zweifamilienhäuser, unterkellert, einfacher Standard	–	**–**	–	–
Ein- und Zweifamilienhäuser, unterkellert, mittlerer Standard	–	**–**	–	–
Ein- und Zweifamilienhäuser, unterkellert, hoher Standard	–	**–**	–	–
Ein- und Zweifamilienhäuser, nicht unterkellert, einfacher Standard	–	**–**	–	–
Ein- und Zweifamilienhäuser, nicht unterkellert, mittlerer Standard	–	**–**	–	–
Ein- und Zweifamilienhäuser, nicht unterkellert, hoher Standard	–	**–**	–	–
Ein- und Zweifamilienhäuser, Passivhausstandard, Massivbau	–	**40,00**	–	1,1%
Ein- und Zweifamilienhäuser, Passivhausstandard, Holzbau	–	**–**	–	–
Ein- und Zweifamilienhäuser, Holzbauweise, unterkellert	–	**–**	–	–
Ein- und Zweifamilienhäuser, Holzbauweise, nicht unterkellert	–	**–**	–	–
Doppel- und Reihenendhäuser, einfacher Standard	–	**–**	–	–
Doppel- und Reihenendhäuser, mittlerer Standard	–	**–**	–	–
Doppel- und Reihenendhäuser, hoher Standard	–	**–**	–	–
Reihenhäuser, einfacher Standard	–	**–**	–	–
Reihenhäuser, mittlerer Standard	–	**–**	–	–
Reihenhäuser, hoher Standard	–	**–**	–	–
Mehrfamilienhäuser				
Mehrfamilienhäuser, mit bis zu 6 WE, einfacher Standard	–	**–**	–	–
Mehrfamilienhäuser, mit bis zu 6 WE, mittlerer Standard	–	**–**	–	–
Mehrfamilienhäuser, mit bis zu 6 WE, hoher Standard	–	**–**	–	–

Gebäudeart	▷	€/Einheit	◁	KG an 400
Mehrfamilienhäuser (Fortsetzung)				
Mehrfamilienhäuser, mit 6 bis 19 WE, einfacher Standard	–	**–**	–	–
Mehrfamilienhäuser, mit 6 bis 19 WE, mittlerer Standard	–	**–**	–	–
Mehrfamilienhäuser, mit 6 bis 19 WE, hoher Standard	–	**–**	–	–
Mehrfamilienhäuser, mit 20 oder mehr WE, einfacher Standard	–	**–**	–	–
Mehrfamilienhäuser, mit 20 oder mehr WE, mittlerer Standard	–	**–**	–	–
Mehrfamilienhäuser, mit 20 oder mehr WE, hoher Standard	–	**–**	–	–
Mehrfamilienhäuser, Passivhäuser	–	**–**	–	–
Wohnhäuser, mit bis zu 15% Mischnutzung, einfacher Standard	–	**–**	–	–
Wohnhäuser, mit bis zu 15% Mischnutzung, mittlerer Standard	–	**–**	–	–
Wohnhäuser, mit bis zu 15% Mischnutzung, hoher Standard	–	**–**	–	–
Wohnhäuser, mit mehr als 15% Mischnutzung	–	**–**	–	–
Seniorenwohnungen				
Seniorenwohnungen, mittlerer Standard	–	**–**	–	–
Seniorenwohnungen, hoher Standard	–	**–**	–	–
Beherbergung				
Wohnheime und Internate	–	**–**	–	–
7 Gewerbegebäude				
Gaststätten und Kantinen				
Gaststätten, Kantinen und Mensen	–	**–**	–	–
Gebäude für Produktion				
Industrielle Produktionsgebäude, Massivbauweise	–	**–**	–	–
Industrielle Produktionsgebäude, überwiegend Skelettbauweise	62,00	**131,00**	200,00	6,8%
Betriebs- und Werkstätten, eingeschossig	–	**53,00**	–	4,0%
Betriebs- und Werkstätten, mehrgeschossig, geringer Hallenanteil	–	**–**	–	–
Betriebs- und Werkstätten, mehrgeschossig, hoher Hallenanteil	–	**–**	–	–
Gebäude für Handel und Lager				
Geschäftshäuser, mit Wohnungen	–	**24,00**	–	2,1%
Geschäftshäuser, ohne Wohnungen	–	**0,30**	–	0,1%
Verbrauchermärkte	–	**–**	–	–
Autohäuser	–	**–**	–	–
Lagergebäude, ohne Mischnutzung	–	**26,00**	–	0,6%
Lagergebäude, mit bis zu 25% Mischnutzung	–	**20,00**	–	1,8%
Lagergebäude, mit mehr als 25% Mischnutzung	–	**–**	–	–
Garagen und Bereitschaftsdienste				
Einzel-, Mehrfach- und Hochgaragen	–	**–**	–	–
Tiefgaragen	–	**–**	–	–
Feuerwehrhäuser	–	**–**	–	–
Öffentliche Bereitschaftsdienste	–	**29,00**	–	3,9%
9 Kulturgebäude				
Gebäude für kulturelle Zwecke				
Bibliotheken, Museen und Ausstellungen	–	**32,00**	–	0,8%
Theater	–	**–**	–	–
Gemeindezentren, einfacher Standard	–	**–**	–	–
Gemeindezentren, mittlerer Standard	–	**–**	–	–
Gemeindezentren, hoher Standard	–	**–**	–	–
Gebäude für religiöse Zwecke				
Sakralbauten	–	**–**	–	–
Friedhofsgebäude	–	**191,00**	–	56,1%

Einheit: m²
Brutto-Grundfläche (BGF)

439
Sonstiges zur KG 430

Kosten:
Stand 1.Quartal 2021
Bundesdurchschnitt
inkl. 19% MwSt.

Einheit: m2
Brutto-Grundfläche (BGF)

Gebäudeart	▷	€/Einheit	◁	KG an 400
1 Büro- und Verwaltungsgebäude				
Büro- und Verwaltungsgebäude, einfacher Standard	–	**–**	–	–
Büro- und Verwaltungsgebäude, mittlerer Standard	–	**1,40**	–	0,0%
Büro- und Verwaltungsgebäude, hoher Standard	–	**91,00**	–	1,2%
2 Gebäude für Forschung und Lehre				
Instituts- und Laborgebäude	–	**–**	–	–
3 Gebäude des Gesundheitswesens				
Medizinische Einrichtungen	–	**7,30**	–	0,3%
Pflegeheime	–	**–**	–	–
4 Schulen und Kindergärten				
Allgemeinbildende Schulen	–	**–**	–	–
Berufliche Schulen	–	**0,30**	–	0,0%
Förder- und Sonderschulen	–	**–**	–	–
Weiterbildungseinrichtungen	–	**–**	–	–
Kindergärten, nicht unterkellert, einfacher Standard	–	**–**	–	–
Kindergärten, nicht unterkellert, mittlerer Standard	–	**–**	–	–
Kindergärten, nicht unterkellert, hoher Standard	–	**–**	–	–
Kindergärten, Holzbauweise, nicht unterkellert	–	**–**	–	–
Kindergärten, unterkellert	–	**–**	–	–
5 Sportbauten				
Sport- und Mehrzweckhallen	–	**–**	–	–
Sporthallen (Einfeldhallen)	–	**–**	–	–
Sporthallen (Dreifeldhallen)	–	**–**	–	–
Schwimmhallen	–	**–**	–	–
6 Wohngebäude				
Ein- und Zweifamilienhäuser				
Ein- und Zweifamilienhäuser, unterkellert, einfacher Standard	–	**–**	–	–
Ein- und Zweifamilienhäuser, unterkellert, mittlerer Standard	–	**–**	–	–
Ein- und Zweifamilienhäuser, unterkellert, hoher Standard	–	**–**	–	–
Ein- und Zweifamilienhäuser, nicht unterkellert, einfacher Standard	–	**–**	–	–
Ein- und Zweifamilienhäuser, nicht unterkellert, mittlerer Standard	–	**–**	–	–
Ein- und Zweifamilienhäuser, nicht unterkellert, hoher Standard	–	**–**	–	–
Ein- und Zweifamilienhäuser, Passivhausstandard, Massivbau	–	**–**	–	–
Ein- und Zweifamilienhäuser, Passivhausstandard, Holzbau	–	**–**	–	–
Ein- und Zweifamilienhäuser, Holzbauweise, unterkellert	–	**–**	–	–
Ein- und Zweifamilienhäuser, Holzbauweise, nicht unterkellert	–	**1,10**	–	0,1%
Doppel- und Reihenendhäuser, einfacher Standard	–	**–**	–	–
Doppel- und Reihenendhäuser, mittlerer Standard	–	**–**	–	–
Doppel- und Reihenendhäuser, hoher Standard	–	**–**	–	–
Reihenhäuser, einfacher Standard	–	**–**	–	–
Reihenhäuser, mittlerer Standard	–	**–**	–	–
Reihenhäuser, hoher Standard	–	**–**	–	–
Mehrfamilienhäuser				
Mehrfamilienhäuser, mit bis zu 6 WE, einfacher Standard	–	**–**	–	–
Mehrfamilienhäuser, mit bis zu 6 WE, mittlerer Standard	–	**–**	–	–
Mehrfamilienhäuser, mit bis zu 6 WE, hoher Standard	–	**–**	–	–

▷ von
ø Mittel
◁ bis

Einheit: m²
Brutto-Grundfläche (BGF)

Gebäudeart	▷	€/Einheit	◁	KG an 400
Mehrfamilienhäuser (Fortsetzung)				
Mehrfamilienhäuser, mit 6 bis 19 WE, einfacher Standard	–	**–**	–	–
Mehrfamilienhäuser, mit 6 bis 19 WE, mittlerer Standard	–	**–**	–	–
Mehrfamilienhäuser, mit 6 bis 19 WE, hoher Standard	–	**–**	–	–
Mehrfamilienhäuser, mit 20 oder mehr WE, einfacher Standard	–	**–**	–	–
Mehrfamilienhäuser, mit 20 oder mehr WE, mittlerer Standard	–	**–**	–	–
Mehrfamilienhäuser, mit 20 oder mehr WE, hoher Standard	–	**–**	–	–
Mehrfamilienhäuser, Passivhäuser	–	**–**	–	–
Wohnhäuser, mit bis zu 15% Mischnutzung, einfacher Standard	–	**–**	–	–
Wohnhäuser, mit bis zu 15% Mischnutzung, mittlerer Standard	–	**–**	–	–
Wohnhäuser, mit bis zu 15% Mischnutzung, hoher Standard	–	**–**	–	–
Wohnhäuser, mit mehr als 15% Mischnutzung	–	**–**	–	–
Seniorenwohnungen				
Seniorenwohnungen, mittlerer Standard	–	**–**	–	–
Seniorenwohnungen, hoher Standard	–	**–**	–	–
Beherbergung				
Wohnheime und Internate	–	**–**	–	–
7 Gewerbegebäude				
Gaststätten und Kantinen				
Gaststätten, Kantinen und Mensen	–	**–**	–	–
Gebäude für Produktion				
Industrielle Produktionsgebäude, Massivbauweise	–	**–**	–	–
Industrielle Produktionsgebäude, überwiegend Skelettbauweise	–	**11,00**	–	0,3%
Betriebs- und Werkstätten, eingeschossig	–	**–**	–	–
Betriebs- und Werkstätten, mehrgeschossig, geringer Hallenanteil	–	**–**	–	–
Betriebs- und Werkstätten, mehrgeschossig, hoher Hallenanteil	–	**–**	–	–
Gebäude für Handel und Lager				
Geschäftshäuser, mit Wohnungen	–	**–**	–	–
Geschäftshäuser, ohne Wohnungen	–	**–**	–	–
Verbrauchermärkte	–	**–**	–	–
Autohäuser	–	**–**	–	–
Lagergebäude, ohne Mischnutzung	–	**–**	–	–
Lagergebäude, mit bis zu 25% Mischnutzung	–	**–**	–	–
Lagergebäude, mit mehr als 25% Mischnutzung	–	**–**	–	–
Garagen und Bereitschaftsdienste				
Einzel-, Mehrfach- und Hochgaragen	–	**–**	–	–
Tiefgaragen	–	**–**	–	–
Feuerwehrhäuser	–	**–**	–	–
Öffentliche Bereitschaftsdienste	–	**–**	–	–
9 Kulturgebäude				
Gebäude für kulturelle Zwecke				
Bibliotheken, Museen und Ausstellungen	–	**–**	–	–
Theater	–	**–**	–	–
Gemeindezentren, einfacher Standard	–	**–**	–	–
Gemeindezentren, mittlerer Standard	–	**0,70**	–	0,0%
Gemeindezentren, hoher Standard	–	**–**	–	–
Gebäude für religiöse Zwecke				
Sakralbauten	–	**–**	–	–
Friedhofsgebäude	–	**–**	–	–

441 Hoch- und Mittelspannungsanlagen

Kosten:
Stand 1.Quartal 2021
Bundesdurchschnitt
inkl. 19% MwSt.

Einheit: m²
Brutto-Grundfläche (BGF)

▷ von
ø Mittel
◁ bis

Gebäudeart	▷	€/Einheit	◁	KG an 400
1 Büro- und Verwaltungsgebäude				
Büro- und Verwaltungsgebäude, einfacher Standard	–	–	–	–
Büro- und Verwaltungsgebäude, mittlerer Standard	–	–	–	–
Büro- und Verwaltungsgebäude, hoher Standard	–	**7,50**	–	0,1%
2 Gebäude für Forschung und Lehre				
Instituts- und Laborgebäude	–	**64,00**	–	0,9%
3 Gebäude des Gesundheitswesens				
Medizinische Einrichtungen	–	–	–	–
Pflegeheime	–	–	–	–
4 Schulen und Kindergärten				
Allgemeinbildende Schulen	–	–	–	–
Berufliche Schulen	–	–	–	–
Förder- und Sonderschulen	–	–	–	–
Weiterbildungseinrichtungen	–	**6,60**	–	0,6%
Kindergärten, nicht unterkellert, einfacher Standard	–	–	–	–
Kindergärten, nicht unterkellert, mittlerer Standard	–	–	–	–
Kindergärten, nicht unterkellert, hoher Standard	–	–	–	–
Kindergärten, Holzbauweise, nicht unterkellert	–	–	–	–
Kindergärten, unterkellert	–	–	–	–
5 Sportbauten				
Sport- und Mehrzweckhallen	–	–	–	–
Sporthallen (Einfeldhallen)	–	–	–	–
Sporthallen (Dreifeldhallen)	–	**9,40**	–	0,5%
Schwimmhallen	–	–	–	–
6 Wohngebäude				
Ein- und Zweifamilienhäuser				
Ein- und Zweifamilienhäuser, unterkellert, einfacher Standard	–	–	–	–
Ein- und Zweifamilienhäuser, unterkellert, mittlerer Standard	–	–	–	–
Ein- und Zweifamilienhäuser, unterkellert, hoher Standard	–	–	–	–
Ein- und Zweifamilienhäuser, nicht unterkellert, einfacher Standard	–	–	–	–
Ein- und Zweifamilienhäuser, nicht unterkellert, mittlerer Standard	–	–	–	–
Ein- und Zweifamilienhäuser, nicht unterkellert, hoher Standard	–	–	–	–
Ein- und Zweifamilienhäuser, Passivhausstandard, Massivbau	–	–	–	–
Ein- und Zweifamilienhäuser, Passivhausstandard, Holzbau	–	–	–	–
Ein- und Zweifamilienhäuser, Holzbauweise, unterkellert	–	–	–	–
Ein- und Zweifamilienhäuser, Holzbauweise, nicht unterkellert	–	–	–	–
Doppel- und Reihenendhäuser, einfacher Standard	–	–	–	–
Doppel- und Reihenendhäuser, mittlerer Standard	–	–	–	–
Doppel- und Reihenendhäuser, hoher Standard	–	–	–	–
Reihenhäuser, einfacher Standard	–	–	–	–
Reihenhäuser, mittlerer Standard	–	–	–	–
Reihenhäuser, hoher Standard	–	–	–	–
Mehrfamilienhäuser				
Mehrfamilienhäuser, mit bis zu 6 WE, einfacher Standard	–	–	–	–
Mehrfamilienhäuser, mit bis zu 6 WE, mittlerer Standard	–	–	–	–
Mehrfamilienhäuser, mit bis zu 6 WE, hoher Standard	–	–	–	–

Einheit: m²
Brutto-Grundfläche (BGF)

Gebäudeart	▷	€/Einheit	◁	KG an 400
Mehrfamilienhäuser (Fortsetzung)				
Mehrfamilienhäuser, mit 6 bis 19 WE, einfacher Standard	–	–	–	–
Mehrfamilienhäuser, mit 6 bis 19 WE, mittlerer Standard	–	–	–	–
Mehrfamilienhäuser, mit 6 bis 19 WE, hoher Standard	–	–	–	–
Mehrfamilienhäuser, mit 20 oder mehr WE, einfacher Standard	–	–	–	–
Mehrfamilienhäuser, mit 20 oder mehr WE, mittlerer Standard	–	–	–	–
Mehrfamilienhäuser, mit 20 oder mehr WE, hoher Standard	–	–	–	–
Mehrfamilienhäuser, Passivhäuser	–	–	–	–
Wohnhäuser, mit bis zu 15% Mischnutzung, einfacher Standard	–	–	–	–
Wohnhäuser, mit bis zu 15% Mischnutzung, mittlerer Standard	–	–	–	–
Wohnhäuser, mit bis zu 15% Mischnutzung, hoher Standard	–	–	–	–
Wohnhäuser, mit mehr als 15% Mischnutzung	–	–	–	–
Seniorenwohnungen				
Seniorenwohnungen, mittlerer Standard	–	–	–	–
Seniorenwohnungen, hoher Standard	–	–	–	–
Beherbergung				
Wohnheime und Internate	–	–	–	–
7 Gewerbegebäude				
Gaststätten und Kantinen				
Gaststätten, Kantinen und Mensen	–	–	–	–
Gebäude für Produktion				
Industrielle Produktionsgebäude, Massivbauweise	–	–	–	–
Industrielle Produktionsgebäude, überwiegend Skelettbauweise	–	**17,00**	–	0,6%
Betriebs- und Werkstätten, eingeschossig	–	**23,00**	–	1,8%
Betriebs- und Werkstätten, mehrgeschossig, geringer Hallenanteil	–	–	–	–
Betriebs- und Werkstätten, mehrgeschossig, hoher Hallenanteil	–	–	–	–
Gebäude für Handel und Lager				
Geschäftshäuser, mit Wohnungen	–	–	–	–
Geschäftshäuser, ohne Wohnungen	–	–	–	–
Verbrauchermärkte	–	–	–	–
Autohäuser	–	–	–	–
Lagergebäude, ohne Mischnutzung	–	–	–	–
Lagergebäude, mit bis zu 25% Mischnutzung	–	–	–	–
Lagergebäude, mit mehr als 25% Mischnutzung	–	–	–	–
Garagen und Bereitschaftsdienste				
Einzel-, Mehrfach- und Hochgaragen	–	–	–	–
Tiefgaragen	–	–	–	–
Feuerwehrhäuser	–	–	–	–
Öffentliche Bereitschaftsdienste	–	–	–	–
9 Kulturgebäude				
Gebäude für kulturelle Zwecke				
Bibliotheken, Museen und Ausstellungen	–	**32,00**	–	0,8%
Theater	–	–	–	–
Gemeindezentren, einfacher Standard	–	–	–	–
Gemeindezentren, mittlerer Standard	–	–	–	–
Gemeindezentren, hoher Standard	–	–	–	–
Gebäude für religiöse Zwecke				
Sakralbauten	–	–	–	–
Friedhofsgebäude	–	–	–	–

442 Eigenstromversorgungsanlagen

Kosten:
Stand 1.Quartal 2021
Bundesdurchschnitt
inkl. 19% MwSt.

Einheit: m²
Brutto-Grundfläche (BGF)

▷ von
ø Mittel
◁ bis

Gebäudeart	▷	€/Einheit	◁	KG an 400
1 Büro- und Verwaltungsgebäude				
Büro- und Verwaltungsgebäude, einfacher Standard	–	**115,00**	–	7,6%
Büro- und Verwaltungsgebäude, mittlerer Standard	6,40	**29,00**	81,00	2,9%
Büro- und Verwaltungsgebäude, hoher Standard	19,00	**40,00**	84,00	5,1%
2 Gebäude für Forschung und Lehre				
Instituts- und Laborgebäude	–	**5,80**	–	0,2%
3 Gebäude des Gesundheitswesens				
Medizinische Einrichtungen	14,00	**23,00**	31,00	3,0%
Pflegeheime	3,50	**6,00**	11,00	0,7%
4 Schulen und Kindergärten				
Allgemeinbildende Schulen	5,20	**13,00**	33,00	1,8%
Berufliche Schulen	–	**6,50**	–	0,3%
Förder- und Sonderschulen	6,10	**16,00**	44,00	3,4%
Weiterbildungseinrichtungen	–	**6,90**	–	0,4%
Kindergärten, nicht unterkellert, einfacher Standard	–	**–**	–	–
Kindergärten, nicht unterkellert, mittlerer Standard	–	**4,50**	–	0,2%
Kindergärten, nicht unterkellert, hoher Standard	–	**–**	–	–
Kindergärten, Holzbauweise, nicht unterkellert	–	**40,00**	–	1,0%
Kindergärten, unterkellert	–	**–**	–	–
5 Sportbauten				
Sport- und Mehrzweckhallen	11,00	**17,00**	24,00	2,3%
Sporthallen (Einfeldhallen)	–	**12,00**	–	1,4%
Sporthallen (Dreifeldhallen)	–	**19,00**	–	1,0%
Schwimmhallen	–	**–**	–	–
6 Wohngebäude				
Ein- und Zweifamilienhäuser				
Ein- und Zweifamilienhäuser, unterkellert, einfacher Standard	–	**–**	–	–
Ein- und Zweifamilienhäuser, unterkellert, mittlerer Standard	51,00	**72,00**	85,00	3,7%
Ein- und Zweifamilienhäuser, unterkellert, hoher Standard	–	**–**	–	–
Ein- und Zweifamilienhäuser, nicht unterkellert, einfacher Standard	–	**–**	–	–
Ein- und Zweifamilienhäuser, nicht unterkellert, mittlerer Standard	–	**–**	–	–
Ein- und Zweifamilienhäuser, nicht unterkellert, hoher Standard	–	**–**	–	–
Ein- und Zweifamilienhäuser, Passivhausstandard, Massivbau	53,00	**126,00**	200,00	4,9%
Ein- und Zweifamilienhäuser, Passivhausstandard, Holzbau	107,00	**113,00**	120,00	3,8%
Ein- und Zweifamilienhäuser, Holzbauweise, unterkellert	–	**–**	–	–
Ein- und Zweifamilienhäuser, Holzbauweise, nicht unterkellert	–	**112,00**	–	4,1%
Doppel- und Reihenendhäuser, einfacher Standard	–	**61,00**	–	7,2%
Doppel- und Reihenendhäuser, mittlerer Standard	–	**–**	–	–
Doppel- und Reihenendhäuser, hoher Standard	–	**–**	–	–
Reihenhäuser, einfacher Standard	–	**–**	–	–
Reihenhäuser, mittlerer Standard	–	**–**	–	–
Reihenhäuser, hoher Standard	–	**–**	–	–
Mehrfamilienhäuser				
Mehrfamilienhäuser, mit bis zu 6 WE, einfacher Standard	–	**–**	–	–
Mehrfamilienhäuser, mit bis zu 6 WE, mittlerer Standard	–	**74,00**	–	5,2%
Mehrfamilienhäuser, mit bis zu 6 WE, hoher Standard	–	**–**	–	–

Einheit: m² Brutto-Grundfläche (BGF)

Gebäudeart	▷	€/Einheit	◁	KG an 400
Mehrfamilienhäuser (Fortsetzung)				
Mehrfamilienhäuser, mit 6 bis 19 WE, einfacher Standard	–	**–**	–	–
Mehrfamilienhäuser, mit 6 bis 19 WE, mittlerer Standard	–	**86,00**	–	1,8%
Mehrfamilienhäuser, mit 6 bis 19 WE, hoher Standard	–	**–**	–	–
Mehrfamilienhäuser, mit 20 oder mehr WE, einfacher Standard	–	**–**	–	–
Mehrfamilienhäuser, mit 20 oder mehr WE, mittlerer Standard	–	**3,40**	–	0,5%
Mehrfamilienhäuser, mit 20 oder mehr WE, hoher Standard	–	**–**	–	–
Mehrfamilienhäuser, Passivhäuser	–	**–**	–	–
Wohnhäuser, mit bis zu 15% Mischnutzung, einfacher Standard	–	**–**	–	–
Wohnhäuser, mit bis zu 15% Mischnutzung, mittlerer Standard	–	**23,00**	–	2,7%
Wohnhäuser, mit bis zu 15% Mischnutzung, hoher Standard	–	**–**	–	–
Wohnhäuser, mit mehr als 15% Mischnutzung	–	**–**	–	–
Seniorenwohnungen				
Seniorenwohnungen, mittlerer Standard	–	**2,30**	–	0,2%
Seniorenwohnungen, hoher Standard	–	**2,20**	–	0,4%
Beherbergung				
Wohnheime und Internate	–	**30,00**	–	1,8%
7 Gewerbegebäude				
Gaststätten und Kantinen				
Gaststätten, Kantinen und Mensen	–	**–**	–	–
Gebäude für Produktion				
Industrielle Produktionsgebäude, Massivbauweise	–	**21,00**	–	2,8%
Industrielle Produktionsgebäude, überwiegend Skelettbauweise	3,20	**3,40**	3,60	0,3%
Betriebs- und Werkstätten, eingeschossig	–	**1,60**	–	0,1%
Betriebs- und Werkstätten, mehrgeschossig, geringer Hallenanteil	–	**1,30**	–	0,1%
Betriebs- und Werkstätten, mehrgeschossig, hoher Hallenanteil	–	**0,80**	–	0,0%
Gebäude für Handel und Lager				
Geschäftshäuser, mit Wohnungen	–	**17,00**	–	1,5%
Geschäftshäuser, ohne Wohnungen	–	**–**	–	–
Verbrauchermärkte	–	**–**	–	–
Autohäuser	–	**–**	–	–
Lagergebäude, ohne Mischnutzung	–	**3,40**	–	0,1%
Lagergebäude, mit bis zu 25% Mischnutzung	–	**5,30**	–	0,5%
Lagergebäude, mit mehr als 25% Mischnutzung	–	**–**	–	–
Garagen und Bereitschaftsdienste				
Einzel-, Mehrfach- und Hochgaragen	–	**–**	–	–
Tiefgaragen	–	**–**	–	–
Feuerwehrhäuser	–	**25,00**	–	1,9%
Öffentliche Bereitschaftsdienste	–	**2,60**	–	0,1%
9 Kulturgebäude				
Gebäude für kulturelle Zwecke				
Bibliotheken, Museen und Ausstellungen	–	**14,00**	–	0,4%
Theater	–	**4,50**	–	0,8%
Gemeindezentren, einfacher Standard	–	**–**	–	–
Gemeindezentren, mittlerer Standard	–	**28,00**	–	1,1%
Gemeindezentren, hoher Standard	–	**13,00**	–	0,8%
Gebäude für religiöse Zwecke				
Sakralbauten	–	**–**	–	–
Friedhofsgebäude	–	**–**	–	–

443 Niederspannungs-schaltanlagen

Kosten:
Stand 1.Quartal 2021
Bundesdurchschnitt
inkl. 19% MwSt.

Einheit: m²
Brutto-Grundfläche (BGF)

▷ von
ø Mittel
◁ bis

Gebäudeart	▷	€/Einheit	◁	KG an 400
1 Büro- und Verwaltungsgebäude				
Büro- und Verwaltungsgebäude, einfacher Standard	–	**–**	–	–
Büro- und Verwaltungsgebäude, mittlerer Standard	6,20	**12,00**	17,00	0,7%
Büro- und Verwaltungsgebäude, hoher Standard	11,00	**16,00**	22,00	1,0%
2 Gebäude für Forschung und Lehre				
Instituts- und Laborgebäude	16,00	**65,00**	115,00	3,0%
3 Gebäude des Gesundheitswesens				
Medizinische Einrichtungen	–	**–**	–	–
Pflegeheime	8,50	**9,30**	10,00	0,7%
4 Schulen und Kindergärten				
Allgemeinbildende Schulen	5,30	**15,00**	20,00	1,0%
Berufliche Schulen	–	**15,00**	–	0,6%
Förder- und Sonderschulen	–	**13,00**	–	0,8%
Weiterbildungseinrichtungen	–	**20,00**	–	1,1%
Kindergärten, nicht unterkellert, einfacher Standard	–	**–**	–	–
Kindergärten, nicht unterkellert, mittlerer Standard	–	**9,10**	–	0,4%
Kindergärten, nicht unterkellert, hoher Standard	–	**7,40**	–	1,1%
Kindergärten, Holzbauweise, nicht unterkellert	–	**–**	–	–
Kindergärten, unterkellert	–	**–**	–	–
5 Sportbauten				
Sport- und Mehrzweckhallen	–	**10,00**	–	0,7%
Sporthallen (Einfeldhallen)	–	**–**	–	–
Sporthallen (Dreifeldhallen)	–	**–**	–	–
Schwimmhallen	–	**–**	–	–
6 Wohngebäude				
Ein- und Zweifamilienhäuser				
Ein- und Zweifamilienhäuser, unterkellert, einfacher Standard	–	**–**	–	–
Ein- und Zweifamilienhäuser, unterkellert, mittlerer Standard	–	**–**	–	–
Ein- und Zweifamilienhäuser, unterkellert, hoher Standard	–	**–**	–	–
Ein- und Zweifamilienhäuser, nicht unterkellert, einfacher Standard	–	**–**	–	–
Ein- und Zweifamilienhäuser, nicht unterkellert, mittlerer Standard	–	**–**	–	–
Ein- und Zweifamilienhäuser, nicht unterkellert, hoher Standard	–	**–**	–	–
Ein- und Zweifamilienhäuser, Passivhausstandard, Massivbau	–	**–**	–	–
Ein- und Zweifamilienhäuser, Passivhausstandard, Holzbau	–	**–**	–	–
Ein- und Zweifamilienhäuser, Holzbauweise, unterkellert	–	**–**	–	–
Ein- und Zweifamilienhäuser, Holzbauweise, nicht unterkellert	–	**–**	–	–
Doppel- und Reihenendhäuser, einfacher Standard	–	**–**	–	–
Doppel- und Reihenendhäuser, mittlerer Standard	–	**–**	–	–
Doppel- und Reihenendhäuser, hoher Standard	–	**–**	–	–
Reihenhäuser, einfacher Standard	–	**13,00**	–	3,1%
Reihenhäuser, mittlerer Standard	–	**–**	–	–
Reihenhäuser, hoher Standard	–	**–**	–	–
Mehrfamilienhäuser				
Mehrfamilienhäuser, mit bis zu 6 WE, einfacher Standard	2,10	**4,50**	7,00	2,1%
Mehrfamilienhäuser, mit bis zu 6 WE, mittlerer Standard	–	**–**	–	–
Mehrfamilienhäuser, mit bis zu 6 WE, hoher Standard	–	**–**	–	–

Einheit: m²
Brutto-Grundfläche (BGF)

Gebäudeart	▷	€/Einheit	◁	KG an 400
Mehrfamilienhäuser (Fortsetzung)				
Mehrfamilienhäuser, mit 6 bis 19 WE, einfacher Standard	–	**3,40**	–	0,6%
Mehrfamilienhäuser, mit 6 bis 19 WE, mittlerer Standard	–	**13,00**	–	0,4%
Mehrfamilienhäuser, mit 6 bis 19 WE, hoher Standard	–	**–**	–	–
Mehrfamilienhäuser, mit 20 oder mehr WE, einfacher Standard	–	**–**	–	–
Mehrfamilienhäuser, mit 20 oder mehr WE, mittlerer Standard	–	**6,40**	–	0,8%
Mehrfamilienhäuser, mit 20 oder mehr WE, hoher Standard	–	**–**	–	–
Mehrfamilienhäuser, Passivhäuser	–	**–**	–	–
Wohnhäuser, mit bis zu 15% Mischnutzung, einfacher Standard	–	**–**	–	–
Wohnhäuser, mit bis zu 15% Mischnutzung, mittlerer Standard	–	**–**	–	–
Wohnhäuser, mit bis zu 15% Mischnutzung, hoher Standard	–	**2,20**	–	0,9%
Wohnhäuser, mit mehr als 15% Mischnutzung	–	**–**	–	–
Seniorenwohnungen				
Seniorenwohnungen, mittlerer Standard	–	**4,10**	–	0,2%
Seniorenwohnungen, hoher Standard	–	**–**	–	–
Beherbergung				
Wohnheime und Internate	–	**–**	–	–
7 Gewerbegebäude				
Gaststätten und Kantinen				
Gaststätten, Kantinen und Mensen	–	**32,00**	–	3,8%
Gebäude für Produktion				
Industrielle Produktionsgebäude, Massivbauweise	6,40	**22,00**	38,00	4,8%
Industrielle Produktionsgebäude, überwiegend Skelettbauweise	4,50	**12,00**	24,00	2,1%
Betriebs- und Werkstätten, eingeschossig	–	**24,00**	–	1,8%
Betriebs- und Werkstätten, mehrgeschossig, geringer Hallenanteil	2,80	**19,00**	35,00	3,6%
Betriebs- und Werkstätten, mehrgeschossig, hoher Hallenanteil	9,50	**18,00**	29,00	3,3%
Gebäude für Handel und Lager				
Geschäftshäuser, mit Wohnungen	–	**1,40**	–	0,1%
Geschäftshäuser, ohne Wohnungen	–	**–**	–	–
Verbrauchermärkte	–	**3,60**	–	0,4%
Autohäuser	–	**–**	–	–
Lagergebäude, ohne Mischnutzung	–	**13,00**	–	0,3%
Lagergebäude, mit bis zu 25% Mischnutzung	–	**–**	–	–
Lagergebäude, mit mehr als 25% Mischnutzung	–	**6,70**	–	1,5%
Garagen und Bereitschaftsdienste				
Einzel-, Mehrfach- und Hochgaragen	–	**–**	–	–
Tiefgaragen	–	**–**	–	–
Feuerwehrhäuser	–	**–**	–	–
Öffentliche Bereitschaftsdienste	–	**–**	–	–
9 Kulturgebäude				
Gebäude für kulturelle Zwecke				
Bibliotheken, Museen und Ausstellungen	–	**16,00**	–	0,4%
Theater	–	**–**	–	–
Gemeindezentren, einfacher Standard	–	**–**	–	–
Gemeindezentren, mittlerer Standard	–	**–**	–	–
Gemeindezentren, hoher Standard	–	**–**	–	–
Gebäude für religiöse Zwecke				
Sakralbauten	–	**–**	–	–
Friedhofsgebäude	–	**–**	–	–

444 Niederspannungsinstallationsanlagen

Kosten:
Stand 1.Quartal 2021
Bundesdurchschnitt
inkl. 19% MwSt.

Einheit: m²
Brutto-Grundfläche (BGF)

▷ von
ø Mittel
◁ bis

Gebäudeart	▷	€/Einheit	◁	KG an 400
1 Büro- und Verwaltungsgebäude				
Büro- und Verwaltungsgebäude, einfacher Standard	24,00	**33,00**	41,00	17,0%
Büro- und Verwaltungsgebäude, mittlerer Standard	57,00	**76,00**	108,00	18,9%
Büro- und Verwaltungsgebäude, hoher Standard	68,00	**93,00**	136,00	14,9%
2 Gebäude für Forschung und Lehre				
Instituts- und Laborgebäude	35,00	**77,00**	113,00	8,3%
3 Gebäude des Gesundheitswesens				
Medizinische Einrichtungen	69,00	**100,00**	159,00	18,1%
Pflegeheime	39,00	**68,00**	79,00	11,2%
4 Schulen und Kindergärten				
Allgemeinbildende Schulen	41,00	**62,00**	81,00	16,4%
Berufliche Schulen	70,00	**108,00**	141,00	17,4%
Förder- und Sonderschulen	66,00	**101,00**	219,00	22,3%
Weiterbildungseinrichtungen	65,00	**126,00**	247,00	20,0%
Kindergärten, nicht unterkellert, einfacher Standard	–	**31,00**	–	13,9%
Kindergärten, nicht unterkellert, mittlerer Standard	45,00	**65,00**	103,00	17,7%
Kindergärten, nicht unterkellert, hoher Standard	27,00	**30,00**	33,00	9,4%
Kindergärten, Holzbauweise, nicht unterkellert	24,00	**48,00**	60,00	15,4%
Kindergärten, unterkellert	34,00	**68,00**	132,00	17,5%
5 Sportbauten				
Sport- und Mehrzweckhallen	33,00	**85,00**	188,00	22,2%
Sporthallen (Einfeldhallen)	25,00	**33,00**	48,00	11,6%
Sporthallen (Dreifeldhallen)	35,00	**36,00**	36,00	5,2%
Schwimmhallen	–	**–**	–	–
6 Wohngebäude				
Ein- und Zweifamilienhäuser				
Ein- und Zweifamilienhäuser, unterkellert, einfacher Standard	20,00	**26,00**	39,00	17,5%
Ein- und Zweifamilienhäuser, unterkellert, mittlerer Standard	28,00	**42,00**	66,00	16,4%
Ein- und Zweifamilienhäuser, unterkellert, hoher Standard	32,00	**55,00**	104,00	15,2%
Ein- und Zweifamilienhäuser, nicht unterkellert, einfacher Standard	21,00	**21,00**	22,00	13,7%
Ein- und Zweifamilienhäuser, nicht unterkellert, mittlerer Standard	30,00	**43,00**	60,00	16,4%
Ein- und Zweifamilienhäuser, nicht unterkellert, hoher Standard	32,00	**48,00**	66,00	15,8%
Ein- und Zweifamilienhäuser, Passivhausstandard, Massivbau	32,00	**37,00**	46,00	11,9%
Ein- und Zweifamilienhäuser, Passivhausstandard, Holzbau	40,00	**54,00**	75,00	14,7%
Ein- und Zweifamilienhäuser, Holzbauweise, unterkellert	28,00	**41,00**	63,00	16,4%
Ein- und Zweifamilienhäuser, Holzbauweise, nicht unterkellert	21,00	**35,00**	41,00	13,0%
Doppel- und Reihenendhäuser, einfacher Standard	32,00	**33,00**	37,00	15,5%
Doppel- und Reihenendhäuser, mittlerer Standard	34,00	**41,00**	58,00	16,3%
Doppel- und Reihenendhäuser, hoher Standard	26,00	**45,00**	70,00	15,2%
Reihenhäuser, einfacher Standard	21,00	**28,00**	35,00	15,5%
Reihenhäuser, mittlerer Standard	23,00	**27,00**	34,00	11,6%
Reihenhäuser, hoher Standard	28,00	**36,00**	49,00	11,8%
Mehrfamilienhäuser				
Mehrfamilienhäuser, mit bis zu 6 WE, einfacher Standard	20,00	**26,00**	36,00	18,9%
Mehrfamilienhäuser, mit bis zu 6 WE, mittlerer Standard	26,00	**36,00**	46,00	16,4%
Mehrfamilienhäuser, mit bis zu 6 WE, hoher Standard	41,00	**52,00**	66,00	19,3%

Gebäudeart	▷	€/Einheit	◁	KG an 400
Mehrfamilienhäuser (Fortsetzung)				
Mehrfamilienhäuser, mit 6 bis 19 WE, einfacher Standard	26,00	**32,00**	44,00	16,9%
Mehrfamilienhäuser, mit 6 bis 19 WE, mittlerer Standard	26,00	**41,00**	56,00	19,8%
Mehrfamilienhäuser, mit 6 bis 19 WE, hoher Standard	23,00	**30,00**	37,00	14,5%
Mehrfamilienhäuser, mit 20 oder mehr WE, einfacher Standard	34,00	**38,00**	45,00	15,0%
Mehrfamilienhäuser, mit 20 oder mehr WE, mittlerer Standard	35,00	**43,00**	57,00	18,8%
Mehrfamilienhäuser, mit 20 oder mehr WE, hoher Standard	31,00	**41,00**	47,00	14,9%
Mehrfamilienhäuser, Passivhäuser	35,00	**46,00**	63,00	18,7%
Wohnhäuser, mit bis zu 15% Mischnutzung, einfacher Standard	35,00	**37,00**	40,00	16,9%
Wohnhäuser, mit bis zu 15% Mischnutzung, mittlerer Standard	18,00	**30,00**	37,00	15,7%
Wohnhäuser, mit bis zu 15% Mischnutzung, hoher Standard	–	**40,00**	–	16,7%
Wohnhäuser, mit mehr als 15% Mischnutzung	60,00	**91,00**	123,00	20,2%
Seniorenwohnungen				
Seniorenwohnungen, mittlerer Standard	42,00	**52,00**	58,00	17,9%
Seniorenwohnungen, hoher Standard	48,00	**54,00**	61,00	16,7%
Beherbergung				
Wohnheime und Internate	46,00	**62,00**	85,00	17,9%
7 Gewerbegebäude				
Gaststätten und Kantinen				
Gaststätten, Kantinen und Mensen	–	**36,00**	–	4,3%
Gebäude für Produktion				
Industrielle Produktionsgebäude, Massivbauweise	40,00	**59,00**	89,00	20,6%
Industrielle Produktionsgebäude, überwiegend Skelettbauweise	49,00	**96,00**	165,00	22,0%
Betriebs- und Werkstätten, eingeschossig	93,00	**96,00**	98,00	26,2%
Betriebs- und Werkstätten, mehrgeschossig, geringer Hallenanteil	16,00	**36,00**	61,00	14,1%
Betriebs- und Werkstätten, mehrgeschossig, hoher Hallenanteil	28,00	**61,00**	93,00	23,0%
Gebäude für Handel und Lager				
Geschäftshäuser, mit Wohnungen	26,00	**56,00**	73,00	22,7%
Geschäftshäuser, ohne Wohnungen	38,00	**43,00**	48,00	19,4%
Verbrauchermärkte	83,00	**85,00**	87,00	24,6%
Autohäuser	23,00	**64,00**	104,00	30,8%
Lagergebäude, ohne Mischnutzung	20,00	**38,00**	98,00	23,0%
Lagergebäude, mit bis zu 25% Mischnutzung	19,00	**43,00**	58,00	24,6%
Lagergebäude, mit mehr als 25% Mischnutzung	27,00	**29,00**	30,00	16,3%
Garagen und Bereitschaftsdienste				
Einzel-, Mehrfach- und Hochgaragen	3,70	**6,90**	13,00	18,3%
Tiefgaragen	–	**9,10**	–	40,4%
Feuerwehrhäuser	55,00	**57,00**	60,00	14,4%
Öffentliche Bereitschaftsdienste	45,00	**56,00**	77,00	21,7%
9 Kulturgebäude				
Gebäude für kulturelle Zwecke				
Bibliotheken, Museen und Ausstellungen	68,00	**85,00**	105,00	18,9%
Theater	80,00	**101,00**	122,00	18,6%
Gemeindezentren, einfacher Standard	16,00	**22,00**	31,00	11,8%
Gemeindezentren, mittlerer Standard	45,00	**70,00**	101,00	18,1%
Gemeindezentren, hoher Standard	58,00	**77,00**	113,00	14,3%
Gebäude für religiöse Zwecke				
Sakralbauten	–	**–**	–	–
Friedhofsgebäude	–	**70,00**	–	20,5%

Einheit: m²
Brutto-Grundfläche (BGF)

445 Beleuchtungsanlagen

Kosten:
Stand 1.Quartal 2021
Bundesdurchschnitt
inkl. 19% MwSt.

Einheit: m²
Brutto-Grundfläche (BGF)

▷ von
ø Mittel
◁ bis

Gebäudeart	▷	€/Einheit	◁	KG an 400
1 Büro- und Verwaltungsgebäude				
Büro- und Verwaltungsgebäude, einfacher Standard	7,30	**20,00**	30,00	9,5%
Büro- und Verwaltungsgebäude, mittlerer Standard	20,00	**37,00**	49,00	8,9%
Büro- und Verwaltungsgebäude, hoher Standard	46,00	**78,00**	113,00	10,0%
2 Gebäude für Forschung und Lehre				
Instituts- und Laborgebäude	31,00	**43,00**	66,00	4,2%
3 Gebäude des Gesundheitswesens				
Medizinische Einrichtungen	56,00	**69,00**	90,00	14,1%
Pflegeheime	46,00	**50,00**	59,00	8,3%
4 Schulen und Kindergärten				
Allgemeinbildende Schulen	34,00	**50,00**	100,00	12,7%
Berufliche Schulen	33,00	**47,00**	61,00	6,9%
Förder- und Sonderschulen	26,00	**42,00**	64,00	9,7%
Weiterbildungseinrichtungen	21,00	**51,00**	66,00	8,0%
Kindergärten, nicht unterkellert, einfacher Standard	–	**41,00**	–	18,1%
Kindergärten, nicht unterkellert, mittlerer Standard	32,00	**56,00**	123,00	11,7%
Kindergärten, nicht unterkellert, hoher Standard	49,00	**56,00**	63,00	17,4%
Kindergärten, Holzbauweise, nicht unterkellert	18,00	**43,00**	63,00	12,8%
Kindergärten, unterkellert	32,00	**48,00**	76,00	13,4%
5 Sportbauten				
Sport- und Mehrzweckhallen	17,00	**40,00**	81,00	9,5%
Sporthallen (Einfeldhallen)	44,00	**76,00**	137,00	24,1%
Sporthallen (Dreifeldhallen)	37,00	**37,00**	37,00	5,4%
Schwimmhallen	–	**–**	–	–
6 Wohngebäude				
Ein- und Zweifamilienhäuser				
Ein- und Zweifamilienhäuser, unterkellert, einfacher Standard	0,10	**0,60**	1,00	0,2%
Ein- und Zweifamilienhäuser, unterkellert, mittlerer Standard	1,80	**3,10**	10,00	0,7%
Ein- und Zweifamilienhäuser, unterkellert, hoher Standard	3,90	**13,00**	37,00	2,6%
Ein- und Zweifamilienhäuser, nicht unterkellert, einfacher Standard	–	**3,40**	–	0,8%
Ein- und Zweifamilienhäuser, nicht unterkellert, mittlerer Standard	3,30	**6,10**	16,00	1,2%
Ein- und Zweifamilienhäuser, nicht unterkellert, hoher Standard	0,90	**2,40**	5,60	0,6%
Ein- und Zweifamilienhäuser, Passivhausstandard, Massivbau	1,30	**4,10**	7,10	0,5%
Ein- und Zweifamilienhäuser, Passivhausstandard, Holzbau	1,00	**7,80**	13,00	0,9%
Ein- und Zweifamilienhäuser, Holzbauweise, unterkellert	0,90	**1,90**	3,50	0,2%
Ein- und Zweifamilienhäuser, Holzbauweise, nicht unterkellert	8,10	**11,00**	15,00	2,0%
Doppel- und Reihenendhäuser, einfacher Standard	–	**0,10**	–	0,0%
Doppel- und Reihenendhäuser, mittlerer Standard	2,80	**6,90**	19,00	1,3%
Doppel- und Reihenendhäuser, hoher Standard	4,20	**12,00**	29,00	2,9%
Reihenhäuser, einfacher Standard	–	**0,80**	–	0,2%
Reihenhäuser, mittlerer Standard	0,50	**5,30**	10,00	1,2%
Reihenhäuser, hoher Standard	3,20	**3,70**	4,30	0,8%
Mehrfamilienhäuser				
Mehrfamilienhäuser, mit bis zu 6 WE, einfacher Standard	1,10	**1,70**	2,40	1,0%
Mehrfamilienhäuser, mit bis zu 6 WE, mittlerer Standard	1,60	**2,90**	5,30	1,3%
Mehrfamilienhäuser, mit bis zu 6 WE, hoher Standard	5,60	**9,90**	17,00	2,9%

Gebäudeart	▷	€/Einheit	◁	KG an 400
Mehrfamilienhäuser (Fortsetzung)				
Mehrfamilienhäuser, mit 6 bis 19 WE, einfacher Standard	2,40	**6,70**	14,00	3,4%
Mehrfamilienhäuser, mit 6 bis 19 WE, mittlerer Standard	1,70	**3,90**	7,40	1,6%
Mehrfamilienhäuser, mit 6 bis 19 WE, hoher Standard	1,60	**3,60**	6,50	1,4%
Mehrfamilienhäuser, mit 20 oder mehr WE, einfacher Standard	6,50	**7,60**	10,00	3,0%
Mehrfamilienhäuser, mit 20 oder mehr WE, mittlerer Standard	7,60	**14,00**	17,00	6,4%
Mehrfamilienhäuser, mit 20 oder mehr WE, hoher Standard	0,60	**3,60**	5,60	1,4%
Mehrfamilienhäuser, Passivhäuser	2,30	**3,80**	4,30	0,9%
Wohnhäuser, mit bis zu 15% Mischnutzung, einfacher Standard	1,20	**3,80**	9,10	1,8%
Wohnhäuser, mit bis zu 15% Mischnutzung, mittlerer Standard	0,40	**2,70**	7,40	1,1%
Wohnhäuser, mit bis zu 15% Mischnutzung, hoher Standard	–	**8,40**	–	3,5%
Wohnhäuser, mit mehr als 15% Mischnutzung	–	**7,50**	–	1,1%
Seniorenwohnungen				
Seniorenwohnungen, mittlerer Standard	9,60	**12,00**	16,00	4,1%
Seniorenwohnungen, hoher Standard	1,90	**3,30**	4,80	1,1%
Beherbergung				
Wohnheime und Internate	8,30	**23,00**	64,00	5,5%
7 Gewerbegebäude				
Gaststätten und Kantinen				
Gaststätten, Kantinen und Mensen	–	**69,00**	–	8,3%
Gebäude für Produktion				
Industrielle Produktionsgebäude, Massivbauweise	26,00	**30,00**	39,00	11,3%
Industrielle Produktionsgebäude, überwiegend Skelettbauweise	13,00	**21,00**	31,00	4,9%
Betriebs- und Werkstätten, eingeschossig	–	**15,00**	–	1,1%
Betriebs- und Werkstätten, mehrgeschossig, geringer Hallenanteil	13,00	**32,00**	51,00	7,4%
Betriebs- und Werkstätten, mehrgeschossig, hoher Hallenanteil	8,30	**24,00**	41,00	7,2%
Gebäude für Handel und Lager				
Geschäftshäuser, mit Wohnungen	15,00	**24,00**	38,00	9,2%
Geschäftshäuser, ohne Wohnungen	3,40	**3,60**	3,70	1,6%
Verbrauchermärkte	8,20	**18,00**	27,00	4,4%
Autohäuser	18,00	**23,00**	29,00	15,2%
Lagergebäude, ohne Mischnutzung	8,10	**14,00**	28,00	5,7%
Lagergebäude, mit bis zu 25% Mischnutzung	8,70	**22,00**	46,00	9,9%
Lagergebäude, mit mehr als 25% Mischnutzung	10,00	**22,00**	33,00	13,8%
Garagen und Bereitschaftsdienste				
Einzel-, Mehrfach- und Hochgaragen	1,60	**2,60**	3,20	9,4%
Tiefgaragen	–	**0,70**	–	3,1%
Feuerwehrhäuser	28,00	**35,00**	50,00	8,8%
Öffentliche Bereitschaftsdienste	14,00	**18,00**	20,00	6,1%
9 Kulturgebäude				
Gebäude für kulturelle Zwecke				
Bibliotheken, Museen und Ausstellungen	19,00	**54,00**	89,00	9,1%
Theater	56,00	**61,00**	67,00	12,5%
Gemeindezentren, einfacher Standard	15,00	**27,00**	52,00	13,5%
Gemeindezentren, mittlerer Standard	42,00	**68,00**	103,00	18,6%
Gemeindezentren, hoher Standard	39,00	**85,00**	111,00	15,7%
Gebäude für religiöse Zwecke				
Sakralbauten	–	**–**	–	–
Friedhofsgebäude	–	**11,00**	–	3,1%

Einheit: m²
Brutto-Grundfläche (BGF)

446 Blitzschutz- und Erdungsanlagen

Kosten:
Stand 1.Quartal 2021
Bundesdurchschnitt
inkl. 19% MwSt.

Einheit: m²
Brutto-Grundfläche (BGF)

▷ von
ø Mittel
◁ bis

Gebäudeart	▷	€/Einheit	◁	KG an 400
1 Büro- und Verwaltungsgebäude				
Büro- und Verwaltungsgebäude, einfacher Standard	1,80	**2,90**	4,00	1,7%
Büro- und Verwaltungsgebäude, mittlerer Standard	2,60	**5,30**	9,30	1,3%
Büro- und Verwaltungsgebäude, hoher Standard	4,20	**7,10**	14,00	1,0%
2 Gebäude für Forschung und Lehre				
Instituts- und Laborgebäude	2,80	**7,50**	11,00	0,8%
3 Gebäude des Gesundheitswesens				
Medizinische Einrichtungen	5,30	**8,00**	9,40	1,6%
Pflegeheime	2,40	**3,90**	5,50	0,7%
4 Schulen und Kindergärten				
Allgemeinbildende Schulen	2,80	**5,80**	12,00	1,8%
Berufliche Schulen	4,80	**18,00**	25,00	2,5%
Förder- und Sonderschulen	2,70	**5,10**	9,30	1,3%
Weiterbildungseinrichtungen	1,20	**4,10**	5,60	0,8%
Kindergärten, nicht unterkellert, einfacher Standard	–	**5,50**	–	2,5%
Kindergärten, nicht unterkellert, mittlerer Standard	6,90	**13,00**	29,00	3,4%
Kindergärten, nicht unterkellert, hoher Standard	2,10	**4,00**	5,80	1,3%
Kindergärten, Holzbauweise, nicht unterkellert	5,20	**10,00**	17,00	3,8%
Kindergärten, unterkellert	0,50	**6,60**	11,00	1,7%
5 Sportbauten				
Sport- und Mehrzweckhallen	4,10	**6,70**	12,00	1,9%
Sporthallen (Einfeldhallen)	4,90	**9,00**	11,00	3,1%
Sporthallen (Dreifeldhallen)	2,10	**2,70**	3,30	0,4%
Schwimmhallen	–	**–**	–	–
6 Wohngebäude				
Ein- und Zweifamilienhäuser				
Ein- und Zweifamilienhäuser, unterkellert, einfacher Standard	0,80	**1,50**	3,00	1,0%
Ein- und Zweifamilienhäuser, unterkellert, mittlerer Standard	1,30	**2,30**	5,60	0,9%
Ein- und Zweifamilienhäuser, unterkellert, hoher Standard	1,70	**3,90**	7,70	1,3%
Ein- und Zweifamilienhäuser, nicht unterkellert, einfacher Standard	1,20	**1,80**	2,50	1,1%
Ein- und Zweifamilienhäuser, nicht unterkellert, mittlerer Standard	1,40	**2,70**	4,50	1,0%
Ein- und Zweifamilienhäuser, nicht unterkellert, hoher Standard	1,40	**5,00**	10,00	1,5%
Ein- und Zweifamilienhäuser, Passivhausstandard, Massivbau	1,40	**3,20**	6,70	1,0%
Ein- und Zweifamilienhäuser, Passivhausstandard, Holzbau	1,50	**2,70**	5,60	0,6%
Ein- und Zweifamilienhäuser, Holzbauweise, unterkellert	1,80	**3,50**	9,60	1,3%
Ein- und Zweifamilienhäuser, Holzbauweise, nicht unterkellert	1,30	**1,80**	2,90	0,8%
Doppel- und Reihenendhäuser, einfacher Standard	0,80	**1,40**	2,00	0,4%
Doppel- und Reihenendhäuser, mittlerer Standard	2,30	**3,00**	4,30	1,2%
Doppel- und Reihenendhäuser, hoher Standard	2,50	**4,20**	5,80	1,4%
Reihenhäuser, einfacher Standard	–	**0,90**	–	0,2%
Reihenhäuser, mittlerer Standard	1,70	**1,80**	1,90	0,5%
Reihenhäuser, hoher Standard	0,90	**1,50**	2,90	0,5%
Mehrfamilienhäuser				
Mehrfamilienhäuser, mit bis zu 6 WE, einfacher Standard	0,50	**1,30**	2,80	1,0%
Mehrfamilienhäuser, mit bis zu 6 WE, mittlerer Standard	1,30	**1,80**	2,90	0,8%
Mehrfamilienhäuser, mit bis zu 6 WE, hoher Standard	1,20	**2,50**	3,60	0,9%

Gebäudeart	▷	€/Einheit	◁	KG an 400
Mehrfamilienhäuser (Fortsetzung)				
Mehrfamilienhäuser, mit 6 bis 19 WE, einfacher Standard	1,10	**1,50**	2,40	0,8%
Mehrfamilienhäuser, mit 6 bis 19 WE, mittlerer Standard	0,50	**1,10**	1,90	0,6%
Mehrfamilienhäuser, mit 6 bis 19 WE, hoher Standard	0,80	**1,20**	1,50	0,6%
Mehrfamilienhäuser, mit 20 oder mehr WE, einfacher Standard	1,70	**1,90**	2,20	0,8%
Mehrfamilienhäuser, mit 20 oder mehr WE, mittlerer Standard	1,90	**3,90**	7,20	1,7%
Mehrfamilienhäuser, mit 20 oder mehr WE, hoher Standard	2,70	**3,60**	5,10	1,3%
Mehrfamilienhäuser, Passivhäuser	1,30	**2,00**	4,40	0,9%
Wohnhäuser, mit bis zu 15% Mischnutzung, einfacher Standard	2,00	**2,00**	2,10	0,9%
Wohnhäuser, mit bis zu 15% Mischnutzung, mittlerer Standard	1,40	**2,20**	3,30	1,1%
Wohnhäuser, mit bis zu 15% Mischnutzung, hoher Standard	–	**1,60**	–	0,7%
Wohnhäuser, mit mehr als 15% Mischnutzung	2,40	**3,10**	3,80	0,7%
Seniorenwohnungen				
Seniorenwohnungen, mittlerer Standard	2,70	**4,50**	7,90	1,6%
Seniorenwohnungen, hoher Standard	4,10	**4,80**	5,40	1,4%
Beherbergung				
Wohnheime und Internate	2,20	**6,60**	21,00	1,6%
7 Gewerbegebäude				
Gaststätten und Kantinen				
Gaststätten, Kantinen und Mensen	–	**4,60**	–	0,6%
Gebäude für Produktion				
Industrielle Produktionsgebäude, Massivbauweise	3,50	**5,40**	9,10	1,9%
Industrielle Produktionsgebäude, überwiegend Skelettbauweise	1,70	**5,80**	8,20	1,9%
Betriebs- und Werkstätten, eingeschossig	0,90	**1,80**	2,70	0,4%
Betriebs- und Werkstätten, mehrgeschossig, geringer Hallenanteil	1,70	**5,40**	11,00	2,9%
Betriebs- und Werkstätten, mehrgeschossig, hoher Hallenanteil	1,80	**3,80**	7,40	1,3%
Gebäude für Handel und Lager				
Geschäftshäuser, mit Wohnungen	0,60	**1,50**	2,00	0,5%
Geschäftshäuser, ohne Wohnungen	1,70	**2,60**	3,50	1,2%
Verbrauchermärkte	3,00	**4,50**	5,90	1,4%
Autohäuser	1,00	**1,20**	1,50	0,8%
Lagergebäude, ohne Mischnutzung	1,40	**2,30**	5,60	5,9%
Lagergebäude, mit bis zu 25% Mischnutzung	1,50	**4,40**	5,80	2,6%
Lagergebäude, mit mehr als 25% Mischnutzung	1,20	**2,00**	2,90	1,0%
Garagen und Bereitschaftsdienste				
Einzel-, Mehrfach- und Hochgaragen	1,40	**3,10**	6,50	8,6%
Tiefgaragen	–	**1,70**	–	7,6%
Feuerwehrhäuser	3,60	**6,90**	13,00	1,8%
Öffentliche Bereitschaftsdienste	1,70	**4,40**	9,80	1,0%
9 Kulturgebäude				
Gebäude für kulturelle Zwecke				
Bibliotheken, Museen und Ausstellungen	4,90	**12,00**	21,00	2,9%
Theater	1,70	**4,60**	7,50	1,4%
Gemeindezentren, einfacher Standard	1,60	**3,70**	5,80	2,4%
Gemeindezentren, mittlerer Standard	2,40	**5,40**	11,00	1,4%
Gemeindezentren, hoher Standard	1,40	**4,70**	6,40	0,9%
Gebäude für religiöse Zwecke				
Sakralbauten	–	**–**	–	–
Friedhofsgebäude	–	**10,00**	–	2,9%

Einheit: m²
Brutto-Grundfläche (BGF)

Kosten:
Stand 1.Quartal 2021
Bundesdurchschnitt
inkl. 19% MwSt.

Einheit: m²
Brutto-Grundfläche (BGF)

▷ von
ø Mittel
◁ bis

Gebäudeart	▷	€/Einheit	◁	KG an 400
1 Büro- und Verwaltungsgebäude				
Büro- und Verwaltungsgebäude, einfacher Standard	–	**–**	–	–
Büro- und Verwaltungsgebäude, mittlerer Standard	–	**–**	–	–
Büro- und Verwaltungsgebäude, hoher Standard	–	**–**	–	–
2 Gebäude für Forschung und Lehre				
Instituts- und Laborgebäude	–	**–**	–	–
3 Gebäude des Gesundheitswesens				
Medizinische Einrichtungen	–	**–**	–	–
Pflegeheime	–	**–**	–	–
4 Schulen und Kindergärten				
Allgemeinbildende Schulen	–	**–**	–	–
Berufliche Schulen	–	**–**	–	–
Förder- und Sonderschulen	–	**–**	–	–
Weiterbildungseinrichtungen	–	**–**	–	–
Kindergärten, nicht unterkellert, einfacher Standard	–	**–**	–	–
Kindergärten, nicht unterkellert, mittlerer Standard	–	**0,60**	–	0,0%
Kindergärten, nicht unterkellert, hoher Standard	–	**–**	–	–
Kindergärten, Holzbauweise, nicht unterkellert	–	**–**	–	–
Kindergärten, unterkellert	–	**–**	–	–
5 Sportbauten				
Sport- und Mehrzweckhallen	–	**–**	–	–
Sporthallen (Einfeldhallen)	–	**–**	–	–
Sporthallen (Dreifeldhallen)	–	**–**	–	–
Schwimmhallen	–	**–**	–	–
6 Wohngebäude				
Ein- und Zweifamilienhäuser				
Ein- und Zweifamilienhäuser, unterkellert, einfacher Standard	–	**–**	–	–
Ein- und Zweifamilienhäuser, unterkellert, mittlerer Standard	–	**–**	–	–
Ein- und Zweifamilienhäuser, unterkellert, hoher Standard	–	**–**	–	–
Ein- und Zweifamilienhäuser, nicht unterkellert, einfacher Standard	–	**–**	–	–
Ein- und Zweifamilienhäuser, nicht unterkellert, mittlerer Standard	–	**6,10**	–	0,2%
Ein- und Zweifamilienhäuser, nicht unterkellert, hoher Standard	–	**–**	–	–
Ein- und Zweifamilienhäuser, Passivhausstandard, Massivbau	–	**–**	–	–
Ein- und Zweifamilienhäuser, Passivhausstandard, Holzbau	–	**–**	–	–
Ein- und Zweifamilienhäuser, Holzbauweise, unterkellert	–	**–**	–	–
Ein- und Zweifamilienhäuser, Holzbauweise, nicht unterkellert	–	**–**	–	–
Doppel- und Reihenendhäuser, einfacher Standard	–	**–**	–	–
Doppel- und Reihenendhäuser, mittlerer Standard	–	**6,40**	–	0,3%
Doppel- und Reihenendhäuser, hoher Standard	–	**–**	–	–
Reihenhäuser, einfacher Standard	–	**–**	–	–
Reihenhäuser, mittlerer Standard	–	**–**	–	–
Reihenhäuser, hoher Standard	–	**–**	–	–
Mehrfamilienhäuser				
Mehrfamilienhäuser, mit bis zu 6 WE, einfacher Standard	–	**0,30**	–	0,1%
Mehrfamilienhäuser, mit bis zu 6 WE, mittlerer Standard	–	**–**	–	–
Mehrfamilienhäuser, mit bis zu 6 WE, hoher Standard	–	**–**	–	–

Gebäudeart	▷	€/Einheit	◁	KG an 400
Mehrfamilienhäuser (Fortsetzung)				
Mehrfamilienhäuser, mit 6 bis 19 WE, einfacher Standard	–	–	–	–
Mehrfamilienhäuser, mit 6 bis 19 WE, mittlerer Standard	–	–	–	–
Mehrfamilienhäuser, mit 6 bis 19 WE, hoher Standard	–	–	–	–
Mehrfamilienhäuser, mit 20 oder mehr WE, einfacher Standard	–	–	–	–
Mehrfamilienhäuser, mit 20 oder mehr WE, mittlerer Standard	–	–	–	–
Mehrfamilienhäuser, mit 20 oder mehr WE, hoher Standard	–	–	–	–
Mehrfamilienhäuser, Passivhäuser	–	–	–	–
Wohnhäuser, mit bis zu 15% Mischnutzung, einfacher Standard	–	–	–	–
Wohnhäuser, mit bis zu 15% Mischnutzung, mittlerer Standard	–	–	–	–
Wohnhäuser, mit bis zu 15% Mischnutzung, hoher Standard	–	–	–	–
Wohnhäuser, mit mehr als 15% Mischnutzung	–	–	–	–
Seniorenwohnungen				
Seniorenwohnungen, mittlerer Standard	–	–	–	–
Seniorenwohnungen, hoher Standard	–	–	–	–
Beherbergung				
Wohnheime und Internate	–	–	–	–
7 Gewerbegebäude				
Gaststätten und Kantinen				
Gaststätten, Kantinen und Mensen	–	–	–	–
Gebäude für Produktion				
Industrielle Produktionsgebäude, Massivbauweise	–	–	–	–
Industrielle Produktionsgebäude, überwiegend Skelettbauweise	–	–	–	–
Betriebs- und Werkstätten, eingeschossig	–	–	–	–
Betriebs- und Werkstätten, mehrgeschossig, geringer Hallenanteil	–	–	–	–
Betriebs- und Werkstätten, mehrgeschossig, hoher Hallenanteil	–	–	–	–
Gebäude für Handel und Lager				
Geschäftshäuser, mit Wohnungen	–	–	–	–
Geschäftshäuser, ohne Wohnungen	–	–	–	–
Verbrauchermärkte	–	–	–	–
Autohäuser	–	–	–	–
Lagergebäude, ohne Mischnutzung	–	–	–	–
Lagergebäude, mit bis zu 25% Mischnutzung	–	–	–	–
Lagergebäude, mit mehr als 25% Mischnutzung	–	–	–	–
Garagen und Bereitschaftsdienste				
Einzel-, Mehrfach- und Hochgaragen	–	–	–	–
Tiefgaragen	–	–	–	–
Feuerwehrhäuser	–	–	–	–
Öffentliche Bereitschaftsdienste	–	–	–	–
9 Kulturgebäude				
Gebäude für kulturelle Zwecke				
Bibliotheken, Museen und Ausstellungen	–	–	–	–
Theater	–	–	–	–
Gemeindezentren, einfacher Standard	–	–	–	–
Gemeindezentren, mittlerer Standard	–	–	–	–
Gemeindezentren, hoher Standard	–	**20,00**	–	1,3%
Gebäude für religiöse Zwecke				
Sakralbauten	–	–	–	–
Friedhofsgebäude	–	–	–	–

Einheit: m²
Brutto-Grundfläche (BGF)

Kosten:
Stand 1.Quartal 2021
Bundesdurchschnitt
inkl. 19% MwSt.

Einheit: m²
Brutto-Grundfläche (BGF)

▷ von
ø Mittel
◁ bis

Gebäudeart	▷	€/Einheit	◁	KG an 400
1 Büro- und Verwaltungsgebäude				
Büro- und Verwaltungsgebäude, einfacher Standard	–	**–**	–	–
Büro- und Verwaltungsgebäude, mittlerer Standard	4,60	**12,00**	25,00	1,2%
Büro- und Verwaltungsgebäude, hoher Standard	14,00	**21,00**	28,00	0,7%
2 Gebäude für Forschung und Lehre				
Instituts- und Laborgebäude	–	**2,70**	–	0,1%
3 Gebäude des Gesundheitswesens				
Medizinische Einrichtungen	0,50	**3,10**	5,80	0,3%
Pflegeheime	–	**6,20**	–	0,3%
4 Schulen und Kindergärten				
Allgemeinbildende Schulen	2,60	**3,30**	4,00	0,1%
Berufliche Schulen	4,90	**7,10**	9,20	0,7%
Förder- und Sonderschulen	2,20	**5,80**	20,00	1,5%
Weiterbildungseinrichtungen	2,00	**5,90**	9,80	0,7%
Kindergärten, nicht unterkellert, einfacher Standard	–	**–**	–	–
Kindergärten, nicht unterkellert, mittlerer Standard	1,80	**6,10**	15,00	0,6%
Kindergärten, nicht unterkellert, hoher Standard	–	**2,90**	–	0,5%
Kindergärten, Holzbauweise, nicht unterkellert	–	**5,70**	–	0,1%
Kindergärten, unterkellert	3,00	**4,30**	5,50	0,7%
5 Sportbauten				
Sport- und Mehrzweckhallen	–	**0,60**	–	0,0%
Sporthallen (Einfeldhallen)	–	**0,10**	–	0,0%
Sporthallen (Dreifeldhallen)	–	**0,20**	–	0,0%
Schwimmhallen	–	**–**	–	–
6 Wohngebäude				
Ein- und Zweifamilienhäuser				
Ein- und Zweifamilienhäuser, unterkellert, einfacher Standard	0,70	**1,20**	2,20	0,8%
Ein- und Zweifamilienhäuser, unterkellert, mittlerer Standard	1,10	**1,70**	3,10	0,2%
Ein- und Zweifamilienhäuser, unterkellert, hoher Standard	–	**3,60**	–	0,1%
Ein- und Zweifamilienhäuser, nicht unterkellert, einfacher Standard	–	**0,30**	–	0,1%
Ein- und Zweifamilienhäuser, nicht unterkellert, mittlerer Standard	0,50	**1,10**	2,10	0,2%
Ein- und Zweifamilienhäuser, nicht unterkellert, hoher Standard	1,90	**3,70**	5,40	0,2%
Ein- und Zweifamilienhäuser, Passivhausstandard, Massivbau	0,90	**1,70**	2,90	0,3%
Ein- und Zweifamilienhäuser, Passivhausstandard, Holzbau	1,10	**2,10**	3,20	0,4%
Ein- und Zweifamilienhäuser, Holzbauweise, unterkellert	0,60	**1,50**	2,70	0,4%
Ein- und Zweifamilienhäuser, Holzbauweise, nicht unterkellert	–	**–**	–	–
Doppel- und Reihenendhäuser, einfacher Standard	–	**0,20**	–	0,0%
Doppel- und Reihenendhäuser, mittlerer Standard	0,50	**0,70**	1,10	0,2%
Doppel- und Reihenendhäuser, hoher Standard	0,90	**1,50**	2,20	0,3%
Reihenhäuser, einfacher Standard	–	**–**	–	–
Reihenhäuser, mittlerer Standard	1,30	**1,60**	1,80	0,5%
Reihenhäuser, hoher Standard	–	**–**	–	–
Mehrfamilienhäuser				
Mehrfamilienhäuser, mit bis zu 6 WE, einfacher Standard	–	**0,70**	–	0,2%
Mehrfamilienhäuser, mit bis zu 6 WE, mittlerer Standard	0,30	**0,50**	0,80	0,1%
Mehrfamilienhäuser, mit bis zu 6 WE, hoher Standard	0,50	**1,60**	2,00	0,5%

Gebäudeart	▷	€/Einheit	◁	KG an 400
Mehrfamilienhäuser (Fortsetzung)				
Mehrfamilienhäuser, mit 6 bis 19 WE, einfacher Standard	0,60	**0,70**	0,70	0,3%
Mehrfamilienhäuser, mit 6 bis 19 WE, mittlerer Standard	0,60	**1,00**	1,80	0,2%
Mehrfamilienhäuser, mit 6 bis 19 WE, hoher Standard	0,80	**2,10**	2,50	0,8%
Mehrfamilienhäuser, mit 20 oder mehr WE, einfacher Standard	1,40	**1,90**	2,40	0,4%
Mehrfamilienhäuser, mit 20 oder mehr WE, mittlerer Standard	–	**1,80**	–	0,3%
Mehrfamilienhäuser, mit 20 oder mehr WE, hoher Standard	1,00	**1,20**	1,50	0,4%
Mehrfamilienhäuser, Passivhäuser	0,90	**1,40**	1,90	0,5%
Wohnhäuser, mit bis zu 15% Mischnutzung, einfacher Standard	–	**–**	–	–
Wohnhäuser, mit bis zu 15% Mischnutzung, mittlerer Standard	1,30	**1,40**	1,60	0,7%
Wohnhäuser, mit bis zu 15% Mischnutzung, hoher Standard	–	**0,20**	–	0,1%
Wohnhäuser, mit mehr als 15% Mischnutzung	–	**2,70**	–	0,4%
Seniorenwohnungen				
Seniorenwohnungen, mittlerer Standard	1,60	**3,10**	4,40	0,8%
Seniorenwohnungen, hoher Standard	–	**–**	–	–
Beherbergung				
Wohnheime und Internate	0,80	**1,30**	2,20	0,2%
7 Gewerbegebäude				
Gaststätten und Kantinen				
Gaststätten, Kantinen und Mensen	–	**4,90**	–	0,6%
Gebäude für Produktion				
Industrielle Produktionsgebäude, Massivbauweise	1,30	**2,40**	3,60	0,6%
Industrielle Produktionsgebäude, überwiegend Skelettbauweise	–	**1,00**	–	0,1%
Betriebs- und Werkstätten, eingeschossig	–	**5,20**	–	0,4%
Betriebs- und Werkstätten, mehrgeschossig, geringer Hallenanteil	1,20	**1,60**	2,00	0,2%
Betriebs- und Werkstätten, mehrgeschossig, hoher Hallenanteil	1,10	**2,90**	7,30	0,4%
Gebäude für Handel und Lager				
Geschäftshäuser, mit Wohnungen	0,90	**1,40**	2,00	0,3%
Geschäftshäuser, ohne Wohnungen	1,10	**1,40**	1,80	0,7%
Verbrauchermärkte	–	**0,70**	–	0,1%
Autohäuser	–	**6,70**	–	1,1%
Lagergebäude, ohne Mischnutzung	–	**–**	–	–
Lagergebäude, mit bis zu 25% Mischnutzung	–	**0,40**	–	0,0%
Lagergebäude, mit mehr als 25% Mischnutzung	–	**–**	–	–
Garagen und Bereitschaftsdienste				
Einzel-, Mehrfach- und Hochgaragen	–	**0,20**	–	0,1%
Tiefgaragen	–	**–**	–	–
Feuerwehrhäuser	3,90	**7,40**	11,00	1,1%
Öffentliche Bereitschaftsdienste	1,00	**1,60**	2,20	0,3%
9 Kulturgebäude				
Gebäude für kulturelle Zwecke				
Bibliotheken, Museen und Ausstellungen	1,00	**6,20**	11,00	0,7%
Theater	0,40	**2,70**	5,00	0,2%
Gemeindezentren, einfacher Standard	0,40	**0,60**	0,70	0,2%
Gemeindezentren, mittlerer Standard	1,50	**3,90**	7,80	0,5%
Gemeindezentren, hoher Standard	–	**5,70**	–	0,4%
Gebäude für religiöse Zwecke				
Sakralbauten	–	**–**	–	–
Friedhofsgebäude	–	**–**	–	–

Einheit: m²
Brutto-Grundfläche (BGF)

Kosten:
Stand 1.Quartal 2021
Bundesdurchschnitt
inkl. 19% MwSt.

Einheit: m²
Brutto-Grundfläche (BGF)

▷ von
ø Mittel
◁ bis

Gebäudeart	▷	€/Einheit	◁	KG an 400
1 Büro- und Verwaltungsgebäude				
Büro- und Verwaltungsgebäude, einfacher Standard	0,70	**2,50**	6,20	1,2%
Büro- und Verwaltungsgebäude, mittlerer Standard	1,50	**2,80**	7,90	0,6%
Büro- und Verwaltungsgebäude, hoher Standard	0,90	**3,70**	6,10	0,5%
2 Gebäude für Forschung und Lehre				
Instituts- und Laborgebäude	1,80	**4,60**	10,00	0,3%
3 Gebäude des Gesundheitswesens				
Medizinische Einrichtungen	3,70	**11,00**	27,00	2,4%
Pflegeheime	18,00	**22,00**	28,00	3,8%
4 Schulen und Kindergärten				
Allgemeinbildende Schulen	0,40	**0,90**	2,00	0,2%
Berufliche Schulen	0,30	**0,60**	0,90	0,1%
Förder- und Sonderschulen	0,90	**1,50**	3,00	0,3%
Weiterbildungseinrichtungen	–	**2,30**	–	0,1%
Kindergärten, nicht unterkellert, einfacher Standard	–	**0,60**	–	0,3%
Kindergärten, nicht unterkellert, mittlerer Standard	1,80	**2,60**	4,90	0,7%
Kindergärten, nicht unterkellert, hoher Standard	–	**0,70**	–	0,1%
Kindergärten, Holzbauweise, nicht unterkellert	1,50	**2,80**	4,60	0,6%
Kindergärten, unterkellert	1,10	**3,50**	7,70	0,8%
5 Sportbauten				
Sport- und Mehrzweckhallen	–	**0,70**	–	0,0%
Sporthallen (Einfeldhallen)	–	**2,10**	–	0,3%
Sporthallen (Dreifeldhallen)	–	**–**	–	–
Schwimmhallen	–	**–**	–	–
6 Wohngebäude				
Ein- und Zweifamilienhäuser				
Ein- und Zweifamilienhäuser, unterkellert, einfacher Standard	0,90	**1,40**	2,30	1,0%
Ein- und Zweifamilienhäuser, unterkellert, mittlerer Standard	1,00	**2,40**	4,00	0,8%
Ein- und Zweifamilienhäuser, unterkellert, hoher Standard	2,10	**4,70**	12,00	1,3%
Ein- und Zweifamilienhäuser, nicht unterkellert, einfacher Standard	1,00	**1,20**	1,30	0,7%
Ein- und Zweifamilienhäuser, nicht unterkellert, mittlerer Standard	0,80	**1,70**	2,90	0,5%
Ein- und Zweifamilienhäuser, nicht unterkellert, hoher Standard	1,20	**3,30**	7,10	0,8%
Ein- und Zweifamilienhäuser, Passivhausstandard, Massivbau	1,20	**2,90**	6,00	0,8%
Ein- und Zweifamilienhäuser, Passivhausstandard, Holzbau	2,50	**4,00**	7,50	0,8%
Ein- und Zweifamilienhäuser, Holzbauweise, unterkellert	1,10	**2,30**	3,30	0,9%
Ein- und Zweifamilienhäuser, Holzbauweise, nicht unterkellert	1,10	**2,30**	4,40	0,7%
Doppel- und Reihenendhäuser, einfacher Standard	1,10	**1,90**	2,80	0,5%
Doppel- und Reihenendhäuser, mittlerer Standard	1,60	**3,50**	5,50	1,5%
Doppel- und Reihenendhäuser, hoher Standard	1,90	**2,70**	3,20	1,0%
Reihenhäuser, einfacher Standard	–	**1,10**	–	0,3%
Reihenhäuser, mittlerer Standard	1,00	**1,90**	2,90	0,5%
Reihenhäuser, hoher Standard	2,80	**3,30**	3,90	0,7%
Mehrfamilienhäuser				
Mehrfamilienhäuser, mit bis zu 6 WE, einfacher Standard	1,70	**2,20**	2,60	1,1%
Mehrfamilienhäuser, mit bis zu 6 WE, mittlerer Standard	1,70	**3,40**	5,50	1,6%
Mehrfamilienhäuser, mit bis zu 6 WE, hoher Standard	1,80	**6,10**	8,50	2,2%

Gebäudeart	▷	€/Einheit	◁	KG an 400
Mehrfamilienhäuser (Fortsetzung)				
Mehrfamilienhäuser, mit 6 bis 19 WE, einfacher Standard	1,60	**1,90**	2,50	1,0%
Mehrfamilienhäuser, mit 6 bis 19 WE, mittlerer Standard	1,30	**2,20**	4,60	0,8%
Mehrfamilienhäuser, mit 6 bis 19 WE, hoher Standard	2,20	**4,00**	5,10	1,6%
Mehrfamilienhäuser, mit 20 oder mehr WE, einfacher Standard	1,30	**1,60**	2,10	0,6%
Mehrfamilienhäuser, mit 20 oder mehr WE, mittlerer Standard	2,20	**6,70**	16,00	3,1%
Mehrfamilienhäuser, mit 20 oder mehr WE, hoher Standard	1,60	**2,40**	4,00	0,8%
Mehrfamilienhäuser, Passivhäuser	1,90	**2,70**	3,70	1,2%
Wohnhäuser, mit bis zu 15% Mischnutzung, einfacher Standard	–	**0,70**	–	0,1%
Wohnhäuser, mit bis zu 15% Mischnutzung, mittlerer Standard	1,00	**1,80**	2,60	0,4%
Wohnhäuser, mit bis zu 15% Mischnutzung, hoher Standard	–	**1,90**	–	0,8%
Wohnhäuser, mit mehr als 15% Mischnutzung	1,70	**1,80**	1,90	0,4%
Seniorenwohnungen				
Seniorenwohnungen, mittlerer Standard	2,80	**8,60**	19,00	2,9%
Seniorenwohnungen, hoher Standard	3,90	**7,60**	11,00	2,2%
Beherbergung				
Wohnheime und Internate	1,60	**2,50**	4,10	0,7%
7 Gewerbegebäude				
Gaststätten und Kantinen				
Gaststätten, Kantinen und Mensen	–	**–**	–	–
Gebäude für Produktion				
Industrielle Produktionsgebäude, Massivbauweise	–	**4,60**	–	0,6%
Industrielle Produktionsgebäude, überwiegend Skelettbauweise	0,80	**0,90**	1,00	0,1%
Betriebs- und Werkstätten, eingeschossig	–	**1,80**	–	0,1%
Betriebs- und Werkstätten, mehrgeschossig, geringer Hallenanteil	0,60	**1,40**	1,90	0,4%
Betriebs- und Werkstätten, mehrgeschossig, hoher Hallenanteil	0,50	**1,30**	4,30	0,4%
Gebäude für Handel und Lager				
Geschäftshäuser, mit Wohnungen	0,30	**4,30**	8,30	1,0%
Geschäftshäuser, ohne Wohnungen	1,80	**1,90**	2,00	0,8%
Verbrauchermärkte	–	**1,70**	–	0,2%
Autohäuser	–	**–**	–	–
Lagergebäude, ohne Mischnutzung	1,50	**2,00**	2,50	0,4%
Lagergebäude, mit bis zu 25% Mischnutzung	1,20	**2,30**	3,30	0,6%
Lagergebäude, mit mehr als 25% Mischnutzung	–	**0,40**	–	0,1%
Garagen und Bereitschaftsdienste				
Einzel-, Mehrfach- und Hochgaragen	–	**–**	–	–
Tiefgaragen	–	**–**	–	–
Feuerwehrhäuser	0,60	**8,40**	16,00	1,2%
Öffentliche Bereitschaftsdienste	0,60	**0,80**	1,00	0,2%
9 Kulturgebäude				
Gebäude für kulturelle Zwecke				
Bibliotheken, Museen und Ausstellungen	0,70	**1,30**	1,90	0,1%
Theater	–	**0,90**	–	0,2%
Gemeindezentren, einfacher Standard	0,40	**1,10**	1,70	0,4%
Gemeindezentren, mittlerer Standard	0,70	**1,70**	2,60	0,4%
Gemeindezentren, hoher Standard	–	**1,00**	–	0,1%
Gebäude für religiöse Zwecke				
Sakralbauten	–	**–**	–	–
Friedhofsgebäude	–	**–**	–	–

Einheit: m²
Brutto-Grundfläche (BGF)

453 Zeitdienstanlagen

Kosten:
Stand 1.Quartal 2021
Bundesdurchschnitt
inkl. 19% MwSt.

Einheit: m²
Brutto-Grundfläche (BGF)

▷ von
ø Mittel
◁ bis

Gebäudeart	▷	€/Einheit	◁	KG an 400
1 Büro- und Verwaltungsgebäude				
Büro- und Verwaltungsgebäude, einfacher Standard	–	**–**	–	–
Büro- und Verwaltungsgebäude, mittlerer Standard	14,00	**15,00**	17,00	0,4%
Büro- und Verwaltungsgebäude, hoher Standard	–	**–**	–	–
2 Gebäude für Forschung und Lehre				
Instituts- und Laborgebäude	–	**1,90**	–	0,0%
3 Gebäude des Gesundheitswesens				
Medizinische Einrichtungen	–	**–**	–	–
Pflegeheime	–	**–**	–	–
4 Schulen und Kindergärten				
Allgemeinbildende Schulen	0,40	**0,90**	2,40	0,1%
Berufliche Schulen	–	**2,50**	–	0,2%
Förder- und Sonderschulen	0,80	**1,40**	2,00	0,2%
Weiterbildungseinrichtungen	–	**–**	–	–
Kindergärten, nicht unterkellert, einfacher Standard	–	**–**	–	–
Kindergärten, nicht unterkellert, mittlerer Standard	–	**–**	–	–
Kindergärten, nicht unterkellert, hoher Standard	–	**–**	–	–
Kindergärten, Holzbauweise, nicht unterkellert	–	**–**	–	–
Kindergärten, unterkellert	–	**0,40**	–	0,0%
5 Sportbauten				
Sport- und Mehrzweckhallen	–	**0,30**	–	0,0%
Sporthallen (Einfeldhallen)	–	**–**	–	–
Sporthallen (Dreifeldhallen)	0,30	**0,90**	1,40	0,1%
Schwimmhallen	–	**–**	–	–
6 Wohngebäude				
Ein- und Zweifamilienhäuser				
Ein- und Zweifamilienhäuser, unterkellert, einfacher Standard	–	**–**	–	–
Ein- und Zweifamilienhäuser, unterkellert, mittlerer Standard	–	**–**	–	–
Ein- und Zweifamilienhäuser, unterkellert, hoher Standard	–	**–**	–	–
Ein- und Zweifamilienhäuser, nicht unterkellert, einfacher Standard	–	**–**	–	–
Ein- und Zweifamilienhäuser, nicht unterkellert, mittlerer Standard	–	**–**	–	–
Ein- und Zweifamilienhäuser, nicht unterkellert, hoher Standard	–	**–**	–	–
Ein- und Zweifamilienhäuser, Passivhausstandard, Massivbau	–	**–**	–	–
Ein- und Zweifamilienhäuser, Passivhausstandard, Holzbau	–	**–**	–	–
Ein- und Zweifamilienhäuser, Holzbauweise, unterkellert	–	**–**	–	–
Ein- und Zweifamilienhäuser, Holzbauweise, nicht unterkellert	–	**–**	–	–
Doppel- und Reihenendhäuser, einfacher Standard	–	**–**	–	–
Doppel- und Reihenendhäuser, mittlerer Standard	–	**–**	–	–
Doppel- und Reihenendhäuser, hoher Standard	–	**–**	–	–
Reihenhäuser, einfacher Standard	–	**–**	–	–
Reihenhäuser, mittlerer Standard	–	**–**	–	–
Reihenhäuser, hoher Standard	–	**–**	–	–
Mehrfamilienhäuser				
Mehrfamilienhäuser, mit bis zu 6 WE, einfacher Standard	–	**–**	–	–
Mehrfamilienhäuser, mit bis zu 6 WE, mittlerer Standard	–	**–**	–	–
Mehrfamilienhäuser, mit bis zu 6 WE, hoher Standard	–	**–**	–	–

Einheit: m²
Brutto-Grundfläche (BGF)

Gebäudeart	▷	€/Einheit	◁	KG an 400
Mehrfamilienhäuser (Fortsetzung)				
Mehrfamilienhäuser, mit 6 bis 19 WE, einfacher Standard	–	–	–	–
Mehrfamilienhäuser, mit 6 bis 19 WE, mittlerer Standard	–	–	–	–
Mehrfamilienhäuser, mit 6 bis 19 WE, hoher Standard	–	–	–	–
Mehrfamilienhäuser, mit 20 oder mehr WE, einfacher Standard	–	–	–	–
Mehrfamilienhäuser, mit 20 oder mehr WE, mittlerer Standard	–	–	–	–
Mehrfamilienhäuser, mit 20 oder mehr WE, hoher Standard	–	–	–	–
Mehrfamilienhäuser, Passivhäuser	–	–	–	–
Wohnhäuser, mit bis zu 15% Mischnutzung, einfacher Standard	–	–	–	–
Wohnhäuser, mit bis zu 15% Mischnutzung, mittlerer Standard	–	–	–	–
Wohnhäuser, mit bis zu 15% Mischnutzung, hoher Standard	–	–	–	–
Wohnhäuser, mit mehr als 15% Mischnutzung	–	–	–	–
Seniorenwohnungen				
Seniorenwohnungen, mittlerer Standard	–	–	–	–
Seniorenwohnungen, hoher Standard	–	–	–	–
Beherbergung				
Wohnheime und Internate	–	–	–	–
7 Gewerbegebäude				
Gaststätten und Kantinen				
Gaststätten, Kantinen und Mensen	–	–	–	–
Gebäude für Produktion				
Industrielle Produktionsgebäude, Massivbauweise	–	–	–	–
Industrielle Produktionsgebäude, überwiegend Skelettbauweise	–	–	–	–
Betriebs- und Werkstätten, eingeschossig	–	–	–	–
Betriebs- und Werkstätten, mehrgeschossig, geringer Hallenanteil	–	–	–	–
Betriebs- und Werkstätten, mehrgeschossig, hoher Hallenanteil	–	–	–	–
Gebäude für Handel und Lager				
Geschäftshäuser, mit Wohnungen	–	–	–	–
Geschäftshäuser, ohne Wohnungen	–	–	–	–
Verbrauchermärkte	–	–	–	–
Autohäuser	–	–	–	–
Lagergebäude, ohne Mischnutzung	–	**0,40**	–	0,0%
Lagergebäude, mit bis zu 25% Mischnutzung	–	–	–	–
Lagergebäude, mit mehr als 25% Mischnutzung	–	–	–	–
Garagen und Bereitschaftsdienste				
Einzel-, Mehrfach- und Hochgaragen	–	–	–	–
Tiefgaragen	–	–	–	–
Feuerwehrhäuser	–	**2,70**	–	0,2%
Öffentliche Bereitschaftsdienste	–	–	–	–
9 Kulturgebäude				
Gebäude für kulturelle Zwecke				
Bibliotheken, Museen und Ausstellungen	–	–	–	–
Theater	–	–	–	–
Gemeindezentren, einfacher Standard	–	–	–	–
Gemeindezentren, mittlerer Standard	–	–	–	–
Gemeindezentren, hoher Standard	–	–	–	–
Gebäude für religiöse Zwecke				
Sakralbauten	–	–	–	–
Friedhofsgebäude	–	–	–	–

454 Elektroakustische Anlagen

Kosten:
Stand 1.Quartal 2021
Bundesdurchschnitt
inkl. 19% MwSt.

Einheit: m²
Brutto-Grundfläche (BGF)

▷ von
ø Mittel
◁ bis

Gebäudeart	▷	€/Einheit	◁	KG an 400
1 Büro- und Verwaltungsgebäude				
Büro- und Verwaltungsgebäude, einfacher Standard	–	**–**	–	–
Büro- und Verwaltungsgebäude, mittlerer Standard	–	**–**	–	–
Büro- und Verwaltungsgebäude, hoher Standard	–	**–**	–	–
2 Gebäude für Forschung und Lehre				
Instituts- und Laborgebäude	–	**–**	–	–
3 Gebäude des Gesundheitswesens				
Medizinische Einrichtungen	0,20	**3,60**	5,50	0,7%
Pflegeheime	2,40	**6,90**	11,00	0,5%
4 Schulen und Kindergärten				
Allgemeinbildende Schulen	1,60	**5,10**	8,70	0,9%
Berufliche Schulen	7,40	**9,80**	12,00	0,7%
Förder- und Sonderschulen	2,60	**6,20**	13,00	1,0%
Weiterbildungseinrichtungen	–	**–**	–	–
Kindergärten, nicht unterkellert, einfacher Standard	–	**–**	–	–
Kindergärten, nicht unterkellert, mittlerer Standard	–	**15,00**	–	0,7%
Kindergärten, nicht unterkellert, hoher Standard	–	**–**	–	–
Kindergärten, Holzbauweise, nicht unterkellert	–	**–**	–	–
Kindergärten, unterkellert	–	**–**	–	–
5 Sportbauten				
Sport- und Mehrzweckhallen	3,10	**4,50**	5,90	0,6%
Sporthallen (Einfeldhallen)	0,70	**3,90**	7,00	0,7%
Sporthallen (Dreifeldhallen)	8,30	**9,30**	10,00	1,4%
Schwimmhallen	–	**–**	–	–
6 Wohngebäude				
Ein- und Zweifamilienhäuser				
Ein- und Zweifamilienhäuser, unterkellert, einfacher Standard	–	**–**	–	–
Ein- und Zweifamilienhäuser, unterkellert, mittlerer Standard	1,20	**1,80**	3,00	0,1%
Ein- und Zweifamilienhäuser, unterkellert, hoher Standard	1,10	**2,90**	12,00	0,4%
Ein- und Zweifamilienhäuser, nicht unterkellert, einfacher Standard	–	**–**	–	–
Ein- und Zweifamilienhäuser, nicht unterkellert, mittlerer Standard	0,70	**1,70**	4,60	0,2%
Ein- und Zweifamilienhäuser, nicht unterkellert, hoher Standard	0,40	**0,70**	1,50	0,1%
Ein- und Zweifamilienhäuser, Passivhausstandard, Massivbau	–	**–**	–	–
Ein- und Zweifamilienhäuser, Passivhausstandard, Holzbau	–	**–**	–	–
Ein- und Zweifamilienhäuser, Holzbauweise, unterkellert	–	**3,80**	–	0,1%
Ein- und Zweifamilienhäuser, Holzbauweise, nicht unterkellert	1,00	**1,70**	2,30	0,1%
Doppel- und Reihenendhäuser, einfacher Standard	–	**–**	–	–
Doppel- und Reihenendhäuser, mittlerer Standard	–	**–**	–	–
Doppel- und Reihenendhäuser, hoher Standard	0,20	**0,60**	1,00	0,1%
Reihenhäuser, einfacher Standard	–	**–**	–	–
Reihenhäuser, mittlerer Standard	–	**0,60**	–	0,1%
Reihenhäuser, hoher Standard	–	**–**	–	–
Mehrfamilienhäuser				
Mehrfamilienhäuser, mit bis zu 6 WE, einfacher Standard	–	**–**	–	–
Mehrfamilienhäuser, mit bis zu 6 WE, mittlerer Standard	–	**0,40**	–	0,0%
Mehrfamilienhäuser, mit bis zu 6 WE, hoher Standard	–	**0,60**	–	0,0%

Gebäudeart	▷	€/Einheit	◁	KG an 400
Mehrfamilienhäuser (Fortsetzung)				
Mehrfamilienhäuser, mit 6 bis 19 WE, einfacher Standard	–	**–**	–	–
Mehrfamilienhäuser, mit 6 bis 19 WE, mittlerer Standard	–	**–**	–	–
Mehrfamilienhäuser, mit 6 bis 19 WE, hoher Standard	–	**0,90**	–	0,1%
Mehrfamilienhäuser, mit 20 oder mehr WE, einfacher Standard	–	**–**	–	–
Mehrfamilienhäuser, mit 20 oder mehr WE, mittlerer Standard	–	**–**	–	–
Mehrfamilienhäuser, mit 20 oder mehr WE, hoher Standard	–	**–**	–	–
Mehrfamilienhäuser, Passivhäuser	–	**0,10**	–	0,0%
Wohnhäuser, mit bis zu 15% Mischnutzung, einfacher Standard	–	**1,00**	–	0,2%
Wohnhäuser, mit bis zu 15% Mischnutzung, mittlerer Standard	–	**0,70**	–	0,2%
Wohnhäuser, mit bis zu 15% Mischnutzung, hoher Standard	–	**–**	–	–
Wohnhäuser, mit mehr als 15% Mischnutzung	–	**–**	–	–
Seniorenwohnungen				
Seniorenwohnungen, mittlerer Standard	–	**–**	–	–
Seniorenwohnungen, hoher Standard	–	**–**	–	–
Beherbergung				
Wohnheime und Internate	–	**11,00**	–	0,3%
7 Gewerbegebäude				
Gaststätten und Kantinen				
Gaststätten, Kantinen und Mensen	–	**13,00**	–	1,5%
Gebäude für Produktion				
Industrielle Produktionsgebäude, Massivbauweise	–	**–**	–	–
Industrielle Produktionsgebäude, überwiegend Skelettbauweise	–	**–**	–	–
Betriebs- und Werkstätten, eingeschossig	–	**–**	–	–
Betriebs- und Werkstätten, mehrgeschossig, geringer Hallenanteil	–	**–**	–	–
Betriebs- und Werkstätten, mehrgeschossig, hoher Hallenanteil	–	**0,20**	–	0,0%
Gebäude für Handel und Lager				
Geschäftshäuser, mit Wohnungen	–	**–**	–	–
Geschäftshäuser, ohne Wohnungen	–	**–**	–	–
Verbrauchermärkte	–	**1,20**	–	0,1%
Autohäuser	–	**–**	–	–
Lagergebäude, ohne Mischnutzung	–	**–**	–	–
Lagergebäude, mit bis zu 25% Mischnutzung	–	**–**	–	–
Lagergebäude, mit mehr als 25% Mischnutzung	–	**–**	–	–
Garagen und Bereitschaftsdienste				
Einzel-, Mehrfach- und Hochgaragen	–	**–**	–	–
Tiefgaragen	–	**–**	–	–
Feuerwehrhäuser	–	**7,30**	–	0,5%
Öffentliche Bereitschaftsdienste	–	**–**	–	–
9 Kulturgebäude				
Gebäude für kulturelle Zwecke				
Bibliotheken, Museen und Ausstellungen	11,00	**44,00**	77,00	3,0%
Theater	–	**17,00**	–	0,6%
Gemeindezentren, einfacher Standard	–	**1,80**	–	0,2%
Gemeindezentren, mittlerer Standard	1,80	**7,00**	9,90	0,9%
Gemeindezentren, hoher Standard	–	**41,00**	–	2,5%
Gebäude für religiöse Zwecke				
Sakralbauten	–	**–**	–	–
Friedhofsgebäude	–	**–**	–	–

Einheit: m²
Brutto-Grundfläche (BGF)

455 Audiovisuelle Medien- und Antennenanlagen

Kosten:
Stand 1.Quartal 2021
Bundesdurchschnitt
inkl. 19% MwSt.

Einheit: m²
Brutto-Grundfläche (BGF)

▷ von
ø Mittel
◁ bis

Gebäudeart	▷	€/Einheit	◁	KG an 400
1 Büro- und Verwaltungsgebäude				
Büro- und Verwaltungsgebäude, einfacher Standard	1,30	**3,00**	4,70	0,8%
Büro- und Verwaltungsgebäude, mittlerer Standard	0,20	**1,10**	2,60	0,1%
Büro- und Verwaltungsgebäude, hoher Standard	1,10	**3,60**	15,00	0,2%
2 Gebäude für Forschung und Lehre				
Instituts- und Laborgebäude	–	**–**	–	–
3 Gebäude des Gesundheitswesens				
Medizinische Einrichtungen	0,10	**1,20**	1,80	0,2%
Pflegeheime	3,00	**3,70**	4,30	0,6%
4 Schulen und Kindergärten				
Allgemeinbildende Schulen	0,40	**0,90**	1,50	0,0%
Berufliche Schulen	–	**2,30**	–	0,1%
Förder- und Sonderschulen	0,50	**0,70**	1,10	0,1%
Weiterbildungseinrichtungen	–	**2,10**	–	0,1%
Kindergärten, nicht unterkellert, einfacher Standard	–	**–**	–	–
Kindergärten, nicht unterkellert, mittlerer Standard	–	**0,60**	–	0,0%
Kindergärten, nicht unterkellert, hoher Standard	–	**3,80**	–	0,6%
Kindergärten, Holzbauweise, nicht unterkellert	–	**0,50**	–	0,0%
Kindergärten, unterkellert	–	**0,50**	–	0,1%
5 Sportbauten				
Sport- und Mehrzweckhallen	0,80	**1,00**	1,10	0,1%
Sporthallen (Einfeldhallen)	–	**–**	–	–
Sporthallen (Dreifeldhallen)	–	**–**	–	–
Schwimmhallen	–	**–**	–	–
6 Wohngebäude				
Ein- und Zweifamilienhäuser				
Ein- und Zweifamilienhäuser, unterkellert, einfacher Standard	1,20	**3,20**	6,40	2,0%
Ein- und Zweifamilienhäuser, unterkellert, mittlerer Standard	2,80	**3,90**	5,50	1,2%
Ein- und Zweifamilienhäuser, unterkellert, hoher Standard	3,50	**4,70**	6,40	1,1%
Ein- und Zweifamilienhäuser, nicht unterkellert, einfacher Standard	0,40	**2,80**	5,10	1,4%
Ein- und Zweifamilienhäuser, nicht unterkellert, mittlerer Standard	2,00	**4,30**	6,60	1,5%
Ein- und Zweifamilienhäuser, nicht unterkellert, hoher Standard	1,30	**3,60**	8,30	0,9%
Ein- und Zweifamilienhäuser, Passivhausstandard, Massivbau	1,30	**3,10**	5,30	0,9%
Ein- und Zweifamilienhäuser, Passivhausstandard, Holzbau	2,40	**4,80**	7,80	0,8%
Ein- und Zweifamilienhäuser, Holzbauweise, unterkellert	1,30	**2,80**	5,00	1,0%
Ein- und Zweifamilienhäuser, Holzbauweise, nicht unterkellert	1,90	**4,00**	6,40	1,4%
Doppel- und Reihenendhäuser, einfacher Standard	1,40	**2,60**	3,80	0,7%
Doppel- und Reihenendhäuser, mittlerer Standard	1,00	**4,10**	6,30	1,7%
Doppel- und Reihenendhäuser, hoher Standard	0,90	**3,30**	6,20	1,0%
Reihenhäuser, einfacher Standard	–	**1,20**	–	0,3%
Reihenhäuser, mittlerer Standard	1,30	**5,00**	8,80	1,8%
Reihenhäuser, hoher Standard	1,40	**2,60**	3,80	0,6%
Mehrfamilienhäuser				
Mehrfamilienhäuser, mit bis zu 6 WE, einfacher Standard	0,70	**1,70**	2,70	0,8%
Mehrfamilienhäuser, mit bis zu 6 WE, mittlerer Standard	1,50	**2,90**	4,60	1,4%
Mehrfamilienhäuser, mit bis zu 6 WE, hoher Standard	1,80	**2,60**	3,00	1,0%

Gebäudeart	▷	€/Einheit	◁	KG an 400
Mehrfamilienhäuser (Fortsetzung)				
Mehrfamilienhäuser, mit 6 bis 19 WE, einfacher Standard	1,70	**3,50**	7,20	1,8%
Mehrfamilienhäuser, mit 6 bis 19 WE, mittlerer Standard	1,50	**2,60**	4,40	1,0%
Mehrfamilienhäuser, mit 6 bis 19 WE, hoher Standard	2,10	**3,00**	3,80	1,2%
Mehrfamilienhäuser, mit 20 oder mehr WE, einfacher Standard	1,30	**1,40**	1,50	0,6%
Mehrfamilienhäuser, mit 20 oder mehr WE, mittlerer Standard	1,60	**5,80**	14,00	2,7%
Mehrfamilienhäuser, mit 20 oder mehr WE, hoher Standard	2,50	**5,50**	11,00	1,8%
Mehrfamilienhäuser, Passivhäuser	1,40	**4,30**	7,10	1,8%
Wohnhäuser, mit bis zu 15% Mischnutzung, einfacher Standard	1,80	**2,70**	3,30	1,2%
Wohnhäuser, mit bis zu 15% Mischnutzung, mittlerer Standard	2,00	**6,10**	13,00	2,5%
Wohnhäuser, mit bis zu 15% Mischnutzung, hoher Standard	–	**1,40**	–	0,6%
Wohnhäuser, mit mehr als 15% Mischnutzung	–	**3,30**	–	0,5%
Seniorenwohnungen				
Seniorenwohnungen, mittlerer Standard	1,50	**3,00**	5,70	1,0%
Seniorenwohnungen, hoher Standard	2,70	**2,70**	2,70	0,8%
Beherbergung				
Wohnheime und Internate	0,60	**1,80**	2,60	0,4%
7 Gewerbegebäude				
Gaststätten und Kantinen				
Gaststätten, Kantinen und Mensen	–	**3,00**	–	0,4%
Gebäude für Produktion				
Industrielle Produktionsgebäude, Massivbauweise	–	**–**	–	–
Industrielle Produktionsgebäude, überwiegend Skelettbauweise	–	**–**	–	–
Betriebs- und Werkstätten, eingeschossig	–	**–**	–	–
Betriebs- und Werkstätten, mehrgeschossig, geringer Hallenanteil	0,50	**0,70**	0,80	0,2%
Betriebs- und Werkstätten, mehrgeschossig, hoher Hallenanteil	–	**5,10**	–	0,4%
Gebäude für Handel und Lager				
Geschäftshäuser, mit Wohnungen	0,20	**0,70**	1,20	0,2%
Geschäftshäuser, ohne Wohnungen	–	**1,70**	–	0,3%
Verbrauchermärkte	–	**–**	–	–
Autohäuser	–	**–**	–	–
Lagergebäude, ohne Mischnutzung	–	**–**	–	–
Lagergebäude, mit bis zu 25% Mischnutzung	–	**0,60**	–	0,1%
Lagergebäude, mit mehr als 25% Mischnutzung	–	**–**	–	–
Garagen und Bereitschaftsdienste				
Einzel-, Mehrfach- und Hochgaragen	–	**–**	–	–
Tiefgaragen	–	**–**	–	–
Feuerwehrhäuser	1,40	**3,00**	6,30	0,8%
Öffentliche Bereitschaftsdienste	–	**1,40**	–	0,2%
9 Kulturgebäude				
Gebäude für kulturelle Zwecke				
Bibliotheken, Museen und Ausstellungen	–	**1,10**	–	0,0%
Theater	–	**–**	–	–
Gemeindezentren, einfacher Standard	1,70	**1,90**	2,00	0,6%
Gemeindezentren, mittlerer Standard	0,50	**1,30**	2,90	0,2%
Gemeindezentren, hoher Standard	–	**1,30**	–	0,1%
Gebäude für religiöse Zwecke				
Sakralbauten	–	**–**	–	–
Friedhofsgebäude	–	**–**	–	–

Einheit: m²
Brutto-Grundfläche (BGF)

Kosten:
Stand 1.Quartal 2021
Bundesdurchschnitt
inkl. 19% MwSt.

Einheit: m²
Brutto-Grundfläche (BGF)

▷ von
ø Mittel
◁ bis

Gebäudeart	▷	€/Einheit	◁	KG an 400
1 Büro- und Verwaltungsgebäude				
Büro- und Verwaltungsgebäude, einfacher Standard	–	**–**	–	–
Büro- und Verwaltungsgebäude, mittlerer Standard	11,00	**27,00**	78,00	4,7%
Büro- und Verwaltungsgebäude, hoher Standard	15,00	**36,00**	64,00	4,3%
2 Gebäude für Forschung und Lehre				
Instituts- und Laborgebäude	5,10	**24,00**	43,00	2,3%
3 Gebäude des Gesundheitswesens				
Medizinische Einrichtungen	11,00	**20,00**	35,00	3,5%
Pflegeheime	17,00	**28,00**	40,00	4,4%
4 Schulen und Kindergärten				
Allgemeinbildende Schulen	6,70	**15,00**	42,00	2,9%
Berufliche Schulen	13,00	**22,00**	46,00	3,5%
Förder- und Sonderschulen	3,10	**11,00**	15,00	2,7%
Weiterbildungseinrichtungen	0,10	**8,50**	17,00	0,9%
Kindergärten, nicht unterkellert, einfacher Standard	–	**4,60**	–	2,1%
Kindergärten, nicht unterkellert, mittlerer Standard	8,50	**16,00**	31,00	3,4%
Kindergärten, nicht unterkellert, hoher Standard	–	**16,00**	–	2,5%
Kindergärten, Holzbauweise, nicht unterkellert	5,30	**14,00**	24,00	3,3%
Kindergärten, unterkellert	2,30	**4,90**	9,20	1,4%
5 Sportbauten				
Sport- und Mehrzweckhallen	–	**18,00**	–	1,1%
Sporthallen (Einfeldhallen)	6,40	**10,00**	16,00	3,7%
Sporthallen (Dreifeldhallen)	–	**6,50**	–	0,4%
Schwimmhallen	–	**–**	–	–
6 Wohngebäude				
Ein- und Zweifamilienhäuser				
Ein- und Zweifamilienhäuser, unterkellert, einfacher Standard	–	**–**	–	–
Ein- und Zweifamilienhäuser, unterkellert, mittlerer Standard	1,30	**2,10**	4,40	0,2%
Ein- und Zweifamilienhäuser, unterkellert, hoher Standard	1,90	**6,40**	10,00	0,5%
Ein- und Zweifamilienhäuser, nicht unterkellert, einfacher Standard	–	**–**	–	–
Ein- und Zweifamilienhäuser, nicht unterkellert, mittlerer Standard	2,10	**7,80**	19,00	0,9%
Ein- und Zweifamilienhäuser, nicht unterkellert, hoher Standard	2,10	**5,50**	19,00	0,7%
Ein- und Zweifamilienhäuser, Passivhausstandard, Massivbau	0,60	**5,60**	9,00	0,4%
Ein- und Zweifamilienhäuser, Passivhausstandard, Holzbau	0,40	**0,90**	1,50	0,1%
Ein- und Zweifamilienhäuser, Holzbauweise, unterkellert	–	**–**	–	–
Ein- und Zweifamilienhäuser, Holzbauweise, nicht unterkellert	0,90	**1,00**	1,10	0,1%
Doppel- und Reihenendhäuser, einfacher Standard	–	**1,30**	–	0,2%
Doppel- und Reihenendhäuser, mittlerer Standard	–	**2,40**	–	0,1%
Doppel- und Reihenendhäuser, hoher Standard	–	**0,50**	–	0,0%
Reihenhäuser, einfacher Standard	–	**5,30**	–	1,2%
Reihenhäuser, mittlerer Standard	–	**1,20**	–	0,1%
Reihenhäuser, hoher Standard	–	**–**	–	–
Mehrfamilienhäuser				
Mehrfamilienhäuser, mit bis zu 6 WE, einfacher Standard	–	**–**	–	–
Mehrfamilienhäuser, mit bis zu 6 WE, mittlerer Standard	0,60	**1,50**	2,40	0,2%
Mehrfamilienhäuser, mit bis zu 6 WE, hoher Standard	0,90	**2,40**	4,00	0,2%

Gebäudeart	▷	€/Einheit	◁	KG an 400
Mehrfamilienhäuser (Fortsetzung)				
Mehrfamilienhäuser, mit 6 bis 19 WE, einfacher Standard	–	**1,00**	–	0,2%
Mehrfamilienhäuser, mit 6 bis 19 WE, mittlerer Standard	0,70	**1,20**	1,80	0,3%
Mehrfamilienhäuser, mit 6 bis 19 WE, hoher Standard	1,70	**4,80**	10,00	1,3%
Mehrfamilienhäuser, mit 20 oder mehr WE, einfacher Standard	0,70	**1,20**	2,10	0,5%
Mehrfamilienhäuser, mit 20 oder mehr WE, mittlerer Standard	2,40	**4,30**	7,90	1,9%
Mehrfamilienhäuser, mit 20 oder mehr WE, hoher Standard	–	**2,10**	–	0,3%
Mehrfamilienhäuser, Passivhäuser	–	**0,20**	–	0,0%
Wohnhäuser, mit bis zu 15% Mischnutzung, einfacher Standard	–	**–**	–	–
Wohnhäuser, mit bis zu 15% Mischnutzung, mittlerer Standard	–	**1,50**	–	0,2%
Wohnhäuser, mit bis zu 15% Mischnutzung, hoher Standard	–	**–**	–	–
Wohnhäuser, mit mehr als 15% Mischnutzung	–	**13,00**	–	1,1%
Seniorenwohnungen				
Seniorenwohnungen, mittlerer Standard	2,50	**3,10**	4,10	1,1%
Seniorenwohnungen, hoher Standard	–	**1,10**	–	0,2%
Beherbergung				
Wohnheime und Internate	4,70	**11,00**	15,00	2,8%
7 Gewerbegebäude				
Gaststätten und Kantinen				
Gaststätten, Kantinen und Mensen	–	**12,00**	–	1,5%
Gebäude für Produktion				
Industrielle Produktionsgebäude, Massivbauweise	–	**–**	–	–
Industrielle Produktionsgebäude, überwiegend Skelettbauweise	2,80	**8,60**	20,00	1,1%
Betriebs- und Werkstätten, eingeschossig	–	**31,00**	–	2,4%
Betriebs- und Werkstätten, mehrgeschossig, geringer Hallenanteil	–	**18,00**	–	1,6%
Betriebs- und Werkstätten, mehrgeschossig, hoher Hallenanteil	–	**20,00**	–	0,5%
Gebäude für Handel und Lager				
Geschäftshäuser, mit Wohnungen	–	**8,80**	–	0,8%
Geschäftshäuser, ohne Wohnungen	–	**9,20**	–	2,4%
Verbrauchermärkte	–	**6,30**	–	0,7%
Autohäuser	–	**–**	–	–
Lagergebäude, ohne Mischnutzung	12,00	**24,00**	49,00	5,3%
Lagergebäude, mit bis zu 25% Mischnutzung	2,50	**13,00**	24,00	2,7%
Lagergebäude, mit mehr als 25% Mischnutzung	–	**9,70**	–	2,1%
Garagen und Bereitschaftsdienste				
Einzel-, Mehrfach- und Hochgaragen	–	**–**	–	–
Tiefgaragen	–	**–**	–	–
Feuerwehrhäuser	5,50	**18,00**	40,00	4,6%
Öffentliche Bereitschaftsdienste	8,20	**22,00**	36,00	5,2%
9 Kulturgebäude				
Gebäude für kulturelle Zwecke				
Bibliotheken, Museen und Ausstellungen	19,00	**24,00**	30,00	2,1%
Theater	–	**15,00**	–	0,5%
Gemeindezentren, einfacher Standard	–	**–**	–	–
Gemeindezentren, mittlerer Standard	1,00	**3,30**	4,70	0,6%
Gemeindezentren, hoher Standard	–	**6,50**	–	0,4%
Gebäude für religiöse Zwecke				
Sakralbauten	–	**–**	–	–
Friedhofsgebäude	–	**–**	–	–

Einheit: m²
Brutto-Grundfläche (BGF)

Kosten:
Stand 1.Quartal 2021
Bundesdurchschnitt
inkl. 19% MwSt.

Einheit: m²
Brutto-Grundfläche (BGF)

Gebäudeart	▷	€/Einheit	◁	KG an 400
1 Büro- und Verwaltungsgebäude				
Büro- und Verwaltungsgebäude, einfacher Standard	7,40	**9,00**	9,90	3,1%
Büro- und Verwaltungsgebäude, mittlerer Standard	20,00	**29,00**	50,00	7,0%
Büro- und Verwaltungsgebäude, hoher Standard	15,00	**37,00**	85,00	4,3%
2 Gebäude für Forschung und Lehre				
Instituts- und Laborgebäude	21,00	**34,00**	67,00	2,8%
3 Gebäude des Gesundheitswesens				
Medizinische Einrichtungen	12,00	**20,00**	24,00	3,8%
Pflegeheime	1,40	**13,00**	18,00	2,0%
4 Schulen und Kindergärten				
Allgemeinbildende Schulen	6,00	**12,00**	19,00	2,8%
Berufliche Schulen	3,40	**15,00**	38,00	1,2%
Förder- und Sonderschulen	4,90	**11,00**	13,00	2,2%
Weiterbildungseinrichtungen	–	**15,00**	–	1,3%
Kindergärten, nicht unterkellert, einfacher Standard	–	**–**	–	–
Kindergärten, nicht unterkellert, mittlerer Standard	3,50	**7,40**	12,00	1,6%
Kindergärten, nicht unterkellert, hoher Standard	–	**–**	–	–
Kindergärten, Holzbauweise, nicht unterkellert	2,60	**6,00**	22,00	1,5%
Kindergärten, unterkellert	0,40	**3,20**	5,00	0,8%
5 Sportbauten				
Sport- und Mehrzweckhallen	–	**20,00**	–	1,3%
Sporthallen (Einfeldhallen)	0,60	**3,00**	5,40	0,8%
Sporthallen (Dreifeldhallen)	–	**–**	–	–
Schwimmhallen	–	**–**	–	–
6 Wohngebäude				
Ein- und Zweifamilienhäuser				
Ein- und Zweifamilienhäuser, unterkellert, einfacher Standard	–	**–**	–	–
Ein- und Zweifamilienhäuser, unterkellert, mittlerer Standard	2,30	**4,80**	7,80	0,8%
Ein- und Zweifamilienhäuser, unterkellert, hoher Standard	4,60	**7,30**	15,00	1,9%
Ein- und Zweifamilienhäuser, nicht unterkellert, einfacher Standard	–	**3,90**	–	1,0%
Ein- und Zweifamilienhäuser, nicht unterkellert, mittlerer Standard	3,20	**6,40**	10,00	1,2%
Ein- und Zweifamilienhäuser, nicht unterkellert, hoher Standard	2,80	**6,10**	12,00	1,3%
Ein- und Zweifamilienhäuser, Passivhausstandard, Massivbau	1,40	**3,60**	5,90	0,8%
Ein- und Zweifamilienhäuser, Passivhausstandard, Holzbau	2,40	**3,90**	8,80	0,3%
Ein- und Zweifamilienhäuser, Holzbauweise, unterkellert	0,30	**1,80**	3,70	0,4%
Ein- und Zweifamilienhäuser, Holzbauweise, nicht unterkellert	2,10	**3,50**	6,00	1,0%
Doppel- und Reihenendhäuser, einfacher Standard	–	**2,40**	–	0,4%
Doppel- und Reihenendhäuser, mittlerer Standard	2,30	**4,20**	9,50	1,2%
Doppel- und Reihenendhäuser, hoher Standard	–	**3,90**	–	0,2%
Reihenhäuser, einfacher Standard	–	**–**	–	–
Reihenhäuser, mittlerer Standard	0,30	**4,90**	9,50	1,1%
Reihenhäuser, hoher Standard	–	**3,80**	–	0,5%
Mehrfamilienhäuser				
Mehrfamilienhäuser, mit bis zu 6 WE, einfacher Standard	–	**–**	–	–
Mehrfamilienhäuser, mit bis zu 6 WE, mittlerer Standard	0,90	**1,30**	1,90	0,3%
Mehrfamilienhäuser, mit bis zu 6 WE, hoher Standard	1,10	**4,00**	8,50	1,0%

▷ von
ø Mittel
◁ bis

Gebäudeart	▷	€/Einheit	◁	KG an 400
Mehrfamilienhäuser (Fortsetzung)				
Mehrfamilienhäuser, mit 6 bis 19 WE, einfacher Standard	–	**1,70**	–	0,3%
Mehrfamilienhäuser, mit 6 bis 19 WE, mittlerer Standard	2,40	**4,40**	11,00	0,8%
Mehrfamilienhäuser, mit 6 bis 19 WE, hoher Standard	–	**1,80**	–	0,1%
Mehrfamilienhäuser, mit 20 oder mehr WE, einfacher Standard	2,30	**2,40**	2,50	0,7%
Mehrfamilienhäuser, mit 20 oder mehr WE, mittlerer Standard	3,20	**5,90**	8,60	1,6%
Mehrfamilienhäuser, mit 20 oder mehr WE, hoher Standard	–	**3,90**	–	0,4%
Mehrfamilienhäuser, Passivhäuser	1,70	**3,50**	7,60	0,7%
Wohnhäuser, mit bis zu 15% Mischnutzung, einfacher Standard	3,40	**3,90**	4,50	1,2%
Wohnhäuser, mit bis zu 15% Mischnutzung, mittlerer Standard	1,20	**1,70**	2,30	0,4%
Wohnhäuser, mit bis zu 15% Mischnutzung, hoher Standard	–	**–**	–	–
Wohnhäuser, mit mehr als 15% Mischnutzung	–	**–**	–	–
Seniorenwohnungen				
Seniorenwohnungen, mittlerer Standard	0,90	**2,20**	4,50	0,5%
Seniorenwohnungen, hoher Standard	2,20	**4,60**	7,00	1,3%
Beherbergung				
Wohnheime und Internate	5,30	**12,00**	16,00	1,2%
7 Gewerbegebäude				
Gaststätten und Kantinen				
Gaststätten, Kantinen und Mensen	–	**–**	–	–
Gebäude für Produktion				
Industrielle Produktionsgebäude, Massivbauweise	–	**3,60**	–	0,5%
Industrielle Produktionsgebäude, überwiegend Skelettbauweise	3,80	**10,00**	16,00	2,4%
Betriebs- und Werkstätten, eingeschossig	–	**13,00**	–	1,0%
Betriebs- und Werkstätten, mehrgeschossig, geringer Hallenanteil	12,00	**13,00**	13,00	1,8%
Betriebs- und Werkstätten, mehrgeschossig, hoher Hallenanteil	3,80	**7,00**	10,00	1,1%
Gebäude für Handel und Lager				
Geschäftshäuser, mit Wohnungen	–	**12,00**	–	1,5%
Geschäftshäuser, ohne Wohnungen	–	**–**	–	–
Verbrauchermärkte	–	**0,40**	–	0,1%
Autohäuser	–	**13,00**	–	2,2%
Lagergebäude, ohne Mischnutzung	0,20	**4,70**	9,30	0,3%
Lagergebäude, mit bis zu 25% Mischnutzung	12,00	**12,00**	13,00	4,3%
Lagergebäude, mit mehr als 25% Mischnutzung	–	**–**	–	–
Garagen und Bereitschaftsdienste				
Einzel-, Mehrfach- und Hochgaragen	–	**0,10**	–	0,3%
Tiefgaragen	–	**–**	–	–
Feuerwehrhäuser	2,60	**6,70**	13,00	1,6%
Öffentliche Bereitschaftsdienste	3,40	**3,70**	4,50	1,4%
9 Kulturgebäude				
Gebäude für kulturelle Zwecke				
Bibliotheken, Museen und Ausstellungen	6,60	**11,00**	20,00	1,7%
Theater	4,00	**11,00**	17,00	1,3%
Gemeindezentren, einfacher Standard	–	**2,10**	–	0,4%
Gemeindezentren, mittlerer Standard	1,40	**6,40**	16,00	0,9%
Gemeindezentren, hoher Standard	–	**1,60**	–	0,1%
Gebäude für religiöse Zwecke				
Sakralbauten	–	**–**	–	–
Friedhofsgebäude	–	**–**	–	–

Einheit: m²
Brutto-Grundfläche (BGF)

461 Aufzugsanlagen

Kosten:
Stand 1.Quartal 2021
Bundesdurchschnitt
inkl. 19% MwSt.

Einheit: m²
Brutto-Grundfläche (BGF)

Gebäudeart	▷	€/Einheit	◁	KG an 400
1 Büro- und Verwaltungsgebäude				
Büro- und Verwaltungsgebäude, einfacher Standard	–	**45,00**	–	4,9%
Büro- und Verwaltungsgebäude, mittlerer Standard	20,00	**36,00**	61,00	2,4%
Büro- und Verwaltungsgebäude, hoher Standard	25,00	**38,00**	54,00	3,1%
2 Gebäude für Forschung und Lehre				
Instituts- und Laborgebäude	–	**19,00**	–	0,5%
3 Gebäude des Gesundheitswesens				
Medizinische Einrichtungen	19,00	**33,00**	39,00	6,3%
Pflegeheime	30,00	**35,00**	43,00	3,9%
4 Schulen und Kindergärten				
Allgemeinbildende Schulen	13,00	**19,00**	24,00	3,2%
Berufliche Schulen	15,00	**42,00**	92,00	3,3%
Förder- und Sonderschulen	14,00	**30,00**	41,00	7,2%
Weiterbildungseinrichtungen	17,00	**34,00**	65,00	5,2%
Kindergärten, nicht unterkellert, einfacher Standard	–	–	–	–
Kindergärten, nicht unterkellert, mittlerer Standard	–	**37,00**	–	1,2%
Kindergärten, nicht unterkellert, hoher Standard	–	–	–	–
Kindergärten, Holzbauweise, nicht unterkellert	–	**40,00**	–	1,0%
Kindergärten, unterkellert	–	–	–	–
5 Sportbauten				
Sport- und Mehrzweckhallen	–	–	–	–
Sporthallen (Einfeldhallen)	–	–	–	–
Sporthallen (Dreifeldhallen)	–	–	–	–
Schwimmhallen	–	–	–	–
6 Wohngebäude				
Ein- und Zweifamilienhäuser				
Ein- und Zweifamilienhäuser, unterkellert, einfacher Standard	–	–	–	–
Ein- und Zweifamilienhäuser, unterkellert, mittlerer Standard	–	–	–	–
Ein- und Zweifamilienhäuser, unterkellert, hoher Standard	–	–	–	–
Ein- und Zweifamilienhäuser, nicht unterkellert, einfacher Standard	–	–	–	–
Ein- und Zweifamilienhäuser, nicht unterkellert, mittlerer Standard	–	–	–	–
Ein- und Zweifamilienhäuser, nicht unterkellert, hoher Standard	–	–	–	–
Ein- und Zweifamilienhäuser, Passivhausstandard, Massivbau	–	–	–	–
Ein- und Zweifamilienhäuser, Passivhausstandard, Holzbau	–	–	–	–
Ein- und Zweifamilienhäuser, Holzbauweise, unterkellert	–	–	–	–
Ein- und Zweifamilienhäuser, Holzbauweise, nicht unterkellert	–	–	–	–
Doppel- und Reihenendhäuser, einfacher Standard	–	–	–	–
Doppel- und Reihenendhäuser, mittlerer Standard	–	–	–	–
Doppel- und Reihenendhäuser, hoher Standard	–	–	–	–
Reihenhäuser, einfacher Standard	–	–	–	–
Reihenhäuser, mittlerer Standard	–	–	–	–
Reihenhäuser, hoher Standard	–	–	–	–
Mehrfamilienhäuser				
Mehrfamilienhäuser, mit bis zu 6 WE, einfacher Standard	–	–	–	–
Mehrfamilienhäuser, mit bis zu 6 WE, mittlerer Standard	–	–	–	–
Mehrfamilienhäuser, mit bis zu 6 WE, hoher Standard	41,00	**45,00**	49,00	10,3%

▷ von
ø Mittel
◁ bis

Einheit: m² Brutto-Grundfläche (BGF)

Gebäudeart	▷	€/Einheit	◁	KG an 400
Mehrfamilienhäuser (Fortsetzung)				
Mehrfamilienhäuser, mit 6 bis 19 WE, einfacher Standard	–	**–**	–	–
Mehrfamilienhäuser, mit 6 bis 19 WE, mittlerer Standard	22,00	**31,00**	69,00	6,4%
Mehrfamilienhäuser, mit 6 bis 19 WE, hoher Standard	21,00	**33,00**	38,00	15,8%
Mehrfamilienhäuser, mit 20 oder mehr WE, einfacher Standard	–	**62,00**	–	6,5%
Mehrfamilienhäuser, mit 20 oder mehr WE, mittlerer Standard	17,00	**23,00**	34,00	10,1%
Mehrfamilienhäuser, mit 20 oder mehr WE, hoher Standard	18,00	**42,00**	65,00	10,0%
Mehrfamilienhäuser, Passivhäuser	15,00	**26,00**	38,00	3,8%
Wohnhäuser, mit bis zu 15% Mischnutzung, einfacher Standard	17,00	**25,00**	30,00	11,1%
Wohnhäuser, mit bis zu 15% Mischnutzung, mittlerer Standard	–	**31,00**	–	3,5%
Wohnhäuser, mit bis zu 15% Mischnutzung, hoher Standard	–	**28,00**	–	11,6%
Wohnhäuser, mit mehr als 15% Mischnutzung	–	**–**	–	–
Seniorenwohnungen				
Seniorenwohnungen, mittlerer Standard	22,00	**45,00**	80,00	16,2%
Seniorenwohnungen, hoher Standard	23,00	**45,00**	67,00	12,9%
Beherbergung				
Wohnheime und Internate	7,80	**24,00**	33,00	3,5%
7 Gewerbegebäude				
Gaststätten und Kantinen				
Gaststätten, Kantinen und Mensen	–	**50,00**	–	6,0%
Gebäude für Produktion				
Industrielle Produktionsgebäude, Massivbauweise	–	**29,00**	–	3,0%
Industrielle Produktionsgebäude, überwiegend Skelettbauweise	–	**21,00**	–	0,7%
Betriebs- und Werkstätten, eingeschossig	–	**10,00**	–	0,8%
Betriebs- und Werkstätten, mehrgeschossig, geringer Hallenanteil	9,50	**14,00**	17,00	16,3%
Betriebs- und Werkstätten, mehrgeschossig, hoher Hallenanteil	–	**4,00**	–	0,1%
Gebäude für Handel und Lager				
Geschäftshäuser, mit Wohnungen	26,00	**29,00**	31,00	5,9%
Geschäftshäuser, ohne Wohnungen	–	**72,00**	–	13,3%
Verbrauchermärkte	–	**–**	–	–
Autohäuser	–	**–**	–	–
Lagergebäude, ohne Mischnutzung	–	**–**	–	–
Lagergebäude, mit bis zu 25% Mischnutzung	–	**–**	–	–
Lagergebäude, mit mehr als 25% Mischnutzung	–	**–**	–	–
Garagen und Bereitschaftsdienste				
Einzel-, Mehrfach- und Hochgaragen	–	**–**	–	–
Tiefgaragen	–	**–**	–	–
Feuerwehrhäuser	–	**18,00**	–	1,3%
Öffentliche Bereitschaftsdienste	–	**–**	–	–
9 Kulturgebäude				
Gebäude für kulturelle Zwecke				
Bibliotheken, Museen und Ausstellungen	–	**–**	–	–
Theater	–	**41,00**	–	1,3%
Gemeindezentren, einfacher Standard	–	**11,00**	–	2,1%
Gemeindezentren, mittlerer Standard	51,00	**54,00**	57,00	7,0%
Gemeindezentren, hoher Standard	–	**107,00**	–	6,8%
Gebäude für religiöse Zwecke				
Sakralbauten	–	**–**	–	–
Friedhofsgebäude	–	**–**	–	–

Kosten:
Stand 1.Quartal 2021
Bundesdurchschnitt
inkl. 19% MwSt.

Einheit: m²
Brutto-Grundfläche (BGF)

▷ von
ø Mittel
◁ bis

Gebäudeart	▷	€/Einheit	◁	KG an 400
1 Büro- und Verwaltungsgebäude				
Büro- und Verwaltungsgebäude, einfacher Standard	–	–	–	–
Büro- und Verwaltungsgebäude, mittlerer Standard	–	–	–	–
Büro- und Verwaltungsgebäude, hoher Standard	–	–	–	–
2 Gebäude für Forschung und Lehre				
Instituts- und Laborgebäude	–	–	–	–
3 Gebäude des Gesundheitswesens				
Medizinische Einrichtungen	–	–	–	–
Pflegeheime	–	–	–	–
4 Schulen und Kindergärten				
Allgemeinbildende Schulen	–	–	–	–
Berufliche Schulen	–	–	–	–
Förder- und Sonderschulen	–	–	–	–
Weiterbildungseinrichtungen	–	–	–	–
Kindergärten, nicht unterkellert, einfacher Standard	–	–	–	–
Kindergärten, nicht unterkellert, mittlerer Standard	–	–	–	–
Kindergärten, nicht unterkellert, hoher Standard	–	–	–	–
Kindergärten, Holzbauweise, nicht unterkellert	–	–	–	–
Kindergärten, unterkellert	–	–	–	–
5 Sportbauten				
Sport- und Mehrzweckhallen	–	–	–	–
Sporthallen (Einfeldhallen)	–	–	–	–
Sporthallen (Dreifeldhallen)	–	–	–	–
Schwimmhallen	–	–	–	–
6 Wohngebäude				
Ein- und Zweifamilienhäuser				
Ein- und Zweifamilienhäuser, unterkellert, einfacher Standard	–	–	–	–
Ein- und Zweifamilienhäuser, unterkellert, mittlerer Standard	–	–	–	–
Ein- und Zweifamilienhäuser, unterkellert, hoher Standard	–	–	–	–
Ein- und Zweifamilienhäuser, nicht unterkellert, einfacher Standard	–	–	–	–
Ein- und Zweifamilienhäuser, nicht unterkellert, mittlerer Standard	–	–	–	–
Ein- und Zweifamilienhäuser, nicht unterkellert, hoher Standard	–	–	–	–
Ein- und Zweifamilienhäuser, Passivhausstandard, Massivbau	–	–	–	–
Ein- und Zweifamilienhäuser, Passivhausstandard, Holzbau	–	–	–	–
Ein- und Zweifamilienhäuser, Holzbauweise, unterkellert	–	–	–	–
Ein- und Zweifamilienhäuser, Holzbauweise, nicht unterkellert	–	–	–	–
Doppel- und Reihenendhäuser, einfacher Standard	–	–	–	–
Doppel- und Reihenendhäuser, mittlerer Standard	–	–	–	–
Doppel- und Reihenendhäuser, hoher Standard	–	–	–	–
Reihenhäuser, einfacher Standard	–	–	–	–
Reihenhäuser, mittlerer Standard	–	–	–	–
Reihenhäuser, hoher Standard	–	–	–	–
Mehrfamilienhäuser				
Mehrfamilienhäuser, mit bis zu 6 WE, einfacher Standard	–	–	–	–
Mehrfamilienhäuser, mit bis zu 6 WE, mittlerer Standard	–	–	–	–
Mehrfamilienhäuser, mit bis zu 6 WE, hoher Standard	–	–	–	–

Gebäudeart	▷	€/Einheit	◁	KG an 400
Mehrfamilienhäuser (Fortsetzung)				
Mehrfamilienhäuser, mit 6 bis 19 WE, einfacher Standard	–	**–**	–	–
Mehrfamilienhäuser, mit 6 bis 19 WE, mittlerer Standard	–	**–**	–	–
Mehrfamilienhäuser, mit 6 bis 19 WE, hoher Standard	–	**–**	–	–
Mehrfamilienhäuser, mit 20 oder mehr WE, einfacher Standard	–	**–**	–	–
Mehrfamilienhäuser, mit 20 oder mehr WE, mittlerer Standard	–	**–**	–	–
Mehrfamilienhäuser, mit 20 oder mehr WE, hoher Standard	–	**–**	–	–
Mehrfamilienhäuser, Passivhäuser	–	**–**	–	–
Wohnhäuser, mit bis zu 15% Mischnutzung, einfacher Standard	–	**–**	–	–
Wohnhäuser, mit bis zu 15% Mischnutzung, mittlerer Standard	–	**–**	–	–
Wohnhäuser, mit bis zu 15% Mischnutzung, hoher Standard	–	**–**	–	–
Wohnhäuser, mit mehr als 15% Mischnutzung	–	**–**	–	–
Seniorenwohnungen				
Seniorenwohnungen, mittlerer Standard	–	**–**	–	–
Seniorenwohnungen, hoher Standard	–	**–**	–	–
Beherbergung				
Wohnheime und Internate	–	**–**	–	–
7 Gewerbegebäude				
Gaststätten und Kantinen				
Gaststätten, Kantinen und Mensen	–	**–**	–	–
Gebäude für Produktion				
Industrielle Produktionsgebäude, Massivbauweise	–	**–**	–	–
Industrielle Produktionsgebäude, überwiegend Skelettbauweise	37,00	**67,00**	124,00	6,5%
Betriebs- und Werkstätten, eingeschossig	–	**9,60**	–	0,7%
Betriebs- und Werkstätten, mehrgeschossig, geringer Hallenanteil	–	**–**	–	–
Betriebs- und Werkstätten, mehrgeschossig, hoher Hallenanteil	8,50	**42,00**	64,00	6,8%
Gebäude für Handel und Lager				
Geschäftshäuser, mit Wohnungen	–	**–**	–	–
Geschäftshäuser, ohne Wohnungen	–	**–**	–	–
Verbrauchermärkte	–	**–**	–	–
Autohäuser	–	**–**	–	–
Lagergebäude, ohne Mischnutzung	–	**5,40**	–	0,1%
Lagergebäude, mit bis zu 25% Mischnutzung	–	**–**	–	–
Lagergebäude, mit mehr als 25% Mischnutzung	–	**–**	–	–
Garagen und Bereitschaftsdienste				
Einzel-, Mehrfach- und Hochgaragen	–	**–**	–	–
Tiefgaragen	–	**–**	–	–
Feuerwehrhäuser	–	**–**	–	–
Öffentliche Bereitschaftsdienste	–	**–**	–	–
9 Kulturgebäude				
Gebäude für kulturelle Zwecke				
Bibliotheken, Museen und Ausstellungen	–	**–**	–	–
Theater	–	**–**	–	–
Gemeindezentren, einfacher Standard	–	**–**	–	–
Gemeindezentren, mittlerer Standard	–	**–**	–	–
Gemeindezentren, hoher Standard	–	**–**	–	–
Gebäude für religiöse Zwecke				
Sakralbauten	–	**–**	–	–
Friedhofsgebäude	–	**–**	–	–

Einheit: m²
Brutto-Grundfläche (BGF)

Kosten:
Stand 1.Quartal 2021
Bundesdurchschnitt
inkl. 19% MwSt.

Einheit: m2
Brutto-Grundfläche (BGF)

Gebäudeart	▷	€/Einheit	◁	KG an 400
1 Büro- und Verwaltungsgebäude				
Büro- und Verwaltungsgebäude, einfacher Standard	–	**–**	–	–
Büro- und Verwaltungsgebäude, mittlerer Standard	2,20	**17,00**	35,00	0,6%
Büro- und Verwaltungsgebäude, hoher Standard	–	**1,50**	–	0,0%
2 Gebäude für Forschung und Lehre				
Instituts- und Laborgebäude	–	**–**	–	–
3 Gebäude des Gesundheitswesens				
Medizinische Einrichtungen	–	**2,50**	–	0,1%
Pflegeheime	37,00	**61,00**	120,00	9,2%
4 Schulen und Kindergärten				
Allgemeinbildende Schulen	9,60	**47,00**	103,00	3,9%
Berufliche Schulen	–	**107,00**	–	2,4%
Förder- und Sonderschulen	6,00	**8,70**	11,00	1,0%
Weiterbildungseinrichtungen	5,10	**80,00**	154,00	8,3%
Kindergärten, nicht unterkellert, einfacher Standard	–	**–**	–	–
Kindergärten, nicht unterkellert, mittlerer Standard	–	**–**	–	–
Kindergärten, nicht unterkellert, hoher Standard	–	**31,00**	–	4,6%
Kindergärten, Holzbauweise, nicht unterkellert	–	**–**	–	–
Kindergärten, unterkellert	–	**–**	–	–
5 Sportbauten				
Sport- und Mehrzweckhallen	–	**0,90**	–	0,1%
Sporthallen (Einfeldhallen)	–	**–**	–	–
Sporthallen (Dreifeldhallen)	–	**–**	–	–
Schwimmhallen	–	**–**	–	–
6 Wohngebäude				
Ein- und Zweifamilienhäuser				
Ein- und Zweifamilienhäuser, unterkellert, einfacher Standard	–	**–**	–	–
Ein- und Zweifamilienhäuser, unterkellert, mittlerer Standard	–	**–**	–	–
Ein- und Zweifamilienhäuser, unterkellert, hoher Standard	–	**–**	–	–
Ein- und Zweifamilienhäuser, nicht unterkellert, einfacher Standard	–	**–**	–	–
Ein- und Zweifamilienhäuser, nicht unterkellert, mittlerer Standard	–	**–**	–	–
Ein- und Zweifamilienhäuser, nicht unterkellert, hoher Standard	–	**–**	–	–
Ein- und Zweifamilienhäuser, Passivhausstandard, Massivbau	–	**–**	–	–
Ein- und Zweifamilienhäuser, Passivhausstandard, Holzbau	–	**–**	–	–
Ein- und Zweifamilienhäuser, Holzbauweise, unterkellert	–	**–**	–	–
Ein- und Zweifamilienhäuser, Holzbauweise, nicht unterkellert	–	**–**	–	–
Doppel- und Reihenendhäuser, einfacher Standard	–	**–**	–	–
Doppel- und Reihenendhäuser, mittlerer Standard	–	**–**	–	–
Doppel- und Reihenendhäuser, hoher Standard	–	**–**	–	–
Reihenhäuser, einfacher Standard	–	**–**	–	–
Reihenhäuser, mittlerer Standard	–	**–**	–	–
Reihenhäuser, hoher Standard	–	**–**	–	–
Mehrfamilienhäuser				
Mehrfamilienhäuser, mit bis zu 6 WE, einfacher Standard	–	**–**	–	–
Mehrfamilienhäuser, mit bis zu 6 WE, mittlerer Standard	–	**–**	–	–
Mehrfamilienhäuser, mit bis zu 6 WE, hoher Standard	–	**–**	–	–

▷ von
ø Mittel
◁ bis

Einheit: m²
Brutto-Grundfläche (BGF)

Gebäudeart	▷	€/Einheit	◁	KG an 400
Mehrfamilienhäuser (Fortsetzung)				
Mehrfamilienhäuser, mit 6 bis 19 WE, einfacher Standard	–	–	–	–
Mehrfamilienhäuser, mit 6 bis 19 WE, mittlerer Standard	–	–	–	–
Mehrfamilienhäuser, mit 6 bis 19 WE, hoher Standard	–	–	–	–
Mehrfamilienhäuser, mit 20 oder mehr WE, einfacher Standard	–	–	–	–
Mehrfamilienhäuser, mit 20 oder mehr WE, mittlerer Standard	–	–	–	–
Mehrfamilienhäuser, mit 20 oder mehr WE, hoher Standard	–	–	–	–
Mehrfamilienhäuser, Passivhäuser	–	–	–	–
Wohnhäuser, mit bis zu 15% Mischnutzung, einfacher Standard	–	–	–	–
Wohnhäuser, mit bis zu 15% Mischnutzung, mittlerer Standard	–	–	–	–
Wohnhäuser, mit bis zu 15% Mischnutzung, hoher Standard	–	–	–	–
Wohnhäuser, mit mehr als 15% Mischnutzung	–	**161,00**	–	10,2%
Seniorenwohnungen				
Seniorenwohnungen, mittlerer Standard	–	–	–	–
Seniorenwohnungen, hoher Standard	–	–	–	–
Beherbergung				
Wohnheime und Internate	–	**31,00**	–	1,0%
7 Gewerbegebäude				
Gaststätten und Kantinen				
Gaststätten, Kantinen und Mensen	–	**70,00**	–	8,4%
Gebäude für Produktion				
Industrielle Produktionsgebäude, Massivbauweise	–	–	–	–
Industrielle Produktionsgebäude, überwiegend Skelettbauweise	–	–	–	–
Betriebs- und Werkstätten, eingeschossig	–	–	–	–
Betriebs- und Werkstätten, mehrgeschossig, geringer Hallenanteil	–	–	–	–
Betriebs- und Werkstätten, mehrgeschossig, hoher Hallenanteil	–	–	–	–
Gebäude für Handel und Lager				
Geschäftshäuser, mit Wohnungen	–	–	–	–
Geschäftshäuser, ohne Wohnungen	–	–	–	–
Verbrauchermärkte	–	–	–	–
Autohäuser	–	–	–	–
Lagergebäude, ohne Mischnutzung	–	–	–	–
Lagergebäude, mit bis zu 25% Mischnutzung	–	–	–	–
Lagergebäude, mit mehr als 25% Mischnutzung	–	–	–	–
Garagen und Bereitschaftsdienste				
Einzel-, Mehrfach- und Hochgaragen	–	–	–	–
Tiefgaragen	–	–	–	–
Feuerwehrhäuser	–	–	–	–
Öffentliche Bereitschaftsdienste	–	–	–	–
9 Kulturgebäude				
Gebäude für kulturelle Zwecke				
Bibliotheken, Museen und Ausstellungen	–	**51,00**	–	1,3%
Theater	–	–	–	–
Gemeindezentren, einfacher Standard	–	**37,00**	–	7,0%
Gemeindezentren, mittlerer Standard	–	**46,00**	–	1,8%
Gemeindezentren, hoher Standard	–	**59,00**	–	3,6%
Gebäude für religiöse Zwecke				
Sakralbauten	–	–	–	–
Friedhofsgebäude	–	–	–	–

473 Medienversorgungsanlagen, Medizin- und labortechnische Anlagen

Kosten:
Stand 1.Quartal 2021
Bundesdurchschnitt
inkl. 19% MwSt.

Einheit: m²
Brutto-Grundfläche (BGF)

▷ von
ø Mittel
◁ bis

Gebäudeart	▷	€/Einheit	◁	KG an 400
1 Büro- und Verwaltungsgebäude				
Büro- und Verwaltungsgebäude, einfacher Standard	–	**–**	–	–
Büro- und Verwaltungsgebäude, mittlerer Standard	–	**0,50**	–	0,0%
Büro- und Verwaltungsgebäude, hoher Standard	–	**–**	–	–
2 Gebäude für Forschung und Lehre				
Instituts- und Laborgebäude	99,00	**175,00**	316,00	12,5%
3 Gebäude des Gesundheitswesens				
Medizinische Einrichtungen	–	**35,00**	–	1,5%
Pflegeheime	–	**21,00**	–	0,9%
4 Schulen und Kindergärten				
Allgemeinbildende Schulen	17,00	**31,00**	44,00	1,6%
Berufliche Schulen	–	**–**	–	–
Förder- und Sonderschulen	–	**–**	–	–
Weiterbildungseinrichtungen	–	**12,00**	–	1,0%
Kindergärten, nicht unterkellert, einfacher Standard	–	**–**	–	–
Kindergärten, nicht unterkellert, mittlerer Standard	–	**–**	–	–
Kindergärten, nicht unterkellert, hoher Standard	–	**–**	–	–
Kindergärten, Holzbauweise, nicht unterkellert	–	**–**	–	–
Kindergärten, unterkellert	–	**–**	–	–
5 Sportbauten				
Sport- und Mehrzweckhallen	–	**–**	–	–
Sporthallen (Einfeldhallen)	–	**–**	–	–
Sporthallen (Dreifeldhallen)	–	**–**	–	–
Schwimmhallen	–	**–**	–	–
6 Wohngebäude				
Ein- und Zweifamilienhäuser				
Ein- und Zweifamilienhäuser, unterkellert, einfacher Standard	–	**–**	–	–
Ein- und Zweifamilienhäuser, unterkellert, mittlerer Standard	–	**–**	–	–
Ein- und Zweifamilienhäuser, unterkellert, hoher Standard	–	**–**	–	–
Ein- und Zweifamilienhäuser, nicht unterkellert, einfacher Standard	–	**–**	–	–
Ein- und Zweifamilienhäuser, nicht unterkellert, mittlerer Standard	–	**–**	–	–
Ein- und Zweifamilienhäuser, nicht unterkellert, hoher Standard	–	**–**	–	–
Ein- und Zweifamilienhäuser, Passivhausstandard, Massivbau	–	**–**	–	–
Ein- und Zweifamilienhäuser, Passivhausstandard, Holzbau	–	**–**	–	–
Ein- und Zweifamilienhäuser, Holzbauweise, unterkellert	–	**–**	–	–
Ein- und Zweifamilienhäuser, Holzbauweise, nicht unterkellert	–	**–**	–	–
Doppel- und Reihenendhäuser, einfacher Standard	–	**–**	–	–
Doppel- und Reihenendhäuser, mittlerer Standard	–	**–**	–	–
Doppel- und Reihenendhäuser, hoher Standard	–	**–**	–	–
Reihenhäuser, einfacher Standard	–	**–**	–	–
Reihenhäuser, mittlerer Standard	–	**–**	–	–
Reihenhäuser, hoher Standard	–	**–**	–	–
Mehrfamilienhäuser				
Mehrfamilienhäuser, mit bis zu 6 WE, einfacher Standard	–	**–**	–	–
Mehrfamilienhäuser, mit bis zu 6 WE, mittlerer Standard	–	**–**	–	–
Mehrfamilienhäuser, mit bis zu 6 WE, hoher Standard	–	**–**	–	–

Gebäudeart	▷	€/Einheit	◁	KG an 400
Mehrfamilienhäuser (Fortsetzung)				
Mehrfamilienhäuser, mit 6 bis 19 WE, einfacher Standard	–	**–**	–	–
Mehrfamilienhäuser, mit 6 bis 19 WE, mittlerer Standard	–	**–**	–	–
Mehrfamilienhäuser, mit 6 bis 19 WE, hoher Standard	–	**–**	–	–
Mehrfamilienhäuser, mit 20 oder mehr WE, einfacher Standard	–	**–**	–	–
Mehrfamilienhäuser, mit 20 oder mehr WE, mittlerer Standard	–	**–**	–	–
Mehrfamilienhäuser, mit 20 oder mehr WE, hoher Standard	–	**–**	–	–
Mehrfamilienhäuser, Passivhäuser	–	**–**	–	–
Wohnhäuser, mit bis zu 15% Mischnutzung, einfacher Standard	–	**–**	–	–
Wohnhäuser, mit bis zu 15% Mischnutzung, mittlerer Standard	–	**–**	–	–
Wohnhäuser, mit bis zu 15% Mischnutzung, hoher Standard	–	**–**	–	–
Wohnhäuser, mit mehr als 15% Mischnutzung	–	**–**	–	–
Seniorenwohnungen				
Seniorenwohnungen, mittlerer Standard	–	**–**	–	–
Seniorenwohnungen, hoher Standard	–	**–**	–	–
Beherbergung				
Wohnheime und Internate	–	**58,00**	–	1,8%
7 Gewerbegebäude				
Gaststätten und Kantinen				
Gaststätten, Kantinen und Mensen	–	**–**	–	–
Gebäude für Produktion				
Industrielle Produktionsgebäude, Massivbauweise	6,40	**7,90**	9,50	1,8%
Industrielle Produktionsgebäude, überwiegend Skelettbauweise	8,60	**32,00**	55,00	2,7%
Betriebs- und Werkstätten, eingeschossig	–	**17,00**	–	1,3%
Betriebs- und Werkstätten, mehrgeschossig, geringer Hallenanteil	–	**–**	–	–
Betriebs- und Werkstätten, mehrgeschossig, hoher Hallenanteil	3,10	**9,60**	22,00	0,9%
Gebäude für Handel und Lager				
Geschäftshäuser, mit Wohnungen	–	**–**	–	–
Geschäftshäuser, ohne Wohnungen	–	**–**	–	–
Verbrauchermärkte	–	**–**	–	–
Autohäuser	–	**–**	–	–
Lagergebäude, ohne Mischnutzung	–	**11,00**	–	0,3%
Lagergebäude, mit bis zu 25% Mischnutzung	–	**–**	–	–
Lagergebäude, mit mehr als 25% Mischnutzung	–	**–**	–	–
Garagen und Bereitschaftsdienste				
Einzel-, Mehrfach- und Hochgaragen	–	**–**	–	–
Tiefgaragen	–	**–**	–	–
Feuerwehrhäuser	–	**–**	–	–
Öffentliche Bereitschaftsdienste	–	**9,20**	–	0,5%
9 Kulturgebäude				
Gebäude für kulturelle Zwecke				
Bibliotheken, Museen und Ausstellungen	–	**–**	–	–
Theater	–	**–**	–	–
Gemeindezentren, einfacher Standard	–	**–**	–	–
Gemeindezentren, mittlerer Standard	–	**–**	–	–
Gemeindezentren, hoher Standard	–	**–**	–	–
Gebäude für religiöse Zwecke				
Sakralbauten	–	**–**	–	–
Friedhofsgebäude	–	**–**	–	–

Einheit: m²
Brutto-Grundfläche (BGF)

Kosten:
Stand 1.Quartal 2021
Bundesdurchschnitt
inkl. 19% MwSt.

Einheit: m²
Brutto-Grundfläche (BGF)

Gebäudeart	▷	€/Einheit	◁	KG an 400
1 Büro- und Verwaltungsgebäude				
Büro- und Verwaltungsgebäude, einfacher Standard	–	**3,90**	–	0,4%
Büro- und Verwaltungsgebäude, mittlerer Standard	1,80	**8,70**	48,00	0,6%
Büro- und Verwaltungsgebäude, hoher Standard	1,30	**2,40**	5,60	0,1%
2 Gebäude für Forschung und Lehre				
Instituts- und Laborgebäude	0,50	**1,60**	2,70	0,1%
3 Gebäude des Gesundheitswesens				
Medizinische Einrichtungen	–	**3,50**	–	0,2%
Pflegeheime	0,20	**0,50**	0,80	0,0%
4 Schulen und Kindergärten				
Allgemeinbildende Schulen	0,60	**0,80**	0,90	0,1%
Berufliche Schulen	1,10	**1,30**	1,70	0,1%
Förder- und Sonderschulen	0,50	**0,80**	2,10	0,2%
Weiterbildungseinrichtungen	0,80	**1,00**	1,30	0,1%
Kindergärten, nicht unterkellert, einfacher Standard	–	**–**	–	–
Kindergärten, nicht unterkellert, mittlerer Standard	1,10	**1,80**	2,80	0,2%
Kindergärten, nicht unterkellert, hoher Standard	–	**0,30**	–	0,0%
Kindergärten, Holzbauweise, nicht unterkellert	0,40	**0,50**	0,60	0,0%
Kindergärten, unterkellert	0,80	**1,00**	1,10	0,3%
5 Sportbauten				
Sport- und Mehrzweckhallen	–	**0,40**	–	0,0%
Sporthallen (Einfeldhallen)	–	**–**	–	–
Sporthallen (Dreifeldhallen)	0,20	**0,60**	0,90	0,1%
Schwimmhallen	–	**–**	–	–
6 Wohngebäude				
Ein- und Zweifamilienhäuser				
Ein- und Zweifamilienhäuser, unterkellert, einfacher Standard	–	**–**	–	–
Ein- und Zweifamilienhäuser, unterkellert, mittlerer Standard	–	**–**	–	–
Ein- und Zweifamilienhäuser, unterkellert, hoher Standard	–	**–**	–	–
Ein- und Zweifamilienhäuser, nicht unterkellert, einfacher Standard	–	**–**	–	–
Ein- und Zweifamilienhäuser, nicht unterkellert, mittlerer Standard	–	**–**	–	–
Ein- und Zweifamilienhäuser, nicht unterkellert, hoher Standard	–	**–**	–	–
Ein- und Zweifamilienhäuser, Passivhausstandard, Massivbau	–	**–**	–	–
Ein- und Zweifamilienhäuser, Passivhausstandard, Holzbau	–	**–**	–	–
Ein- und Zweifamilienhäuser, Holzbauweise, unterkellert	–	**–**	–	–
Ein- und Zweifamilienhäuser, Holzbauweise, nicht unterkellert	–	**–**	–	–
Doppel- und Reihenendhäuser, einfacher Standard	–	**–**	–	–
Doppel- und Reihenendhäuser, mittlerer Standard	–	**–**	–	–
Doppel- und Reihenendhäuser, hoher Standard	–	**–**	–	–
Reihenhäuser, einfacher Standard	–	**–**	–	–
Reihenhäuser, mittlerer Standard	–	**–**	–	–
Reihenhäuser, hoher Standard	–	**–**	–	–
Mehrfamilienhäuser				
Mehrfamilienhäuser, mit bis zu 6 WE, einfacher Standard	–	**0,20**	–	0,1%
Mehrfamilienhäuser, mit bis zu 6 WE, mittlerer Standard	–	**–**	–	–
Mehrfamilienhäuser, mit bis zu 6 WE, hoher Standard	–	**–**	–	–

▷ von
ø Mittel
◁ bis

Einheit: m²
Brutto-Grundfläche (BGF)

Gebäudeart	▷	€/Einheit	◁	KG an 400
Mehrfamilienhäuser (Fortsetzung)				
Mehrfamilienhäuser, mit 6 bis 19 WE, einfacher Standard	–	**–**	–	–
Mehrfamilienhäuser, mit 6 bis 19 WE, mittlerer Standard	0,30	**0,50**	0,60	0,0%
Mehrfamilienhäuser, mit 6 bis 19 WE, hoher Standard	–	**0,40**	–	0,0%
Mehrfamilienhäuser, mit 20 oder mehr WE, einfacher Standard	–	**2,20**	–	0,2%
Mehrfamilienhäuser, mit 20 oder mehr WE, mittlerer Standard	–	**–**	–	–
Mehrfamilienhäuser, mit 20 oder mehr WE, hoher Standard	–	**–**	–	–
Mehrfamilienhäuser, Passivhäuser	–	**–**	–	–
Wohnhäuser, mit bis zu 15% Mischnutzung, einfacher Standard	–	**0,20**	–	0,0%
Wohnhäuser, mit bis zu 15% Mischnutzung, mittlerer Standard	–	**–**	–	–
Wohnhäuser, mit bis zu 15% Mischnutzung, hoher Standard	–	**–**	–	–
Wohnhäuser, mit mehr als 15% Mischnutzung	–	**–**	–	–
Seniorenwohnungen				
Seniorenwohnungen, mittlerer Standard	0,40	**0,70**	1,70	0,2%
Seniorenwohnungen, hoher Standard	0,20	**0,60**	1,10	0,2%
Beherbergung				
Wohnheime und Internate	0,40	**0,70**	1,00	0,0%
7 Gewerbegebäude				
Gaststätten und Kantinen				
Gaststätten, Kantinen und Mensen	–	**0,90**	–	0,1%
Gebäude für Produktion				
Industrielle Produktionsgebäude, Massivbauweise	–	**0,80**	–	0,1%
Industrielle Produktionsgebäude, überwiegend Skelettbauweise	0,20	**0,60**	1,30	0,1%
Betriebs- und Werkstätten, eingeschossig	–	**6,50**	–	0,5%
Betriebs- und Werkstätten, mehrgeschossig, geringer Hallenanteil	–	**1,40**	–	0,2%
Betriebs- und Werkstätten, mehrgeschossig, hoher Hallenanteil	–	**13,00**	–	0,3%
Gebäude für Handel und Lager				
Geschäftshäuser, mit Wohnungen	0,70	**23,00**	46,00	4,1%
Geschäftshäuser, ohne Wohnungen	–	**–**	–	–
Verbrauchermärkte	–	**–**	–	–
Autohäuser	–	**–**	–	–
Lagergebäude, ohne Mischnutzung	0,50	**7,50**	14,00	0,4%
Lagergebäude, mit bis zu 25% Mischnutzung	–	**9,20**	–	0,8%
Lagergebäude, mit mehr als 25% Mischnutzung	–	**1,30**	–	0,3%
Garagen und Bereitschaftsdienste				
Einzel-, Mehrfach- und Hochgaragen	–	**–**	–	–
Tiefgaragen	–	**–**	–	–
Feuerwehrhäuser	4,50	**13,00**	27,00	3,0%
Öffentliche Bereitschaftsdienste	–	**–**	–	–
9 Kulturgebäude				
Gebäude für kulturelle Zwecke				
Bibliotheken, Museen und Ausstellungen	0,40	**2,10**	3,10	0,5%
Theater	–	**33,00**	–	1,1%
Gemeindezentren, einfacher Standard	0,20	**0,50**	1,20	0,4%
Gemeindezentren, mittlerer Standard	0,60	**0,70**	0,70	0,1%
Gemeindezentren, hoher Standard	0,80	**1,20**	2,00	0,2%
Gebäude für religiöse Zwecke				
Sakralbauten	–	**–**	–	–
Friedhofsgebäude	–	**–**	–	–

475 Prozesswärme-, kälte- und -luftanlagen

Kosten:
Stand 1.Quartal 2021
Bundesdurchschnitt
inkl. 19% MwSt.

Einheit: m²
Brutto-Grundfläche (BGF)

▷ von
ø Mittel
◁ bis

Gebäudeart	▷	€/Einheit	◁	KG an 400
1 Büro- und Verwaltungsgebäude				
Büro- und Verwaltungsgebäude, einfacher Standard	–	–	–	–
Büro- und Verwaltungsgebäude, mittlerer Standard	–	–	–	–
Büro- und Verwaltungsgebäude, hoher Standard	–	–	–	–
2 Gebäude für Forschung und Lehre				
Instituts- und Laborgebäude	–	**68,00**	–	1,0%
3 Gebäude des Gesundheitswesens				
Medizinische Einrichtungen	–	–	–	–
Pflegeheime	–	–	–	–
4 Schulen und Kindergärten				
Allgemeinbildende Schulen	–	–	–	–
Berufliche Schulen	–	**191,00**	–	6,3%
Förder- und Sonderschulen	–	–	–	–
Weiterbildungseinrichtungen	–	–	–	–
Kindergärten, nicht unterkellert, einfacher Standard	–	–	–	–
Kindergärten, nicht unterkellert, mittlerer Standard	–	–	–	–
Kindergärten, nicht unterkellert, hoher Standard	–	–	–	–
Kindergärten, Holzbauweise, nicht unterkellert	–	–	–	–
Kindergärten, unterkellert	–	–	–	–
5 Sportbauten				
Sport- und Mehrzweckhallen	–	–	–	–
Sporthallen (Einfeldhallen)	–	–	–	–
Sporthallen (Dreifeldhallen)	–	–	–	–
Schwimmhallen	–	–	–	–
6 Wohngebäude				
Ein- und Zweifamilienhäuser				
Ein- und Zweifamilienhäuser, unterkellert, einfacher Standard	–	–	–	–
Ein- und Zweifamilienhäuser, unterkellert, mittlerer Standard	–	–	–	–
Ein- und Zweifamilienhäuser, unterkellert, hoher Standard	–	–	–	–
Ein- und Zweifamilienhäuser, nicht unterkellert, einfacher Standard	–	–	–	–
Ein- und Zweifamilienhäuser, nicht unterkellert, mittlerer Standard	–	–	–	–
Ein- und Zweifamilienhäuser, nicht unterkellert, hoher Standard	–	–	–	–
Ein- und Zweifamilienhäuser, Passivhausstandard, Massivbau	–	–	–	–
Ein- und Zweifamilienhäuser, Passivhausstandard, Holzbau	–	–	–	–
Ein- und Zweifamilienhäuser, Holzbauweise, unterkellert	–	–	–	–
Ein- und Zweifamilienhäuser, Holzbauweise, nicht unterkellert	–	–	–	–
Doppel- und Reihenendhäuser, einfacher Standard	–	–	–	–
Doppel- und Reihenendhäuser, mittlerer Standard	–	–	–	–
Doppel- und Reihenendhäuser, hoher Standard	–	–	–	–
Reihenhäuser, einfacher Standard	–	–	–	–
Reihenhäuser, mittlerer Standard	–	–	–	–
Reihenhäuser, hoher Standard	–	–	–	–
Mehrfamilienhäuser				
Mehrfamilienhäuser, mit bis zu 6 WE, einfacher Standard	–	–	–	–
Mehrfamilienhäuser, mit bis zu 6 WE, mittlerer Standard	–	–	–	–
Mehrfamilienhäuser, mit bis zu 6 WE, hoher Standard	–	–	–	–

Einheit: m²
Brutto-Grundfläche (BGF)

Gebäudeart	▷	€/Einheit	◁	KG an 400
Mehrfamilienhäuser (Fortsetzung)				
Mehrfamilienhäuser, mit 6 bis 19 WE, einfacher Standard	–	**–**	–	–
Mehrfamilienhäuser, mit 6 bis 19 WE, mittlerer Standard	–	**–**	–	–
Mehrfamilienhäuser, mit 6 bis 19 WE, hoher Standard	–	**–**	–	–
Mehrfamilienhäuser, mit 20 oder mehr WE, einfacher Standard	–	**–**	–	–
Mehrfamilienhäuser, mit 20 oder mehr WE, mittlerer Standard	–	**–**	–	–
Mehrfamilienhäuser, mit 20 oder mehr WE, hoher Standard	–	**–**	–	–
Mehrfamilienhäuser, Passivhäuser	–	**–**	–	–
Wohnhäuser, mit bis zu 15% Mischnutzung, einfacher Standard	–	**–**	–	–
Wohnhäuser, mit bis zu 15% Mischnutzung, mittlerer Standard	–	**–**	–	–
Wohnhäuser, mit bis zu 15% Mischnutzung, hoher Standard	–	**–**	–	–
Wohnhäuser, mit mehr als 15% Mischnutzung	–	**–**	–	–
Seniorenwohnungen				
Seniorenwohnungen, mittlerer Standard	–	**–**	–	–
Seniorenwohnungen, hoher Standard	–	**–**	–	–
Beherbergung				
Wohnheime und Internate	–	**–**	–	–
7 Gewerbegebäude				
Gaststätten und Kantinen				
Gaststätten, Kantinen und Mensen	–	**35,00**	–	4,2%
Gebäude für Produktion				
Industrielle Produktionsgebäude, Massivbauweise	–	**–**	–	–
Industrielle Produktionsgebäude, überwiegend Skelettbauweise	–	**15,00**	–	0,5%
Betriebs- und Werkstätten, eingeschossig	–	**–**	–	–
Betriebs- und Werkstätten, mehrgeschossig, geringer Hallenanteil	–	**11,00**	–	0,5%
Betriebs- und Werkstätten, mehrgeschossig, hoher Hallenanteil	–	**–**	–	–
Gebäude für Handel und Lager				
Geschäftshäuser, mit Wohnungen	–	**–**	–	–
Geschäftshäuser, ohne Wohnungen	–	**–**	–	–
Verbrauchermärkte	–	**49,00**	–	5,4%
Autohäuser	–	**–**	–	–
Lagergebäude, ohne Mischnutzung	–	**123,00**	–	3,0%
Lagergebäude, mit bis zu 25% Mischnutzung	–	**–**	–	–
Lagergebäude, mit mehr als 25% Mischnutzung	–	**–**	–	–
Garagen und Bereitschaftsdienste				
Einzel-, Mehrfach- und Hochgaragen	–	**–**	–	–
Tiefgaragen	–	**–**	–	–
Feuerwehrhäuser	–	**40,00**	–	2,9%
Öffentliche Bereitschaftsdienste	–	**13,00**	–	0,7%
9 Kulturgebäude				
Gebäude für kulturelle Zwecke				
Bibliotheken, Museen und Ausstellungen	–	**–**	–	–
Theater	–	**–**	–	–
Gemeindezentren, einfacher Standard	–	**–**	–	–
Gemeindezentren, mittlerer Standard	–	**–**	–	–
Gemeindezentren, hoher Standard	–	**–**	–	–
Gebäude für religiöse Zwecke				
Sakralbauten	–	**–**	–	–
Friedhofsgebäude	–	**–**	–	–

Gebäudeart	▷	€/Einheit	◁	KG an 400
1 Büro- und Verwaltungsgebäude				
Büro- und Verwaltungsgebäude, einfacher Standard	–	–	–	–
Büro- und Verwaltungsgebäude, mittlerer Standard	4,80	**21,00**	53,00	0,7%
Büro- und Verwaltungsgebäude, hoher Standard	–	**38,00**	–	0,6%
2 Gebäude für Forschung und Lehre				
Instituts- und Laborgebäude	–	–	–	–
3 Gebäude des Gesundheitswesens				
Medizinische Einrichtungen	–	–	–	–
Pflegeheime	–	–	–	–
4 Schulen und Kindergärten				
Allgemeinbildende Schulen	–	**1,30**	–	0,0%
Berufliche Schulen	0,40	**7,70**	11,00	0,9%
Förder- und Sonderschulen	–	–	–	–
Weiterbildungseinrichtungen	–	**0,20**	–	0,0%
Kindergärten, nicht unterkellert, einfacher Standard	–	–	–	–
Kindergärten, nicht unterkellert, mittlerer Standard	–	–	–	–
Kindergärten, nicht unterkellert, hoher Standard	–	–	–	–
Kindergärten, Holzbauweise, nicht unterkellert	–	–	–	–
Kindergärten, unterkellert	–	–	–	–
5 Sportbauten				
Sport- und Mehrzweckhallen	–	–	–	–
Sporthallen (Einfeldhallen)	–	–	–	–
Sporthallen (Dreifeldhallen)	–	**3,10**	–	0,3%
Schwimmhallen	–	–	–	–
6 Wohngebäude				
Ein- und Zweifamilienhäuser				
Ein- und Zweifamilienhäuser, unterkellert, einfacher Standard	–	–	–	–
Ein- und Zweifamilienhäuser, unterkellert, mittlerer Standard	–	–	–	–
Ein- und Zweifamilienhäuser, unterkellert, hoher Standard	–	–	–	–
Ein- und Zweifamilienhäuser, nicht unterkellert, einfacher Standard	–	–	–	–
Ein- und Zweifamilienhäuser, nicht unterkellert, mittlerer Standard	–	–	–	–
Ein- und Zweifamilienhäuser, nicht unterkellert, hoher Standard	–	–	–	–
Ein- und Zweifamilienhäuser, Passivhausstandard, Massivbau	–	–	–	–
Ein- und Zweifamilienhäuser, Passivhausstandard, Holzbau	–	**7,70**	–	0,2%
Ein- und Zweifamilienhäuser, Holzbauweise, unterkellert	–	**7,10**	–	0,2%
Ein- und Zweifamilienhäuser, Holzbauweise, nicht unterkellert	–	**8,30**	–	0,4%
Doppel- und Reihenendhäuser, einfacher Standard	–	–	–	–
Doppel- und Reihenendhäuser, mittlerer Standard	–	–	–	–
Doppel- und Reihenendhäuser, hoher Standard	–	–	–	–
Reihenhäuser, einfacher Standard	–	–	–	–
Reihenhäuser, mittlerer Standard	–	–	–	–
Reihenhäuser, hoher Standard	–	–	–	–
Mehrfamilienhäuser				
Mehrfamilienhäuser, mit bis zu 6 WE, einfacher Standard	–	–	–	–
Mehrfamilienhäuser, mit bis zu 6 WE, mittlerer Standard	–	–	–	–
Mehrfamilienhäuser, mit bis zu 6 WE, hoher Standard	–	–	–	–

Kosten:
Stand 1.Quartal 2021
Bundesdurchschnitt
inkl. 19% MwSt.

Einheit: m^2
Brutto-Grundfläche (BGF)

▷ von
ø Mittel
◁ bis

Gebäudeart	▷	€/Einheit	◁	KG an 400
Mehrfamilienhäuser (Fortsetzung)				
Mehrfamilienhäuser, mit 6 bis 19 WE, einfacher Standard	–	**–**	–	–
Mehrfamilienhäuser, mit 6 bis 19 WE, mittlerer Standard	–	**–**	–	–
Mehrfamilienhäuser, mit 6 bis 19 WE, hoher Standard	–	**–**	–	–
Mehrfamilienhäuser, mit 20 oder mehr WE, einfacher Standard	–	**–**	–	–
Mehrfamilienhäuser, mit 20 oder mehr WE, mittlerer Standard	–	**–**	–	–
Mehrfamilienhäuser, mit 20 oder mehr WE, hoher Standard	–	**–**	–	–
Mehrfamilienhäuser, Passivhäuser	–	**–**	–	–
Wohnhäuser, mit bis zu 15% Mischnutzung, einfacher Standard	–	**–**	–	–
Wohnhäuser, mit bis zu 15% Mischnutzung, mittlerer Standard	–	**–**	–	–
Wohnhäuser, mit bis zu 15% Mischnutzung, hoher Standard	–	**–**	–	–
Wohnhäuser, mit mehr als 15% Mischnutzung	–	**47,00**	–	3,0%
Seniorenwohnungen				
Seniorenwohnungen, mittlerer Standard	–	**–**	–	–
Seniorenwohnungen, hoher Standard	–	**–**	–	–
Beherbergung				
Wohnheime und Internate	–	**–**	–	0,0%
7 Gewerbegebäude				
Gaststätten und Kantinen				
Gaststätten, Kantinen und Mensen	–	**–**	–	–
Gebäude für Produktion				
Industrielle Produktionsgebäude, Massivbauweise	–	**–**	–	–
Industrielle Produktionsgebäude, überwiegend Skelettbauweise	25,00	**66,00**	139,00	16,5%
Betriebs- und Werkstätten, eingeschossig	–	**–**	–	–
Betriebs- und Werkstätten, mehrgeschossig, geringer Hallenanteil	8,10	**24,00**	39,00	2,6%
Betriebs- und Werkstätten, mehrgeschossig, hoher Hallenanteil	–	**5,00**	–	0,1%
Gebäude für Handel und Lager				
Geschäftshäuser, mit Wohnungen	–	**–**	–	–
Geschäftshäuser, ohne Wohnungen	–	**–**	–	–
Verbrauchermärkte	–	**–**	–	–
Autohäuser	–	**6,80**	–	1,1%
Lagergebäude, ohne Mischnutzung	–	**–**	–	–
Lagergebäude, mit bis zu 25% Mischnutzung	–	**4,40**	–	0,4%
Lagergebäude, mit mehr als 25% Mischnutzung	–	**104,00**	–	22,6%
Garagen und Bereitschaftsdienste				
Einzel-, Mehrfach- und Hochgaragen	–	**45,00**	–	11,7%
Tiefgaragen	–	**–**	–	–
Feuerwehrhäuser	8,10	**29,00**	69,00	8,0%
Öffentliche Bereitschaftsdienste	1,30	**113,00**	224,00	12,1%
9 Kulturgebäude				
Gebäude für kulturelle Zwecke				
Bibliotheken, Museen und Ausstellungen	–	**81,00**	–	2,1%
Theater	–	**716,00**	–	22,8%
Gemeindezentren, einfacher Standard	–	**–**	–	–
Gemeindezentren, mittlerer Standard	–	**–**	–	–
Gemeindezentren, hoher Standard	–	**40,00**	–	2,4%
Gebäude für religiöse Zwecke				
Sakralbauten	–	**–**	–	–
Friedhofsgebäude	–	**–**	–	–

Einheit: m²
Brutto-Grundfläche (BGF)

481 Automations-einrichtungen

Kosten:
Stand 1.Quartal 2021
Bundesdurchschnitt
inkl. 19% MwSt.

Einheit: m²
Brutto-Grundfläche (BGF)

Gebäudeart	▷	€/Einheit	◁	KG an 400
1 Büro- und Verwaltungsgebäude				
Büro- und Verwaltungsgebäude, einfacher Standard	–	**31,00**	–	2,0%
Büro- und Verwaltungsgebäude, mittlerer Standard	18,00	**25,00**	35,00	1,6%
Büro- und Verwaltungsgebäude, hoher Standard	17,00	**39,00**	91,00	3,4%
2 Gebäude für Forschung und Lehre				
Instituts- und Laborgebäude	7,10	**69,00**	130,00	2,8%
3 Gebäude des Gesundheitswesens				
Medizinische Einrichtungen	11,00	**14,00**	17,00	1,5%
Pflegeheime	1,00	**3,20**	5,40	0,2%
4 Schulen und Kindergärten				
Allgemeinbildende Schulen	14,00	**28,00**	36,00	2,4%
Berufliche Schulen	41,00	**67,00**	94,00	4,6%
Förder- und Sonderschulen	6,20	**17,00**	29,00	3,1%
Weiterbildungseinrichtungen	13,00	**55,00**	96,00	6,0%
Kindergärten, nicht unterkellert, einfacher Standard	–	**–**	–	–
Kindergärten, nicht unterkellert, mittlerer Standard	–	**38,00**	–	0,8%
Kindergärten, nicht unterkellert, hoher Standard	–	**–**	–	–
Kindergärten, Holzbauweise, nicht unterkellert	4,40	**13,00**	22,00	0,7%
Kindergärten, unterkellert	–	**8,80**	–	0,8%
5 Sportbauten				
Sport- und Mehrzweckhallen	–	**17,00**	–	1,1%
Sporthallen (Einfeldhallen)	–	**–**	–	–
Sporthallen (Dreifeldhallen)	–	**12,00**	–	0,7%
Schwimmhallen	–	**–**	–	–
6 Wohngebäude				
Ein- und Zweifamilienhäuser				
Ein- und Zweifamilienhäuser, unterkellert, einfacher Standard	–	**–**	–	–
Ein- und Zweifamilienhäuser, unterkellert, mittlerer Standard	16,00	**27,00**	37,00	0,9%
Ein- und Zweifamilienhäuser, unterkellert, hoher Standard	38,00	**39,00**	40,00	2,4%
Ein- und Zweifamilienhäuser, nicht unterkellert, einfacher Standard	–	**–**	–	–
Ein- und Zweifamilienhäuser, nicht unterkellert, mittlerer Standard	–	**–**	–	–
Ein- und Zweifamilienhäuser, nicht unterkellert, hoher Standard	–	**–**	–	–
Ein- und Zweifamilienhäuser, Passivhausstandard, Massivbau	7,10	**25,00**	34,00	1,8%
Ein- und Zweifamilienhäuser, Passivhausstandard, Holzbau	–	**–**	–	–
Ein- und Zweifamilienhäuser, Holzbauweise, unterkellert	–	**–**	–	–
Ein- und Zweifamilienhäuser, Holzbauweise, nicht unterkellert	–	**15,00**	–	1,3%
Doppel- und Reihenendhäuser, einfacher Standard	–	**–**	–	–
Doppel- und Reihenendhäuser, mittlerer Standard	–	**–**	–	–
Doppel- und Reihenendhäuser, hoher Standard	–	**–**	–	–
Reihenhäuser, einfacher Standard	–	**–**	–	–
Reihenhäuser, mittlerer Standard	–	**–**	–	–
Reihenhäuser, hoher Standard	–	**–**	–	–
Mehrfamilienhäuser				
Mehrfamilienhäuser, mit bis zu 6 WE, einfacher Standard	–	**–**	–	–
Mehrfamilienhäuser, mit bis zu 6 WE, mittlerer Standard	–	**–**	–	–
Mehrfamilienhäuser, mit bis zu 6 WE, hoher Standard	–	**–**	–	–

▷ von
ø Mittel
◁ bis

Gebäudeart	▷	€/Einheit	◁	KG an 400
Mehrfamilienhäuser (Fortsetzung)				
Mehrfamilienhäuser, mit 6 bis 19 WE, einfacher Standard	–	**–**	–	–
Mehrfamilienhäuser, mit 6 bis 19 WE, mittlerer Standard	–	**–**	–	–
Mehrfamilienhäuser, mit 6 bis 19 WE, hoher Standard	–	**–**	–	–
Mehrfamilienhäuser, mit 20 oder mehr WE, einfacher Standard	–	**–**	–	–
Mehrfamilienhäuser, mit 20 oder mehr WE, mittlerer Standard	–	**–**	–	–
Mehrfamilienhäuser, mit 20 oder mehr WE, hoher Standard	–	**–**	–	–
Mehrfamilienhäuser, Passivhäuser	–	**–**	–	–
Wohnhäuser, mit bis zu 15% Mischnutzung, einfacher Standard	–	**–**	–	–
Wohnhäuser, mit bis zu 15% Mischnutzung, mittlerer Standard	–	**–**	–	–
Wohnhäuser, mit bis zu 15% Mischnutzung, hoher Standard	–	**–**	–	–
Wohnhäuser, mit mehr als 15% Mischnutzung	–	**–**	–	–
Seniorenwohnungen				
Seniorenwohnungen, mittlerer Standard	–	**–**	–	–
Seniorenwohnungen, hoher Standard	–	**–**	–	–
Beherbergung				
Wohnheime und Internate	8,60	**8,80**	9,00	0,8%
7 Gewerbegebäude				
Gaststätten und Kantinen				
Gaststätten, Kantinen und Mensen	–	**–**	–	–
Gebäude für Produktion				
Industrielle Produktionsgebäude, Massivbauweise	–	**–**	–	–
Industrielle Produktionsgebäude, überwiegend Skelettbauweise	14,00	**24,00**	40,00	2,3%
Betriebs- und Werkstätten, eingeschossig	–	**70,00**	–	5,4%
Betriebs- und Werkstätten, mehrgeschossig, geringer Hallenanteil	–	**–**	–	–
Betriebs- und Werkstätten, mehrgeschossig, hoher Hallenanteil	–	**20,00**	–	0,5%
Gebäude für Handel und Lager				
Geschäftshäuser, mit Wohnungen	–	**–**	–	–
Geschäftshäuser, ohne Wohnungen	–	**–**	–	–
Verbrauchermärkte	–	**–**	–	–
Autohäuser	–	**–**	–	–
Lagergebäude, ohne Mischnutzung	–	**28,00**	–	0,7%
Lagergebäude, mit bis zu 25% Mischnutzung	–	**31,00**	–	2,8%
Lagergebäude, mit mehr als 25% Mischnutzung	–	**–**	–	–
Garagen und Bereitschaftsdienste				
Einzel-, Mehrfach- und Hochgaragen	–	**–**	–	–
Tiefgaragen	–	**–**	–	–
Feuerwehrhäuser	–	**25,00**	–	1,8%
Öffentliche Bereitschaftsdienste	–	**4,40**	–	0,2%
9 Kulturgebäude				
Gebäude für kulturelle Zwecke				
Bibliotheken, Museen und Ausstellungen	–	**15,00**	–	0,4%
Theater	–	**–**	–	–
Gemeindezentren, einfacher Standard	–	**–**	–	–
Gemeindezentren, mittlerer Standard	–	**7,10**	–	0,3%
Gemeindezentren, hoher Standard	–	**20,00**	–	1,2%
Gebäude für religiöse Zwecke				
Sakralbauten	–	**–**	–	–
Friedhofsgebäude	–	**–**	–	–

Einheit: m²
Brutto-Grundfläche (BGF)

482 Schaltschränke, Automations-schwerpunkte

Kosten:
Stand 1.Quartal 2021
Bundesdurchschnitt
inkl. 19% MwSt.

Einheit: m²
Brutto-Grundfläche (BGF)

▷ von
ø Mittel
◁ bis

Gebäudeart	▷	€/Einheit	◁	KG an 400
1 Büro- und Verwaltungsgebäude				
Büro- und Verwaltungsgebäude, einfacher Standard	–	**–**	–	–
Büro- und Verwaltungsgebäude, mittlerer Standard	4,90	**8,90**	18,00	0,5%
Büro- und Verwaltungsgebäude, hoher Standard	6,10	**11,00**	21,00	0,9%
2 Gebäude für Forschung und Lehre				
Instituts- und Laborgebäude	7,50	**13,00**	19,00	1,0%
3 Gebäude des Gesundheitswesens				
Medizinische Einrichtungen	–	**–**	–	–
Pflegeheime	–	**1,30**	–	0,1%
4 Schulen und Kindergärten				
Allgemeinbildende Schulen	8,60	**9,80**	10,00	0,5%
Berufliche Schulen	–	**–**	–	–
Förder- und Sonderschulen	6,40	**9,10**	12,00	1,0%
Weiterbildungseinrichtungen	–	**14,00**	–	1,1%
Kindergärten, nicht unterkellert, einfacher Standard	–	**–**	–	–
Kindergärten, nicht unterkellert, mittlerer Standard	–	**18,00**	–	0,4%
Kindergärten, nicht unterkellert, hoher Standard	–	**–**	–	–
Kindergärten, Holzbauweise, nicht unterkellert	–	**–**	–	–
Kindergärten, unterkellert	–	**20,00**	–	1,9%
5 Sportbauten				
Sport- und Mehrzweckhallen	–	**7,80**	–	0,5%
Sporthallen (Einfeldhallen)	–	**–**	–	–
Sporthallen (Dreifeldhallen)	–	**6,00**	–	0,3%
Schwimmhallen	–	**–**	–	–
6 Wohngebäude				
Ein- und Zweifamilienhäuser				
Ein- und Zweifamilienhäuser, unterkellert, einfacher Standard	–	**–**	–	–
Ein- und Zweifamilienhäuser, unterkellert, mittlerer Standard	–	**–**	–	–
Ein- und Zweifamilienhäuser, unterkellert, hoher Standard	–	**–**	–	–
Ein- und Zweifamilienhäuser, nicht unterkellert, einfacher Standard	–	**–**	–	–
Ein- und Zweifamilienhäuser, nicht unterkellert, mittlerer Standard	–	**–**	–	–
Ein- und Zweifamilienhäuser, nicht unterkellert, hoher Standard	–	**–**	–	–
Ein- und Zweifamilienhäuser, Passivhausstandard, Massivbau	–	**–**	–	–
Ein- und Zweifamilienhäuser, Passivhausstandard, Holzbau	–	**–**	–	–
Ein- und Zweifamilienhäuser, Holzbauweise, unterkellert	–	**–**	–	–
Ein- und Zweifamilienhäuser, Holzbauweise, nicht unterkellert	–	**–**	–	–
Doppel- und Reihenendhäuser, einfacher Standard	–	**–**	–	–
Doppel- und Reihenendhäuser, mittlerer Standard	–	**–**	–	–
Doppel- und Reihenendhäuser, hoher Standard	–	**–**	–	–
Reihenhäuser, einfacher Standard	–	**–**	–	–
Reihenhäuser, mittlerer Standard	–	**–**	–	–
Reihenhäuser, hoher Standard	–	**–**	–	–
Mehrfamilienhäuser				
Mehrfamilienhäuser, mit bis zu 6 WE, einfacher Standard	–	**–**	–	–
Mehrfamilienhäuser, mit bis zu 6 WE, mittlerer Standard	–	**–**	–	–
Mehrfamilienhäuser, mit bis zu 6 WE, hoher Standard	–	**–**	–	–

Einheit: m²
Brutto-Grundfläche (BGF)

Gebäudeart	▷	€/Einheit	◁	KG an 400
Mehrfamilienhäuser (Fortsetzung)				
Mehrfamilienhäuser, mit 6 bis 19 WE, einfacher Standard	–	**–**	–	–
Mehrfamilienhäuser, mit 6 bis 19 WE, mittlerer Standard	–	**–**	–	–
Mehrfamilienhäuser, mit 6 bis 19 WE, hoher Standard	–	**–**	–	–
Mehrfamilienhäuser, mit 20 oder mehr WE, einfacher Standard	–	**–**	–	–
Mehrfamilienhäuser, mit 20 oder mehr WE, mittlerer Standard	–	**–**	–	–
Mehrfamilienhäuser, mit 20 oder mehr WE, hoher Standard	–	**–**	–	–
Mehrfamilienhäuser, Passivhäuser	–	**–**	–	–
Wohnhäuser, mit bis zu 15% Mischnutzung, einfacher Standard	–	**–**	–	–
Wohnhäuser, mit bis zu 15% Mischnutzung, mittlerer Standard	–	**–**	–	–
Wohnhäuser, mit bis zu 15% Mischnutzung, hoher Standard	–	**–**	–	–
Wohnhäuser, mit mehr als 15% Mischnutzung	–	**–**	–	–
Seniorenwohnungen				
Seniorenwohnungen, mittlerer Standard	–	**–**	–	–
Seniorenwohnungen, hoher Standard	–	**–**	–	–
Beherbergung				
Wohnheime und Internate	4,00	**4,20**	4,40	0,4%
7 Gewerbegebäude				
Gaststätten und Kantinen				
Gaststätten, Kantinen und Mensen	–	**–**	–	–
Gebäude für Produktion				
Industrielle Produktionsgebäude, Massivbauweise	–	**–**	–	–
Industrielle Produktionsgebäude, überwiegend Skelettbauweise	7,20	**11,00**	16,00	0,6%
Betriebs- und Werkstätten, eingeschossig	–	**–**	–	–
Betriebs- und Werkstätten, mehrgeschossig, geringer Hallenanteil	–	**–**	–	–
Betriebs- und Werkstätten, mehrgeschossig, hoher Hallenanteil	–	**1,50**	–	0,0%
Gebäude für Handel und Lager				
Geschäftshäuser, mit Wohnungen	–	**–**	–	–
Geschäftshäuser, ohne Wohnungen	–	**–**	–	–
Verbrauchermärkte	–	**–**	–	–
Autohäuser	–	**–**	–	–
Lagergebäude, ohne Mischnutzung	–	**14,00**	–	0,3%
Lagergebäude, mit bis zu 25% Mischnutzung	–	**–**	–	–
Lagergebäude, mit mehr als 25% Mischnutzung	–	**–**	–	–
Garagen und Bereitschaftsdienste				
Einzel-, Mehrfach- und Hochgaragen	–	**–**	–	–
Tiefgaragen	–	**–**	–	–
Feuerwehrhäuser	–	**4,00**	–	0,3%
Öffentliche Bereitschaftsdienste	–	**6,80**	–	0,4%
9 Kulturgebäude				
Gebäude für kulturelle Zwecke				
Bibliotheken, Museen und Ausstellungen	–	**6,90**	–	0,2%
Theater	–	**–**	–	–
Gemeindezentren, einfacher Standard	–	**–**	–	–
Gemeindezentren, mittlerer Standard	–	**–**	–	–
Gemeindezentren, hoher Standard	–	**–**	–	–
Gebäude für religiöse Zwecke				
Sakralbauten	–	**–**	–	–
Friedhofsgebäude	–	**–**	–	–

483 Automations-management

Kosten:
Stand 1.Quartal 2021
Bundesdurchschnitt
inkl. 19% MwSt.

Einheit: m²
Brutto-Grundfläche (BGF)

Gebäudeart	▷	€/Einheit	◁	KG an 400
1 Büro- und Verwaltungsgebäude				
Büro- und Verwaltungsgebäude, einfacher Standard	–	**–**	–	–
Büro- und Verwaltungsgebäude, mittlerer Standard	4,00	**7,10**	12,00	0,3%
Büro- und Verwaltungsgebäude, hoher Standard	–	**6,30**	–	0,1%
2 Gebäude für Forschung und Lehre				
Instituts- und Laborgebäude	–	**12,00**	–	0,3%
3 Gebäude des Gesundheitswesens				
Medizinische Einrichtungen	–	**–**	–	–
Pflegeheime	–	**–**	–	–
4 Schulen und Kindergärten				
Allgemeinbildende Schulen	2,60	**4,30**	6,70	0,2%
Berufliche Schulen	–	**–**	–	–
Förder- und Sonderschulen	–	**–**	–	–
Weiterbildungseinrichtungen	–	**–**	–	–
Kindergärten, nicht unterkellert, einfacher Standard	–	**–**	–	–
Kindergärten, nicht unterkellert, mittlerer Standard	–	**14,00**	–	0,3%
Kindergärten, nicht unterkellert, hoher Standard	–	**–**	–	–
Kindergärten, Holzbauweise, nicht unterkellert	–	**–**	–	–
Kindergärten, unterkellert	–	**–**	–	–
5 Sportbauten				
Sport- und Mehrzweckhallen	–	**–**	–	–
Sporthallen (Einfeldhallen)	–	**–**	–	–
Sporthallen (Dreifeldhallen)	–	**–**	–	–
Schwimmhallen	–	**–**	–	–
6 Wohngebäude				
Ein- und Zweifamilienhäuser				
Ein- und Zweifamilienhäuser, unterkellert, einfacher Standard	–	**–**	–	–
Ein- und Zweifamilienhäuser, unterkellert, mittlerer Standard	–	**–**	–	–
Ein- und Zweifamilienhäuser, unterkellert, hoher Standard	–	**8,10**	–	0,2%
Ein- und Zweifamilienhäuser, nicht unterkellert, einfacher Standard	–	**–**	–	–
Ein- und Zweifamilienhäuser, nicht unterkellert, mittlerer Standard	–	**–**	–	–
Ein- und Zweifamilienhäuser, nicht unterkellert, hoher Standard	–	**–**	–	–
Ein- und Zweifamilienhäuser, Passivhausstandard, Massivbau	–	**–**	–	–
Ein- und Zweifamilienhäuser, Passivhausstandard, Holzbau	–	**–**	–	–
Ein- und Zweifamilienhäuser, Holzbauweise, unterkellert	–	**–**	–	–
Ein- und Zweifamilienhäuser, Holzbauweise, nicht unterkellert	–	**–**	–	–
Doppel- und Reihenendhäuser, einfacher Standard	–	**–**	–	–
Doppel- und Reihenendhäuser, mittlerer Standard	–	**–**	–	–
Doppel- und Reihenendhäuser, hoher Standard	–	**–**	–	–
Reihenhäuser, einfacher Standard	–	**–**	–	–
Reihenhäuser, mittlerer Standard	–	**–**	–	–
Reihenhäuser, hoher Standard	–	**–**	–	–
Mehrfamilienhäuser				
Mehrfamilienhäuser, mit bis zu 6 WE, einfacher Standard	–	**–**	–	–
Mehrfamilienhäuser, mit bis zu 6 WE, mittlerer Standard	–	**–**	–	–
Mehrfamilienhäuser, mit bis zu 6 WE, hoher Standard	–	**–**	–	–

▷ von
ø Mittel
◁ bis

Gebäudeart	▷	€/Einheit	◁	KG an 400
Mehrfamilienhäuser (Fortsetzung)				
Mehrfamilienhäuser, mit 6 bis 19 WE, einfacher Standard	–	**–**	–	–
Mehrfamilienhäuser, mit 6 bis 19 WE, mittlerer Standard	–	**–**	–	–
Mehrfamilienhäuser, mit 6 bis 19 WE, hoher Standard	–	**–**	–	–
Mehrfamilienhäuser, mit 20 oder mehr WE, einfacher Standard	–	**–**	–	–
Mehrfamilienhäuser, mit 20 oder mehr WE, mittlerer Standard	–	**–**	–	–
Mehrfamilienhäuser, mit 20 oder mehr WE, hoher Standard	–	**–**	–	–
Mehrfamilienhäuser, Passivhäuser	–	**–**	–	–
Wohnhäuser, mit bis zu 15% Mischnutzung, einfacher Standard	–	**–**	–	–
Wohnhäuser, mit bis zu 15% Mischnutzung, mittlerer Standard	–	**–**	–	–
Wohnhäuser, mit bis zu 15% Mischnutzung, hoher Standard	–	**–**	–	–
Wohnhäuser, mit mehr als 15% Mischnutzung	–	**–**	–	–
Seniorenwohnungen				
Seniorenwohnungen, mittlerer Standard	–	**–**	–	–
Seniorenwohnungen, hoher Standard	–	**–**	–	–
Beherbergung				
Wohnheime und Internate	–	**–**	–	–
7 Gewerbegebäude				
Gaststätten und Kantinen				
Gaststätten, Kantinen und Mensen	–	**–**	–	–
Gebäude für Produktion				
Industrielle Produktionsgebäude, Massivbauweise	–	**–**	–	–
Industrielle Produktionsgebäude, überwiegend Skelettbauweise	–	**6,20**	–	0,1%
Betriebs- und Werkstätten, eingeschossig	–	**–**	–	–
Betriebs- und Werkstätten, mehrgeschossig, geringer Hallenanteil	–	**28,00**	–	1,2%
Betriebs- und Werkstätten, mehrgeschossig, hoher Hallenanteil	–	**–**	–	–
Gebäude für Handel und Lager				
Geschäftshäuser, mit Wohnungen	–	**–**	–	–
Geschäftshäuser, ohne Wohnungen	–	**–**	–	–
Verbrauchermärkte	–	**–**	–	–
Autohäuser	–	**–**	–	–
Lagergebäude, ohne Mischnutzung	–	**–**	–	–
Lagergebäude, mit bis zu 25% Mischnutzung	–	**–**	–	–
Lagergebäude, mit mehr als 25% Mischnutzung	–	**–**	–	–
Garagen und Bereitschaftsdienste				
Einzel-, Mehrfach- und Hochgaragen	–	**–**	–	–
Tiefgaragen	–	**–**	–	–
Feuerwehrhäuser	–	**10,00**	–	0,7%
Öffentliche Bereitschaftsdienste	–	**5,90**	–	0,3%
9 Kulturgebäude				
Gebäude für kulturelle Zwecke				
Bibliotheken, Museen und Ausstellungen	–	**–**	–	–
Theater	–	**–**	–	–
Gemeindezentren, einfacher Standard	–	**–**	–	–
Gemeindezentren, mittlerer Standard	–	**–**	–	–
Gemeindezentren, hoher Standard	–	**–**	–	–
Gebäude für religiöse Zwecke				
Sakralbauten	–	**–**	–	–
Friedhofsgebäude	–	**–**	–	–

Einheit: m²
Brutto-Grundfläche (BGF)

Kosten:
Stand 1.Quartal 2021
Bundesdurchschnitt
inkl. 19% MwSt.

Einheit: m²
Brutto-Grundfläche (BGF)

Gebäudeart	▷	€/Einheit	◁	KG an 400
1 Büro- und Verwaltungsgebäude				
Büro- und Verwaltungsgebäude, einfacher Standard	–	**–**	–	–
Büro- und Verwaltungsgebäude, mittlerer Standard	1,60	**2,20**	2,50	0,1%
Büro- und Verwaltungsgebäude, hoher Standard	2,50	**4,40**	9,60	0,3%
2 Gebäude für Forschung und Lehre				
Instituts- und Laborgebäude	–	**–**	–	–
3 Gebäude des Gesundheitswesens				
Medizinische Einrichtungen	–	**13,00**	–	0,6%
Pflegeheime	–	**–**	–	–
4 Schulen und Kindergärten				
Allgemeinbildende Schulen	2,20	**2,30**	2,40	0,1%
Berufliche Schulen	–	**–**	–	–
Förder- und Sonderschulen	–	**2,00**	–	0,1%
Weiterbildungseinrichtungen	–	**6,50**	–	0,3%
Kindergärten, nicht unterkellert, einfacher Standard	–	**–**	–	–
Kindergärten, nicht unterkellert, mittlerer Standard	–	**4,00**	–	0,1%
Kindergärten, nicht unterkellert, hoher Standard	–	**–**	–	–
Kindergärten, Holzbauweise, nicht unterkellert	–	**–**	–	–
Kindergärten, unterkellert	–	**–**	–	–
5 Sportbauten				
Sport- und Mehrzweckhallen	–	**–**	–	–
Sporthallen (Einfeldhallen)	–	**–**	–	–
Sporthallen (Dreifeldhallen)	–	**0,60**	–	0,0%
Schwimmhallen	–	**–**	–	–
6 Wohngebäude				
Ein- und Zweifamilienhäuser				
Ein- und Zweifamilienhäuser, unterkellert, einfacher Standard	–	**–**	–	–
Ein- und Zweifamilienhäuser, unterkellert, mittlerer Standard	–	**–**	–	–
Ein- und Zweifamilienhäuser, unterkellert, hoher Standard	–	**–**	–	–
Ein- und Zweifamilienhäuser, nicht unterkellert, einfacher Standard	–	**–**	–	–
Ein- und Zweifamilienhäuser, nicht unterkellert, mittlerer Standard	–	**–**	–	–
Ein- und Zweifamilienhäuser, nicht unterkellert, hoher Standard	–	**–**	–	–
Ein- und Zweifamilienhäuser, Passivhausstandard, Massivbau	–	**5,50**	–	0,1%
Ein- und Zweifamilienhäuser, Passivhausstandard, Holzbau	–	**–**	–	–
Ein- und Zweifamilienhäuser, Holzbauweise, unterkellert	–	**–**	–	–
Ein- und Zweifamilienhäuser, Holzbauweise, nicht unterkellert	–	**–**	–	–
Doppel- und Reihenendhäuser, einfacher Standard	–	**–**	–	–
Doppel- und Reihenendhäuser, mittlerer Standard	–	**–**	–	–
Doppel- und Reihenendhäuser, hoher Standard	–	**–**	–	–
Reihenhäuser, einfacher Standard	–	**–**	–	–
Reihenhäuser, mittlerer Standard	–	**–**	–	–
Reihenhäuser, hoher Standard	–	**–**	–	–
Mehrfamilienhäuser				
Mehrfamilienhäuser, mit bis zu 6 WE, einfacher Standard	–	**–**	–	–
Mehrfamilienhäuser, mit bis zu 6 WE, mittlerer Standard	–	**–**	–	–
Mehrfamilienhäuser, mit bis zu 6 WE, hoher Standard	–	**–**	–	–

▷ von
ø Mittel
◁ bis

Einheit: m²
Brutto-Grundfläche (BGF)

Gebäudeart	▷	€/Einheit	◁	KG an 400
Mehrfamilienhäuser (Fortsetzung)				
Mehrfamilienhäuser, mit 6 bis 19 WE, einfacher Standard	–	**–**	–	–
Mehrfamilienhäuser, mit 6 bis 19 WE, mittlerer Standard	–	**–**	–	–
Mehrfamilienhäuser, mit 6 bis 19 WE, hoher Standard	–	**–**	–	–
Mehrfamilienhäuser, mit 20 oder mehr WE, einfacher Standard	–	**–**	–	–
Mehrfamilienhäuser, mit 20 oder mehr WE, mittlerer Standard	–	**–**	–	–
Mehrfamilienhäuser, mit 20 oder mehr WE, hoher Standard	–	**–**	–	–
Mehrfamilienhäuser, Passivhäuser	–	**–**	–	–
Wohnhäuser, mit bis zu 15% Mischnutzung, einfacher Standard	–	**–**	–	–
Wohnhäuser, mit bis zu 15% Mischnutzung, mittlerer Standard	–	**–**	–	–
Wohnhäuser, mit bis zu 15% Mischnutzung, hoher Standard	–	**–**	–	–
Wohnhäuser, mit mehr als 15% Mischnutzung	–	**–**	–	–
Seniorenwohnungen				
Seniorenwohnungen, mittlerer Standard	–	**–**	–	–
Seniorenwohnungen, hoher Standard	–	**–**	–	–
Beherbergung				
Wohnheime und Internate	–	**–**	–	–
7 Gewerbegebäude				
Gaststätten und Kantinen				
Gaststätten, Kantinen und Mensen	–	**–**	–	–
Gebäude für Produktion				
Industrielle Produktionsgebäude, Massivbauweise	–	**–**	–	–
Industrielle Produktionsgebäude, überwiegend Skelettbauweise	–	**2,70**	–	0,1%
Betriebs- und Werkstätten, eingeschossig	–	**–**	–	–
Betriebs- und Werkstätten, mehrgeschossig, geringer Hallenanteil	–	**–**	–	–
Betriebs- und Werkstätten, mehrgeschossig, hoher Hallenanteil	–	**–**	–	–
Gebäude für Handel und Lager				
Geschäftshäuser, mit Wohnungen	–	**–**	–	–
Geschäftshäuser, ohne Wohnungen	–	**–**	–	–
Verbrauchermärkte	–	**–**	–	–
Autohäuser	–	**–**	–	–
Lagergebäude, ohne Mischnutzung	–	**–**	–	–
Lagergebäude, mit bis zu 25% Mischnutzung	–	**–**	–	–
Lagergebäude, mit mehr als 25% Mischnutzung	–	**–**	–	–
Garagen und Bereitschaftsdienste				
Einzel-, Mehrfach- und Hochgaragen	–	**–**	–	–
Tiefgaragen	–	**–**	–	–
Feuerwehrhäuser	–	**–**	–	–
Öffentliche Bereitschaftsdienste	–	**–**	–	–
9 Kulturgebäude				
Gebäude für kulturelle Zwecke				
Bibliotheken, Museen und Ausstellungen	–	**–**	–	–
Theater	–	**–**	–	–
Gemeindezentren, einfacher Standard	–	**–**	–	–
Gemeindezentren, mittlerer Standard	–	**3,10**	–	0,1%
Gemeindezentren, hoher Standard	–	**–**	–	–
Gebäude für religiöse Zwecke				
Sakralbauten	–	**–**	–	–
Friedhofsgebäude	–	**–**	–	–

485 Datenübertragungsnetze

Kosten:
Stand 1.Quartal 2021
Bundesdurchschnitt
inkl. 19% MwSt.

Einheit: m²
Brutto-Grundfläche (BGF)

▷ von
ø Mittel
◁ bis

Gebäudeart	▷	€/Einheit	◁	KG an 400
1 Büro- und Verwaltungsgebäude				
Büro- und Verwaltungsgebäude, einfacher Standard	–	**–**	–	–
Büro- und Verwaltungsgebäude, mittlerer Standard	2,00	**7,00**	16,00	0,4%
Büro- und Verwaltungsgebäude, hoher Standard	2,10	**7,20**	17,00	0,6%
2 Gebäude für Forschung und Lehre				
Instituts- und Laborgebäude	–	**18,00**	–	0,5%
3 Gebäude des Gesundheitswesens				
Medizinische Einrichtungen	–	**1,40**	–	0,1%
Pflegeheime	–	**–**	–	–
4 Schulen und Kindergärten				
Allgemeinbildende Schulen	0,50	**5,00**	9,50	0,3%
Berufliche Schulen	–	**–**	–	–
Förder- und Sonderschulen	–	**1,00**	–	0,1%
Weiterbildungseinrichtungen	–	**–**	–	–
Kindergärten, nicht unterkellert, einfacher Standard	–	**–**	–	–
Kindergärten, nicht unterkellert, mittlerer Standard	–	**–**	–	–
Kindergärten, nicht unterkellert, hoher Standard	–	**–**	–	–
Kindergärten, Holzbauweise, nicht unterkellert	–	**0,90**	–	0,0%
Kindergärten, unterkellert	–	**6,60**	–	0,6%
5 Sportbauten				
Sport- und Mehrzweckhallen	–	**–**	–	–
Sporthallen (Einfeldhallen)	–	**–**	–	–
Sporthallen (Dreifeldhallen)	–	**–**	–	–
Schwimmhallen	–	**–**	–	–
6 Wohngebäude				
Ein- und Zweifamilienhäuser				
Ein- und Zweifamilienhäuser, unterkellert, einfacher Standard	–	**–**	–	–
Ein- und Zweifamilienhäuser, unterkellert, mittlerer Standard	–	**0,80**	–	0,0%
Ein- und Zweifamilienhäuser, unterkellert, hoher Standard	1,10	**1,70**	2,40	0,1%
Ein- und Zweifamilienhäuser, nicht unterkellert, einfacher Standard	–	**–**	–	–
Ein- und Zweifamilienhäuser, nicht unterkellert, mittlerer Standard	–	**–**	–	–
Ein- und Zweifamilienhäuser, nicht unterkellert, hoher Standard	–	**–**	–	–
Ein- und Zweifamilienhäuser, Passivhausstandard, Massivbau	–	**3,60**	–	0,1%
Ein- und Zweifamilienhäuser, Passivhausstandard, Holzbau	–	**–**	–	–
Ein- und Zweifamilienhäuser, Holzbauweise, unterkellert	–	**–**	–	–
Ein- und Zweifamilienhäuser, Holzbauweise, nicht unterkellert	–	**–**	–	–
Doppel- und Reihenendhäuser, einfacher Standard	–	**–**	–	–
Doppel- und Reihenendhäuser, mittlerer Standard	–	**–**	–	–
Doppel- und Reihenendhäuser, hoher Standard	–	**–**	–	–
Reihenhäuser, einfacher Standard	–	**–**	–	–
Reihenhäuser, mittlerer Standard	–	**–**	–	–
Reihenhäuser, hoher Standard	–	**–**	–	–
Mehrfamilienhäuser				
Mehrfamilienhäuser, mit bis zu 6 WE, einfacher Standard	–	**–**	–	–
Mehrfamilienhäuser, mit bis zu 6 WE, mittlerer Standard	–	**–**	–	–
Mehrfamilienhäuser, mit bis zu 6 WE, hoher Standard	–	**–**	–	–

Einheit: m²
Brutto-Grundfläche (BGF)

Gebäudeart	▷	€/Einheit	◁	KG an 400
Mehrfamilienhäuser (Fortsetzung)				
Mehrfamilienhäuser, mit 6 bis 19 WE, einfacher Standard	–	**–**	–	–
Mehrfamilienhäuser, mit 6 bis 19 WE, mittlerer Standard	–	**–**	–	–
Mehrfamilienhäuser, mit 6 bis 19 WE, hoher Standard	–	**–**	–	–
Mehrfamilienhäuser, mit 20 oder mehr WE, einfacher Standard	–	**–**	–	–
Mehrfamilienhäuser, mit 20 oder mehr WE, mittlerer Standard	–	**–**	–	–
Mehrfamilienhäuser, mit 20 oder mehr WE, hoher Standard	–	**–**	–	–
Mehrfamilienhäuser, Passivhäuser	–	**–**	–	–
Wohnhäuser, mit bis zu 15% Mischnutzung, einfacher Standard	–	**–**	–	–
Wohnhäuser, mit bis zu 15% Mischnutzung, mittlerer Standard	–	**–**	–	–
Wohnhäuser, mit bis zu 15% Mischnutzung, hoher Standard	–	**–**	–	–
Wohnhäuser, mit mehr als 15% Mischnutzung	–	**–**	–	–
Seniorenwohnungen				
Seniorenwohnungen, mittlerer Standard	–	**–**	–	–
Seniorenwohnungen, hoher Standard	–	**–**	–	–
Beherbergung				
Wohnheime und Internate	–	**6,90**	–	0,2%
7 Gewerbegebäude				
Gaststätten und Kantinen				
Gaststätten, Kantinen und Mensen	–	**–**	–	–
Gebäude für Produktion				
Industrielle Produktionsgebäude, Massivbauweise	–	**–**	–	–
Industrielle Produktionsgebäude, überwiegend Skelettbauweise	4,10	**6,00**	7,90	0,4%
Betriebs- und Werkstätten, eingeschossig	–	**–**	–	–
Betriebs- und Werkstätten, mehrgeschossig, geringer Hallenanteil	–	**–**	–	–
Betriebs- und Werkstätten, mehrgeschossig, hoher Hallenanteil	–	**–**	–	–
Gebäude für Handel und Lager				
Geschäftshäuser, mit Wohnungen	–	**–**	–	–
Geschäftshäuser, ohne Wohnungen	–	**–**	–	–
Verbrauchermärkte	–	**–**	–	–
Autohäuser	–	**–**	–	–
Lagergebäude, ohne Mischnutzung	–	**4,70**	–	0,1%
Lagergebäude, mit bis zu 25% Mischnutzung	–	**–**	–	–
Lagergebäude, mit mehr als 25% Mischnutzung	–	**–**	–	–
Garagen und Bereitschaftsdienste				
Einzel-, Mehrfach- und Hochgaragen	–	**–**	–	–
Tiefgaragen	–	**–**	–	–
Feuerwehrhäuser	–	**1,20**	–	0,1%
Öffentliche Bereitschaftsdienste	–	**7,30**	–	0,4%
9 Kulturgebäude				
Gebäude für kulturelle Zwecke				
Bibliotheken, Museen und Ausstellungen	–	**–**	–	–
Theater	–	**–**	–	–
Gemeindezentren, einfacher Standard	–	**–**	–	–
Gemeindezentren, mittlerer Standard	–	**–**	–	–
Gemeindezentren, hoher Standard	–	**–**	–	–
Gebäude für religiöse Zwecke				
Sakralbauten	–	**–**	–	–
Friedhofsgebäude	–	**–**	–	–

Kosten:
Stand 1.Quartal 2021
Bundesdurchschnitt
inkl. 19% MwSt.

Einheit: m²
Brutto-Grundfläche (BGF)

▷ von
ø Mittel
◁ bis

Gebäudeart	▷	€/Einheit	◁	KG an 400
1 Büro- und Verwaltungsgebäude				
Büro- und Verwaltungsgebäude, einfacher Standard	–	**–**	–	–
Büro- und Verwaltungsgebäude, mittlerer Standard	–	**–**	–	–
Büro- und Verwaltungsgebäude, hoher Standard	–	**5,60**	–	0,1%
2 Gebäude für Forschung und Lehre				
Instituts- und Laborgebäude	–	**–**	–	–
3 Gebäude des Gesundheitswesens				
Medizinische Einrichtungen	–	**–**	–	–
Pflegeheime	–	**–**	–	–
4 Schulen und Kindergärten				
Allgemeinbildende Schulen	–	**–**	–	–
Berufliche Schulen	–	**–**	–	–
Förder- und Sonderschulen	–	**0,60**	–	0,0%
Weiterbildungseinrichtungen	–	**–**	–	–
Kindergärten, nicht unterkellert, einfacher Standard	–	**–**	–	–
Kindergärten, nicht unterkellert, mittlerer Standard	–	**–**	–	–
Kindergärten, nicht unterkellert, hoher Standard	–	**–**	–	–
Kindergärten, Holzbauweise, nicht unterkellert	–	**–**	–	–
Kindergärten, unterkellert	–	**–**	–	–
5 Sportbauten				
Sport- und Mehrzweckhallen	–	**–**	–	–
Sporthallen (Einfeldhallen)	–	**–**	–	–
Sporthallen (Dreifeldhallen)	–	**–**	–	–
Schwimmhallen	–	**–**	–	–
6 Wohngebäude				
Ein- und Zweifamilienhäuser				
Ein- und Zweifamilienhäuser, unterkellert, einfacher Standard	–	**–**	–	–
Ein- und Zweifamilienhäuser, unterkellert, mittlerer Standard	–	**–**	–	–
Ein- und Zweifamilienhäuser, unterkellert, hoher Standard	–	**–**	–	–
Ein- und Zweifamilienhäuser, nicht unterkellert, einfacher Standard	–	**–**	–	–
Ein- und Zweifamilienhäuser, nicht unterkellert, mittlerer Standard	–	**–**	–	–
Ein- und Zweifamilienhäuser, nicht unterkellert, hoher Standard	–	**–**	–	–
Ein- und Zweifamilienhäuser, Passivhausstandard, Massivbau	–	**–**	–	–
Ein- und Zweifamilienhäuser, Passivhausstandard, Holzbau	–	**–**	–	–
Ein- und Zweifamilienhäuser, Holzbauweise, unterkellert	–	**–**	–	–
Ein- und Zweifamilienhäuser, Holzbauweise, nicht unterkellert	–	**–**	–	–
Doppel- und Reihenendhäuser, einfacher Standard	–	**–**	–	–
Doppel- und Reihenendhäuser, mittlerer Standard	–	**–**	–	–
Doppel- und Reihenendhäuser, hoher Standard	–	**–**	–	–
Reihenhäuser, einfacher Standard	–	**–**	–	–
Reihenhäuser, mittlerer Standard	–	**–**	–	–
Reihenhäuser, hoher Standard	–	**–**	–	–
Mehrfamilienhäuser				
Mehrfamilienhäuser, mit bis zu 6 WE, einfacher Standard	–	**–**	–	–
Mehrfamilienhäuser, mit bis zu 6 WE, mittlerer Standard	–	**–**	–	–
Mehrfamilienhäuser, mit bis zu 6 WE, hoher Standard	–	**–**	–	–

Gebäudeart	▷	€/Einheit	◁	KG an 400
Mehrfamilienhäuser (Fortsetzung)				
Mehrfamilienhäuser, mit 6 bis 19 WE, einfacher Standard	–	–	–	–
Mehrfamilienhäuser, mit 6 bis 19 WE, mittlerer Standard	–	–	–	–
Mehrfamilienhäuser, mit 6 bis 19 WE, hoher Standard	–	–	–	–
Mehrfamilienhäuser, mit 20 oder mehr WE, einfacher Standard	–	–	–	–
Mehrfamilienhäuser, mit 20 oder mehr WE, mittlerer Standard	–	–	–	–
Mehrfamilienhäuser, mit 20 oder mehr WE, hoher Standard	–	–	–	–
Mehrfamilienhäuser, Passivhäuser	–	–	–	–
Wohnhäuser, mit bis zu 15% Mischnutzung, einfacher Standard	–	–	–	–
Wohnhäuser, mit bis zu 15% Mischnutzung, mittlerer Standard	–	–	–	–
Wohnhäuser, mit bis zu 15% Mischnutzung, hoher Standard	–	–	–	–
Wohnhäuser, mit mehr als 15% Mischnutzung	–	–	–	–
Seniorenwohnungen				
Seniorenwohnungen, mittlerer Standard	–	–	–	–
Seniorenwohnungen, hoher Standard	–	–	–	–
Beherbergung				
Wohnheime und Internate	–	–	–	–
7 Gewerbegebäude				
Gaststätten und Kantinen				
Gaststätten, Kantinen und Mensen	–	–	–	–
Gebäude für Produktion				
Industrielle Produktionsgebäude, Massivbauweise	–	–	–	–
Industrielle Produktionsgebäude, überwiegend Skelettbauweise	–	–	–	–
Betriebs- und Werkstätten, eingeschossig	–	–	–	–
Betriebs- und Werkstätten, mehrgeschossig, geringer Hallenanteil	–	–	–	–
Betriebs- und Werkstätten, mehrgeschossig, hoher Hallenanteil	–	–	–	–
Gebäude für Handel und Lager				
Geschäftshäuser, mit Wohnungen	–	–	–	–
Geschäftshäuser, ohne Wohnungen	–	–	–	–
Verbrauchermärkte	–	–	–	–
Autohäuser	–	–	–	–
Lagergebäude, ohne Mischnutzung	–	–	–	–
Lagergebäude, mit bis zu 25% Mischnutzung	–	–	–	–
Lagergebäude, mit mehr als 25% Mischnutzung	–	–	–	–
Garagen und Bereitschaftsdienste				
Einzel-, Mehrfach- und Hochgaragen	–	–	–	–
Tiefgaragen	–	–	–	–
Feuerwehrhäuser	–	–	–	–
Öffentliche Bereitschaftsdienste	–	–	–	–
9 Kulturgebäude				
Gebäude für kulturelle Zwecke				
Bibliotheken, Museen und Ausstellungen	–	–	–	–
Theater	–	–	–	–
Gemeindezentren, einfacher Standard	–	–	–	–
Gemeindezentren, mittlerer Standard	–	–	–	–
Gemeindezentren, hoher Standard	–	–	–	–
Gebäude für religiöse Zwecke				
Sakralbauten	–	–	–	–
Friedhofsgebäude	–	–	–	–

Einheit: m²
Brutto-Grundfläche (BGF)

491 Baustelleneinrichtung

Kosten:
Stand 1.Quartal 2021
Bundesdurchschnitt
inkl. 19% MwSt.

Einheit: m²
Brutto-Grundfläche (BGF)

Gebäudeart	▷	€/Einheit	◁	KG an 400
1 Büro- und Verwaltungsgebäude				
Büro- und Verwaltungsgebäude, einfacher Standard	–	**–**	–	–
Büro- und Verwaltungsgebäude, mittlerer Standard	–	**1,50**	–	0,0%
Büro- und Verwaltungsgebäude, hoher Standard	0,10	**1,00**	1,90	0,0%
2 Gebäude für Forschung und Lehre				
Instituts- und Laborgebäude	0,30	**1,70**	3,10	0,1%
3 Gebäude des Gesundheitswesens				
Medizinische Einrichtungen	–	**3,10**	–	0,3%
Pflegeheime	–	**–**	–	–
4 Schulen und Kindergärten				
Allgemeinbildende Schulen	0,90	**1,40**	2,10	0,1%
Berufliche Schulen	–	**–**	–	–
Förder- und Sonderschulen	0,20	**1,80**	3,40	0,2%
Weiterbildungseinrichtungen	–	**–**	–	–
Kindergärten, nicht unterkellert, einfacher Standard	–	**–**	–	–
Kindergärten, nicht unterkellert, mittlerer Standard	–	**2,20**	–	0,1%
Kindergärten, nicht unterkellert, hoher Standard	–	**–**	–	–
Kindergärten, Holzbauweise, nicht unterkellert	–	**–**	–	–
Kindergärten, unterkellert	–	**0,50**	–	0,0%
5 Sportbauten				
Sport- und Mehrzweckhallen	–	**–**	–	–
Sporthallen (Einfeldhallen)	–	**0,60**	–	0,1%
Sporthallen (Dreifeldhallen)	–	**–**	–	–
Schwimmhallen	–	**–**	–	–
6 Wohngebäude				
Ein- und Zweifamilienhäuser				
Ein- und Zweifamilienhäuser, unterkellert, einfacher Standard	–	**–**	–	–
Ein- und Zweifamilienhäuser, unterkellert, mittlerer Standard	–	**–**	–	–
Ein- und Zweifamilienhäuser, unterkellert, hoher Standard	–	**–**	–	–
Ein- und Zweifamilienhäuser, nicht unterkellert, einfacher Standard	–	**–**	–	–
Ein- und Zweifamilienhäuser, nicht unterkellert, mittlerer Standard	–	**0,70**	–	0,0%
Ein- und Zweifamilienhäuser, nicht unterkellert, hoher Standard	–	**5,50**	–	0,1%
Ein- und Zweifamilienhäuser, Passivhausstandard, Massivbau	–	**–**	–	–
Ein- und Zweifamilienhäuser, Passivhausstandard, Holzbau	–	**–**	–	–
Ein- und Zweifamilienhäuser, Holzbauweise, unterkellert	–	**–**	–	–
Ein- und Zweifamilienhäuser, Holzbauweise, nicht unterkellert	–	**–**	–	–
Doppel- und Reihenendhäuser, einfacher Standard	–	**0,80**	–	0,2%
Doppel- und Reihenendhäuser, mittlerer Standard	–	**–**	–	–
Doppel- und Reihenendhäuser, hoher Standard	–	**–**	–	–
Reihenhäuser, einfacher Standard	–	**0,80**	–	0,2%
Reihenhäuser, mittlerer Standard	–	**–**	–	–
Reihenhäuser, hoher Standard	–	**–**	–	–
Mehrfamilienhäuser				
Mehrfamilienhäuser, mit bis zu 6 WE, einfacher Standard	–	**–**	–	–
Mehrfamilienhäuser, mit bis zu 6 WE, mittlerer Standard	–	**–**	–	–
Mehrfamilienhäuser, mit bis zu 6 WE, hoher Standard	–	**–**	–	–

▷ von
ø Mittel
◁ bis

Einheit: m2
Brutto-Grundfläche (BGF)

Gebäudeart	▷	€/Einheit	◁	KG an 400
Mehrfamilienhäuser (Fortsetzung)				
Mehrfamilienhäuser, mit 6 bis 19 WE, einfacher Standard	–	**1,70**	–	0,3%
Mehrfamilienhäuser, mit 6 bis 19 WE, mittlerer Standard	–	**–**	–	–
Mehrfamilienhäuser, mit 6 bis 19 WE, hoher Standard	–	**0,50**	–	0,1%
Mehrfamilienhäuser, mit 20 oder mehr WE, einfacher Standard	–	**0,20**	–	0,0%
Mehrfamilienhäuser, mit 20 oder mehr WE, mittlerer Standard	–	**0,10**	–	0,0%
Mehrfamilienhäuser, mit 20 oder mehr WE, hoher Standard	–	**0,10**	–	0,0%
Mehrfamilienhäuser, Passivhäuser	–	**–**	–	–
Wohnhäuser, mit bis zu 15% Mischnutzung, einfacher Standard	–	**–**	–	–
Wohnhäuser, mit bis zu 15% Mischnutzung, mittlerer Standard	–	**–**	–	–
Wohnhäuser, mit bis zu 15% Mischnutzung, hoher Standard	–	**–**	–	–
Wohnhäuser, mit mehr als 15% Mischnutzung	–	**–**	–	–
Seniorenwohnungen				
Seniorenwohnungen, mittlerer Standard	–	**–**	–	–
Seniorenwohnungen, hoher Standard	–	**–**	–	–
Beherbergung				
Wohnheime und Internate	–	**2,20**	–	0,1%
7 Gewerbegebäude				
Gaststätten und Kantinen				
Gaststätten, Kantinen und Mensen	–	**0,90**	–	0,1%
Gebäude für Produktion				
Industrielle Produktionsgebäude, Massivbauweise	–	**–**	–	–
Industrielle Produktionsgebäude, überwiegend Skelettbauweise	0,40	**2,40**	4,40	0,2%
Betriebs- und Werkstätten, eingeschossig	–	**–**	–	–
Betriebs- und Werkstätten, mehrgeschossig, geringer Hallenanteil	–	**0,30**	–	0,0%
Betriebs- und Werkstätten, mehrgeschossig, hoher Hallenanteil	0,30	**0,60**	0,90	0,0%
Gebäude für Handel und Lager				
Geschäftshäuser, mit Wohnungen	–	**–**	–	–
Geschäftshäuser, ohne Wohnungen	–	**–**	–	–
Verbrauchermärkte	–	**–**	–	–
Autohäuser	–	**–**	–	–
Lagergebäude, ohne Mischnutzung	–	**0,20**	–	0,0%
Lagergebäude, mit bis zu 25% Mischnutzung	–	**–**	–	–
Lagergebäude, mit mehr als 25% Mischnutzung	–	**–**	–	–
Garagen und Bereitschaftsdienste				
Einzel-, Mehrfach- und Hochgaragen	–	**–**	–	–
Tiefgaragen	–	**–**	–	–
Feuerwehrhäuser	–	**–**	–	–
Öffentliche Bereitschaftsdienste	–	**0,20**	–	0,0%
9 Kulturgebäude				
Gebäude für kulturelle Zwecke				
Bibliotheken, Museen und Ausstellungen	–	**2,20**	–	0,1%
Theater	–	**–**	–	–
Gemeindezentren, einfacher Standard	–	**–**	–	–
Gemeindezentren, mittlerer Standard	–	**1,40**	–	0,1%
Gemeindezentren, hoher Standard	–	**–**	–	–
Gebäude für religiöse Zwecke				
Sakralbauten	–	**–**	–	–
Friedhofsgebäude	–	**–**	–	–

Kosten:
Stand 1.Quartal 2021
Bundesdurchschnitt
inkl. 19% MwSt.

Einheit: m²
Brutto-Grundfläche (BGF)

▷ von
ø Mittel
◁ bis

Gebäudeart	▷	€/Einheit	◁	KG an 400
1 Büro- und Verwaltungsgebäude				
Büro- und Verwaltungsgebäude, einfacher Standard	–	**–**	–	–
Büro- und Verwaltungsgebäude, mittlerer Standard	–	**0,60**	–	0,0%
Büro- und Verwaltungsgebäude, hoher Standard	–	**–**	–	–
2 Gebäude für Forschung und Lehre				
Instituts- und Laborgebäude	–	**–**	–	–
3 Gebäude des Gesundheitswesens				
Medizinische Einrichtungen	–	**0,80**	–	0,1%
Pflegeheime	–	**–**	–	–
4 Schulen und Kindergärten				
Allgemeinbildende Schulen	0,40	**0,40**	0,50	0,0%
Berufliche Schulen	–	**–**	–	–
Förder- und Sonderschulen	–	**0,10**	–	0,0%
Weiterbildungseinrichtungen	0,10	**0,30**	0,50	0,0%
Kindergärten, nicht unterkellert, einfacher Standard	–	**–**	–	–
Kindergärten, nicht unterkellert, mittlerer Standard	–	**1,00**	–	0,0%
Kindergärten, nicht unterkellert, hoher Standard	–	**–**	–	–
Kindergärten, Holzbauweise, nicht unterkellert	–	**–**	–	–
Kindergärten, unterkellert	–	**1,90**	–	0,1%
5 Sportbauten				
Sport- und Mehrzweckhallen	–	**–**	–	–
Sporthallen (Einfeldhallen)	–	**–**	–	–
Sporthallen (Dreifeldhallen)	–	**–**	–	–
Schwimmhallen	–	**–**	–	–
6 Wohngebäude				
Ein- und Zweifamilienhäuser				
Ein- und Zweifamilienhäuser, unterkellert, einfacher Standard	–	**–**	–	–
Ein- und Zweifamilienhäuser, unterkellert, mittlerer Standard	–	**–**	–	–
Ein- und Zweifamilienhäuser, unterkellert, hoher Standard	–	**–**	–	–
Ein- und Zweifamilienhäuser, nicht unterkellert, einfacher Standard	–	**–**	–	–
Ein- und Zweifamilienhäuser, nicht unterkellert, mittlerer Standard	–	**–**	–	–
Ein- und Zweifamilienhäuser, nicht unterkellert, hoher Standard	–	**–**	–	–
Ein- und Zweifamilienhäuser, Passivhausstandard, Massivbau	–	**–**	–	–
Ein- und Zweifamilienhäuser, Passivhausstandard, Holzbau	–	**–**	–	–
Ein- und Zweifamilienhäuser, Holzbauweise, unterkellert	–	**–**	–	–
Ein- und Zweifamilienhäuser, Holzbauweise, nicht unterkellert	–	**–**	–	–
Doppel- und Reihenendhäuser, einfacher Standard	–	**–**	–	–
Doppel- und Reihenendhäuser, mittlerer Standard	–	**–**	–	–
Doppel- und Reihenendhäuser, hoher Standard	–	**–**	–	–
Reihenhäuser, einfacher Standard	–	**–**	–	–
Reihenhäuser, mittlerer Standard	–	**–**	–	–
Reihenhäuser, hoher Standard	–	**–**	–	–
Mehrfamilienhäuser				
Mehrfamilienhäuser, mit bis zu 6 WE, einfacher Standard	–	**–**	–	–
Mehrfamilienhäuser, mit bis zu 6 WE, mittlerer Standard	–	**–**	–	–
Mehrfamilienhäuser, mit bis zu 6 WE, hoher Standard	–	**–**	–	–

Gebäudeart	▷	€/Einheit	◁	KG an 400
Mehrfamilienhäuser (Fortsetzung)				
Mehrfamilienhäuser, mit 6 bis 19 WE, einfacher Standard	–	–	–	–
Mehrfamilienhäuser, mit 6 bis 19 WE, mittlerer Standard	–	–	–	–
Mehrfamilienhäuser, mit 6 bis 19 WE, hoher Standard	–	–	–	–
Mehrfamilienhäuser, mit 20 oder mehr WE, einfacher Standard	–	–	–	–
Mehrfamilienhäuser, mit 20 oder mehr WE, mittlerer Standard	–	–	–	–
Mehrfamilienhäuser, mit 20 oder mehr WE, hoher Standard	–	–	–	–
Mehrfamilienhäuser, Passivhäuser	–	–	–	–
Wohnhäuser, mit bis zu 15% Mischnutzung, einfacher Standard	–	–	–	–
Wohnhäuser, mit bis zu 15% Mischnutzung, mittlerer Standard	–	–	–	–
Wohnhäuser, mit bis zu 15% Mischnutzung, hoher Standard	–	–	–	–
Wohnhäuser, mit mehr als 15% Mischnutzung	–	–	–	–
Seniorenwohnungen				
Seniorenwohnungen, mittlerer Standard	–	–	–	–
Seniorenwohnungen, hoher Standard	–	–	–	–
Beherbergung				
Wohnheime und Internate	–	–	–	–
7 Gewerbegebäude				
Gaststätten und Kantinen				
Gaststätten, Kantinen und Mensen	–	–	–	–
Gebäude für Produktion				
Industrielle Produktionsgebäude, Massivbauweise	–	–	–	–
Industrielle Produktionsgebäude, überwiegend Skelettbauweise	–	**3,00**	–	0,1%
Betriebs- und Werkstätten, eingeschossig	–	–	–	–
Betriebs- und Werkstätten, mehrgeschossig, geringer Hallenanteil	–	–	–	–
Betriebs- und Werkstätten, mehrgeschossig, hoher Hallenanteil	–	–	–	–
Gebäude für Handel und Lager				
Geschäftshäuser, mit Wohnungen	–	–	–	–
Geschäftshäuser, ohne Wohnungen	–	–	–	–
Verbrauchermärkte	–	–	–	–
Autohäuser	–	–	–	–
Lagergebäude, ohne Mischnutzung	–	–	–	–
Lagergebäude, mit bis zu 25% Mischnutzung	–	–	–	–
Lagergebäude, mit mehr als 25% Mischnutzung	–	–	–	–
Garagen und Bereitschaftsdienste				
Einzel-, Mehrfach- und Hochgaragen	–	–	–	–
Tiefgaragen	–	–	–	–
Feuerwehrhäuser	0,20	**3,20**	6,30	0,6%
Öffentliche Bereitschaftsdienste	–	**0,80**	–	0,0%
9 Kulturgebäude				
Gebäude für kulturelle Zwecke				
Bibliotheken, Museen und Ausstellungen	–	**0,90**	–	0,0%
Theater	–	–	–	–
Gemeindezentren, einfacher Standard	–	–	–	–
Gemeindezentren, mittlerer Standard	–	–	–	–
Gemeindezentren, hoher Standard	–	–	–	–
Gebäude für religiöse Zwecke				
Sakralbauten	–	–	–	–
Friedhofsgebäude	–	–	–	–

Einheit: m²
Brutto-Grundfläche (BGF)

Kosten:
Stand 1.Quartal 2021
Bundesdurchschnitt
inkl. 19% MwSt.

Einheit: m²
Brutto-Grundfläche (BGF)

Gebäudeart	▷	€/Einheit	◁	KG an 400
1 Büro- und Verwaltungsgebäude				
Büro- und Verwaltungsgebäude, einfacher Standard	–	**–**	–	–
Büro- und Verwaltungsgebäude, mittlerer Standard	–	**–**	–	–
Büro- und Verwaltungsgebäude, hoher Standard	–	**–**	–	–
2 Gebäude für Forschung und Lehre				
Instituts- und Laborgebäude	–	**–**	–	–
3 Gebäude des Gesundheitswesens				
Medizinische Einrichtungen	–	**–**	–	–
Pflegeheime	–	**1,90**	–	0,1%
4 Schulen und Kindergärten				
Allgemeinbildende Schulen	0,50	**12,00**	23,00	1,1%
Berufliche Schulen	–	**1,00**	–	0,0%
Förder- und Sonderschulen	–	**0,80**	–	0,0%
Weiterbildungseinrichtungen	–	**–**	–	–
Kindergärten, nicht unterkellert, einfacher Standard	–	**–**	–	–
Kindergärten, nicht unterkellert, mittlerer Standard	–	**–**	–	–
Kindergärten, nicht unterkellert, hoher Standard	–	**–**	–	–
Kindergärten, Holzbauweise, nicht unterkellert	–	**–**	–	–
Kindergärten, unterkellert	–	**–**	–	–
5 Sportbauten				
Sport- und Mehrzweckhallen	–	**0,50**	–	0,0%
Sporthallen (Einfeldhallen)	–	**–**	–	–
Sporthallen (Dreifeldhallen)	–	**0,40**	–	0,0%
Schwimmhallen	–	**–**	–	–
6 Wohngebäude				
Ein- und Zweifamilienhäuser				
Ein- und Zweifamilienhäuser, unterkellert, einfacher Standard	–	**–**	–	–
Ein- und Zweifamilienhäuser, unterkellert, mittlerer Standard	–	**–**	–	–
Ein- und Zweifamilienhäuser, unterkellert, hoher Standard	–	**–**	–	–
Ein- und Zweifamilienhäuser, nicht unterkellert, einfacher Standard	–	**–**	–	–
Ein- und Zweifamilienhäuser, nicht unterkellert, mittlerer Standard	–	**–**	–	–
Ein- und Zweifamilienhäuser, nicht unterkellert, hoher Standard	–	**–**	–	–
Ein- und Zweifamilienhäuser, Passivhausstandard, Massivbau	–	**–**	–	–
Ein- und Zweifamilienhäuser, Passivhausstandard, Holzbau	–	**–**	–	–
Ein- und Zweifamilienhäuser, Holzbauweise, unterkellert	–	**–**	–	–
Ein- und Zweifamilienhäuser, Holzbauweise, nicht unterkellert	–	**–**	–	–
Doppel- und Reihenendhäuser, einfacher Standard	–	**–**	–	–
Doppel- und Reihenendhäuser, mittlerer Standard	–	**–**	–	–
Doppel- und Reihenendhäuser, hoher Standard	–	**–**	–	–
Reihenhäuser, einfacher Standard	–	**–**	–	–
Reihenhäuser, mittlerer Standard	–	**–**	–	–
Reihenhäuser, hoher Standard	–	**–**	–	–
Mehrfamilienhäuser				
Mehrfamilienhäuser, mit bis zu 6 WE, einfacher Standard	–	**–**	–	–
Mehrfamilienhäuser, mit bis zu 6 WE, mittlerer Standard	–	**–**	–	–
Mehrfamilienhäuser, mit bis zu 6 WE, hoher Standard	–	**–**	–	–

▷ von
ø Mittel
◁ bis

Einheit: m²
Brutto-Grundfläche (BGF)

Gebäudeart	▷	€/Einheit	◁	KG an 400
Mehrfamilienhäuser (Fortsetzung)				
Mehrfamilienhäuser, mit 6 bis 19 WE, einfacher Standard	–	**0,20**	–	0,0%
Mehrfamilienhäuser, mit 6 bis 19 WE, mittlerer Standard	–	–	–	–
Mehrfamilienhäuser, mit 6 bis 19 WE, hoher Standard	–	–	–	–
Mehrfamilienhäuser, mit 20 oder mehr WE, einfacher Standard	–	–	–	–
Mehrfamilienhäuser, mit 20 oder mehr WE, mittlerer Standard	–	–	–	–
Mehrfamilienhäuser, mit 20 oder mehr WE, hoher Standard	–	–	–	–
Mehrfamilienhäuser, Passivhäuser	–	–	–	–
Wohnhäuser, mit bis zu 15% Mischnutzung, einfacher Standard	–	–	–	–
Wohnhäuser, mit bis zu 15% Mischnutzung, mittlerer Standard	–	–	–	–
Wohnhäuser, mit bis zu 15% Mischnutzung, hoher Standard	–	–	–	–
Wohnhäuser, mit mehr als 15% Mischnutzung	–	–	–	–
Seniorenwohnungen				
Seniorenwohnungen, mittlerer Standard	–	–	–	–
Seniorenwohnungen, hoher Standard	–	–	–	–
Beherbergung				
Wohnheime und Internate	–	**7,30**	–	0,3%
7 Gewerbegebäude				
Gaststätten und Kantinen				
Gaststätten, Kantinen und Mensen	–	–	–	–
Gebäude für Produktion				
Industrielle Produktionsgebäude, Massivbauweise	–	–	–	–
Industrielle Produktionsgebäude, überwiegend Skelettbauweise	–	–	–	–
Betriebs- und Werkstätten, eingeschossig	–	–	–	–
Betriebs- und Werkstätten, mehrgeschossig, geringer Hallenanteil	–	–	–	–
Betriebs- und Werkstätten, mehrgeschossig, hoher Hallenanteil	–	–	–	–
Gebäude für Handel und Lager				
Geschäftshäuser, mit Wohnungen	–	–	–	–
Geschäftshäuser, ohne Wohnungen	–	–	–	–
Verbrauchermärkte	–	–	–	–
Autohäuser	–	–	–	–
Lagergebäude, ohne Mischnutzung	–	**2,10**	–	0,1%
Lagergebäude, mit bis zu 25% Mischnutzung	–	–	–	–
Lagergebäude, mit mehr als 25% Mischnutzung	–	–	–	–
Garagen und Bereitschaftsdienste				
Einzel-, Mehrfach- und Hochgaragen	–	–	–	–
Tiefgaragen	–	–	–	–
Feuerwehrhäuser	–	–	–	–
Öffentliche Bereitschaftsdienste	–	–	–	0,0%
9 Kulturgebäude				
Gebäude für kulturelle Zwecke				
Bibliotheken, Museen und Ausstellungen	–	–	–	–
Theater	–	–	–	–
Gemeindezentren, einfacher Standard	–	–	–	–
Gemeindezentren, mittlerer Standard	–	–	–	–
Gemeindezentren, hoher Standard	–	–	–	–
Gebäude für religiöse Zwecke				
Sakralbauten	–	–	–	–
Friedhofsgebäude	–	–	–	–

Kosten:
Stand 1.Quartal 2021
Bundesdurchschnitt
inkl. 19% MwSt.

Einheit: m²
Brutto-Grundfläche (BGF)

▷ von
ø Mittel
◁ bis

Gebäudeart	▷	€/Einheit	◁	KG an 400
1 Büro- und Verwaltungsgebäude				
Büro- und Verwaltungsgebäude, einfacher Standard	–	**–**	–	–
Büro- und Verwaltungsgebäude, mittlerer Standard	–	**0,30**	–	0,0%
Büro- und Verwaltungsgebäude, hoher Standard	–	**–**	–	–
2 Gebäude für Forschung und Lehre				
Instituts- und Laborgebäude	–	**–**	–	–
3 Gebäude des Gesundheitswesens				
Medizinische Einrichtungen	–	**2,00**	–	0,1%
Pflegeheime	–	**–**	–	–
4 Schulen und Kindergärten				
Allgemeinbildende Schulen	0,40	**0,40**	0,40	0,0%
Berufliche Schulen	–	**–**	–	–
Förder- und Sonderschulen	–	**–**	–	–
Weiterbildungseinrichtungen	–	**–**	–	–
Kindergärten, nicht unterkellert, einfacher Standard	–	**–**	–	–
Kindergärten, nicht unterkellert, mittlerer Standard	–	**4,90**	–	0,2%
Kindergärten, nicht unterkellert, hoher Standard	–	**0,90**	–	0,1%
Kindergärten, Holzbauweise, nicht unterkellert	–	**–**	–	–
Kindergärten, unterkellert	1,00	**3,30**	5,70	0,5%
5 Sportbauten				
Sport- und Mehrzweckhallen	–	**–**	–	–
Sporthallen (Einfeldhallen)	–	**–**	–	–
Sporthallen (Dreifeldhallen)	–	**–**	–	–
Schwimmhallen	–	**–**	–	–
6 Wohngebäude				
Ein- und Zweifamilienhäuser				
Ein- und Zweifamilienhäuser, unterkellert, einfacher Standard	–	**–**	–	–
Ein- und Zweifamilienhäuser, unterkellert, mittlerer Standard	–	**–**	–	–
Ein- und Zweifamilienhäuser, unterkellert, hoher Standard	–	**–**	–	–
Ein- und Zweifamilienhäuser, nicht unterkellert, einfacher Standard	–	**–**	–	–
Ein- und Zweifamilienhäuser, nicht unterkellert, mittlerer Standard	–	**–**	–	–
Ein- und Zweifamilienhäuser, nicht unterkellert, hoher Standard	–	**–**	–	–
Ein- und Zweifamilienhäuser, Passivhausstandard, Massivbau	–	**–**	–	–
Ein- und Zweifamilienhäuser, Passivhausstandard, Holzbau	–	**–**	–	–
Ein- und Zweifamilienhäuser, Holzbauweise, unterkellert	–	**9,10**	–	0,2%
Ein- und Zweifamilienhäuser, Holzbauweise, nicht unterkellert	–	**–**	–	–
Doppel- und Reihenendhäuser, einfacher Standard	–	**–**	–	–
Doppel- und Reihenendhäuser, mittlerer Standard	–	**–**	–	–
Doppel- und Reihenendhäuser, hoher Standard	–	**–**	–	–
Reihenhäuser, einfacher Standard	–	**–**	–	–
Reihenhäuser, mittlerer Standard	–	**–**	–	–
Reihenhäuser, hoher Standard	–	**–**	–	–
Mehrfamilienhäuser				
Mehrfamilienhäuser, mit bis zu 6 WE, einfacher Standard	–	**–**	–	–
Mehrfamilienhäuser, mit bis zu 6 WE, mittlerer Standard	–	**–**	–	–
Mehrfamilienhäuser, mit bis zu 6 WE, hoher Standard	–	**–**	–	–

Gebäudeart	▷	€/Einheit	◁	KG an 400
Mehrfamilienhäuser (Fortsetzung)				
Mehrfamilienhäuser, mit 6 bis 19 WE, einfacher Standard	–	**–**	–	–
Mehrfamilienhäuser, mit 6 bis 19 WE, mittlerer Standard	–	**–**	–	–
Mehrfamilienhäuser, mit 6 bis 19 WE, hoher Standard	–	**–**	–	–
Mehrfamilienhäuser, mit 20 oder mehr WE, einfacher Standard	–	**–**	–	–
Mehrfamilienhäuser, mit 20 oder mehr WE, mittlerer Standard	–	**–**	–	–
Mehrfamilienhäuser, mit 20 oder mehr WE, hoher Standard	–	**0,30**	–	0,0%
Mehrfamilienhäuser, Passivhäuser	–	**–**	–	–
Wohnhäuser, mit bis zu 15% Mischnutzung, einfacher Standard	–	**–**	–	–
Wohnhäuser, mit bis zu 15% Mischnutzung, mittlerer Standard	–	**–**	–	–
Wohnhäuser, mit bis zu 15% Mischnutzung, hoher Standard	–	**–**	–	–
Wohnhäuser, mit mehr als 15% Mischnutzung	–	**–**	–	–
Seniorenwohnungen				
Seniorenwohnungen, mittlerer Standard	–	**–**	–	–
Seniorenwohnungen, hoher Standard	–	**–**	–	–
Beherbergung				
Wohnheime und Internate	–	**–**	–	–
7 Gewerbegebäude				
Gaststätten und Kantinen				
Gaststätten, Kantinen und Mensen	–	**–**	–	–
Gebäude für Produktion				
Industrielle Produktionsgebäude, Massivbauweise	–	**–**	–	–
Industrielle Produktionsgebäude, überwiegend Skelettbauweise	–	**–**	–	–
Betriebs- und Werkstätten, eingeschossig	–	**–**	–	–
Betriebs- und Werkstätten, mehrgeschossig, geringer Hallenanteil	–	**–**	–	–
Betriebs- und Werkstätten, mehrgeschossig, hoher Hallenanteil	–	**–**	–	–
Gebäude für Handel und Lager				
Geschäftshäuser, mit Wohnungen	–	**–**	–	–
Geschäftshäuser, ohne Wohnungen	–	**–**	–	–
Verbrauchermärkte	–	**–**	–	–
Autohäuser	–	**–**	–	–
Lagergebäude, ohne Mischnutzung	–	**–**	–	–
Lagergebäude, mit bis zu 25% Mischnutzung	–	**–**	–	–
Lagergebäude, mit mehr als 25% Mischnutzung	–	**–**	–	–
Garagen und Bereitschaftsdienste				
Einzel-, Mehrfach- und Hochgaragen	–	**–**	–	–
Tiefgaragen	–	**–**	–	–
Feuerwehrhäuser	–	**–**	–	–
Öffentliche Bereitschaftsdienste	–	**–**	–	–
9 Kulturgebäude				
Gebäude für kulturelle Zwecke				
Bibliotheken, Museen und Ausstellungen	–	**22,00**	–	1,3%
Theater	–	**–**	–	–
Gemeindezentren, einfacher Standard	–	**–**	–	–
Gemeindezentren, mittlerer Standard	–	**–**	–	–
Gemeindezentren, hoher Standard	–	**–**	–	–
Gebäude für religiöse Zwecke				
Sakralbauten	–	**–**	–	–
Friedhofsgebäude	–	**–**	–	–

Einheit: m²
Brutto-Grundfläche (BGF)

497 Zusätzliche Maßnahmen

Kosten:
Stand 1.Quartal 2021
Bundesdurchschnitt
inkl. 19% MwSt.

Einheit: m²
Brutto-Grundfläche (BGF)

▷ von
ø Mittel
◁ bis

Gebäudeart	▷	€/Einheit	◁	KG an 400
1 Büro- und Verwaltungsgebäude				
Büro- und Verwaltungsgebäude, einfacher Standard	–	**–**	–	–
Büro- und Verwaltungsgebäude, mittlerer Standard	–	**0,40**	–	0,0%
Büro- und Verwaltungsgebäude, hoher Standard	–	**–**	–	–
2 Gebäude für Forschung und Lehre				
Instituts- und Laborgebäude	–	**–**	–	–
3 Gebäude des Gesundheitswesens				
Medizinische Einrichtungen	–	**–**	–	–
Pflegeheime	–	**1,30**	–	0,1%
4 Schulen und Kindergärten				
Allgemeinbildende Schulen	–	**2,90**	–	0,0%
Berufliche Schulen	–	**–**	–	–
Förder- und Sonderschulen	–	**1,50**	–	0,1%
Weiterbildungseinrichtungen	–	**–**	–	–
Kindergärten, nicht unterkellert, einfacher Standard	–	**–**	–	–
Kindergärten, nicht unterkellert, mittlerer Standard	0,50	**2,70**	4,80	0,2%
Kindergärten, nicht unterkellert, hoher Standard	–	**–**	–	–
Kindergärten, Holzbauweise, nicht unterkellert	–	**0,70**	–	0,0%
Kindergärten, unterkellert	–	**0,30**	–	0,0%
5 Sportbauten				
Sport- und Mehrzweckhallen	–	**–**	–	–
Sporthallen (Einfeldhallen)	–	**–**	–	–
Sporthallen (Dreifeldhallen)	–	**–**	–	–
Schwimmhallen	–	**–**	–	–
6 Wohngebäude				
Ein- und Zweifamilienhäuser				
Ein- und Zweifamilienhäuser, unterkellert, einfacher Standard	–	**–**	–	–
Ein- und Zweifamilienhäuser, unterkellert, mittlerer Standard	–	**–**	–	–
Ein- und Zweifamilienhäuser, unterkellert, hoher Standard	–	**–**	–	–
Ein- und Zweifamilienhäuser, nicht unterkellert, einfacher Standard	–	**–**	–	–
Ein- und Zweifamilienhäuser, nicht unterkellert, mittlerer Standard	–	**–**	–	–
Ein- und Zweifamilienhäuser, nicht unterkellert, hoher Standard	–	**–**	–	–
Ein- und Zweifamilienhäuser, Passivhausstandard, Massivbau	–	**–**	–	–
Ein- und Zweifamilienhäuser, Passivhausstandard, Holzbau	–	**–**	–	–
Ein- und Zweifamilienhäuser, Holzbauweise, unterkellert	–	**–**	–	–
Ein- und Zweifamilienhäuser, Holzbauweise, nicht unterkellert	–	**–**	–	–
Doppel- und Reihenendhäuser, einfacher Standard	–	**–**	–	–
Doppel- und Reihenendhäuser, mittlerer Standard	–	**–**	–	–
Doppel- und Reihenendhäuser, hoher Standard	–	**–**	–	–
Reihenhäuser, einfacher Standard	–	**–**	–	–
Reihenhäuser, mittlerer Standard	–	**–**	–	–
Reihenhäuser, hoher Standard	–	**–**	–	–
Mehrfamilienhäuser				
Mehrfamilienhäuser, mit bis zu 6 WE, einfacher Standard	–	**–**	–	–
Mehrfamilienhäuser, mit bis zu 6 WE, mittlerer Standard	–	**–**	–	–
Mehrfamilienhäuser, mit bis zu 6 WE, hoher Standard	–	**0,50**	–	0,0%

Gebäudeart	▷	€/Einheit	◁	KG an 400
Mehrfamilienhäuser (Fortsetzung)				
Mehrfamilienhäuser, mit 6 bis 19 WE, einfacher Standard	–	**–**	–	–
Mehrfamilienhäuser, mit 6 bis 19 WE, mittlerer Standard	–	**–**	–	–
Mehrfamilienhäuser, mit 6 bis 19 WE, hoher Standard	–	**–**	–	–
Mehrfamilienhäuser, mit 20 oder mehr WE, einfacher Standard	–	**–**	–	–
Mehrfamilienhäuser, mit 20 oder mehr WE, mittlerer Standard	–	**0,10**	–	0,0%
Mehrfamilienhäuser, mit 20 oder mehr WE, hoher Standard	–	**–**	–	–
Mehrfamilienhäuser, Passivhäuser	–	**–**	–	–
Wohnhäuser, mit bis zu 15% Mischnutzung, einfacher Standard	–	**–**	–	–
Wohnhäuser, mit bis zu 15% Mischnutzung, mittlerer Standard	–	**–**	–	–
Wohnhäuser, mit bis zu 15% Mischnutzung, hoher Standard	–	**–**	–	–
Wohnhäuser, mit mehr als 15% Mischnutzung	–	**–**	–	–
Seniorenwohnungen				
Seniorenwohnungen, mittlerer Standard	–	**–**	–	–
Seniorenwohnungen, hoher Standard	–	**–**	–	–
Beherbergung				
Wohnheime und Internate	–	**–**	–	–
7 Gewerbegebäude				
Gaststätten und Kantinen				
Gaststätten, Kantinen und Mensen	–	**13,00**	–	1,6%
Gebäude für Produktion				
Industrielle Produktionsgebäude, Massivbauweise	–	**–**	–	–
Industrielle Produktionsgebäude, überwiegend Skelettbauweise	–	**11,00**	–	0,3%
Betriebs- und Werkstätten, eingeschossig	–	**–**	–	–
Betriebs- und Werkstätten, mehrgeschossig, geringer Hallenanteil	–	**–**	–	–
Betriebs- und Werkstätten, mehrgeschossig, hoher Hallenanteil	–	**2,30**	–	0,1%
Gebäude für Handel und Lager				
Geschäftshäuser, mit Wohnungen	–	**–**	–	–
Geschäftshäuser, ohne Wohnungen	–	**–**	–	–
Verbrauchermärkte	–	**–**	–	–
Autohäuser	–	**–**	–	–
Lagergebäude, ohne Mischnutzung	–	**–**	–	–
Lagergebäude, mit bis zu 25% Mischnutzung	–	**–**	–	–
Lagergebäude, mit mehr als 25% Mischnutzung	–	**–**	–	–
Garagen und Bereitschaftsdienste				
Einzel-, Mehrfach- und Hochgaragen	–	**–**	–	–
Tiefgaragen	–	**–**	–	–
Feuerwehrhäuser	–	**–**	–	–
Öffentliche Bereitschaftsdienste	–	**–**	–	–
9 Kulturgebäude				
Gebäude für kulturelle Zwecke				
Bibliotheken, Museen und Ausstellungen	–	**–**	–	–
Theater	–	**–**	–	–
Gemeindezentren, einfacher Standard	–	**–**	–	–
Gemeindezentren, mittlerer Standard	–	**–**	–	–
Gemeindezentren, hoher Standard	–	**–**	–	–
Gebäude für religiöse Zwecke				
Sakralbauten	–	**–**	–	–
Friedhofsgebäude	–	**–**	–	–

Einheit: m²
Brutto-Grundfläche (BGF)

498 Provisorische technische Anlagen

Kosten:
Stand 1.Quartal 2021
Bundesdurchschnitt
inkl. 19% MwSt.

Einheit: m²
Brutto-Grundfläche (BGF)

▷ von
ø Mittel
◁ bis

Gebäudeart	▷	€/Einheit	◁	KG an 400
1 Büro- und Verwaltungsgebäude				
Büro- und Verwaltungsgebäude, einfacher Standard	–	**–**	–	–
Büro- und Verwaltungsgebäude, mittlerer Standard	–	**1,40**	–	0,0%
Büro- und Verwaltungsgebäude, hoher Standard	–	**0,40**	–	0,0%
2 Gebäude für Forschung und Lehre				
Instituts- und Laborgebäude	–	**–**	–	–
3 Gebäude des Gesundheitswesens				
Medizinische Einrichtungen	–	**–**	–	–
Pflegeheime	–	**–**	–	–
4 Schulen und Kindergärten				
Allgemeinbildende Schulen	0,40	**0,70**	1,00	0,0%
Berufliche Schulen	–	**–**	–	–
Förder- und Sonderschulen	–	**0,10**	–	0,0%
Weiterbildungseinrichtungen	–	**–**	–	–
Kindergärten, nicht unterkellert, einfacher Standard	–	**–**	–	–
Kindergärten, nicht unterkellert, mittlerer Standard	–	**–**	–	–
Kindergärten, nicht unterkellert, hoher Standard	–	**–**	–	–
Kindergärten, Holzbauweise, nicht unterkellert	–	**–**	–	–
Kindergärten, unterkellert	–	**–**	–	–
5 Sportbauten				
Sport- und Mehrzweckhallen	–	**–**	–	–
Sporthallen (Einfeldhallen)	–	**–**	–	–
Sporthallen (Dreifeldhallen)	–	**–**	–	–
Schwimmhallen	–	**–**	–	–
6 Wohngebäude				
Ein- und Zweifamilienhäuser				
Ein- und Zweifamilienhäuser, unterkellert, einfacher Standard	–	**–**	–	–
Ein- und Zweifamilienhäuser, unterkellert, mittlerer Standard	–	**–**	–	–
Ein- und Zweifamilienhäuser, unterkellert, hoher Standard	–	**–**	–	–
Ein- und Zweifamilienhäuser, nicht unterkellert, einfacher Standard	–	**–**	–	–
Ein- und Zweifamilienhäuser, nicht unterkellert, mittlerer Standard	–	**–**	–	–
Ein- und Zweifamilienhäuser, nicht unterkellert, hoher Standard	–	**–**	–	–
Ein- und Zweifamilienhäuser, Passivhausstandard, Massivbau	–	**–**	–	–
Ein- und Zweifamilienhäuser, Passivhausstandard, Holzbau	–	**–**	–	–
Ein- und Zweifamilienhäuser, Holzbauweise, unterkellert	–	**–**	–	–
Ein- und Zweifamilienhäuser, Holzbauweise, nicht unterkellert	–	**–**	–	–
Doppel- und Reihenendhäuser, einfacher Standard	–	**–**	–	–
Doppel- und Reihenendhäuser, mittlerer Standard	–	**–**	–	–
Doppel- und Reihenendhäuser, hoher Standard	–	**–**	–	–
Reihenhäuser, einfacher Standard	–	**–**	–	–
Reihenhäuser, mittlerer Standard	–	**–**	–	–
Reihenhäuser, hoher Standard	–	**–**	–	–
Mehrfamilienhäuser				
Mehrfamilienhäuser, mit bis zu 6 WE, einfacher Standard	–	**–**	–	–
Mehrfamilienhäuser, mit bis zu 6 WE, mittlerer Standard	–	**–**	–	–
Mehrfamilienhäuser, mit bis zu 6 WE, hoher Standard	–	**–**	–	–

Einheit: m²
Brutto-Grundfläche (BGF)

Gebäudeart	▷	€/Einheit	◁	KG an 400
Mehrfamilienhäuser (Fortsetzung)				
Mehrfamilienhäuser, mit 6 bis 19 WE, einfacher Standard	–	**–**	–	–
Mehrfamilienhäuser, mit 6 bis 19 WE, mittlerer Standard	–	**–**	–	–
Mehrfamilienhäuser, mit 6 bis 19 WE, hoher Standard	–	**–**	–	–
Mehrfamilienhäuser, mit 20 oder mehr WE, einfacher Standard	–	**–**	–	–
Mehrfamilienhäuser, mit 20 oder mehr WE, mittlerer Standard	–	**0,20**	–	0,0%
Mehrfamilienhäuser, mit 20 oder mehr WE, hoher Standard	–	**0,70**	–	0,1%
Mehrfamilienhäuser, Passivhäuser	–	**–**	–	–
Wohnhäuser, mit bis zu 15% Mischnutzung, einfacher Standard	–	**–**	–	–
Wohnhäuser, mit bis zu 15% Mischnutzung, mittlerer Standard	–	**–**	–	–
Wohnhäuser, mit bis zu 15% Mischnutzung, hoher Standard	–	**–**	–	–
Wohnhäuser, mit mehr als 15% Mischnutzung	–	**–**	–	–
Seniorenwohnungen				
Seniorenwohnungen, mittlerer Standard	–	**–**	–	–
Seniorenwohnungen, hoher Standard	–	**–**	–	–
Beherbergung				
Wohnheime und Internate	1,00	**1,20**	1,50	0,1%
7 Gewerbegebäude				
Gaststätten und Kantinen				
Gaststätten, Kantinen und Mensen	–	**–**	–	–
Gebäude für Produktion				
Industrielle Produktionsgebäude, Massivbauweise	–	**–**	–	–
Industrielle Produktionsgebäude, überwiegend Skelettbauweise	–	**–**	–	0,0%
Betriebs- und Werkstätten, eingeschossig	–	**–**	–	–
Betriebs- und Werkstätten, mehrgeschossig, geringer Hallenanteil	–	**–**	–	–
Betriebs- und Werkstätten, mehrgeschossig, hoher Hallenanteil	–	**–**	–	–
Gebäude für Handel und Lager				
Geschäftshäuser, mit Wohnungen	–	**–**	–	–
Geschäftshäuser, ohne Wohnungen	–	**–**	–	–
Verbrauchermärkte	–	**–**	–	–
Autohäuser	–	**–**	–	–
Lagergebäude, ohne Mischnutzung	–	**–**	–	–
Lagergebäude, mit bis zu 25% Mischnutzung	–	**–**	–	–
Lagergebäude, mit mehr als 25% Mischnutzung	–	**–**	–	–
Garagen und Bereitschaftsdienste				
Einzel-, Mehrfach- und Hochgaragen	–	**–**	–	–
Tiefgaragen	–	**–**	–	–
Feuerwehrhäuser	–	**–**	–	–
Öffentliche Bereitschaftsdienste	–	**–**	–	–
9 Kulturgebäude				
Gebäude für kulturelle Zwecke				
Bibliotheken, Museen und Ausstellungen	–	**–**	–	–
Theater	–	**–**	–	–
Gemeindezentren, einfacher Standard	–	**–**	–	–
Gemeindezentren, mittlerer Standard	–	**–**	–	–
Gemeindezentren, hoher Standard	–	**–**	–	–
Gebäude für religiöse Zwecke				
Sakralbauten	–	**–**	–	–
Friedhofsgebäude	–	**–**	–	–

Ausführungsarten Neubau

Kostenkennwerte für von BKI gebildete Untergliederung der 3. Ebene DIN 276

KG.AK.AA		▷	€/Einheit	◁	LB an AA
212.11.00	**Abbruch von Bauwerken**				
01	**Komplettabbruch eines bestehenden Gebäudes; Entsorgung, Deponiegebühren (3 Objekte)** Einheit: m³ Bruttorauminhalt	24,00	**28,00**	30,00	
	012 Mauerarbeiten				100,0%
02	**Abbruch von Mauerwerk und Beton im Boden; Entsorgung, Deponiegebühren (5 Objekte)** Einheit: m³ Abbruchvolumen	84,00	**100,00**	130,00	
	012 Mauerarbeiten				100,0%
212.41.00	**Abbruch von Einfriedungen**				
01	**Abbruch von Maschendrahtzaun, Pfosten, Tore, Türen; Entsorgung, Deponiegebühren (5 Objekte)** Einheit: m² Zaunfläche	2,60	**3,40**	4,00	
	012 Mauerarbeiten				100,0%
212.51.00	**Abbruch von Verkehrsanlagen**				
01	**Abbruch von Asphaltflächen, d=10-15cm, Unterbau; Entsorgung, Deponiegebühren (4 Objekte)** Einheit: m² Asphaltfläche	8,50	**9,50**	11,00	
	002 Erdarbeiten				33,0%
	012 Mauerarbeiten				34,0%
	080 Straßen, Wege, Plätze				33,0%
03	**Abbruch von Plattenflächen, aus Rasengittersteinen, Waschbetonplatten oder Verbundsteinpflaster, Unterbau; Entsorgung, Deponiegebühren (6 Objekte)** Einheit: m² Plattenfläche	6,50	**8,30**	10,00	
	080 Straßen, Wege, Plätze				100,0%

Kosten:
Stand 1.Quartal 2021
Bundesdurchschnitt
inkl. 19% MwSt.

▷ von
ø Mittel
◁ bis

KG.AK.AA		▷	€/Einheit	◁	LB an AA
214.51.00	**Oberbodenabtrag**				
01	**Oberboden abtragen, d=20-30cm, seitlich lagern, Förderweg 50-100m (4 Objekte)** Einheit: m³ Oberboden	3,30	**3,80**	4,40	
	002 Erdarbeiten				50,0%
	003 Landschaftsbauarbeiten				50,0%
04	**Oberboden, abtragen, lagern (6 Objekte)** Einheit: m² Abtragsfläche	0,80	**1,00**	1,20	
	002 Erdarbeiten				100,0%
06	**Oberboden, abtragen, lagern, einbauen (9 Objekte)** Einheit: m² Abtragsfläche	2,20	**4,80**	8,20	
	002 Erdarbeiten				100,0%
214.61.00	**Oberbodenabfuhr**				
01	**Oberboden abtragen, verkrautet, d=30-50cm, laden, entsorgen (4 Objekte)** Einheit: m³ Oberboden	8,80	**14,00**	18,00	
	002 Erdarbeiten				100,0%
02	**Oberboden, abtragen, laden, entsorgen (9 Objekte)** Einheit: m² Abtragsfläche	2,90	**4,20**	6,00	
	002 Erdarbeiten				100,0%

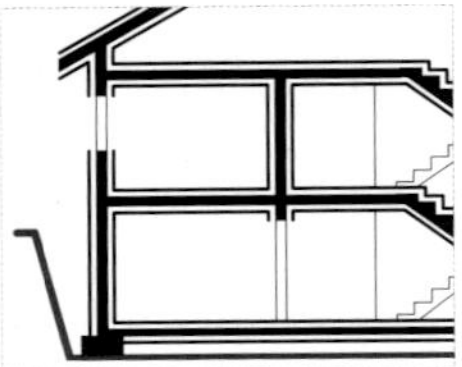

Kosten:
Stand 1.Quartal 2021
Bundesdurchschnitt
inkl. 19% MwSt.

▷ von
ø Mittel
◁ bis

KG.AK.AA		▷	€/Einheit	◁	LB an AA
311.22.00	Aushub BK 2-5, lagern				
01	**Baugrube, ausheben, lagern (5 Objekte)** Einheit: m³ Aushub	4,30	**7,10**	11,00	
	002 Erdarbeiten				100,0%
311.23.00	Aushub BK 2-5, lagern, hinterfüllen				
01	**Baugrube, ausheben, lagern, hinterfüllen (8 Objekte)** Einheit: m³ Aushub	14,00	**18,00**	23,00	
	002 Erdarbeiten				100,0%
03	**Gräben für Entwässerungskanäle profilgerecht ausheben, seitlich lagern, wiederverfüllen des Grabens inkl. verdichten (9 Objekte)** Einheit: m³ Grabenaushub	51,00	**67,00**	91,00	
	002 Erdarbeiten				100,0%
311.24.00	Aushub BK 2-5, Abtransport				
01	**Baugrube, ausheben, laden, entsorgen (17 Objekte)** Einheit: m³ Aushub	26,00	**34,00**	43,00	
	002 Erdarbeiten				100,0%
311.34.00	Aushub BK 6-7, Abtransport				
01	**Baugrube, ausheben, Felsarten, laden, entsorgen (5 Objekte)** Einheit: m³ Aushub	28,00	**30,00**	37,00	
	002 Erdarbeiten				100,0%
311.41.00	Auf-/hinterfüllen mit Siebschutt				
01	**Hinterfüllung, Arbeitsräume, Schotter/Kies, geliefert (10 Objekte)** Einheit: m³ Auffüllmenge	33,00	**40,00**	50,00	
	002 Erdarbeiten				100,0%
04	**Hinterfüllung, Arbeitsräume, Siebschutt, geliefert (5 Objekte)** Einheit: m³ Auffüllmenge	30,00	**39,00**	44,00	
	002 Erdarbeiten				100,0%
05	**Hinterfüllung, Arbeitsräume, Recyclingmaterial, geliefert (5 Objekte)** Einheit: m³ Auffüllmenge	34,00	**41,00**	44,00	
	002 Erdarbeiten				100,0%
311.91.00	Sonstige Baugrubenherstellung				
01	**Planum der Baugrubensohle, Höhendifferenz max. +/-2cm (9 Objekte)** Einheit: m² Planumfläche	1,30	**2,20**	3,80	
	002 Erdarbeiten				100,0%

KG.AK.AA		▷	€/Einheit	◁	LB an AA
312.71.00	Böschungssicherung				
01	**Böschung mit Folie abdecken (7 Objekte)** Einheit: m² abgedeckte Fläche	1,80	**2,70**	3,40	
	002 Erdarbeiten				100,0%

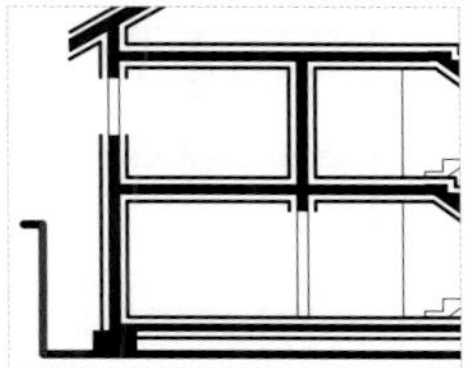

321 Baugrundverbesserung

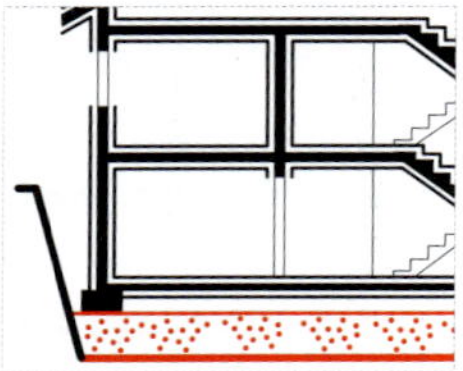

Kosten:
Stand 1.Quartal 2021
Bundesdurchschnitt
inkl. 19% MwSt.

KG.AK.AA		▷	€/Einheit	◁	LB an AA
321.11.00	Bodenaustausch				
01	**Bodeneinbau als Bodenaustausch, lagenweise verdichten, Schichtdicke bis 40cm (3 Objekte)**	22,00	**28,00**	30,00	
	Einheit: m³ Auffüllvolumen				
	002 Erdarbeiten				100,0%
321.21.00	Bodenauffüllung, Schotter				
01	**Bodenauffüllungen mit Schotter zur Erhöhung der Tragfähigkeit des Baugrundes, d=30-50cm (3 Objekte)**	44,00	**51,00**	63,00	
	Einheit: m³ Auffüllvolumen				
	002 Erdarbeiten				34,0%
	012 Mauerarbeiten				33,0%
	013 Betonarbeiten				33,0%
321.22.00	Bodenauffüllung, Magerbeton				
01	**Auffüllungen Beton, teilweise Schalung, zur Erhöhung der Tragfähigkeit des Baugrunds (3 Objekte)**	130,00	**160,00**	210,00	
	Einheit: m³ Auffüllvolumen				
	013 Betonarbeiten				100,0%
321.23.00	Bodenauffüllung, Kies				
01	**Bodenauffüllungen mit geliefertem Kies (6 Objekte)**	17,00	**24,00**	32,00	
	Einheit: m³ Auffüllvolumen				
	002 Erdarbeiten				100,0%

▷ von
ø Mittel
◁ bis

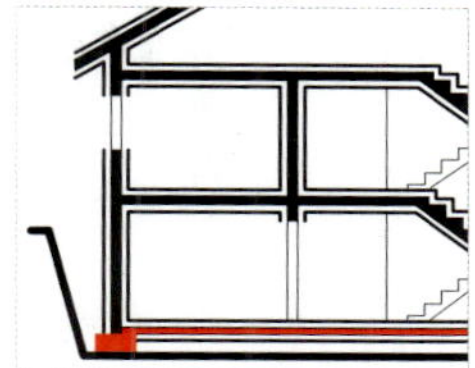

KG.AK.AA		▷	€/Einheit	◁	LB an AA
322.11.00	Einzelfundamente und Streifenfundamente				
01	**Aushub, Fundamente, entsorgen (11 Objekte)**	43,00	**55,00**	67,00	
	Einheit: m^3 Aushub				
	002 Erdarbeiten				100,0%
02	**Aushub, Einzel- und Streifenfundamente, Ortbeton, Schalung, teilweise Bewehrung (13 Objekte)**	330,00	**420,00**	520,00	
	Einheit: m^3 Fundamentvolumen				
	002 Erdarbeiten				16,0%
	013 Betonarbeiten				84,0%
04	**Einzel- und Streifenfundamente, Schalung, Bewehrung (6 Objekte)**	260,00	**310,00**	370,00	
	Einheit: m^3 Fundamentvolumen				
	013 Betonarbeiten				100,0%
11	**Aushub, Fundamente für bis zu achtgeschossige Bauten, Ortbeton, Schalung, Bewehrung (11 Objekte)**	420,00	**490,00**	620,00	
	Einheit: m^3 Fundamentvolumen				
	002 Erdarbeiten				15,0%
	013 Betonarbeiten				85,0%
322.12.00	Einzelfundamente				
01	**Aushub, Einzelfundament, z. T. hinterfüllen (3 Objekte)**	37,00	**58,00**	68,00	
	Einheit: m^3 Aushub				
	002 Erdarbeiten				100,0%
02	**Aushub, Einzelfundamente, Ortbeton, Schalung, teilweise Bewehrung (12 Objekte)**	330,00	**410,00**	460,00	
	Einheit: m^3 Fundamentvolumen				
	002 Erdarbeiten				22,0%
	013 Betonarbeiten				78,0%
322.14.00	Streifenfundamente				
01	**Aushub für Streifenfundamente, lösen, lagern, teilweise hinterfüllen (4 Objekte)**	21,00	**42,00**	69,00	
	Einheit: m^3 Aushub				
	002 Erdarbeiten				100,0%
02	**Streifenfundamente, Ortbeton, Schalung, teilweise Bewehrung (9 Objekte)**	230,00	**370,00**	430,00	
	Einheit: m^3 Fundamentvolumen				
	013 Betonarbeiten				100,0%

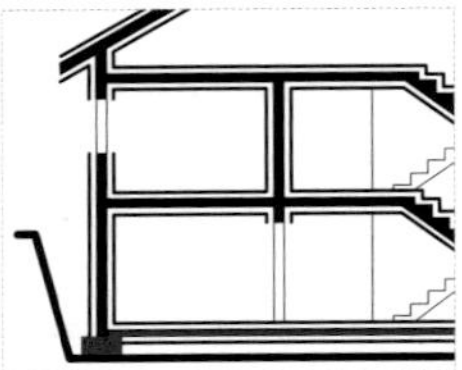

Kosten:
Stand 1.Quartal 2021
Bundesdurchschnitt
inkl. 19% MwSt.

KG.AK.AA		▷	€/Einheit	◁	LB an AA
322.41.00	Stahlbeton, Ortbeton				
02	**Fundamentplatten, WU-Ortbeton, d=18-35cm, Schalung, Bewehrung (6 Objekte)** Einheit: m² Plattenfläche	130,00	**160,00**	200,00	
	013 Betonarbeiten				100,0%
03	**Bodenplatte, Ortbeton, d=15cm, Schalung, Bewehrung (8 Objekte)** Einheit: m² Plattenfläche	42,00	**58,00**	79,00	
	013 Betonarbeiten				100,0%
11	**Bodenplatte, WU-Ortbeton, d=25-30cm, Schalung, Bewehrung (6 Objekte)** Einheit: m² Plattenfläche	96,00	**120,00**	130,00	
	013 Betonarbeiten				100,0%
12	**Bodenplatte, Ortbeton, d=25cm, Schalung, Bewehrung (4 Objekte)** Einheit: m² Plattenfläche	70,00	**79,00**	100,00	
	013 Betonarbeiten				100,0%
13	**Bodenplatte, Ortbeton, d=15-30cm, Schalung, Bewehrung (5 Objekte)** Einheit: m² Plattenfläche	59,00	**80,00**	120,00	
	013 Betonarbeiten				100,0%
17	**Bodenplatte, WU-Ortbeton, d=25-30cm, Oberfläche glätten für fertige Fußbodenoberfläche, Fugenband, Randschalung, Bewehrung (3 Objekte)** Einheit: m² Plattenfläche	110,00	**120,00**	130,00	
	013 Betonarbeiten				100,0%
322.55.00	Treppen in Fundament- und Bodenplatten				
01	**Differenztreppe, bis 3 Stufen, Schalung, Bewehrung (3 Objekte)** Einheit: m² Treppenfläche	170,00	**380,00**	500,00	
	013 Betonarbeiten				100,0%

▷ von
ø Mittel
◁ bis

KG.AK.AA		▷	€/Einheit	◁	LB an AA
323.11.00	Bohrpfähle				
02	**Pfahlgründung mit Großbohrpfählen, d=62-130cm mit Pfahlgurt, Schalung, Bewehrung, Baustelleneinrichtung, statische Berechnung (4 Objekte)** Einheit: m Pfahllänge	300,00	**430,00**	780,00	
	005 Brunnenbauarbeiten und Aufschlussbohrungen				34,0%
	006 Spezialtiefbauarbeiten				41,0%
	013 Betonarbeiten				25,0%

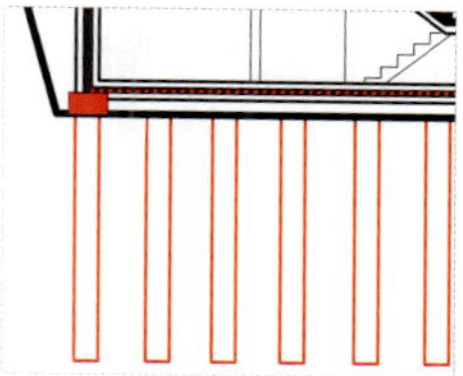

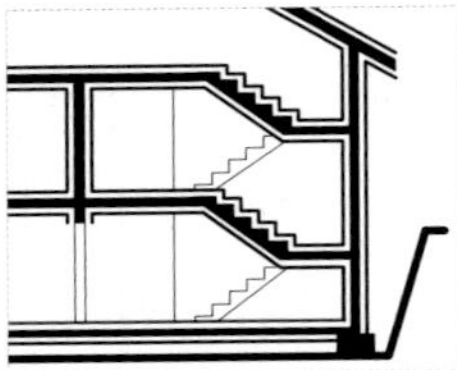

Kosten:
Stand 1.Quartal 2021
Bundesdurchschnitt
inkl. 19% MwSt.

KG.AK.AA		▷	€/Einheit	◁	LB an AA
324.11.00	Beschichtung				
02	**Beschichtung, Acryl, Untergrundvorbehandlung, Sockel (3 Objekte)**	14,00	**16,00**	18,00	
	Einheit: m² Belegte Fläche				
	023 Putz- und Stuckarbeiten, Wärmedämmsysteme				50,0%
	034 Maler- und Lackierarbeiten - Beschichtungen				50,0%
03	**Beschichtung, staubbindend, auf Betonoberfläche oder Estrich, Untergrundvorbehandlung (4 Objekte)**	9,20	**11,00**	12,00	
	Einheit: m² Belegte Fläche				
	034 Maler- und Lackierarbeiten - Beschichtungen				100,0%
04	**Epoxidharz-Dispersionsbeschichtung, tritt- und abriebfest, für einfache Belastungen, auf Betonoberfläche (6 Objekte)**	11,00	**13,00**	18,00	
	Einheit: m² Belegte Fläche				
	034 Maler- und Lackierarbeiten - Beschichtungen				100,0%
324.12.00	Beschichtung, Estrich				
01	**Zementestrich, d=40-50mm, Beschichtung (8 Objekte)**	29,00	**36,00**	48,00	
	Einheit: m² Belegte Fläche				
	025 Estricharbeiten				55,0%
	034 Maler- und Lackierarbeiten - Beschichtungen				45,0%
324.13.00	Beschichtung, Estrich, Abdichtung				
01	**Bitumenschweißbahn, Zementestrich, d=50-70mm, Beschichtung, scheuerbeständig, abriebfest (3 Objekte)**	44,00	**52,00**	65,00	
	Einheit: m² Belegte Fläche				
	018 Abdichtungsarbeiten				20,0%
	025 Estricharbeiten				55,0%
	034 Maler- und Lackierarbeiten - Beschichtungen				25,0%
324.15.00	Beschichtung, Estrich, Dämmung				
01	**Wärme- und Trittschalldämmung, d=60mm, Estrich, Beschichtung (3 Objekte)**	33,00	**43,00**	65,00	
	Einheit: m² Belegte Fläche				
	025 Estricharbeiten				76,0%
	034 Maler- und Lackierarbeiten - Beschichtungen				24,0%
324.17.00	Abdichtung				
01	**Feuchtigkeitsabdichtung, Bitumenschweißbahnen, einlagig (5 Objekte)**	11,00	**14,00**	18,00	
	Einheit: m² Belegte Fläche				
	018 Abdichtungsarbeiten				100,0%

▷ von
ø Mittel
◁ bis

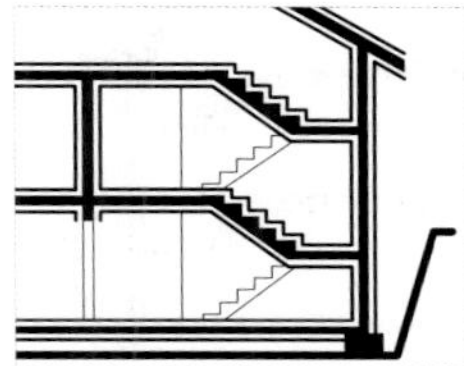

KG.AK.AA		▷	€/Einheit	◁	LB an AA
324.21.00	Estrich				
01	**Gussasphalt, d=25-35mm, Oberfläche glätten, mit Quarzsand abreiben (5 Objekte)** Einheit: m² Belegte Fläche	32,00	**37,00**	43,00	
	025 Estricharbeiten				100,0%
02	**Schwimmender Anhydritestrich, d=50-65mm (4 Objekte)** Einheit: m² Belegte Fläche	21,00	**24,00**	25,00	
	025 Estricharbeiten				100,0%
03	**Zementestrich, d=40-60mm, bewehrt (3 Objekte)** Einheit: m² Belegte Fläche	25,00	**28,00**	36,00	
	025 Estricharbeiten				100,0%
10	**Calciumsulfatestrich, d=45mm (4 Objekte)** Einheit: m² Belegte Fläche	19,00	**22,00**	23,00	
	025 Estricharbeiten				100,0%
324.22.00	Estrich, Abdichtung				
01	**Abdichtung, Haftbrücke, Zementestrich, d=50mm (3 Objekte)** Einheit: m² Belegte Fläche	30,00	**37,00**	51,00	
	025 Estricharbeiten				100,0%
324.23.00	Estrich, Abdichtung, Dämmung				
01	**Wärme- und Trittschalldämmung, d=50-70mm, Feuchtigkeitsisolierung aus Bitumenbahnen, schwimmender Zementestrich, d=50-65mm (3 Objekte)** Einheit: m² Belegte Fläche	40,00	**44,00**	52,00	
	025 Estricharbeiten				100,0%
324.24.00	Estrich, Dämmung				
03	**Dämmung, d=30-65mm, Gussasphaltestrich, d=25-50mm (3 Objekte)** Einheit: m² Belegte Fläche	60,00	**64,00**	72,00	
	025 Estricharbeiten				100,0%
324.25.00	Abdichtung				
01	**Abdichtungen auf Kunststoffbasis, Epoxydharz-Voranstrich (4 Objekte)** Einheit: m² Belegte Fläche	14,00	**22,00**	45,00	
	018 Abdichtungsarbeiten				33,0%
	024 Fliesen- und Plattenarbeiten				26,0%
	034 Maler- und Lackierarbeiten - Beschichtungen				42,0%
02	**Bitumenschweißbahnen, d=4mm, Stöße überlappen und verschweißen, Bitumen-Voranstrich (4 Objekte)** Einheit: m² Belegte Fläche	15,00	**19,00**	23,00	
	018 Abdichtungsarbeiten				100,0%

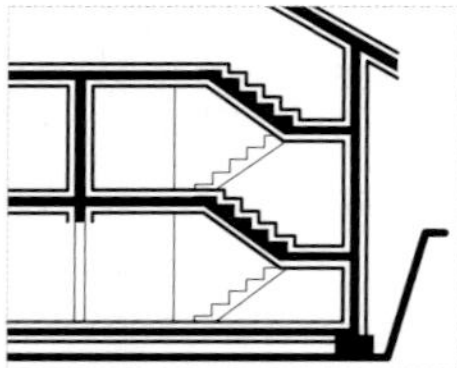

Kosten:
Stand 1.Quartal 2021
Bundesdurchschnitt
inkl. 19% MwSt.

▷ von
ø Mittel
◁ bis

KG.AK.AA		▷	€/Einheit	◁	LB an AA
324.31.00	**Fliesen und Platten**				
01	**Plattenbeläge im Dünnbett, Verfugung, Sockelfliesen, Untergrundvorbereitung (3 Objekte)**	79,00	**110,00**	170,00	
	Einheit: m² Belegte Fläche				
	024 Fliesen- und Plattenarbeiten				100,0%
03	**Plattenbeläge im Mörtelbett, Verfugung, Sockelfliesen, Untergrundvorbereitung (3 Objekte)**	100,00	**130,00**	140,00	
	Einheit: m² Belegte Fläche				
	024 Fliesen- und Plattenarbeiten				100,0%
324.32.00	**Fliesen und Platten, Estrich**				
02	**Zementestrich, Bodenfliesen im Dünnbett, Sockelfliesen (3 Objekte)**	73,00	**110,00**	140,00	
	Einheit: m² Belegte Fläche				
	024 Fliesen- und Plattenarbeiten				68,0%
	025 Estricharbeiten				32,0%
324.33.00	**Fliesen und Platten, Estrich, Abdichtung**				
01	**Bitumenbahnen, Zementestrich, Bodenfliesen, Sockelfliesen (4 Objekte)**	140,00	**150,00**	160,00	
	Einheit: m² Belegte Fläche				
	018 Abdichtungsarbeiten				6,0%
	024 Fliesen- und Plattenarbeiten				72,0%
	025 Estricharbeiten				22,0%
324.35.00	**Fliesen und Platten, Estrich, Dämmung**				
01	**Wärme- und Trittschalldämmung, Zementestrich, d=50-70mm, Bodenfliesen (9 Objekte)**	110,00	**140,00**	180,00	
	Einheit: m² Belegte Fläche				
	024 Fliesen- und Plattenarbeiten				73,0%
	025 Estricharbeiten				27,0%
324.36.00	**Fliesen und Platten, Abdichtung**				
01	**Abdichtung auf Bitumen-, Kunststoffbasis, Steinzeugfliesen im Mörtelbett (3 Objekte)**	130,00	**140,00**	160,00	
	Einheit: m² Belegte Fläche				
	024 Fliesen- und Plattenarbeiten				100,0%
324.41.00	**Naturstein**				
01	**Natursteinbelag auf Rohdecke, Natursteinsockel (17 Objekte)**	140,00	**170,00**	220,00	
	Einheit: m² Belegte Fläche				
	014 Natur-, Betonwerksteinarbeiten				100,0%
324.43.00	**Naturstein, Estrich, Abdichtung**				
01	**Abdichtung, Estrich, Natursteinbelag, Natursteinsockel (7 Objekte)**	190,00	**200,00**	210,00	
	Einheit: m² Belegte Fläche				
	014 Natur-, Betonwerksteinarbeiten				73,0%
	018 Abdichtungsarbeiten				11,0%
	025 Estricharbeiten				16,0%

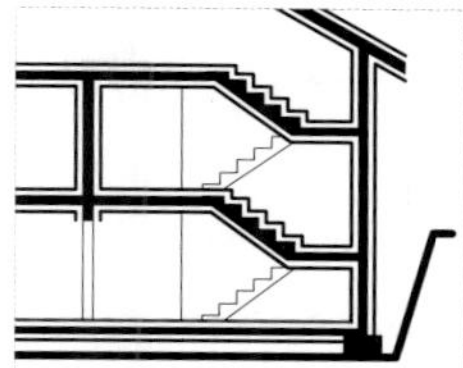

KG.AK.AA		▷	€/Einheit	◁	LB an AA
324.44.00	Naturstein, Estrich, Abdichtung, Dämmung				
01	**Abdichtung gegen Bodenfeuchtigkeit, Wärme- und Trittschalldämmung, Zementestrich, Natursteinbelag im Mörtelbett, Natursteinsockel, geschliffen, poliert (6 Objekte)**	210,00	**220,00**	240,00	
	Einheit: m² Belegte Fläche				
	014 Natur-, Betonwerksteinarbeiten				70,0%
	018 Abdichtungsarbeiten				11,0%
	025 Estricharbeiten				19,0%
324.45.00	Naturstein, Estrich, Dämmung				
01	**Wärme- und Trittschalldämmung, Estrich, Naturstein-belag, Natursteinsockel (10 Objekte)**	180,00	**210,00**	290,00	
	Einheit: m² Belegte Fläche				
	014 Natur-, Betonwerksteinarbeiten				79,0%
	025 Estricharbeiten				21,0%
324.51.00	Betonwerkstein				
03	**Betonpflastersteine im Splittbett, d=8cm, Untergrund-vorbereitung (3 Objekte)**	35,00	**48,00**	73,00	
	Einheit: m² Belegte Fläche				
	014 Natur-, Betonwerksteinarbeiten				99,0%
	025 Estricharbeiten				1,0%
324.62.00	Textil, Estrich				
01	**Schwimmender Estrich, Textilbelag (4 Objekte)**	32,00	**74,00**	92,00	
	Einheit: m² Belegte Fläche				
	025 Estricharbeiten				50,0%
	036 Bodenbelagarbeiten				50,0%
324.64.00	Textil, Estrich, Abdichtung, Dämmung				
01	**Wärmedämmung, Abdichtung, schwimmender Estrich, Textilbelag, Textilsockel (3 Objekte)**	100,00	**120,00**	160,00	
	Einheit: m² Belegte Fläche				
	018 Abdichtungsarbeiten				27,0%
	025 Estricharbeiten				38,0%
	036 Bodenbelagarbeiten				34,0%
324.65.00	Textil, Estrich, Dämmung				
01	**Wärme- und Trittschalldämmung, schwimmender Estrich, Textilbelag, Textilsockel (5 Objekte)**	60,00	**76,00**	99,00	
	Einheit: m² Belegte Fläche				
	025 Estricharbeiten				41,0%
	036 Bodenbelagarbeiten				59,0%
324.71.00	Holz				
01	**Parkettbelag, Eiche, d=20-25mm, Versiegelung, Sockelleisten (4 Objekte)**	91,00	**110,00**	140,00	
	Einheit: m² Belegte Fläche				
	028 Parkett-, Holzpflasterarbeiten				100,0%

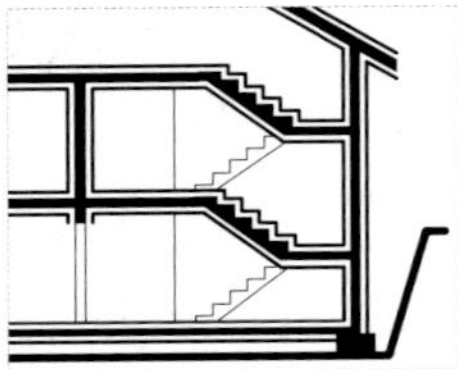

Kosten:
Stand 1.Quartal 2021
Bundesdurchschnitt
inkl. 19% MwSt.

▷ von
ø Mittel
◁ bis

KG.AK.AA		▷	€/Einheit	◁	LB an AA
324.74.00	**Holz, Estrich, Abdichtung, Dämmung**				
01	**Untergrundvorbereitung, Voranstrich, Bitumenschweißbahnen, PE-Folie, Estrich, d=50-70mm, Bewehrung, Wärme- und Trittschalldämmung, d=60-90mm, Parkett, Versiegelung, Holzsockelleisten (5 Objekte)**	150,00	**180,00**	200,00	
	Einheit: m² Belegte Fläche				
	018 Abdichtungsarbeiten				9,0%
	025 Estricharbeiten				24,0%
	028 Parkett-, Holzpflasterarbeiten				67,0%
324.75.00	**Holz, Estrich, Dämmung**				
01	**Untergrundvorbereitung, Wärme- und Trittschalldämmung, Estrich, Parkett, Oberflächenbehandlung (3 Objekte)**	130,00	**150,00**	200,00	
	Einheit: m² Belegte Fläche				
	025 Estricharbeiten				24,0%
	028 Parkett-, Holzpflasterarbeiten				76,0%
324.85.00	**Hartbeläge, Estrich, Dämmung**				
02	**Wärme- und Trittschalldämmung, Zementestrich, d=50-80mm, vollflächige Spachtelung, Kautschukbelag, Sockelleisten (3 Objekte)**	80,00	**93,00**	110,00	
	Einheit: m² Belegte Fläche				
	025 Estricharbeiten				37,0%
	036 Bodenbelagarbeiten				63,0%
03	**Wärme- und Trittschalldämmung, Zementestrich, d=45-50mm, Linoleum, Sockelleisten (3 Objekte)**	64,00	**86,00**	97,00	
	Einheit: m² Belegte Fläche				
	025 Estricharbeiten				39,0%
	034 Maler- und Lackierarbeiten - Beschichtungen				4,0%
	036 Bodenbelagarbeiten				57,0%
324.93.00	**Sportböden**				
02	**Sportboden als punktelastische Konstruktion auf Estrich, Oberbelag Linoleum, d=4mm, beschichtet oder Parkett (3 Objekte)**	140,00	**160,00**	180,00	
	Einheit: m² Belegte Fläche				
	018 Abdichtungsarbeiten				7,0%
	027 Tischlerarbeiten				2,0%
	036 Bodenbelagarbeiten				91,0%
324.94.00	**Heizestrich**				
01	**Zementestrich, einschichtig, als schwimmender Heizestrich, d=60-90mm, Untergrundvorbereitung (6 Objekte)**	29,00	**33,00**	51,00	
	Einheit: m² Belegte Fläche				
	025 Estricharbeiten				100,0%

KG.AK.AA		▷	€/Einheit	◁	LB an AA
324.95.00	Kunststoff-Beschichtung				
01	**Voranstrich als Haftbrücke, Kunststoff-Hartstoff-verschleißschicht, Imprägnierung (3 Objekte)** Einheit: m² Belegte Fläche	36,00	**51,00**	58,00	
	025 Estricharbeiten				50,0%
	036 Bodenbelagarbeiten				50,0%
324.97.00	Fußabstreifer				
01	**Fußabstreifer, Reinlaufmatten oder Kokosmatten, teilweise mit Winkelrahmen (8 Objekte)** Einheit: m² Belegte Fläche	460,00	**630,00**	850,00	
	014 Natur-, Betonwerksteinarbeiten				44,0%
	024 Fliesen- und Plattenarbeiten				56,0%

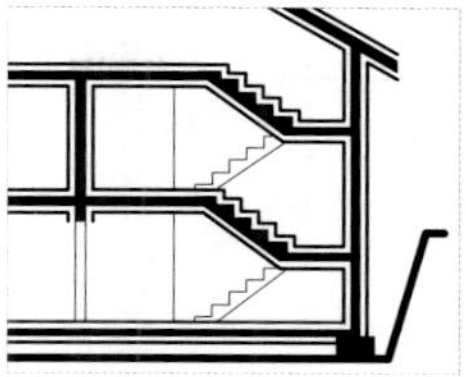

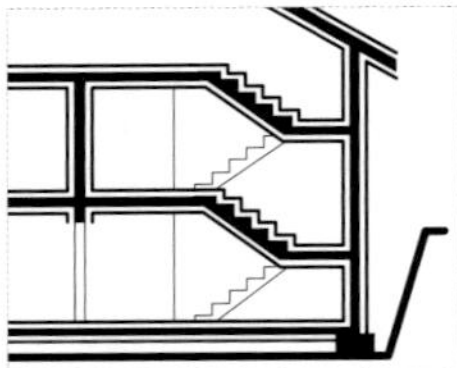

Kosten:
Stand 1.Quartal 2021
Bundesdurchschnitt
inkl. 19% MwSt.

KG.AK.AA		▷	€/Einheit	◁	LB an AA
325.11.00	Abdichtung				
01	**PE-Folie, d=0,2-0,4mm, unter Bodenplatte (10 Objekte)**	1,50	**1,90**	3,40	
	Einheit: m² Schichtfläche				
	013 Betonarbeiten				100,0%
325.13.00	Dämmungen				
01	**Wärmedämmung, d=50-100mm, unter Bodenplatte, Dämmstreifen (6 Objekte)**	27,00	**33,00**	44,00	
	Einheit: m² Schichtfläche				
	013 Betonarbeiten				100,0%
02	**Perimeterdämmung WLG 035, d=60-100mm, unter Bodenplatte (6 Objekte)**	28,00	**37,00**	52,00	
	Einheit: m² Schichtfläche				
	013 Betonarbeiten				100,0%
03	**Perimeterdämmung WLG 045, d=140-200mm, unter Bodenplatte (4 Objekte)**	33,00	**40,00**	48,00	
	Einheit: m² Schichtfläche				
	013 Betonarbeiten				50,0%
	018 Abdichtungsarbeiten				50,0%
04	**Schaumglasschotter, einbauen, verdichten (3 Objekte)**	100,00	**150,00**	180,00	
	Einheit: m³ Einbauvolumen				
	002 Erdarbeiten				33,0%
	010 Drän- und Versickerarbeiten				33,0%
	013 Betonarbeiten				33,0%
325.21.00	Filterschicht				
01	**Kiesfilterschicht aus gewaschenem Kies, d=20-25cm, einbauen, verdichten (5 Objekte)**	6,30	**8,60**	11,00	
	Einheit: m² Schichtfläche				
	002 Erdarbeiten				100,0%
02	**Kiesfilterschicht, Körnung 0/32mm, d=15cm, einbauen, verdichten (8 Objekte)**	7,30	**9,40**	12,00	
	Einheit: m² Schichtfläche				
	012 Mauerarbeiten				50,0%
	013 Betonarbeiten				50,0%
04	**Kiesfilterschicht, Körnung 0/32mm, d=30cm, einbauen, verdichten (3 Objekte)**	11,00	**13,00**	15,00	
	Einheit: m² Schichtfläche				
	012 Mauerarbeiten				50,0%
	013 Betonarbeiten				50,0%
05	**Kiesfilterschicht, Körnung 0/32mm, einbauen, verdichten (4 Objekte)**	34,00	**45,00**	55,00	
	Einheit: m³ Auffüllvolumen				
	002 Erdarbeiten				35,0%
	012 Mauerarbeiten				32,0%
	013 Betonarbeiten				32,0%

▷ von
ø Mittel
◁ bis

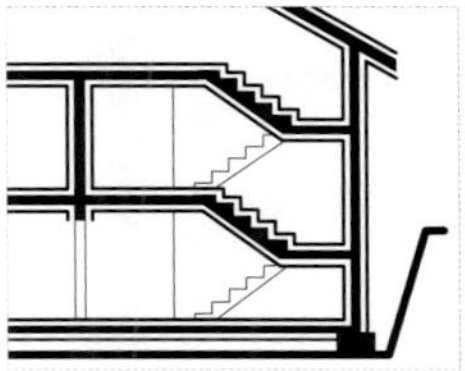

KG.AK.AA		▷	€/Einheit	◁	LB an AA
325.26.00	Filterschicht, Sauberkeitsschicht, Dämmung, Abdichtung				
01	**Kiesfilterschicht, Wärmedämmung, d=50-100mm, PE-Folie, Sauberkeitsschicht, d=5-10cm (4 Objekte)** Einheit: m² Schichtfläche	53,00	**87,00**	98,00	
	002 Erdarbeiten				14,0%
	012 Mauerarbeiten				44,0%
	013 Betonarbeiten				32,0%
	018 Abdichtungsarbeiten				10,0%
325.28.00	Folie auf Filterschicht				
01	**PE-Folie als Trennschicht, zweilagig, d=0,25-0,5mm, Stöße überlappend (7 Objekte)** Einheit: m² Schichtfläche	1,30	**2,60**	3,90	
	013 Betonarbeiten				100,0%
325.31.00	Sauberkeitsschicht				
01	**Sauberkeitsschicht, Ortbeton, d=5-10cm, unbewehrt (17 Objekte)** Einheit: m² Schichtfläche	8,80	**12,00**	15,00	
	013 Betonarbeiten				100,0%
325.34.00	Sauberkeitsschicht, Dämmung				
02	**Perimeterdämmung, d=100-200mm, Sauberkeitsschicht, d=5cm (4 Objekte)** Einheit: m² Schichtfläche	39,00	**43,00**	48,00	
	013 Betonarbeiten				100,0%

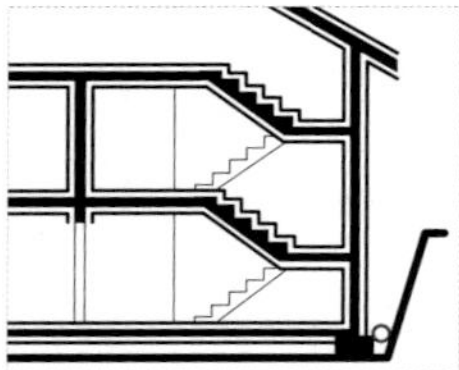

Kosten:
Stand 1.Quartal 2021
Bundesdurchschnitt
inkl. 19% MwSt.

KG.AK.AA		▷	€/Einheit	◁	LB an AA
326.11.00	Dränageleitungen				
01	**Dränageleitungen DN100, PVC, gewellt (5 Objekte)**	7,90	**12,00**	15,00	
	Einheit: m Leitung				
	010 Drän- und Versickerarbeiten				100,0%
326.12.00	Dränageleitungen mit Kiesumhüllung				
01	**Dränageleitungen DN100, PVC, Kiesumhüllung (6 Objekte)**	22,00	**30,00**	51,00	
	Einheit: m Leitung				
	009 Entwässerungskanalarbeiten				50,0%
	010 Drän- und Versickerarbeiten				50,0%
326.21.00	Dränageschächte				
01	**Dränageschächte DN1.000, Betonfertigteile (3 Objekte)**	220,00	**290,00**	330,00	
	Einheit: m Tiefe				
	010 Drän- und Versickerarbeiten				100,0%
02	**Dränageschächte, D=315mm, PVC (6 Objekte)**	170,00	**260,00**	350,00	
	Einheit: m Tiefe				
	010 Drän- und Versickerarbeiten				100,0%
326.31.00	Dränfilter, Kies				
01	**Filterschichten aus gewaschenem Kies, Körnung 8/32-16/33mm (3 Objekte)**	12,00	**17,00**	19,00	
	Einheit: m^2 Schichtfläche				
	010 Drän- und Versickerarbeiten				100,0%

▷ von
ø Mittel
◁ bis

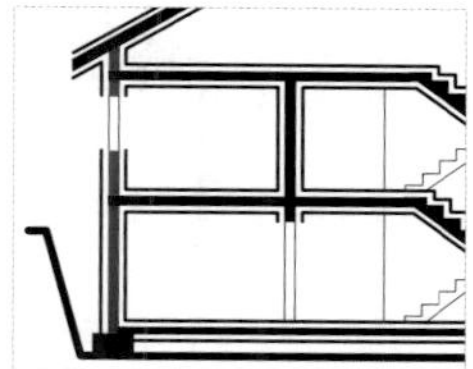

KG.AK.AA		▷	€/Einheit	◁	LB an AA
331.12.00	Mauerwerkswand, Porenbetonsteine				
02	**Porenbeton-Mauerwerk, d=24cm (3 Objekte)** Einheit: m² Wandfläche	89,00	**100,00**	110,00	
	012 Mauerarbeiten				100,0%
331.14.00	Mauerwerkswand, Kalksandsteine				
02	**KSL-Mauerwerk, d=24-30cm, KS-Flachstürze für Öffnungen, waagrechte Mauerwerksabdichtung (5 Objekte)** Einheit: m² Wandfläche	80,00	**110,00**	130,00	
	012 Mauerarbeiten				95,0%
	018 Abdichtungsarbeiten				5,0%
08	**Kalksandstein-Mauerwerk, d=24cm, Mörtelgruppe II (3 Objekte)** Einheit: m² Wandfläche	80,00	**100,00**	120,00	
	012 Mauerarbeiten				100,0%
11	**Kalksandstein-Mauerwerk, d=17,5cm, Mörtelgruppe II (8 Objekte)** Einheit: m² Wandfläche	70,00	**76,00**	85,00	
	012 Mauerarbeiten				100,0%
14	**Kalksandstein-Mauerwerk, d=24cm, Mörtelgruppe II, zweiseitiges Sichtmauerwerk (3 Objekte)** Einheit: m² Wandfläche	83,00	**110,00**	130,00	
	012 Mauerarbeiten				100,0%
331.16.00	Mauerwerkswand, Mauerziegel				
01	**Ziegelmauerwerk mit Stürzen, Rollladenkästen, Horizontalsperre, teilweise mit Ringbalken, d=24-49cm (3 Objekte)** Einheit: m² Wandfläche	120,00	**160,00**	180,00	
	012 Mauerarbeiten				76,0%
	013 Betonarbeiten				23,0%
	018 Abdichtungsarbeiten				1,0%
07	**Wärmedämmziegeln, d=24cm, Mörtelgruppe II (5 Objekte)** Einheit: m² Wandfläche	88,00	**95,00**	120,00	
	012 Mauerarbeiten				100,0%
08	**Wärmedämmziegeln, d=36,5cm, Mörtelgruppe II, Öffnungen, Sturzüberdeckungen (4 Objekte)** Einheit: m² Wandfläche	140,00	**160,00**	180,00	
	012 Mauerarbeiten				98,0%
	013 Betonarbeiten				2,0%
09	**Porenbeton-Plansteine, d=24-36,5cm, mit Nut und Feder im Dünnbettmörtel-Verfahren (3 Objekte)** Einheit: m² Wandfläche	110,00	**120,00**	140,00	
	012 Mauerarbeiten				100,0%

Lebensdauern
Grobelementarten
Stahlbau
Gebäudearten
Kostengruppen
Ausführungsarten

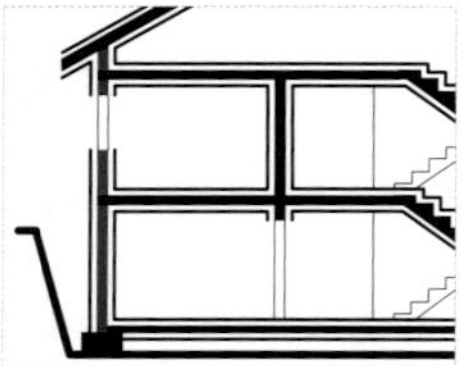

Kosten:
Stand 1.Quartal 2021
Bundesdurchschnitt
inkl. 19% MwSt.

KG.AK.AA		▷	€/Einheit	◁	LB an AA
331.21.00	Betonwand, Ortbetonwand, schwer				
02	**Betonwände, Ortbeton, d=20cm, Schalung, Bewehrung, Aussparungen (3 Objekte)** Einheit: m² Wandfläche	140,00	**200,00**	230,00	
	013 Betonarbeiten				100,0%
03	**Betonwände, Ortbeton, d=15-35cm, Schalung, Bewehrung (9 Objekte)** Einheit: m² Wandfläche	170,00	**220,00**	260,00	
	013 Betonarbeiten				100,0%
04	**Betonwände, WU-Ortbeton, d=15-30cm, Schalung, Bewehrung (4 Objekte)** Einheit: m² Wandfläche	140,00	**200,00**	280,00	
	013 Betonarbeiten				100,0%
05	**Betonwände, Ortbeton, d=24cm, Schalung, Bewehrung, Aussparungen (4 Objekte)** Einheit: m² Wandfläche	180,00	**200,00**	210,00	
	013 Betonarbeiten				100,0%
06	**Betonwände, Ortbeton, d=30cm, Schalung, Bewehrung, Aussparungen (5 Objekte)** Einheit: m² Wandfläche	200,00	**220,00**	230,00	
	013 Betonarbeiten				100,0%
07	**Betonwände aus vorgefertigten Platten, d=20cm, Einbau auf Bodenplatte, Öffnungen (3 Objekte)** Einheit: m² Wandfläche	120,00	**140,00**	150,00	
	013 Betonarbeiten				100,0%
11	**Betonwände, WU-Sichtbeton, d=25cm, Schalung, Bewehrung (3 Objekte)** Einheit: m² Wandfläche	140,00	**150,00**	150,00	
	013 Betonarbeiten				100,0%
331.24.00	Betonwand, Fertigteil, schwer				
01	**Betonfertigteil-Wände, d=16-30cm, Bewehrung (3 Objekte)** Einheit: m² Wandfläche	150,00	**170,00**	200,00	
	013 Betonarbeiten				100,0%
331.26.00	Betonwand, Fertigteil, mehrschichtig				
01	**Betonfertigteil-Wände, mehrschichtig, Bewehrung (4 Objekte)** Einheit: m² Wandfläche	140,00	**160,00**	190,00	
	013 Betonarbeiten				100,0%

▷ von
ø Mittel
◁ bis

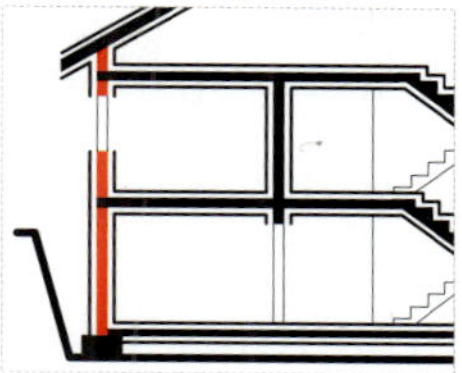

KG.AK.AA		▷	€/Einheit	◁	LB an AA
331.33.00	Holzwand, Rahmenkonstruktion, Vollholz				
02	**Geschosshohe Holz-Fertigteilwände, d=391-395mm: KVH-Träger, Zelluloseeinblasdämmung WLG 040, d=360mm, OSB-Platten, d=15mm, Holzweichfaserplatten, d=16mm (3 Objekte)** Einheit: m² Wandfläche	170,00	**200,00**	210,00	
	016 Zimmer- und Holzbauarbeiten				100,0%
03	**Geschosshohe Holz-Fertigteilwände, d=356-384mm: Doppelstegträger, Zelluloseeinblasdämmung, d=356mm, OSB-Platten, d=15mm, DWD-Platten, d=16mm, innenseitig GK-Platten, d=12,5mm, malerfertig gespachtelt (4 Objekte)** Einheit: m² Wandfläche	220,00	**240,00**	260,00	
	016 Zimmer- und Holzbauarbeiten				100,0%
331.91.00	Sonstige tragende Außenwände				
02	**Rollladenkasten aus Polystyrol-Hartschaum, Außenseiten als Putzträger (3 Objekte)** Einheit: m Rollladenkasten	84,00	**88,00**	90,00	
	012 Mauerarbeiten				51,0%
	013 Betonarbeiten				49,0%

332 Nichttragende Außenwände

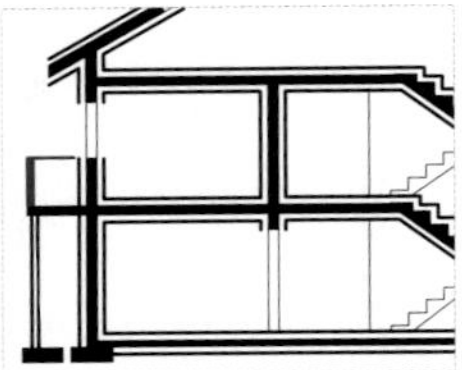

Kosten:
Stand 1.Quartal 2021
Bundesdurchschnitt
inkl. 19% MwSt.

KG.AK.AA		▷	€/Einheit	◁	LB an AA
332.21.00	Betonwand, Ortbeton, schwer				
02	**Attika, Ortbeton, d=20-25cm, Schalung, Bewehrung (3 Objekte)**	180,00	**200,00**	240,00	
	Einheit: m² Wandfläche				
	013 Betonarbeiten				100,0%
332.22.00	Betonwand, Ortbeton, leicht				
01	**Attika, Ortbeton, Schalung, Bewehrung (3 Objekte)**	180,00	**190,00**	190,00	
	Einheit: m² Wandfläche				
	013 Betonarbeiten				100,0%

▷ von
ø Mittel
◁ bis

KG.AK.AA		▷	€/Einheit	◁	LB an AA
333.21.00	Betonstütze, Ortbeton, schwer				
01	**Betonstütze, Ortbeton, Querschnitt bis 2.500cm², Schalung, Bewehrung (5 Objekte)** Einheit: m Stützenlänge	180,00	**290,00**	360,00	
	013 Betonarbeiten				100,0%

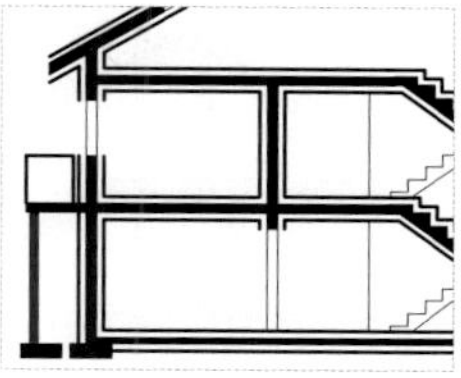

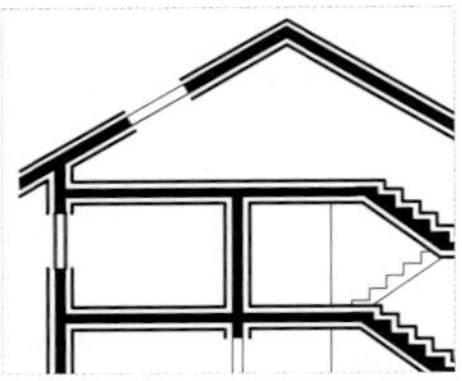

Kosten:
Stand 1.Quartal 2021
Bundesdurchschnitt
inkl. 19% MwSt.

▷ von
ø Mittel
◁ bis

KG.AK.AA		▷	€/Einheit	◁	LB an AA
334.11.00	Türen, Ganzglas				
01	**Ganzglastür, ESG, Bodentürschließer, Beschläge (3 Objekte)**	710,00	**870,00**	1.150,00	
	Einheit: m² Türfläche				
	026 Fenster, Außentüren				100,0%
334.12.00	Türen, Holz				
04	**Haustüranlage, Holz, dreiteilig, mit feststehenden Seitenteilen, Isolierverglasung, Beschläge (4 Objekte)**	960,00	**1.150,00**	1.400,00	
	Einheit: m² Türfläche				
	026 Fenster, Außentüren				92,0%
	029 Beschlagarbeiten				8,0%
08	**Nebeneingangstür, Holz, einflüglig, Beschläge (3 Objekte)**	810,00	**920,00**	1.140,00	
	Einheit: m² Türfläche				
	026 Fenster, Außentüren				100,0%
09	**Passivhaus-Eingangstür, Holz, mehrteilig, gedämmt, Glasausschnitte Dreischeiben-WSG (6 Objekte)**	1.390,00	**1.880,00**	2.510,00	
	Einheit: m² Türfläche				
	026 Fenster, Außentüren				96,0%
	027 Tischlerarbeiten				4,0%
334.13.00	Türen, Kunststoff				
02	**Haustüranlage, Kunststoff, dreiteilig, mit feststehenden Seitenteilen, Isolierverglasung, Beschläge (6 Objekte)**	890,00	**1.010,00**	1.470,00	
	Einheit: m² Türfläche				
	026 Fenster, Außentüren				100,0%
334.14.00	Türen, Metall				
03	**Metallrahmentür mit Füllung, Aluminium, einflüglig, Stahlzarge, Beschläge (3 Objekte)**	1.380,00	**1.570,00**	1.970,00	
	Einheit: m² Türfläche				
	026 Fenster, Außentüren				93,0%
	029 Beschlagarbeiten				7,0%
04	**Metalltür mit Oberlicht, Aluminium, einflüglig, Stahlzarge, Beschläge (3 Objekte)**	720,00	**820,00**	1.000,00	
	Einheit: m² Türfläche				
	026 Fenster, Außentüren				100,0%
07	**Metalltür mit Füllungen und Oberlicht, zweiflüglig, Stahlzarge, Beschläge (5 Objekte)**	580,00	**740,00**	980,00	
	Einheit: m² Türfläche				
	026 Fenster, Außentüren				100,0%
08	**Metallrahmentür mit Verglasung und Oberlicht, zweiflüglig, Stahlzarge, Beschläge (3 Objekte)**	580,00	**820,00**	960,00	
	Einheit: m² Türfläche				
	026 Fenster, Außentüren				100,0%

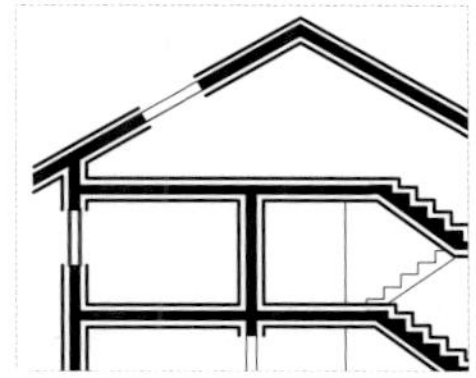

KG.AK.AA		▷	€/Einheit	◁	LB an AA
334.15.00	Türen, Mischkonstruktionen				
01	**Stahlrahmentür, vorbereitet für bauseitige Holzverkleidung, Alu-Riffelblech zur Aussteifung (6 Objekte)**	1.350,00	**1.520,00**	1.750,00	
	Einheit: m² Türfläche				
	026 Fenster, Außentüren				100,0%
334.22.00	Fenstertüren, Holz				
06	**Passivhaus-Holzfenstertüren, Wärmeschutzverglasung, Beschläge (3 Objekte)**	470,00	**530,00**	660,00	
	Einheit: m² Türfläche				
	026 Fenster, Außentüren				100,0%
08	**Holzfenstertüren, zweiflüglig, Isolierverglasung, Beschläge (6 Objekte)**	370,00	**410,00**	480,00	
	Einheit: m² Türfläche				
	026 Fenster, Außentüren				100,0%
09	**Holzfenstertüren, dreiteilig, Isolierverglasung, Beschläge (3 Objekte)**	450,00	**520,00**	640,00	
	Einheit: m² Türfläche				
	026 Fenster, Außentüren				100,0%
334.23.00	Fenstertüren, Kunststoff				
01	**Kunststofffenstertüren, Isolierverglasung, Drehkipp-Beschlag (4 Objekte)**	300,00	**390,00**	670,00	
	Einheit: m² Türfläche				
	026 Fenster, Außentüren				100,0%
334.25.00	Fenstertüren, Mischkonstruktionen				
01	**Fenstertüren, Holz-Alu, Beschläge (4 Objekte)**	510,00	**600,00**	680,00	
	Einheit: m² Türfläche				
	026 Fenster, Außentüren				100,0%
334.33.00	Eingangsanlagen				
04	**Automatik-Schiebetüren, Elektroantrieb, Radarbewegungsmelder, Notentriegelung, Beschläge (3 Objekte)**	1.510,00	**1.590,00**	1.640,00	
	Einheit: m² Türfläche				
	026 Fenster, Außentüren				100,0%
334.37.00	Kellerfenster				
01	**Kellerfenster, kleinteilig in Holz, Stahl oder Kunststoff, Drehflügel, Mäusegitter (5 Objekte)**	260,00	**380,00**	410,00	
	Einheit: m² Fensterfläche				
	013 Betonarbeiten				100,0%
334.53.00	Rolltore, Glieder				
01	**Sektionaltore aus Stahl oder Aluminium, Elektroantrieb, Nebenarbeiten (8 Objekte)**	410,00	**510,00**	680,00	
	Einheit: m² Torfläche				
	026 Fenster, Außentüren				49,0%
	031 Metallbauarbeiten				51,0%

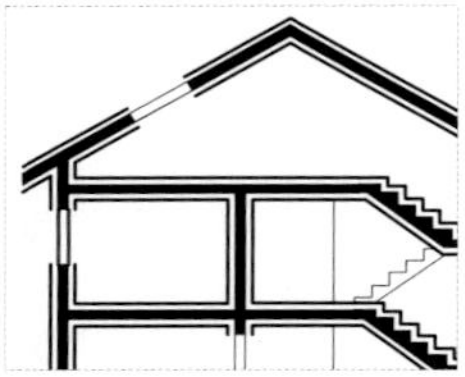

Kosten:
Stand 1.Quartal 2021
Bundesdurchschnitt
inkl. 19% MwSt.

▷ von
ø Mittel
◁ bis

KG.AK.AA		▷	€/Einheit	◁	LB an AA
334.54.00	Rolltore, Gitter				
01	**Rollgitter, Alu, Elektroantrieb (4 Objekte)**	860,00	**1.060,00**	1.130,00	
	Einheit: m² Torfläche				
	026 Fenster, Außentüren				51,0%
	031 Metallbauarbeiten				49,0%
334.57.00	Schwingtore, Stahl				
01	**Schwingtor, Stahl, Holzbekleidung, Motorantrieb (3 Objekte)**	430,00	**470,00**	560,00	
	Einheit: m² Torfläche				
	026 Fenster, Außentüren				50,0%
	030 Rollladenarbeiten				50,0%
334.62.00	Fenster, Holz				
01	**Holzfenster, Isolierverglasung, Fensterbänke innen und außen, Beschichtung (5 Objekte)**	450,00	**520,00**	790,00	
	Einheit: m² Fensterfläche				
	026 Fenster, Außentüren				95,0%
	034 Maler- und Lackierarbeiten - Beschichtungen				5,0%
05	**Holzfenster, hochwärmegedämmt, erhöhte Luftdichtigkeit, luftdichter Anschluss an Wand, Dreischeiben-Wärmeschutzglas, Gasfüllung Argon oder Krypton, u-Wert Glas =0,7W/m²K, g-Wert = 55-60%, TL-Wert 69% (14 Objekte)**	530,00	**720,00**	880,00	
	Einheit: m² Fensterfläche				
	022 Klempnerarbeiten				4,0%
	026 Fenster, Außentüren				92,0%
	027 Tischlerarbeiten				4,0%
08	**Holzfenster, einflüglig, Drehkipp- oder Kippflügel, Isolierverglasung, Beschläge (11 Objekte)**	470,00	**520,00**	580,00	
	Einheit: m² Fensterfläche				
	026 Fenster, Außentüren				100,0%
09	**Holzfenster, zweiflüglig, Drehkipp- und Drehflügel, Isolierverglasung, Beschläge (7 Objekte)**	530,00	**570,00**	670,00	
	Einheit: m² Fensterfläche				
	026 Fenster, Außentüren				100,0%
10	**Holzfenster, dreiteilig, Isolierverglasung, Beschläge (3 Objekte)**	340,00	**470,00**	540,00	
	Einheit: m² Fensterfläche				
	026 Fenster, Außentüren				100,0%
12	**Holzfenster, festverglast, Isolierverglasung, Beschläge (4 Objekte)**	400,00	**410,00**	420,00	
	Einheit: m² Fensterfläche				
	026 Fenster, Außentüren				100,0%
334.63.00	Fenster, Kunststoff				
01	**Kunststofffenster, Isolierverglasung, Dreh-Kipp-Beschläge (4 Objekte)**	380,00	**400,00**	460,00	
	Einheit: m² Fensterfläche				
	026 Fenster, Außentüren				100,0%

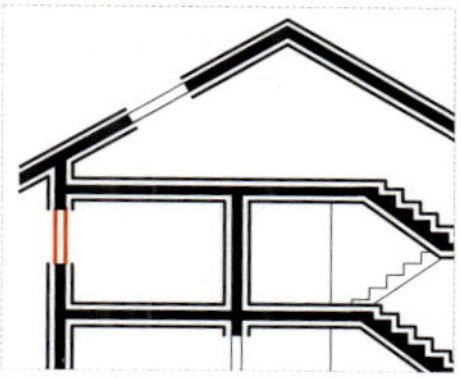

KG.AK.AA		▷	€/Einheit	◁	LB an AA
334.65.00	**Fenster, Mischkonstruktionen**				
03	**Holz-Alu-Fenster, hochwärmegedämmt, Dreischeiben-Wärmeschutzverglasung (7 Objekte)** Einheit: m² Fensterfläche	660,00	**870,00**	1.280,00	
	022 Klempnerarbeiten				3,0%
	026 Fenster, Außentüren				86,0%
	027 Tischlerarbeiten				11,0%
334.66.00	**Fenster, Metall, Aluminium**				
01	**Alufensterelemente, thermisch getrennte Profile, Wärmeschutzverglasung, Öffnungsflügel (6 Objekte)** Einheit: m² Fensterfläche	510,00	**690,00**	870,00	
	026 Fenster, Außentüren				100,0%
334.69.00	**Fenster, sonstiges**				
02	**Fensterbank für Fensteranschluss, außen, Aluminium, eloxiert, seitliche Aufkantung (7 Objekte)** Einheit: m Länge	43,00	**56,00**	76,00	
	026 Fenster, Außentüren				100,0%
03	**Fensterbank, innen, Holz oder Holzwerkstoff, Oberflächenbehandlung (6 Objekte)** Einheit: m Länge	61,00	**76,00**	100,00	
	026 Fenster, Außentüren				50,0%
	027 Tischlerarbeiten				50,0%
04	**Fensterbank, innen, Naturstein oder Naturwerkstein, d=20-30mm, geschliffen oder poliert (3 Objekte)** Einheit: m Länge	43,00	**57,00**	79,00	
	014 Natur-, Betonwerksteinarbeiten				100,0%
334.72.00	**Holzmischkonstruktionen**				
01	**Holz/Alu-Pfosten-Riegel-Fassade, Wärmeschutzverglasung, Öffnungsflügel (3 Objekte)** Einheit: m² Elementierte Fläche	350,00	**620,00**	810,00	
	026 Fenster, Außentüren				100,0%
334.75.00	**Metallkonstruktionen**				
01	**Fassadenelemente als Pfosten-Riegel-Konstruktion mit Brüstung und Fensterband, Stahl, Leichtmetall, Isolierglas, Oberflächen endbehandelt (4 Objekte)** Einheit: m² Elementierte Fläche	810,00	**970,00**	1.410,00	
	017 Stahlbauarbeiten				3,0%
	026 Fenster, Außentüren				33,0%
	031 Metallbauarbeiten				33,0%
	032 Verglasungsarbeiten				14,0%
	034 Maler- und Lackierarbeiten - Beschichtungen				17,0%

335 Außenwand-bekleidungen, außen

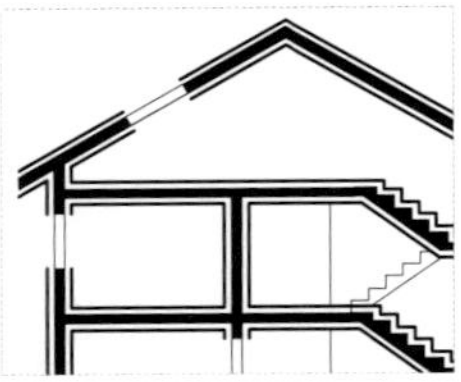

Kosten:
Stand 1.Quartal 2021
Bundesdurchschnitt
inkl. 19% MwSt.

KG.AK.AA		▷	€/Einheit	◁	LB an AA
335.11.00	Abdichtung				
01	**Bituminöse Abdichtung an erdberührten Bauteilen (10 Objekte)**	29,00	**33,00**	38,00	
	Einheit: m² Bekleidete Fläche				
	018 Abdichtungsarbeiten				100,0%
335.12.00	Abdichtung, Schutzschicht				
01	**Bituminöse Abdichtung an erdberührten Bauteilen, Hohlkehle, Abdeckung mit Noppenfolie (4 Objekte)**	48,00	**64,00**	85,00	
	Einheit: m² Bekleidete Fläche				
	013 Betonarbeiten				4,0%
	018 Abdichtungsarbeiten				96,0%
335.13.00	Abdichtung, Dämmung				
01	**Bituminöse Abdichtung an erdberührten Bauteilen, Bitumenbeschichtung, vierfach, Abdeckung mit Perimeterdämmung, d=50-70mm (3 Objekte)**	55,00	**64,00**	78,00	
	Einheit: m² Bekleidete Fläche				
	012 Mauerarbeiten				20,0%
	013 Betonarbeiten				41,0%
	018 Abdichtungsarbeiten				40,0%
03	**Bituminöse Abdichtung an erdberührten Bauteilen, Dickbeschichtung oder Schweißbahn, Perimeterdämmung, d=100-200mm (6 Objekte)**	59,00	**75,00**	90,00	
	Einheit: m² Bekleidete Fläche				
	013 Betonarbeiten				47,0%
	018 Abdichtungsarbeiten				21,0%
	023 Putz- und Stuckarbeiten, Wärmedämmsysteme				32,0%
335.14.00	Abdichtung, Dämmung, Schutzschicht				
01	**Abdichtung, Perimeterdämmung, Schutzschicht (7 Objekte)**	74,00	**81,00**	96,00	
	Einheit: m² Bekleidete Fläche				
	013 Betonarbeiten				50,0%
	018 Abdichtungsarbeiten				50,0%

▷ von
ø Mittel
◁ bis

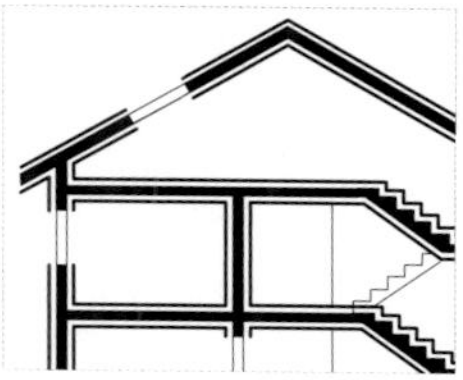

KG.AK.AA		▷	€/Einheit	◁	LB an AA
335.17.00	**Dämmung**				
03	**Perimeterdämmung aus extrudiertem Hartschaum, WLG 040, d=40-70mm (5 Objekte)**	28,00	**40,00**	55,00	
	Einheit: m² Bekleidete Fläche				
	013 Betonarbeiten				51,0%
	018 Abdichtungsarbeiten				49,0%
04	**Wärmedämmschicht aus Polyurethan-Hartschaum, im Erdreich, WLG 040, d=40-60mm (3 Objekte)**	32,00	**37,00**	39,00	
	Einheit: m² Bekleidete Fläche				
	012 Mauerarbeiten				50,0%
	013 Betonarbeiten				50,0%
06	**Wärmedämmung aus Polystyrol-Hartschaum, WLG 030 oder 040, d=50-80mm (5 Objekte)**	30,00	**37,00**	43,00	
	Einheit: m² Bekleidete Fläche				
	013 Betonarbeiten				100,0%
09	**Perimeterdämmung, PS-Hartschaumplatten, WLG 035-040, d=100-200mm (6 Objekte)**	32,00	**39,00**	44,00	
	Einheit: m² Bekleidete Fläche				
	012 Mauerarbeiten				50,0%
	018 Abdichtungsarbeiten				50,0%
335.21.00	**Beschichtung**				
01	**Beschichtung mineralischer Untergründe (Beton, Mauerwerk, Putz, Gipskarton), Untergrundvorbehandlung (3 Objekte)**	15,00	**18,00**	24,00	
	Einheit: m² Bekleidete Fläche				
	034 Maler- und Lackierarbeiten - Beschichtungen				100,0%
03	**Beschichtung, Lasur auf Holzflächen, Untergrundvorbehandlung, chemischer Holzschutz (3 Objekte)**	16,00	**19,00**	24,00	
	Einheit: m² Bekleidete Fläche				
	016 Zimmer- und Holzbauarbeiten				50,0%
	034 Maler- und Lackierarbeiten - Beschichtungen				50,0%
335.31.00	**Putz**				
01	**Außenputz, zweilagig, als Zementputz, Schutzschienen (4 Objekte)**	39,00	**53,00**	58,00	
	Einheit: m² Bekleidete Fläche				
	023 Putz- und Stuckarbeiten, Wärmedämmsysteme				100,0%
04	**Kratzputz, mineralisch, Armierung (3 Objekte)**	45,00	**47,00**	50,00	
	Einheit: m² Wandfläche				
	023 Putz- und Stuckarbeiten, Wärmedämmsysteme				100,0%
335.32.00	**Putz, Beschichtung**				
01	**Außenputz, zweilagig, als Zementputz mit Beschichtung, Schutzschienen (5 Objekte)**	54,00	**68,00**	87,00	
	Einheit: m² Bekleidete Fläche				
	023 Putz- und Stuckarbeiten, Wärmedämmsysteme				78,0%
	034 Maler- und Lackierarbeiten - Beschichtungen				22,0%

335 Außenwandbekleidungen, außen

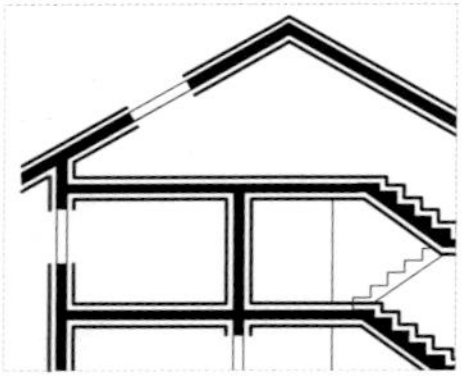

Kosten:
Stand 1.Quartal 2021
Bundesdurchschnitt
inkl. 19% MwSt.

KG.AK.AA		▷	€/Einheit	◁	LB an AA
335.36.00	Wärmedämmung, Putz				
01	**Prüfen des Untergrundes auf Schmutz-, Staub-, Öl- und Fettfreiheit, Wärmedämmung, d=50-80mm, Putz (Kratzputzstruktur) (5 Objekte)** Einheit: m² Bekleidete Fläche	72,00	**110,00**	120,00	
	023 Putz- und Stuckarbeiten, Wärmedämmsysteme				100,0%
335.37.00	Wärmedämmung, Putz, Beschichtung				
03	**Wärmedämmverbundsystem, PS-Hartschaumplatten, d=280-360mm, Armierung, Oberputz, Beschichtung (3 Objekte)** Einheit: m² Bekleidete Fläche	150,00	**170,00**	190,00	
	023 Putz- und Stuckarbeiten, Wärmedämmsysteme				93,0%
	034 Maler- und Lackierarbeiten - Beschichtungen				7,0%
04	**Wärmedämmverbundsystem, mineralische Dämmung, d=120-200mm, Armierung, Kratzputz, Beschichtung, Egalisierung (3 Objekte)** Einheit: m² Bekleidete Fläche	100,00	**110,00**	120,00	
	023 Putz- und Stuckarbeiten, Wärmedämmsysteme				100,0%
05	**Wärmedämmverbundsystem, PS-Hartschaumplatten, d=120-240mm, Armierung, Oberputz, Beschichtung (4 Objekte)** Einheit: m² Bekleidete Fläche	110,00	**120,00**	130,00	
	023 Putz- und Stuckarbeiten, Wärmedämmsysteme				94,0%
	034 Maler- und Lackierarbeiten - Beschichtungen				6,0%
335.44.00	Bekleidung auf Unterkonstruktion, Holz				
01	**Nadelholz-Bekleidung auf Lattungen, hinterlüftet, Fensterlaibungen, Tierschutzgitter (6 Objekte)** Einheit: m² Bekleidete Fläche	94,00	**120,00**	150,00	
	038 Vorgehängte hinterlüftete Fassaden				100,0%
03	**Unterkonstruktion Holz oder Metall, Wärmedämmung, Holzwerkstoffplatten, hinterlüftet (3 Objekte)** Einheit: m² Bekleidete Fläche	150,00	**210,00**	240,00	
	016 Zimmer- und Holzbauarbeiten				50,0%
	027 Tischlerarbeiten				50,0%
335.54.00	Verblendung, Mauerwerk				
01	**Bekleidung mit Verblendmauerwerk, Luftschicht, Drahtanker, Mineralfaserdämmung, Fugenglattstrich (7 Objekte)** Einheit: m² Bekleidete Fläche	200,00	**220,00**	260,00	
	012 Mauerarbeiten				100,0%

▷ von
ø Mittel
◁ bis

KG.AK.AA		▷	€/Einheit	◁	LB an AA
336.11.00	**Abdichtung**				
01	**Abdichtung von Wandflächen auf Bitumen-, Flüssigfolien-, Kunstharzbasis (5 Objekte)** Einheit: m² Bekleidete Fläche	22,00	**26,00**	30,00	
	024 Fliesen- und Plattenarbeiten				100,0%
336.17.00	**Dämmung**				
01	**Wärmedämmung, d=30-80mm, auf der Wand befestigt, Befestigungsmaterial (3 Objekte)** Einheit: m² Bekleidete Fläche	27,00	**39,00**	63,00	
	016 Zimmer- und Holzbauarbeiten				33,0%
	024 Fliesen- und Plattenarbeiten				34,0%
	039 Trockenbauarbeiten				33,0%
336.21.00	**Beschichtung**				
01	**Beschichtung mineralischer Untergründe (Gipskartonwände), Untergrundvorbehandlung (3 Objekte)** Einheit: m² Bekleidete Fläche	4,10	**6,10**	7,50	
	034 Maler- und Lackierarbeiten - Beschichtungen				100,0%
08	**Beschichtung auf Betonwände, Untergrundvorbehandlung (5 Objekte)** Einheit: m² Wandfläche	4,30	**4,80**	5,20	
	034 Maler- und Lackierarbeiten - Beschichtungen				100,0%
09	**Beschichtung, Dispersion auf Putzwände (3 Objekte)** Einheit: m² Wandfläche	4,80	**5,40**	5,70	
	034 Maler- und Lackierarbeiten - Beschichtungen				100,0%
336.31.00	**Putz**				
01	**Innenputz als Maschinenputz, Putzgrundvorbereitung, Schutzschienen (5 Objekte)** Einheit: m² Bekleidete Fläche	22,00	**29,00**	39,00	
	023 Putz- und Stuckarbeiten, Wärmedämmsysteme				100,0%
336.32.00	**Putz, Beschichtung**				
02	**Maschinenputz, einlagig, Beschichtung (6 Objekte)** Einheit: m² Bekleidete Fläche	26,00	**31,00**	36,00	
	023 Putz- und Stuckarbeiten, Wärmedämmsysteme				71,0%
	034 Maler- und Lackierarbeiten - Beschichtungen				29,0%
336.33.00	**Putz, Fliesen und Platten**				
02	**Wandputz, einlagig, d=10-15mm, Eckschutzschienen, Wandfliesen im Dünnbett, Schienen an Kanten, dauerelastische Verfugung (3 Objekte)** Einheit: m² Bekleidete Fläche	100,00	**110,00**	120,00	
	023 Putz- und Stuckarbeiten, Wärmedämmsysteme				20,0%
	024 Fliesen- und Plattenarbeiten				80,0%

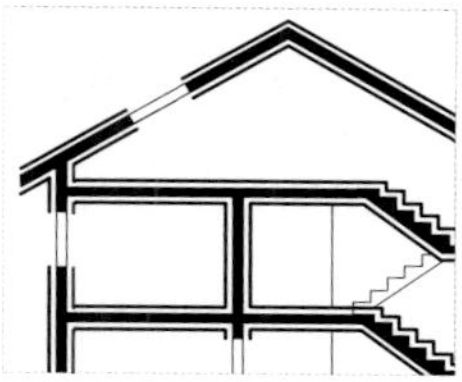

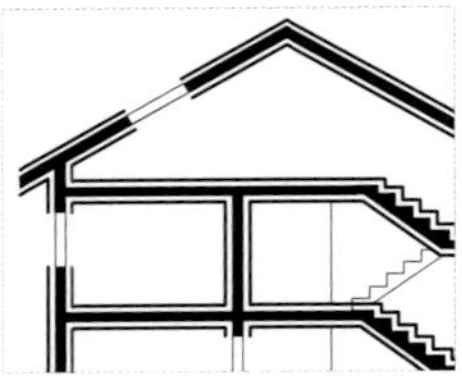

Kosten:
Stand 1.Quartal 2021
Bundesdurchschnitt
inkl. 19% MwSt.

KG.AK.AA		▷	€/Einheit	◁	LB an AA
336.35.00	Putz, Tapeten, Beschichtung				
01	**Gipsputz als Maschinenputz, einlagig, d=15mm, Eckschutzschienen, Raufasertapete, Beschichtung, Dispersion (6 Objekte)**	32,00	**34,00**	36,00	
	Einheit: m² Bekleidete Fläche				
	023 Putz- und Stuckarbeiten, Wärmedämmsysteme				52,0%
	034 Maler- und Lackierarbeiten - Beschichtungen				25,0%
	037 Tapezierarbeiten				23,0%
336.37.00	Putz, Fliesen und Platten, Abdichtung				
01	**Putz, streichbare Abdichtung, Wandfliesen, Fensterlaibungen (3 Objekte)**	160,00	**170,00**	180,00	
	Einheit: m² Bekleidete Fläche				
	023 Putz- und Stuckarbeiten, Wärmedämmsysteme				10,0%
	024 Fliesen- und Plattenarbeiten				90,0%
336.48.00	Bekleidung auf Unterkonstruktion, mineralisch				
01	**Unterkonstruktion, Mineralwolldämmung WLG 040, d=40-80mm, Gipskartonverbundplatten, d=12,5mm (3 Objekte)**	58,00	**65,00**	80,00	
	Einheit: m² Bekleidete Fläche				
	039 Trockenbauarbeiten				100,0%
336.61.00	Tapeten				
01	**Raufasertapete (3 Objekte)**	7,70	**9,40**	13,00	
	Einheit: m² Bekleidete Fläche				
	034 Maler- und Lackierarbeiten - Beschichtungen				50,0%
	037 Tapezierarbeiten				50,0%
336.62.00	Tapeten, Beschichtung				
02	**Raufasertapete, Beschichtung, Dispersion (7 Objekte)**	9,20	**10,00**	11,00	
	Einheit: m² Bekleidete Fläche				
	034 Maler- und Lackierarbeiten - Beschichtungen				37,0%
	037 Tapezierarbeiten				63,0%
336.92.00	Vorsatzschalen für Installationen				
01	**Vorsatzschale für Installationen, Unterkonstruktion, Dämmschicht, GK-Beplankung (5 Objekte)**	51,00	**58,00**	62,00	
	Einheit: m² Bekleidete Fläche				
	039 Trockenbauarbeiten				100,0%

▷ von
ø Mittel
◁ bis

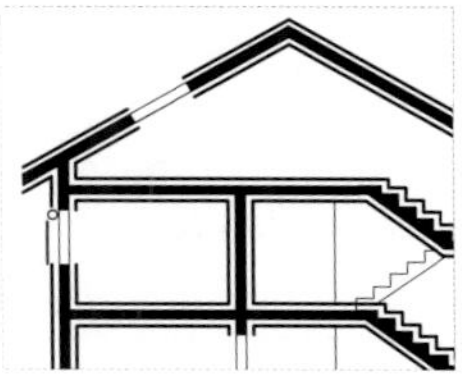

KG.AK.AA		▷	€/Einheit	◁	LB an AA
338.12.00	Rollläden				
02	**Kunststoff-Rollläden, Hart-PVC-Profil 52/14mm, verschiedene Abmessungen, Handbetrieb (3 Objekte)**	82,00	**120,00**	150,00	
	Einheit: m² Geschützte Fläche				
	030 Rollladenarbeiten				100,0%
06	**Vorbaurollläden, dreiseitig geschlossener Rollladen-kasten, Führungsschienen, Gurtwickler (3 Objekte)**	93,00	**100,00**	100,00	
	Einheit: m² Geschützte Fläche				
	030 Rollladenarbeiten				100,0%
09	**Kunststoff-Rollläden, Hart-PVC-Profil, verschiedene Abmessungen, Elektroantrieb (5 Objekte)**	110,00	**160,00**	230,00	
	Einheit: m² Geschützte Fläche				
	030 Rollladenarbeiten				100,0%
11	**Alu-Rollläden, verschiedene Abmessungen, Elektro-antrieb (3 Objekte)**	290,00	**360,00**	410,00	
	Einheit: m² Geschützte Fläche				
	030 Rollladenarbeiten				97,0%
	053 Niederspannungsanlagen; Kabel, Verlegesysteme				3,0%
338.13.00	Schiebeläden				
01	**Schiebeläden, Metallrahmen, Holz-Bekleidung, Laufschienen (4 Objekte)**	460,00	**600,00**	770,00	
	Einheit: m² Geschützte Fläche				
	027 Tischlerarbeiten				37,0%
	030 Rollladenarbeiten				23,0%
	031 Metallbauarbeiten				33,0%
	034 Maler- und Lackierarbeiten - Beschichtungen				7,0%
338.21.00	Jalousien				
01	**Außenraffstores, Handbetrieb (3 Objekte)**	130,00	**170,00**	200,00	
	Einheit: m² Geschützte Fläche				
	030 Rollladenarbeiten				100,0%
03	**Sonnenschutzjalousien, Außenraffstore aus Aluminiumlamellen 80mm, Elektroantrieb (6 Objekte)**	180,00	**220,00**	290,00	
	Einheit: m² Geschützte Fläche				
	030 Rollladenarbeiten				85,0%
	053 Niederspannungsanlagen; Kabel, Verlegesysteme				15,0%

339 Sonstiges zur KG 330

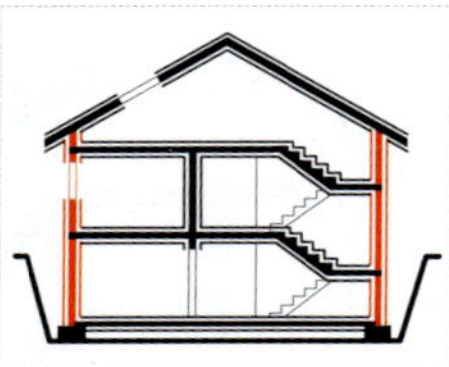

Kosten:
Stand 1.Quartal 2021
Bundesdurchschnitt
inkl. 19% MwSt.

KG.AK.AA		▷	€/Einheit	◁	LB an AA
339.12.00	Kellerlichtschächte				
04	**Kellerlichtschacht, Kunststoff, Gitterrostabdeckung (9 Objekte)** Einheit: St Stück	260,00	**350,00**	550,00	
	012 Mauerarbeiten				50,0%
	013 Betonarbeiten				50,0%
339.31.00	Vordächer				
01	**Glasvordach, VSG, Stahlkonstruktion (3 Objekte)** Einheit: m² Vordachfläche	650,00	**1.050,00**	1.320,00	
	017 Stahlbauarbeiten				49,0%
	031 Metallbauarbeiten				51,0%
02	**Vordächer als Stahlkonstruktion, Metall- oder Glasdeckung (5 Objekte)** Einheit: m² Dachfläche	470,00	**660,00**	1.380,00	
	017 Stahlbauarbeiten				46,0%
	031 Metallbauarbeiten				54,0%

▷ von
ø Mittel
◁ bis

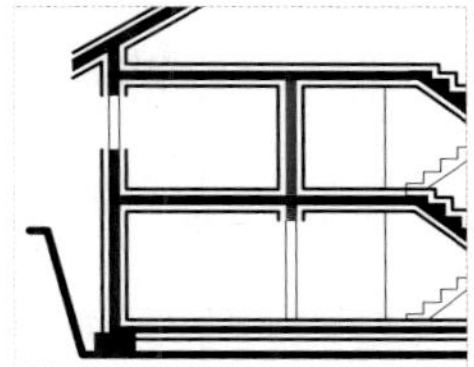

KG.AK.AA		▷	€/Einheit	◁	LB an AA
341.12.00	Mauerwerkswand, Porenbetonsteine				
01	**Porenbeton-Plansteine, d=17,5-24cm, Dünnbettmörtelverfahren (7 Objekte)** Einheit: m² Wandfläche	86,00	**98,00**	110,00	
	012 Mauerarbeiten				100,0%
341.14.00	Mauerwerkswand, Kalksandsteine				
07	**KS-Mauerwerk, d=24cm, Mörtelgruppe II, Stürze für Öffnungen (11 Objekte)** Einheit: m² Wandfläche	91,00	**110,00**	130,00	
	012 Mauerarbeiten				100,0%
08	**KS-Mauerwerk, d=17,5cm, Mörtelgruppe II, Stürze für Öffnungen (8 Objekte)** Einheit: m² Wandfläche	68,00	**76,00**	83,00	
	012 Mauerarbeiten				100,0%
11	**KS-Mauerwerk, d=17,5-24cm, Mörtelgruppe II, Stürze für Öffnungen, Sichtmauerwerk, beidseitig (4 Objekte)** Einheit: m² Wandfläche	93,00	**99,00**	100,00	
	012 Mauerarbeiten				100,0%
341.15.00	Mauerwerkswand, Leichtbetonsteine				
01	**Leichtbetonsteine, d=17,5-24cm, Mörtelgruppe II (3 Objekte)** Einheit: m² Wandfläche	57,00	**70,00**	78,00	
	012 Mauerarbeiten				100,0%
341.16.00	Mauerwerkswand, Mauerziegel				
08	**Hlz-Mauerwerk, d=24cm, MG II (5 Objekte)** Einheit: m² Wandfläche	84,00	**91,00**	97,00	
	012 Mauerarbeiten				100,0%
341.21.00	Betonwand, Ortbeton, schwer				
01	**Betonwände, Ortbeton, Schalung, Bewehrung, d=17,5cm, Wandöffnungen (3 Objekte)** Einheit: m² Wandfläche	120,00	**150,00**	170,00	
	013 Betonarbeiten				100,0%
04	**Betonwände, Ortbeton, d=24cm, Schalung, Bewehrung, Wandöffnungen (3 Objekte)** Einheit: m² Wandfläche	180,00	**200,00**	230,00	
	013 Betonarbeiten				100,0%
05	**Betonwände, Ortbeton, d=30cm, Schalung, Bewehrung, Wandöffnungen (3 Objekte)** Einheit: m² Wandfläche	220,00	**240,00**	280,00	
	012 Mauerarbeiten				10,0%
	013 Betonarbeiten				90,0%

Lebensdauern
Grobelementarten
Stahlbau
Gebäudearten
Kostengruppen
Ausführungsarten

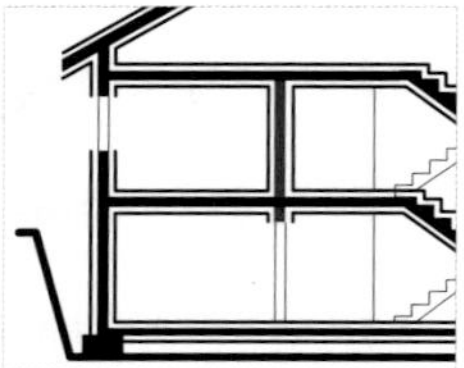

Kosten:
Stand 1.Quartal 2021
Bundesdurchschnitt
inkl. 19% MwSt.

KG.AK.AA		▷	€/Einheit	◁	LB an AA
341.24.00	Betonwand, Fertigteil, schwer				
01	**Betonfertigteil-Wände, d=12-30cm, Bewehrung, Kleineisenteile, Verfugung (5 Objekte)** Einheit: m² Wandfläche	130,00	**150,00**	160,00	
	013 Betonarbeiten				100,0%
341.31.00	Holzwand, Blockkonstruktion, Vollholz				
01	**Holzrahmenkonstruktion, Dämmung, d=80-140mm, beidseitige Gipsfaser-Platten, d=15mm (5 Objekte)** Einheit: m² Wandfläche	140,00	**150,00**	180,00	
	016 Zimmer- und Holzbauarbeiten				100,0%

▷ von
ø Mittel
◁ bis

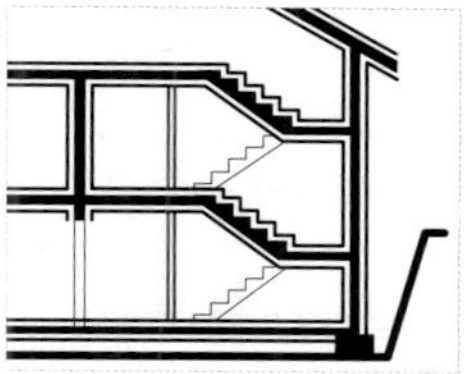

342.12.00 Mauerwerkswand, Porenbetonsteine				
01 **Porenbeton-Plansteinmauerwerk, d=10-12,5cm (4 Objekte)** Einheit: m² Wandfläche	63,00	**80,00**	120,00	
012 Mauerarbeiten				89,0%
013 Betonarbeiten				11,0%
342.14.00 Mauerwerkswand, Kalksandsteine				
02 **KS-Mauerwerk, d=11,5cm, Fertigteilstürze (16 Objekte)** Einheit: m² Wandfläche	61,00	**69,00**	82,00	
012 Mauerarbeiten				100,0%
342.15.00 Mauerwerkswand, Leichtbetonsteine				
01 **Vollsteine aus Leichtbeton, d=11,5cm, Mörtelgruppe II (5 Objekte)** Einheit: m² Wandfläche	50,00	**57,00**	66,00	
012 Mauerarbeiten				100,0%
342.16.00 Mauerwerkswand, Mauerziegel				
06 **Hlz-Mauerwerk, d=11,5cm, Fertigteilstürze (9 Objekte)** Einheit: m² Wandfläche	54,00	**67,00**	79,00	
012 Mauerarbeiten				100,0%
342.17.00 Mauerwerkswand, Gipswandbauplatten				
01 **Gipswandplattenwände, d=8-10cm, beidseitig malerfertig verspachtelt (3 Objekte)** Einheit: m² Wandfläche	56,00	**66,00**	87,00	
012 Mauerarbeiten				56,0%
039 Trockenbauarbeiten				44,0%
342.52.00 Holzständerwand, doppelt beplankt				
01 **Holzständerwände mit Gipskarton oder Holzwerkstoffplatten, doppelt beplankt (4 Objekte)** Einheit: m² Wandfläche	55,00	**80,00**	93,00	
016 Zimmer- und Holzbauarbeiten				60,0%
039 Trockenbauarbeiten				40,0%
342.61.00 Metallständerwand, einfach beplankt				
01 **Metallständerwände, Gipskartonplatten, einfach beplankt, d=125-250mm (7 Objekte)** Einheit: m² Wandfläche	65,00	**86,00**	110,00	
039 Trockenbauarbeiten				100,0%
342.62.00 Metallständerwand, doppelt beplankt				
01 **Metallständerwände, Gipskartonplatten, doppelt beplankt, d=125-205mm (10 Objekte)** Einheit: m² Wandfläche	71,00	**87,00**	100,00	
039 Trockenbauarbeiten				100,0%

343 Innenstützen

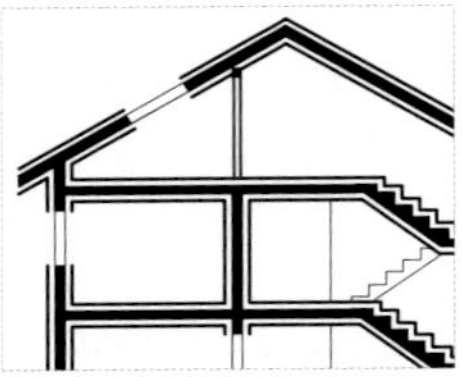

Kosten:
Stand 1.Quartal 2021
Bundesdurchschnitt
inkl. 19% MwSt.

KG.AK.AA		▷	€/Einheit	◁	LB an AA
343.21.00	Betonstütze, Ortbeton, schwer				
02	**Betonstütze, Ortbeton, Querschnitt 24x24cm, Schalung, Bewehrung (3 Objekte)**	110,00	**120,00**	140,00	
	Einheit: m Stützenlänge				
	013 Betonarbeiten				100,0%
343.41.00	Metallstütze, Profilstahl				
01	**Profilstahlstütze mit Rostschutzbeschichtung, Schraub- und Schweißverbindungen (3 Objekte)**	110,00	**170,00**	240,00	
	Einheit: m Stützenlänge				
	017 Stahlbauarbeiten				49,0%
	031 Metallbauarbeiten				49,0%
	034 Maler- und Lackierarbeiten - Beschichtungen				2,0%

▷ von
ø Mittel
◁ bis

KG.AK.AA		▷	€/Einheit	◁	LB an AA
344.11.00	**Türen, Ganzglas**				
01	**Ganzglastür, Einfachverglasung, Zarge, Beschläge (4 Objekte)** Einheit: m² Türfläche	410,00	**570,00**	700,00	
	027 Tischlerarbeiten				98,0%
	029 Beschlagarbeiten				2,0%
344.12.00	**Türen, Holz**				
02	**Holztür, Türblatt Röhrenspan, Zarge, Beschläge, Oberflächen endbehandelt (6 Objekte)** Einheit: m² Türfläche	270,00	**400,00**	560,00	
	027 Tischlerarbeiten				96,0%
	034 Maler- und Lackierarbeiten - Beschichtungen				4,0%
06	**Holztür, Stahlzarge, Beschläge, Oberflächen lackiert (6 Objekte)** Einheit: m² Türfläche	270,00	**380,00**	450,00	
	027 Tischlerarbeiten				66,0%
	031 Metallbauarbeiten				29,0%
	034 Maler- und Lackierarbeiten - Beschichtungen				5,0%
07	**Wohnungseingangstüren, Holz (7 Objekte)** Einheit: m² Türfläche	370,00	**440,00**	500,00	
	027 Tischlerarbeiten				100,0%
344.14.00	**Türen, Metall**				
01	**Stahltüren, ein- und zweiflüglig, Stahlzargen, Beschichtung (3 Objekte)** Einheit: m² Türfläche	240,00	**300,00**	340,00	
	031 Metallbauarbeiten				76,0%
	034 Maler- und Lackierarbeiten - Beschichtungen				24,0%
344.21.00	**Schiebetüren**				
01	**Holzschiebetür, Schiebegestänge und Beschläge in Leichtmetall (6 Objekte)** Einheit: m² Türfläche	420,00	**580,00**	930,00	
	027 Tischlerarbeiten				100,0%
03	**Ganzglasschiebetür, Führungsschienen, Beschläge (3 Objekte)** Einheit: m² Türfläche	360,00	**420,00**	530,00	
	027 Tischlerarbeiten				50,0%
	032 Verglasungsarbeiten				50,0%
344.22.00	**Schallschutztüren**				
01	**Schallschutztür, ein- und zweiflüglig (3 Objekte)** Einheit: m² Türfläche	390,00	**500,00**	570,00	
	027 Tischlerarbeiten				90,0%
	029 Beschlagarbeiten				10,0%

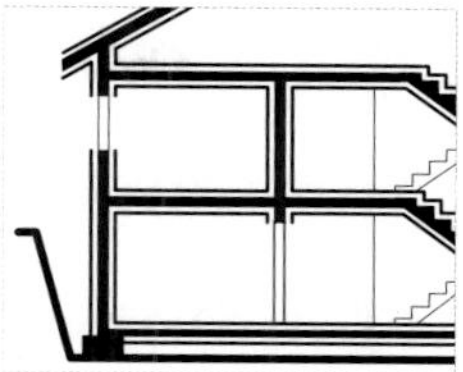

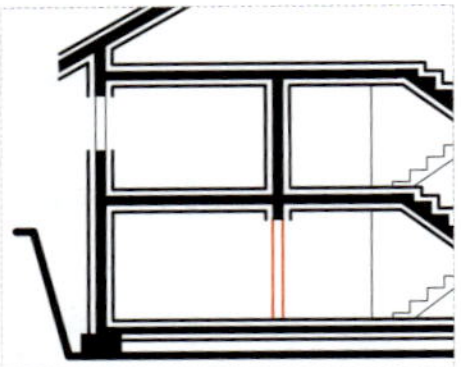

Kosten:
Stand 1.Quartal 2021
Bundesdurchschnitt
inkl. 19% MwSt.

KG.AK.AA		▷	€/Einheit	◁	LB an AA
344.31.00	Türen, Tore, rauchdicht				
01	**Türen, rauchdicht, Holz oder Metall, Oberflächen endbehandelt (5 Objekte)**	970,00	**1.090,00**	1.460,00	
	Einheit: m² Türfläche				
	027 Tischlerarbeiten				15,0%
	031 Metallbauarbeiten				85,0%
344.32.00	Brandschutztüren, -tore, T30				
01	**Stahltür T30 mit Zulassung, Stahlzarge, Beschläge, Türschließer, Beschichtung (4 Objekte)**	370,00	**430,00**	490,00	
	Einheit: m² Türfläche				
	026 Fenster, Außentüren				28,0%
	031 Metallbauarbeiten				58,0%
	034 Maler- und Lackierarbeiten - Beschichtungen				14,0%
344.34.00	Brandschutztüren, -tore, T90				
01	**Stahltüren T90 mit Zulassung, ein- oder zweiflüglig, Stahlzargen, Beschläge, Türschließer (5 Objekte)**	890,00	**1.020,00**	1.180,00	
	Einheit: m² Türfläche				
	031 Metallbauarbeiten				100,0%
344.42.00	Kipptore				
01	**Kipptore für Sporthallen, Turnhallenbeschläge, Gegengewicht (3 Objekte)**	410,00	**440,00**	490,00	
	Einheit: m² Torfläche				
	016 Zimmer- und Holzbauarbeiten				33,0%
	017 Stahlbauarbeiten				34,0%
	027 Tischlerarbeiten				33,0%
344.45.00	Schiebetore				
01	**Stahlschiebetore T30 oder T90, Schlupftür, Panikschloss (3 Objekte)**	470,00	**800,00**	1.020,00	
	Einheit: m² Torfläche				
	031 Metallbauarbeiten				100,0%
344.93.00	Schließanlage				
01	**Schließzylinder und Halbzylinder für Schließanlage, Schlüssel (Anteil für Innentüren) (8 Objekte)**	8,80	**18,00**	44,00	
	Einheit: St Anzahl				
	029 Beschlagarbeiten				100,0%

▷ von
ø Mittel
◁ bis

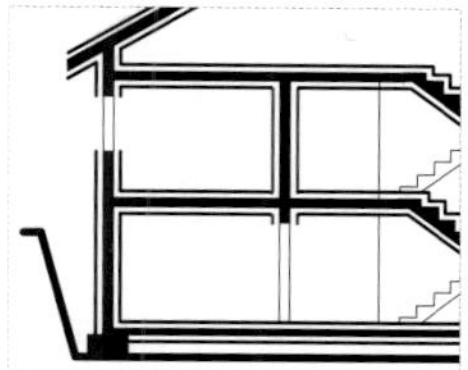

KG.AK.AA		▷	€/Einheit	◁	LB an AA
345.11.00	**Abdichtung**				
01	**Abdichtung Wandflächen auf Bitumen-, Flüssigfolien- oder Kunstharzbasis (11 Objekte)** Einheit: m² Bekleidete Fläche	21,00	**29,00**	48,00	
	024 Fliesen- und Plattenarbeiten				100,0%
345.21.00	**Beschichtung**				
01	**Beschichtung, Dispersion auf Putzwandflächen, Untergrundvorbehandlung (5 Objekte)** Einheit: m² Bekleidete Fläche	4,20	**5,80**	7,30	
	034 Maler- und Lackierarbeiten - Beschichtungen				100,0%
11	**Beschichtung auf Betonwandflächen, Untergrundvorbehandlung (6 Objekte)** Einheit: m² Bekleidete Fläche	5,20	**5,70**	6,90	
	034 Maler- und Lackierarbeiten - Beschichtungen				100,0%
14	**Beschichtung, Silikatfarbe auf Putz oder Tapete, Untergrundvorbehandlung (4 Objekte)** Einheit: m² Bekleidete Fläche	6,80	**8,90**	12,00	
	034 Maler- und Lackierarbeiten - Beschichtungen				100,0%
345.29.00	**Oberflächenbehandlung, sonstiges**				
02	**Spachtelung von Wandflächen (6 Objekte)** Einheit: m² Wandfläche	5,00	**13,00**	19,00	
	023 Putz- und Stuckarbeiten, Wärmedämmsysteme				50,0%
	034 Maler- und Lackierarbeiten - Beschichtungen				50,0%
345.31.00	**Putz**				
01	**Innenwandputz, zweilagig, Eckschutzschienen, Untergrundvorbehandlung (4 Objekte)** Einheit: m² Bekleidete Fläche	24,00	**27,00**	29,00	
	023 Putz- und Stuckarbeiten, Wärmedämmsysteme				77,0%
	024 Fliesen- und Plattenarbeiten				8,0%
	034 Maler- und Lackierarbeiten - Beschichtungen				15,0%
02	**Gipsputz als Innenwandputz, einlagig, Oberfläche eben abgezogen, gefilzt, geglättet, Eckschutzschienen, Untergrundvorbehandlung (3 Objekte)** Einheit: m² Bekleidete Fläche	18,00	**21,00**	23,00	
	012 Mauerarbeiten				49,0%
	023 Putz- und Stuckarbeiten, Wärmedämmsysteme				51,0%
06	**Kalkzementputz als Fliesenputz, d=10-15mm, Putzabzugsleisten (11 Objekte)** Einheit: m² Bekleidete Fläche	22,00	**25,00**	27,00	
	023 Putz- und Stuckarbeiten, Wärmedämmsysteme				100,0%

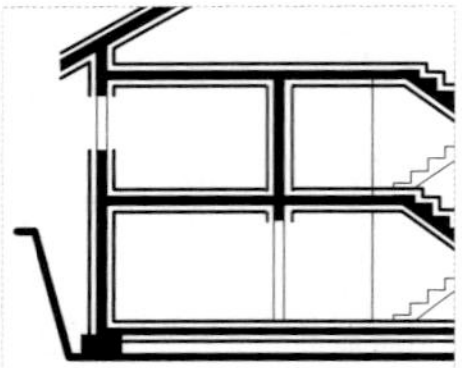

Kosten:
Stand 1.Quartal 2021
Bundesdurchschnitt
inkl. 19% MwSt.

▷ von
ø Mittel
◁ bis

KG.AK.AA		▷	€/Einheit	◁	LB an AA
345.32.00	Putz, Beschichtung				
02	**Innenwandputz aus Kalkgips, einlagig, Eckschutzschienen, Oberfläche eben abgerieben, gefilzt, Untergrundvorbehandlung, Beschichtung, Dispersion (4 Objekte)**	26,00	**27,00**	30,00	
	Einheit: m² Bekleidete Fläche				
	023 Putz- und Stuckarbeiten, Wärmedämmsysteme				82,0%
	034 Maler- und Lackierarbeiten - Beschichtungen				18,0%
345.33.00	Putz, Fliesen und Platten				
01	**Keramische Fliesen auf Kalkzementputz, Eckschutzschienen, Grundierung, verformungsfähiger Kleber/ Fugenmörtel, dauerelastische Fugen (8 Objekte)**	110,00	**130,00**	150,00	
	Einheit: m² Bekleidete Fläche				
	018 Abdichtungsarbeiten				6,0%
	023 Putz- und Stuckarbeiten, Wärmedämmsysteme				17,0%
	024 Fliesen- und Plattenarbeiten				77,0%
345.35.00	Putz, Tapeten, Beschichtung				
02	**Innenwandputz, d=12-15mm, Eckschutzschienen, Raufasertapete, Beschichtung, Dispersion (5 Objekte)**	31,00	**33,00**	40,00	
	Einheit: m² Bekleidete Fläche				
	023 Putz- und Stuckarbeiten, Wärmedämmsysteme				49,0%
	034 Maler- und Lackierarbeiten - Beschichtungen				28,0%
	037 Tapezierarbeiten				23,0%
345.48.00	Bekleidung auf Unterkonstruktion, mineralisch				
01	**Einseitige Bekleidung mit Gipskarton, d=12,5mm, Oberfläche malerfertig (9 Objekte)**	43,00	**61,00**	75,00	
	Einheit: m² Bekleidete Fläche				
	039 Trockenbauarbeiten				100,0%
03	**GK-Vorsatzschalen, feuchtraumgeeignet, in Sanitärbereichen (3 Objekte)**	53,00	**59,00**	63,00	
	Einheit: m² Bekleidete Fläche				
	039 Trockenbauarbeiten				100,0%
05	**Gipskartonbekleidung, zweilagig, d=12,5mm (3 Objekte)**	59,00	**66,00**	69,00	
	Einheit: m² Bekleidete Fläche				
	039 Trockenbauarbeiten				100,0%
345.53.00	Verblendung, Fliesen und Platten				
01	**Steinzeugfliesen im Dünnbett verlegt, teils mit Bordüre oder Fries (5 Objekte)**	82,00	**130,00**	170,00	
	Einheit: m² Bekleidete Fläche				
	024 Fliesen- und Plattenarbeiten				100,0%
345.61.00	Tapeten				
01	**Raufasertapete geliefert und tapeziert (6 Objekte)**	4,90	**5,90**	7,80	
	Einheit: m² Bekleidete Fläche				
	034 Maler- und Lackierarbeiten - Beschichtungen				50,0%
	037 Tapezierarbeiten				50,0%

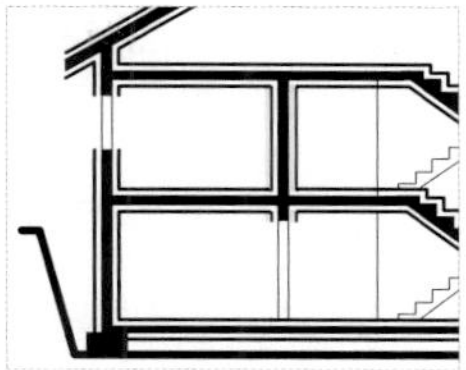

KG.AK.AA		▷	€/Einheit	◁	LB an AA
345.62.00	Tapeten, Beschichtung				
01	**Raufasertapete tapezieren, Beschichtung, Dispersion (7 Objekte)** Einheit: m² Bekleidete Fläche	9,40	**11,00**	13,00	
	034 Maler- und Lackierarbeiten - Beschichtungen				43,0%
	037 Tapezierarbeiten				57,0%
345.92.00	Vorsatzschalen für Installationen				
02	**Vorwandinstallation für Sanitärbereiche, einfaches Ständerwerk, GK-Bekleidung, d=12,5mm (17 Objekte)** Einheit: m² Bekleidete Fläche	52,00	**61,00**	72,00	
	039 Trockenbauarbeiten				100,0%
04	**Vorwandinstallation für Sanitärbereiche, Ständerwerk, GK-Bekleidung, doppelt beplankt, d=12,5mm (11 Objekte)** Einheit: m² Bekleidete Fläche	58,00	**76,00**	110,00	
	039 Trockenbauarbeiten				100,0%
05	**Installationsvormauerungen, Hlz oder Porenbeton, d=10-15cm (8 Objekte)** Einheit: m² Wandfläche	66,00	**90,00**	120,00	
	012 Mauerarbeiten				100,0%
06	**GK-Vorwandschalen für Installationen aus Ständerwänden mit Gipskartonplatten, Dämmung (6 Objekte)** Einheit: m² Wandfläche	66,00	**85,00**	95,00	
	039 Trockenbauarbeiten				100,0%

346 Elementierte Innenwandkonstruktionen

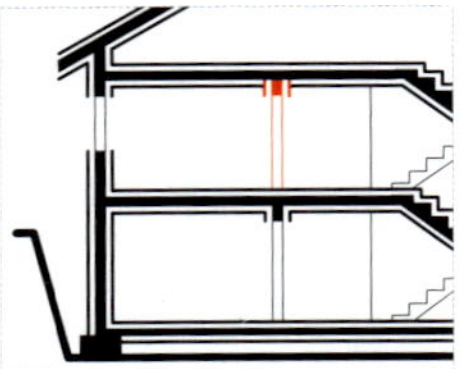

Kosten:
Stand 1.Quartal 2021
Bundesdurchschnitt
inkl. 19% MwSt.

KG.AK.AA		▷	€/Einheit	◁	LB an AA
346.12.00	Montagewände, Holz				
01	**Holztrennwände im Kellerbereich, Türen, Vorhängeschlösser (5 Objekte)**	29,00	**44,00**	68,00	
	Einheit: m² Elementierte Fläche				
	016 Zimmer- und Holzbauarbeiten				51,0%
	039 Trockenbauarbeiten				49,0%
346.31.00	Sanitärtrennwände, Ganzglas				
01	**Sanitärtrennwände Ganzglas, Beschläge, teilweise Siebdruck (3 Objekte)**	410,00	**750,00**	960,00	
	Einheit: m² Elementierte Fläche				
	027 Tischlerarbeiten				34,0%
	039 Trockenbauarbeiten				34,0%
	045 GWE; Einrichtungsgegenstände, Sanitärausstattungen				33,0%
346.32.00	Sanitärtrennwände, Holz				
01	**WC-Trennwände mit integrierten Türen aus Spanplatten, kunststoffbeschichtet (3 Objekte)**	280,00	**330,00**	350,00	
	Einheit: m² Elementierte Wandfläche				
	027 Tischlerarbeiten				49,0%
	039 Trockenbauarbeiten				51,0%
346.33.00	Sanitärtrennwände, Holz-Mischkonstruktion				
01	**WC-Trennwände, Verbundbauweise, d=30mm, h=2,00m Folienoberfläche (3 Objekte)**	220,00	**260,00**	290,00	
	Einheit: m² Elementierte Wandfläche				
	027 Tischlerarbeiten				50,0%
	039 Trockenbauarbeiten				50,0%

▷ von
ø Mittel
◁ bis

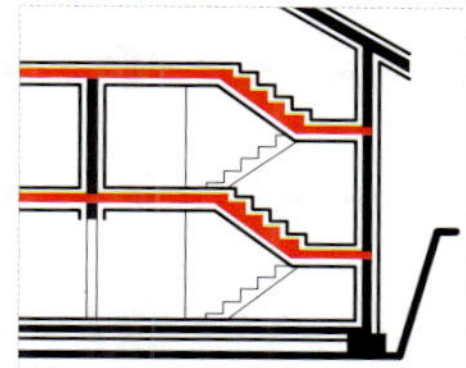

KG.AK.AA		▷	€/Einheit	◁	LB an AA
351.15.00	Stahlbeton, Ortbeton, Platten				
01	**Deckenplatten, Ortbeton, d=18-20cm, Unterzüge, Schalung, Bewehrung (10 Objekte)** Einheit: m² Deckenfläche	110,00	**140,00**	160,00	
	013 Betonarbeiten				100,0%
06	**Deckenplatten, Ortbeton, d=20-22cm, Unterzüge, Schalung, Bewehrung (5 Objekte)** Einheit: m² Deckenfläche	120,00	**130,00**	140,00	
	013 Betonarbeiten				100,0%
351.25.00	Stahlbeton, Fertigteil, Platten				
01	**Stahlbeton-Deckenplatten als Fertigteile oder als teilelementierte Decken, d=16-20cm, Bewehrung (16 Objekte)** Einheit: m² Deckenfläche	90,00	**120,00**	140,00	
	013 Betonarbeiten				100,0%
03	**Stahlbeton-Deckenplatten als Fertigteile oder als teilelementierte Decken, d=22cm, Bewehrung (3 Objekte)** Einheit: m² Deckenfläche	110,00	**120,00**	120,00	
	013 Betonarbeiten				100,0%
351.42.00	Vollholzbalken, Schalung				
01	**Bauholz Deckenbalken, Güteklasse II, abbinden und aufstellen, Deckenschalung mit Spanplatten (3 Objekte)** Einheit: m² Deckenfläche	76,00	**91,00**	120,00	
	016 Zimmer- und Holzbauarbeiten				98,0%
	036 Bodenbelagarbeiten				2,0%
351.51.00	Treppen, gerade, Ortbeton				
01	**Betontreppe, Ortbeton, gerade, Schalung, Bewehrung (3 Objekte)** Einheit: m² Treppenfläche	250,00	**340,00**	490,00	
	013 Betonarbeiten				100,0%
351.61.00	Treppen, gerade, Beton-Fertigteil				
01	**Betonfertigteil-Treppe, d=16cm, gerade, Podeste, Auflagerelemente, Bewehrung (12 Objekte)** Einheit: m² Treppenfläche	290,00	**360,00**	460,00	
	013 Betonarbeiten				100,0%
351.62.00	Treppen, gewendelt, Beton-Fertigteil				
01	**Betonfertigteil-Treppe, Sichtbeton, gewendelt, Bewehrung (7 Objekte)** Einheit: m² Treppenfläche	400,00	**570,00**	820,00	
	013 Betonarbeiten				100,0%

351 Deckenkonstruktionen

KG.AK.AA		▷	€/Einheit	◁	LB an AA
351.74.00	Treppen, gewendelt, Metall-Wangenkonstruktion				
01	**Stahl-Wangentreppe, gewendelt, Holztrittstufen (4 Objekte)** Einheit: m² Treppenfläche	860,00	**1.010,00**	1.170,00	
	017 Stahlbauarbeiten				34,0%
	027 Tischlerarbeiten				33,0%
	031 Metallbauarbeiten				33,0%

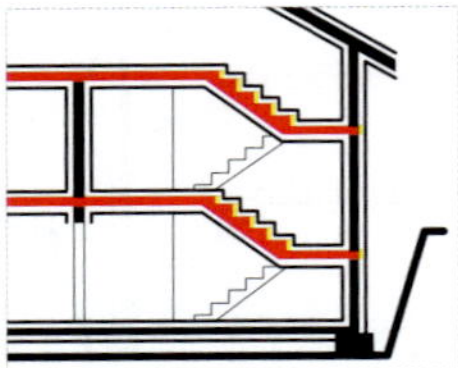

Kosten:
Stand 1.Quartal 2021
Bundesdurchschnitt
inkl. 19% MwSt.

▷ von
ø Mittel
◁ bis

KG.AK.AA	▷	€/Einheit	◁	LB an AA
352.11.00 Einschubtreppen				
01 **Einschubtreppe, Holz, lxb=60x100cm-70x120cm, Handlauf und Schutzgeländer (3 Objekte)** Einheit: m² Belegte Fläche	680,00	**860,00**	1.170,00	
016 Zimmer- und Holzbauarbeiten				100,0%

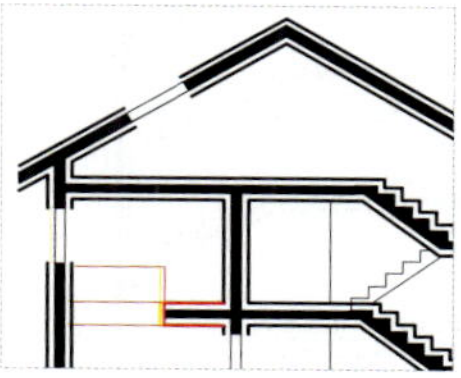

353 Deckenbeläge

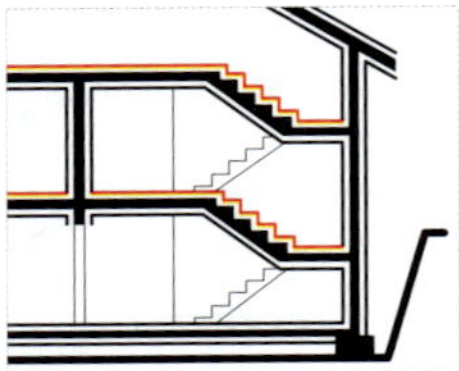

Kosten:
Stand 1.Quartal 2021
Bundesdurchschnitt
inkl. 19% MwSt.

▷ von
ø Mittel
◁ bis

KG.AK.AA		▷	€/Einheit	◁	LB an AA
353.12.00	Beschichtung, Estrich				
01	**Zementestrich, d=40-50cm, Untergrund-vorbehandlung, Bodenbeschichtung (3 Objekte)**	49,00	**57,00**	68,00	
	Einheit: m² Belegte Fläche				
	025 Estricharbeiten				36,0%
	034 Maler- und Lackierarbeiten - Beschichtungen				43,0%
	036 Bodenbelagarbeiten				21,0%
353.21.00	Estrich				
09	**Zementestrich, d=50-60mm (4 Objekte)**	20,00	**22,00**	23,00	
	Einheit: m² Belegte Fläche				
	025 Estricharbeiten				100,0%
353.25.00	Abdichtung				
02	**Streichabdichtung auf Estrich unter Fliesenbelägen, Fugenbänder (6 Objekte)**	28,00	**33,00**	38,00	
	Einheit: m² Belegte Fläche				
	024 Fliesen- und Plattenarbeiten				100,0%
353.31.00	Fliesen und Platten				
02	**Deckenbeläge aus Steinzeugfliesen verschiedener Abmessungen, im Dünnbett (3 Objekte)**	110,00	**110,00**	120,00	
	Einheit: m² Belegte Fläche				
	024 Fliesen- und Plattenarbeiten				99,0%
	031 Metallbauarbeiten				1,0%
03	**Fliesenbeläge, Steinzeug, auf Tritt- und Setzstufen sowie Podesten, im Mörtelbett (4 Objekte)**	380,00	**420,00**	540,00	
	Einheit: m² Belegte Fläche				
	024 Fliesen- und Plattenarbeiten				100,0%
353.32.00	Fliesen und Platten, Estrich				
02	**Heizestrich, Fliesenbelag im Dünnbett, Sockelfliesen (5 Objekte)**	91,00	**110,00**	120,00	
	Einheit: m² Belegte Fläche				
	024 Fliesen- und Plattenarbeiten				77,0%
	025 Estricharbeiten				23,0%
353.33.00	Fliesen und Platten, Estrich, Abdichtung				
01	**Abdichtung, schwimmender Estrich, Fliesenbelag im Dünnbett (3 Objekte)**	120,00	**140,00**	180,00	
	Einheit: m² Belegte Fläche				
	018 Abdichtungsarbeiten				12,0%
	024 Fliesen- und Plattenarbeiten				69,0%
	025 Estricharbeiten				19,0%

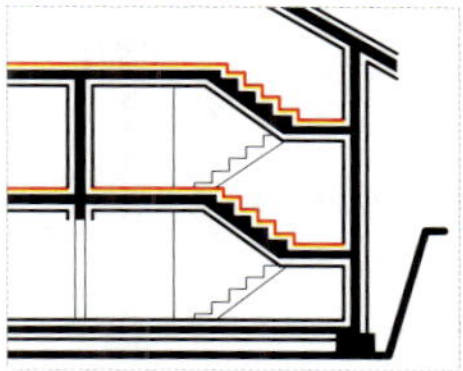

KG.AK.AA		▷	€/Einheit	◁	LB an AA
353.34.00	**Fliesen und Platten, Estrich, Abdichtung, Dämmung**				
01	**Wärme- und Trittschalldämmung, Abdichtung, Zementestrich, d=50-70mm, Bodenfliesen, Sockelfliesen (3 Objekte)** Einheit: m² Belegte Fläche	110,00	**160,00**	180,00	
	024 Fliesen- und Plattenarbeiten				81,0%
	025 Estricharbeiten				19,0%
353.35.00	**Fliesen und Platten, Estrich, Dämmung**				
03	**Dämmung, Zementestrich, Fliesenbelag, Sockelfliesen (12 Objekte)** Einheit: m² Belegte Fläche	110,00	**120,00**	150,00	
	024 Fliesen- und Plattenarbeiten				71,0%
	025 Estricharbeiten				29,0%
353.41.00	**Naturstein**				
01	**Natursteinbelag im Mörtelbett, Natursteinsockel, Oberfläche poliert (5 Objekte)** Einheit: m² Belegte Fläche	130,00	**140,00**	150,00	
	014 Natur-, Betonwerksteinarbeiten				100,0%
02	**Natursteinbelag auf Treppen im Mörtelbett, Stufensockel (6 Objekte)** Einheit: m² Belegte Fläche	410,00	**560,00**	720,00	
	014 Natur-, Betonwerksteinarbeiten				100,0%
353.42.00	**Naturstein, Estrich**				
01	**Estrich, Natursteinbelag (6 Objekte)** Einheit: m² Belegte Fläche	140,00	**170,00**	180,00	
	014 Natur-, Betonwerksteinarbeiten				88,0%
	025 Estricharbeiten				12,0%
353.45.00	**Naturstein, Estrich, Dämmung**				
02	**Wärme- und Trittschalldämmung, Estrich, d=40-50mm, Natursteinbelag (4 Objekte)** Einheit: m² Belegte Fläche	160,00	**260,00**	480,00	
	014 Natur-, Betonwerksteinarbeiten				71,0%
	018 Abdichtungsarbeiten				2,0%
	024 Fliesen- und Plattenarbeiten				7,0%
	025 Estricharbeiten				20,0%
353.51.00	**Betonwerkstein**				
03	**Betonwerksteinbelag, Betonwerksteinsockel, Verfugung (15 Objekte)** Einheit: m² Belegte Fläche	130,00	**150,00**	210,00	
	014 Natur-, Betonwerksteinarbeiten				100,0%
04	**Betonwerksteinbelag auf Treppen (22 Objekte)** Einheit: m² Belegte Fläche	320,00	**400,00**	520,00	
	014 Natur-, Betonwerksteinarbeiten				100,0%

353
Deckenbeläge

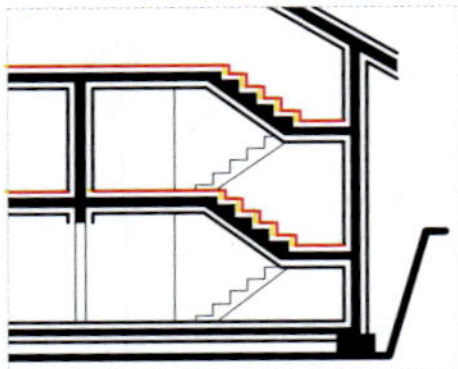

Kosten:
Stand 1.Quartal 2021
Bundesdurchschnitt
inkl. 19% MwSt.

▷ von
ø Mittel
◁ bis

KG.AK.AA		▷	€/Einheit	◁	LB an AA
353.61.00	Textil				
01	**Teppichbelag, Sockelleisten, Untergrundvorbereitung (3 Objekte)**	33,00	**50,00**	85,00	
	Einheit: m² Belegte Fläche				
	036 Bodenbelagarbeiten				100,0%
353.65.00	Textil, Estrich, Dämmung				
02	**Wärme- und Trittschalldämmung, Zementestrich, d=40-50mm, Teppichboden, Sockelleisten (5 Objekte)**	83,00	**89,00**	97,00	
	Einheit: m² Belegte Fläche				
	025 Estricharbeiten				34,0%
	036 Bodenbelagarbeiten				66,0%
353.71.00	Holz				
02	**Holzplanken oder Parkettbelag auf Treppen, Oberfläche endbehandelt (4 Objekte)**	200,00	**350,00**	570,00	
	Einheit: m² Belegte Fläche				
	027 Tischlerarbeiten				100,0%
12	**Massivholztrittstufen, d=30-50mm, Oberflächenbehandlung (5 Objekte)**	190,00	**320,00**	500,00	
	Einheit: m² Stufenfläche				
	028 Parkett-, Holzpflasterarbeiten				100,0%
353.72.00	Holz, Estrich				
01	**Untergrundvorbereitung, Estrich, d=50-70mm, Parkettbelag (4 Objekte)**	90,00	**110,00**	120,00	
	Einheit: m² Belegte Fläche				
	025 Estricharbeiten				19,0%
	028 Parkett-, Holzpflasterarbeiten				81,0%
353.74.00	Holz, Estrich, Abdichtung, Dämmung				
01	**Dämmung, Abdichtung, Estrich, Parkettbelag, Sockelleisten (4 Objekte)**	78,00	**130,00**	190,00	
	Einheit: m² Belegte Fläche				
	018 Abdichtungsarbeiten				5,0%
	024 Fliesen- und Plattenarbeiten				1,0%
	025 Estricharbeiten				21,0%
	028 Parkett-, Holzpflasterarbeiten				69,0%
	031 Metallbauarbeiten				4,0%
353.75.00	Holz, Estrich, Dämmung				
01	**Trittschalldämmung, Parkett auf Estrich verschiedener Arten, Holzsockelleisten, geschraubt (3 Objekte)**	120,00	**130,00**	130,00	
	Einheit: m² Belegte Fläche				
	025 Estricharbeiten				28,0%
	028 Parkett-, Holzpflasterarbeiten				72,0%

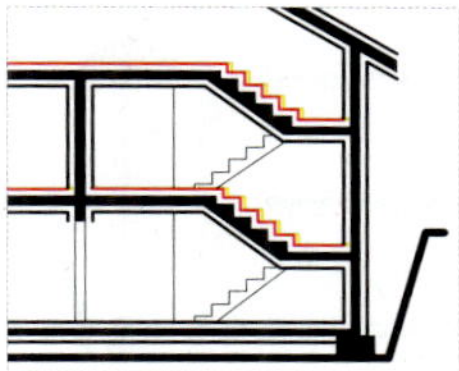

KG.AK.AA		▷	€/Einheit	◁	LB an AA
353.82.00	Hartbeläge, Estrich				
01	**Kunststoffbeläge (PVC oder Linoleum) auf schwimmendem Estrich, Trittschalldämmung (3 Objekte)** Einheit: m² Belegte Fläche	80,00	**91,00**	97,00	
	025 Estricharbeiten				21,0%
	036 Bodenbelagarbeiten				79,0%
353.85.00	Hartbeläge, Estrich, Dämmung				
02	**Wärme- und Trittschalldämmung, Estrich, Linoleumbelag (3 Objekte)** Einheit: m² Belegte Fläche	100,00	**110,00**	130,00	
	025 Estricharbeiten				34,0%
	036 Bodenbelagarbeiten				66,0%
353.93.00	Sportböden				
02	**Sportboden als punktelastische Konstruktion auf Estrich, Oberbelag Linoleum oder Parkett (3 Objekte)** Einheit: m² Belegte Fläche	100,00	**110,00**	130,00	
	025 Estricharbeiten				14,0%
	028 Parkett-, Holzpflasterarbeiten				47,0%
	036 Bodenbelagarbeiten				39,0%
353.94.00	Heizestrich				
01	**Heizestrich als Zementestrich, d=50-85mm, Bewehrung (3 Objekte)** Einheit: m² Belegte Fläche	21,00	**27,00**	29,00	
	025 Estricharbeiten				100,0%
353.97.00	Fußabstreifer				
01	**Sauberlaufmatte, Winkelprofilrahmen, verzinkt (5 Objekte)** Einheit: m² Belegte Fläche	330,00	**450,00**	610,00	
	036 Bodenbelagarbeiten				100,0%

354
Deckenbekleidungen

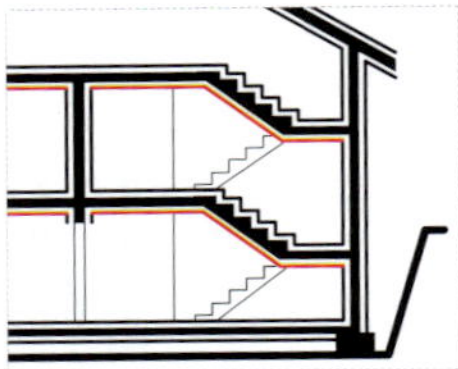

Kosten:
Stand 1.Quartal 2021
Bundesdurchschnitt
inkl. 19% MwSt.

▷ von
ø Mittel
◁ bis

KG.AK.AA	▷	€/Einheit	◁	LB an AA
354.21.00 Beschichtung				
01 **Beschichtung, Dispersion auf Betondeckenflächen (8 Objekte)** Einheit: m² Bekleidete Fläche	4,40	**5,80**	7,10	
034 Maler- und Lackierarbeiten - Beschichtungen				100,0%
02 **Beschichtung auf GK-Decken, glatt oder gelocht, Untergrundvorbehandlung (3 Objekte)** Einheit: m² Bekleidete Fläche	5,20	**7,40**	11,00	
034 Maler- und Lackierarbeiten - Beschichtungen				100,0%
15 **Beschichtung von Stb-Treppen- und Podestuntersichten, spachteln, nachschleifen (4 Objekte)** Einheit: m² Treppenfläche	5,60	**8,20**	10,00	
034 Maler- und Lackierarbeiten - Beschichtungen				100,0%
16 **Filigrandeckenfugen verspachteln (4 Objekte)** Einheit: m Deckenfuge	5,40	**6,50**	7,60	
034 Maler- und Lackierarbeiten - Beschichtungen				100,0%
17 **Untergrundvorbehandlung, Beschichtung, Silikatfarbe (4 Objekte)** Einheit: m² Bekleidete Fläche	5,80	**7,20**	8,80	
034 Maler- und Lackierarbeiten - Beschichtungen				100,0%
354.23.00 Betonschalung, Sichtzuschlag				
01 **Sichtschalung für Flachdecken, geordnete Schalungsstöße, möglichst absatzfrei und porenlos (4 Objekte)** Einheit: m² Sichtbetonfläche	42,00	**56,00**	90,00	
013 Betonarbeiten				100,0%
354.31.00 Putz				
02 **Innendeckenputz auf Treppenuntersichten und Podeste, gefilzt (4 Objekte)** Einheit: m² Bekleidete Fläche	31,00	**38,00**	44,00	
023 Putz- und Stuckarbeiten, Wärmedämmsysteme				100,0%
06 **Deckenputz als Maschinenputz aus Gipsputz, d=12-15mm, Untergrundvorbehandlung (3 Objekte)** Einheit: m² Bekleidete Fläche	24,00	**28,00**	34,00	
023 Putz- und Stuckarbeiten, Wärmedämmsysteme				83,0%
034 Maler- und Lackierarbeiten - Beschichtungen				17,0%
07 **Deckenputz als Maschinenputz aus Kalkgipsputz, d=10-15mm, Untergrundvorbehandlung (7 Objekte)** Einheit: m² Bekleidete Fläche	21,00	**22,00**	25,00	
023 Putz- und Stuckarbeiten, Wärmedämmsysteme				100,0%
354.32.00 Putz, Beschichtung				
01 **Innendeckenputz als Maschinenputz, einlagig mit Beschichtung, Dispersion oder Latex (6 Objekte)** Einheit: m² Bekleidete Fläche	25,00	**31,00**	34,00	
023 Putz- und Stuckarbeiten, Wärmedämmsysteme				67,0%
034 Maler- und Lackierarbeiten - Beschichtungen				33,0%

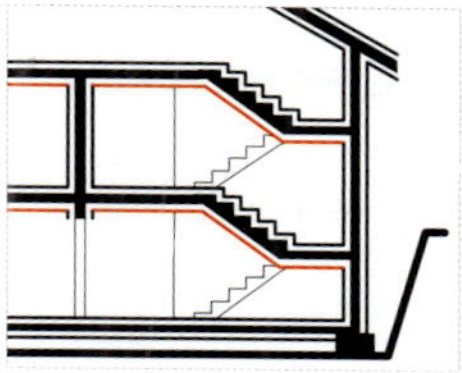

KG.AK.AA		▷	€/Einheit	◁	LB an AA
354.48.00	**Bekleidung auf Unterkonstruktion, mineralisch**				
01	**Unterkonstruktion, Gipskartonplatten, d=1x12,5mm (4 Objekte)**	56,00	**64,00**	75,00	
	Einheit: m² Bekleidete Fläche				
	039 Trockenbauarbeiten				100,0%
354.61.00	**Tapeten**				
01	**Raufasertapete, geklebt auf glatten Deckenflächen (3 Objekte)**	7,50	**7,60**	7,70	
	Einheit: m² Bekleidete Fläche				
	034 Maler- und Lackierarbeiten - Beschichtungen				51,0%
	037 Tapezierarbeiten				49,0%
354.62.00	**Tapeten, Beschichtung**				
01	**Raufasertapete, Beschichtung, Dispersion, waschbeständig (6 Objekte)**	9,20	**9,60**	10,00	
	Einheit: m² Bekleidete Fläche				
	034 Maler- und Lackierarbeiten - Beschichtungen				34,0%
	037 Tapezierarbeiten				66,0%
354.64.00	**Glasvlies, Beschichtung**				
01	**Glasfasertapete, Beschichtung, Dispersion (4 Objekte)**	15,00	**17,00**	24,00	
	Einheit: m² Bekleidete Fläche				
	034 Maler- und Lackierarbeiten - Beschichtungen				50,0%
	037 Tapezierarbeiten				50,0%
354.87.00	**Abgehängte Bekleidung, mineralisch**				
03	**Abgehängte, schallabsorbierende Mineralfaserdecke in Einlegemontage, sichtbare Tragprofile (3 Objekte)**	55,00	**70,00**	78,00	
	Einheit: m² Bekleidete Fläche				
	034 Maler- und Lackierarbeiten - Beschichtungen				5,0%
	039 Trockenbauarbeiten				95,0%
05	**Abgehängte Gipsplattendecke, tapezierfertig, Unterkonstruktion (5 Objekte)**	73,00	**82,00**	110,00	
	Einheit: m² Bekleidete Fläche				
	039 Trockenbauarbeiten				100,0%

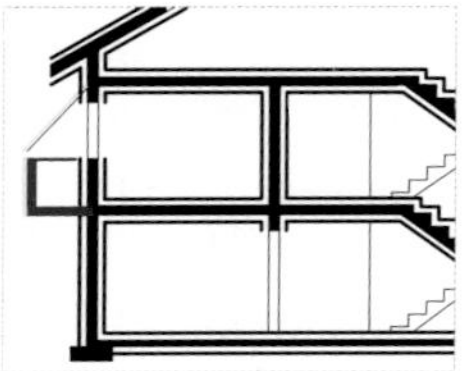

Kosten:
Stand 1.Quartal 2021
Bundesdurchschnitt
inkl. 19% MwSt.

KG.AK.AA		▷	€/Einheit	◁	LB an AA
355.12.00	Metallkonstruktionen				
01	**Vorgesetzte Balkonanlage, Stahlkonstruktion, Stützen, Geländer, Beschichtung (4 Objekte)**	840,00	**1.080,00**	1.780,00	
	Einheit: m² Balkonfläche				
	016 Zimmer- und Holzbauarbeiten				10,0%
	017 Stahlbauarbeiten				38,0%
	031 Metallbauarbeiten				48,0%
	034 Maler- und Lackierarbeiten - Beschichtungen				3,0%
355.22.00	Metallkonstruktionen				
01	**Stahltreppe gerade mit Stahlwangen und Zwischenpodest, Stufen aus Gitterrosten oder gekantetem Stahlblech, Geländer, Beschichtung (3 Objekte)**	960,00	**1.260,00**	1.860,00	
	Einheit: m² Treppenfläche				
	031 Metallbauarbeiten				95,0%
	034 Maler- und Lackierarbeiten - Beschichtungen				5,0%

▷ von
ø Mittel
◁ bis

KG.AK.AA		▷	€/Einheit	◁	LB an AA
359.22.00	**Geländer**				
05	**Brüstungs- und Balkongeländer, Metall, Füllungen, gestrichen (4 Objekte)** Einheit: m² Geländerfläche	270,00	**340,00**	510,00	
	031 Metallbauarbeiten				100,0%
359.23.00	**Handläufe**				
01	**Handläufe aus Stahl oder Holz mit Wandbefestigung, gestrichen (3 Objekte)** Einheit: m Handlauflänge	110,00	**130,00**	150,00	
	017 Stahlbauarbeiten				50,0%
	031 Metallbauarbeiten				50,0%
05	**Edelstahlhandläufe, geschliffen oder gebürstet, mit Wandbefestigung (5 Objekte)** Einheit: m Handlauflänge	130,00	**150,00**	230,00	
	031 Metallbauarbeiten				100,0%

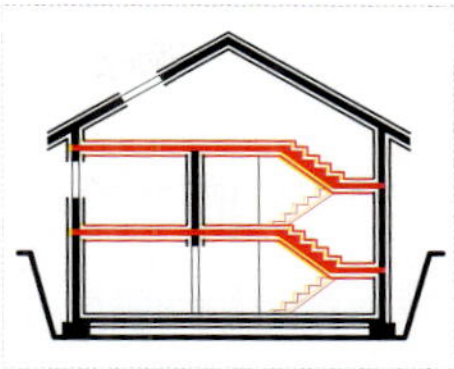

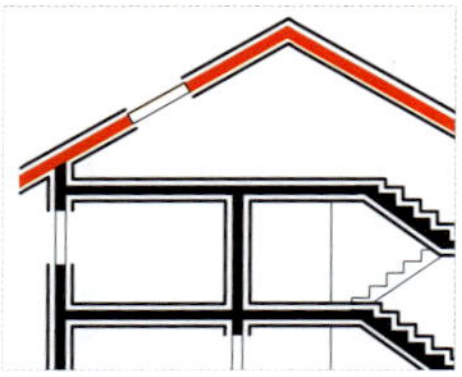

Kosten:
Stand 1.Quartal 2021
Bundesdurchschnitt
inkl. 19% MwSt.

KG.AK.AA		▷	€/Einheit	◁	LB an AA
361.15.00	Stahlbeton, Ortbeton, Platten				
01	**Betondach, Ortbeton, d=18-20cm, Unter- und Überzüge, Schalung, Bewehrung (7 Objekte)** Einheit: m² Dachfläche	140,00	**160,00**	190,00	
	013 Betonarbeiten				100,0%
02	**Betondach, Ortbeton, d=25cm, Unter- und Überzüge, Schalung, Bewehrung (4 Objekte)** Einheit: m² Dachfläche	140,00	**150,00**	190,00	
	013 Betonarbeiten				100,0%
361.25.00	Stahlbeton, Fertigteil, Platten				
03	**Dach aus Stahlbeton-Fertigteilen mit Ortbetonergänzungen, Beischalung, Aufbeton aus Normalbeton, d=20-30cm (6 Objekte)** Einheit: m² Dachfläche	130,00	**140,00**	160,00	
	013 Betonarbeiten				100,0%
361.34.00	Metallträger, Blechkonstruktion				
02	**Fachwerkträger aus Profilstahl als tragende Konstruktion für Trapezblechdächer, mit aussteifender Trapezblechschale (3 Objekte)** Einheit: m² Dachfläche	330,00	**350,00**	390,00	
	017 Stahlbauarbeiten				71,0%
	020 Dachdeckungsarbeiten				8,0%
	022 Klempnerarbeiten				14,0%
	034 Maler- und Lackierarbeiten - Beschichtungen				7,0%
361.42.00	Vollholzbalken, Schalung				
01	**Nadelholz-Dachkonstruktion, Holzschutz, Dachschalung, d=24mm (5 Objekte)** Einheit: m² Dachfläche	70,00	**92,00**	110,00	
	016 Zimmer- und Holzbauarbeiten				100,0%
361.49.00	Holzbalkenkonstruktionen, sonstiges				
01	**Holz-Flachdach, d=351-455mm, Lattung, d=30mm, Dampfbremse, Doppelstegträger, h=356-406mm, Zelluloseeinblasdämmung, DWD-Platten, d=16mm, BSH-Teile, Stahlteile (3 Objekte)** Einheit: m² Dachfläche	190,00	**220,00**	270,00	
	016 Zimmer- und Holzbauarbeiten				100,0%
361.61.00	Steildach, Vollholz, Sparrenkonstruktion				
01	**Sparrendachkonstruktion, Bauholz Fichte/Tanne, b=19cm, h=19cm, Schnittklasse A, chemischer Holzschutz, Abbund, Aufstellen, Kleineisenteile (4 Objekte)** Einheit: m² Dachfläche	42,00	**53,00**	57,00	
	016 Zimmer- und Holzbauarbeiten				100,0%

▷ von
ø Mittel
◁ bis

KG.AK.AA		▷	€/Einheit	◁	LB an AA
361.69.00	Steildach, Holzkonstruktion, sonstiges				
01	**Holz-Steildach, d=402-460mm, Lattung, d=30mm, Dampfbremse, Doppelstegträger, h=356-400mm, Zelluloseeinblasdämmung, DWD-Platten, d=16mm; BSH-Teile, Stahlteile (4 Objekte)** Einheit: m² Dachfläche	180,00	**190,00**	190,00	
	016 Zimmer- und Holzbauarbeiten				100,0%

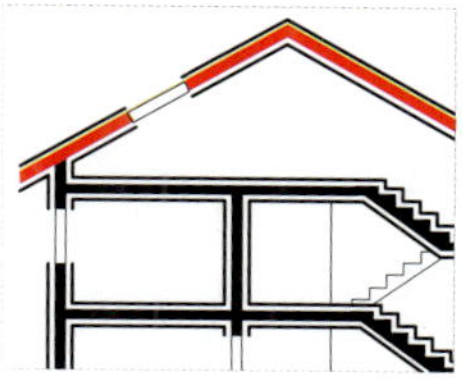

362 Dachöffnungen

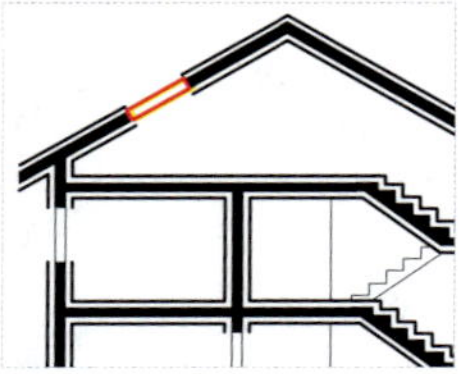

Kosten:
Stand 1.Quartal 2021
Bundesdurchschnitt
inkl. 19% MwSt.

KG.AK.AA		▷	€/Einheit	◁	LB an AA
362.11.00	Dachflächenfenster, Holz				
02	**Dachflächenfenster, Isolierverglasung, Holz lasiert (4 Objekte)** Einheit: m² Öffnungsfläche	650,00	**810,00**	1.030,00	
	020 Dachdeckungsarbeiten				91,0%
	034 Maler- und Lackierarbeiten - Beschichtungen				9,0%
362.15.00	Dachflächenfenster, Metall				
01	**Dachflächenfenster, Isolierverglasung, Aluminium (6 Objekte)** Einheit: m² Öffnungsfläche	760,00	**870,00**	1.050,00	
	020 Dachdeckungsarbeiten				100,0%
362.21.00	Lichtkuppeln, Holz				
01	**Lichtkuppel, Acrylglas, zweischalig, gewölbt, Spindelantrieb mit Elektromotor, Hubhöhe bis 40cm (4 Objekte)** Einheit: m² Öffnungsfläche	1.130,00	**1.630,00**	1.820,00	
	021 Dachabdichtungsarbeiten				50,0%
	031 Metallbauarbeiten				50,0%
362.51.00	Dachausstiege				
01	**Dachausstiegsluken (4 Objekte)** Einheit: m² Öffnungsfläche	580,00	**800,00**	1.030,00	
	020 Dachdeckungsarbeiten				33,0%
	021 Dachabdichtungsarbeiten				33,0%
	022 Klempnerarbeiten				34,0%

▷ von
ø Mittel
◁ bis

KG.AK.AA		▷	€/Einheit	◁	LB an AA
363.11.00	Abdichtung				
01	**Untergrund reinigen, Voranstrich, Bitumenschweißbahnen (3 Objekte)** Einheit: m² Belegte Fläche	33,00	**35,00**	36,00	
	021 Dachabdichtungsarbeiten				100,0%
363.13.00	Abdichtung, Belag begehbar				
01	**Untergrund reinigen, Voranstrich, Dampfsperre, Bitumenschweißbahnen, Betonplatten oder Holzrost (3 Objekte)** Einheit: m² Belegte Fläche	120,00	**150,00**	170,00	
	014 Natur-, Betonwerksteinarbeiten				35,0%
	021 Dachabdichtungsarbeiten				44,0%
	027 Tischlerarbeiten				21,0%
363.16.00	Abdichtung, Belag, extensive Dachbegrünung				
01	**Dachabdichtung, Drän- und Filterschicht, Durchwurzelungsschutz, Vegetationsschicht, Substratmischung, Fertigstellungspflege, Kiesrandstreifen, Randabdeckungen (11 Objekte)** Einheit: m² Belegte Fläche	110,00	**150,00**	200,00	
	021 Dachabdichtungsarbeiten				86,0%
	022 Klempnerarbeiten				14,0%
363.21.00	Abdichtung, Wärmedämmung				
02	**Voranstrich mit Bitumenlösung, Bitumen-Schweißbahnen, zweilagig, Dampfsperre PE-Folie, Wärmedämmung, d=80-120mm (3 Objekte)** Einheit: m² Belegte Fläche	70,00	**78,00**	94,00	
	021 Dachabdichtungsarbeiten				100,0%
363.22.00	Abdichtung, Wärmedämmung, Kiesfilter				
01	**Dampfsperre, PS-Hartschaum-Dämmung, d=80-140mm Bitumenabdichtung, Kiesschicht, d=5cm (4 Objekte)** Einheit: m² Belegte Fläche	68,00	**79,00**	91,00	
	021 Dachabdichtungsarbeiten				100,0%
04	**Dampfsperre, Gefälledämmung, PS-Hartschaumplatten, d=120-300mm, Bitumenschweißbahn zweilagig, Schutzschicht, Kiesschicht (3 Objekte)** Einheit: m² Belegte Fläche	91,00	**110,00**	150,00	
	003 Landschaftsbauarbeiten				27,0%
	021 Dachabdichtungsarbeiten				73,0%

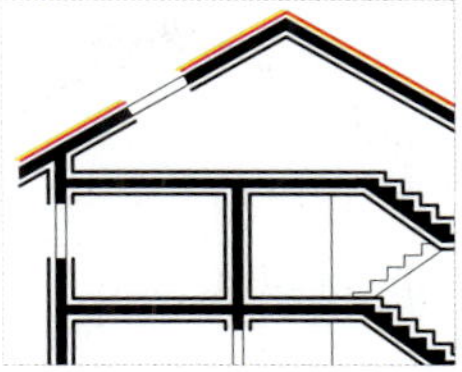

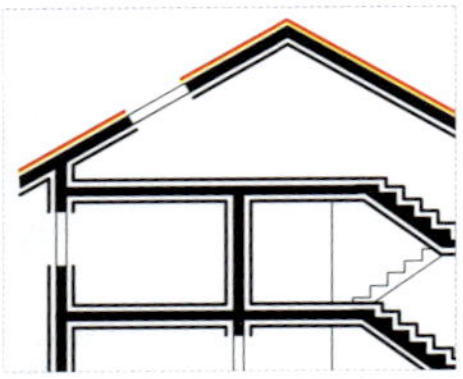

Kosten:
Stand 1.Quartal 2021
Bundesdurchschnitt
inkl. 19% MwSt.

KG.AK.AA		▷	€/Einheit	◁	LB an AA
363.23.00	Abdichtung, Wärmedämmung, Belag begehbar				
01	**Untergrundvorbehandlung, Bitumenabdichtung, Wärmedämmung, Betonwerkstein-Platten, begehbar (4 Objekte)**	130,00	**190,00**	210,00	
	Einheit: m² Belegte Fläche				
	014 Natur-, Betonwerksteinarbeiten				22,0%
	020 Dachdeckungsarbeiten				1,0%
	021 Dachabdichtungsarbeiten				54,0%
	080 Straßen, Wege, Plätze				23,0%
363.32.00	Ziegel, Wärmedämmung				
01	**Ziegeldeckung auf Lattung, Mineralfaserdämmung, Unterspannbahn, Zinkverwahrungen (4 Objekte)**	68,00	**85,00**	130,00	
	Einheit: m² Gedeckte Fläche				
	016 Zimmer- und Holzbauarbeiten				37,0%
	020 Dachdeckungsarbeiten				63,0%
363.34.00	Betondachstein, Wärmedämmung				
01	**Dachdämmung WLG 040, d=100-160mm, Unterspann-bahn, Konter- und Dachlattung, Betondachsteine (3 Objekte)**	63,00	**73,00**	80,00	
	Einheit: m² Gedeckte Fläche				
	013 Betonarbeiten				7,0%
	016 Zimmer- und Holzbauarbeiten				15,0%
	020 Dachdeckungsarbeiten				78,0%
363.51.00	Alu				
01	**Aluminium-Deckung (4 Objekte)**	47,00	**74,00**	110,00	
	Einheit: m² Gedeckte Fläche				
	022 Klempnerarbeiten				100,0%
363.57.00	Zink				
03	**Attikaabdeckung, Titanzinkblech, Unterkonstruktion (7 Objekte)**	140,00	**200,00**	290,00	
	Einheit: m² Gedeckte Fläche				
	021 Dachabdichtungsarbeiten				38,0%
	022 Klempnerarbeiten				62,0%
363.71.00	Dachrinnen, Titanzink				
01	**Hängerinne, Titanzink, halbrund, mit Rinnenstutzen, Endstücken, Formstücken und Einlaufblech (5 Objekte)**	39,00	**54,00**	75,00	
	Einheit: m Rinnenlänge				
	022 Klempnerarbeiten				100,0%
363.79.00	Sonstiges zu Dachentwässerung horizontal				
01	**Notüberläufe, Wasserspeier (4 Objekte)**	110,00	**130,00**	150,00	
	Einheit: St Anzahl				
	021 Dachabdichtungsarbeiten				50,0%
	022 Klempnerarbeiten				50,0%

▷ von
ø Mittel
◁ bis

KG.AK.AA		▷	€/Einheit	◁	LB an AA
363.81.00	Fallrohre, Titanzink				
01	**Regenfallrohr Titanzinkblech DN100-150, Bögen, Winkel, Befestigungen (11 Objekte)** Einheit: m Abwasserleitung	33,00	**38,00**	45,00	
	022 Klempnerarbeiten				100,0%
04	**Regenfallrohrklappe DN100, Titanzink (4 Objekte)** Einheit: St Regenfallrohrklappe	30,00	**43,00**	77,00	
	022 Klempnerarbeiten				100,0%
363.89.00	Sonstiges zu Dachentwässerung vertikal				
01	**Guss-Regenstandrohr DN100, l=1,00-1,50m, Rohrschellen (5 Objekte)** Einheit: m Abwasserleitung	58,00	**78,00**	96,00	
	022 Klempnerarbeiten				100,0%

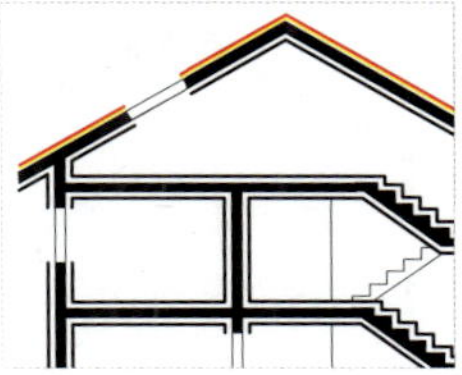

364
Dachbekleidungen

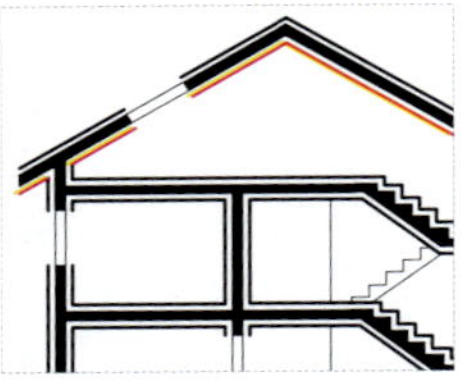

Kosten:
Stand 1.Quartal 2021
Bundesdurchschnitt
inkl. 19% MwSt.

▷ von
ø Mittel
◁ bis

KG.AK.AA		▷	€/Einheit	◁	LB an AA
364.17.00	Dämmung				
01	**Mineralwolle zwischen den Sparren, Wärmeleitfähigkeitsgruppe 035 oder 040, d=120mm (4 Objekte)**	19,00	**23,00**	26,00	
	Einheit: m² Bekleidete Fläche				
	016 Zimmer- und Holzbauarbeiten				33,0%
	020 Dachdeckungsarbeiten				33,0%
	039 Trockenbauarbeiten				34,0%
03	**Zellulosedämmung, d=300-420mm, eingeblasen (3 Objekte)**	48,00	**67,00**	100,00	
	Einheit: m² Bekleidete Fläche				
	016 Zimmer- und Holzbauarbeiten				50,0%
	020 Dachdeckungsarbeiten				50,0%
364.21.00	Beschichtung				
01	**Beschichtung mineralischer Oberflächen, Dispersion, Untergrundvorbehandlung (5 Objekte)**	4,10	**6,10**	9,00	
	Einheit: m² Bekleidete Fläche				
	034 Maler- und Lackierarbeiten - Beschichtungen				100,0%
07	**Reinigen und lackieren von Metallflächen wie Stahlbinder, Stahlpfetten, Stahlrundstützen, Stahldachkonstruktion (3 Objekte)**	15,00	**20,00**	23,00	
	Einheit: m² Bekleidete Fläche				
	034 Maler- und Lackierarbeiten - Beschichtungen				100,0%
08	**Feuerschutzbeschichtung F30 auf Metallflächen (4 Objekte)**	31,00	**40,00**	48,00	
	Einheit: m² Bekleidete Fläche				
	034 Maler- und Lackierarbeiten - Beschichtungen				100,0%
10	**Spachtelung von Betondecken, Beschichtung (3 Objekte)**	7,30	**21,00**	31,00	
	Einheit: m² Bekleidete Fläche				
	034 Maler- und Lackierarbeiten - Beschichtungen				100,0%
364.31.00	Putz				
01	**Deckenputz als Maschinenputz aus Gips-, Kalkgips- oder Kalkzementputz (4 Objekte)**	21,00	**26,00**	32,00	
	Einheit: m² Bekleidete Fläche				
	023 Putz- und Stuckarbeiten, Wärmedämmsysteme				100,0%
364.32.00	Putz, Beschichtung				
02	**Maschinenputz, Beschichtung, Dispersion, Untergrundvorbereitung (3 Objekte)**	31,00	**33,00**	38,00	
	Einheit: m² Bekleidete Fläche				
	023 Putz- und Stuckarbeiten, Wärmedämmsysteme				83,0%
	034 Maler- und Lackierarbeiten - Beschichtungen				17,0%
364.44.00	Bekleidung auf Unterkonstruktion, Holz				
05	**Sichtschalung aus Nut+Feder Bretter, gehobelt, d=19-24mm, als Dachschrägenbekleidung, Beschichtung, Lasur (3 Objekte)**	47,00	**51,00**	57,00	
	Einheit: m² Bekleidete Fläche				
	016 Zimmer- und Holzbauarbeiten				100,0%

KG.AK.AA		▷	€/Einheit	◁	LB an AA
364.48.00	Bekleidung auf Unterkonstruktion, mineralisch				
01	**Gipskartonbekleidungen auf Unterkonstruktion, Dämmung, Beschichtung (15 Objekte)**	58,00	**67,00**	77,00	
	Einheit: m² Bekleidete Fläche				
	039 Trockenbauarbeiten				100,0%
02	**Gipskartonbekleidung an Dachschrägen, Unterkonstruktion (8 Objekte)**	39,00	**51,00**	72,00	
	Einheit: m² Bekleidete Fläche				
	039 Trockenbauarbeiten				100,0%
364.62.00	Tapeten, Beschichtung				
01	**Raufasertapete an Dachschrägen, Beschichtung, Dispersion (7 Objekte)**	8,80	**10,00**	13,00	
	Einheit: m² Bekleidete Fläche				
	034 Maler- und Lackierarbeiten - Beschichtungen				38,0%
	037 Tapezierarbeiten				62,0%
364.85.00	Abgehängte Bekleidung, Putz, Stuck				
01	**Abgehängte Decke, Metallunterkonstruktion, Gipskartonbekleidung, Lampenaussparungen, Revisionsöffnungen, Oberfläche gestrichen (3 Objekte)**	76,00	**100,00**	150,00	
	Einheit: m² Bekleidete Fläche				
	023 Putz- und Stuckarbeiten, Wärmedämmsysteme				51,0%
	034 Maler- und Lackierarbeiten - Beschichtungen				3,0%
	039 Trockenbauarbeiten				46,0%
364.87.00	Abgehängte Bekleidung, mineralisch				
01	**Abgehängte, schallabsorbierende Mineralfaserdecke in Einlegemontage, sichtbare Tragprofile (3 Objekte)**	85,00	**92,00**	110,00	
	Einheit: m² Bekleidete Fläche				
	039 Trockenbauarbeiten				100,0%

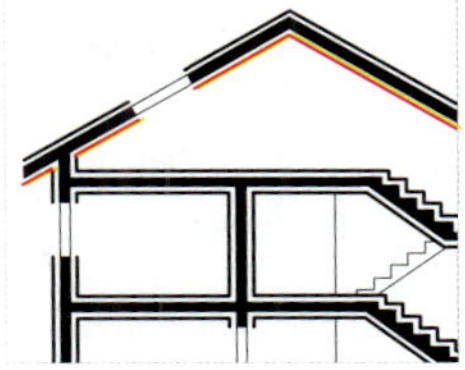

369 Sonstiges zur KG 360

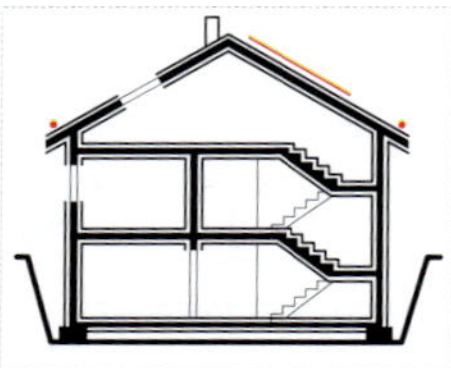

Kosten:
Stand 1.Quartal 2021
Bundesdurchschnitt
inkl. 19% MwSt.

KG.AK.AA		▷	€/Einheit	◁	LB an AA
369.22.00	Geländer				
02	**Geländer an Dachterrasse (3 Objekte)** Einheit: m² Geländerfläche	250,00	**290,00**	370,00	
	021 Dachabdichtungsarbeiten				13,0%
	031 Metallbauarbeiten				87,0%
369.83.00	Leitern, Steigeisen, Dachhaken				
01	**Ortsfeste Leiter für Schornsteinfeger, Alu oder Stahl, Befestigung (3 Objekte)** Einheit: m Leiterlänge	120,00	**140,00**	190,00	
	020 Dachdeckungsarbeiten				50,0%
	022 Klempnerarbeiten				50,0%
03	**Absturzsicherung (Sekuranten), Einzelanschlagpunkte mit Öse, inkl. Befestigung (5 Objekte)** Einheit: St Stück	200,00	**280,00**	380,00	
	021 Dachabdichtungsarbeiten				100,0%
369.85.00	Schneefang				
01	**Schneefang auf geneigten Dächern aus Rundrohren, Halterungen (8 Objekte)** Einheit: m Schneefanglänge	35,00	**43,00**	56,00	
	020 Dachdeckungsarbeiten				53,0%
	022 Klempnerarbeiten				47,0%

▷ von
ø Mittel
◁ bis

KG.AK.AA	▷	€/Einheit	◁	LB an AA
381.11.00 Haushaltsküchen				
02 **Einbauküchen im Haushaltsstandard, Arbeitsplatte, komplett mit Einbaugeräten und Spüle (4 Objekte)** Einheit: m² Brutto-Grundfläche	5,00	**7,60**	15,00	
027 Tischlerarbeiten				100,0%
381.32.00 Garderobenanlagen				
02 **Garderoben und Garderobenschränke mit Sitzbänken (3 Objekte)** Einheit: m² Brutto-Grundfläche	2,70	**5,60**	11,00	
027 Tischlerarbeiten				79,0%
031 Metallbauarbeiten				21,0%

391 Baustelleneinrichtung

Kosten:
Stand 1.Quartal 2021
Bundesdurchschnitt
inkl. 19% MwSt.

KG.AK.AA		▷	€/Einheit	◁	LB an AA
391.11.00	Baustelleneinrichtung, pauschal				
01	**Allgemeine Baustelleneinrichtung komplett einrichten, vorhalten und räumen, mit allen notwendigen Räumlichkeiten und Sicherheitseinrichtungen (6 Objekte)**	10,00	**30,00**	55,00	
	Einheit: m² Brutto-Grundfläche				
	000 Sicherheitseinrichtungen, Baustelleneinrichtungen				100,0%
391.25.00	Kranstellung				
01	**Baukran, Aufstellung, Vorhalten und Abbau (6 Objekte)**	3,40	**6,20**	12,00	
	Einheit: m² Brutto-Grundfläche				
	000 Sicherheitseinrichtungen, Baustelleneinrichtungen				100,0%
391.29.00	Baustelleneinrichtung, Einzeleinrichtungen, sonstiges				
01	**Bautür (3 Objekte)**	0,20	**1,00**	1,40	
	Einheit: m² Brutto-Grundfläche				
	000 Sicherheitseinrichtungen, Baustelleneinrichtungen				100,0%
391.32.00	Baustellenbeleuchtung				
01	**Beleuchtungseinrichtungen einrichten und betreiben (3 Objekte)**	0,10	**0,90**	1,40	
	Einheit: m² Brutto-Grundfläche				
	000 Sicherheitseinrichtungen, Baustelleneinrichtungen				100,0%
391.41.00	Bauschild				
01	**Bauschild mit Schrifttafeln herstellen, unterhalten und abbauen (11 Objekte)**	1,20	**2,50**	4,20	
	Einheit: m² Brutto-Grundfläche				
	000 Sicherheitseinrichtungen, Baustelleneinrichtungen				100,0%

▷ von
ø Mittel
◁ bis

KG.AK.AA		▷	€/Einheit	◁	LB an AA
392.11.00	Standgerüste, Fassadengerüste				
01	**Arbeits- und Schutzgerüst als Stand- und Fassadengerüst aus Stahlrohren im Umfang aufstellen, über die gesamte Bauzeit vorhalten und abbauen (4 Objekte)** Einheit: m^2 Gerüstfläche	13,00	**19,00**	25,00	
	001 Gerüstarbeiten				100,0%
02	**Gebrauchsüberlassung des Fassadengerüsts über vertraglich vereinbarte Zeit hinaus (4 Objekte)** Einheit: m^2Wo Gerüstfläche pro Woche	0,40	**0,50**	0,60	
	001 Gerüstarbeiten				100,0%

397 Zusätzliche Maßnahmen

KG.AK.AA		▷	€/Einheit	◁	LB an AA
397.21.00	Grobreinigung während der Bauzeit				
01	**Grobreinigungsarbeiten während der Bauzeit (3 Objekte)** Einheit: m² Brutto-Grundfläche	0,40	**1,40**	3,20	
	033 Baureinigungsarbeiten				100,0%

Kosten:
Stand 1.Quartal 2021
Bundesdurchschnitt
inkl. 19% MwSt.

▷ von
ø Mittel
◁ bis

KG.AK.AA		▷	€/Einheit	◁	LB an AA
411.12.00	Abwasserleitungen - Schmutzwasser				
01	**Abwasserleitungen, HT-Rohr DN50-100, Formstücke (8 Objekte)**	37,00	**43,00**	50,00	
	Einheit: m Abwasserleitung				
	044 Abwasseranlagen - Leitungen, Abläufe, Armaturen				100,0%
05	**PE-Abwasserleitungen DN70-100, Formstücke, Rohrdämmung (4 Objekte)**	52,00	**62,00**	66,00	
	Einheit: m Abwasserleitung				
	044 Abwasseranlagen - Leitungen, Abläufe, Armaturen				68,0%
	047 Dämm- und Brandschutzarbeiten an technischen Anlagen				32,0%
411.14.00	Ab-/Einläufe für Abwasserleitungen				
02	**Kunststoff-Bodenablauf DN70-100, Geruchsverschluss, Dichtungen (5 Objekte)**	130,00	**160,00**	190,00	
	Einheit: St Ablauf				
	044 Abwasseranlagen - Leitungen, Abläufe, Armaturen				100,0%
03	**Flachdachabläufe DN50-100, Kunststoff oder Guss, Ablauf senkrecht (4 Objekte)**	260,00	**290,00**	370,00	
	Einheit: St Ablauf				
	044 Abwasseranlagen - Leitungen, Abläufe, Armaturen				100,0%
411.21.00	Grundleitungen - Schmutz-/Regenwasser				
04	**Grundleitungen, PVC DN100-150, Formstücke (7 Objekte)**	35,00	**38,00**	42,00	
	Einheit: m Grundleitung				
	009 Entwässerungskanalarbeiten				49,0%
	044 Abwasseranlagen - Leitungen, Abläufe, Armaturen				51,0%
411.22.00	Grundleitungen - Schmutzwasser				
01	**PVC-Grundleitungen, Schmutzwasser, Formstücke (6 Objekte)**	33,00	**39,00**	45,00	
	Einheit: m Grundleitung				
	009 Entwässerungskanalarbeiten				100,0%
411.24.00	Ab-/Einläufe für Grundleitungen				
01	**Bodenablauf DN70-100, Guss (4 Objekte)**	230,00	**320,00**	360,00	
	Einheit: St Bodenablauf				
	009 Entwässerungskanalarbeiten				50,0%
	044 Abwasseranlagen - Leitungen, Abläufe, Armaturen				50,0%
411.25.00	Kontrollschächte				
01	**Kontrollschacht DN1.000, Schachtunterteil Ortbeton, Stahlbetonringe, Fertigteile, Schachtabdeckung (5 Objekte)**	1.310,00	**1.470,00**	1.740,00	
	Einheit: St Kontrollschacht				
	009 Entwässerungskanalarbeiten				100,0%

KG.AK.AA		▷	€/Einheit	◁	LB an AA
411.51.00	Abwassertauchpumpen				
01	**Schmutzwasser-Tauchpumpe, voll überflutbar, automatische Abschaltung (6 Objekte)**	620,00	**820,00**	1.030,00	
	Einheit: St Anzahl				
	044 Abwasseranlagen - Leitungen, Abläufe, Armaturen				100,0%
411.52.00	Abwasserhebeanlagen				
01	**Fäkalienhebeanlage mit Zubehör (4 Objekte)**	6.870,00	**9.380,00**	11.770,00	
	Einheit: St Fäkalienhebeanlage				
	044 Abwasseranlagen - Leitungen, Abläufe, Armaturen				50,0%
	046 GWE; Betriebseinrichtungen				50,0%

Kosten:
Stand 1.Quartal 2021
Bundesdurchschnitt
inkl. 19% MwSt.

▷ von
ø Mittel
◁ bis

KG.AK.AA		▷	€/Einheit	◁	LB an AA
412.41.00	Wasserleitungen, Kaltwasser				
01	**Kupferleitungen 18x1 bis 35x1,5mm, Formstücke, Befestigungen (8 Objekte)** Einheit: m Wasserleitung	29,00	**32,00**	35,00	
	042 Gas- und Wasseranlagen; Leitungen, Armaturen				100,0%
02	**Nahtloses Gewinderohr verzinkt DN15-50, Formstücke, Befestigungen (3 Objekte)** Einheit: m Wasserleitung	28,00	**34,00**	46,00	
	042 Gas- und Wasseranlagen; Leitungen, Armaturen				52,0%
	044 Abwasseranlagen - Leitungen, Abläufe, Armaturen				48,0%
06	**Dämmung von Kaltwasserleitungen DN15-50, zum Teil in Mauerschlitzen (7 Objekte)** Einheit: m Wasserleitung	7,10	**11,00**	14,00	
	047 Dämm- und Brandschutzarbeiten an technischen Anlagen				100,0%
08	**VPE-Rohr, 16x2,2-32x4,4mm, Formstücke (3 Objekte)** Einheit: m Wasserleitung	25,00	**28,00**	32,00	
	042 Gas- und Wasseranlagen; Leitungen, Armaturen				70,0%
	044 Abwasseranlagen - Leitungen, Abläufe, Armaturen				10,0%
	047 Dämm- und Brandschutzarbeiten an technischen Anlagen				20,0%
09	**Edelstahlrohr DN25-42, Formstücke, Befestigungen (5 Objekte)** Einheit: m Wasserleitung	29,00	**32,00**	34,00	
	042 Gas- und Wasseranlagen; Leitungen, Armaturen				100,0%
10	**Metallverbundrohr DN15-32, Formstücke (6 Objekte)** Einheit: m Wasserleitung	24,00	**28,00**	35,00	
	042 Gas- und Wasseranlagen; Leitungen, Armaturen				100,0%
412.43.00	Wasserleitungen, Warmwasser/Zirkulation				
04	**Warmwasserleitungen, Formstücke, Rohrdämmung (3 Objekte)** Einheit: m Wasserleitung	35,00	**44,00**	49,00	
	042 Gas- und Wasseranlagen; Leitungen, Armaturen				79,0%
	047 Dämm- und Brandschutzarbeiten an technischen Anlagen				21,0%
412.44.00	Verteiler, Warmwasser/Zirkulation				
01	**Zirkulationspumpe für Brauchwasser, wellenloser Wechselstrom-Kugelmotor 230V, Zeitschaltuhr (5 Objekte)** Einheit: St Pumpe	210,00	**230,00**	270,00	
	042 Gas- und Wasseranlagen; Leitungen, Armaturen				100,0%
412.45.00	Wasserleitungen, Begleitheizung				
01	**Warmwasser-Begleitheizung, zwei parallelen, verzinnte Kupferlitzen, 1,2mm², selbstregelnd, Zeitschaltuhr mit Tages- und Wochenprogramm (4 Objekte)** Einheit: m Wasserleitung	41,00	**43,00**	46,00	
	040 Wärmeversorgungsanlagen - Betriebseinrichtungen				33,0%
	042 Gas- und Wasseranlagen; Leitungen, Armaturen				34,0%
	045 GWE; Einrichtungsgegenstände, Sanitärausstattungen				33,0%

Kosten:
Stand 1.Quartal 2021
Bundesdurchschnitt
inkl. 19% MwSt.

KG.AK.AA		▷	€/Einheit	◁	LB an AA
412.51.00	Elektrowarmwasserspeicher				
02	**Elektrowarmwasserspeicher 5l, drucklos für Untertischmontage, stufenlose Temperatureinstellung, Abschaltautomatik (3 Objekte)** Einheit: St Warmwasserspeicher	210,00	**230,00**	270,00	
	045 GWE; Einrichtungsgegenstände, Sanitärausstattungen				100,0%
412.61.00	Ausgussbecken				
01	**Ausgussbecken aus Stahlblech, Einlegeroste (5 Objekte)** Einheit: St Ausgussbecken	88,00	**100,00**	110,00	
	045 GWE; Einrichtungsgegenstände, Sanitärausstattungen				100,0%
412.62.00	Waschtische, Waschbecken				
01	**Handwaschbecken Gr. 50-60 mit Befestigungen, Eckventile, Geruchsverschluss, Hebelmischer (8 Objekte)** Einheit: St Waschbecken	340,00	**380,00**	410,00	
	045 GWE; Einrichtungsgegenstände, Sanitärausstattungen				100,0%
04	**Einhandhebelmischer für Waschbecken, verchromt (7 Objekte)** Einheit: St Armatur	220,00	**290,00**	380,00	
	045 GWE; Einrichtungsgegenstände, Sanitärausstattungen				100,0%
412.63.00	Bidets				
01	**Bidet, wandhängend, Einhandmischer (4 Objekte)** Einheit: St Bidet	470,00	**570,00**	860,00	
	045 GWE; Einrichtungsgegenstände, Sanitärausstattungen				100,0%
412.64.00	Urinale				
01	**Urinal weiß, Anschlussgarnitur, Druckspüler (6 Objekte)** Einheit: St Urinal	420,00	**480,00**	510,00	
	045 GWE; Einrichtungsgegenstände, Sanitärausstattungen				100,0%
04	**Urinal, Anschlussgarnitur, automatische Spülung durch Infrarot-Auslösung (5 Objekte)** Einheit: St Urinal	810,00	**940,00**	1.110,00	
	045 GWE; Einrichtungsgegenstände, Sanitärausstattungen				100,0%
412.65.00	WC-Becken				
01	**WC-Becken, wandhängend, WC-Sitz, Spülkasten (9 Objekte)** Einheit: St WC-Becken	480,00	**640,00**	1.120,00	
	045 GWE; Einrichtungsgegenstände, Sanitärausstattungen				100,0%
02	**Tiefspülklosett, Spülkästen, Schallschutzset, Klosettsitz mit Deckel (7 Objekte)** Einheit: St WC-Becken	500,00	**550,00**	600,00	
	045 GWE; Einrichtungsgegenstände, Sanitärausstattungen				100,0%

▷ von
ø Mittel
◁ bis

KG.AK.AA		▷	€/Einheit	◁	LB an AA
412.66.00	**Duschen**				
01	**Duschwannen 90x90cm, Stahl (4 Objekte)** Einheit: St Duschwanne	210,00	**260,00**	430,00	
	045 GWE; Einrichtungsgegenstände, Sanitärausstattungen				100,0%
03	**Brausewanne, Einhand-Brausebatterie unter Putz, Wandstange, Schlauch, Handbrause (4 Objekte)** Einheit: St Duschwanne	530,00	**550,00**	600,00	
	045 GWE; Einrichtungsgegenstände, Sanitärausstattungen				100,0%
05	**Einhebel-Brausebatterie, unter Putz, Wandstange 90cm, verchromt, Brauseschlauch, Handbrause, Halterung (10 Objekte)** Einheit: St Armatur	300,00	**340,00**	370,00	
	045 GWE; Einrichtungsgegenstände, Sanitärausstattungen				100,0%
412.67.00	**Badewannen**				
01	**Einbauwanne 1,75m, Wannenfüße, Wannenab- und -überlauf, Einhebel-Wannenfüll- und Brausebatterie (5 Objekte)** Einheit: St Badewanne	550,00	**710,00**	900,00	
	045 GWE; Einrichtungsgegenstände, Sanitärausstattungen				100,0%
04	**Badewanne, sechseckig (3 Objekte)** Einheit: St Badewanne	1.580,00	**2.260,00**	3.630,00	
	045 GWE; Einrichtungsgegenstände, Sanitärausstattungen				100,0%
05	**Badewanne 175x75cm, Stahl, mit Wannenträger, ohne Armaturen (10 Objekte)** Einheit: St Badewanne	330,00	**430,00**	650,00	
	045 GWE; Einrichtungsgegenstände, Sanitärausstattungen				100,0%
06	**Badewanne 180x80cm, Stahl, mit Wannenträger, ohne Armaturen (5 Objekte)** Einheit: St Badewanne	640,00	**820,00**	960,00	
	045 GWE; Einrichtungsgegenstände, Sanitärausstattungen				100,0%
07	**Badewanne, Acryl, mit Wannenträger, ohne Armaturen (4 Objekte)** Einheit: St Badewanne	1.030,00	**1.210,00**	1.580,00	
	045 GWE; Einrichtungsgegenstände, Sanitärausstattungen				100,0%
412.68.00	**Behinderten-Einrichtungen**				
01	**Tiefspül-WC, Waschtischanlage, Stützgriffe, Kristallglasspiegel, Klosettpapierhalter, Abfalleimer, Bürstengarnitur, Papierhandtuchspender, Drahtsammelkorb (3 Objekte)** Einheit: St Behindertengerechtes WC	2.420,00	**2.790,00**	3.020,00	
	045 GWE; Einrichtungsgegenstände, Sanitärausstattungen				92,0%
	053 Niederspannungsanlagen; Kabel, Verlegesysteme				8,0%

KG.AK.AA		▷	€/Einheit	◁	LB an AA
419.11.00	Installationsblöcke				
01	**Installationsblock für Waschtische (5 Objekte)** Einheit: St Installationsblock	230,00	**240,00**	250,00	
	045 GWE; Einrichtungsgegenstände, Sanitärausstattungen				100,0%
02	**Installationsblock für Urinale (6 Objekte)** Einheit: St Installationsblock	250,00	**280,00**	330,00	
	045 GWE; Einrichtungsgegenstände, Sanitärausstattungen				100,0%
03	**Installationsblock für wandhängendes WC mit Spülkasten 6-9l (7 Objekte)** Einheit: St Installationsblock	270,00	**320,00**	350,00	
	045 GWE; Einrichtungsgegenstände, Sanitärausstattungen				100,0%
04	**Installationsblock für wandhängendes Bidet (3 Objekte)** Einheit: St Installationsblock	240,00	**250,00**	270,00	
	045 GWE; Einrichtungsgegenstände, Sanitärausstattungen				100,0%

Kosten:
Stand 1.Quartal 2021
Bundesdurchschnitt
inkl. 19% MwSt.

▷ von
ø Mittel
◁ bis

KG.AK.AA		▷	€/Einheit	◁	LB an AA
421.21.00	Fernwärmeübergabestationen				
02	**Fernwärme-Kompaktstation, 100-200kW, für den indirekten Anschluss an Heizwasser-Fernwärmenetze, Zubehör (3 Objekte)** Einheit: kW Kesselleistung	100,00	**110,00**	130,00	
	040 Wärmeversorgungsanlagen - Betriebseinrichtungen				100,0%
421.31.00	Heizkesselanlagen gasförmige/flüssige Brennstoffe				
01	**Gasheizkessel, Nennleistung 15,6-38kW, Warmwasserbereiter, Umwälzpumpe, Heizkreisverteiler, Zubehör (3 Objekte)** Einheit: kW Kesselleistung	210,00	**220,00**	220,00	
	040 Wärmeversorgungsanlagen - Betriebseinrichtungen				100,0%
03	**Gas-Brennwertkessel 26-48kW, Regelung, Wandheizkessel mit Trinkwassererwärmung (7 Objekte)** Einheit: kW Kesselleistung	170,00	**180,00**	200,00	
	040 Wärmeversorgungsanlagen - Betriebseinrichtungen				100,0%
05	**Gas-Brennwertkessel 3,4-35kW, Kompaktgerät mit Trinkwassererwärmung, Regelung, Druckausgleichsgefäß, Gasleitung, Abgasrohr, Elektroarbeiten (6 Objekte)** Einheit: St Heizkessel	7.230,00	**7.820,00**	8.510,00	
	040 Wärmeversorgungsanlagen - Betriebseinrichtungen				100,0%
09	**Gas-Brennwertkessel 25-110kW, Regelung, Wandheizkessel mit Trinkwassererwärmung (6 Objekte)** Einheit: St Heizkessel	5.390,00	**7.090,00**	8.580,00	
	040 Wärmeversorgungsanlagen - Betriebseinrichtungen				100,0%
421.32.00	Heizkesselanlagen feste Brennstoffe				
03	**Holzpellet-Kessel mit Wärmetauscher, 2-10kW, in Kombination mit Solarkollektoren für WW; Speicher; Zubehör (5 Objekte)** Einheit: St Anlage	26.510,00	**28.850,00**	36.670,00	
	040 Wärmeversorgungsanlagen - Betriebseinrichtungen				100,0%
421.41.00	Wärmepumpenanlagen				
01	**Wärmepumpe mit Anschluss an einer Erdsonde (3 Objekte)** Einheit: kW Abgabeleistung	820,00	**1.020,00**	1.120,00	
	040 Wärmeversorgungsanlagen - Betriebseinrichtungen				100,0%
04	**Sole-Wasser-Wärmepumpe mit integriertem Warmwasserspeicher, Zubehör (8 Objekte)** Einheit: St Anlage	25.080,00	**28.030,00**	31.860,00	
	040 Wärmeversorgungsanlagen - Betriebseinrichtungen				97,0%
	046 GWE; Betriebseinrichtungen				2,0%
	047 Dämm- und Brandschutzarbeiten an technischen Anlagen				1,0%
05	**Luft-Wasser-Wärmepumpe, Pufferspeicher; Zubehör (4 Objekte)** Einheit: St Anlage	14.210,00	**18.120,00**	22.800,00	
	040 Wärmeversorgungsanlagen - Betriebseinrichtungen				100,0%

421 Wärmeerzeugungs-anlagen

KG.AK.AA		▷	€/Einheit	◁	LB an AA
421.51.00	Solaranlagen				
01	**Solaranlage, Flachkollektoren, Befestigungsmaterial, Befüllung, Ausdehnungsgefäß, Anschlussleitungen (6 Objekte)** Einheit: m² Absorberfläche	800,00	**880,00**	1.010,00	
	040 Wärmeversorgungsanlagen - Betriebseinrichtungen				100,0%
421.61.00	Wassererwärmungsanlagen				
01	**Speicher-Brauchwasserspeicher, Druckausdehnungs-gefäß (7 Objekte)** Einheit: l Speichervolumen	5,30	**7,90**	13,00	
	040 Wärmeversorgungsanlagen - Betriebseinrichtungen				100,0%

Kosten:
Stand 1.Quartal 2021
Bundesdurchschnitt
inkl. 19% MwSt.

▷ von
ø Mittel
◁ bis

KG.AK.AA		▷	€/Einheit	◁	LB an AA
422.11.00	**Verteiler, Pumpen für Raumheizflächen**				
01	**Umwälzpumpe, wartungsfrei für Rohreinbau, Förderstrom 2,9-5,4m³/h, Förderhöhe 0,6-3,8mWS (9 Objekte)** Einheit: St Umwälzpumpe	680,00	**740,00**	780,00	
	041 Wärmeversorgungsanlagen - Leitungen, Armaturen, Heizflächen				100,0%
02	**Heizkreisverteiler für 3-7 Gruppen, Messing, Zubehör (5 Objekte)** Einheit: St Heizgruppe	38,00	**54,00**	65,00	
	041 Wärmeversorgungsanlagen - Leitungen, Armaturen, Heizflächen				100,0%
03	**Heizkreisverteiler, Ventile, Verteilerschrank für Unterputzmontage (3 Objekte)** Einheit: St Heizgruppe	120,00	**130,00**	140,00	
	041 Wärmeversorgungsanlagen - Leitungen, Armaturen, Heizflächen				100,0%
422.21.00	**Rohrleitungen für Raumheizflächen**				
02	**Kupfer-Rohr 15x1-22 x 1mm, hart, Formstücke, Befestigungen (12 Objekte)** Einheit: m Leitung	15,00	**19,00**	23,00	
	041 Wärmeversorgungsanlagen - Leitungen, Armaturen, Heizflächen				100,0%
08	**Mineralfaserschalen für Rohre DN10-32 (3 Objekte)** Einheit: m Rohrdämmung	10,00	**11,00**	11,00	
	047 Dämm- und Brandschutzarbeiten an technischen Anlagen				100,0%

KG.AK.AA		▷	€/Einheit	◁	LB an AA
423.11.00	Radiatoren				
02	**Röhrenradiatoren, Bautiefe: 105mm-225mm, Thermostatventile, Verschraubungen, Ventile, Standkonsolen, Demontage und Montage für Malerarbeiten (3 Objekte)** Einheit: m² Heizkörperfläche	240,00	**370,00**	440,00	
	034 Maler- und Lackierarbeiten - Beschichtungen				7,0%
	041 Wärmeversorgungsanlagen - Leitungen, Armaturen, Heizflächen				93,0%
423.21.00	Bodenheizflächen				
01	**Fußbodenheizung, PE-Folie, Dämmung, Befestigungen (16 Objekte)** Einheit: m² Beheizte Fläche	54,00	**70,00**	87,00	
	041 Wärmeversorgungsanlagen - Leitungen, Armaturen, Heizflächen				100,0%

Kosten:
Stand 1.Quartal 2021
Bundesdurchschnitt
inkl. 19% MwSt.

▷ von
ø Mittel
◁ bis

KG.AK.AA		▷	€/Einheit	◁	LB an AA
431.22.00	Ablufteinzelgeräte				
04	**Einzelraumlüfter für innenliegende Badezimmer oder WCs (7 Objekte)** Einheit: St Lüfter	310,00	**370,00**	480,00	
	075 Raumlufttechnische Anlagen				100,0%
431.31.00	Wärmerückgewinnungsanlagen, regenerativ				
01	**Zu- und Abluftanlage mit Wärmerückgewinnung, Wärmebereitstellungsgrad 85-92%; Erdwärmetauscher; bis 300m³/h; Zubehör (8 Objekte)** Einheit: St Anlage	13.390,00	**18.830,00**	24.240,00	
	075 Raumlufttechnische Anlagen				100,0%
431.39.00	Wärmerückgewinnungsanlagen, sonstiges				
01	**Komplettgerät zur zentralen Be- und Entlüftung, 80-230m³/h, Warmwasserspeicher 200-400l; Wärmerückgewinnung über Wärmetauscher und Luft/Wasser-Wärmepumpe (4 Objekte)** Einheit: St Anlage	26.670,00	**32.390,00**	39.530,00	
	012 Mauerarbeiten				1,0%
	040 Wärmeversorgungsanlagen - Betriebseinrichtungen				3,0%
	075 Raumlufttechnische Anlagen				96,0%
02	**Lüftungsanlage mit Wärmerückgewinnung, 75-250m³/h; Zubehör (5 Objekte)** Einheit: St Anlage	10.060,00	**11.730,00**	14.140,00	
	053 Niederspannungsanlagen; Kabel, Verlegesysteme				1,0%
	075 Raumlufttechnische Anlagen				99,0%
431.99.00	Sonstige Lüftungsanlagen, sonstiges				
01	**Telefonieschalldämpfer, d=180-350mm (3 Objekte)** Einheit: St Schalldämpfer	910,00	**1.240,00**	1.420,00	
	075 Raumlufttechnische Anlagen				100,0%
02	**Feuerschutzklappe mit thermischem Auslöser für +70°C, Handschnellauslöser, Revisionsöffnung (3 Objekte)** Einheit: St Feuerschutzklappe	450,00	**530,00**	660,00	
	075 Raumlufttechnische Anlagen				100,0%

Kosten:
Stand 1.Quartal 2021
Bundesdurchschnitt
inkl. 19% MwSt.

KG.AK.AA		▷	€/Einheit	◁	LB an AA
442.31.00	Zentrale Batterieanlagen				
01	**Bleiakkumulatorenbatterie, wartungsarm, Kapazität 70-100 Ah, Lade- und Schaltgeräte, Signalgerät, Leitungsinstallation, Sicherheitsbeleuchtung (4 Objekte)** Einheit: St Batterieanlage	28.220,00	**31.120,00**	32.130,00	
	055 Ersatzstromversorgungsanlagen				50,0%
	059 Sicherheitsbeleuchtungsanlagen				50,0%
03	**Zentrale Batterieanlage, Meldetableau, Ausgangskreisgruppen mit Störmeldegruppen, Netzlichtabfragemodule, Lade- und Schaltgerät, Überwachungsbausteine (3 Objekte)** Einheit: St Zentrale Batterieanlage	21.250,00	**25.410,00**	27.790,00	
	055 Ersatzstromversorgungsanlagen				50,0%
	059 Sicherheitsbeleuchtungsanlagen				50,0%
442.41.00	Fotovoltaikanlagen				
01	**Fotovoltaikanlage, monokristalline Hochleistungszellen, Wechselrichter (4 Objekte)** Einheit: kWp Leistung max.	2.040,00	**4.830,00**	6.160,00	
	054 Niederspannungsanlagen; Verteilersysteme und Einbaugeräte				50,0%
	055 Ersatzstromversorgungsanlagen				50,0%
02	**Fotovoltaikanlage, 5,60-8,67 kW_p, max. Wirkungsgrad 97,3% (5 Objekte)** Einheit: St Anlage	26.260,00	**36.440,00**	53.150,00	
	054 Niederspannungsanlagen; Verteilersysteme und Einbaugeräte				50,0%
	055 Ersatzstromversorgungsanlagen				50,0%

▷ von
ø Mittel
◁ bis

KG.AK.AA		▷	€/Einheit	◁	LB an AA
444.11.00	Kabel und Leitungen				
01	**Mantelleitungen NYM 3x1,5 bis 5x1,5mm² (7 Objekte)**	1,60	**2,30**	2,80	
	Einheit: m Leitung				
	053 Niederspannungsanlagen; Kabel, Verlegesysteme				100,0%
09	**Mantelleitungen NYM 3x2,5 bis 5x2,5mm² (3 Objekte)**	2,90	**3,30**	4,10	
	Einheit: m Leitung				
	053 Niederspannungsanlagen; Kabel, Verlegesysteme				100,0%
444.21.00	Unterverteiler				
01	**Einbauunterverteiler, 2 oder 3 reihig, Kunststoffgehäuse, Stahlblechtüre (4 Objekte)**	65,00	**83,00**	100,00	
	Einheit: St Unterverteiler				
	054 Niederspannungsanlagen; Verteilersysteme und Einbaugeräte				100,0%
02	**Leitungsschutzschalter, einpolig, 10-20A, Typ B, L oder LS Typ (8 Objekte)**	12,00	**15,00**	21,00	
	Einheit: St Leitungsschutzschalter				
	054 Niederspannungsanlagen; Verteilersysteme und Einbaugeräte				100,0%
03	**Fehlerstrom-Schutzschalter, 25-40A, Nennfehlerstrom 30mA (9 Objekte)**	54,00	**64,00**	77,00	
	Einheit: St Fehlerstrom-Schutzschalter				
	054 Niederspannungsanlagen; Verteilersysteme und Einbaugeräte				100,0%
04	**Leitungsschutzschalter, dreipolig, 16A, Typ B (4 Objekte)**	44,00	**57,00**	70,00	
	Einheit: St Leitungsschutzschalter				
	054 Niederspannungsanlagen; Verteilersysteme und Einbaugeräte				100,0%
05	**Einbauschütz, 230V, 40A, vierpolig (4 Objekte)**	79,00	**93,00**	130,00	
	Einheit: St Schütz				
	054 Niederspannungsanlagen; Verteilersysteme und Einbaugeräte				100,0%
06	**Stoßstromrelais, 230V, 10-16A, einpolig (4 Objekte)**	26,00	**33,00**	40,00	
	Einheit: St Relais				
	054 Niederspannungsanlagen; Verteilersysteme und Einbaugeräte				100,0%
07	**Treppenhausautomat 220V, 10A, 50Hz, mit Raststellungen: Minutenlicht, Dauerlicht, Aus (8 Objekte)**	41,00	**48,00**	61,00	
	Einheit: St Treppenhausautomat				
	054 Niederspannungsanlagen; Verteilersysteme und Einbaugeräte				100,0%

Kosten:
Stand 1.Quartal 2021
Bundesdurchschnitt
inkl. 19% MwSt.

▷ von
ø Mittel
◁ bis

KG.AK.AA		▷	€/Einheit	◁	LB an AA
444.31.00	Leerrohre				
01	**Kabelkanäle, Stahlblech, Formstücke, Befestigungen (4 Objekte)** Einheit: m Kanallänge	33,00	**38,00**	43,00	
	053 Niederspannungsanlagen; Kabel, Verlegesysteme				100,0%
02	**Leerrohr, PE hart, 13,5-29mm, Muffen, Bögen (3 Objekte)** Einheit: m Leerrohr	3,50	**4,80**	5,60	
	053 Niederspannungsanlagen; Kabel, Verlegesysteme				100,0%
03	**Kunststoff-Panzerrohr flexibel, PG 13,5-26 (6 Objekte)** Einheit: m Leerrohr	4,00	**5,20**	7,40	
	053 Niederspannungsanlagen; Kabel, Verlegesysteme				100,0%
04	**Kunststoff-Installationskanal, Eck-, Verbindungs-, Abdeck- und Zubehörteile, Größe 40x60-60x190mm (6 Objekte)** Einheit: m Kanallänge	11,00	**15,00**	17,00	
	053 Niederspannungsanlagen; Kabel, Verlegesysteme				100,0%
444.41.00	Installationsgeräte				
01	**Aus-, Wechsel-, Serien- und Kreuzschalter, Taster unter Putz, Schalterdose 55mm (14 Objekte)** Einheit: St Schalter	14,00	**19,00**	25,00	
	054 Niederspannungsanlagen; Verteilersysteme und Einbaugeräte				100,0%
02	**Aus- und Wechselschalter, Taster, auf Putz, Feuchtraumausführung (6 Objekte)** Einheit: St Schalter	16,00	**22,00**	28,00	
	054 Niederspannungsanlagen; Verteilersysteme und Einbaugeräte				100,0%
03	**Elektrosteckdosen 16A, unter Putz, Schalterdose 55mm (5 Objekte)** Einheit: St Steckdose	15,00	**18,00**	30,00	
	054 Niederspannungsanlagen; Verteilersysteme und Einbaugeräte				100,0%
04	**Elektrosteckdosen 16A, auf Putz, Feuchtraum-ausführung (7 Objekte)** Einheit: St Steckdose	15,00	**18,00**	20,00	
	054 Niederspannungsanlagen; Verteilersysteme und Einbaugeräte				100,0%
08	**Herdanschlussdose, unter Putz, Verbindungsklemmen bis 5x2,5mm², Zugentlastung (7 Objekte)** Einheit: St Steckdose	9,60	**17,00**	20,00	
	053 Niederspannungsanlagen; Kabel, Verlegesysteme				50,0%
	054 Niederspannungsanlagen; Verteilersysteme und Einbaugeräte				50,0%

KG.AK.AA		▷	€/Einheit	◁	LB an AA
445.11.00	Ortsfeste Leuchten, Allgemeinbeleuchtung				
01	**Langfeldleuchten 1x58W freistrahlend, Feuchtraumausführung (4 Objekte)** Einheit: St Leuchte	110,00	**120,00**	120,00	
	058 Leuchten und Lampen				100,0%
11	**Schiffsarmatur 60/100W, Glühlampe (3 Objekte)** Einheit: St Leuchte	15,00	**19,00**	26,00	
	058 Leuchten und Lampen				100,0%

446 Blitzschutz- und Erdungsanlagen

Kosten:
Stand 1.Quartal 2021
Bundesdurchschnitt
inkl. 19% MwSt.

KG.AK.AA		▷	€/Einheit	◁	LB an AA
446.11.00	Auffangeinrichtungen, Ableitungen				
01	**Fangleitungen 8-10mm, massiv, Kupfer (3 Objekte)** Einheit: m Leitung	3,30	**6,00**	7,30	
	050 Blitzschutz- / Erdungsanlagen, Überspannungsschutz				100,0%
446.31.00	Potenzialausgleichsschienen				
01	**Potenzialausgleichsschiene, Anschlussmöglichkeiten für Rundleiter 6-16mm², und Bandeisen bis 40mm (8 Objekte)** Einheit: St Potenzialausgleich	38,00	**48,00**	66,00	
	050 Blitzschutz- / Erdungsanlagen, Überspannungsschutz				100,0%
446.32.00	Erdung haustechnische Anlagen				
01	**Erdungsbandschelle, 3/8-1 1/2 Zoll (9 Objekte)** Einheit: St Schelle	6,20	**7,40**	8,60	
	050 Blitzschutz- / Erdungsanlagen, Überspannungsschutz				100,0%
02	**Mantelleitung NYM-J, 1x4-10mm² (6 Objekte)** Einheit: m Leitung	2,00	**2,20**	2,30	
	050 Blitzschutz- / Erdungsanlagen, Überspannungsschutz				48,0%
	053 Niederspannungsanlagen; Kabel, Verlegesysteme				52,0%

▷ von
ø Mittel
◁ bis

KG.AK.AA	▷	€/Einheit	◁	LB an AA
451.11.00 Telekommunikationsanlagen				
01 **TAE-Anschlussdosen 1x6 bis 3x6, unter Putz (5 Objekte)** Einheit: St Anschlussdose	17,00	**20,00**	24,00	
061 Kommunikations- und Übertragungsnetze				100,0%
02 **FM-Installationsleitung 2x2x0,6mm², verlegt in Kabelwannen oder Leerrohren (4 Objekte)** Einheit: m Leitung	1,80	**2,10**	2,30	
061 Kommunikations- und Übertragungsnetze				100,0%
07 **ISDN-Anschlussdosen RJ45, 2x8-polig (Western-Technik), unter Putz (3 Objekte)** Einheit: St Anschlussdose	37,00	**39,00**	41,00	
053 Niederspannungsanlagen; Kabel, Verlegesysteme				28,0%
061 Kommunikations- und Übertragungsnetze				72,0%

KG.AK.AA		▷	€/Einheit	◁	LB an AA
452.31.00	Türsprech- und Türöffneranlagen				
02	**Türsprech- und Türöffneranlage, Türsprechstelle, Wohntelefon, Klingeltaster, Namensschild, Klingelleitungen (4 Objekte)** Einheit: St Sprechapparat	200,00	**360,00**	510,00	
	060 Elektroakustische Anlagen, Sprechanlagen, Personenrufanlagen				98,0%
	061 Kommunikations- und Übertragungsnetze				2,0%

Kosten:
Stand 1.Quartal 2021
Bundesdurchschnitt
inkl. 19% MwSt.

▷ von
ø Mittel
◁ bis

KG.AK.AA		▷	€/Einheit	◁	LB an AA
455.11.00	Fernseh- und Rundfunkempfangsanlagen				
01	**Antennensteckdose, End- oder Durchgangsdose (4 Objekte)** Einheit: St Antennensteckdose	22,00	**25,00**	33,00	
	061 Kommunikations- und Übertragungsnetze				100,0%
02	**Koaxialkabel 75 Ohm abgeschirmt, in Leerrohren (5 Objekte)** Einheit: m Leitung	2,20	**3,60**	4,70	
	061 Kommunikations- und Übertragungsnetze				100,0%

461
Aufzugsanlagen

Kosten:
Stand 1.Quartal 2021
Bundesdurchschnitt
inkl. 19% MwSt.

KG.AK.AA		▷	€/Einheit	◁	LB an AA
461.11.00	Personenaufzüge				
01	**Personenaufzug, Tragkraft 630kg, 8 Personen, für Selbstfahrer, Hydraulikantrieb, Geschwindigkeit 0,67-1,00m/s (8 Objekte)** Einheit: St Haltestelle Personenaufzüge	8.380,00	**11.360,00**	14.200,00	
	069 Aufzüge				100,0%
02	**Personenaufzug, Tragkraft 1.000kg, 13 Personen, Hydraulikantrieb, Geschwindigkeit 0,65m/s (5 Objekte)** Einheit: St Haltestelle Personenaufzüge	12.300,00	**16.400,00**	22.590,00	
	069 Aufzüge				100,0%
461.21.00	Lastenaufzüge				
01	**Hydraulischer Lastenaufzug (5 Objekte)** Einheit: kg Belastung	29,00	**33,00**	50,00	
	069 Aufzüge				100,0%
461.31.00	Kleingüteraufzüge				
01	**Kleingüteraufzug (3 Objekte)** Einheit: St Kleingüteraufzug	8.900,00	**11.620,00**	13.230,00	
	069 Aufzüge				100,0%

▷ von
ø Mittel
◁ bis

KG.AK.AA		▷	€/Einheit	◁	LB an AA
471.11.00	Großküchenanlagen				
01	**Großküchenanlage mit Kühl-/Tiefkühlraum, Durchschub-Spülmaschine, Dunstabzugshaube, Großküchenherd, Bain Marie, Heißluftdämpfer, Kühlschrank, Speiserestekühler, Ausgabetheke, Tablettrutsche, Kühlvitrine, Tellerspender, Besteck- und Tablettwagen, Servierwagen, Küchenmöblierung, Kochutensilien (3 Objekte)** Einheit: m² Netto-Grundfläche der Küche	2.290,00	**2.590,00**	3.090,00	
	045 GWE; Einrichtungsgegenstände, Sanitärausstattungen				2,0%
	047 Dämm- und Brandschutzarbeiten an technischen Anlagen				1,0%
	053 Niederspannungsanlagen; Kabel, Verlegesysteme				2,0%
	075 Raumlufttechnische Anlagen				12,0%
	999 Sonstige Leistungen				83,0%

KG.AK.AA		▷	€/Einheit	◁	LB an AA
474.51.00	Handfeuerlöscher				
01	**Pulverfeuerlöscher 6kg, Brandklasse ABC (3 Objekte)** Einheit: St Feuerlöscher	150,00	**170,00**	200,00	
	049 Feuerlöschanlagen, Feuerlöschgeräte				100,0%

Kosten:
Stand 1.Quartal 2021
Bundesdurchschnitt
inkl. 19% MwSt.

▷ von
ø Mittel
◁ bis

KG.AK.AA		▷	€/Einheit	◁	LB an AA
511.11.00	Oberbodenabtrag, lagern				
01	**Oberboden, abtragen, seitlich lagern, Förderweg 30-100m (8 Objekte)** Einheit: m³ Aushub	8,20	**10,00**	13,00	
	003 Landschaftsbauarbeiten				100,0%
02	**Oberboden, abtragen, seitlich lagern, Förderweg 30-100m, Aushubmaterial wieder einbauen, Einbauhöhe bis 30cm (3 Objekte)** Einheit: m³ Aushub	8,10	**12,00**	15,00	
	002 Erdarbeiten				50,0%
	003 Landschaftsbauarbeiten				50,0%
511.12.00	Oberbodenabtrag, Abtransport				
01	**Oberbodenabtrag, Abtransport, Deponiegebühren (11 Objekte)** Einheit: m³ Aushub	22,00	**25,00**	29,00	
	002 Erdarbeiten				50,0%
	003 Landschaftsbauarbeiten				50,0%

Lebensdauern
Grobelementarten
Stahlbau
Gebäudearten
Kostengruppen
Ausführungsarten

Kosten:
Stand 1.Quartal 2021
Bundesdurchschnitt
inkl. 19% MwSt.

KG.AK.AA		▷	€/Einheit	◁	LB an AA
531.21.00	Feinplanum				
01	**Planum für Wege, zulässige Abweichung von der Sollhöhe +-2cm, Untergrund standfest verdichten (6 Objekte)** Einheit: m² Wegefläche	1,50	**1,90**	2,30	
	003 Landschaftsbauarbeiten				71,0%
	080 Straßen, Wege, Plätze				29,0%
531.31.00	Tragschicht				
01	**Tragschicht aus Mineralbeton, d=15cm, in Schichten einbauen, verdichten (3 Objekte)** Einheit: m² Wegefläche	8,70	**9,60**	10,00	
	080 Straßen, Wege, Plätze				100,0%
04	**Frostschutzschicht, Kies-Sand-Gemisch 0/32 oder Schotter-Splitt-Brechsand-Gemisch, d=15-20cm, einbauen, verdichten (4 Objekte)** Einheit: m² Wegefläche	8,90	**11,00**	15,00	
	002 Erdarbeiten				49,0%
	080 Straßen, Wege, Plätze				51,0%
531.51.00	Deckschicht Pflaster				
01	**Granit-Mosaikpflaster, verlegen in Sand- oder Splittbett, einschlämmen (8 Objekte)** Einheit: m² Wegefläche	95,00	**110,00**	140,00	
	080 Straßen, Wege, Plätze				100,0%
04	**Granitsteinpflaster 10x10cm, im Splittbett, Körnung 2/5mm, Dicke in verdichtetem Zustand 3cm (3 Objekte)** Einheit: m² Wegefläche	68,00	**79,00**	100,00	
	080 Straßen, Wege, Plätze				100,0%
531.54.00	Pflaster, Tragschicht, Frostschutzschicht				
01	**Planum, Frostschutzschicht, Mineralstoffgemisch, Schottertragschicht, Betonsteinpflastersteine, (5 Objekte)** Einheit: m² Wegefläche	58,00	**78,00**	110,00	
	003 Landschaftsbauarbeiten				7,0%
	080 Straßen, Wege, Plätze				93,0%
531.71.00	Deckschicht Plattenbelag				
09	**Betonplattenbelag, 30x30cm, d=8cm, in Splittbett 2/5mm (3 Objekte)** Einheit: m² Wegefläche	50,00	**53,00**	57,00	
	080 Straßen, Wege, Plätze				100,0%
531.81.00	Beton-Bordsteine				
01	**Betonhochbordsteine, Betonrückenstütze, l=50-100cm, h=20-30cm, b=4-8cm (6 Objekte)** Einheit: m Begrenzung	19,00	**25,00**	31,00	
	080 Straßen, Wege, Plätze				100,0%

▷ von
ø Mittel
◁ bis

KG.AK.AA		▷	€/Einheit	◁	LB an AA
531.83.00	Wegebegrenzungen Metall				
01	**Metall-Belagseinfassung, feuerverzinkt, h=5-10cm (3 Objekte)** Einheit: m Begrenzung	29,00	**30,00**	33,00	
	017 Stahlbauarbeiten				50,0%
	080 Straßen, Wege, Plätze				50,0%

Kosten:
Stand 1.Quartal 2021
Bundesdurchschnitt
inkl. 19% MwSt.

KG.AK.AA		▷	€/Einheit	◁	LB an AA
532.31.00	Tragschicht				
01	**Schottertragschicht, Körnung 0/32-0/56mm, auf Planum, lagenweise verdichten, Schichtdicke d=25-46cm (6 Objekte)**	38,00	**42,00**	58,00	
	Einheit: m³ Straßenfläche				
	080 Straßen, Wege, Plätze				100,0%
532.51.00	Deckschicht Pflaster				
01	**Betonpflastersteine, d=4-8cm, im Splittbett einbauen, befahrbar, abrütteln (4 Objekte)**	33,00	**46,00**	50,00	
	Einheit: m² Straßenfläche				
	080 Straßen, Wege, Plätze				100,0%
532.53.00	Deckschicht Pflaster, Tragschicht, Feinplanum				
01	**Feinplanum, Untergrund verdichten, Filtervlies, Schottertragschicht, Betonsteinpflaster im Splittbett, Bordsteine (4 Objekte)**	63,00	**91,00**	100,00	
	Einheit: m² Straßenfläche				
	002 Erdarbeiten				2,0%
	003 Landschaftsbauarbeiten				2,0%
	013 Betonarbeiten				5,0%
	044 Abwasseranlagen - Leitungen, Abläufe, Armaturen				37,0%
	080 Straßen, Wege, Plätze				54,0%
532.81.00	Beton-Bordsteine				
01	**Betonhochbordsteine als Straßenbegrenzung, Beton-Rückenstütze (7 Objekte)**	29,00	**35,00**	43,00	
	Einheit: m Begrenzung				
	080 Straßen, Wege, Plätze				100,0%

▷ von
ø Mittel
◁ bis

KG.AK.AA		▷	€/Einheit	◁	LB an AA
533.51.00	Deckschicht Pflaster				
02	**Betonpflasterrinne, drei- bis vierzeilig, b=52cm, in Beton C12/15 versetzt, mit Verfugung (3 Objekte)** Einheit: m Rinnenlänge	37,00	**52,00**	81,00	
	080 Straßen, Wege, Plätze				100,0%
533.52.00	Deckschicht Pflaster, Tragschicht				
01	**Schottertragschicht, d=30-50cm, Betonpflastersteine, Betonbordsteine mit Betonrückenstütze (4 Objekte)** Einheit: m² Befestigte Fläche	39,00	**47,00**	54,00	
	002 Erdarbeiten				6,0%
	080 Straßen, Wege, Plätze				94,0%
533.81.00	Beton-Bordsteine				
01	**Betonbordstein, h=16-18cm, Betonrückenstütze (5 Objekte)** Einheit: m Begrenzung	27,00	**32,00**	40,00	
	080 Straßen, Wege, Plätze				100,0%
533.83.00	Platz-, Hofbegrenzungen Metall				
01	**Stahlband-Einfassung, d=4-6mm, h=10-20cm (5 Objekte)** Einheit: m Begrenzung	57,00	**69,00**	83,00	
	031 Metallbauarbeiten				50,0%
	080 Straßen, Wege, Plätze				50,0%

KG.AK.AA		▷	€/Einheit	◁	LB an AA
534.51.00	Deckschicht Pflaster				
02	**Beton-Rasenverbundsteine, d=8cm, Humus anfüllen, ansäen mit Parkplatzrasen, PKW-Stellplatzmarkierungen durch einzeilige Vollstein-Pflastersteine, Randeinfassungen mit Tiefbordsteinen (3 Objekte)** Einheit: m² Stellplatzfläche	49,00	**52,00**	57,00	
	003 Landschaftsbauarbeiten				1,0%
	014 Natur-, Betonwerksteinarbeiten				49,0%
	080 Straßen, Wege, Plätze				50,0%

Kosten:
Stand 1.Quartal 2021
Bundesdurchschnitt
inkl. 19% MwSt.

▷ von
ø Mittel
◁ bis

KG.AK.AA		▷	€/Einheit	◁	LB an AA
536.99.00	Sonstige Spielplätze, sonstiges				
01	**Spielsand, Körnung 0/2-0/4mm, d=40-50cm (3 Objekte)** Einheit: m² Sandfläche	12,00	**15,00**	20,00	
	003 Landschaftsbauarbeiten				49,0%
	080 Straßen, Wege, Plätze				51,0%

KG.AK.AA		▷	€/Einheit	◁	LB an AA
541.13.00	Drahtzäune				
01	**Maschendrahtzaun, h=1,10-1,80m, kunststoffummantelt, Stb-Pfostenlöcher, Metallpfosten (7 Objekte)**	33,00	**40,00**	50,00	
	Einheit: m Zaunlänge				
	003 Landschaftsbauarbeiten				50,0%
	031 Metallbauarbeiten				50,0%
541.14.00	Metallgitterzäune				
01	**Ballfangzaun, h=4-5m, Doppelstabmatten, Fundamente, Erdarbeiten (3 Objekte)**	210,00	**240,00**	280,00	
	Einheit: m Zaunlänge				
	012 Mauerarbeiten				10,0%
	031 Metallbauarbeiten				90,0%
02	**Zaun mit Stabgitterfeldern, h=1,20-1,60m, Fundamente, Erdarbeiten (5 Objekte)**	99,00	**110,00**	130,00	
	Einheit: m Zaunlänge				
	031 Metallbauarbeiten				50,0%
	080 Straßen, Wege, Plätze				50,0%
541.48.00	Metallpoller				
01	**Absperrpfosten, h=0,9-1,25m, herausnehmbar, Bodenhülse (6 Objekte)**	370,00	**420,00**	450,00	
	Einheit: St Poller				
	003 Landschaftsbauarbeiten				50,0%
	080 Straßen, Wege, Plätze				50,0%

Kosten:
Stand 1.Quartal 2021
Bundesdurchschnitt
inkl. 19% MwSt.

▷ von
ø Mittel
◁ bis

KG.AK.AA		▷	€/Einheit	◁	LB an AA
543.11.00	Stahlbetonwände komplett				
02	**Stb-Wände Ortbeton, d=20-25cm, Schalung, Bewehrung (3 Objekte)** Einheit: m² Wandfläche	240,00	**260,00**	320,00	
	013 Betonarbeiten				100,0%

KG.AK.AA		▷	€/Einheit	◁	LB an AA
544.21.00	Treppen, Beton				
01	**Betonblockstufen, grau gestrahlt, Betonfundamente (3 Objekte)**	260,00	**320,00**	410,00	
	Einheit: m² Treppenfläche				
	003 Landschaftsbauarbeiten				49,0%
	013 Betonarbeiten				51,0%
544.22.00	Treppen, Beton-Fertigteil				
01	**Blockstufen, Betonfertigteil, sandgestrahlt (4 Objekte)**	440,00	**510,00**	590,00	
	Einheit: m² Treppenfläche				
	013 Betonarbeiten				50,0%
	080 Straßen, Wege, Plätze				50,0%
544.25.00	Treppen, Naturstein				
01	**Granitblockstufe, l=100-150cm, in Beton C12/15 versetzt (3 Objekte)**	460,00	**500,00**	520,00	
	Einheit: m² Treppenfläche				
	003 Landschaftsbauarbeiten				49,0%
	080 Straßen, Wege, Plätze				51,0%

Kosten:
Stand 1.Quartal 2021
Bundesdurchschnitt
inkl. 19% MwSt.

▷ von
ø Mittel
◁ bis

KG.AK.AA		▷	€/Einheit	◁	LB an AA
551.11.00	Abwasserleitungen - Schmutz-/Regenwasser				
01	**Grabenaushub BK 3-5, t=0,8-1,80m, Aushubmaterial seitlich lagern, PVC-Abwasserleitungen, DN100-200, Formstücke, Sandbettung (9 Objekte)** Einheit: m Abwasserleitung	65,00	**81,00**	98,00	
	002 Erdarbeiten				20,0%
	009 Entwässerungskanalarbeiten				38,0%
	044 Abwasseranlagen - Leitungen, Abläufe, Armaturen				37,0%
	080 Straßen, Wege, Plätze				6,0%
551.15.00	Ab-/Einläufe für Abwasserleitungen				
01	**Entwässerungsrinne DN100 aus Beton, verzinkter Gitterrost, Anfangs- und Endscheibe, Betonauflager aus Ortbeton (12 Objekte)** Einheit: m Entwässerungsrinne	97,00	**130,00**	150,00	
	009 Entwässerungskanalarbeiten				50,0%
	080 Straßen, Wege, Plätze				50,0%
02	**Hofablauf aus Betonteilen, Schlitzeimer, Abwasserleitung anschließen (7 Objekte)** Einheit: St Hofablauf	120,00	**150,00**	170,00	
	009 Entwässerungskanalarbeiten				100,0%
03	**Einlaufkasten für Entwässerungsrinne, Geruchsverschluss, verzinkter Eimer, Gitterrostabdeckung (7 Objekte)** Einheit: St Einlaufkasten	210,00	**240,00**	270,00	
	009 Entwässerungskanalarbeiten				50,0%
	044 Abwasseranlagen - Leitungen, Abläufe, Armaturen				50,0%

KG.AK.AA		▷	€/Einheit	◁	LB an AA
554.19.00	Wärmeerzeugungsanlagen, sonstiges				
01	**Erdsondenanlage, Bohrarbeiten, Doppel-U-Sonden, Tiefe 70-140m, Ringraumverfüllung, Verbindungs-leitungen, Baustelleneinrichtung (3 Objekte)** Einheit: m Erdsondenlänge	76,00	**91,00**	120,00	
	040 Wärmeversorgungsanlagen - Betriebseinrichtungen				100,0%

Kosten:
Stand 1.Quartal 2021
Bundesdurchschnitt
inkl. 19% MwSt.

▷ von
ø Mittel
◁ bis

KG.AK.AA		▷	€/Einheit	◁	LB an AA
561.21.00	Fahrradständer, Metall				
01	**Fahrradabstellbügel, Rundrohrmaterial, feuerverzinkt, Erd- und Fundamentarbeiten (11 Objekte)** Einheit: St Fahrradabstellbügel	97,00	**120,00**	150,00	
	031 Metallbauarbeiten				100,0%
561.51.00	Abfallbehälter, Metall				
01	**Abfallbehälter ohne Deckel, Inhalt 35-56 l, Edelstahl, Behälter verschließbar, einbauen in Betonfundament (8 Objekte)** Einheit: St Abfallbehälter	690,00	**820,00**	990,00	
	003 Landschaftsbauarbeiten				34,0%
	080 Straßen, Wege, Plätze				33,0%
	999 Sonstige Leistungen				33,0%
561.61.00	Fahnenmaste, Metall				
01	**Fahnenmasten aus Aluminiumrohr mit innenliegender Hissvorrichtung, h=6,70-9,00m, Betonfundament, Bodenhülse (5 Objekte)** Einheit: St Fahnenmast	1.030,00	**1.340,00**	1.580,00	
	031 Metallbauarbeiten				100,0%

KG.AK.AA		▷	€/Einheit	◁	LB an AA
571.12.00	Oberbodenarbeiten, Oberbodenauftrag, Lagermaterial				
01	**Oberboden an Lagerstelle aufladen, Entfernung bis 50m, transportieren und wieder einbauen, Auftragsdicke 25-30cm (3 Objekte)**	2,10	**2,90**	3,30	
	Einheit: m² Geländefläche				
	002 Erdarbeiten				50,0%
	003 Landschaftsbauarbeiten				50,0%
571.13.00	Oberbodenarbeiten,Oberbodenauftrag,Liefermaterial				
02	**Oberboden liefern und profilgerecht auftragen, Auftragsdicke über 20 bis 50cm (5 Objekte)**	12,00	**21,00**	28,00	
	Einheit: m³ Auffüllmenge				
	003 Landschaftsbauarbeiten				100,0%
571.31.00	Bodenlockerung				
01	**Vegetationstragschicht, kreuzweise lockern durch Fräsen, Steine ab d=5cm und sonstige Fremdkörper aufnehmen (8 Objekte)**	0,70	**1,00**	2,10	
	Einheit: m² Vegetationsfläche				
	003 Landschaftsbauarbeiten				48,0%
	004 Landschaftsbauarbeiten; Pflanzen				52,0%
571.51.00	Bodenverbesserung				
01	**Bodenverbesserung der Vegetationsfläche durch Kiessand oder Rindenhumus, gleichmäßig aufbringen, einarbeiten (4 Objekte)**	1,90	**2,50**	3,00	
	Einheit: m² Vegetationsfläche				
	003 Landschaftsbauarbeiten				50,0%
	004 Landschaftsbauarbeiten; Pflanzen				50,0%
02	**Bodenverbesserung durch Hornspäne und Horngries, liefern, einarbeiten (3 Objekte)**	0,70	**0,80**	1,10	
	Einheit: m² Vegetationsfläche				
	003 Landschaftsbauarbeiten				100,0%
03	**Bodenverbesserung durch Erdkompost, gleichmäßig aufbringen und einarbeiten (4 Objekte)**	0,90	**1,60**	1,80	
	Einheit: m² Vegetationsfläche				
	002 Erdarbeiten				33,0%
	003 Landschaftsbauarbeiten				33,0%
	004 Landschaftsbauarbeiten; Pflanzen				34,0%
571.91.00	Sonstige Vegetationstechnische Bodenbearbeitung				
01	**Baumgruben ausheben, 80x80x60cm bis 100x100x80cm (3 Objekte)**	29,00	**35,00**	39,00	
	Einheit: St Baumgrube				
	003 Landschaftsbauarbeiten				50,0%
	004 Landschaftsbauarbeiten; Pflanzen				50,0%

Kosten:
Stand 1.Quartal 2021
Bundesdurchschnitt
inkl. 19% MwSt.

▷ von
ø Mittel
◁ bis

KG.AK.AA		▷	€/Einheit	◁	LB an AA
573.21.00	Bäume				
02	**Bäume, Hochstamm, Stammumfang 16-20cm, 3 oder 4x verpflanzt, Drahtballierung (5 Objekte)**	360,00	**410,00**	610,00	
	Einheit: St Baum				
	004 Landschaftsbauarbeiten; Pflanzen				100,0%
03	**Bäume, Hochstamm, Stammumfang bis 55cm, 4x verpflanzt, Drahtballierung (3 Objekte)**	980,00	**1.320,00**	1.520,00	
	Einheit: St Baum				
	003 Landschaftsbauarbeiten				32,0%
	004 Landschaftsbauarbeiten; Pflanzen				32,0%
	080 Straßen, Wege, Plätze				35,0%
04	**Winterlinde, Tilia Cordata, Solitär, 4xv, mDB, StU=16-18cm, Pflanzgrube, verfüllen, düngen, Holzpfahlverankerung (3 Objekte)**	190,00	**250,00**	270,00	
	Einheit: St Baum				
	004 Landschaftsbauarbeiten; Pflanzen				100,0%
573.28.00	Baumverankerungen				
01	**Baumverankerung mit Baumpfählen, l=2,00-2,50m, chemischer Holzschutz, Baumbefestigung mit Kokos-band (4 Objekte)**	15,00	**17,00**	22,00	
	Einheit: St Verankerung				
	003 Landschaftsbauarbeiten				50,0%
	004 Landschaftsbauarbeiten; Pflanzen				50,0%
02	**Baumverankerung, Pfahl-Dreibock mit Lattenrahmen, l=2,50-3,00m, chemischer Holzschutz, Baumbefesti-gung mit Kokosband, Zopfdicke bis 10cm (14 Objekte)**	46,00	**57,00**	72,00	
	Einheit: St Verankerung				
	004 Landschaftsbauarbeiten; Pflanzen				100,0%
573.29.00	Bäume, sonstiges				
02	**Baum verpflanzen, StU=20cm, h=5,00m, Förderweg bis 500m, Baumscheibe, Bewässerungsring (3 Objekte)**	78,00	**93,00**	100,00	
	Einheit: St Baum				
	004 Landschaftsbauarbeiten; Pflanzen				100,0%
03	**Baumbewässerungsset DN80, PVC, T-Stück, Endkappe (4 Objekte)**	57,00	**65,00**	74,00	
	Einheit: St Bewässerungsset				
	003 Landschaftsbauarbeiten				100,0%
04	**Pflanzgrube ausheben, 100x100 bis 150x150cm, t=120-150cm, Sohle lockern (3 Objekte)**	25,00	**36,00**	43,00	
	Einheit: St Baum				
	003 Landschaftsbauarbeiten				100,0%

KG.AK.AA		▷	€/Einheit	◁	LB an AA
573.31.00	Sträucher				
01	**Dauerblühende Strauchrosen (3 Objekte)** Einheit: St Rose	6,70	**11,00**	13,00	
	004 Landschaftsbauarbeiten; Pflanzen				100,0%
03	**Heckenpflanze, 2xv, h=125-150cm, Rückschnitt (3 Objekte)** Einheit: St Hecke	9,40	**12,00**	13,00	
	004 Landschaftsbauarbeiten; Pflanzen				100,0%
573.39.00	Sträucher, sonstiges				
01	**Heckenschnitt, Grüngut laden, entsorgen, Pflanzfläche lockern (3 Objekte)** Einheit: m Hecke	2,00	**3,20**	3,80	
	004 Landschaftsbauarbeiten; Pflanzen				100,0%
573.41.00	Stauden				
01	**Verschiedene Stauden (Frauenmantel, Silberblaukissen, Anemone, Johanniskraut, Blauminze) mit und ohne Topfballen (8 Objekte)** Einheit: St Pflanze	1,70	**2,20**	3,00	
	004 Landschaftsbauarbeiten; Pflanzen				100,0%
573.51.00	Blumenzwiebeln				
01	**Blumenzwiebeln pflanzen (6 Objekte)** Einheit: St Blumenzwiebeln	0,20	**0,40**	0,40	
	004 Landschaftsbauarbeiten; Pflanzen				100,0%
573.81.00	Fertigstellungspflege				
01	**Pflanzfläche wässern, 25l/m², zehn Arbeitsgänge, Wasser liefern (3 Objekte)** Einheit: m² Pflanzfläche	2,00	**2,60**	2,90	
	004 Landschaftsbauarbeiten; Pflanzen				100,0%

Kosten:
Stand 1.Quartal 2021
Bundesdurchschnitt
inkl. 19% MwSt.

▷ von
ø Mittel
◁ bis

KG.AK.AA		▷	€/Einheit	◁	LB an AA
574.11.00	Feinplanum für Rasenflächen				
01	**Feinplanum für Rasenflächen, Abweichung von Sollhöhe +/-2cm, kreuzweise fräsen, Steine, Unkraut, Fremdkörper aufnehmen (4 Objekte)**	1,10	**1,50**	2,50	
	Einheit: m² Rasenfläche				
	003 Landschaftsbauarbeiten				50,0%
	004 Landschaftsbauarbeiten; Pflanzen				50,0%
574.32.00	Wohn- und Gebrauchsrasen, Feinplanum				
03	**Feinplanum für Rasenflächen, kreuzweise fräsen, Gebrauchsrasen, einsäen, einigeln und walzen (6 Objekte)**	1,90	**2,80**	3,80	
	Einheit: m² Rasenfläche				
	003 Landschaftsbauarbeiten				48,0%
	004 Landschaftsbauarbeiten; Pflanzen				52,0%
574.71.00	Rollrasen				
01	**Fertig-Gebrauchsrasen (Rollrasen), auslegen, anwalzen, verfüllen der Fugen, wässern (7 Objekte)**	6,40	**8,20**	11,00	
	Einheit: m² Rasenfläche				
	004 Landschaftsbauarbeiten; Pflanzen				100,0%
03	**Rollrasen als Gebrauchsrasen, d=2cm, Regelsaatgutmischung, anwalzen (3 Objekte)**	12,00	**12,00**	13,00	
	Einheit: m² Rasenfläche				
	003 Landschaftsbauarbeiten				50,0%
	004 Landschaftsbauarbeiten; Pflanzen				50,0%
574.79.00	Rollrasen, sonstiges				
01	**Rollrasen als Gebrauchsrasen, d=2cm, Regelsaatgutmischung, anwalzen, wässern (5 Objekte)**	12,00	**14,00**	19,00	
	Einheit: m² Rasenfläche				
	003 Landschaftsbauarbeiten				50,0%
	004 Landschaftsbauarbeiten; Pflanzen				50,0%

Anhang

Regionalfaktoren

Regionalfaktoren Deutschland

Diese Faktoren geben Aufschluss darüber, inwieweit die Baukosten in einer bestimmten Region Deutschlands teurer oder günstiger liegen als im Bundesdurchschnitt. Sie können dazu verwendet werden, die BKI Baukosten an das besondere Baupreisniveau einer Region anzupassen.
Hinweis: Alle Angaben wurden durch Untersuchungen des BKI weitgehend verifiziert. Dennoch können Abweichungen zu den angegebenen Werten entstehen. In Grenznähe zu einem Land-/Stadtkreis mit anderen Baupreisfaktoren sollte dessen Baupreisniveau mit berücksichtigt werden, da die Übergänge zwischen den Land-/Stadtkreisen fließend sind. Die Besonderheiten des Einzelfalls können ebenfalls zu Abweichungen führen.
Für die größeren Inseln Deutschlands wurden separate Regionalfaktoren ermittelt. Dazu wurde der zugehörige Landkreis in Festland und Inseln unterteilt. Alle Inseln eines Landkreises erhalten durch dieses Verfahren den gleichen Regionalfaktor. Der Regionalfaktor des Festlandes erhält keine Inseln mehr und ist daher gegenüber früheren Ausgaben verringert.

Land- / Stadtkreis / Insel	Bundeskorrekturfaktor
Aachen, Städteregion, Stadt	0,936
Ahrweiler	0,986
Aichach-Friedberg	1,099
Alb-Donau-Kreis	1,023
Altenburger Land	0,891
Altenkirchen	0,961
Altmarkkreis Salzwedel	0,839
Altötting	0,990
Alzey-Worms	1,002
Amberg, Stadt	1,056
Amberg-Sulzbach	1,059
Ammerland	0,837
Amrum, Insel	1,391
Anhalt-Bitterfeld	0,724
Ansbach	1,027
Ansbach, Stadt	1,119
Aschaffenburg	1,109
Aschaffenburg, Stadt	1,076
Augsburg	1,065
Augsburg, Stadt	1,118
Aurich, Festlandanteil	0,772
Aurich, Inselanteil	1,297
Bad Dürkheim	1,007
Bad Kissingen	1,063
Bad Kreuznach	1,029
Bad Tölz-Wolfratshausen	1,184
Baden-Baden, Stadt	1,081
Baltrum, Insel	1,297
Bamberg	1,031
Bamberg, Stadt	1,042
Barnim	0,857
Bautzen	0,878
Bayreuth	1,044
Bayreuth, Stadt	1,020
Berchtesgadener Land	1,062
Bergstraße	1,036
Berlin, Stadt	1,107
Bernkastel-Wittlich	1,024
Biberach	1,019
Bielefeld, Stadt	0,906
Birkenfeld	0,996
Bochum, Stadt	0,884
Bodenseekreis	0,978
Bonn, Stadt	0,960
Borken	0,915
Borkum, Insel	1,030
Bottrop, Stadt	0,896
Brandenburg an der Havel, Stadt	0,910
Braunschweig, Stadt	0,884
Breisgau-Hochschwarzwald	1,094
Bremen, Stadt	1,008
Bremerhaven, Stadt	0,957
Burgenlandkreis	0,836
Böblingen	1,091
Börde	0,845
Calw	1,034
Celle	0,843
Cham	0,868
Chemnitz, Stadt	0,842
Cloppenburg	0,753
Coburg	1,014
Coburg, Stadt	1,071
Cochem-Zell	1,030
Coesfeld	0,894
Cottbus, Stadt	0,816
Cuxhaven	0,852
Dachau	1,226
Dahme-Spreewald	0,913
Darmstadt, Stadt	1,059

Darmstadt-Dieburg	1,012
Deggendorf	0,999
Delmenhorst, Stadt	0,760
Dessau-Roßlau, Stadt	0,898
Diepholz	0,830
Dillingen a.d.Donau	1,037
Dingolfing-Landau	0,956
Dithmarschen	0,959
Donau-Ries	1,008
Donnersbergkreis	0,997
Dortmund, Stadt	0,784
Dresden, Stadt	0,930
Duisburg, Stadt	0,940
Düren	0,955
Düsseldorf, Stadt	1,024
Ebersberg	1,231
Eichsfeld	0,856
Eichstätt	1,037
Eifelkreis Bitburg-Prüm	1,016
Eisenach, Stadt	0,920
Elbe-Elster	0,847
Emden, Stadt	0,720
Emmendingen	1,085
Emsland	0,814
Ennepe-Ruhr-Kreis	0,913
Enzkreis	1,057
Erding	1,079
Erfurt, Stadt	0,850
Erlangen, Stadt	1,237
Erlangen-Höchstadt	1,004
Erzgebirgskreis	0,930
Essen, Stadt	0,927
Esslingen	1,001
Euskirchen	0,924
Fehmarn, Insel	1,189
Flensburg, Stadt	0,865
Forchheim	1,066
Frankenthal (Pfalz), Stadt	0,973
Frankfurt (Oder), Stadt	0,785
Frankfurt am Main, Stadt	1,029
Freiburg im Breisgau, Stadt	1,134
Freising	1,093
Freudenstadt	1,046
Freyung-Grafenau	0,997
Friesland, Festlandanteil	0,885
Friesland, Inselanteil	1,685
Fulda	0,985
Föhr, Insel	1,391
Fürstenfeldbruck	1,198
Fürth	1,074
Fürth, Stadt	1,003
Garmisch-Partenkirchen	1,193
Gelsenkirchen, Stadt	0,870
Gera, Stadt	0,888
Germersheim	0,998
Gießen	0,966
Gifhorn	0,880
Goslar	0,872
Gotha	0,857
Grafschaft Bentheim	0,820
Greiz	0,935
Groß-Gerau	1,004
Göppingen	1,020
Görlitz	0,865
Göttingen	0,883
Günzburg	1,092
Gütersloh	0,898
Hagen, Stadt	0,882
Halle (Saale), Stadt	0,835
Hamburg, Stadt	1,127
Hameln-Pyrmont	0,781
Hamm, Stadt	0,863
Hannover, Region	0,900
Harburg	1,069
Harz	0,800
Havelland	0,989
Haßberge	1,078
Heidekreis	0,831
Heidelberg, Stadt	1,004
Heidenheim	1,025
Heilbronn	1,008
Heilbronn, Stadt	0,956
Heinsberg	0,969
Helgoland, Insel	1,947
Helmstedt	0,869
Herford	0,880
Herne, Stadt	0,902
Hersfeld-Rotenburg	0,987
Herzogtum Lauenburg	0,958
Hiddensee, Insel	1,091
Hildburghausen	0,893
Hildesheim	0,843
Hochsauerlandkreis	0,932
Hochtaunuskreis	1,050
Hof	1,153
Hof, Stadt	1,058
Hohenlohekreis	1,033
Holzminden	0,830
Höxter	0,910
Ilm-Kreis	0,836
Ingolstadt, Stadt	1,110

Jena, Stadt	0,914
Jerichower Land	0,776
Juist, Insel	1,297
Kaiserslautern	0,973
Kaiserslautern, Stadt	0,918
Karlsruhe	1,018
Karlsruhe, Stadt	1,161
Kassel	0,989
Kassel, Stadt	0,996
Kaufbeuren, Stadt	1,013
Kelheim	1,026
Kempten (Allgäu), Stadt	1,025
Kiel, Stadt	1,018
Kitzingen	1,085
Kleve	0,927
Koblenz, Stadt	1,009
Konstanz	1,045
Krefeld, Stadt	0,912
Kronach	1,156
Kulmbach	1,095
Kusel	0,939
Kyffhäuserkreis	0,898
Köln, Stadt	0,954
Lahn-Dill-Kreis	0,980
Landau in der Pfalz, Stadt	0,953
Landsberg am Lech	1,149
Landshut	0,976
Landshut, Stadt	1,147
Langeoog, Insel	1,407
Leer, Festlandanteil	0,730
Leer, Inselanteil	1,030
Leipzig	0,933
Leipzig, Stadt	0,800
Leverkusen, Stadt	0,953
Lichtenfels	1,054
Limburg-Weilburg	0,985
Lindau (Bodensee)	1,027
Lippe	0,899
Ludwigsburg	1,050
Ludwigshafen am Rhein, Stadt	0,992
Ludwigslust-Parchim	0,916
Lörrach	1,035
Lübeck, Stadt	0,974
Lüchow-Dannenberg	0,832
Lüneburg	0,903
Magdeburg, Stadt	0,816
Main-Kinzig-Kreis	0,989
Main-Spessart	1,043
Main-Tauber-Kreis	1,039
Main-Taunus-Kreis	0,962
Mainz, Stadt	1,020
Mainz-Bingen	1,041
Mannheim, Stadt	0,961
Mansfeld-Südharz	0,839
Marburg-Biedenkopf	0,988
Mayen-Koblenz	0,986
Mecklenburgische Seenplatte	0,906
Meißen	0,905
Memmingen, Stadt	1,022
Merzig-Wadern	1,018
Mettmann	0,886
Miesbach	1,273
Miltenberg	1,105
Minden-Lübbecke	0,878
Mittelsachsen	0,867
Märkisch-Oderland	0,892
Märkischer Kreis	0,952
Mönchengladbach, Stadt	0,913
Mühldorf a.Inn	1,070
Mülheim an der Ruhr, Stadt	0,900
München	1,254
München, Stadt	1,558
Münster, Stadt	0,880
Neckar-Odenwald-Kreis	1,061
Neu-Ulm	1,058
Neuburg-Schrobenhausen	1,064
Neumarkt i.d.OPf.	1,015
Neumünster, Stadt	0,873
Neunkirchen	1,004
Neustadt a.d.Aisch-Bad Windsheim	1,109
Neustadt a.d.Waldnaab	1,035
Neustadt an der Weinstraße, Stadt	1,010
Neuwied	0,957
Nienburg (Weser)	0,644
Norderney, Insel	1,297
Nordfriesland, Festlandanteil	1,041
Nordfriesland, Inselanteil	1,391
Nordhausen	0,852
Nordsachsen	0,891
Nordwest-Mecklenburg, Festlandanteil	0,920
Nordwest-Mecklenburg, Inselanteil	1,170
Northeim	0,916
Nürnberg, Stadt	1,010
Nürnberger Land	1,042
Oberallgäu	1,037
Oberbergischer Kreis	0,924
Oberhausen, Stadt	0,875
Oberhavel	0,924
Oberspreewald-Lausitz	0,837
Odenwaldkreis	1,016
Oder-Spree	0,897

Offenbach	0,972
Offenbach am Main, Stadt	0,967
Oldenburg	0,852
Oldenburg, Stadt	0,870
Olpe	1,040
Ortenaukreis	1,054
Osnabrück	0,827
Osnabrück, Stadt	0,805
Ostalbkreis	1,035
Ostallgäu	1,063
Osterholz	0,844
Ostholstein, Festlandanteil	0,939
Ostholstein, Inselanteil	1,189
Ostprignitz-Ruppin	0,892
Paderborn	0,901
Passau	0,956
Passau, Stadt	1,039
Peine	0,863
Pellworm, Insel	1,391
Pfaffenhofen a.d.Ilm	1,093
Pforzheim, Stadt	1,017
Pinneberg, Festlandanteil	0,947
Pinneberg, Inselanteil	1,947
Pirmasens, Stadt	0,961
Plön	0,967
Poel, Insel	1,170
Potsdam, Stadt	0,970
Potsdam-Mittelmark	0,979
Prignitz	0,759
Rastatt	0,992
Ravensburg	1,027
Recklinghausen	0,885
Regen	1,005
Regensburg	1,024
Regensburg, Stadt	1,069
Rems-Murr-Kreis	1,058
Remscheid, Stadt	0,917
Rendsburg-Eckernförde	0,915
Reutlingen	1,044
Rhein-Erft-Kreis	0,909
Rhein-Hunsrück-Kreis	0,995
Rhein-Kreis Neuss	0,902
Rhein-Lahn-Kreis	1,030
Rhein-Neckar-Kreis	1,010
Rhein-Pfalz-Kreis	1,008
Rhein-Sieg-Kreis	0,956
Rheingau-Taunus-Kreis	1,077
Rheinisch-Bergischer Kreis	0,945
Rhön-Grabfeld	1,043
Rosenheim	1,178
Rosenheim, Stadt	1,142
Rostock	0,974
Rostock, Stadt	1,000
Rotenburg (Wümme)	0,781
Roth	1,067
Rottal-Inn	0,989
Rottweil	0,985
Rügen, Insel	1,091
Saale-Holzland-Kreis	0,910
Saale-Orla-Kreis	0,824
Saalekreis	0,833
Saalfeld-Rudolstact	0,940
Saarbrücken, Regionalverband	0,963
Saarlouis	0,994
Saarpfalz-Kreis	0,971
Salzgitter, Stadt	0,814
Salzlandkreis	0,780
Schaumburg	0,892
Schleswig-Flensburg	0,866
Schmalkalden-Meiningen	0,945
Schwabach, Stadt	1,084
Schwalm-Eder-Kreis	0,996
Schwandorf	1,007
Schwarzwald-Baar-Kreis	1,001
Schweinfurt	1,116
Schweinfurt, Stadt	1,020
Schwerin, Stadt	1,024
Schwäbisch Hall	1,008
Segeberg	1,003
Siegen-Wittgenstein	1,003
Sigmaringen	1,016
Soest	0,912
Solingen, Stadt	0,909
Sonneberg	0,966
Speyer, Stadt	1,060
Spiekeroog, Insel	1,407
Spree-Neiße	0,825
St. Wendel	1,007
Stade	0,894
Starnberg	1,266
Steinburg	0,902
Steinfurt	0,890
Stendal	0,728
Stormarn	0,982
Straubing, Stadt	1,188
Straubing-Bogen	1,045
Stuttgart, Stadt	1,120
Suhl, Stadt	1,035
Sylt, Insel	1,391
Sächsische Schweiz-Osterzgebirge	0,975
Sömmerda	0,905
Südliche Weinstraße	1,003
Südwestpfalz	0,955

Teltow-Fläming	0,938
Tirschenreuth	0,999
Traunstein	1,106
Trier, Stadt	1,104
Trier-Saarburg	1,062
Tuttlingen	1,021
Tübingen	1,039
Uckermark	0,853
Uelzen	0,843
Ulm, Stadt	1,072
Unna	0,878
Unstrut-Hainich-Kreis	0,855
Unterallgäu	1,009
Usedom, Insel	1,093
Vechta	0,853
Verden	0,853
Viersen	0,952
Vogelsbergkreis	0,999
Vogtlandkreis	0,898
Vorpommern-Greifswald, Festlandanteil	0,843
Vorpommern-Greifswald, Inselanteil	1,093
Vorpommern-Rügen, Festlandanteil	0,841
Vorpommern-Rügen, Inselanteil	1,091
Vulkaneifel	1,002
Waldeck-Frankenberg	0,977
Waldshut	1,067
Wangerooge, Insel	1,685
Warendorf	0,891
Wartburgkreis	0,907
Weiden i.d.OPf., Stadt	1,026
Weilheim-Schongau	1,160
Weimar, Stadt	1,003
Weimarer Land	0,918
Weißenburg-Gunzenhausen	1,099
Werra-Meißner-Kreis	0,936
Wesel	0,895
Wesermarsch	0,843
Westerwaldkreis	0,995
Wetteraukreis	0,991
Wiesbaden, Stadt	1,031
Wilhelmshaven, Stadt	0,820
Wittenberg	0,816
Wittmund, Festlandanteil	0,777
Wittmund, Inselanteil	1,407
Wolfenbüttel	0,893
Wolfsburg, Stadt	0,920
Worms, Stadt	0,938
Wunsiedel i.Fichtelgebirge	1,084
Wuppertal, Stadt	0,889
Würzburg	1,062
Würzburg, Stadt	1,261
Zingst, Insel	1,091
Zollernalbkreis	1,045
Zweibrücken, Stadt	0,996
Zwickau	0,940